华南大规模低温成矿作用

Large Scale Low-temperature Metallogenesis in South China

胡瑞忠等 著

科学出版社
北京

内 容 简 介

大规模低温成矿是在全球很具特色的重要成矿事件。本书主要是国家973计划项目“华南大规模低温成矿作用”（2014—2018年）的研究成果。在扼要介绍华南低温成矿省地质背景和成矿特征的基础上，重点论述了低温成矿流体的性质和成因、前寒武纪基底对大规模低温成矿的制约，大规模低温成矿年代学、大规模低温成矿动力学，以及成矿省尺度、矿集区尺度和矿床尺度的找矿预测方案。

本书可供从事地质学、矿床学、矿床地球化学、找矿勘查研究和应用的科研人员和学生参考。

审图号：GS（2021）924号

图书在版编目(CIP)数据

华南大规模低温成矿作用／胡瑞忠等著．—北京：科学出版社，2021.3

ISBN 978-7-03-068308-3

Ⅰ.①华…　Ⅱ.①胡…　Ⅲ.①成矿作用-研究-中国　Ⅳ.①P611

中国版本图书馆CIP数据核字（2021）第043535号

责任编辑：王　运　韩　鹏　杨明春／责任校对：王　瑞

责任印制：肖兴／封面设计：北京图阅盛世

科学出版社 出版

北京东黄城根北街16号

邮政编码：100717

http://www.sciencep.com

北京九天鸿程印刷有限责任公司 印刷

科学出版社发行　各地新华书店经销

*

2021年3月第　一　版　开本：787×1092　1/16

2021年3月第一次印刷　印张：30

字数：711 000

定价：398.00元

（如有印装质量问题，我社负责调换）

前 言

低温成矿省是指主要在200～250℃以下形成的低温热液矿床大面积密集成群产出的区域。虽然低温矿床全球广布，但低温成矿省的分布在全球则较局限，目前主要见于我国华南的扬子地块和美国中西部。在扬子地块西南部面积约50万km^2的广大区域，卡林型金矿床、MVT型铅锌矿床和脉状锑、汞、砷等低温矿床广泛发育，显示大规模低温成矿特征，构成华南（扬子）低温成矿省。在美国中西部，MVT型铅锌矿床和卡林型金矿床等低温矿床也非常发育，是美国的主要矿产资源基地之一。但是，值得指出的是，上述两个低温成矿省的成矿作用和矿床组合并不完全相同。例如，美国中西部主要是卡林型金矿和MVT型铅锌矿大规模成矿，而扬子地块除卡林型金矿和MVT型铅锌矿的大规模成矿外，还产出大量大型-超大型锑、汞、砷等矿床。毫无疑问，即使就全球而言，在什么条件下才能形成低温成矿省，也是很具特色的重要科学问题，而华南低温成矿省是研究大规模低温成矿作用、建立和发展大规模低温成矿理论的理想场所。

20世纪70年代以来，随着滇黔桂地区具有重要价值的卡林型金矿床的发现，华南以卡林型金矿和铅、锌、锑、汞、砷等低温矿床为主的低温成矿省的形成背景和过程，已成为一个重要科学问题而引起学界的高度重视，科学研究和找矿勘查均取得重要进展。但是，由于低温矿床物质组成的固有特点，研究难度很大，低温成矿的精确年代格架和动力学背景、低温矿床成因和华南大规模低温成矿的必然性，以及低温成矿省与高温成矿省的关系等问题，一直未得到很好解决，制约了低温成矿理论的建立以及进一步的找矿勘查部署。

基于这种背景，在中华人民共和国科学技术部的支持下，我们于2014—2018年实施了题为“华南大规模低温成矿作用”的国家973计划项目（2014CB440900），项目依托部门为中国科学院和国土资源部（现自然资源部），主持单位为中国科学院地球化学研究所，胡瑞忠研究员担任项目首席科学家，主要承担单位包括中国科学院地球化学研究所、中国地质科学院矿产资源研究所、中国科学院广州地球化学研究所、中国地质大学（北京）、中国地质大学（武汉）、南京大学、中山大学、中国科学院青藏高原研究所、中南大学和成都理工大学。项目设置6个课题（依次分别由王岳军、谢桂青、颜丹平、苏文超、黄智龙和胡瑞忠负责），以华南低温成矿省为研究对象，并通过与华南高温成矿省和美国卡林型金矿成矿作用的对比研究，希望在以往研究积累的基础上解决上述问题或取得进一步研究进展。

100余位科技人员、研究生和博士后参与了项目的研究工作，其中科研骨干30人。这部专著以过去的研究为基础，主要总结凝练了该项目的研究成果。全书共七章，其中绪论由胡瑞忠执笔，第一章由颜丹平、邱亮、付山岭、杨文心、张志等执笔，第二章由黄智龙、谢桂青、毕献武、夏勇、付山岭、谢卓君、周家喜、肖加飞、金中国、杨德智等执笔，第三章由苏文超、李建威、黄智龙、谢桂青、胡瑞忠、温汉捷、周家喜、付山岭、叶霖、陈懋弘、罗开、魏文凤、李伟、靳晓野、董文斗、梁峰、颜军、陈娴、卓鱼周、李金翔等执笔，第四章由胡瑞忠、毕献武、付山岭、颜丹平、马东升、樊海峰、陈伟、钟宏、刘家军、朱笑青、包志伟、朱传威、张岳、张永磊、宋志冬等执笔，第五章由胡瑞忠、谢桂青、黄智龙、李建威、苏文超、马东升、周家喜、皮桥辉、靳晓野、付山岭、陈懋弘、李伟、张长青、高伟、黄勇、沈能平、肖宪国、张勇、张志远、石增龙等执笔，第六章由胡瑞忠、王岳军、颜丹平、范蔚茗、马东升、朱经经、彭头平、邱亮、张玉芝、陈佑伟、陈锋、汤双立、张勇、张东亮等执笔，第七章由胡瑞忠、王岳军、范蔚茗、谢桂青、夏勇、苏文超、毕献武、张玉芝、彭头平、李伟、谭亲平、谢卓君、张东亮等执笔，问题与展望由胡瑞忠执笔。全书由胡瑞忠、付山岭统编定稿。在项目立项、实施过程中，曾得到莫宣学、翟明国、毛景文、陈毓川、翟裕生、张国伟、李曙光、郑永飞、侯增谦、欧阳自远、刘丛强等院士和马福臣、赵振华、丁悌平、华仁民、郭进义等先生的指导、支持和帮助；项目的野外考察工作得到相关地勘单位领导和许多地质同行的支持与配合；科技部基础司、科技部基础研究管理中心、中国科学院前沿科学与教育局、国土资源部（现自然资源部）国际合作与科技司、中国科学院地球化学研究所等部门的领导对项目的立项和实施给予了大力支持和帮助；项目组成员的密切合作为本项任务的完成做出了重要贡献。在此，一并向他们表示衷心的感谢！涂光炽院士是我国低温成矿作用研究的先驱，本专著第一作者跟随先生学习、工作近二十年，受益匪浅。谨以此书向尊敬的涂先生表达崇高的敬意和深切的怀念！

值得指出的是，由于华南大规模低温成矿作用的复杂性，一些问题难以在较短时期内解决，加之作者水平有限，文中不足之处在所难免，一些提法和观点还需要进一步商榷和完善，敬请读者批评指正。

目　录

绪　　论

我国经济的高速发展对矿产资源的需求与日俱增，矿产资源短缺不仅成为制约我国经济发展的瓶颈，而且威胁国家安全。面对严峻的矿产资源形势，国务院2006年颁布《关于加强地质工作的决定》，强调要“突出重点矿种和重点成矿区带的地质问题研究，大力推进成矿理论、找矿方法和勘查开发关键技术的自主创新”。国家“十二五”科学技术发展规划，也明确把矿产资源的研究作为重点领域和优先主题，把资源增储作为当前资源勘查和研究的优先领域。2011年国务院办公厅下发《找矿突破战略行动纲要》，将找矿突破上升为国家战略。因此，通过成矿理论和找矿技术方法的创新，为发现新的矿产资源基地提供强有力的科技支撑，是我国的一项重大战略任务。

低温成矿省是指低温热液矿床大面积密集成群产出的区域（李朝阳，1999；涂光炽，2002；赵振华和涂光炽，2003）。涂光炽等（1998）和李朝阳（1999）采用200℃作为低温的上线，但他们同时强调温度区间的划分既然是人为的，就不可能是截然断开的，中低温、高中温之间都存在着过渡，应该把低温矿床定义为主成矿温度多在200℃以下更加合适。虽然低温矿床在世界各地都有分布，但低温成矿省在世界上的分布则较局限。华南陆块由扬子地块和华夏地块在新元古代碰撞拼贴而形成。在两个地块交接部位扬子地块一侧的川、滇、黔、桂、湘等省区面积约50万km^2的广大范围内，卡林型金矿和锑（Sb）、汞（Hg）、砷（As）、铅（Pb）、锌（Zn）等低温矿床广泛发育，且不少为大型-超大型矿床（涂光炽等，2000；赵振华和涂光炽，2003；毛景文等，2006；Hu et al.，2002，2017；Peng et al.，2003；Su et al.，2009a）。该区锑矿的储量占全球的50%以上，金（Au）矿储量约占全国的10%，汞Hg矿储量约占全国的80%，同时还是我国铅锌（Pb-Zn）矿的主要产区之一，显示出大规模低温成矿特征，构成华南低温成矿省（李朝阳，1999；涂光炽，2002；赵振华和涂光炽，2003）。在美国中西部，MVT型（密西西比河谷型）铅锌矿床、卡林型金矿等低温矿床也非常发育，是美国的主要矿产资源基地之一（Leach et al.，2001，2010；Arehart et al.，2003；Pannalal et al.，2004；Muntean et al.，2011）。这种大面积产出不同矿种低温矿床的低温成矿省，目前世界上主要见于上述区域（李朝阳，1999）。

但是，上述两个低温成矿省在成矿作用和矿床组合特点上并不完全相同，甚至存在重大差别。例如，美国中西部主要是卡林型金矿（Arehart et al.，2003；Muntean et al.，2011）和MVT型铅锌矿（Leach et al.，2001，2010）大规模成矿，而扬子地块除卡林型金矿和MVT型铅锌矿大规模成矿外，还产出大量大型-超大型锑、汞、砷矿床（涂光炽等，2000；赵振华等，2003；Hu et al.，2002，2017；Peng et al.，2003），其中的锡矿山锑矿是全球最大的超大型锑矿床，探明的锑储量曾占世界总储量的一半以上（Peng et al.，2003）。毫无疑问，即使就全球而言，在什么条件下才能形成低温成矿省，也是很具特色的重要科学问题，而华南低温成矿省是研究大规模低温成矿作用，建立和发展大规模低温成矿理论的理想场所。

20 世纪 70 年代以来，随着滇黔桂地区卡林型金矿的发现，华南以卡林型金矿和铅、锌、砷、锑、汞矿为主的低温成矿省的形成背景和过程，已成为一个重要科学问题而引起学界的高度重视（涂光炽等，1987，1988，1998，2000；胡瑞忠等，1995，2007，2015；周永章和胡瑞忠，1995；李朝阳，1999；涂光炽，2002；Hu et al.，2002；赵振华和涂光炽，2003），研究工作取得重要进展。研究发现：①该区的基底为元古宙变质岩建造，盖层为显生宙碳酸盐–细碎屑岩建造，其中黑色岩系发育，二叠纪末期的峨眉山玄武岩在该成矿域西半部广泛分布；自古生代以来，长期处于较稳定状态；相对于华夏地块，研究区中生代花岗岩浆活动相对微弱（涂光炽等，1987，1988，1998，2000；涂光炽，2002；赵振华和涂光炽，2003）。②该区的低温矿床主要集中分布在三个矿集区，分别是右江 Au-Sb-Hg-As 矿集区、湘中 Sb-Au 矿集区和川滇黔接壤区的 Pb-Zn 矿集区（马东升等，2002；黄智龙等，2004；胡瑞忠等，1995；2007；张长青等，2009；Hu et al.，2002，2017；Peng et al.，2003；Su et al.，2009a，2009b；Hu and Zhou，2012）。③矿体主要呈脉状、透镜状、似层状、不规则状产出，明显受穿层断裂、层间破碎带、不整合面和岩溶构造控制，属于后生矿床（胡瑞忠等，1995，2007，2015；涂光炽等，2000；赵振华和涂光炽，2003；张长青等，2009；Zhou et al.，2001；Hu et al.，2002；Peng et al.，2003；Su et al.，2009a，2009b，2012）。④虽然从前寒武系到三叠系的地层中均有低温矿床产出，但不同矿种对地层时代或岩性有一定的选择性，卡林型金矿主要赋存在二叠系–三叠系泥质灰岩和钙质碎屑岩中（Hu et al.，2002），锑矿主要赋存在泥盆系碳酸盐岩中（彭建堂和胡瑞忠，2001；彭建堂等，2003；胡瑞忠等，2007），汞矿主要赋存在寒武系中（胡瑞忠等，2007）；铅锌矿主要赋存在震旦系、石炭系和二叠系白云岩和白云质灰岩中（Zhou et al.，2001；黄智龙等，2004；Zhou et al.，2013a，2013b，2014）。⑤各类矿床的矿物组合和元素组合特征：卡林型金矿的矿石矿物主要为含砷黄铁矿、毒砂、辉锑矿、雄黄和雌黄，金主要呈微细粒或不可见金形式分布在含砷黄铁矿中，脉石矿物主要为石英和方解石；铅锌矿的矿石矿物主要为方铅矿和闪锌矿，脉石矿物主要为石英和方解石；锑矿的矿石矿物主要为辉锑矿、黄铁矿、毒砂、雄黄和雌黄，脉石矿物主要为石英、方解石和萤石；卡林型金矿除 Au 外通常富集 As、Sb、Hg、Tl 等，Pb-Zn 矿中通常富集 Ag、Ge、Cd 等（涂光炽等，1998，2000；彭建堂和胡瑞忠，2001；马东升等，2002；赵振华和涂光炽，2003；黄智龙等，2004；Hu et al.，2002，2017）。⑥这些矿床成矿温度主要在 100～250℃，成矿流体大都为氯化钠浓度小于 10% 的低盐度流体（Hu et al.，2002，2017；Su et al.，2009a；Gu et al.，2012），但川滇黔接壤区的 Pb-Zn 矿床盐度较高，氯化钠浓度可达 20%（Hu et al.，2017）。⑦矿床的成矿物质和成矿流体具有多来源特点，尽管成矿模式尚未系统建立，成矿的动力和热驱动机制不十分清楚，但大多认为是深循环大气成因流体或盆地流体浸取出围岩中的有用组分而运移至相对开放的断裂空间成矿的（胡瑞忠等，1995，2015；李朝阳，1999；Zhou et al.，2001；Hu et al.，2002；Gu et al.，2012；彭建堂和胡瑞忠，2001；彭建堂等，2003；张长青等，2009；Zhou et al.，2013a，2013b）。

本专著以上述重要进展为基础，在国家 973 计划项目（华南大规模低温成矿作用，2014CB440900）支持下，主要针对以往未解决的以下关键科学问题，对华南大规模低温成矿作用进行系统的深化研究。主要包括以下 3 个问题。

1. 低温成矿的精确年代格架和动力学背景

要建立大规模低温成矿理论，一个很重要的方面是对其成矿时代和动力驱动机制的正确把握。但是，低温成矿时代及其动力学，因这些矿床物质组成的固有特点而一直悬而未决。这些低温矿床的共同特点是，一般都缺少适合传统放射性同位素定年的矿物，这给矿床定年研究带来了巨大困难。

前人曾用多种方法试图确定这些矿床的年龄，主要包括石英裂变径迹法、黏土矿物和流体包裹体 Rb-Sr 等时线法、方解石 Sm-Nd 等时线法、闪锌矿和矿石 Rb-Sr 等时线法、硫化物矿物 Pb 模式年龄法和黄铁矿 Re-Os 等时线法等。定年结果表明，除湘中 Sb-Au 矿集区以锡矿山超大型锑矿为代表的年龄数据较集中（约 155Ma）外，川滇黔接壤区的 Pb-Zn 矿集区和以卡林型金矿为代表的右江 Au-Sb-Hg-As 矿集区都有很大的年龄变化范围（川滇黔为 134～226Ma，右江为 83～267Ma）。因成矿时代不确定，华南低温成矿省的大规模成矿作用究竟与哪些地质事件有关，以往还未形成较清晰的认识，这制约了对大规模低温成矿背景和成矿驱动机制的深入理解。

2. 低温矿床成因和华南大规模低温成矿的必然性

低温矿床尤其是卡林型金矿床的另一特点是，矿床中的矿物颗粒相对细小且具环带结构，这给精确确定矿物的元素–同位素组成带来了很大困难。由于不能获得成矿流体较可靠的元素–同位素组成，这些产在沉积岩地层断裂构造中、周围一般无火成岩分布的低温矿床的大规模成矿是否与岩浆活动有关，一直存在争议。近年来，微区原位元素–同位素组成高精度和高空间分辨率分析技术的快速发展，为解决这一问题创造了较好条件。

此外，华南低温成矿省不同矿种的矿床组合（Pb-Zn、Au-Hg-Sb-As、Au-Sb）在地理位置上是分区产出的。由于成矿金属元素来源研究的复杂性和受传统示踪手段的限制，大面积低温成矿的物质基础也一直未能得到较好确定。已有认识还不能很好地回答为什么是在该区而不是其他区域发生金、锑、汞、砷、铅、锌等元素组合的大规模低温成矿这一根本问题，同时也不能回答不同金属组合的低温矿集区地理上分区产出的本质原因，制约了华南大面积低温成矿理论的建立。

3. 低温成矿省与高温成矿省的关系

华南以中生代成矿大爆发著称于世，在东部（华夏地块为主）形成了与花岗岩有关的钨锡（W-Sn）多金属高温成矿省，在西部（扬子地块）则形成了金、锑、铅、锌等的低温成矿省。长期以来，它们通常被认为是相互独立的成矿体系。Hu 和 Zhou（2012）、胡瑞忠等（2015）的研究显示，两者是具有密切联系的整体，但还需要更多证据的支持。

针对以上问题的研究取得重要进展，这些进展构成了本专著的核心内容，主要包括以下几个方面。

1. 精确确定了华南大规模低温成矿的时代

由于缺少合适的定年矿物和方法，低温成矿时代的确定一直是个难题。本研究在一些低温矿床中发现了一些与成矿同时、适合 U-Pb 精确定年的热液成因金红石、独居石和磷灰石等微细矿物，运用现代精确定年技术系统开展了大规模低温成矿年代学研究，在以往工作的基础上建立了华南扬子地块大面积低温成矿的精确年代格架。研究发现，扬子地块的大规模低温成矿发生于两个时期：第一期的时代约为 230 ~ 200Ma，相当于印支期；第二期的时代约为 160 ~ 130Ma，相当于燕山期。其中，印支期成矿作用涉及了华南低温成矿省的川滇黔 Pb-Zn、右江 Au-Sb-Hg-As 和湘中 Sb-Au 三个矿集区，而燕山期成矿作用则只发生在右江和湘中两个矿集区（胡瑞忠等，2016）。

2. 揭示了低温矿床的成因和大规模低温成矿的必然性

在野外地质和以往研究的基础上，大量运用微区原位分析技术和稀有气体同位素、非传统同位素和单个流体包裹体组成等先进示踪方法，进行了矿床学、矿物学、岩石学和地球化学等方面的深入研究。研究表明：①右江 Au-Sb-Hg-As 和湘中 Sb-Au 矿集区的成矿流体，主要为岩浆流体–大气降水混合成因，深部岩浆活动的热和少量流体驱动大气成因流体循环并萃取基底地层中的成矿元素，然后迁移到合适的构造部位沉淀富集，形成了卡林型金矿床和脉状（似层状）Sb、Hg、As 矿床；②川滇黔 Pb-Zn 矿集区的成矿流体为低温高盐度的盆地流体，盆地流体大规模循环浸取出基底地层中的成矿元素并运移至相对开放的断裂空间成矿，形成了 MVT 型 Pb-Zn 矿床；③在扬子地块西南缘之所以发生 Au-Sb-Hg-As 和 Pb-Zn 等元素组合的大规模低温成矿，与该区前寒武纪（含寒武纪）基底地层富含这些元素密切相关，扬子地块西侧和东南侧基底岩石成矿元素组成及其富集程度不同，分别控制了西侧 Pb-Zn 矿床（川滇黔矿集区）和东南侧 Au-Sb-Hg-As 矿床（右江和湘中矿集区）的地理分区（胡瑞忠等，2020）。

3. 揭示了华南大规模低温成矿的动力学背景和成矿驱动机制

以 Hu 和 Zhou（2012）、胡瑞忠等（2015）的研究为基础，进一步明确了印支期和燕山期华南大规模低温成矿的动力学背景和成矿驱动机制（胡瑞忠等，2016；Hu et al.，2017）。

（1）印支期成矿作用（230 ~ 200Ma）。该期低温成矿奠定了华南大规模低温成矿的主体格架。印支地块–华南陆块–华北地块碰撞后的陆内造山作用，驱动低温高盐度的盆地流体循环，形成川滇黔矿集区的 MVT 型铅锌矿床；印支期陆内造山形成的深部花岗岩浆（热和少量流体）驱动大气降水在断裂中循环，形成右江和湘中矿集区的第一期金、锑等矿床。

（2）燕山期成矿作用（160 ~ 130Ma）。该期的低温成矿作用只发生在湘中和右江两个矿集区。岩石圈伸展背景下华南地幔软流圈上涌诱导的陆内深部花岗岩浆活动（热和少量流体），驱动大气成因地下水在断裂中循环形成了这两个矿集区第二期的金、锑等矿床。

4. 揭示了华南低温成矿省与其东侧的高温成矿省是具有密切联系的整体

以 Hu 和 Zhou（2012）、胡瑞忠等（2015）的研究为基础，进一步揭示了华南低温成矿省与其东侧的高温成矿省是具有密切联系的统一整体。研究表明：①华南低温成矿省的两期成矿作用，与东侧 W-Sn 多金属高温成矿省的成矿时代一致，两个成矿省是受相同动力学机制驱动而具有密切成因联系的整体（胡瑞忠等，2016；Hu et al.，2017）；②矿床形成后的中生代以来，华南由西向东抬升剥蚀强度显著增强，西部右江、中部湘中和东部南岭地区被剥蚀掉的盖层分别约为 1.5km、3.5km 和 5km，这种剥蚀程度的不同决定了华南近地表在西部分布低温矿床、东部分布高温矿床的空间格局。据此预测，低温成矿省东部靠近高温成矿省的右江 Au-Sb-Hg-As 和湘中 Sb-Au 两个低温矿集区的深部，极可能存在与花岗岩岩浆活动有关的高温 W-Sn 多金属矿床，是未来深部找矿的新方向。

5. 提出了成矿省、矿集区和矿床尺度的找矿预测方案

如前所述，在成矿省尺度，低温成矿省东部的右江 Au-Sb-Hg-As 矿集区和湘中 Sb-Au 矿集区的深部，可能存在高温 W-Sn 多金属矿床。在此基础上，主要以右江矿集区卡林型金矿床为例，根据对成矿过程和成矿规律的认识，提出了矿集区尺度和矿床尺度的找矿预测方案。研究表明：①在矿集区尺度，盆地中的孤立台地附近和台地-盆地过渡区附近的断裂、不整合面、古岩溶面，是 Au、Sb、Hg、As 等元素成矿和找矿的有利部位；②在矿床尺度，含铁碳酸盐岩是形成高品位、大型金矿床最重要的富矿围岩，出露地表的富中稀土（MREE）方解石脉，是寻找深部隐伏卡林型金矿体的重要标志，这种方解石的碳同位素组成与区域上和成矿无关的方解石不同，可联合应用反映中稀土富集程度的 ΔMREE 值和反映碳同位素组成的 $\delta^{13}C$ 值，共同定量表征方解石与成矿的密切程度（$MCL=\Delta MREE\times 2-\delta^{13}C$），方解石的 MCL 越大，与金成矿的关系越密切。

值得指出的是，研究工作虽然取得上述进展，但还有一些问题需要进一步探索，例如，前寒武纪基底岩石对大规模低温成矿的制约关系、大规模低温成矿的全球对比、低温成矿省深部高温矿床找矿预测的进一步验证等。这些问题认识的深化，对进一步完善全球大规模低温成矿的理论体系和有效推动相关找矿勘查部署具有重要意义。

参考文献

胡瑞忠，苏文超，毕献武，等，1995. 滇黔桂三角区微细浸染型金矿床成矿热液一种可能的演化途径：年代学证据. 矿物学报，15（2）：144-149.

胡瑞忠，彭建堂，马东升，等，2007. 扬子地块西南缘大面积低温成矿时代. 矿床地质，26（6）：583-596.

胡瑞忠，毛景文，华仁民，等，2015. 华南陆块陆内成矿作用. 北京：科学出版社.

胡瑞忠，付山岭，肖加飞，2016. 华南大规模低温成矿的主要科学问题. 岩石学报，32（11）：3239-3251.

胡瑞忠，陈伟，毕献武，等，2020. 扬子克拉通前寒武纪基底对中生代大面积低温成矿的制约. 地学前缘，27（2）：137-150.

黄智龙，陈进，韩润生，等，2004. 云南会泽超大型铅锌矿床地球化学及成因：兼论峨眉山玄武岩与铅锌成矿的关系. 北京：地质出版社.

李朝阳，1999. 中国低温热液矿床集中分布区的一些地质特点. 地学前缘，6（1）：163-170.

马东升，潘家永，卢新卫，2002. 湘西北-湘中地区金-锑矿床中-低温流体成矿作用的地球化学成因指

示. 南京大学学报（自然科学版），38（3）：435-445.

毛景文，胡瑞忠，陈毓川，等，2006. 大规模成矿作用与大型矿集区（上册、下册）. 北京：地质出版社.

彭建堂，胡瑞忠，2001. 湘中锡矿山超大型锑矿床的碳氧同位素体系. 地质论评，47（1）：34-41.

彭建堂，胡瑞忠，蒋国豪，2003. 贵州晴隆锑矿床中萤石的 Sr 同位素地球化学. 岩石学报，19（4）：785-791.

涂光炽，2002. 我国西南地区两个别具一格的成矿带（域）. 矿物岩石地球化学通报，21（1）：1-2.

涂光炽，等，1987. 中国层控矿床地球化学（第一卷，第二卷）. 北京：科学出版社.

涂光炽，等，1988. 中国层控矿床地球化学（第三卷）. 北京：科学出版社.

涂光炽，等，1998. 低温地球化学. 北京：科学出版社.

涂光炽，等，2000. 中国超大型矿床（Ⅰ）. 北京：科学出版社.

张长青，余金杰，毛景文，等，2009. 密西西比型（MVT）铅锌矿床研究进展. 矿床地质，28（2）：195-210.

赵振华，涂光炽，2003. 中国超大型矿床（Ⅱ）. 北京：科学出版社.

赵振华，熊小林，王强，等，2003. 我国富碱火成岩及有关的大型-超大型金铜矿床成矿作用. 中国科学（D 辑），32（增刊）：1-10.

周永章，胡瑞忠，1995. 低温地球化学的研究与发展. 地球科学进展，10（5）：442-444.

Arehart G B, Chakurian A M, Tretbar D R, et al., 2003. Evaluation of radioisotope dating of Carlin-type deposits in the Great Basin, Western North America, and implications for deposit genesis. Economic Geology, 98（2）：235-248.

Gu X X, Zhang Y M, Li B H, et al., 2012. Hydrocarbon-and ore-bearing basinal fluids: A possible link between gold mineralization and hydrocarbon accumulation in the Youjiang basin, South China. Mineralium Deposita, 47（6）：663-682.

Hu R Z, Su W C, Bi X W, et al., 2002. Geology and geochemistry of Carlin-type gold deposits in China. Mineralium Deposita, 37（3-4）：378-392.

Hu R Z, Fu S L, Huang Y, et al., 2017. The giant South China Mesozoic low-temperature metallogenic domain: Review and a new geodynamic model. Journal of Asian Earth Sciences, 137: 9-34.

Hu R Z, Zhou M F, 2012. Multiple Mesozoic mineralization events in South China—An introduction to the thematic issue. Mineralium Deposita, 47（6）：579-588.

Leach D L, Taylor R D, Bradley D C, et al., 2001. Mississippi Valley-type lead-zinc deposits through geological time: Implications from recent age-dating research. Mineralium Deposita, 36（8）：711-740.

Leach D L, Bradley D C, Huston D, et al., 2010. Sediment-hosted lead-zinc deposits in Earth history. Economic Geology, 105（3）：593-625.

Muntean J L, Cline J S, Simon A C, et al., 2011. Magmatic-hydrothermal origin of Nevada's Carlin-type gold deposits. Nature Geoscience, 4（2）：122-127.

Pannalal S J, Symons D T A, Sangster D F, 2004. Paleomagnetic dating of Upper Mississippi Valley zinc-lead mineralization, WI, USA. Journal of Applied Geophysics, 56（2）：135-153.

Peng J T, Hu R Z, Burnard P G, 2003. Samarium-Neodymium isotope systematics of hydrothermal calcites from the Xikuangshan Antimony Deposit（Hunan, China）: The potential of calcite as a geochronometer. Chemical Geology, 200（1-2）：129-136.

Su W C, Heinrich C A, Pettke T, et al., 2009a. Sediment-hosted gold deposits in Guizhou, China: Products of wall-rock sulfidation by deep crustal fluids. Economic Geology, 104（1）：73-93.

Su W C, Hu R Z, Bi X W, et al., 2009b. Calcite Sm-Nd isochron age of the Shuiyindong Carlin-type gold deposit, Guizhou, China. Chemical Geology, 258 (3-4): 269-274.

Su W C, Zhang H T, Hu R Z, et al., 2012. Mineralogy and geochemistry of gold-bearing arsenian pyrite from the Shuiyindong Carlin-type gold deposit, Guizhou, China: Implications for gold depositional processes. Mineralium Deposita, 47 (6): 653-662.

Zhou C X, Wei C S, Guo J Y, et al., 2001. The source of metals in the Qilingchang Zn-Pb deposit, northeastern Yunnan, China: Rb-Sr isotope constraints. Economic Geology, 96: 583-598.

Zhou J X, Huang Z L, Yan Z F, 2013a. The origin of the Maozu carbonate-hosted Pb-Zn deposit, southwest China: Constrained by C-O-S-Pb isotopic compositions and Sm-Nd isotopic age. Journal of Asian Earth Sciences, 73: 39-47.

Zhou J X, Huang Z L, Zhou M F, et al., 2013b. Constraints of C-O-S-Pb isotope compositions and Rb-Sr isotopic age on the origin of the Tianqiao carbonate-hosted Pb-Zn deposit, SW China. Ore Geology Reviews, 53: 77-92.

Zhou J X, Huang Z L, Zhou M F, et al., 2014. Zinc, sulfur and lead isotopic variations in carbonate-hosted Pb-Zn sulfide deposits, Southwest China. Ore Geology Reviews, 58: 41-54.

第一章　扬子地块地质背景

华南陆块由扬子地块和华夏地块在新元古代时期碰撞拼贴而成，其北面和西南面分别通过秦岭–大别造山带和松马缝合带与华北克拉通和印支地块相连接（图1.1）。秦岭–大别造山带和松马缝合带形成于三叠纪或印支期，分别是华北克拉通与华南陆块以及印支地块与华南陆块聚合的产物（许志琴等，1992；张国伟等，1996；Wang et al.，2013c；Qiu et al.，2016）。

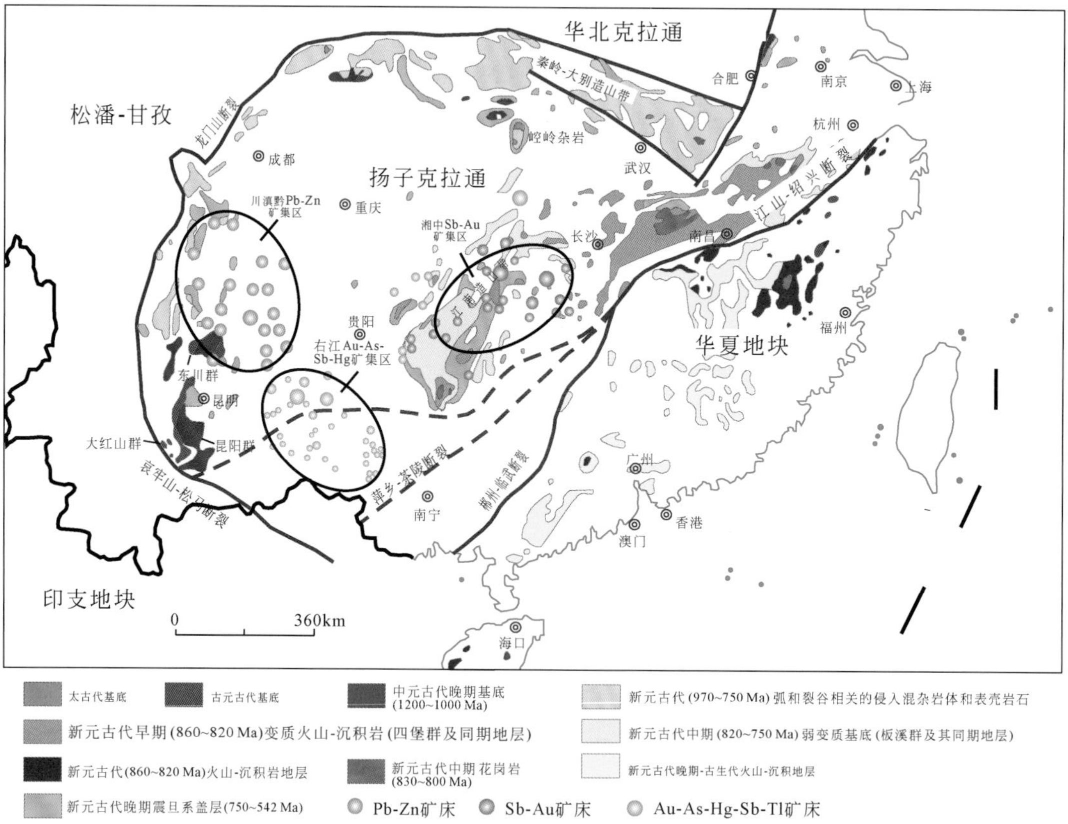

图1.1　华南陆块地质和中生代低温矿床分布略图

（据Zhao and Cawood，2012和Hu et al.，2017修改；台湾地区资料无，后同）

第一节　地层划分与对比

根据中国岩石地层辞典（高振家等，2000）、中国各地质时代地层划分与对比（汪啸风和陈孝红，2005）、Zhao 和 Cawood（2012）以及四川省、云南省、贵州省和湖南省区域地质志对地层划分与对比的综合，作者在本区域厘定出了八套岩石-地层组合（图 1.2）。

一、古元古代岩石地层组合（组合Ⅰ）

该套岩石地层组合包括大红山群（东川群）和河口群等，主要呈南北向出露于扬子地块西缘的攀西（康定）隆起带以及呈近东西向分布于扬子地块北缘（图 1.1、图 1.2 和图 1.4），为一套角闪岩相-麻粒岩相的高级变质岩系，其原岩为一套中、基性火山岩和碎屑沉积岩。在扬子地块内部未见出露，深部是否存在尚存争议（Yan et al.，2018）。

二、中元古代-早新元古代岩石地层组合（组合Ⅱ）

包括中元古代扬子地块西缘沿攀西隆起带主要分布于云南中、东部的昆阳群和四川西部的会理群（图 1.1、图 1.2 和图 1.4），以及早新元古代的柳坝塘群（云南）、盐边群（四川）、梵净山群（贵州）、冷家溪群（华南）和四堡群（广西）等，地层广泛遭受中低级绿片岩相变质作用和多期次构造置换（Zhou et al.，2002a，2006b；Zhao and Zhou，2007a，2007b，2008，2009a，2009b；Zhao et al.，2010a，2010b，2013；Sun et al.，2009；Zhao and Cawood，2012；云南省地质矿产局，1990；四川省地质矿产局，1991）。

这套岩石地层组合岩性复杂，进一步划分对比未完全确定。根据近年的研究结果，包括一套大理岩、角闪岩、片岩（碎屑岩）夹玄武岩等，变质程度最高可以达到角闪岩相-绿片岩相（Zhao et al.，2012；四川省地质矿产局，1990），其原岩主要是一套火山-碎屑岩-碳酸盐岩和中酸性侵入岩，应用碎屑锆石和岩浆锆石 U-Pb 法确定其形成于 830Ma 以前，相当于中元古代晚期至新元古代早期（Zhou et al.，2002a，2006b；Zhao and Zhou，2007a，2007b，2008，2009a，2009b；Sun et al.，2009；Zhao et al.，2010a，2010b，2013；Zhao and Cawood，2012）。

三、中新元古代岩石地层组合（组合Ⅲ）

包括浅变质的下江群、板溪群和丹洲群（图 1.1 和图 1.2），主要沿雪峰山造山带分布，它们的岩性和岩相组合略有不同，其中板溪群为浅变质碎屑岩系，厚度巨大（572～3803m），分布于黔东北、桂北、湘中湘西等区域，与桂西北地区的丹洲群可以对比，在雪峰—武陵山区至湘西南—黔东南地区，总体构成代表了滨岸相、滨浅海相（板溪群）至深海-半深海相（丹洲群），由北向南水体逐渐加深的连续相变序列（刘鸿允等，1999）。根据 U-Pb 年代学分析，限定其形成时代为 750～825Ma（Zhao and Cawood，2012）。

地区
扬子地块西南缘及北缘
扬子地块东南缘
代(界)
纪(系)
云南省 中部、东部
四川省 西部
陕西省 南部
湖北省 西部
贵州省东北部
广西壮族 自治区北部
湖南省中部
江西省 西北部
江西省东北部 浙江省西部
安徽省南部
新元古界
埃迪卡拉系
成冰系
拉伸系
中元古界
古元古界
太古宇
灯影组 陡山沱组
灯影组 观音崖组
灯影组 陡山沱组
留茶坡组 陡山沱组
老堡组 陡山沱组
留茶坡组 金家洞组
灯影组 陡山沱组
皮园村组 蓝田组
南沱组 牛头山组
列古六组
南沱组 大塘坡组 古城组
南沱组 大塘坡组 铁丝坳组
南沱组 富禄组
南沱组 大塘坡组 富禄组
南沱组
雷公坞组 洋安组 下涯埠组
雷公坞组 休宁组
澄江组
开建桥组 苏雄组
莲沱组
两界河组
长安组
长安组
硐门组
志棠组
柳坝塘群
沉积间断
康定杂岩
沉积间断
马槽园群
下江群
丹州群
板溪群
落可崠群
河上镇群
历口群
盐边群
西乡群
神农架群
梵净山群
四堡群
冷家溪群
双桥山群
双溪坞群
溪口群
昆阳群
会理群
火地垭群
大红山群 /东川群
河口群
后河杂岩
沉积间断
沉积间断
沉积间断
崆岭杂岩

图1.2　扬子地块不同区域前寒武纪地层层序表

（据Yang et al., 1994和Zhao and Cawood，2012修改）

四、南华系-震旦系-寒武系（组合Ⅳ）

是扬子地块的第一套盖层岩系，虽然三套地层之间具有较大的岩石、岩相差异，但发育、分布和出露具有密切联系（图 1.1 和图 1.2）。南华系又称成冰系，包括澄江组和南沱组及不同区域的对应地层，主要为含火山碎屑物质的红色粗碎屑岩、冰碛岩、岩屑砂岩及少量泥岩、盖帽白云岩、黑色页岩、灰岩、火山岩，以其中发育冰碛岩为显著特征。岩石普遍轻微变质或者无变质，是南华盆地沉积的产物（Wang and Li，2003；Zhao et al.，2011）。根据湘北—湘中地区南华系伊利石结晶度的研究，认为变质程度属于高近变质带（Wang et al.，2003；王河锦等，2002，2014）。此外，严寒的古气候和“雪球地球”形成是南华纪最壮观的自然景观（汪啸风和陈孝红，2005）。南华系发现有低等微古植物、宏观藻类及生物沉积构造的叠层石等。尹崇玉等（2003）应用 SHRIMP Ⅱ对湖南石门杨家坪南华系南沱组凝灰岩夹层中锆石测定的年龄为 758±23Ma；张惠民等（2000）通过磁性地层学研究并建立初步的磁性地层年代柱，认为南华系年龄范围为 800～700Ma，与板溪群是否存在穿时性还有待研究。据 Jiang 等（2009）和 Zhang 等（2015）的剖面研究，南华系的底、顶界年龄分别为 716Ma 和 635Ma，从而确定南华系的年龄为 716～635Ma。但是，Zhao 和 Cawood（2012）认为其底界年龄应为 750Ma。

震旦系隶属于晚新元古界，也称埃迪卡拉系，包括陡山沱组和灯影组及不同区域的对应地层，主要分布于攀西地区和江南造山带（图 1.1 和图 1.2），包括推测发育而未出露部分，则基本覆盖扬子地块范围：北以秦岭-大别造山带为界，西南达哀牢山构造带，西北可达龙门山构造带。震旦系以碳酸盐岩为主，其下部含砂、泥质成分较多，并夹有多层黑色页岩层，含磷且在部分地区形成了磷块岩矿床，如开阳磷矿等。震旦系假整合于南华系冰碛岩之上，富含生物化石，在许多地区与上覆寒武系为连续沉积（贵州省地质矿产局，1987；云南省地质矿产局，1990；四川省地质矿产局，1991）。

相对于川滇黔接壤地区，寒武系在扬子地块东南部的湘中及邻区更为发育。虽川滇黔接壤地区地层发育不全，但在扬子东部各统的层序发育较为齐全（图 1.3）。寒武系以浅海相砂页岩、石灰岩为主，岩相变化较小，化石丰富，反映出典型的稳定地台沉积。下统主要为碎屑岩，发育有较完整的黑色页岩—浅色页岩—砂泥质岩石演变的完整层序，其中发育有较多磷矿床；中统和上统大部分为碳酸盐岩，夹石膏等盐类及红色岩层（图 1.3）。其中，黑色页岩主要沿扬子地块东南部分布。

五、奥陶系-志留系（组合Ⅴ）

奥陶系和志留系在中上扬子地区广泛发育和出露。根据出露情况以及推测发育特征，基本覆盖了中上扬子地区（图 1.3）。

据汪啸风和陈孝红（2005）的研究，奥陶系分布范围与扬子地块范围一致，主要为灰岩、泥灰岩夹页岩，化石丰富，以介壳化石与笔石相混生或相互交替出现为特征，厚 300～500m。由于受自西南向东北方向海侵的影响，早奥陶世新厂期在康滇构造带（古陆）东

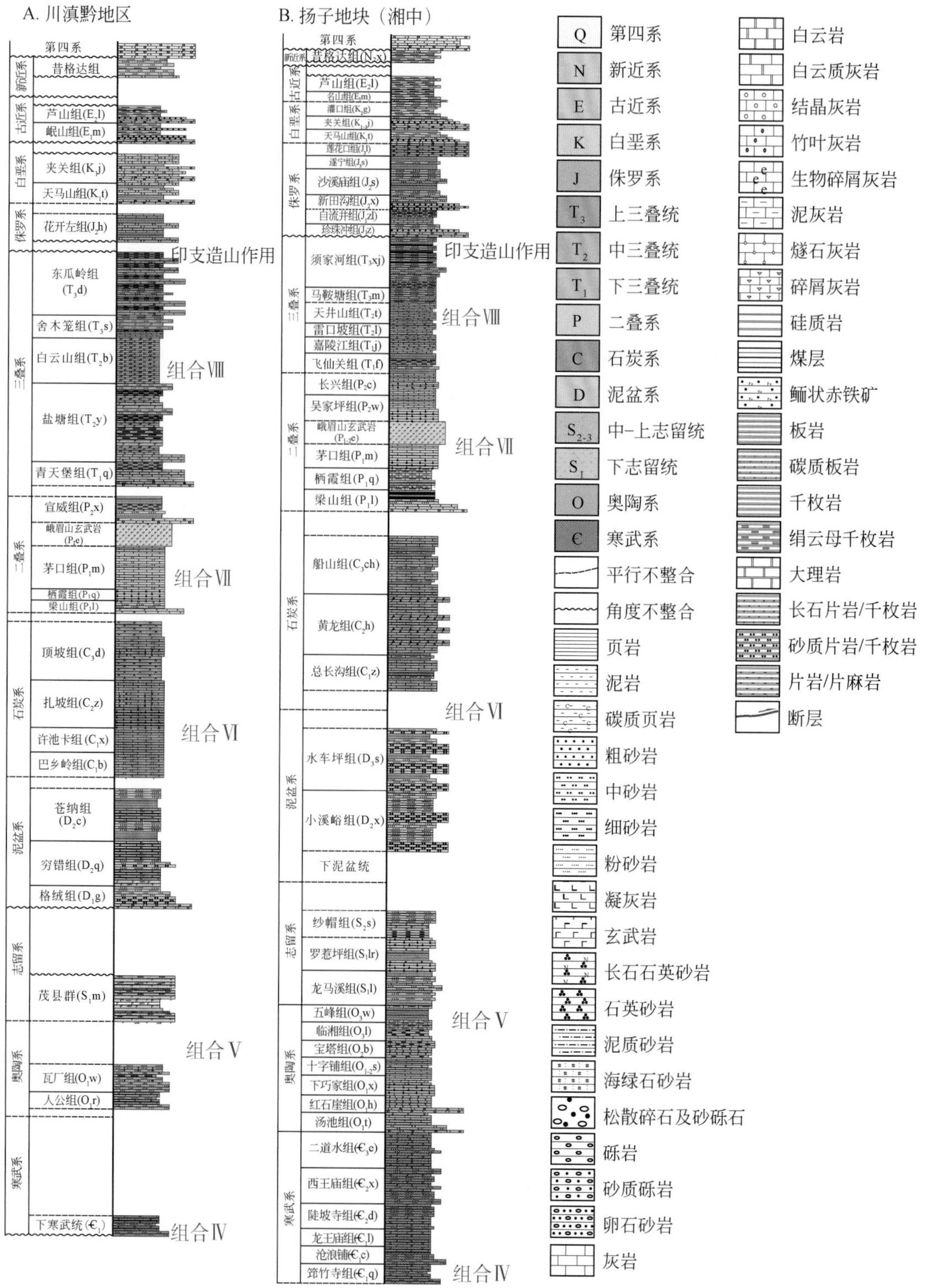

图 1.3　中上扬子地区显生宙主要岩石–地层组合

（据四川省地质矿产局，1991；云南省地质矿产局，1990；湖南省地质矿产局，1988 综合编制）

侧和川西南一带为滨海、浅海碎屑岩沉积，缺失奥陶纪最早期沉积，自西南向东北碎屑岩沉积渐少，碳酸盐岩渐增。自大湾期以后，该区以碳酸盐岩沉积为主，仅局部凹陷地带发育了盆地相的黑色笔石页岩沉积（庙坡组）。艾家山期以后，由于受冈瓦纳大陆冰川作用的影响，扬子地块边缘隆升成陆，地块主体处于四周为断续古陆所环绕的半封闭海盆状态，发育富产笔石的五峰组黑色页岩沉积。直到赫南特期，随着扬子海盆海平面进一步下降，盆地内部广泛发育了 *Hirnantia-Dalmanitina* 动物群。扬子地块奥陶系各门类化石都相当丰富。

中上扬子地区的志留系，发育与分布不完全一致。在上扬子地区厚度普遍较薄，从而常被归并为奥陶系-志留系，但在湘中和雪峰山构造带以及扬子地块西缘，则发育较为完整且厚度较大。主要包括稳定类型沉积、活动类型沉积以及过渡类型沉积。中上扬子地区的稳定类型沉积，以范围广阔的陆表海浅水沉积为特征；活动类型沉积主要分布于南部和北部陆缘区，为碎屑岩夹灰岩或笔石页岩，局部夹火山岩，厚度各地不一。在扬子地块内，广泛发育浅水海相红色沉积，生物相有笔石相、介壳相和混合相，以浅海碳酸盐岩和笔石页岩互层为主。

六、泥盆系-石炭系（组合Ⅵ）

区域内广泛发育和出露，但地层层序差异较大且发育不完整（图 1.3）。在西秦岭地区，发育连续的志留系-泥盆系碳酸盐岩沉积；在龙门山逆冲构造带则为近岸浅海型沉积，岩性、厚度变化较大；在雪峰山构造带及邻区，包括汉中地区和长江中下游地区，主要发育中晚泥盆世地层，多属近岸碎屑沉积；在湘黔滇桂四省区则为中国泥盆系发育的主要地区。受广西运动影响，主要发育于贵阳—榕江一线以南的上古生界浅海碳酸盐岩建造以礁灰岩和泥灰岩为主。

中上扬子地区石炭系层序完整，以碳酸盐台地沉积为主，在地层层序上，下石炭统形成以二级碎屑岩为主的沉积旋回，上石炭统则形成以二级碳酸盐岩为主的沉积旋回（图 1.3）。扬子地块西缘和秦岭造山带（南部）以及龙门山逆冲构造带的石炭系，以台地边缘裂陷带沉积为主，层序较为复杂；滇黔桂拗拉槽区则发育了深水碳酸盐复理石沉积。植物群从欧美区系发展为华夏区系，动物群属典型的特提斯区系。

七、二叠系（组合Ⅶ）

中上扬子地区广泛发育二叠系（图 1.3）。早二叠世形成黑色与灰色灰岩，或白云岩与石灰岩相间的浅海沉积；中二叠世之初，形成含煤碎屑岩（梁河组或龙潭组），富煤层位由东往西逐渐升高，并在局部地区平行不整合于晚石炭世、泥盆纪或志留纪地层之上。区内各隆起及其周缘为局限碳酸盐台地，外侧为开阔台地并转变为滇黔桂深水盆地。生物群为特提斯型腕足动物、珊瑚类。扬子地块碳酸盐台地是东特提斯洋动物区系的发展中心（汪啸风和陈孝红，2005）。

晚二叠世发育的峨眉山玄武岩，广泛分布于云南—贵州—四川一带，空间分布与低温成矿省有所重叠。对于峨眉山玄武岩的认识，前人大多认为是地幔柱活动的产物（Xu et al.，2001；Song et al.，2004）。Yan 等（2018）综合前人研究成果并结合区域大地构造的综合分析后认为，峨眉山地幔柱形成发育过程中，很可能伴随形成了一个比较完整的三叉裂谷系。

峨眉山玄武岩发育于下二叠统茅口组与上二叠统吴家坪组之间（图 1.3），广泛分布于龙门山逆冲构造带南段—盐源—木里逆冲构造带、义敦岛弧—甘孜—理塘带，以及扬子地块内部从康滇构造带向南的广大区域内（四川省地质矿产局，1991；Song et al.，2004）。峨眉山玄武岩一直被认为是峨眉山地幔柱的产物（如 Zhou et al.，2000；Xu et al.，2001；Lo et al.，2002；Li et al.，2015；Deng et al.，2016），形成年龄约为 260Ma（Xu et al.，2001；Lo et al.，2002；Song et al.，2004；Shellnutt and Zhou，2007；Jian et al.，2009；Wang et al.，2014；Li et al.，2015，2016）。He 等（2003a，2003b，2006，2009，2010）较精确地确定了峨眉山地幔柱的中心位置，并有同时代基性岩墙群等重要证据的支持（Li et al.，2015）。

峨眉山玄武岩可划分为低 Ti（钛）和高 Ti 两类（Xu et al.，2001）。低 Ti 玄武岩母岩浆源于地幔具有较高程度部分熔融（16%）的尖晶石-石榴子石过渡相，记录了溢流玄武岩侵位的主要事件（Xu et al.，2001）。低 Ti 玄武岩主要集中在岩性柱下部，其相关的初期伸展特征，在龙门山—盐源—木里一带的上部却缺少了，也许意味着拗拉槽的形成（Meng et al.，2005）。

低 Ti 玄武岩上部的高 Ti 玄武岩则由较低熔融程度（1.5%）的幔源岩浆在石榴子石稳定区域内产生（Xu et al.，2001）。从低 Ti 向高 Ti 玄武岩的演化，表明从较厚岩石圈和较低热流值向较薄岩石圈和较高热流值的转变（Xu et al.，2001）。攀枝花地区同时代发育的近南北向的三种类型 A 型花岗岩，包括攀枝花、太和以及哀郎河等均沿南北走向的攀枝花裂谷分布（Shellnut and Zhou，2007），表明可能存在一条 260～251Ma 的近南北向的攀枝花大陆裂谷带（Wang et al.，2014）。

晚二叠世的基性岩浆岩在松潘-甘孜和义敦岛弧带也很发育，并被早三叠世碱性-钙碱性火山岩覆盖（Yang et al.，2011；Wang et al.，2013a，2013b；Cao et al.，2015；四川省地质矿产局，1991）。晚二叠世玄武岩和变辉长岩地球化学特征和同位素特征与峨眉山玄武岩非常相似（Song et al.，2004），可能表明具有相同的岩浆来源，即大陆裂谷性质（Song et al.，2004）。而早三叠世火山岩和同时期侵入岩的元素-同位素地球化学特征表明，它们具有亲洋盆火山岩特征（Wang et al.，2013a，2013b；Yang et al.，2011，2014）。因此，义敦岛弧带和松潘-甘孜地块经历了攀枝花陆内裂谷发育的相同过程，并可能在早三叠世最终发育为洋盆。

综上所述，峨眉山地幔柱可能最初从云南永仁地区形成，在地幔柱-岩石圈相互作用下，在攀西（康滇构造带）形成了大陆裂谷带。其中一支可能沿义敦和甘孜—理塘一带发育为大洋裂谷，另外一支沿龙门山构造带—盐源—木里一带夭折演变为拗拉槽，第三支则沿康滇构造带演化为大陆裂谷（Yan et al.，2018）。

八、三叠系（组合Ⅷ）

中上扬子地区三叠系广泛发育和分布（图1.3）。三叠系下、中统主要为海相沉积，上统为海陆交互相和陆相含煤沉积。上扬子地区三叠系分布广泛，但中统上部和上统下部在大部分地区缺失，仅西部龙门山逆冲构造带和黔西南地区有完整三叠系。下统下部从康滇古陆向东从山前粗碎屑岩相经细碎屑岩相和灰、泥岩混合相过渡为碳酸盐岩相；下统上部大区域为碳酸盐岩和蒸发碳酸盐岩相；中统在西部地区主要为碳酸盐岩沉积，东部区为碳酸盐岩与碎屑岩混合沉积。在南部边缘地区为台前碳酸盐岩隆及台缘斜坡相沉积；上三叠统下部海相沉积主要分布于西部地区，上部普遍为含煤碎屑沉积。地层序列和沉积相的分异主要受控于西部康滇构造带的古陆和东部雪峰山造山带以及右江盆地。三叠系化石丰富，动物群以特提斯型为主，植物群以南方型为主。

右江盆地区三叠系分布广泛，地层序列完整，但主要为下、中统，近年在局部地区也陆续发现有上统。下、中统以及上统下部主要形成于两种古地理沉积区，深水区主要为薄层泥晶灰岩和浊积碎屑岩，在南部槽区发育活动型火山沉积；而盆内一些孤立隆起的浅水台地区为稳定的碳酸盐沉积组合。上统上部为海陆交互相及山前红色碎屑堆积。生物群属特提斯动物区系。三叠系由下而上，包括裂陷带火山-沉积建造、弧后盆地复理石建造和克拉通内陆相碎屑岩建造，代表了印支运动（汪啸风和陈孝红，2005）。

第二节　岩浆作用与变质作用

总体来说，中上扬子地区变质、岩浆作用不强烈。按岩浆作用的时间序列，大致包括以下几类。

一、中新元古代变质与岩浆作用

在元古宙雪峰山造山带西段的中、新元古代四堡群、丹洲群中，发育镁铁质-超镁铁质岩，这套岩石曾被定为蛇绿岩套，并作为江南元古宙岛弧南缘大洋板块俯冲的标志（郭令智等，1983）。但Li等（1999）应用锆石U-Pb定年，确定侵入四堡群的四个基性-超基性岩墙的年龄为828±7Ma，认为它们是罗迪尼亚（Rodinia）超大陆裂解作用的产物。而且在超镁铁质-镁铁质岩围岩中发现了“热变质”现象后，人们也对“桂北蛇绿岩套”提出了质疑（葛文春等，2000）。目前达成共识的是，830Ma左右的这套基性、超基性岩与Rodinia超大陆有关，但属于裂解还是汇聚的产物，以及其大地构造属性仍有待研究（Wang et al.，2012）。桂北新元古代花岗岩锆石U-Pb年龄为950～869Ma（Wang et al.，2006），与扬子地块西缘部分早期岛弧岩浆作用时代一致，如会理群Rb-Sr等时线年龄1000～900Ma、昆阳群全岩Rb-Sr等时线年龄为1177Ma等（刘肇昌等，1996）。此外，康定杂岩与邻近杂岩广泛记录了1186～1023Ma的Sm-Nd等时线年龄，渡口杂岩、米易群Rb-Sr全岩等时线年龄为1100±50Ma（从柏林，1988）。

二、新元古代岩浆岩与 Rodinia 超大陆

包括扬子地块在内，华南地块广泛出露新元古代（830～740Ma）岩浆岩，并主要沿扬子地块周边出露（图 1.4），包括扬子地块西缘沟–弧–盆体系岩浆岩，如沿康定构造带发育的蛇绿混杂岩带中发育一系列 800Ma 左右的角闪辉长岩（四川省地质矿产局，1991；Zhao et al.，2017），其地球化学特征与 Izu-Bonin-Mariana 岩浆弧相似（Dilek et al.，2008；Kusky et al.，2011；Whattam and Stern，2011；Zhao et al.，2017）。

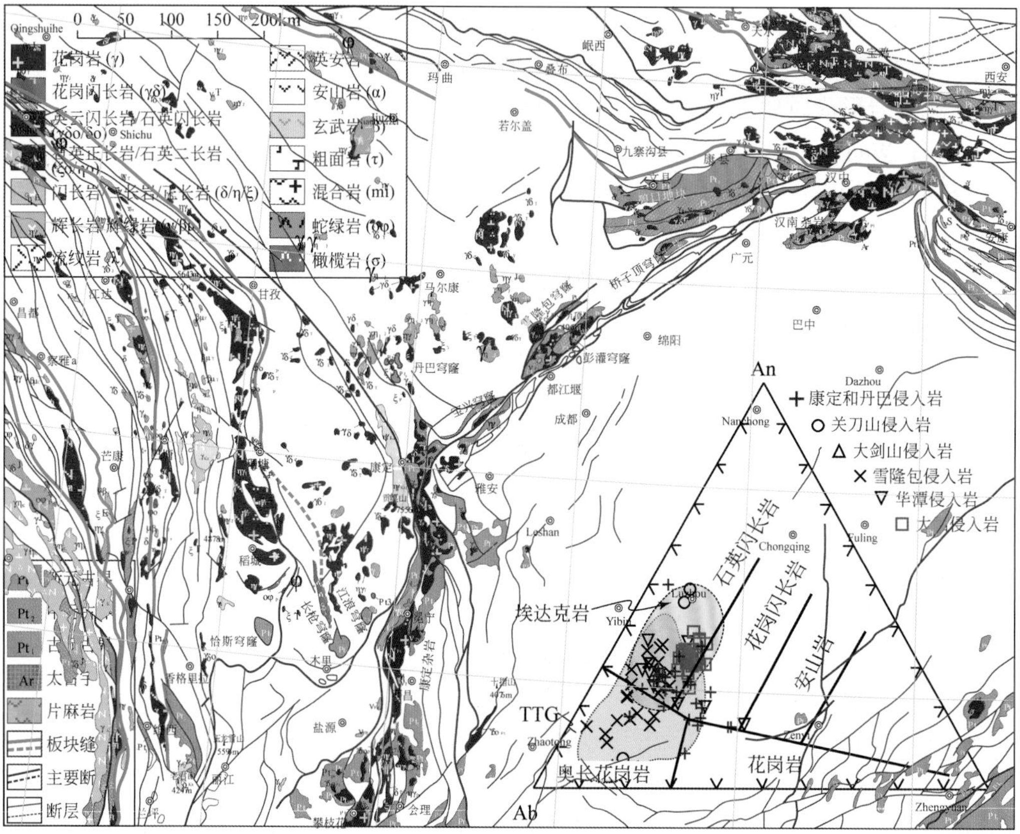

图 1.4　扬子地块西缘新元古代岩浆岩分布图
（据 Yan et al.，2018）

新元古代花岗质侵入岩主要沿汉南、龙门山逆冲构造带、川滇西部一带分布，主要出露于构造穹窿体的核心部位（Zhou et al.，2002a，2002b，2006a；Druschke et al.，2006；Xiao et al.，2007；Zhao et al.，2007a，2007b，2009a，2009b；Yan et al.，2008b；刘树文等，2009；Pei et al.，2009；Sun et al.，2009）。侵入体包括三种类型，即埃达克质岩体、基性侵入岩体和花岗质岩体。应用锆石 U-Pb 等多种定年方法，确定其侵位时代为 748～825Ma（Li et al.，2003b；Zhou et al.，2006b；Huang et al.，2009；Munteanu et al.，2010；

Meng et al., 2015)。综合岩石地球化学和同位素分析结果，这套与蛇绿混杂岩就位时代一致的岩浆岩，被认为是扬子西缘新元古代沟-弧-盆体系的重要组成部分（Zhou et al., 2002a, 2002b; Zhou et al., 2006b; Zhao and Zhou, 2007a; Zhu et al., 2008; Yan et al., 2018)。但是，也有学者认为它们是 Rodinia 超大陆裂解过程的产物（如 Li et al., 1995, 1996, 1999）或裂谷作用的产物（如 Zheng et al., 2007)。

三、印支期岩浆活动

中上扬子地区印支期花岗岩数量少、分散，整体上呈面型分布，并缺少相应的火山岩与之共生（周新民，2003)。本研究区内仅湘中地区有少量印支期花岗岩分布（图 1.5)（王德滋和刘昌实，1986；王岳军等，2002；周新民，2003)。锆石 U-Pb 年龄也确认，这些过铝质花岗岩形成时代主要集中在 200～250Ma，为印支期形成（Qiu et al., 2014；王岳军等，2005；Wang et al., 2013c)。

印支期花岗岩以过铝质 S 型花岗岩为主，具有较低的 $\varepsilon_{\mathrm{Nd}}(t)$ 值（$-27.7\sim-4.8$)，较高的 $({}^{87}\mathrm{Sr})_i/({}^{86}\mathrm{Sr})_i$ 值（0.7084～0.7318）和较古老的 Nd 模式年龄（1800～3300Ma)（王德滋和刘昌实，1986；王岳军等，2002；王德滋和沈渭洲，2003)。

对华南印支期大地构造演化和印支期花岗岩的形成机制，长期以来有着不同的理解。华南印支期花岗岩的整体面状分布及区内同期火山作用的相对缺乏，不支持其成因与俯冲/碰撞有直接关联的观点（王岳军等，2005)。王德滋和沈渭洲（2003）认为，印支期花岗岩形成于华夏地块与扬子地块或印支地块与华夏地块在印支期相互碰撞之后的伸展构造环境，由当时被加厚的华南地壳（中元古代变质基底≤50km）在减薄、降压、导水条件下先后部分熔融而成，其中有些可能属于加里东期花岗岩重熔形成的再生花岗岩。王岳军等（2005）认为，华南内部晚二叠世—中三叠世构造运动性质及转换，与当时华南南缘存在的古特提斯洋闭合及印支板块与华南陆块的碰撞作用有关。华南陆块南缘古特提斯洋盆的较早消亡，造成印支陆块率先与华南陆块碰撞与会聚，导致连锁的华南内部扬子与华夏之间的碰撞活化。已经拼合的华南陆块受到相邻块体间的碰撞挤压，被动地卷入陆内缩短和地壳加厚，形成碰撞造山带和与之相伴随的前陆盆地，同时沿构造薄弱带发生走滑或陆块发生旋转，形成逃逸构造及相应的盆山耦合构造。印支期花岗岩分布的赣湘桂一带为一长期发育的裂陷槽，带内冲褶构造发育，印支期花岗岩可能主要是陆壳叠置加厚作用的结果（王岳军等，2002，2005)。

四、燕山期岩浆活动

研究区的湘中盆地以东区域，燕山期岩浆活动十分强烈。燕山早期花岗岩主要分布于政和-大埔断裂以西的大陆板内地区，燕山晚期花岗岩则主要分布于政和-大埔断裂以东地区。燕山晚期花岗岩在成因类型上不仅包括 S 型和 I 型，而且也包括广泛发育的 A 型花岗岩，以及在时空和物质来源上具有同一性的火山岩。燕山早期岩浆活动可以大致分为两个阶段。

（1）第一阶段（170～180Ma）。主要为小规模碱性玄武岩（湘东南）和双峰式岩浆岩（赣南），这些岩浆岩普遍具有高Nd（钕）、低Sr（锶）同位素特征和典型的OIB型微量元素特征，为典型板内裂谷型岩浆岩（李献华，2004）。

（2）第二阶段（165～155Ma）。以大规模发育的花岗岩、钾质正长岩以及高演化、强分异成矿花岗岩为特征。钾质正长岩主要出露于粤西—桂东南和赣南地区，具有典型的板内裂谷碱性岩元素和同位素地球化学特征。同时形成的地壳大规模重熔花岗岩以过铝质花岗岩为主，但一些花岗岩也显示有地幔岩浆混入特征（李献华，2004）。

燕山早期花岗岩同位素组成变化明显，$\varepsilon_{Nd}(t)$ 值为-25.4～-5.4，$(^{87}Sr)_i/(^{86}Sr)_i$值0.7051～0.7398，Nd模式年龄为3200～1300Ma（沈渭洲和黄萱，1998；沈湄洲和凌洪飞，2000）。其中，绝大部分燕山早期花岗岩的同位素组成均与出露的中元古代变质沉积岩的值相似（谢窦克等，1996；凌洪飞等，1999）。因此，燕山早期花岗岩主要是由这些中元古代变质沉积岩经部分熔融形成的。

燕山晚期花岗岩（包括部分中酸性火山岩）的Nd-Sr同位素组成，$\varepsilon_{Nd}(t)$ 值为-23.3～-3.6，$(^{87}Sr)_i/(^{86}Sr)_i$值为0.7023～0.7219，Nd模式年龄为2300～1200Ma。与燕山早期花岗岩相比，大部分花岗岩的 $\varepsilon_{Nd}(t)$ 值较高，$(^{87}Sr)_i/(^{86}Sr)_i$值和Nd模式年龄值较低，反映在燕山晚期花岗岩的形成过程中，有较多地幔组分卷入。

燕山晚期花岗岩分布广泛，但燕山晚期火山岩分布仅限于赣江断裂以东（图1.5）。大量97～88Ma火山岩系与A型花岗岩，是伸展构造背景下岩浆活动的产物，标志岩石圈伸展减薄，软流圈地幔上涌，壳幔相互作用增强。一些基性岩（脉）的发育，也表明华南燕山期以来岩石圈具有伸展减薄特征，东南部地区广泛存在的流纹岩-玄武岩复合岩流和花岗岩-辉长岩/闪长岩浆混合现象及其Sr、Nd同位素初始值的趋同性，以及比东南澳大利亚高了近100℃的地温梯度，是晚中生代发生过玄武岩浆底侵的另一证据（周新民等，2007）。

五、扬子地块形成演化相关的区域变质作用

扬子地块基底普遍遭受区域变质作用，除造山带外盖层岩石则基本未发生变质。目前出露的太古宇仅有位于北缘的崆岭群和西北缘的鱼洞子群（图1.1），古元古代地层主要分布于扬子地块西缘（大红山群/东川群、河口群），变质程度达到角闪岩相和麻粒岩相（Zhao and Cawood，2012）。

中、新元古代地层则经历了广泛的绿片岩相区域变质作用，这可能与扬子地块在860～820Ma的晋宁运动和克拉通化作用有关（Zhang et al.，2013）。中、新元古代变质岩系主要出露在江南造山带以及扬子地块西缘。如前所述，除一些花岗岩类侵入体之外，主要由巨厚的火山沉积岩系组成。

中、新元古界包括两套岩石地层组合（图1.2），即组合Ⅱ中新元古界会理群-昆阳群-盐边群-冷家溪群-梵净山群-四堡群和组合Ⅲ新元古界下江群-板溪群-丹洲群（广西壮族自治区地质矿产局，1985；湖南省地质矿产局，1988；江西省地质矿产局，1984；浙江省地质矿产局，1989；程裕淇，1994；徐有华等，2008；Zhao and Cawood，2012）。其中组合Ⅱ和组合Ⅲ间存在角度不整合关系，但二者的顶、低界年龄相差不大，表明组合Ⅱ

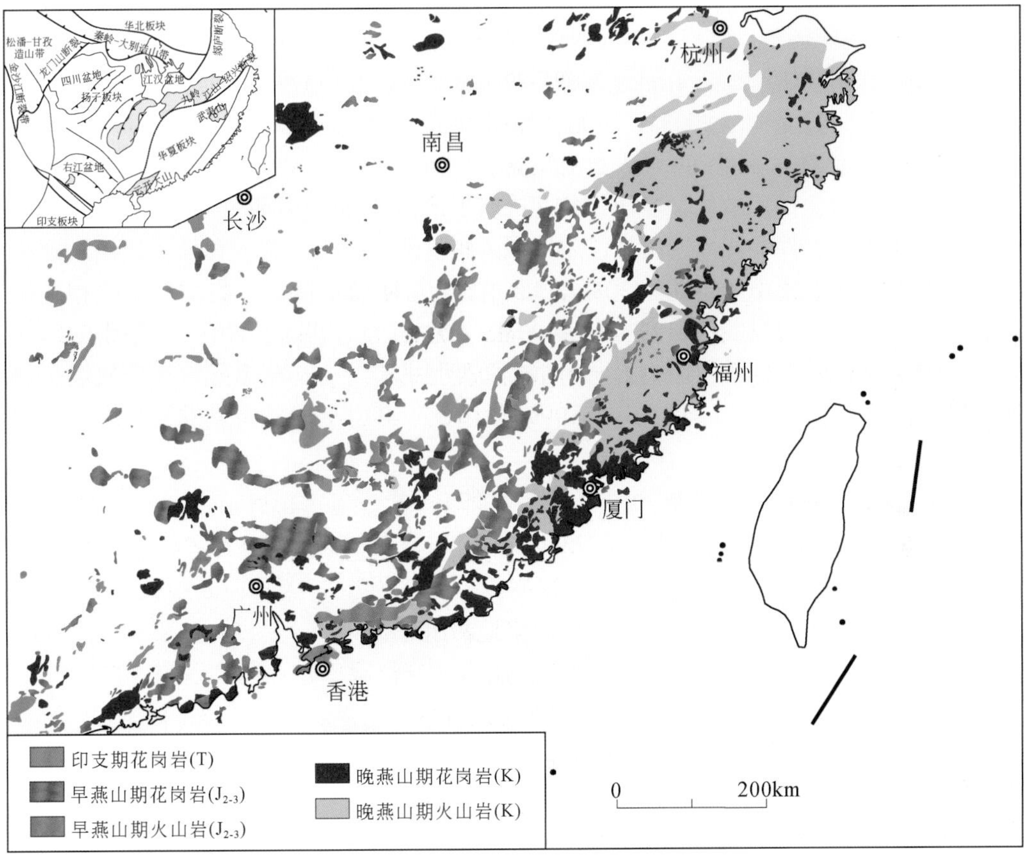

图 1.5　华南中生代花岗岩分布图

（据 Zhou et al.，2006）

变形之后很快就接受了组合Ⅲ的沉积。

常见的变质矿物组合有 Chl+Ser+Qtz+Pl（绿泥石+绢云母+石英+斜长石）、Ser+Chl+Pl+Qtz（绢云母+绿泥石+斜长石+石英）、Chl+Ep+Act+Pl+Qtz（绿泥石+绿帘石+阳起石+斜长石+石英）、Bt+Ser+Chl+Qtz（雏晶+黑云母+绿泥石+石英）、Act+Scp+Chl+Qtz（阳起石+方柱石+绿泥石+石英）等。变质程度为低绿片岩相的绢云母-绿泥石级，变质温度一般为 300～400℃，变质压力为 0.3～0.5GPa（朱明新和王河锦，2001；李民和章泽军，2006），属于区域低温动力变质作用。局部变质较深，变质温度 420～570℃，压力 0.3～0.57GPa，属于低角闪岩相（叶瑛和兰翔，1996；张海祥等，2003）。区域上发现有蛇绿混杂岩（沈渭洲等，1992；赵建新等，1995）、蓝片岩（周国庆等，1989；高俊，2001）和包括文石硬玉蓝片岩的高压变质岩石（舒良树和周国庆，1988；周国庆等，1989）、含硬玉霓辉石钠长角闪片岩、含硬玉霓辉石石英钠长石岩、蓝闪石石英钠长片岩、镁钠闪石石英片岩（高俊，2001）。

这种大面积的低级变质、局部出现低温高压变质的区域特点，表明江南造山带碰撞模式与典型的陆-陆碰撞有所区别。高精度锆石原位定年结果表明，江南造山带火山岩从北东到南西有逐渐变年轻的趋势（图 1.6），北东段形成时代较早，为 995～848Ma（Li et al.，2009；Shu et al.，2011），中段双桥山群和冷家溪群形成于 880～830Ma（高林志等，2008），西南部冷家溪群、梵净山群和四堡群则形成于 855～822Ma（柏道远等，2010；高林志等，2011a，2011b；Zhou et al.，2009；Zhang et al.，2015）。这可能与 Rodinia 超大陆汇聚的方式有关（Li et al.，2003a，2006；Zhou et al.，2006a，2006b；Wang et al.，2007a；Zhao et al.，2011；Zhao and Cawood，2012）。

中新元古代后，扬子地块又经历了加里东期、印支期和燕山期三期主要构造热事件，其中早古生代的热事件在江南造山带以东区域的华夏地块较为发育，在扬子地块表现相对较弱。这期事件主要集中于 460～430Ma，反映加里东期扬子地块和华夏地块的相互作用（任纪舜等，1990；舒良树，2012；Zhang et al.，2013；李三忠等，2016）。华南的印支期和燕山期构造、岩浆、变质作用也有向南东方向变强的趋势，与华夏地块相比在扬子地块表现相对较弱。

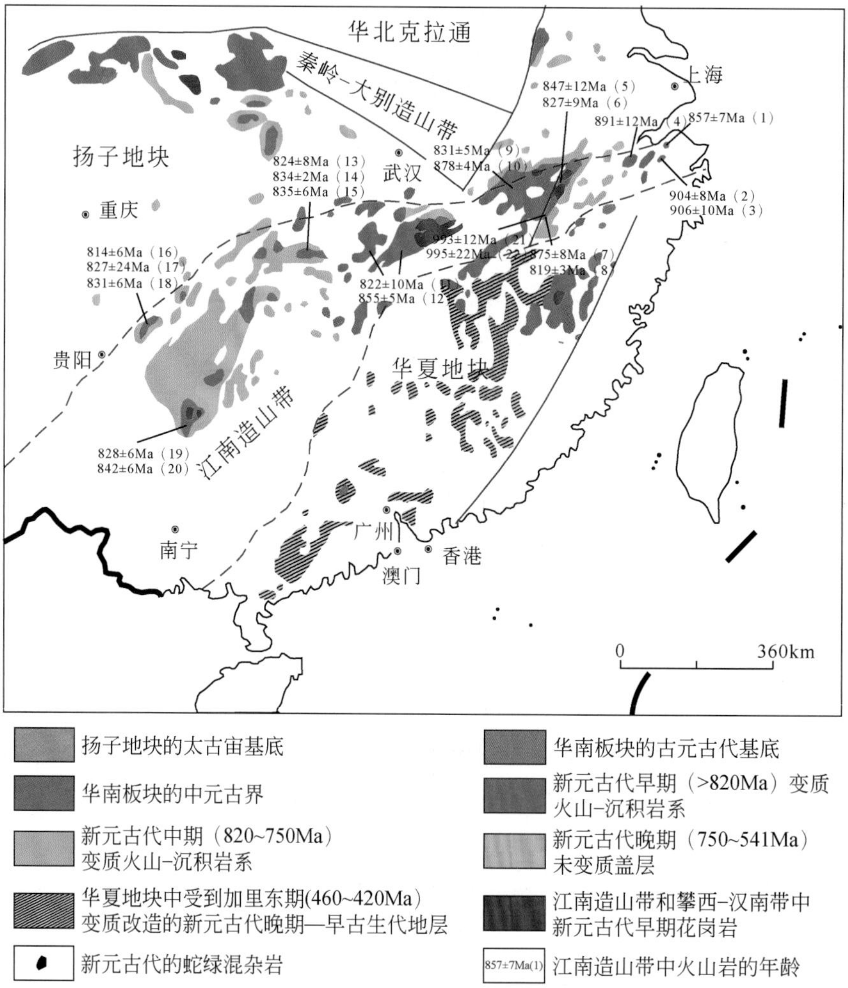

图 1.6　江南造山带/雪峰山造山带火山岩年龄分布图

数据来源：1. Shu 等（2011）；2、3. 陈志洪等（2009）；4. Li 等（2009）；5、6. 丁炳华等（2008）；7、8. Zhang 等（2013）；9. 高林志等（2008）；10. Wang 等（2008）；11. 高林志等（2011b）；12. 高林志等（2011a）；13～15. Zhang 等（2015b）；16～18. Zhou 等（2009）；19. Li 等（1999）；20. 高林志等（2010）；21、22. Wang 等（2015）

第三节 区域构造格架和相关构造事件

一、构造单元划分

根据地质演化的基本特征，对川滇黔接壤区、湘中盆地区和右江盆地区三个矿集区的大地构造单元进行了初步划分，共分出盐源-木里逆冲构造带、康滇构造带、哀牢山构造带、右江盆地、黔中隆起、雪峰山（江南）陆内造山带、川鄂湘逆冲构造带、湘中盆地等8个一级构造单元（图1.7）。

（一）盐源-木里逆冲构造带

呈向南凸出的弧形形态，限于盐源逆冲断层上盘，并向西渐次过渡至松潘-甘孜造山带。盐源-木里逆冲构造带是新生代青藏高原向东或向东南挤出作用的结果（Yan et al., 2003；Sun et al., 2018；许志琴等，1991），因此，是青藏高原东缘龙门山-木里复合构造带的组成部分，并可以进一步划分出若干二级和三级构造单元。

（二）康滇构造带

康滇构造带由中新元古界变质基底和南华系—新生界盖层组成。其变质基底主要是中新元古代河口群、会理群、昆阳群，以及新元古代盐边群组成的康定杂岩（Zhou et al., 2002a，2006b；Zhao and Zhou，2007a，2007b，2008，2009a，2009b；Zhao et al., 2010a，2010b，2013；Sun et al., 2009）。南北走向的康滇构造带长约100km，宽约30km，由断层围限（Zhou et al., 2002a）。其内部也发育多条断层，并被切割成数个小的断块。其东、西两侧是一系列中生代原始为低角度的正断层系，其南西侧和西侧则分别为左行走滑断层和逆冲断层（Zhou et al., 2002a），这些断层组合起来，被解释为转换挤压构造带，并导致其在新生代快速隆升和剥蚀（Zhang et al., 2017）。

（三）哀牢山构造带

哀牢山构造带是藏东地区的一条重要线性构造，它分隔了扬子-华夏地块与印支地块，并保存记录了多阶段大地构造演化（刘俊来等，2011）。哀牢山构造带内由西向东依次发育了哀牢山早石炭世—早三叠世混杂岩带、金平-沱江晚二叠世—早三叠世裂谷带残余、新生代构造-岩浆剪切带以及新太古代—新元古代深变质岩系（孙晓明等，2007）。具有不同特点的地质单元被新生代发育为主的断裂构造分隔（张进江等，2006）；不同时期混合岩化或异地就位成因的花岗质岩石在构造带中也普遍发育。哀牢山构造带在不同地质历史阶段具有多重大地构造属性，总体上经历了前特提斯演化、特提斯演化以及新生代陆内演化三个重要演化阶段。

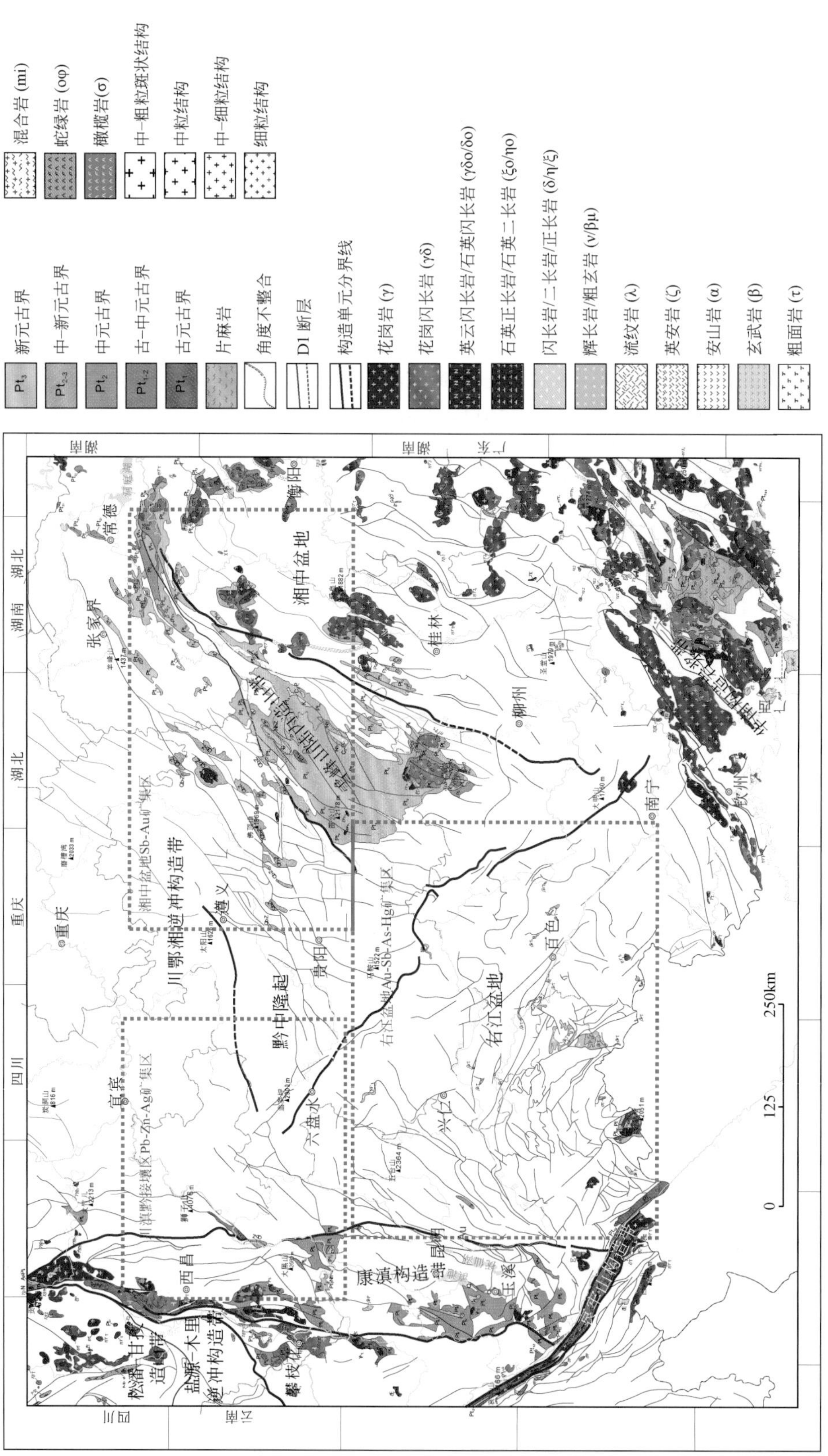

图1.7 扬子地块西南部大地构造单元划分图

（四）右江盆地

右江盆地又称南盘江盆地，位于华南地块西南缘，其西北部的边界为师宗-弥勒断裂、北东边界为紫云-罗甸断裂（紫云-都安断裂）、西南部边界为红河断裂、东南部边界为凭祥断裂（图2.6；Cai and Zhang，2009；Yang et al.，2012；Faure et al.，2014）。右江盆地和东南部的十万大山盆地通过萍乡-南宁断层分隔。右江盆地中最老的地层为寒武系和奥陶系的页岩和钙质岩。这些岩石出露在复合叠加背斜的核部，其上覆地层为早-中泥盆世的砂岩、粉砂岩、页岩以及裂谷玄武岩和辉绿岩（广西壮族自治区地质矿产局，1985；Yang et al.，2012）。从晚古生代到中三叠世，盆地沉积了约7km厚的海相地层（Galfetti et al.，2008；Yang et al.，2012）。在漫长的海相沉积之后，盆地经历了逆冲断层的改造（Liang and Li，2005；Lepvrier et al.，2011；Faure et al.，2014）。

（五）黔中隆起

黔中隆起展布于贵州中部赫章—大方—织金—修文—开阳一带，是一个东西向早古生代隆起，基底为中元古代四堡群及新元古代板溪群，岩性主要为各类浅变质岩，出露于隆起周缘黔东北梵净山地区；盖层广泛发育震旦系灯影组、寒武系、奥陶系、志留系，岩性主要为海相碳酸盐岩及碎屑岩（陈旭，2001；牛新生等，2007；杨长清等，2008）。黔中隆起南北两侧均为沉积拗陷，南、北、西南边界为古生代同沉积断裂围限，隆起通过同沉积边界断裂与周缘拗陷相互耦合，其性质、变形机制及演化均受边界断裂调节（封永泰等，2007；邓新等，2010）。

（六）雪峰山（江南）陆内造山带与川鄂湘逆冲构造带

雪峰山（江南）陆内造山带及其西侧川鄂湘逆冲构造带，实质上是陆内造山带的厚皮逆冲构造带与前陆薄皮逆冲构造带。出露地层主要包括变质基底、褶皱基底和盖层。变质基底以新元古代早期冷家溪群、梵净山群和四堡群为代表，出露于雪峰山厚皮逆冲构造带的北部和南部，以及梵净山穹窿核部。新元古界变质基底主要为一套时代大致相当的浅变质碎屑岩、泥质岩和凝灰岩组合（广西壮族自治区地质矿产局，1985；贵州省地质矿产局，1987；湖南省地质矿产局，1988，2016），据区域上发现的生物化石组合，以及Zhao等（2011）和Wang等（2012）的年代学测定结果，这套新元古界中级变质岩石组合时代大致为860～820Ma。

雪峰山造山带是一个由新元古代碰撞造山并叠加中生代陆内造山形成的复合造山带，以断层相关褶皱为基本构造样式，具有造山带典型逆冲构造样式（包括厚皮逆冲构造和薄皮逆冲构造、叠瓦状逆冲构造和双重构造）的陆内递进造山带。颜丹平等（2018）提出了雪峰山板内递进变形过程的构造运动学模式（图1.8）。

（七）湘中盆地

湘中盆地（湘中复合逆冲构造带）位于扬子地块东部江南（雪峰）造山带以东区域，北西以雪峰山东侧为界，北东与伪山北西向隆起相邻，南东侧以株洲-双牌断裂与衡阳盆

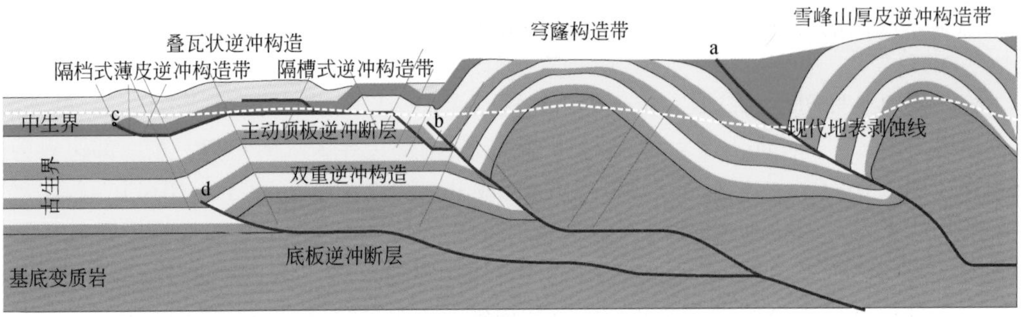

图 1.8　雪峰山造山带陆内递进逆冲构造模式

（据 Yan et al.，2016；颜丹平等，2018 修改）

地分开，南部达北东走向的越城岭-四明山-关帝庙隆。可见，湘中盆地具有“三隆两盆”的构造格局，近东西向的白马山-大乘山-龙山隆起将湘中盆地一分为二，即北部的涟源盆地和南部的邵阳盆地（图 1.9）。

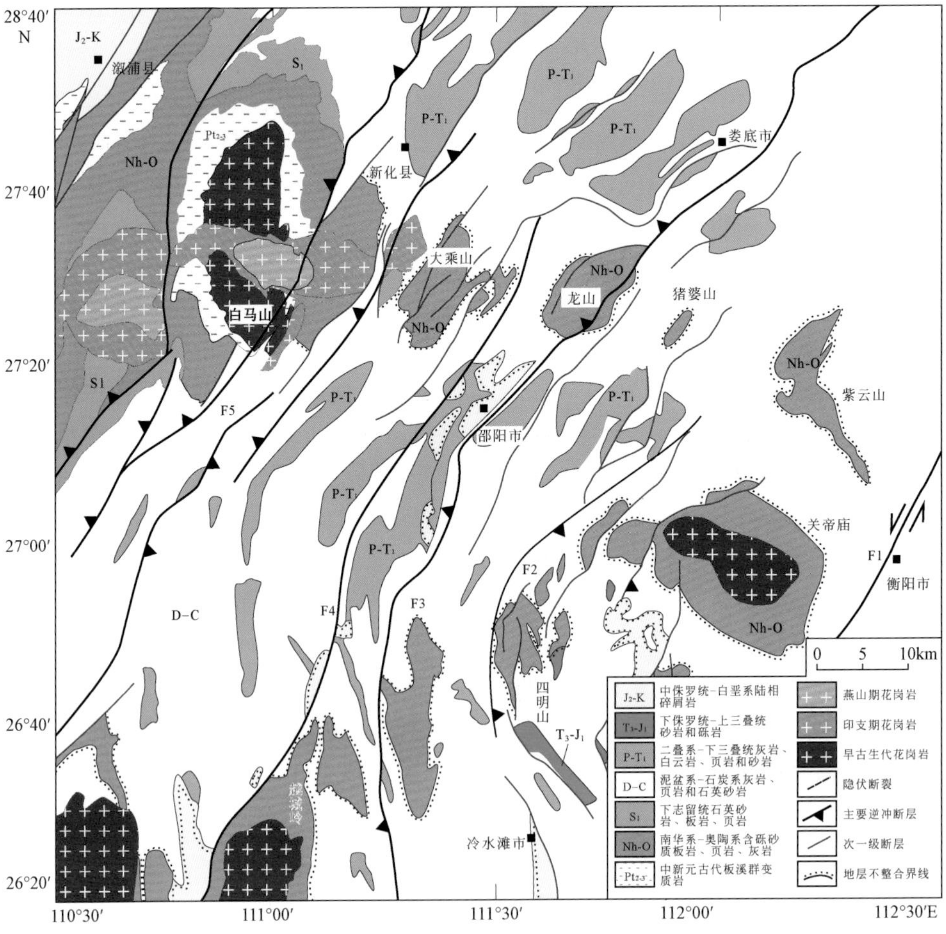

图 1.9　湘中盆地地质简图

（据涟源幅 1∶20 万地质图；王建等，2010；Shi et al.，2015 综合编制）

F1. 株洲-双牌断裂；F2. 祁阳弧断裂；F3. 汨罗-邵阳断裂；F4. 新邵-新宁断裂；F5. 城步-新化断裂

盆地基底由前泥盆系巨厚变质、浅变质碎屑岩组成，主要分布于盆地边缘及内部次级隆（凸）起带中。盆地西侧有板溪群出露，作为区内最老地层，向上依次被南华系裂谷沉积及冰碛岩及震旦系碳酸盐岩覆盖。早古生代为扬子大陆边缘斜坡沉积，晚古生代属于陆表海沉积。其中，湘中拗陷上二叠统海陆过渡相的大隆组（P_3d）与龙潭组（P_3l）发育一套黑色页岩，保存了颇具规模的页岩气藏。主要出露上古生界海相沉积盖层（包括下三叠统），娄底、新化、邵阳等地发育小块白垩纪红层，西部石江一带及南部越城岭-关帝庙隆起北侧发育少量侏罗纪沉积。

湘中地区花岗岩发育，主要分布于盆地边缘，出露面积较大的岩体有白马山岩体、沩山岩体和关帝庙岩体等。它们主要形成于印支期，白马山岩体中心有部分加里东期岩体。在印支期岩体中可能存在燕山期小岩体（马东升等，2003），值得进一步深入研究。

泥盆纪—中三叠世省境总体沉降，进入陆表海盆地阶段。华南泥盆纪盆地是加里东运动形成华南造山带后的第一个沉积盆地。加里东造山后，盆地堆积空间的几何形态为一北东向的长条状，内部的构造分异受前陆盆地由东向西迁移时逆冲推覆构造线形迹的影响而呈南北向展布，并控制古地理格局。盆地的古地貌为北高南低、东高西低。中泥盆世吉维特期（Givetian）初始阶段的沉积作用是陆、海的主要转折点，由湘南宁远县的半山水库向北至湘中新邵白云铺，南北跨越超过300km，沉积了吉维特期早期的第一海侵层——跳马涧组滨海石英砂岩（许效松，1994）。石炭纪时浅水碳酸盐台地范围扩大，台间深水盆地分布局限，浅滩发育，槽-台分异不明显，早二叠世海域最大，海水淹没全区，槽-台分异明显，孤立台地范围变小。

湘中盆地内没有残留的中三叠世地层记录（Wang et al.，2013c），雪峰山南东侧的永兴一带，中三叠统为一套台地-陆棚相的碳酸盐岩沉积，雪峰山西侧中三叠统并非造山后的粗碎屑沉积物，而是稳定的巴东组近岸砂泥质潮坪沉积。推测在湘中盆地应同样发育砂泥质潮坪沉积，并向南东过渡为碳酸盐台地-陆棚相（李聪等，2011）。表明中三叠世构造运动导致的湘中盆地一带为海退的过程，应为整体抬升剥露而非剧烈的造山运动或者印支运动变形对湘中地区的影响并非十分明显（李三忠等，2011；颜丹平等，2018）。

晚三叠世—中侏罗世为陆相盆地阶段，以北东—北北东向构造为格架，中侏罗世末发生早燕山运动，原近东西向的构造受后期中新生代构造破坏。晚侏罗世湘南—湘东南地区具陆内后造山环境，岩石圈拆沉、软流圈上涌等深部作用诱发了强烈的花岗质岩浆活动（范蔚茗等，2003；Zhou et al.，2006c；Wang et al.，2007b）和热液成矿作用（Mao et al.，2013）。白垩纪—古近纪为区域断陷盆地阶段。

湘中盆地自早古生代以来经历过多期、多方位的陆内构造复合、联合叠加变形（孙岩等，1990；Wang et al.，2005；柏道远等，2008，2009，2013）。盆地内部由一系列复合构造穹窿体，如白马山构造-岩浆复合穹窿、龙山复合构造穹窿、锡矿山复合构造穹窿体等组成（Shi et al.，2015；Li et al.，2016；张岳桥等，2009）。穹窿体总体呈长垣状，长轴北北东走向，大体平行于雪峰山构造带，短轴则为近东西向（图1.8）。据前人构造解析和年代学分析结果，穹窿体主要表现为燕山期北北东向纵弯褶皱叠加于加里东期东西向褶皱，泥盆系-石炭系普遍角度不整合于下古生界之上。因此，这是一系列典型的斜跨褶皱叠加的结果（Wang et al.，2013c；Shi et al.，2015；张岳桥等，2009）。

湘中盆地盖层中的线状褶皱及走向逆冲断裂发育，主要受控于盖层底部不整合界面及石炭系测水组煤系地层的滑脱，部分断裂切入加里东褶皱基底（柏道远等，2013）。

上古生界盖层中构造线主要为北东—北北东向，往南至祁阳一带则逐渐转向北南并最终过渡到北西向，形成了受广泛讨论的“祁阳弧”构造，其形成时代、变形特征等前人已有大量研究（邱之俊等，1980；陈长明，1985；湖南省地质矿产局，1988；孙岩等，1990；丘元禧等，1998；舒良树和周新民，2002；舒良树等，2006；柏道远等，2008，2009；金宠等，2009；徐先兵等，2009；张岳桥等，2009；王建等，2010）。研究表明，湘中盆地北东—北北东向褶皱和逆断裂形成于中三叠世晚期的印支运动和中侏罗世晚期的早燕山运动（Wang et al.，2005；柏道远等，2008，2009）。

一般认为，盆地西部上古生界的褶皱和断裂构造形迹，受控于自南东向北西的逆冲推覆（Wang et al.，2005；杨雄庭，1990a，1990b；徐志斌等，1993；云武等，1994；朱锐等，2006；刘恩山等，2010），地表构造线向北西凸出的弧形弯曲似乎也佐证了这一观点（柏道远等，2008，2013）。

二、主要构造事件与演化

中元古代末期格林威尔（Greenville）造山事件（1300 ~ 1000Ma）和新元古代 Rodinia 超级大陆重建（1050 ~ 720Ma），是扬子地块西南基底形成演化的基础。长期以来，一直试图在扬子地块通过重建 Greenville 造山带，并将江南（雪峰山）造山带作为 Greenville 造山带的组成部分来重建 Rodinia 超大陆，因此，位于扬子地块和华夏块体间的江南造山带是一个重要标志（李江海和穆剑，1999；吴根耀，2000）。不过，在扬子地块西缘识别并重新建立的新元古代沟-弧-盆体系，对这个认识提出了挑战。

华南大地构造的另外一个热点问题，就是中生代以来的岩石圈构造演化。主要有三种观点。①华南中生代大地构造与太平洋板块西向俯冲有关：如安第斯型活动大陆边缘（任纪舜等，1990）、岩石圈俯冲后撤+岩浆底侵作用模型（郭令智，1983）、阿尔卑斯型碰撞造山（Hsü et al.，1990）及特提斯多岛洋（海）碰撞造山、弧后造山（马文璞，1996；陈海泓和肖文交，1998）；Zhou 等（2000）则提出消减—伸展—增生模式，随着太平洋板块向欧亚板块俯冲角度的变化，上覆大陆板块由挤压应力向伸展应力转变，诱使大量玄武岩浆底侵，从而造成燕山晚期形成的花岗岩和火山岩大都具有壳幔混合特征；王德滋（2004）认为，124 ~ 135Ma 的火山岩及与之伴生的 I 型花岗岩属于挤压背景下岩浆活动的产物，与太平洋板块向欧亚板块的俯冲消减有关。②陆内变形作用和岩石圈伸展减薄：华南存在中元古代末新元古代初碰撞造山，新元古代以来不存在洋壳，晋宁期以后的造山作用属陆内硅铝造山性质，华南中生代构造是陆内挤压变形、盆岭伸展构造与岩石圈伸展减薄作用的产物（Wang et al.，2003；王岳军等，2001；赵振华等，2004）。赵振华等（2004）认为华南燕山运动是陆内软流圈上涌、岩石圈伸展、减薄作用为主的动力学背景，但晚期在东部边缘叠加了古太平洋板块西向俯冲作用。③地幔柱模式：认为地幔柱活动造成了晚中生代大规模的岩浆活动和成矿作用（谢窦克等，1996；毛景文等，1998；陶奎元等，1999；谢桂青，2001）。

近年的研究显示，华南中生代以来构造格局的总特点是挤压和伸展作用交替发生（Wang et al.，2013c），230～200Ma 的印支期以挤压为主，而 180～140Ma、130～110Ma 和 100～80Ma 的燕山期，则以岩石圈伸展减薄为主，挤压和伸展的背景可能反映了华南印支期碰撞造山后的陆内造山（或后碰撞）及其后软流圈地幔上涌诱导的裂解作用（王岳军等，2004；Wang et al.，2013c）。

第四节　区域成矿作用

华南以中生代成矿大爆发著称于世。主要包括两种特征的矿化类型：华南陆块东侧南岭地区中生代钨锡多金属大规模成矿；华南陆块西侧扬子地块中生代大规模低温成矿。南岭地区的钨锡多金属矿床中存在大量辉钼矿，可用辉钼矿 Re-Os 法进行精确定年。根据大量辉钼矿 Re-Os 定年研究结果，目前已基本确定该区中生代的钨锡多金属矿床主要形成于三个时期，成矿年龄分别为 230～200Ma、160～130Ma、120～80Ma（Peng et al.，2006；Hu and Zhou，2012；Mao et al.，2013），其中，230～200Ma 和 160～130Ma 的钨锡多金属成矿作用主要发生在南岭中段，分别与印支期由特提斯相关的多陆块相互作用形成的过铝质花岗岩和由燕山期软流圈上涌而形成的花岗岩有关（Hu and Zhou，2012；Wang et al.，2013c；Mao et al.，2013；胡瑞忠等，2015）；120～80Ma 的钨锡多金属成矿作用主要发生在南岭西段，沿右江 Au-Ab-Hg-As 矿集区周边分布，包括云南个旧、白牛厂和广西大厂等锡多金属矿床，与燕山晚期伸展背景下形成的花岗岩有关（Hu and Zhou，2012；Mao et al.，2013）。

扬子地块中生代大规模低温成矿作用形成的矿床，主要分布于川滇黔 Pb-Zn、右江 Au-Sb-Hg-As 和湘中 Sb-Au 三个矿集区。胡瑞忠等（2016）和 Hu 等（2017）的研究表明，大规模低温成矿主要有两个时期：第一期的时代约为 230～200Ma，相当于印支期；第二期的时代约为 160～130Ma，相当于燕山期。印支期的成矿涉及了右江、湘中和川滇黔三个矿集区，但燕山期的成矿则只涉及右江和湘中两个矿集区。

参考文献

柏道远，马铁球，王先辉，等，2008. 南岭中段中生代构造-岩浆活动与成矿作用研究进展. 中国地质，35（3）：436-455.

柏道远，邹宾微，赵龙辉，等，2009. 湘东太湖逆冲推覆构造基本特征研究. 中国地质，26（1）：53-64.

柏道远，贾宝华，刘伟，等，2010. 湖南城步火成岩锆石 SHRIMP U-Pb 年龄及其对江南造山带新元古代构造演化的约束. 地质学报，84（12）：1715-1726.

柏道远，贾宝华，王先辉，等，2013. 湘中盆地西部构造变形的运动学特征及成因机制. 地质学报，87（12）：1791-1802.

陈长明，1985. 关于湖南祁阳山字型构造的探讨. 湖南师范大学自然科学学报，8（3）：109-112.

陈海泓，肖文交，1998. 多岛海型造山作用——以华南印支期造山带为例. 地学前缘，5：95-102.

陈旭，戎嘉余，周志毅，等，2001. 上扬子区奥陶—志留纪之交的黔中隆起和宜昌上升. 科学通报，46（12）：1052-1056.

陈志洪，邢光福，郭坤一，等，2009. 浙江平水群角斑岩的成因：锆石 U-Pb 年龄和 Hf 同位素制约. 科学通报，54（5）：610-617.
程裕淇，1994. 中国区域地质概论. 北京：地质出版社.
从柏林，1988. 攀西古裂谷的形成与演化. 北京：科学出版社.
邓新，杨坤光，刘彦良，等，2010. 黔中隆起性质及其构造演化. 地学前缘，17（3），79-89.
丁炳华，史仁灯，支霞臣，等，2008. 江南造山带存在新元古代（~850Ma）俯冲作用——来自皖南SSZ型蛇绿岩锆石SHRIMP U-Pb年龄证据. 岩石矿物学杂志，27（5）：375-388.
范蔚茗，王岳军，郭锋，等，2003. 湘赣地区中生代镁铁质岩浆作用与岩石圈伸展. 地学前缘，10（3）：159-169.
封永泰，赵泽恒，赵培荣，等，2007. 黔中隆起及周缘基底结构，断裂特征. 石油天然气学报（江汉石油学院学报），29（3）：35-38.
高俊，2001. 赣东北高压变质岩的岩石类型、矿物组成与变质过程. 岩石矿物学杂志，2：134-145.
高林志，戴传固，刘燕学，等，2010. 黔东南—桂北地区四堡群凝灰岩锆石SHRIMP U-Pb年龄及其地层学意义. 地质通报，29（9）：1259-1267.
高林志，陈峻，丁孝忠，等，2011a. 湘东北岳阳地区冷家溪群和板溪群凝灰岩SHRIMP锆石U-Pb年龄——对武陵运动的制约. 地质通报，31（7）：1001-1008.
高林志，丁孝忠，庞维华，等，2011b. 中国中-新元古代地层年表的修正——锆石U-Pb年龄对年代地层的制约. 地层学杂志，35（1）：1-7.
高林志，张传恒，史晓颖，等，2008. 华北古陆下马岭组归属中元古界的锆石SHRIMP年龄新证据. 科学通报，53（21）：2617-2623.
高振家，陈克强，魏家庸，2000. 中国岩石地层辞典. 北京：中国地质大学出版社.
葛文春，李献华，李正祥，等，2000. 桂北“龙胜蛇绿岩”质疑. 岩石学报，1：112-119.
广西壮族自治区地质矿产局，1985. 广西壮族自治区区域地质志. 北京：地质出版社.
贵州省地质矿产局，1987. 贵州省区域地质志. 北京：地质出版社.
郭令智，施央申，马瑞士，1983. 西太平洋中、新生代活动大陆边缘和岛弧构造的形成及演化. 地质学报，57（1）：11-21.
胡瑞忠，毛景文，华仁民，等，2015. 华南陆块陆内成矿作用. 北京：科学出版社.
胡瑞忠，付山岭，肖加飞，2016. 华南大规模低温成矿的主要科学问题. 岩石学报，32（11）：3239-3251.
湖南省地质矿产局，1988. 湖南省区域地质志. 北京：地质出版社.
湖南省地质矿产局，2016. 湖南省区域地质志——新版. 北京：地质出版社.
江西省地质矿产局，1984. 江西省区域地质志. 北京：地质出版社.
金宠，李三忠，王岳军，等，2009. 雪峰山陆内复合构造系统印支—燕山期构造穿时递进特征. 石油与天然气地质，30（5）：598-607.
李聪，陈世悦，张鹏飞，等，2011. 雪峰陆内多期复合造山带震旦—三叠纪沉积演化特征. 中国地质，38（1）：43-51.
李江海，穆剑，1999. 我国境内格林威尔期造山带的存在及其对中元古代末期超大陆再造的制约. 地质科学，34（3）：259-272.
李民，章泽军，2006. 江南隆起带褶皱基底变质变形温压条件研究. 地球学报，6：543-550.
李三忠，王涛，金宠，等，2011. 雪峰山基底隆升带及其邻区印支期陆内构造特征与成因. 吉林大学学报：地球科学版，41（1）：93-105.
李三忠，赵淑娟，余珊，等，2016. 东亚原特提斯洋（Ⅱ）：早古生代微陆块亲缘性与聚合. 岩石学报，32（9）：2628-2644.

李献华，苏犁，宋彪，等，2004. 金川超镁铁侵入岩 SHRIMP 锆石 U-Pb 年龄及地质意义. 科学通报，49（4）：401-402.
凌洪飞，沈渭洲，黄小龙，1999. 福建省花岗岩类 Nd-Sr 同位素特征及其意义. 岩石学报，15（2）：255-262.
刘恩山，李三忠，金宠，等，2010. 雪峰陆内构造系统燕山期构造变形特征和动力学. 海洋地质与第四纪地质，30（5）：63-74.
刘鸿允，郝杰，李日俊，1999. 中国中东部晚前寒武纪地层与地质演化. 北京：科学出版社.
刘俊来，唐渊，宋志杰，等，2011. 滇西哀牢山构造带：结构与演化. 吉林大学学报（地球科学版），41（5）：1285-1303.
刘树文，杨恺，李秋根，等，2009. 新元古代宝兴杂岩的岩石成因及其对扬子西缘构造环境的制约. 地学前缘，16（2）：107-118.
刘肇昌，李凡友，钟康惠，等，1996. 扬子地台西缘构造演化与成矿. 成都：电子科技大学出版社.
马东升，潘家永，解庆林，2003. 湘中锑（金）矿床成矿物质来源——Ⅱ. 同位素地球化学证据. 矿床地质，22（1）：78-87.
马文璞，1996. 华南陆域内古特提斯形迹，二叠纪造山作用和互换构造域的东延. 地质科学，31（2）：105-113.
毛景文，李红艳，王登红，等，1998. 华南地区中生代多金属矿床形成与地幔柱关系. 矿物岩石地球化学通报，2：63-65.
牛新生，冯常茂，刘进. 2007. 黔中隆起的形成时间及形成机制探讨. 海相油气地质，12（2），46-50.
丘元禧，张渝昌，马文璞，1998. 雪峰山陆内造山带的构造特征与演化. 高校地质学报，4：432-433.
邱之俊，钟浚贤，詹世云，1980. 祁阳山字型构造特征及形成机制. 石油与天然气地质，1（1）：75-81.
任纪舜，陈廷愚，牛宝贵，等，1990. 中国东部及邻区大陆岩石圈的构造演化与成矿. 北京：科学出版社.
沈渭洲，黄萱，1998. 江西省中生代花岗岩类的 Nd-Sr 同位素研究. 科学通报，43（24）：2653-2657.
沈渭洲，凌洪飞，2000. 中国东南部花岗岩类的 Nd 模式年龄与地壳演化. 中国科学（D 辑），30（5）：471-478.
沈渭洲，邹海波，楚雪君，等，1992. 安徽伏川蛇绿岩套的 Nd-Sr-O 同位素研究. 地质科学，4：27-35.
舒良树，2012. 华南构造演化的基本特征. 地质通报，31（7）：1035-1053.
舒良树，周国庆，1988. 赣北元古代地体拼贴带中高压变质矿物的发现及其构造意义. 南京大学学报（自然科学版），24（3）：421-429.
舒良树，周新民，2002. 中国东南部晚中生代构造作用. 地质论评，48（3）：249-260.
舒良树，周新民，邓平，等，2006. 南岭构造带的基本地质特征. 地质论评，52（2）：251-265.
四川省地质矿产局，1991. 四川省区域地质志. 北京：地质出版社.
孙晓明，熊德信，石贵勇，等，2007. 云南哀牢山金矿带大坪韧性剪切带型金矿 ^{40}Ar-^{39}Ar 定年. 地质学报，1：88-92.
孙岩，沈修志，施泽进，等，1990. 湘中地区造山运动期后的拉伸作用. 南京大学学报（自然科学版），4：711-719.
陶奎元，毛建仁，邢光福，等，1999. 中国东部燕山期火山-岩浆大爆发. 矿床地质，4：27-33.
汪啸风，陈孝红，2005. 中国各地质时代地层划分与对比. 北京：地质出版社.
王德滋，2004. 华南花岗岩研究的回顾与展望. 高校地质学报，10（3）：305-314.
王德滋，刘昌实，1986. 中国东南沿海海西-印支旋回花岗岩类的分布规律及成因系列. 岩石学报，2（4）：3-15.
王德滋，沈渭洲，2003. 中国东南部花岗岩成因与地壳演化. 地学前缘，10（3）：209-220.

王河锦，周健，徐庆生，等，2002. 湘中北黄土店—仙溪中新元古界—下古生界的甚低级变质作用．中国科学（D辑），32（9）：742-750.
王河锦，周钊，王玲，等，2014. 湘北杨家坪中新元古宇和下古生界的近变质作用与成岩作用．岩石学报，(10)：3013-3020.
王建，李三忠，金宠，等，2010. 湘中地区穹盆构造：褶皱叠加期次和成因．大地构造与成矿学，34（2）：159-165.
王岳军，2002. 湖南印支期过铝质花岗岩的形成：岩浆底侵与地壳加厚热效应的数值模拟．中国科学（D辑），32（6）：491-499.
王岳军，范蔚茗，郭锋，等，2001. 湘东南中生代花岗闪长质小岩体的岩石地球化学特征．岩石学报，17（1）：169-176.
王岳军，廖超林，范蔚茗，等，2004. 赣中地区早中生代 OIB 碱性玄武岩的厘定及构造意义．地球化学，33（2）：109-117.
王岳军，范蔚茗，梁新权，等，2005. 湖南印支期花岗岩 SHRIMP 锆石 U-Pb 年龄及其成因启示．科学通报，50（12）：1259-1266.
吴根耀，2000. 华南的格林威尔造山带及其坍塌：在罗迪尼亚超大陆演化中的意义．大地构造与成矿学，24（2）：112-123.
谢窦克，马荣生，张禹慎，1996. 华南大陆地壳生长过程与地幔柱构造．北京：地质出版社．
谢桂青，胡瑞忠，赵军红，等，2001. 中国东南部地幔柱及其与中生代大规模成矿关系初探．大地构造与成矿学，25（2）：179-186.
徐先兵，张岳桥，贾东，等，2009. 华南早中生代大地构造过程．中国地质，3：573-593.
徐有华，吴新华，楼法生，2008. 江南古陆中元古代地层的划分与对比．资源调查与环境，29（1）：1-11.
徐志斌，云武，王义宏，等，1993. 试论湖南涟源凹陷中新生代构造应力场．中国矿业大学学报，22（2）：84-92.
许效松，1994. 层序地层学研究进展．岩相古地理，1：34-39.
许志琴，侯立玮，王大可，等，1991. "西康式"褶皱及其变形机制：一种新的造山带褶皱类型．中国区域地质，1：1-9.
许志琴，侯立玮，王宗秀，等，1992. 中国松潘-甘孜造山带的造山过程．北京：地质出版社．
颜丹平，邱亮，陈峰，等，2018. 华南地块雪峰山中生代板内造山带构造样式及其形成机制．地学前缘，25（1）：1-13.
杨长清，岳全玲，曹波，2008. 黔中隆起及其周缘地区下古生界油气勘探前景与方向．现代地质，22（4）：558-566.
杨雄庭，1990a. 测水煤系主要煤层的流变特征．湖南地质，9（3）：36-40.
杨雄庭，1990b. 湖南涟邵煤田测水煤系中的层间滑动混杂体．中国煤田地质，2（2）：4-8.
叶瑛，兰翔，1996. 赣北星子群杂岩的变质地质特征．浙江大学学报（自然科学版），30（6）：600-609.
尹崇玉，刘敦一，高林志，等，2003. 南华系底界与古城冰期的年龄：SHRIMP Ⅱ定年证据．科学通报，48（16）：1721-1725.
云南省地质矿产局，1990. 云南省区域地质志．北京：地质出版社．
云武，徐志斌，杨雄庭，1994. 湖南涟源凹陷西部滑脱带构造特征．中国矿业大学学报，23（1）：16-25.
张国伟，孟庆任，1996. 秦岭造山带的造山过程及其动力学特征．中国科学（D辑），26（3）：193-200.
张海祥，张伯友，孙大中，等，2003. 庐山星子群变质岩的变质作用 *P-T* 条件研究．矿物岩石，23（2）：32-36.

张惠民，2000. 中国前寒武纪岩石的磁性地层学研究．前寒武纪研究进展，23（1）：22-34.
张进江，钟大赉，桑海清，等，2006. 哀牢山-红河构造带古新世以来多期活动的构造和年代学证据．地质科学，41（2）：291-310.
张岳桥，徐先兵，贾东，等，2009. 华南早中生代从印支期碰撞构造体系向燕山期俯冲构造体系转换的形变记录．地学前缘，（1）：234-247.
赵建新，李献华，McCulloch M T，等，1995. 皖南和赣东北蛇绿岩成因及其构造意义：元素和Sm-Nd同位素制约．地球化学，4：311-326.
赵振华，王强，乔玉楼，2004. 华南早中侏罗世岩浆岩地球化学——兼论燕山运动动力学性质．全国岩浆岩研究发展战略研讨会暨花岗岩成因与地壳演化学术讨论会．
浙江省地质矿产局，1989. 浙江省区域地质志．北京：地质出版社．
周国庆，舒良树，吴洪亮，1989. 与赣东北元古代蛇绿岩有关的高温，高压变质岩和重变质作用机制的讨论．岩石矿物学杂志，8（3）：220-231.
周新民，2003. 对华南花岗岩研究的若干思考．高校地质学报，9（4）：556-565.
周新民，陈培荣，徐夕生，2007. 南岭地区晚中生代花岗岩成因与岩石圈动力学演化．北京：科学出版社．
朱明新，王河锦，2001. 长沙—澧陵—浏阳一带冷家溪群及板溪群的甚低级变质作用．岩石学报，17（2）：291-300.
朱锐，郭建华，旷理雄，等，2006. 湘中涟源凹陷构造样式与演化史分析．中国西部复杂油气藏地质与勘探技术研讨会．
Cai J X，Zhang K J，2009. A new model for the Indochina and South China collision during the Late Permian to the Middle Triassic. Tectonophysics，467（1-4）：35-43.
Cao W，Yan D P，Qiu L，et al.，2015. Structural style and metamorphic conditions of the Jinshajiang metamorphic belt：Nature of the Paleo-Jinshajiang orogenic belt in the eastern Tibetan Plateau. Journal of Asian Earth Sciences，113：748-765.
Deng Y，Chen Y，Wang P，et al.，2016. Magmatic underplating beneath the Emeishan large igneous province（South China）revealed by the COMGRA-ELIP experiment. Tectonophysics，672：16-23.
Dilek Y，Furnes H，Shallo M，2008. Geochemistry of the Jurassic Mirdita Ophiolite（Albania）and the MORB to SSZ evolution of a marginal basin oceanic crust. Lithos，100（1-4）：174-209.
Druschke P，Hanson AD，Yan Q，et al.，2006. Stratigraphic and U-Pb SHRIMP detrital zircon evidence for a Neoproterozoic continental arc，central China：Rodinia implications. The Journal of Geology，114（5）：627-636.
Faure M，Lepvrier C，Van Nguyen V，et al.，2014. The South China Block-Indochina collision：Where，when，and how? Journal of Asian Earth Sciences，79：260-274.
Galfetti T，Bucher H，Martini R，et al.，2008. Evolution of Early Triassic outer platform paleoenvironments in the Nanpanjiang Basin（South China）and their significance for the biotic recovery. Sedimentary Geology，204（1-2）：36-60.
He B，Xu Y G，Chung S L，et al.，2003a. Sedimentary evidence for a rapid，kilometer-scale crustal doming prior to the eruption of the Emeishan flood basalts. Earth and Planetary Science Letters，213（3-4）：391-405.
He B，Xu Y G，Xiao L，et al.，2003b. Generation and spatial distribution of the Emeishan large igneous province：New evidence from stratigraphic records. Acta Geologica Sinica-Chinese Edition，77（2）：194-202.
He B，Xu Y G，Wang Y M，et al.，2006. Sedimentation and lithofacies paleogeography in southwestern China before and after the Emeishan flood volcanism：New insights into surface response to mantle plume activity. The

Journal of Geology, 114 (1): 117-132.

He B, Xu Y G, Campbell I, 2009. Comment on: "Re-evaluating plume-induced uplift in the Emeishan large igneous province" by I. Ukstins Peate & SE Bryan. Nature Geoscience, 2: 531-532.

He B, Xu Y G, Guan J P, et al., 2010. Paleokarst on the top of the Maokou Formation: Further evidence for domal crustal uplift prior to the Emeishan flood volcanism. Lithos, 119 (1-2): 1-9.

Hsü K J, Li J, Chen H, et al., 1990. Tectonics of South China: Key to understanding West Pacific geology. Tectonophysics, 183 (1-4): 9-39.

Hu R Z, Zhou M F, 2012. Multiple Mesozoic mineralization events in South China—An introduction to the thematic issue. Mineralium Deposita, 47 (6): 579-588.

Hu R Z, Fu S L, Huang Y, et al., 2017. The giant South China Mesozoic low-temperature metallogenic domain: Review and a new geodynamic model. Journal of Asian Earth Sciences, 137, 9-34.

Huang X L, Xu Y G, Lan J B, et al., 2009. Neoproterozoic adakitic rocks from Mopanshan in the western Yangtze Craton: Partial melts of a thickened lower crust. Lithos, 112 (3-4): 367-381.

Jian P, Liu D, Kroener A, et al., 2009. Devonian to Permian plate tectonic cycle of the Paleo-Tethys Orogen in southwest China (Ⅱ): Insights from zircon ages of ophiolites, arc/back-arc assemblages and within-plate igneous rocks and generation of the Emeishan CFB province. Lithos, 113 (3-4): 767-784.

Jiang S Y, Pi D H, Heubeck C, et al., 2009. Early Cambrian ocean anoxia in south China. Nature, 459 (7248): E5-E6.

Kusky T M, Wang L, Dilek Y, et al., 2011. Application of the modern ophiolite concept with special reference to Precambrian ophiolites. Science China Earth Sciences, 54 (3): 315-341.

Lepvrier C, Faure M, Van V N, et al., 2011. North-directed Triassic nappes in Northeastern Vietnam (East Bac Bo). Journal of Asian Earth Sciences, 41 (1): 56-68.

Li Z X, Zhang L, Powell C M, 1995. South China in Rodinia part of the missing link between Australia-East Antarctica and Laurentia. Geology, 23: 410-707.

Li Z X, Zhang L, Powell C M, 1996. Positions of the East Asian Cratons in the Neoproterozoic supercontinent Rodinia. Aust. J. Earth Sci., 43: 593-604.

Li Z X, Li X H, Kinny P D, et al., 1999. The breakup of Rodinia: Did it start witha mantle plume beneath South China? Earth and Planetary Science Letters, 173 (3): 171-181.

Li X H, Li Z X, Ge W, et al., 2003a. Neoproterozoic granitoids in South China: Crustal melting above a mantle plume at ca. 825 Ma? Precambrian Research, 122 (1-4): 45-83.

Li Z X, Li X H, Kinny P D, et al., 2003b. Geochronology of Neoproterozoic syn-rift magmatism in the Yangtze Craton, South China and correlations with other continents: Evidence for a mantle superplume that broke up Rodinia. Precambrian Research, 122 (1-4): 85-109.

Li X H, Li Z X, Sinclair J A, et al., 2006. Revisiting the "Yanbian Terrane": Implications for Neoproterozoic tectonic evolution of the western Yangtze Block, South China. Precambrian Research, 151 (1-2): 14-30.

Li X H, Li W X, Li Z X, et al., 2009. Amalgamation between the Yangtze and Cathaysia Blocks in South China: Constraints from SHRIMP U-Pb zircon ages, geochemistry and Nd-Hf isotopes of the Shuangxiwu volcanic rocks. Precambrian Research, 174 (1-2): 117-128.

Li H, Zhang Z, Ernst R, et al., 2015. Giant radiating mafic dyke swarm of the Emeishan Large Igneous Province: Identifying the mantle plume centre. Terra Nova, 27 (4): 247-257.

Li Y, Dong S W, Zhang Y Q, et al., 2016. Episodic Mesozoic constructional events of central South China: Constraints from lines of evidence of superimposed folds, fault kinematic analysis, and magma geochronology. International Geology Review, 58 (9): 1076-1107.

Liang X Q, Li X H, 2005. Late Permian to Middle Triassic sedimentary records in Shiwandashan basin: Implication for the Indosinian Yunkai orogenic belt, South China. Sedimentary Geology, 177: 297-320.

Lo C H, Chung S L, Lee T Y, et al., 2002. Age of the Emeishan flood magmatism and relations to Permian-Triassic boundary events. Earth and Planetary Science Letters, 198 (3-4): 449-458.

Mao J W, Cheng Y B, Chen M H, et al., 2013. Major types and time-space distribution of Mesozoic ore deposits in South China and their geodynamic settings. Mineralium Deposita, 48 (3): 267-294.

Meng E, Liu F L, Du L L, et al., 2015. Petrogenesis and tectonic significance of the Baoxing granitic and mafic intrusions, southwestern China: Evidence from zircon U-Pb dating and Lu-Hf isotopes, and whole-rock geochemistry. Gondwana Research, 28 (2): 800-815.

Meng Q R, Wang E, Hu J M, 2005. Mesozoic sedimentary evolution of the northwest Sichuan basin: Implication for continued clockwise rotation of the South China Block. Geological Society of America Bulletin, 117 (3-4): 396-410.

Munteanu M, Wilson A, Yao Y, et al., 2010. The Tongde dioritic pluton (Sichuan, SW China) and its geotectonic setting: Regional implications of a local-scale study. Gondwana Research, 18 (2-3): 455-465.

Pei X Z, Li Z C, Ding S P, et al., 2009. Neoproterozoic Jiaoziding peraluminous granite in the northwestern margin of Yangtze Block: Zircon SHRIMP U-Pb age and geochemistry and their tectonic significance. Earth Science Frontiers, 16 (3): 231-249.

Peng J T, Zhou M F, Hu R Z, et al., 2006. Precise molybdenite Re-Os and mica Ar-Ar dating of the Mesozoic Yaogangxian tungsten deposit, central Nanling district, South China. Mineralium Deposita, 41 (7): 661-669.

Qiu L, Yan D P, Zhou M F, et al., 2014. Geochronology and geochemistry of the Late Triassic Longtan pluton in South China: Termination of the crustal melting and Indosinian orogenesis. International Journal of Earth Sciences, 103 (3): 649-666.

Qiu L, Yan D P, Tang S L, et al., 2016. Mesozoic geology of southwestern China: Indosinian foreland overthrusting and subsequent deformation. Journal of Asian Earth Sciences, 122: 91-105.

Shellnutt J G, Zhou M F, 2007. Permian peralkaline, peraluminous and metaluminous A-type granites in the Panxi district, SW China: Their relationship to the Emeishan mantle plume. Chemical Geology, 243 (3-4): 286-316.

Shi W, Dong S W, Zhang Y Q, et al., 2015. The typical large-scale superposed folds in the central South China: Implications for Mesozoic intracontinental deformation of the South China Block. Tectonophysics, 664: 50-66.

Shu L S, Faure M, Yu J H, et al., 2011. Geochronological and geochemical features of the Cathaysia block (South China): New evidence for the Neoproterozoic breakup of Rodinia. Precambrian Research, 187 (3-4): 263-276.

Song X Y, Zhou M F, Cao Z M, et al., 2004. Late Permian rifting of the South China Craton caused by the Emeishan mantle plume? Journal of the Geological Society, 161 (5): 773-781.

Sun M, Yin A, Yan D P, et al., 2018. Role of pre-existing structures in controlling the Cenozoic tectonic evolution of the eastern Tibetan plateau: New insights from analogue experiments. Earth and Planetary Science Letters, 491: 207-215.

Sun W H, Zhou M F, Gao J F, et al., 2009. Detrital zircon U-Pb geochronological and Lu-Hf isotopic constraints on the Precambrian magmatic and crustal evolution of the western Yangtze Block, SW China. Precambrian Research, 172 (1-2): 99-126.

Wang J, Li Z X, 2003. History of Neoproterozoic rift basins in South China: Implications for Rodinia break-up. Precambrian Research, 122 (1-4): 141-158.

Wang Y J, Fan W M, Guo F, et al., 2003. Geochemistry of Mesozoic mafic rocks adjacent to the Chenzhou-Linwu fault, South China: Implications for the lithospheric boundary between the Yangtze and Cathaysia blocks. International Geology Review, 45 (3): 263-286.

Wang Y J, Zhang Y H, Fan W M, et al., 2005. Structural signatures and $^{40}Ar/^{39}Ar$ geochronology of the Indosinian Xuefengshan tectonic belt, South China Block. Journal of Structural Geology, 27 (6): 985-998.

Wang X L, Zhou J C, Qiu J S, et al., 2006. LA-ICP-MS U-Pb zircon geochronology of the Neoproterozoic igneous rocks from Northern Guangxi, South China: Implications for tectonic evolution. Precambrian Research, 145 (1-2): 111-130.

Wang X L, Zhou J C, Griffin W A, et al., 2007a. Detrital zircon geochronology of Precambrian basement sequences in the Jiangnan orogen: dating the assembly of the Yangtze and Cathaysia Blocks. Precambrian Research, 159 (1-2), 117-131.

Wang Y J, Fan W M, Sun M, et al., 2007b. Geochronological, geochemical and geothermal constraints on petrogenesis of the Indosinian peraluminous granites in the South China Block: A case study in the Hunan Province. Lithos, 96 (3-4): 475-502.

Wang X L, Zhao G C, Zhou J C, et al., 2008. Geochronology and Hf isotopes of zircon from volcanic rocks of the Shuangqiaoshan Group, South China: Implications for the Neoproterozoic tectonic evolution of the eastern Jiangnan orogen. Gondwana Research, 14 (3): 355-367.

Wang W, Zhou M F, Yan D P, et al., 2012. Depositional age, provenance, and tectonic setting of the Neoproterozoic Sibao Group, southeastern Yangtze Block, South China. Precambrian Research, 192: 107-124.

Wang B Q, Wang W, Chen W T, et al., 2013a. Constraints of detrital zircon U-Pb ages and Hf isotopes on the provenance of the Triassic Yidun Group and tectonic evolution of the Yidun Terrane, Eastern Tibet. Sedimentary Geology, 289: 74-98.

Wang B Q, Zhou M F, Chen W T, et al., 2013b. Petrogenesis and tectonic implications of the Triassic volcanic rocks in the northern Yidun Terrane, Eastern Tibet. Lithos, 175: 285-301.

Wang Y J, Fan W M, Zhang G W, et al., 2013c. Phanerozoic tectonics of the South China Block: Key observations and controversies. Gondwana Research, 23: 1273-1305.

Wang Y, Luo Z, Wu P, et al., 2014. A new interpretation of the sedimentary environment before and during eruption of the Emeishan LIP, Southwest China. International Geology Review, 56 (10): 1295-1313.

Wang X S, Gao J, Klemd R, et al., 2015. Early Neoproterozoic multiple arc-back-arc system formation during subduction-accretion processes between the Yangtze and Cathaysia blocks: New constraints from the supra-subduction zone NE Jiangxi ophiolite (South China). Lithos, 236-237: 90-105.

Whattam S A, Stern R J, 2011. The "subduction initiation rule": A key for linking ophiolites, intra-oceanic forearcs, and subduction initiation. Contributions to Mineralogy and Petrology, 162 (5): 1031-1045.

Xiao L, Zhang H F, Ni P Z, et al., 2007. LA-ICP-MS U-Pb zircon geochronology of early Neoproterozoic mafic-intermediat intrusions from NW margin of the Yangtze Block, South China: Implication for tectonic evolution. Precambrian Research, 154 (3-4): 221-235.

Xu Y G, Chung S L, Jahn B M, et al., 2001. Petrologic and geochemical constraints on the petrogenesis of Permian-Triassic Emeishan flood basalts in southwestern China. Lithos, 58 (3-4): 145-168.

Yan D P, Xu Y B, Dong Z B, et al., 2016. Fault-related fold styles and progressions in fold-thrust belts:

Insights from sandbox modeling. Journal of Geophysical Research: Solid Earth, 121 (3): 2087-2111.
Yan D P, Zhou M F, Song H L, et al., 2003. Origin and tectonic significance of a Mesozoic multi-layer overthrust system within the Yangtze Block (South China). Tectonophysics, 361 (3-4): 239-254.
Yan D P, Zhou M F, Wei G Q, et al., 2008. The Pengguan tectonic dome of Longmen Mountains, Sichuan Province: Mesozoic denudation of a Neoproterozoic magmatic arc-basin system. Science in China Series D: Earth Sciences, 51 (11): 1545.
Yan D P, Zhou Y, Qiu L, et al., 2018. The Longmenshan tectonic complex and adjacent tectonic units in the eastern margin of the Tibetan Plateau: A review. Journal of Asian Earth Sciences, 164: 33-57.
Yang J H, Cawood P A, Du Y S, et al., 2012. Detrital record of Indosinian mountain building in SW China: Provenance of the Middle Triassic turbidites in the Youjiang Basin. Tectonophysics, 574: 105-117.
Yang T N, Zhang H R, Liu Y X, et al., 2011. Permo-Triassic arc magmatism in central Tibet: evidence from zircon U- Pb geochronology, Hf isotopes, rare earth elements, and bulk geochemistry. Chemical Geology, 284 (3-4): 270-282.
Yang T N, Ding Y, Zhang H R, et al., 2014. Two-phase subduction and subsequent collision defines the Paleotethyan tectonics of the Southeastern Tibetan Plateau: Evidence from zircon U-Pb dating, geochemistry, and structural geology of the Sanjiang orogenic belt, Southwest China. Bulletin, 126 (11-12): 1654-1682.
Zhang Y Z, Wang Y J, Geng H Y, et al., 2013. Early Neoproterozoic (~850Ma) back-arc basin in the Central Jiangnan Orogen (Eastern South China): Geochronological and petrogenetic constraints from meta- basalts. Precambrian Research, 231: 325-342.
Zhang Y Z, Wang Y J, Zhang Y H, et al., 2015. Neoproterozoic assembly of the Yangtze and Cathaysia blocks: Evidence from the Cangshuipu Group and associated rocks along the Central Jiangnan Orogen, South China. Precambrian Research, 269: 18-30.
Zhang Y Z, Replumaz A, Leloup P H, et al., 2017. Cooling history of the Gongga batholith: Implications for the Xianshuihe Fault and Miocene kinematics of SE Tibet. Earth and Planetary Science Letters, 465: 1-15.
Zhao G C, Cawood P A, 2012. Precambrian geology of China. Precambrian Research, 222-223: 13-54.
Zhao J H, Zhou M F, 2007a. Geochemistry of Neoproterozoic mafic intrusions in the Panzhihua district (Sichuan Province, SW China): Implications for subduction-related metasomatism in the upper mantle. Precambrian Research, 152 (1-2): 27-47.
Zhao J H, Zhou M F, 2007b. Neoproterozoic adakitic plutons and arc magmatism along the western margin of the Yangtze Block, South China. The Journal of Geology, 115 (6): 675-689.
Zhao J H, Zhou M F, 2008. Neoproterozoic adakitic plutons in the northern margin of the Yangtze Block, China: Partial melting of a thickened lower crust and implications for secular crustal evolution. Lithos, 104 (1-4): 231-248.
Zhao J H, Zhou M F, 2009a. Secular evolution of the Neoproterozoic lithospheric mantle underneath the northern margin of the Yangtze Block, South China. Lithos, 107 (3-4): 152-168.
Zhao J H, Zhou M F, 2009b. Melting of newly formed mafic crust for the formation of Neoproterozoic I-type granite in the Hannan region, South China. The Journal of Geology, 117 (1): 54-70.
Zhao J H, Zhou M F, Zheng J P, 2010a. Metasomatic mantle source and crustal contamination for the formation of the Neoproterozoic mafic dike swarm in the northern Yangtze Block, South China. Lithos, 115 (1-4): 177-189.
Zhao J H, Zhou M F, Zheng J P, et al., 2010b. Neoproterozoic crustal growth and reworking of the Northwestern Yangtze Block: Constraints from the Xixiang dioritic intrusion, South China. Lithos: 120 (3-4): 439-452.

Zhao J H, Zhou M F, Yan D P, et al., 2011. Reappraisal of the ages of Neoproterozoic strata in South China: No connection with the Grenvillian orogeny. Geology: 39 (4): 299-302.

Zhao X F, Zhou M F, Hitzman M W, et al., 2012. Late paleoproterozoic to early mesoproterozoic tangdan sedimentary rock-hosted strata-bound copper deposit, Yunnan Province, Southwest China. Economic Geology, 107 (2): 357-375.

Zhao J H, Zhou M F, Zheng J P, 2013. Neoproterozoic high-K granites produced by melting of newly formed mafic crust in the Huangling region, South China. Precambrian Research, 233: 93-107.

Zhao J H, Asimow P D, Zhou M F, et al., 2017. An Andean-type arc system in Rodinia constrained by the Neoproterozoic Shimian ophiolite in South China. Precambrian Research, 296: 93-111.

Zheng Y F, Zhang S B, Zhao Z F, et al., 2007. Contrasting zircon Hf and O isotopes in the two episodes of Neoproterozoic granitoids in South China: Implications for growth and reworking of continental crust. Lithos, 96: 127-150.

Zhou M F, Zhao T P, Malpas J, et al., 2000. Crustal-contaminated komatiitic basalts in Southern China: Products of a Proterozoic mantle plume beneath the Yangtze Block. Precambrian Research, 103 (3-4): 175-189.

Zhou M F, Yan D P, Kennedy A K, et al., 2002a. SHRIMP U-Pb zircon geochronological and geochemical evidence for Neoproterozoic arc-magmatism along the western margin of the Yangtze Block, South China. Earth and Planetary Science Letters, 196 (1-2): 51-67.

Zhou M F, Kennedy A K, Sun M, et al., 2002b. Neoproterozoic arc-related mafic intrusions along the northern margin of South China: Implications for the accretion of Rodinia. The Journal of Geology, 110 (5), 611-618.

Zhou M F, Yan D P, Wang C L, et al., 2006a. Subduction-related origin of the 750Ma Xuelongbao adakitic complex (Sichuan Province, China): Implications for the tectonic setting of the giant Neoproterozoic magmatic event in South China. Earth and Planetary Science Letters, 248 (1-2), 286-300.

Zhou M F, Ma Y, Yan D P, et al., 2006b. The Yanbian terrane (Southern Sichuan Province, SW China): A Neoproterozoic arc assemblage in the western margin of the Yangtze block. Precambrian Research, 144 (1-2): 19-38.

Zhou X M, Sun T, Shen W Z, et al., 2006c. Petrogenesis of Mesozoic granitoids and volcanic rocks in South China: A response to tectonic evolution. Episodes, 29 (1): 26.

Zhou J C, Wang X L, Qiu J S, 2009. Geochronology of Neoproterozoic mafic rocks and sandstones from northeastern Guizhou, South China: Coeval arc magmatism and sedimentation. Precambrian Research, 170 (1-2): 27-42.

Zhu W G, Zhong H, Li X H, et al., 2008. SHRIMP zircon U-Pb geochronology, elemental, and Nd isotopic geochemistry of the Neoproterozoic mafic dykes in the Yanbian area, SW China. Precambrian Research, 164 (1-2): 66-85.

第二章 华南低温成矿省概况

中生代时期，在扬子地块西南部川、滇、黔、桂、湘等省区面积约 50 万 km^2 的广大范围内，发生了大规模低温成矿作用，形成了大面积分布的金、锑、汞、砷、铅、锌等低温热液矿床，且其中不少为大型–超大型矿床，构成华南低温成矿省（李朝阳，1999；涂光炽，2002；赵振华等，2003）。该成矿省主要由川滇黔 Pb-Zn、右江 Au-Sb-Hg-As 和湘中 Sb-Au 三个矿集区组成（图 1.1；Hu et al.，2017）。

第一节 川滇黔 Pb-Zn 矿集区

四川（川）、云南（滇）、贵州（黔）三省相邻区域，是我国 Pb-Zn 矿床（尤其是以碳酸盐岩为主要容矿围岩的后生热液型 Pb-Zn 矿床）最为集中发育的地区之一，蕴藏的 Pb-Zn 资源量约占全国 Pb-Zn 总资源量的 10% 以上（张长青等，2013），构成川滇黔 Pb-Zn 矿集区。该矿集区位于全球特提斯成矿域和环太平洋成矿域复合部位的扬子地块西南缘以安宁河–渌汁江断裂、弥勒–师宗–水城断裂和康定–奕良–水城断裂为界的大三角区域，面积约 17 万 km^2（图 2.1、图 2.2）。该区地壳结构复杂、构造活动强烈，具有优越的成矿地质背景和形成大型–超大型矿床的地质条件（黄智龙等，2004）。

在川滇黔 Pb-Zn 矿集区，目前已发现 Pb-Zn 矿床（点）500 余处（柳贺昌和林文达，1999，统计为 400 余处），其中超大型 Pb-Zn 矿床 2 处（包括云南的会泽和毛坪；矿床的 Pb-Zn 金属储量超过 250 万 t），大型 Pb-Zn 矿床 10 处（包括四川的天宝山、小石房、大梁子、赤普、乌斯河，云南的茂租、乐红、乐马厂和麻栗坪，贵州的纳雍枝；矿床的 Pb-Zn 金属储量超过 50 万 t），中、小型 Pb-Zn 矿床 80 余处（如云南的金沙厂和富乐等，贵州的天桥、杉树林和银厂坡等；矿床的 Pb-Zn 金属储量超过 10 万 t），累计探明 Pb 和 Zn 金属总储量超过 2000 万 t（王峰等，2013）。此外，该矿集区的 Pb-Zn 矿床普遍富集 Ge（锗）、Cd（镉）、Ga（镓）等稀散元素（如会泽 Pb-Zn 矿床富 Ge，富乐 Pb-Zn 矿床富 Cd-Ge-Ga，大梁子 Pb-Zn 矿床富 Ga 等），构成了我国独具特色的上扬子富稀散元素 Pb-Zn 成矿省（Zhou et al.，2013a ~ d，2014a ~ 2014b，2015，2018a ~ c）。按 Pb-Zn 矿床产出的地理位置，川滇黔 Pb-Zn 矿集区大致可划分为滇东北、黔西北和川西南三个 Pb-Zn 成矿区（图 2.2）。

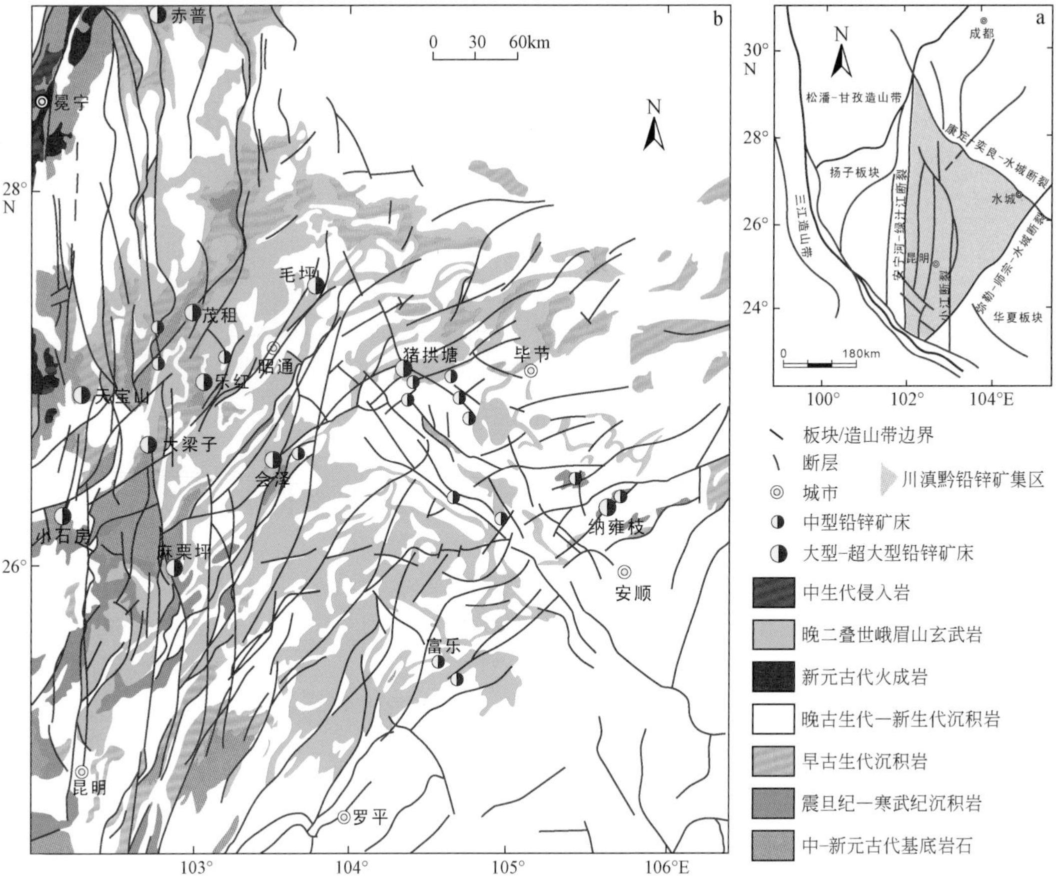

图 2.1 川滇黔 Pb-Zn 矿集区地质略图

（据柳贺昌和林文达，1999 和 Zhou et al.，2018b 修改）

a. 构造位置略图；b. 地质矿产略图

一、区域地层

（一）基底

上扬子地块基底具有“双层结构”特征（张云湘等，1988；柳贺昌和林文达，1999；黄智龙等，2004；李家盛等，2011），即古元古代—太古宙结晶基底（约 3.3 ~ 2.9Ga；Qiu et al.，2000；Gao et al.，2011）和中-新元古代褶皱基底（约 1.7 ~ 1.0Ga；Sun et al.，2009；Wang et al.，2010，2012；Zhao et al.，2010）。结晶基底为以康定杂岩为主体的康定群，其分布北起四川康定—泸定，南延经石棉、冕宁、西昌、攀枝花至云南元谋一带，两侧均为断裂所限。康定群为一套片麻状的岩石组合，主要由斜长角闪岩、角闪斜长片麻岩、黑云变粒岩和少量二辉麻粒岩等组成，岩石普遍遭受重熔混合岩化作用，局部出现奥长花岗质、英云闪长质和角闪二辉质混合片麻岩。康定群原岩为一套火山-沉积岩组合，

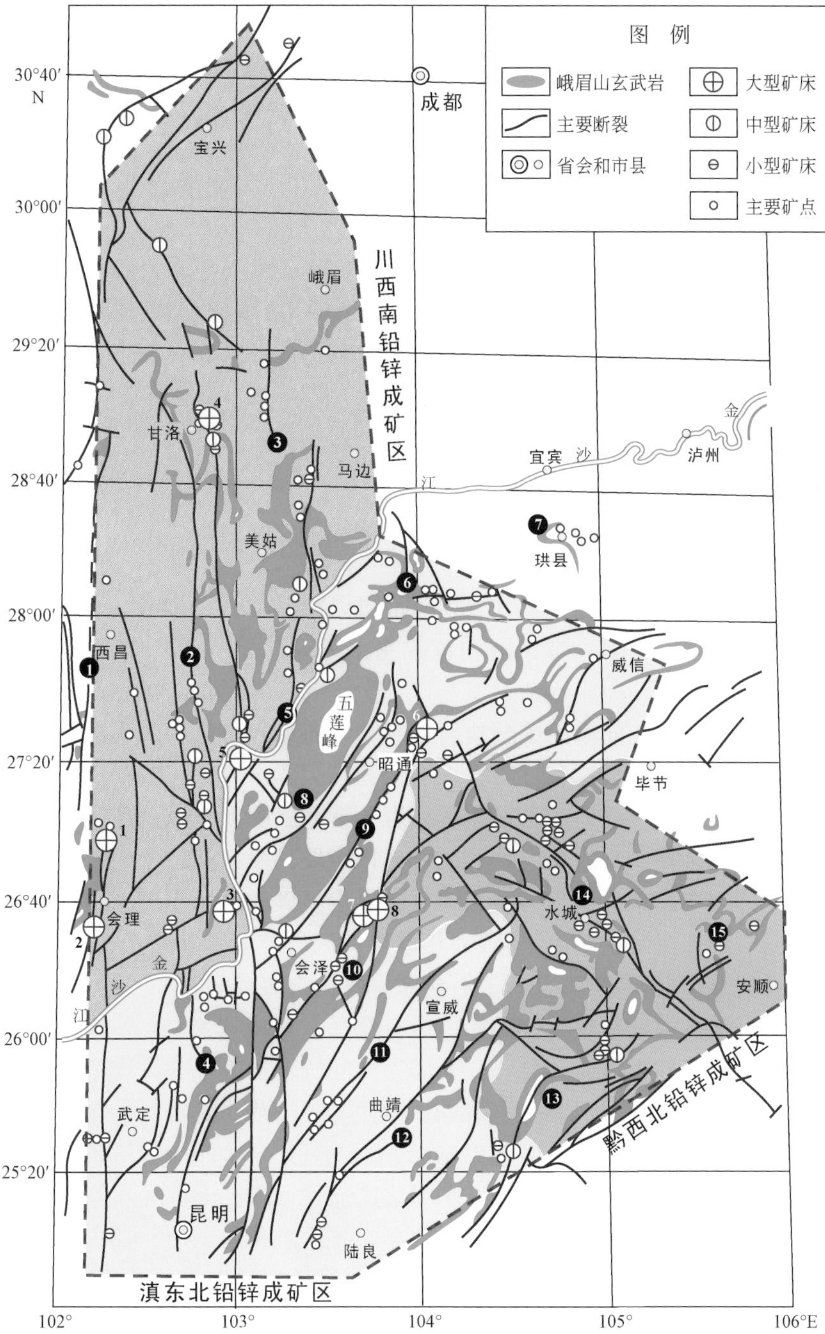

图 2.2 川滇黔 Pb-Zn 矿集区矿床空间分布略图

（据柳贺昌和林文达，1999 修改）

超大型矿床：云南会泽 Pb-Zn 矿床（由 2 个大型矿床组成；7. 矿山厂和 8. 麒麟厂）；大型矿床：1. 四川天宝山，2. 四川小石房，3. 四川大梁子，4. 四川赤普，5. 云南茂租，6. 云南毛坪；矿带：①泸定-易门矿带，②汉源-巧家矿带，③峨边-金阳矿带，④梁王山（普渡河）矿带，⑤巧家-金沙厂矿带，⑥永善-盐津矿带，⑦珙县-兴文矿带，⑧巧家-大关矿带，⑨会泽-奕良矿带，⑩会泽金牛厂-矿山厂矿带，⑪寻甸-宣威矿带，⑫牛首山矿带，⑬罗平-普安矿带，⑭威宁-水城矿带，⑮六枝-织金矿带其下部以基性火山熔岩为主，向上变为中酸性火山岩及火山碎屑岩-火山质浊积岩，最后转为正常沉积岩。褶皱基底分布于南北向展布的康定群两侧，西侧以盐边群为代表，分布于盐边一带，厚度近10 000m，主要为一套轻微变质的复理石和枕状熔岩组合（张云湘等，1988；黄智龙等，2004）；东侧以会理群为代表，主要分布于会理、通安和会东一带，总体以浅变质的正常沉积岩为特征，夹少量火山岩，变质程度为低绿片岩相，厚度近1500m。东南部滇东北地区以昆阳群为代表，主要分布于东川、易门一带，厚度近10 000m，主要为一套由碳酸盐岩和碎屑岩组成的复理石建造，著名的东川铜矿床和易门铜矿床均产于该套地层中（柳贺昌和林文达，1999）。川滇黔 Pb-Zn 矿集区内只有褶皱基底岩石出露，其中滇东北和川西南成矿区内昆阳群和会理群分布较为广泛（柳贺昌和林文达，1999；刘家铎等，2004），而黔西北成矿区内结晶基底和褶皱基底岩石均未见出露（金中国和黄智龙，2008）。

（二）盖层

在结晶基底和褶皱基底之上发育自震旦系至第四系盖层，虽然不同成矿地区相同时代地层的名称和出露厚度有所差异，但其岩性特征可以对比（张云湘等，1988；柳贺昌和林文达，1999；黄智龙等，2004；金中国和黄智龙，2008；李家盛等，2011）。下震旦统为一套陆相红色磨拉石建造，向东逐渐过渡为陆-浅海相碎屑沉积；上震旦统下部零星出露陆相冰川堆积物，中部由北向南由碳酸盐岩过渡为碎屑岩，上部为碳酸盐岩，其中含膏盐层，是 Pb-Zn 矿床赋存的主要层位之一，产有茂租、大梁子等 Pb-Zn 矿床。上寒武统为碳酸盐岩；中、下寒武统以碎屑岩为主夹碳酸盐岩，下寒武统夹含磷碎屑岩，基本不见黑色页岩。寒武系富含有机质、膏岩层，是 Pb-Zn 矿床主要的赋矿层位之一，产有麻栗坪、纳雍枝等 Pb-Zn 矿床。奥陶系下部以碎屑岩为主，夹少量碳酸盐岩，中部为碳酸盐岩，上部为碎屑岩或白云岩。志留系主要为滨-浅海相砂岩、泥岩及泥质碳酸盐岩，局部为白云岩。泥盆系为滨-浅海相碎屑岩及碳酸盐岩。石炭系底部为含煤碎屑沉积，向上变为碳酸盐岩，是区域内 Pb-Zn 矿床主要的赋矿层位之一，产有会泽、杉树林等 Pb-Zn 矿床。下二叠统以海相碳酸盐岩为主，下部为砂岩、页岩，上部为碳酸盐岩；中二叠统为峨眉山玄武岩；上二叠统主要为滨-浅海相含煤碎屑岩及碳酸盐岩和陆相含煤砂泥岩。三叠系下部为长石石英砂岩、粉砂岩夹泥岩、泥灰岩，中部以碳酸盐岩为主，上部为碎屑岩夹泥灰岩、煤层。侏罗系为长石石英砂岩、粉砂岩及页岩，底部常见一砾石层，上部夹少量泥晶灰岩。白垩系为紫红色含岩屑石英砂岩及砾岩层。第三系和第四系主要为湖沼相黏土岩、砾岩，夹褐煤层。第四系为残坡积、冲积和洪积沙砾黏土层，河湖相或湖沼相沉积物中夹褐煤或泥炭层。

二、区域构造

川滇黔 Pb-Zn 矿集区周边均以深大断裂为界（图 2. 1a），成为不同级别构造单元分界线，在其长期演化过程中表现为不同的活动特点，对不同地史时期的沉积作用和中生代大规模 Pb-Zn 成矿作用有明显的控制作用。

（一）康定-奕良-水城断裂

该断裂北起康定，经泸定—汉源—甘洛—雷波—大关—奕良—威宁—水城—关岭并继续向南东延伸，东南段贵州境内称紫云-垭都断裂（金中国和黄智龙，2008），西北段四川境内称泸定-汉源-甘洛断裂（刘家铎等，2004），西北端可能与鲜水河断裂相接；中段（甘洛—雷波—永善—大关段）地表断裂表现不连续，具隐伏特征，而大关—奕良段断裂地表反应明显。紫云-垭都断裂对其两侧沉积和构造的控制作用十分明显，为贵州省内二、三级构造单元分界；北东盘以北东向褶皱和断裂为主，缺失或极少发育泥盆系-石炭系沉积；南西盘称六盘水断陷，以北西向褶皱及断裂为主，而泥盆系-石炭系沉积厚度较大。该断裂同时控制了黔西北铅锌成矿区内绝大多数铅锌矿床的形成（王华云等，1996；金中国和黄智龙，2008；周家喜等，2010，2012）。

（二）安宁河-绿汁江断裂

该断裂规模宏大，延伸数百千米，切穿地壳，深入地幔，对两盘次级单元的沉积（地层）、构造、岩浆活动及成矿有明显控制作用。该断裂纵贯川滇两省，南段在滇中称绿汁江断裂，北段在攀西称安宁河断裂，南北延伸长逾500km，在地质、物探、遥感方面均有明显反映。张云湘等（1988）总结了该断裂带的基本特征：①形成时间早，继承先成基底断裂，发生过多期活动，始终控制两侧的地质构造发展；②不同构造阶段表现不同的力学性质，中元古代初为张性岩石圈断裂，晋宁运动转化为压性地壳断裂，澄江期又转为张性岩石圈断裂，海西-印支期发展为典型裂谷型岩石圈断裂，喜马拉雅期被改造为压性冲断裂，现代又表现为左旋走滑断裂；③海西-印支期的张性岩石圈断裂属性最为明显，组成攀西裂谷轴部的主干断裂，控制着裂谷内岩浆活动和盆地形成。此外，该断裂带对矿集区铅锌矿床的分布也具有重要控制作用，天宝山、小石房等矿床就分布在断裂带内。

（三）弥勒-师宗-水城断裂

该断裂西南端在河底河与红河交汇处附近交接，终止于红河断裂。向北东延伸大致经建水—弥勒—师宗，至水城附近交于康定-奕良-水城断裂，全长大于470km（云南境内约320km、贵州境内大于150km），主断面倾向北西，倾角40°～60°。断裂北西盘出露大量古生界地层，南东盘主要为三叠系，沿线可见上古生界，逆冲覆盖在三叠系不同层位之上。此外，在北西盘有大量二叠纪峨眉山玄武岩分布，东南盘则少见。沿断裂带常见一系列小型基性侵入体出露，显示对基性岩浆活动有明显控制作用。

（四）小江断裂带

为滇东靠西部的一条断裂带，是我国强烈构造活动带之一。断裂带基本沿东经103°呈南北向延伸，北西由四川昭觉、宁南延入云南，经巧家、蒙姑沿小江河谷延伸，到东川附近分成东西两支。小江断裂带在云南境内延伸长达530km，由东、西两支所夹持的断裂带宽达10～20km。云南省地质矿产局（1990）总结了该断裂带的基本特征：①沿断裂带形成了一条宽大的挤压破碎带；②断裂带明显切过区内北东向构造，其西盘相对东盘发生过大规模的左行位移；③断裂带形成过程中，经历过张、压、扭不同力学性质的转化，最早可能在新元古代未就有活动迹象，二叠纪表现为强烈的裂陷张裂，中生代经历过强烈挤压，喜马拉雅期表现为张裂和左行走滑；④断裂带具有明显的现代活动性。该断裂带同样对矿集区内铅锌矿床的分布具有重要控制作用，大梁子、茂租等矿床就分布在断裂带内。

三、区域岩浆岩

（一）基本特征

川滇黔 Pb-Zn 矿集区受板块碰撞以及板内攀西裂谷作用的影响，岩浆活动强烈（喷出岩、侵入岩均广泛分布）、跨越时间长（自太古宙至新生代），形成的岩浆系列复杂（钙碱性系列和碱性系列）、岩石类型繁多（超基性岩、基性岩、中性岩和酸性岩等）。

本区喷出岩最早见于太古宙。前已述及，区域结晶基底康定群以康定杂岩为主体，为一套片麻状岩石组合，主要由斜长角闪岩、角闪斜长片麻岩、黑云变粒岩和少量二辉麻粒岩等组成，原岩恢复结果表明，该套地层为一套火山-沉积岩组合，其下部以基性火山熔岩为主，向上变为中酸性火山岩及火山碎屑岩-火山质浊积岩，最后转为正常的沉积岩。

元古宙（晋宁期—澄江期）该区有大量岩浆岩出露，除会理群、昆阳群及时代相近的地层（如川西天宝山组、苏雄组、开建组）中分布大量酸性、中酸性火山岩和火岩碎屑岩外，还广泛出露了规模不等的基性-超基性和中酸性岩体（柳贺昌和林文达，1999）。周朝宪（1998）和 Zhou 等（2001）认为，该期火山岩可能是矿集区 Pb-Zn 矿床重要的矿源层之一。

古生代至新生代，该区岩浆岩的岩石系列和岩石类型伴随攀西裂谷的形成、演化、消亡及新构造活动呈现规律的变化。张云湘等（1988）根据攀西裂谷的发展阶段以及岩体的接触关系和同位素年代学研究成果，将区内岩浆活动划分为：①裂前阶段（加里东晚期—海西早期），主要为超基性小岩体群层状堆晶杂岩和环状碱性杂岩的深成作用；②裂谷阶段（海西晚期—印支期），以强烈的双峰式火山活动为特征，伴有碱酸性次火山穹窿体及各种岩墙群；③裂后阶段（燕山期和喜马拉雅期），为重熔型花岗岩基的侵位及金云火山岩的喷发。

柳贺昌和林文达（1999）将该区的侵入岩划分为西、中、东三带，西带位于安宁河断裂带和小江断裂之间、东带位于富源至宣威一线以东，两带之间为中带。西带侵入岩岩体分布最广，基性-超基性岩、中性岩、酸性岩岩体均有出露，岩基、岩床、岩株、岩墙（脉）均可见及，成岩时代从晋宁期至喜马拉雅期；东带侵入岩岩体出露较多，但岩石组合相对单一（主要为辉绿岩）、规模小（主要呈岩墙产出），成岩时代以海西期为主，少量为燕山期；中带侵入岩出露最少。

（二）峨眉山玄武岩

川滇黔 Pb-Zn 矿集区内规模最大的岩浆活动当数峨眉山玄武岩，虽然张云湘等（1988）和从柏林（1988）均将其作为裂谷作用的产物，但近年来越来越多的研究表明，峨眉山玄武岩以及与之有成因联系的基性-超基性岩和中酸性岩为约260Ma地幔柱活动产物，是我国被国际学术界认可的大火山岩省（Chung and John，1995；Xu et al.，2001；Song et al.，2001；Zhou et al.，2002；Ali et al.，2005；Jian et al.，2009）。

峨眉山玄武岩主要分布于扬子地块西缘的四川、云南和贵州三省境内（图2.1），其西界为哀牢山-红河断裂，西北界为龙门山-小箐河断裂，北东达康定-奕良-水城断裂，向南经个旧、富宁可延至越南，分布面积约$5.0\times10^5km^2$。张云湘等（1988）根据构造单元，将大面积分布的峨眉山玄武岩分为西岩区、中岩区和东岩区，其中东岩区包括小江断裂带以东的川、滇、黔三省大面积分布的玄武岩；西岩区包括箐河-程海断裂与小金河断裂带之间广泛分布的玄武岩；两岩区之间为中岩区，主要为攀西裂谷双峰式火山岩套分布区。

研究显示，从西到东峨眉山玄武岩的岩石厚度逐渐减薄，西岩区岩石厚度多在2000～3000m，云南宾川上仓剖面厚达5384m；中岩区岩石厚度一般在1000m以上，米易龙帚山厚度最大，为2746m；东岩区岩石厚度绝大部分小于1000m，沿昭觉、东川一线厚700～1000m，向东至贵州水城、盘县一带减薄至200～500m，至安顺以西岩石向东呈舌状尖灭。研究发现，3个岩区玄武岩存在几个厚度中心，西岩区有宾川、丽江和盐源，中岩区有龙帚山，东岩区有东川、昭觉和会泽，这些厚度中心大体沿南北向深大断裂带分布。

四、区域矿床地质特征

川滇黔Pb-Zn矿集区面积约$1.7\times10^5km^2$（图2.1、图2.2），其中星罗棋布的500多个Pb-Zn矿床（点）分布于川、滇、黔3省的52个县、市，包括超大型铅锌矿床2个，大型铅锌矿床10个，中-小型铅锌矿床80余个（四川27个，云南25个，贵州30个）。柳贺昌和林文达（1999）将该成矿域内的铅锌银矿床（点）划分为15个成矿带，即泸定-易门矿带、汉源-巧家矿带、峨边-金阳矿带、梁王山（普渡河）矿带、巧家-金沙厂矿带、永善-盐津矿带、珙县-兴文矿带、巧家-大关矿带、会泽-奕良矿带、会泽金牛厂-矿山厂矿带、寻甸-宣威矿带、牛首山矿带、罗平-普安矿带、威宁-水城矿带和六枝-织金矿带（图2.2）。按地理位置，这些矿带集中分布于滇东北铅锌成矿区、黔西北铅锌成矿区和川西南铅锌成矿区。该矿集区大型-超大型Pb-Zn矿床的地质特征见表2.1。

许多学者对川滇黔Pb-Zn矿集区的成矿背景、矿床（尤其是单个矿床）地质特征、地球化学及成因进行过研究，积累了丰富资料，取得了一批有意义的研究成果（Zheng and Wang，1991；Deng et al.，2000；Zhou et al.，2001，2013a～e，2014a，2014b，2018a～c；Huang et al.，2003；Li et al.，2007，2015；Bai et al.，2013；朱传威等，2013；Zhu et al.，2016；Zhang et al.，2015；Hu et al.，2017a，2017b；Luo et al.，2019，2020）。研究表明，该矿集区具有以下主要特征。

（1）铅锌矿床均赋存于上二叠统玄武岩以下的中二叠统栖霞-茅口（阳新）组至上震旦统灯影组沉积地层中，其赋矿岩性多为白云岩及硅质白云岩，其次为白云质灰岩。

表 2.1　川滇黔 Pb-Zn 矿集区大型-超大型 Pb-Zn 矿床基本地质特征

矿床	省/县	经纬度	金属储量	品位	矿石矿物	脉石矿物	围岩蚀变	围岩	围岩时代	参考文献
会泽	云南/会泽	103°41′55″E 26°38′18″N	1.96Mt Pb 2.75Mt Zn 800t Ge	2.3% ~9.2% Pb 2.7% ~22.5% Zn	方铅矿、闪锌矿、黄铁矿、毒砂、黄铜矿、斑铜矿	方解石、白云石、石英	白云石化、方解石化、硅化、泥化	白云岩	早石炭世	Zhou et al., 2001；黄智龙, 2004
毛坪	云南/宜良	103°59′10″E 27°30′49″N	1.54Mt Pb 1.65Mt Zn	5.0% Pb 9.1% Zn	闪锌矿、方铅矿、黄铁矿	方解石、石英、重晶石	白云石化、方解石化、硅化、重晶石化	白云岩、灰岩	晚泥盆世、中石炭世	Wei et al., 2015；Xiang et al., 2020
茂租	云南/巧家	102°51′03″E 27°18′16″N	0.11Mt Pb 0.72Mt Zn	1.9% Pb 5.7% Zn	闪锌矿、方铅矿	方解石、白云石、石英、重晶石、萤石	硅化、重晶石化、萤石化	白云岩	新元古代	Zhou et al., 2013a
乐红	云南/鲁甸	103°13′E 27°10′N	0.5Mt Pb+Zn	1.2% Pb 10.8% Zn	闪锌矿、方铅矿、黄铁矿	白云石、方解石、重晶石	黄铁矿化、白云石化、重晶石化	白云岩	新元古代	张云新等, 2014
乐马厂	云南/鲁甸	103°20′E 27°05′N	0.38Mt Pb 0.15Mt Zn	10.5% Pb 3.4% Zn	闪锌矿、方铅矿、辉银矿、硫铜银矿	白云石、方解石、石英	白云岩化、硅化、重晶石化	白云岩	新元古代	邓海琳等, 1999；王峰等, 2013
麻栗坪	云南/会泽	103°13′E 26°13′N	0.7Mt Pb+Zn	4.2% Pb 9.2% Zn	闪锌矿、方铅矿	白云石、方解石、石英、萤石	硅化、黄铁矿化、碳酸盐化	白云岩	新元古代	Luo et al., 2019
天宝山	四川/会理	102°12′07″E 26°57′16″N	1.25Mt Pb+Zn	1.5% Pb 10.0% Zn	闪锌矿、方铅矿、黄铁矿、黄铜矿、白铅矿、辉银矿	方解石、白云石	白云石化、方解石化、硅化、绢云母化	白云岩	新元古代	Zaw et al., 2007；Zhou et al., 2013b

续表

矿床	省/县	经纬度	金属储量	品位	矿石矿物	脉石矿物	围岩蚀变	围岩	围岩时代	参考文献
小石房	四川/会理	102°09′44″E 26°32′49″N	0.21Mt Pb 0.30Mt Zn	1.63% Pb 2.29% Zn	黄铁矿、闪锌矿、方铅矿、黄铜矿	白云石、方解石、石英	碳酸盐化、硅化、绢云母化等	板岩、千枚岩、砂岩	中-新元古代	王峰等，2013
大梁子	四川/会东	102°52′05″E 26°37′50″N	>0.5Mt Pb+Zn	0.9% Pb 10.4% Zn	闪锌矿、方铅矿、黄铁矿	白云石、方解石	硅化、重晶石化、方解石化	白云岩	新元古代	Zheng and Wang，1991；Zaw et al.，2007
赤普	四川/甘洛	102°48′E 29°1′N	0.65Mt Pb+Zn	9.7% Pb 3.8% Zn	闪锌矿、方铅矿、黄铁矿	白云石、石英、方解石	硅化、碳酸盐化、黄铁矿化	白云岩	新元古代	张长青，2007；Wu et al.，2013
乌斯河	四川/汉源	102°53′E 29°17′N	0.4Mt Pb+Zn	2.0% Pb 8.6% Zn	闪锌矿、方铅矿、黄铁矿	白云石、石英、萤石、重晶石	硅化、黄铁矿化、碳酸盐化	白云岩	新元古代	Xiong et al.，2018；Luo et al.，2020
纳雍枝	贵州/普定	105°38′E 26°25′N	1.3Mt Pb+Zn	0.59%～0.97% Pb 3.92%～5.93% Zn	闪锌矿、方铅矿、黄铁矿	方解石、白云石	白云石化、方解石化、黄铁矿化	白云岩	早寒武世	Zhou et al.，2018a

（2）由西向东，赋矿地层有变新的趋势。西部矿床多位于下古界（多为震旦系灯影组、寒武系），而东部则以上古生界矿床为主（以石炭系、中-下二叠统为主）。

（3）矿床明显受区内南北向、北东向和北西向断裂（带）控制，许多矿床、矿点和矿化点都分布于这三组断裂（带）上或其附近。

（4）矿床、矿点及邻区岩浆岩少见，仅少数矿区内有辉绿岩墙（脉），但绝大部分矿床、矿点的外围都有大面积峨眉山玄武岩分布。

（5）矿床受断裂构造控制明显，产于构造带中的矿体常呈陡倾斜脉状，倾向延伸大于走向，而产于地层层间破碎带中的矿体特征则出现了东、西部的差异。西部下古生界中的矿体多呈层状、似层状，少见扁豆状、透镜体状；东部上古生界中的矿体则多为扁豆状、透镜体状，少见层状、似层状。

（6）自矿体上部至下部，矿石多出现氧化矿—混合矿—硫化矿的变化，部分矿山的深部显示较强的铜矿化（如天宝山和富乐等）。

（7）矿石矿物主要为闪锌矿和方铅矿，并具有南 Zn 北 Pb 的特点，即产于南部 Pb-Zn 矿床中的矿石 Zn 含量较北部的高，而 Pb 含量较低。

（8）各矿床均伴生银，乐马厂和银厂坡均为相对独立的银矿床。古人就是在炼银的过程中发现了 Pb-Zn 矿，有些学者也称该区 Pb-Zn 矿床为 Pb-Zn-Ag 矿床。

（9）矿石中还共（伴）生其他元素，如 Ge、Ga、Cd、In 等稀散元素。自西向东，各矿床矿石中伴生元素含量有增高的趋势，伴生元素组合也出现规律变化：Ga-Ge-Ag（川西南成矿区）-Ag-Cd-Ga-Ge（滇东北成矿区）-Ag-Cd-As-Sb（黔西北成矿区）。

第二节　右江 Au-Sb-Hg-As 矿集区

右江 Au-Sb-Hg-As 矿集区位于扬子地块西南部（图 1.1），地处贵州、云南和广西三省区的接壤地带，向南延伸进入越南，因该区域通常被称为右江盆地而得名。盆地四周以红河断裂、盘县-师宗断裂（弥勒-师宗断裂）、紫云-都安断裂（紫云-垭都断裂）、凭祥断裂等深大断裂为界（图 2.3），整个区域呈菱形，面积约 20 万 km^2。

一、区域地层

右江盆地发育在前泥盆纪基底之上，前泥盆系的岩石组成见第一章。泥盆纪以来，右江盆地主要发育三套地层序列：一是典型的深水盆地序列，包括深水碳酸盐岩、硅质岩、泥岩和沉凝灰岩，及其后发展起来的陆源碎屑浊积岩序列；二是右江盆地内的孤立碳酸盐台地序列，尽管其后也被浊流沉积所淹没，但陆源碎屑岩沉积厚度不大；三是发育于黔西南、隶属于扬子地块的宽广被动大陆边缘浅水碳酸盐岩沉积夹少量的陆源碎屑岩沉积，属于台地相。右江盆地的地层单元如图 2.4 所示，相应的岩性分布如图 2.5 所示。

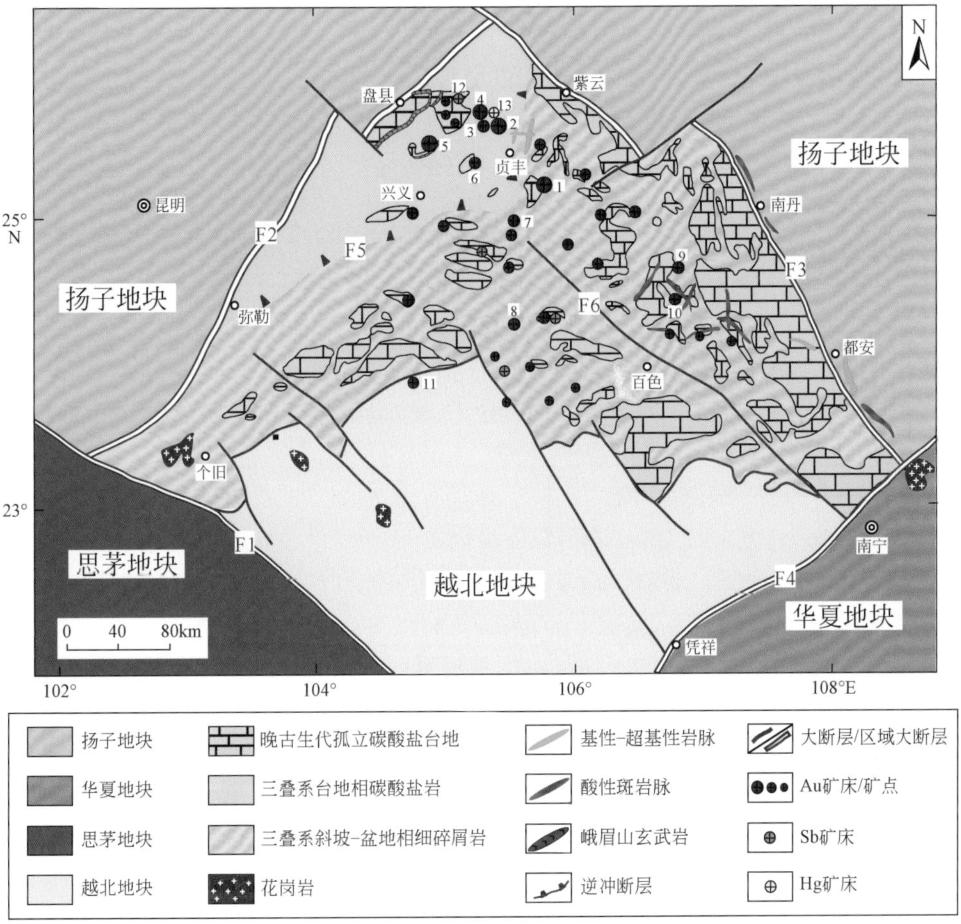

图 2.3 右江 Au-Sb-Hg-As 矿集区主要矿床分布图

（据 Tan et al.，2017 修改）

1. 烂泥沟金矿；2. 水银洞金矿；3. 太平洞金矿；4. 紫木凼金矿；5. 泥堡金矿；6. 戈塘金矿；7. 丫他金矿；8. 高龙金矿；9. 金牙金矿；10. 明山金矿；11. 老寨湾金矿；12. 大厂锑矿；13. 滥木厂汞矿；F1. 红河哀牢山大断裂；F2. 盘县-师宗大断裂；F3. 紫云-都安大断裂；F4. 凭祥大断裂；F5. 坡坪逆冲推覆构造；F6. 右江断裂

（一）台地相

扬子大陆边缘浅水碳酸盐岩分布于右江盆地西北边缘，以坡坪大相变带（或逆冲推覆构造）与盆地相区分，以长期稳定发育碳酸盐岩为特色，时间跨度从晚泥盆世到晚三叠世。

沉积类型包括局限陆棚、开阔陆棚、边缘滩及生物礁沉积。局限陆棚主要由泥晶白云岩、纹层白云岩、盐（膏）溶角砾岩组成。开阔陆棚主要由各种泥晶灰岩、泥粒灰岩、粒泥灰岩组成，局部可见黏结灰岩及生物碎屑灰岩，有时夹泥灰岩和钙质泥岩。边缘滩主要为浅色块状亮晶生物碎屑灰岩、亮晶包粒（以藻鲕粒为主）灰岩。生物礁主要见于泥盆纪及二叠纪陆棚边缘，偶见于陆棚内部。沉积相模式可分两种类型，即碳酸盐缓坡及碳酸盐台地。

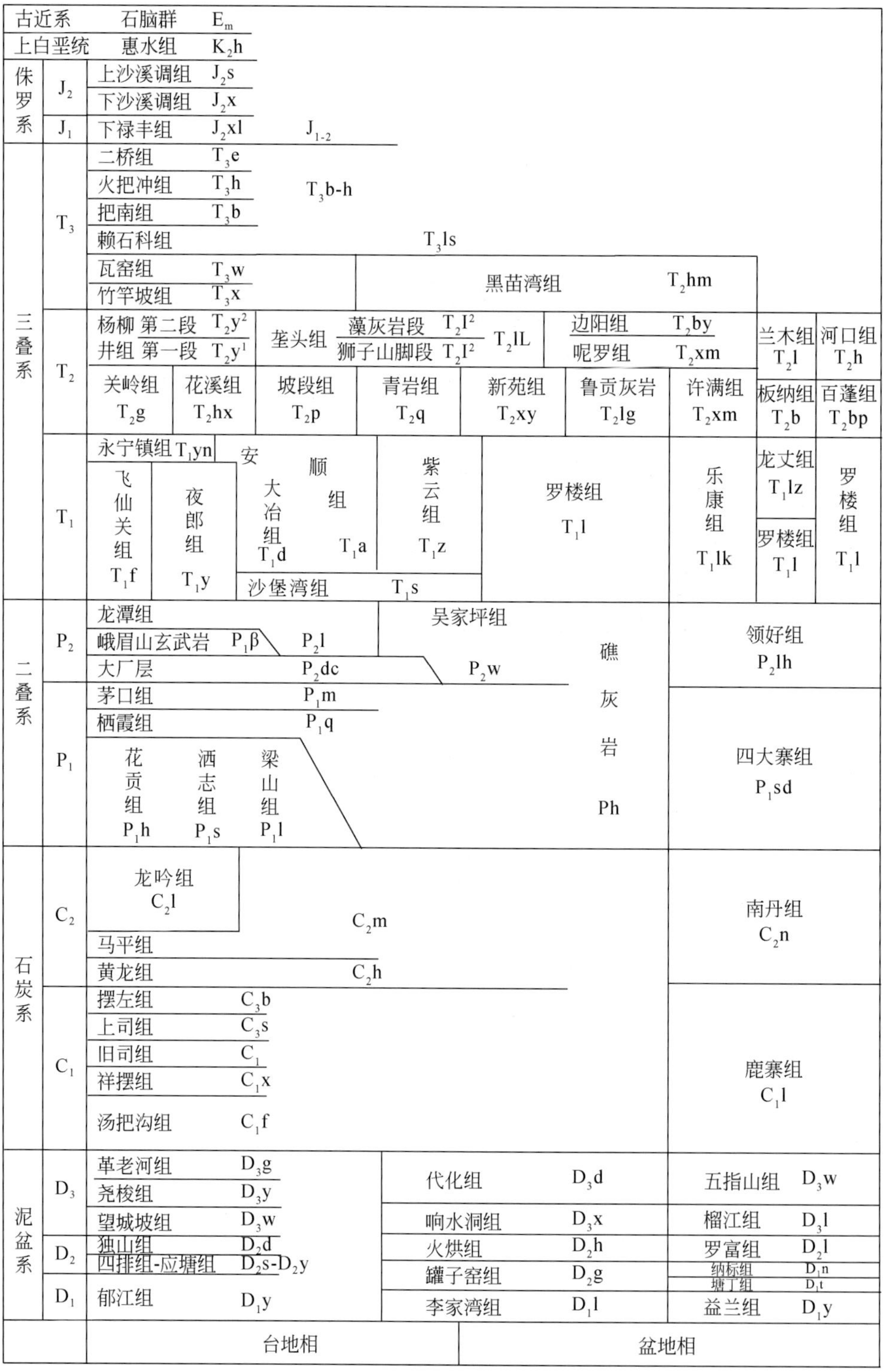
古近系
石脑群 E_m
上白垩统
惠水组 K_2h
侏罗系
J_2
上沙溪调组 J_2s
下沙溪调组 J_2x
J_1
下禄丰组 J_2xl
J_{1-2}
三叠系
T_3
二桥组 T_3e
火把冲组 T_3h
把南组 T_3b
T_3b-h
赖石科组
T_3ls
瓦窑组 T_3w
竹竿坡组 T_3x
黑苗湾组 T_2hm
T_2
杨柳井组 第二段 T_2y^2
第一段 T_2y^1
垄头组
藻灰岩段 T_2l^2
狮子山脚段 T_2l^2
T_2lL
边阳组 T_2by
呢罗组 T_2xm
兰木组 T_2l
河口组 T_2h
关岭组 T_2g
花溪组 T_2hx
坡段组 T_2p
青岩组 T_2q
新苑组 T_2xy
鲁贡灰岩 T_2lg
许满组 T_2xm
板纳组 T_2b
百蓬组 T_2bp
T_1
永宁镇组 T_1yn
飞仙关组 T_1f
夜郎组 T_1y
安顺组 T_1a
大冶组 T_1d
紫云组 T_1z
沙堡湾组 T_1s
罗楼组 T_1l
乐康组 T_1lk
龙丈组 T_1lz
罗楼组 T_1l
罗楼组 T_1l
二叠系
P_2
龙潭组
峨眉山玄武岩 $P_1β$
P_2l
吴家坪组
大厂层 P_2dc
P_2w
礁灰岩 Ph
领好组 P_2lh
P_1
茅口组 P_1m
栖霞组 P_1q
花贡组 P_1h
洒志组 P_1s
梁山组 P_1l
四大寨组 P_1sd
石炭系
C_2
龙吟组 C_2l
C_2m
马平组
黄龙组
C_2h
南丹组 C_2n
C_1
摆左组 C_3b
上司组 C_3s
旧司组 C_1
祥摆组 C_1x
汤把沟组 C_1f
鹿寨组 C_1l
泥盆系
D_3
革老河组 D_3g
尧梭组 D_3y
代化组 D_3d
五指山组 D_3w
望城坡组 D_3w
响水洞组 D_3x
榴江组 D_3l
D_2
独山组 D_2d
四排组-应塘组 D_2s-D_2y
火烘组 D_2h
罗富组 D_2l
罐子窑组 D_2g
纳标组 D_1n
塘丁组 D_1t
D_1
郁江组 D_1y
李家湾组 D_1l
益兰组 D_1y
台地相
盆地相

图 2.4　右江盆地地层层序简表

（据韩至钧等，1999 修改）

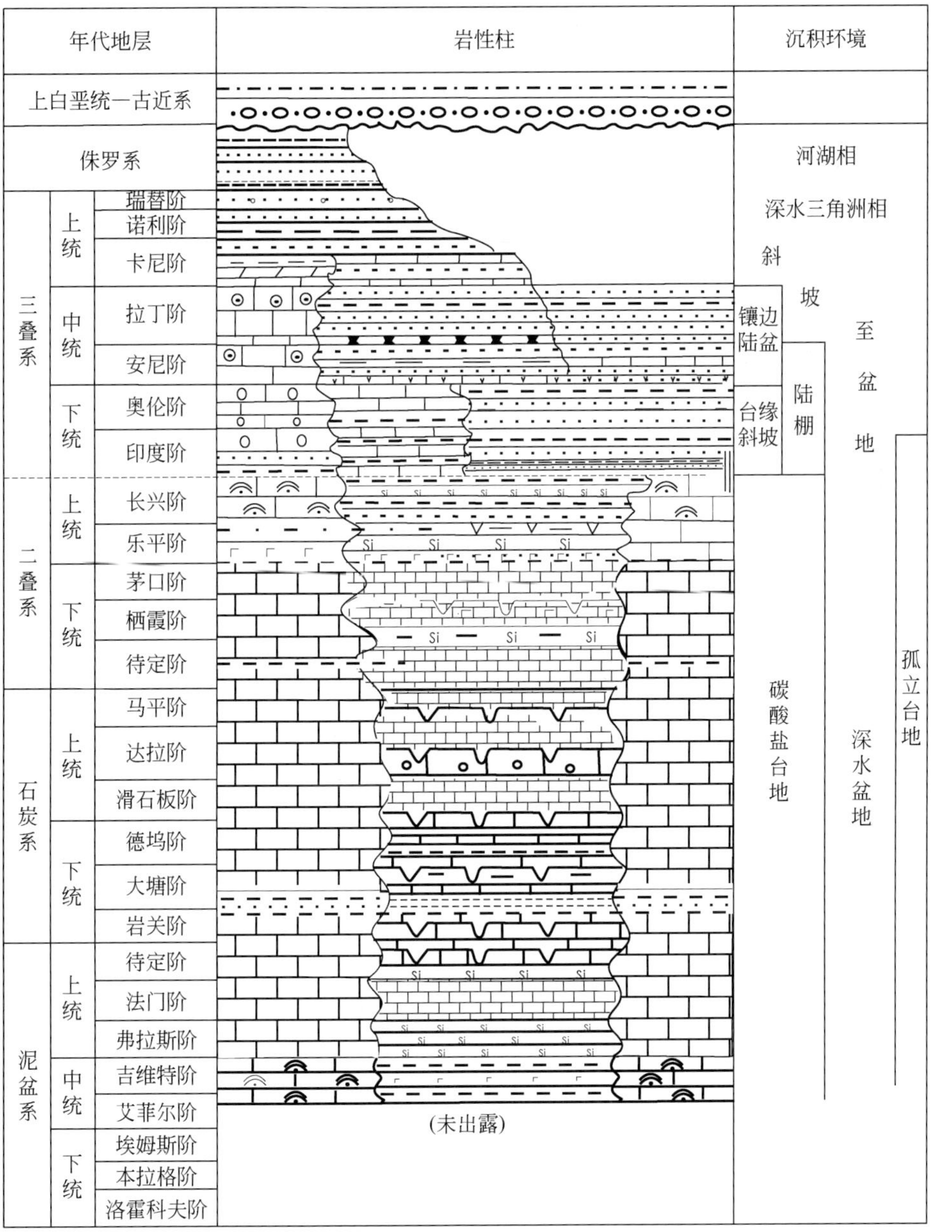

图 2.5　右江盆地地层充填岩性示意图

（据韩至钧等，1999 修改）

这套巨厚的碳酸盐岩沉积中，夹有不少的陆源碎屑岩沉积（如龙潭组、夜郎组）和火山岩沉积（如大厂层、峨眉山玄武岩层）。这套不纯的碳酸盐岩组合，是该区最主要的赋金层序之一（王砚耕，1990；韩至钧等，1999）。典型矿床包括黔西南的戈塘、紫木凼、水银洞、泥堡和沙锅厂等金矿床。

（二）盆地相

深水碳酸盐-陆源碎屑岩盆地序列遍布右江盆地的大部分区域，是右江盆地的典型层序。层序下部以深水碳酸盐岩组合为主，上部以陆源碎屑浊积岩为主。

下部海相深水碳酸盐岩沉积体系的沉积类型主要包括悬浮沉积和重力流沉积两大类。沉积相模式包括陆棚和斜坡-盆地。陆棚又可分为浅水陆棚和深水陆棚两部分。

深水碳酸盐岩以薄层深色燧石灰岩夹硅质岩、薄层凝灰质黏土岩夹硅质岩、瓦片状灰岩夹黏土岩为特色，夹有大量基性-中性火山岩建造，含硅质放射虫、海绵骨针、菊石、竹节石等浮游生物。重力流沉积大体包括浊流沉积、颗粒流沉积、碎屑流沉积和滑动流沉积，多为钙质碎屑沉积物。

上部陆源碎屑沉积体系包括深水或相对深水的陆棚边缘斜坡至盆地陆源碎屑浊积岩，以及海陆交互相、陆棚相砂岩、泥岩、煤层等。相对深水陆棚边缘斜坡至盆地陆源碎屑浊积岩遍布右江盆地，厚3000～5000m。浊积岩层由韵律性的杂砂岩与泥岩互层组成，单韵律层厚度由几厘米至几米不等。杂砂岩主要为长石岩屑杂砂岩、岩屑石英杂砂岩，碎屑含量变化大、分选差，成分成熟度和结构成熟度均低。普遍具有鲍马序列构造，底模构造发育，以槽模和重荷模为主。

海陆交互相、陆棚相砂岩、泥岩、煤层等主要分布于盆地的西北部，为晚三叠世沉积。主要包括三角洲、潟湖、滨岸沉积。陆源碎屑浊积岩组合是该区最主要的赋金层序之一，亦称为“赖子山层序”（王砚耕，1990；韩至钧等，1999）。典型矿床包括黔西南的烂泥沟、板其、丫他，以及桂西的高龙、金牙、明山等金矿床。

（三）孤立台地相

孤立碳酸盐台地序列分布于右江盆地当中，呈孤立的碳酸盐台地产出。层序下部与扬子被动大陆边缘浅水碳酸盐岩类似，层序上部与陆源碎屑浊积岩类似。

由于这套层序具有上述两套层序的特点，所以该层序下部赋矿特征与扬子被动大陆边缘碳酸盐岩层序类似，以碳酸盐岩中的碎屑岩夹层为赋矿层位，例如黔西南赖子山背斜核部的大坳（P_2m/P_1q）、桂西的隆或（C_1/D_3）、八南（P_3m/P_2q）、板利（T_1/P_2）等矿床。这些矿床均位于不同时代的沉积间断面上，陈开礼（2000）谓之为“古侵蚀沉积间断面型金矿床”。本层序上部赋矿特征与深水盆地陆源碎屑浊积岩层序类似，但由于均已被剥蚀，故没有矿床实例。

台盆之间，广泛发育台缘斜坡碳酸盐沉积，包括滑塌堆积和水道沉积两部分，是主要的沉积相标志之一。

二、区域构造

右江盆地位于全球两大构造域即特提斯构造域和太平洋构造域的交接部位，盆地的发展演化和构造变形均受两者制约。特别是该区晚古生代以来的地质发展演化，与特提斯洋的发生、发展和消亡密切相关。

右江盆地的大地构造位置历来被认为属华南褶皱系的一部分（广西壮族自治区地质矿产局，1985；贵州省地质矿产局，1987）。新元古代扬子板块与华夏板块拼贴在一起，形成统一的华南陆块。晚古生代，由于受特提斯构造域的影响，右江地区在统一的华南板块上开始裂解，属于华南陆块西南缘的边缘盆地。

韩至钧和盛学庸（1996）以坡坪大相变带（或逆冲推覆带）为界，将右江盆地分为两个单元。该带的北西部分属扬子地块西南缘，具“三层式”基底结构，表层构造变形较为强烈，其主体属前陆冲断褶皱带。平面上应变的分带现象明显，强应变域多呈线性延伸；弱应变域则呈菱形或三角形块体，显示了从陆块至造山带的过渡特色。

该带南东部分的浊积岩盆地是该区最主要的构造单元，其基底亦属“三层式”结构。构造变形强烈，主要是印支-燕山期形成的造山型褶皱和断裂，其构造线主要呈近东西和北西西向，以紧闭线状复式褶皱为主，伴有冲断层，岩层有明显的缩短应变，区域性板劈理比较发育。

王砚耕等（1995）还认为右江盆地浅部地壳具典型的“层、块、带”有序排列和规律组合的特征，构成了浅层地壳结构的特殊样式。“层”是指浅层地壳垂向强应变的滑脱面或者拆离带与弱应变的席状岩层体相间排列或堆垛（如大量的不整合面）；“块”是指平面上的弱应变域（地段）（如盆地内的碳酸盐台地）；“带”则是指那些在平面上呈线状延伸的强应变域（带）（区域大断层）。

右江盆地断裂构造按其规模、影响深度可划分为超壳深断裂、基底断裂和盖层断裂；按方向主要为北西向、北东向、北东东向及近东西向。

北西向断裂构成盆地的骨干断裂，占主导地位，北西向断裂与北东向断裂相互切割、交错，在区内形成大小不等的菱形块体，块体上为弱变形区；块体之间成为强变形带。这些主干断裂活动期大多始于泥盆纪早期，在海西-印支期强烈活动，有的到燕山期甚至直到喜马拉雅期仍在活动。在裂谷拉张阶段这些断裂大多表现为同沉积正断层，在区域内形成一系列“堑—垒”相间的古地理格局；在构造反转期，沿断裂带挤压、逆冲，变形作用强烈，断裂带以逆冲推覆、走滑为主。拉张期的地堑带在构造反转期形成了强烈的挤压、剪切变形带，与弱变形的微型地块相配合，排列成“带—块”相间的构造格局。

右江陆源碎屑岩盆地的褶皱样式以造山型为主，以紧闭线状复式褶皱发育为特色，台地边缘发育倒转、平卧褶皱；与褶皱相伴常发育有逆冲断层；岩层具强烈的缩短应变等。碳酸盐台地区褶皱构造比较开阔平缓，呈简单的箱状、屉状、拱状褶皱。

索书田等（1993）、王砚耕（1994）还识别出坡坪大型多层次席状逆冲-推覆构造。该构造沿黔西南“大相变线”一带发育，是在相变带基础上发展起来的，显示由北西向南东运动的逆冲推覆，最大推覆距离约80km。推覆构造形成于燕山期，叠加于造山期构造之上，属板内隆缘的逆冲推覆形式。所谓黔西南“大相变线”实际上是该逆冲推覆构造的锋缘线或滑脱拆离带出露线。值得指出的是，右江盆地构造的叠加、干扰现象非常普遍，反映了该区长期的构造变形历史。

滇黔桂“金三角”的卡林型金矿主要位于右江盆地的构造范畴内，因此，盆地对成矿的控制作用毋庸置疑。构造对成矿的控制，首先体现在盆地的构造演化对成矿过程的控制。任何个体的矿床研究，必须置于右江盆地这个大的构造背景之下进行分析和讨论。因此，有必要根据上述区域地层以及后述岩浆岩和区域物理化学特征，对右江盆地的大地构造属性及其发展演化历史做简要讨论。

右江盆地最有影响且被广为引用的大地构造名词是“右江再生地槽”，最早源自广西壮族自治区地质矿产局（1985）和黄汲清（1980）。其含义是，右江地区晚古生代为相对稳定的地台环境。早泥盆世晚期，由于地幔上隆地壳发生微型扩张，产生一系列北西和北东向的张性破裂带，随着张裂的进行逐渐形成台沟分割的格局。台沟为深水–半深水相泥质岩、硅质岩、深色燧石灰岩，含浮游生物化石；台地为浅水相浅色碳酸盐岩建造，含底栖生物化石。晚二叠世，台地范围逐渐缩小，台沟范围逐渐扩大，地台向地槽过渡；早三叠世开始，地台活化，有巨厚的浊流沉积，盆地内长期发育的孤立碳酸盐台地被淹没，中三叠世最终转化为地槽，故称之为“再生地槽”。之后虽然有一些学者对这一观点进行了补充和细化，但由于板块构造理论的影响，如卢重明（1986）虽沿用“右江再生地槽”一词，但用词已明显变化，他认为早三叠世，金沙江洋壳向北俯冲，导致富宁–那坡岛弧形成，右江区为弧后盆地，该区沟–弧–盆体系形成；中三叠世，前陆盆地强烈构造沉降，浊流沉积超覆；晚三叠世，地槽回返闭合。

板块构造理论被引入后，许多学者试图对右江盆地的大地构造属性重新进行诠释，主要有“右江裂谷”、“右江弧后盆地”、“南盘江海”（或八布–Phu Ngu 洋盆）之说。

“右江裂谷”一词由柳淮之等（1986）正式提出，他认为右江地区为陆内裂谷，是特提斯–喜马拉雅构造域的东延部分。从泥盆纪晚期开始裂开，到三叠纪早期，部分地区（如那坡的海相基性熔岩和放射虫硅质岩）转化为洋壳。但裂谷并未按照“威尔逊旋回”发展下去，而在三叠纪末期的印支运动中“夭折”了。北西向地幔枕的上升，是右江裂谷形成的本质原因。

明确提出“右江弧后盆地”概念的是成都地质学院（成都理工大学）的科研集体（曾允孚等，1992，1995；张锦泉和蒋廷操，1994）。他们从盆地沉积和充填动力学的角度，认为右江盆地的构造演化可分为海西期的被动陆缘裂谷盆地阶段和印支期的弧后盆地阶段，其最鲜明的特色是弧后盆地阶段。海西期，古特提斯洋的发展使哀牢山洋盆开裂，导致了右江地区在拉张应力条件下出现若干北西向裂陷带，这时的盆地具有大陆被动边缘裂谷特点。东吴运动后开始的印支期，区域应力条件发生变化。滨太平洋构造的发生，使盆地轮廓和结构发生明显变化，与此同时开始的哀牢山洋盆向北东方向的俯冲消减作用，使盆地在新的挤压条件下再次发生张裂和凹陷，进入了弧后盆地发展阶段；印支期末，盆地由东向西逐渐封闭，结束了右江盆地的发展历史。陈洪德等（2000）和侯中健等（2000）在前述两个阶段的基础上，进一步划分三个演化阶段，认为早三叠世末期，扬子地块与思茅–印支地块碰撞，右江盆地性质发生改变，由弧后盆地演变为前陆盆地，并沉积巨厚陆源碎屑浊积岩。

“南盘江海”（或八布–Phu Ngu 洋盆）则是近年出现的一个新名词。吴根耀等（2001）提出右江盆地曾经是一个独立的广阔洋盆，并命名为八布–Phu Ngu 洋。之后，吴浩若（2003）将其改称为八布洋盆，提出南盘江海的概念，八布洋盆仅是其南部具洋壳特征的一部分，北部还有田林海盆，南东有钦防海盆。早泥盆世晚期由于扬子地块逆时针旋转北移，导致滇桂–越北地块裂解，南盘江海张开，大规模裂陷。早石炭世，持续的海底扩张导致八布洋壳形成，此时洋盆内存在众多的碳酸盐海台；早二叠世，洋盆开始后退式地向南西消减，火山弧则不断向北东迁移推进；早三叠世，八布洋盆向南俯冲，原被动大陆反转成前渊，沉积大量的陆源碎屑浊积岩；晚三叠世发生陆-弧碰撞（吴根耀等，2001），部分洋壳被仰冲上来成为蛇绿岩，原复理石前陆盆地演化为磨拉石盆地。因此右江地区是印支期增生弧形造山带。右江盆地的沉积-构造格局的最大变化发生在二叠纪，（洋）盆地由扩张转变为消减。由于多海台，沉积巨厚，故洋盆闭合后发生的是“弱造山”和“软碰撞”。

上述吴浩若（2003）和吴根耀等（2001）等人的认识与前人有很大区别。他们认为右江地区在早古生代是一个广阔的洋盆，而不是原先认为的以浅水台地为主，其中仅有窄的深水台沟切割的古地理格局；右江地区晚古生代并非“相对稳定的地台环境”，而是从未停止过活动和扩张的洋壳发育时期；三叠纪不是海盆向外扩张的“再生地槽”时期，而是洋盆的闭合期（邝国敦，2001）。另外，他们认为越北地块属于印支地块的范畴，而其他人多认为红河断裂是扬子（华南）地块和印支地块的分界线，该断裂以北的越北地块归入扬子地块的范围。而且，他们认为右江盆地在早三叠世为弧前盆地，与前人认为的弧后盆地有较大区别。究其原因，在于他们认为右江盆地是一个独立的洋盆，越北地块是一个独立的板块而不是一个岛弧。

尽管上述观点不尽相同，但都注意到了右江盆地发展演化历史中一些比较特殊的地方：一是海西期浅水台地和深水盆地（或台沟，或广阔洋盆）纵横交叉分割的特点；二是三叠纪巨厚的陆源碎屑浊积岩。综合前人资料，可以发现以下两点。

（1）整个右江盆地呈明显的三角形（中国部分）。地质构造线在云南部分呈北东向，在广西部分呈北西向。而贵州部分，重力和航磁资料均显示存在一个明显的南北向构造（王砚耕等，1995），并且在南部转为东西向。李朝阳（1995）认为扬子地块西缘位于印度洋和欧亚板块的拼接部位附近，在两大板块碰撞之前扬子地块西部内缘就已存在一些南北向的深大断裂，如安宁河-绿汁江断裂、小江断裂等；峨眉山玄武岩呈南北向展布也证实了这一点。这些南北向断裂构造，可能继承了二叠纪或二叠纪以前的断裂，它们控制着三叠系海盆的展布。因此，南北向构造是存在的。

上述三个方向构造的存在，暗示右江盆地为一个在陆壳基底上发育起来的“三叉形”裂谷盆地。其中北西向和北东向两支发育良好，但南北向裂谷却“夭折”了，故南北向构造不发育，但深部物探有显示（即黔西南地区的南北向重力和航磁异常）。虽然王砚耕等（1995）认为贵州南北向地球物理异常是燕山期基性-超基性岩浆岩侵入的结果，但可能与右江盆地的形成有关。

（2）“再生地槽”期间，浊流流向总体为由南向北（吴江等，1993a，1993b），且盆地关闭的推移方向亦由南向北，与“三叉形”裂谷的发展演化类似，即沉积物由造山带流向大陆内部。

因此，右江地区是一个在陆壳基底上裂解而成的“三叉形”裂谷盆地，局部地区可出现具洋壳性质的盆地（八布蛇绿岩）。随着思茅-印支板块的俯冲，裂谷盆地转换为弧后盆地，但此时的弧后盆地仍然是扩张环境。随着思茅-印支板块和古太平洋板块联合对扬子地块（或华南陆块）的挤压，盆地应力状态由扩张转为挤压，同时由于沉积物的负荷和广西西南部的造山作用，弧后盆地发生挠曲，并相应地转换为弧后前陆盆地，并沉积巨厚的陆源碎屑浊积岩，向北西超覆淹没碳酸盐台地。挤压造山末期（晚三叠世），出现磨拉石堆积。侏罗纪和白垩纪造山后的伸展，出现断陷盆地。上述盆地发展演化过程可概括为以下四个主要阶段：①D_2—T_1为盆地裂陷及弧后盆地阶段；②T_2为前陆盆地挠曲阶段；③T_3为挤压造山阶段；④J_1—K为造山后伸展阶段。

右江盆地主体是一个印支期的造山带。由于其造山过程由南东向北西推进，故印支运动在桂西表现得十分清楚，如早三叠世的基性-中酸性火山岩向中三叠世的酸性火山岩转变；上三叠统角度不整合于下伏地层之上。而在黔西南地区，由于远离岛弧，火山岩不发育。上三叠统与下伏中三叠统为连续整合沉积。但我们看到，上三叠统是沉积于扬子被动大陆边缘碳酸盐台地上的（而不是右江陆源碎屑深水盆地中），且逐渐转为陆相磨拉石沉积，反映盆地已经关闭。上述事实表明，地壳的运动发展是一个动态的演化过程，造山过程也有一个时间和空间上推移的过程。虽然王砚耕（1994）把右江造山带称为印支-燕山造山带，考虑到右江深水盆地在晚三叠世已基本关闭，将其称为印支期的造山带可能更为合适。

三、区域岩浆岩

岩浆活动在右江盆地内部和周缘都有不同程度的分布。伴随着右江盆地的发展和演化，从泥盆纪一直到晚三叠世，甚至盆地关闭后的燕山期均有岩浆活动；岩性上从基性-超基性岩到中酸性岩均有出露；活动方式上，既有侵入岩也有溢流熔岩和火山碎屑岩。现按海西期、印支期和燕山期分别简述如下。

（一）海西期

海西期的岩浆活动在中、晚石炭世是个空白，至今未发现这一时期的火山活动线索，这个时期也是沉积盆地发展的相对稳定时期。因此，以这个时期为界可将海西期的岩浆活动分为早、晚两个时期（刘文均等，1993）。

早期岩浆活动（D—C_1）出现于盆地的南侧，主要分布在北西向的广南-那坡断裂带和百色断裂带上，活动规模较小，以辉绿岩、玄武岩为主。火山活动通常出现在同生断裂带控制的台盆中及其边缘，呈断续面状分布，上下岩层一般为深水相的硅质岩、泥质岩或碳酸盐岩。

晚期岩浆活动（P）强烈，广泛分布于盆地南北两侧。盆地西北缘的火山岩主要分布在贵州兴仁、普安、盘县和云南省的富源、罗平等地。岩性组合包括拉斑玄武岩和同源浅成侵入的岩床状辉绿岩。拉斑玄武岩呈面型分布，厚度大，主要赋存于上二叠统下部，与上、下地层产状一致，构成层状火山地层——峨眉山玄武岩层。自下而上为火山爆发相—溢流相—火山沉积相，一般厚200～300m，个别在700m以上，由西往东变薄以至尖灭，且由陆相变为海陆交替相（局部），属高铁钛、低镁、碱度偏高的碱钙性拉斑玄武岩系列。盆地南缘，则以侵入的辉绿岩为主，主要分布于右江断裂带两侧，呈岩床状产出，并随围岩褶皱而褶皱，厚一般30～90m，长数百米至数千米。具辉绿结构、嵌晶含长结构和辉长-

辉绿结构等，其化学成分与玄武岩相同，是同源岩浆作用不同阶段和不同活动方式的产物。与玄武岩一起代表了大陆离散构造背景非造山环境的幔源基性火成岩组合。海西期右江盆地虽然是一个快速沉降区，并已经有基性岩活动，但右江盆地的基底仍是大陆地壳（康云骥等，2003）。

（二）印支期

印支期岩浆活动是岩浆活动的又一个高潮，火山活动强烈，岩性类型多样，包括基性岩和中酸性岩类，具有由早三叠世向中、晚三叠世，由中基性岩向中酸性岩变化的趋势。

早三叠世的基性岩主要分布于盆地南缘的北西向富宁—靖西—那坡断裂一带，在盆地内部的西林、八渡、甘田等地只有少量出露。以海底喷发为主，包括细碧岩、角砾熔岩、凝灰岩及橙玄玻璃角砾岩等，枕状构造及杏仁状构造发育，局部具流动构造。中酸性岩分布在凭祥—龙州一带，以海底喷发英安岩为主，也有部分中酸性火山碎屑岩，最大厚度达2000m。

中三叠世岩浆活动转为受北东方向凭祥大断裂带控制，活动方式亦由海底喷溢向大陆喷发转化。活动中心在宁明—崇左一线，主要为酸性熔岩类和火山碎屑岩类，其次为中酸性熔岩（英安岩）。云南麻栗坡八布的法郎组中也有发现，主要为玄武岩。

晚三叠世则迁移到受钦州断裂控制的十万大山一线，以流纹斑岩和珍珠岩为主。

（三）燕山期

燕山期岩浆活动以岩浆侵入为主，规模小，活动弱，主要包括酸性岩和偏碱性超基性岩组合两类。

燕山期酸性侵入岩主要发育在桂西田林-巴马东西向隐伏断裂带两侧的凌云、凤山、龙川、巴马隆起区，多见石英斑岩及花岗斑岩出露，一般呈小岩体及岩脉产出。另据航磁及重力资料推断，在凌云—巴马一带存在近东西向酸性隐状岩体，埋深约2500～4000m。

偏碱性超基性岩组合主要分布在黔西南镇宁—贞丰一线，受深部的南北向构造控制。既侵入于扬子地块边缘的碳酸盐岩地层中，也侵入到右江盆地浊积岩地层中，同时还侵入了黔西南大型逆冲推覆构造（索书田等，1993）。主要呈岩脉和岩墙产出，个别岩体呈筒状产出。单个岩体规模小，长数十米至1000余米，厚不足1m至10m。该组合的岩石类型较多，岩性复杂，蚀变强烈。主要包括辉石岩、黑云母岩和橄榄岩等，以低镁、富钙和相对富钾钠为基本特征，属于偏碱性-碱性超基性岩。

此外，航空磁测资料表明，在贞丰以东12～32km范围内，出现若干个十分醒目的等轴状长波长航磁异常。单个异常的面积最大可达100km^2。上述出露地表的偏碱性超基性岩体群均处于该异常范围内，因此推测深部可能隐伏有偏碱性超基性岩侵入体（韩至钧和盛学庸，1996）。

四、区域地球物理特征

从全国范围来看，滇黔桂“金三角”位于中国东部重力梯度带上（殷秀华等，

1988），反映了该区处于地壳结构和地壳厚度的转换部位。而这种转换部位，又常常是成矿的有利部位。

根据区域重力资料，自南宁沿右江至云南省丘北县城，为鼻状Δg布格高重力异常区。该异常走向300°，长480km，宽80～100km，幅度$10\times10^{-5}\sim20\times10^{-5}m/s^2$，但两侧为低重力异常区（周永峰，1993）。该异常由幔隆引起，最大隆起幅度约5km。从泥盆纪到早三叠世右江地区的主构造应力处于拉张状态，右江裂谷形成的主要动力是地幔软流圈上涌，致使岩石圈地幔和地壳拱起扩张所致。

黔西南一带，布格重力异常的走向，东部为北北东向，西部为北东向，但两区重力梯度变化有所不同（东部变化较慢，西部变化较快）。表现在区域重力图上，西部的等值线较密，东部较稀，二者分界线大致在关岭—册亨一线，呈南北向。西部重力异常的走向接近南北向，可归入龙门山康滇重力梯度带范畴，反映出该处地壳厚度已处于陡变带上；东部则可能属于滇黔幔坳的一部分。

上述特征表明，沿右江地区存在一个北西向的幔隆带。该带下面的莫霍面大致是一个斜面，其等深线由南东向北西逐渐下降，深度为35～46km，地壳厚度由南东向北西逐渐增加。该带进入黔西南以后，转为南北向。重力异常揭示的右江幔隆，反映了对应的地壳拉张区。

整个滇黔桂“金三角”地区磁场总体特点是较平静和单调，属典型的沉积岩弱磁场。在黔西南航磁异常呈北北西—南北向，在望漠—关岭一带有一个宽大的近南北向正异常带纵贯全区，两侧为负磁场区。正异常的极值约20nT，强度不大，但其长度已超过100km，往北有逐渐减弱之势。往南在黔桂交界的南盘江地区，区域磁异常的走向大致是东西向，它与表层构造走向线一致，而与扬子地块区域磁异常走向几乎正交。继续往南，磁异常转为北西向，与右江断裂相吻合（王砚耕等，1995）。

上述区域重力异常和航磁异常的特点基本类似，例如黔西南的南北向异常、桂西的北西向异常，以及两省区交界处的近东西向异常，在两种异常图上均比较吻合。上述重磁异常反映的地幔上隆是客观事实，但是地幔上隆形成于盆地裂解时期，还是盆地关闭之后的燕山期，这是一个还有待解决的关键问题。

五、区域矿床地质特征

在右江盆地内部及东北边缘集中产出了大量低温热液金-锑-汞-砷矿床（图1.1和图2.3），并以卡林型金矿床最为重要，构成右江Au-Sb-Hg-As矿集区。区内已发现卡林型金矿床（矿点）200余处，探明金资源储量>800t，是世界上仅次于美国内华达的第二大卡林型金矿床聚集地（Hu et al.，2017a；Su et al.，2018）。该区的卡林型金矿床按产出形态可大致分为层控型、断控型及复合型三类（夏勇，2005；陈懋弘，2011）。层控型矿床主要产于盆地北部，赋矿岩石通常是不纯碳酸盐岩、硅化角砾岩及少量火山碎屑岩，矿体常顺层分布于地层或不整合面中，倾角一般较缓，具多层分布特征，典型实例包括水银洞、太平洞、戈塘等矿床。断控型矿床主要产于盆地东部，赋矿岩石通常是砂岩、粉砂岩及泥岩，矿体赋存于断裂破碎带及附近围岩中，倾角一般较陡，典型实例包括烂泥沟、

表 2.2 右江 Au-Sb-Hg-As 矿集区代表性矿床地质特征

矿床	省/县	经纬度	金属储量	品位	矿石矿物	脉石矿物	围岩蚀变	围岩	围岩时代	参考文献
烂泥沟	贵州/贞丰	105°52′36″E 25°08′40″N	167t Au	4~5g/t Au	黄铁矿、毒砂、辉锑矿、辰砂、雄黄	石英、方解石、白云石、白云母、黏土矿物	脱碳酸盐化、硅化、碳酸盐化、泥化	细粒碎屑岩	中三叠世	陈懋弘，2007，2009；Chen et al.，2015
水银洞	贵州/贞丰	105°32′40″E 25°31′57″N	263t Au	5.0g/t Au	黄铁矿、毒砂、雄黄、雌黄、辉锑矿、辰砂、自然金	石英、白云石、方解石、萤石、绢云母、高岭石、云母、沥青	脱碳酸盐化、硅化、白云石化	生物碎屑灰岩、碎屑岩	晚二叠世	Su et al.，2009a，2009b；Tan et al.，2015
太平洞	贵州/兴仁	105°28′45″E 25°33′46″N	> 29t Au	4.7g/t Au	黄铁矿、毒砂、雄黄、雌黄、辉锑矿、自然金	石英、白云石、方解石、高岭石、绿泥石、绢云母	脱碳酸盐化、硅化、白云石化	生物碎屑灰岩、碎屑岩	晚二叠世	覃礼敬和刘道明，2006；刘丽等，2012
紫木凼	贵州/兴仁	105°28′09″E 25°34′15″N	80t Au	6.0g/t Au	黄铁矿、毒砂、雄黄、褐铁矿、自然金	方解石、白云石、石英、云母、高岭石、玉髓	脱碳酸盐化、硅化、白云石化	生物碎屑灰岩、碎屑岩	晚二叠世 早三叠世	刘建中等，2009；王泽鹏，2013
泥堡	贵州/普安	104°55′53″E 25°22′24″N	43t Au	2.6g/t Au	黄铁矿、毒砂、雄黄、雌黄、辉锑矿、辰砂	石英、方解石、萤石、绿泥石、绢云母、高岭石	硅化、碳酸盐化	生物碎屑灰岩、碎屑岩	晚二叠世	刘平等，2006
戈塘	贵州/安龙	105°17′47″E 25°15′07″N	36t Au	5.0g/t Au	黄铁矿、毒砂、辉锑矿、雄黄、雌黄、褐铁矿	萤石、石英、方解石、白云石、重晶石	硅化、萤石化、碳酸盐化	生物碎屑灰岩、碎屑岩	晚二叠世	董磊等，2011；黄建国等，2012a，2012b
丫他	贵州/册亨	105°39′11″E 24°54′46″N	20.7t Au	5.0g/t Au	黄铁矿、毒砂、雄黄、辉锑矿、辉锑矿、自然砷	石英、白云石、方解石、黏土矿物	硅化、碳酸盐化、泥化	细粒碎屑岩	中三叠世	肖德长，2012
高龙	广西/田林	105°39′22″E 24°12′24″N	21.6t Au	3.7g/t Au	黄铁矿、毒砂、辉锑矿、褐铁矿	方解石、白云石、石英、碳质、黏土矿物	硅化、碳酸盐化、绢云母化、高岭石化	细粒碎屑岩	中三叠世	张长青等，2012

续表

矿床	省/县	经纬度	金属储量	品位	矿石矿物	脉石矿物	围岩蚀变	围岩	围岩时代	参考文献
金牙	广西/凤山	106°54′23″E 24°34′00″N	27.4t Au	3.4g/t Au	毒砂、黄铁矿、辉锑矿、雄黄、雌黄	石英、白云石、云母、方解石	脱碳酸盐化、硅化、泥化	细粒碎屑岩	中三叠世	刘虎等，2013；刘苏桥等，2014
明山	广西/凌云	106°53′00″E 24°21′54″N	37.2t Au	2.7g/t Au	黄铁矿、毒砂、辉锑矿、黄铜矿、闪锌矿、方铅矿、雄黄、雌黄	石英、绢云母、方解石、白云石	硅化、绢云母化、泥化	细粒碎屑岩	中三叠世	梁国宝等，2015；庞保成等，2014
老寨湾	云南/广南	104°53′15″E 23°49′30″N	31.4t Au	1.7g/t Au	黄铁矿、毒砂、辉锑矿、褐铁矿、锑华	石英、绢云母、方解石、高岭石、云母、玉髓	硅化、碳酸盐化、绢云母化	细粒碎屑岩、辉绿岩	早泥盆世	罗刚和杨小峰，2010；王明聪等，2011；张静等，2014
大厂	贵州/晴隆	105°08′00″E 25°40′30″N	0.274Mt Sb	2.6% Sb	辉锑矿、黄铁矿、褐铁矿、锑华	石英、萤石、方解石、高岭石、重晶石、石膏	硅化、萤石化、泥化、碳酸盐化	碎屑岩	中二叠世	彭建堂等，2003a，2003b；苏文超等，2015
半坡	贵州/独山	107°37′25″E 25°49′24″N	0.15Mt Sb	5.0%～22.3% Sb	辉锑矿、黄铁矿、辰砂、雄黄	石英、方解石、白云石、重晶石、黏土矿物	硅化、碳酸盐化、重晶石化、绢云母化	细粒碎屑岩	早泥盆世	肖宪国，2014
巴年	贵州/独山	107°39′15″E 25°46′00″N	64000t Sb	5.1%～6.7% Sb	辉锑矿、黄铁矿	方解石、白云石、石英	碳酸盐化、硅化	细粒碎屑岩	中泥盆世	沈能平等，2013
滥木厂	贵州/兴仁	105°30′42″E 25°31′22″N	3140t Hg；392t Tl	0.19% Hg 0.01% Tl	辰砂、红铊矿、黄铁矿、雄黄、雌黄、辉锑矿、斜硫砷汞铊矿	重晶石、高岭石、石英、方解石	硅化、高岭石化、重晶石化	细粒碎屑岩	晚二叠世 早三叠世	陈代演和邹振西，2000；邓凡，2010
交犁-拉峨	贵州/三都	107°37′05″E 26°02′30″N	>581t Hg	0.1%～3.7% Hg	辰砂、雄黄、雌黄、黄铁矿	方解石、白云石、重晶石	钙化、白云石化、硅化、重晶石化	灰岩	早奥陶世	王加昇和温汉捷，2015

丫他、金牙等矿床。复合型矿床既有赋存于断裂破碎带中的矿体，也有赋存于地层中的矿体，具有层控和断控的双重特点，典型实例包括泥堡金矿床和林旺金矿床。尽管这些卡林型金矿床在控矿构造和赋矿岩性上存在差异，但它们在矿物组合、围岩蚀变、矿石结构、成矿条件等方面具有很多相似特征。该区代表性矿床的主要地质特征见表 2.2，下面以水银洞和烂泥沟金矿床以及晴隆锑矿床为例做一说明。

（一）水银洞金矿床

水银洞金矿床（图 2.6）位于黔西南贞丰县内，目前探明金储量（包括最初的水银洞矿段及后来发现的雄黄岩矿段、簸箕田矿段和纳秧矿段）为 263t，平均金品位 5g/t（Tan et al.，2015），是右江盆地中规模最大的卡林型金矿床。

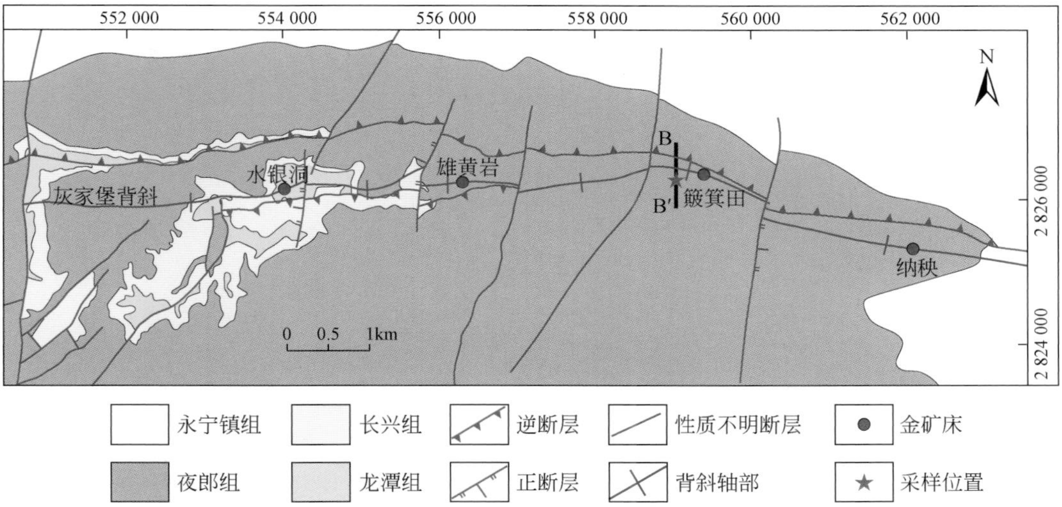

图 2.6　水银洞金矿床地质略图

（据刘建中，2001；谭亲平等，2015 修改）

B-B′为图 2.7 的剖面位置

水银洞矿区出露及钻遇地层包括中二叠统茅口组，上二叠统龙潭组、长兴组、大隆组，下三叠统夜郎组和永宁镇组（图 2.6 和图 2.7），其中龙潭组是最主要的赋矿层位。矿区范围未见岩浆作用。以下描述的各组地层及构造特征，根据刘建中（2001）、刘建中等（2006，2008，2010）、夏勇（2005）和谭亲平（2015）总结而来。

茅口组（P_2m）为灰色中厚层块状生物灰岩，局部夹浅灰色白云质灰岩。龙潭组（P_3l）分为三段：第一段（P_3l^1）为深灰色粉砂质黏土岩，局部粉砂质含量较高，其中有零星透镜状矿体产出；第二段（P_3l^2）为粉砂质黏土岩、黏土质粉砂岩夹生物碎屑灰岩、粉砂岩、碳质黏土岩和煤线；第三段（P_3l^3）为粉砂质碳质黏土岩、粉砂岩和生物碎屑灰岩不等厚互层，其中生物碎屑灰岩是富矿体主要产出层位（图 2.7）。长兴组（P_3c）的上部为钙质黏土岩、粉砂质黏土岩、生物灰岩及砂屑灰岩，下部为含燧石条带或团块细晶生物灰岩。大隆组（P_3d）顶底及中部夹二至四层 2 ~ 5cm 浅黄绿色蒙脱石黏土岩，主要为钙质黏土岩。夜郎组（T_1y）主要为灰岩、泥灰岩、黏土岩、粉砂岩。永宁镇组（T_1yn）主要为颗粒灰岩。

水银洞金矿床的矿体主要受灰家堡背斜和SBT（构造蚀变体）控制，矿体呈层状产出于灰家堡背斜核部的层间破碎带及SBT中（图2.7），属于层控型金矿床。灰家堡背斜为一东西走向宽缓短轴背斜，长约20km，核部地层近水平，两翼倾角约10°～20°，两翼基本对称，轴面近于直立。SBT为一套由区域性构造作用形成的并经热液蚀变的构造蚀变岩石，呈层状-似层状产出，走向与背斜轴线一致，呈东西向展布，平均厚度16m，为一跨时地质体，与茅口组（P_2m）和龙潭组（P_3l）或峨眉山玄武岩（$P_3\beta$）呈假整合接触。

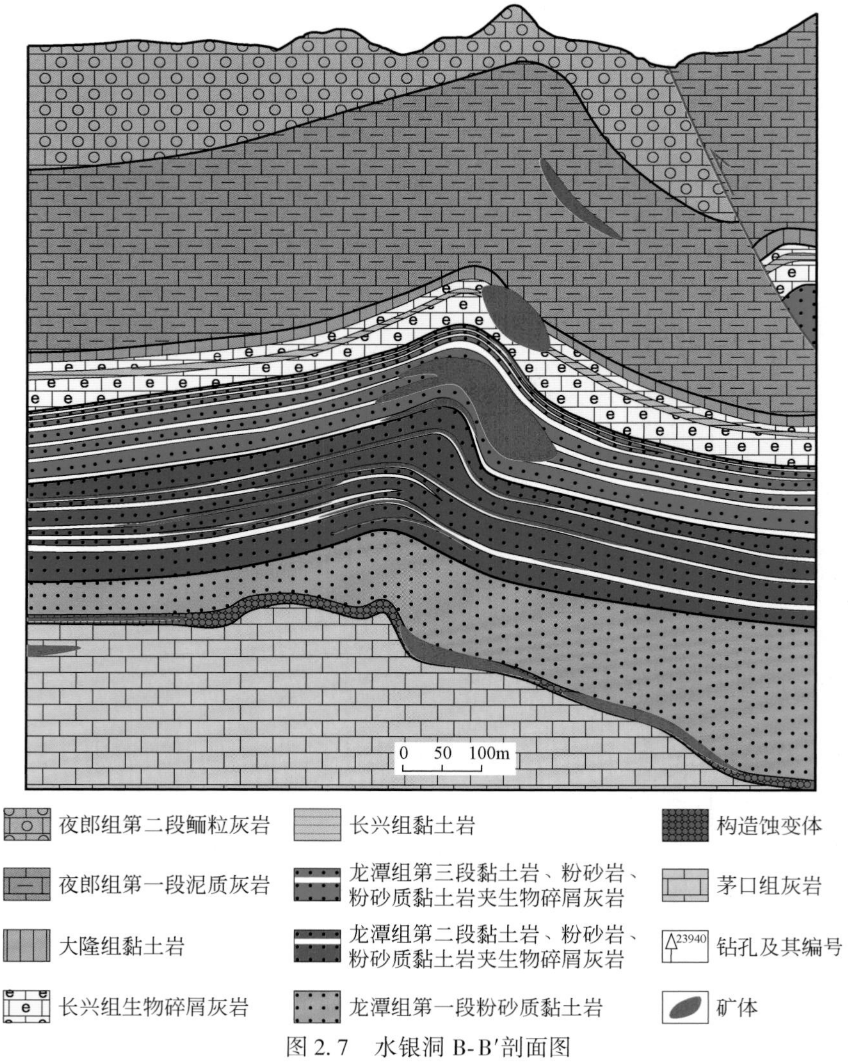

图2.7 水银洞B-B′剖面图

（据谭亲平，2015）

金主要以不见金形式赋存在含砷黄铁矿中（Su et al., 2012）。与金矿化相关的热液蚀变主要有去碳酸盐化、硅化、硫化物化和白云石化（刘建中，2001；Hu et al., 2002,

2017a；刘建中等，2006，2008，2010；Peter et al.，2007；Su et al.，2012）。

成矿期石英中流体包裹体研究表明，成矿流体具有低温（190 ~ 230℃）、低盐度（0.9% ~2.3% NaCl equiv.）和富 CO_2［6.3% ~8.4%（摩尔百分比）］等特点（Su et al.，2009a）。成矿流体捕获压力为 0.45 ~1.15kbar①，对应岩石深度为 1.7 ~4.3km（Su et al.，2009a）。在成矿晚期矿物的流体包裹体中，局部可见纯 CO_2 包裹体（Su et al.，2009a）。

（二）烂泥沟金矿床

烂泥沟金矿床（也称锦丰金矿床）位于黔西南贞丰县沙坪乡，探明金储量为 99t，平均金品位为 5.2g/t（Chen et al.，2011）。以下关于该矿床地质特征的描述根据陈懋弘等（2007）及 Eldorado 公司勘探报告（2011）总结而来。

Eldorado 公司将矿区地层划分为两个不连续的层序，分别为赖子山台地相碳酸盐岩层序和盆地相陆源碎屑岩层序，矿体赋存于盆地相陆源碎屑岩层序中。台地相层序主要位于矿区西侧（图 2.8），主要包括石炭系马平组厚层灰岩夹薄层泥页岩，下二叠统栖霞组灰岩和茅口组灰岩，上二叠统吴家坪组灰岩及钙质黏土岩。

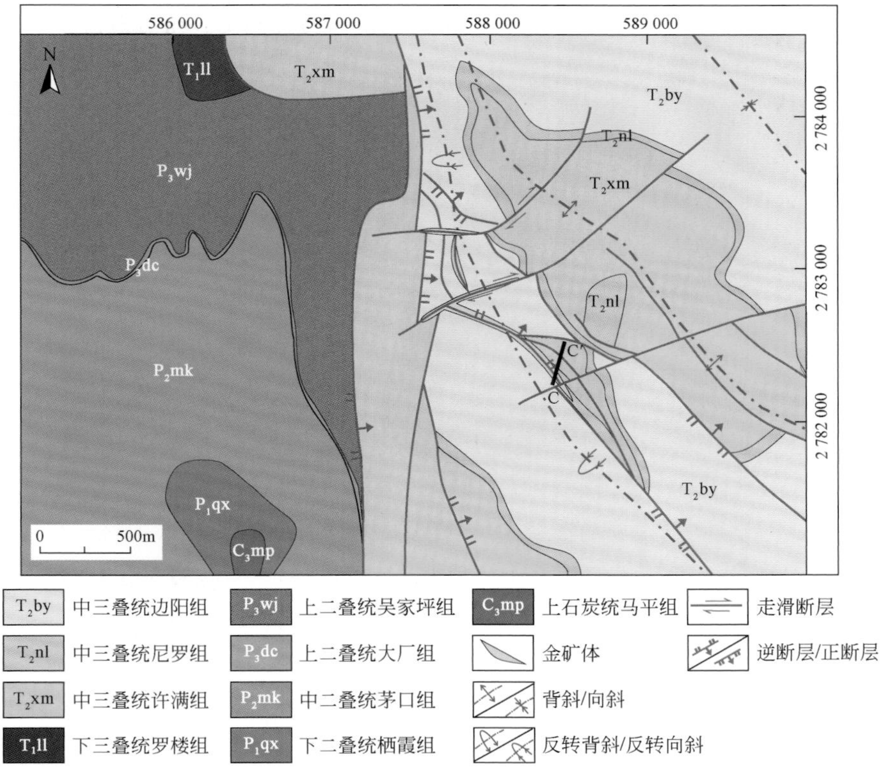

图 2.8　烂泥沟金矿地质图

（据 Eldorado，2011）

C-C′为图 2.9 的剖面位置

① 1bar = 10^5 Pa。

盆地相层序位于矿区东侧（图2.8），包括三叠系罗楼组、许满组、尼罗组和边阳组，矿体主要赋存于许满组和边阳组地层中（图2.9）。罗楼组由泥晶灰岩夹黏土岩及灰岩组成。许满组为钙质黏土岩、粉砂岩、页岩，夹少量细砂岩和灰岩。罗楼组以薄层钙质黏土岩为主，夹薄层泥质粉砂岩。边阳组是一套浊流沉积地层，地层中鲍马层序发育，岩性以细砂岩、粉砂岩、杂砂岩及黏土岩为主。勘探表明，浅部和中部矿体主要赋存在边阳组中，深部矿体主要赋存在许满组中。成矿没有地层专属性，但与岩性有关，矿体主要赋存在钙质碎屑岩中。

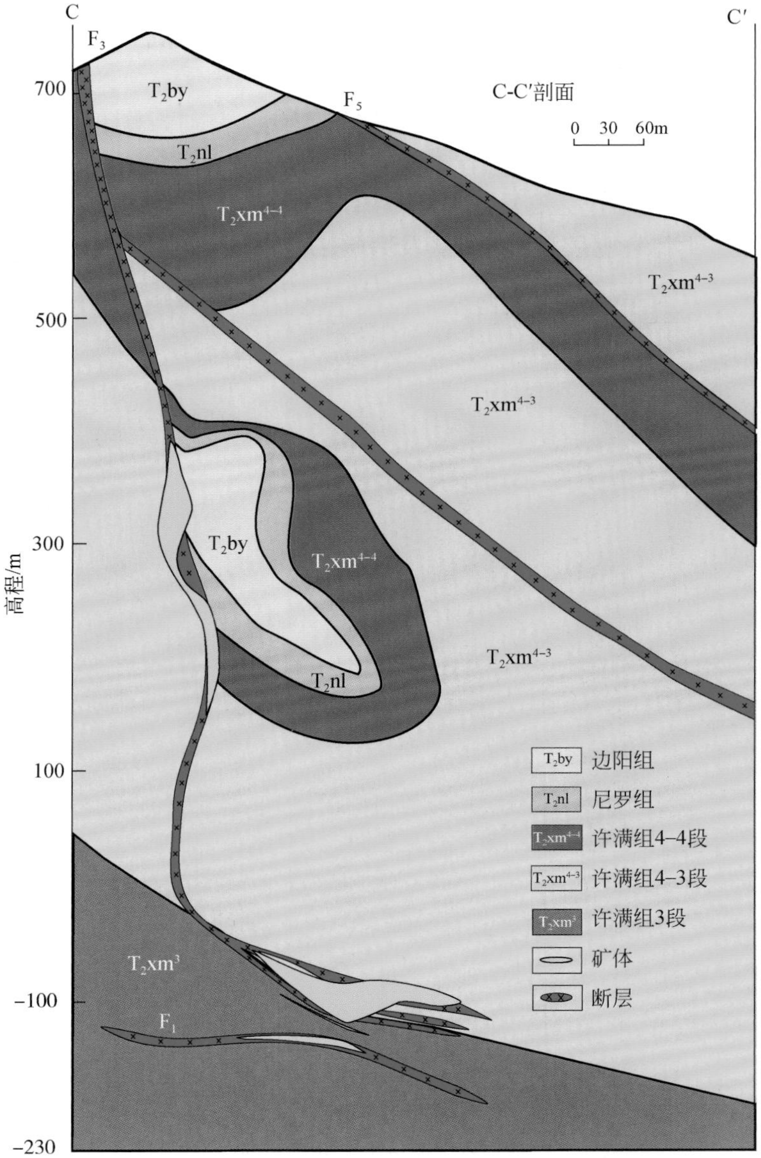

图2.9 烂泥沟金矿床C-C′剖面图及样品剖面位置
（据Eldorado，2011）

矿体受断裂构造控制，主要赋存于断层及其附近地层中（图2.8和图2.9），属于断控型金矿床。由于该区经历了多期构造事件，矿区构造复杂。主矿体主要赋存在高角度的正断层中（图2.9）。

矿区范围内未见岩浆作用。仅在矿区北北东25～30km的贞丰白层地区有燕山期碱性超基性岩脉。锆石LA-ICP-MS及金云母$^{40}Ar/^{39}Ar$法测年结果为85～88Ma（Liu et al.，2010）。

金的赋存状态与右江盆地中其他卡林型金矿床类似，主要呈不可见金赋存于含砷黄铁矿中（Zhang et al.，2003；陈懋弘等，2009）。与金矿化相关的围岩蚀变包括硅化、去碳酸盐化、黄铁矿化和泥化（Zhang et al.，2003；Peters et al.，2007）。

成矿期石英脉中流体包裹体研究表明，成矿流体为富CO_2［7%～75%（摩尔百分比）］、低盐度（<5% NaCl equiv.），中等温度（240～300℃）流体（Zhang et al.，2003）。成矿流体捕获压力为1.5～2.3kbar，对应的岩石深度为5.5～8.9km（Zhang et al.，2003）。

（三）晴隆锑矿床

晴隆锑矿位于贵州晴隆内，是右江Au-Sb-Hg-As矿集区的重要矿床之一。该矿床明显受北东向构造控制（图2.10）。北东向花鱼井断层、青山镇断层和马厂断层均为高角度逆

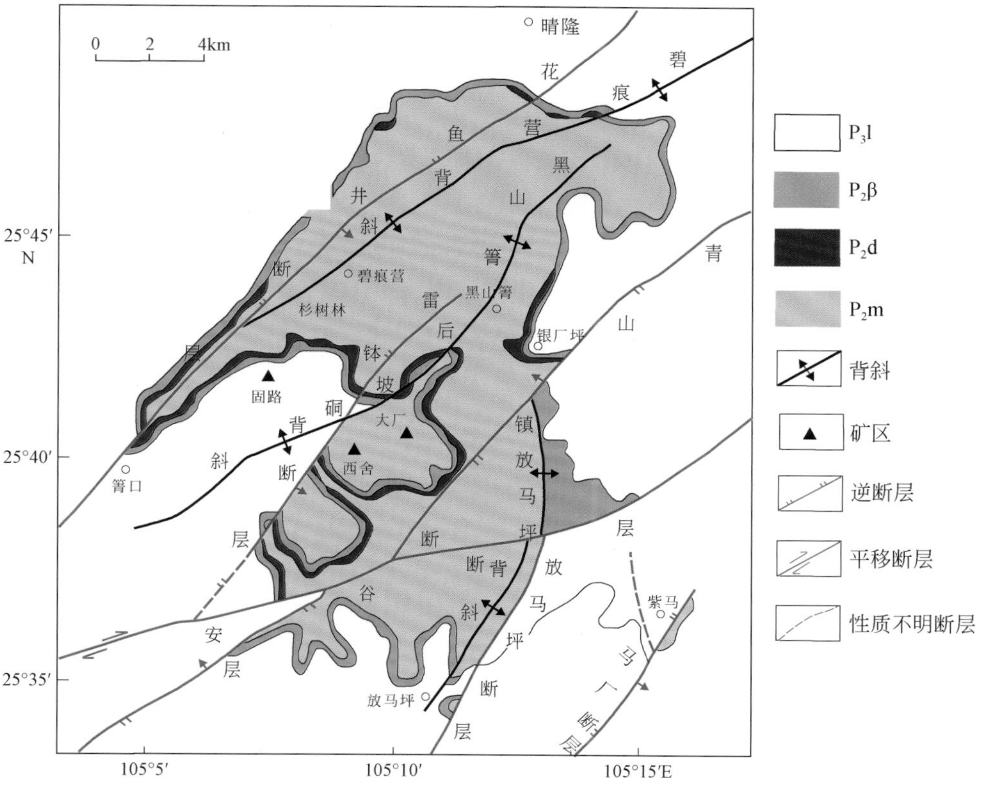

图2.10 贵州省晴隆锑矿床地质简图

（据苏文超等，2015修改）

P_3l. 上二叠统龙潭组；$P_2β$. 峨眉山玄武岩；P_2d. “大厂层”；P_2m. 上二叠统茅口组

冲断层，控制了该区玄武岩和锑矿的空间分布。具有工业开采价值的矿体仅分布于花鱼井、青山镇两个断层之间，锑矿体与北东向黑山菁-后坡背斜关系密切。矿区内出露的地层由老至新为下二叠统茅口组灰岩（P_2m）、峨眉山玄武岩（$P_2\beta$）和上二叠统龙潭组煤系地层（P_3l）（彭建堂等，2003a）。

锑矿体呈层状、似层状和透镜状产出，主要赋存于“大厂层”中（P_2d）。“大厂层”由下二叠统茅口组灰岩的顶部、上二叠统峨眉山玄武岩的底部以及其间的火山碎屑岩组成，该套岩石以强烈硅化和黏土化为特征。按其野外地质特征和岩性特征，“大厂层”分为3段（陈豫等，1984）：强硅化岩段、玄武质砾岩段和黏土岩段。下部强硅化岩段中，角砾状强硅化岩的顶部为锑矿产出的重要部位；中部玄武质砾岩段中，强硅化的角砾状黏土岩是锑矿的主要赋矿部位；上部黏土岩段中，蚀变玄武岩是赋矿的重要部位。

矿床的矿物组合简单，金属矿物主要为辉锑矿，脉石矿物主要有石英、萤石、方解石、高岭石以及少量重晶石和石膏。围岩蚀变包括硅化、萤石化、黏土化和少量碳酸盐化等。前人通过萤石的Sm-Nd等时线法确定，该矿床的形成时代约为150Ma（彭建堂等，2003a），相当于燕山期。矿体萤石中流体包裹体的均一温度为145～175℃，盐度为0.2%～1.9% NaCl equiv.（苏文超等，2015），成矿流体具有低温低盐度特征。

第三节　湘中Sb-Au矿集区

湘中Sb-Au矿集区位于扬子与华夏地块交接部位的扬子地块一侧，由湘中盆地和周缘雪峰隆起（造山）带组成（图2.11）。湘中盆地的基底为前泥盆系巨厚浅变质碎屑岩，分布于盆地边缘及其内部隆起带，盆系地层为泥盆系至三叠系碳酸盐岩和碎屑岩（卢新卫，1999）。盆地周边隆起带内主要分布新元古代浅变质岩。加里东期和印支期花岗岩体主要出露于雪峰隆起带，盆地内部则无大岩体出露，但发育少量花岗岩斑岩、石英斑岩和煌斑岩脉。地球物理资料显示，在盆地内部次级隆起的深部可能存在大型隐伏岩体（黎盛斯，1996；饶家荣等，1999）。目前在该区发现的锑、金矿床/矿点超过170处，构成湘中Sb-Au矿集区（图2.11）。

一、区域地层

湘中矿集区的区域地层具有明显的双层结构，包括元古宇低级变质岩基底和古生界至新生界沉积盖层（湖南省地质矿产局，1988；马东升等，2002）。其中古生界至新生界缺失中-上志留统、下泥盆统、中三叠统、上侏罗统及全新统（表2.3）。

冷家溪群是湘中地区出露最老的地层，主要分布于雪峰弧形构造带沅陵、桃源、桃江、益阳等地，可与黔东的梵净山群、滇东的昆阳群和桂北的四堡群等进行对比。岩性主要为浅灰、浅灰绿色浅变质细粒碎屑岩、黏土岩及含凝灰质细粒碎屑岩，属类复理石建造。冷家溪群底部夹有较厚的白云质灰岩、灰岩等团块，顶部多为砂岩，局部夹有基性-超基性熔岩，最大厚度超过2500m，未见底，属活动型陆缘海槽沉积。孙海清等（2012）对湖南省冷家溪群地层进行梳理，指出下部为海相深水盆地沉积细碎屑岩系，上部为盆地斜坡相浊流（扇）沉积粗碎屑岩系。

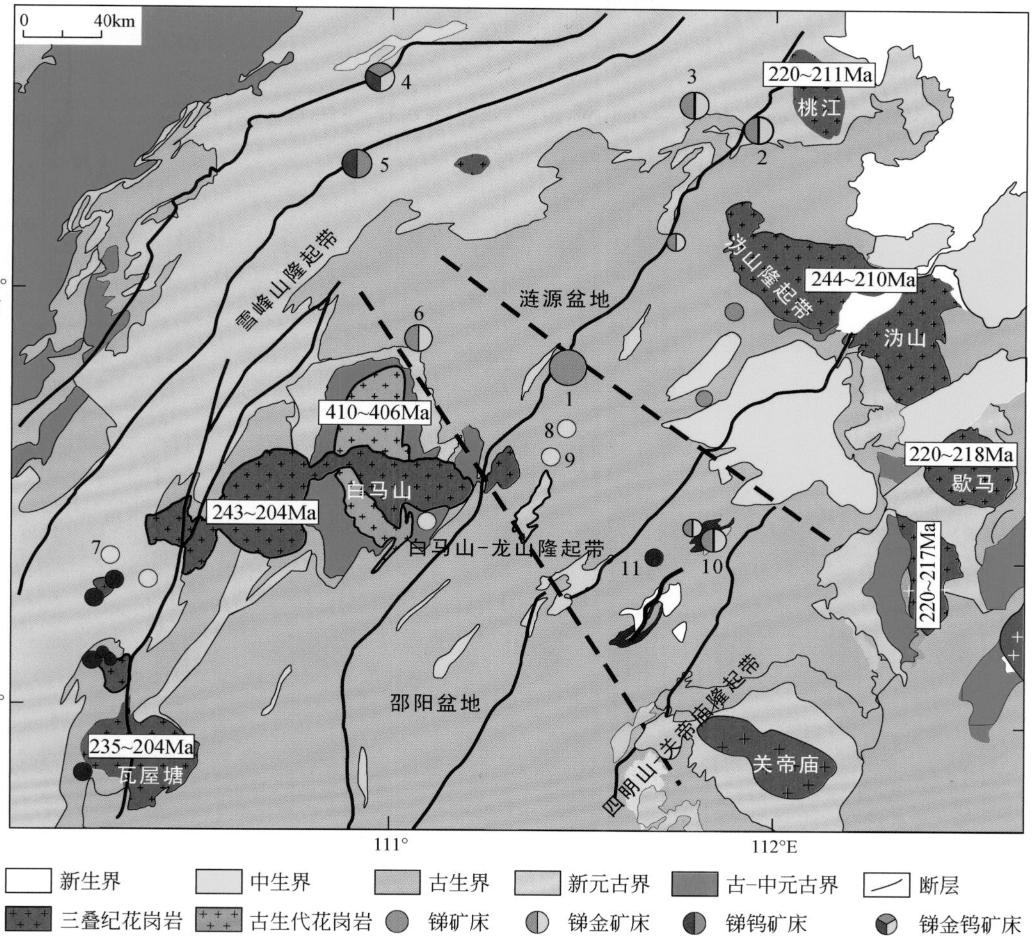

图 2.11　湘中 Sb-Au 成矿省矿床分布略图
（据 Fu et al.，2015 修改）

板溪群在该区广泛出露，主要分布在雪峰山地区，湘中盆地内仅双峰、城步一带有零星出露，可与黔东的下江群、桂北的丹洲群进行对比，由浅变质砂砾岩、长石石英砂岩、砂岩、板岩、凝灰岩组成，属类复理石建造，局部含基性-中酸性火山岩、碳酸盐岩和碳质板岩。板溪群可再分为马底驿组和五强溪组，分别对应于两个沉积旋回。以溆浦—安化—宁乡一线为界分为南、北两个地层区：北区俗称“红板溪”，以紫红色砂砾岩、砂岩、板岩、凝灰质板岩组成，局部含中酸性火山岩，与冷家溪群呈角度不整合接触；南区俗称“绿板溪”，以灰绿色、浅灰色浅变质碎屑岩为主，包括砂岩、板岩、灰岩、凝灰质板岩，局部含中基性、中酸性熔岩，与冷家溪群呈假整合接触。

埃迪卡拉系（震旦系）主要分布于湘中盆地边缘以及湘中盆地白马山—大乘山—龙山一线次级隆起带中，与下伏板溪群呈假整合、小角度不整合和整合接触关系。自下而上分为下统（江口组、湘锰组、南沱组）和上统（陡山沱组、灯影组/留茶坡组），各组之

表 2.3　湘中地区地层简表

界	系	统	地层名称	厚度/m	界	系	统	地层名称	厚度/m
新生界	新近系	全新统	全新统	10～70	上古生界	石炭系	下统	刘家塘段	101～300
		更新统	上更新统	4～10				孟公坳段	22～328
			中更新统	5～60				邵东段	11～54
			下更新统	8～119		泥盆系	上统	锡矿山组	88～711
	古近系	上新统						佘田桥组	110～1369
		中新统						棋梓桥组	38～1072
		渐新统					中统	跳马涧组	71～567
		始新统	栗木坪组	>223～485				半山组	6～221
		古新统	霞流市组	316～1880			下统		
中生界	白垩系	上统	东塘组	405～1728	下古生界	志留系	上统		
			戴家坪组	1086～2984			中统		
		中统	神皇山组	948～2361			下统	周家溪群上组	>2450
			东井组	10～553				周家溪群下组	1517～3275
	侏罗系	上统				奥陶系	上统	五峰组	10～22
		中统	陌路口组	77～940			中统	南石冲组	19～33
			跃龙组	100～295				磨刀溪组	4～17
		下统	高家田组	78～338				烟溪组	5～60
			石康组	35～138			下统	桥亭子组	210～225
	三叠系	上统	造上组	32～141				白水溪组	58～200
			三丘田组	33～265		寒武系	上统	田家坪组	62～188
		中统						米粮坡组	50～259
		下统	麒麟山组	214～729			中统	探溪组	107～1000
			大冶组	370～832			下统	小烟溪组	150～733
上古生界	二叠系	上统	长兴组	30～400	新元古界	震旦系	上统	灯影组	6～123
			龙潭组	44～1477				陡山沱组	5～232
		下统	茅口组	43～927			下统	南沱组	6～2500
			栖霞组	8～41				湘锰组	35～820
	石炭系	上统	船山组	246～425				江口组	1～3223
		中统	黄龙组	479～520		板溪群		五强溪组	391～3061
		下统	梓门桥段	13～342				马底驿组	592～3000
			测水段	6～161	中元古界	冷家溪群			2650～>7100
			石磴子段	52～247					

注：据湖南省地质矿产局（1988）简化。

间连续沉积。下统主要由含砾砂岩、含砾板岩组成，形成于海洋冰川沉积环境。上统则主要为温暖气候条件下沉积的白云岩、灰岩、硅质岩、黑色板状页岩，局部夹少量磷块岩。

寒武系主要分布于雪峰山东侧及白马山-龙山、苗儿山-牛头寨-关帝庙等穹窿中。寒武系岩性岩相变化较大，可分为下统小烟溪组、中统探溪组和上统米粮坡组、田家坪组。下寒武统主要为碳泥质页岩、硅质岩、黑色泥灰岩与碳质页岩互层，富含铀、银、钒、锑、砷、磷等多种元素，有“含矿黑层”之称。中寒武统主要为碳质板状页岩、碳泥质灰岩和硅质岩。上寒武统的米粮坡组主要为灰岩、泥灰岩和硅质板状页岩，田家坪组主要为泥灰岩、泥灰质板岩夹硅质岩。

奥陶系出露良好，分布范围大致与寒武系地层一致，下统、中统和上统均保存完整。下统主要为灰绿、灰黑色页岩、粉砂岩夹泥质灰岩；中统为灰黑色黏土质页岩、碳质页岩和硅质岩，局部夹含锰灰岩或钙质白云岩；上统以页岩、碳硅质页岩和泥岩为主。

志留系分布于雪峰山东南侧的安化—洞口一线，仅出露下—中志留统周家溪群，与下伏奥陶系呈整合接触。岩性主要为形成于滞流海沉积环境的碳质页岩、硅质页岩、粉砂质碳质页岩等。下组主要为砂质板岩、碳质板岩和硅质岩；中上部为石英杂砂岩、泥质粉砂岩和少量碳质页岩，上部以灰绿-深灰色条带状板岩为主，夹薄层粉砂岩，复理石韵律明显。

泥盆系在湘中盆地中广泛出露，缺失下统。中泥盆统下、中部属滨海-陆相碎屑沉积，中统上部至上统主要属浅海相碳酸盐岩沉积。中统半山组主要由砂岩、砂砾岩和粉砂岩组成，跳马涧组主要由紫红色砂砾岩、石英砂岩、粉砂岩和砂质页岩组成，棋梓桥组主要由泥灰岩、灰岩、白云质灰岩、粉砂岩和石英细砂岩组成。上统佘田桥组岩性变化较大，主要由砂岩、砂砾岩，局部夹页岩和灰岩；锡矿山组主要为灰岩、泥灰岩、砂岩，局部含鲕状赤铁矿层。

石炭系广泛分布于湘中盆地内部，发育齐全，与泥盆系整合接触。主要为碳酸盐岩和含煤碎屑岩。可分为上、中、下统。下统自上而下分为岩关组和大塘组，岩性以灰岩和白云岩为主。中统黄龙组岩性单一，为巨厚层块状白云岩，下部沉积浅灰色灰岩和白云质灰岩。上统船山组由浅灰色厚层块状灰岩、白云质灰岩夹白云岩组成。

二叠系在湘中地区广泛出露，是最重要的含煤地层，分为上、下统。上统上部是含铁锰质的硅质岩、页岩和硅质泥质岩，下部为含煤碎屑岩。下统为灰岩、硅质岩和泥沙质含煤沉积岩。

三叠系在湘中地区发育不全，仅零星出露。下统保存不全，以碳酸盐岩、砂岩和页岩为主。中统局部出露，主要由碳酸盐岩组成。上统普遍含煤。

侏罗系中、下统在湘中盆地内部发育。下侏罗统下部为海陆交互相含煤沉积，下侏罗统上部至中侏罗统为陆相沉积，岩性以砂岩、粉砂岩、泥岩和页岩为主。白垩系属陆相沉积。下统主要为滨湖、浅湖相紫红色砂泥岩以及山麓相砂砾岩，局部夹盐湖相沉积。湘中地区古近系和新近系地层不发育。第四系为陆相沉积物，由松散碎屑和土状物组成，分布于湘、资、沅水流域。

二、区域构造

湘中地区作为华南陆块的一部分，主要经历了武陵–雪峰期、加里东期、海西期和印支–燕山期四个发展阶段（胡受奚和叶瑛，2006）。长期的构造演化过程形成了湘中地区“四隆两盆”的构造格局，即：雪峰弧形隆起带、沩山隆起带、白马山–龙山隆起带和四明山–关帝庙隆起带，以及涟源盆地和邵阳盆地共同构成的湘中盆地。

武陵–雪峰期为中下地壳构造层形成和发育阶段，武陵运动使冷家溪群全面褶皱。雪峰运动使本区抬升成陆，并造成板溪群与震旦系之间呈低角度不整合或假整合接触。加里东运动导致该构造层发生浅变质，地层发生紧闭线型褶皱并局部倒转，与上覆地层呈角度不整合接触，并伴随大规模的壳源花岗岩侵入。海西运动对湘中地区的影响不明显，该时期地层表现为连续沉积。印支运动导致湘中盆地关闭，盖层发生变形变质作用，并诱发了大规模酸性岩浆侵入（Chu et al.，2012a）。燕山期主要受太平洋构造域的影响，诱发扬子地块东侧的华夏地块发生大规模酸性岩浆活动，但在湘中地区除地表出露的少量脉岩外，尚未见地表出露的其他岩浆岩。

加里东运动、印支运动和燕山运动与湘中地区的成矿作用密切相关。加里东运动导致华南发生强烈构造变形，所有震旦纪和早古生代的巨厚沉积物均发生了强烈的褶皱变形，发生区域低绿片岩相变质作用和中–深地壳层次的韧滑流变，以及强过铝质花岗岩的侵入（舒良树，2006），同时导致华南大范围志留系的缺失（胡艳华等，2012）。华南中生代构造作用导致的构造变形，记录了华南地区中生代动力体制从特提斯构造域向滨太平洋构造域的转换（张岳桥等，2009；褚杨等，2015）：早期近东西向褶皱体现了印支早期华南地块南北边缘碰撞造山事件的远程响应，晚期北北东向褶皱则记录了燕山期古太平洋板块向华南的俯冲作用（李勇等，2017）。

湘中地区基底构造表现为由北东、北西向两组断裂构成的基底块体格局。基底块体多呈穹窿状分布于盆地区内（图2.11），如呈东西向排列的白马山、大乘山、龙山穹窿和越城岭、牛头寨、四明山、关帝庙穹窿呈北东向展布的穹窿。

湘中地区主要发育有四个隆起带，其中雪峰山隆起带位于研究区西北缘，在北部弧形弯曲变成东西走向。以溆浦–洪江深大断裂为界，西北及北部为雪峰期褶皱基底，出露地层以元古宇为主；东南部为加里东期褶皱基底，主要由下古生界及其以前的地层组成。其中白马山–龙山隆起带位于研究区中部，呈东西向，为穹窿构造。穹窿核部为前泥盆系，周缘被上古生界所围绕。该隆起带仅地表出露有大量酸性岩脉（陈佑伟等，2016），地球物理资料均暗示深部存在隐伏岩体（饶家荣等，1993）。

基底构造特征对盖层构造的发育具控制作用。一方面加里东基底构造直接控制了湘中后加里东盆地格局、盆地形态以及沉积相分布和沉积厚度。沿活动性基底断裂出现岩性、岩相及地层厚度突变带，并且发育同沉积断层，而基底隆起导致晚古生代盖层中出现同沉积背斜（如四明山穹窿）（杨巍然等，1981）。另一方面，中生代时期基底断裂的再次活动直接影响和控制了盖层系统的构造特征。

整个湘中地区，盖层构造呈现出向西凸出之弧形展布特征，弧顶位于邵阳盆地祁阳一带，其北段轴向北东之短轴褶皱群呈左行排列，南段由一系列轴向北西之宽缓褶皱组成，并呈右行排列。

三、区域岩浆岩

与多期次构造运动相吻合，湘中地区出露岩浆岩呈现出多期次的特点，由图 2.11 可以看出，湘中地区出露的花岗岩主要分布在盆地边缘，岩浆岩时代以加里东期和印支期为主，其他时代岩浆岩规模较小。

加里东运动是华南发展史中重要的构造运动事件，导致了华南较多加里东期（志留纪—泥盆纪）花岗岩的形成。加里东期花岗岩主要出露在华夏地块及其与扬子地块之间的褶皱带（孙涛，2006；华仁民等，2013）。张芳荣等（2009）收集整理了华南东段志留纪—泥盆纪花岗岩的形成时代，结果显示其主要形成于 460 ~ 410Ma；Sr-Nd 同位素等方面的研究显示，加里东期花岗岩主要为 S 型，为壳源物质部分熔融的产物（舒良树，2006）。

湘中地区加里东期花岗岩类主要分布在白马山-龙山隆起带内（图 2.11 和图 2.12），如白马山复式岩体中近南北向分布的单元。锆石 U-Pb 年代学研究限定该岩体结晶年龄约为 410Ma（Chu et al., 2012b；杨俊等，2015；Xie et al., 2019）。

湘中地区印支期（三叠纪）岩浆活动规模较大，以盆地周缘分布的花岗岩基或岩株为特征，出露总面积超过 4000km^2，主要包括白马山岩体、瓦屋塘岩体、紫云山岩体、歇马岩体、关帝庙岩体、沩山岩体等（图 2.11 和图 2.12）。这些岩体以花岗闪长岩、二长花岗岩和二云母二长花岗岩为主。大量的高精度测年结果显示，印支期侵入岩的成岩时代为三叠纪，年龄集中在 240 ~ 200Ma。现将湘中地区出露面积最大的白马山岩体的地质特征简述如下。

白马山复式岩体位于湖南省溆浦、隆回、新化县境内，出露面积约 1600km^2，主要由黑云母二长花岗岩、黑云母花岗闪长岩和二云母二长花岗岩组成。岩体可分为龙潭、水车、龙藏湾和小沙江 4 个单元，其中水车单元为加里东期岩浆活动的产物（湖南省地质矿产局，1988）。印支期黑云母花岗闪长岩-黑云母二长花岗岩具有富钾、亚碱性、过铝质 S 型花岗岩特征，形成于印支期后碰撞或碰撞晚期构造背景，其源岩主要为古元古代变质杂砂质，锆石 U-Pb 定年显示其成岩时代主要为 243 ~ 204Ma（图 2.11）。

湘中地区除上述较大规模的花岗岩外，还分布有少量小规模的岩脉，主要分布在桃江-新化-城步大断裂和安化-溆浦-洪江大断裂及其次级断裂内。这些长英质岩脉主要为花岗斑岩、石英斑岩、石英闪长斑岩和闪长玢岩，长数十米至数千米，宽（厚）数米至十余米，常成群成带出现（刘继顺，1996）。这些岩脉往往分布在 Sb/Sb-Au 矿床外围，二者的关系一直是研究热点。

四、区域矿床地质特征

湘中 Sb-Au 矿集区是我国和世界最重要的 Sb 矿产地，已发现 Au-Sb-W 矿床/矿点 170 余处（史明魁等，1993；Hu et al., 2017a）。其中，探明的锑（金属）储量超过 270 万 t，

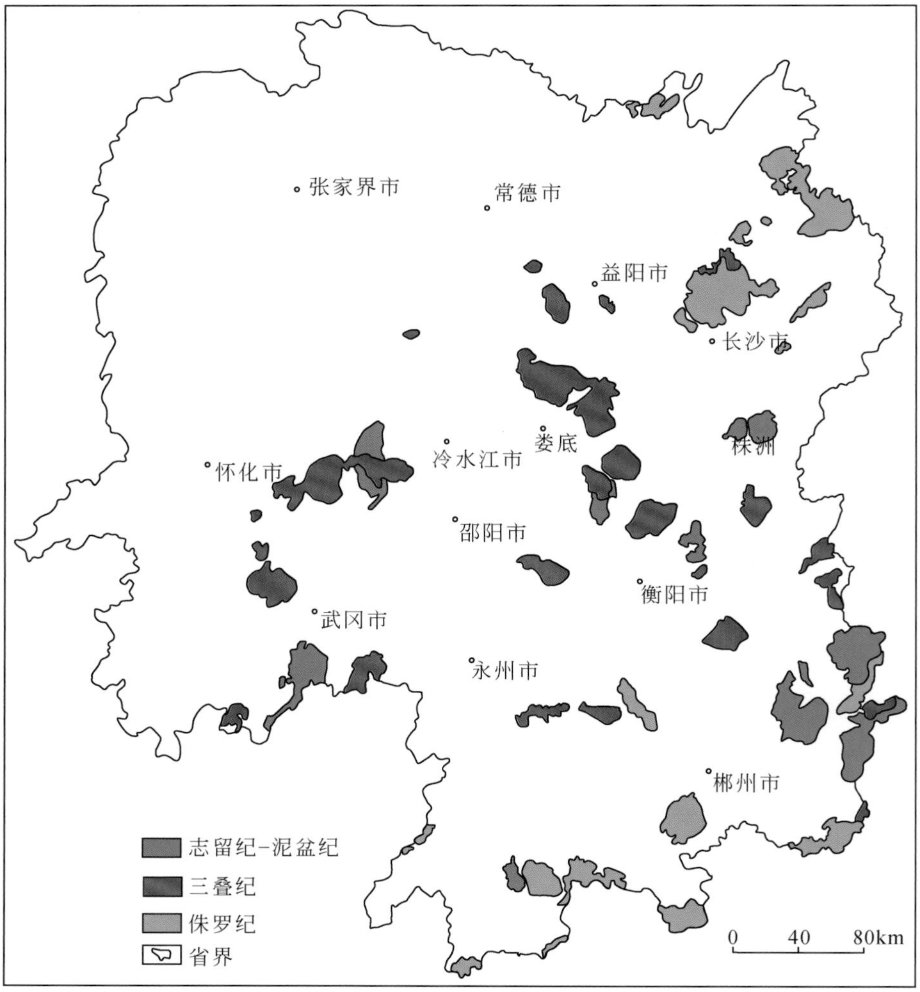

图 2.12　湖南省志留纪—侏罗纪主要岩浆岩分布图

（据中华人民共和国湖南省岩浆岩图 1：100 万，2015）

曾占全球锑矿储量的一半以上。据赋矿围岩的时代，可将湘中 Sb-Au 矿集区内的矿床分为两大类，即产于盆地内部晚古生代碳酸盐岩和碎屑岩断裂破碎带内的锑矿床和产于盆地周边前泥盆系基底浅变质碎屑岩断裂破碎带内的 Sb-Au 矿床（马东升等，2002）。前者以锡矿山超大型锑矿床为代表，矿体呈层状、似层状等产于泥盆系灰岩中，矿床远离大岩体，矿物组合简单，矿石矿物以辉锑矿为主，脉石矿物以石英和方解石为主，围岩蚀变以硅化和碳酸盐化为主。后者以 Au-Sb-W 元素组合为特征，矿床数量较多但规模相对较小，仅沃溪、板溪、龙山和古台山等金（锑）矿床达到大型规模，矿床主要呈脉状产于岩体边部（如古台山、青京寨等金矿床）或有隐伏岩体的次级隆起内（如龙山锑金矿床、大新金矿床），矿物组合复杂，除辉锑矿外，还有自然金、黄铁矿、毒砂、白钨矿等，围岩蚀变有硅化、绢云母化、绿泥石化等。湘中盆地 Sb-Au 矿集区主要矿床的基本地质特征见表 2.4。现以锡矿山超大型锑矿床为例做一说明。

表 2.4　湘中 Sb-Au 矿集区代表性矿床地质特征

矿床	省/县	经纬度	金属储量	品位	矿石矿物	脉石矿物	围岩蚀变	围岩	围岩时代	参考文献
锡矿山	湖南/冷水江	111°27′30″E 27°44′30″N	2.49Mt Sb	3.5% ~5.7% Sb	辉锑矿、黄铁矿、锑华	石英、方解石、萤石、重晶石、石膏	硅化、碳酸盐化、萤石化和重晶石化	灰岩、细碎屑岩	中-晚泥盆世	Hu et al., 1996; Peng et al., 2003
板溪	湖南/桃江	111°54′22″E 28°21′03″N	0.12Mt Sb	15.3% ~25.9% Sb	辉锑矿、黄铁矿、毒砂、黄铜矿、闪锌矿和自然金	石英、绿泥石、绢云母、白云石	硅化、绿泥石化、绢云母化、碳酸盐化	低级变质碎屑岩	新元古代	罗献林，1995；Li et al., 2018a；Fu et al., 2019
龙山	湖南/邵阳	111°39′30″E 27°27′00″N	0.10Mt Sb 10t Au	4.9% ~22.8% Sb 3.0 ~4.8g/t Au	辉锑矿、自然金、黄铁矿、毒砂、锑华	石英、绢云母、长石、白云石、方解石	硅化、绢云母化、碳酸盐化	低级变质碎屑岩	新元古代	梁华英，1991；刘鹏程等，2008；庞保成等，2011
符竹溪	湖南	111°37′54″E 28°29′36″N		0.02% ~22.84% Sb 0.6 ~11.0g/t Au	辉锑矿、自然金、黄铁矿、毒砂	石英、方解石、白云石、绿泥石	退色化、硅化、黄铁矿化、绢云母化、绿泥石化和碳酸盐化	低级变质碎屑岩	新元古代	姚振凯和朱蓉斌，1993；潘灿军等，2015
古台山	湖南/新化	111°04′55″E 27°48′05″N	9t Au 9500t Sb	12.95g/t Au 10.25% Sb	自然金、黄铁矿、辉锑矿、黄铜矿、毒砂、白钨矿	石英、绢云母、方解石、重晶石、铁白云石	绢云母化、绿泥石化、碳酸盐化、硅化	低级变质碎屑岩	新元古代	戴长华，2000；李伟等，2016；Li et al., 2018b
大新	湖南/新邵	111°25′26″E 27°32′33″N	>30t Au	1.0 ~6.1g/t Au	黄铁矿、毒砂、自然金、黄铜矿、闪锌矿、菱铁矿	石英、绢云母、方解石、绿泥石、长石	硅化、绢云母化、绿泥石化	低级变质碎屑岩	新元古代	龚贵伦等，2007；李己华等，2007

续表

矿床	省/县	经纬度	金属储量	品位	矿石矿物	脉石矿物	围岩蚀变	围岩	围岩时代	参考文献
高家坳	湖南/新邵	111°18′01″E 27°25′09″N	>10t Au	1.8 ~5.1g/t Au	自然金、黄铁矿、白铁矿、闪锌矿、毒砂、菱铁矿	石英、绢云母、重晶石、黏土	硅化、绢云母化、重晶石化	细碎屑岩	中泥盆世	康如华，2001；李福顺等，2002
大坪	湖南/洪江	110°17′31″E 27°21′01″N	30t Au	3.3 ~22.3g/t Au	自然金、黄铁矿、毒砂、闪锌矿	石英、绢云母	硅化、绢云母化	低级变质碎屑岩	新元古代	赵建光，2001；李华芹等，2008
渣滓溪	湖南/安化	110°50′18″E 28°16′02″N	0.11Mt Sb 0.17 Mt WO_3	0.25% ~44.27% Sb 0.07% ~16.08% WO_3	辉锑矿、黄铁矿、白钨矿	石英、方解石、绢云母	硅化、绢云母化、碳酸盐化	低级变质碎屑岩	新元古代	王永磊等，2012；Zeng et al.，2017
沃溪	湖南/沅陵	110°53′56″E 28°31′48″N	2.2Mt Sb >50t Au 25000t WO_3	2.84% Sb 9.8g/t Au 0.3% WO_3	白钨矿、辉锑矿、黄铁矿、自然金	石英、绢云母、方解石、绿泥石	硅化、绢云母化、碳酸盐化	低级变质碎屑岩	新元古代	彭建堂等，2003c；Liang et al.，2014；Zhu and Peng，2015
曹家坝	湖南/新邵	111°37′57″E 27°28′03″N	19.03Mt WO_3	0.37% WO_3	白钨矿、磁黄铁矿、辉钼矿、黄铁矿、毒砂、黄铜矿	石英、绿泥石、方解石、石榴子石、辉石、绿帘石、白云母	夕卡岩化、角岩化、硅化、绿泥石化、绢云母化	细粒碎屑岩	中泥盆世	张志远等，2016；Xie et al.，2019b.

锡矿山锑矿床至今已有100多年开采历史，是世界上规模最大的超大型锑矿床，探明锑储量达249万t，提供了全球近50%的锑矿产量（彭建堂等，2014）。该矿床位于湘中盆地内部（图2.11），区内出露的地层主要为下石炭统和中、上泥盆统，岩性以碳酸盐岩

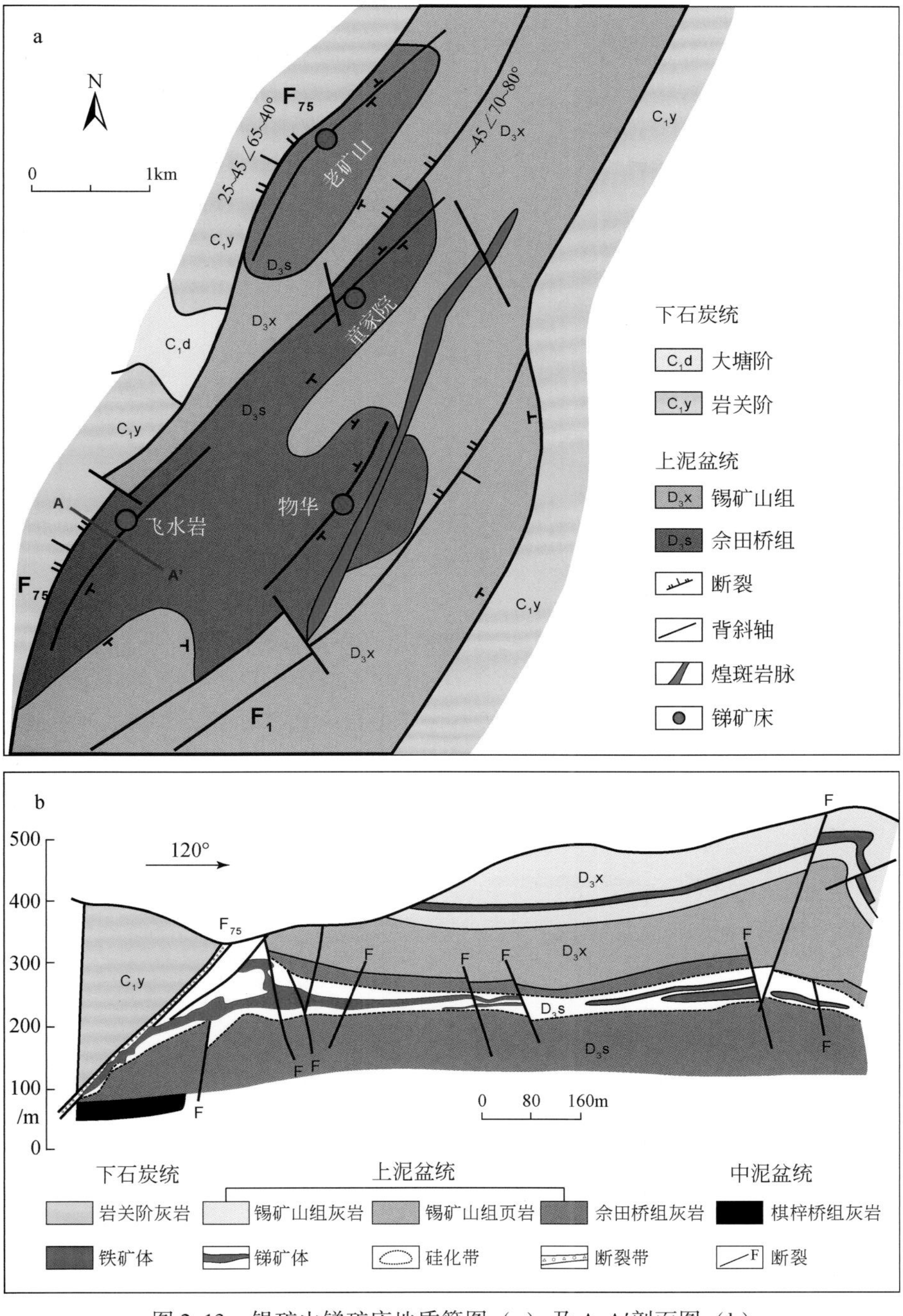

图2.13　锡矿山锑矿床地质简图（a）及A-A′剖面图（b）

（据彭建堂和胡瑞忠，2001；陶琰等，2002修改）

为主，夹少量粉砂岩及泥质岩。矿体主要赋存于中–上泥盆统中（Hu et al.，1996；Fan et al.，2004；Peng et al.，2003）。值得注意的是，泥质页岩往往在成矿流体运移过程中起遮挡层的作用（Yang et al.，2006；陈三明，2012），从而使锑主要在赋矿灰岩内大量沉淀聚集（金景福等，2001）。

锡矿山复式背斜的四个次级背斜分别控制了锡矿山矿床中飞水岩、物华、老矿山和童家院等四个矿段的分布（图2.13a）。矿体主要呈层状、似层状产于泥盆系碳酸盐岩地层的层间破碎带中（图2.13b），这种产状的矿体占矿床锑矿储量的80%以上。

矿床围岩蚀变较为发育。硅化是区内最重要的围岩蚀变类型，几乎遍及整个矿区，最厚可达80m，大多数矿体产于硅化岩中（胡雄伟，1995）。硅化的规模在一定程度上反映了矿化的规模，几乎所有的工业锑矿体均产于硅化灰岩中（解庆林等，1996；唐建武等，1999；匡文龙，2000；何明跃等，2002）。重晶石化、萤石化等发育较少，仅局部可见。

矿床矿物组合简单，矿石矿物以辉锑矿为主，其他仅可见极少量呈浸染状产出的黄铁矿；脉石矿物以石英和方解石为主，可见少量重晶石、萤石和石膏等（Fan et al.，2004；Hu et al.，1996；Peng et al.，2003）。根据矿物组合特征，可将矿石分为石英+辉锑矿、石英+方解石+重晶石+辉锑矿、石英+方解石+萤石+辉锑矿等类型（Fan et al.，2004）。其中，前两种类型最为重要，提供了锡矿山锑矿床90%以上的锑储量。根据矿物的相互关系，可将锡矿山锑矿床的矿物形成顺序分为成矿早期、成矿晚期和成矿期后三个阶段。各阶段的矿物组合特征见图2.14。

对石英、方解石等热液成因脉石矿物中流体包裹体的研究表明，矿床的成矿流体为低温、低盐度流体。成矿流体的均一温度集中在140～250℃，盐度一般低于5% NaCl equiv.（卢新卫等，2000；金景福等，2001；马东升等，2003；吴继承等，2007）。

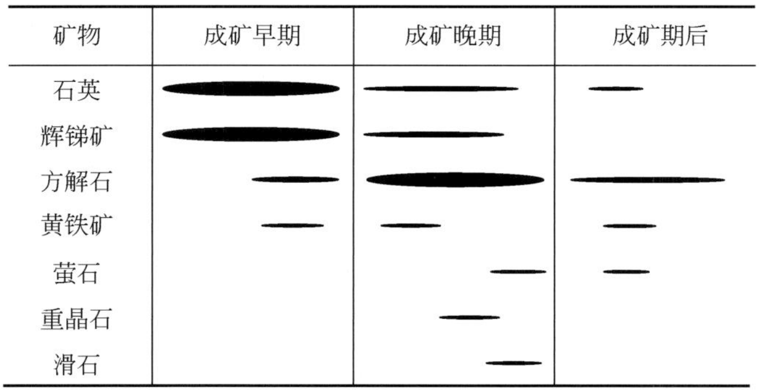

图2.14　锡矿山锑矿床矿物生成顺序图

参考文献

陈代演，邹振西，2000. 贵州西南部滥木厂式铊（汞）矿床研究. 贵州地质，(4)：236-241.

陈洪德，覃建雄，田景春，等，2000. 右江盆地层序充填动力学初探. 沉积学报，18（2）：165-171.

陈开礼，2000. 桂西古侵蚀沉积断面型金矿床. 广西地质，13（4）：19-22.

陈懋弘，2011. 滇黔桂卡林型金矿的构造型式和构造背景. 矿物学报，31，192-193.

陈懋弘，毛景文，Uttley P J，等，2007. 贵州锦丰（烂泥沟）超大型金矿床构造解析及构造成矿作用．矿床地质，26：380-396.
陈懋弘，毛景文，陈振宇，等，2009. 滇黔桂“金三角”卡林型金矿含砷黄铁矿和毒砂的矿物学研究．矿床地质，28：539-557.
陈三明，2012. 锡矿山锑矿田多元地学综合信息成矿预测研究．北京：中国地质大学（北京）博士学位论文．
陈佑纬，毕献武，付山岭，等，2016. 湘中地区龙山金锑矿床酸性岩脉U-Pb年代学和Hf同位素特征及其地质意义．岩石学报，32（11）：3469-3488.
陈豫，刘秀成，张启厚，1984. 贵州晴隆大厂锑矿床成因探讨. 矿床地质，3（3）：1-12.
褚杨，林伟，Faure Michel，等，2015. 华南板块早中生代陆内造山过程——以雪峰山—九岭为例．岩石学报，31（8）：2145-2155.
从柏林，1988. 攀西古裂谷的形成与演化．北京：科学出版社．
戴长华，2000. 古台山—高家坳金矿床带北西向构造控矿特征及其找矿意义．湖南地质，19（2）：105-110.
邓凡，2010. 兴仁滥木厂汞铊矿床地质特征及成矿地球化学研究．昆明：昆明理工大学硕士学位论文．
邓海琳，李朝阳，涂光炽，1999. 滇东北乐马厂独立银矿床Sr同位素地球化学．中国科学（D辑），29（6）：496-503.
董磊，黄建国，李文杰，2011. 贵州戈塘金矿床地质特征及成因研究．西南科技大学学报，26（3）：41-44.
龚贵伦，陈广浩，戴建斌，等，2007. 湖南大新金矿床构造控矿特征及矿床成因．大地构造与成矿学，31（3）：342-347.
广西壮族自治区地质矿产局，1985. 广西壮族自治区区域地质志．北京：地质出版社．
贵州省地质矿产局，1987. 贵州省区域地质志．北京：地质出版社．
韩至钧，盛学庸，1996. 黔西南金矿及其成矿模式．贵州地质，13（2）：146-153.
韩至钧，王砚耕，冯济舟，等，1999. 黔西南金矿地质与勘查．贵阳：贵州科技出版社．
何明跃，楼亚儿，王璞，2002. 湖南锡矿山锑矿床硅化作用与锑矿化关系．矿床地质，21（增刊），384-387.
侯中健，陈洪德，田景春，等，2000. 右江盆地海相泥盆系—中三叠统层序界面成因类型与盆地演化．沉积学报，18（2）：205-209.
胡受奚，叶瑛，2006. 对“华夏古陆”、“华夏地块”及“扬子-华夏古陆统一体”等观点的质疑．高校地质学报，12（4）：432-439.
胡雄伟，1995. 湖南锡矿山超大型锑矿床成矿地质背景及矿床成因．北京：中国地质科学院博士学位论文．
胡艳华，钱俊锋，褚先尧，等，2012. 华南加里东运动研究综述及其性质初探．科技通报，28（11）：42-48.
湖南省地质矿产局，1988. 湖南省区域地质志．北京：地质出版社．
华仁民，张文兰，陈培荣，等，2013. 初论华南加里东花岗岩与大规模成矿作用的关系．高校地质学报，19（1）：1-11.
黄建国，李虎杰，李文杰，等，2012a. 贵州戈塘金矿含矿岩系元素地球化学特征．中国地质，39（5）：1318-1326.
黄建国，李虎杰，李文杰，等，2012b. 贵州戈塘金矿萤石微量元素特征及钐-钕测年．地球科学进展，27（10）：1087-1093.
黄智龙，陈进，韩润生，等，2004. 云南会泽超大型铅锌矿床地球化学及成因．北京：地质出版社．

金景福，陶琰，曾令交，2001. 锡矿山式锑矿床的成矿流体研究．矿物岩石地球化学通报，20（3）：156-164.
金中国，黄智龙，2008. 黔西北铅锌矿床控矿因素及找矿模式．矿物学报，28（4）：467-472.
康如华，2001. 湘中高家坳金矿床地质地球化学找矿模型．黄金地质，7（3）：59-63.
康云骥，张耿，蔡贺清，等，2003. 右江盆地岩浆岩的地球化学特征．南方国土资源，（8）：24-27.
匡文龙，2000. 浅谈锡矿山超大型锑矿床的成矿模式．世界地质，19（1）：26-30.
邝国敦，2001. 桂西晚古生代深水沉积研究的新进展．广西地质，14（3）：1-6.
黎盛斯，1996. 湘中锑矿深源流体的地幔柱成矿演化．湖南地质，15（3）：137-142.
李朝阳，1995. 有关卡林型金矿的几点认识．矿物学报，15（2）：132-137.
李朝阳，1999. 中国低温热液矿床集中分布区的一些地质特点．地学前缘，6（1）：163-170.
李福顺，康如华，陈贻旺，等，2002. 湖南高家坳金矿床成矿地质条件及找矿方向．黄金，22：1-3.
李华芹，王登红，陈富文，等，2008. 湖南雪峰山地区铲子坪和大坪金矿成矿年代学研究．地质学报，82（7）：900-905.
李已华，戴建斌，李永光，等，2007. 湖南省新邵县大新金矿地质特征．黄金科学技术，15（5）：8-12.
李家盛，刘洪滔，陈明伟，2011. 滇东北铅锌矿床成矿条件与成矿预测．昆明：云南科技出版社．
李伟，谢桂青，张志远，等，2016. 流体包裹体和C-H-O同位素对湘中古台山金矿成因制约．岩石学报，32（11）：3489-3506.
李勇，董树文，韩宝福，等，2017. 华南湘中南地区中生代构造变形特征及深部过程．地球学报，38（s1）：1.
梁国宝，黄同兴，胡明安，等，2015. 桂西北明山金矿载金矿物的电子探针研究．桂林理工大学学报，35（2）：236-242.
梁华英，1991. 龙山金锑矿床成矿流体地球化学和矿床成因研究．地球化学，（4）：342-350.
刘虎，郭腾飞，蔡明海，等，2013. 广西金牙金矿地球化学特征及其找矿意义．华南地质与矿产，34（2）：132-138.
刘继顺，1996. 湘中地区长英质脉岩与锑（金）成矿关系．有色金属矿产与勘查，（5）：321-326.
刘家铎，张成江，刘显凡，等，2004. 扬子地台西南缘成矿规律及找矿方向．北京：地质出版社．
刘建中，2001. 贵州省贞丰县岩上金矿床地质特征．贵州地质，18（3）：174-178.
刘建中，邓一明，刘川勤，等，2006. 贵州省贞丰县水银洞层控特大型金矿成矿条件与成矿模式．中国地质，33（1）：169-177.
刘建中，夏勇，张兴春，等，2008. 层控卡林型金矿床矿床模型——贵州水银洞超大型金矿．黄金科学技术，16（3）：1-5.
刘建中，陈景河，邓一明，等，2009. 贵州水银洞超大型金矿勘查实践及灰家堡矿集区勘查新进展．地质调查与研究，32（2）：138-143.
刘建中，杨成富，夏勇，等，2010. 贵州西南部台地相区Sbt研究及有关问题的思考．贵州地质，27（3）：178-184.
刘丽，顾雪祥，彭义伟，等，2012. 贵州太平洞金矿床流体包裹体特征及流体不混溶机制．岩石学报，28（5）：1568-1576.
刘鹏程，唐清国，李惠纯，2008. 湖南龙山矿区金锑矿地质特征、富集规律与找矿方向．地质与勘探，44（4）：31-38.
刘平，杜芳应，杜昌乾，等，2006. 从流体包裹体特征探讨泥堡金矿成因．贵州地质，23（1）：44-50.
刘苏桥，陈懋弘，杨锋，等，2014. 广西金牙金矿毒砂Re-Os同位素测年和硫同位素示踪．桂林理工大学学报，34（3）：423-430.

刘文均，曾允孚，张锦泉，等，1993. 右江盆地火山岩的地球化学特点及其构造环境．广西地质，6（2）：1-14.
柳贺昌，林文达，1999. 滇东北铅锌银矿床规律研究．昆明：云南大学出版社．
柳淮之，钟自云，姚明，1986. 右江裂谷带初探．桂林冶金地质学院学报，6（1）：9-19.
卢新卫，1999. 湘中锑、金矿床区域控制特征研究．铀矿地质，15（6）：344-349.
卢新卫，马东升，王五一，2000. 湘中区域古流体的地球化学特征．地质找矿论丛，15（4）：320-327.
卢重明，1986. 扬子准地台西南陆缘的活化与右江地槽的形成．贵州地质，（1）：9-27.
罗刚，杨小峰，2010. 云南广南地区老寨湾微细粒浸染型金矿床地质特征与成矿规律．地质通报，29（9）：1362-1370.
罗献林，1995. 湖南板溪锑矿床的成矿地质特征．桂林工学院学报，15（3）：231-242.
马东升，潘家永，解庆林，2003. 湘中锑（金）矿床成矿物质来源——Ⅱ. 同位素地球化学证据．矿床地质，22（1）：78-87.
马东升，潘家永，卢新卫，2002. 湘西北—湘中地区金-锑矿床中-低温流体成矿作用的地球化学成因指示．南京大学学报，38（3）：335-345.
潘灿军，鲍振襄，包觉敏，2015. 湘西符竹溪金矿地质特征及成矿作用．地质找矿论丛，30（1）：53-59.
庞保成，杨东生，周志，等，2011. 湖南龙山金锑矿黄铁矿微量元素特征及其对成矿过程的指示．现代地质，25（5）：832-845.
庞保成，肖海，付伟，等，2014. 桂西北明山卡林型金矿床热液矿物的显微组构与化学成分特征及其对成矿作用的指示．吉林大学学报（地球科学版），44（1）：105-119.
彭建堂，胡瑞忠，2001. 湘中锡矿山超大型锑矿床的碳氧同位素体系．地质论评，47（1）：34-41.
彭建堂，胡瑞忠，蒋国豪，2003a. 萤石 Sm-Nd 同位素体系对晴隆锑矿床成矿时代和物源的制约．岩石学报，19（4）：785-791.
彭建堂，胡瑞忠，蒋国豪，2003b. 贵州晴隆锑矿床中萤石的 Sr 同位素地球化学．高校地质学报，9（2）：244-251.
彭建堂，胡瑞忠，赵军红，等，2003c. 湘西沃溪 Au-Sb-W 矿床中白钨矿 Sm-Nd 和石英 Ar-Ar 定年．科学通报，48（18）：1976-1981.
彭建堂，胡阿香，张龙升，等，2014. 湘中锡矿山矿区煌斑岩中捕获锆石 U-Pb 定年及其地质意义．大地构造与成矿学，38（3）：686-693.
饶家荣，王纪恒，曹一中，1993. 湖南深部构造. 湖南地质，12（S7）：1-101.
饶家荣，骆检兰，易志军，1999. 锡矿山锑矿田幔-壳构造成矿模式及找矿预测．物探与化探，23（4）：241-249.
沈能平，苏文超，符亚洲，等，2013. 贵州独山巴年锑矿床硫、铅同位素特征及其对成矿物质来源的指示．矿物学报，33（3）：271-277.
史明魁，傅必勤，靳西祥，等，1993. 湘中锑矿．长沙：湖南科学技术出版社．
舒良树，2006. 华南前泥盆纪构造演化：从华夏地块到加里东期造山带．高效地质学报，12（4）：418-431.
苏文超，朱路艳，格西，等，2015. 贵州晴隆大厂锑矿床辉锑矿中流体包裹体的红外显微测温学研究．岩石学报，31（4）：918-924.
孙海清，黄建中，郭乐群，等，2012. 湖南冷家溪群划分及同位素年龄约束．华南地质与矿产，28（1）：20-26.
孙涛，2006. 新编华南花岗岩分布图及其说明．地质通报，25（3）：332-337.
索书田，侯光久，张明发，等，1993. 黔西南盘江大型多层次席状逆冲-推覆构造．中国区域地质，（3）：239-247.

覃礼敬，刘道明，2006. 贵州省兴仁县太平洞金矿床地质地球化学特征．贵州地质，23（3）：187-191+196.
谭亲平，2015. 黔西南水银洞卡林型金矿构造地球化学及成矿机制研究．北京：中国科学院大学博士学位论文．
唐建武，金景福，陶琰，1999. 湘中锡矿山锑矿田稀土元素地球化学行为．矿物岩石，19（1）：58-62.
陶琰，高振敏，金景福，等，2002. 湘中锡矿山式锑矿床成矿地质条件分析．地球科学，37（2）：184-195.
涂光炽，2002. 我国西南地区两个别具一格的成矿带（域）．矿物岩石地球化学通报，21（1）：1-2.
王峰，陈进，罗大锋，2013. 川滇黔接壤区铅锌矿产资源潜力与找矿规律分析．北京：科学出版社．
王华云，梁福谅，曾鼎权，1996. 贵州铅锌矿地质．贵阳：贵州科技出版社．
王加昇，温汉捷，2015. 贵州交犁–拉峨汞矿床方解石 Sm-Nd 同位素年代学．吉林大学学报（地球科学版），45（5）：1384-1393.
王明聪，李炷霞，毛燕琳，等，2011. 滇东南老寨湾金矿地质特征及成因探讨．地质与勘探，47（2）：261-267.
王砚耕，1990. 黔西南及邻区两类赋金层序与沉积环境．岩相古地理，（6）：8-13.
王砚耕，1994. 试论黔西南卡林型金矿区域成矿模式．贵州地质，11（1）：1-7.
王砚耕，王立亭，张明发，等，1995. 南盘江地区浅层地壳结构与金矿分布模式．贵州地质，12（2）：91-183.
王永磊，陈毓川，王登红，等，2012. 湖南渣滓溪 W-Sb 矿床白钨矿 Sm-Nd 测定及其地质意义．中国地质，39（5）：1339-1344.
王泽鹏，2013. 贵州省西南部低温矿床成因及动力学机制研究——以金、锑矿床为例．北京：中国科学院大学博士学位论文．
吴根耀，马力，钟大赉，等，2001. 滇桂交界区印支期增生弧型造山带：兼论与造山作用耦合的盆地演化．石油实验地质，23（1）：8-18.
吴浩若，2003. 晚古生代—三叠纪南盘江海的构造古地理问题．古地理学报，5（1）：63-76.
吴继承，王金荣，欧健，等，2007. 湖南白马山—龙山金矿带包裹体–同位素地球化学及成矿流体特征．矿产与地质，21（6）：673-678.
吴江，李思田，王灿，等，1993a. 桂西北微细粒浸染型金矿成矿作用分析．广西地质，6（2）：39-51.
吴江，李思田，王屾，1993b. 桂西北区中三叠统含金浊积岩系沉积学．现代地质，7（2）：127-137+255-256.
夏勇，2005. 贵州贞丰县水银洞金矿床成矿特征和金的超常富集机制研究．北京：中国科学院研究生院博士学位论文．
解庆林，马东升，刘英俊，1996. 硅化作用形成机制的热力学研究——以锡矿山锑矿为例．地质找矿论丛，11（3）：1-8.
肖德长，2012. 贵州省丫他卡林型金矿床成矿流体研究．成都：成都理工大学硕士学位论文．
肖宪国，2014. 贵州半坡锑矿床年代学、地球化学及成因．昆明：昆明理工大学博士学位论文．
杨俊，柏道远，王先辉，等，2015. 加里东期白马山岩体锆石 SHRIMPU-Pb 年龄、地球化学特征及形成构造背景．华南地质与矿产，31（1）：48-56.
杨巍然，郭颖，张旺盛，1981. 湘中地区四明山穹窿构造特征及形成机制．地球科学，16（1）：120-127.
姚振凯，朱蓉斌，1993. 湖南符竹溪金矿床多因复成模式及其找矿意义．大地构造与成矿学，17（3）：199-209.
殷秀华，刘占坡，武冀新，等，1988. 青藏–蒙古高原东缘构造过渡带的布格重力场特征及地壳上地幔结构．地震地质，10（4）：143-150.
云南省地质矿产局，1990. 云南省区域地质志．北京：地质出版社．
曾允孚，刘文均，陈洪德，等，1992. 右江复合盆地的沉积特征及其构造演化．广西地质，5（4）：1-14.
曾允孚，刘文均，陈洪德，等，1995. 华南右江复合盆地的沉积构造演化．地质学报，69（2）：113-124.
张长青，毛景文，余金杰，等，2007. 四川甘洛赤普铅锌矿床流体包裹体特征及成矿机制初步探讨．岩石学报，23（10）：2541-2552.
张长青，王登红，王永磊，等，2012. 广西田林县高龙金矿成矿模式探讨．岩石学报，28（1）：213-224.
张长青，芮宗瑶，陈毓川，等，2013. 中国铅锌矿资源潜力和主要战略接续区．中国地质，40（1）：248-272.
张芳荣，舒良树，王德滋，等，2009. 华南东段加里东期花岗岩类形成构造背景探讨．地学前缘，（1）：248-260.
张锦泉，蒋廷操，1994. 右江三叠纪弧后盆地沉积特征及盆地演化．广西地质，7（2）：1-14.
张静，苏蕾薇，刘学飞，等，2014. 滇东南老寨湾金矿床地质及同位素特征．岩石学报，30（9）：2657-2668.
张岳桥，徐先兵，贾东，等，2009. 华南早中生代从印支期碰撞构造体系向燕山期俯冲构造体系转换的形变记录．地学前缘，16（1）：234-247.
张云湘，骆耀南，杨崇喜，1988. 攀西裂谷．北京：地质出版社．
张云新，吴越，田广，等，2014. 云南乐红铅锌矿床成矿时代与成矿物质来源：Rb-Sr 和 S 同位素制约．矿物学报，34（3）：305-311.
张志远，谢桂青，朱乔乔，等，2016. 湘中曹家坝大型钨矿床的主要夕卡岩矿物学特征及其地质意义．矿床地质，35（2）：335-348.
赵建光，2001. 洪江市大坪金矿床地质特征及其找矿前景．湖南地质，20（3）：171-176.
赵振华，涂光炽等，2003. 中国超大型矿床（Ⅱ）．北京：科学出版社．
周朝宪，1998. 滇东北麒麟厂锌铅矿床成矿金属来源、成矿流体特征和成矿机理研究．矿物岩石地球化学通报，17（1）：34-36.
周家喜，黄智龙，周国富，等，2010. 黔西北赫章天桥铅锌矿床成矿物质来源：S、Pb 同位素和 REE 制约．地质论评，56：513-524.
周家喜，黄智龙，高建国，等，2012. 滇东北茂租大型铅锌矿床成矿物质来源及成矿机制．矿物岩石，32（3）：62-69.
周永峰，1993. 区域重力资料研究在广西深部地质和成矿预测中的应用．广西地质，6（2）：15-24.
朱传威，温汉捷，张羽旭，等，2013. 铅锌矿床中的 Cd 同位素组成特征及其成因意义．中国科学：地球科学，43（11）：1847-1856.
Ali J R, Thompson G M, Zhou M F, et al., 2005. Emeishan large igneous province, SW China. Lithos, 79: 475-489.
Bai J H, Huang Z L, Zhu D, et al., 2013. Isotopic compositions of sulfur in the Jinshachang lead-zinc deposit Yunnan, China, and its implication on the formation of sulfur-bearing minerals. Acta Geologica Sinica-English Edition, 87: 1355-1369.
Chen M H, Mao J W, Bierlein F P, et al., 2011. Structural features and metallogenesis of the Carlin-type Jinfeng (Lannigou) gold deposit, Guizhou Province, China. Ore Geology Reviews, 43: 217-234.
Chen M H, Mao J W, Li C, et al., 2015. Re-Os isochron ages for arsenopyrite from Carlin-like gold deposits in the Yunnan-Guizhou-Guangxi "golden triangle", southwestern China. Ore Geology Reviews, 64: 316-327.
Chu Y, Faure M, Lin W, et al, 2012a. Tectonics of the Middle Triassic intracontinental Xuefengshan Belt,

South China: New insights from structural and chronological constraints on the basal décollement zone. International Journal of Earth Sciences, 101: 2125-2150.

Chu Y, Lin W, Faure M, et al., 2012b. Phanerozoic tectonothermal events of the Xuefengshan Belt, central South China: Implications from U-Pb age and Lu-Hf determinations of granites. Lithos, 150: 243-255.

Chung S L, John B M, 1995. Plume-lithosphere interaction in generation of the Emeishan flood basalts at the Permian-Triassic boundary. Geology, 23: 889-892.

Deng H L, Li C Y, Tu G Z, et al., 2000. Strontium isotope geochemistry of the Lemachang independent silver ore deposit, northeastern Yunnan, China. Science in China Series D-Earth Sciences, 43: 337-346.

Eldorado Gold Corporation, 2011. Technical Report for the Jinfeng Gold Mine, China [EB/01]. http://www.eldoradogold.com/i/pdf/TechRptJinfeng_Mine.pdf.

Fan D L, Zhang T, Ye J, 2004. The Xikuangshan Sb deposit hosted by the Upper Devonian black shale series, Hunan, China. Ore Geology Reviews, 24: 121-133.

Fu S L, Hu R Z, Yan J, et al., 2019. The mineralization age of the Banxi Sb deposit in Xiangzhong metallogenic province in southern China. Ore Geology Reviews, 112: 103033, 1-8.

Gao S, Yang J, Zhou L, et al., 2011. Age and growth of the archean kongling terrain, South China, with emphasis on 3.3 Ga granitoid gneisses. American Journal of Science, 311: 153-182.

Hu X W, Pei R F, Zhou S., 1996. Sm-Nd dating for antimony mineralization in the Xikuangshan deposit, Hunan, China. Resource Geology, 46: 227-231.

Hu R Z, Su W C, Bi X W, et al., 2002. Geology and geochemistry of Carlin-type gold deposits in China. Mineralium Deposita, 37: 378-392.

Hu R Z, Fu S L, Huang Y, et al., 2017a. The giant South China Mesozoic low-temperature metallogenic domain, Reviews and a new geodynamic model. Journal of Asian Earth Sciences, 137: 9-34.

Hu R Z, Chen W T, Xu D R, et al., 2017b. Reviews and new metallogenic models of mineral deposits in South China: An introduction. Journal of Asian Earth Sciences, 137: 1-8.

Huang Z L, Li W B, Chen J, et al., 2003. Carbon and oxygen isotope constraints on mantle fluid involve in the mineralization of the Huize super-large Pb-Zn deposits, Yunnan Province, China. Journal of Geochemical Exploration, 78-79: 637-642.

Jian P, Liu D Y, KrNer A, et al., 2009. Devonian to Permian plate tectonic cycle of the paleo-Tethys Orogen in southwest china (ii): Insights from zircon ages of ophiolites, arc/back-arc assemblages and within-plate igneous rocks and generation of the Emeishan cfb province. Lithos, 113: 767-784.

Li W B, Huang Z L, Yin M, 2007. Isotope geochemistry of the Huize Zn-Pb ore field, Yinnan Province, Southwestern China: Implication for the sources of ore fluid and metals. Geochemical Joural, 57: 90-97.

Li B, Zhou J X, Huang Z L, et al., 2015. Geological, rare earth elemental and isotopic constraints on the origin of the Banbanqiao Zn-Pb deposit, southwest China. Journal of Asian Earth Sciences, 111: 100-112.

Li H, Wu Q H, Evans N J, et al., 2018a. Geochemistry and geochronology of the Banxi Sb deposit: Implications for fluid origin and the evolution of Sb mineralization in central-western Hunan, South China. Gondwana Research 55: 112-134.

Li W, Xie G Q, Mao J W, et al., 2018b. Muscovite $^{40}Ar/^{39}Ar$ and in situ sulfur isotope analyses of the slate-hosted Gutaishan Au-Sb deposit, South China: Implications for possible Late Triassic magmatic-hydrothermal mineralization. Ore Geology Reviews, 101: 839-853.

Liang Y, Wang G G, Liu S Y, et al., 2014. A Study on the Mineralization of the Woxi Au-Sb-W Deposit, Western Hunan, China. Resource Geology, 65: 27-38.

Liu S, Su W C, Hu R Z, et al., 2010. Geochronological and geochemical constraints on the petrogenesis of alkaline ultramafic dykes from southwest Guizhou Province, SW China. Lithos, 114: 253-264.

Luo K, Zhou J X, Huang Z L, et al., 2019. New insights into the origin of early Cambrian carbonate-hosted Pb-Zn deposits in South China: A case study of the Maliping Pb-Zn deposit. Gondwana Research, 70: 88-103.

Luo K, Zhou J X, Huang Z L, et al., 2020. New insights into the evolution of Mississippi Valley-Type hydrothermal system: A case study of the Wusihe Pb-Zn deposit, South China, using quartz in situ trace elements and sulfides in situ S-Pb isotopes. American Mineralogist, 105: 35-51.

Peng J T, Hu R Z, Burnard P G, 2003. Samarium-neodymium isotope systematics of hydrothermal calcites from the Xikuangshan antimony deposit (Hunan, China): The potential of calcite as a geochronometer. Chemical Geology, 200: 129-136.

Peters S G, Huang J, Li Z, et al., 2007. Sedimentary rock-hosted Au deposits of the Dian-Qian-Gui area, Guizhou, and Yunnan Provinces, and Guangxi District, China. Ore Geology Reviews, 31: 170-204.

Qiu Y M M, Gao S, 2000. First evidence of > 3.2Ga continental crust in the Yangtze Craton of South China and its implications for Archean crustal evolution and Phanerozoic tectonics. Geology 28: 11-14.

Song X Y, Zhou M F, Hou Z Q, et al., 2001. Geochemical constraints on the mantle source of the Upper Permian Emeishan continental flood basalts, southwestern China. International Geology Review, 43: 213-225.

Su W C, Heinrich C A, Pettke T, et al., 2009a. Sediment-hosted gold deposits in Guizhou, China, products of wall-rock sulfidation by deep crustal fluids. Economic Geology, 104: 73-93.

Su W C, Hu R Z, Xia B, et al., 2009b. Calcite Sm-Nd isochron age of the Shuiyindong Carlin-type gold deposit, Guizhou, China. Chemical Geology, 258: 269-274.

Su W C, Zhang H T, Hu R Z, et al., 2012. Mineralogy and geochemistry of gold-bearing arsenian pyrite from the Shuiyindong Carlin-type gold deposit, Guizhou, China, implications for gold depositional processes. Mineralium Deposita, 47: 653-662.

Su W C, Dong W D, Zhang X C, et al., 2018. Carlin-Type Gold Deposits in the Dian-Qian-Gui "Golden Triangle" of Southwest China. Society of Economic Geologists, Inc. Reviews in Economic Geology, Diversity of Carlin-type gold deposits, 20: 157-185.

Sun W H, Zhou M F, Gao J F, et al., 2009. Detrital zircon U-Pb geochronological and Lu-Hf isotopic constraints on the Precambrian magmatic and crustal evolution of the western Yangtze Block, SW China. Precambrian Research, 172: 99-126.

Tan Q P, Xia Y, Xie Z J, et al., 2015. Migration paths and precipitation mechanisms of ore-forming fluids at the Shuiyindong Carlin-type gold deposit, Guizhou, China. Ore Geology Reviews, 69: 140-156.

Tan Q P, Xia Y, Wang X Q, et al., 2017. Carbon-oxygen isotopes and rare earth elements as an exploration vector for Carlin-type gold deposits: A case study of the Shuiyindong gold deposit, Guizhou Province, SW China. Journal of Asian Earth Sciences, 148: 1-12.

Wang Y J, Zhang F F, Fan W M, et al., 2010. Tectonic setting of the South China Block in the early Paleozoic: Resolving intracontinental and ocean closure models from detrital zircon U-Pb geochronology. Tectonics 29.

Wang L J, Yu J H, Griffin W L, O'Reilly S Y, 2012. Early crustal evolution in the western Yangtze Block: Evidence from U-Pb and Lu-Hf isotopes on detrital zircons from sedimentary rocks. Precambrian Research, 222-223: 368-385.

Wei A Y, Xue C J, Xiang K K, et al., 2015. The ore-forming process of the Maoping Pb-Zn deposit, northeastern Yunnan, China: Constraints from cathodoluminescence (CL) petrography of hydrothermal dolomite. Ore Geology Reviews, 70: 562-577.

Wu Y, Zhang C Q, Mao J W, et al., 2013. The genetic relationship between hydrocarbon systems and Mississippi Valley-type Zn-Pb deposits along the SW margin of Sichuan Basin, China. International Geology Review, 55: 941-957.

Xiang Z Z, Zhou J X, Luo K, 2020. New insights into the multi-layer metallogenesis of carbonated-hosted epigenetic Pb-Zn deposits: A case study of the Maoping Pb-Zn deposit, South China. Ore Geology Reviews: 103538.

Xie G Q, Mao J W, Li W, et al., 2019. Granite-related Yangjiashan Tungsten deposit, southern China. Mineralium Deposita, 54: 67-80.

Xiong S F, Gong Y J, Jiang S Y, et al., 2018. Ore genesis of the Wusihe carbonate-hosted Zn-Pb deposit in the Dadu River Valley district, Yangtze Block, SW China: Evidence from ore geology, S-Pb isotopes, and sphalerite Rb-Sr dating. Mineralium Deposita, 53: 967-979.

Xu Y G, Chung S L, Jahn B M, et al., 2001. Petrologic and geochemical constraints on the petrogenesis of Permian-Triassic Emeishan flood basalts in southwestern China. Lithos, 58: 145-168.

Yang R Y, Ma D S, Bao Z Y, et al., 2006. Geothermal and fluid flowing simulation of ore-forming antimony deposits in Xikuangshan. Science in China Series D: Earth Science, 8: 862-871.

Zaw K, Peters S G, Cromie P, et al., 2007. Nature, diversity of deposit types and metallogenic relations of South China. Ore Geology Reviews, 31: 3-47.

Zeng G P, Gong, Y J, Hu X L, et al., 2017. Geology, fluid inclusions, and geochemistry of the Zhazixi Sb-W deposit, Hunan, South China. Ore Geology Reviews, 91: 1025-1039.

Zhang X C, Spiro B, Halls C, et al., 2003. Sediment-Hosted Disseminated Gold Deposits in Southwest Guizhou, PRC: Their Geological Setting and Origin in Relation to Mineralogical, Fluid Inclusion, and Stable-Isotope Characteristics. International Geology Review, 45: 5, 407-470.

Zhang C Q, Wu Y, Hou L, et al., 2015. Geodynamic setting of mineralization of Mississippi Valley-type deposits in world-class Sichuan-Yunnan-Guizhou Zn-Pb triangle, southwest China: Implications from age-dating studies in the past decade and the Sm-Nd age of Jinshachang deposit. Journal of Asian Earth Sciences, 103: 103-114.

Zhao X F, Zhou M F, Li J W, et al., 2010. Late Paleoproterozoic to early Mesoproterozoic Dongchuan Group in Yunnan, SW China: Implications for tectonic evolution of the Yangtze Block. Precambrian Research, 182: 57-69.

Zheng M H, Wang X C, 1991. Ore genesis of the Daliangzi Pb-Zn deposit in Sichuan, China. Economic Geology, 86: 831-846.

Zhou C X, Wei C S, Guo J Y, et al., 2001. The source of metals in the Qilinchang Zn-Pb deposit, northeastern Yunnan, China: Pb-Sr isotope constraints. Economic Geology, 96: 583-598.

Zhou M F, Malpas J, Song X Y, et al., 2002. A temporal link between the Emeishan large igneous province (SW China) and the end-Guadalupian mass extinction. Earth and Planetary Science Letter, 196: 113-122.

Zhou J X, Gao J G, Chen D, et al., 2013a. Ore genesis of the Tianbaoshan carbonate-hosted Pb-Zn deposit, Southwest China: Geologic and isotopic (C-H-O-S-Pb) evidence. International Geology Review, 55: 1300-1310.

Zhou J X, Huang Z L, Bao G P, 2013b. Geological and sulfur-lead-strontium isotopic studies of the Shaojiwan Pb-Zn deposit, Southwest China: Implications for the origin of hydrothermal fluids. Journal of Geochemical Exploration, 128: 51-61.

Zhou J X, Huang Z L, Gao J G, et al., 2013c. Geological and C-O-S-Pb-Sr isotopic constraints on the origin of the Qingshan carbonate-hosted Pb-Zn deposit, Southwest China. International Geology Review, 55: 904-916.

Zhou J X, Huang Z L, Yan Z F, 2013d. The origin of the Maozu carbonate-hosted Pb-Zn deposit, Southwest China: Constrained by C-O-S-Pb isotopic compositions and Sm-Nd isotopic age. Journal of Asian Earth Sciences, 73: 39-47.

Zhou J X, Huang Z L, Zhou M F, et al., 2013e. Constraints of C-O-S-Pb isotope compositions and Rb-Sr isotopic age on the origin of the Tianqiao carbonate-hosted Pb-Zn deposit, SW China. Ore Geology Reviews, 53: 77-92.

Zhou J X, Huang Z L, Lv Z C, et al., 2014a. Geology, isotope geochemistry and ore genesis of the Shanshulin carbonate-hosted Pb-Zn deposit, Southwest China. Ore Geology Reviews, 63: 209-225.

Zhou J X, Huang Z L, Zhou M F, et al., 2014b. Zinc, sulfur and lead isotopic variations in carbonate-hosted Pb-Zn sulfide deposits, Southwest China. Ore Geology Reviews, 58: 41-54.

Zhou J X, Bai J H, Huang Z L, et al., 2015. Geology, isotope geochemistry and geochronology of the Jinshachang carbonate-hosted Pb-Zn deposit, southwest China. Journal of Asian Earth Sciences, 98: 272-284.

Zhou J X, Luo K, Wang X C, et al., 2018a. Ore genesis of the Fule Pb-Zn deposit and its relationship with the Emeishan Large Igneous Province: Evidence from mineralogy, bulk C-O-S and in situ S-Pb isotopes. Gondwana Research, 54: 161-179.

Zhou J X, Wang X C, Wilde S A, et al., 2018b. New insights into the metallogeny of MVT Zn-Pb deposits: A case study from the Nayongzhi in South China, using field data, fluid compositions, and in situ S-Pb isotopes. American Mineralogist, 103: 91-108.

Zhou J X, Xiang Z Z, Zhou M F, et al., 2018c. The giant Upper Yangtze Pb-Zn province in SW China: Reviews, new advances and a new genetic model. Journal of Asian Earth Sciences, 154: 280-315.

Zhu C W, Wen H J, Zhang Y X, et al., 2016. Cadmium and sulfur isotopic compositions of the Tianbaoshan Zn-Pb-Cd deposit, Sichuan Province, China. Ore Geology Reviews 76: 152-162.

Zhu Y N, Peng J T, 2015. Infrared microthermometric and noble gas isotope study of fluid inclusions in ore minerals at the Woxi orogenic Au-Sb-W deposit, western Hunan, South China. Ore Geology Reviews, 65: 55-69.

第三章　低温矿床成矿流体性质和成因

确定成矿流体性质和来源，是揭示热液矿床形成机制和建立成矿模式的关键，前人对扬子地块低温成矿省内低温矿床成矿流体的性质和成因进行了较多研究。但是，由于低温矿床的矿物组成通常具有颗粒细小且一些矿物常具环带结构的特征，以往研究难以较准确地确定成矿流体的元素和同位素组成。因此，关于成矿流体的性质及来源仍存在较大争议，不同学者先后提出了多种观点，包括岩浆水、大气降水、盆地流体和变质流体等，近年来，微区原位分析技术的进步，为这一领域的深入研究提供了较好的条件和基础。

流体包裹体直接记录了流体被包裹时的物理化学条件和化学组成，是研究流体形成、迁移、演化及其伴随的地球化学过程的最直接样品（胡圣虹等，2001）。激光剥蚀电感耦合等离子体质谱仪（LA-ICP-MS），是近年发展迅速的微区原位分析技术，已成功用于矿物微区和单个流体包裹体中元素组成的测定，能更精确地揭示成矿流体的成因和演化过程（胡圣虹等，2001；王莉娟等，2006；Su et al.，2009a）。LA-ICP-MS 是当今分析单个流体包裹体成分的最佳手段之一（卢焕章等，2004），在矿床学研究中已有较多应用，如探讨成矿流体特征（Wilkinson et al.，2009）、成矿流体来源（Samson et al.，2008）、成矿流体演化过程（Pudack et al.，2009）、成矿流体中金属元素的来源（Ulrich et al.，1999）、成矿金属沉淀机制（Audétat et al.，1998）以及元素在不同矿物相中的分配（Audétat et al.，2000）等。Su 等（2009a）和 Large 等（2016）成功运用单个流体包裹体成分原位 LA-ICP-MS 分析技术，对卡林型金矿的成矿流体成因和成矿过程进行了有效示踪，为低温矿床成矿流体研究提供了重要参考。

在以往研究的基础上，本研究主要运用矿物岩石矿床学、流体包裹体地球化学、矿物微区原位元素–同位素地球化学等方法，对低温成矿省典型代表性矿床成矿流体的性质和成因进行了较深入的探讨。

第一节　右江 Au-Sb-Hg-As 矿集区成矿流体

一、流体包裹体地球化学

对右江盆地的卡林型金矿床，前人已开展较多流体包裹体研究工作（张志坚和张文淮，1999；夏勇，2005；刘平等，2006；Su et al.，2009a；肖德长等，2012；彭义伟等，2014；王疆丽等，2014）。通过对已有流体包裹体类型、测温数据以及相应盐度数据的统计分析，发现研究区不同矿床中的流体包裹体主要有气–液两相盐水包裹体、含 CO_2-H_2O 包裹体和单 CO_2包裹体三大类。其中，以成矿期石英流体包裹体为代表的成矿早期流体，为平均均一温度约220℃（图3.1a）、平均盐度约4.2% NaCl equiv.（图3.1b）的中低温流体；以成矿晚期方解石、萤石和石英中流体包裹体为代表的成矿晚期流体为平均均一温度约150℃（图3.1c）、平均盐度约2.2% NaCl equiv.（图3.1d）的低温流体。

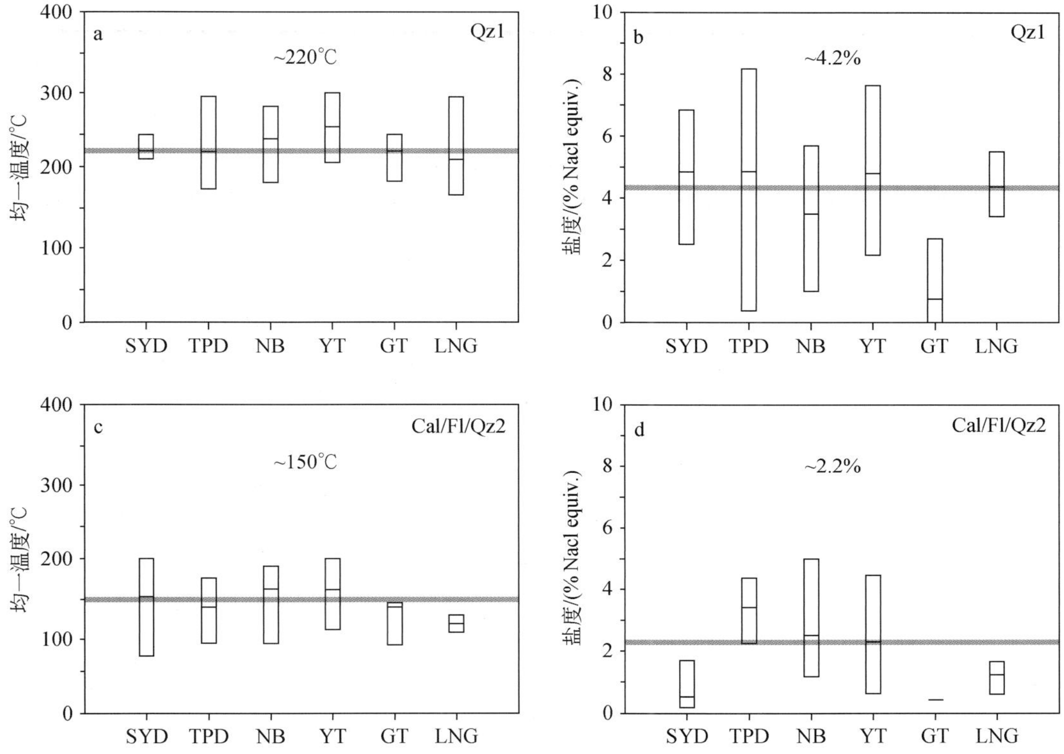

图3.1　右江盆地典型金矿床流体包裹体均一温度和盐度变化相框图
（据靳晓野，2017修改）

a. 成矿期石英流体包裹体均一温度变化相框图；b. 成矿期石英流体包裹体盐度变化相框图；c. 成矿晚期方解石、萤石和石英流体包裹体均一温度变化相框图；d. 成矿晚期方解石、萤石和石英流体包裹体盐度变化相框图；SYD. 水银洞；TPD. 太平洞；NB. 泥堡；YT. 丫他；GT. 戈塘；LNG. 烂泥沟；Qz1. 成矿期石英；Cal. 方解石；Fl. 萤石；Qz2. 成矿晚期石英；数据源自张志坚和张文淮（1999）、夏勇（2005）、刘平等（2006）、Su等（2009a）、肖德长等（2012）、彭义伟等（2014）和王疆丽等（2014）

在以往的研究基础上，本研究进一步对右江盆地几个典型卡林型金矿床和锑矿床的流体包裹体特征、气相组成和离子组成进行了深入研究，加深了对这些矿床成矿流体性质和成因的理解。

（一）以沉积岩为赋矿围岩的卡林型金矿床

右江盆地的卡林型金矿床主要赋存于晚二叠世生物碎屑灰岩和中三叠世细碎屑岩中。前者如水银洞、紫木凼和戈塘金矿床，后者如烂泥沟、丫他和金牙金矿床。前人对这些以沉积岩容矿的卡林型金矿床的流体包裹体开展了一些研究，取得重要进展（苏文超，2002；夏勇，2005；刘平等，2006；彭义伟等，2014；王疆丽等，2014；Zhang et al.,

2003；Su et al.，2009b；Gu et al.，2012；Cline et al.，2013）。

1. 流体包裹体岩相学和显微测温

1）水银洞、丫他、烂泥沟金矿床

笔者对水银洞和丫他金矿床早期乳白色石英脉、成矿期石英细脉和晚期与辉锑矿、雄黄和雌黄共生的石英脉中的流体包裹体进行了系统研究（Su et al.，2009b）。结果显示，水银洞和丫他石英脉中的流体包裹体主要有四种类型：气-液两相流体包裹体（Ⅰa）；两或三相含二氧化碳包裹体（Ⅰb）；两相二氧化碳包裹体（Ⅱ）；单相二氧化碳包裹体（Ⅲ）。岩相学观察显示，Ⅰa包裹体代表成矿早期流体，Ⅰb包裹体代表了主成矿期含金流体，而Ⅱ和Ⅲ包裹体则代表成矿晚期的流体。其中，气-液两相流体包裹体（Ⅰa）主要发育在成矿早期乳白色石英脉中，沿着石英晶面生长，具有负晶形，为原生流体包裹体，一些次生流体包裹体呈延链状分布切穿石英颗粒。激光拉曼光谱显示该类包裹体中含CO_2、N_2和CH_4。两或三相含二氧化碳包裹体（Ⅰb）主要发育在主成矿期石英细脉或碧玉石英中。原生流体包裹体主要沿石英晶面生长，具有负晶形，一些假次生包裹体延链状分布切穿石英颗粒。该类包裹体以液相为主，但具有相对一致的CO_2占比［15%（体积百分比）］。激光拉曼光谱显示其气相组分主要为CO_2［>96%（摩尔百分比）］，以及少量的N_2［0.5%～3.5%（摩尔百分比）］和微量CH_4。两相CO_2包裹体（Ⅱ）较为稀少，含有较高比例的二氧化碳［45%～90%（体积百分比）］。激光拉曼光谱显示该类包裹体气相组分主要为CO_2［87%～89%（摩尔百分比）］和N_2［10%～14%（摩尔百分比）］，以及微量CH_4［0.8%（摩尔百分比）］。单相二氧化碳包裹体（Ⅲ）仅发育在丫他金矿晚期石英-雄黄脉中。激光拉曼光谱显示该类包裹体气相组分主要为CO_2［71%～77%（摩尔百分比）］和N_2［23%～27%（摩尔百分比）］，以及少量CH_4［约1.8%（摩尔百分比）］（Su et al.，2009b）。显微测温和成分计算结果显示，早期乳白色石英脉中的原生包裹体（Ⅰa）的均一温度为190～258℃（中值为230℃），盐度为6.0% NaCl equiv.，CO_2含量<2.4%（摩尔百分比）。主成矿期石英细脉或碧玉石英中原生包裹体（Ⅰb）的均一温度为190～245℃（中值为220℃），盐度为0.9%～2.3% NaCl equiv.，CO_2含量为6.3%～8.4%（摩尔百分比），捕获压力为450～1150bar，对应深度1.7～4.3km。成矿晚期与辉锑矿、雄黄和雌黄共生的石英脉中包裹体未获得均一温度，但气相组分中具有更高的CO_2［58%～64%（摩尔百分比）］、N_2［19.2%～23.7%（摩尔百分比）］和微量的CH_4［约1.6%（摩尔百分比）］。

丫他金矿成矿期热液石英中的CO_2含量约为6%～8%（摩尔百分比），高于美国卡林型金矿［2%～4%（摩尔百分比）；Hofstra and Cline，2000］，却低于造山型金矿床成矿流体中的CO_2含量［10%～25%（摩尔百分比）；Ridley and Diamond，2000］。这说明右江盆地卡林型金矿的形成深度介于美国卡林型金矿和典型造山带金矿之间（Su et al.，2009b）。

烂泥沟金矿床石英和方解石中的原生流体包裹体主要有三种类型：气-液两相包裹体（Ⅰ）、含CO_2包裹体（Ⅱ）和单相二氧化碳包裹体（Ⅲ）（图3.2；Zhang et al.，2003）。其中，气-液两相包裹体（Ⅰ）常呈孤立状或不规则集合体广泛发育在石英和方解石中。主成矿期石英和成矿晚期石英中的包裹体具有相似的低盐度，均一温度分别为200～275℃和170～210℃。晚期方解石中流体包裹体均一温度为116～154℃。含CO_2包裹体（Ⅱ）

的液相体积占85% ~95%（体积百分比），均一温度为240 ~360℃，盐度为0.2% ~5.6% NaCl equiv.。单相二氧化碳包裹体（Ⅲ）成群分布，室温下很难识别。该类型包裹体中很难观察到液相组分，气相组分主要为CO_2和CH_4，具有与Ⅱ型包裹体近似的均一温度。计算得到成矿阶段石英中含CO_2包裹体的捕获压力为600 ~1700bar，对应成矿深度为2.2 ~6.3km（Zhang et al.，2003）。

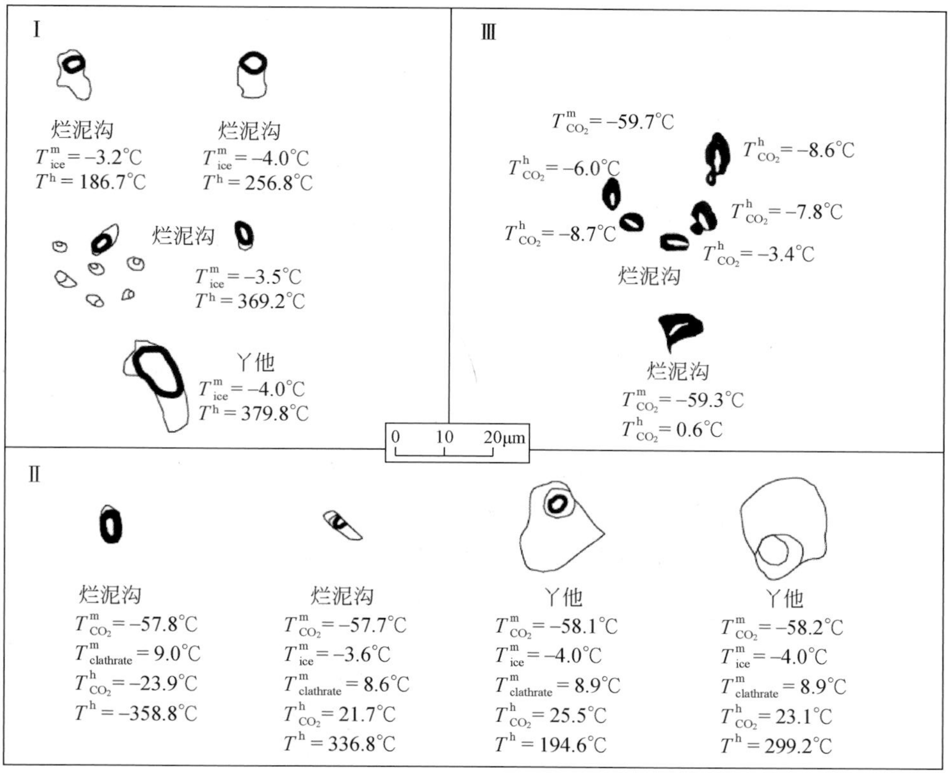

图3.2 烂泥沟和丫他金矿床流体包裹体特征和均一温度
（据Zhang et al.，2003修改）

2）泥堡金矿

泥堡金矿床的矿体包括层控型和断控型两类。两类矿体中流体包裹体类型基本相同，包括气-液两相盐水包裹体、CO_2-H_2O包裹体和单相CO_2包裹体三类（图3.3）。激光拉曼光谱分析显示，除H_2O外还含CO_2（特征峰：1285cm^{-1}和1388cm^{-1}）以及少量的CH_4（特征峰：2913 ~2919cm^{-1}）和N_2（特征峰：2328 ~2333cm^{-1}）（图3.4a ~d）。

层控型矿体早阶段石英中流体包裹体均一温度范围为194 ~305℃，盐度范围为0.70% ~7.81% NaCl equiv.，石英的$\delta^{18}O_{V\text{-}SMOW}$为22.7‰ ~23.6‰，计算得到的$\delta^{18}O_{H_2O}$为12.6‰ ~13.5‰，石英中流体包裹体水的$\delta D_{H_2O}$为−84‰ ~ −62‰；成矿主阶段石英中流体包裹体均一温度范围为125 ~278℃，盐度范围为0.53% ~6.46% NaCl equiv.，石英的$\delta^{18}O_{V\text{-}SMOW}$为16.6‰ ~23.5‰，计算得到的$\delta^{18}O_{H_2O}$为4.4‰ ~11.3‰，石英中流体包裹体水的$\delta D_{H_2O}$为

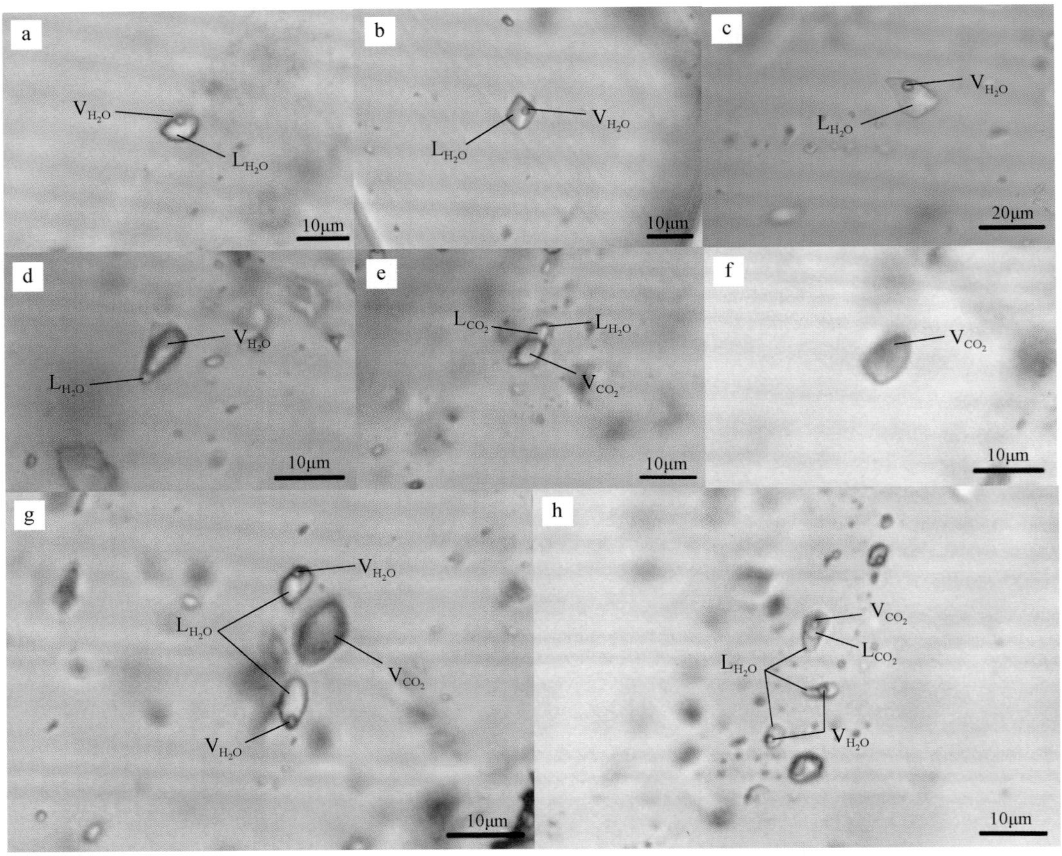

图 3.3 泥堡金矿床流体包裹体类型显微照片

a. 层控型矿体早阶段石英中富液相水溶液包裹体；b. 断控型矿体晚阶段方解石中富液相水溶液包裹体；c. 层控型矿体晚阶段萤石中富液相水溶液包裹体；d. 层控型矿体主阶段石英中富气相水溶液包裹体；e. 层控型矿体主阶段石英中 CO_2-H_2O 包裹体；f. 断控型矿体主阶段石英中纯 CO_2 包裹体；g. 层控型矿体主阶段石英中富液相水溶液包裹体与纯 CO_2 包裹体共生；h. 断控型矿体主阶段石英中 CO_2-H_2O 包裹体与富液相水溶液包裹体共生

-80‰～-65‰；成矿晚阶段方解石中流体包裹体均一温度范围为 133～197℃，盐度范围为 0.53.%～7.45% NaCl equiv.，萤石中流体包裹体均一温度范围为 102～264℃，盐度范围为 0.18%～4.49% NaCl equiv.，方解石的 $\delta^{18}O_{V\text{-}SMOW}$ 为 20.6‰～22.7‰，计算得到成矿流体的 $\delta^{18}O_{H_2O}$ 为 8.3‰～10.4‰，方解石中流体包裹体水的 δD_{H_2O} 为-56‰～-47‰，$\delta^{13}C_{PDB}$ 为-6.6‰～-1.6‰。

断控型矿体主成矿阶段石英中流体包裹体均一温度范围为 126～296℃，盐度范围为 0.35%～8.29% NaCl equiv.，石英的 $\delta^{18}O_{V\text{-}SMOW}$ 为 21.9‰～23.7‰，计算得到流体的 $\delta^{18}O_{H_2O}$ 为 9.8‰～11.6‰，石英中流体包裹体水的 δD_{H_2O} 为-85‰；成矿晚阶段方解石中流体包裹体均一温度范围为 118～236℃，盐度范围为 0.53%～7.02% NaCl equiv.，方解石的 $\delta^{18}O_{V\text{-}SMOW}$ 为 19.8‰～21.5‰，计算得到成矿流体的 $\delta^{18}O_{H_2O}$ 为 8.7‰～10.4‰，方解石中流体包裹体水的 δD_{H_2O} 为-67‰～-55‰，$\delta^{13}C_{PDB}$ 为-7.0‰～-4.7‰。

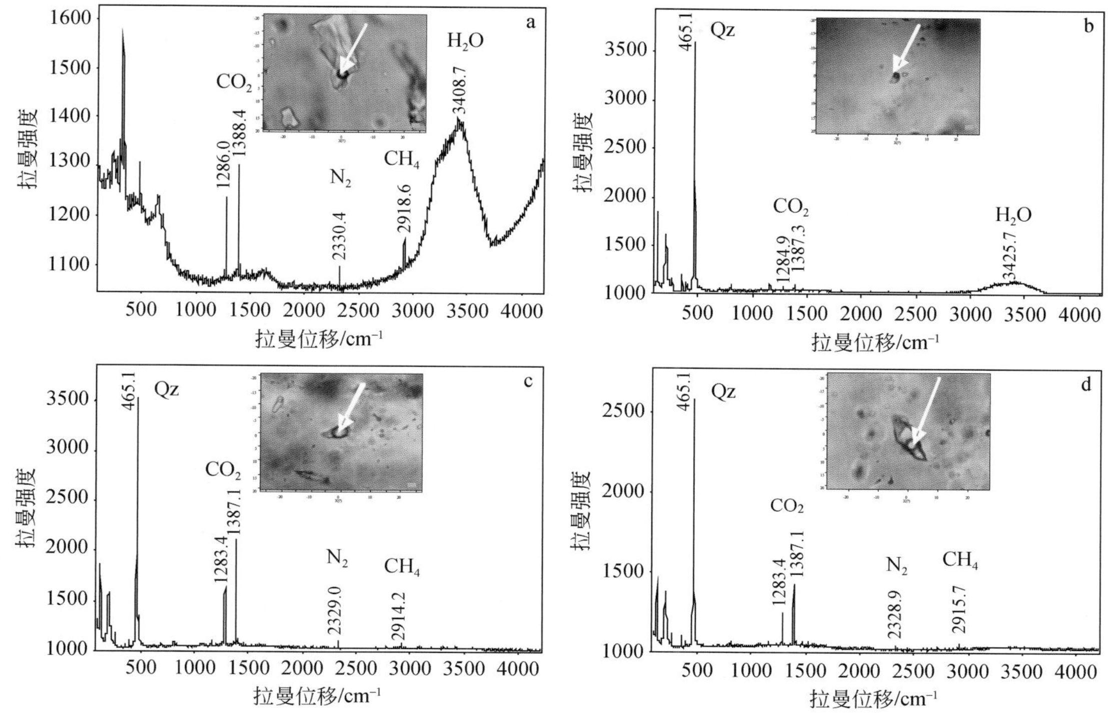

图 3.4　泥堡金矿床流体包裹体激光拉曼图谱

a. 层控型矿体晚阶段萤石中水溶液包裹体气相成分含 H_2O 和 CO_2，以及少量的 CH_4 和 N_2；b. 断控型矿体主阶段石英中水溶液包裹体气相成分含 H_2O 和 CO_2；c. 层控型矿体主阶段石英中 CO_2-H_2O 包裹体气相成分含 CO_2、CH_4 和 N_2；d. 断控型矿体主阶段石英中 CO_2-H_2O 包裹体气相成分含 CO_2、CH_4 和 N_2

因此，层控型矿体和断控型矿体成矿流体性质相同，总体属于低温、低盐度、中低密度流体，同时含有 CO_2 和少量的 CH_4、N_2 等挥发分。从早阶段到晚阶段，流体的均一温度逐渐降低，盐度一般<7% NaCl equiv.（图 3.5）。

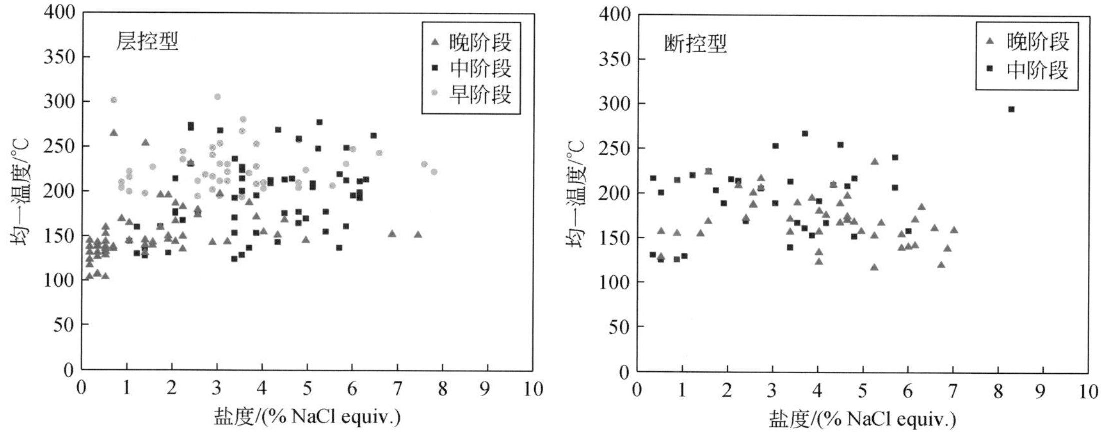

图 3.5　泥堡金矿床流体包裹体均一温度和盐度散点图

2. 流体包裹体气相组成

对右江盆地典型卡林型金矿床主要热液成因矿物中流体包裹体的气相组成进行了分析（靳晓野，2017）。结果显示，不同矿物流体包裹体中的气相组分主要为 H_2O、CO_2、N_2、SO_2以及少量 He 和 Ar 等惰性气体和多类型的有机烃类化合物（图 3.6）。有机气相中以CH_4为主，其次包括 C_2H_4、C_2H_6、C_3H_4、C_3H_6、C_4H_5和 C_6H_6等其他有机气体分子。不同矿物中不同气相组成具有一定的矿床成因指示意义。从黄铁矿到石英到晚期方解石、雄黄和萤石，流体中的 SO_2呈显著降低趋势，而 CO_2和其他组分无明显变化，可能反映了流体演化过程中 S 卸载以黄铁矿、毒砂或雄黄的形式沉淀析出，而水-岩反应过程中由去碳酸盐化引起的方解石和白云石的溶解作用并未主要以 CO_2形式释放到流体中，而可能多呈 CO_3^{2-}或 HCO_3^-进入成矿流体。此外，不同矿物中有机气相组成含量的变化也可以为成矿物质迁移机制的讨论提供一定的佐证。在卡林型金矿床 Au 在成矿流体中的迁移机制方面，目前的主流认识是 Au 主要以硫氢根络合离子团的形式迁移（朱赖民和段启彬，1998；Simon et al.，1999；Hofstra and Cline，2000；Su et al.，2009a；Martínez-Abad et al.，2015）。但是，美国内华达地区以及我国滇黔桂地区的卡林型金矿床的矿石及流体包裹体中，均见含碳有机质（顾雪祥等，2013；彭义伟等，2013；Hulen and Collister，1999；Barnicoat et

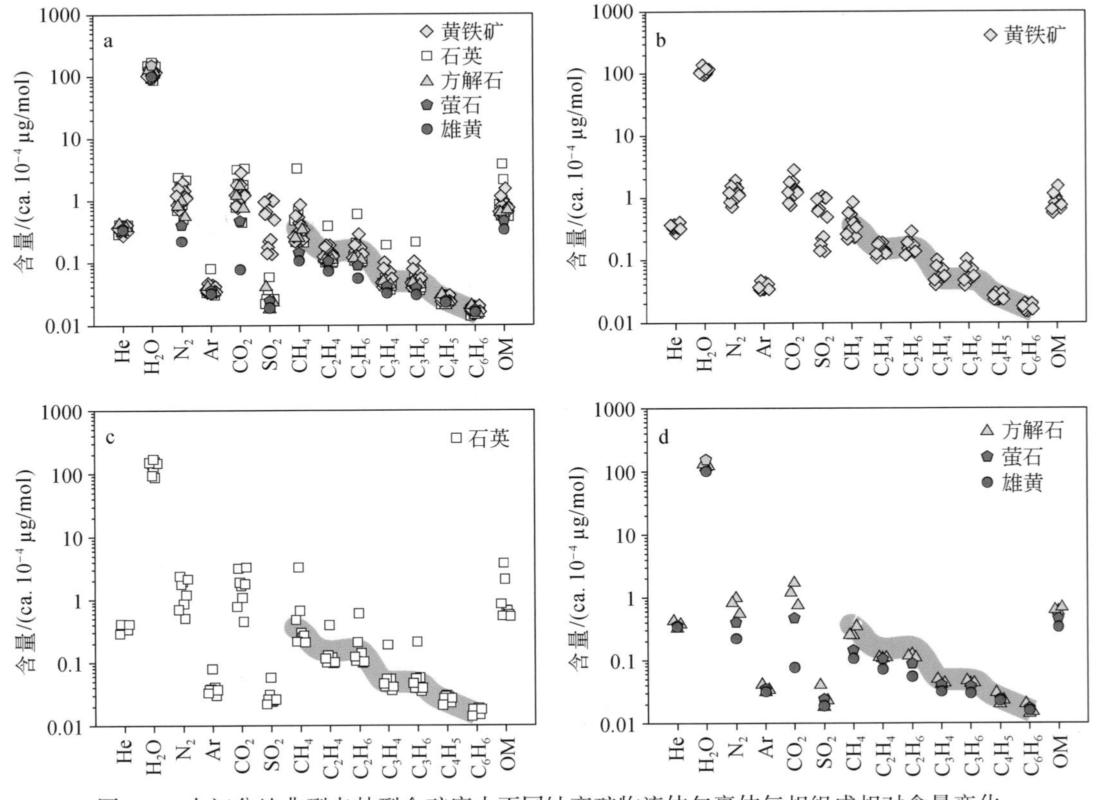

图 3.6　右江盆地典型卡林型金矿床中不同蚀变矿物流体包裹体气相组成相对含量变化
（据靳晓野，2017）

al., 2005; Norman and Blamey, 2005; Gu et al., 2012)。基于这种紧密的空间关系，曾认为成矿流体中的有机络离子团可能在一定程度上也具有搬运 Au 的能力，从而有助于 Au 的活化迁移。这种流体在有利的构造岩性组合中发生水-岩相互作用并导致含金有机络离子团的分解，最终导致金的沉淀成矿。按照这种模式，含金有机络离子团的分解或重组，必将导致不同成矿阶段形成的矿物流体包裹体的有机气相组成出现系统性变化。硫化、硅化和脱碳酸盐化是卡林型金矿床最重要的蚀变类型，是成矿作用过程中水-岩相互作用的产物，对应的代表性矿物分别是黄铁矿、石英和方解石。研究结果显示，上述矿物流体包裹体的有机气相组分的种类和含量基本无明显变化（图 3.6）。虽然雄黄中流体包裹体有机气相组分含量整体偏低，但各有机气体含量的相对比例与其他矿物一致。这表明成矿流体演化过程中（包括 Au 发生卸载富集在黄铁矿中的硫化作用阶段）可能并没有出现有机络离子团的分解或重组，即区内卡林型金矿成矿作用过程中有机质并未以有机络合离子团的形式对 Au 进行搬运迁移或其搬运迁移能力非常有限。成矿流体中丰富的有机质可能仅反映含金热液与含烃流体在同一构造-热事件背景下通过相似的构造通道进行迁移，二者之间可能无内在成因联系。

将上述研究结果投到前人通过对数以千计的不同源区流体包裹体气相组成的 N_2/Ar-CO_2/CH_4图解中（图 3.7；Norman and Musgrave, 1994；Norman and Moore, 1999；Moore et al., 2001），可以发现，右江矿集区典型金矿床矿物流体包裹体的气相组成主要落在循环大气降水区域，并经大气水区域向岩浆流体区域延伸，整体构成较好的线性分布趋势。这表明右江盆地内卡林型金矿床的成矿流体以大气降水为主，但可能有少量岩浆水加入。

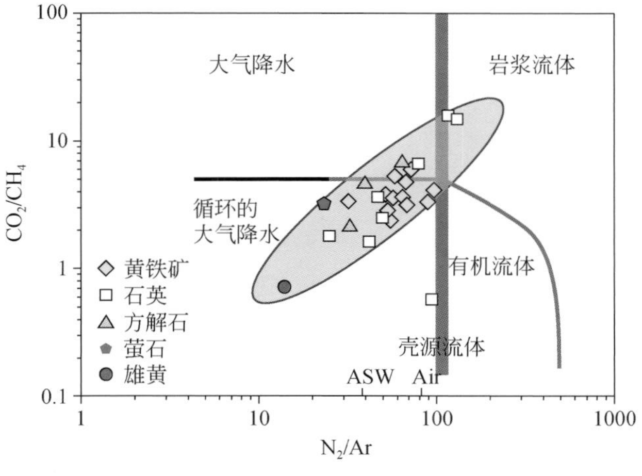

图 3.7 右江盆地典型金矿床蚀变矿物流体包裹体 N_2/Ar-CO_2/CH_4 相关性图解（据靳晓野，2017）

各源区范围引自 Norman and Moore（1999）；Air. 大气；ASW. 饱和大气降水

3. 流体包裹体离子组成

本研究对右江矿集区泥堡、水银洞和丫他 3 个典型卡林型金矿床 25 件石英、方解石、萤石等矿物中流体包裹体的液相离子组成进行了分析。结果表明，各元素相对于 Cl 的摩尔含量中，Cl^-、Na^+、Ca^{2+}、SO_4^{2-}、Mg^{2+}、K^+、NH_4^+和 Br^-呈递减变化。不同矿物中流体包裹体阳离子与阴离子含量的比值变化为 0.02～8.17，均值为 1.36（图 3.8）。阳离子比值大于 1 主要是由于测试过程中流体包裹体中 CO_3^{2-}难以定量化，致使获取的 CO_3^{2-}含量偏低；阳离子比值小于 1 可能是由于没有分析流体包裹体中的 Fe^{2+}或其他阳离子。需要注意的是，在测试结果中存在一些孤立分布的高离子含量值，这主要是由于：①测试过程中可能存在矿物的溶解，如水银洞金矿床中方解石样品 2C-8-1、2C-8-2、2C-9 和 2C-10 中 Mg 的摩尔含量（13.55～17.41）明显高于其他矿物，这可能为测试过程中方解石样品中包裹的白云石发生了溶解所致；②成矿中局部流体组成差异所致，如水银洞金矿床的方解石样品 2C-8-2 和泥堡金矿床的石英样品 NB-16 中 NH_4^+含量分别高达 5.45 和 21.01，明显高于其他所有样品的测试值，这可能反映了成矿系统中局部存在高 NH_4^+含量的流体。

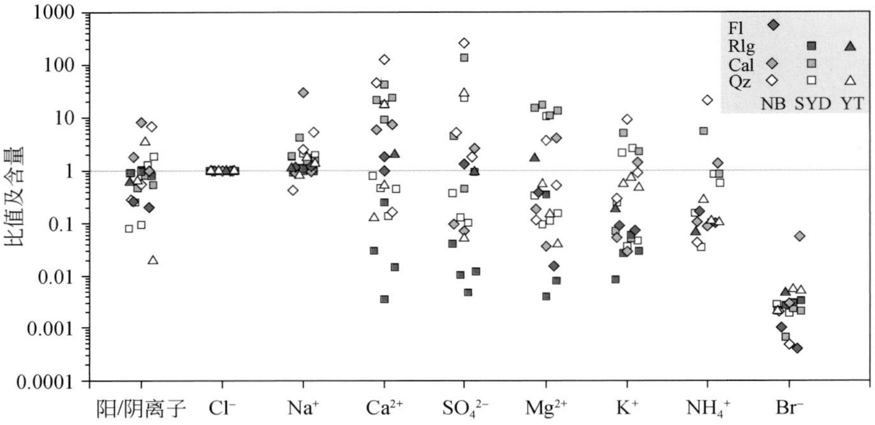

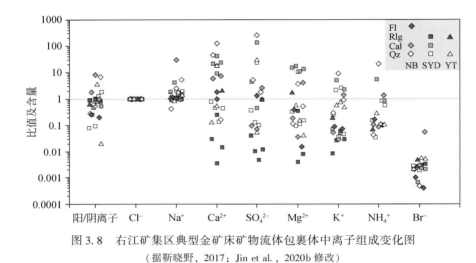

图 3.8　右江矿集区典型金矿床矿物流体包裹体中离子组成变化图

（据靳晓野，2017；Jin et al.，2020b 修改）

Qz. 石英；Cal. 方解石；Rlg. 雄黄；Fl. 萤石；NB. 泥堡金矿床；SYD. 水银洞金矿床；YT. 丫他金矿床

矿物流体包裹体的液相离子组成显示较高的 Na^+/Cl^-和较低的 Cl^-/Br^-值（图 3.9a）。流体中还含有大量 CO_3^{2-}，这与流体包裹体岩相学观察中发现有大量富 CO_2包裹体有关（张志坚和张文淮，1999；夏勇，2005；刘平等，2006；肖德长等，2012；彭义伟等，2014；王疆丽等，2014；Su et al.，2009a）。因电价平衡的原因，与 CO_3^{2-}离子结合需要两个 Na^+离子，而 Na^+/Cl^--Cl^-/Br^-相关性图解中的 Na^+/Cl^-值，是假设流体中的所有 Na^+均是相对于与 Cl^-离子的结合，所以该比值相对较高。值得注意的是，其中两个萤石和一个石英样品清楚显示较低的 Na^+/Cl^-值和较高的 Cl^-/Br^-值，数据范围与斑岩型矿床成矿流体中的 Na^+/Cl^-和 Cl^-/Br^-值非常接近，这表明成矿流体中可能有岩浆流体加入。而在 Cl^-/Br^--Na^+/K^+图解中，所有样品均落在海水蒸发趋势线和典型 MVT 型 Pb-Zn 矿床成矿流体（盆地卤水）端元以上，并向岩浆流体端元靠近，整体反映出明显的岩浆流体与盆地流体二端元混合的趋势（图 3.9b）。

为进一步查明成矿流体中各离子组成及来源，本研究将获取的数据与海水蒸发趋势线（Mccaffrey et al.，1987）、典型斑岩型 Cu-Mo 矿床成矿流体（Hofstra et al.，2016）、美国密

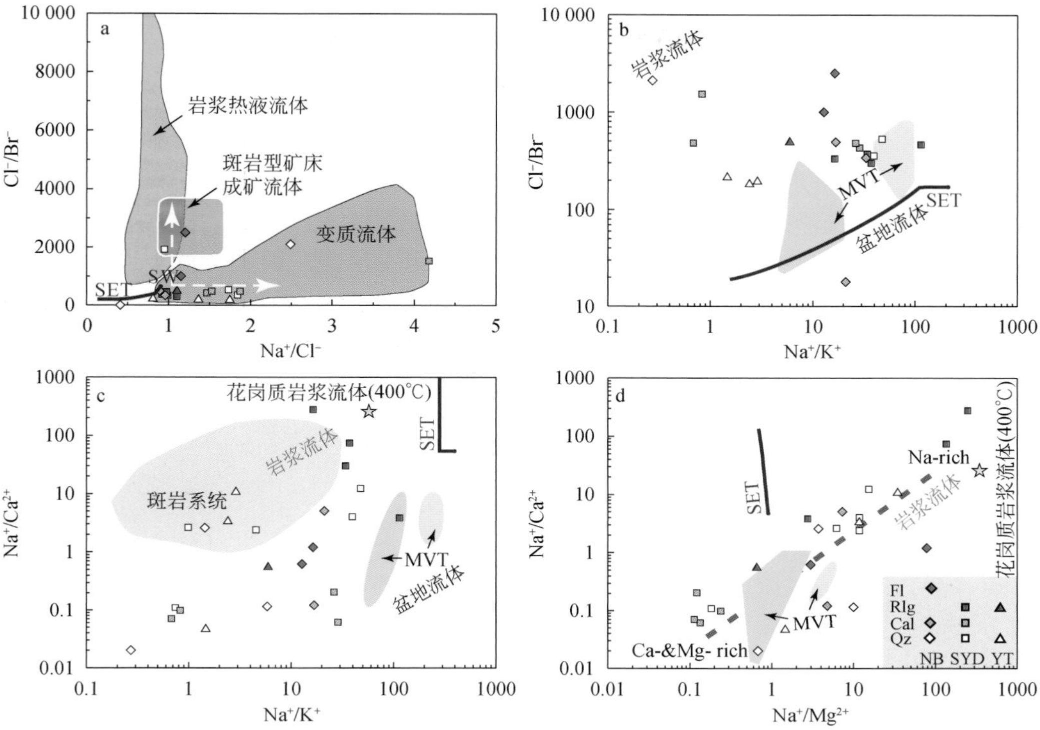

图 3.9　右江盆地典型金矿床流体包裹体液相离子组成相关性及源区判别图
（据靳晓野，2017；Jin et al.，2020b 修改）

a. Cl^-/Br^--Na^+/Cl^-；b. Cl^-/Br^--Na^+/K^+；c. Na^+/Ca^{2+}-Na^+/K^+；d. Na^+/Ca^{2+}-Na^+/Mg^{2+}；SW 为海水的初始组成、SET 指海水蒸发趋势线（据 Mccaffrey et al.，1987）；图 a 中变质流体、岩浆热液流体及斑岩型 Cu-Mo 矿床成矿流体范围引自 Hofstra et al.（2016）；图 b～d 中的蓝色和绿色区域分别为 Crocetti 和 Holland（1989）和 Viets 等（1996）获取的美国密苏里州 Viburnum Trend 的 MVT 型 Pb-Zn 矿床的流体包裹体数据；图 c～d 中 400℃花岗质岩浆流体引自 Dolejš 和 Wagner（2008）；Qz. 石英；Cal. 方解石；Rlg. 雄黄；Fl. 萤石；NB. 泥堡金矿床；SYD. 水银洞金矿床；YT. 丫他金矿床

苏里州 Viburnum Trend 的 MVT 型 Pb-Zn 矿床的成矿流体（Crocetti and Holland，1989；Viets et al.，1996）、400℃花岗质岩浆流体（Dolejš and Wagner，2008）进行了对比研究。在 Na^+/Ca^{2+}-Na^+/K^+相关性图解中（图 3.9c；靳晓野，2017；Jin et al.，2020b），区内典型金矿床的数据点也同样显示出岩浆流体与盆地流体的混合趋势，尤其是来自水银洞金矿床三个雄黄样品的数据结果非常靠近 400℃花岗质岩浆流体端元。在 Na^+/Ca^{2+}-Na^+/Mg^{2+}相关性图解中，所有样品的分析结果构成较强的正相关线性分布关系，连接富 Na^+离子端元和富 Ca^{2+}和 Mg^{2+}离子端元，其中富 Na^+离子端元非常靠近 400℃花岗质岩浆流体端元（图 3.9d）。这种线性分布趋势反映了初始成矿流体中可能存在富 Na^+的岩浆流体，在成矿过程中随着水–岩反应的进行，流体中 Ca^{2+}和 Mg^{2+}离子的含量出现显著升高。这与卡林型金矿床的赋矿围岩主要为不纯的碳酸盐岩，水–岩反应脱碳酸盐化过程中，赋矿围岩中富 Ca^{2+}和 Mg^{2+}离子的碳酸盐矿物（方解石和白云石）发生溶解，Ca^{2+}和 Mg^{2+}离子进入成矿流体系统从而使其含量增加的地质事实和演化过程非常吻合。因此，右江矿集区内典型金矿床的成矿流体可能具有岩浆流体与地壳浅部盆地流体的混合成因。

（二）以辉绿岩为赋矿围岩的卡林型金矿床

随着勘探工作的深入，右江盆地南缘的桂西北和滇东南地区发现一些“特殊”的卡林金矿床。这些金矿床主要产于辉绿岩体内部或辉绿岩与沉积岩接触带中，如桂西北龙川和八渡金矿床，以及滇东南者桑和安那金矿床。相比于盆地北缘以沉积岩为赋矿围岩的卡林型金矿床，前人对这些赋存于辉绿岩中的金矿床的系统研究较为缺乏。这些金矿床的成矿流体性质是否与盆地北缘的卡林型金矿床存在差异仍不清楚。因此，近年来我们采集八渡、者桑和安那金矿床成矿阶段的石英脉样品，选取石英单晶体沿C轴切割，磨制双面抛光的流体包裹体片（厚度约200μm），对三个矿床的流体包裹体开展了系统的岩相学、显微测温、激光拉曼光谱和单个流体包裹体成分的LA-ICP-MS分析，以确定该类型金矿床成矿流体的性质和组成，探讨成矿流体的来源、演化及其成矿过程（董文斗，2017）。

1. *八渡金矿床*

1）流体包裹体岩相学特征

对八渡金矿床成矿阶段石英中100余块流体包裹体片进行了观察，流体包裹体多成群随机分布或孤立分布，主要为原生包裹体，少数呈线性分布，但未切穿单颗粒石英，属于假次生包裹体。包裹体类型全为CO_2-H_2O流体包裹体（图3.10）。这些流体包裹体呈负晶

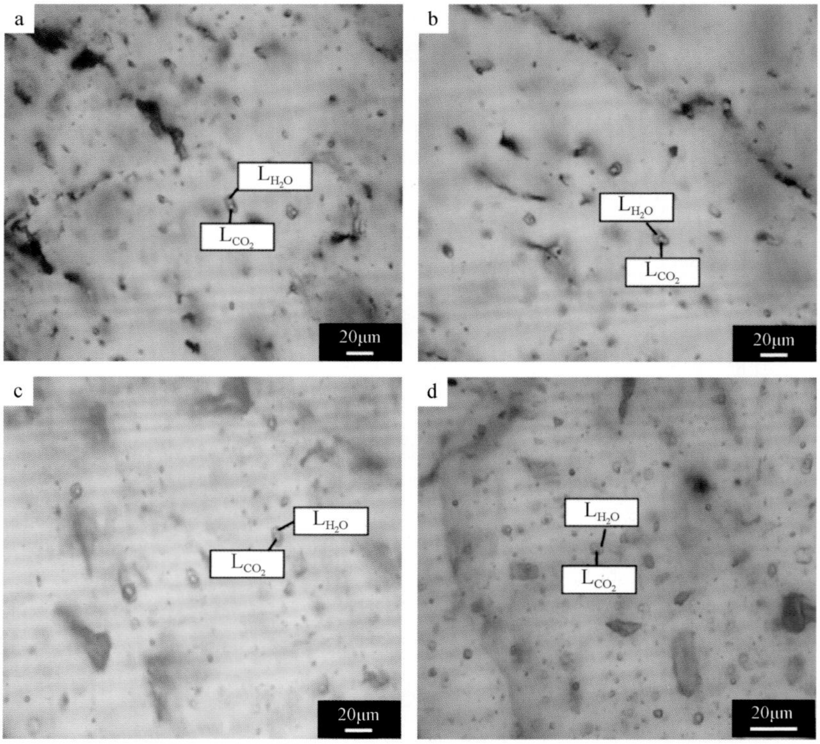

图3.10　八渡金矿床成矿阶段石英中流体包裹体显微照片
（据董文斗，2017）

形，直径 7～62μm，气、液比约 5%～30%（体积百分比），成群分布。室温下该类流体包裹体基本上全为液态 CO_2（L_{CO_2}）和 H_2O 两相，在降温过程中总是出现 CO_2 气相，变为 CO_2-H_2O 三相流体包裹体（L_{H_2O}+L_{CO_2}+V_{CO_2}）。

2）流体包裹体显微测温

利用冷热台对 70 余个流体包裹体的冰点温度和均一温度进行了测定。结果显示，在降温-冷冻过程中总是出现气相 CO_2 和固态 CO_2。所有包裹体 CO_2 气相都均一为 CO_2 液相，其部分均一温度（$T^{h}_{CO_2}$）为 12.0～29.6℃，平均 22.6℃（图 3.11），计算的 CO_2 密度为 0.63～0.93g/cm^3，平均 0.82g/cm^3；固态 CO_2 的熔化温度（$T^{m}_{CO_2}$）一般为-59.9～-56.6℃，平均-57.4℃，低于纯 CO_2 的三相点（-56.6℃），暗示可能含有 CH_4、N_2 等气体成分（Burruss，1981；Shepherd et al.，1985）。在升温过程中，可以明显观察到这些流体包裹体中 CO_2 水合物的形成和熔化。CO_2 水合物的熔化温度（T^{m}_{cl}）为 8.2～10.0℃，平均为 9.3℃，根据水合物熔化温度是水溶液相盐度的函数（Roedder，1984）关系计算得到盐度为 0.02%～3.52% NaCl equiv.，平均为 1.48% NaCl equiv.（图 3.11b）。在加热过程中，部分流体包裹体在 200～260℃间发生了爆裂，未爆裂的流体包裹体均一为液相，其均一温度变化范围为 201～301℃，主要集中在 250～280℃，平均为 255℃（图 3.11a），高于右江盆地以沉积岩为容矿岩石的卡林型金矿床（210℃）（Su et al.，2009b）。

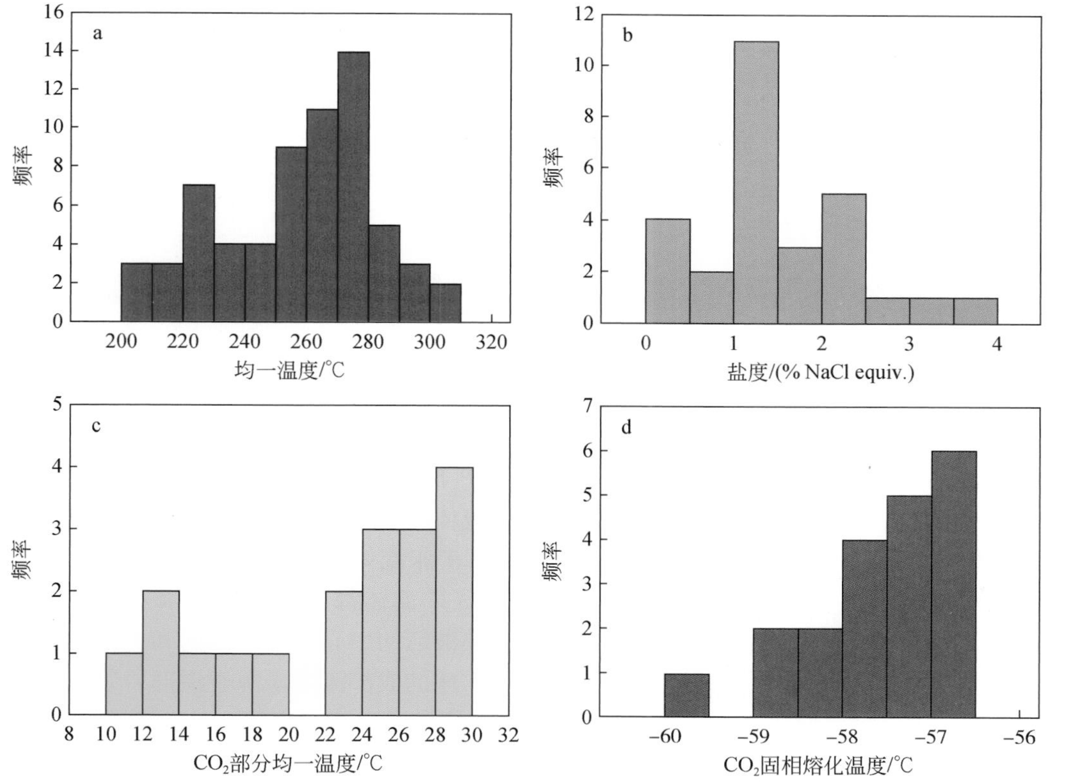

图 3.11　八渡金矿床成矿阶段石英中流体包裹体温度和盐度直方图

（据董文斗，2017）

3）单个流体包裹体 LA-ICP-MS 成分分析

采用 LA-ICP-MS 分析技术，对八渡金矿主成矿期石英中的单个流体包裹体成分进行分析。结果显示（表 3.1），成矿流体中富含 Na、K、As、B、Mg、Sb、Ba 等元素。此外，流体中发现了高温元素 W（$3\times10^{-6}\sim29\times10^{-6}$）、Bi（$4\times10^{-6}\sim31\times10^{-6}$）。通常认为 W、Bi 等元素的富集是岩浆热液活动典型标志（胡凯，2015），八渡金矿床中普遍存在 W 和 Bi 元素的富集暗示了成矿流体可能受到了岩浆热液活动的影响。八渡金矿床中 As 含量高，前人研究表明，As 能够以 H_3AsO_3形式在水溶液中迁移（Su et al.，2012）。区域地球化学数据显示，右江盆地内整体上 As 值很高，尤其沿着右江盆地边界和内部深大断裂，As 呈明显的含量异常。这些深大断裂断切穿层位深、延伸长，As 明显受到这些断裂控制而运移（胡凯，2015）。这也说明，对于该区卡林型金矿床而言，其成矿流体可能与深部流体有一定关系。

表 3.1　八渡金矿成矿阶段石英中流体包裹体成分的 LA-ICP-MS 分析结果

单位：$\times10^{-6}$

样品号	BD15	BD3	BD6	BD4
Li	21~190（5）	51（1）	48~2553（10）	7~105（9）
B	166~3075（5）	595~1732（3）	313~1071（8）	135~1596（12）
Na	4190~12 615（10）	1198~12 360（8）	2687~12 472（20）	1229~13 527（20）
K	1151~2667（6）	1063~5340（7）	386~4072（10）	547~6956（14）
As	253~3981（6）	595~4407（4）	186~2373（9）	125~2391（14）
Rb	7~207（2）	8~12（2）	1190（1）	23（1）
Sr	2（1）	3（1）	1~24（4）	1~20（4）
Sb	50~182（3）	73~1049（4）	19~164（6）	14~753（12）
Cs	6~21（2）	17（1）	11~14（2）	8~14（4）
Ba	61~325（4）	63~208（6）	14~284（11）	8~306（14）
W	23~29（2）	7（1）	—	3~10（5）
Bi	—	—	4~31（5）	5~17（4）

注：括号内数字代表测点数。

Large 等（2016）使用流体包裹体原位 LA-ICP-MS 成分分析方法，对美国内华达地区两个卡林型金矿床进行了系统研究，精细刻画了流体与沉积围岩交互反应的化学过程，并通过卡林型金矿床与 Copper Canyon 斑岩型 Cu-Au 矿床流体包裹体微量元素（Rb、K、B、As、Sr 和 Ba 等）组成的对比，发现两类矿床的成矿流体都与上地壳含水岩浆侵入体有关，认为两者现今的区别主要是由于与下部岩浆热液活动中心的距离不同和遭受的剥蚀程度不同引起的。因此认为，内华达地区卡林型金矿床的成矿流体来源于深部岩浆热液的相分离过程，该过程将原始岩浆流体分离成富集 Rb-K 的卤水相和富集 B-As-Au 的气相，卤水相在较深部的斑岩网脉中就位，而富 Au 气相继续沿断层通道向上运移，伴随着岩浆挥发分冷却、收缩形成超热流体，与含 Sr-Ba 的沉积岩反应并导致了富金含砷黄铁矿的最终沉淀。我们将八渡金矿床与高温钨矿床（赣南西华山和云南南秧田）进行对比（图 3.12）

发现，Au 矿床流体包裹体的成矿元素含量及其比值（K/Na、B/Na、Li/Na、W/Na）与高温钨矿床相近，也暗示深源岩浆流体可能参与了 Au 矿的成矿。

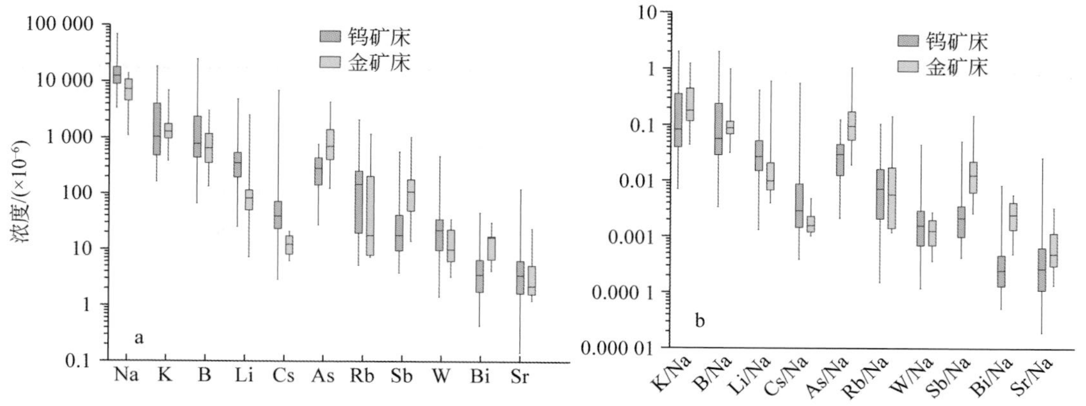

图 3.12　八渡金矿床和华南钨矿床（赣南西华山和云南南秧田）中元素含量（a）和元素/Na 值（b）对比图

综上所述，流体包裹体显微测温结果显示，八渡金矿床的成矿流体具有中低温、低盐度、中低密度的性质，具有盆地内与大气降水有关的流体与岩浆水的混合成因特征。流体包裹体 LA-ICP-MS 原位成分分析表明，成矿流体中富含 W、Bi 和 As，其可能源于深部。与高温钨矿床的对比表明，Au 矿床流体包裹体的成矿元素含量及其与 Na 的比值与高温钨矿床相近，暗示深源岩浆流体可能参与了 Au 矿的形成。

2. *者桑金矿床*

1）流体包裹体岩相学特征

者桑金矿床的金矿体主要赋存于辉绿岩和上二叠统吴家坪组沉积岩中。对以辉绿岩容矿的矿体内成矿阶段石英中 60 余块流体包裹体片进行了岩相学观察。根据流体包裹体在室温下的相态，结合降温过程中流体包裹体的相态变化和激光拉曼光谱气相成分分析，发现石英中的流体包裹体基本上全为盐水两相流体包裹体（图 3.13a ~ b）。这些流体包裹体呈不规则状或负晶形，直径 9 ~ 27μm，气、液比约 5% ~ 30%（体积百分比），常切穿石英的生长环带线状分布（图 3.13a），为次生流体包裹体。

对以沉积岩容矿的矿体内成矿阶段石英中 50 余块流体包裹体片进行观察，发现石英中的流体包裹体以富 CO_2 的 CO_2-H_2O 流体包裹体为主，含少量的盐水两相包裹体（图 3.13c ~ d）。这些流体包裹体呈负晶形，直径 11 ~ 27μm，气、液比约 5% ~ 20%（体积百分比），通常沿石英的生长环带成群分布（图 3.13c），为原生流体包裹体。室温下，富 CO_2 的 CO_2-H_2O 流体包裹体通常为液态 CO_2（L_{CO_2}）和 H_2O 两相（图 3.13c）或三相流体包裹体（$L_{H_2O}+L_{CO_2}+V_{CO_2}$）（图 3.13d），降温时总是出现 CO_2 气相，变为 CO_2-H_2O 三相流体包裹体（$L_{H_2O}+L_{CO_2}+V_{CO_2}$）。

2）流体包裹体显微测温

利用冷热台对 70 余个流体包裹体的冰点温度和均一温度进行了测定。结果显示，赋存

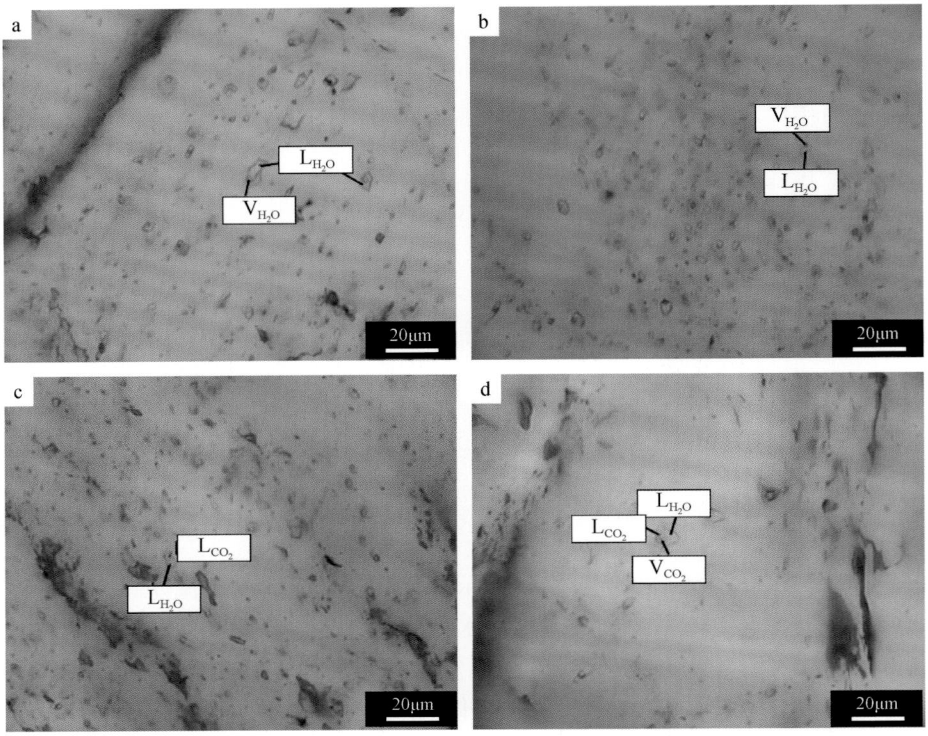

图 3.13　者桑金矿床以辉绿岩容矿（a，b）和以沉积岩容矿（c，d）矿体成矿阶段石英流体包裹体显微照片

（据董文斗，2017）

于辉绿岩内的矿体成矿阶段石英中盐水两相次生流体包裹体的冰点温度（T_{ice}^{m}）为-2.0～-0.9℃，平均值为-1.4℃，计算得到流体的盐度为1.59%～3.34% NaCl equiv.，平均值为2.40% NaCl equiv.（图3.14b）。在加热过程中，绝大多数流体包裹体均一为液相，均一温度变化范围为123～231℃，主要集中在150～160℃，平均值为155℃（图3.14a）。

沉积岩容矿的矿体内成矿阶段石英流体包裹体的显微测温显示，CO_2水合物的熔化温度（T_{cl}^{m}）为8.5～9.4℃，平均值为9.0℃，计算盐度为1.26%～2.97% NaCl equiv.，平均值为1.95% NaCl equiv.（图3.14d）。在加热过程中，部分流体包裹体在200～260℃发生了爆裂，未爆裂的流体包裹体均一为液相，均一温度为214～263℃，主要集中在210～230℃，平均值为234℃（图3.14c），高于右江盆地以沉积岩为容矿岩石的卡林型金矿床（210℃）（Su et al.，2009b）。两相H_2O-NaCl流体包裹体的冰点温度（T_{ice}^{m}）为-2.1～-1.6℃，平均值为-1.8℃，计算得到的盐度为2.72%～3.50% NaCl equiv.，平均值为3.13% NaCl equiv.（图3.14d）。在加热过程中，能观察到极少数流体包裹体均一为液相，均一温度为178℃和212℃（图3.14c），明显低于安那和八渡金矿床的流体包裹体均一温度，大致与右江盆地以沉积岩为容矿岩石的卡林型金矿床流体包裹体均一温度（210℃）一致。

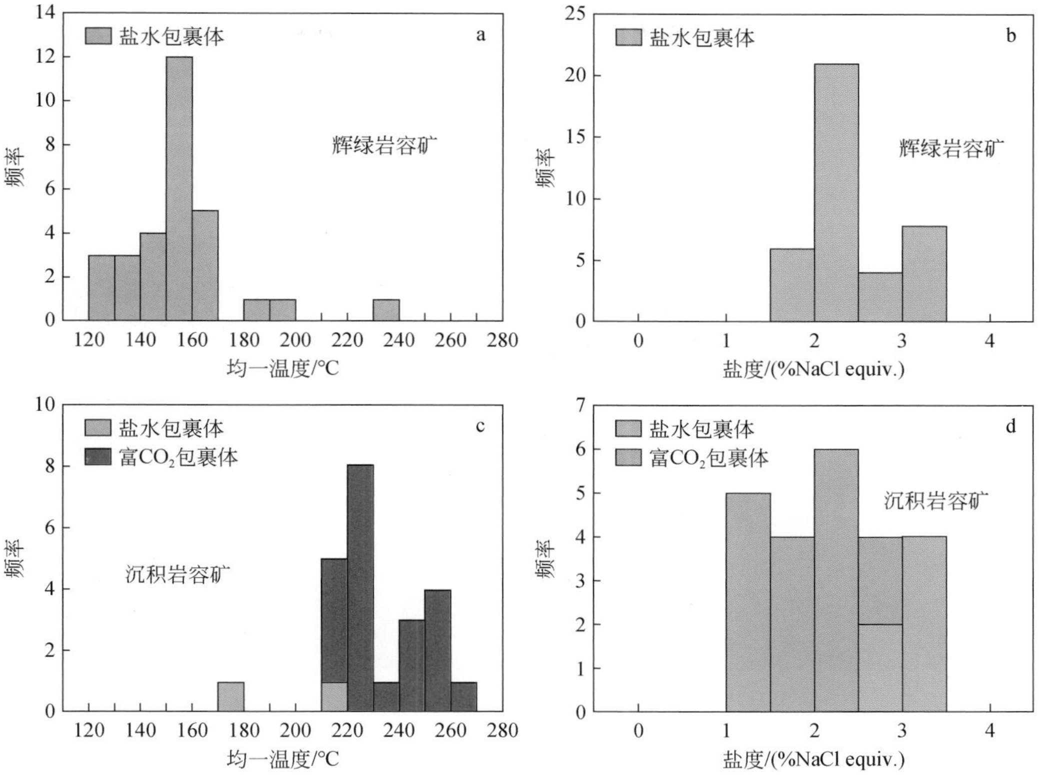

图 3.14 者桑金矿床成矿阶段石英中流体包裹体均一温度和盐度直方图

（据董文斗，2017）

3. 安那金矿床

1）流体包裹体岩相学特征

对安那金矿床成矿阶段石英中200余块流体包裹体片进行了观察。根据流体包裹体在室温下的相态，结合降温过程中流体包裹体的相态变化和激光拉曼光谱气相成分分析，发现石英中的流体包裹体均为CO_2-H_2O流体包裹体（图3.15a~b）。这些流体包裹体呈负晶形，直径为5~90μm，气-液比约为20%（体积百分比），通常沿石英的生长环带分布（图3.15a），为原生流体包裹体。室温下，该类流体包裹体通常为液态CO_2（L_{CO_2}）和H_2O两相（图3.15a）或室温下即呈三相流体包裹体（L_{H_2O}+L_{CO_2}+V_{CO_2}）（图3.15b），降温时总是出现CO_2气相，变为CO_2-H_2O三相流体包裹体（L_{H_2O}+L_{CO_2}+V_{CO_2}）（图3.15c~d）。

2）流体包裹体显微测温

利用冷热台对120余个流体包裹体的冰点温度和均一温度进行了测定。结果显示，在降温-冷冻过程中，安那金矿床成矿阶段石英中富CO_2的流体包裹体总是出现气相CO_2和固态CO_2。所有包裹体CO_2气相都均一为CO_2液相，均一温度（$T^{h}_{CO_2}$）为10.8~28.2℃，平均15.3℃（图3.16c），计算的CO_2密度为0.67~0.86g/cm³，平均0.82g/cm³；固态

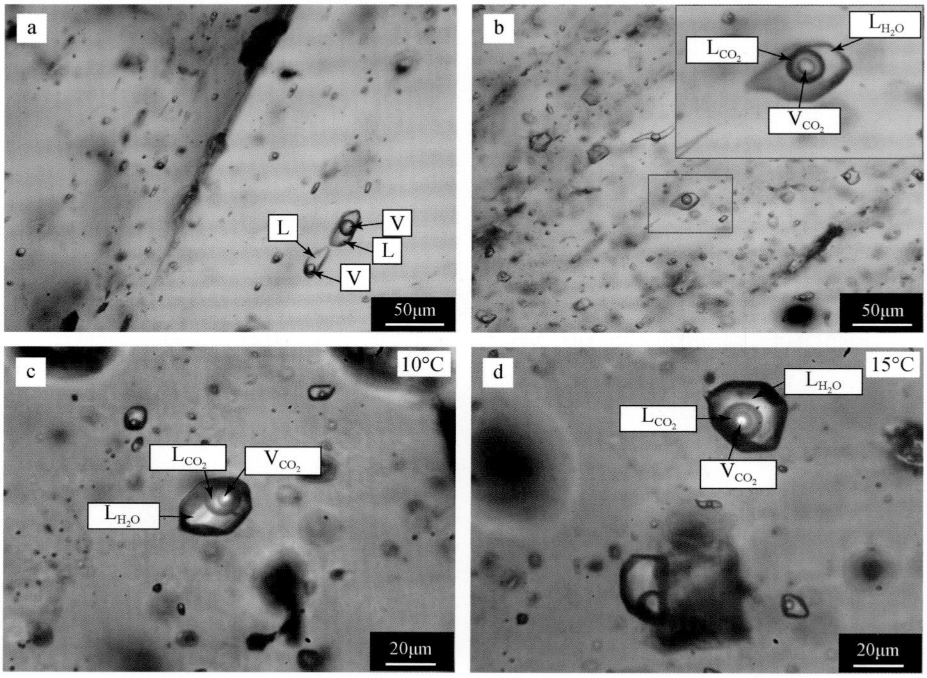

图 3.15　安那金矿床成矿阶段石英中流体包裹体显微照片

（据董文斗，2017）

CO_2的熔化温度（$T^{m}_{CO_2}$）一般为-59.7～-56.8℃，平均-58.1℃（图 3.16d），低于纯 CO_2的三相点（-56.6℃），暗示可能含有 CH_4、N_2等气体成分（Burruss，1981；Shepherd et al.，1985）。激光拉曼光谱分析进一步确认该类流体包裹体气相成分主要为 CO_2，含有少量的 N_2和微量的 CH_4（图 3.17）。在升温过程中，可以明显观察到这些流体包裹体中 CO_2水合物的形成和熔化。CO_2水合物的熔化温度（T^{m}_{cl}）为 9.0～10.3℃，平均值为 9.9℃，计算盐度为 0～2.0% NaCl equiv.（Diamond，1992），平均 0.3% NaCl equiv.（图 3.16b）。在加热过程中，部分流体包裹体在 190～260℃发生了爆裂，未爆裂的流体包裹体均一到液相，均一温度变化范围为 208～312℃，主要集中在 230～270℃，平均值为 254℃（图 3.16a），明显高于右江盆地以沉积岩为容矿围岩的卡林型金矿床（210℃）（Su et al.，2009b）。

3）单个流体包裹体 LA-ICP-MS 成分分析

采用 LA-ICP-MS 分析技术，对安那金矿床成矿阶段石英中单个流体包裹体成分进行了分析（图 3.18）。结果显示，所有流体包裹体都检测到 Cl、K、As 和 Sb 元素，含有微量的 Cu、Pb 和 Zn，但不含 Fe 元素或其含量低于检测限，Au 元素也因含量太低而低于仪器检测限，其中 Cl 含量范围 5842×10^{-6}～$40\,117\times10^{-6}$（平均值为 $15\,903\times10^{-6}$），K 含量范围 184×10^{-6}～2916×10^{-6}（平均值为 831×10^{-6}），As 含量范围 35×10^{-6}～254×10^{-6}（平均值为 116×10^{-6}），Sb 含量范围 4×10^{-6}～676×10^{-6}（平均值为 163×10^{-6}）。Cu 含量平均值为 13.2×10^{-6}，Pb 含量平均值为 4.4×10^{-6}，Zn 含量平均值为 17.2×10^{-6}。

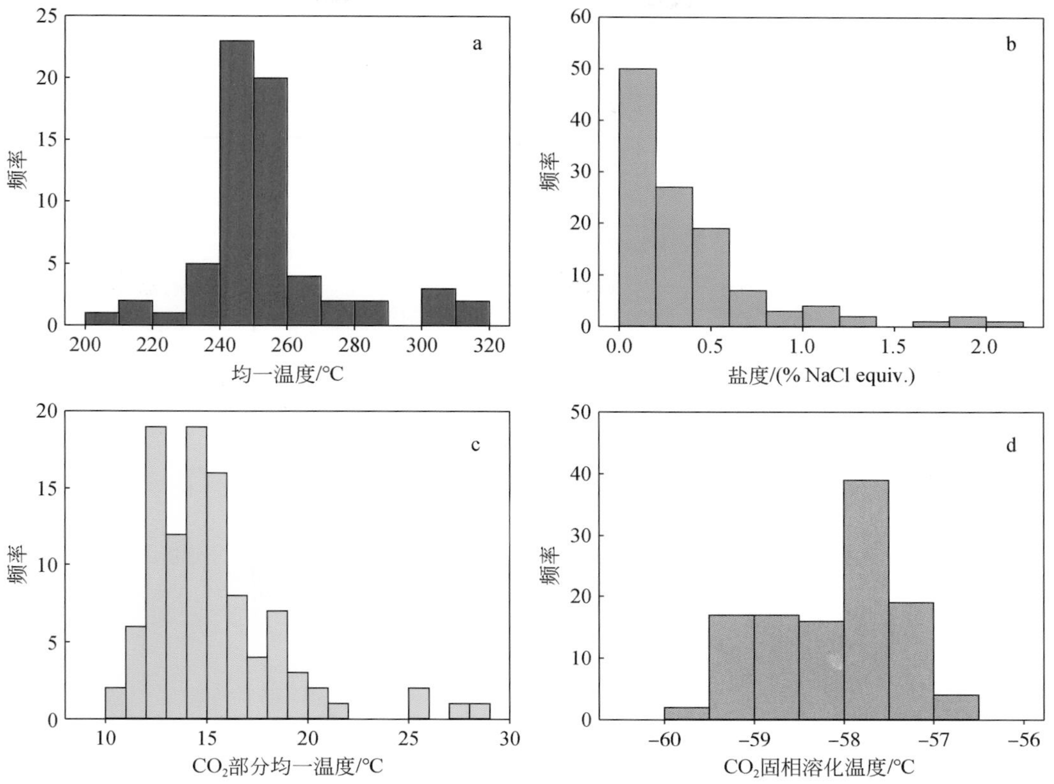

图 3.16　安那金矿床成矿阶段石英中流体包裹体温度和盐度直方图

（据董文斗，2017）

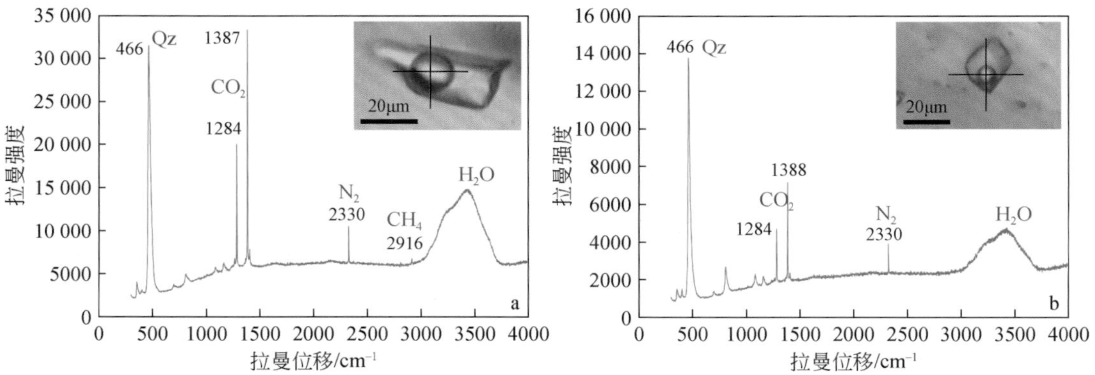

图 3.17　安那金矿床成矿阶段石英中流体包裹体激光拉曼图谱

（据董文斗，2017）

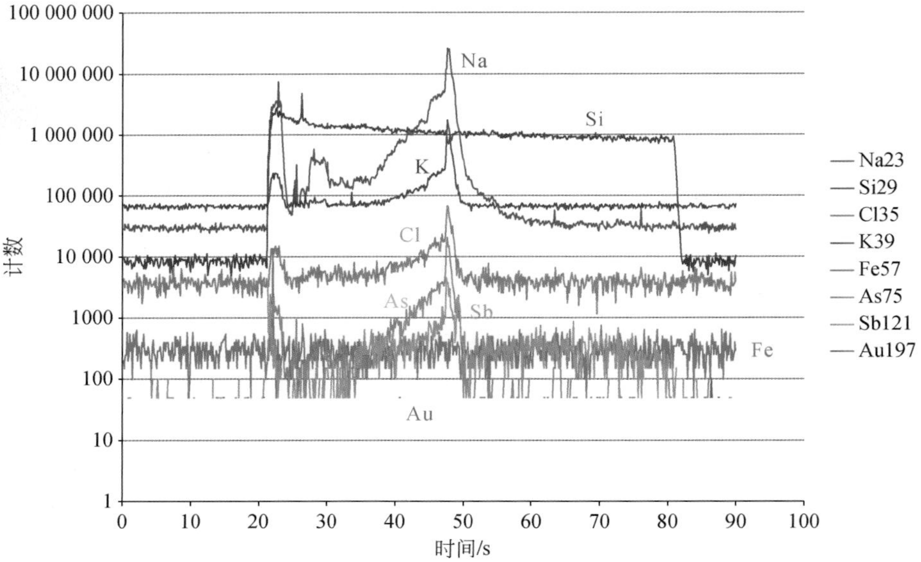

图 3.18 安那金矿床成矿阶段石英中典型流体包裹体 LA-ICP-MS 成分分析图谱
（据董文斗，2017）

4. *老寨湾金矿床*

岩相学观测表明，老寨湾金矿床成矿期石英中的包裹体多成群随机分布或孤立分布。主要为原生包裹体，少数呈线性分布，但未切穿单颗粒石英，属于假次生包裹体。包裹体大小 10～20μm，多数 8～15μm，形态一般为四边形、椭圆形或不规则状。据室温下的相态特征，以富液相包裹体为主，偶见富气相包裹体、纯气相包裹体和纯液相包裹体。流体包裹体均一温度范围为 112～245℃，盐度为 1.69%～4.27% NaCl equiv.，密度变化于 0.906～0.967g/cm^3，总体属于低温、低盐度、中等密度的 H_2O-NaCl 流体体系。

5. *晴隆锑矿床*

晴隆锑矿床的矿石主要包括四种类型：①绿色石英–萤石–辉锑矿；②白色石英–萤石–辉锑矿；③方解石–辉锑矿；④晶簇状辉锑矿（图 3.19）。绿色石英和萤石形成于辉锑矿之前，以辉锑矿晶体沿绿色石英和萤石的裂隙充填，或分布在绿色萤石的矿物表面为特征。白色石英、萤石和方解石形成于辉锑矿之后，表现为白色石英、萤石和方解石沿辉锑矿晶体之间充填或分布在辉锑矿晶体的表面。辉锑矿晶簇主要见于赋矿围岩的晶洞，并伴随硅化和萤石化等围岩蚀变（苏文超等，2015）。

相比于与金属矿物共生的石英、方解石和萤石等透明矿物，金属矿物中的流体包裹体更能直接反映成矿流体的性质等信息。我们利用红外显微镜，结合流体包裹体显微测温分析技术，对晴隆锑矿床的矿石矿物辉锑矿和脉石矿物萤石的流体包裹体进行了对比研究。结果显示，两种矿物中流体包裹体类型、均一温度和盐度存在明显差异。

图 3.19　晴隆锑矿床矿石组合类型

（据苏文超等，2015）

a. 绿色石英-辉锑矿；b. 绿色萤石-辉锑矿；c. 白色石英-辉锑矿；d. 白色萤石-辉锑矿；e. 方解石-辉锑矿；f. 辉锑矿晶簇

辉锑矿中的流体包裹体主要有含子晶-气-液三相（L+V+S）包裹体和气-液两相（L+V）包裹体两种类型（图 3.20）。这些流体包裹体多呈负晶形，直径 10 ~ 150μm，气-液比 10% ~20%（体积百分比），通常沿平行或垂直于辉锑矿的（010）或（110）解理面分布，属于原生流体包裹体。含子晶-气-液三相包裹体仅发育在与绿色石英-萤石共生的辉锑矿中，其子晶矿物形态呈片状或立方体（图 3.20），可能为石膏和氯化钠等矿物。萤石中的流体包裹体仅为气-液两相包裹体（图 3.20），主要沿萤石的解理面分布，多呈不规则状、长条状和负晶形等，直径 10 ~ 50μm，气-液比 10% ~ 15%（体积百分比）。

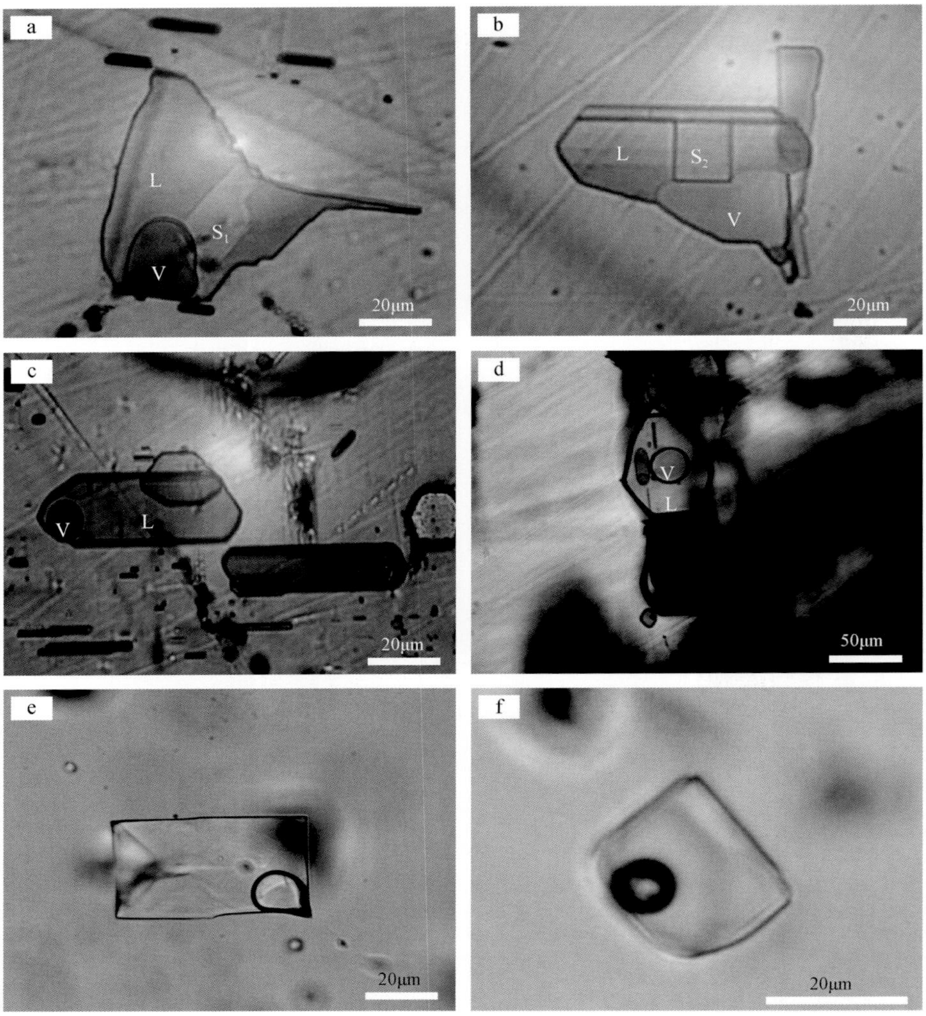

图 3.20 晴隆锑矿床辉锑矿和萤石中的流体包裹体特征

（据苏文超等，2015）

a ~ b. 辉锑矿中含子晶-气-液三相包裹体；c. 辉锑矿中平行于（010）或（110）解理面分布的气-液两相包裹体；d. 辉锑矿中垂直于（010）或（110）解理面分布的气-液两相包裹体；e ~ f. 萤石中的气-液两相包裹体

显微测温结果显示，与绿色石英-萤石共生的辉锑矿中的气-液两相（L+V）包裹体的盐度范围为 0.71% ~ 19.45% NaCl equiv.，主要集中在 7.17% ~ 19.45% NaCl equiv.，均一温度范围为 153 ~ 285℃，主要集中在 220 ~ 285℃。与绿色石英-萤石共生辉锑矿中的含子晶-气-液三相（L+V+S）包裹体在加热均一过程中，因其高盐度和高密度而经常爆裂，仅有一个未爆裂的该类型流体包裹体获得子晶（石膏）的熔化温度为 283℃。与白色石英-萤石共生的辉锑矿中的流体包裹体类型主要为气-液两相包裹体，其盐度范围为 0.18% ~ 4.18% NaCl equiv.，主要集中在 0.18% ~ 0.88% NaCl equiv.，均一温度集中分布在 144 ~

176℃。与辉锑矿共生的绿色或白色萤石，则仅发育气-液两相流体包裹体，其盐度为0.18%～1.91% NaCl equiv.，均一温度为144～206℃（图3.21）。辉锑矿和萤石中流体包裹体类型、均一温度和盐度的显著差异，暗示两种矿物的形成条件有所不同。

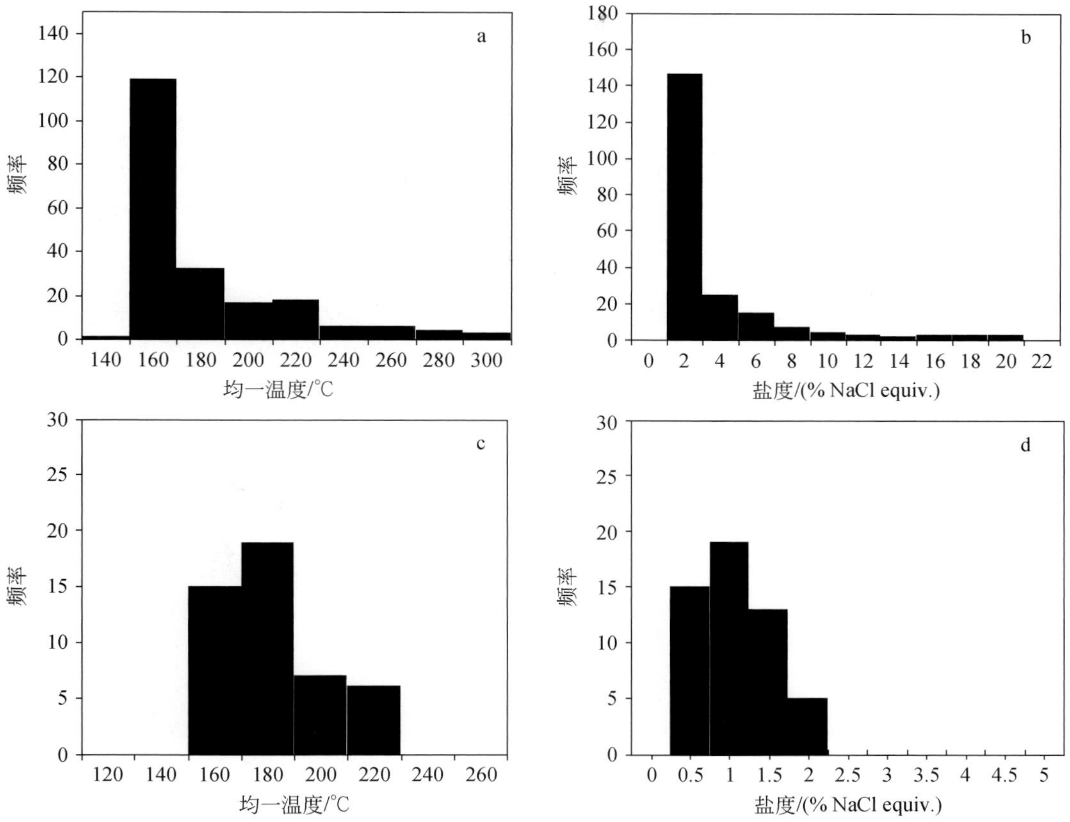

图3.21 晴隆锑矿床辉锑矿和萤石中流体包裹体的盐度和均一温度直方图
（据苏文超等，2015）
a～b. 辉锑矿中流体包裹体的均一温度和盐度；c～d. 萤石中流体包裹体的均一温度和盐度

值得注意的是，在盐度-均一温度图解中（图3.22），辉锑矿中流体包裹体的盐度与均一温度具有明显的正相关关系，这可以解释为高盐度、中高温流体与低温、低盐度流体混合稀释的结果，暗示流体混合而导致温度和盐度的降低可能是锑成矿的重要控制因素之一。相反，萤石中流体包裹体的均一温度和盐度，则集中分布在低盐度和低温端元。

6. 巴年-半坡Sb矿床

前人对贵州省独山县巴年和半坡锑矿床与成矿作用有关的石英和方解石进行了流体包裹体研究（王雅丽和金世昌，2010；肖宪国，2014）。结果显示，两个矿床中的包裹体主要为纯液相包裹体和液相包裹体两类。其中，液相包裹体的气-液比为5%～30%，沿方解石或石英结晶面成群分布（王雅丽和金世昌，2010）。显微测温结果显示，两个矿床的成矿流体均具有低温低盐度特征。其中，半坡锑矿床石英中流体包裹体的均一温度为144～

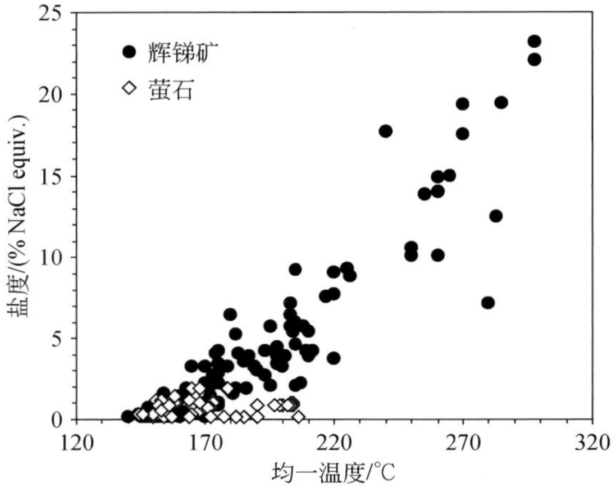

图 3.22　晴隆锑矿床辉锑矿和萤石中流体包裹体的盐度和均一温度关系

（据苏文超等，2015）

165℃，平均值为 153℃，盐度为 1.8% ~7.3% NaCl equiv.，方解石中流体包裹体的均一温度为 115 ~ 148℃，平均值为 133℃；巴年锑矿床方解石中流体包裹体的均一温度为 118 ~ 173℃，平均值为 145℃，盐度为 4.3% ~10.4% NaCl equiv.（王雅丽和金世昌，2010）。

半坡和巴年锑矿床成矿阶段石英和方解石中的流体包裹体的液-气相成分分析显示，阳离子主要为 Ca^{2+}、Mg^{2+}、Na^{+} 和 K^{2+}，阴离子主要为 SO^{2-}、F^{-} 和 Cl^{-}，气相成分主要为 CO_2 和 N_2，成矿流体主要显示大气降水特征。

二、成矿流体成因

（一）成矿流体性质和来源

确定成矿流体来源是解决热液矿床成因、建立成矿模式的关键，且对矿床勘探具有重要意义。前人对右江矿集区低温 Au-Sb-Hg-As 矿床的矿床地质、矿床地球化学等方面进行了较多研究，但对成矿流体的成因仍具有较大争议。关于成矿流体来源的观点如下：①深部岩浆水（张瑜等，2010）；②沉积水为主的盆地流体（胡瑛等，2009）；③大气降水（庞保成等，2005）；④地层建造水和深部变质流体（王疆丽等，2014）；⑤深源水和循环大气降水（王泽鹏，2013）；⑥大气降水与盆地流体的混合（肖德长等，2012）；⑦深源流体、地层水和大气降水的混合（陈本金，2010；吴松洋等，2016）。

成矿流体来源的示踪，常采用的研究手段包括稳定同位素、放射成因子体同位素、稀有气体同位素等。对于稳定同位素，其同位素组成的变化主要取决于源区和同位素分馏（郑永飞，2000；陈岳龙等，2005），是由非核过程引起的同位素组成变化，如氢、氧、碳和硫同位素。对于放射成因子体同位素，其同位素组成的变化不仅与矿物（岩石）形成时的初始同位素组成有关，放射性元素衰变也能使其同位素组成发生变化，如铅、钕和锶同位素。稀有气体在地球各圈层具有特征的同位素组成，因其化学惰性，在其参与的各种地质作用过程中组成基本保持不变，是物质源区和地球化学过程的理想示踪剂（Turner and Stuart，1992；Burnard et al.，1999；Hu et al.，2004，2009，2012；Kendrick et al.，2011；Wu et al.，2011，2018）。

本研究的综合证据表明，右江矿集区低温矿床的成矿流体应以地壳或大气成因流体为主，但深部岩浆活动及其分异流体的参与，在驱使成矿流体形成和循环中发挥了重要作用。

1. H-O 同位素证据

利用 H-O 同位素对成矿流体来源和演化进行示踪，主要依靠分析石英、方解石、白云石等与成矿有关矿物的氧同位素组成和它们中原生或假次生流体包裹体的氢同位素组成。但是，这些研究对象与成矿作用的关系以及所分析的矿物流体包裹体类型往往存在很大的不确定性。基于这些不确定性，3～5 个样品很难具有代表性，通常需要大量数据才能显示出统计性规律。需要说明的是，对于流体包裹体的氢同位素组成，通常因其中可能有大量次生流体包裹体的存在，获得的数据相对于真实流体往往会向大气降水端元偏移。已有研究表明，与传统的流体包裹体氢氧同位素分析相比，含羟基热液矿物的氢氧同位素组成通常能更好地避免次生流体包裹体的影响，从而能更好地反映成矿流体真实的同位素组成（Goldfarb et al.，1991）。Hu 等（2017）总结了研究区典型金矿床 55 件石英、方解石和含羟基热液蚀变黏土矿物样品的氢–氧同位素组成，在 δD_{H_2O}-$\delta^{18}O_{H_2O}$ 判别图解上呈现出较大的同位素组成变化范围，主要落在岩浆流体及其与大气降水之间的过渡区域或其附近（图 3.23），表明右江盆地内典型金矿床的成矿流体可能具有大气降水–岩浆水混合成因，以及流体与高 $\delta^{18}O$ 岩石的强烈水–岩相互作用。

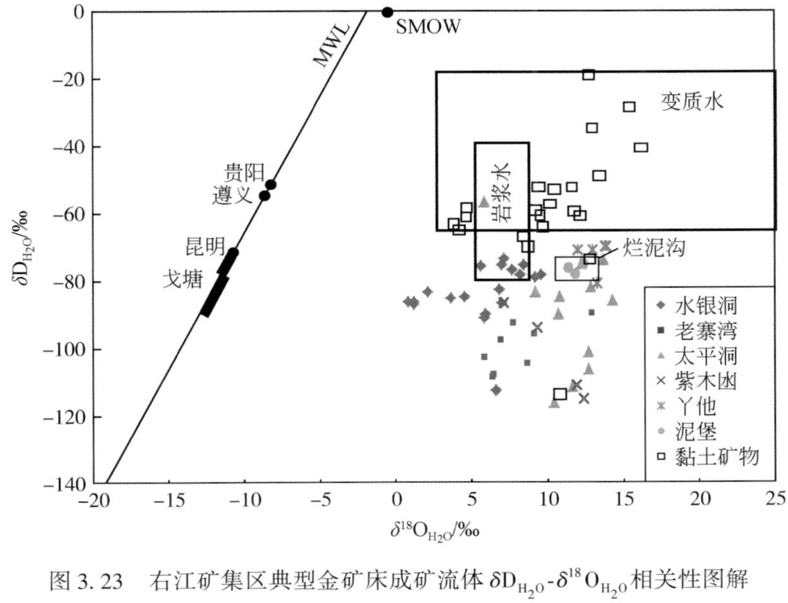

图 3.23 右江矿集区典型金矿床成矿流体 δD_{H_2O}-$\delta^{18}O_{H_2O}$ 相关性图解

（据 Hu et al.，2017 修改）

从卡林型金矿床成矿作用过程中成矿物质卸载与富集机制角度考虑，成矿物质 Au 的卸载主要发生在水–岩反应的硫化作用阶段，即成矿流体中的砷及还原性硫与赋矿围岩中含铁碳酸盐矿物中的铁结合形成含砷黄铁矿，Au 以不可见金形式赋存于其中（Hofstra and Cline，2000；Su et al.，2008，2012）。在这一过程中，赋矿围岩发生脱碳酸盐化释放 Fe 参与硫化作用，释放出的 Ca^{2+} 和 CO_3^{2-} 进一步发生碳酸盐化生成方解石，成矿流体中的 Si 和围岩中残存 Si 一起使围岩普遍发生硅化/似碧玉岩化，成矿流体中的 H 和 O 参与到赋矿围岩中硅酸盐矿物的蚀变，形成以迪开石、伊利石以及高岭石为主的泥化作用产物（Hofstra and Cline，2000；Emsbo et al.，2003；Cline et al.，2005；Muntean et al.，2011）。基于这一成矿作用过程及其产物，研究区不同矿床氢–氧同位素组成位于右上角变质流体区域的样品数据可能仍需进一步矫正。以烂泥沟金矿床的迪开石和白云母的氢–氧同位素组成为例，其氧同位素组成变化约为 10‰～15‰（图 3.23），考虑到这些黏土矿物的羟基中既存在成矿流体中的氧也存在赋矿围岩中的氧，所以这里给出的氧同位素组成应该是一个混合值。C-O 同位素组成表明，赋矿海相碳酸盐岩的氧同位素组成在 20‰～25‰（图 3.24），而岩浆流体的氧同位素组成变化一般为 5‰～10‰。因此，本次获取的位于变质流体中变化于 10‰～15‰的氧同位素组成，可能为成矿流体与赋矿围岩的混合值。因此，图中的变质流体信号，可能是成矿流体与赋矿围岩氧同位素组成混合而成的非真实信号，成矿流体更可能是大气降水–岩浆流体混合成因。

2. *碳酸盐矿物碳氧同位素地球化学*

本研究分析了与成矿存在成因联系的方解石、白云石等碳酸盐矿物的碳氧同位素组成，包括 44 件碳酸盐矿物和 4 件石英样品流体包裹体的碳氧同位素，同时还总结了以往研究获取的 C-O 同位素数据。其中，$\delta^{13}C_{PDB}$ 变化约为 -8‰～7‰，$\delta^{18}O_{V\text{-}SMOW}$ 变化约为 5‰～25‰。在 $\delta^{13}C_{PDB}$-$\delta^{18}O_{V\text{-}SMOW}$ 图解上（图 3.24），呈现出 3 种同位素组成变化趋势。

赋矿围岩中不纯碳酸盐岩的 C-O 同位素组成非常靠近海相碳酸盐岩区域，代表了赋矿围岩的 C-O 同位素组成。热液方解石样品的 C-O 同位素组成的三种同位素组成变化趋势表明：①相对海相碳酸盐岩（MC），$\delta^{13}C_{PDB}$ 值出现显著升高，$\delta^{18}O_{V\text{-}SMOW}$ 值有降低，暗示了卡林型金矿床典型蚀变过程之一的脱碳酸盐化过程（Dec）；②自海相碳酸盐岩向左，$\delta^{13}C_{PDB}$ 值基本保持不变，$\delta^{18}O_{V\text{-}SMOW}$ 值显著降低，向当地大气水端元靠近，该趋势指示了赋矿地层中碳酸盐岩的溶解过程（Dis Carb），这种同位素组成变化趋势，几乎在所有碳酸盐岩容矿的热液矿床中均能发现，例如川滇黔矿集区 MVT 型 Pb-Zn 矿床；③自海相碳酸盐岩向左下（MT），$\delta^{13}C_{PDB}$ 值和 $\delta^{18}O_{V\text{-}SMOW}$ 值均出现显著降低，表明了碳酸盐岩与深部岩浆和/或赋矿地层中有机物质（脱羧基作用）之间的混合过程。

上述结果表明，研究区卡林型金矿床成矿流体中的碳和氧主要来源于海相碳酸盐岩的溶解。但是，$\delta^{13}C_{PDB}$ 值的明显降低究竟是由岩浆流体的加入还是有机质脱羧基作用引起的，还有待进一步研究。最大的可能是，岩浆流体的加入和有机质的脱羧基作用都发挥了作用，这与其他研究揭示的事实一致。

为进一步约束右江矿集区卡林型金矿床的成矿流体成因和演化特征，本研究以其中的水银洞等九个代表性金矿床为研究对象，采用 SIMS 原位分析技术，开展了热液成因方解

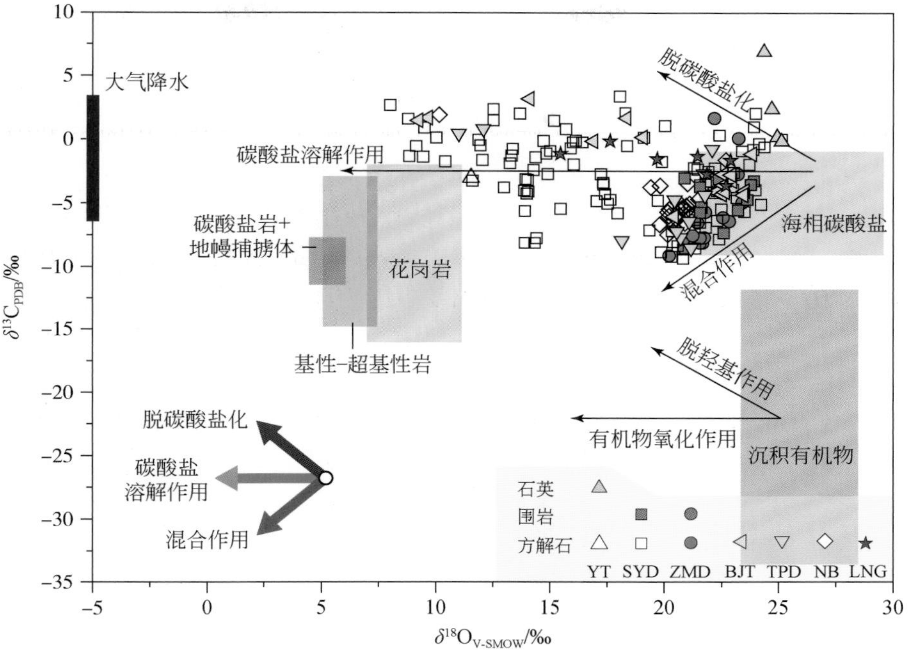

图 3.24　右江矿集区典型金矿床方解石及部分蚀变围岩的 $\delta^{13}C_{PDB}$-$\delta^{18}O_{V\text{-}SMOW}$ 相关性图解

当地大气水引自 Liu 等（1999），底图及其他代表性源区引自 Hu 等（2002）；其他矿床数据引自郭振春（1993）；李文亢等（1989）；Zhang 等（2003）；陈本金（2010）；王成辉等（2010）；Zhang 等（2010）；王泽鹏等（2013）；彭义伟等（2014）；Tan 等（2015a）

石和白云石的原位氧同位素组成研究（Zhuo et al.，2019；图 3.25、图 3.26 和图 3.27）。

由方解石和白云石的原位氧同位素值换算出的成矿流体氧同位素值，结果见图 3.27。其中，烂泥沟金矿床成矿期流体的 $\delta^{18}O_{fluid}$ 值为 10.50‰～17.14‰，最终降低到成矿后的-1.12‰～5.46‰；水银洞金矿成矿期流体的 $\delta^{18}O_{fluid}$ 值为 11.36‰～17.92‰，成矿期后 $\delta^{18}O_{fluid}$ 值为 4.28‰～8.29‰；紫木凼金矿床成矿期流体 $\delta^{18}O_{fluid}$ 为 9.32‰～12.45‰，成矿期后为 6.70‰～6.34‰；者桑金矿床成矿期的 $\delta^{18}O_{fluid}$ 为 9.61‰～12.15‰，成矿期后为 3.16‰～4.40‰；明山金矿床成矿期的 $\delta^{18}O_{fluid}$ 为 12.58‰～13.27‰，成矿期后为 0.53‰～2.11‰；八渡金矿床成矿期流体的 $\delta^{18}O_{fluid}$ 为 7.39‰～9.94‰，成矿期后的 $\delta^{18}O_{H_2O}$ 值为 1.12‰～6.36‰；太平洞金矿床成矿流体与八渡金矿床具有相似的 $\delta^{18}O$ 值，从成矿早期 $\delta^{18}O_{fluid}$ 为 4.61‰～8.66‰降至成矿晚期的-1.78‰；戈塘金矿床成矿早期 $\delta^{18}O_{fluid}$ 为 21.17‰～21.84‰，成矿晚期为 9.80‰～18.38‰；高龙金矿床成矿早期 $\delta^{18}O_{fluid}$ 为 10.88‰～14.10‰，成矿晚期为 7.4‰。可见，从早到晚成矿流体的 $\delta^{18}O$ 值具有显著降低的趋势，表明晚期有较多大气成因流体的加入。成矿流体整体较高的 $\delta^{18}O_{fluid}$ 反映了早期岩浆流体的加入以及与高 $\delta^{18}O$ 围岩强烈的水-岩相互作用。

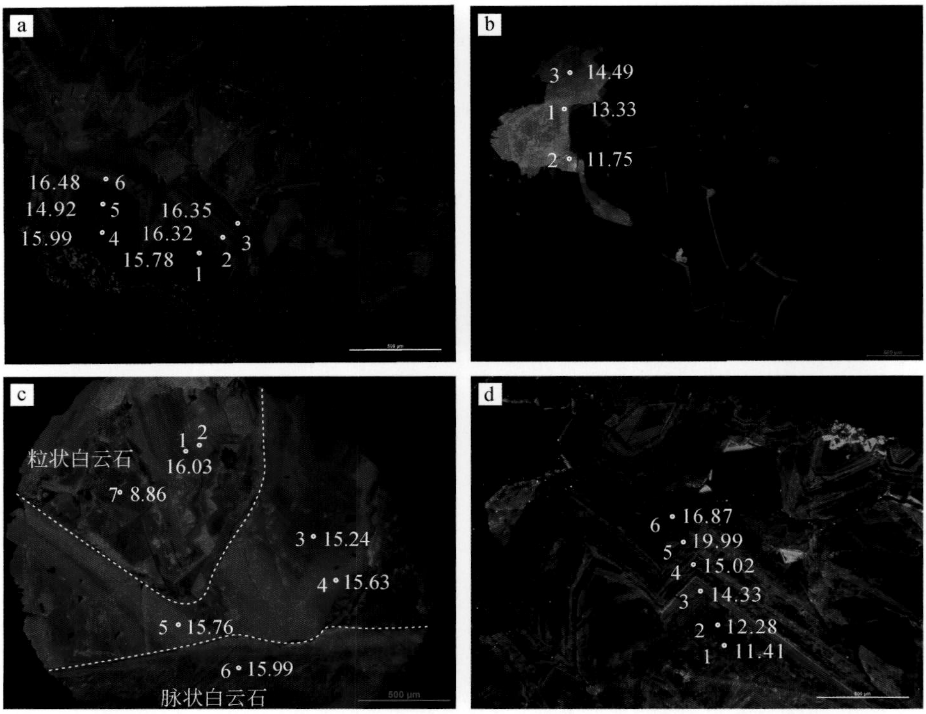

图 3.25　右江矿集区典型卡林型金矿床中不同期次白云石的阴极发光特征和不同测点的氧同位素组成（据 Zhuo et al.，2019 修改）

a. 水银洞；b. 烂泥沟；c. 太平洞；d. 戈塘

3. 硫化物矿物硫同位素地球化学

在早期的研究中，卡林型金矿床中的载金矿物含砷黄铁矿被认为全部形成于成矿阶段，并根据黄铁矿的硫同位素组成，认为其中的硫来自地层中沉积黄铁矿的溶解（Hu et al.，2002；张长青等，2005；图 3.28）。但是，含砷黄铁矿具有明显的核-边结构，核部为同沉积黄铁矿，环带才是成矿阶段形成的热液黄铁矿，核部和环带在化学组成上存在明显差异（Su et al.，2008，2009a）。因此，传统单颗粒硫化物溶样法测定的 S 同位素组成变化范围较宽，其受地层的影响较大。

基于以往研究的局限性，本项目在前人研究基础上，采用 SIMS、NanoSIMS、LA-ICP-MS 等多种微区原位分析手段，对赋存在两种沉积相类型（台地相、盆地相）围岩中的 7 个典型金矿床的含金黄铁矿环带开展了系统研究。其中，位于台地相的矿床包括水银洞、泥堡和紫木凼金矿床，位于盆地相中的矿床包括烂泥沟、金牙、者桑和八渡金矿床。

原位硫同位素测试结果表明，台地相三个矿床类型中成矿期黄铁矿环带的 S 同位素组成集中在−5‰～+5‰（Yan et al.，2018；Li et al.，2020），明显不同于沉积成岩期形成的核部黄铁矿，表明成矿流体中的硫可能主要为岩浆硫。但是，对产于盆地相地层中的矿床而言，成矿期含砷黄铁矿环带具有较高的 $\delta^{34}S$ 值，反映出明显地层硫的加入。

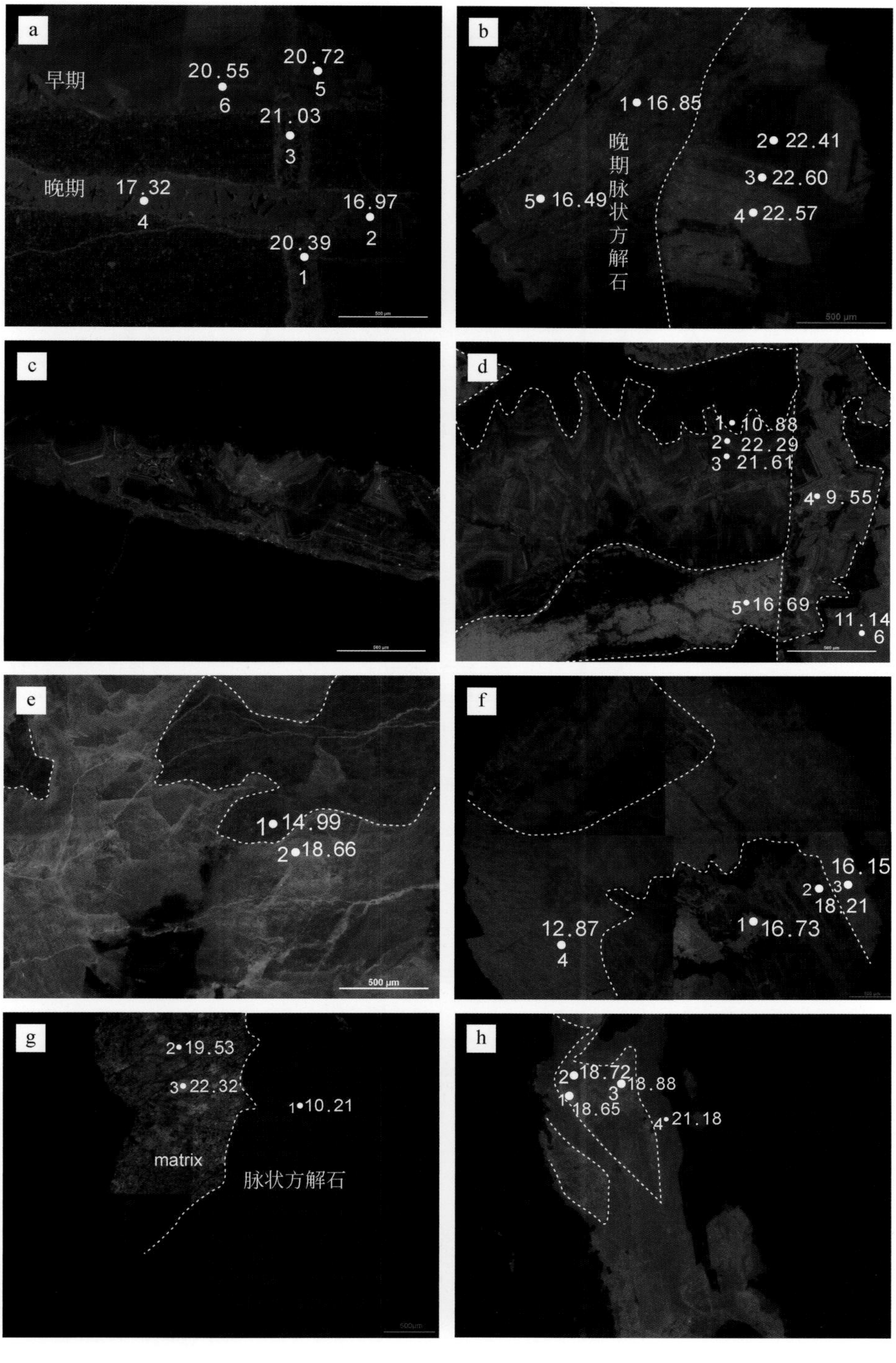

图 3.26 右江矿集区典型卡林型金矿床中不同期次方解石脉的阴极发光特征和不同测点的氧同位素组成

（据 Zhuo et al.，2019 修改）

a. 水银洞，b. 紫木凼，c. 戈塘，d. 明山，e. 高龙，f. 八渡，g. 烂泥沟，h. 者桑

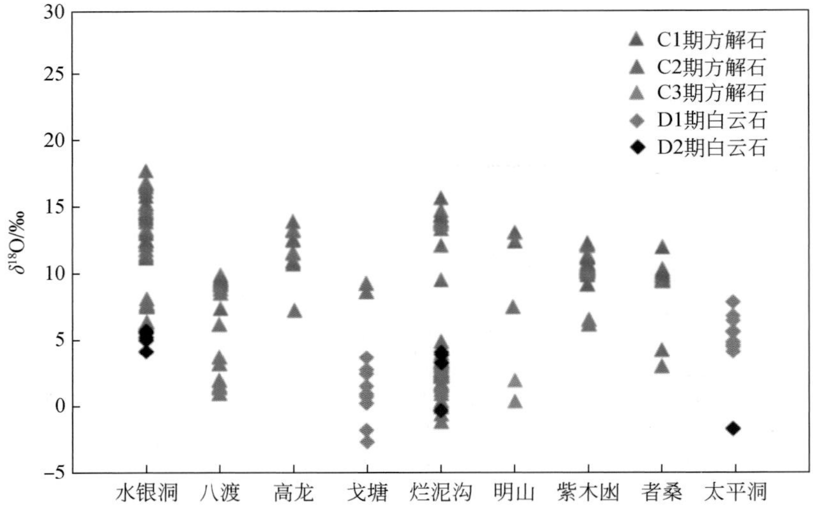

图 3.27 右江矿集区典型卡林型 Au 矿床成矿流体氧同位素组成分布图

（据 Zhou et al.，2019 修改）

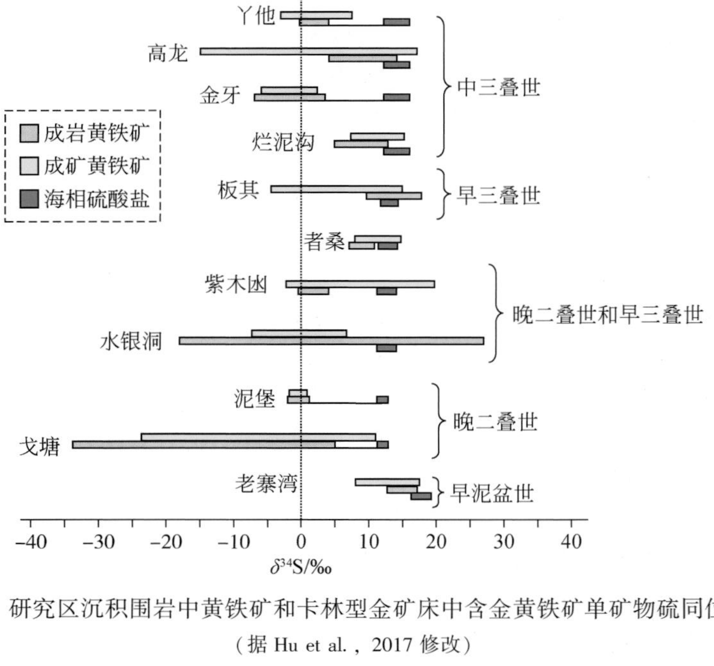

图 3.28 研究区沉积围岩中黄铁矿和卡林型金矿床中含金黄铁矿单矿物硫同位素组成

（据 Hu et al.，2017 修改）

在以往研究的基础上，Hu 等（2017）系统总结了右江盆地内典型卡林型金矿床的 S 同位素组成特征（图 3.29）。研究发现，右江盆地卡林型金矿成矿流体的 S 同位素分布具有两个峰值：一个集中在岩浆硫范围，另一个集中在 12‰左右，表明成矿流体中的硫具有岩浆硫与地层中海相硫酸盐的混合成因。

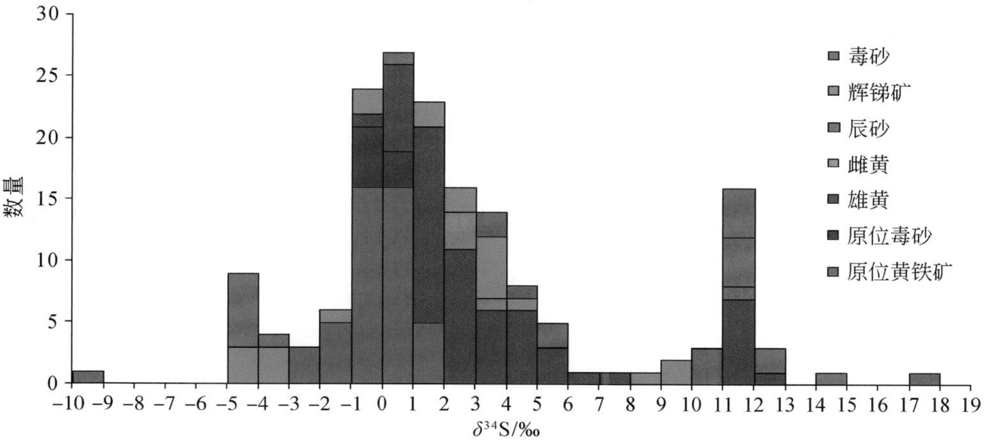

图 3.29 右江矿集区卡林型 Au 矿床硫化物 S 同位素组成

（据 Hu et al.，2017 修改）

4. 稀有气体同位素地球化学

近年来，稀有气体同位素地球化学研究最令人瞩目的进展之一是，把示踪地球现代流体的研究拓展到了作为流体包裹体保存的成矿古流体的研究（Turner et al.，1993；胡瑞忠等，1999；武丽艳等，2007）。稀有气体尤其是氦同位素组成在地壳与地幔中的差异极大，即使地壳流体中有少量幔源氦的加入，用氦同位素也易于判别（Simmons et al.，1987；Turner and Stuart，1992；Stuart et al.，1995；Burnard et al.，1999；Hu et al.，2004，2009，2012）。

本研究分析了泥堡、水银洞和丫他 3 个卡林型金矿床 24 件黄铁矿、石英、方解石、雄黄和萤石样品的稀有气体及其同位素组成。稀有气体及其同位素组成变化见图 3.30（靳晓野，2017；Jin et al.，2020a）。

分析结果显示这些金矿床不同矿物中^{4}He 的含量为 0.001 ~ 1.428μcc/g，相应的^{3}He/^{4}He 值为 0.012 ~ 1.436Ra，二者整体均具有较大的变化范围且显示较好的负相关性（图 3.31a），表明流体包裹体中^{3}He 和^{4}He 含量随着总 He 含量的增加而增加。所有样品的^{40}Ar/^{36}Ar 为 260 ~ 1368，^{38}Ar/^{36}Ar 为 0.178 ~ 0.224，目前大气中^{40}Ar/^{36}Ar 和^{38}Ar/^{36}Ar 的含量分别为 295 和 0.188（Ozima and Podosek，2002），多数接近标准大气的氩同位素组成（图 3.31b），说明 Ar 的大气来源属性，其中^{38}Ar 和^{40}Ar 的轻微/少量富集可能与深部基底或/和幔源^{41}K 和^{40}K 的放射性衰变有关（Hofstra et al.，2016）。^{20}Ne/^{22}Ne 和^{21}Ne/^{22}Ne 值相对比较均一（图 3.30），均接近大气的 Ne 同位素组成（^{20}Ne/^{22}Ne = 9.8，^{21}Ne/^{22}Ne = 0.029；Porcelli and Ballentine，2002），说明 Ne 的大气来源属性。由于^{3}He 和^{36}Ar 均为非放射成因且在大多数地壳浅部流体中含量极低（Hu et al.，2002），本研究所获得的^{3}He/^{36}Ar 为 0.92 ~ 104，远大于标准大气值（约 5×10^{-8}），显示 He 的非大气属性。在图 3.31a 中一些样品延伸至由典型岩浆热液作用形成的华南与花岗岩有关的 W-Sn 多金属矿床区域，表明成矿流体中 He 可能具有一定的岩浆属性。前人研究认为，地壳流体中如果^{3}He/^{4}He 值超过 0.05Ra，则通常需要幔源 He 的加入（Oxburgh et al.，1986）。本次获得的 25 个数据中有

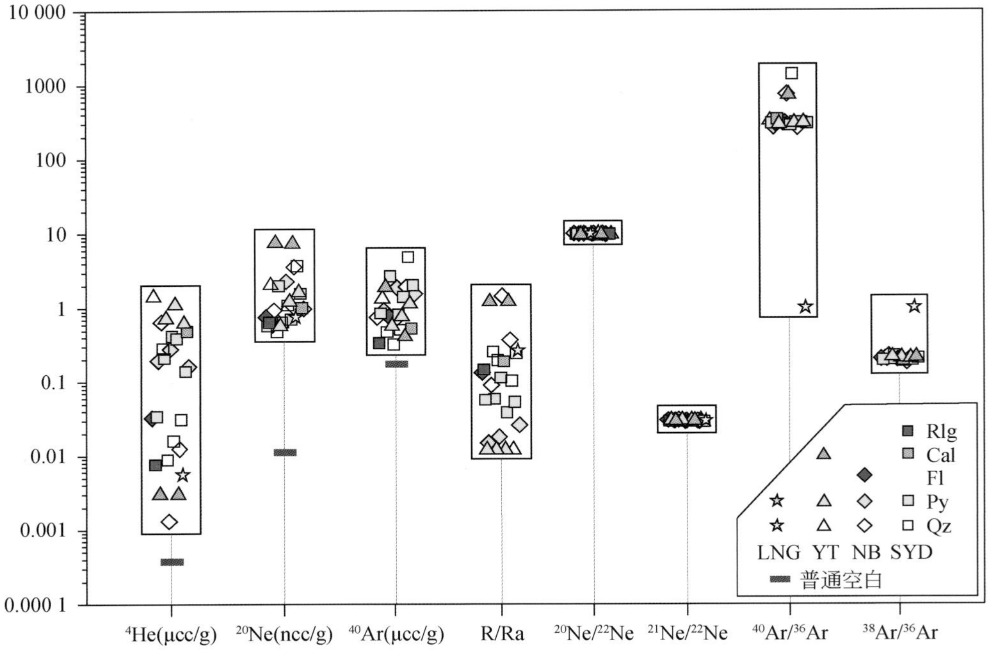

图 3.30 右江矿集区金矿床热液矿物流体包裹体中稀有气体及其同位素组成

(据靳晓野，2017；Jin et al.，2020a 修改)

Qz. 石英；Py. 黄铁矿；Cal. 方解石；Rlg. 雄黄；Fl. 萤石；NB. 泥堡金矿床；SYD. 水银洞金矿床；YT. 丫他金矿床；LNG. 烂泥沟

17 个均超过该值，说明成矿流体中 He 除壳源 He 外确实存在一定的幔源 He。^{20}Ne/^{4}He-R/Ra 图解进一步表明卡林型金矿床成矿流体中稀有气体的不同储库来源（图 3.31c）。这些数据呈两条比较明显的线性分布，一条近水平的趋势线（趋势 1）从中间组成向地壳和大气中间的端元靠近。这个中间组成可能代表了存在明显地壳和大气降水混染的长英质岩浆的稀有气体组成，而地壳和大气中间的端元可能代表了混有大气降水和地壳 He 的层间孔隙流体；另一条呈正相关分布的趋势线（趋势 2）从典型的大气端元向上述地壳和大气中间的端元延伸。这两条趋势线可能反映了卡林型金矿床成矿流体的混合成因特征。

基于数据中 He 和 Ne 的多个源区属性，本次研究构建了^{3}He/^{20}Ne-^{4}He/^{20}Ne 的流体混合作用模型（图 3.32）。根据样品特征，趋势 1 主要由分选自高品位矿石的含砷黄铁矿、乳白色石英和方解石组成。它们常分别被认为是典型卡林型金矿床成矿时的硫化、硅化和碳酸盐化的产物（Hofstra and Cline，2000；Hu et al.，2002；Cline et al.，2005；Su et al.，2009a；Muntean et al.，2011）。乳白色石英通常被认为是主成矿阶段的产物，通常受构造控制呈细脉状产于强烈砷黄铁矿化的高品位矿体中（Hofstra et al.，2005；Su et al.，2009a）。其中的流体包裹体的均一温度为 230±30℃，中等盐度（约 6.0% NaCl equiv.），并含有少量 CO_2［<2.4%（摩尔百分比）］，与典型卡林型金矿床的成矿流体属性一致（Hofstra and Cline，2000；Hu et al.，2002；Cline et al.，2005；Muntean et al.，2011）。Su 等（2009b）利用 LA-ICPMS 分析技术发现这些乳白色石英脉流体包裹体中的 Au 含量高达（3.8±0.5）$\times10^{-6}$ ~（5.7±2.3）$\times10^{-6}$，进一步证实它们为主成矿阶段的产物。因此，这

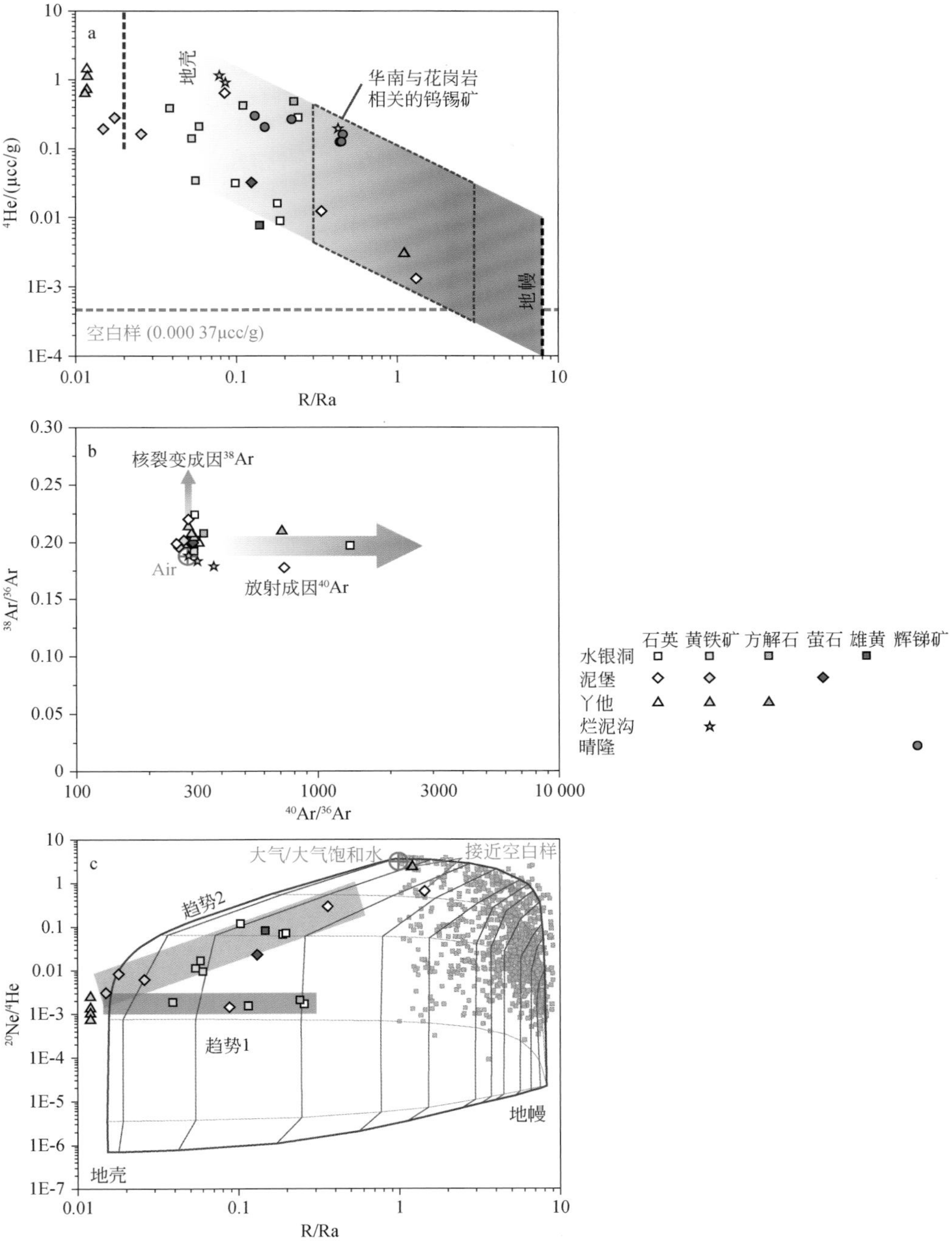

图 3.31　右江矿集区金矿床矿物流体包裹体稀有气体同位素组成相关性图解

（据靳晓野，2017；Jin et al.，2020a 修改）

a. ^{4}He-R/Ra，华南与花岗岩有关的 W-Sn 多金属矿床的数据来自 Cai 等（2007）、Li 等（2007）和 Hu 等（2012a）；b. ^{38}Ar/^{36}Ar-^{40}Ar/^{36}Ar，^{38}Ar 和 ^{40}Ar 的轻微/少量富集可能与深部基底或/和幔源 ^{41}K 和 ^{40}K 的放射性衰变有关；c. ^{20}Ne/^{4}He-R/Ra，底图引自 Prinzhofer（2013）；图中涉及的标准大气、地壳和地幔的 He、Ar 和 Ne 值引自 Porcelli 和 Ballentine（2002）和 Ozima 和 Podosek（2002）；图 a 中晴隆锑矿床的样品数据引自陈娴等（2016）

些数据组成的趋势 1 可能代表了卡林型金矿床主成矿阶段的流体混合作用，即含幔源 He 的岩浆流体与含壳源 He 的层间孔隙流体的混合作用。

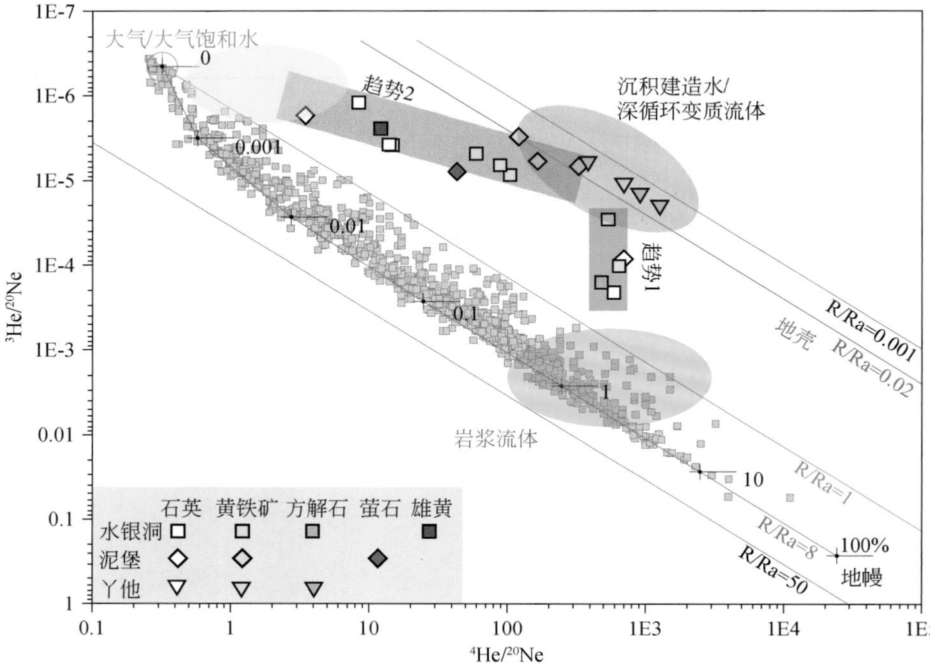

图 3.32　基于$^3He/^{20}Ne$-$^4He/^{20}Ne$ 的卡林型金矿床成矿流体混合模型示意图

（据靳晓野，2017；Jin et al.，2020a 修改）

图注同图 3.31

同理，趋势 2 主要由分选自矿石中的雄黄、萤石、粗晶石英以及一些黄铁矿组成。其中雄黄、萤石和粗晶石英多以开放空间充填形式产出，黄铁矿常发育多世代增生环带显示多期增生的特点（Zhang et al.，2003；Hou et al.，2016；Yan et al.，2018）。这些特征显示这些矿物主要形成于成矿晚阶段。前人研究发现，随着成矿作用的进行，成矿流体的硫逸度 fS_2 和氧逸度 fO_2 均出现明显的上升，从而发生从载金含砷黄铁矿到雄黄的矿物相变化（Hofstra and Cline，2000），即主成矿阶段向成矿晚阶段的变化。因此，这些数据组成的趋势 2 可能代表了卡林型金矿床成矿晚阶段成矿流体的混合作用，即含壳源 He 的层间孔隙流体与地下水的混合作用。因此，不同矿物流体包裹体的稀有气体同位素组成，反映了右江矿集区卡林型金矿床成矿流体具有岩浆来源、地壳浅部的层间孔隙流体和近地表地下水的混合特征。

此外，本研究测试了右江矿集区晴隆锑矿床辉锑矿中流体包裹体的 He-Ar 同位素组成（表 3.2 和图 3.33）。晴隆锑矿床成矿流体的 $^3He/^4He$ 为 0.13 ~ 0.46R_a（R_a 为空气的 $^3He/^4He$ 值），$^{40}Ar/^{36}Ar$ 为 305 ~ 327。成矿流体由两个端元混合而成：一是地壳流体，另一端元是含地幔 He 的流体。地壳流体具有饱和空气雨水的 Ar 同位素组成特征，但由于水-岩相互作用的结果，获得了较多地壳岩石中的放射性成因 ^4He，是一种低温含地壳 He 的饱和大气雨水。含地幔 He 的高温流体，很可能来自右江盆地深部侏罗纪壳幔混合成因的花岗岩浆，这种岩浆的形成机制类似于华夏地块侏罗纪与钨锡成矿有关的花岗岩（陈娴等，2016）。

表 3.2 晴隆锑矿床辉锑矿中流体包裹体 He、Ar 同位素组成（陈娴等，2016）

样品号	阶段	$^3He/cm^3$ ($\times10^{-14}$)	$^4He/cm^3$ ($\times10^{-7}$)	$^{36}Ar/cm^3$ ($\times10^{-9}$)	$^{40}Ar/cm^3$ ($\times10^{-7}$)	$^{40}Ar^*/cm^3$ ($\times10^{-7}$)	$^{40}Ar/^{36}Ar$	$^3He/^4He$ (Ra)	$^{40}Ar^*/^4He$	$^3He/^{36}Ar$ ($\times10^{-5}$)
QL3-21	早期	5.246	1.264	1.755	5.359	0.129	305.35±4.02	0.44±0.03	0.102	2.989
QL09-11	早期	5.488	2.688	2.659	8.327	0.402	313.11±4.13	0.22±0.02	0.149	2.064
QL09-10-1	早期	5.939	1.629	1.348	4.167	0.365	326.62±4.30	0.46±0.04	0.224	4.406
QL 09-1	晚期	5.376	1.274	1.077	3.484	0.272	323.19±4.26	0.45±0.04	0.214	4.992
QL09-10-2	晚期	2.989	2.073	2.955	9.132	0.327	309.06±4.06	0.15±0.01	0.158	1.012
QL09-10-3	晚期	4.258	3.018	2.847	8.782	0.298	308.46±4.07	0.13±0.01	0.099	1.496

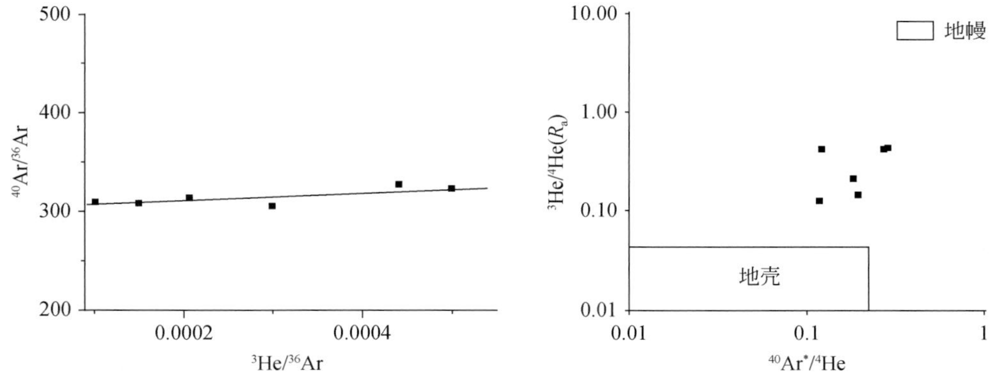

图 3.33 晴隆锑矿床流体包裹体 $^3He/^{36}Ar$-$^{40}Ar/^{36}Ar$（左）和 $^{40}Ar^*/^4He$-$^3He/^4He$（右）图解（据陈娴等，2016）

（二）典型矿床成矿流体成因

1. 水银洞金矿床

水银洞金矿床位于贵州省贞丰县，是右江矿集区层控型卡林型金矿床的典型代表，也是该矿集区储量规模最大的金矿床。区域上出露的地层主要为泥盆系至三叠系，以三叠系广布为特征，二叠系次之（图 3.34）。泥盆系至二叠系显示了浅海陆棚台、盆相交替沉积的特色，均以碳酸盐岩为主，夹细碎屑岩和硅质岩。矿区地层有二叠系茅口组（P_2m）生物灰岩、龙潭组（P_3l）细碎屑岩夹灰岩及煤线、长兴组（P_3c）生物碎屑灰岩夹黏土岩、三叠系夜郎组（T_1y）灰岩夹黏土岩、永宁镇组（T_1yn）灰岩夹黏土岩。构造较简单，有东西向、近南北向和北东向三组构造。东西向灰家堡背斜为区内主体构造及控矿构造，两翼大致对称，轴线呈波状起伏总体向东倾伏。P_2m 与 P_3l 之间的构造蚀变体（Sbt）为区域构造作用和热液蚀变作用的综合产物，是区内成矿流体运移的主要通道（刘建中等，2014；Tan et al.，2015b）。

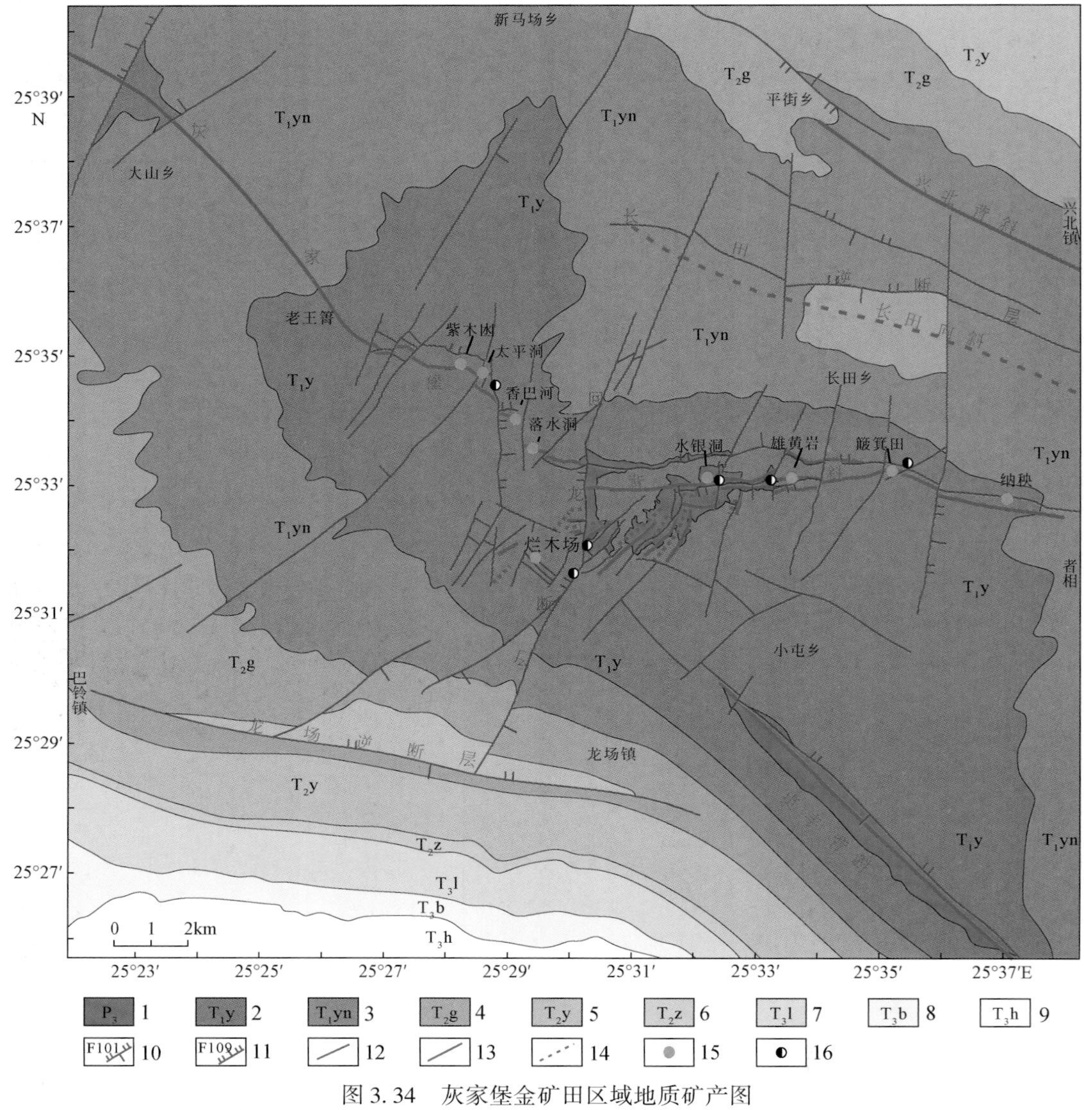

图 3.34　灰家堡金矿田区域地质矿产图

（据谭亲平等，2017）

1. 上二叠统龙潭组、大隆组和长兴组；2. 下三叠统夜郎组；3. 下三叠统永宁镇组；4. 中三叠统关岭组；5. 中三叠统杨柳井组；6. 中三叠统紫云组；7. 上三叠统龙头山组；8. 上三叠统把南组；9. 上三叠统火把冲组；10. 逆断层及其编号；11. 正断层及其编号；12. 未明性质断层；13. 背斜轴；14. 向斜轴；15. 金矿床；16. 汞铊矿床（点）

根据光学显微镜和场发射扫描电子显微镜观察，再结合样品金品位测试工作，水银洞金矿床的黄铁矿可划分为四个期次（图 3.35）：第一期 Py1，砷含量<0.14%（平均值 0.04%），可细为沉积成岩期的草莓状黄铁矿 Py1a（0.1～4μm）或孤立存在的粗粒自形黄铁矿 Py1b（25～200μm），Py1a 存在于绝大多数地层中，Py1b 则主要存在于龙潭组二段

黏土岩或生物碎屑灰岩中，颗粒多大于50μm；第二期Py2，砷含量<0.34%（平均值0.05%），为半自形-他形的多孔海绵状结构，该结构多为沉积成因或由白铁矿因体积骤减向黄铁矿转换形成，颗粒大小为10～100μm，多呈浸染状存在于有机质发育的钙质砂岩中，或以矿物集合体（节瘤状）形式存在于不纯生物碎屑灰岩中；第三期Py3，砷含量<1.59%（平均值0.27%），多呈均质平整的半自形-自形结构，颗粒大小为20～200μm，部分颗粒包含闪锌矿矿物包裹体，Py3多包裹有改造溶蚀的Py2；第四期Py4，粒径10～200μm，是与成矿密切相关的半自形-自形黄铁矿，不同于前三种黄铁矿的低砷特征，Py4以高砷高金并具有复杂的微细震荡环带为特征，根据赋存位置是否与断层有关，第四期的黄铁矿可以分成Py4a和Py4b两个亚类，Py4a主要赋存于断层破碎带附近，砷的平均含量在5.23%，而Py4b则分布于未受断层改造影响的生物碎屑灰岩中，砷的平均含量为2.74%，略低于Py4a，Py4多与毒砂呈集合体共生。

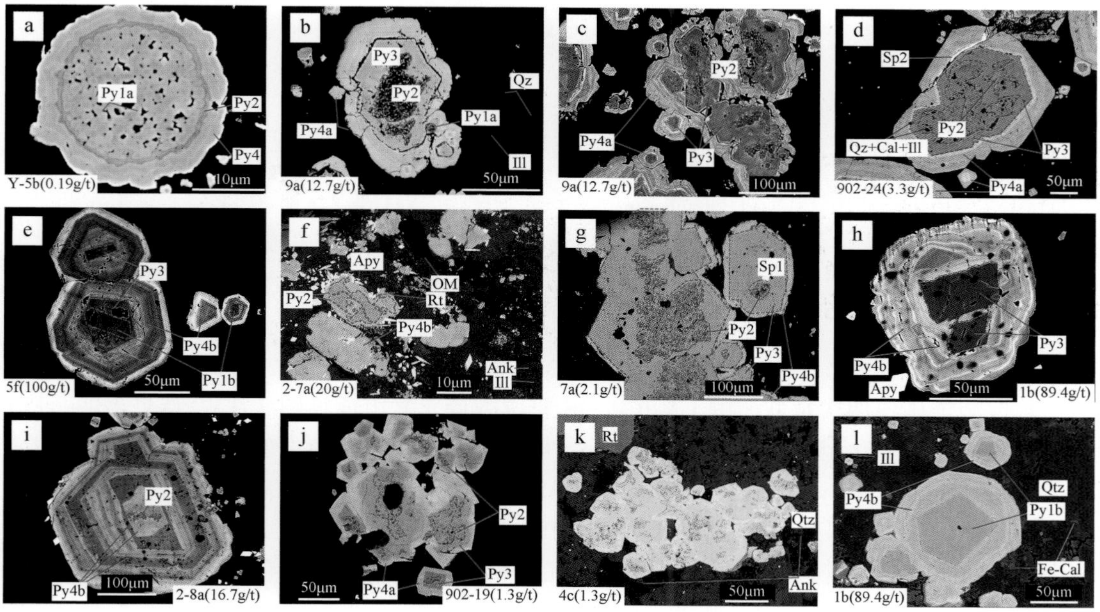

图3.35 水银洞金矿床各期次黄铁矿背散射图像
（据李金翔，2019）

NanoSIMS微区原位S同位素测试结果（图3.36）表明，Py1a和Py1b的硫同位素组成分别为63.0‰～67.5‰、48.1‰～67.3‰，说明Py1的S同位素组成强烈富集^{34}S。不同于开放环境下沉积地层中细菌对硫酸盐还原作用（BSR过程）产生的负值，很可能是沉积后硫酸盐热还原作用（thermochemical sulfate reduction，TSR）的产物（Cui et al.，2018）。Py2硫同位素组成为2.4‰～7.6‰，Py3硫同位素组成为9.2‰～14.2‰，可能反映Py2跟Py3的S来源于生物或非生物成因下的硫酸盐还原作用，且更趋于接近同时期海水硫酸盐的值，说明为相对封闭的环境。与前三期黄铁矿不同，Py4a、Py4b的硫同位素组成为−1.2‰～6.6‰、−3.0‰～5.8‰，中值分别在3.7‰和2.7‰，Py4硫同位素平均值为3.1‰，且相对集中。结合Su等（2012）包裹体测温数据（约220℃），并用Ohmoto

(1972) 公式进行校正，结果显示成矿流体的硫同位素组成比成矿期黄铁矿 Py4 的硫同位素值略低 1.6‰，即成矿流体的硫同位素组成约为 1.5‰，处在岩浆硫的范围内，可能来源于深部隐伏岩浆。此外，由深部矿体至浅部矿体，成矿期黄铁矿的硫同位素值呈减小趋势（4.1‰→3.7‰→3.0‰→2.7‰→1.3‰），可能与大气降水混入程度及引起的物理化学条件不同有关。

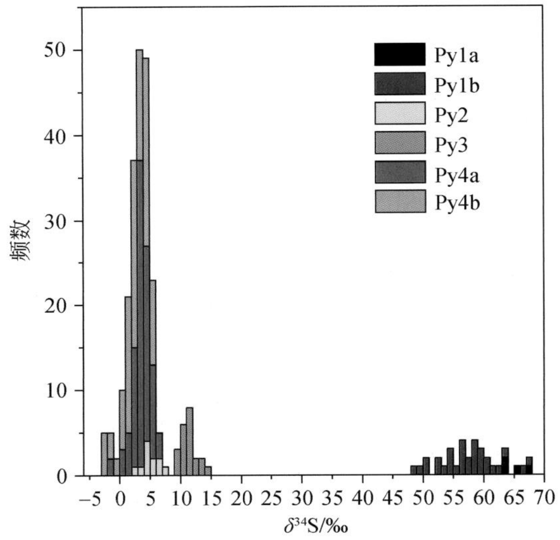

图 3.36　水银洞金矿床各期次黄铁矿原位硫同位素组成频率直方图
（据 Li et al.，2020 修改）

水银洞金矿各期次黄铁矿的 LA-ICP-MS 原位微量元素组成见图 3.37。结果表明，Py1 的微量元素组成变化范围较大，以富集 Mn（$0.3\times10^{-6}\sim11\times10^{-6}$）和 Se（$0\sim228.5\times10^{-6}$）为主要特征；Py2 较 Py1 而言，具有较高的 As、V、Co、Au、Ni、Cu、Ag、Sb、Tl 和 W，但具有较低的 Mn 和 Se。相较于 Py2 而言，Py3 则具有更高的 As、Au、V、Co、Ni、Cu、Sb、Tl、Sn 和 W。相较于前三种沉积成因黄铁矿，Py4a、Py4b 具有最高的 As、Au、V、Co、Ni、Zn、Ag、Sb、Tl、Sn 和 W 组成，最低的 Mn 和 Se 组成。前三种黄铁矿的 Au 平均含量小于 0.02×10^{-6}，而 Py4a 和 Py4b 中金的平均含量分别为 2.65×10^{-6} 和 2.26×10^{-6}，金在 Py2，Py3、Py4a 和 Py4b 的最大值依次为 0.08×10^{-6}、0.73×10^{-6}、79.0×10^{-6} 和 538×10^{-6}。各期次黄铁矿的 As 平均含量依次为 59×10^{-6}（Py1）、145×10^{-6}（Py2）、144×10^{-6}（Py3）、$14\,036\times10^{-6}$（Py4a）和 $25\,978\times10^{-6}$（Py4b），Py4a 和 Py4b 中最大的 As 含量分别可达 $17\,959\times10^{-6}$ 和 $54\,955\times10^{-6}$。

各微量元素的二元图解分析（图 3.38）表明，相对而言成岩期黄铁矿的微量元素组成更富集 Mn-Ni-Co-Se 等，成矿期黄铁矿 Py4 相较于成岩期黄铁矿，具有 Au-Cu-As-Sb-Tl 典型成矿元素组合和高 Au/Ag 值，表明成矿流体除了富集 S，也更富集 Au-As-Cu 等亲铜元素，且成矿期黄铁矿中 Sn-W 等元素略有富集。结合上述成矿期黄铁矿硫同位素组成特征，进一步印证了成矿流体中可能有岩浆流体的贡献。

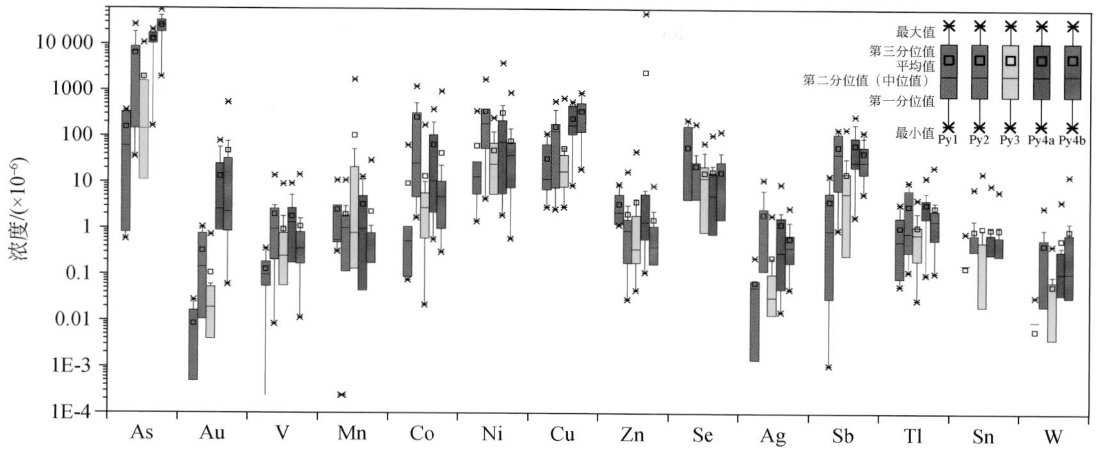

图 3.37　水银洞金矿床各期次黄铁矿 LA-ICP-MS 微量元素组成箱状图
（据 Li et al.，2020 修改）

2. 烂泥沟金矿床

烂泥沟（锦丰）金矿床为右江矿集区储量规模仅次于水银洞金矿的第二大卡林型金矿床，是该区域断控型金矿床的典型代表，也位于贵州省贞丰县。本研究主要从含砷黄铁矿和脉石矿物石英的微量元素及同位素变化特征，探讨烂泥沟金矿床成矿流体的性质及演化过程。

1）含砷黄铁矿韵律环带揭示了成矿过程中流体性质的变化

作为卡林型金矿床的主要载金矿物，对含砷黄铁矿的研究一直受到广泛关注。在大多数卡林型金矿床中，均能见到含砷黄铁矿的核-边结构。含砷黄铁矿直径大多小于 200μm，其含金增生环带大多小于 30μm，因此为矿物结构和组成的深入研究增添了较多困难。前人主要的原位微区测试手段包括扫描电镜能谱（SEM-EDS）、电子探针波谱（EPMA-WDS）、激光剥蚀等离子体质谱（LA-ICPMS）和二次离子探针（SIMS 或 SHRIMP）。上述方法各有利弊，但均未对含砷黄铁矿的环带结构信息进行精细解译，从含砷黄铁矿中获取的成矿信息尤其是成矿过程信息还不多。

扫描电镜能谱的检测限在 1%，EPMA 的检测限在 0.1%。因此，虽然二者电子束斑直径可以小至 1μm，但无法将微量元素尤其是 Au 在含砷黄铁矿中的分布表现出来。LA-ICPMS、SIMS 和 SHRIMP 的检测限在 10^{-6}甚至 10^{-9}级别，但它们常用束斑在 10μm 甚至更大（Large et al.，2009；Deditius et al.，2008，2014），对于宽度小于 30μm 的增生环带而言，无法将其中元素分布的细节展示出来。

本次工作中，除了采用传统的扫描电镜和电子探针对黄铁矿的基本形貌特征和元素分布特征进行研究之外，主要采用了同时具有高空间分辨率和低检测限的纳米离子探针（NanoSIMS）对含砷黄铁矿的增生环带内部化学结构及地球化学特征进行详细研究，其初始束流直径为 100nm，单点硫同位素分析区域直径为 1～2μm。

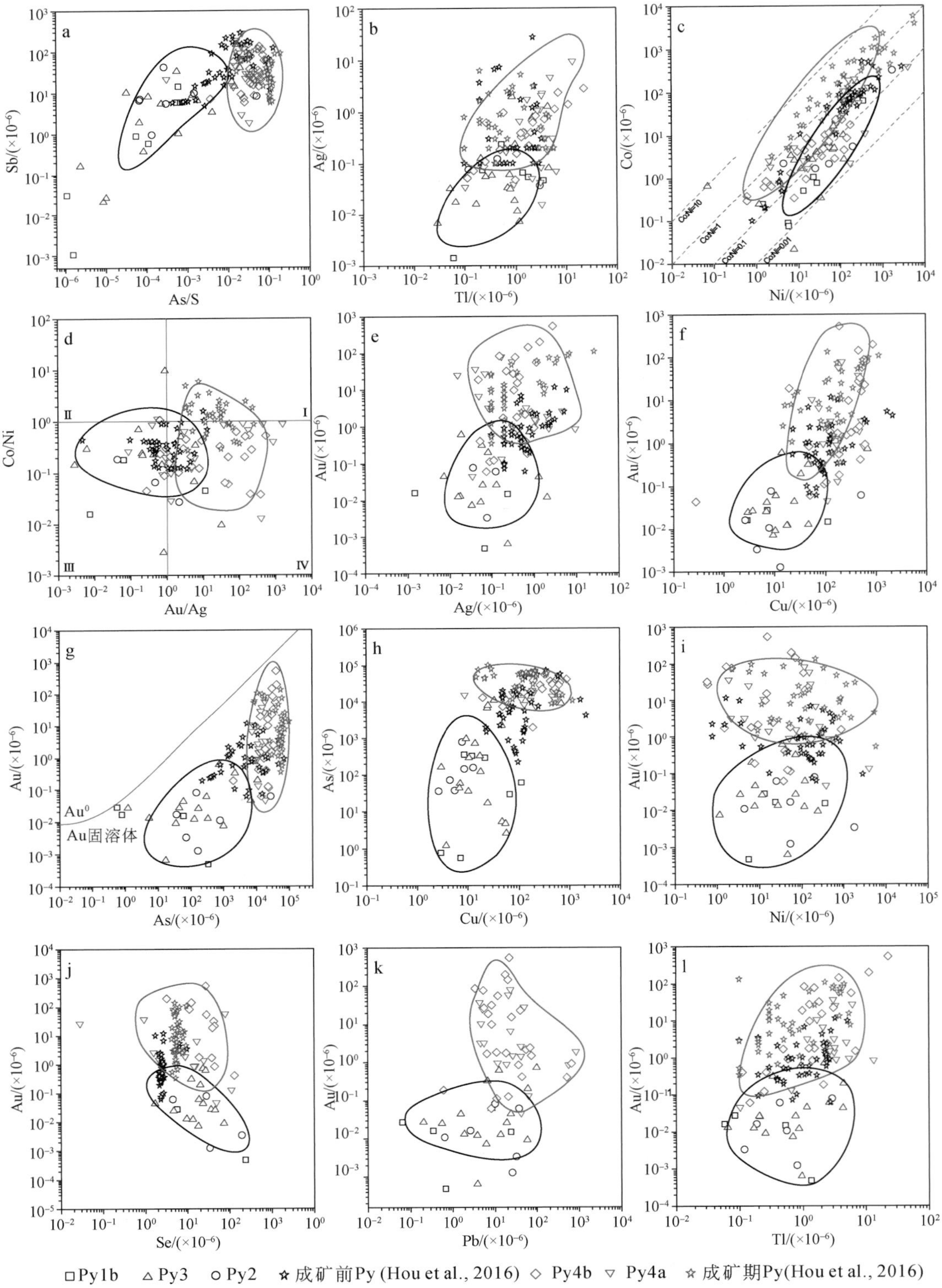

图 3.38 水银洞金矿床各期次黄铁矿 LA-ICP-MS 微量元素相关性图解

(据 Li et al., 2020 修改)

（1）含砷黄铁矿形貌特征。

将样品制成厚度为70μm的薄片之后，首先对样品进行仔细的镜下观察。根据镜下黄铁矿形态及结构特征，烂泥沟金矿床中的黄铁矿可以分为三类（图3.39）：形成于热液矿化之前的第一类黄铁矿（Py-1）；经历成矿热液事件形成增生环带，具有卡林型金矿床典型核-边结构中以环带产出的第二类黄铁矿（Py-2）；形成于成矿过程的微细粒黄铁矿（Py-3）。金主要赋存在Py-2增生环带和Py-3中。

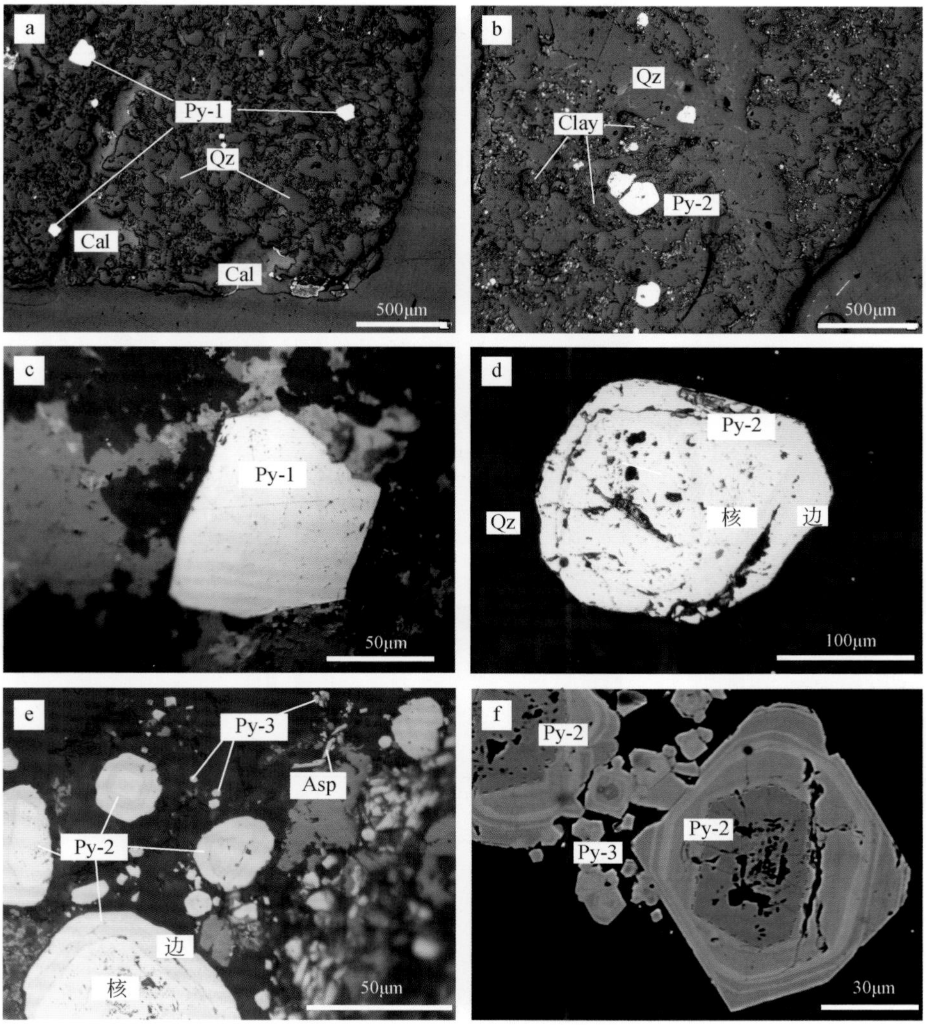

图3.39 烂泥沟金矿床中黄铁矿反射光及背散射特征

（据 Yan et al.，2018）

a. 样品LNG6-1反射光图像，该样品采自矿体边缘的低Au品位围岩，其中的黄铁矿低As、低Au或无Au，残余方解石表明了该样品经历了去碳酸盐化；b. 样品LNG3-1反射光图像，其中含砷黄铁矿呈浸染状分布在粉砂岩基质及石英脉中；c. LNG6-1中成矿前黄铁矿（Py-1）反射光图像；d～e. 含砷黄铁矿Py-2和Py-3反射光图像；f. Py-2与Py-3黄铁矿的背散射图像，从背散射图像中可明显看出其中的韵律环带结构；Py. 黄铁矿；Clay. 黏土；Qz. 石英；Cal. 方解石；Asp. 毒砂在所研究的样品中，Py-1 只见于 LNG-6 样品。该样品从靠近矿体、金品位很低的围岩中采集。Py-1 是沉积成岩期的产物，但镜下还可观察到残余方解石和他形石英，反映了后期去碳酸盐化现象的存在。Py-1 的主要特征是晶型较好，多为立方体，抛光面较光滑，成分较均一。Py-2 主要出现在 F3 断层及周缘破碎带矿体中，是烂泥沟金矿床的主要载金矿物，粒径约 50～200μm，呈浸染状分布在粉砂质–泥质岩中。其代表成岩期的核部黄铁矿较粗糙、多孔，环带部分与核部相比，在反射光下颜色偏红，并有多期次亚环带。Py-3 也作为载金矿物主要分布在 F3 断层矿体及其中的石英脉中，粒径小于 15μm，大多集中在 5～10μm。

（2）黄铁矿环带 NanoSIMS 元素面扫描及原位硫同位素。

与美国内华达州的卡林型金矿床类似，烂泥沟金矿床的含砷黄铁矿环带也具有纳米尺度上的化学成分及同位素分带现象。采自浅部露天采场和深部地下坑道的含砷黄铁矿样品面扫描结果见图 3.40 和图 3.41。

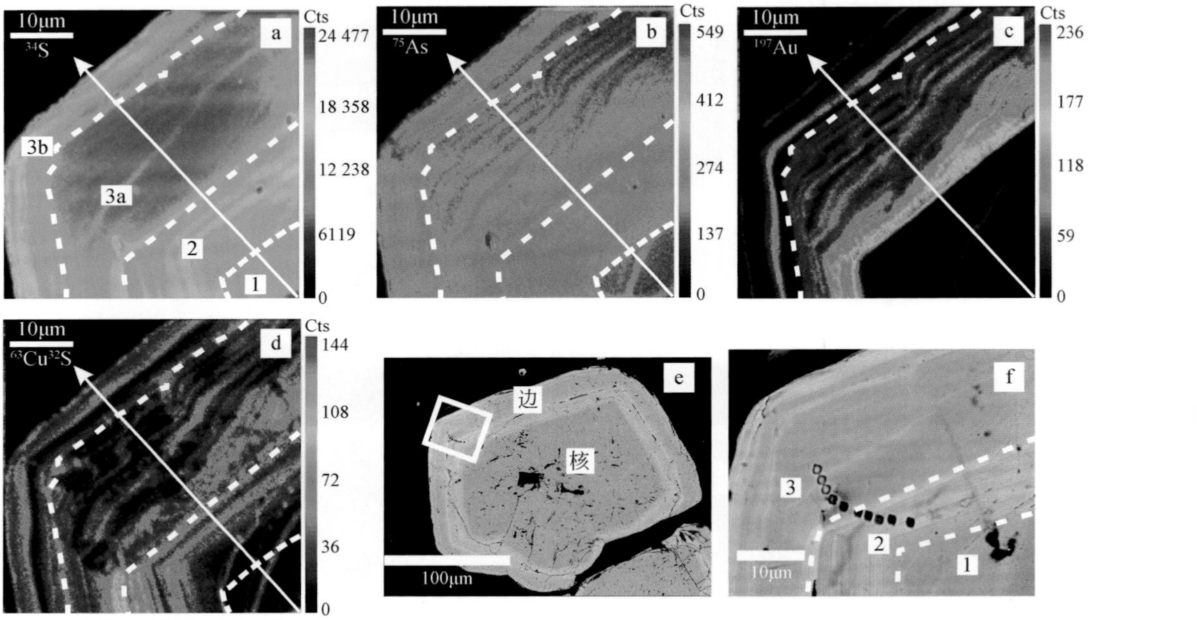

图 3.40　浅部露天采场含砷黄铁矿样品（LNG3-1-1）NanoSIMS 元素面扫描图
（据 Yan et al.，2018 修改）
a～d 为 NanoSIMS 元素面扫描图；e 和 f 为黄铁矿的扫描电镜图，e 中的方框为 a～d、f 的范围；1、2、3（3a、3b）代表黄铁矿的形成阶段

根据元素面扫描中 Au 与 As 的分布特征，结合电子探针分析结果，可将具核–边结构的黄铁矿分为三个阶段。第一阶段的黄铁矿为成矿前形成，即核部的黄铁矿，以低 As（<0.65%）、低 Au 或无 Au 为特征；第二阶段的黄铁矿代表成矿早期阶段，形成了增生环带的内侧，其特征是 As 含量较高（最高达 8.2%），但 Au 含量仍很低或无 Au；第三阶段的黄铁矿代表主成矿阶段，形成了增生环带的外侧，其特征为同时具有较高的 As（1.38%～7.88%）和 Au（最高 0.28%）含量。

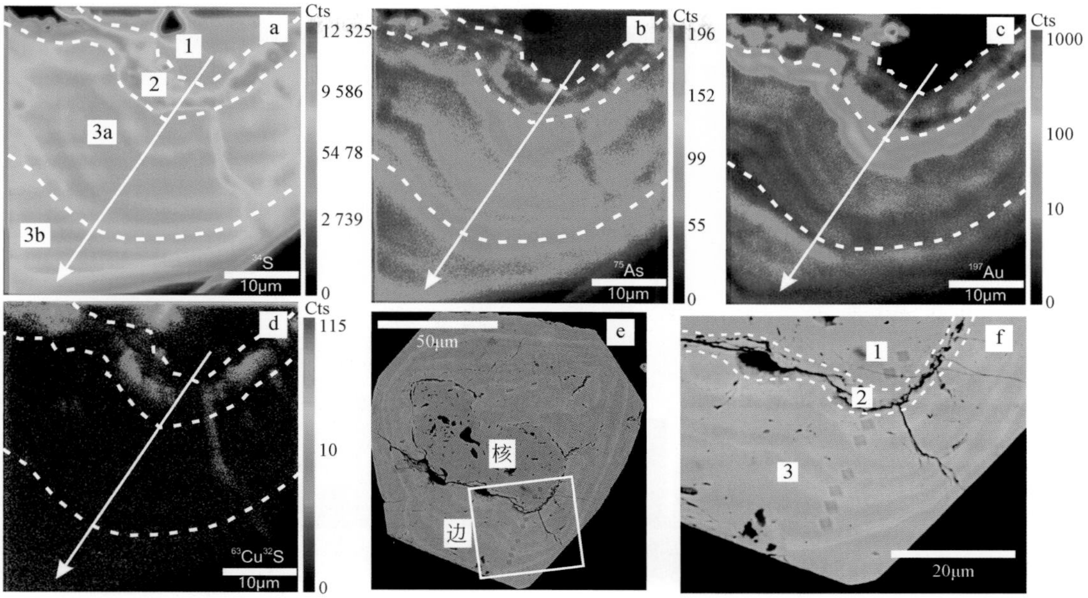

图 3.41　深部地下坑道黄铁矿样品（LNG3-11-2）NanoSIMS 元素面扫描图
（据 Yan et al.，2018 修改）
a ~ d 为 NanoSIMS 元素面扫描图；e 和 f 为黄铁矿的扫描电镜图，e 中的方框为 a ~ d、f 的范围；1、2、3（3a、3b）代表黄铁矿的形成阶段

对 6 个样品中共 11 颗含砷黄铁矿进行了 NanoSIMS 原位 S 同位素分析。同时，对晚期硫化物如辰砂、雄黄、雌黄、辉锑矿等进行了单矿物 S 同位素分析。分析结果见表 3.3 和图 3.42。由此可见，含砷黄铁矿的 S 同位素组成变化较大，从阶段 1、阶段 2 到阶段 3，黄铁矿的 $\delta^{34}S_{CDT}$ 分别为 6.1‰ ~ 11.5‰、1.1‰ ~ 7.9‰、4.9‰ ~ 18.1‰。晚期硫化物的 $\delta^{34}S_{CDT}$ 值为 10.6‰ ~ 13.2‰，晚期各硫化物矿物的硫同位素组成较均一：雄黄为 12.2‰ ~ 13.2‰，辰砂为 10.7‰ ~ 12.0‰，辉锑矿为 10.7‰ ~ 10.8‰。总体而言，随成矿过程的进行成矿流体的 S 同位素有逐渐上升的趋势（表 3.3，图 3.42）。

表 3.3　各阶段黄铁矿和晚期硫化物硫同位素分布范围（据 Yan et al.，2018）

阶段	n	矿物	$\delta^{34}S_{CDT}$ 范围/‰	$\delta^{34}S_{CDT}$ 平均值/‰	1SD
阶段 1	20	黄铁矿	6.1 ~ 11.5	8.3	1.8
阶段 2	14	含砷黄铁矿	1.1 ~ 7.9	3.8	2.0
阶段 3	45	含砷黄铁矿	4.9 ~ 18.1	10.7	3.6
晚期	11	晚期硫化物	10.6 ~ 13.2	11.7	0.9

在成矿过程中，硫化物的 S 同位素组成变化受多个因素影响，包括压力变化时流体沸腾引起的瑞利分馏、pH 和氧逸度等物理化学条件的变化、水-岩反应引起的 S 同位素交换和流体混合。含砷黄铁矿不论从整个矿床尺度的统计数据，还是从单颗黄铁矿环带来看，

其硫同位素值的变化范围均较大。综合研究表明，引起含砷黄铁矿硫同位素大范围波动的原因，可能主要是成矿过程中始终伴随的流体混合作用及与围岩 S 同位素交换。从总体变化特征看，虽不能完全排除岩浆流体对成矿流体中硫的贡献，但应以来自地层中硫酸盐还原作用生成的硫为主。

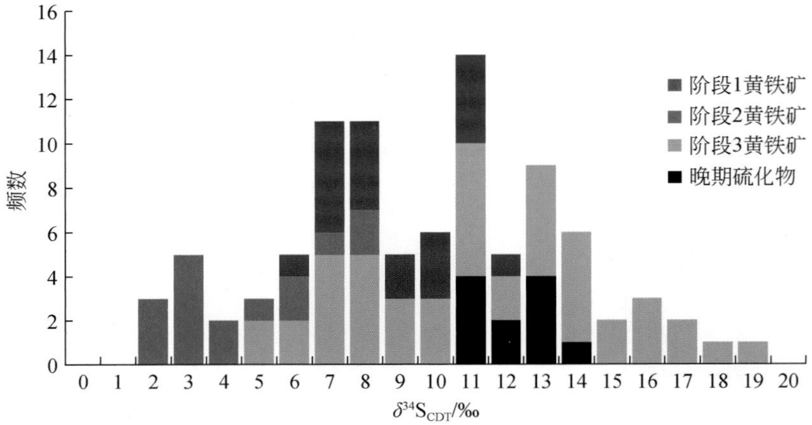

图 3.42　含砷黄铁矿各阶段及晚期硫化物 $\delta^{34}S_{CDT}$ 直方图

（据 Yan et al.，2018 修改）

2）石英微量元素及氧同位素在成矿过程中的变化

作为一种重要的含氧脉石矿物，石英被认为主要形成于卡林型金矿成矿过程的去碳酸盐化阶段，并在方解石溶解后留下的空间位置直接从成矿流体中沉淀形成（Zhang et al.，2003；Cline et al.，2005）。其同位素特征以及其中流体包裹体可以直接提供成矿流体中水的来源以及流体中元素组成等信息（Lubben et al.，2012）。然而，在卡林型金矿以往的研究方法中，通常选用较常见的粒度较大的石英单矿物作为分析对象，在去碳酸盐化阶段形成的与含砷黄铁矿密切相关的石英则很难挑选（Lubben et al.，2012）。因此，对卡林型金矿中石英的研究长期停留在流体包裹体以及石英单颗粒 H-O 同位素分析上。近年发展起来的高空间分辨率的微区原位测试技术（如 SHRIMP、LA-ICP-MS），可有效克服上述问题。基于技术上的进步，本此研究采用 SHRIMP 原位分析方法，系统研究了烂泥沟金矿床石英的氧同位素组成。根据显微镜透射光观察以及阴极发光特征图 3.43，可将矿石中的石英分为四个阶段：沉积碎屑石英、成矿期似碧玉状石英、成矿晚期细脉状石英、成矿期后晶簇状粗脉石英。各期次石英特征如下。

沉积碎屑石英（Cqz），是赋矿围岩钙质粉砂岩中的石英碎屑，与成矿无关。其形态为颗粒状，直径约 100μm 或更大，镜下透光。在阴极发光图像中，亮度普遍较高，有明显的棱角或碎裂痕迹。

成矿期似碧玉状石英（OSjsp），与含砷黄铁矿和毒砂共生，他形细粒状，直径通常小于 100μm，并包裹微细粒（小于 10μm）含砷黄铁矿或毒砂，颗粒间通常充填黏土矿物和大颗粒含砷黄铁矿。在阴极发光图像中，亮度很暗，与之相邻的黏土矿物等则完全不发光。

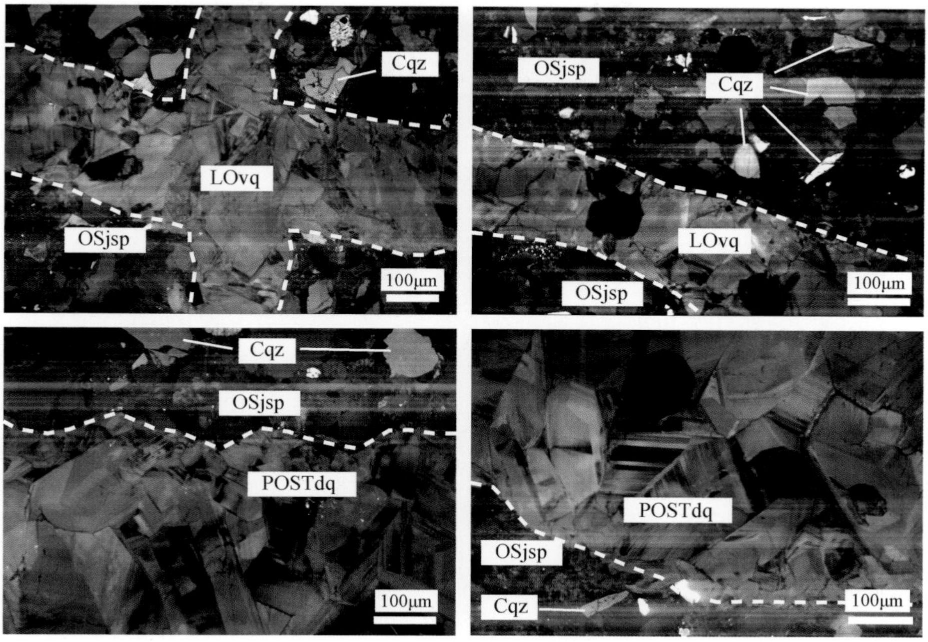

图 3.43　烂泥沟金矿床不同期次石英的阴极发光图像

（据 Yan et al.，2020 修改）

Cqz. 沉积碎屑石英；OSjsp. 成矿期似碧玉状石英；LOvq. 成矿晚期细脉状石英；POSTdq. 成矿期后晶簇状粗脉石英

成矿晚期细脉状石英（LOvq），在镜下通常穿过含矿粉砂岩，并包裹少量含砷黄铁矿，石英颗粒呈半自形-自形。石英脉宽度通常为 100～500μm，其中含砷黄铁矿直径约 50～100μm，含砷黄铁矿可具或不具核-边结构。在阴极发光图像中，亮度偏高且较均一，韵律生长环带不十分明显。

成矿期后粗脉晶簇状石英（POSTdq），在手标本及镜下观察中通常穿过整个矿石样品并切割成矿晚期细石英脉，石英晶体较大，呈自形晶-晶簇状生长。石英脉宽度通常 200μm 至数十毫米。石英脉中含砷黄铁矿罕见，但可见与方解石共生，在晶簇状石英中常伴随雄黄辉锑矿、辰砂等矿物。在阴极发光图像中，亮度很高，且能明显看到石英晶体生长过程中形成的生长韵律环带。

前人的研究表明，石英中普遍存在的微量元素 Ti、Li、Al 和 Ge 可以反映石英形成时流体的物理化学状态，因此以下主要讨论 Ti、Al、Li、Ge 四个元素的变化特征，结果见图 3.44。其中，Ti 的含量较低，在成矿晚期及成矿期后脉状石英中大多低于 3.0×10^{-6}，而在成矿期似碧玉状石英中含量略高，个别样品 Ti 含量可达数十 10^{-6}。Li 含量在成矿期似碧玉状石英中含量偏低，基本在检出限附近或低于检出限，在成矿晚期及成矿期后的脉状石英中含量明显升高（16.5×10^{-6}～116.5×10^{-6}），平均可达 51.8×10^{-6}。Al 在各期次石英中含量均较高，且具有从早到晚逐渐升高的趋势，成矿期似碧玉状石英为 9×10^{-6}～776×10^{-6}，晚期脉石英为 535×10^{-6}～1555×10^{-6}，成矿期后石英为 750×10^{-6}～2439×10^{-6}。Ge 在石英中含量较低，大部分在检出限附近（0.5×10^{-6}～6.4×10^{-6}），仅在成矿期后石英中有含量较高的样品（28.8×10^{-6}）。

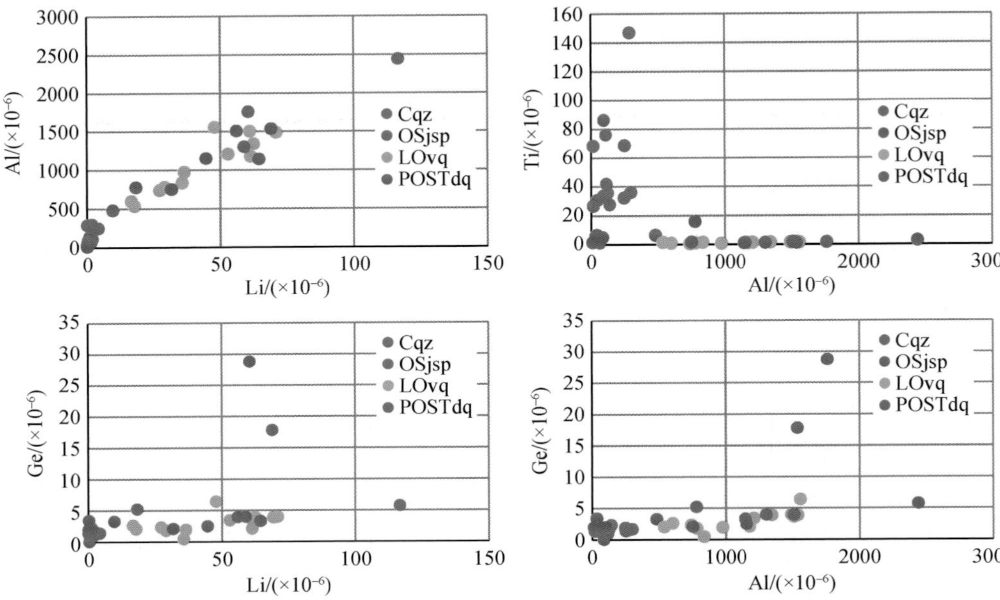

图 3.44 烂泥沟金矿床各阶段石英微量元素相关性

（据 Yan et al.，2020 修改）

Cqz. 沉积碎屑石英；OSjsp. 成矿期似碧玉状石英；LOvq. 成矿晚期细脉状石英；POSTdq. 成矿期后晶簇状粗脉石英

Al 在石英中的含量主要受到流体中 Al 含量的控制，而流体中 Al 的含量则受到流体中 CO_2、pH 以及含铝矿物（如沉积岩中钾长石碎屑、高岭石和伊利石）与流体之间的元素平衡等因素影响。Lehmann 等（2011）认为，流体中 CO_2 含量的变化对流体中 Al 含量的影响比 pH 变化更明显，流体中 CO_2 含量越高，Al 在流体中的溶解度则越低。在成矿作用过程中，成矿期似碧玉状石英和含砷黄铁矿的形成与去碳酸盐化作用同时进行，似碧玉状石英在此过程中取代方解石、白云石的位置。去碳酸盐化过程中，碳酸盐的溶解使 CO_2 大量释放，并使成矿流体中 CO_2 含量逐渐达到饱和并逸出。随着去碳酸盐化的完成以及 CO_2 的逸出，流体中 CO_2 含量逐渐降低，使流体中 Al 溶解度升高。另外，伴随着黏土化的进行，黏土矿物（高岭石、伊利石）中的 Al 也更多地进入流体（Rusk et al.，2008），使晚期流体中 Al 含量逐渐上升，并导致较晚形成的石英中 Al 含量也逐渐上升。然而，在成矿作用过程中，pH 的升高并不利于 Al 进入流体（Rusk et al.，2008）。成矿晚期石英脉中 Al 含量的大幅变化（$535\times10^{-6}\sim1555\times10^{-6}$）可能反映了成矿流体 pH 的波动。

Ge 在石英中含量较低，但与 Al 有较弱的正相关性（图 3.44）。表明 Ge 与 Al 可能来源于同时含 Ge 和 Al 的矿物。此外，包括钾长石、白云母，高岭石向伊利石转化的过程（Lehmann et al.，2011）中也会释放 Ge。Li 与 Ai 以及 Ge 与 Li 类似的正相关性，可能也反映了上述来源和过程。

因此，从各期次石英中微量元素，尤其是 Al、Ge 等的变化来看，成矿过程中流体性质以及蚀变作用发生了变化，这主要体现在从主成矿期到成矿晚期及成矿期后，去碳酸盐化作用的逐渐减弱、流体 pH 的逐渐升高以及黏土化作用的逐渐增强。而在成矿晚期及成矿期后石英中，Al 的大幅度变化，可能还反映出成矿流体的 pH 在该阶段仍有较多波动，这可能表明在成矿晚期或期后，表生流体仍在不断加入成矿体系之中。

石英的氧同位素分布范围很宽（图 3.45），$\delta^{18}O_{V\text{-}SMOW}$值为 12.1‰～27.5‰。与成矿相关石英相比，碎屑石英（Cqz）的 $\delta^{18}O_{V\text{-}SMOW}$范围偏低，为 8.6‰～16.8‰。成矿期似碧玉状石英（OSjsp）氧同位素值变化范围较大，为 12.1‰～24.8‰；成矿晚期微细脉石英（LOvq）和成矿期后粗脉及晶簇状石英（POSTdq）变化范围较窄，分别为 24.1‰～27.8‰和 24.3‰～26.9‰，这两个时期石英氧同位素的 SHRIMP 测定值，与前人采用传统石英单矿物氧同位素分析方法得到的结果较一致（Zhang et al.，2003；Su et al.，2009），可能与这两期石英相对于成矿期似碧玉状石英更易挑选单矿物有关。

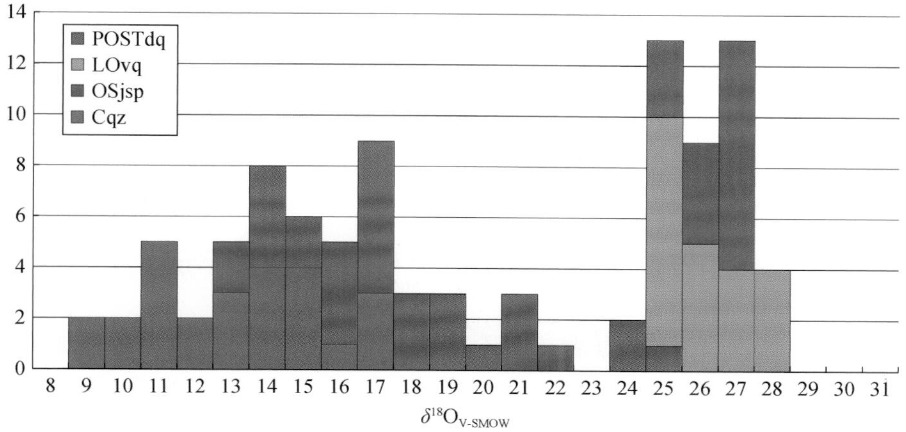

图 3.45 烂泥沟金矿床不同期次石英氧同位素组成

（据 Yan et al.，2020 修改）

Cqz. 沉积碎屑石英；OSjsp. 成矿期似碧玉状石英；LOvq. 成矿晚期细脉状石英；POSTdq. 成矿期后晶簇状粗脉石英

根据各阶段石英的氧同位素组成和形成温度，计算了与之平衡的流体的氧同位素组成，结果见图 3.46，成矿流体 $\delta^{18}O$ 的变化范围为 3.2‰～16.2‰。流体在成矿阶段 $\delta^{18}O$ 变化范围较宽（3.21‰～15.9‰），显示了两个不同 $\delta^{18}O$ 特征流体不同比例的混合过程。成矿晚期（12.5‰～16.2‰）和成矿期后（9.0‰～11.5‰）流体的 $\delta^{18}O$ 相对较高且较均一，可能反映了成矿体系在最后阶段仅由一个端元的流体为主导。具有低氧同位素特征的端元流体，可能与岩浆热液相关（岩浆流体 $\delta^{18}O_{V\text{-}SMOW}$为 5‰～8‰）；而高氧同位素值的流体端元，可能为因强烈水–岩作用而与高 $\delta^{18}O$ 围岩进行了充分氧同位素交换的变质或/和大气成因流体。显然，成矿晚期和成矿期后的流体主要是后一流体端元，这与有岩浆流体参与的热液矿床成矿流体演化的普遍趋势相一致。

综上所述，右江 Au-Sb-Hg-As 矿集区低温矿床的成矿流体，具有低温、低盐度（温度主要为 120～250℃，盐度一般小于 10% NaCl equiv.）特征，成矿流体以地壳流体（大气成因循环地下水以及部分盆地流体或变质流体）为主，但深部岩浆活动及其部分岩浆流体的参与对流体循环和进一步浸取地层中的成矿元素可能发挥了重要作用。

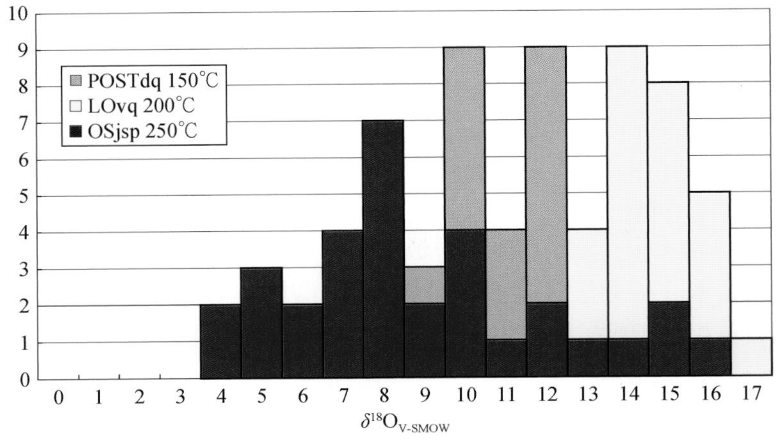

图 3.46 烂泥沟金矿床各阶段流体氧同位素组成
（据 Yan et al.，2020 修改）
OSjsp. 成矿期似碧玉状石英；LOvq. 成矿晚期细脉状石英；POSTdq. 成矿期后晶簇状粗脉石英

第二节 湘中 Sb-Au 矿集区成矿流体

20 世纪 80 年代以来，较多学者在该区开展过研究，在 Sb-Au 矿床地质地球化学特征和成矿机制等方面取得了重要进展。然而，在成矿体性质和成因等方面仍存在明显分歧，不同学者曾先后提出大气成因流体成矿、岩浆流体成矿以及岩浆与大气成因流体混合成矿等多种观点。

造成这种争论的主要原因是，C、H、O、S 等稳定同位素组成除受源区控制外，还明显受物理化学条件和水-岩相互作用的强烈影响，因而在未深入揭示各种潜在影响因素的背景下，同样的数据往往具有多解性。本研究在已有工作的基础上，以典型 Sb-Au 矿床为对象，在流体包裹体研究的基础上，结合矿物学、微区原位元素-同位素地球化学、He-Ar 同位素等研究，系统研究了湘中 Sb-Au 矿床的成矿流体性质及成因。

研究表明，该矿集区钨、锑、金矿床共存，成矿流体呈现中低温和中低盐度特征，并具有岩浆流体与大气成因地下水混合成因。总体上，成矿温度主要为 150～300℃，盐度为 1%～15% NaCl equiv.，从钨矿床—钨锑金矿床—锑金矿床—锑矿床，成矿温度和盐度以及成矿流体中岩浆流体的作用呈逐渐降低趋势，取而代之的是大气成因流体逐渐占据统治地位。

一、流体包裹体地球化学

在前人工作基础上，针对以往研究程度相对较低的矿床开展了相关研究，以湘中矿集区内的古台山 Sb-Au 矿床、杏枫山 Au（W）矿床和锡矿山 Sb 矿床为主要研究对象，将研究样品磨制成双面抛光的包裹体片，借助光学显微镜和冷热台等设备进行详细的流体包裹体岩相学观察和显微测温等研究。

（一）古台山 Au-Sb 矿床

根据包裹体室温下的相态特征及在冷冻加热过程中流体包裹体的变化特征，可将流体包裹体整体分为3类（图3.47），即 CO_2 三相包裹体（Ⅰ型）、水溶液两相包裹体（Ⅱ型）和含子晶三相包裹体（Ⅲ型）。其中，由于含子晶三相包裹体在升温过程中直到包裹体爆裂，子矿物没有任何变化，不能真实代表成矿体系的流体性质，在此不做描述。

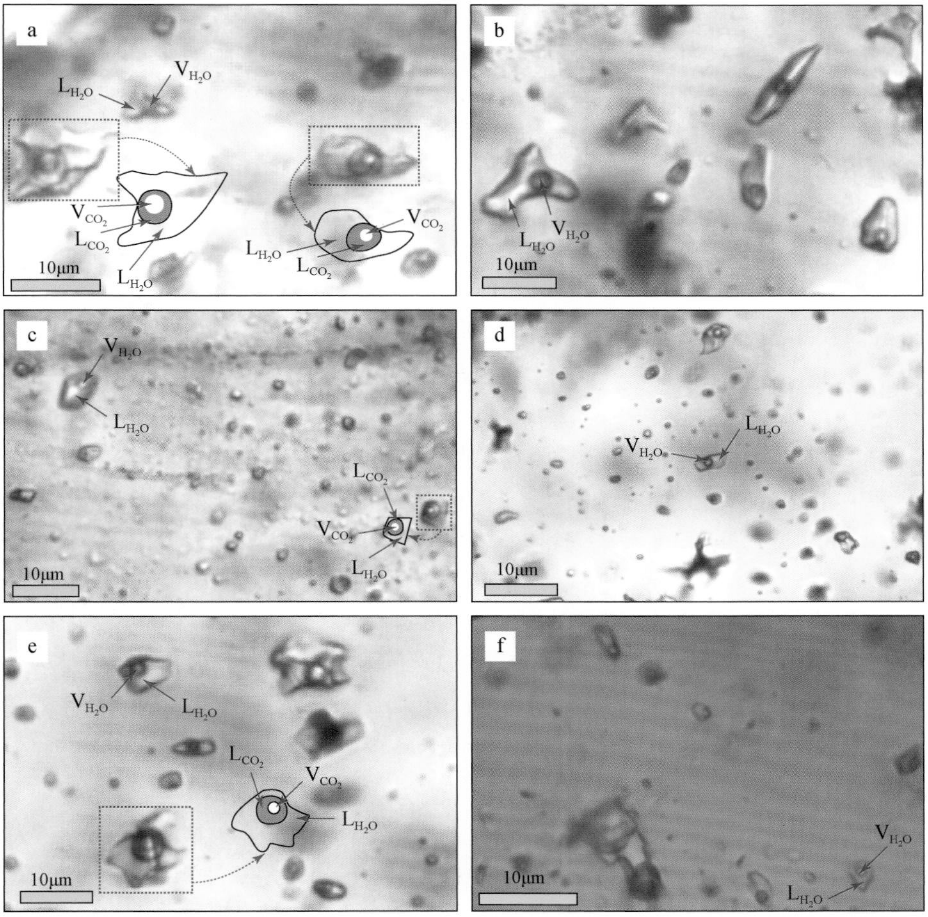

图3.47 古台山矿床不同阶段流体包裹体特征

（据李伟等，2016）

a. 第一阶段原生石英中共存的Ⅰ型和Ⅱ型包裹体；b. 第一阶段重结晶石英中的Ⅱ型包裹体；c. 第二阶段石英中共存的Ⅰ型和Ⅱ型包裹体；d. 第三阶段石英中的Ⅱ型包裹体；e. 第三阶段石英中的Ⅰ型和Ⅱ型包裹体共存；f. 第四阶段石英中的Ⅱ型包裹体

Ⅰ型包裹体，即 CO_2 三相包裹体，由气相 CO_2（V_{CO_2}）、液相 CO_2（L_{CO_2}）和液相 H_2O（L_{H_2O}）组成，呈负晶形、不规则状、近正方形、椭圆形等，大小为3～15μm。$V_{CO_2}+L_{CO_2}$

占整个包裹体的体积比为15% ~45%，可见少量包裹体的 $V_{CO_2}+L_{CO_2}$ 占整个包裹体的体积比为50% ~85%。根据测温过程中包裹体的均一方式，可划分为以液相均一的Ⅰa型和以气相均一的Ⅰb型，以前者为主。

Ⅱ型包裹体，即水溶液两相包裹体，由气相 H_2O（V_{H_2O}）和液相 H_2O（L_{H_2O}）组成，包裹体呈负晶形、椭圆形、长条形、近四边形、不规则状等，大小多为3 ~12μm。包裹体中气相占整个包裹体的体积比为3% ~35%，升温过程中均一至液相。

不同阶段石英中的包裹体类型、丰度、大小等存在一定的差异。第一阶段原生石英中主要发育随机分布的Ⅰ、Ⅱ型原生包裹体（图3.47a），丰度较低；受后期构造作用发生重结晶的石英中的包裹体均为次生包裹体（图3.47b），发育Ⅰ、Ⅱ型包裹体，丰度值相对较高。第二阶段原生和部分发生较弱重结晶的石英中均发育随机分布的Ⅰ、Ⅱ型包裹体，但丰度值很低（图3.47c）。第三阶段石英颗粒粗大，重结晶现象不明显，其中主要为随机分布的原生Ⅰ、Ⅱ型包裹体，丰度值最高（图3.47d ~e）。第四阶段原生石英中主要发育Ⅱ型包裹体（图3.47f），偶见Ⅰ型包裹体，丰度值都很低，可见少量呈串珠状分布的次生包裹体；重结晶石英中的包裹体数量较少，主要发育Ⅱ型包裹体。

基于流体包裹体组合理论，对每一阶段石英中的原生包裹体进行了系统的包裹体显微测温（图3.48）。

第一阶段：Ⅰ型包裹体冷冻至-120℃后升温，固态 CO_2 的熔化温度（$T^{m}_{CO_2}$）区间为-66.2 ~-67.2℃，偏离 CO_2 的三相点（-56.6℃）。继续升温，测得 CO_2 水合物的熔化温度（T^{m}_{Clath}）为7.0 ~9.6℃，得到相应盐度为0.82% ~5.77% NaCl equiv.。继续升温，CO_2 液相和气相部分均一温度（$T^{h}_{CO_2}$）为14.0 ~22.4℃，且都均一至 CO_2 液相。Ⅰa型完全均一温度为239 ~330℃，平均值为281℃；Ⅰb型完全均一温度为255 ~342℃，平均值为273℃。测得的Ⅱ型包裹体的冰点温度（T^{m}_{ice}）为-9.2 ~-2.5℃，平均值为-5.7℃，对应盐度为4.4% ~13.1% NaCl equiv.。Ⅱ型包裹体升温过程主要均一至液相，均一温度为184 ~329℃。

第二阶段：Ⅰ型包裹体冷冻至-120℃后升温，固态 CO_2 的熔化温度（$T^{m}_{CO_2}$）为-67.7 ~-58.8℃，水合物的熔化温度（T^{m}_{Clath}）为8.0 ~10.1℃，得到相应盐度为0.41% ~3.95% NaCl equiv.，继续升温，液相和气相部分均一温度（$T^{h}_{CO_2}$）为15.2 ~26.1℃，且都均一至 CO_2 液相，完全均一温度为244 ~292℃，平均值为270℃，全部均一到液相，偶见Ⅰb型包裹体。Ⅱ型包裹体的冰点温度（T^{m}_{ice}）为-10.6 ~-4.0℃，平均值为-6.0℃，对应盐度为6.4% ~14.6% NaCl equiv.；包裹体均一温度为182 ~314℃，平均值为232℃。

第三阶段：Ⅰ型包裹体 CO_2 冷冻至-120℃后升温，固态 CO_2 的熔化温度（$T^{m}_{CO_2}$）为-66.7 ~-65.3℃，CO_2 水合物的熔化温度（T^{m}_{Clath}）为8.1 ~9.6℃，得到相应盐度为0.82% ~3.76% NaCl equiv.。继续升温，液相和气相部分均一温度（$T^{h}_{CO_2}$）为14.7 ~27.0℃，且都均一至 CO_2 液相，Ⅰa型完全均一温度为213 ~297℃，平均值为255℃；Ⅰb型完全均一温度为220 ~300℃，平均值为261℃。Ⅱ型包裹体的冰点温度（T^{m}_{ice}）为-10.1 ~-1.6℃，平均值为-5.4℃，对应盐度为2.7% ~14.0% NaCl equiv.；Ⅱ型包裹体均一至液相，均一温度为168 ~328℃，平均值为221℃。

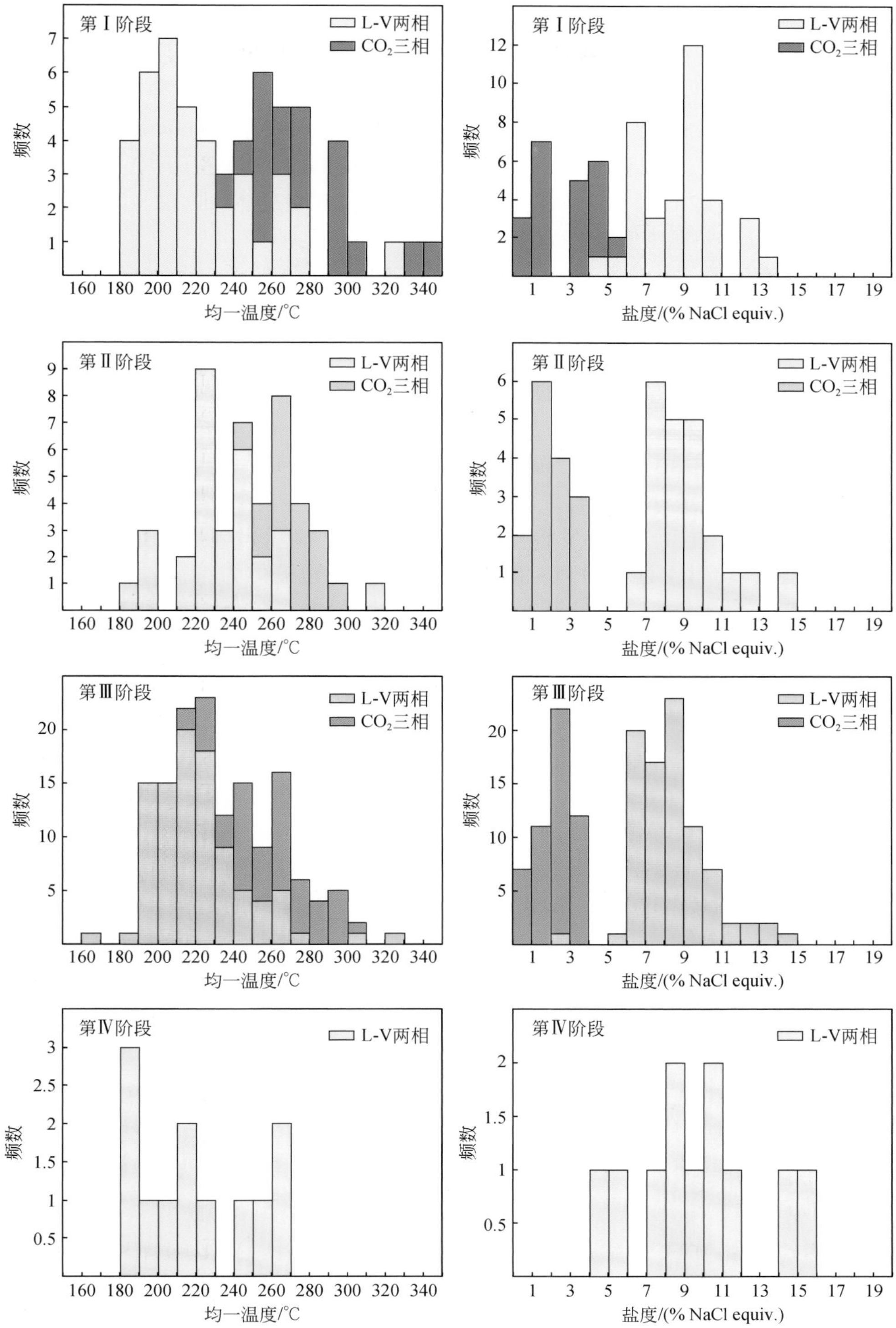

图 3.48　古台山矿床不同阶段石英流体包裹体均一温度、盐度图解

（据李伟等，2016）

第四阶段：Ⅱ型包裹体的冰点温度（T_{ice}^{m}）为-11.1～-2.5℃，平均值为-6.5℃，对应的包裹体水溶液盐度为4.2%～15.1% NaCl equiv.；包裹体均一温度为180～265℃，平均值为218℃。

基于流体包裹体岩相学研究，选取不同阶段不同类型包裹体进行单个包裹体激光拉曼分析。值得注意的是，室温下（25℃左右）观察发现不同成矿阶段石英中几乎没有CO_2三相包裹体，但冷冻到22℃以下时，开始大量出现CO_2三相包裹体，这也与测温得到的CO_2三相包裹体的部分均一温度低于22℃现象相一致。

分析结果显示，寄主矿物石英显示出特征的矿物峰值（1082cm^{-1}和1160cm^{-1}）；包裹体液相成分主要为H_2O谱峰（3310～3610cm^{-1}）；气相拉曼图谱显示出CO_2谱峰（1285cm^{-1}和1386cm^{-1}），H_2O谱峰（3310～3610cm^{-1}），及少量CH_4谱峰（2913～2919cm^{-1}）和N_2谱峰（2327～2333cm^{-1}）。由包裹体测温数据可知不同阶段包裹体中CO_2三相包裹体的冰点明显低于纯CO_2包裹体的冰点（-56.5℃），表明气相成分中含一定量的CH_4（冰点为-90～-110℃）、N_2（冰点在-210℃左右）等组分（卢焕章等，2004），这也与激光拉曼测定出包裹体中含有CH_4、N_2等组分相吻合。

上述分析表明，古台山矿床发育多阶段石英脉体，显示出多期次热液活动的特点。前三个阶段包裹体均以发育H_2O气-液两相及CO_2三相包裹体为特征，表明成矿体系属于CO_2-H_2O-NaCl体系，但CO_2三相包裹体在三个阶段中占整个包裹体丰度值的比例不同，依次在30%、15%、50%左右，表明CO_2的含量与Au矿化之间可能具有密切关系（Phillips and Evans，2004）。如卢焕章（2008）系统总结了金矿床中CO_2和Au的空间分布关系，指出二者具有密切的相关性，与本研究观察到的现象相一致。由于CO_2与Au之间的化学亲和性不强，CO_2对Au的迁移不能起到直接作用，但H_2CO_3作为一种弱酸，会对成矿流体的pH进行缓冲，进而有利于Au络合物的稳定迁移（Phillips and Evans，2004）。当成矿流体发生不混溶作用，会导致同期捕获的包裹体中CO_2的比例最高（卢焕章，2008）。总体而言，古台山Au-Sb矿床成矿流体的温度约为180～320℃，盐度约为0.82%～15.1% NaCl equiv.。从早到晚，温度有逐渐降低的趋势，但盐度变化不大（图3.62）。

（二）杏枫山Au-W矿床

对含金石英脉中的石英流体包裹体开展了较为系统的研究。岩相学观察表明，石英中流体包裹体数量（丰度）很多，往往呈面状分布，但包裹体多小于10μm（图3.49），主要以富液相包裹体为主（约90%），含少量纯液相包裹体（约10%）。测温结果显示，流体包裹体的均一温度主要为213～330℃，峰值为270℃左右（图3.50），基于冰点得到的盐度为0.5%～4.6% NaCl equiv.，显示出中低温和低盐度流体特征。

（三）锡矿山Sb矿床

本研究测得锡矿山锑矿床辉锑矿中流体包裹体的均一温度平均值为192℃，盐度平均值为8.1% NaCl equiv.；矿区深部方解石中流体包裹体均一温度平均值为177.8℃，盐度平均值为6.2% NaCl equiv.。显示出成矿流体的低温、低盐度特征（表3.4）。本次

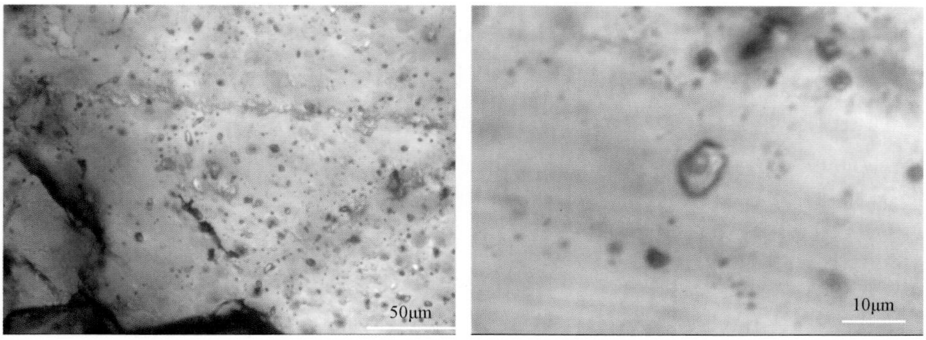

图 3.49　石英中的原生流体包裹体

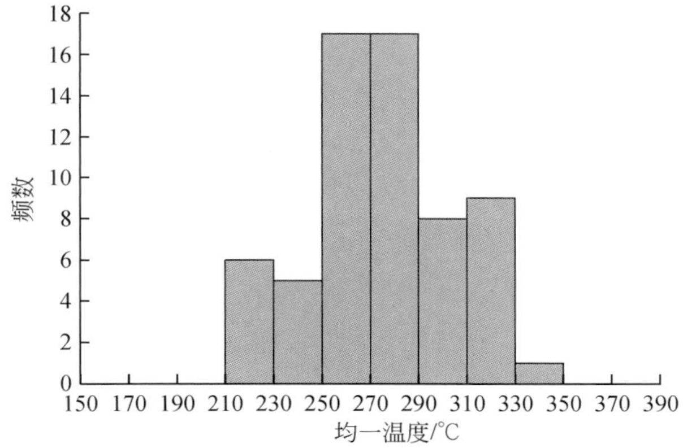

图 3.50　石英中流体包裹体均一温度直方图

测试结果与前人得到的辉锑矿和石英中流体包裹体的均一温度和盐度（林芳梅，2014）基本一致。

表 3.4　锡矿山 Sb 矿床流体包裹体均一温度和盐度

矿物（包裹体个数）	均一化温度/℃		盐度/(% NaCl equiv.)		数据来源
	变化范围	平均值	变化范围	平均值	
方解石（15）	133～195.6	177.8	0.9～9.08	4.3	本研究
辉锑矿（3）	163～218	192	7.59～8.6	8.1	本研究
辉锑矿（15）	105～305	194	0.18～14.77	6.01	林芳梅，2014
石英（38）	127～323	191	0.18～8.68	3.74	林芳梅，2014

（四）其他 Au-Sb（-W）矿床

本次对湘中雪峰山隆起带产于基底地层内的西安钨金、龙王江金锑和沃溪锑金钨等矿床进行了研究，研究对象为石英和白钨矿中的流体包裹体。结果表明，这些产于基底地层中的锑金钨矿床主要显示低温特征。例如，产于板溪群马底驿组中的西安钨金矿床，白钨矿中流体包裹体的均一温度平均值为215℃，石英中流体包裹体的均一温度平均值为195.9℃，盐度平均值为6.0% NaCl equiv.；产于板溪群五强溪组的龙王江锑金矿，石英中流体包裹体的均一温度平均值为183℃，流体盐度平均值为2.9% NaCl equiv.；产于震旦系地层中的龙山金锑矿床，石英中流体包裹体均一温度平均值为185℃，盐度平均值为5.6% NaCl equiv.。

综上所述，湘中矿集区的成矿流体呈现中低温和中低盐度特征，成矿温度主要为150～300℃，盐度主要为1%～15% NaCl equiv.，从钨矿床—钨锑金矿床—锑金矿床—锑矿床，成矿流体的温度和盐度呈逐渐降低趋势。

二、成矿流体成因

（一）矿物及其流体包裹体氢氧同位素地球化学

Hu等（2017）系统总结了湘中矿集区内典型Sb-Au矿床内石英及热液成因矿物（如石英、方解石）中捕获的流体包裹体中成矿流体H-O同位素组成（图3.51）。结果显示，湘中地区典型Sb-Au矿床成矿流体的H-O同位素组成主要落入岩浆水与大气降水的过渡区域，表明湘中矿集区Sb-Au矿床的成矿流体具有岩浆-大气降水混合成因。在此基础上，本研究补充开展了古台山、杏枫山、龙山和曹家坝等矿床的H-O同位素地球化学研究，进一步证实了上述结论。

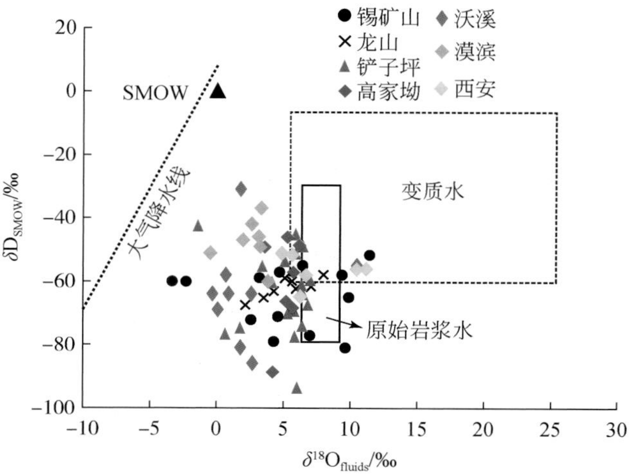

图3.51 湘中矿集区典型Sb-Au矿床成矿流体的H-O同位素组成

（据Hu et al.，2017修改）

古台山Au矿床不同阶段石英H-O同位素组成存在一定差异。结合测试样品的流体包裹体测温结果，采用石英-水氧同位素分馏方程$1000\ln\alpha_{石英-水}=3.38\times10^6/T^2-3.4$（Clayton et al.，1972），得到各个阶段流体的$\delta^{18}O_{H_2O}$值。第Ⅰ阶段的$\delta^{18}O_{H_2O}$变化范围4.5‰～8.1‰，$\delta D_{V\text{-}SMOW}$变化范围−71‰～−61‰；第Ⅱ阶段的$\delta^{18}O_{H_2O}$变化范围6.2‰～7.4‰，

$\delta D_{V\text{-}SMOW}$变化范围−72‰～−52‰；第Ⅲ阶段的$\delta^{18}O_{H_2O}$变化范围6.9‰～8.1‰，$\delta D_{V\text{-}SMOW}$变化范围−78‰～−49‰；第Ⅳ阶段的$\delta^{18}O_{H_2O}$为5.6‰，$\delta D_{V\text{-}SMOW}$为−60‰。在H-O同位素组成图解中（图3.52），主要分布在岩浆水区域。

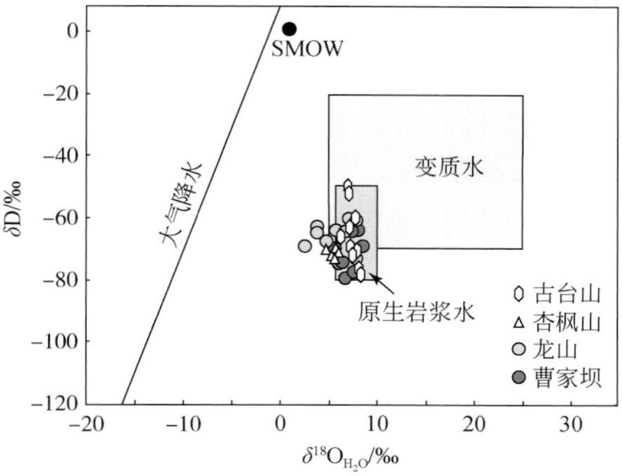

图3.52 湘中地区不同矿床成矿流体H-O同位素组成图解

（底图据Taylor，1974）

杏枫山Au矿床含金石英脉中的石英中的δD为−73.5‰～−68.7‰，$\delta^{18}O$为13.3‰～14.9‰。利用石英中流体包裹体的峰值均一温度（270℃）得到与石英平衡时成矿流体的$\delta^{18}O_{H_2O}$为5.2‰～6.8‰。在成矿流体δD-$\delta^{18}O$的图解上（图3.52），投影点位于岩浆水、大气降水的混合区域。结合成矿流体具有中低温、低盐度以及富CO_2包裹体不发育等特征，认为成矿流体可能是岩浆流体和大气降水的混合成因。

龙山Sb-Au矿床早晚世代白钨矿和白云母的H-O同位素组差别较大（图3.52）。结合对应测试样品的流体包裹体测温结果，采用白钨矿-水氧同位素分馏方程$1000\ln\alpha_{白钨矿-水}=3.99\times10^6/T^2-7.63\times10^3/T+0.96$（郑永飞，2000），得到白钨矿$\delta^{18}O_{H_2O}$值。早世代白钨矿$\delta^{18}O_{H_2O}$变化范围为6.9‰～8.0‰，$\delta D_{V\text{-}SMOW}$变化范围−73‰～−60‰；晚世代白钨矿$\delta^{18}O_{H_2O}$变化范围为3.0‰～6.3‰，$\delta D_{V\text{-}SMOW}$变化范围−69‰～−63‰。根据与白云母共生的石英的平均均一温度，采用白云母-水氧同位素分馏方程$1000\ln\alpha_{白云母-水}=4.10\times10^6/T^2-7.61\times10^3/T+2.25$（郑永飞，2000），得到早时代白钨矿共生的白云母的$\delta^{18}O_{H_2O}$值为8.0‰，$\delta D_{V\text{-}SMOW}$为−61‰。在H-O同位素组成图解中（图3.52），早世代白钨矿和白云母分布在岩浆水区域，晚世代白钨矿分布在岩浆水和大气降水混合区域。

曹家坝钨矿床石英-硫化物阶段白钨矿和白云母的H-O同位素组成相对均一。结合对应样品的流体包裹体测温结果，得到成矿流体的$\delta^{18}O_{H_2O}$值。白钨矿$\delta^{18}O_{H_2O}$变化范围为5.9‰～7.7‰，$\delta D_{V\text{-}SMOW}$变化范围−79‰～−69‰；白云母$\delta^{18}O_{H_2O}$变化范围为7.4‰～8.7‰，$\delta D_{V\text{-}SMOW}$变化范围−69‰～−64‰，在H-O同位素组成图解中分布在原生岩浆水范围（图3.52）。

综上所述，该区钨、锑、金矿床共存，以曹家坝为代表的钨矿床主要显示岩浆流体成矿特征，而其他锑金矿床的成矿流体具有岩浆流体与大气成因流体混合成因，而且从钨矿床—钨锑金矿床—锑金矿床—锑矿床，成矿流体中岩浆流体的作用呈逐渐降低趋势，与此相对应的是大气成因流体逐渐占据统治地位。

（二）He-Ar 同位素地球化学

不同来源流体的 He-Ar 同位素组成存在显著差异，是成矿流体来源研究极为灵敏的示踪剂。由于 He 在大气中的含量极低，不足以对地壳流体中 He 的丰度和同位素组成产生明显影响，成矿流体中大气成因 He 可以忽略不计。一般认为，成矿流体中的 He 只可能有两个主要源区，即地壳和地幔（Stuart et al.，1995；Burnard et al.，1999）。研究表明，岩石圈地幔的$^{3}He/^{4}He=6\sim9R_a$（R_a 为空气的$^{3}He/^{4}He$ 值），地壳的$^{3}He/^{4}He=0.01\sim0.05R_a$，地壳和地幔的$^{3}He/^{4}He$ 值存在高达数百倍的差异，即使成矿流体中仅有少量地幔 He 加入，用 He 同位素亦可很容易识别（Turner et al.，1993；Stuart et al.，1995；Burnard et al.，1999；Hu et al.，2004，2012；Kendrick and Burnard，2013）。

图 3.53 为锡矿山锑矿床辉锑矿中流体包裹体和沃溪锑金钨矿床辉锑矿和黄铁矿中流体包裹体的 He-Ar 同位素组成。从中可以看出，沃溪锑金钨矿床的成矿流体显示有一定量的地幔稀有气体，而锡矿山锑矿床的成矿流体基本无幔源稀有气体特征。这与上述成矿流体 H-O 同位素研究得出的认识一致，即该区从钨矿床—钨锑金矿床—锑金矿床—锑矿床，其成矿流体中岩浆流体的作用呈逐渐降低趋势，取而代之的是大气成因流体逐渐占据统治地位。

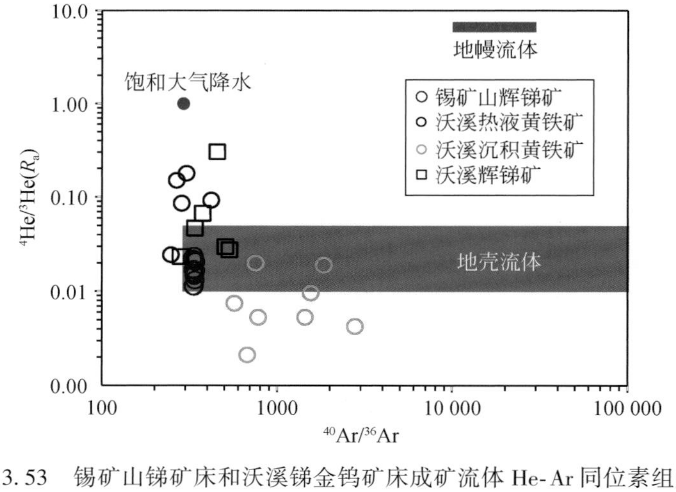

图 3.53　锡矿山锑矿床和沃溪锑金钨矿床成矿流体 He-Ar 同位素组成

（三）S-C-O 同位素地球化学

1. 硫同位素

Hu 等（2017）总结了湘中矿集区典型矿床和赋矿围岩中硫化物矿物的 S 同位素组成

(图3.54)。结果显示，湘中地区代表性矿床的硫化物 $\delta^{34}S$ 值及其地质意义可以大致分为两组。①产于前寒武纪基底地层中的Sb-Au（W）多元素组合矿床（板溪、龙山、大新、古台山、铲子坪等），这些矿床主要形成于印支期，周围有印支期花岗岩体分布，其 $\delta^{34}S$ 集中在-5‰～5‰。由于这些矿床中基本未见硫酸盐矿物，硫化物的 $\delta^{34}S$ 值可以代表成矿热液中总硫的 $\delta^{34}S$ 值（Ohmoto and Rye，1979）。硫同位素和地质特征表明，这些多元素组合矿床成矿流体中的硫可能主要来自岩浆。②产于湘中盆地沉积盖层中的单锑矿床（如锡矿山锑矿床），这些矿床主要形成于燕山期，周围未见出露的同时代花岗岩，其 $\delta^{34}S$ 分布范围广（约-4.0‰～20.0‰），不同硫化物矿物的 $\delta^{34}S$ 平均值在5‰～8‰，可能反映成矿流体中的硫主要来自沉积地层，这与根据H-O同位素和He-Ar同位素得出的结论基本吻合，即单锑矿床的成矿流体以大气成因流体为主。

在上述研究基础上，本研究进一步分析了古台山矿床、龙山矿床、玉横塘矿床、杏枫山矿床和曹家坝矿床中硫化物矿物的S同位素组成，结果见图3.55。由此可见，除杏枫山和玉横塘矿床外，其他三个矿床（古台山、龙山、曹家坝）主成矿阶段硫化物的 $\delta^{34}S$ 值均主要分布在0±5‰范围内，应以岩浆硫为主。

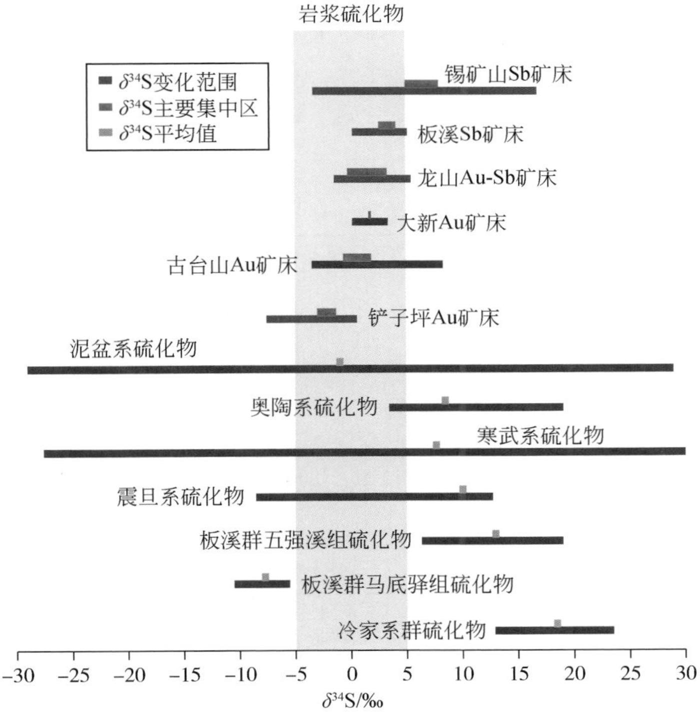

图3.54　湘中矿集区代表性矿床和不同时代地层的S同位素组成
（据Hu et al.，2017修改）

杏枫山Au-W矿床：22件毒砂和9件磁黄铁矿样品的 $\delta^{34}S$ 为-16.0‰～-1.1‰，但高度集中在-7.0‰左右（图3.55）。虽然不同于岩浆S的分布范围，考虑到前述该矿床成矿温度较高（213～330℃）、H-O同位素显示有岩浆流体参与成矿和成矿元素为Au-W组合等特征，因此，成矿流体中的硫可能在地层硫的基础上，不能完全排除岩浆硫的贡献。该矿床 S 同位素组成与其他元素-同位素地球化学特征脱耦的现象需要进一步研究。

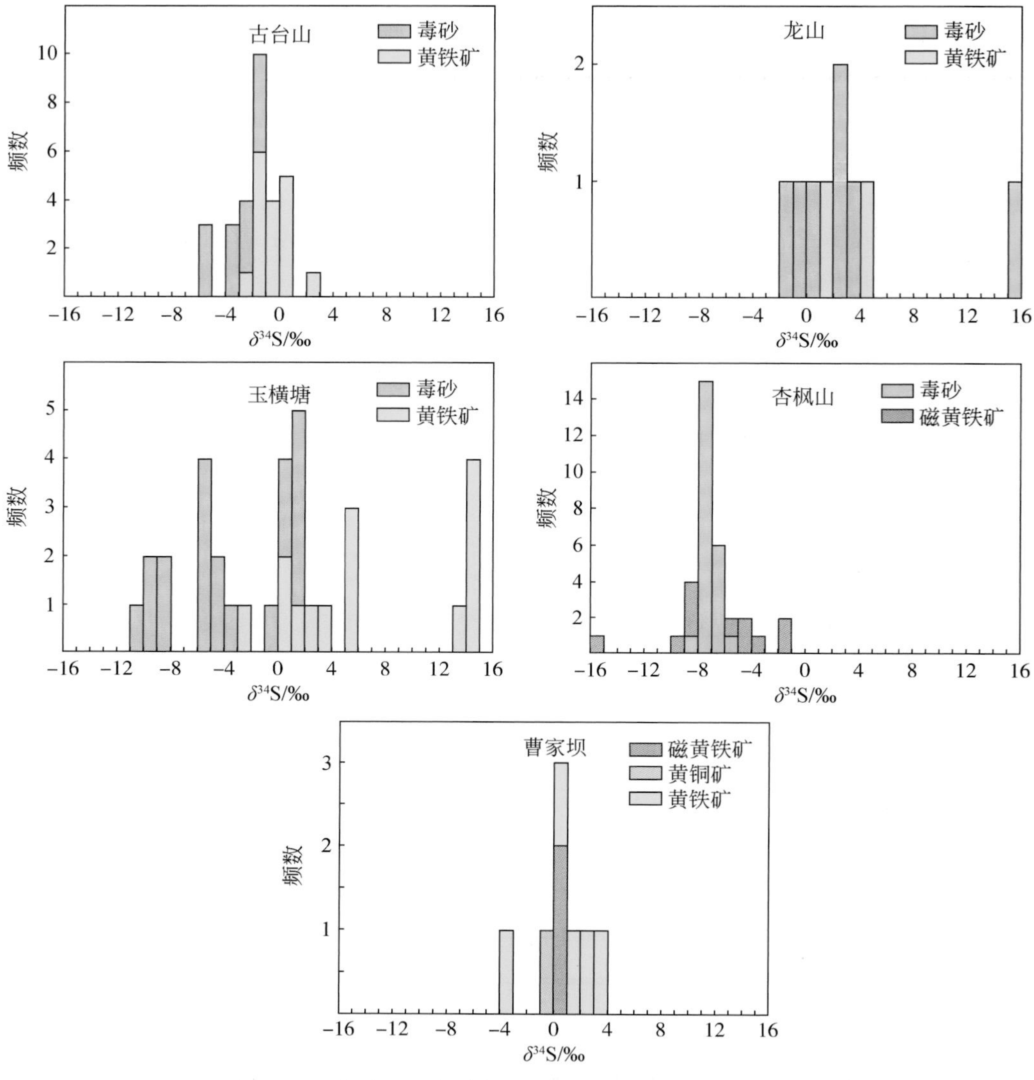

图 3.55 湘中地区代表性矿床硫化物的 S 同位素组成

玉横塘 Au 矿床：不同矿化类型之间毒砂和黄铁矿 S 同位素组成明显不同，其中浸染状矿化硫化物的 $\delta^{34}S$ 值主要分布在 0～5‰，暗示主要来自岩浆。成矿过程中不同阶段成矿流体的物理化学条件差异（如氧逸度），可能是导致石英脉型矿化 S 同位素值变化增大的主要原因。

在古台山和玉横塘矿区广泛分布沉积成因黄铁矿，对于精确判别是否有沉积 S 参与成矿过程提供了理想研究对象。

1）古台山矿床

本研究对古台山矿床不同阶段不同结构的毒砂和黄铁矿进行了系统的 SHRIMP 原位 S 同位素分析，共计 67 个点，结果见图 3.56。

矿床第Ⅰ阶段的黄铁矿为沉积成因。相对其他阶段，明显富集^{34}S，其中 Py1a 的 δ^{34}S 值变化范围为 8.5‰～14.1‰，Py1b 的 δ^{34}S 值变化范围为 7.0‰～23.3‰。

第Ⅱ阶段不同结构的黄铁矿和毒砂形成于热液成矿早期，δ^{34}S 值变化范围很小。其中，Py2a 为−3.2‰～−1.4‰，Py2b 为−2.6‰～5.7‰，Py2c 变化范围为−0.3‰～3.8‰，Apy2 变化范围为−5.9‰～−2.8‰。

第Ⅲ阶段不同结构的黄铁矿和毒砂形成于热液成矿晚期，δ^{34}S 值相对前两个阶段变化范围更小。Py3a 为−2.2‰～−0.1‰，Py3b 为−1.9‰～0.3‰，Py3c 为−1.2‰～0.1‰，Py3d 为 0.5‰～2.1‰，Apy3a 为−3.7‰～1.7‰，Apy3b 为−2.2‰～−1.3‰。

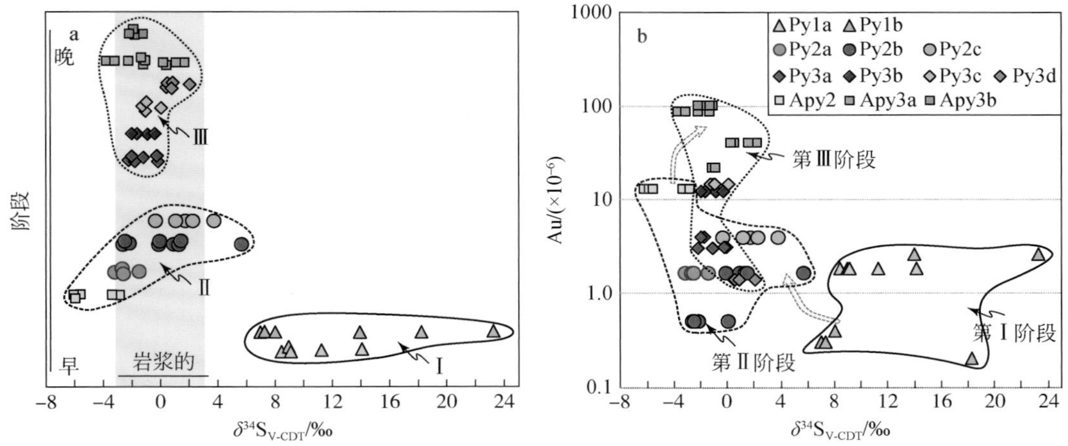

图 3.56 古台山矿床不同阶段黄铁矿和毒砂（a）SHRIMP 原位 S 同位素组成（b）Au 含量−δ^{34}S 图解（据 Li et al., 2018 修改）

在古台山金矿床中，目前矿物学研究尚未发现硫酸盐矿物（如石膏），因此硫化物的硫同位素组成可代表成矿流体中的总硫同位素组成（Ohmoto，1986）。第二和第三阶段黄铁矿和毒砂的 δ^{34}S 组成为 0～4‰，与岩浆硫的组成范围大体一致（Ohmoto，1986；Seal，2006）。同时，第二和第三阶段热液成因硫化物的 δ^{34}S 值明显不同于第一阶段板溪群地层中的沉积成因黄铁矿的 δ^{34}S 组成（7.0‰～23.3‰）。

因此，可以认为古台山矿床形成过程中的硫应主要来源于岩浆流体。不同位置热液硫化物相对均一的硫同位素组成，也反映出富^{34}S 的沉积黄铁矿对于热液流体中的硫同位素组成影响不大。这与该矿床上述 H-O 同位素研究结果一致。

2）玉横塘矿床

玉横塘矿床第Ⅰ阶段的黄铁矿产于板岩中，为沉积成因。硫同位素表现出富集^{34}S 的特征，原生硫化物 Py1b 的 δ^{34}S 值为 15.6‰～25.8‰，明显不同于被热液黄铁矿包裹并遭受了蚀变的 Py1b。这种被后期热液明显改造过的 Py1b 的 δ^{34}S 值为 4.5‰～8.4‰。因此，

图 3.57 中沉积成因黄铁矿的^{34}S 有两个区间，其一是原生沉积黄铁矿（$\delta^{34}S=15.6‰\sim25.8‰$），其二是受热液改造过的沉积黄铁矿（$\delta^{34}S=4.5‰\sim8.4‰$）。

第Ⅱ阶段的硫化物为热液成矿阶段的产物。①石英脉型矿石。其中不同样品中毒砂和黄铁矿的 $\delta^{34}S$ 值变化很大。Py2a 的 $\delta^{34}S$ 值为 $-2.7‰\sim14.7‰$，Apy2aⅠ的 $\delta^{34}S$ 值为 $-5.0‰\sim12.1‰$，Apy2aⅡ的 $\delta^{34}S$ 值为 $-10.3‰\sim-4.4‰$。②浸染状矿石。其中黄铁矿和毒砂 $\delta^{34}S$ 值变化相对较小，其中 Py2bⅠ和 Py2bⅡ的 $\delta^{34}S$ 值分别为 $0\sim4.4‰$和 $2.4‰\sim5.3‰$。Apy2b 变化范围为 $0.4‰\sim2.1‰$。

第Ⅲ阶段的硫化物为成矿后阶段热液产物。不同样品中黄铁矿的 $\delta^{34}S$ 值变化很大，为 $1.2‰\sim31.4‰$（$n=15$）。

在玉横塘矿床中，未发现硫酸盐矿物，测试的硫化物矿物的硫同位素可代表成矿热液体系的硫同位素组成（Ohmoto，1986）。第二阶段热液黄铁矿和毒砂尤其是浸染状矿化中毒砂和黄铁矿的 $\delta^{34}S$ 值分布在岩浆硫范围，明显不同于第一阶段的沉积黄铁矿。因此，成矿体系中的 S 应主要为岩浆来源。

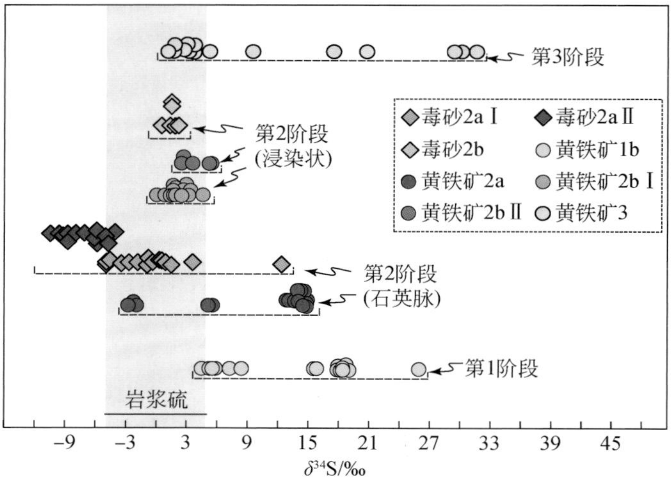

图 3.57　玉横塘矿床不同阶段黄铁矿和毒砂原位 S 同位素组成

（据李伟，2019）

2. *碳酸盐矿物 C-O 同位素*

古台山矿床碳酸盐矿物的碳氧同位素分析结果见图 3.58。6 件铁白云石样品的 C-O 同位素组成相对均一，$\delta^{13}C_{PDB}$ 为 $-8.6‰\sim-10.3‰$；$\delta^{18}O_{SMOW}$ 为 $13.9‰\sim15.7‰$。根据白云石–水的氧同位素分馏方程：$1000\ln\alpha_{白云石-水}=4.12\times10^6/T^2-4.62\times10^3/T+1.71$（Zheng，1999），得到沉淀铁白云石的流体的 $\delta^{18}O_{H_2O}$ 分布在 $4.8‰\sim6.3‰$，与岩浆流体的组成重叠。

古台山矿床中含金石英脉中发育铁白云石，铁白云石与金矿化存在密切的时空关系，因此铁白云石 C-O 同位素组成可以在一定程度上约束成矿体系碳的来源。热液矿床中的碳主要有三个来源：①深源地幔排气或岩浆来源，其 $\delta^{13}C$ 变化范围为 $-5‰\sim-2‰$和 $-9‰\sim$

$-3‰$；②沉积岩中的碳酸盐岩溶解，其 $\delta^{13}C$ 变化范围为 $-3‰ \sim -2‰$；③有机成因碳，其 $\delta^{13}C$ 变化范围为 $-30‰ \sim -15‰$。古台山金矿中只有铁白云石及少量的方解石，没有发现石墨，故铁白云石的碳同位素组成代表了热液体系的总碳同位素组成（Ohmoto and Rye，1979）。

与自然金共生的铁白云石样品 $\delta^{13}C$ 分布在 $-10.3‰ \sim -8.6‰$，$\delta^{18}O_{V\text{-}SMOW}$ 为 $13.9‰ \sim 15.7‰$，集中分布在地幔/岩浆与海相碳酸盐之间（图 3.58）。这在一定程度上暗示古台山金矿成矿系统中的碳主要为岩浆来源，但可能受到了围岩的影响。由图 3.58 可以看出，古台山金矿床碳酸盐矿物的碳氧同位素组成与胶东地区的岩浆热液金矿床相似，但与邻近的锡矿山锑矿床具有较大差别，后者成矿体系中的 CO_2 主要来自沉积碳酸盐岩的溶解（Hu et al.，2017）。这与前述成矿流体 H-O-S 同位素和稀有气体同位素特征反映的事实一致。

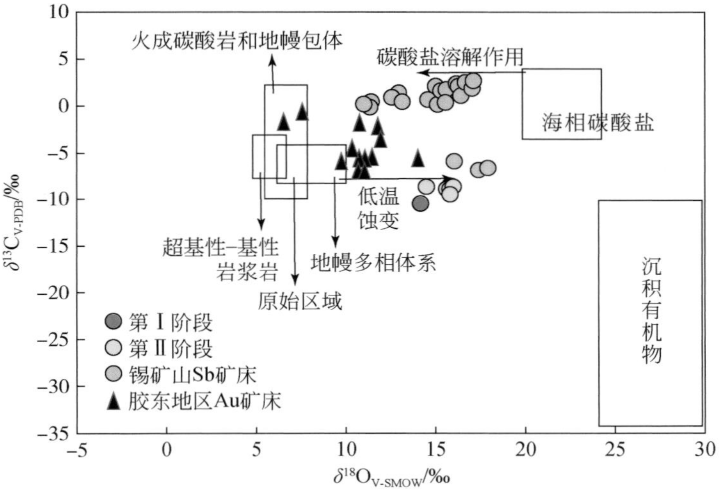

图 3.58　古台山矿床不同阶段铁白云石 C-O 同位素组成图解
（据李伟等，2016 修改）
底图据毛景文等（2002），锡矿山 Sb 矿床据彭建堂和胡瑞忠（2001）；胶东地区金矿床据毛景文等（2002）

（四）金属矿物特征及其对成矿流体成因的指示

低温 Au-Sb-W 元素组合矿床均以发育多阶段石英脉为特征，暗示成矿过程经历了多期流体活动。因此，开展不同阶段详细的矿物学研究，包括矿物种类鉴别以及结构和成分研究，可望约束成矿流体成因与演化过程。本研究以古台山 Au-Sb 矿床、玉横塘 Au 矿床、龙山 Sb-Au 矿床、杏枫山 Au-W 矿床为对象，开展了自然金、黄铁矿和毒砂结构、微区成分等的系统研究，以期揭示成矿流体的成因和演化过程。

1. 古台山 Au-Sb 矿床

1）自然金

古台山矿床石英脉中发育大量可见自然金，集合体大小主要为 0.2 ~ 2.0cm。在不同类型矿化石英脉中，自然金多与硫化物共生，也可见石英颗粒间隙中独立分布的自然金。

根据显微结构差异（图 3.59），可分为 4 种不同类型（Au3a ~ Au3d），具体特征描述如下。

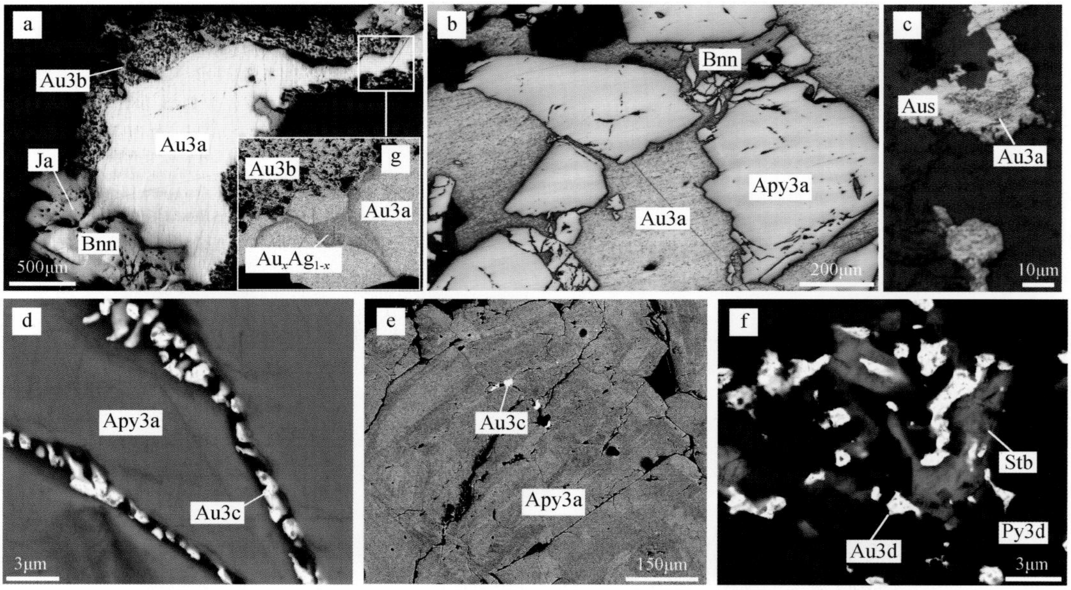

图 3.59　古台山矿床不同类型可见金显微结构特征

（据 Li et al.，2019c）

a ~ c. 反射光图像；d ~ f. BSE 图像；a. 大颗粒均一结构 Au3a，多孔状 Au3b 沿 Au3a 颗粒边部分布、与硫盐矿物空间共生；b. 充填在毒砂颗粒间隙的大颗粒 Au3a；c. Au3a 被方锑金矿包裹；d. 分布在毒砂颗粒间隙的细颗粒 Au3c；e. 分布在发育溶解-再沉淀结构毒砂中的细颗粒 Au3c；f. 与辉锑矿共生的他形粒状/树枝状 Au3d；Au. 可见金；Aus. 方锑金矿；Apy. 毒砂；Bnn. 车轮矿；Ja. 脆硫锑铅矿；Stb. 辉锑矿

Au3a：主要分布在第一种和第二种含金石英脉中，与硫化物和硫盐矿物空间紧密共生（图 3.59a ~ b），粒径主要为 50 ~ 2000μm，可见少量 Au3a 被方锑金矿包裹（图 3.59c）。

Au3b：仅分布在第一种含金石英脉中，沿 Au3a 颗粒边缘分布，具有显微多孔结构特征（图 3.59a）。SEM 结构分析结果显示，在微米尺度上显微孔洞中未发现其他矿物。

Au3c：在第一种、第二种和第三种含金石英脉中均有产出。这种小颗粒可见金或呈“竹笋”状或呈他形粒状分布在毒砂颗粒的显微裂隙中（图 3.59d ~ e），粒径通常<15μm。

Au3d：仅分布在第四种含金石英脉中，镜下观察发现 Au3d 主要分布在黄铁矿颗粒间隙，与辉锑矿紧密共生（图 3.59f），Au3d 粒径通常为 5 ~ 8μm。

古台山矿床中，4 种不同结构的可见金可对成矿过程起到很好的约束作用。大颗粒 Au3a 主要充填在石英和毒砂颗粒之间。LA-ICP-MS 分析结果显示，被大颗粒自然金包裹的毒砂（图 3.59b）中的不可见 Au 含量通常$>55\times10^{-6}$，而发育溶解-再沉淀结构的毒砂中的 Au 含量为$0.49\times10^{-6}\sim5.9\times10^{-6}$。因此，可以认为 Au3a 是从成矿流体中直接沉淀的。Yang 等（2016）通过质量平衡计算，也提出胶东地区新城金矿床的自然金不可能全部来自不可见金的活化，而是直接从流体中沉淀的。

多孔的 Au3b 样品采自井下坑道，远离地表，因此多孔状结构不太可能为次生淋滤造成。实验岩石学研究表明，多孔自然金可以通过碲金矿氧化作用形成（Okrugin et al.，2014），这一过程会导致矿物体积改变，释放 Te，形成含 Te 矿物。然而，上述过程并不能解释古台山矿床中多孔 Au3b 的形成，因为只有 Ag 发生了局部富集（图 3.60）。Palyanova 等（2014）对俄罗斯 6 个金矿床，包括夕卡岩型 Au-Cu 矿床、浅成 Au-Ag 矿床和石英脉型 Au 矿床中的自然金颗粒进行了显微结构研究，发现自然金颗粒边部发育更高纯度的自然金和 Au-Ag 硫化物，提出上述结构为自然金在形成后与流体相互作用发生硫化反应的结果。

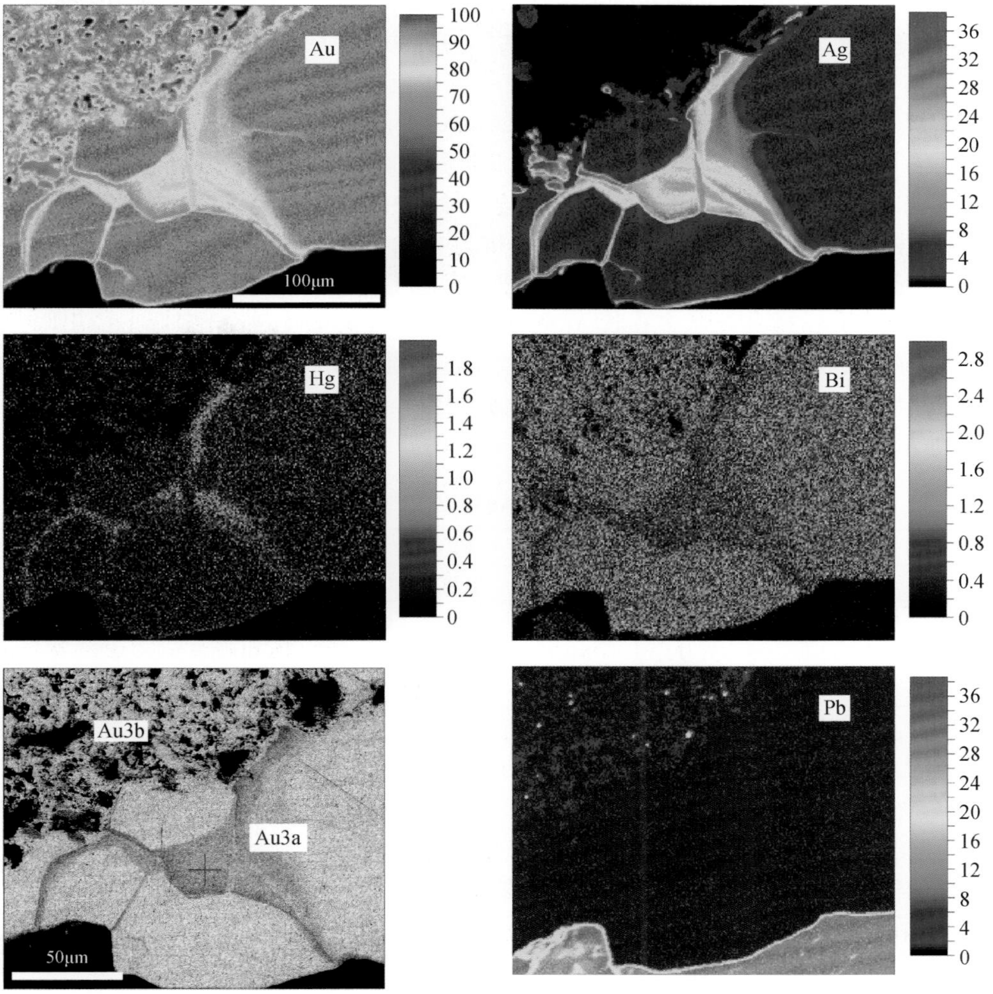

图 3.60　古台山矿床代表性 Au3a 和 Au3b 的 EPMA 面扫描元素分布图
（据 Li et al.，2019b）

与 Au3a 不同，细颗粒的 Au3c 主要分布在具有溶解-再沉淀结构的毒砂颗粒间隙（图 3.59e），少量分布在均质结构的毒砂颗粒间隙（图 3.59d）。LA-ICP-MS 分析结果显示，这种结构类型的毒砂中的不可见金含量很低，据此认为 Au3c 主要是从毒砂中活化出来的。相似的现象已在很多矿床中报道（Morey et al.，2008；Cook et al.，2013；Fougerouse et al.，2016）。然而，围岩中毒砂的 LA-ICP-MS 面扫描结果显示出很好的生长环带结构，表明变质作用导致毒砂中 Au3c 发生活化的可能较小（Wagner et al.，2007；Morey et al.，2008）。因此，可认为这种细粒 Au3c 可能是毒砂和流体作用过程中活化迁移的（Cook et al.，2013）。毒砂的溶解—再沉淀过程会释放 H_2，改变局部流体的氧化还原条件，促进 Au3c 的沉淀（反应①$FeAsS+3H_2O+2H^++2Cl^-=FeCl_2+As(OH)_3+H_2S+1.5H_2$ 和反应②$Au(HS)_2^-+H^++0.5H_2=Au+2H_2S$）。

Au3d 与辉锑矿表现出紧密共生关系，暗示这种金主要是从富 Sb 流体中沉淀的。LA-ICP-MS 微量元素分析结果显示，与辉锑矿共生的黄铁矿中的 Sb 含量明显高于与自然金共生的黄铁矿，结合大量辉锑矿的沉淀，均表明成矿流体演化到晚期具有富 Sb 贫 Au 的特点，为解释古台山矿床“上 Sb 下 Au”的元素分带提供了矿物学证据。

对古台山矿床中与车轮矿和脆硫锑铅矿共生的大颗粒自然金（约 2mm；图 3.59a）和与针辉铋铅-硫铋锑铅矿共生的细粒自然金（约 150μm）进行了 EPMA 分析，结果见表 3.5。在样品 GTS-115 中，3 个 Au3a 分析点中含有一定量的 Ag，含量为 0.94% ~ 1.00%，Cu 和 Hg 的含量往往低于检出限。计算得到 Au3a 的纯度［1000×Au/(Au+Ag)］为 990 ~ 991。与 Au3a 相比，多孔状 Au3b 中的 Ag 含量低于 Au3a 且多低于检出限，可含少量的 Sb（≤0.16%）和 Hg（≤0.05%），计算得到 Au3b 的纯度高于 998。在样品 GTS-226 中，细粒 Au3a 的 Ag 含量相对较高，为 5.42% ~ 8.51%，含少量的 Hg（≤0.28%），计算得到 Au3a 的纯度为 916 ~ 946。

表 3.5　古台山矿床代表性 Au3a 和 Au3b 的 EPMA 分析结果（李伟，2019）　单位:%

样号	Cu	Ag	Sb	Hg	Au	总量	纯度	世代
GTS-226-1	bdl	8.07	bdl	0.28	90.69	99.06	918	Au3a
GTS-226-2	bdl	8.23	bdl	0.20	90.67	99.13	917	Au3a
GTS-226-3	bdl	7.41	bdl	0.29	93.85	101.57	927	Au3a
GTS-226-4	bdl	7.98	bdl	0.19	92.89	101.08	921	Au3a
GTS-226-5	bdl	5.42	bdl	bdl	95.64	101.09	946	Au3a
GTS-226-11	bdl	8.51	bdl	0.28	93.33	102.14	916	Au3a
GTS-226-12	bdl	7.56	bdl	bdl	94.47	102.15	926	Au3a
GTS-115-1	0.05	0.96	bdl	bdl	99.48	100.58	990	Au3a
GTS-115-2	bdl	0.94	bdl	bdl	98.91	99.88	991	Au3a
GTS-115-3	bdl	1.00	bdl	bdl	98.69	99.75	990	Au3a
GTS-115-18	bdl	bdl	bdl	bdl	99.68	99.76	999	Au3b
GTS-115-19	bdl	bdl	bdl	0.12	99.86	99.98	999	Au3b
GTS-115-20	bdl	bdl	bdl	0.12	99.68	99.81	999	Au3b
GTS-115-21	bdl	bdl	bdl	bdl	98.96	99.05	999	Au3b
GTS-115-22	bdl	bdl	0.05	0.16	99.70	99.93	999	Au3b
GTS-115-23	bdl	0.24	bdl	0.14	97.23	97.63	998	Au3b
GTS-115-24	0.03	bdl	bdl	0.15	99.43	99.61	999	Au3b

注：元素含量 bdl 表示含量低于最低检出限，最低检出限分别为：Cu=0.04%，Ag=0.07%，Sb=0.04%，Hg=0.12%，Au=0.13%。

EPMA 元素面扫描结果显示（图 3.60），大颗粒 Au3a 局部发生了 Ag 的活化富集，形成了 Au_xAg_{1-x}合金。相对于 Au3a，多孔 Au3b 相对富集 Pb，贫 Ag 和 Hg，Bi 的含量相对差异不大。

金的成色不仅对矿床成因类型具有指示意义，同时对于金的冶炼加工具有重要的实际意义。由于 Ag 和 Au 化学性质相近，因此可以进入自然金中（Boyle，1979），自然金中 Ag 的含量决定了自然金的成色高低。刘英俊等（1991）指出，与中酸性岩浆岩相关的矿床中（如浅成低温金矿床）的自然金往往成色较低，而产于变质岩中的金矿床中的自然金往往成色较高。Morrison 等（1991）对比了不同矿床类型中自然金的成色，发现产于太古宙石英脉型金矿床中自然金成色最高，且变化范围不大（图 3.61）。

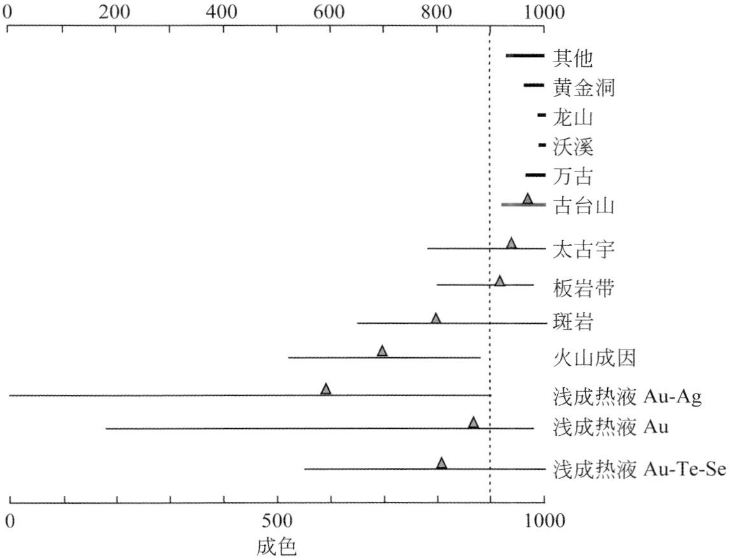

图 3.61 不同类型矿床中自然金的成色分布图
（据李伟，2019）
除湘中地区金矿床外，其他类型矿床数据范围据 Morrison et al.（1991）；龙山、黄金洞和其他赋存在冷家溪群和板溪群中的矿床数据来自罗献林（1986）；万古矿床据毛景文等（1997）；沃溪矿床据彭渤和陈广浩（2000）

湘中地区赋存于板溪群和冷家溪群地层中的石英脉型金矿床，其中自然金的纯度值主要集中在 990～1000（图 3.61），与全球其他地区赋存在变质岩中的石英脉型金矿中自然金具有高纯度的总体特征一致（Morrison et al. 1991）。如沃溪大型 Au-Sb-W 矿床内自然金的纯度值在 997～1000，这种自然金的形成可能与岩浆流体作用有关（彭渤和陈广浩，2000）：富 Cl 酸性岩浆流体上升到浅部与大气降水混合，成矿体系的物理化学性质，包括温压、pH 和 fO_2等发生急剧变化，导致超纯自然金的形成。但 Zhu 和 Peng（2015）测定了沃溪矿床中不同类型包裹体的温度和盐度值为 140～240℃和<7.0% NaCl equiv.，成矿流体中含大量 CO_2、显示中等 pH 特点。因此，基于 Ag、Au 化学运移理论得出的超纯自然金的形成机制需要进一步确定。Liang 等（2014）通过测试沃溪矿床白钨矿包裹体的 LA-ICP-MS 成分，指出流体中较高的 Au/Ag 值是导致沃溪 Au-Sb-W 矿床中高纯度自然金

形成的原因。

综上所述，目前已有研究主要是以成矿流体性质作为窗口探讨其对高成色自然金形成的影响（Morrison et al.，1991；Huston et al.，1992；Pal′yanova，2008），而通过开展矿物学研究来探讨成矿流体中的 Au 和 Ag 在矿物中的分配，进而导致高纯度自然金生成的研究还很少，Sack 和 Brackebusch（2004）提出利用黝铜矿的化学组成可以很好地指示自然金的成色。本研究发现，古台山矿床中的自然金的成色均高于 910，部分大颗粒自然金接近 999。综合所有分析数据，认为以下几个方面的因素可能是导致古台山矿床高成色自然金形成的重要机制。

（1）如前所述，古台山矿床的成矿流体具有中低温（180 ~ 320℃）、中低盐度（0.82% ~15.1% NaCl equiv.）的特点，同时石英脉中的矿物组合（黄铁矿+铁白云石）表明成矿流体 pH 近中性，Ag 和 Au 可分别以 $AgCl_2$ 和 $Au(HS)_2^-$ 的形式运移（图 3.62a；Gammons and Williams-Jones，1997）。同时在古台山矿床中不发育含 Ag-Sb-或 Ag-Pb-Sb 的硫盐矿物，而这些矿物的生长主要取决于流体中的 Ag 含量，暗示出成矿流体相对贫 Ag，具有高的 Au/Ag 值（图 3.62b）。

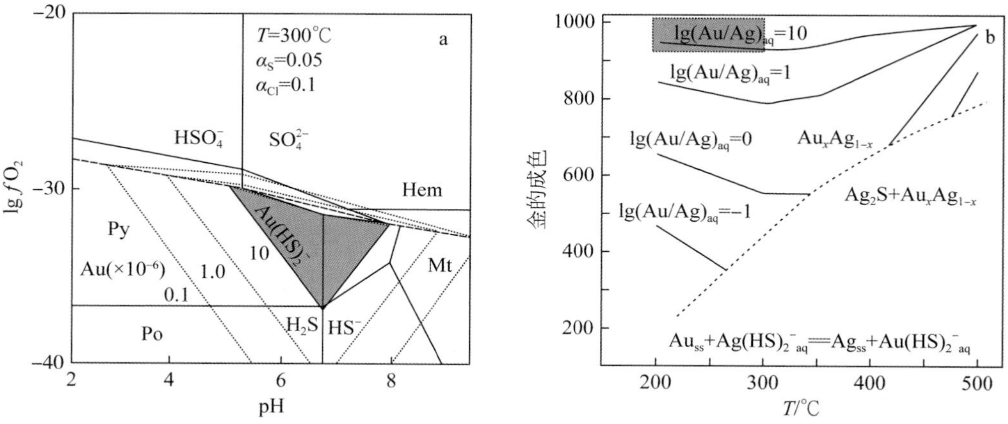

图 3.62　金溶解度 fO_2-pH 图解（a）和自然金的成色随温度和溶液中不同比例 Au/Ag 值的变化图解（b）（据 Li et al.，2019b）

图 a 据 Phillipst 和 Powell（2010）；图 b 据 Pal′yanova（2008）；Hem. 赤铁矿；Mt. 磁铁矿；Po. 磁黄铁矿；Py. 黄铁矿

（2）成矿流体中的 Ag 更多地进入了其他矿物相，而没有进入自然金。电子探针分析结果显示，古台山矿床中的黝铜矿为富 Cu 端元的黝铜矿（$Cu_{9.60\sim10.03}Fe_{0.14\sim0.88}Zn_{1.27\sim1.86}As_{0.09\sim0.62}Sb_{3.29\sim3.81}S_{12.97\sim13.39}$），该端元组分的黝铜矿有利于 Ag 进入其矿物晶格（Sack and Brackebusch，2004）。因此，黝铜矿的生成将有利于古台山高纯度自然金的形成。此外，LA-ICP-MS 分析结果表明，除黝铜矿外，其他硫盐矿物，如车轮矿，也含有一定量的 Ag。因此，含 Sb 硫盐矿物的存在将有利于高纯度自然金的形成。

（3）流体包裹体测温数据显示，不同深度石英中的包裹体温度变化不大，与受构造控制的石英脉型金矿床中的同一阶段包裹体在垂向几千米范围温度变化的规律相一致（Goldfarb et al.，2005）。成矿流体温度变化不大，有利于 $AgCl_2^-$ 络合物在成矿流体系统中稳定运移。因此，在 Au 的络合物失稳发生沉淀自然金的过程中，Ag 与 Au 发生分离。这种推测也与很多地质情况相符合，如在很多斑岩-夕卡岩矿床外围发育大量的远端脉状 Pb-Zn-Ag 矿床（Sillitoe，2010；Mao et al.，2011）。

（4）从自然金 EPMA 面扫描结果（图 3.60）可知，大颗粒自然金发生了 Ag 的局部富集，表明自然金在与晚期流体相互作用过程中，发生了元素的再迁移。同时这一过程中 Ag、Hg 发生富集而元素 Bi 却相对亏损，可能反映出：①自然金在结晶晚期，成矿流体中的 Ag/Au 值在不断升高；②含 Ag 硫盐矿物在与流体相互作用过程中发生分解，导致 Ag 的活化，沿自然金的裂隙与 Au 发生反应。

2）硫化物

本次工作对前 3 个阶段的毒砂和黄铁矿进行了显微结构分析，根据成矿阶段和结构差异（图 3.63），分别划分出 10 种和 4 种不同结构类型的黄铁矿和毒砂。

第Ⅰ阶段：板岩中的沉积黄铁矿层，单层厚度多<1cm。SEM 显微结构观察发现，这些黄铁矿集合体主要由细粒自形黄铁矿（Py1a）和相对粗大半自形-他形重结晶黄铁矿（Py1b 和 Py1c）组成（图 3.63a ~ c）。Py1a 粒径通常<3μm，集合体大小多为几十至几百微米。Py1b 粒径多为 50 ~ 100μm，他形 Py1c 集合体大小多为 2 ~ 10mm。沉积黄铁矿中偶见半自形毒砂（Apy1），粒径 2000 ~ 3000μm。显微结构特征表明 Apy1 被 Py1b 交代（图 3.63d），在 Apy1 颗粒边部可见少量车轮矿和铁白云石。

第Ⅱ阶段：此阶段共识别出 3 种不同结构黄铁矿，命名为 Py2a、Py2b 和 Py2c（图 3.63e ~ g）。Py2a 在石英脉和两侧围岩中均广泛分布，呈半自形-他形晶，粒径几十至几百微米。石英脉中的 Py2a 为均质结构，孔洞不发育，蚀变围岩中的 Py2a 核部孔洞发育，多数孔洞中充填有绢云母（图 3.63f）。Py2b 和 Py2c 仅在石英脉中发育。Py2b 多叠加在 Py2a 颗粒之上，粒径为几百微米，环带结构发育（图 3.63e）。Py2c 集合体主要沿石英脉与围岩接触带一侧分布。Py2c 粒径多<100μm，在 BSE 图像呈均一结构（图 3.63g）。这个阶段的毒砂（Apy2）在石英脉和两侧蚀变围岩中均可见。显微结构观察表明，产于蚀变围岩中的 Apy2 孔洞发育，石英脉中的 Apy2 孔洞不发育。Apy2 粒径多为几十至几百微米，在 BSE 图像中为均一结构（图 3.63f）。

第Ⅲ阶段：黄铁矿和毒砂在不同产状和矿物组合的石英脉中，表现出更加复杂的结构变化。根据结构差异可划分出 4 种黄铁矿（Py3a ~ Py3d）和 2 种毒砂（Apy3a ~ Apy3b）（图 3.63i ~ l）。Py3a 和 Apy3a 分布在第一和第二种矿化石英脉中，Py3b 和 Apy3b 分布在第三种矿化石英脉中，Py3c 和 Py3d 分布在第四种矿化石英脉中。

Py3a 呈半自形-他形粒状结构，粒径为几百至几千微米。BSE 结构观察显示，分布在石英脉中的 Py3a 发育溶解-再沉淀结构（图 3.63i）；围岩中的 Py3a 虽然孔洞发育，但结构相对均一。Py3b 呈半自形-他形粒状结构，粒径为几十至几百微米。镜下观察发现 Py3b 与 Apy3b 呈直接接触或包裹关系（图 3.63k）。在 BSE 图像中，Py3b 显示均一结构特征。Py3c 呈他形粒状，粒径变化不大，为 150 ~ 200μm，BSE 图像中呈现环带结构（图 3.63l）。Py3d 颗粒充填 Py3c 颗粒间隙，为他形粒状结构，粒径<50μm；BSE 图像中显示均一结构（图 3.63l）。

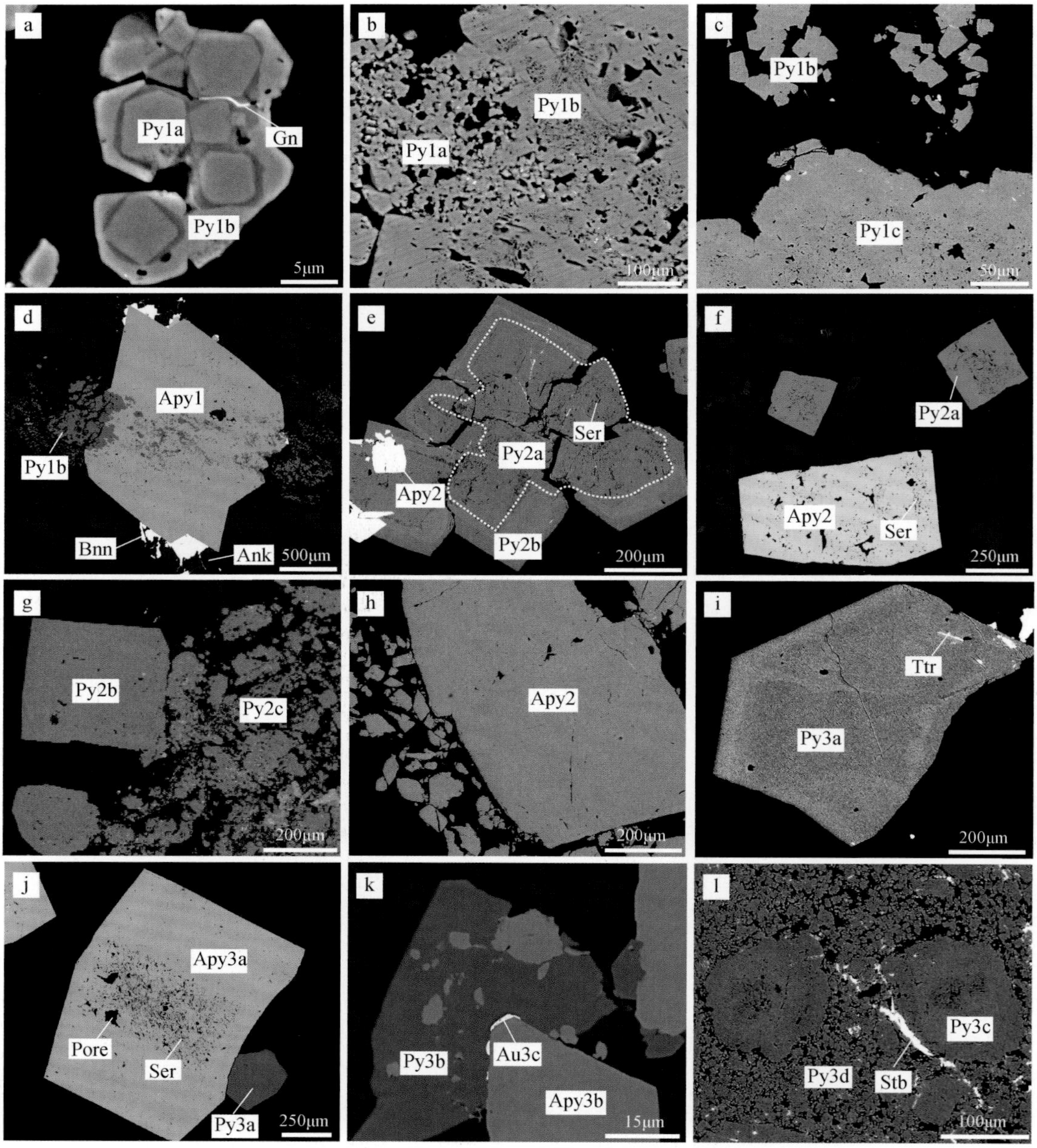

图 3.63　古台山矿床不同阶段黄铁矿和毒砂的 BSE 显微结构特征

（据 Li et al.，2019c）

a～d 第Ⅰ阶段，e～h 第Ⅱ阶段，i～l 第Ⅲ阶段；a～c. 沉积成因黄铁矿；a. 自形 Py1a 被他形 Py1b 包裹；b. Py1a 微晶集合体被重结晶 Py1b 包裹；c. 大颗粒重结晶 Py1c 与相对小颗粒重结晶 Py1c 共存；d. 沉积黄铁矿层中的半自形毒砂被沉积成因黄铁矿交代；e. 多孔 Py2a 被环带 Py2b 包裹，Py2a 中可见绢云母包体；f. 多孔的毒砂和黄铁矿；g. 他形细粒 Py2c 充填自形环带发育的 Py2b；h. 半自形大颗粒毒砂，可能受到后期碎裂作用在其颗粒边缘分布他形细粒毒砂；i. 非均一结构的黄铁矿；j. 与黄铁矿共生的多孔毒砂；k. 具均一结构共生的毒砂和黄铁矿，可见金沿毒砂和黄铁矿接触带分布；l. 半自形环带发育的 Py3c 被他形细粒 Py3d 和辉锑矿充填包裹；Py. 黄铁矿；Apy. 毒砂；Gn. 方铅矿；Ser. 绢云母；Stb. 辉锑矿；Pore. 孔洞；Ank. 铁白云石；Bnn. 车轮矿；Ttr. 黝铜矿

Apy3a 呈自形-半自形粒状结构，粒径为几百至几千微米。蚀变围岩中的 Apy3a 孔洞发育（图 3.63l），孔洞中多充填绢云母。石英脉中的 Apy3a 在 BSE 图像中多呈均一结构，可见少量 Apy3a 颗粒发育溶解—再沉淀结构。Apy3b 呈半自形-他形粒状结构，粒径为几十至几百微米，在 BSE 图像中显示均一结构（图 3.63k）。

对古台山矿床不同阶段、不同结构的黄铁矿和毒砂开展了 EPMA 和 LA-ICP-MS 元素含量分析。为最大限度地避免矿物包体对元素含量的影响，对每个 LA-ICP-MS 测试点的测试信号值随时间的变化进行了逐一核实，选取各种信号峰谱最为平坦的点及其信号时间区间计算其微量元素含量，分析结果见图 3.64 和图 3.65。

由此可见，矿床中不同阶段和结构类型黄铁矿的微量元素组成存在明显差异（图3.64）。

第Ⅰ阶段：沉积成因的 Py1a、Py1b 和 Py1c 中的 Au、Cu、Co、Ni、Zn、Mo、Mn、Sb、Bi、Te、Ag 和 Pb 含量多高于检出限。Py1a 中的不可见 Au 含量为 $0.82\times10^{-6}\sim4.6\times10^{-6}$；重结晶的 Py1b 和 Py1c 中不可见金含量分别为 $0.04\times10^{-6}\sim3.75\times10^{-6}$ 和 $0.17\times10^{-6}\sim3.7\times10^{-6}$。Py1a 中 Pb 含量明显高于 Py1b 和 Py1c，含量为 $1890\times10^{-6}\sim7370\times10^{-6}$，平均值为 4416×10^{-6}。重结晶细粒 Py1b 中的 Cu、Zn、Mn、Mo 含量低于粗粒的 Py1c。

第Ⅱ阶段：Py2a、Py2b 和 Py2c 中除元素 Bi 含量存在差异外，其他元素含量差异不大。蚀变围岩中孔洞发育的 Py2a 和石英脉体中均质的 Py2a 微量元素含量差异也不大。Py2a、Py2b 和 Py2c 中不可见 Au 含量分别为 $0.11\times10^{-6}\sim18.4\times10^{-6}$、$0.08\times10^{-6}\sim5.6\times10^{-6}$ 和 $0.63\times10^{-6}\sim15.9\times10^{-6}$。Py2c 中 Bi 含量为 $0.48\times10^{-6}\sim25.5\times10^{-6}$，平均值为 7.7×10^{-6}，Py2a 和 Py2b 中 Bi 的平均含量分别为 1.9×10^{-6} 和 0.09×10^{-6}。

第Ⅲ阶段：Py3a 中不可见 Au 含量为 $0.13\times10^{-6}\sim17.4\times10^{-6}$，平均为 3.0×10^{-6}。Py3a 中 Co 和 Ni 含量在不同样品中变化很大，可相差 4 个数量级，如 Co 含量为 $0.03\times10^{-6}\sim408\times10^{-6}$，Ni 含量为 $0.50\times10^{-6}\sim987\times10^{-6}$。其他元素（如 Cu、Zn、Se、Mn、Sb、Pb 和 Bi）含量往往很低，且样品间含量差异不大。

Py3b 相对 Py3a，具有更高的 Au 和 As 含量，不可见 Au 含量平均为 12.3×10^{-6}。需要指出的是，在这一世代黄铁矿中，最高含量的不可见 Au 分析点的 As 含量不是最高（图 3.64），如 27.3×10^{-6} 的最高 Au 含量分析点对应的 As 含量为 $12\ 210\times10^{-6}$，23.6×10^{-6} Au 含量分析点对应的 As 含量为 $16\ 080\times10^{-6}$。与辉锑矿共生的 Py3c 和 Py3d 以含高的 Sb 为特征，Sb 含量分别为 $5.8‰\sim650\times10^{-6}$ 和 $8.7‰\sim710\times10^{-6}$。Py3c 中不可见 Au 含量为 $2.1‰\sim51.0\times10^{-6}$，平均为 14.6×10^{-6}。Py3d 中不可见 Au 含量为 $0.19‰\sim6.1\times10^{-6}$，平均为 1.4×10^{-6}。

LA-ICP-MS 分析结果显示，古台山矿床不同阶段和结构类型毒砂中的不可见 Au 含量也存在一定差异，并且同一阶段不同样品间的不可见 Au 含量相差也很大，微量元素含量总体变化特征见图 3.65。

不可见 Au 在 Apy1、Apy2、Apy3 和 Apy4 中的含量分别为 $1.1\times10^{-6}\sim69.4\times10^{-6}$、$0.19\times10^{-6}\sim85.8\times10^{-6}$、$0.41\times10^{-6}\sim224\times10^{-6}$ 和 $2.9\times10^{-6}\sim367\times10^{-6}$。需要指出的是，不可见 Au 含量高于 20×10^{-6} 的毒砂主要来自第Ⅲ阶段。对与大颗粒自然金（Au3a）共生的毒砂（图 3.59b）的分析结果显示，18 个测试点中只有 6 个点的测试值低于 55×10^{-6}；发育溶解—再沉淀结构的毒砂（图 3.59e）的 12 个测试点显示不可见 Au 含量为 $0.49\times10^{-6}\sim$

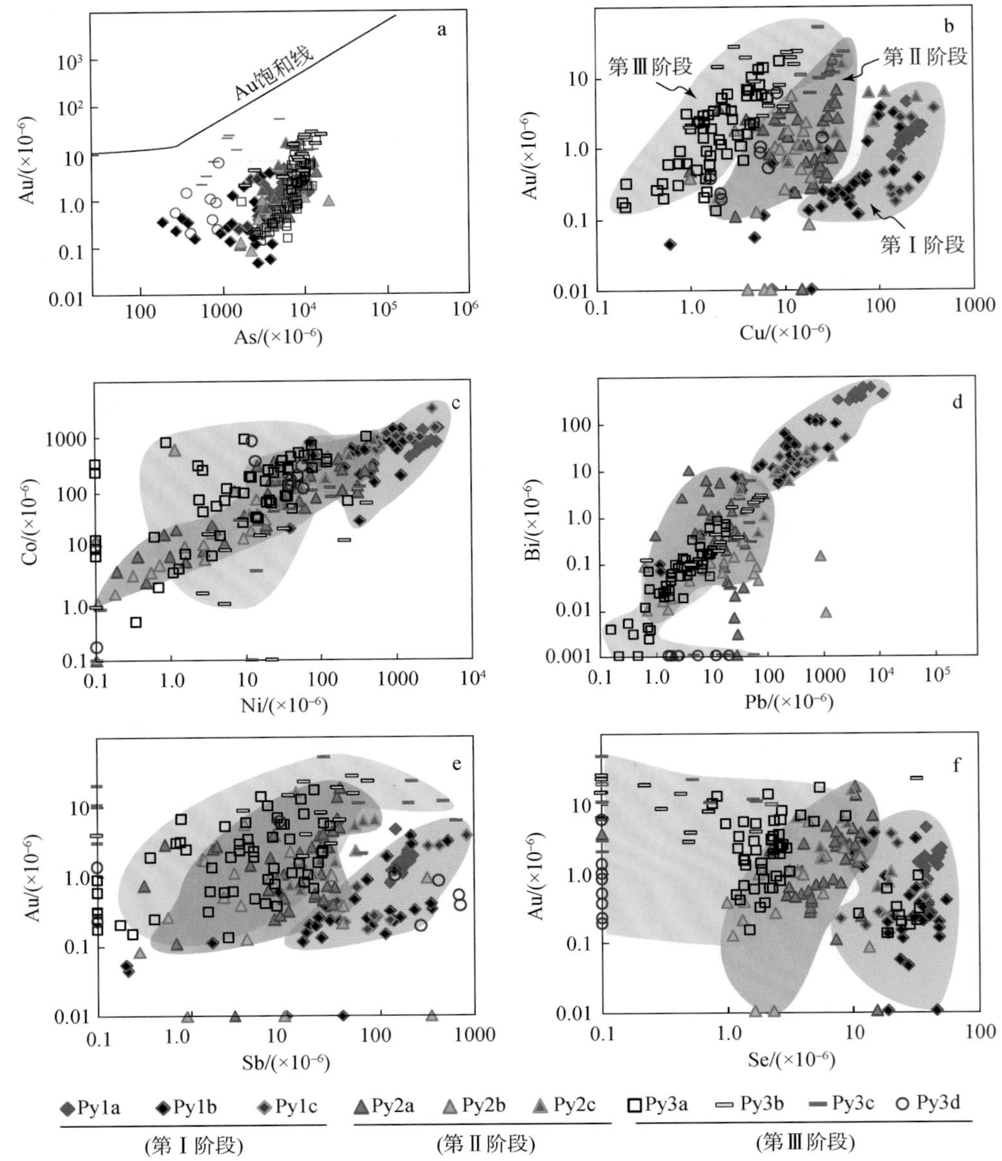

图 3.64 古台山矿床不同阶段黄铁矿（Py）微量元素变化特征图解

（据 Li et al.，2019c 修改）

5.9×10^{-6}，平均为 2.2×10^{-6}。元素 Co、Ni、Cu、Se、Sb、Te 和 Pb 在不同世代毒砂中的含量多高于检出限。第Ⅲ阶段毒砂中的 Sb 含量为 120×10^{-6} ~ 2620×10^{-6}。分析结果显示石英脉和蚀变围岩中的毒砂 Ni 含量存在一定差异。以 Apy2 为例，石英脉中的 Ni 含量为 2.0×10^{-6} ~ 200×10^{-6}（$n=31$），平均值为 54.0×10^{-6}；蚀变围岩中的 Ni 含量为 22.0×10^{-6} ~ 1450×10^{-6}（$n=41$），平均值为 281×10^{-6}。

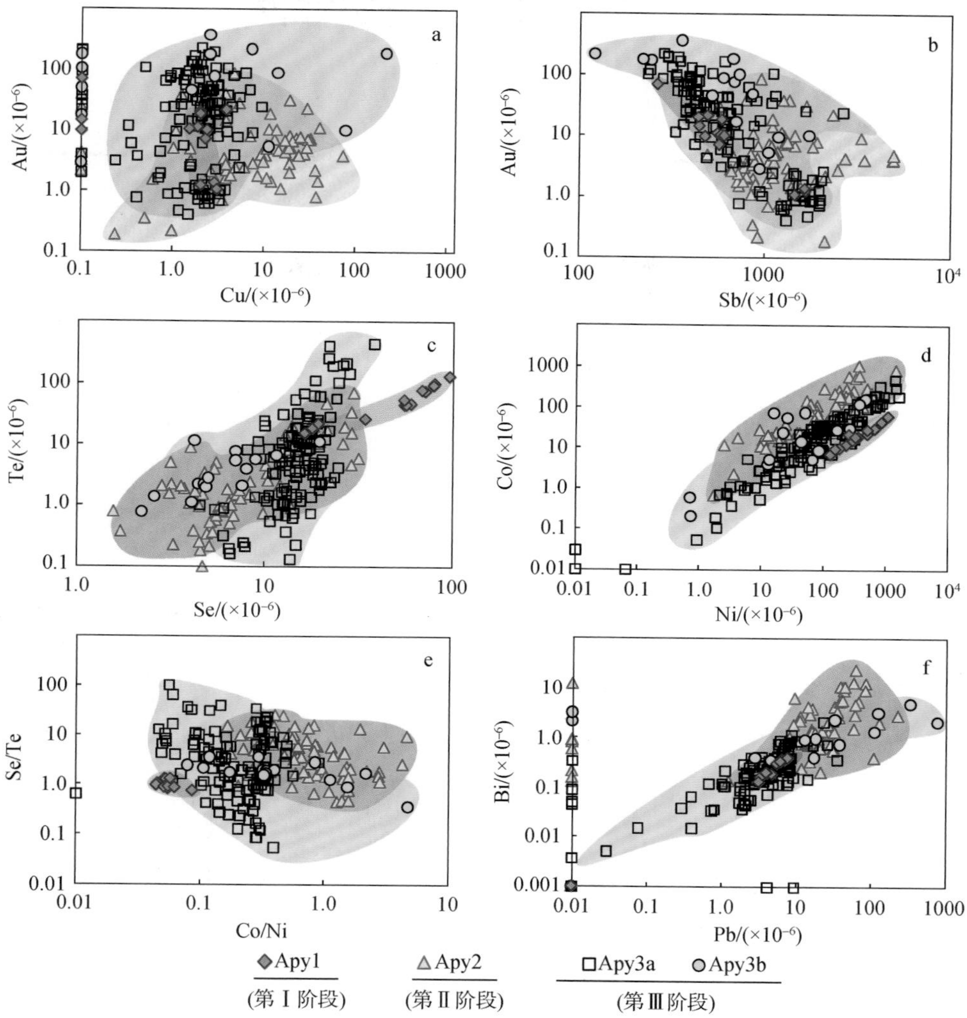

图 3.65　古台山矿床不同阶段毒砂（Apy）的微量元素变化特征图解

（据 Li et al.，2019c 修改）

选取第Ⅱ阶段 1 个 Py2a-Py2b 集合体（图 3.66）、第Ⅲ阶段 1 个“孪生”Py3a 集合体（图 3.67）和 2 个 Apy3a 颗粒（图 3.68，图 3.69）开展了 LA-ICP-MS 元素面扫描分析。分析结果表明，Py2a-Py2b 集合体显示出复杂的 As、Au、Cu、Sb、Se、Ag、Pb、Co 和 Ni 元素分带（图 3.66），元素 Au 与 As、Cu、Co、Bi、Se 和 Ni 无明显的相关性。元素 Co 和 Ni 表现出很好的正相关性，主要分布在 Py2b 的内环带。元素 Se 主要分布在 Py2b 的内环带和最边部。元素 Cu 和 As 在 Py2b 表现出很好的正相关性。

具有多孔核均边结构的孪晶 Py3a 中的 Au 与 As、Cu、Sb、Pb 和 Bi 元素显示出一定的分带或环带（图 3.67），并且这些元素主要分布在核部。Co 和 Ni 表现出很好的正相关性，主要分布在颗粒边部。

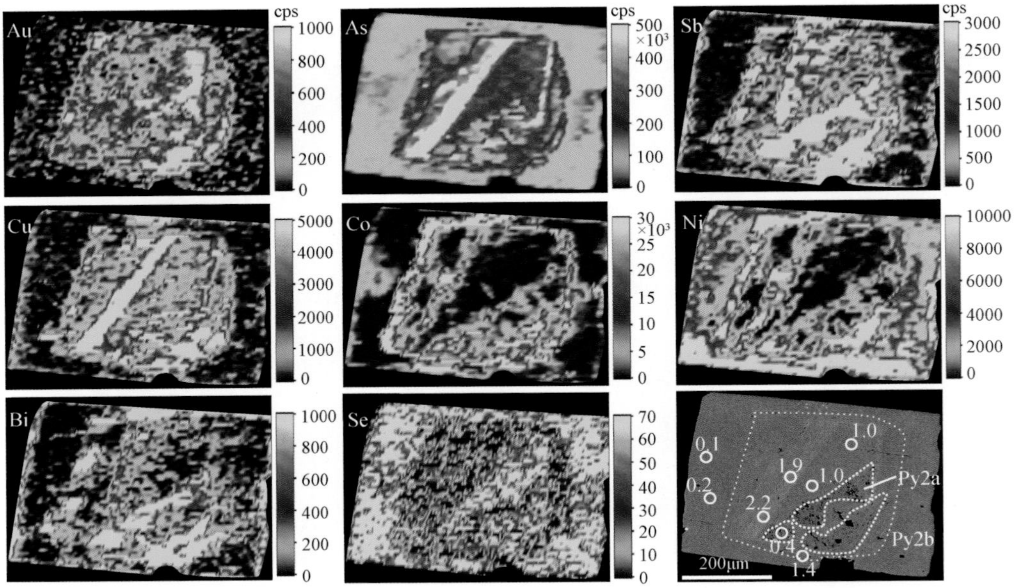

图 3.66　古台山矿床第Ⅱ阶段黄铁矿（Py）LA-ICP-MS 面扫描元素分布图

（据 Li et al.，2019c）

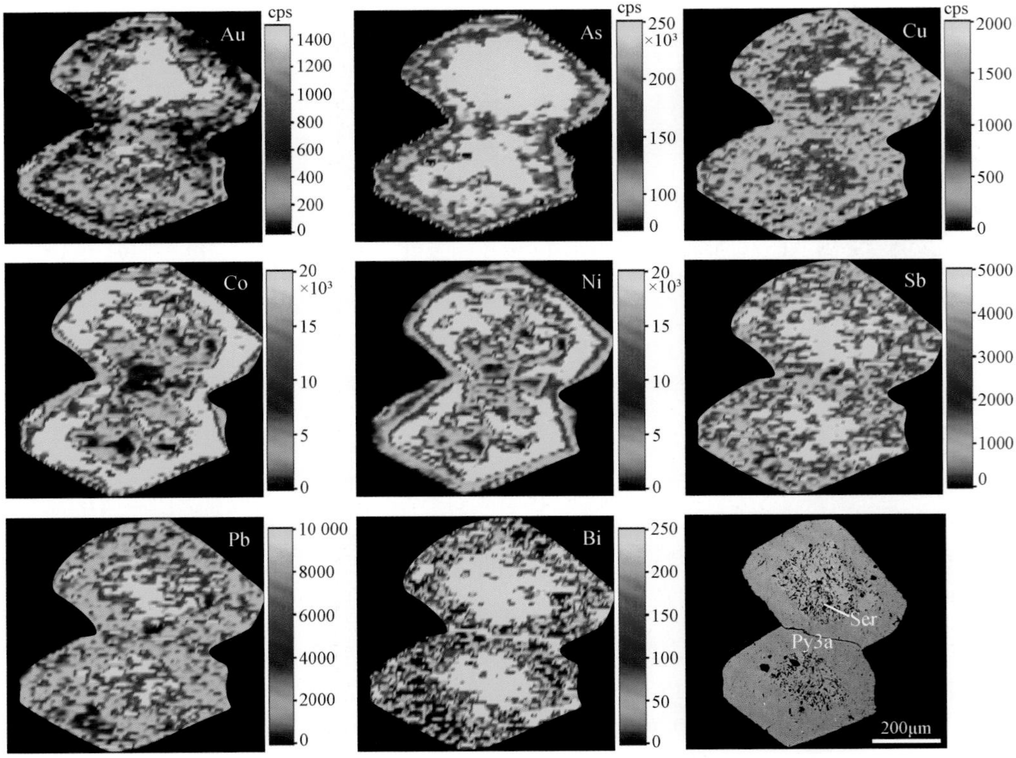

图 3.67　古台山矿床第Ⅲ阶段黄铁矿（Py）LA-ICP-MS 面扫描元素分布图

（据 Li et al.，2019c）

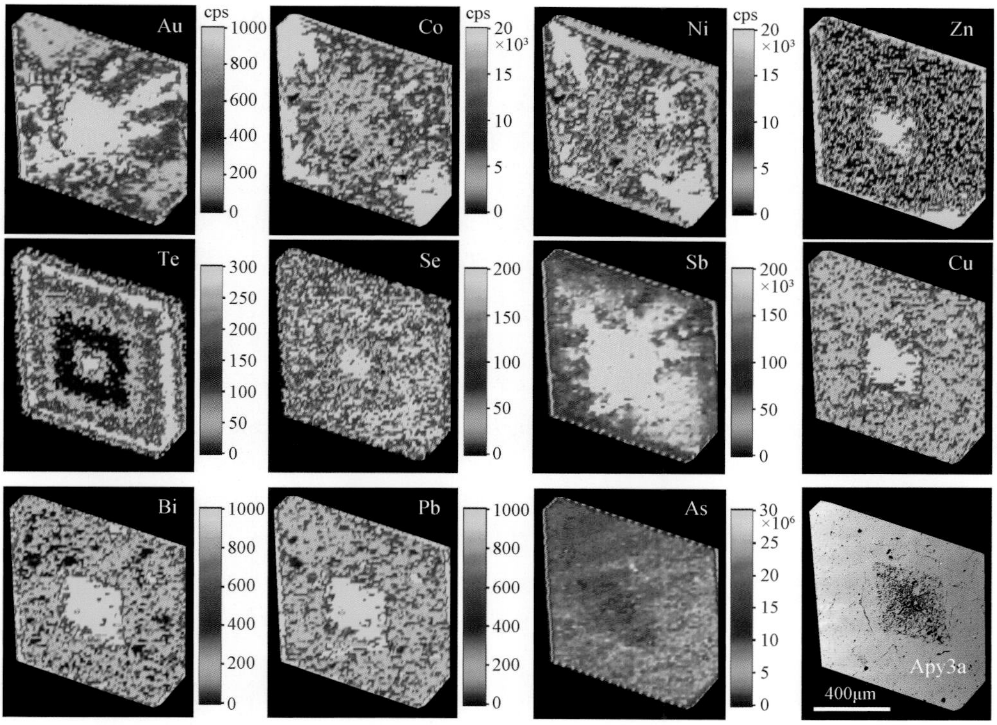

图 3.68　古台山矿床第Ⅲ阶段围岩中毒砂（Apy）LA-ICP-MS 面扫描元素分布图
（据 Li et al.，2019c）

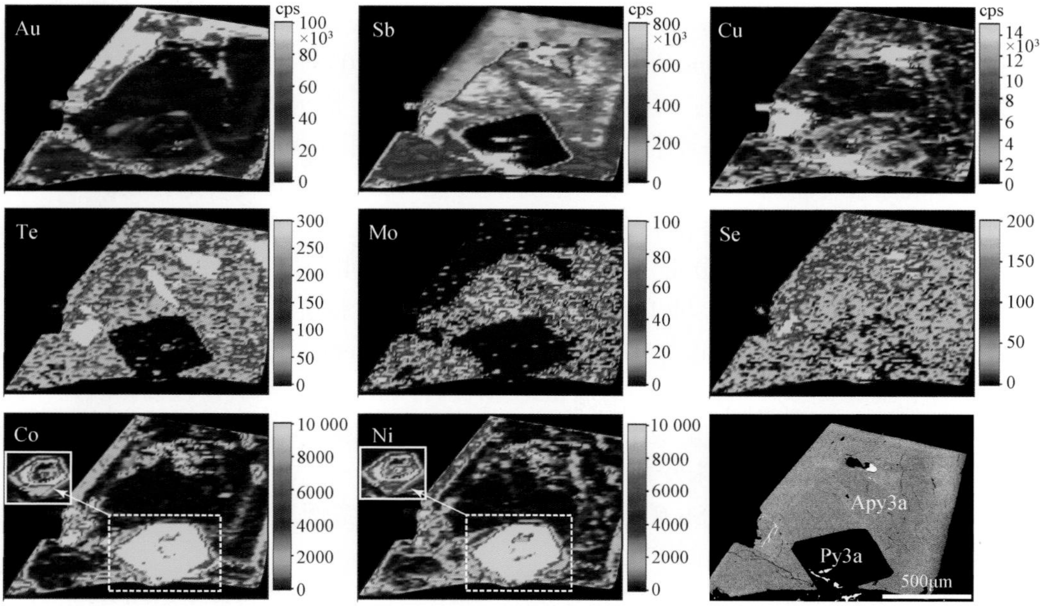

图 3.69　古台山矿床第Ⅲ阶段石英脉中毒砂（Apy）LA-ICP-MS 面扫描元素分布图
（据 Li et al.，2019c）

石英脉和围岩中的 Apy3a 具有明显不同的元素分布特征（图 3.68、图 3.69）。围岩的 Apy3a 在 BSE 图像中显示无明显非均一结构，但 LA-ICP-MS 面扫描结果显示出非常明显的元素环带（图 3.68），Au 主要分布在核部区域。元素 Co 和 Ni 表现出很好的正相关分布，主要分布在颗粒边部，且与 Au、Sb、Cu、Bi 和 Pb 呈反相关分布。元素 Se 和 Te 展现出规则的环带分布特征，主要集中在内核和外环带中。

石英脉中具有溶解-再沉淀结构的 Apy3a 元素面扫描分析结果显示（图 3.69），Au 主要分布在富 As 的边部（图 3.69），与 Sb、Mo 和 Te 呈反相关分布。元素 Co 和 Ni 表现出很好的正相关性，优先富集在黄铁矿中。

古台山矿床中，毒砂和黄铁矿中的不可见金均分布在金饱和线下方，暗示不可见金主要为晶格金（Reich et al., 2005）。同时不可见金在毒砂中的含量高于黄铁矿 1 ~ 2 个数量级，与毒砂比共生黄铁矿优先富集不可见金的规律相吻合（Cook and Chryssoulis, 1990; Fleet and Mumin, 1997; Reich et al., 2005）。

LA-ICP-MS 元素面扫描结果显示，第Ⅲ阶段围岩中的未受到后期流体明显交代的毒砂和石英脉体中受到后期流体明显交代的毒砂显示出截然不同的元素分布特征（图 3.68、图 3.69）。围岩中的毒砂中的 Au 和 Sb 总体表现为正相关分布，石英脉中的毒砂 Au 和 Sb 表现为反相关分布。这在一定程度上说明毒砂中的 Sb 容易发生迁移，或矿物结晶过程中晚期流体中相对贫 Sb。但考虑到大量含 Sb 硫盐矿物的存在，因此排除流体贫 Sb 的可能。Sb 和 As 表现为反相关变化，表明 Sb 置换 As 将有利于毒砂中 Au 的吸收。

本研究发现，产于板岩中的古台山金矿床中毒砂的 Cu、As 存在一定的解耦现象（图 3.68）。黄铁矿 Cu-As 解耦现象已在中国江西德兴斑岩铜矿（Reich et al., 2013）、秘鲁和多米尼加共和国 Yanacocha and Pueblo Viejo 浅成低温 Au 和 Ag-Au 矿床中报道（Deditius et al., 2009）。Deditius 等（2009）和 Reich 等（2013）指出黄铁矿中的 Cu-As 解耦现象记录了流体成分的改变，可能与流体混合过程相关。因为单一流体中沉淀的黄铁矿中的 Cu 和 As 往往分布在同一环带，表现为耦合关系。如果这种解释也适用于毒砂，则上述毒砂解耦现象也可能记录了古台山矿床在形成过程中发生过流体混合过程。

造山型金矿床和与侵入岩相关金矿床成矿系统中，往往具有从深部到浅部存在 Au-As、Au-Sb 和 Sb 的矿化元素分带。对于 Au 和 Sb 矿化之间的成因联系，目前存在一定的争议。如俄罗斯 Ob-Zaisan Au-Sb 成矿带中的 Au 矿床主要形成于 280Ma 左右，Sb 矿床形成于 250Ma 左右（Kalinin et al., 2015）。Hagemann 和 Lüders（2003）通过对西澳赋存在低级变质岩（葡萄石-绿纤石相）中的 Wiluna 脉状 Au-Sb 矿床中的流体包裹体研究，提出在流体运移至浅部的过程中，呈现出成矿阶段早期为金-黄铁矿-毒砂组合，成矿阶段晚期为金-辉锑矿组合。古台山矿床发育中深部为 Au、浅部为 Sb-Au、近地表为 Sb 的矿化分带，为讨论成矿体系中 Au 和 Sb 矿化分带关系提供了典型实例。通过以下几方面的证据，认为上述元素分带代表了连续的矿化过程。

（1）矿物结构和 LA-ICP-MS 分析结果显示，第三阶段黄铁矿和毒砂中的 Sb 含量为几十至几千 10^{-6}、大量含 Sb 硫盐矿物的存在（图 3.70）、自然金被方锑金矿包裹（图 3.59c）及辉锑矿与自然金共生（图 3.59f）。这些现象均表明成矿流体可同时运移 Au 和 Sb。

（2）辉锑矿的 $\delta^{34}S$ 值为 $-3.4‰ \sim 8.4‰$，平均值为 0.55‰（余建国，1998）。上述辉

锑矿较大的硫同位素组成变化可能与储库效应或瑞利分馏过程有关（Zheng and Hoefs，1993）。通过辉锑矿与溶液中 H_2S 分馏方程（$1000\ \ln\alpha_{stibnite-H_2S}=-0.75\times10^6/T^2$，Ohmoto and Rye，1979），计算得到对应的 H_2S 的 $\delta^{34}S$ 值为 3.9‰（200℃）或 3.3‰（250℃）。本次测试与辉锑矿共生的黄铁矿的 $\delta^{34}S$ 值为 0.5‰～2.1‰，通过黄铁矿与溶液中 H_2S 分馏方程（$1000\ \ln\alpha_{pyrite-H_2S}=0.4\times10^6/T^2$；Ohmoto and Rye，1979），计算得到的 H_2S 的平均 $\delta^{34}S$ 值为-0.8‰（200℃）或-0.5‰（250℃）。这些值均与第三阶段其他世代黄铁矿和毒砂的 $\delta^{34}S$ 值接近（-2.2‰～0.3‰，$n=14$；-3.7‰～1.7‰，$n=14$）。因此，硫同位素证据表明毒砂、黄铁矿、辉锑矿具有相同的 S 源。

（3）实验研究表明，控制成矿流体中辉锑矿沉淀的主要因素为温度、fS_2、fO_2和 pH，温度降低是导致辉锑矿沉淀的主要因素（Krupp，1988；Williams-Jones and Normand，1997）。基于毒砂电子探针数据计算得到的 As 原子摩尔百分比为 28%～30%，同时结合石英流体包裹体均一数据，共同限定自然金的沉淀温度范围为 200～320℃，平均值为 255℃。在这种温度条件下，溶液中 Sb 的络合物溶解度很高［如 $Sb_2S_2(OH)_2^0$］，不会沉淀辉锑矿，只有含 Sb 的硫盐矿物沉淀。伴随着大量毒砂、黄铁矿等硫化物的沉淀，成矿体系中的 S 离子浓度降低，诱发自然金的沉淀［$Au(HS)_2^-+0.5H_2O$ ══ Au^0（自然金）$+H_2S+HS^-+0.25O_2$］，进而促进辉锑矿的沉淀［$Sb_2S_2(OH)_2^0+0.5H_2S$ ══ $0.5Sb_2S_3$（辉锑矿）$+H_2O$］。

3）硫盐矿物

对含金石英脉中的硫盐矿物进行了矿物种类鉴别、显微结构和成分研究。共识别出 9 种（Cu）-Pb-Sb 硫盐矿物，其中 2 种矿物因粒径太小，未能准确测定其成分。

车轮矿：在石英脉中随机分布，相对其他硫盐矿物含量最高，多与自然金、脆硫锑铅矿等矿物共生（图 3.70）。镜下观察多为他形粒状结构，粒径通常为几百至几千微米。

黝铜矿：在石英脉中局部分布，多与黄铜矿紧密共生。他形粒状黝铜矿粒径多为几百至几千微米，多被黄铜矿交代，与自然金、车轮矿、方铅矿和闪锌矿共生（图 3.70a）。

硫锑铅矿：在石英脉中局部分布，根据结构差异可划分出两种不同结构的硫锑铅矿：针状晶型，这种晶型的硫锑铅矿多单独产出，长轴方向大于 1000μm（图 3.70c）；他形板状晶体，或与车轮矿共生，分布于车轮矿晶体边缘，或介于脆硫锑铅矿与闪锌矿的颗粒中间，粒径小于 100μm 或大于 1000μm（图 3.70e）。

纤硫锑铅矿：在石英脉中多与车轮矿共生产出，晶体多呈放射状，被车轮矿包裹，粒径<50μm（图 3.70c）。

脆硫锑铅矿：分布特征与纤硫锑铅矿相似，多被车轮矿包裹，多呈他形晶，粒径多<70μm（图 3.70b，图 3.70d）。

除以上含量相对较多的（Cu）-Pb-Sb 硫盐矿物，偶见以下 4 种少量的（Cu）-Pb-Sb 硫盐矿物，包括板辉锑铅矿、异硫锑铅矿及两种未能测定成分的含 Sb 硫盐矿物（粒径<2μm，电子探针成分分析失败）（图 3.70d），其中异硫锑铅矿呈针柱状，长轴方向<20μm。

除以上（Cu）-Pb-Sb 硫盐矿物，还识别出 3 种 Pb-Bi-Sb 硫盐矿物（图 3.71），包括针辉铋铅矿、硫铋锑铅矿和一种未能测定成分的含 Bi 硫盐矿物和三方碲铋矿（Li et al.，2019a，2019b）。硫铋锑铅矿集合体呈不规则长柱状，与自然金紧密共生。

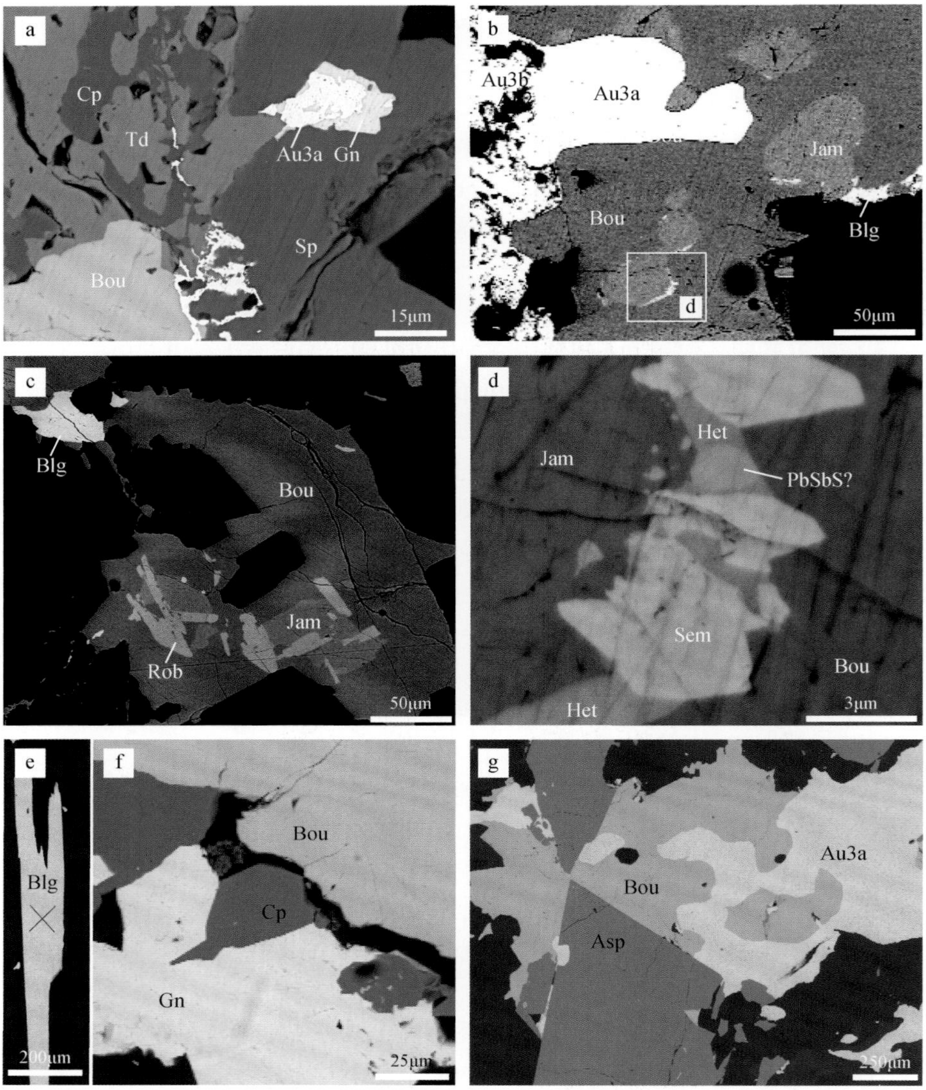

图 3.70　古台山矿床（Cu）-Pb-Sb 硫盐矿物 BSE 显微结构特征

（据 Li et al.，2019b）

a. 可见金与硫盐矿物和贱金属硫化物空间共生，黄铜矿交代黝铜矿；b. 可见金与多种硫盐矿物共生，他形脆硫锑铅矿分布在车轮矿中；c. 针状纤硫锑铅矿与脆硫锑铅矿共生分布在车轮矿中；d. 不同种类含 Sb 硫盐矿物共生；e. 针状硫锑铅矿；f. 硫盐矿物和贱金属硫化物共生；g. 毒砂与可见金、车轮矿共生；Asp. 毒砂；Au. 可见金；Blg. 硫锑铅矿；Bou. 车轮矿；Cp. 黄铜矿；Gn. 方铅矿；Het. 异硫锑铅矿；Jam. 脆硫锑铅矿；Rob. 纤硫锑铅矿；Sem. 板辉锑铅；Sp. 闪锌矿；Td. 黝铜矿

在矿物种类鉴别的基础上，对古台山矿床不同种类硫盐矿物进行了 EPMA 成分分析，各矿物组成特征简述如下。

车轮矿：含少量 As（0.06% ~1.34%）。以每个晶胞单元（apfu）中 3 个 S 原子为基准，计算得到的分子式为：$Pb_{0.96\sim0.99}Cu_{1.00\sim1.04}Sb_{0.92\sim1.03}As_{0.00\sim0.09}S_{2.96\sim3.01}$。

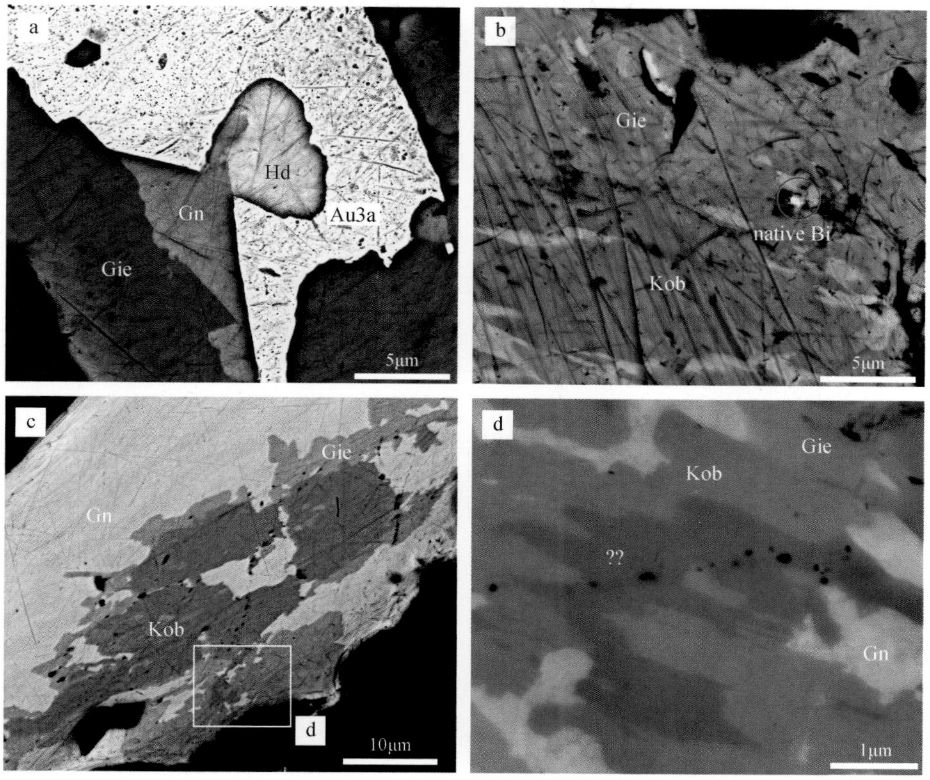

图 3.71　古台山矿床 Pb-Bi-Sb 硫盐矿物 BSE 显微结构特征

（据 Li et al., 2019b）

a. 可见金与含 Bi 硫盐矿物和方铅矿共生；b. 不同种类含 Bi 硫盐矿物，偶见自然铋；c. 方铅矿与含 Bi 硫盐矿物共生；d. 不同种类含 Bi 硫盐矿物。矿物简写：Gn. 方铅矿；Gie. 针辉铋铅矿；Hd. 三方碲铋矿；Kob. 硫铋锑铅矿

黝铜矿：As 含量较低，为 0.41% ~2.88%。元素 Zn 和 Fe 含量分别为 5.16% ~7.42% 和 0.48% ~3.07%。Hg 和 Pb 含量分别为 0.10% ~0.21% 和<0.10%。以每个晶胞单元中 13 个 S 原子为基准，计算得到的分子式为：$Cu_{9.60\sim10.03}Fe_{0.14\sim0.88}Zn_{1.27\sim1.86}As_{0.09\sim0.62}Sb_{3.29\sim3.81}S_{12.97\sim13.39}$。

硫锑铅矿：含少量 As（<0.28%）、Cu（<0.46%）、Fe（<0.18%）和 Hg（<0.18%）。元素 Bi 含量变化相对较大，最高为 0.68%，且表现出与 Sb 含量反相关的趋势。以每个晶胞单元中 3 个 S 原子为基准，计算得到的分子式为：$Pb_{4.90\sim4.97}Cu_{0.00\sim0.09}Fe_{0.00\sim0.06}Sb_{3.88\sim4.14}As_{0.15\sim0.24}S_{10.65\sim10.80}$。

脆硫锑铅矿：含有少量 Bi、Cu 和 Zn，分别为<0.60%、0.04% ~0.17% 和<0.08%。以每个晶胞单元中 14 个 S 原子为基准，计算得到的分子式为：$Pb_{3.79\sim3.87}Fe_{0.88\sim0.97}Cu_{0.01\sim0.06}Sb_{5.91\sim6.06}As_{0.19\sim0.24}S_{13.82\sim14.01}$。

纤硫锑铅矿：S、Pb 和 Sb 含量变化不大，含少量 As（0.83% ~0.90%）、Cu（0.25% ~1.14%）和 Bi（1.32% ~2.65%）。以每个晶胞单元中 13 个 S 原子为基准，计算得到的分子式为：$Pb_{3.84\sim3.91}Bi_{0.13\sim0.25}Cu_{0.08\sim0.36}Sb_{5.50\sim5.79}As_{0.22\sim0.24}S_{12.75\sim12.86}$。

板辉锑铅矿：Pb、Sb 和 S 变化不大，含少量 Fe（0.08% ~0.42%，）、Cu（0.53% ~1.08%）和 Bi（0.26% ~0.36%）。以每个晶胞单元中 21 个 S 原子为基准，计算得到的分子式为：$Pb_{8.56\sim8.73}Fe_{0.05\sim0.26}Cu_{0.29\sim0.59}Sb_{7.89\sim8.03}S_{20.69\sim20.82}$。

异硫锑铅矿：主元素变化不大，微量元素的含量变化相对较大，如 Fe（0.20% ~1.47%）、Cu（0.43% ~1.13%）和 Bi（0.32% ~0.50%）。以每个晶胞单元中 21 个 S 原子为基准，计算得到的分子式为：$Pb_{6.07\sim6.68}Fe_{0.11\sim0.76}Cu_{0.20\sim0.52}Sb_{7.86\sim8.02}S_{18.77\sim18.89}$。

针辉铋铅矿：微量元素主要为 Cu（1.01% ~1.39%）、Ag（0.12% ~0.54%）和少量 Se（0.05% ~0.08%）和 Te（<0.11%）。以每个晶胞单元中 57 个 S 原子为基准，计算得到的分子式为：$Pb_{22.20\sim25.86}Bi_{10.33\sim13.28}Cu_{1.59\sim2.19}Sb_{5.91\sim7.47}S_{50.99\sim54.88}$。

2. 玉横塘 Au 矿床

玉横塘矿床发育多阶段硫化物，显微观察发现硫化物主要为黄铁矿和毒砂，不同阶段矿物结构和成分存在明显差异，可对成矿过程起到很好的约束作用。

第Ⅰ阶段板岩中的沉积黄铁矿可划分为半自形细粒黄铁矿（Py1a）和重结晶粗粒半自形-他形黄铁矿（Py1b）两种结构类型（图 3.72a ~ b）。Py1a 粒径多<10μm，Py1b 粒径 100 ~1500μm。在 BSE 图像中 Py1a 和 Py1b 呈均一结构，Py1b 颗粒核部孔洞发育（图 3.72b）。

第Ⅱ阶段黄铁矿在不同矿化类型中展现出明显不同的结构特征。石英脉型矿石中的黄铁矿（Py2a）粒径为 50 ~500μm，孔洞发育，BSE 图像中呈均一结构（图 3.72c ~ d）。浸染状矿石中的黄铁矿（Py2b）粒径为 100 ~800μm，孔洞不发育。BSE 图像呈现明显的环带结构（图 3.72e ~ f），其中相对富 As 的核部定义为 Py2bⅠ，相对贫 As 边部定义为 Py2bⅡ。部分黄铁矿的 Py2bⅠ核与 Py2bⅡ边呈现出不同的晶体习性，其中 Py2bⅠ为立方体晶型，而 Py2bⅡ为五角十二面体或八面体（图 3.72f）。偶见第Ⅱ阶段黄铁矿包裹第Ⅰ阶段黄铁矿的现象（图 3.72e、图 3.72g）。

第Ⅲ阶段黄铁矿（Py3）粒径变化很大，其中较大的粒径为 300 ~2000μm，相对较小的粒径为 20 ~200μm。BSE 图像中，Py3 或呈均一结构（图 3.72h）或发育不规则的富 As 环带，呈现出不规则的补丁结构（图 3.72i）。

毒砂仅在第Ⅱ阶段发育，且不同矿化类型中的毒砂存在明显的结构差异。石英脉型矿石中分布在石英脉及其两侧蚀变围岩中的毒砂也表现出不同的结构特征：石英脉中的毒砂（Apy2aⅠ）粒径为 100 ~500μm，BSE 图像中显示溶解-再沉淀结构，发育富 As 边和相对贫 As 核（图 3.73a ~ b）；围岩中的毒砂（Apy2aⅡ）发育核-边结构，表现为富 As 核被相对贫 As 边沿相同的晶体生长方向叠加（图 3.73c）。

浸染状矿石中的毒砂（Apy2b）晶体形态复杂，包括针状、板状和菱形（图 3.73d ~ f），粒径为 50 ~300μm，在 BSE 图像中呈均一结构。

对不同阶段毒砂和黄铁矿开展了 LA-ICP-MS 成分研究，结果见图 3.74 和图 3.75。不同阶段黄铁矿的微量元素组成存在一定差异。第Ⅰ阶段板岩中的 Py1 不可见 Au 含量多小于 1.6×10^{-6}（$n=53$）。元素 As、Co 和 Ni 含量分别为 $99\times10^{-6}\sim3780\times10^{-6}$、$0.63\times10^{-6}\sim804\times10^{-6}$ 和 $9.4\times10^{-6}\sim2240\times10^{-6}$。其他超出检出限的元素包括 Sb、Pb、Se、Zn、Cu

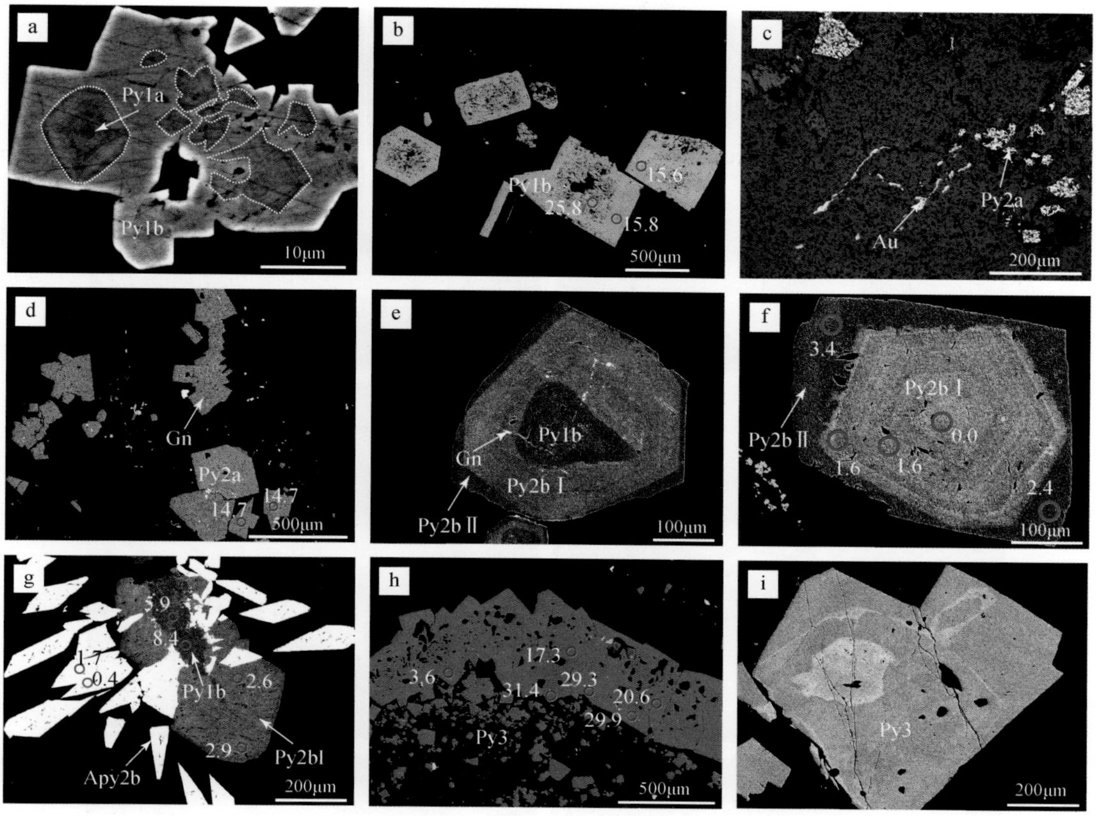

图 3.72 玉横塘矿床黄铁矿（Py）显微结构特征

（据李伟，2019）

a ~ b. 第Ⅰ阶段，c ~ g. 第Ⅱ阶段，h ~ i. 第Ⅲ阶段；图 c 为反射光，其他图为 BSE；a ~ b. 板岩中的沉积黄铁矿，自形微晶 Py1a 被半自形 Py1b 包裹；c ~ d. 石英脉型矿石中与可见金共生的多孔黄铁矿；e ~ g. 浸染状矿石中发育核边结构和环带结构的黄铁矿；h ~ i. 石英脉中的大颗粒均一黄铁矿和发育不规则富 As 核部的黄铁矿；Apy. 毒砂；Au. 可见金；Gn. 方铅矿；Py. 黄铁矿

和 Mn。

第Ⅱ阶段石英脉中的 Py2a 不可见 Au 含量低于 4.1×10^{-6}，As 含量为 $1440\times10^{-6}\sim8570\times10^{-6}$。Py2a 中 Co 和 Ni 含量变化很大（4 个数量级），Co 为 $0.03\times10^{-6}\sim762\times10^{-6}$，Ni 为 $5.6\times10^{-6}\sim1805\times10^{-6}$。元素 Se 和 Te 的含量较低，分别为 $0.70\times10^{-6}\sim8.2\times10^{-6}$ 和 $0.06\times10^{-6}\sim4.8\times10^{-6}$。

第Ⅱ阶段浸染状矿石中 Py2b Ⅰ 的微量元素含量多高于检出限，如 Au、Cu、Co、Ni、Sb、Bi、Te 和 Pb。Py2b Ⅰ 中的不可见金含量为 $0.07\times10^{-6}\sim90\times10^{-6}$，As 含量为 $6090\times10^{-6}\sim41\,800\times10^{-6}$，平均为 $28\,146\times10^{-6}$。Py2b Ⅰ 中 Cu 含量高于其他世代黄铁矿，为 $51\times10^{-6}\sim238\times10^{-6}$。Py2b Ⅱ 中的 Au 和 As 含量分别为 $<0.03\times10^{-6}\sim2.5\times10^{-6}$ 和 $825\times10^{-6}\sim5780\times10^{-6}$。与 Py2b Ⅰ 相比，Py2b Ⅱ 相对贫 Cu，Cu 含量为 $1.12\times10^{-6}\sim19.7\times10^{-6}$。

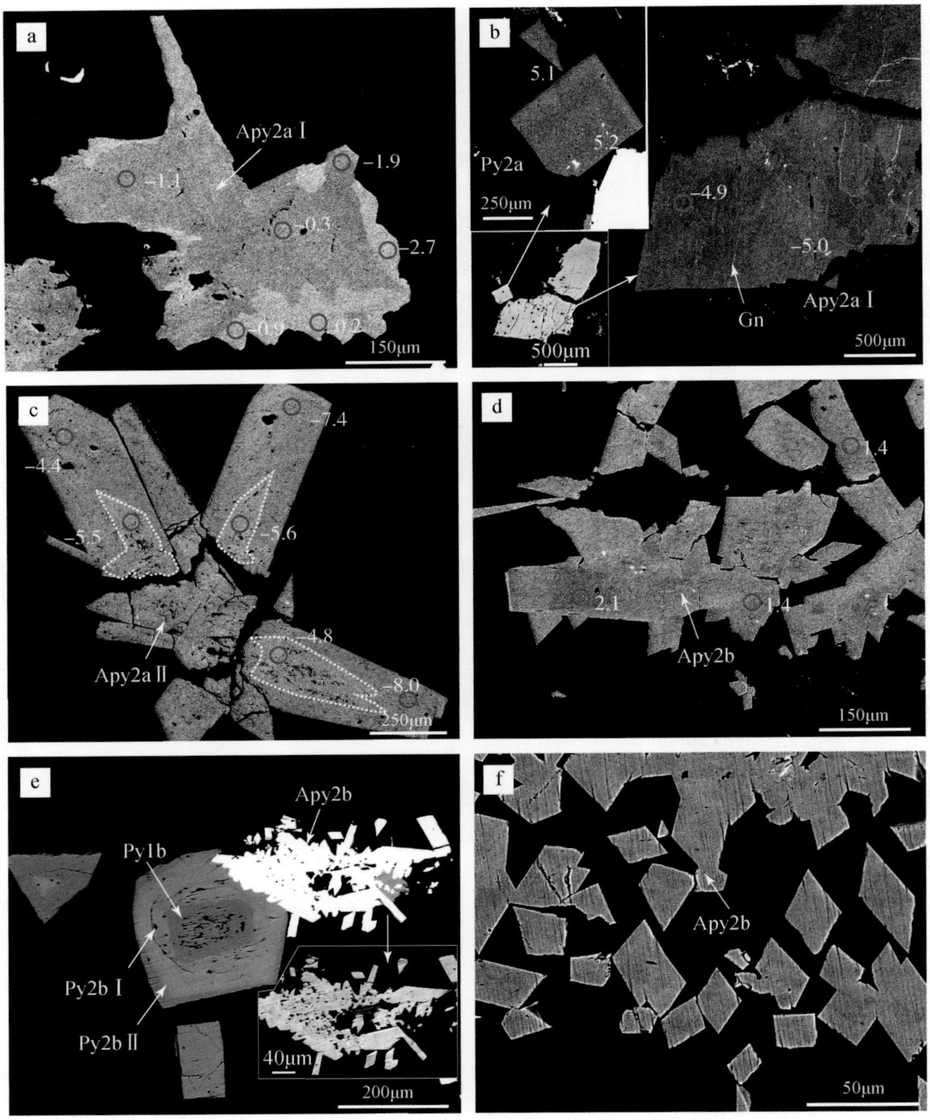

图 3.73 玉横塘矿床毒砂（Apy）BSE 显微结构特征

（据李伟，2019）

a～b. 石英脉型矿石中具有溶解-再沉淀结构毒砂；c. 石英脉型矿石中的核-边结构毒砂；
d～f. 浸染状矿石中不同晶体形态毒砂；Apy. 毒砂；Gn. 方铅矿；Py. 黄铁矿

第Ⅲ阶段石英脉中不同结构 Py3 的微量元素组成变化很大，尤其以 Au、As、Cu、Pb、Co 和 Ni 含量差异最为明显。元素 Au 和 As 含量分别为 $0.03\times10^{-6}\sim30\times10^{-6}$ 和 $18\times10^{-6}\sim23\ 120\times10^{-6}$（$n=53$），且表现出富 As 环带也富 Au 的特征。

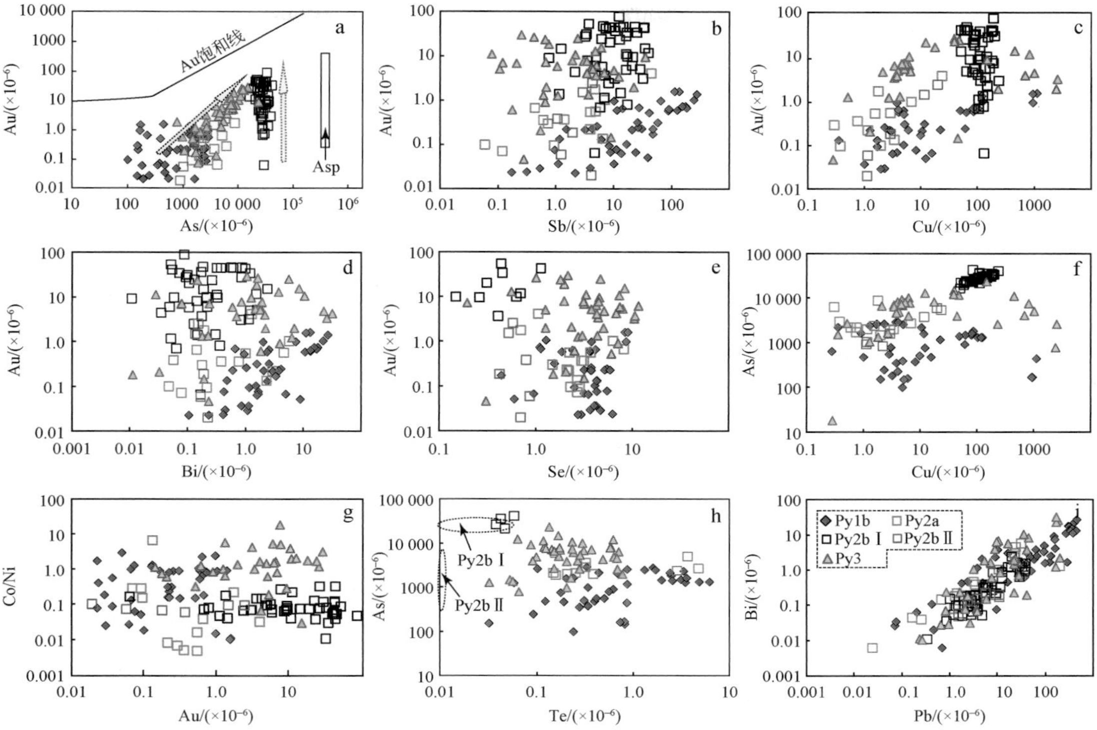

图 3.74　玉横塘矿床不同阶段和结构黄铁矿（Py）微量元素变化图解

第Ⅱ阶段不同结构亚类毒砂中的不可见金含量变化很大（图 3.75）。Apy2aⅠ、Apy2aⅡ和 Apy2b 中的不可见金含量分别为 $<0.65\times10^{-6}\sim77.6\times10^{-6}$、$0.67\times10^{-6}\sim12.8\times10^{-6}$ 和 $0.99\times10^{-6}\sim263\times10^{-6}$。除 Au 外，其他高于检出限的元素包括 Sb、Pb、Bi、Co、Ni、Cu、Se、Te 和 Ag，但这些元素在不同结构亚类的毒砂中含量差异不大。如元素 Sb 在 Apy2aⅠ、Apy2aⅡ和 Apy2b 中的含量分别为 $123\times10^{-6}\sim116\times10^{-6}$、$96\times10^{-6}\sim1260\times10^{-6}$ 和 $87\times10^{-6}\sim1496\times10^{-6}$。

选取第Ⅱ阶段浸染状矿石中的 1 个黄铁矿颗粒（由 Py1b、Py2bⅠ、Py2bⅡ组成）（图 3.76）、石英脉两侧蚀变围岩中的 1 个毒砂颗粒结合体（Apy2aⅡ）（图 3.77）和第Ⅲ阶段 1 颗黄铁矿（Py3）（图 3.78）开展了 LA-ICP-MS 元素面扫描分析。

浸染状矿石中黄铁矿 Au、As、Cu、Sb、Se 等元素显示出明显的环带分布特征（图 3.76）。相对于 Py1b，Au、Cu 和 As 主要在 Py2bⅠ富集，且 Au 与 As 呈反相关分布，即最富 As 环带中的 Au 含量低于相对贫 As 环带。Co 和 Ni 的分布模式相似，主要在 Py2bⅠ的边部富集。元素 Te 和 Se 在 Py1b 中更加富集。

石英脉两侧蚀变围岩中具核边结构 Apy2aⅡ中的 Au、Sb、Co、Ni、Se 和 Te 呈环带分布（图 3.77）。元素 Au 主要分布在内边，与 As、Sb、Ni 和 Co 呈反相关分布，与 Se 和 Te 呈正相关分布。最外边比内边更加富集 Sb、Ni 和 Co。

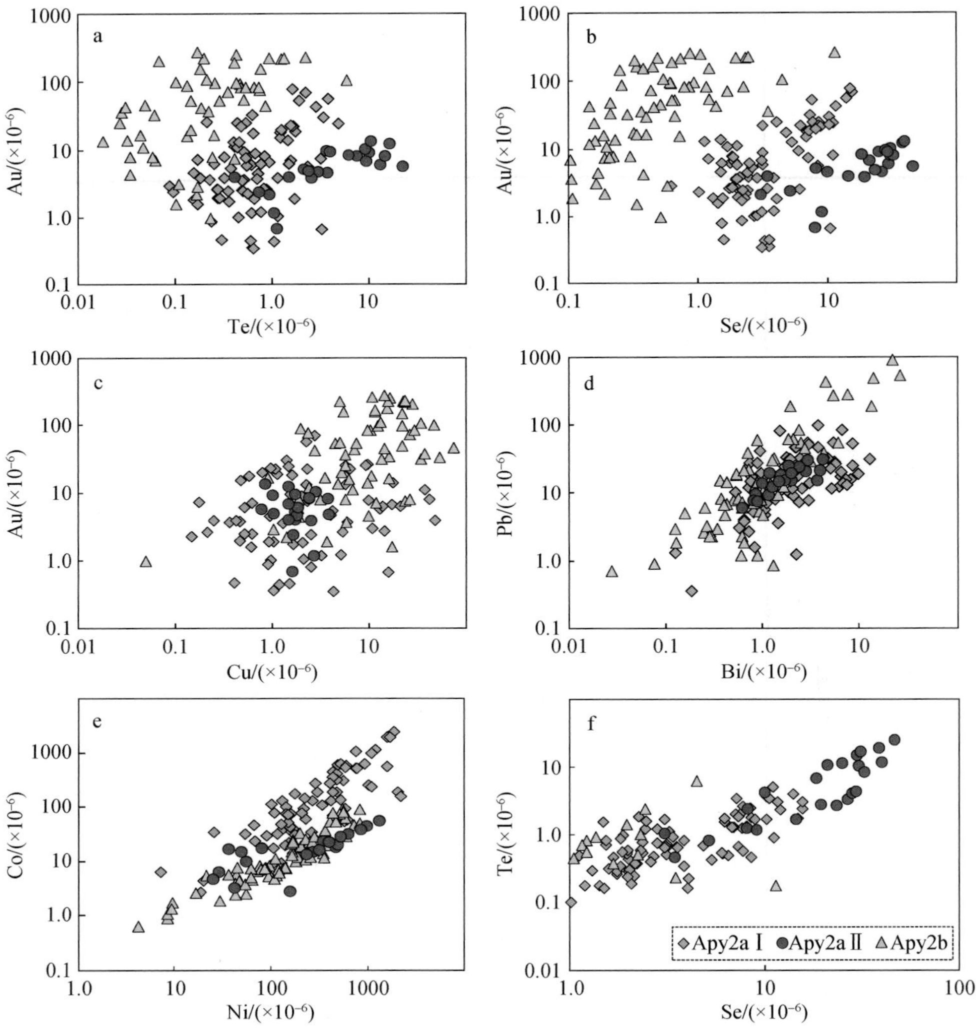

图 3.75　玉横塘矿床不同结构毒砂（Apy）微量元素变化图解

（据李伟，2019）

第Ⅲ阶段黄铁矿中的多种元素均表现出明显的分带特征，包括 Au、As、Sb、Zn、Cu、Ag、Bi、Pb、Co、Ni、Sn、In 和 Tl（图 3.78）。其中元素对 As-Au、Sb-Pb、Cu-Ag 和 Zn-In 分别呈现相似的分布模式。

如上所述，玉横塘矿床中发育石英细脉型和浸染状蚀变岩型两种矿化类型。石英脉型矿石中 Py2a 的不可见金平均含量为 0.7×10^{-6}，明显低于浸染状矿石 Py2b 的金含量（20.5×10^{-6}）。不可见金含量的差异同样可在毒砂中得到反映：石英细脉中毒砂的不可见金含量平均为 10×10^{-6}，浸染状矿石中的平均值则达 72×10^{-6}。导致不同矿化类型硫化物中金含量

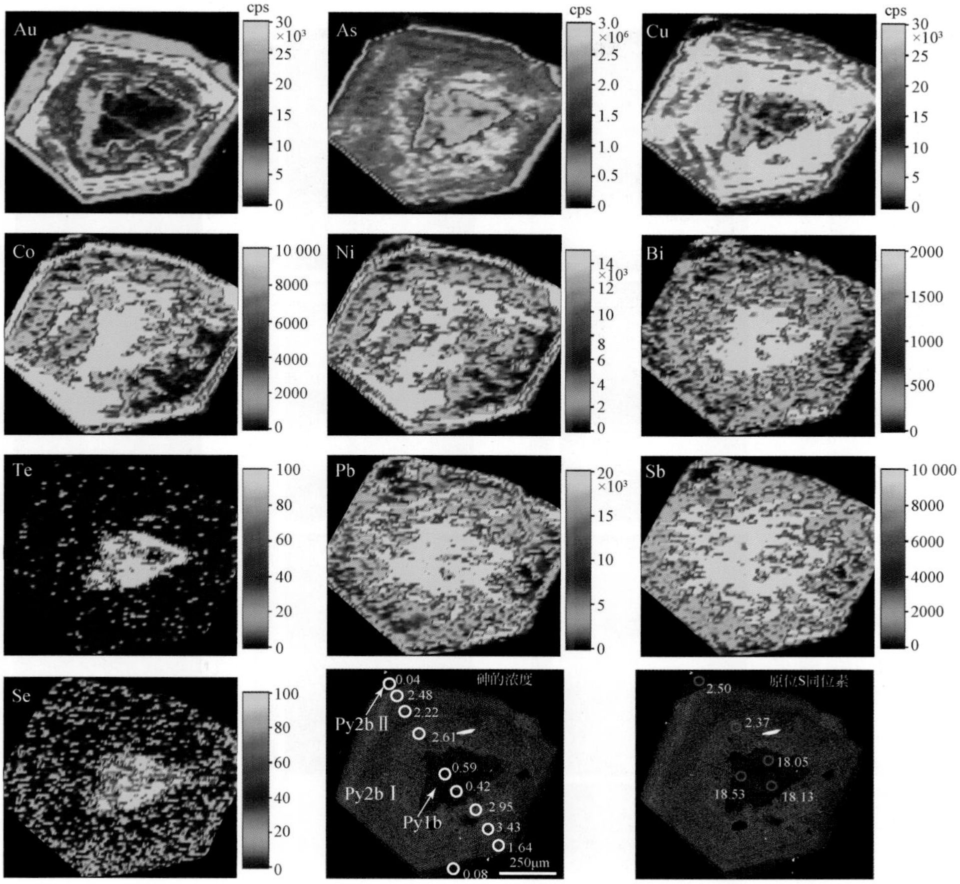

图 3.76　玉横塘矿床第Ⅱ阶段黄铁矿（Py）LA-ICP-MS 面扫描元素分布图
（据李伟，2019）

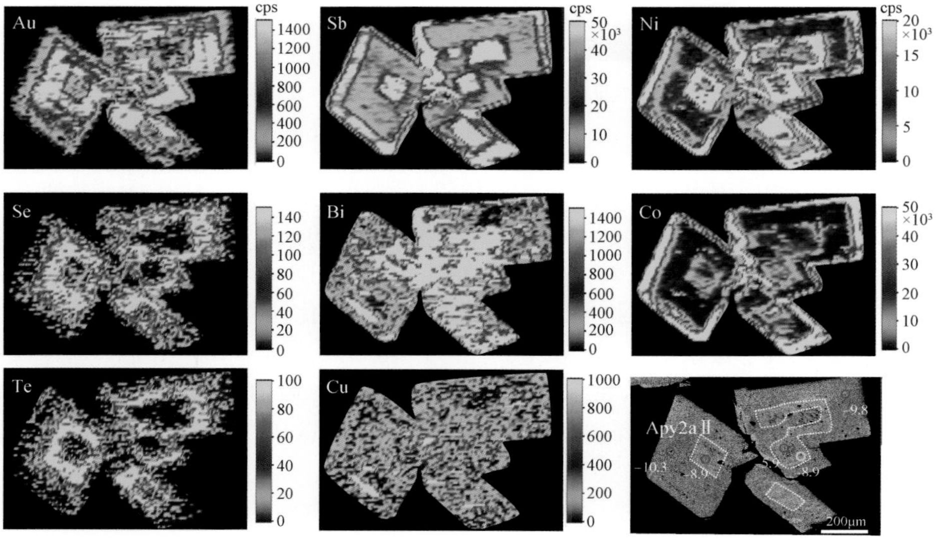

图 3.77　玉横塘矿床第Ⅱ阶段毒砂（Apy）LA-ICP-MS 面扫描元素分布图
（据李伟，2019）

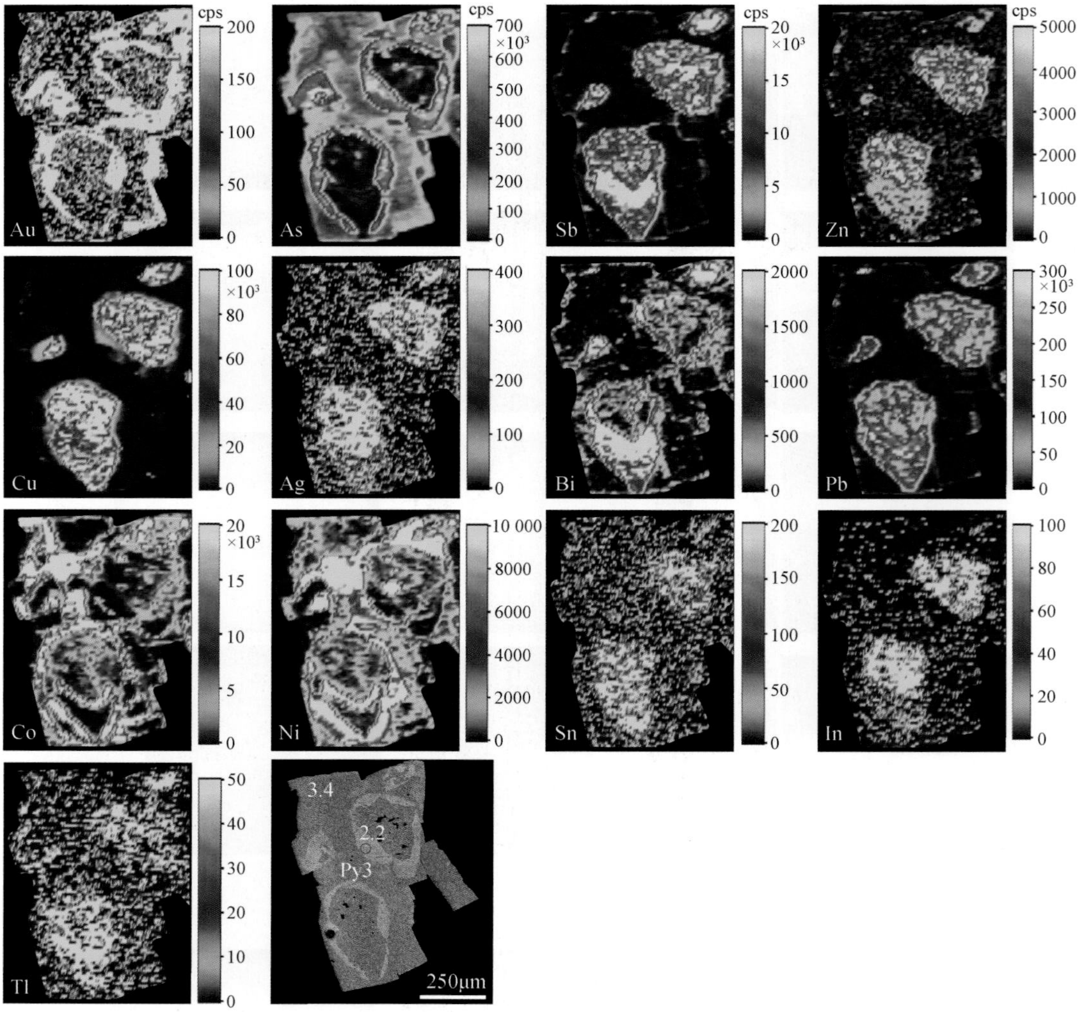

图 3.78　玉横塘矿床第Ⅲ阶段黄铁矿（Py）LA-ICP-MS 面扫描元素分布图

（据李伟，2019）

存在上述明显差异的原因可能是：①成矿流体沿断裂运移过程中，成矿体系物理化学条件的局部改变，导致 Au 高效卸载，形成了石英脉型矿石中的可见金以及硫化物中低含量的不可见金；②石英细脉中黄铁矿发育的孔洞（图 3.72c ~ d）和毒砂发育的溶解-再沉淀结构（图 3.73b ~ c），有利于硫化物中的不可见金发生再活化迁移（Cook et al., 2013）。

石英细脉型矿石中黄铁矿和毒砂的 $\delta^{34}S$ 值为 -10.3‰ ~ 14.7‰，明显不同于浸染状矿石（$\delta^{34}S$ = 0 ~ 5.3‰）。热液成矿系统的 S 同位素组成与总硫值、温度、氧逸度、pH 等因素有关（Ohmoto, 1972）。石英细脉型矿石中的毒砂和黄铁矿在同一测试样品及不同测试样品间 $\delta^{34}S$ 值差异很大，可能主要与以下因素有关。

（1）氧逸度。已有研究表明，热液黄铁矿中元素 Te 含量与流体 fO_2 呈反相关变化，元素 Se 含量与温度呈反相关变化（Keith et al., 2017）。含矿石英细脉中 Py2a 的 Te 含量在不同测试样品中变化很大，而 Se 含量变化很小，这一定程度上反映出成矿过程中成矿流体氧逸度在局部位置发生骤变，进而导致 $\delta^{34}S$ 值变化很大（Ward et al., 2017）。同时毒砂的溶解–再沉淀过程会释放 H_2，改变局部流体的氧逸度（Pokrovski et al., 2002；LaFlamme et al., 2018），导致自然金的沉淀。

（2）水–岩相互作用。成矿流体与围岩相互作用是导致金沉淀的有效机制（Mikucki, 1998；Goldfarb et al., 2005）。成矿过程中水–岩相互作用，不仅会形成“显性”的蚀变带，同时也会伴随着“隐形”的同位素交换。因此，局部水–岩反应的强弱差异，可能会导致混染沉积成因 S 参与比例的不同，进而导致不同产出位置黄铁矿和毒砂的 $\delta^{34}S$ 值发生很大变化。

3. *龙山 Sb-Au 矿床*

选取第 3 阶段北西西向石英脉中的黄铁矿进行了 LA-ICP-MS 元素面扫描分析。该阶段是最主要的 Sb-Au 矿化阶段，以发育大量辉锑矿和高品位金矿石为特征。

LA-ICP-MS 元素面扫描分析结果显示，具有核边结构的黄铁矿包含 Py1、Py2 和 Py3 三个不同的结构亚类（图 3.79）。其中核部的 Py1 相对富集 As 和 Au，Py2 相对富集 Co 和 Ni。相似的现象也在另外一颗环带发育的黄铁矿中被发现（图 3.80）。不同结构类型黄铁矿元素含量的差异，尤其 Au 和 As 含量差异，可能反映出：①早期富金 Py1 核部的形成，暗示成矿流体具有富 Au 和 As 的特征；②核的外半部 Py2 具有多孔特征，Au 和 As 含量明显低于 Py1，可能反映 Py2 中原有的不可见金发生了活化迁移。

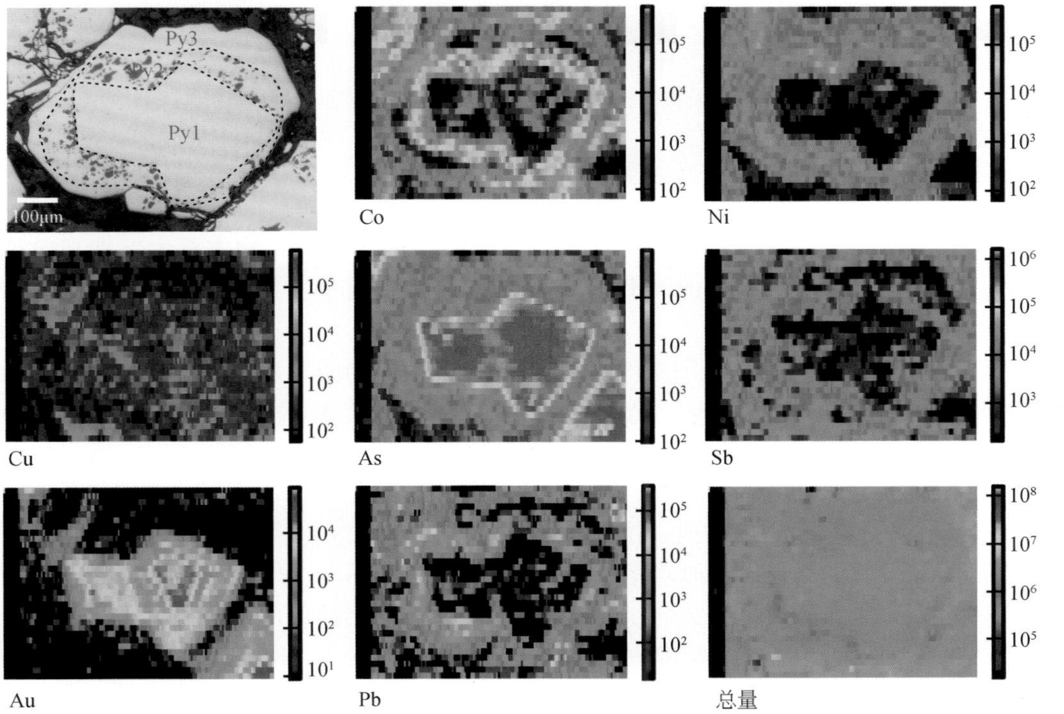

图 3.79 龙山矿床第Ⅲ阶段黄铁矿（Py）LA-ICP-MS 元素面扫描结果（左上为反射光图像）

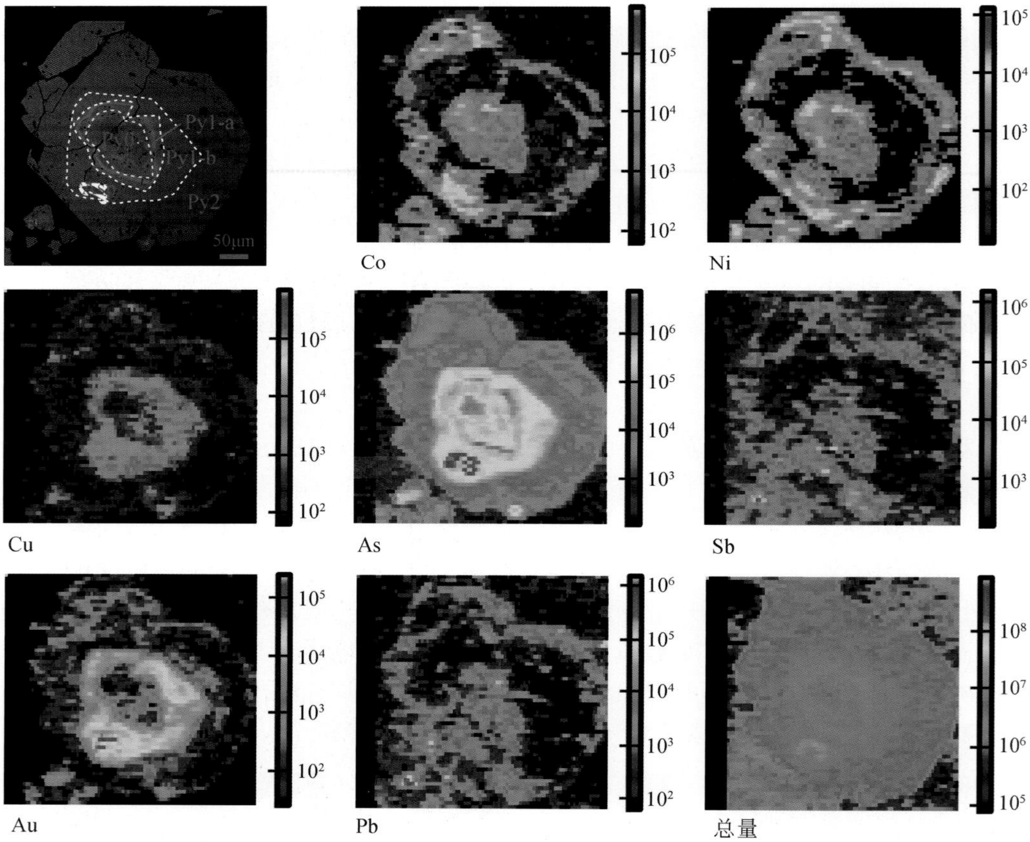

图 3.80　龙山 Sb-Au 矿床第Ⅲ阶段黄铁矿（Py）LA-ICP-MS 元素面扫描结果（左上为 BSE 图像）

4. 杏枫山 Au 矿床

显微鉴定和扫描电镜能谱分析结果表明，杏枫山矿床中硫化物主要为毒砂和磁黄铁矿，黄铁矿很少。根据硫化物的产出位置、共生矿物及其穿插关系，可将杏枫山矿床中的毒砂分为两个阶段（图 3.81）。

第Ⅰ阶段毒砂（Apy1）：根据矿物结构及其与其他矿物的关系，该阶段的毒砂可划分为早、晚两个世代：早世代毒砂（Apy1-1）常为自形柱状、板状、菱形晶体，粒径 200～1000μm，常呈浸染状分布于围岩之中，少数被磁黄铁矿交代（图 3.81a～b）；晚世代毒砂（Apy1-2）通常为菱形，粒径相对较小，通常 200～400μm，常分布在围岩中交代早期磁黄铁矿，并受应力作用呈定向排列（图 3.81a～b）。

第Ⅱ阶段毒砂（Apy2）：通常呈他形板状，半自形菱形，粒径 100～300μm，较为破碎，内部常见孔洞或裂隙，多分布于石英脉中或两侧与围岩接触部位的蚀变围岩中。

对两阶段的毒砂开展 LA-ICPMS 微量元素分析，均具有较高的不可见 Au 含量。其中，Apy1-1 为 $0.1\times10^{-6}\sim217\times10^{-6}$，平均 60×10^{-6}；Apy1-2 为 $82\times10^{-6}\sim249\times10^{-6}$，平均 97×10^{-6}；Apy2 为 $25\times10^{-6}\sim1770\times10^{-6}$，平均 324×10^{-6}。但磁黄铁矿中的不可见 Au 多低于检

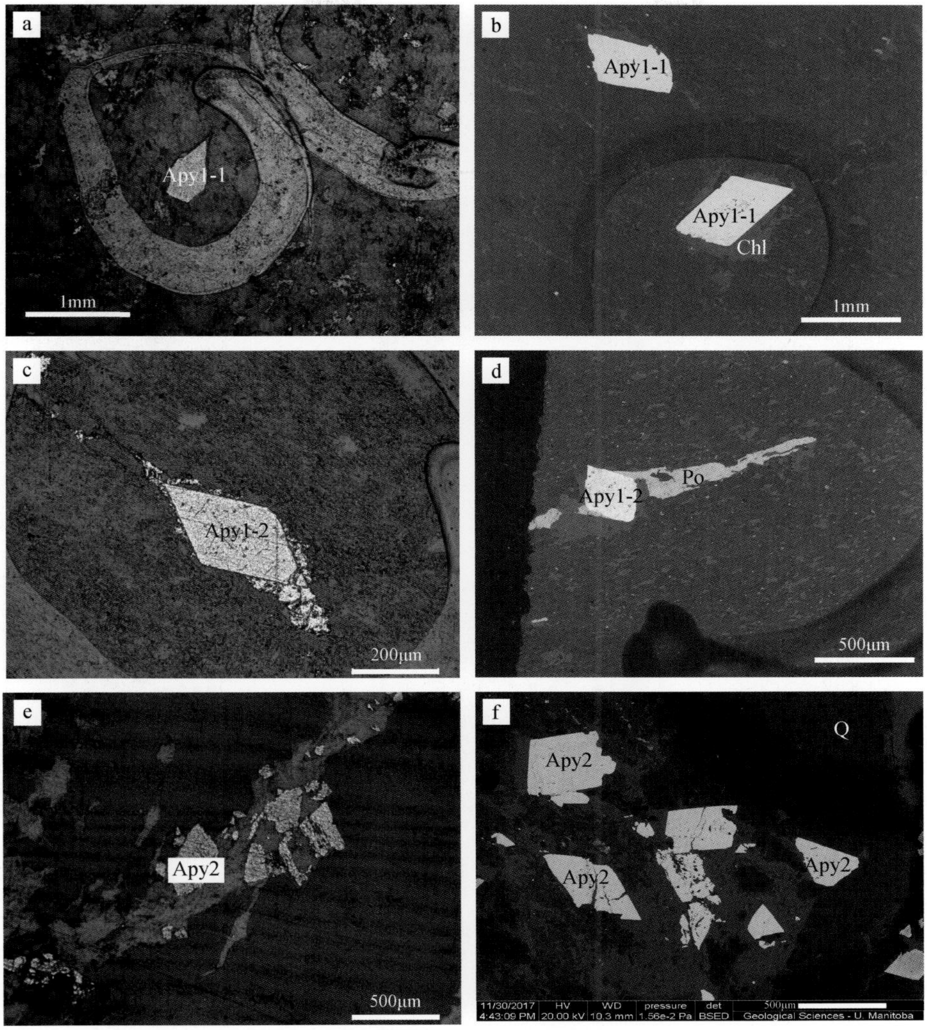

图 3.81　杏枫山矿床不同阶段毒砂（Apy）显微镜（反射光）和扫描电镜照片

Apy. 毒砂；Chl. 绿泥石；Po. 磁黄铁矿

出限。

两阶段的毒砂均具有较高 Co 含量，其中 Apy1-1 为 $95\times10^{-6}\sim476\times10^{-6}$，均值 228×10^{-6}；Apy1-2 为 $229\times10^{-6}\sim5030\times10^{-6}$，均值 1035×10^{-6}；相对而言，Apy2 的 Co 含量较低（$10\times10^{-6}\sim512\times10^{-6}$）。两阶段毒砂的 Co 与 Au 均呈现较明显的负相关变化（图 3.82a）。

毒砂中的 Ni 含量也较高。其中，Apy1-1 为 $80\times10^{-6}\sim857\times10^{-6}$，均值 303×10^{-6}；Apy1-2 为 $78\times10^{-6}\sim314\times10^{-6}$，均值 154×10^{-6}；Apy2 为 $31\times10^{-6}\sim579\times10^{-6}$，均值 151×10^{-6}。Ni 与 Au 相关性不明显（图 3.82b），但与 Co 则呈现较明显的正相关关系（图 3.82d）。

不同类型毒砂的 Sb 含量大致相当。其中，Apy1-1 为 $86\times10^{-6}\sim857\times10^{-6}$，均值 255×10^{-6}；Apy1-2 为 $129\times10^{-6}\sim308\times10^{-6}$，均值 188×10^{-6}；Apy2 为 $117\times10^{-6}\sim858\times10^{-6}$，均值

249×10^{-6}。毒砂中 Sb 与 Au 呈较明显的负相关（图 3.82c）。杏枫山金矿中毒砂的 Sb 含量，远低于古台山金锑矿床（$>600\times10^{-6}$）和柿香冲锑矿床（$Sb>2000\times10^{-6}$）的毒砂。这暗示毒砂中锑含量的高低，可作为锑成矿强度的指示性矿物。

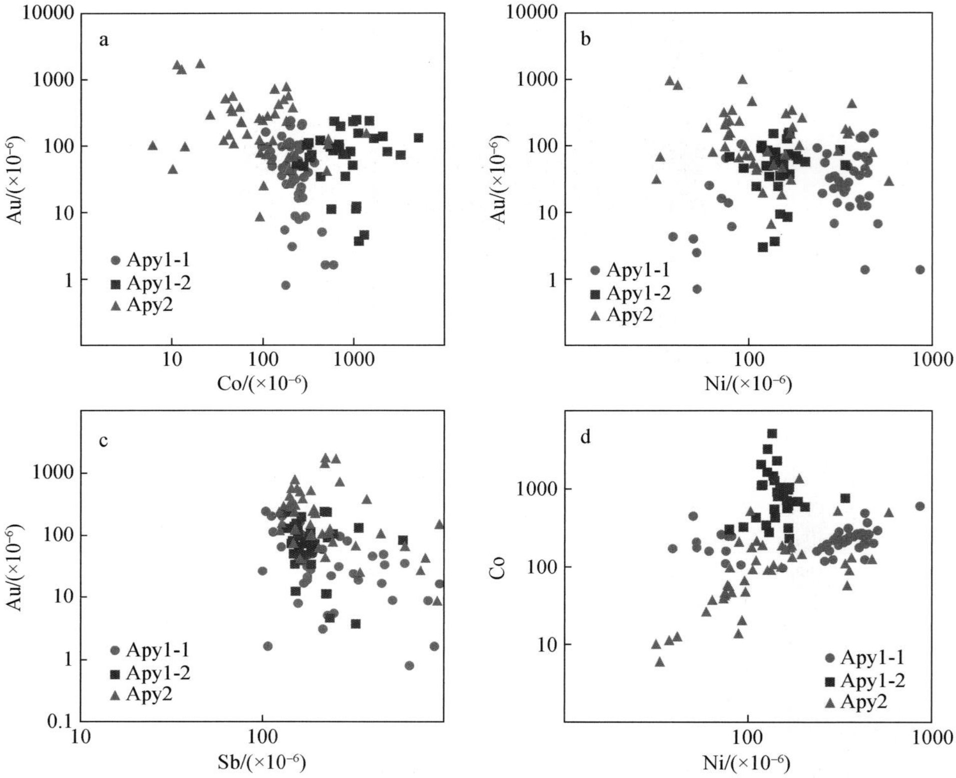

图 3.82　杏枫山矿床中毒砂（Apy）的微量元素特征

毒砂中其他成矿金属元素的含量均较低，如 Cu（$<20\times10^{-6}$）、Zn（$<5\times10^{-6}$）、Ga（$<1\times10^{-6}$）、Ge（$<1\times10^{-6}$）、Se（$<20\times10^{-6}$）、Ag（$<1\times10^{-6}$）、Cd（$<1\times10^{-6}$）、In（$<2\times10^{-6}$）、Te（$<30\times10^{-6}$）、Pb（$<30\times10^{-6}$）、Bi（$<5\times10^{-6}$）、Tl（$<0.1\times10^{-6}$）和 W（$<10\times10^{-6}$）。

第Ⅰ阶段早世代毒砂（Apy1-1）被磁黄铁矿交代（图 3.83）。LA-ICP-MS 分析结果显示，靠近交代部位，毒砂的金含量大幅降低（图 3.83），暗示早期毒砂在被交代过程中发生了不可见 Au 的活化迁移。已有研究表明，毒砂可以通过流体作用-矿物交代的方式（Corfu et al., 2003; Harlov et al., 2005; Geisler et al., 2007; Putnis, 2009）发生不可见 Au 的迁移。毒砂 LA-ICP-MS 元素面扫描结果也显示，毒砂被交代部位（边缘）的 Au 显著降低，但 Co 含量上升（图 3.84）。上述分析结果也显示，毒砂中的 Co 与 Au 也大体上呈负相关关系（图 3.84），暗示在蚀变过程中 Co 进入毒砂有利于 Au 的迁出。

在 BSE 图像中，第Ⅱ阶段自形毒砂的环带结构虽不明显，但 LA-ICP-MS 元素面扫描结果显示，元素 Au、Co、Ni、Se、Sb、Te 和 Bi 呈现出一定的环带分布特点（图 3.84），暗示在毒砂沉淀过程中可能经历了波动性的流体组成变化，记录了成矿流体的演化过程。

图 3.83　早期毒砂被磁黄铁矿交代（数字为元素含量，单位为 10^{-6}）

Po. 磁黄铁矿；Apy. 毒砂

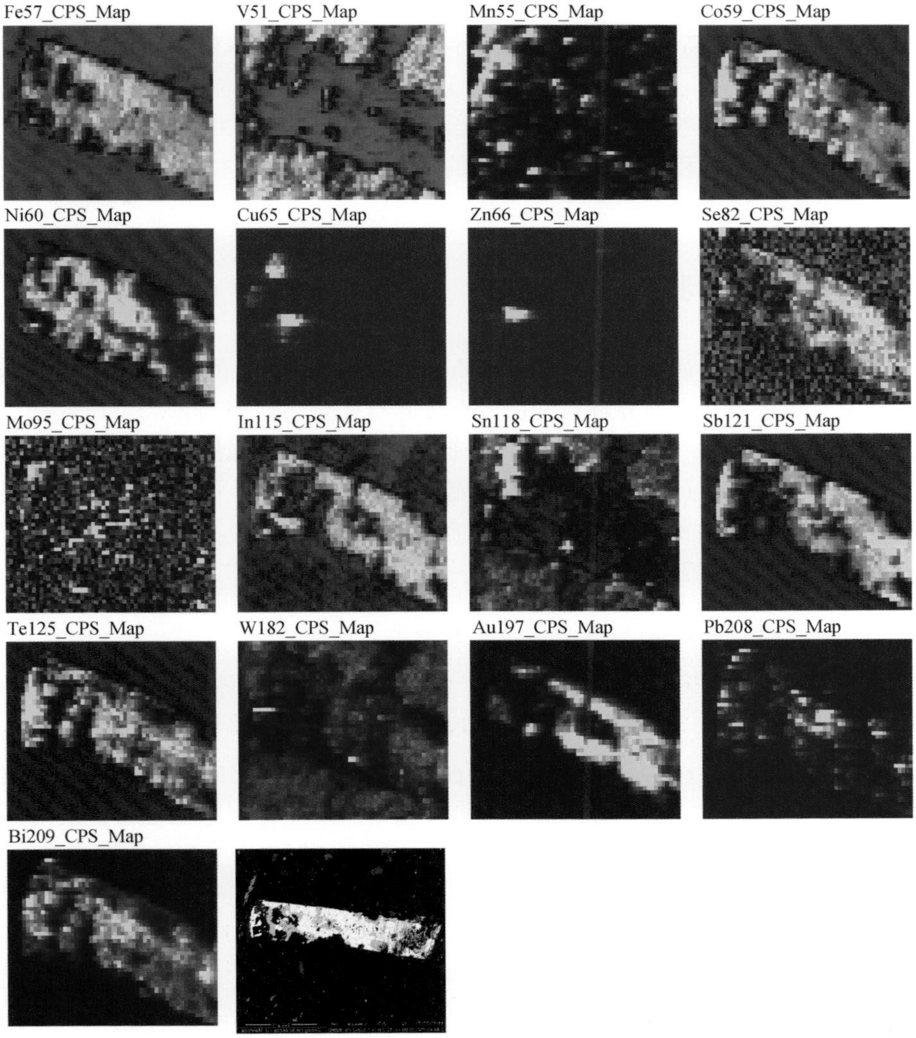

图 3.84　早期毒砂被磁黄铁矿交代的 LA-ICPMS 面扫描图

综上所述，湘中矿集区钨、锑、金矿床共存，成矿流体具有岩浆流体与大气成因地下水混合成因，从钨矿床—钨锑金矿床—锑金矿床—锑矿床，成矿流体中岩浆流体的作用呈渐降趋势，与此相对应的是大气成因流体逐渐占据统治地位。

第三节　川滇黔 Pb-Zn 矿集区成矿流体

在已有研究基础上，本次工作重点选择该矿集区内的天宝山、富乐、杉树林、洗米沟、纳雍枝、绿卯坪、天桥、筲箕湾、板板桥、青山等 Pb-Zn 矿床为对象，在通过流体包裹体地球化学系统研究成矿流体性质基础上，对单个流体包裹体 LA-ICP-MS 微区原位化学成分进行分析，确定成矿流体的成矿元素组成，结合热液矿物稀散元素地球化学和 C-O-S-Sr-Pb 等同位素地球化学深入研究，确定成矿流体的来源与演化。研究表明，①川滇黔 Pb-Zn 矿集区 Pb-Zn 矿床的成矿流体属于低温高盐度流体，成矿流体温度多为 100 ~ 200℃，成矿流体盐度最高可达 25% NaCl equiv.（主要为 10% ~20% NaCl equiv.）；②成矿流体的 Pb、Zn 含量很高，Pb 和 Zn 含量最高分别可达 14 043×10^{-6}和4350×10^{-6}，而且显示出 Pb 与 Zn 以及 Pb、Zn 与 Cl 的明显正相关关系，表明成矿流体中 Pb 和 Zn 主要以 Cl 的络合物形式迁移；③这些 Pb-Zn 矿床在成因归属上可归为 MVT 或沉积-改造型 Pb-Zn 矿床，但在成矿流体演化过程中有低盐度流体的加入；④成矿流体中的 Pb、Zn 等成矿元素主要来自前寒武纪基底岩石。

一、流体包裹体地球化学

前人对川滇黔 Pb-Zn 矿集区的部分 Pb-Zn 矿床进行了初步的流体包裹体地球化学研究，主要采用与硫化物共生的方解石和白云石等脉石矿物为研究对象。本研究在已有工作基础上，重点选择天宝山、富乐、杉树林、洗米沟、纳雍枝、绿卯坪等 Pb-Zn 矿床为研究对象，较系统地开展了矿石矿物闪锌矿和与硫化物矿物密切共生的石英中流体包裹体岩相学与显微测温学、激光拉曼以及石英中单个流体包裹体 LA-ICP-MS 微区原位组成等方面的研究，主要揭示了成矿流体的性质、组成、来源和演化特征。

（一）天宝山 Pb-Zn 矿床

1. 流体包裹体岩相学特征

选取成矿主阶段闪锌矿进行流体包裹体研究，磨制 100μm 厚的包裹体片，仔细观察流体包裹体的形态和分布，确定流体包裹体是否属于原生流体包裹体，再选取有代表性的样品进行系统的显微测温研究。

闪锌矿中的流体包裹体主要分为两类：第一类呈气-液两相，以液相为主，大多直径较小，为 5 ~ 10μm，个别较大，可达 20μm 左右，包裹体形态包括长条形和负晶型等，其气相充填度较小，占整个包裹体体积约 5% ~10%（图 3. 85a ~ c）；第二类为纯液相包裹体，包裹体边部较为清晰，形态多为不规则状，直径较小，多为 5μm 左右，液相成分为 H_2O（图 3. 85d）。

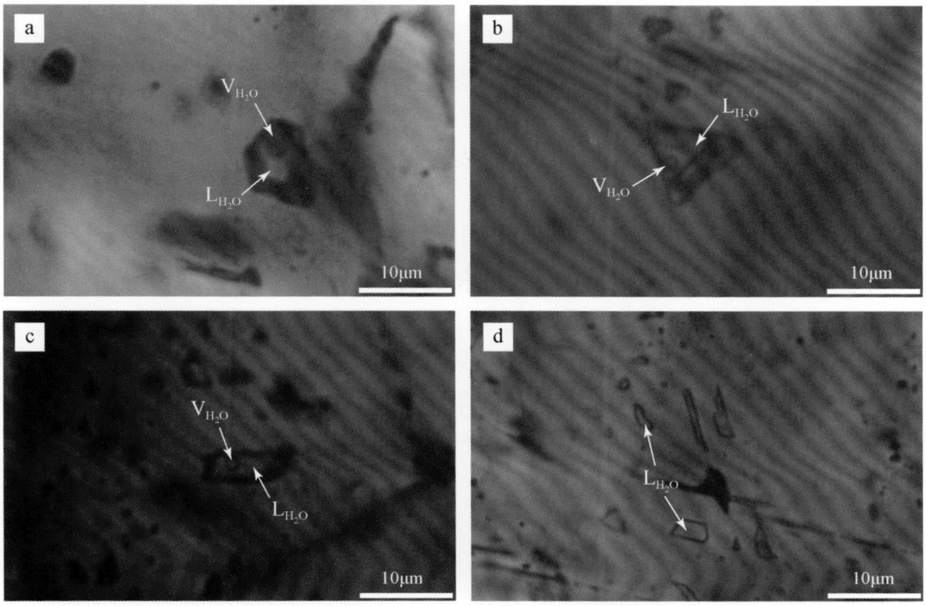

图 3.85　天宝山铅锌矿床闪锌矿中的流体包裹体

2. 流体包裹体显微测温

测定了闪锌矿内流体包裹体的均一温度和冰点温度。其中，冰点温度为−12.4 ~ −17℃，平均−15.5℃，对应的盐度为 16.3% ~20.2% NaCl equiv.，均值 19.0% NaCl equiv.；均一温度为 81 ~139℃，平均 110℃。从流体包裹体显微测温结果可以看出，天宝山 Pb-Zn 矿床的成矿流体为低温、中高盐度流体（图 3.86）。

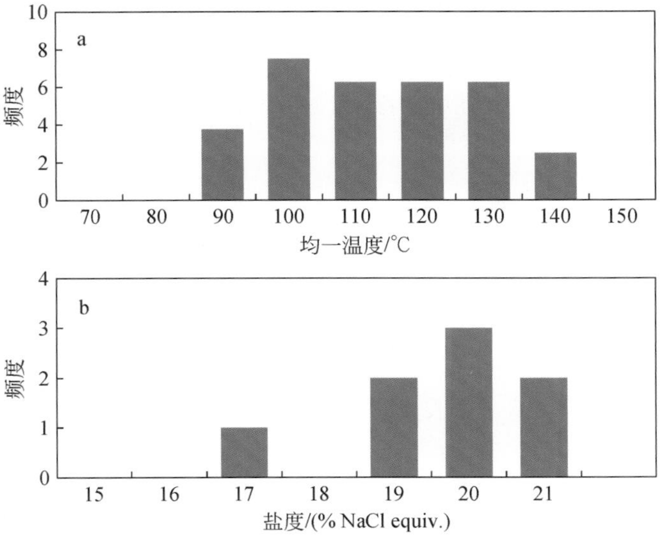

图 3.86　天宝山铅锌矿床闪锌矿流体包裹体均一温度和盐度直方图

（二）富乐 Pb-Zn 矿床

选取闪锌矿、白云石和方解石分别代表成矿期的三个连续阶段来进行流体包裹体研究，首先磨制 100μm 厚的包裹体片，在镜下观察流体包裹体的形态、大小和分布形式，在划分不同包裹体的形成顺序后，选择有代表性的流体包裹体进行显微测温研究。

1. 流体包裹体岩相学特征

室温下，闪锌矿中的包裹体多为气-液两相包裹体，最大粒径达 22μm，但大多数包裹体都较小，为 5μm 左右，气泡占整个包裹体体积约为 5% ~30%，大多数为 10% ~20%，包裹体的边部较黑（图 3. 87a ~ d）。白云石中的流体包裹体多为气-液两相，大小 2 ~ 8μm，气泡占整个包裹体的体积为 5% ~25%，大多数为 20% 左右（图 3. 87e）。方解石中的流体包裹体多在 3 ~ 10μm，气泡占整个包裹体的体积为 5% ~30%，多为 20% 左右（图 3. 87f）。

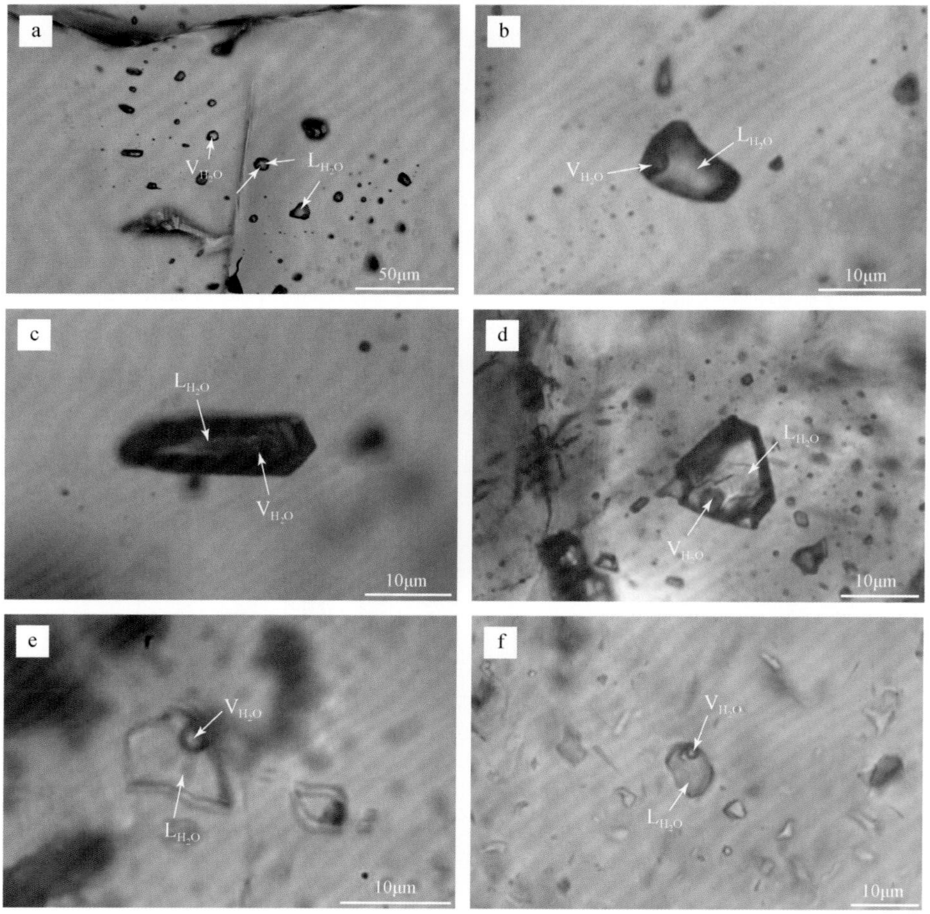

图 3. 87　富乐铅锌矿床不同矿物中的流体包裹体

a ~ d. 闪锌矿中的气-液两相包裹体；e. 白云石中的气-液两相包裹体；f. 方解石中的气-液两相包裹体

2. 流体包裹体显微测温

由于包裹体较小，且多为深色边部，限制了闪锌矿中流体包裹体的显微测温研究。尽管如此，通过对较大包裹体进行测温，每个包裹体平均测温 2 ~ 3 次，数据重现性较好，表明测试数据可靠。

结果显示，闪锌矿中流体包裹体的初熔温度为-34 ~ -64℃，表明其流体体系并非简单的 H_2O-NaCl 体系，其包裹体液相离子成分复杂。考虑到 H_2O-NaCl-$MgCl_2$ 体系的初熔温度为-35℃（Dubois and Marignac，1997）、H_2O-NaCl-$CaCl_2$ 体系的初熔温度为-52℃（Davis et al.，1990），据此推测富乐 Pb-Zn 矿床闪锌矿中的流体包裹体以 H_2O-NaCl-$CaCl_2$ 体系为主。由于流体包裹体较小，所以未能测得水石盐的熔化温度。方解石中的流体包裹体的初熔温度为-25℃左右，表明其流体为 H_2O-NaCl 体系（Bodnar，1990）。

流体包裹体的均一温度和冰点温度测试结果见图 3.88。其中，闪锌矿的冰点温度为-22.6 ~ -10.6℃，平均值-21.3℃，对应的盐度为 18.6% ~ 25.2% NaCl equiv.。HD4 白云石中流体包裹体的冰点温度最小为-22.3℃，最大为-11.5℃，均值为-16℃，对应的盐度范围为 15.5% ~ 23.7% NaCl equiv.，平均盐度为 19.3% NaCl equiv.。C5 方解石中流体包裹体的冰点温度为-8.4 ~ -0.4℃，均值为-3.8℃，对应的盐度为 0.7% ~ 12.2% NaCl equiv.，均值为 6% NaCl equiv.。可以看出，闪锌矿中的流体包裹体具有最高的盐度，白云石次之，而方解石中流体包裹体的盐度最低，从成矿早期到成矿晚期，流体包裹体的盐度从高向低变化。闪锌矿中流体包裹体的均一温度 93 ~ 200℃，均值为 138℃。白云石中流体包裹体的均一温度为 119 ~ 204℃，均值为 152℃。方解石中流体包裹体的均一温度为 103 ~ 235℃，平均为 173℃。由上述结果可以看出，闪锌矿和白云石中流体包裹体的均一温度比较接近，但方解石中流体包裹体的均一温度高于闪锌矿和白云石。

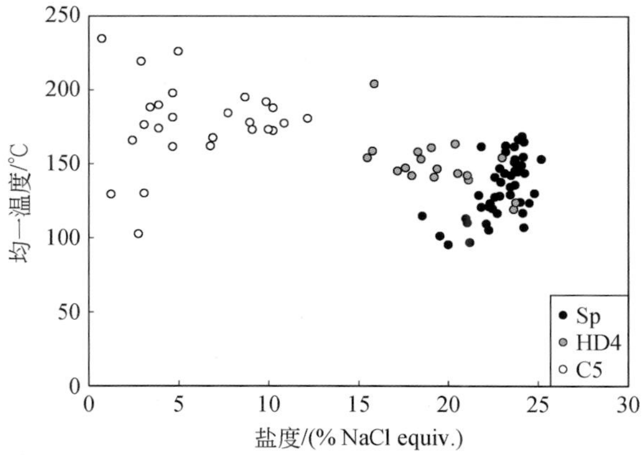

图 3.88　富乐铅锌矿床不同矿物流体包裹体盐度-均一温度图解

Sp. 闪锌矿；HD4. 白色热液白云石；C5. 方解石

（三）杉树林 Pb-Zn 矿床

1. 流体包裹体岩相学特征

选取闪锌矿和方解石进行流体包裹体研究，首先磨制100μm 厚的包裹体片，在镜下观察流体包裹体的形态、大小和分布形式，在划分不同包裹体的形成顺序后，选择有代表性的流体包裹体进行显微测温。室温下，闪锌矿中的流体包裹体多为气–液两相包裹体，最大的包裹体可达20μm，但大多数较小，为5μm 左右，气泡占整个包裹体的体积约为5% ~ 10%（图3. 89a ~ e）。方解石中的流体包裹体多为气–液两相，直径多小于10μm，偶尔可达15μm 左右，气泡占整个包裹体的体积为5% 左右（图3. 89f）。由于流体包裹体较小，所以在流体包裹体显微测温时，对每个包裹体测试了2 ~ 3 次，以保证数据的可靠性。

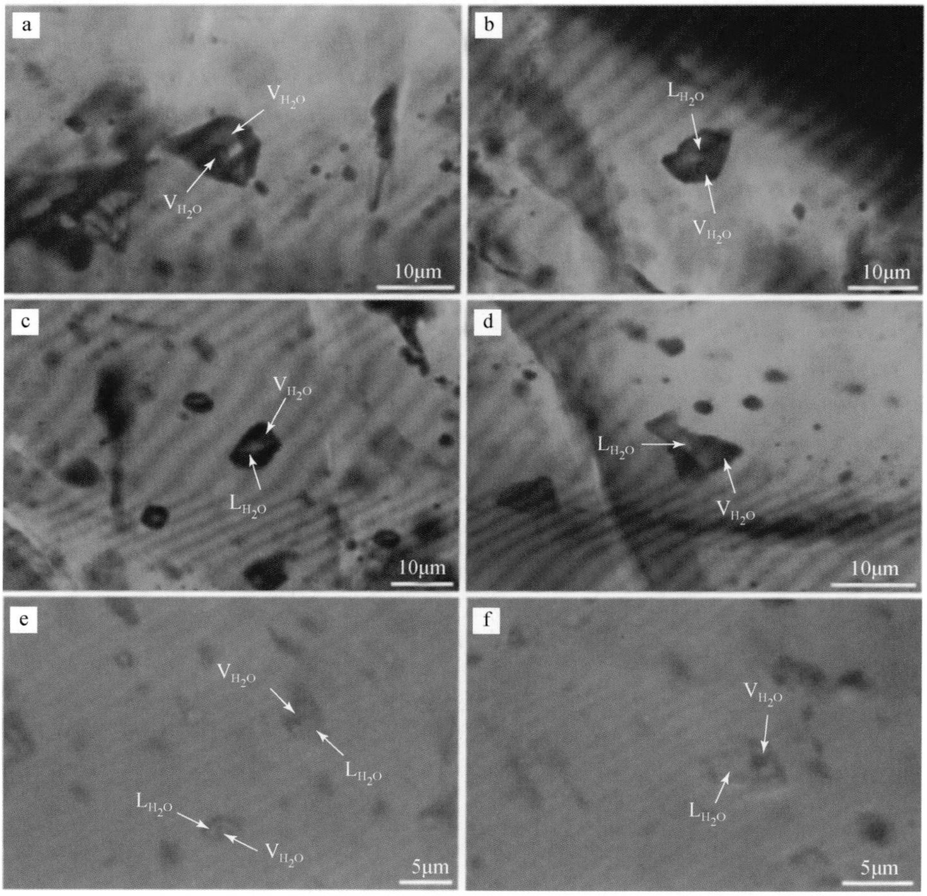

图3. 89　杉树林铅锌矿床不同矿物中的流体包裹体

a ~ e. 闪锌矿中的气–液两相包裹体；f. 方解石中的气–液两相包裹体

2. 流体包裹体显微测温

通过对两个较大的流体包裹体的测温发现，闪锌矿中流体包裹体的初熔温度为-60℃，方解石流体包裹体的初熔温度为-45℃，表明其流体体系不是简单的 H_2O-NaCl 体系。根据前人研究，H_2O-NaCl-$MgCl_2$ 体系的初熔温度为-35℃（Dubois and Marignac，1997），H_2O-NaCl-$CaCl_2$体系的初熔温度为-52℃（Davis et al.，1990），据此推测，杉树林铅锌矿床闪锌矿中的流体包裹体以 H_2O-NaCl-$CaCl_2$体系为主，由于流体包裹体较小，所以未能测得水石盐的熔化温度。

流体包裹体的均一温度和冰点温度测试结果见图 3.90。闪锌矿中流体包裹体均一温度最低为 124℃，最高为 195℃，平均为 158℃。方解石中流体包裹体均一温度为 155 ~ 165℃。可以看出，闪锌矿和方解石中流体包裹体均一温度比较接近（图 3.90a）。闪锌矿的冰点温度为-24.7 ~ -13.6℃，平均为-21.0℃，对应的盐度为 17.43% ~ 25.39% NaCl equiv.。方解石的冰点温度为-23.4 ~ -24.1℃，对应的盐度为 24.59% ~ 25.02% NaCl equiv.。闪锌矿和方解石中流体包裹体具有较高的盐度（图 3.90b）。由此可见，杉树林 Pb-Zn 矿床的成矿流体为低温、高盐度流体。

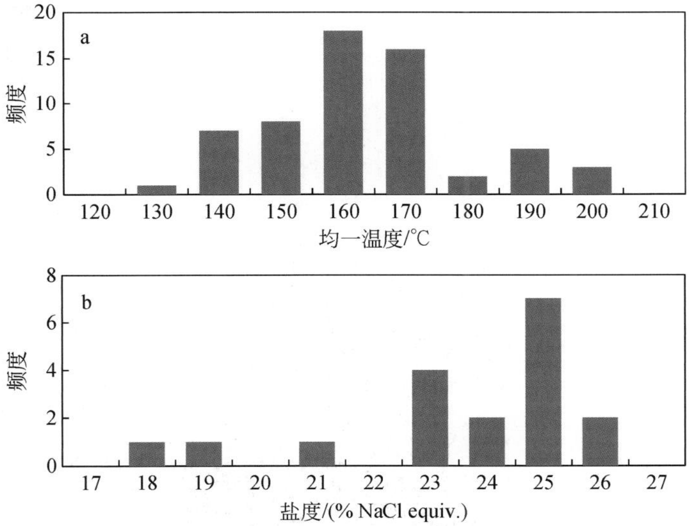

图 3.90　杉树林铅锌矿床闪锌矿和方解石中流体包裹体均一温度和盐度直方图

（四）洗米沟、纳雍枝和绿卯坪 Pb-Zn 矿床

1. 流体包裹体岩相学特征

根据流体包裹体在室温下的相态，结合 SEM-CL 图像和激光拉曼光谱分析，可将石英和闪锌矿中的流体包裹体分为两大类。

气-液两相流体包裹体（Ⅰ）：在室温下（25℃），该类流体包裹体由气相和液相组成（图 3.91a ~ d），约占包裹体总数的 90% 以上，主要见于石英和闪锌矿之中（图 3.91a、

图 3.91c 和图 3.91f）。石英原生流体包裹体呈负晶形，直径一般为 10 ~ 20μm，气-液比为 10% ~ 25%，分布在石英的生长环带中。次生流体包裹体呈不规则状，沿石英中的晚期裂隙呈线状或面状分布。激光拉曼光谱分析（图 3.92a ~ c）显示，石英中流体包裹体气相成分主要为低密度的 CO_2、CH_4 和 N_2。闪锌矿中原生流体包裹体呈负晶形，直径一般为 10 ~ 25μm，个别达 60μm 以上，气-液比为 10% ~ 25%，主要见于闪锌矿的生长环带中。在该类包裹体内部或周围通常可见有黄铁矿等硫化物发育（图 3.91b ~ c）。

液态 CO_2-CH_4 单相流体包裹体（Ⅱ）：该类流体包裹体仅见于纳雍枝铅锌矿床乳白色石英中（图 3.91f）。室温下为单相，降温时则出现 CO_2 气相。直径一般为 10 ~ 20μm，通常与气-液两相流体包裹体（Ⅰ）共存于同一裂隙面。激光拉曼光谱分析（图 3.92d）显示，其成分主要为 CO_2 和 CH_4，含少量 N_2。

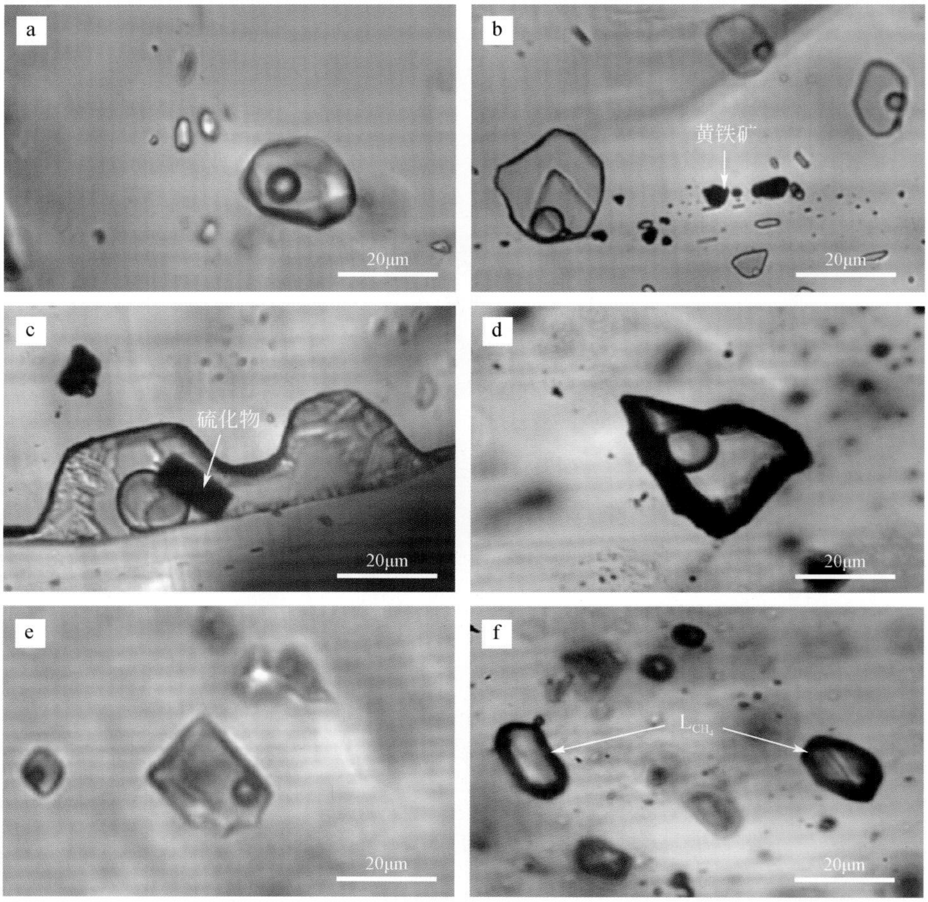

图 3.91　绿卯坪、洗米沟和纳雍枝 Pb-Zn 矿床石英和闪锌矿中的流体包裹体类型

a. 绿卯坪矿床石英中的气-液两相流体包裹体；b ~ d. 洗米沟矿床闪锌矿中的气-液两相流体包裹体；e. 纳雍枝矿床石英中的气-液两相流体包裹体；f. 纳雍枝矿床液态 CO_2-CH_4 单相流体包裹体

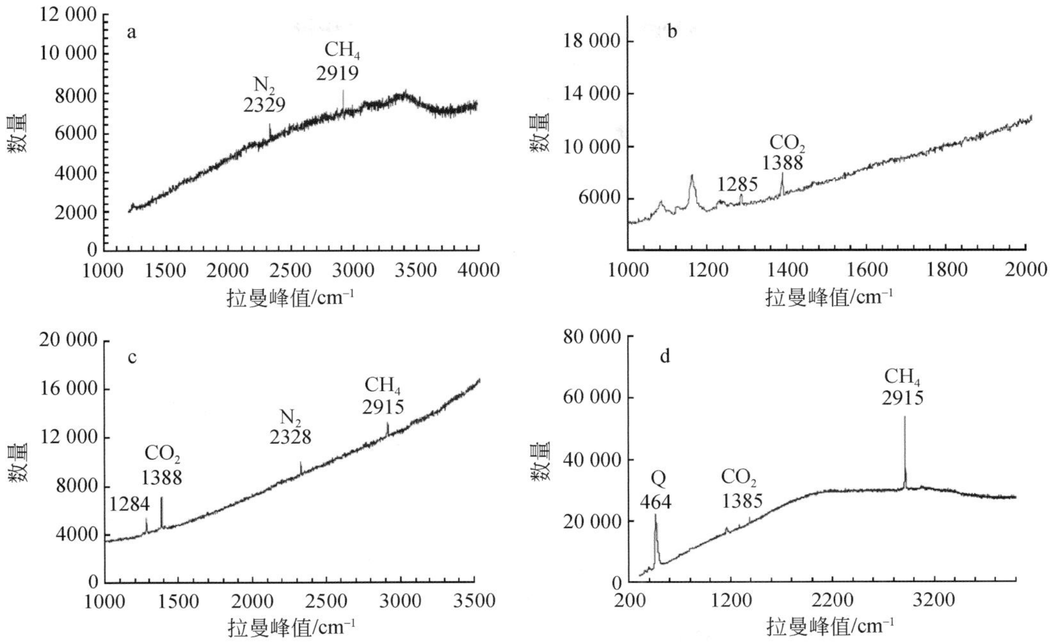

图 3.92 绿卯坪、洗米沟和纳雍枝 Pb-Zn 矿床石英中流体包裹体气相成分的激光拉曼图谱

a ~ b. 绿卯坪矿床；c. 洗米沟矿床；d. 纳雍枝矿床

2. 流体包裹体显微测温学

利用流体包裹体冷热台对 106 个闪锌矿和 393 个石英中的流体包裹体盐度和均一温度进行测定，其结果见图 3.93 和图 3.94。结果显示，洗米沟 Pb-Zn 矿床闪锌矿中仅发育气-液两相流体包裹体，其盐度具有较大的变化范围，为 3.23% ~23.18% NaCl equiv.（图 3.94b），均一温度为 143 ~284℃，主要集中在 160 ~180℃（图 3.94a）。从闪锌矿晶体内部到边缘，流体包裹体盐度和均一温度呈降低趋势。

绿卯坪 Pb-Zn 矿床石英中也仅发育气-液两相流体包裹体，其原生和次生的盐度也具有较大的变化范围，分别为 4.8% ~23.18% NaCl equiv. 和 6.45% ~22.71% NaCl equiv.，主要集中在 18% ~22% NaCl equiv.（图 3.94d），均一温度分别为 130 ~299℃和 145 ~278℃，主要集中在 240 ~260℃（图 3.94c）。

纳雍枝 Pb-Zn 矿床石英中发育气-液两相流体包裹体和液态 CO_2-CH_4 单相流体包裹体。气-液两相流体包裹体具有相对较低的盐度，为 0.8% ~15.17% NaCl equiv.，主要集中在 10% ~12% NaCl equiv.（图 3.94f），均一温度为 113 ~232℃（图 3.94e）。在盐度与均一温度图解上（图 3.93），盐度随均一温度的降低而降低。液态 CO_2-CH_4 单相流体包裹体的 CO_2 固相熔化温度（$T_{CO_2}^{m}$）为 -69 ~ -112℃（图 3.94h），CO_2 部分均一温度（$T_{CO_2}^{h}$）为 -56.9 ~ -103.1℃。激光拉曼分析显示，其成分主要为 CO_2 和 CH_4，含少量 N_2。

以上研究表明，这三个 Pb-Zn 矿床的成矿流体为中低温（160～260℃）、较高盐度（5%～22% NaCl equiv.）、含有低密度的 CO_2、CH_4和 N_2的卤水。

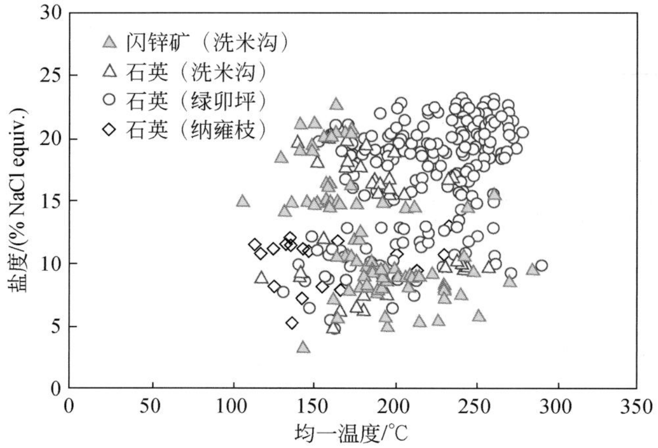

图 3.93　川滇黔矿集区代表性铅锌矿床石英和闪锌矿中流体包裹体盐度与均一温度的关系

3. 单个流体包裹体成分的 LA-ICP-MS 分析

与澳大利亚塔斯马尼亚大学矿床绩优研究中心（CODES）合作，在国内率先开展了研究区部分 Pb-Zn 矿床石英中单个流体包裹体成分的 LA-ICP-MS 分析（图 3.95），获得绿卯坪 Pb-Zn 矿床成矿流体的 Pb、Zn、Cu 等成矿元素含量。结果显示，该矿床石英中的流体包裹体含有较高 Cl（10.13%～37.30%）、Pb（2×10^{-6}～$14\ 043\times10^{-6}$）、Zn（12×10^{-6}～4350×10^{-6}）、Cu（2×10^{-6}～387×10^{-6}）、As（4×10^{-6}～1186×10^{-6}）、Sb（1×10^{-6}～99×10^{-6}）等元素，其中 Pb 与 Zn 具有明显的正相关关系，Pb/Zn 值为 0.45，非常类似于产于盆地基底的德国 Schwarzwald 脉状 Pb-Zn 矿床（Pb/Zn = 0.43；Fusswinkel et al., 2013）。同时 Pb、Zn、Cu 与 Cl 也具有一定的正相关关系。因此，认为 Pb、Zn、Cu 等成矿元素的 Cl 络合物是成矿元素的主要迁移形式。

综上所述，以天宝山、富乐、杉树林、纳雍枝、洗米沟、绿卯坪等 Pb-Zn 矿床为代表的川滇黔 Pb-Zn 矿集区 Pb-Zn 矿床的成矿流体，是一种低温、高盐度流体。流体盐度最高可达25% NaCl equiv.，主要为 10%～20% NaCl equiv.；除洗米沟和绿卯坪两个矿床的成矿温度稍高（图 3.94）外，其他矿床的成矿温度多为 100～200℃（图 3.86，图 3.88，图 3.90）。川滇黔 Pb-Zn 矿集区 Pb-Zn 矿床成矿流体的低温、高盐度特征，与 MVT 矿床相似。此外，通过绿卯坪 Pb-Zn 矿床石英中单个流体包裹体的 LA-ICP-MA 成分分析发现，成矿流体的 Pb、Zn 等成矿元素含量很高，其中 Pb 和 Zn 最高分别可达 $14\ 043\times10^{-6}$和 4350×10^{-6}，而且显示出 Pb 与 Zn 以及 Pb、Zn 与 Cl 的明显正相关关系（图 3.95），这表明成矿流体中的 Pb 和 Zn 主要以 Cl 的络合物形式迁移。

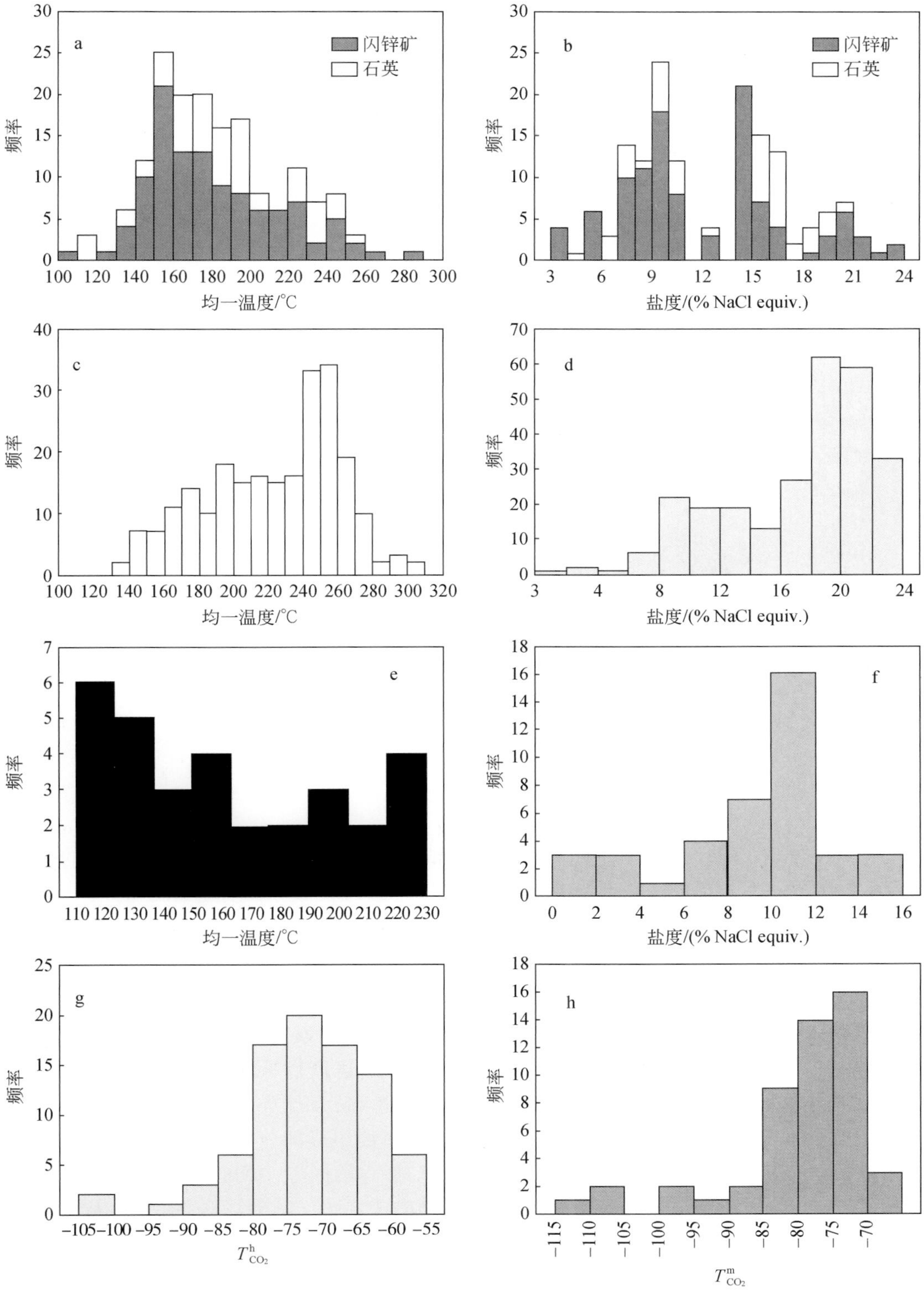

图 3.94　洗米沟、绿卯坪和纳雍枝 Pb-Zn 矿床石英和闪锌矿中流体包裹体的盐度和均一温度直方图

a 和 b. 洗米沟矿床；c 和 d. 绿卯坪矿床；e～h. 纳雍枝矿床

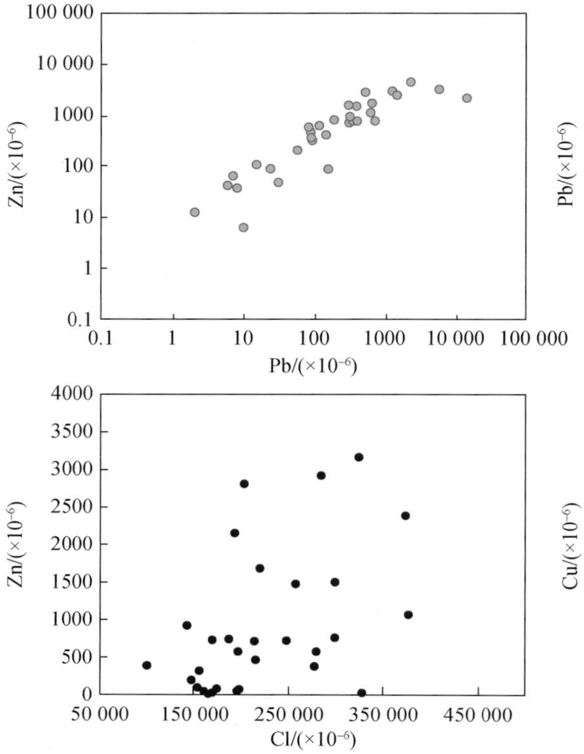

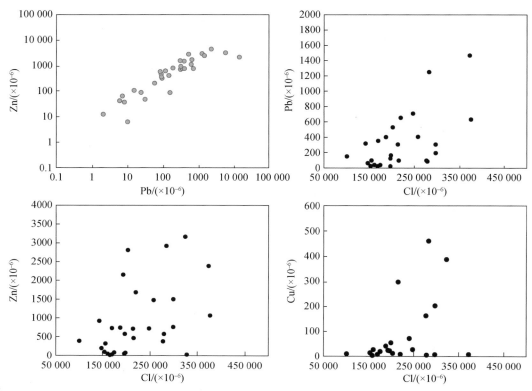

图 3.95　绿卯坪铅锌矿床石英中单个流体包裹体 Pb、Zn、Cu、Cl 含量的相关关系

二、成矿流体成因

川滇黔 Pb-Zn 矿集区位于云贵川三省交界部位。总体而言，位于四川和云南的 Pb-Zn 矿床规模相对较大，对其研究也相对深入。Hu 等（2017）较系统地总结了前人对云、川两省这些 Pb-Zn 矿床的研究成果，虽然对这些矿床的成因还有部分争论，但大多认为它们是 MVT Pb-Zn 矿床，即由低温、高盐度盆地卤水浸取地层中的成矿元素，继而在合适部位的断裂构造等开放空间沉淀富集形成的 Pb-Zn 矿床（Hu et al.，2017 及其中参考文献）。相对而言，该矿集区重要组成部分之一的黔西北地区的 Pb-Zn 矿床因规模相对较小，研究程度则较低。因此，本次工作重点对黔西北 Pb-Zn 成矿区进行了研究。研究结果表明，该成矿区的 Pb-Zn 矿床与川滇黔 Pb-Zn 矿集区的其他 Pb-Zn 矿床类似。

黔西北 Pb-Zn 成矿区是川滇黔 Pb-Zn 矿集区的重要组成部分之一，位于该矿集区东部（图 2.2），是贵州省 Pb、Zn、Ag 等的重要生产基地（金中国，2008）。区内已发现 Pb-Zn 矿床（点）100 余处（金中国，2008），其中大型矿床 1 处（纳雍枝），中型矿床 7 处（那润、杜家桥、杉树林、青山、筲箕湾、天桥、银厂坡）。已探明的 Pb-Zn 矿床（点）主要沿 NW 向威宁－水城构造带、垭都－蟒洞构造带和北北东向的云炉河坝－银厂坡构造带分布。

(一) 分散元素地球化学

分散元素(dispersed elements)是指在地壳中丰度很低(一般为$10^{-6}\sim10^{-9}$,多为10^{-9}级;刘英俊等,1984)、在岩石中极为分散的元素,包括Ge、In、Ga、Cd、Se、Tl、Te、Re等八个元素。就资源概念而言,这类元素除少数情况下可以形成独立矿床外,多以伴生组分存在其他主成矿元素的矿床中(涂光炽,1994;胡瑞忠等,1997;涂光炽等,2003)。铅锌矿床作为重要的分散元素伴生矿床(涂光炽等,2003;张乾等,2005;王乾,2008;周家喜等,2009;Ye et al.,2011),是研究分散元素地球化学及其地质意义的理想载体之一。有关这类矿床中分散元素的赋存状态及富集机制是国内外矿床学家极为关注,但尚未很好解决的问题(赵振华等,2003)。扬子地块西南缘大面积低温成矿省是分散元素富集与成矿的主要集中区之一(涂光炽等,2003;顾雪祥等,2004),前人进行了大量研究,但仍有一些问题尚待解决,如分散元素Ge、Cd、In等的赋存状态、富集机制和地质意义等。本节以黔西北铅锌成矿区内的代表性铅锌矿床(杉树林、青山、筲箕湾、天桥、板板桥、银厂坡等)为对象,探讨本区Pb-Zn矿床中分散元素的赋存状态、富集机制和对成矿环境及矿床成因的指示意义。

1. 分散元素含量特征与富集规律

对研究区有代表性Pb-Zn矿床中主要硫化物矿物的稀散元素含量进行分析。为便于总结,对不同矿床中各种硫化物矿物的稀散元素含量及富集系数、各矿床中不同颜色闪锌矿的稀散元素含量、研究的全部矿床中各主要硫化物矿物的稀散元素含量进行了统计,结果分别列于表3.6、表3.7和表3.8。从矿物的稀散元素含量分布上不难发现,研究的四个代表性矿床中稀散元素的富集存在一定的规律性。

1)杉树林Pb-Zn矿床

Ga和In在杉树林Pb-Zn矿床方铅矿和闪锌矿这两种硫化物矿物中的富集程度均较低,富集规律为闪锌矿大于方铅矿;Tl和Re的富集则为方铅矿大于闪锌矿;Cd和Se在闪锌矿中明显富集,且含量远大于方铅矿,表现为杉树林Pb-Zn矿床富集Cd-Se元素组合特征。

2)筲箕湾Pb-Zn矿床

Ga在三种硫化物矿物中的富集程度均较低,其富集规律为闪锌矿最高,黄铁矿次之,方铅矿最低;Tl的富集规律为方铅矿大于闪锌矿,黄铁矿最低;Re表现出闪锌矿最高,黄铁矿次之,方铅矿最低;In、Se和Cd从黄铁矿—方铅矿—闪锌矿依次升高。该矿床表现为富集Cd-In元素组合特征。

3)天桥Pb-Zn矿床

Ga在天桥Pb-Zn矿床三种硫化物中富集程度均较低,其富集规律为闪锌矿最高,黄铁矿次之,方铅矿最低;Tl的富集规律为方铅矿大于闪锌矿,黄铁矿最低;Cd的富集规律呈现出闪锌矿最高,方铅矿次之,黄铁矿最低;In的富集规律为从方铅矿—黄铁矿—闪锌矿依次升高;Re表现出黄铁矿最高,闪锌矿次之,方铅矿最低;Se为闪锌矿最高,黄铁矿次之,方铅矿未检出。该矿床表现为出富集Cd-In元素组合特征。

表 3.6 代表性铅锌矿床中硫化物矿物的分散元素含量（$\times10^{-6}$）及富集系数

元素		Ga	Ge	Tl	Cd	In	Re	Se
SSL 方铅矿（4）	范围	0.02～0.16	—	4.9～7.6	4.2～6.6	0.002～0.007	0.008～0.035	0.021～0.028
	系数	0～0.01	—	6～10	21～33	0～0.1	21～92	0.4～0.6
SSL 闪锌矿（7）	范围	0.5～7.4	—	0.2～1.6	814～1565	0.032～0.14	0.004～0.03	1.0～1.1
	系数	0.03～0.5	—	0.3～2	4070～7825	0.3～1.4	11～79	19～23
SJW 黄铁矿（3）	范围	0.60～0.72	—	1.3～5.2	0.86～6.6	0.012～0.064	0.012～0.019	0.003～0.014
	系数	0.04～0.05	—	2～7	4～33	0.1～0.6	31～71	0.1～0.3
SJW 方铅矿（1）	范围	0.16	—	20.5	13.7	0.2	0.004	0.041
	系数	0.01	—	27	69	2	11	0.81
SJW 闪锌矿（7）	范围	0.99～3.8	—	1.3～6.6	758～1495	0.41～2.9	0.007～0.062	0.91～1.1
	系数	0.07～0.22	—	2～9	3790～7475	4.1～29	18～163	18～23
TQ 黄铁矿（2）	范围	0.77～1.5	1.4～2.5	0.29～0.46	6.6～11.9	0.18～0.38	0.002～0.007	0.24～0.48
	系数	0.05～0.1	0.95～1.6	0.39～0.62	33～66	2～4	5～18	5～10
TQ 方铅矿（7）	范围	0.009～5.6	0.3～23.2	4.1～7.9	3.6～41	0.015～0.22	0.001～0.005	/
	系数	0～0.4	0.2～16	6～11	18～203	0.2～2	3～13	/
TQ 闪锌矿（13）	范围	6.3～227	0.11～1.4	0.14～3.9	623～938	0.3～23.8	0.001～0.006	1.5～2.3
	系数	0.4～15	0.1～0.9	0.2～5	3115～4690	3～238	3～16	31～45
BBQ 黄铁矿（2）	范围	0.97～3.3	—	0.005～0.016	0.023～7.8	0.009～0.055	0.004～0.005	0.015～0.13
	系数	0.06～0.22	—	0.01～0.02	0～39	0.1～0.6	10.5～13	0.3～2.5
BBQ 方铅矿（1）	范围	0.1	—	5.9	13.9	0.015	0.016	0.11
	系数	0.01	—	8	70	0.2	42	2
BBQ 闪锌矿（9）	范围	0.56～12.1	—	0.017～15.3	1395～2906	0.086～1.79	0.004～0.012	0.90～1.2
	系数	0.04～0.81	—	0.02～34	6975～14 530	0.9～18	10.5～32	18～24

注：/为未检出；—为未检测；Ga、Ge、Tl、Cd、In 和 Se 采用与克拉克值比较获得富集系数，它们的克拉克值分别为 15×10^{-6}、1.5×10^{-6}、0.75×10^{-6}、0.2×10^{-6}、0.1×10^{-6}和 0.05×10^{-6}（刘英俊等，1984；涂光炽等，2003）；Re 采用黎彤（1984）的大陆壳元素丰度为 $0.000\ 38\times10^{-6}$进行比较；( ) 内的数字为样品数；BBQ. 板板桥铅锌矿床；SJW. 筲箕湾铅锌矿床（陈随海等，2012）；SSL. 杉树林铅锌矿床（杨松平等，2018）；TQ. 天桥铅锌矿床（周家喜等，2009；Zhou et al.，2011）。

表 3.7 所有矿床主要矿物的分散元素含量变化范围 单位：$\times10^{-6}$

对象	Ge	Tl	Ga	Cd	In	Se	Re
Py	1.4～2.5	0.01～5.2	0.6～3.3	0.02～11.9	0.009～0.38	0.003～0.48	0.002～0.019
Gl	***0.3～23***	***4.1～20.5***	0.1～5.6	3.6～13.9	0.002～0.22	0.021～0.1	0.001～0.016
Sp	0.1～1.4	0.02～15.3	***0.6～227***	***623～2906***	***0.086～23.8***	***0.9～2.3***	0.001～0.012

注：粗斜体表示相对含量高；Py 为黄铁矿；Gl 为方铅矿；Sp 为闪锌矿。

表 3.8 各矿床中不同颜色闪锌矿的分散元素含量 单位：×10^{-6}

矿床	对象	Ga	Se	Cd	In	Re	Tl	Ge
板板桥铅锌矿床	棕色 Sp [4]	3.1～12.1 (5.8)	0.9～1.2 (1.1)	1835～2906 (2266)	0.63～1.8 (1.2)	0.007～0.012 (0.01)	0.23～15.3 (5.1)	/
	棕黄色 Sp [5]	0.6～1.9 (1.1)	0.97～1.13 (1.1)	1395～2369 (1744)	0.09～0.10 (0.10)	0.004～0.011 (0.008)	0.47～2.8 (1.3)	/
筲箕湾铅锌矿床	棕色 Sp [4]	1.6～3.8 (2.3)	0.95～1.14 (1.08)	1130～1495 (1272)	0.6～2.5 (1.3)	0.007～0.062 (0.024)	3.7～6.6 (5.1)	/
	棕黄色 Sp [3]	0.99～3.3 (2.1)	0.91～0.95 (0.93)	758～1268 (1073)	0.41～2.9 (1.6)	0.013～0.035 (0.022)	1.3～2.8 (2.0)	/
杉树林铅锌矿床	棕色 Sp [3]	0.5～4 (2.8)	0.95～1 (0.98)	814～920 (871)	0.032～0.12 (0.077)	0.004～0.03 (0.013)	0.37～1.6 (0.79)	/
	棕黄色 Sp [4]	4.6～7.4 (5.5)	1.07～1.14 (1.1)	1050～1565 (1219)	0.082～0.14 (0.11)	0.011～0.016 (0.013)	0.2～0.52 (0.37)	/
天桥铅锌矿床	棕色 Sp [5]	6.3～86.8 (37)	1.5～2.1 (1.8)	623～793 (717)	0.3～3.7 (1.7)	0.001～0.006 (0.003)	0.28～1.9 (0.68)	0.11～0.49 (0.22)
	棕黄色 Sp [5]	13.6～203 (81)	1.9～2.1 (2)	670～851 (779)	1.1～23.8 (6.8)	0.002～0.005 (0.003)	0.15～3.91 (1.02)	0.13～0.77 (0.59)
	浅黄色 Sp [3]	13～227 (134)	1.8～2.3 (2)	791～938 (849)	1.1～4.9 (3)	0.002～0.003 (0.003)	0.14～0.37 (0.28)	0.22～0.8 (0.43)

注：/为未检出；Sp 为闪锌矿；[ ] 中数字为样品数，( ) 中数字为平均值。

4）板板桥 Pb-Zn 矿床

Ga 在板板桥 Pb-Zn 矿床三种硫化物中的富集程度均较低，其富集规律为闪锌矿最高，黄铁矿次之，方铅矿最低；Tl 和 Re 的富集规律为方铅矿最高，闪锌矿次之，黄铁矿最低；Cd 的富集规律呈现出闪锌矿最高，方铅矿次之，黄铁矿最低；In 的富集规律为从方铅矿—黄铁矿—闪锌矿依次升高；Se 从方铅矿—黄铁矿—闪锌矿依次升高。该矿床表现出 Cd 含量最高，其他分散元素含量均较低的特征。

综上可见，这些矿床总体表现为相对富集 Cd、In 和 Se 的特征，但各矿床的硫化物富集特定稀散元素的程度略有不同。例如，含量最高的 Cd 在四个代表性矿床中均有富集，但程度有所差异，板板桥 Pb-Zn 矿床闪锌矿中 Cd 含量最高，杉树林和筲箕湾 Pb-Zn 矿床居中，天桥 Pb-Zn 矿床最低。这很可能受成矿流体中稀散元素含量和组合的区域性差异所控制。就不同矿物富集稀散元素的专属性而言，也有明显的规律。例如，四个矿床中相对富集的 Cd、In 和 Se 主要分布在闪锌矿中，而方铅矿则相对富集 Re 和 Tl 等（表 3.7）。此外，各矿床不同颜色闪锌矿的稀散元素富集规律也略有不同，以 Cd 为例，通常是浅色（棕黄色、浅黄色）闪锌矿的 Cd 含量要大于深色（棕色）闪锌矿（表 3.8）。

2. 分散元素赋存状态

分散元素的赋存状态主要包括独立矿物、类质同象和有机结合态及吸附三大类（涂光炽等，2003）。采用电子探针结合电感耦合等离子体质谱分析技术，探讨了分散元素的赋存状态。

1）独立矿物

通过对黔西北 Pb-Zn 成矿区代表性矿床的电子探针分析和系统的显微镜观察，尚未在研究区发现稀散元素独立矿物，但之前（张伦尉等，2008）在相邻的云南会泽超大型 Pb-Zn 矿床中发现了 Ge 的独立矿物（图 3. 96）。

以往工作（胡耀国，1999；金中国，2008；周家喜等，2009）及本次的质谱分析显示，在黔西北 Pb-Zn 成矿区内未发现任何矿床高度富集稀散元素，包括与云南会泽超大型 Pb-Zn 矿床一江（牛栏江）之隔的银厂坡 Ag-Pb-Zn 矿床（胡耀国，1999）。这可能与成矿区域地球化学背景和成矿流体性质等因素有关。

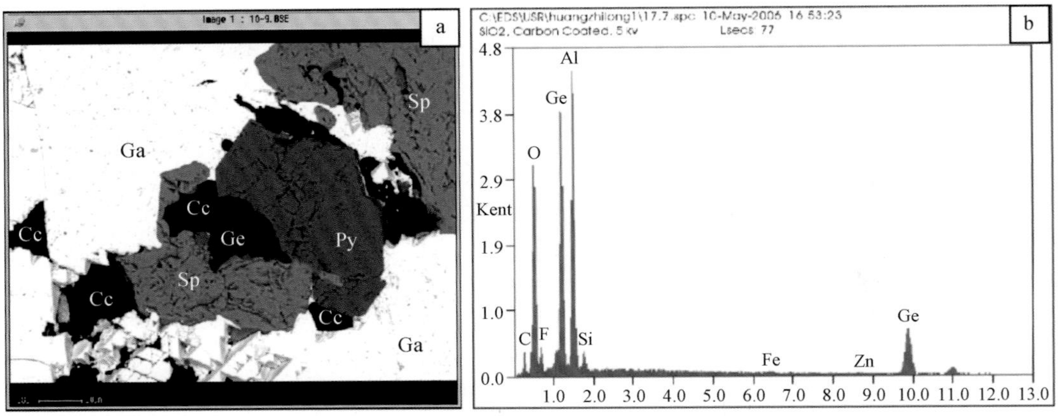

图 3. 96　会泽铅锌矿床矿石中独立锗矿物

（据张伦尉等，2008）

a. 电子探针照片；b. 锗独立矿物成分谱线；Ge. 独立锗矿物；Cc. 方解石；Sp. 闪锌矿；Py. 黄铁矿；Ga. 方铅矿

2）类质同象

分散元素的富集与特定矿物有着密切关系，其载体矿物通常具有较强的专属性（刘英俊等，1984；涂光炽等，2003；张乾等，2005）。例如，分散元素镓（Ga）、锗（Ge）、镉（Cd）等在铅锌矿床中主要以类质同象的形式赋存于硫化物矿物中（涂光炽等，2003；张乾等，2005；Höll et al.，2007），这与它们的地球化学行为有着密切的关系，这些元素具有亲硫等特征（刘英俊等，1984；涂光炽等，2003），共价半径、离子半径、电负性等与 Zn、Pb 等元素（特别与 Zn）相似（刘英俊等，1984），因而 Pb-Zn 矿床中金属硫化物（特别是闪锌矿）是分散元素最主要的载体矿物。

利用电子探针对天桥、银厂坡和青山铅锌矿床原生矿石中的分散元素进行了电子探针面分析（以天桥为例，图 3. 97）。结果发现，原生矿石中分散元素 Ga、Ge、Cd、In 等均未出现明显高于本底的富集点，结合显微镜光薄片的系统鉴定，可以排除分散元素独立矿物的存在。这说明矿床中的分散元素可能以类质同象形式存在，含量相对较高的 Cd（图 3. 97d）面分布特征显示其主要赋存于闪锌矿中，与质谱测试结果（表 3. 6）一致。其他分散元素由于含量相对较低，在各矿物的面扫描图中显示不明显。

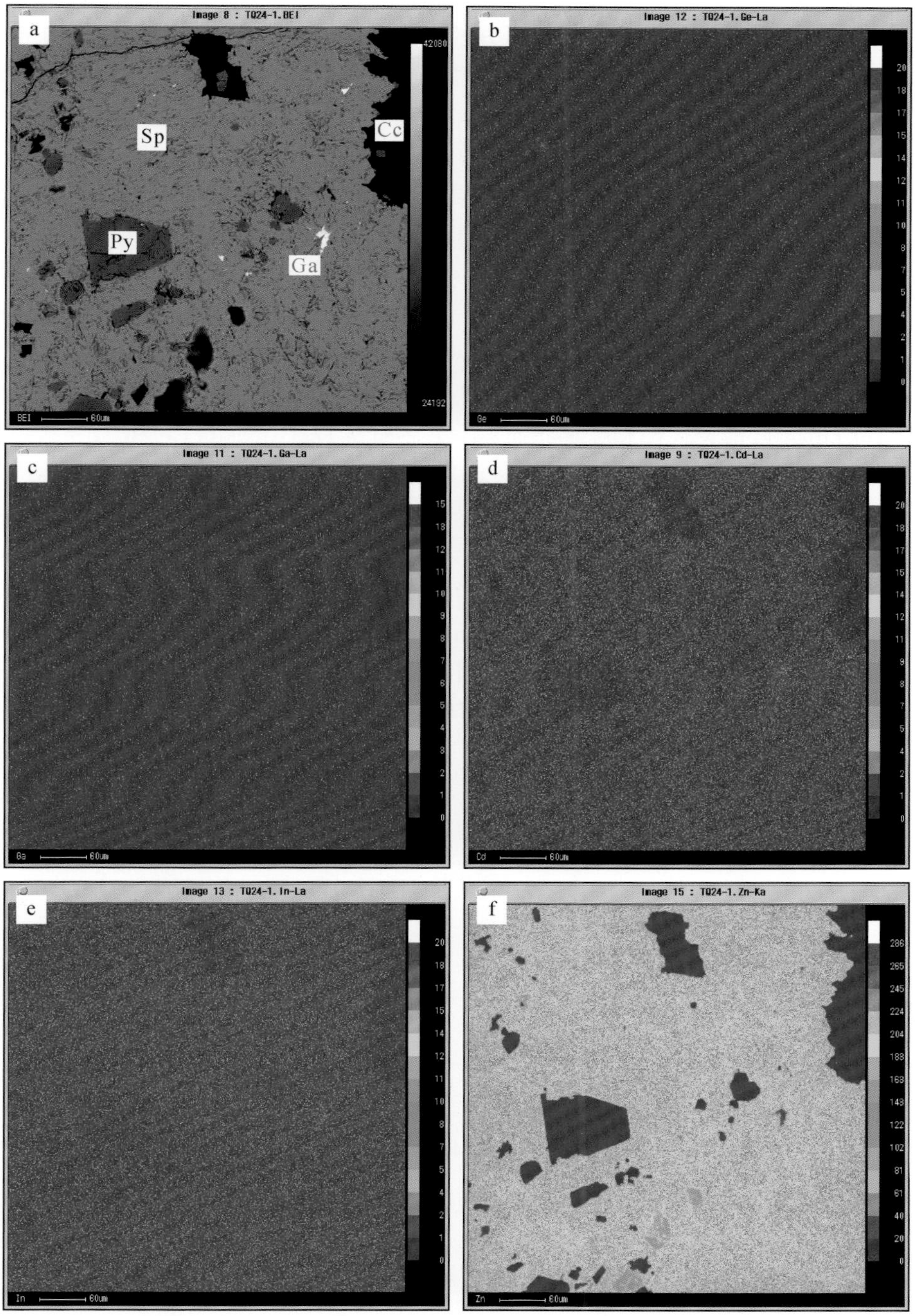

图 3.97 天桥 Pb-Zn 矿床分散元素及相关元素面扫描图

（据周家喜等，2009）

a. 面扫描区背散射（BSE）照片；b. 锗面扫描分布图；c. 镓面扫描分布图；d. 镉面扫描分布图；e. 铟面扫描分布图；f. 锌面扫描分布图；Sp. 闪锌矿；Ga. 方铅矿；Py. 黄铁矿；Cc. 方解石

3）有机结合态和吸附态

本次工作未对矿床氧化带和蚀变带内分散元素赋存情况进行研究。因此，矿床中是否存在有机结合态和吸附态形式存在的分散元素，还不得而知。但是，由于原生矿石中有机质含量通常不高，据此推测在成矿流体形成矿床的时候，以有机结合态和吸附态存在于矿石中的分散元素占比应非常有限。

综上所述，根据电子探针和质谱分析结果并结合以往研究成果，可以认为研究区铅锌矿床中的分散元素主要以类质同象形式赋存于相应的金属硫化物相中，闪锌矿是多数分散元素的主要载体矿物。

3. 分散元素富集机制

1）方铅矿中 Ge 和 Tl 富集机制

从上述分散元素富集规律和赋存状态看，黔西北铅锌矿床中的 Ge 和 Tl 主要赋存于方铅矿中（表 3.6 和表 3.7），这与川西南和滇东北铅锌成矿区代表性矿床以往观察到的现象基本一致（李发源，2003；付绍洪，2004；司荣军，2005；周家喜等，2008）。关于方铅矿中 Ge 和 Tl 的进入方式，李晓彪（2010）曾提出过可能是成对替代。

由图 3.98 可见，研究区铅锌矿床方铅矿的 Pb 与 Tl 含量具有明显正相关关系，相关系数 $R^2=0.86$，这表明方铅矿的 Tl 含量受其 Pb 含量控制。刘英俊等（1984）发现，相对于 Zn，Tl 与 Pb 具有更相近的地球化学性质，因而相对于闪锌矿 Tl 更易进入方铅矿晶格（司荣军，2005）。因此，Tl 替代 Pb 可能是方铅矿富 Tl 的主要机制。

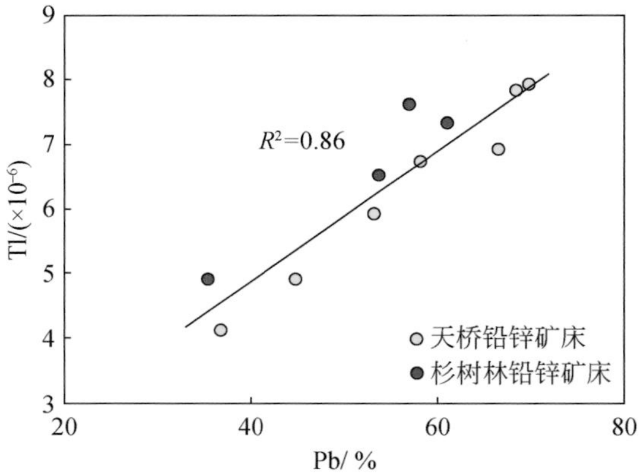

图 3.98　代表性铅锌矿床方铅矿中 Pb-Tl 关系

但是，方铅矿的 Pb 与其 Ge 含量间则不具相关关系（图略），而与其 Zn 含量呈现出较好的正相关关系（图 3.99）。根据 Ge 与 Pb、Zn 的晶体化学参数和元素地球化学性质，Ge 通常富集在闪锌矿中，这已被前人的研究所证实（刘英俊等，1984；司荣军，2005）。据此推测，天桥铅锌矿床方铅矿中 Ge，很可能是赋存于方铅矿内的微细粒闪锌矿中。电子探针和质谱分析也显示，天桥铅锌矿床的方铅矿中确有微细粒闪锌矿存在。

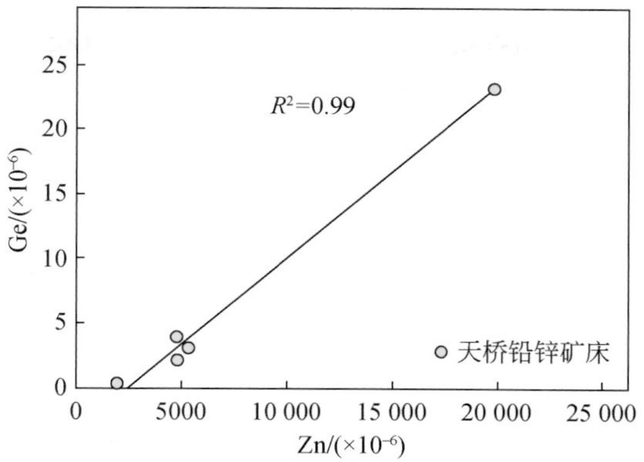

图 3.99　天桥铅锌矿床方铅矿的 Zn-Ge 关系

2）闪锌矿中 Cd、Ga 等的富集机制

黔西北铅锌成矿区代表性矿床中 Cd 和 Ga 的含量（表 3.6），已均达综合利用指标要求，且 Cd 和 Ga 等均富集在闪锌矿中（表 3.7），这与前人对全球不同类型铅锌矿床的研究结果一致（刘英俊等，1984；涂光炽等，2003；Bernstein，1985；Zhang，1987；Liu et al.，1999；Palero-Fernández and Martín-Izard，2005；Wilkinson et al.，2005；Höll et al.，2007；Kamona and Friedrich，2007）。关于闪锌矿中 Cd 和 Ga 的富集机制，前人做了一些探讨，通常认为 Cd 主要以类质同象形式替代闪锌矿中的 Zn（刘英俊等，1984；涂光炽等，2003；温汉捷等，2019；吴越等，2019），甚至 ZnS 与 CdS 形成完全类质同象系列（刘铁庚等，2004），而 Ga 可能以 Ga_2S_3等形式与 ZnS 类质同象（刘英俊等，1984）进入闪锌矿晶格。然而，本次对上述代表性矿床闪锌矿中 Zn 与其 Cd 含量的相关分析时发现，二者并不呈负相关替代关系，而是呈现较明显的正相关关系（图 3.100），相关系数 R^2 = 0.58，表明闪锌矿中的 Cd 含量受其 Zn 含量控制。

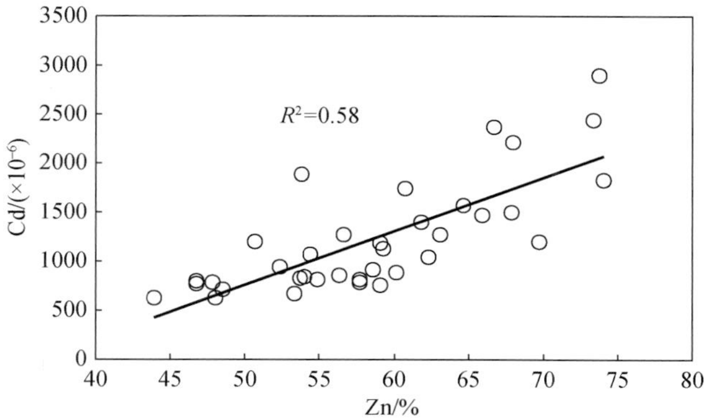

图 3.100　代表性铅锌矿床闪锌矿的 Zn-Cd 相关性

此外，对闪锌矿中 Pb 与其 Cd 含量和 Ga 含量进行的相关分析表明，二者之间均不存在相关关系（图略），表明其中的 Cd、Ga 含量不受 Pb 含量控制。但是，闪锌矿的 Fe、Zn

含量之间则具有较为明显的负相关关系（图 3.101），相关系数 $R^2=0.67$，结合显微观察和电子探针分析，可以发现闪锌矿中的 Fe 是类质同象置换 Zn 而进入闪锌矿晶格的，这与前人研究结论一致（刘英俊等，1984）。

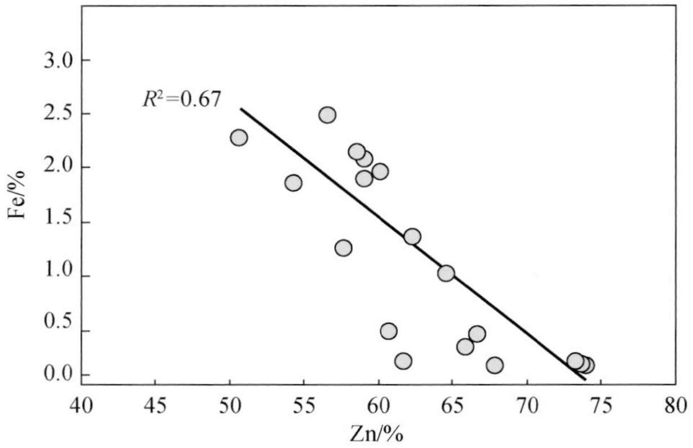

图 3.101　代表性铅锌矿床闪锌矿的 Zn-Fe 相关性

有意义的是，在对闪锌矿 Fe 含量与 Cd 含量进行相关分析时发现，两者具有“双曲线”相关关系（图 3.102）。为考证该相关性的地质意义，对川滇黔铅锌成矿域其他 7 个代表性矿床已发表的数据进行了统计，结果也显示闪锌矿的这种 Fe-Cd“双曲线”相关性（图 3.103），同时统计还显示出该矿集区内代表性矿床中闪锌矿的 Fe 含量与其 Ga 含量也显示出较为明显的“双曲线”相关性（图 3.104）。同时，在对全球上百个铅锌矿床的统计分析中，也显示出闪锌矿 Fe、Cd 含量的这种“双曲线”相关特征（刘铁庚等，2010）。

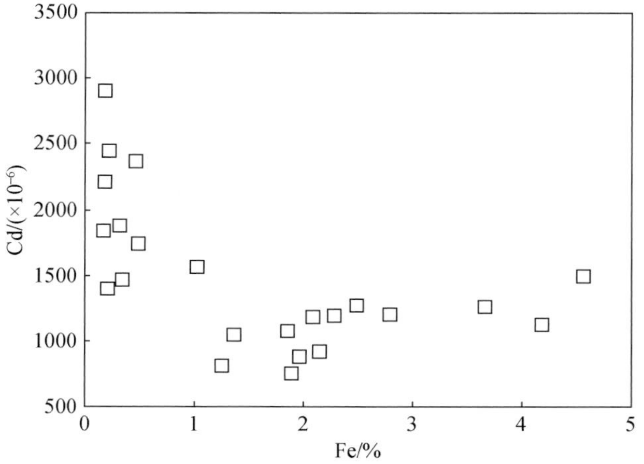

图 3.102　代表性铅锌矿床闪锌矿的 Cd-Fe 相关性

研究发现，Ga、Cd、Fe 和 Zn 具有相似的地球化学性质和行为。闪锌矿中 Ga、Cd 与 Fe 含量的上述相关趋势，可能是两方面因素共同作用的结果：①在成矿流体的演化早期，

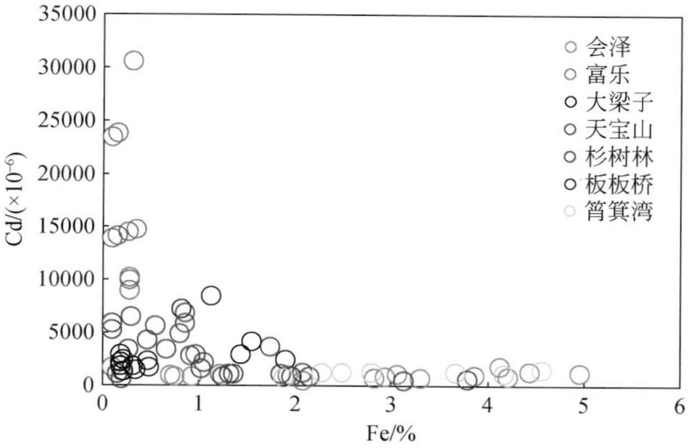

图 3.103　川滇黔地区典型铅锌矿床闪锌矿的 Cd-Fe 相关性

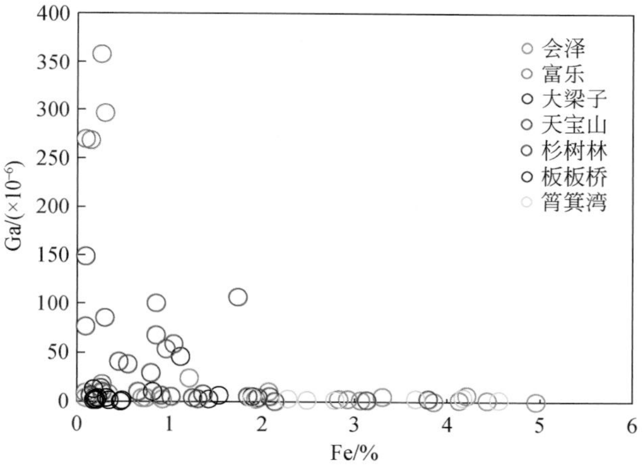

图 3.104　川滇黔地区典型铅锌矿床闪锌矿的 Ga-Fe 相关性

流体具有较高的 Fe 浓度，这些 Fe 除形成黄铁矿外，部分还以类质同象形式进入闪锌矿（Fe 与 Zn 的负相关关系及电子探针面扫描分析均说明二者呈类质同象关系）晶格，占据闪锌矿中 Zn 的晶格位置；②随着新成矿流体的加入和成矿温度的降低，成矿流体中 Cd、Ga 浓度增大，Fe 因沉淀而含量变少，使得闪锌矿中原已存在的 Fe 的稳定性降低，甚至被析出（表现为闪锌矿中微细粒分布的黄铁矿），而 Cd 和 Ga 的置换能力增强，占据闪锌矿中原来由 Fe 占据的晶格位置（刘铁庚等，2010；周家喜等，2010b；李珍立等，2016；陶琰等，2019），实际上还是替换 Zn。因此，闪锌矿中 Zn、Fe、Cd 和 Ga 之间的相关性是不同元素浓度的成矿流体混合作用的体现。

硫化物矿物中分散元素表现出的上述分布特征、富集规律及富集机制，均可以用流体混合作用来解释，这也是本区铅锌矿床中分散元素超常富集的主要机制。

4. 分散元素分布规律的地质指示意义

分散元素富集成矿需要相当特殊的成矿环境和独特的地质背景（涂光炽等，2003；黄智龙等，2004；张乾等，2005）。因此，闪锌矿中 Ga、Ge、Cd、In 含量及 Ga/In、Zn/Cd 等的值对矿床成因具有重要指示意义（Zhang，1987；Palero-Fernández and Martín-Izard，2005）。统计资料显示，岩浆热液型铅锌矿床中闪锌矿的 Ga/In 值<1，沉积改造型铅锌矿床中闪锌矿的 Ga/In 值>1，本区典型矿床中闪锌矿的 Ga/In 值>1（表 3.9）。此外，在闪锌矿的 lnGa-lnIn 图解（图 3.105）中绝大部分样品均位于沉积-改造型铅锌矿床内（Zhang，1987）。

表 3.9　黔西北代表性铅锌矿床闪锌矿的分散元素比值及相关参数

编号	lnGa	lnIn	Ga/In	Zn/Cd	编号	lnGa	lnIn	Ga/In	Zn/Cd
BBQ0909	1.3	0.3	3	286	SSL11	1.4	−2.5	48	685
BBQ0918	2.5	0.6	7	403	SSL12	1.5	−2.4	52	505
BBQ0921	1.5	−0.2	5	301	SSL13	1.5	−2.5	57	500
BBQ0924	1.1	−0.5	5	254	SSL14	2.0	−2	54	594
BBQ0904	−0.6	−2.4	6	282	SSL17	1.7	−2.2	49	413
BBQ0908	0.6	−2.3	18	443	TQ-10	3.3	−0.7	55	590
BBQ0917	−0.2	−2.4	8	450	TQ-24	4.5	1.3	23	704
BBQ0915	0.5	−2.2	15	349	TQ-3	1.8	−0.1	7	771
BBQ0920	−0.4	−2.5	8	307	TQ-13	3.5	−1.2	114	609
SJW1	0.6	−0.1	2	582	TQ-26	3.4	1.1	9	613
SJW6	0.5	0.9	1	454	TQ-16	4.0	0.1	49	652
SJW7	0.7	−0.5	3	499	TQ-54	2.6	1.2	4	643
SJW9	1.3	0.1	4	525	TQ-24	5.3	1.4	50	662
SJW11	1.2	1.1	1	780	TQ-19	3.9	3.2	2	796
SJW15	0.7	0.3	1	425	TQ-18	4.4	0.2	63	682
SJW16	−0.01	−0.9	2	447	TQ-25	5.4	0.7	108	558
SSL1	−0.7	−3.4	16	637	TQ-24	5.1	1.6	33	671
SSL6	1.3	−2.2	33	709	TQ-60	2.6	0.7	6	729

研究表明，方铅矿的 Bi、Sb 含量也具有一定的矿床成因指示意义。图 3.106 为黔西北天桥铅锌矿床方铅矿的 lnBi-lnSb 关系图，由此可见绝大部分样品也落于沉积-改造型铅锌矿床范围，与闪锌矿 lnGa-lnIn 信息得出的结论（图 3.105）一致。

上述特征表明，本区矿床主要是沉积（变质）岩作为源岩，经热液改造作用（浸取其中成矿元素）而形成。闪锌矿中 Cd 和 Ga 含量与 Zn、Fe 含量的“双曲线”相关性以及其他元素间的正相关关系表明，其中分散元素的丰度分布特征主要由流体混合作用引起。这种混合很可能是高盐度和相对高温的盆地卤水与低温、低盐度大气成因流体的混合，这

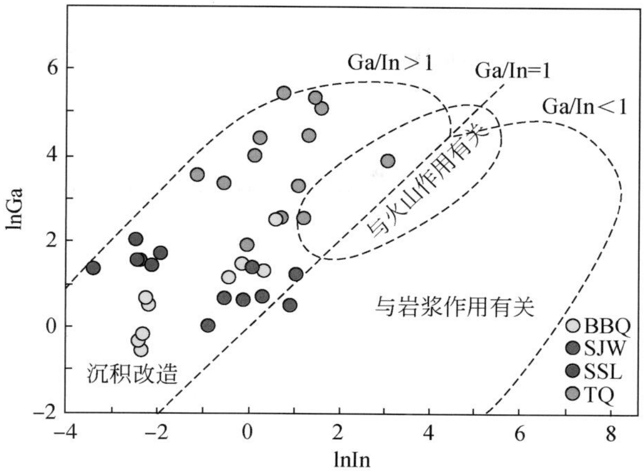

图 3.105 黔西北代表性铅锌矿床闪锌矿的 lnGa-lnIn 关系图

（底图据 Zhang，1987）

BBQ. 板板桥铅锌矿床；SJW. 筲箕湾铅锌矿床；SSL. 杉树林铅锌矿床；TQ. 天桥铅锌矿床

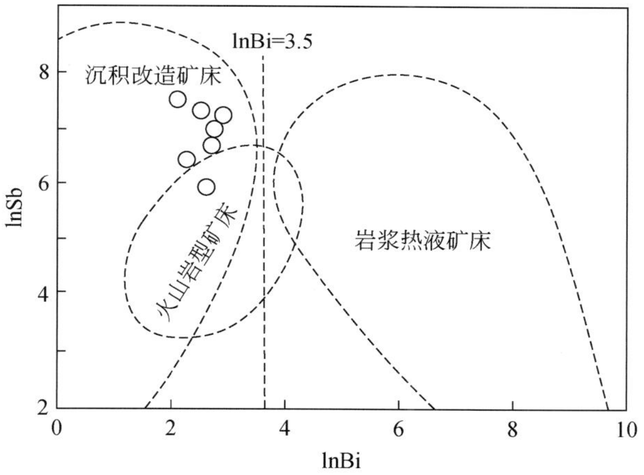

图 3.106 黔西北天桥铅锌矿床闪锌矿的 lnSb-lnBi 关系图

（据周家喜等，2009 修改）

与其他证据揭示的事实（图 3.93）吻合。

（二）硫同位素地球化学

1. 硫同位素组成特征

本次工作在测定部分矿床硫化物矿物硫同位素组成的基础上，收集整理了前人已发表的数据，结果见表 3.10。可此可见，黔西北代表性矿床硫化物矿物的 $\delta^{34}S_{CDT}$ 均为正值，富集重硫同位素。全部分析和统计矿床热液成因硫化物矿物的 $\delta^{34}S_{CDT}$ 为 2‰～22‰，多数集中在 8‰～20‰，呈塔式正态分布，变化范围相对较窄，峰值处于 10‰～14‰（图 3.107）。单个矿床硫化物硫同位素组成变化范围更窄，如天桥矿床硫化物 $\delta^{34}S_{CDT}$ 值为 8‰～14‰。这表明本区铅锌矿床成矿流体中硫的来源单一且一致。

表 3.10　黔西北代表性铅锌矿床硫同位素组成　　　　单位:‰

矿床	编号	对象	$\delta^{34}S_{CDT}$	来源
杉树林	SS07	Py	17.60	Fu, 2004
	78-59	Sp	16.30	陈士杰, 1986
	78-80	Sp	16.10	
	3	Sp	17.01	
	12	Sp	18.26	
	78-66	Sp	15.90	
	SSL-6	Br Sp	19.56	本研究
	SSL-17	Br Sp	19.32	
	SSL-14	Br Sp	19.03	
	SSL-13	Br Sp	18.93	
	SSL-1	Br Sp	20.26	
	SSL-12	Br Sp	19.07	
	SSL-11	Br Sp	19.16	
	SS13	By Sp	18.69	付绍洪, 2004
	SS14	By Sp	18.68	
	SS01	By Sp	17.19	
	SS03	By Sp	17.48	
	SS14-1	By Sp	18.37	
	SS16	Br Sp	18.55	
	78-79	Gl	13.40	陈士杰, 1986
	78-64	Gl	13.40	
	11	Gl	13.64	
	A1159-4	Gl	13.70	
	SSL-17	Gl	15.81	本研究
	SSL-12	Gl	15.67	
	SSL-6	Gl	17.09	
	SSL-10	Gl	15.60	
	SS14-1	Gl	14.21	付绍洪, 2004
	SS14	Gl	14.10	
横塘	HT-12S2	Sp	16.06	顾尚义, 2007
	HT-12S1	Gl	14.44	
天桥	HTQ-T7S	Py	13.44	
	TQ-18	Py	13.69	本研究
	TQ-19	Py	14.44	
	TQ-23	Py	12.81	
	TQ-24-1	Py	12.87	本研究
	TQ-60	Py	13.18	
	HTQ-T1S1	Sp	11.54	顾尚义, 2007
	HTQ-T2S2	Sp	14.23	
	HTQ-T3S1	Sp	12.38	
	HTQ-T6S1	Sp	11.58	Gu, 2007
	HTQ-T4S1	Sp	11.51	
	TQ-13	Ly Sp	11.70	本研究
	TQ-18	By Sp	13.10	
	TQ-60	By Sp	12.40	
	TQ-10	Br Sp	13.70	
	TQ-3	Br Sp	14.00	
	TQ-16	By Sp	13.70	
	TQ-24-3	Br Sp	12.30	
	TQ-54	By Sp	12.20	
	TQ-25	Ly Sp	12.10	
	TQ-24-4	By Sp	11.90	
	TQ-24-5	Ly Sp	10.90	
	HTQ-T1S2	Gl	11.05	顾尚义, 2007
	HTQ-T2S1	Gl	12.55	
	HTQ-T3S2	Gl	10.74	
	HTQ-T5S	Gl	10.95	
	HTQ-T6S2	Gl	11.42	
	HTQ-T4S2	Gl	11.88	
	TQ-13	Gl	9.26	本研究
	TQ-24-2	Gl	8.86	
	TQ-25	Gl	8.51	
	TQ-3	Gl	9.83	
	TQ-52	Gl	8.35	
	TQ-54	Gl	8.40	
	TQ-65	Gl	8.66	
蟒硐	HMD-S	Py	13.08	顾尚义, 2007
	HMD-4S	Sp	13.37	
	HMD-6S2	Sp	13.74	
	HMD-7S2	Sp	11.34	

续表

矿床	编号	对象	$\delta^{34}S_{CDT}$	来源	矿床	编号	对象	$\delta^{34}S_{CDT}$	来源
蟒硐	HMD-8S2	Sp	10.90	顾尚义，2007	青山	Q-Py	Py	14.00	朱赖民和栾世伟，1998
	HMD-9S	Sp	11.50			Q-Sph	Sp	19.60	
	HMD-6S1	Gl	11.52			Q-Gal	Gl	16.80	
	HMD-7S1	Gl	12.84		银厂坡	YC-C	Py	8.50	胡耀国，1999
	HMD-8S1	Gl	12.13			YC-A	Py	7.60	
箐箕湾	SJW-9	Py	11.35	本研究		YC-B	Py	10.30	
	SJW-15	Py	11.34			YC-5	Sp	13.30	
	SJW-14	Py	11.57			YC-1	Sp	12.70	
	SJW-1	Br Sp	11.06			YC-4	Sp	11.20	
	SJW-11	Br Sp	9.78			YC-7	Sp	12.40	
	SJW-7	Br Sp	10.05			YC-6	Sp	12.90	
	SJW-6	Br Sp	11.09			YC-2	Sp	11.90	
	SJW-9	Br Sp	10.27			YC-3	Sp	14.20	
	SJW-15	Br Sp	9.84			YC6-21	Gl	11.00	
	SJW-16	Br Sp	10.14			YC6-19-1	Gl	10.00	
	SJW-12	Gl	8.44			YC6-25	Gl	10.10	
青山	QSC-4S	Py	18.30	顾尚义，2007		YC6-A	Gl	10.80	
	1800A4-S2	Sp	17.60			YC6-22	Gl	11.50	
	1816B4-S1	Sp	18.50			YC3-3	Gl	9.60	
	QSC-3S1	Sp	18.40			YCW-4	Gl	10.70	
	1816B4-S2	Gl	17.20			8-2	Py	12.20	柳贺昌和林文达，1999
	1800A4-S1	Gl	15.90			4	Py	12.00	
	QSC-3S2	Gl	15.80			1	Gl	10.50	
	QS03	Py	16.90	付绍洪，2004		3	Gl	10.20	
	QS04	By Sp	18.50			Mar-83	Gl	10.90	
	QS04	Gl	14.00			2	Gl	9.90	
	QS02	Gl	13.70			58	Py	13.00	
	Q-2-1	Sp	15.90	朱赖民和栾世伟，1998	板板桥	902	Py	8.80	本研究
	Q-2-2	Gl	11.40			906	Py	9.80	
	Q-6	Sp	15.70			920	Sp	4.80	
	QS01SP	Sp	17.50			915	Sp	3.90	
	QS01	Sp	6.78			904	Sp	6.00	
	GQ3-Py	Py	10.70			908	Sp	8.40	
	F9-Py	Py	12.60			917	Sp	6.10	
	GQ11-Cc	Py	13.60			909	Sp	6.40	

续表

矿床	编号	对象	$\delta^{34}S_{CDT}$	来源	矿床	编号	对象	$\delta^{34}S_{CDT}$	来源
板板桥	921	Sp	9.00	本研究	曹子坪	CZP-2	Gl	9.20	金中国，2008
	924	Sp	7.10			CZP-3	GL	7.80	
	910	Gl	3.50		银矿包	Yk-1	Py	20.00	
榨子厂	Z-1	Py	14.00	金中国，2008		Yk-2	Sp	18.80	
曹子坪	CZP-1	Sp	10.10			Yk-3	Gl	17.20	

注：Py. 黄铁矿；Sp. 闪锌矿；Br Sp. 棕色闪锌矿；By Sp. 棕黄色闪锌矿；Ly Sp. 浅黄色闪锌矿；Gl. 方铅矿。

分析和统计的黄铁矿的$\delta^{34}S_{CDT}$为7.6‰~20.0‰，闪锌矿的$\delta^{34}S_{CDT}$为3.9‰~20.3‰，方铅矿的$\delta^{34}S_{CDT}$为3.5‰~17.2‰（Zhou et al.，2018）。虽然不同硫化物$\delta^{34}S_{CDT}$值有重叠，除个别矿床（如银厂坡、蟒硐和杉树林；胡耀国，1999；顾尚义，2007）外，都具有$\delta^{34}S_{黄铁矿}>\delta^{34}S_{闪锌矿}>\delta^{34}S_{方铅矿}$特征。在同一手标本中，这种规律更明显（如天桥铅锌矿床TQ-24样品；Zhou et al.，2010），表明这些矿床成矿流体中的硫同位素分馏基本达到热力学平衡。

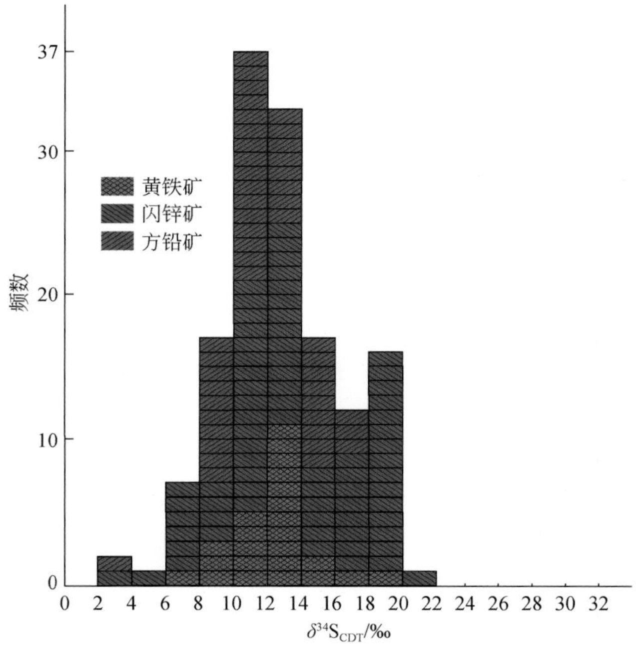

图3.107 黔西北铅锌矿床硫化物矿物硫同位素组成直方图

不同颜色（阶段）闪锌矿的$\delta^{34}S_{CDT}$值存在一定差异，如天桥、杉树林和板板桥矿床，并表现出$\delta^{34}S_{棕色闪锌矿}>\delta^{34}S_{棕黄色闪锌矿}>\delta^{34}S_{浅色闪锌矿}$特征。在同一手标本中，这种规律更明显（如天桥铅锌矿床TQ-24样品；Zhou et al.，2010）。这表明在不同阶段闪锌矿的硫同位素组成存在一定变化。由于不同颜色闪锌矿是同源成矿流体不同阶段的产物，上述变化特征可能是成矿流体演化过程中，重硫同位素易被早期形成的棕色闪锌矿利用的结果，因为较高温度条件下轻硫同位素主要在气相中，而重硫同位素则在液相中居多（刘铁庚等，1994）。

2. 成矿流体中硫的来源和形成机制

黔西北铅锌矿床原生矿石的组成相对简单，矿石矿物主要为方铅矿、闪锌矿和黄铁矿，脉石矿物主要为方解石和白云石，见少量石英。除青山和榨子厂外（金中国，2008），其他矿床未发现硫酸盐矿物。如前所述，本区矿床硫化物形成时的硫同位素基本达到了平衡，可利用沈渭洲（1987）介绍的 Pinckney 和 Rafter 法对满足要求的天桥、筲箕湾、青山和杉树林铅锌矿床求解总硫同位素，据此获得天桥、筲箕湾、青山和杉树林铅锌矿床的 $\delta^{34}S_{\Sigma S}$分别为 10.62‰、11.43‰、18.33‰和 21.59‰，与全部样品的硫同位素组成峰值 10‰～14‰接近，与区域膏岩层硫同位素组成（约为 15‰；柳贺昌和林文达，1999）相近。另一方面，由于本区矿床的矿石矿物组合简单，利用矿石中黄铁矿的硫同位素组成示踪成矿流体中硫的来源是可行的（Dejonghe et al.，1989；Dixon and Davidson，1996；Seal，2006；Basuki et al.，2008；Zhou et al.，2010，2013，2018）。黄铁矿的 $\delta^{34}S$ 值基本能代表成矿流体的总硫同位素组成（Ohmoto，1972），而黄铁矿 $\delta^{34}S_{CDT}$为 7.6‰～22.7‰，主要集中在 8‰～17‰，平均值约为 14‰，与上述利用共生矿物对计算流体的总硫结果基本相同。因而，成矿流体的 $\delta^{34}S_{\Sigma S}$ 值约为 14‰～15‰，明显不同于 $\delta^{34}S_{CDT}$ 值在 0‰附近的幔源硫（Chaussidon et al.，1989）。区域上震旦统灯影组、寒武系龙王庙组、石炭系大塘组、石炭系摆佐组、石炭系马平组和石炭系黄龙组等地层中均有石膏矿物出现，其 $\delta^{34}S$ 值在 15‰左右（柳贺昌和林文达，1999），与黔西北铅锌矿床成矿流体中的总硫同位素组成相近。因此，该区成矿流体中的硫应主要来自区域上的地层，为海相硫酸盐还原的产物。这与世界范围内众多硫化物矿物富集重硫的铅锌矿床中的 S，主要来自海相硫酸盐的还原作用（Dejonghe et al.，1989；Ghazban et al.，1990；Hu et al.，1995；Dixon and Davidson，1996；Anderson et al.，1998；Zhou et al.，2001，2010，2013，2018；Seal，2006；Basuki et al.，2008）一致。

有关还原硫的形成机制，目前主要有两种观点，即细菌还原作用（BSR）和热化学还原作用（TSR）。BSR 发生在相对低温条件（小于 120℃）、不可能产生大量还原态硫、形成还原态硫的 $\delta^{34}S$ 值具有较大的变化范围（Machel，1989；Jorgenson et al.，1992；Dixon and Davidson，1996；Basuki et al.，2008），能很好解释一些 MVT 矿床的硫同位素组成变化范围大，且多具较大负值的特征。如前所述，黔西北的铅锌矿床成矿温度稍高，多集中在 100～200℃，洗米沟和绿卯坪等矿床可达 250℃。成矿温度超过了细菌可以存活的温度范围。因此，BSR 并不是硫酸盐还原作用的主要机制。TSR 发生在相对高温条件、能产生大量还原态硫且形成还原态硫的 $\delta^{34}S$ 值相对稳定，黔西北铅锌矿床相对高温和硫同位素组成相对均一的特征，可能表明其中的硫主要由地层中硫酸盐矿物的 TSR 作用产生。

（三）碳氧同位素地球化学

1. C-O 同位素组成特征

本次工作在测定部分矿床碳酸盐矿物 C-O 同位素组成的基础上，收集整理了前人已发表的数据，结果见表 3.11，表中的 C-O 同位素组成样品，包括热液成因方解石、蚀变碳酸盐岩、新鲜碳酸盐岩和沉积成因方解石等四类（王林均等，2013）。其中，热液方解石样品的$\delta^{13}C_{PDB}$和$\delta^{18}O_{V\text{-}SMOW}$分别为-5.3‰～-0.6‰（均值-3.4‰）和11.3‰～20.9‰（均值17.2‰）；蚀变白云岩的$\delta^{13}C_{PDB}$和$\delta^{18}O_{V\text{-}SMOW}$分别为-3.0‰～0.9‰（均值-1.3‰）和17.0‰～20.8‰（均值19.7‰）；碳酸盐岩的$\delta^{13}C_{PDB}$和$\delta^{18}O_{V\text{-}SMOW}$分别为-1.8‰～3.9‰（均值0.7‰）和21.0‰～26.8‰（均值22.9‰）；沉积方解石的$\delta^{13}C_{PDB}$和$\delta^{18}O_{V\text{-}SMOW}$分别为0.6‰～2.5‰（均值为1.4‰）和23.4‰～26.5‰（均值24.6‰）。结果显示，除新鲜碳酸盐和沉积方解石样品外，其余样品的$\delta^{13}C_{PDB}$和$\delta^{18}O_{V\text{-}SMOW}$变化范围相对较宽；与新鲜碳酸盐岩和沉积方解石样品相比，热液方解石和蚀变白云岩样品具有较低的$\delta^{13}C_{PDB}$和$\delta^{18}O_{V\text{-}SMOW}$值。

表3.11 黔西北代表性铅锌矿床碳氧同位素组成

矿床	样品号	测定对象	$\delta^{13}C_{PDB}$/‰	$\delta^{18}O_{PDB}$/‰	$\delta^{18}O_{V\text{-}SMOW}$/‰	来源
天桥	TQ-10	方解石	-4.6	-12.1	18.4	本研究
	TQ-13	方解石	-4.2	-11.0	19.5	
	TQ-48	方解石	-4.9	-12.3	18.2	
	TQ-50	方解石	-4.0	-14.0	16.5	
	TQ-57	方解石	-5.3	-12.0	18.6	
	TQ-70	方解石	-5.1	-12.2	18.3	
	TQ-08-01	方解石	-3.4	-15.5	14.9	
	TQ-08-02	方解石	-4.9	-11.9	18.6	
	TQ-08-03	方解石	-4.4	-13.9	16.5	
	HTQ-蚀围	蚀变白云岩	-3.0	-9.9	20.7	毛德明，2000
	HTQ-围	远矿围岩	-0.8	-7.6	23.1	
	5件平均	围岩	-1.8	-7.1	23.6	朱赖民和栾世伟，1998
	天桥1	泥晶方解石	-1.2	-9.9	20.8	王华云，1993
	天桥2	充填三世代方解石	-4.4	-10.0	19.6	
	天桥3	胶状三世代方解石	-1.9	-10.5	20.2	
	天桥4	白云岩化白云石	-0.7	-11.0	18.6	
	天桥5	重结晶白云石	-2.3	-10.0	20.6	
	天桥6	铁白云石	-2.5	-10.2	20.4	
杉树林	SSL-6	方解石	2.5	-4.3	26.5	本研究
	SI-9	方解石	2.5	-5.2	25.6	毛健全等，1998
	S蚀围-0	灰岩	2.4	-5.3	25.5	
	Sh-S-51	灰岩	3.9	-4.0	26.8	
筲箕湾	SJW-16	方解石	-2.8	-11.2	19.3	本研究
横塘	HT-10	方解石	0.9	-6.1	24.6	王华云，1993
	HT-01	方解石	0.6	-5.5	25.2	
水槽子	STC-5	方解石	1.9	-6.1	24.6	

续表

矿床	样品号	测定对象	$\delta^{13}C_{PDB}$/‰	$\delta^{18}O_{PDB}$/‰	$\delta^{18}O_{V\text{-}SMOW}$/‰	来源
银厂坡	YCP4-7	方解石	-0.6	-13.0	20.9	胡耀国，1999
	YCP3-17	方解石	-3.2	-13.0	17.5	
	YCP5-8-C	方解石	-2.2	-17.1	13.2	
	YCP6	方解石	-1.5	-17.4	11.3	
	YCP6-A	方解石	-1.5	-13.5	16.0	
	YCP6-1	方解石	-2.2	-12.0	13.0	
	YCP6-3	方解石	-2.6	-19.0	17.5	
	YCP2-A（C1b）	粗晶白云岩	0.8	-9.6	21.0	
	YCP2-B（C1b）	粗晶白云岩	0.8	-9.6	21.0	
	YCP3-1K（C1b）	中晶白云岩	-0.3	-9.7	17.0	
	YCP3-5K（C1b）	生物屑灰岩	-2.3	-14.4	18.5	
	HE11（C1b）	细-中晶白云岩	0.9	-11.2	19.3	
	HE02（C1b）	细-中晶白云岩	0.1	-8.0	22.6	
	HE17（C1b）	细-中晶白云岩	0.9	-9.6	21.0	
	HE01（C1b）	泥晶生物屑灰岩	-1.2	-8.0	22.6	
	HE12（C1b）	含介壳云化灰岩	-1.1	-10.5	20.1	
	HE16（C1b）	生物屑泥粉晶灰岩	-0.4	-8.2	22.5	
	HE18（C1b）	生物屑不等粒灰岩	-1.5	-9.2	21.3	
青山	Qs 围岩-O	灰岩	2.3	-7.7	22.91	毛健全等，1998
	Qs 蚀围-O	灰岩	1.1	-6.6	24.1	
	QS-02	方解石	1.8	-6.5	24.3	
	QS-03	方解石	1.0	-6.0	24.7	
	HT-01	方解石 1980m	0.6	-5.5	24.4	张启厚等，1999
	HT-10	方解石 1960m	0.9	-6.1	23.8	
	Qs-02	方解石 1900m	1.7	-6.5	23.4	
	Qs-03	方解石 1840m	1.0	-6.0	23.9	
	Qs-01	蚀变围岩	2.3	-6.6	23.3	
	Qs-04	石灰岩	1.1	-7.7	22.1	

2. 成矿流体中 CO_2 来源和形成机制

在 $\delta^{13}C_{PDB}$-$\delta^{18}O_{V\text{-}SMOW}$ 图解中（图 3.108），沉积方解石和碳酸盐岩样品全部落入海相碳酸盐岩范围内，与地质事实吻合；蚀变白云岩样品靠近海相碳酸盐岩范围，显示蚀变白云岩样品 C-O 同位素组成结果受碳酸盐岩的溶解再沉淀作用控制。热液方解石样品的 $\delta^{13}C_{PDB}$ 和 $\delta^{18}O_{V\text{-}SMOW}$ 值主要介于海相碳酸盐岩和岩浆岩之间。这种分布特征即可用海相碳酸盐岩溶解来解释，也可提供岩浆去气作用与海相碳酸盐岩溶解作用的混合来解释。不过，考虑到这些矿床成矿时该区无岩浆活动发生，可以排除岩浆去气的影响。因此，这些铅锌矿床

成矿流体中的 CO_2 应主要来自区域上碳酸盐岩地层的溶解，虽然沉积岩中有机质的脱羟基作用可能也发挥了次要作用。

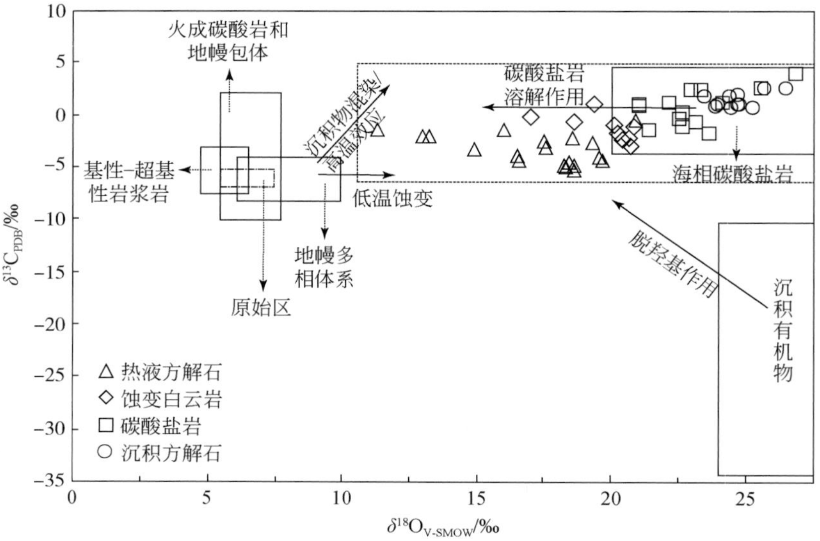

图 3.108 黔西北铅锌矿床 $\delta^{13}C_{PDB}$-$\delta^{18}O_{V\text{-}SMOW}$ 图解

(四) 铅同位素地球化学

1. Pb 同位素组成特征

本次工作在测定部分矿床 Pb 同位素组成的基础上，收集整理了前人已发表的数据，涉及矿床包括杉树林、板板桥、天桥、青山、响水河、蟒硐、银厂坡、筲箕湾、五里坪、朱砂厂、草子坪和横塘等，结果见图 3.109。121 件矿石和硫化物单矿物样品的 Pb 同位素比值变化范围较宽（熊伟等，2015），$^{206}Pb/^{204}Pb$ 为 18.029～18.900，均值 18.509；$^{207}Pb/^{204}Pb$ 为 15.357～15.993，均值 15.711；$^{208}Pb/^{204}Pb$ 为 38.004～39.688，均值 38.985。这种变化特征表明，本区矿床成矿流体中的 Pb 可能不止一个源区。

不同类型矿石的 Pb 同位素比值不具有成因意义上的差别。24 件矿石样品的 Pb 同位素比值变化范围较窄，$^{206}Pb/^{204}Pb$、$^{207}Pb/^{204}Pb$ 和 $^{208}Pb/^{204}Pb$ 分别为 18.439～18.676（均值 18.550）、15.681～15.887（均值 15.745）和 38.145～39.571（均值 39.145）。

不同硫化物矿物样品的 Pb 同位素比值有所不同。9 件黄铁矿样品的 $^{206}Pb/^{204}Pb$ 为 18.280～18.768（均值 18.566），$^{207}Pb/^{204}Pb$ 为 15.677～15.920（均值 15.728），$^{208}Pb/^{204}Pb$ 为 38.609～39.144（均值 38.919）；26 件闪锌矿样品的 $^{206}Pb/^{204}Pb$、$^{207}Pb/^{204}Pb$ 和 $^{208}Pb/^{204}Pb$ 分别为 18.029～18.726（均值 18.435）、15.651～15.802（均值 15.703）和 38.145～39.300（均值 38.778）；62 件方铅矿样品的 $^{206}Pb/^{204}Pb$ 为 18.062～18.900（均值 18.515），$^{207}Pb/^{204}Pb$ 为 15.357～15.993（均值 15.700），$^{208}Pb/^{204}Pb$ 为 38.004～39.688（均值为 39.020）。可见，方铅矿的 Pb 同位素比值变化范围最宽，闪锌矿次之，黄铁矿最窄。

2. 成矿流体中 Pb 的来源

在$^{206}Pb/^{204}Pb$-$^{207}Pb/^{204}Pb$ 和$^{206}Pb/^{204}Pb$-$^{208}Pb/^{204}Pb$ 图上（图 3.109），绝大部分样品落入上地壳 Pb 演化线之上，部分落入上地壳和造山带 Pb 演化线之间。这表明本区矿床成矿流体中 Pb 以壳源为主，并与赋矿围岩及下伏地层的铅同位素组成基本一致。在 $\Delta\beta$-$\Delta\gamma$ 图解（图 3.110）中，大部分样品落入上地壳铅源，部分落入造山带铅范围内，仅个别矿床（板板桥铅锌矿床）样品落入岩浆岩范围，与$^{208}Pb/^{204}Pb$-$^{206}Pb/^{204}Pb$ 和$^{207}Pb/^{204}Pb$-$^{206}Pb/^{204}Pb$ 图解一致，进一步说明本区矿床中的铅以壳源主导的属性。

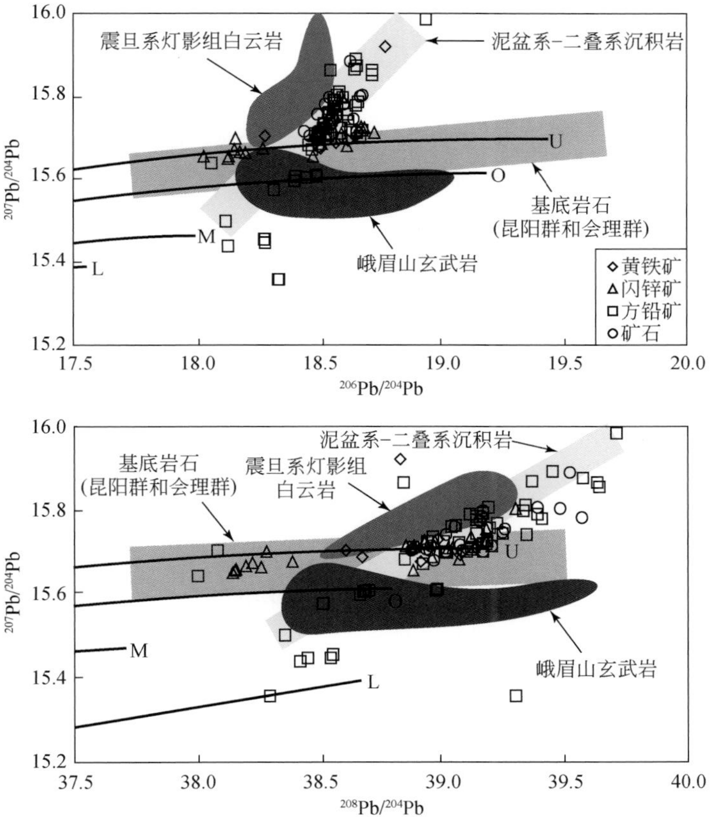

图 3.109　黔西北铅锌矿床$^{206}Pb/^{204}Pb$-$^{207}Pb/^{204}Pb$ 和$^{208}Pb/^{204}Pb$-$^{207}Pb/^{204}Pb$ 图
（参考地质体组成据 Zhou et al., 2018；数据来自本研究和王华云，1993；郑传仑，1994；吴铁静，1998；张启厚等，1998；胡耀国等，1999；柳贺昌和林文达，1999；付绍洪，2004；肖宪国等，2012）
U. 上地壳；O. 造山带；L. 下地壳；M. 地幔

由于川滇黔铅锌矿集区内的绝大部分铅锌矿床赋存于不同时代的碳酸岩地层中，区域上有大面积峨眉山玄武岩分布，较多学者认为成矿物质由不同时代（泥盆纪至二叠纪）地层和峨眉山玄武岩共同提供（王华云，1993；郑传仑，1994；张启厚等，1998；柳贺昌和林文达，1999；黄智龙等，2004；金中国，2008；周家喜等，2010；Zhou et al., 2013, 2014, 2018），但也有不同认识，如李连举等（1999）提出上震旦统、下寒武统、中上泥

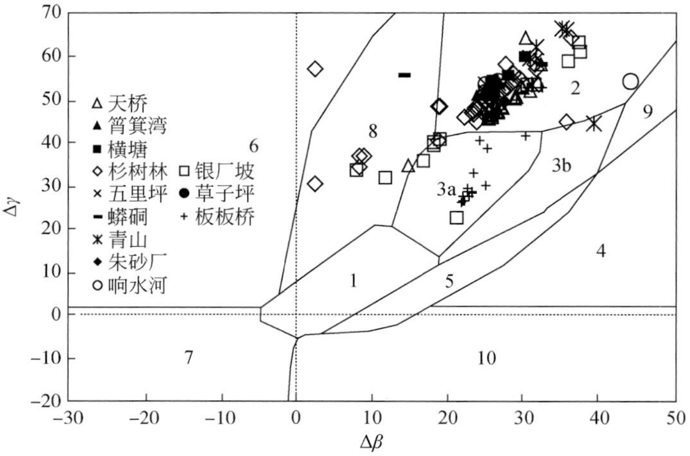

图 3.110　黔西北铅锌矿床 Δβ-Δγ 图解

（底图据朱炳泉等，1998；数据来自本研究和王华云，1993；郑传仑，1994；吴铁静，1998；张启厚等，1998；胡耀国等，1999；柳贺昌和林文达，1999；付绍洪，2004；肖宪国等，2012）

1. 地幔源铅；2. 上地壳源铅；3. 上地壳与地幔混合的俯冲带铅（3a. 岩浆作用；3b. 沉积作用）；4. 化学沉积型铅；5. 海底热水作用铅；6. 中深变质作用铅；7. 深变质下地壳铅；8. 造山带铅；9. 古老页岩上地壳铅；10. 退变质铅

盆统和石炭系沉积岩是重要的矿源层；胡耀国（1999）则认为成矿物质主要来源于区域前寒纪基底岩石（如昆阳群等）；Zhou 等（2001）根据铅、锌等成矿元素的背景含量、Pb 和 Sr 同位素比值，认为成矿物质主要由早震旦纪地层提供。

从图 3.109 可以看出，绝大部分样品落入基底岩石震旦系灯影组、中元古代昆阳群和会理群及它们之间，这可能表明矿床中的铅主要是由这些前寒武纪基底地层提供的，这与这些基底地层具有较高的 Pb 含量的研究结果相一致，也与后述 Sr 同位素的研究结果一致。但是，少量矿床的 Pb 同位素组成与泥盆—二叠系沉积岩和峨眉山玄武岩相似，这可能说明在前寒武纪基底岩石为该 Pb-Zn 矿集区提供主导铅源的基础上，个别矿床（如图 3.110 分布在岩浆岩区域的板桥矿床）中的 Pb 可能主要来自峨眉山玄武岩，以及泥盆—二叠系沉积岩作为 Pb 的次要来源地也为 Pb-Zn 成矿发挥了部分重要。

（五）锶同位素地球化学

1. 锶同位素组成特征

本次工作在测定部分矿床 Sr 同位素组成的基础上，收集整理了前人已发表的数据（程鹏林等，2015），结果见表 3.12 和表 3.13。初始 Sr 同位素校正年龄根据该矿集区铅锌矿床成矿年龄确定为 200Ma。由此可见，5 件闪锌矿流体包裹体的（$^{87}Sr/^{86}Sr$）$_{200Ma}$ 为 0.709 941 ~ 0.711 293（均值 0.710 468）。19 件单颗粒闪锌矿和黄铁矿样品（$^{87}Sr/^{86}Sr$）$_{200Ma}$ 为 0.710 678 ~ 0.712 983（均值 0.711 894）。7 件矿石（块状矿石、浸染状矿石和氧化矿石）样品的（$^{87}Sr/^{86}Sr$）$_{200Ma}$ 为 0.710 829 ~ 0.717 663（均值为 0.712 727）；2 件热液方解石样品的（$^{87}Sr/^{86}Sr$）$_{200Ma}$ 为 0.722 248 ~ 0.725 473（均值 0.723 861）。

2. 成矿流体中 Sr 的来源

从表 3.12 和表 3.13 可以发现，无论是闪锌矿流体包裹体、闪锌矿及矿石样品，还是热液方解石样品，其（$^{87}Sr/^{86}Sr)_{200Ma}$值（0.709 941 ~ 0.725 473）均明显高于地幔（0.704±0.002；Faure，1977）和峨眉山玄武岩（0.703 932 ~ 0.707 818；黄智龙等，2004），具有高放射性成因 Sr 特征，暗示成矿流体中的 Sr 来源于相对富放射性成因 Sr 的源区或成矿流体曾流经富放射性成因 Sr 的地质体，基本可以排除由地幔和峨眉山玄武岩提供大量成矿物质的可能性。

区域不同时代地层校正至 200Ma 时的（$^{87}Sr/^{86}Sr)_{200Ma}$为 0.707 256 ~ 0.7288（表 3.13 和图 3.111）。其中，上二叠统栖霞组－茅口组灰岩的（$^{87}Sr/^{86}Sr)_{200Ma}$为 0.707 256 ~ 0.707 980，下二叠统梁山组砂页岩的（$^{87}Sr/^{86}Sr)_{200Ma}$为 0.716 309，上泥盆统马平组灰岩的（$^{87}Sr/^{86}Sr)_{200Ma}$为 0.709 909 ~ 0.709 951，下石炭统摆佐组白云岩的（$^{87}Sr/^{86}Sr)_{200Ma}$为 0.708 680 ~ 0.710 063，上泥盆统宰割组灰岩的（$^{87}Sr/^{86}Sr)_{200Ma}$为 0.708 221 ~ 0.708 831，中泥盆统曲靖组白云岩的（$^{87}Sr/^{86}Sr)_{200Ma}$为 0.710 083，中泥盆统海口组砂岩的（$^{87}Sr/^{86}Sr)_{200Ma}$为 0.709 929，上震旦统灯影组白云岩（$^{87}Sr/^{86}Sr)_{200Ma}$为 0.708 256 ~ 0.709 214，中元古代昆阳群或会理群的（$^{87}Sr/^{86}Sr)_{200Ma}$为 0.7243 ~ 0.7288，峨眉山玄武岩的（$^{87}Sr/^{86}Sr)_{200Ma}$为 0.703 932 ~ 0.707 818。

表 3.12　黔西北代表性铅锌矿床 **Rb-Sr** 同位素组成

	样品编号	对象	$Rb/\times(10^{-6})$	$Sr/\times(10^{-6})$	$^{87}Rb/^{86}Sr$	$^{87}Sr/^{86}Sr$	$(^{87}Sr/^{86}Sr)_i$	资料来源
青山	1800A4-RS1	闪锌矿包裹体	0.3682	1.2554	0.846 12	0.712 71	0.710 304	顾尚义等，1997
	1800A4-RS2	闪锌矿包裹体	0.3146	2.079	0.436 55	0.711 74	0.710 498	
	1800A4-RS3	闪锌矿包裹体	0.3165	1.1403	0.8007	0.713 57	0.711 293	
	1800A4-RS4	闪锌矿包裹体	0.3439	1.528	0.659 25	0.712 18	0.710 305	
	1800A4-RS5	闪锌矿包裹体	0.8503	8.8337	0.277 58	0.710 73	0.709 941	
银厂坡		方解石	2.575	75.476	0.0076	0.722 27	0.722 248	胡耀国，1999
		方解石	2.583	337.77	0.0341	0.725 57	0.725 473	
		块状矿石	0.04	7.877	0.0039	0.710 84	0.710 829	
		块状矿石	0.055	10.356	0.007	0.711 20	0.711 180	
		侵染状矿石	0.003	5.401	0.0005	0.711 09	0.711 089	
		侵染状矿石	0.316	12.137	0.026	0.714 52	0.714 446	
		氧化矿石	4.844	34.756	0.1006	0.711 89	0.711 604	
		氧化矿石	5.028	37.54	0.134	0.712 66	0.712 279	
		氧化矿石	13.525	48.142	0.3891	0.718 77	0.717 663	
		摆佐组白云岩	0.005	53.96	0.0001	0.708 68	0.708 680	
		摆佐组白云岩	0.0107	67	0.0001	0.709 28	0.709 280	
		摆佐组白云岩	0.5	77.016	0.0065	0.709 31	0.709 292	

续表

	样品编号	对象	Rb/×(10^{-6})	Sr/×(10^{-6})	$^{87}Rb/^{86}Sr$	$^{87}Sr/^{86}Sr$	$(^{87}Sr/^{86}Sr)_i$	资料来源
杉树林	SSl-1	单颗粒闪锌矿	0. 072	10. 89	0. 0190	0. 711 557	0. 711 503	本研究
	SSl-6	单颗粒闪锌矿	0. 038	3. 27	0. 0332	0. 710 772	0. 710 678	
	SSl-12	单颗粒闪锌矿	0. 021	2. 07	0. 0296	0. 711 625	0. 711 541	
	SSl-13	单颗粒闪锌矿	0. 021	2. 64	0. 0229	0. 711 467	0. 711 402	
	SSl-14	单颗粒闪锌矿	0. 050	3. 08	0. 0473	0. 711 503	0. 711 369	
	SSl-17	单颗粒闪锌矿	0. 022	3. 00	0. 0212	0. 711 404	0. 711 343	
天桥	TQ-60	单颗粒闪锌矿	0. 03	2. 4	0. 0406	0. 712 551	0. 712 435	
	TQ-60	单颗粒黄铁矿	0. 01	0. 5	0. 0625	0. 713 161	0. 712 983	
	TQ-19	单颗粒黄铁矿	0. 02	2. 2	0. 0296	0. 712 466	0. 712 382	
	TQ-19	单颗粒闪锌矿	0. 01	0. 8	0. 0324	0. 712 582	0. 712 490	
	TQ-26	单颗粒闪锌矿	0. 60	1. 1	1. 5640	0. 716 704	0. 712 256	
	TQ-26-1	单颗粒闪锌矿	0. 47	0. 9	1. 0101	0. 715 201	0. 711 865	
	TQ-13	单颗粒闪锌矿	0. 01	1. 10	0. 0330	0. 711 890	0. 711 796	
	TQ-18	单颗粒闪锌矿	0. 05	1. 85	0. 0755	0. 712 293	0. 712 078	
筲箕湾	SJW-9	单颗粒闪锌矿	0. 13	9. 58	0. 0394	0. 711 379	0. 711 267	
	SJW-6	单颗粒闪锌矿	0. 12	10. 62	0. 0338	0. 711 903	0. 711 807	
	SJW-1	单颗粒闪锌矿	0. 12	7. 57	0. 0475	0. 713 014	0. 712 879	
	SJW-11	单颗粒闪锌矿	0. 22	14. 59	0. 0437	0. 711 406	0. 711 282	
	SJW-7	单颗粒闪锌矿	0. 20	10. 64	0. 0553	0. 712 757	0. 712 600	

注：校正年龄 t=200Ma。

表 3.13 不同时代地层及上地幔 Sr 同位素组成

统计对象	样数	$(^{87}Sr/^{86}Sr)_{200Ma}$		数据来源
		范围	均值	
上二叠统栖霞-茅口组碳酸盐岩地层	3	0. 707 256 ~ 0. 707 980	0. 707 562	栖霞组-茅口组 1 件样品数据据邓海琳（1997），摆佐组 3 件样品数据据胡耀国（1999），峨眉山玄武岩原始数据据黄智龙等（2004），上地幔数据据 Faure（1977）
下二叠统梁山组砂页岩地层	1	0. 716 309	0. 716 309	
下石炭统摆佐组碳酸盐岩岩地层	5	0. 708 680 ~ 0. 710 063	0. 709 437	
上泥盆统马平组碳酸盐岩岩地层	2	0. 709 909 ~ 0. 709 951	0. 709 930	
上泥盆统宰格组碳酸盐岩岩地层	2	0. 708 221 ~ 0. 708 831	0. 708 735	
中泥盆统海口组砂页岩地层	1	0. 709 229	0. 709 229	
中泥盆统曲靖组白云岩	1	0. 710 083	0. 710 083	
上震旦统灯影组碳酸盐岩岩地层	2	0. 708 256 ~ 0. 709 214	0. 708 735	
峨眉山玄武岩	85	0. 703 932 ~ 0. 707 818	0. 705 769	
基底地层（昆阳群或会理群）	5	0. 7243 ~ 0. 7288	0. 7268	
上地幔		0. 704±0. 002		

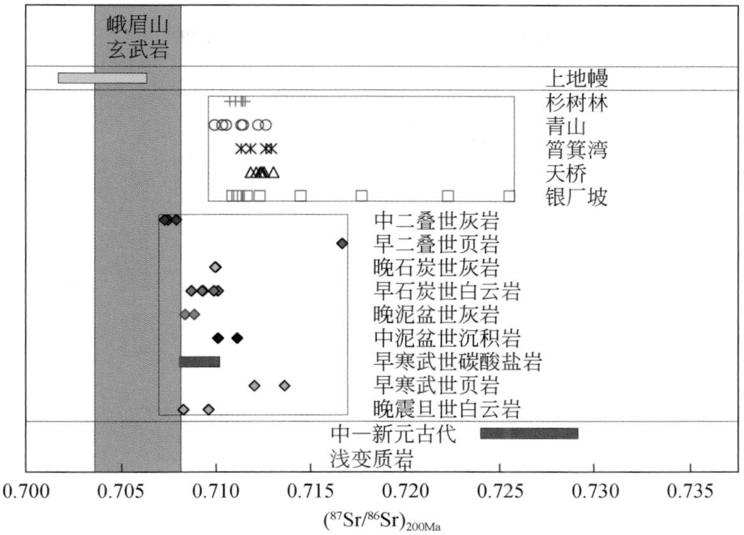

图 3.111 黔西北铅锌矿床和主要地质体 Sr 同位素组成对比图解

（据 Zhou et al.，2018 修改）

在上述 Pb 同位素等证据基本排除了地幔和峨眉山玄武岩为成矿提供主要成矿物质的基础上，可以发现这些铅锌矿床的 Sr 同位素组成介于震旦系、寒武系、泥盆系—二叠系、中元古代昆阳群和会理群之间，其平均 Sr 同位素组成表现出的这种关系（图 3.112）更为明显。但是，①泥盆系—二叠系地层铅锌含量较低，例如区内广泛分布的下二叠统梁山组的 Pb、Zn 含量（分别为 4.80×10^{-6} 和 11.2×10^{-6}；黄智龙等，2004）明显低于地壳克拉克值（分别为 12×10^{-6} 和 94×10^{-6}；黎彤和倪守斌，1990）；②相对于显生宙地层，该区前寒武基底地层的 Pb、Zn 含量明显偏高（见第四章）。基于这种事实，作者认为该区铅锌矿

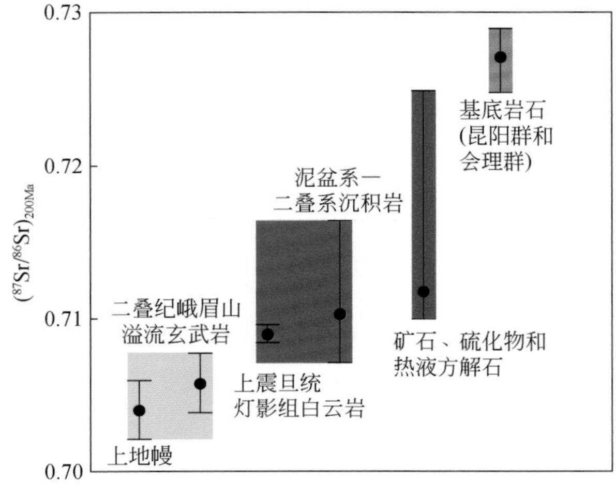

图 3.112 黔西北铅锌矿床和主要地质体的平均 Sr 同位素组成对比图解

（据 Zhou et al.，2013 修改）

床中的 Pb、Zn 和 Sr，可能主要来自前寒武纪基底岩石。铅锌矿床介于中元古代昆阳-会理群与震旦系—寒武系的 Sr 同位素组成（图 3.111，图 3.112），可能由这两个源区物质的混合而造成，即它们共同为成矿流体提供了 Pb、Zn 和 Sr。

第四节　小　结

综上所述，关于低温成矿省内低温矿床成矿流体的性质和成因，可以得出如下认识：①右江矿集区低温矿床的成矿流体具有低温、低盐度（温度主要为 120 ~ 250℃，盐度一般小于 10% NaCl equiv.）特征，成矿流体以地壳流体（大气成因地下水以及/或部分盆地流体和变质流体）为主，但深部岩浆活动及其部分岩浆流体的参与对地壳流体循环和进一步浸取地层中的成矿元素发挥了重要作用；②湘中 Sb-Au 矿集区钨、锑、金矿床共存，成矿流体呈中低温、中低盐度（成矿温度主要为 300 ~ 150℃，盐度为 1% ~ 15% NaCl equiv.）特征，具有岩浆流体与大气成因地下水混合成因，从钨矿床—钨锑金矿床—锑金矿床—锑矿床，成矿流体温度和盐度以及成矿流体中岩浆流体的作用呈逐渐降低趋势，取而代之的是大气成因流体逐渐占据统治地位；③川滇黔 Pb-Zn 矿集区内铅锌矿床的成矿流体，为低温、高盐度的盆地卤水，成矿温度多为 100 ~ 200℃，流体盐度最高可达 25% NaCl equiv.，多为 10% ~ 20% NaCl equiv.。对代表性 Pb-Zn 矿床石英中单个流体包裹体的 LA-ICP-MS 成分分析发现，成矿流体的铅、锌含量很高，最高分别可达 $14\ 043\times10^{-6}$ 和 4350×10^{-6}，成矿流体的总体特征与 MVT 型 Pb-Zn 矿床相似。

参考文献

陈本金，2010. 黔西南水银洞卡林型金矿床成矿机制及大陆动力学背景. 成都：成都理工大学博士学位论文.

陈士杰，1986. 黔西北-滇东北铅锌矿床成因探讨. 贵州地质，3（8）：211-222.

陈随海，程赫明，文德潇，2012. 贵州筲箕湾铅锌矿床硫化物中 Tl-Cd-Ga 富集机制及地质意义. 矿物学报，32（3）：425-431.

陈娴，苏文超，黄勇，2016. 贵州晴隆锑矿床成矿流体 He-Ar 同位素地球化学. 岩石学报，32（11）：3312-3320.

陈岳龙，杨忠芳，赵志丹，2005. 同位素地质年代学与地球化学. 北京：地质出版社.

程鹏林，熊伟，周高，等，2015. 黔西北地区铅锌矿床成矿流体起源与运移方向初探. 矿物学报，35（4）：509-514.

邓海琳，1997. 中国滇东北乐马厂独立银矿床成矿地球化学：兼论水-岩反应. 北京：中国科学院研究生院博士学位论文.

董文斗，2017. 右江盆地南缘辉绿岩容矿金矿床地球化学研究. 北京：中国科学院大学博士学位论文.

付绍洪，2004. 扬子地块西南缘铅锌成矿作用及分散元素镉镓锗富集规律矿床. 成都：成都理工大学博士学位论文.

顾尚义，2007. 黔西北地区铅锌矿硫同位素特征研究. 贵州工业大学学报（自然科学版），36（1）：8-11.

顾尚义，张启厚，毛健全，1997. 青山铅锌矿床两种热液混合成矿的锶同位素证据. 贵州工业大学学报，26（2）：50-54.

顾雪祥，王乾，付绍洪，等，2004. 分散元素超常富集的资源与环境效应：研究现状与发展趋势．成都理工大学学报（自然科学版），31（1）：15-21.
顾雪祥，章永梅，吴程赟，等，2013. 黔西南卡林型金矿床与古油藏的成因联系：有机岩相学证据．地学前缘，20（1）：92-106.
郭振春，1993. 黔西南金矿的构造控制作用探讨．贵州地质，10（1）：54-61.
胡凯，2015. 右江盆地卡林型金矿成矿流体性质与成矿模式研究．南京：南京大学博士学位论文．
胡瑞忠，毕献武，Turner G，等，1999. 哀牢山金矿带金成矿流体 He 和 Ar 同位素地球化学．中国科学（D 辑），4：3-5.
胡瑞忠，毕献武，苏文超，等，1997. 对煤中锗矿化若干问题的思考——以临沧锗矿为例．矿物学报，（4）：364-368.
胡圣虹，胡兆初，刘勇胜，等，2001. 单个流体包裹体元素化学组成分析新技术——激光剥蚀电感耦合等离子体质谱（LA-ICP-MS）．地学前缘，8（4）：434-440.
胡耀国，1999. 贵州银厂坡银多金属矿床银的赋存状态、成矿物质来源与成矿机制．北京：中国科学院研究生院博士学位论文．
胡瑛，陈懋弘，董庆吉，等，2009. 贵州锦丰（烂泥沟）金矿床含砷黄铁矿和脉石英及其包裹体的微量元素特征．高校地质学报，15：506-516.
黄智龙，陈进，韩润生，等，2004. 云南会泽超大型铅锌矿床地球化学及成因——兼论峨眉山玄武岩与铅锌成矿的关系．北京：地质出版社．
靳晓野，2017. 黔西南泥堡、水银洞和丫他金矿床的成矿作用特征与矿床成因研究．武汉：中国地质大学（武汉）博士学位论文．
金中国，2008. 黔西北地区铅锌矿控矿因素、成矿规律与找矿预测．北京：冶金工业出版社．
黎彤，倪守斌，1990. 地球和地壳的化学元素丰度．北京：地质出版社．
李晓彪，2010. 黔西北天桥铅锌矿床地球化学研究．北京：中国科学院研究生院博士学位论文．
李发源，2003. MVT 铅锌矿床中分散元素赋存状态及富集机理研究——以四川天宝山、大梁子铅锌矿床为例．成都：成都理工大学硕士学位论文．
李金翔，2019. 卡林型金矿成矿物质来源、流体演化研究——以右江盆地两种沉积相金矿黄铁矿原位硫同位素及微量元素为例．北京：中国科学院大学博士学位论文．
李连举，刘洪滔，刘继顺，1999. 滇东北铅、锌、银矿床矿源层问题探讨．有色金属矿产与勘查，8（6）：333-339.
李伟，2019. 湘中地区古台山和玉横塘 Au-Sb 矿床成矿机制研究．武汉：中国地质大学（武汉）博士学位论文．
李伟，谢桂青，张志远，等，2016. 流体包裹体和 C-H-O 同位素对湘中古台山金矿床成因制约．岩石学报，32（11）：3489-3506.
李文亢，姜信顺，具然弘，1989. 黔西南微细金矿床地质特征及成矿作用．见：沈阳地质矿产研究所．中国金矿主要类型区域成矿条件——6. 黔西南地区．北京：地质出版社，1-60.
李珍立，叶霖，黄智龙，等，2016. 贵州天桥铅锌矿床闪锌矿微量元素组成初探．矿物学报，36（2）：183-188.
林芳梅，2014. 湘中锡矿山锑矿床成矿流体研究．长沙：中南大学硕士学位论文．
刘建中，夏勇，陶琰，等，2014. 贵州西南部 SBT 与金锑矿成矿找矿．贵州地质，（4）：267-272.
刘平，杜芳应，杜昌乾，等，2006. 从流体包裹体特征探讨泥堡金矿成因．贵州地质，23（1）：44-50.
刘铁庚，裘愉卓，叶霖，1994. 闪锌矿的颜色、成分和硫同位素之间的密切关系．矿物学报，14（2）：199-205.

刘铁庚，张乾，叶霖，等，2004. 自然界中 ZnS-CdS 完全类质同象系列的发现和初步研究．中国地质，31（1）：40-45.
刘铁庚，叶霖，周家喜，等，2010. 闪锌矿中的 Cd 主要类质同象置换 Fe 而不是 Zn. 矿物学报，30（2）：179-184.
刘英俊，曹励明，李兆麟，等，1984. 元素地球化学．北京：科学出版社．
刘英俊，马东升，季峻峰，1991. 论江南型金矿床的成矿作用地球化学．桂林冶金地质学院学报，11（2）：130-138.
柳贺昌，林文达，1999. 滇东北铅锌银矿床规律研究．昆明：云南大学出版社．
卢焕章，2008. CO_2 流体与金矿化：流体包裹体的证据．地球化学，37（4）：321-328.
卢焕章，范宏瑞，倪培，等，2004. 流体包裹体．北京：科学出版社．
罗献林，1986. 湖南主要金矿床的矿物标型特征．桂林冶金地质学院学报，（1）：77-88.
毛德明，2000. 贵州赫章天桥铅锌矿床围岩的氧，碳同位素研究．贵州工业大学学报，29（2）：8-11.
毛健全，张启厚，顾尚义，等，1998. 水城断陷构造演化及铅锌矿研究．贵阳：贵州科技出版社．
毛景文，1997. 湖南万古地区金矿地质与成因．北京：原子能出版社．
毛景文，赫英，丁悌平，2002. 胶东金矿形成期间地幔流体参与成矿过程的碳氧氢同位素证据．矿床地质，21（2）：121-128.
庞保成，林畅松，罗先熔，等，2005. 右江盆地微细浸染型金矿成矿流体特征与来源．地质与勘探，41：13-17.
彭渤，陈广浩，2000. 湘西沃溪钨锑金矿床超纯自然金．大地构造与成矿学，24（1）：51-56.
彭建堂，胡瑞忠，2001. 湘中锡矿山超大型锑矿床的碳氧同位素体系．地质论评，47（1）：34-41.
彭义伟，顾雪祥，吴程赟，等，2013. 黔西南灰家堡金矿田有机岩相学和地球化学．地学前缘，20（1）：117-128.
彭义伟，顾雪祥，章永梅，2014. 黔西南灰家堡金矿田成矿流体来源及演化：流体包裹体和稳定同位素证据．矿物岩石地球化学通报，33（5）：666-680.
沈渭洲，1987. 稳定同位素地球化学．北京：原子能出版社．
司荣军，2005. 云南省富乐分散元素多金属矿床地球化学研究．北京：中国科学院研究生院博士学位论文．
苏文超，2002. 扬子地块西南缘卡林型金矿床成矿流体地球化学研究．北京：中国科学院研究生院博士学位论文．
苏文超，朱路艳，格西，等，2015. 贵州晴隆大厂锑矿床辉锑矿中流体包裹体的红外显微测温学研究．岩石学报，31（4）：918-924.
陶琰，胡瑞忠，唐永永，等，2019. 西南地区稀散元素伴生成矿的主要类型及伴生富集规律．地质学报，93（6）：1210-1230.
涂光炽，1994. 分散元素可以形成独立矿床——一个有待开拓深化的新领域．见：欧阳自远．中国矿物学岩石学地球化学研究新进展．兰州：兰州大学出版社．
王成辉，王登红，刘建中，等，2010. 贵州水银洞超大型卡林型金矿同位素地球化学特征．地学前缘，17（2）：396-403.
王华云，1993. 贵州铅锌矿的地球化学特征．贵州地质，10（4）：272-290.
王疆丽，林方成，侯林，等，2014. 贵州泥堡金矿床流体包裹体特征及其成矿意义．矿物岩石地球化学通报，33：688-699.
王莉娟，王玉往，王京彬，等，2006. 内蒙古大井锡多金属矿床流体成矿作用研究：单个流体包裹体组分 LA-ICP-MS 分析证据．科学通报，51（10）：1203-1210.
王林均，包广萍，崔银亮，等，2013. 黔西北典型铅锌矿床碳–氧同位素地球化学研究．矿物学报，

33（4）：709-712.
王乾，2008. 康滇地轴东缘典型铅锌矿床分散元素镉锗镓的富集规律及富集机制．成都：成都理工大学博士学位论文.
王雅丽，金世昌，2010. 贵州独山半坡与巴年锑矿包裹体地球化学特征对比．有色金属，62（3）：123-128.
王泽鹏，2013. 贵州省西南部低温矿床成因及动力学机制研究——以金、锑矿床为例．北京：中国科学院大学博士学位论文.
王泽鹏，夏勇，宋谢炎，等，2013. 黔西南灰家堡卡林型金矿田硫铅同位素组成及成矿物质来源研究．矿物岩石地球化学通报，32（6）：746-752.
温汉捷，周正兵，朱传威，等，2019. 稀散金属超常富集的主要科学问题．岩石学报，35（11）：3271-3291.
吴松洋，侯林，丁俊，等，2016. 黔西南卡林型金矿矿田控矿构造类型及成矿流体特征．岩石学报，32：2407-2424.
吴越，孔志岗，陈懋弘，等，2019. 扬子板块周缘 MVT 型铅锌矿床闪锌矿微量元素组成特征与指示意义：LA-ICPMS 研究．岩石学报，35（11）：3443-3460.
武丽艳，胡瑞忠，毕献武，2007. 稀有气体同位素地球化学研究的某些进展．矿物岩石地球化学通报，1：88-93.
夏勇，2005. 贵州贞丰县水银洞金矿床成矿特征和金的超常富集机制研究．北京：中国科学院研究生院博士学位论文.
肖德长，李葆华，顾雪祥，等，2012. 贵州水银洞金矿床成矿物理化学条件及金的迁移和沉淀．物探化探计算技术，34：73-79.
肖宪国，2014. 贵州半坡锑矿床年代学、地球化学及成因．昆明：昆明理工大学博士学位论文.
肖宪国，黄智龙，周家喜，等，2012. 黔西北筲箕湾铅锌矿床成矿物质来源：Pb 同位素证据．矿物学报，32（2）：294-299.
熊伟，程鹏林，周高，等，2015. 黔西北铅锌成矿区成矿金属来源的铅同位素示踪．矿物学报，35（4）：425-429.
余建国，1998. 新化古台山锑金矿床蚀变特征及其找矿方向．湖南地质，17（3）：155-159.
杨松平，包广萍，兰安平，等，2018. 黔西北杉树林铅锌矿床微量和稀土元素地球化学特征及其地质意义．矿物学报，38（6）：600-609.
张长青，毛景文，刘峰，等，2005. 云南会泽铅锌矿床黏土矿物 K-Ar 测年及其地质意义．矿床地质，24（3）：317-324.
张伦尉，黄智龙，李晓彪，2008. 云南会泽超大型铅锌矿床发现锗的独立矿物．矿物学报，28（1）：15-16.
张启厚，毛建全，顾尚义，1998. 水城赫章铅锌矿成矿的金属物源研究．贵州工业大学学报，27（6）：27-34.
张乾，朱笑青，高振敏，等，2005. 中国分散元素富集与成矿研究新进展．矿物岩石地球化学学报，24（4）：342-349.
张瑜，夏勇，王泽鹏，等，2010. 贵州簸箕田金矿单矿物稀土元素和同位素地球化学特征．地学前缘，17：385-395.
张志坚，张文淮，1999. 黔西南卡林型金矿成矿流体性质及其与矿化的关系．地球科学，24（1）：74-78.
赵振华，涂光炽，等，2003. 中国超大型矿床（Ⅱ）．北京：科学出版社.
郑传仑，1994. 黔西北铅锌矿的矿质来源．桂林冶金地质学院学报，14（2）：113-122.

郑永飞，陈江峰，2000. 稳定同位素地球化学．北京：科学出版社．
周家喜，黄智龙，李晓彪，等，2008. 四川会东大梁子铅锌矿床锗富集于方铅矿中的新证据．矿物学报，28（4）：473-475.
周家喜，黄智龙，周国富，等，2009. 贵州天桥铅锌矿床分散元素赋存状态及规律．矿物学报，29（4）：471-480.
周家喜，黄智龙，周国富，等，2010. 黔西北铅锌成矿区镉的赋存状态及规律．矿床地质，29（增刊）：1159-1160.
朱炳泉，1998. 地球科学中同位素体系理论与应用——兼论中国大陆壳幔演化．北京：科学出版社．
朱赖民，段启彬，1998. 贵州西南部板其卡林型金矿床成矿过程分析．黄金，19（4）：8-12.
朱赖民，栾世伟，1998. 论底苏铅锌矿床的“双源”沉积改造成矿模式．矿床地质，17（1）：82-92.
Anderson I K, Ashton J H, Boyce A J, et al., 1998. Ore depositional processes in the Navan Zn+Pb deposit, Ireland. Economic Geology, 93: 535-563.
Audétat A, Günther D, Heinrich C A, 1998. Formation of a Magmatic-Hydrothermal Ore Deposit: Insights with LA-ICP-MS Analysis of Fluid Inclusions. Science, 279: 2091-2094.
Audétat, A, GüntherD, Heinrich C A, 2000. Causes for large-scale metal zonation around mineralized plutons: Fluid inclusion LA-ICP-MS evidence from the Mole Granite, Australia. Economic Geology, 95: 1563-1581.
Barnicoat A C, Phillips G M, Walshe J L, et al., 2005. Carbonaceous matter and gold in Carlin deposits: How intimate was the relationship? Geochimica et Cosmochimica Acta Supplement, 69: 123.
Basuki N I, Taylor B E, Spooner E T C, 2008. Sulfur isotope evidence for thermochemical reduction of dissolved sulfate in Mississippi valley type zinc-lead mineralization, Bongara area, northern Peru. Economic Geology, 103: 183-799.
Bernstein L R, 1985. Germanium geochemistry and mineralogy. Geochimica et Cosmochimica Acta, 49: 2409-2422.
Boyle R W, 1979. The geochemistry of gold and its deposits. Bulletin Geological Survey of Canada, 280: 584.
Bodnar R J, 1990. Current research on fluid inclusions: An introduction. Geochimica et Cosmochimica Acta, 54: 493-494.
Burnard P G, Hu R Z, Turner G, et al., 1999. Mantle, crustal, and atmospheric noble gases in Ailaoshan gold deposit, Yunnan Province, China. Geochimica et Cosmochimica Acta, 63: 1595-1604.
Burruss R C, 1981. Analysis of phase equilibria in C-O-H-S fluid inclusions. Mineralogical Association of Canada Short Course Handbook, 6: 39-74.
Cai M H, Mao J W, Liang T, et al., 2007. The origin of the Tongkeng-Changpo tin deposit, Dachang metal district, Guangxi, China: clues from fluid inclusions and He isotope systematics. Mineralium Deposita, 24: 613-626.
Chaussidon M, Albarède F, Sheppard S M F, 1989. Sulphur isotope variations in the mantle from ion microprobe analyses of micro-sulphide inclusions. Earth and Planetary Science Letters, 92: 144-156.
Clayton R N, O'Neil J R, Mayeda T K, 1972. Oxygen isotope exchange between quartz and water. Journal of Geophysical Research, 77: 3057-3067.
Cline J S, Hofstra A H, Muntean J L, et al., 2005. Carlin-type gold deposits in Nevada: Critical geologic characteristics and viable models. Economic Geology 100th anniversary volume, 451-484.
Cline J S, Muntean J L, Gu X X, et al., 2013. A Comparison of Carlin-type Gold Deposits: Guizhou Province, Golden Triangle, Southwest China, and Northern Nevada, USA. Earth Science Frontiers, 20: 1-18.
Cook N J, Chryssoulis S L, 1990. Concentrations of “invisible gold” in the common sulfides. Canadian

Mineralogist, 28: 1-16.

Cook N J, Ciobanu C L, Meria D, et al., 2013. Arsenopyrite-pyrite association in an orogenic gold ore: Tracing mineralization history from textures and trace elements. Economic Geology, 108: 1273-1283.

Corfu F, Hanchar J M, Hoskin P W, et al., 2003. Atlas of zircon textures. Reviews in mineralogy and geochemistry, 53: 469-500.

Crocetti C A, Holland H D, 1989. Sulfur-lead isotope systematics and the composition of fluid-inclusions in galena from the Viburnum Trend, Missouri. Economic Geology, 84: 2196-2216.

Cui, H, Kitajima K, Spicuzza M, et al., 2018. Questioning the biogenicity of Neoproterozoic superheavy pyrite by SIMS. American Mineralogist, 103: 1362-6489.

Davis D W, Lowenstein T K, Spencer R J, 1990. Melting behavior of fluid inclusions in laboratory-grown halite crystals in the systems NaCl-H_2O, NaCl-KCl-H_2O, NaCl-$MgCl_2$-H_2O, and NaCl-$CaCl_2$-H_2O. Geochimica et Cosmochimica Acta, 54: 591-601.

Deditius A P, Reich M, Kesler S E, et al., 2014. The coupled geochemistry of Au and As in pyrite from hydrothermal ore deposits. Geochim. Cosmochim. Acta, 140: 644-670.

Deditius A P, Utsunomiya S, Ewing R C, et al., 2009. Decoupled geochemical behavior of As and Cu in hydrothermal systems. Geology, 37: 707-710.

Deditius AP, Utsunomiya S, Renock D, et al., 2008. A proposed new type of arsenian pyrite: Composition, nanostructure and geological significance. Geochim. Cosmochim. Acta, 72: 2919-2933.

Dejonghe J, Boulegue J, Demaffe D, et al., 1989. Isotope geochemistry (S, C, O, Sr, Pb) of the Chaud-fontaine mineralization (Belgium). Mineral Deposita., 24: 132-134.

Diamond L W, 1992. Stability of CO_2 clathrate + CO_2 liquid + CO_2 vapour + aqueous KCl-NaCl solutions: Experimental determination and application to salinity estimates of fluid inclusions. Geochimica et Cosmochimica Acta, 56: 273-280.

Dixon G, Davidson G J, 1996. Stable isotope evidence for thermochemical sulfate reduction in the Dugald River (Australia) strata-bound shale-hosted zinc-lead deposit. Chemical Geology, 129: 227-246.

Dolejš D, Wagner T, 2008. Thermodynamic modeling of non-ideal mineral-fluid equilibria in the system Si-Al-Fe-Mg-Ca-Na-K-H-O-Cl at elevated temperatures and pressures: Implications for hydrothermal mass transfer in granitic rocks. Geochimica Et Cosmochimica Acta, 72: 526-553.

Dubois M, Marignac C, 1997. The H_2O-NaCl-$MgCl_2$ ternary phasediagram with special application to fluid inclusion studies. Economic Geology, 92: 114-119.

Emsbo P, Hofstra A H, 2003. Origin and significance of postore dissolution Collapse breccias cemented with calcite and barite at the Meikle gold deposit, Northern Carlin Trend, Nevada. Economic Geology, 98: 1243-1252.

Faure G, 1977. Principles of isotope geology. Wiley, Chichester.

Fleet M E, Mumin A H, 1997. Gold-bearing arsenian pyrite and marcasite and arsenopyrite from Carlin Trend gold deposits and laboratory synthesis. American Mineralogist, 82: 182-193.

Fougerouse D, Micklethwaite S, Tomkins AG, et al., 2016. Gold remobilisation and formation of high grade ore shoots driven by dissolution-reprecipitation replacement and Ni substitution into auriferous arsenopyrite. Geochimica et Cosmochimica Acta, 178: 143-159.

Fusswinkel T, Wagner T, Wälle M, et al., 2013. Fluid mixing forms basement-hosted Pb-Zn deposits: Insight from metal and halogen geochemistry of individual fluid inclusions. Geology, 41: 679-682.

Gammons C H, Williams-Jones A E, 1997. Chemical Mobility of Gold in the Porphyry-Epithermal Environment.

Economic Geology, 92: 45-59.

Geisler T, Schaltegger U, Tomaschek F, 2007. Re-equilibration of zircon in aqueous fluids and melts. Elements, 3: 43-50.

Ghazban F, Schwarcz H P, Ford D C, 1990. Carbon and sulfur isotope evidence for in situ reduction of sulfate in Nanisivik zinc-lead deposits, Northwest Territories, Baffin Island, Canada. Economic Geology, 85: 360-375.

Goldfarb R J, Baker T, Dubé B, et al., 2005. Distribution, character, and genesis of gold deposits in metamorphic terranes. Economic Geology 100th Anniversary Volume, 407-450.

Goldfarb R J, Newberry R J, Pcikthorn W J, 1991. Oxygen, hydrogen, and sulfur isotope studies in the Juneau gold belt, southeastern Alaska: constraints on the origin of hydrothermal fluids. Economic Geology, 86: 66-80.

Gu X X, Zhang Y M, Li B H, et al., 2012. Hydrocarbon-and ore-bearing basinal fluids: A possible link between gold mineralization and hydrocarbon accumulation in the Youjiang basin, South China. Mineralium Deposita, 47: 663-682.

Hagemann S G, Lüders V, 2003. P-T-X conditions of hydrothermal fluids and precipitation mechanism of stibnite-gold mineralization at the Wiluna lode-gold deposits, Western Australia: Conventional and infrared microthermometric constraints. Mineralium Deposita 38: 936-952.

Harlov D E, Wirth R, Förster H J, 2005. An experimental study of dissolution-reprecipitation in fluorapatite: Fluid infiltration and the formation of monazite. Contributions to Mineralogy and Petrology, 150: 268-286.

Hofstra A H, Cline J S, 2000. Characteristics and models for Carlin-type gold deposits. Reviews in Economic Geology, 13: 163-220.

Hofstra A H, Emsbo P, Christiansen W D, et al., 2005. Source of ore fluids in Carlin-type gold deposits, China: Implications for genetic models. In: Mao J W, Bierlin F P (eds.). Mineral Deposit Research: Meeting the Global Challenge. Biennial SGA Meeting, 8th, China, Proceedings, Springer, 533-536.

Hofstra A H, Meighan C J, Song X Y, et al., 2016. Mineral Thermometry and Fluid Inclusion Studies of the Pea Ridge Iron Oxide-Apatite-Rare Earth Element Deposit, Mesoproterozoic St. Francois Mountains Terrane, Southeast Missouri, USA. Economic Geology, 111: 1985-2016.

Hou L, Peng H J, Ding J, et al., 2016. Textures and in situ chemical and isotopic analyses of pyrite, Huijiabao trend, Youjiang Basin, China: Implications for paragenesis and source of sulfur. Economic Geology, 111: 331-353.

Hu M A, Disnar J R, Surean J F, 1995. Organic geochemical indicators of biological sulphate reduction in early diagenetic Zn-Pb mineralization: The Bois-Madame deposit (Gard, France). Applied Geochemistry, 10: 419-435.

Hu R Z, Su W C, Bi X W, et al., 2002. Geology and geochemistry of Carlin-type gold deposits in China. Mineralium Deposita, 37: 378-392.

Hu R Z, Burnard P G, Bi X W, et al., 2004. Helium and argon isotope geochemistry of alkaline intrusion-associated gold and copper deposits along the Red River-Jingshajiang fault belt, SW China. Chemical Geology, 203: 305-317.

Hu R Z, Burnard P G, Bi X W, et al., 2009. Mantle-derived gaseous components in ore-forming fluids of the Xiangshan uranium deposit, Jiangxi province, China: Evidence from He, Ar and C isotopes. Chemical Geology, 266: 86-95.

Hu R Z, Bi X W, Jiang G H, et al., 2012. Mantle-derived noble gases in ore-forming fluids of the granite-related Yaogangxian tungsten deposit, southeastern China. Mineralium Deposita, 47: 623-632.

Hu R Z, Fu S, Huang Y, et al., 2017. The giant South China Mesozoic low-temperature metallogenic domain: Reviews and a new geodynamic model. Journal of Asian Earth Sciences, 137: 9-34.

Hulen J B, Collister J M, 1999. The oil-bearing, carlin-type gold deposits of Yankee Basin, Alligator Ridge District, Nevada. Economic Geology, 94: 1029-1049.

Huston D L, Bottrill RS, Creelman R A. et al., 1992. Geologic and geochemical controls on the mineralogy and grain size of gold-bearing phases, eastern Australian volcanic- hosted massive sulfide deposits. Economic Geology, 87: 542-563.

Höll R, Kling M, Schroll E, 2007. Metallogenesis of germanium: A review. Ore Geology Reviews, 30: 145-180.

Jin X Y, Hofstra A H, Andrew G H, et al., 2020a. Noble gases fingerprint the source and evolution of ore-forming fluids of Carlin-type gold deposits in the Golden Triangle, South China. Economic Geology, 115: 455-469.

Jin X Y, Yang C F, Liu J Z, et al., 2020b. Source and evolution of the ore-forming fluids of Carlin-type gold deposit in the Youjiang basin, South China: Evidences from solute data of fluid inclusion extracts. Journal of Earth Science, https://doi.org/10.1007/s12583-020-1055-x.

Jorgenson B B, Isaksen M F, Jannasch H W, 1992. Bacterial sulfate reduction above 100℃ in deep sea hydrothermal vent sediments. Science, 258: 1756-1757.

Kalinin Y A, Naumov E A, Borisenko A S, et al., 2015. Spatial-temporal and genetic relationships between gold and antimony mineralization at gold-sulfide deposits of the Ob-Zaisan folded zone. Geol Ore Deposits, 57: 157-171.

Kamona A F, Friedrich G H, 2007. Geology, mineralogy and stable isotope geochemistry of the Kabwe carbonate hosted Pb-Zn deposit, Central Zambia. Ore Geology Reviews, 30: 217-243.

Keith M, Smith D J, Jenkin G R T, et al., 2017. A review of te and se systematics in hydrothermal pyrite from precious metal deposits: Insights into ore-forming processes. Ore Geology Reviews, 96: 269-282.

Kendrick M A, Burnard P G, 2013. Noble Gases and Halogens in Fluid Inclusions: A Journey Through the Earth's Crust. In: Burnard P G (Ed.). The noble gases as geochemical tracers. Springer, Heidelberg: 319-369.

Kendrick M A, Honda M, Walshe J, et al., 2011. Fluid sources and the role of abiogenic-CH_4 in Archean gold mineralization: Constraints from noble gases and halogens. Precambrian Reasearch, 189: 313-327.

Krupp R E, 1988. Solubility of stibnite in hydrogen sulfide solutions, speciation, and equilibrium constants, from 25 to 350℃. Geochimica et Cosmochimica Acta, 52: 3005-3015.

LaFlamme C, Sugiono D, Thébaud N, et al., 2018. Multiple sulfur isotopes monitor fluid evolution of an Archean orogenic gold deposit. Geochimica et Cosmochimica Acta, 222: 436-446.

Large R R, Danyushevsky L, Hollit C, et al, 2009. Gold and Trace Element Zonation in Pyrite Using a Laser Imaging Technique: Implications for the Timing of Gold in Orogenic and Carlin-Style Sediment-Hosted Deposits. Economic Geology, 104: 635-668.

Large S J E, Bakker E Y N, Weis P, et al., 2016. Trace elements in fluid inclusions of sediment-hosted gold deposits indicate a magmatic-hydrothermal origin of the Carlin ore trend. Geology, 44: 1015-1018.

Lehmann K, Pettke T, Ramseyer K, 2011. Significance of trace elements in syntaxial quartz cement, Haushi Group sandstones, Sultanate of Oman. Chemical Geology, 280: 47-57.

Li Z L, Hu R Z, Yang J S, et al., 2007. He, Pb and S isotopic constraints on the relationship between the A-type Qitianling granite and the Furong tin deposit, Hunan Province, China. Lithos, 97: 161-173.

Li W, Xie G Q, Mao J W, et al., 2018. Muscovite $^{40}Ar/^{39}Ar$ and in situ sulfur isotope analyses of the slate-hosted Gutaishan Au-Sb deposit, South China: Implications for possible Late Triassic magmatic-hydrothermal mineralization. Ore Geology Reviews, 101: 839-853.

Li W, Ciobanu C L, Slattery A, et al., 2019a. Chessboard structures: Atom-scale imaging of homologues from the kobellite series. American Mineralogist, 104 (3): 459-462.

Li W, Cook N J, Ciobanu C L, et al., 2019b. Trace element distributions in (Cu)-Pb-Sb sulfosalts from the Gutaishan Au-Sb deposit, South China: Implications for formation of high-fineness native gold. American Mineralogist, 104: 425-437.

Li W, Cook N J, Xie G Q, et al., 2019c. Textures and trace element signatures of pyrite and arsenopyrite from the Gutaishan Au-Sb deposit, South China. Mineralium Deposita, 54: 591-610.

Li J X, Hu R Z, Zhao C H, et al., 2020. Sulfur isotope and trace element compositions of pyrite determined by NanoSIMS and LA-ICP-MS: New constraints on the genesis of the Shuiyindong Carlin-like gold deposit in SW China. Mineralium Deposita, 55: 1279-1298.

Liang Y, Wang G G, Liu S Y, et al., 2014. A Study on the Mineralization of the Woxi Au-Sb-W Deposit, Western Hunan, China. Resource Geology, 65: 27-38.

Liu T G, Ye L, Chen G Y, 1999. Geochemical characteristics of independent cadmium deposit, Niujiaotang, Duyun, Guizhou. Chinese Science Bulletin, 44 (Sup.): 61-63.

Lubben J D, Cline J S, Barker S, 2012. Ore Fluid Properties and Sources from Quartz-Associated Gold at the Betze-Post Carlin-Type Gold Deposit, Nevada, United States. Economic Geology, 107: 1351-1385.

Machel H G, 1989. Relationships between sulphate reduction and oxidation of organic compounds to carbonate diagenesis, hydrocarbon accumulations, salt domes, and metal sulphide deposits. Carbonates Evaporites, 4: 137-151.

Mao J W, Zhang J D, Pirajno F, et al., 2011. Porphyry Cu-Au-Mo-epithermal Ag-Pb-Zn-distal hydrothermal Au deposits in the Dexing area, Jiangxi Province, East China-a linked ore system. Ore Geology Reviews, 43: 203-216.

Martínez-Abad I, Cepedal A, Arias D, et al., 2015. The Au-As (Ag-Pb-Zn-Cu-Sb) vein-disseminated deposit of Arcos (Lugo, NW Spain): Mineral paragenesis, hydrothermal alteration and implications in invisible gold deposition. Journal of Geochemical Exploration, 151: 1-16.

Mccaffrey M A, Lazar B, Holland H D, 1987. The evaporation path of seawater and the coprecipitation of Br-and K+with halite. Journal of Sedimentary Petrology, 57: 928-937.

Mikucki E J, 1998. Hydrothermal transport and depositional processes in Archean lode-gold systems: A review. Ore Geology Reviews, 13: 307-321.

Moore J N, Norman D I, Kennedy B M, 2001. Fluid inclusion gas compositions from an active magmatic-hydrothermal system: a case study of The Geysers geothermal field, USA. Chemical Geology, 173: 3-30.

Morey A A, Tomkins A G, Bierlein F P, et al., 2008. Bimodal distribution of gold in pyrite and arsenopyrite: Examples from the Archean Boorara and Bardoc shear systems, Yilgarn Craton, Western Australia. Economic Geology, 103: 599-614.

Morrison G W, Rose W J, Jaireth S, 1991. Geological and geochemical controls on the silver content (fineness) of gold in gold-silver deposits. Ore Geology Reviews, 6: 333-364.

Muntean J L, Cline J S, Simon A C, et al., 2011. Magmatic-hydrothermal origin of Nevada's Carlin-type gold deposits. Nature Geoscience, 4: 122-127.

Norman D I, Blamey N, 2005. Methane in Carlin-type gold deposit fluid inclusions. Geochimica et Cosmochimica

Acta Supplement, 69: 124.

Norman D I, Moore J N, 1999. Methane and excess N_2 and Ar in geothermal fluid inclusions. Proceedings: Twenty-fourth Workshop of Geothermal Reservoir Engineering. Stanford University, Stanford, California.

Norman D I, Musgrave J A, 1994. N_2-Ar-He compositions in fluid inclusions: Indicators of fluid source. Geochimica et Cosmochimica Acta, 58 : 1119-1131.

Ohmoto H, 1972. Systematics of sulfur and carbon isotopes in hydrothermal ore deposits. Economic Geology, 67: 551-578.

Ohmoto H, 1986. Stable isotope geochemistry of ore deposits. Reviews in Mineralolgy and Geochemistry, 16: 491-559.

Ohmoto H, Rye R O, 1979. Isotopes of sulfur and carbon. In: Barnes H L (Ed.). Geochemistry of Hydrothermal Ore Deposits, second ed. Wiley-Interscience, New York, 509-567.

Okrugin V M, Andreeva E, Etschmann B, et al., 2014. Microporous gold: Comparison of textures from Nature and experiments. American Mineralogist, 99: 171-1174.

Oxburgh E R, Onions R K, Hill R I, 1986. Helium-Isotopes In Sedimentary Basins. Nature, 324: 632-635.

Ozima M, Podosek F A, 2002. Noble Gas Geochemistry. Cambridge University Press Cambridge, London, New York.

Pal'yanova G, 2008. Physicochemical modeling of the coupled behaviour of gold and silver in hydrothermal processes: Gold fineness, Au/Ag ratios and their possible implications. Chemical Geology, 255: 399-413.

Palero-Fernǘndez F J, Martín-Izard A, 2005. Trace element contents in galena and sphalerite from ore deposits of the Alcudia Valley mineral field (Eastern Sierra Morena, Spain). Journal of Geochemical Exploration, 86: 1-25.

Palyanova G, Karmanov N, Savva N, 2014. Sulfidation of native gold. American Mineralogist, 99: 1095-1103.

Phillips G N, Evans K A, 2004. Role of CO_2 in the formation of gold deposits. Nature, 429: 860-863.

Phillips G N, Powell R, 2010. Formation of gold deposits: A metamorphic devolatilization model. Journal of Metamorphic Geology, 28: 689-718.

Pokrovski G S, Kara S, Roux J, 2002. Stability and solubility of arsenopyrite, FeAsS, in crustal fluids. Geochimica et Cosmochimica Acta, 66: 2361-2378.

Porcelli D, Ballentine A D, 2002. Models for the distribution of terrestrial noble gases and evolution of the atmosphere. In: Porcelli D, Ballentine C J, Wieler R (Eds). Reviews in Mineralogy and Geochemistry. Noble Gases in Geochemistry and Cosmochemistry, 47. Geochemical Society of America Washington DC, 411-480.

Prinzhofer A, 2013. Noble gases in oil and gas accumulations. In: Burnard P (Ed). Noble Gases as Geochemical Tracers. Springer, New York, 225-247.

Pudack C, Halter W E, Heinrich C A, et al., 2009. Evolution of Magmatic Vapor to Gold-Rich Epithermal Liquid: The Porphyry to Epithermal Transition at Nevados de Famatina, Northwest Argentina. Economic Geology, 104: 449-477.

Putnis A, 2009. Mineral replacement reactions. Reviews in Mineralogy and Geochemistry, 70: 87-124.

Reich M, Kesler SE, Utsunomiya S, et al., 2005. Solubility of gold in arsenian pyrite. Geochimica et Cosmochimica Acta, 69: 2781-2796.

Reich M, Deditius A, Chryssoulis S, et al., 2013. Pyrite as a record of hydrothermal fluid evolution in a porphyry copper system: A SIMS/EMPA trace element study. Geochimica et Cosmochimica Acta, 104: 42-62.

Ridley J R, Diamond. L W, 2000. Fluid chemistry of orogenic lode gold deposits and implications for genetic models. Reviews in Economic Geology, 13: 141-162.

Roedder E, 1984. Fluid inclusions. Reviews in Mineralogy, 12: 212-220.

Rusk B G, Lowers H A, Reed M H, 2008. Trace elements in hydrothermal quartz: Relationships to cathodoluminescent textures and insights into vein formation. Geology, 36: 547-550.

Sack R O, Brackebusch F W, 2004. Fahlore as an indicator of mineralization temperature and gold fineness. CIM Bulletin, 97: 78-83.

Samson I M, Williams-Jones A E, Ault K M, et al., 2008. Source of fluids forming distal Zn-Pb-Ag skarns: Evidence from laser ablation-inductively coupled plasma-mass spectrometry analysis of fluid inclusions from El Mochito, Honduras. Geology, 36: 947-950.

Seal R R I, 2006. Sulfur isotope geochemistry of sulfide minerals. Reviews in Mineralogy and Geochemistry, 61: 633-677.

Shepherd T J, Rankin A H, Alderton D H M, 1985. A practical guide to fluid inclusion studies. Blackie Sons Ltd. , Glasgow, 1-293.

Sillitoe R H, 2010. Porphyry copper systems. Economic Geology, 105: 3-41.

Simmons S F, Sawkins F J, Schlutter D J, 1987. Mantle-derived helium in two Peruvian hydrothermal ore deposits. Nature, 329: 429-432.

Simon G, Kesler S E, Chryssoulis S, 1999. Geochemistry and textures of gold-bearing arsenian pyrite, Twin Creeks, Nevada; implications for deposition of gold in Carlin-type deposits. Economic Geology, 94: 405-421.

Stuart F M, Burnard P G, Taylor R P, et al., 1995. Resolving mantle and crustal contributions to ancient hydrothermal fluids-He-Ar isotopes in fluid inclusions from DAE-HWA-W-Mo mineralization, south-Korea. Geochimica et Cosmochimica Acta, 59: 4663-4673.

Su W C, Heinrich C A, Pettke T, et al., 2009a. Sediment-hosted gold deposits in Guizhou, China: Products of wall-rock sulfidation by deep crustal fluid. Economic Geology, 104: 73-93.

Su W C, Hu R Z, Xia B, et al., 2009b. Calcite Sm-Nd isochron age of the Shuiyindong Carlin-type gold deposit, Guizhou, China. Chemical Geology, 258: 269-274.

Su W C, Xia B, Zhang H T, et al., 2008. Visible gold in arsenian pyrite at the Shuiyindong Carlin-type gold deposit, Guizhou, China: Implications for the environment and processes of ore formation. Ore Geology Reviews, 33: 667-679.

Su W C, Zhang H T, Hu R Z, et al., 2012. Mineralogy and geochemistry of gold-bearing arsenian pyrite from the Shuiyindong Carlin-type gold deposit, Guizhou, China: Implications for gold depositional processes. Mineralium Deposita, 47: 653-662.

Tan Q P, Xia Y, Xie Z J, et al., 2015a. S, C, O, H, and Pb isotopic studies for the Shuiyindong Carlin-type gold deposit, Southwest Guizhou, China: Constraints for ore genesis. Chinese Journal of Geochemistry, 34: 525-539.

Tan Q P, Xia Y, Xie Z J, et al., 2015b. Migration paths and precipitation mechanisms of ore-forming fluids at the Shuiyindong Carlin-type gold deposit, Guizhou, China. Ore Geology Reviews, 69: 140-156.

Taylor H P, 1974. The application of oxygen and hydrogen isotope studies to problems of hydrothermal alteration and ore deposition. Economic Geology, 69: 843-883.

Turner G, Stuart F, 1992. Helium heat ratios and deposition temperatures of sulfides from the oceanfloor. Nature, 357: 581-583.

Turner G, Burnard P G, Ford J L, et al., 1993. Tracing fluid sources and interaction: Discussion. Physical Sciences and Engineering, 344: 127-140.

Ulrich T, Günther D, Heinrich C A, 1999. Gold concentrations of magmatic brines and the metal budget of porphyry copper deposits. Nature, 399: 676-679.

Viets J G, Hofstra A H, Emsbo P, 1996. Solute compositions of fluid inclusions in sphalerite from North American and European Mississippi Valley-type ore deposits: Ore fluids derived from evaporated seawater. Economic Geology Special Publication, 4: 465-486.

Wagner T, Klemd R, Wenzel T, et al., 2007. Gold upgrading in metamorphosed massive sulfide ore deposits: Direct evidence from laser-ablation-inductively coupled plasma-mass spectrometry analysis of invisible gold. Geology, 35: 775-778.

Ward J, Mavrogenes J, Murray A, et al., 2017. Trace element and sulfur isotopic evidence for redox changes during formation of the wallaby gold deposit, western Australia. Ore Geology Reviews, 82: 31-48.

Wilkinson J J, Stoffell B, Wilkinson C C, et al., 2009. Anomalously Metal-Rich Fluids Form Hydrothermal Ore Deposits. Science, 323: 764-767.

Wilkinson J J, Weiss D J, Mason T F D, et al., 2005. Zinc isotope variation in hydrothermal systems: Preliminary evidence from the Irish midlands ore field. Economic Geology, 100: 583-590.

Williams-Jones A E, Norman C, 1997. Controls of mineral parageneses in the system Fe-Sb-S-O. Economic Geology, 92: 308-324.

Wu L Y, Hu R Z, Li X F, et al., 2018, Mantle volatiles and heat contributions in high sulfidation epithermal deposit from the Zijinshan Cu-Au-Mo-Ag orefield, Fujian Province, China: Evidence from He and Ar isotopes. Chemical Geology, 480: 58-65.

Wu L Y, Hu R Z, Peng J T, et al., 2011, He and Ar isotopic compositions and genetic implications for the giant Shizhuyuan W-Sn-Bi-Mo deposit, Hunan Province, South China. International Geology Review, 53: 677-690.

Yan J, Hu R Z, Liu S, et al., 2018. NanoSIMS element mapping and sulfur isotope analysis of Au-bearing pyrite from Lannigou Carlin-type Au deposit in SW China: new insights into the origin and evolution of Au-bearing fluids. Ore Geology Reviews, 92: 29-41.

Yan J, Mavrogenes J A, Liu S, et al., 2020. Fluid properties and origins of the Lannigou Carlin-type gold deposit, SW China: Evidence from SHRIMP oxygen isotopes and LA-ICP-MS trace element compositions of hydrothermal quartz. Journal of Geochemical Exploration, 215: 106546.

Yang L Q, Deng J, Wang Z L, et al., 2016. Relationships Between Gold and Pyrite at the Xincheng Gold Deposit, Jiaodong Peninsula, China: Implications for Gold Source and Deposition in a Brittle Epizonal Environment. Economic Geology, 111: 105-126.

Ye L, Cook N J, Ciobanu C L, et al., 2011. Trace and minor elements in sphalerite from base metal deposits in South China: A LA-ICPMS study. Ore Geology Reviews, 39: 188-217.

Zhang Q, 1987. Trace elements in galena and sphalerite and their geochemical significance in distinguishing the genetic types of Pb-Zn ore deposits. Geochemistry, 6: 177-130.

Zhang X C, Spiro B, Halls C, et al., 2003. Sediment-hosted disseminated gold deposits in southwest Guizhou, PRC: Their geological setting and origin in relation to mineralogical, fluid inclusion, and stable-isotope characteristics. International Geology Review, 45: 407-470.

Zhang Y, Xia Y, Su W C, et al., 2010. Metallogenic model and prognosis of the Shuiyindong super-large strata-bound Carlin-type gold deposit, southwestern Guizhou Province, China. Chinese Journal of Geochemistry, 29: 157-166.

Zheng Y F, 1999. Oxygen isotope fractionation in carbonate and sulfate minerals. Geochemical Journal, 33: 109-112.

Zheng Y F, Hoefs J, 1993. Effects of mineral precipitation on the sulfur isotope composition of hydrothermal solutions. Chemical Geology, 105: 259-269.

Zhou C X, Wei C S, Guo J Y, et al., 2001. The source of metal in the QiLinchang Pb-Zn deposit, Northeastern YunNan, china: Pb-Sr isotope constrains. Economic Geology, 96: 583-598.

Zhou J X, Huang Z L, Zhou G F, et al., 2010. Sulfur isotopic compositions of the Tianqiao Pb-Zn ore deposit, Guizhou Province, China: Implications for the source of sulfur in the ore-forming fluids. Chinese Journal of Geochemistry, 29: 301-306.

Zhou J X, Huang Z L, Zhuo G F, et al., 2011. Trace Elements and Rare Earth Elements of Sulfide Minerals in the Tianqiao Pb-Zn Ore Deposit, Guizhou Province, China. Acta Geologica Sinica-English Edition, 85: 189-199.

Zhou J X, Huang Z L, Zhou MF, 2013. Constraints of C-O-S-Pb isotope compositions and Rb-Sr isotopic age on the origin of the Tianqiao carbonate-hosted Pb-Zn deposit, SW China. Ore Geology Reviews, 53: 77-92.

Zhou J X, Huang Z L, Zhou M F, et al., 2014. Zinc, sulfur and lead isotopic variations in carbonate-hosted Pb-Zn sulfide deposits, southwest China. Ore Geology Reviews, 58: 41-54.

Zhou J X, Xiang Z Z, Zhou M F, et al., 2018. The giant Upper Yangtze Pb-Zn province in SW China: Reviews, new advances and a new genetic model. Journal of Asian Earth Sciences, 154: 280-315.

Zhuo Y Z, Hu R Z, Xiao J F et al., 2019. Trace elements and C-O isotopes of calcite from Carlin-type gold deposits in the Youjiang Basin, SW China: Constraints on ore-forming fluid compositions and sources. Ore Geology Reviews, 113, 103067.

Zhu Y N, Peng J T, 2015. Infrared microthermometric and noble gas isotope study of fluid inclusions in ore minerals at the Woxi orogenic Au-Sb-W deposit, western Hunan, South China. Ore Geology Reviews, 65: 55-69.

第四章　前寒武纪基底对大规模低温成矿的制约

胡瑞忠等（2020）初步概述了扬子地块前寒武纪（含寒武纪）基底岩石对中生代大规模低温成矿的控制作用。本章在引述该文主要成果的基础上，对相应内容进行了扩充，较系统地论述了这种制约作用的主要机制。

如前所述，中生代时期，在扬子地块西南部川、滇、黔、桂、湘等省区面积约50万km^2的广大范围内，发生了大规模低温成矿作用，形成了大面积分布的金、锑、汞、砷、铅、锌等低温热液矿床，且其中不少为大型–超大型矿床，构成华南低温成矿省（涂光炽，2002；赵振华和涂光炽，2003）。这种低温热液矿床大面积密集成群产出的区域，世界上主要见于美国中西部和扬子地块（李朝阳，1999；Hu et al.，2017b），在全球呈现出空间分布上的高度不均一性。对成矿作用时空不均一分布的研究，一直受到国内外学者高度关注（翟裕生等，1999；Sawkins，1984；Tu，1995；Misra，2000；Leach et al.，2001；Thiart and de Wit，2006；Christien et al.，2006；Weng et al.，2015）。然而，特定元素组合为什么是在某些区域而不是其他区域大规模成矿？对此虽已取得某些重要规律性认识，但始终还是困扰地质学家的重要问题。

近二十年来，对扬子地块中生代的大面积低温成矿进行了较系统的研究，在矿床地质特征、矿床物质组成、成矿流体特征、成矿时代和成矿动力学背景等方面，已取得重要成果（如胡瑞忠等，1995，2007，2015；涂光炽等，1998，2000，2002；李朝阳，1999；马东升等，2002；赵振华和涂光炽，2003；黄智龙等，2004；毛景文等，2006；Zhou et al.，2001，2014a，2014b，2016；Hu et al.，2002，2016，2017a，2017b；Peng et al.，2003；Hofstra et al.，2005；Su et al.，2008，2009，2012，2018；Gu et al.，2012；Hu and Zhou，2012；Mao et al.，2013；Chen et al.，2014，2015；Zhang et al.，2015；Fu et al.，2016；Hou et al.，2016；Pi et al.，2016，2017；Zhu et al.，2017a，2017b；Yan et al.，2018）。但是，由于成矿金属元素来源研究的复杂性和受传统示踪手段的限制，关于大面积低温成矿的物质基础，以往尚未得到较好确定，现有认识还不能从本质上回答为什么是在该区而不是其他区域发生金、锑、汞、砷、铅、锌等元素组合的大面积低温成矿这一根本性问题，制约了大面积低温成矿理论的系统建立。

一个重要事实是，华南低温成矿省不同矿种的矿床组合（Pb-Zn、Au-Sb-Hg-As、Au-Sb）在地理位置上是分区产出的，而这种不同矿床组合的分区，对应着不同类型的前寒武纪基底（涂光炽等，1993，2002；Zhao and Cawood，2012；Hu et al.，2017b；图1.1）。以下论述中的线索显示，前寒武纪基底（含寒武系）富含低温成矿元素，矿床中的成矿元素很可能主要来自基底岩石。在其他各种有利成矿因素的配合下，前寒武纪基底（含寒武系）可能在宏观上控制了区域上的大面积低温成矿、而其组成的空间不均一性则控制了不同矿床组合的地理分区。

第一节　全球成矿作用的不均一性

一、矿床在全球具有不均一分布的特点

已有研究表明，成矿作用在空间上常表现出很强的区域不均一分布特点。矿床的种类和时空分布，与成岩作用和大地构造格局等因素密切相关（Misra，2000；秦克章等，2017）。矿床学家很早就认识到，某些矿床只产于特定的大地构造背景，不同的大地构造环境可形成不同的岩石组合及相伴的矿床类型（Shanks and Bischoff，1977；Meyer，1981；Mitchell and Garson，1981；Sawkins，1984；Naldrett，2004；Chen et al.，2009；Sillitoe，2010；Mao et al.，2013；Hou et al.，2016；Hu et al.，2017a；Richards and CelâlŞengör，2017）。例如，大陆碰撞造山带或洋壳俯冲带有利于斑岩型（Cu、Mo、Au 等）矿床（图 4.1）和造山型金矿床等的形成；洋中脊离散边界主要形成块状硫化物矿床等；在大陆裂谷（地幔柱）环境，常产出一系列钒钛磁铁矿矿床、Cu-Ni-PGE 硫化物矿床（图 4.2）以及与火成碳酸岩或碱性岩相关的稀土矿床等。此外，即使形成于类似构造环境的同类矿床，在不同构造单元因受某些特定因素的影响，在金属品位、储量及伴生元素组合上也千差万别，从而在一定程度上导致了全球矿产资源在区域上的不均一分布。例如：①全球的稀土资源半数以上赋存于火成碳酸岩-碱性岩杂岩体中（Weng et al.，2015），且大部分集中于少数国家的少数矿床，如世界前三大的中国白云鄂博、美国 Mountain Pass 和中国牦牛坪矿床很长一段时间都占据世界稀土总储量的 50% 以上（Weng et al.，2015）；②智利已探明的斑岩铜矿储量占世界铜储量的 30% 以上，南非兰德盆地已探明的黄金储量约占世界黄金储量的 40%，我国华南地区探明的钨矿储量占世界钨储量的 60% 以上（Hu et al.，2010）；③目前世界上发现

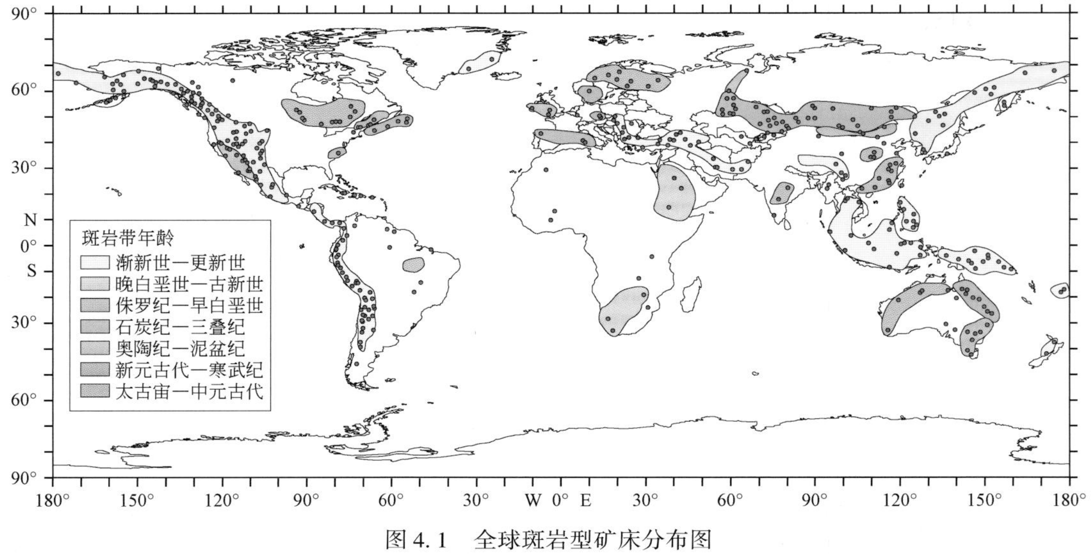

图 4.1　全球斑岩型矿床分布图
（据 Seedorff et al.，2005）

的 IOCG 矿床仅澳大利亚 Olympic Dam 矿床“一枝独秀”，占有全球第一的 U、第四的 Cu 以及第五的 Au 储量（Skirow and Davidson，2007；Corriveau，2007；Groves et al.，2010）。

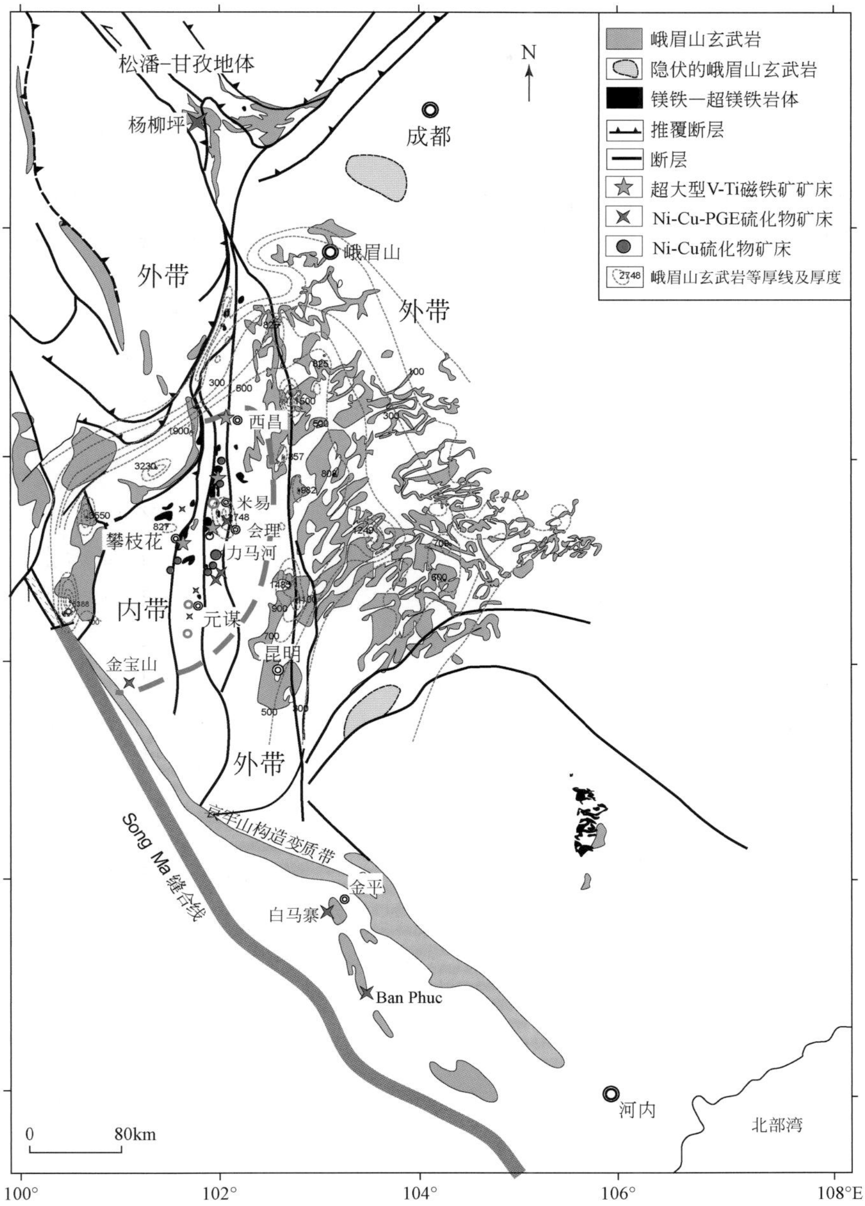

图 4.2　峨眉山地幔柱钒钛磁铁矿矿床和 Cu-Ni-PGE 硫化物矿床分布图
（据宋谢炎等，2018 修改）

矿产资源空间不均一分布的格局，究竟受制于何种因素？它们虽然也与矿床形成后保存条件的差异有关，但很可能主要与地壳成熟度、陆壳增生和拼贴、壳幔过程、克拉通和造山带演化等因素有着必然的联系（Sawkins，1984；Chen et al.，2009；翟明国，2010；

Leach et al., 2010; Hou et al., 2015, Richards and CelâlŞengör, 2017)。然而，矿床学家虽经多年研究取得了重要认识，但这种内在联系的整体规律和控制因素还有待深入揭示。

二、前寒武纪基底岩石对成矿具有重要控制作用

尽管成矿作用的空间不均一性分布受控于众多内外因素，矿床学家已认识到具有古老结晶基底的克拉通，是大规模成矿的重要构造环境或重要控矿因素。据统计，古老克拉通上产出的矿床比一些年轻地体中确实要多（Thiart and de Wit, 2006）。特别是克拉通边缘，产出了众多的大型-超大型矿床（Tu, 1995；涂光炽等，2000；赵振华和涂光炽，2003；侯增谦等，2015；图4.3）。中国境内就有不少例子，包括扬子地块（克拉通）西缘世界第三大的牦牛坪稀土矿床、华北克拉通北缘世界规模最大的白云鄂博稀土矿床（Xie et al., 2016）和华北克拉通南缘大量的斑岩钼矿床（毛景文等，2006；Chen et al., 2009；Mao et al., 2011）等。其实，国内外不少学者很早就注意到，古老克拉通内前寒武纪基底的性质对显生宙矿床的类型、数量和分布有着明显的控制，主要表现在一些热液矿床的空间分带性和成矿元素组合对前寒武纪基底有明显的继承性（Kisvarsanyi, 1977；Thiart and de Wit, 2006；马东升，2008），包括基底含矿建造提供成矿物质、基底特殊构造带提供有利的热液通道和扩容空间等。例如，Lehuray 等（1987）证实，中爱尔兰 Pb-Zn 成矿省不同矿床在成矿元素组合和 Pb 来源等方面的差别，与矿床所处的地理位置和不同的基底岩石类型有着密切关系，成矿省西北部的基底岩石为 3.0 ~ 1.7Ga 的 Lewisian 片麻岩，产出的 Pb-Zn 矿床具有相对低的放射成因 Pb，而东南部为新元古代岩石，产出了具明显高放射成因 Pb 的矿床。澳大利亚 Victorian 金成矿省是通过流体从基底岩石中获取金，然后运移到

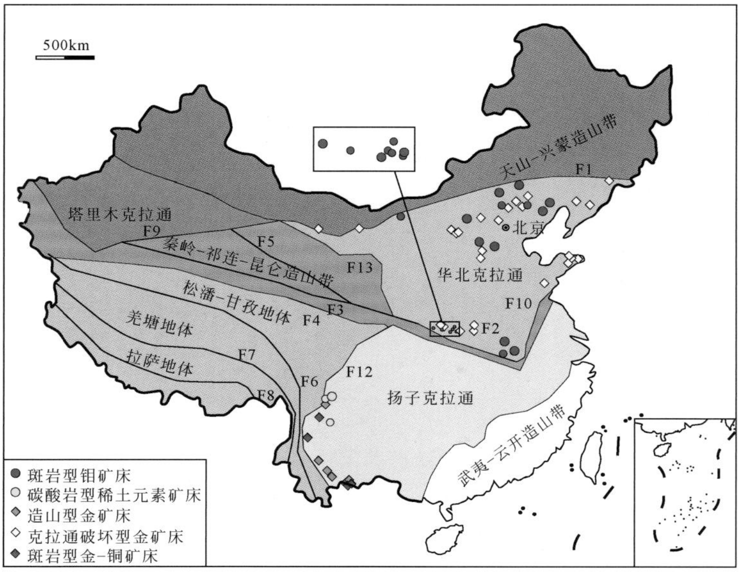

图 4.3　中国不同克拉通边缘产出大量大型-超大型矿床
（据侯增谦等，2015）

显生宙地层的断裂构造中形成的（Willman et al.，2010；图 4.4）。Kisvarsanyi（1977）的研究发现，美国 Missouri 州东南部的 MVT 铅锌矿床的成矿物质来自前寒武纪基底，Vikre 等（2011）和 Joshua 等（2018）通过 S、Pb 同位素和成矿年代学等方面的研究也证实，美国中部赋存在晚古生代地层中的 MVT 铅锌矿床和贵金属矿床的成矿物质主要是由前寒武纪基底地层提供的。同样，华北南缘中生代的斑岩钼矿床缺少 Cu，与国外岩浆弧（岛弧和陆缘弧）环境 Cu 与 Mo 矿床往往相伴产出（Kerrich et al.，2000）的特征差异显著。不少证据显示这种差异极可能与基底岩石组成有关，华北南缘的基底对矿床中金属 Mo 有重要贡献（张本仁等，1994；侯增谦和杨志明，2009）。除此之外，世界上其他克拉通也因为古老基底岩石的不同而在产出矿床类型上也不一样，例如南非的 Kaapvaal 克拉通富集 Au 和 PGE 矿床，津巴布韦克拉通和 Yilgarn 克拉通富集 Au 和 W，Sao Francisco 克拉通富集 Au、Cu、Pb 和 Zn 等，而 Amazon 克拉通富集 Au 和 Sn（Groves and Phillips，1987；de Wit and Thiart，2005；Thiart and de Wit，2006）。

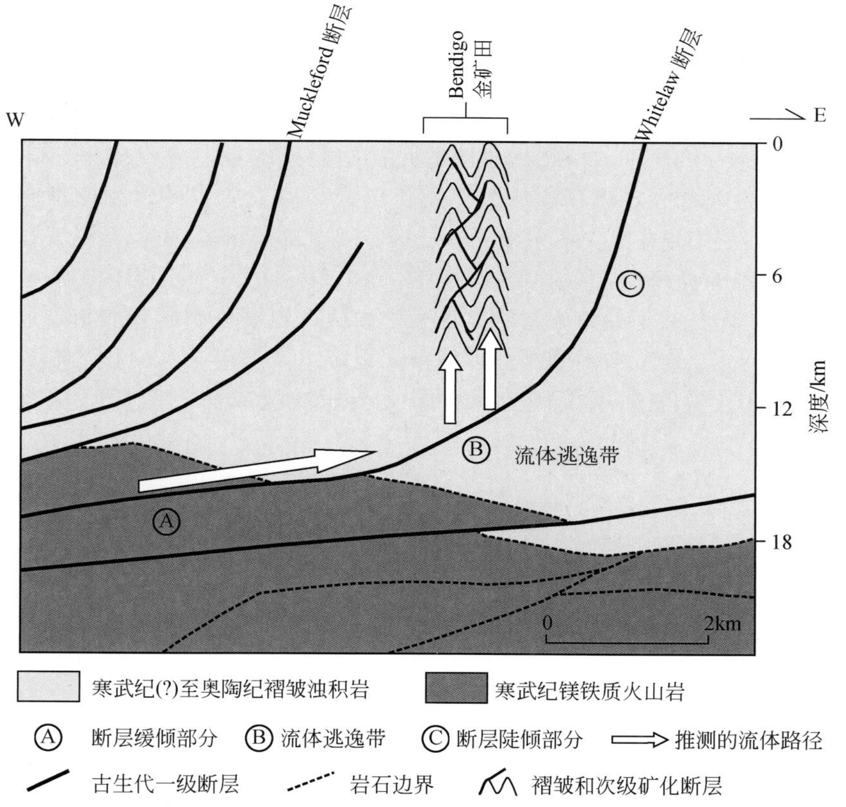

图 4.4 澳大利亚 Victorian 金成矿省的物源受基底岩石控制
（据 Willman et al.，2010 修改）

综上所述，克拉通前寒武纪基底的性质对矿床形成的重要性越来越受到矿床学家们的重视。从克拉通地壳组成、成熟度或前寒武纪基底演化的角度来研究成矿作用及战略选区，已逐渐成为当代地球科学与矿床勘查的研究热点与主要方向（如秦克章等，2017 及其中参考文献)。毫无疑问，通过揭示前寒武纪基底与成矿作用的内在联系及其控制因素，可为某些特定矿床成矿理论的建立和找矿预测提供客观的科学依据。

第二节　扬子地块中生代成矿作用在全球的特殊性

研究表明，华南陆块由扬子地块（克拉通）和华夏地块沿江绍断裂带（东起绍兴经长沙南部延伸至南宁东部；Yao et al.，2016）在新元古代约830Ma碰撞拼贴而形成（Zhao et al.，2011)。三叠纪时期，由于印支运动的结果，华南陆块分别通过北面的秦岭-大别造山带、西南面的松马断裂带和西北缘的龙门山断裂带，而与华北克拉通、印支地块和松潘甘孜地体相连接（Zhou et al.，2006b；Wang et al.，2007；Faure et al.，2014；图1.1)。

与华夏地块和中国或世界其他克拉通相比，扬子克拉通在前寒武纪基底岩石及演化、显生宙构造演变等特征上存在明显差异（Zhao and Cawood，2012)。就显生宙而言，华夏地块与扬子克拉通的重大差别主要在于，中生代时期主要在华夏陆块一侧发生了强烈的花岗岩浆活动，形成了面积高达上百万 km^2 的大花岗岩省（Li，2000；Li and Li，2007；Zhou et al.，2006b；Wang et al.，2007，2013a)，但扬子克拉通的花岗岩浆活动相对微弱（涂光炽等，1998，2000，2002；赵振华和涂光炽，2003；Hu et al.，2002，2017a，2017b；Hu and Zhou，2012)。与此相对应的是，主要在华夏地块发生了与花岗岩浆活动有关的W、Sn多金属的大规模高温成矿作用，形成高温成矿省；而在扬子克拉通西南部则主要在沉积岩地层中发生了Au、Hg、Sb、As、Pb、Zn等的大面积低温成矿，形成低温成矿省（Hu and Zhou，2012；Mao et al.，2013；Hu et al.，2017a，2017b)。显而易见，花岗岩浆活动上的差异自然是导致上述两个单元中生代大规模成矿迥异的重要原因之一，但不是全部。因为世界上岩浆活动微弱的地质单元很多，但发生了大面积低温成矿的区域则很少。这表明，扬子克拉通中生代为什么能大面积低温成矿，其主控因素并不仅局限于此。

一、扬子地块（克拉通）不同区域的基底组成和演化

扬子克拉通由前寒武纪基底和显生宙盖层组成。盖层主要是寒武到三叠纪的海相碳酸盐岩夹碎屑岩和泥质岩，以及侏罗纪到第四纪的陆相沉积岩（物)（Yan et al.，2003)。其中，寒武系黑色岩系发育（Jiang et al.，2007)；二叠纪末期的峨眉山玄武岩在扬子地块西半部广泛分布（Xu et al.，2004；Zhou et al.，2006a)。自古生代以来，该区长期处于较稳定状态。相对于华夏地块，扬子克拉通在目前地表所见的古生代以来花岗岩浆活动微弱（涂光炽等，1998，2000，2002；赵振华和涂光炽，2003；Hu et al. 2002，2017a；Hu and Zhou，2012)。

扬子克拉通的前寒武纪基底由太古宙到新元古代的岩石组成（图1.1，图1.2)，具有以下特征（Zhao and Cawood，2012及其中的参考文献)。①太古宙到古元古代的结晶基底只零星出露在克拉通的北部和西部。北部以崆岭杂岩为代表，主要由一套太古宙（3.3～2.9Ga）TTG片麻岩、古元古代孔兹岩系和少量角闪岩类包体组成；西部以出露在滇中和

川西南的古元古代大红山群、东川群和河口群为代表，主要由一套绿片岩–角闪岩相变质火山–沉积岩组成。②晚中元古代到早新元古代褶皱带可进一步划分为克拉通东南缘的江南带和西缘的攀西带。江南带主要由早新元古代火山–沉积变质岩（四堡群及同时代地层单元）组成，其中侵入有中新元古代过铝质花岗岩，其上被中新元古代弱变质地层（板溪群及同时代地层单元）和晚新元古代未变质地层（震旦系）不整合覆盖；攀西带则由晚中元古代到早新元古代火山–沉积变质岩和新元古代侵入杂岩组成，前者包括晚中元古代昆阳群、会理群和苴林群以及新元古代盐边群等（图 1.1），后者包括一系列花岗岩和铁镁–超铁镁质侵入岩等（Zhou et al.，2002）。这些岩浆岩的成因和构造背景长期存在争议，被认为与洋壳俯冲作用（Zhou et al.，2002）、地幔柱作用（Li et al.，2003）或裂谷作用（Zheng et al.，2007）有关。

由此可见，扬子克拉通的前寒武纪基底在其北部、西部和东南部有重大差别：①太古宙岩石仅出露在北部；②西部主要由古元古代结晶基底、中元古代到早新元古代火山–沉积变质岩和震旦系地层组成；③东南部主要由早新元古代火山–沉积变质岩、中新元古代弱变质岩和震旦系地层组成。相对于西部，东南部缺古元古代结晶基底和中元古代变质岩，但是存在广泛分布（而在西部少见）的中新元古代弱变质地层（板溪群等）。这种区域上的差别分别与扬子克拉通中生代大面积低温成矿的差异性分布相对应，即西部主要发生 Pb、Zn 大规模成矿，而东南部则主要发生 Au-Sb-Hg-As 的大规模成矿。

此外，元古宙之后的下寒武统黑色页岩主要呈北东向（图 4.5 中的过渡相）分布于扬子克拉通的东南部，它们的形成与全球寒武纪早期地球大陆格局、表面环境和生物组成等方面发生重大改变密切相关，通常高度富集 Au、Sb、Hg、As 等成矿元素（Jiang et al.，

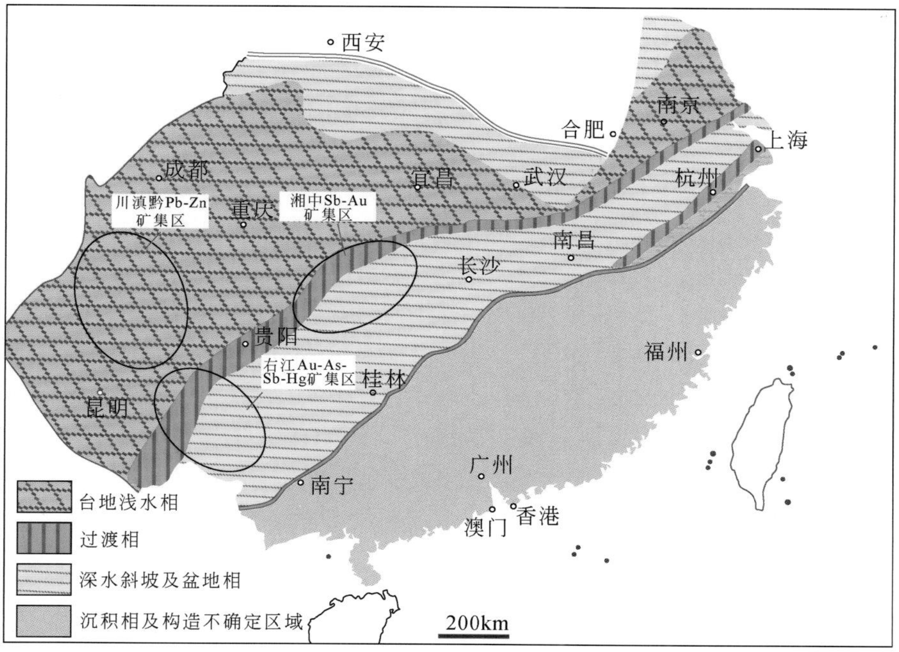

图 4.5　扬子地块早寒武世岩相古地理、黑色页岩（过渡相）及中生代低温矿床分布略图
（底图据 Jiang et al.，2007）

2007)。有意义的是，右江 Au-Sb-Hg-As 矿集区和湘中 Sb-Au 矿集区均有该套黑色页岩分布，而在川滇黔 Pb-Zn 矿集区少见。

二、扬子地块中生代低温成矿作用在全球的特殊性

如前所述，中生代在扬子克拉通和华夏地块交接部位扬子克拉通一侧的川、滇、黔、桂、湘等省区面积约 50 万 km^2 的广大范围内，发生了大规模低温成矿作用，形成了大面积分布的卡林型金矿和锑、汞、砷、铅、锌等低温矿床，该区锑矿的储量占全球锑矿总储量的 50% 以上，金矿储量约占全国的 10%，汞矿储量约占全国的 80%，同时还是我国铅锌矿的主要产区之一，显示出大规模低温成矿的特征，构成华南低温成矿省（涂光炽，2002；赵振华和涂光炽，2003；Hu et al., 2017b）。在美国中西部，广泛发育的 MVT 型铅锌矿床、卡林型金矿等低温矿床，构成了美国的主要矿产资源基地之一（Hofstra et al., 1999；Cline et al., 2001, 2005；Leach et al., 2001, 2010；Arehart et al., 2003；Pannalal et al., 2004；Muntean et al., 2011）。有意思的是，两个低温成矿省在成矿作用和矿床组合特点上并不完全相同，甚至存在重大差别。例如，美国中西部主要是卡林型金矿（Arehart et al., 2003；Muntean et al., 2011）和 MVT 型铅锌矿大规模成矿（Leach et al., 2001, 2010)，而扬子克拉通除卡林型金矿和 MVT 型铅锌矿大规模成矿外，还产出大量大型–超大型锑、汞、砷矿床（涂光炽等，2000；赵振华和涂光炽，2003；Hu et al., 2007a)，其中的锡矿山锑矿是全球最大的超大型锑矿床，探明的锑储量曾占世界总储量的一半以上(Peng et al., 2003)。因此，虽然这些美国中西部矿床的大面积低温成矿理论取得不少成果，但不能照搬到中国。

近二十年来，在一些项目包括近年实施的国家 973 计划项目“华南大规模低温成矿作用”（2014—2018）的支持下，国内外众多学者对该低温成矿域的矿床地质特征、矿床物质组成、成矿流体特征、成矿时代、元素–同位素地球化学和成矿动力学背景等方面进行了较深入系统的研究，取得丰硕成果（如涂光炽等，1998，2000，2002；李朝阳，1999；马东升等，2002；赵振华和涂光炽，2003；黄智龙等，2004；毛景文等，2006；胡瑞忠等，2007，2015；Hu et al., 2002, 2012, 2016, 2017b；Hofstra et al., 2005；Gu et al., 2012；Zhou et al., 2001, 2014a, 2014b, 2016；Peng et al., 2003；Su et al., 2008, 2009a, 2009b, 2012；Mao et al., 2013；Chen et al., 2014, 2015；Zhang et al., 2015；Fu et al., 2016；Hou et al., 2016；Pi et al., 2016, 2017；Zhu et al., 2017；Yan et al., 2018)。Hu 等（2017b）较系统地总结和提炼了以往的研究工作，研究发现（Hu et al., 2017b 及其中的参考文献)：①该区的前寒武纪基底主要为元古宙变质岩建造，盖层为显生宙碳酸盐岩–细碎屑岩建造，其中东南部寒武系黑色岩系发育，而西半部二叠纪末期的峨眉山玄武岩广泛分布；自古生代以来，长期处于较稳定状态，相对于华夏地块，扬子克拉通近地表的花岗岩浆活动微弱；②该区的低温矿床主要集中分布在三个矿集区，分别是川滇黔接壤区的 Pb-Zn 矿集区、右江 Au-Sb-Hg-As 矿集区、湘中 Sb-Au 矿集区(图 1.1)；③矿体主要呈脉状、透镜状、似层状、不规则状产出，明显受穿层断裂、层间破碎带、不整合面和岩溶构造控制，属于后生矿床；④虽然从前寒武系到三叠系的地层中

均有低温矿床产出，但不同矿种对地层时代或岩性有一定的选择性，卡林型金矿主要赋存在三叠系泥质灰岩中，锑矿主要赋存在泥盆系碳酸盐岩和钙质碎屑岩中，汞矿主要赋存在寒武系地层中；铅锌矿主要赋存在震旦系、石炭系和二叠系白云岩和白云质灰岩中；⑤各类矿床具不同的矿物和元素组合特征，卡林型金矿的矿石矿物主要为含砷黄铁矿、毒砂、辉锑矿、雄黄和雌黄，金主要呈微细粒不可见金形式分布在含砷黄铁矿中，脉石矿物主要为石英和方解石；铅锌矿的矿石矿物主要为方铅矿和闪锌矿，脉石矿物主要为石英和方解石；锑矿的矿石矿物主要为辉锑矿、黄铁矿、毒砂、雄黄和雌黄，脉石矿物主要为石英、方解石和萤石；卡林型金矿除 Au 外通常富集 As、Sb、Hg、Tl 等，而铅锌矿中通常富集 Ag、Ge、Cd 等；⑥成矿温度主要在 100～250℃，成矿流体大都为小于 10% NaCl equiv. 的低盐度流体，但川滇黔接壤区的 Pb-Zn 矿床盐度可达 15%～25% NaCl equiv.；成矿压力可高达 1000～2000bar，远比原想象的高，说明成矿流体经历了深循环过程；⑦大规模低温成矿主要有两个时期，第一期的时代约为 230～200Ma，相当于印支期，第二期的时代约为 160～130Ma，相当于燕山期；前者奠定了华南大规模低温成矿的主体格架，而后者只叠加在湘中和右江两个矿集区上；⑧川滇黔矿集区的 Pb-Zn 矿床为盆地卤水成因的 MVT 型 Pb-Zn 矿床，而右江和湘中两个矿集区的成矿流体以雨水成因地下水为主，但其中可辨别出岩浆流体信息；⑨印支期（230～200Ma）印支地块与华南陆块沿松马缝合带的后碰撞造山运动，驱动高盐度的盆地流体循环浸取出矿源层中的成矿元素并运移至相对开放的断裂空间成矿，形成了川滇黔矿集区的 MVT 型 Pb-Zn 矿床；印支期后碰撞陆内造山背景下形成的深部花岗岩浆，驱动大气成因地下水循环将矿源层中的成矿元素活化迁移至合适的构造部位沉淀富集，形成了右江和湘中矿集区的第一期低温成矿作用；燕山期岩石圈伸展背景下地幔软流圈上涌诱导的深部花岗岩浆活动驱动大气成因地下水循环、浸取矿源层中的成矿元素，形成了右江和湘中矿集区第二期的低温矿床；⑩华南扬子克拉通中生代的这两期大规模低温成矿作用，在时代上与其东侧华夏地块中与花岗岩浆活动有关的两期钨锡多金属成矿一致，暗示扬子的低温成矿与华夏的钨锡高温成矿具有相似的成矿动力学背景。

第三节　前寒武纪基底对大面积低温成矿的控制

虽然上述研究进展基本回答了扬子克拉通中生代大面积低温成矿的成矿地质特征、成矿流体特征、成矿时代和成矿动力学背景等问题，但是由于成矿金属元素来源研究的复杂性和受原有示踪手段的限制，大面积低温成矿的物质基础以往未能得到很好确定，已有认识还较难从本质上回答为什么是在该区而不是其他区域发生金、锑、汞、砷、铅、锌等元素组合的大规模低温成矿这一重要问题。

如前所述，华南低温成矿省不同矿种的矿床组合（Pb-Zn、Au-Sb-Hg-As、Au-Sb）在地理位置上是分区产出的，而不同矿床组合的分区分别对应着不同类型的前寒武纪基底（图 1.1）。以下证据显示，前寒武纪基底岩石富含低温成矿元素，矿床中的成矿元素很可能主要来自基底岩石。基底岩石主要通过为低温成矿提供成矿金属元素，明显控制了扬子地块中生代大面积低温成矿作用的发生。

一、一些矿床直接产于元古宙基底岩石中

虽然各矿集区的低温矿床主要产于以显生宙碳酸盐岩和碎屑岩为主的断裂构造中，显示后生热液矿床特征（Hu et al.，2017b；Zhou et al.，2018），但也有不少矿床直接产于元古宙基底岩石的断裂构造中，矿区及其周围甚至并无显生宙沉积岩分布。例如，川滇黔 Pb-Zn 矿集区的天宝山、大梁子和茂租等 Pb-Zn 矿床（Zaw et al.，2007；Zhou et al.，2013；Wang et al.，2014）；湘中 Sb-Au 矿集区的沃溪 Au-Sb 矿床、龙山 Au-Sb 矿床、板溪 Sb 矿床和万古 Au 矿床等（Gu et al.，2012；Zhu and Peng，2015；Deng et al.，2017；Li et al.，2018）。

（一）天宝山 Pb-Zn 矿床

天宝山铅锌矿床位于川滇黔铅锌矿集区西部的四川省会理县境内，发育在南北向安宁河区域性深大断裂带中，区域上的近南北向、近南西向和近东西向三组断裂共同控制了区域地层和矿床的分布（图 4.6）。

天宝山矿床的地层包括古元古界会理群天宝山组浅变质岩、上震旦统灯影组白云岩、中寒武统西王庙组紫红色薄层砂岩和上三叠统白果湾组富含植物化石的碎屑岩和含煤建造，赋矿围岩为上震旦统灯影组白云岩，铅锌矿化受岩相组合控制，矿体产出部位主要集中在含砂泥质碎屑较多的不纯白云岩和较纯白云岩的接触部位。

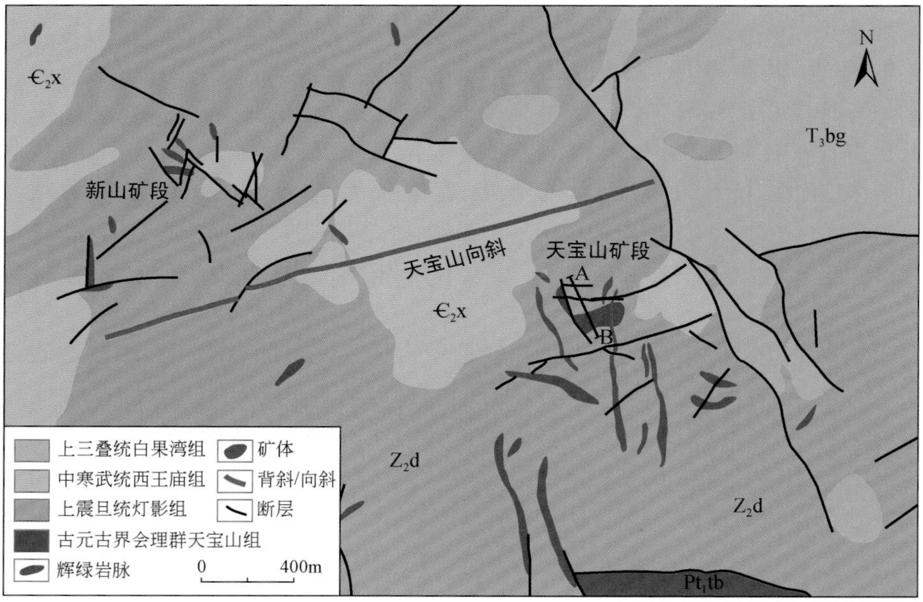

图 4.6 天宝山铅锌矿床地质简图

（据王小春，1992 修改）

A-B 为图 4.7 的剖面位置

该矿床受天宝山向斜、益门断裂和多组次级断层控制（图 4.6）。主断裂益门断裂（F1）为安宁河断裂的分支断裂，形成于晋宁期，走向北西，倾向南西，是左行走滑逆冲断层，是天宝山铅锌矿床的导矿构造。矿区另一主要断裂 F2 近东西向延伸，是张扭性隐伏角砾破碎带。天宝山向斜是矿区最大的褶皱构造，北翼倾角约 30°～50°，南翼倾角约 20°～30°，向斜核部为中寒武统西王庙组砂岩。

矿床由天宝山矿段和新山矿段组成。天宝山矿段的矿体规模最大，该矿段东西向长约 285m，垂向延伸超过 400m。矿体呈与地层斜交的脉状、筒状和锯齿状产出，矿体产状受控于区域地层产状（图 4.7）。新山矿段的矿体被近南北向的 F_{203} 断层切穿为两段，东段长大约为 180m，西段长约为 270m，矿体延深约 320m。该矿床的探明铅锌储量超过 260 万 t（矿石）（Zaw et al., 2007；Zhou et al., 2013），矿石中 Zn 品位为 7.8%～10.1%，Pb 品位为 1.28%～1.50%（王小春，1992）。

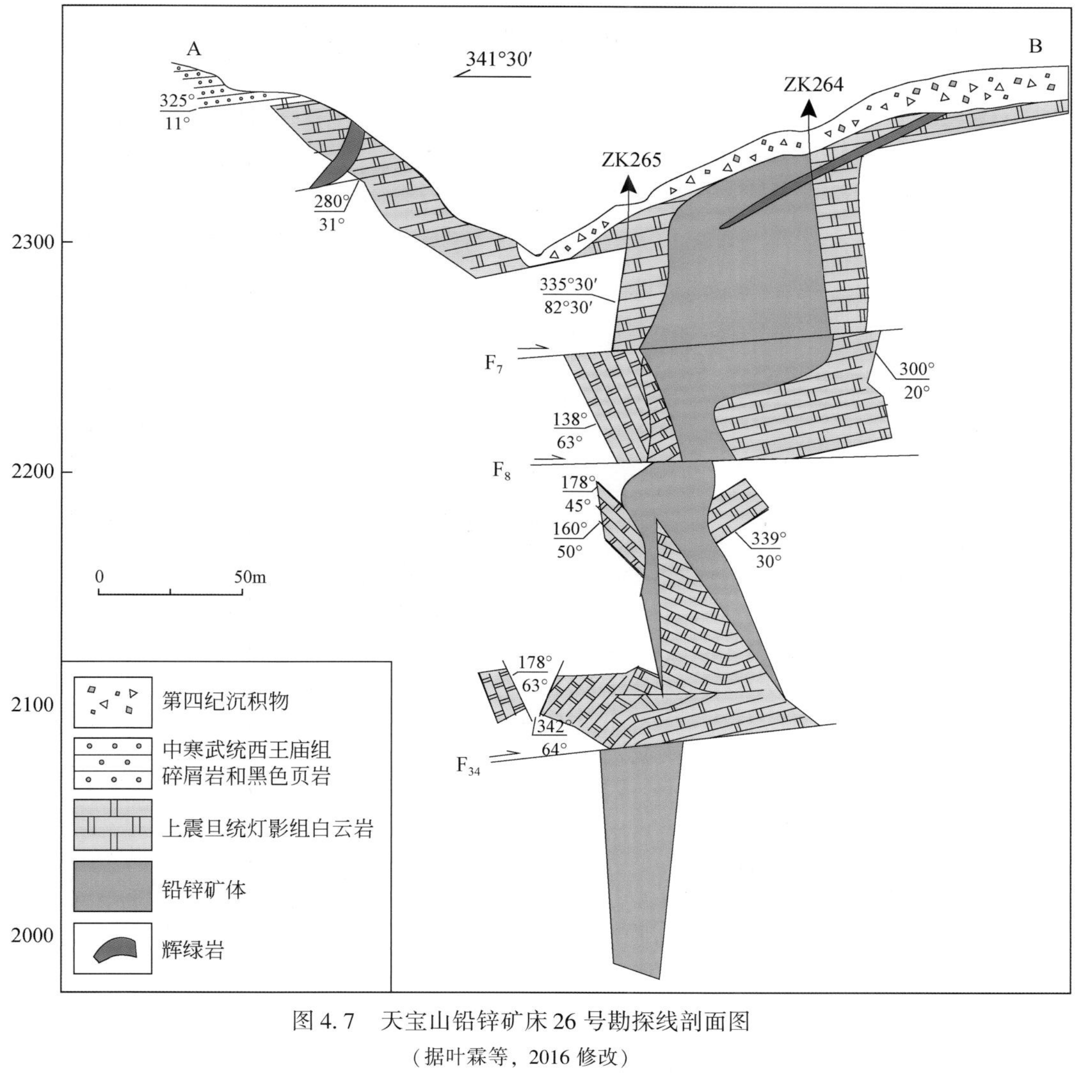

图 4.7　天宝山铅锌矿床 26 号勘探线剖面图

（据叶霖等，2016 修改）

矿区的围岩蚀变类型较简单，蚀变分带不明显，以硅化为主，次为黄铁矿化、绢云母化、绿泥石化和碳酸盐化。硅化主要分布在矿体周围的白云岩中，黄铁矿化主要表现为自形-半自形的黄铁矿分布于近矿围岩和矿体中，绢云母化表现为鳞片状绢云母交代矿化角砾岩的胶结物，绿泥石化表现为淡绿色绿泥石交代矿化角砾胶结物，碳酸盐化表现为白云石化交代矿化角砾的胶结物。

矿石可以分为角砾状、致密块状和浸染状等（图 4.8），致密块状矿石和角砾状矿石是该矿床的主要矿石类型。角砾状矿石显示角砾状构造，其中闪锌矿和方铅矿胶结围岩角砾，或成矿晚期白云石、方解石胶结闪锌矿和方铅矿等矿石矿物；致密块状矿石显示致密块状构造，主要由闪锌矿和方铅矿组成，可见团块状黄铜矿；浸染状矿石显示浸染状构造，闪锌矿和方铅矿在蚀变围岩中呈浸染状均匀分布。

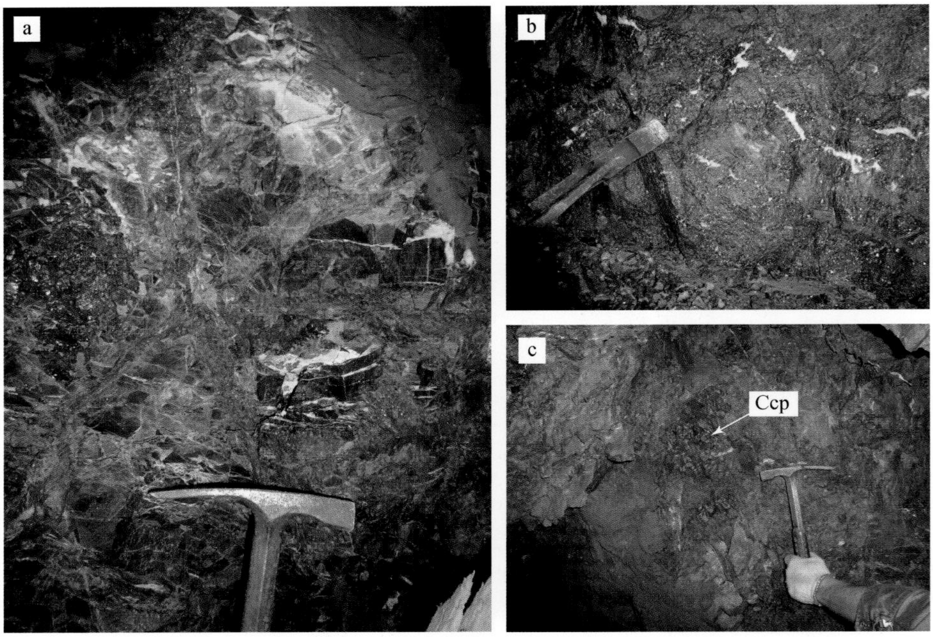

图 4.8　天宝山铅锌矿床矿石主要类型

a. 铅锌矿脉切穿围岩；b. 铅锌块状矿石；c. 团块状分布的黄铜矿；Ccp. 黄铜矿

矿床的矿物组成较为简单，矿石矿物以闪锌矿、方铅矿为主，次为黄铜矿、黄铁矿和银黝铜矿。闪锌矿的颜色变化大，从黑色到深红棕色，从浅红棕色到黄色都有分布，但主要以深棕色闪锌矿为主。方铅矿主要呈自形立方体形状，在构造活动较为强烈的区域形成半自形揉皱状，该方铅矿中共生的银黝铜矿较为普遍。黄铜矿常呈团块状产出，被晚期闪锌矿切穿，镜下也可观察到黄铜矿以固溶体或者细粒微米级颗粒赋存于闪锌矿中。银黝铜矿分布于方铅矿和闪锌矿中，常与晚期方铅矿共生切穿早期闪锌矿。围岩中的黄铁矿常呈细粒浸染状分布，成矿期的黄铁矿常以立方体自形或五角十二面体存在于闪锌矿和方铅矿中。脉石矿物以白云石和方解石为主。

根据穿插关系和矿物共生组合特点，可将矿床的整个成矿过程划分为成矿前、成矿期和成矿后三个阶段（图4.9）。成矿前期主要以围岩中的黄铁矿和D0白云石为代表矿物。成矿期包括早、中、晚三个成矿阶段：早阶段主要包括D1白云石、闪锌矿和黄铜矿；中间阶段矿石矿物以闪锌矿和方铅矿为主，以及共生的黄铁矿、黄铜矿和银黝铜矿和毒砂，脉石矿物主要是D2白云石，该阶段的闪锌矿切穿早阶段的黄铜矿和闪锌矿；晚阶段的矿石矿物主要为浅黄色闪锌、方铅矿、银黝铜矿，次为黄铁矿，可见这些矿物切穿中间阶段的红棕色闪锌矿，该阶段的脉石矿物以D3白云石为主，包裹之前形成的矿物。成矿后期以切穿矿体的D4白云石脉为主，另见菱锌矿、白铅矿和褐铁矿等氧化矿物。

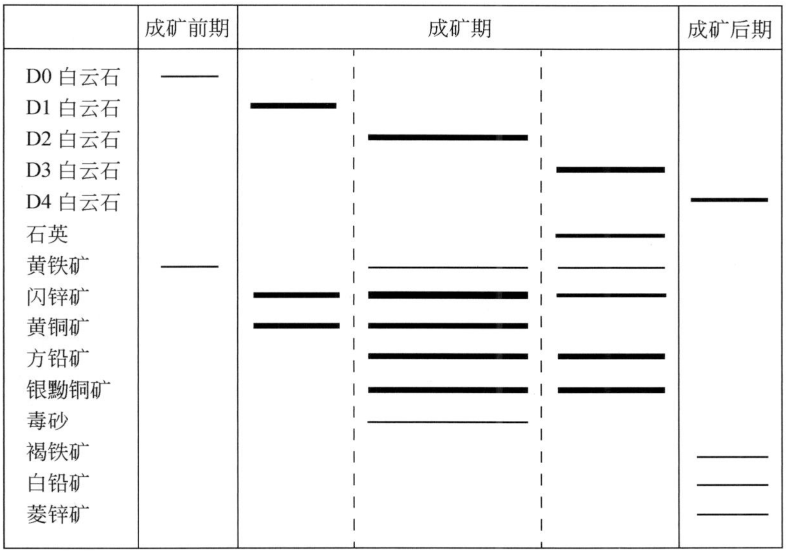

图4.9　天宝山铅锌矿床成矿期次和矿物组合

（二）大梁子Pb-Zn矿床

大梁子铅锌矿床位于扬子地块西南缘甘洛小江断裂带以西16km（图2.2）。区域地层由基底和盖层两部分组成，基底为中元古代的变质岩系，盖层为新元古代以来的沉积岩系，两者呈角度不整合接触（王海等，2018）。

矿区出露地层主要为震旦系灯影组和少量下寒武统筇竹寺组、沧浪铺组和龙王庙组，下寒武统地层与震旦系灯影组地层呈平行不整合接触（图4.10）。震旦系灯影组为主要赋矿层，岩性为白云岩，厚约928m，其中，下部富含藻类化石；中部细碎屑成分较多，含石英脉及重晶石脉；上部富含磷质条带及燧石条带。下寒武统筇竹寺组上部主要为粉砂岩，下部为砂质页岩，该地层中碳质和有机质含量均较高。研究区断裂构造发育，主要发育北西西、北西、北东和东西向四组断裂构造。其中北西西向断裂是矿区主要控矿构造，大梁子铅锌矿床位于横切大桥向斜东翼南东段的以F_1和F_{15}为边界的地堑式断块构造中（图4.10）。

矿床主要由①、②两个矿体组成。矿体在空间分布上受构造和层位双重控制，铅锌矿化主要以块状、角砾状形式赋存于海进序列中上部的灯影组白云岩中，少量以细脉状发育在筇竹寺组砂页岩中；角砾状铅锌矿化通常发育在北西西向断裂中，远离断裂矿石品位逐渐变小，矿石构造也从块状、角砾状逐渐变为细脉状、浸染状。矿石矿物以闪锌矿、方铅矿为主，可见少量黄铜矿、黄铁矿等。脉石矿物主要为白云石、方解石、石英，其次为绢云母、高岭石等。矿石结构主要为自形-半自形结构、粒状结构、交代溶蚀结构；矿石构造主要为角砾状构造，其次为块状、脉状和浸染状构造。围岩蚀变较弱，主要为碳酸盐化、硅化和黄铁矿化。

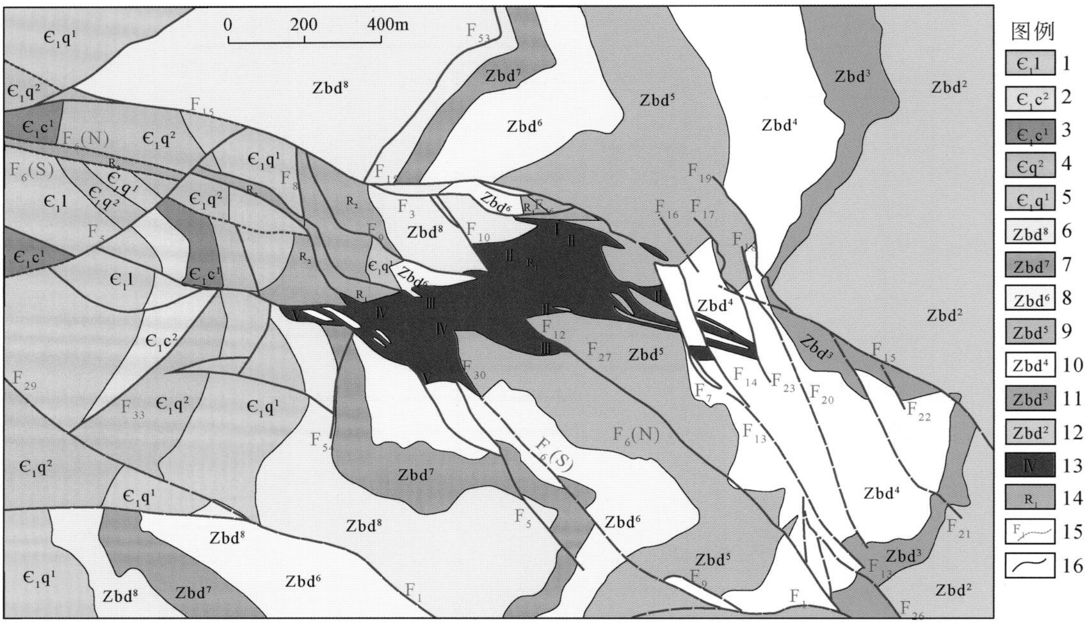

图 4.10 大梁子铅锌矿床矿区地质图

（据张俊海，2015）

1. 寒武系龙王庙组；2、3. 寒武系沧浪铺组；4、5. 寒武系筇竹寺组；6～12. 震旦系灯影组；13. 矿段及编号；14. “黑破带”及编号；15. 实测及推测断层；16. 地质界线

根据矿物共生组合、结构构造及穿插关系，从早到晚可将大梁子铅锌矿床的成矿作用分为三个阶段（图 4.11）：①闪锌矿-黄铁矿-碳质阶段，主要形成热液白云石、黑色至深棕色闪锌矿、毒砂和黑色碳质物质；②闪锌矿-方铅矿阶段，为主成矿阶段，主要形成褐色-棕色闪锌矿、方铅矿和少量方解石、石英，闪锌矿和方铅矿颗粒粗大，金属硫化物以胶结物形式胶结白云岩角砾或以细脉状充填在裂隙中；③方铅矿-黄铜矿-碳酸盐阶段，主要形成方解石、浅棕色闪锌矿、方铅矿、黄铜矿、石英和沥青，方解石和石英颗粒较为粗大，通常呈细脉状切穿早期形成的矿物，沥青多产于石英和方解石晶簇中，部分与金属硫化物共生。

（三）茂租 Pb-Zn 矿床

茂租铅锌矿床位于川滇黔铅锌矿集区中北部，滇东北铅锌成矿区西北部，位于扬子地块西缘之小江断裂以东，汉源-昭觉大断裂与北东向莲峰-巧家大断裂夹持区的北北东向金

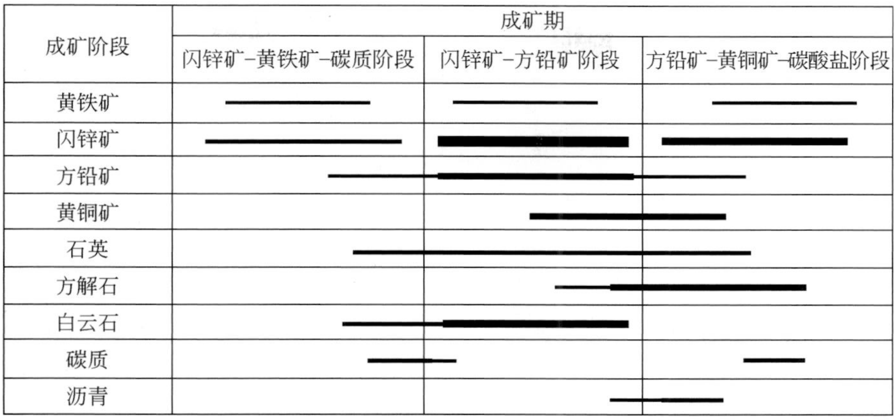
成矿阶段
成矿期
闪锌矿–黄铁矿–碳质阶段
闪锌矿–方铅矿阶段
方铅矿–黄铜矿–碳酸盐阶段
黄铁矿
闪锌矿
方铅矿
黄铜矿
石英
方解石
白云石
碳质
沥青

图 4.11　大梁子铅锌矿床成矿阶段划分及矿物组合
（据张俊海，2015）

阳背斜向南倾没部位。该矿床赋存于震旦系上统灯影组白云岩中，是滇东北地区有代表性的大型铅锌矿床之一（Zhou et al.，2013）。

矿区内出露的地层主要为震旦系碳酸盐岩，寒武系黑色页岩、砂岩及碳酸盐岩，二叠系上统峨眉山玄武岩（图4.12）。其中，上震旦统灯影组白云岩是茂租铅锌矿床主要的赋矿地层，矿化主要发生在灯影组上段地层。灯影组上段可分为上、下两个亚段，分别对应着矿区内的上、下两个含矿层。其中，上亚段岩性为浅至深灰色、薄至中厚层状白云岩，上部以薄层状粗粒结晶的白云岩为主，含磷质页岩、砾岩夹层，砾岩的角砾成分多为磷质碎屑，胶结物多为白云质；下部以中厚层状细–粗晶白云岩为主，含少量磷质页岩、砾岩夹层，砾岩角砾成分以燧石为主，胶结物多为白云质。该岩性段厚约 14 ~ 32m，平均约为 25m，局部岩性变化频繁。下亚段岩性以厚层状硅质白云岩为主，有燧石条带和不规则团块杂乱分布，常形成致密块状岩石。上部岩性为中厚层状细粒结晶的白云岩，局部为致密硅质白云岩；下部为厚层状硅质白云岩，局部含不规则的白云岩透镜体，其内有燧石条带、团块稀疏不均散布。

区域内构造活动比较强烈，形成了系列断裂和褶皱。矿区的断裂构造以北东走向为主，断裂主要包括茂租断层、长坡断层、大岩硐断层。褶皱轴向以近南北向为主，主要包括长坡背斜、甘树林向斜、洪发硐背斜和白卡向斜。

矿体主要赋存于上震旦统灯影组白云岩中，矿体呈似层状、陡倾脉状和不规则状产出，其中似层状矿体最为主要。矿体 Pb 的平均品位为 1.04%、Zn 平均品位为 5.76%，铅锌储量达 200 万 t（Zhou et al.，2013）。根据矿体在灯影组中的具体产出层位，可细分为上、下两层矿。矿区除了层状、似层状产出的矿体外，还有些脉状矿体分布于断裂、裂隙带中。脉状矿化在上、下含矿层中都有发育，但其规模都不大，因而工程控制程度低。矿区内仅圈定了 2 个呈切层陡倾产出的小型脉状矿体，单个矿体长 60 ~ 94m，宽 47 ~ 80m，平均厚度为 2.7 ~ 3.3m。矿石矿物组成较为简单，金属矿物主要有闪锌矿、方铅矿及少量黄铁矿和黄铜矿等，脉石矿物以白云石和方解石为主，次为萤石和重晶石等。矿石结构以

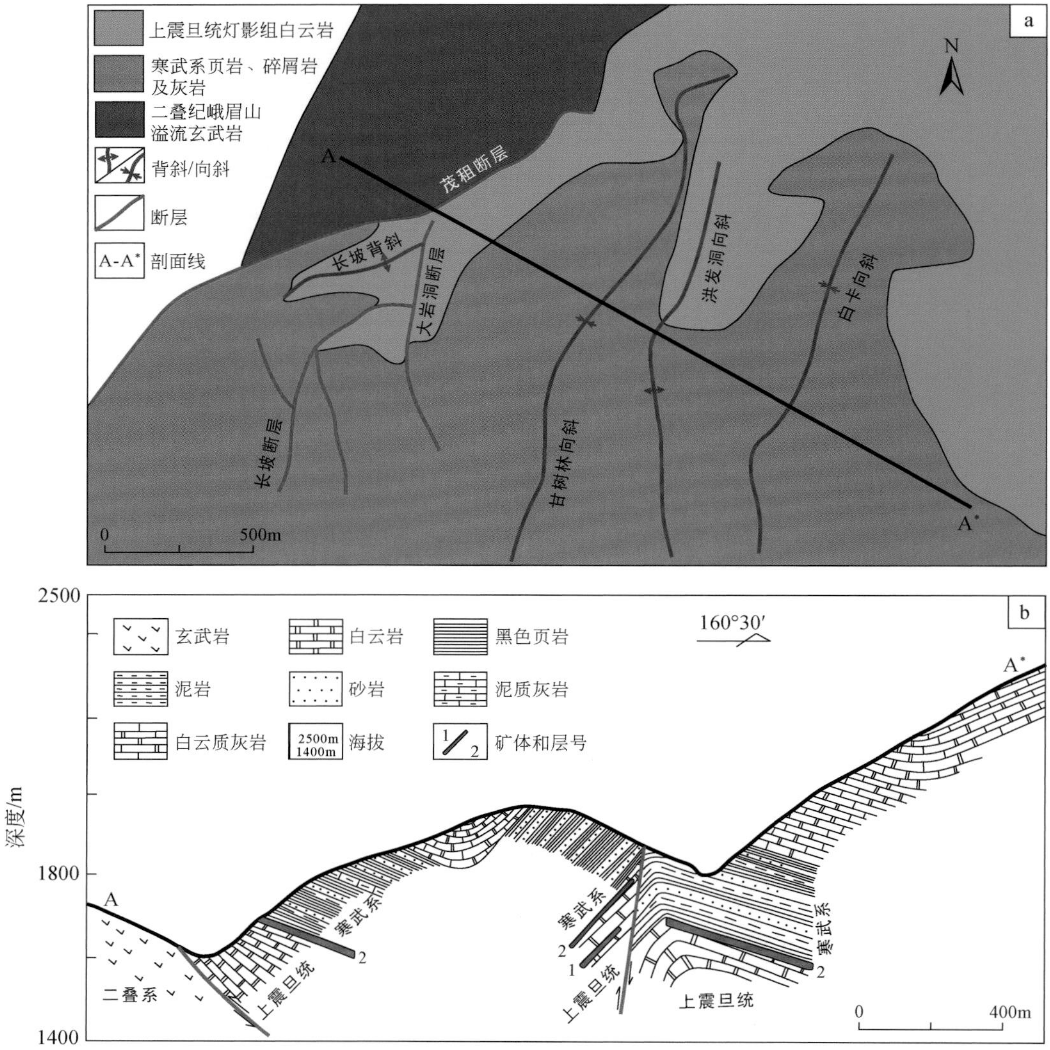

图 4.12　茂租铅锌矿床地质图（a）和 A-A* 剖面图（b）

（据张洪杰，2019）

粒状和胶状为主，矿石构造主要为稠密浸染状、稀疏浸染状、细脉状和条纹条带状等。围岩蚀变主要有硅化、黄铁矿化、重晶石化、方解石化和褐铁矿化等。

根据矿石结构、矿物组合及穿插关系，可将茂租铅锌矿床的成矿过程划分为热水喷流沉积期、热液期以及表生期，成矿作用主要发生在热液期（图 4.13）。其中，热液期又可分为 4 个阶段：①黄铁矿–白云石阶段，主要形成细粒黄铁矿和热液交代白云石；②黄铁矿–石英–方铅矿–闪锌矿阶段，闪锌矿大量沉淀，方铅矿围绕闪锌矿生长；③白云石–方铅矿–闪锌矿–黄铜矿阶段，方铅矿与闪锌矿同时沉淀，可见少量黄铜矿嵌入闪锌矿中；④方解石阶段，主要形成脉状铅锌矿体，出现大量碳酸盐矿物，局部可形成方解石大脉。

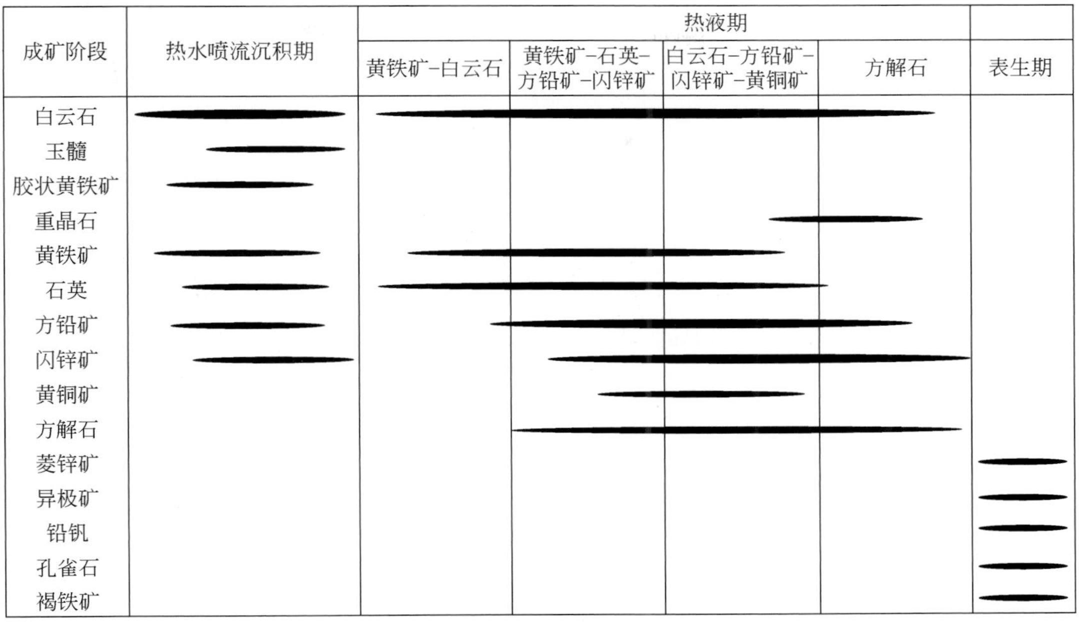

图 4.13　茂租铅锌矿床成矿阶段及矿物组合

（据张荣伟，2010）

（四）沃溪 Au-Sb-W 矿床

沃溪 Au-Sb-W 矿床是湘中矿集区规模较大的多金属矿床，也是全球第二大锑矿床，其 Au、Sb 和 W 储量分别为>50t、22 万 t 和 2.5 万 t，平均品位分别为 9.8g/t、2.8% 和 0.3%（Zhu and Peng，2015）。自西向东，沃溪矿区可划分为红岩溪、鱼儿山、栗家溪、十六棚公和上沃溪 5 个矿段，对应的主要矿化类型自西向东演变为 Au-Sb→Au-Sb-W→Au-W。矿区的主要构造为近东西向的沃溪断层，与北东向新田湾断层、唐浒坪断层组成“入”字形构造（图 4.14）。其中，沃溪断层走向长度大于 20km，倾向北北西，倾角 30°，倾斜延深大于 2km，为一压扭性逆断层，是矿床的主要控矿断裂。

矿区出露的地层主要为冷家溪群和板溪群浅变质海相沉积黏土岩和碎屑岩，以及零星分布的震旦系和少量上白垩统陆相红色砾岩（图 4.14）。其中板溪群是矿区最主要的地层，以沃溪断层为界，可划分为上下两组，即下盘为马底驿组、上盘为五强溪组。作为直接赋存矿体的马底驿组地层为一套浅变质的浅海相黏土质沉积岩，属滨外陆棚沉积的富钙-粉砂泥质的类复理石建造。结合岩性变化特征，可分为 3 个岩性段（祝亚男，2015；张沛等，2019）：①底部见一层不稳定的砾岩，呈透镜体，砾石多为青灰色板岩；下部为灰绿色厚层至中厚层浅变质石英砂岩；上部为灰绿色砂质条带板岩夹灰绿色薄至中厚层石英砂岩；②为一套厚大的浅海相浅变质碎屑岩，以紫红色、紫灰色板岩为特征，板岩具浅色砂质条带构造，目前已发现的矿体均产于该岩性段内；③以中厚层灰绿色板岩为主，局部夹紫红色板岩和中厚至厚层状色石英砂岩，灰绿色板岩具砂质条带构造。

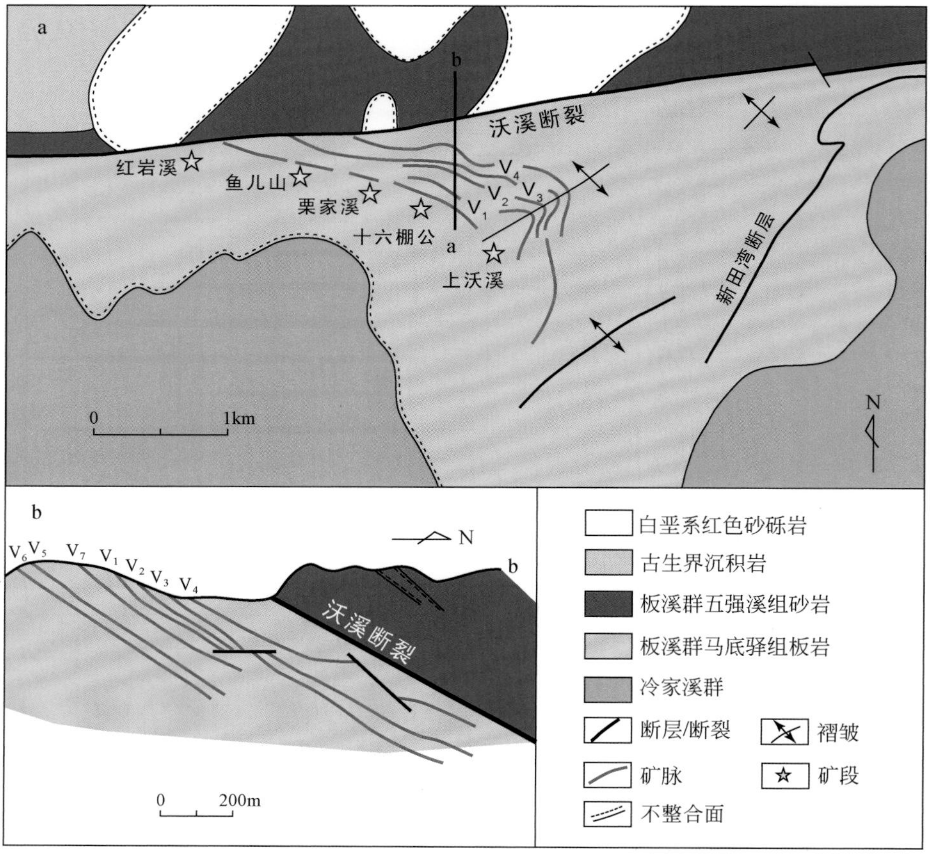

图 4.14　沃溪 Au-Sb-W 矿床地质简图（a）及剖面图（b）

矿体均产于马底驿组的浅变质板岩中，由含矿石英脉和蚀变板岩组成。按其产出形态，矿脉可分为与岩层产状近一致的主脉（层脉）、层间细脉（网脉）带及各种形式的节理脉。其中，层脉为矿床主要含矿脉体，占总储量70%以上。主要金属矿物有白钨矿、黄铁矿、辉锑矿、自然金以及局部矿段出现的黑钨矿，它们是该矿床的主要矿石矿物；次要金属矿物有毒砂、闪锌矿、方铅矿和硫盐矿物等。矿石结构以自形-他形晶结构为主，次为碎裂结构、包含结构和环带结构等；矿石构造主要有条带状构造、块状构造、角砾状构造、浸染状构造和网脉状构造，其次可见斑杂状构造、梳状构造。矿体围岩发育有多种蚀变，与矿体在空间和矿化强度上有密切联系，近矿蚀变类型常见硅化、绢云母化、黄铁矿化、碳酸盐化和绿泥石化，另有白云母化、叶蜡石化和伊利石化等。

根据矿脉之间的穿插关系和矿物共生组合，可将矿床的成矿过程划分为 4 个阶段（图 4.15）：①早石英-碳酸盐阶段，主要形成石英、方解石和白云石，无明显矿化；②石英-白钨矿阶段，为钨的主要成矿期，主要形成石英、白钨矿、黑钨矿、碳酸盐、磷灰石及少量毒砂和菱铁矿；③石英-硫化物-自然金阶段，主要形成黄铁矿、辉锑矿、自然金，以及少量毒砂、闪锌矿、方铅矿和硫盐矿；④晚石英-碳酸盐阶段，主要形成石英和碳酸盐类矿物，以及少量自然金和黄铁矿。

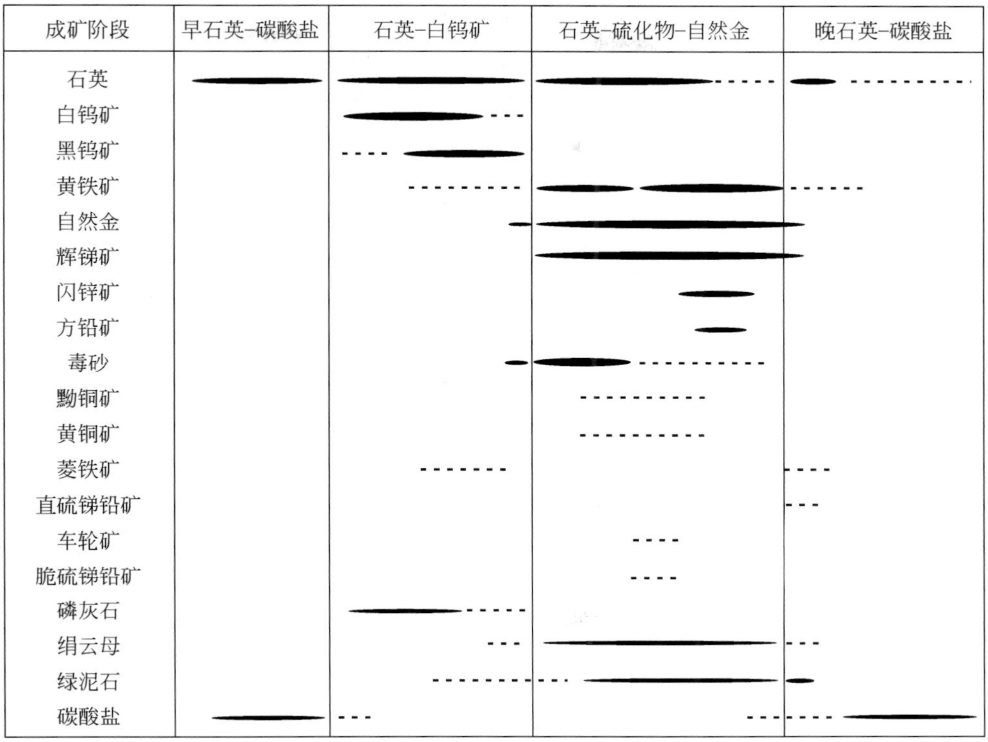

图 4.15 沃溪 Au-Sb-W 矿床成矿阶段划分及其矿物组合特征
（据祝亚男，2015）

（五）龙山 Au-Sb 矿床

龙山 Au-Sb 矿床位于湘中盆地白马山–龙山隆起带的龙山穹窿核部新元古代浅变质地层中。龙山穹窿核部为新元古代浅变质。龙山以西谢家山的 Sb-Au 矿脉与龙山矿脉在地表以下相连，因此可将龙山矿床分为龙山矿段和谢家山矿段两部分。

龙山 Au-Sb 矿区出露地层为下震旦统江口组浅变质碎屑岩系（图 4.16），总厚度大于 1800m。江口组上段由老至新分为四个亚段，其中第一、第二亚段含砾砂质板岩、含砾板岩为矿区主要赋矿地层。①江口组上段第一亚段：岩性主要为灰绿色含砾砂质板岩夹浅灰绿色绢云母板岩、紫色—红色火山角砾岩和凝灰岩。②江口组上段第二亚段：上部为粉砂质板岩和砂质板岩，局部见含砾砂质板岩夹层和灰绿色绢云母板岩透镜体；下部为灰绿色绢云母板岩、粉砂质绢云母板岩、含砾砂质板岩夹长石石英砂岩透镜体。③江口组上段第三亚段：为暗灰色、灰黑色含砾砂质板岩，夹绢云母板岩数层，局部夹含砾钙质板岩、砂质板岩和含锰灰岩透镜体。④江口组上段第四亚段：上部岩性为黄绿色含砾砂质板岩，局部可见粗大（1cm 左右）立方体黄铁矿晶体；中部为绿色含砾砂质绢云母板岩；下部为灰绿色含砾绢云母板岩。

矿区经历多期构造活动，形成了以龙山穹窿为主体，以及北西西、北北东、北东、北

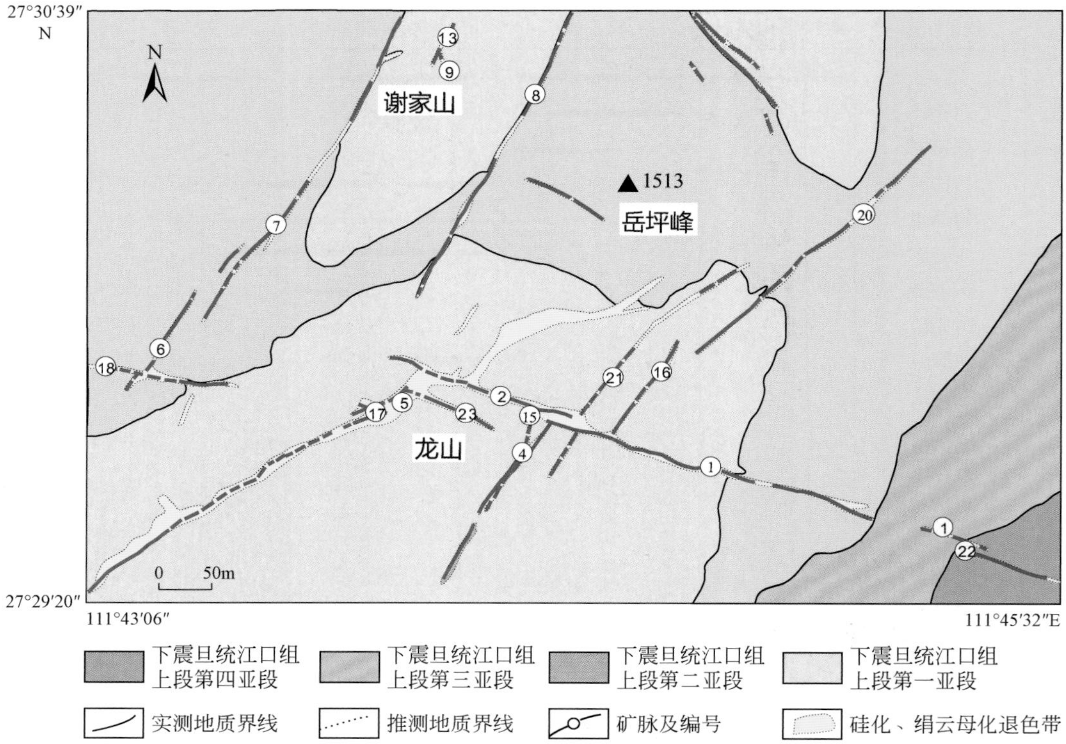

图 4.16 龙山 Au-Sb 矿床区域地质简图
（据张志远等，2018）

西向等多组不同方向断裂交织的构造格架（刘鹏程等，2008）。矿区位于龙山短轴背斜的中心部位，断裂构造发育，按走向可分为北北东、北东、北西和北西西向四组（付山岭等，2016）。断裂控制了矿体的就位，其中北西西向断裂是主要的容矿构造，与北北东、北东向断裂及密集的轴面劈理相交部位有利成矿，沿其交线附近往往有板柱状矿体分布，矿体倾向延深大于走向长度，一般延深为走向长的 1 ~ 5 倍，并明显向北西侧伏，与褶皱轴面倾向大体一致（贺文华等，2015）。矿区范围未发现岩浆岩，在矿区外围分布有梳装、砖湾等 5 条酸性岩脉，岩性主要为花岗斑岩和花岗闪长斑岩。

龙山和谢家山矿段已发现金锑矿脉（体）32 条，其中龙山矿段 22 条，谢家山矿段 10 条。谢家山矿段主要矿脉特征描述如下：①北西西向矿脉，主要有 4、8 和 9 号脉；其中 4 号矿脉，产于含矿断裂破碎带中，走向 290°，倾向南南西，倾角 80° ~ 88°，局部倒转，地表控制长 1450m，出露标高 630 ~ 418m，矿脉厚 0.03 ~ 1.30m，平均 0.37m，Au 品位为 0.01 ~ 54.7g/t，平均 2.3g/t，Sb 品位为 0.01% ~ 45.36%，平均 2.49%，WO_3平均品位为 0.31%；②北东向矿脉：为一组平行展布的北东向含矿石英脉带。矿脉走向控制长约 400m，走向约 30°，倾向北西，倾角 69°。其中以 2-3 矿体规模最大，矿体厚 1.10 ~ 5.70m，平均 3.10m；Au 品位 1.7 ~ 2.8g/t，平均为 2.5g/t；③北北东向矿脉，主矿脉走向北东至近南北向，总体走向 20°，矿脉走向长 670m，控制最大垂深 192m；倾向北西西，倾角 79°～84°，厚度 0.1～1.2m，平均 0.68m，Au 品位为 0.07～2.0g/t，平均为 1.11g/t，Sb 品位为 0.05%～1.48%，平均 0.20%。

矿石构造以致密块状和稠密浸染状为主。其中龙山矿段致密块状辉锑矿中含金最高，谢家山矿区含辉锑矿和黄铁矿的石英细脉 Au 品位最高。矿石中金属矿物主要有辉锑矿、黄铁矿、毒砂、自然金、白钨矿和黑钨矿，其次为黄铜矿、方铅矿和菱铁矿；脉石矿物主要有石英方解石、白云石和少量绢云母。根据矿石的矿物组合差异，可分为辉锑矿-毒砂-黄铁矿-自然金型、毒砂-自然金型和黄铁矿-自然金型矿石。上述不同类型矿石中，可见金主要呈他形粒状分布在黄铁矿和辉锑矿颗粒间隙（图 4.17）。

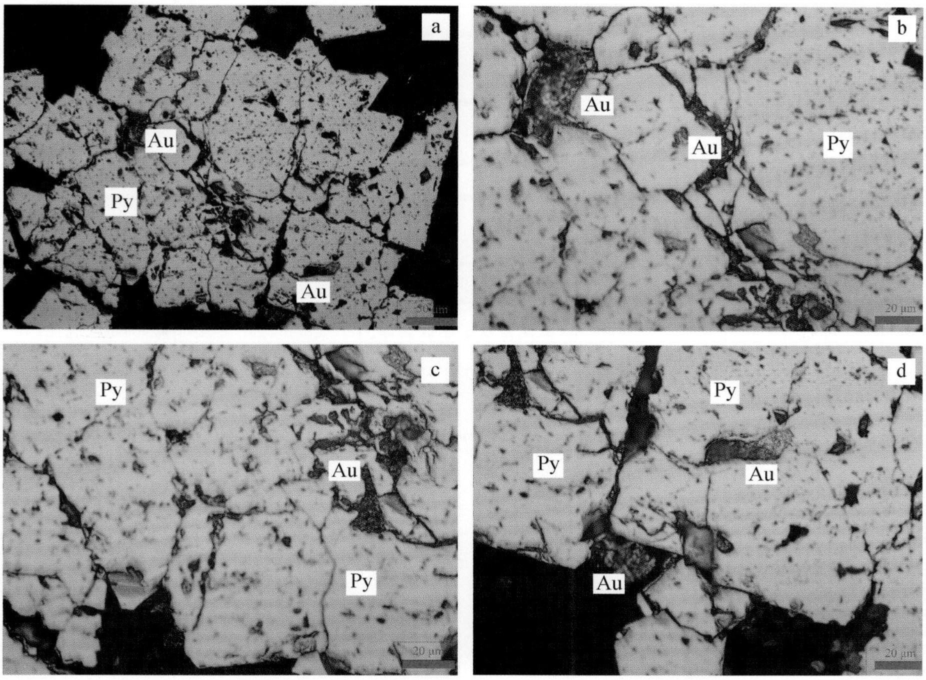

图 4.17　龙山 Sb-Au 矿床矿石矿物组合及可见金分布特征

Py. 黄铁矿；Au. 可见金

围岩蚀变以黄铁矿化、毒砂化、绢云母化和碳酸盐化最为显著。野外观察发现，矿区围岩蚀变主要沿含矿断裂破碎带分布，蚀变带宽 2～90m。按蚀变种类、组合、强弱和与矿体的空间位置，可划分内、中、外三带。内带紧靠矿体，为黄铁矿、毒砂和绢云母化带，矿化富集处宽达 10m；中带位于内带外侧，为碳酸盐-绢云母化带，宽数十厘米至数米；外带位于矿体上、下盘外侧或无矿段两侧，为绢云母化带，宽数米至数十米（刘鹏程等，2008）。

根据外穿插关系和矿物组合特征，可将龙山锑金矿床的成矿过程分为 4 个阶段（图 4.18）。第 1 阶段：无矿石英脉阶段石英呈不规则团块状产出，该阶段基本无矿化；第 2 阶段：北东向石英硫化物脉阶段，切穿第 1 阶段石英脉，倾向北西，石英脉较宽，Sb 矿化较差，可见少量白钨矿与黄铜矿和磁黄铁矿共生。自形大颗粒白钨矿被辉锑矿充填胶结。第 3 阶段：北西西向辉锑矿、黄铁矿石英脉阶段，是最主要的 Au-Sb-W 矿化阶段。矿石中金品位为几到几十克/吨。显微观察发现，可见金主要分布在辉锑矿和黄铁矿颗粒间隙。谢家山矿段白钨矿也主要形成于该阶段。矿脉两侧围岩蚀变发育，可见明显的自形毒砂分布在围岩中。第 4 阶段：北北东向硫化物石英脉阶段，该阶段矿脉中含辉锑矿、毒砂和少量的黄铁矿，矿化强度较第 3 阶段差。矿脉两侧的围岩以强硅化、毒砂化以及黄铁矿化为特征。

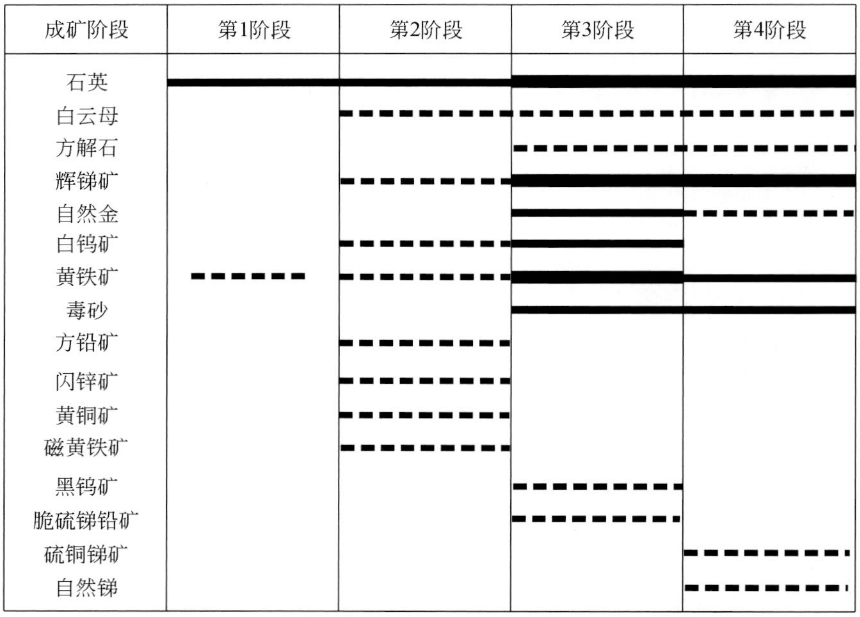

图 4.18　龙山 Sb-Au 矿床成矿阶段划分及其矿物组合特征

（六）板溪 Sb 矿床

板溪 Sb 矿床位于雪峰山与湘中盆地的过渡带（图 2.11）。矿区内地层出露简单，为新元古界板溪群五强溪组上段，由一套滨海相–浅海相复理式沉积建造为特征的区域浅变质碎屑岩系组成（Li et al.，2018，2019）。按岩性组合自上而下分为三个亚段：第一亚段为灰至灰绿色厚层状凝灰岩、凝灰质板岩、绢云母板岩及板岩；第二亚段为灰绿色厚层状绢云母板岩，下部为凝灰质板岩；第三亚段为灰至灰黑色粉砂质板岩、条带状粉砂质板岩和含粉砂质绢云母板岩。锑矿体主要赋存在第一亚段上部和第二亚段下部。矿区断裂构造较发育，主要包括区域性的张性深大断裂（F_1）和近东西向的复式褶皱（图 4.19）。其中，与成矿作用有关的主要有小港背斜、蒋家冲背斜；F_1 断裂为矿区的导矿断裂，次级的北东向断裂主要发育在 F_1 两侧，为矿区的容矿断裂。矿区未见与成矿有关的岩浆岩，仅在矿区北部（小港矿段）见小规模的石英斑岩脉，该组岩脉的 U-Pb 年龄约为 220Ma（Fu et al.，2019）。

板溪 Sb 矿床的矿体主要呈脉状产出，多分布于背斜核部，严格受断裂控制（图 4.19）。目前已发现多条矿脉，其中以 2 号矿脉规模最大，其次为 1 号矿脉，其余矿脉规模均较

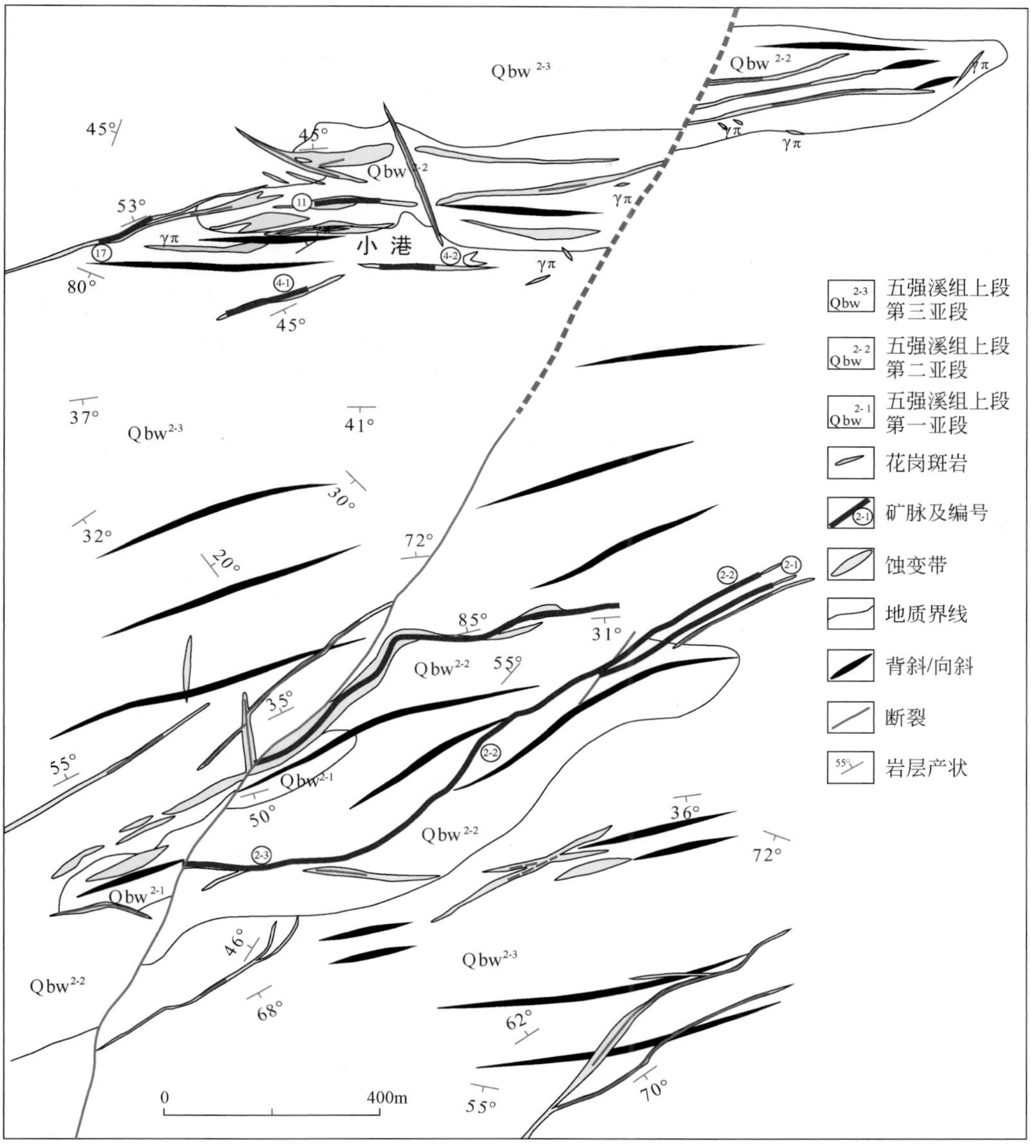

图 4.19　板溪 Sb 矿床地质简图

（据付胜云和沈长明，2020 修改）

小。矿脉分 2 组：①北东向矿脉为主要矿脉，由 1、2、3 号等矿脉组成，分布于矿区的南部；②东西向脉由 4、11 号等矿脉组成，分布于矿区北部小港背斜南翼靠近转折端部位。矿石的矿物成分较简单，矿石矿物主要为辉锑矿，次为毒砂和黄铁矿，脉石矿物主要为石英（图 4.20），含少量绿泥石、白云石、方解石和绢云母等。矿石具有变晶结构、自形粒状结构、残余结构、揉皱结构、聚片双晶结构、格状结构及压碎结构等。矿石构造主要有块状构造、浸染状构造、脉状构造、角砾状构造和条带状构造。围岩蚀变较发育，与成矿相关的近矿围岩蚀变主要为绢云母化、硅化和绿泥石化等。

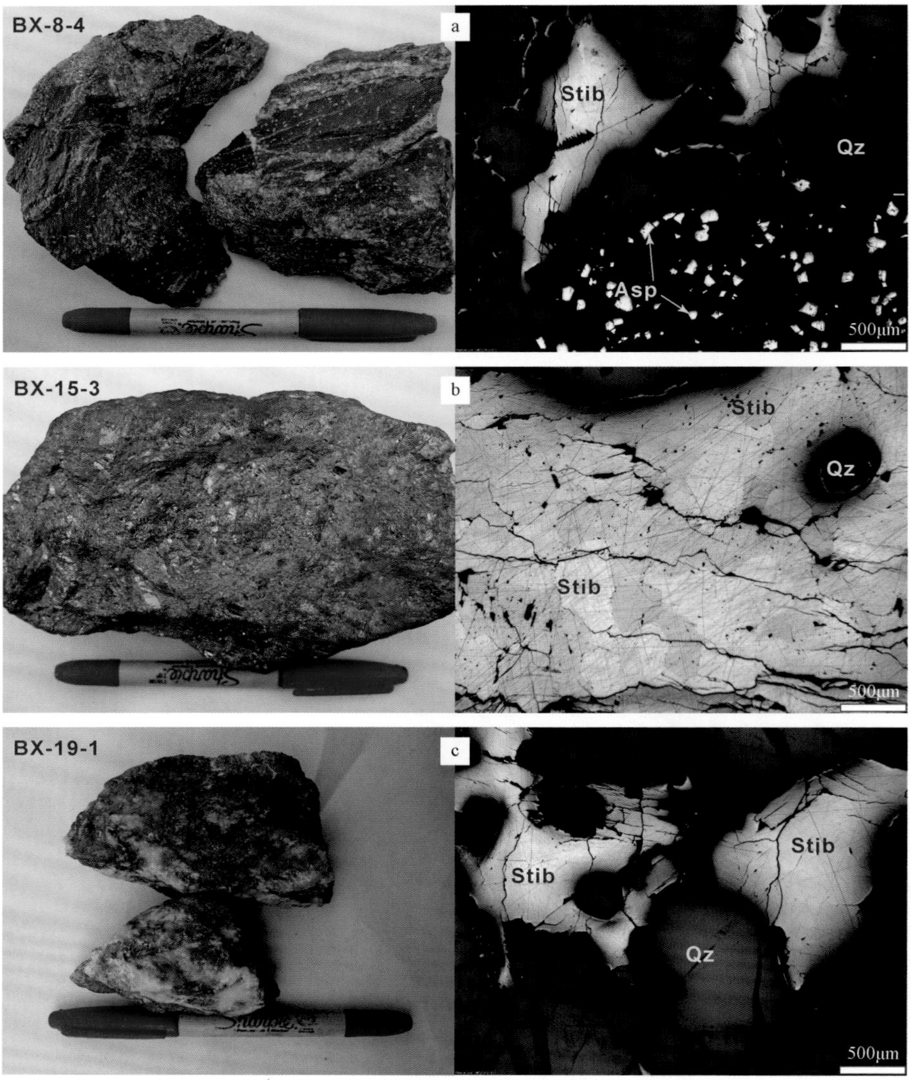

图 4.20　板溪 Sb 矿床的典型矿石特征及矿物组合特征

Stib. 辉锑矿；Qz. 石英；Asp. 毒砂

根据矿石结构、矿物组合及穿插关系，从早到晚可将板溪锑矿床的成矿作用划分为 4 个阶段，即石英脉阶段、石英脉–辉锑矿阶段、辉锑矿阶段和碳酸盐阶段。其中，第 1 阶段形成大量石英脉，但几乎不成矿，而第 2、第 3 阶段是主成矿阶段。各阶段的矿物组合特征见图 4.21。

二、基底组成及其与矿集区的对应关系

如前所述，扬子克拉通的前寒武纪基底（含寒武系）组成，在西部（川滇黔 Pb-Zn 矿

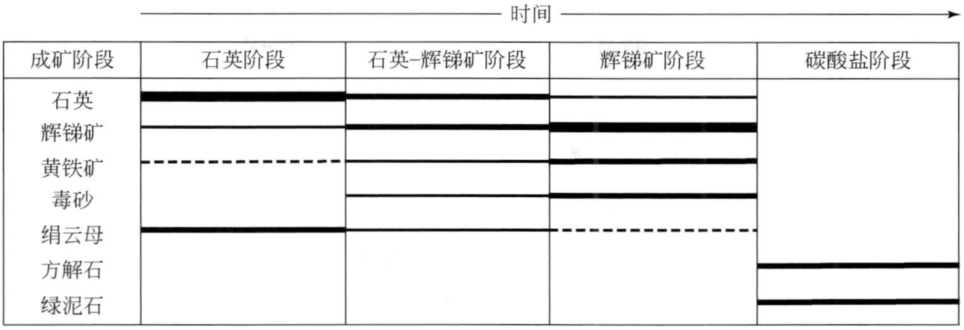

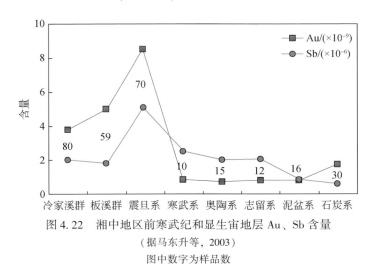

图 4.21　板溪 Sb 矿床成矿阶段划分及其矿物组合特征

（据 Li et al.，2019 修改）

集区）和东南部（右江 Au-Hg-Sb-As 矿集区和湘中 Sb-Au 矿集区）有重大差别（图 1.1，图 4.5）：西部主要由古元古代结晶基底、中元古代到早新元古代火山-沉积变质岩和震旦系地层组成；东南部主要由早新元古代火山-沉积变质岩、中新元古代弱变质岩和震旦系地层组成。相对于西部，东南部缺古元古代结晶基底和中元古代变质岩，但是存在广泛分布（而在西部少见）的中新元古代弱变质地层（板溪群等），且寒武系黑色岩系亦主要分布在扬子克拉通东南部（图 4.5）。这种差别很可能控制了扬子克拉通中生代大面积低温成矿在区域上的差异性分布。总体而言，与显生宙沉积盖层相比，相应矿集区及邻区基底岩石中成矿元素的含量要高得多。例如，在湘中 Sb-Au 矿集区，前寒武纪岩石的 Sb、Au 含量要远高于显生宙沉积岩地层（图 4.22）。

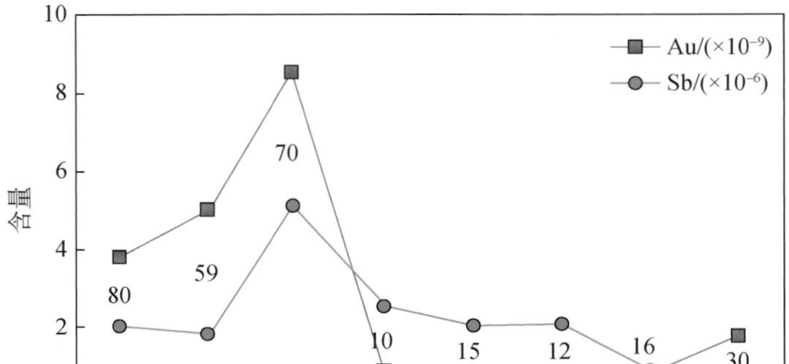

图 4.22　湘中地区前寒武纪和显生宙地层 Au、Sb 含量

（据马东升等，2003）

图中数字为样品数

在以往工作的基础上，对扬子地块不同区域的代表性基底岩石的成矿元素丰度进行了研究。分析表明，川滇黔地区基底变质岩出露的所有区域，其 Pb、Zn 元素丰度均明显高于扬子上地壳平均值（Gao et al.，1998），且越靠近康滇构造带南段背景值越高，Pb 最高含量可达地壳平均值 10 倍以上，Zn 最高含量多在地壳平均值 4 倍以上。总体来看，盐边

群和昆阳群变质岩出露区域 Pb、Zn 背景值相对更高。如韩阳光等（2018）对滇东北阿旺至驾车一带驾车穹窿内昆阳群中泥质和粉砂质板岩等低级变质岩进行了成矿元素含量分析，发现其中 Pb 平均含量大于 20×10^{-6}，Zn 平均含量大于 70×10^{-6}，局部地区 Pb、Zn 丰度值高于扬子地块上地壳平均值 3 倍以上。

对湘中矿集区及邻区梵净山群主要变质岩进行了采样和成矿元素含量分析。结果表明，相对于扬子地块地壳平均值（Gao et al.，1998），梵净山群变质基底岩石具有 10 倍左右的 Ag、Sb 背景异常（图 4.23），其中 Ag 异常值保持较稳定的 8～10 倍，可能指示具有面上富集特征；Sb 的富集系数变化较大，从 2～3 倍至 80～90 倍左右，表明其异常富集的可能性更大。Pb、Zn 和 As 则表现为相对低的富集倍数，与扬子地块上地壳平均值相比仅富集 2～3 倍。

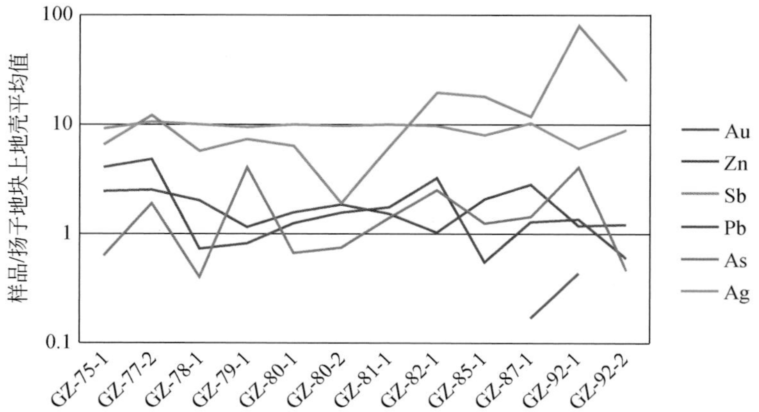

图 4.23　梵净山群 Au、Ag、Pb、Zn、Sb、As 元素富集系数
（相对于扬子地块上地壳平均值）

对雪峰山东侧和湘中盆地西侧板溪群和震旦系基底岩石进行的成矿元素丰度分析结果表明，与扬子地块上地壳背景值相比，板溪群褶皱基底岩石具有 10 倍左右的 Ag、Sb 异常富集系数，其中 Ag 异常值保持较稳定的 8～10 倍富集，可能指示具有面上富集特征；但 Sb 的富集系数变化较大，从 2～3 倍至 150 倍以上变化，表明其异常富集的可能性更大（图 4.24）。由图 4.24 可见，As 大致富集 5 倍左右，而 Pb 和 Zn 则主要在 1 左右波动，与扬子地块上地壳平均值相当。可见，板溪群低温成矿元素的丰度变化特征与梵净山群非常相似。

震旦系粉砂岩和黑色页岩成矿元素丰度的研究表明，其中 Sb、As 和 Ag 元素均不同程度富集，尤其是 Sb 元素，富集程度达几十到几百倍，而 Pb、Zn 则在背景值以下（图 4.25）。此外，马东升等（2003）曾获得湘西北—湘中地区震旦系地层的 Au、Sb 平均含量分别超过 8×10^{-9} 和 5×10^{-6}，相对扬子地块上地壳平均含量（Gao et al.，1998）富集 6 倍和 20 倍以上（图 4.22），显著高于显生宙盖层中的含量。

结合贵州–湘中地区前寒武纪基底岩石样品的成矿元素丰度分析结果可以看出，扬子地块东南部湘中和右江 Au-Sb（As-Hg）矿集区所在区域，前寒武纪基底岩石具有 Au、

Sb、As 明显富集的特征，而 Pb、Zn 则与扬子地块上地壳平均含量基本相当。

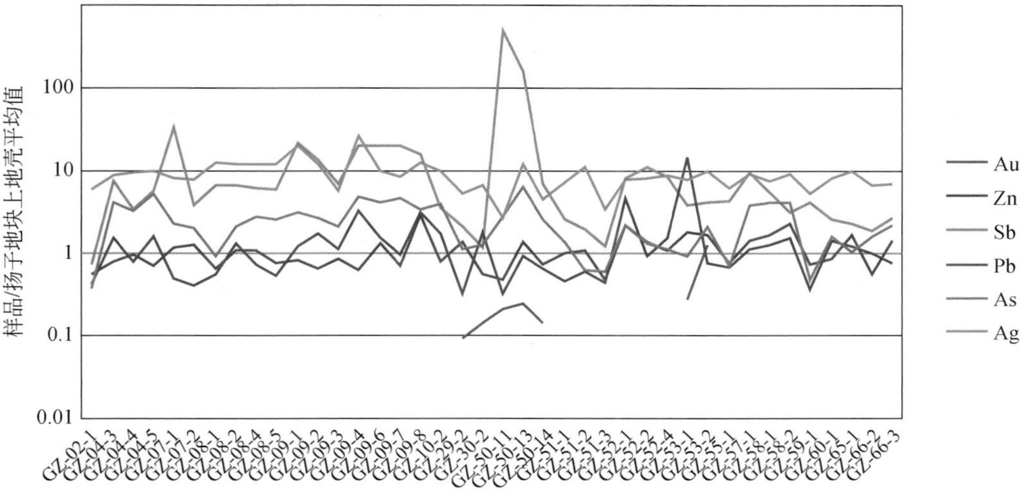

图 4.24 板溪群 Au、Ag、Pb、Zn、Sb 和 As 元素富集图（相对于扬子地块上地壳平均值）

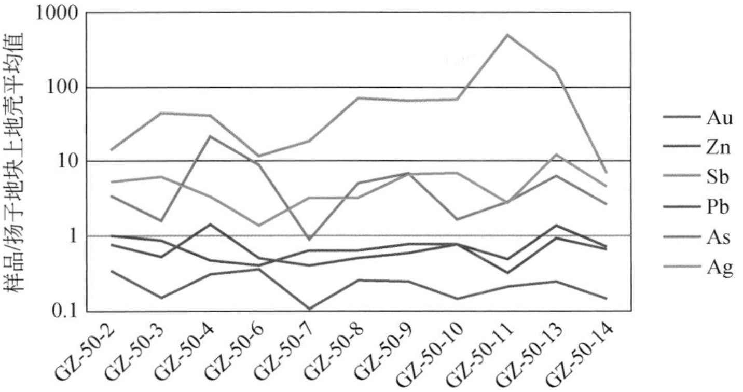

图 4.25 震旦系 Au、Ag、Pb、Zn、Sb 和 As 元素富集图（相对于扬子地块上地壳平均值）

张岳等（2016）对开阳磷矿地区下寒武统黑色页岩（牛碲塘组）中各岩性段低温成矿元素 As、Sb、Au、Ag 含量进行了分析，并与扬子板块上地壳平均值进行了对比，得到如下认识：①As、Sb、Ag 三种主要低温成矿元素的富集系数分别在 1.33～19.33、2.89～19.25、5.92～44.49，平均富集系数分别为 4.78、7.01 和 17.21；Au 部分层位亏损，富集系数小于 4.00；②As、Sb、Au、Ag 四种元素的分布具有层控性特征，在下部黑色白云质粉砂岩和黑色页岩层位中都具有较高的元素丰度异常，在泥岩和粉砂岩混合层位元素丰度异常较低，钙质成分含量较高的层位元素含量较低；③Au 在富有机质和黄铁矿层位明显更为富集。此外，Yin 等（2017）对采自贵州织金磷矿中的下寒武统黑色页岩和磷块岩进行了分析，表明其中的 Hg 含量可达 2×10^{-6}，相对扬子地块上地壳平均值富集 200 倍；同时对遵义茅石地区的下寒武统含硫化物黑色页岩进行了分析，表明其中的 Hg 含量可达

20×10^{-6}，相对扬子地块上地壳平均值富集 2000 倍。

上述不同区域基底岩石较高的成矿元素背景表明，基底岩石（含寒武系）具有为大面积低温成矿提供物质基础的巨大潜力；而不同区域成矿元素富集特征的差异性（即西部富 Pb 和 Zn，东南部富 Au、Sb、As 和 Hg），可能导致了不同区域低温矿床元素组合特征的差异。

我们系统地收集了谢学锦等（2008）和程志中等（2011）完成的区域地球化学调查数据，并由程志中教授提供了原始数据。根据基底和下寒武统地层出露情况，编制了部分区域低温成矿元素在基底和下寒武统地层中的含量分布图（图 4.26，图 4.27，图 4.28 和图 4.29）。

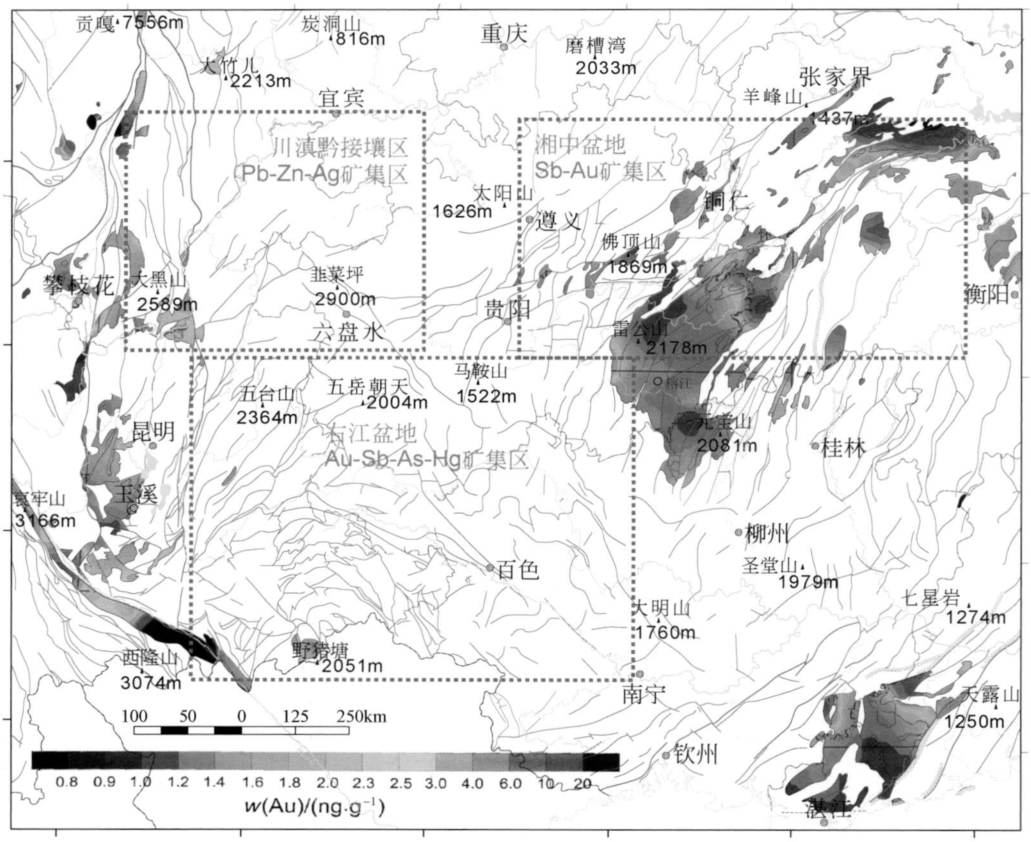

图 4.26　基底变质岩 Au 含量区域分布图（Au 含量数据由程志中提供）

图 4.26 是低温成矿省及邻区基底变质岩的 Au 含量区域分布图。从图中可以看出：①扬子地块西南部基底变质岩中 Au 的本底值均较高，大部分在扬子地球上地壳 1.32×10^{-9} 平均值（Gao et al.，1998）以上，但分布极不均衡；②较高的 Au 本底值主要分布于哀牢山构造带、康滇构造带中段、江南（雪峰山）造山带中北段，以及右江 Au-Sb-Hg-As 矿集区北西、北东和西南缘。

图 4.27 是基底变质岩 Pb 含量区域分布图。从图中可以看出：①基底变质岩出露区域的 Pb 背景值，均在扬子地块上地壳平均值 16×10^{-6}（Gao et al., 1998）以上，而且越靠近川滇黔 Pb-Zn 矿集区，即康滇构造带南段，Pb 的背景值越高，最高达上地壳平均值的 10 倍（160×10^{-6}）以上；②分布很不均匀，总体上看中元古代昆阳群变质岩出露区域本底值较高。

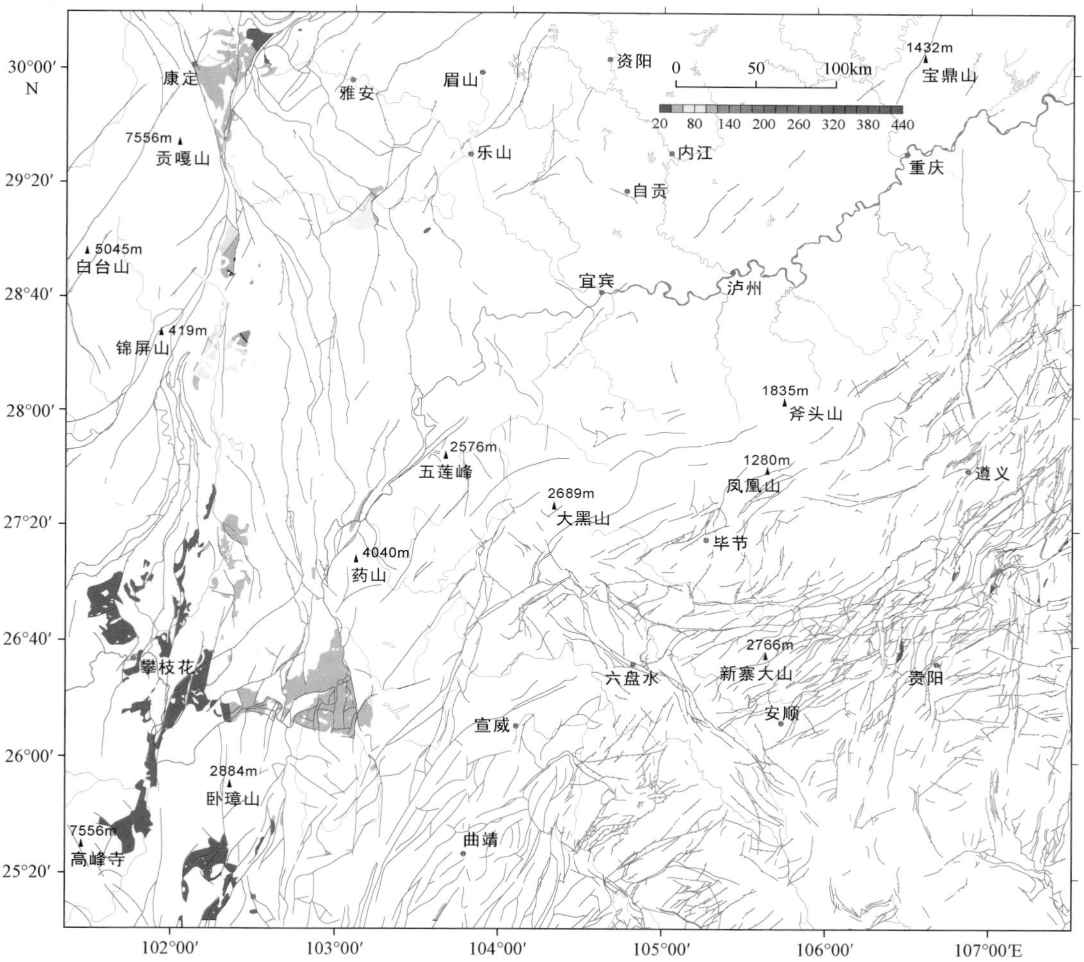

图 4.27　基底变质岩 Pb 含量区域分布图（Pb 含量数据由程志中提供）

图 4.28 是基底变质岩 Zn 含量区域分布图。从图中可以看出：①基底变质岩出露区域的 Zn 含量，均在扬子地块上地壳平均值 61×10^{-6}（Gao et al., 1998）以上，且越靠近川滇黔矿集区，即康滇构造带南段，Zn 的背景值越高，最高达地壳平均值的 4 倍（244×10^{-6}）以上；②区域分布不均，中元古代昆阳群变质岩出露区域本底值相对较高。

图 4.29 为扬子地块西南部下寒武统 Au 含量区域分布图。下寒武统地层主要出露于湘中地区，在右江矿集区和川滇黔矿集区亦有零星出露。从图中可以发现：在湘中盆地和雪峰山地区（Sb-Au 矿集区）以及右江地区（Au-Sb-Hg-As 矿集区）零星出露的下寒武统地

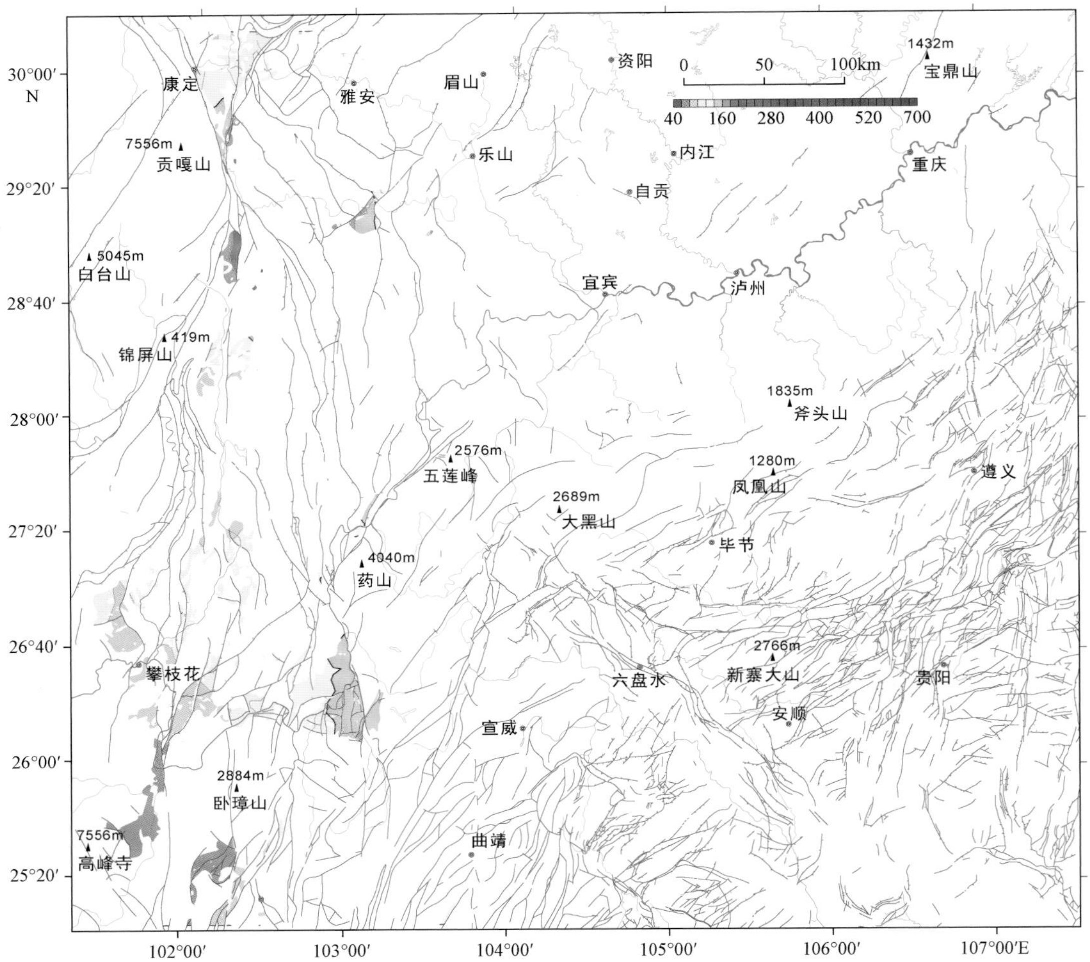

图 4.28 基底变质岩 Zn 含量区域分布图（Zn 含量数据由程志中提供）

层，均有 Au 的高度富集。但是，川滇黔 Pb-Zn 矿集区零星出露的下寒武统地层中的 Au 含量则低得多。

由此可见，在 Pb-Zn 矿集区分布的滇东北地区，中元古代昆阳群等岩石中 Pb、Zn 等成矿元素的含量普遍高于扬子克拉通上地壳岩石（图 4.27，图 4.28）。研究表明，昆阳群岩石中的 Pb、Zn 易于活化，水–岩相互作用实验揭示其中 Pb、Zn 的淋出率分别可达 31% 和 44%（Bao et al.，2017）。另一方面，在 Au-Sb-Hg-As 矿床分布的扬子克拉通东南部地区（湘中 Sb-Au 矿集区和右江 Au-Sb-Hg-As 矿集区），前寒武纪岩石富集 Au、Sb、Hg、As 等元素（图 4.23，图 4.24，图 4.25，图 4.26，图 4.29），且新元古代（冷家溪群、板溪群、震旦系等）岩石的 Au、Sb 含量普遍高于区域上的显生宙碎屑岩和碳酸盐岩，部分岩石（如震旦系地层）的 Au、Sb 含量甚至高达显生宙岩石约 2～8 倍（图 4.22），新元古代板溪群五强溪组碎屑岩 Sb、Au、Hg 等成矿元素的淋出率可达 20%～90%，可能是由于成矿流体从中萃取了 Sb、Au 等成矿元素，导致临近 Sb、Au 矿床的部分基底岩石存在 Sb、

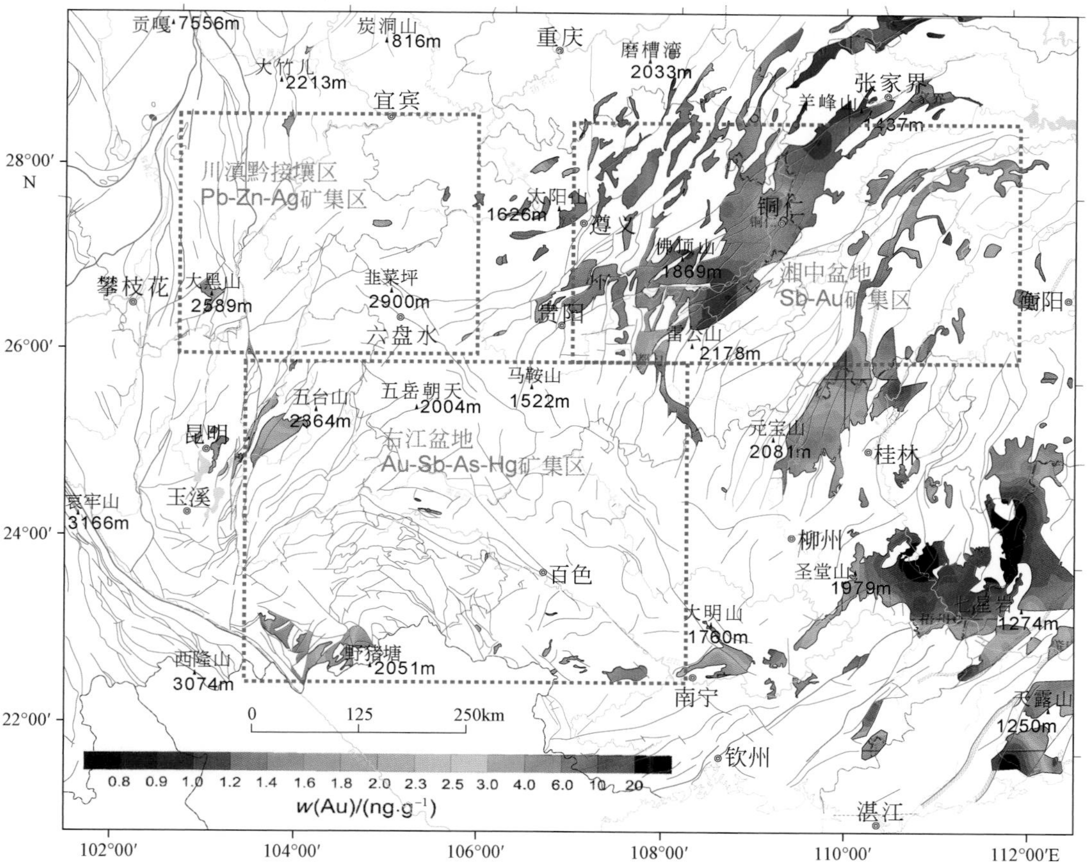

图 4.29　扬子地块西南部下寒武统 Au 含量区域分布图（元素丰度数据由程志中提供）

Au 的区域性亏损（马东升等，2002）；同样，产于扬子克拉通东南部的寒武系黑色岩系不仅明显富集 Au（图 4.29），而且富集 As、Sb、Hg 等成矿元素（张岳等，2016；Yin et al.，2017）。图 4.30 为湘中矿集区前寒武纪基底岩石 Hg 含量与其 $\delta^{18}O$ 组成关系图，它们显示明显的正相关。如前所述，该区矿床的成矿流体主要是大气成因雨水，由于新鲜沉积变质的 $\delta^{18}O$ 通常大于 20‰，华南中生代雨水的 $\delta^{18}O$ 约为 −5‰ ~ −10‰（张理刚，1985）。图 4.30 显示岩石在与雨水作用导致其 $\delta^{18}O$ 下降的同时，其中的 Hg 含量也同步下降。这说明前寒武纪基底岩石在水–岩相互作用过程中确有大量 Hg 转入了成矿流体。

上述基底岩石（含寒武系）高的成矿元素丰度、较高的淋出率以及不同区域低温矿床元素组合特征与下伏元古宙基底岩石元素富集特征的一致性，一方面说明基底岩石（含寒武系）具有为大面积低温成矿提供物质基础的巨大潜力，另一方面也暗示大面积低温成矿的金属元素很可能主要是由它们提供的。

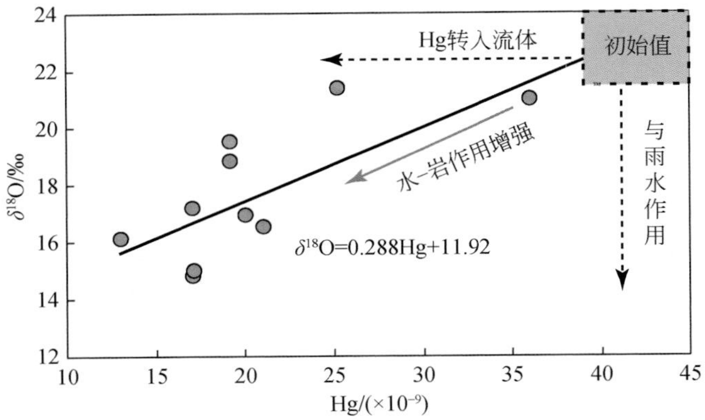

图 4.30 基底岩石 Hg 含量与 $\delta^{18}O$ 关系图

三、非传统金属元素同位素地球化学

第三章的研究揭示，成矿流体中的水主要是盆地卤水（川滇黔 Pb-Zn 矿集区）或大气成因地下水（湘中 Sb-Au 和右江 Au-Sb-Hg-As 矿集区），S 和 CO_2 分别主要来自地层中相应组分的溶解（川滇黔 Pb-Zn 矿集区），但在右江和湘中矿集区的成矿流体中可辨析出一定的岩浆流体信息。众所周知，由于 H、O、C、S 与成矿元素的地球化学性质差异巨大，它们并不能直接示踪成矿金属元素的来源。但是，Pb 同位素和 REE 可提供部分成矿金属元素来源的信息。例如，马东升等（2002）的研究表明，湘中锡矿山超大型锑矿床辉锑矿和矿石具有与基底岩石相似的稀土元素分布特征，说明基底在提供成矿元素方面可能发挥了重要作用；扬子克拉通三个矿集区部分矿床的 Pb 同位素地球化学研究也显示，矿床的 Pb 同位素组成与基底地层的变化范围基本一致，暗示基底地层可能提供了 Pb（马东升等，2003；Wang et al.，2013b；Tan et al.，2015，2017；Bao et al.，2017；孔志刚等，2018）。

利用成矿元素（如 Cu、Zn、Cd、Fe、Hg、Se、Ge 等）本身的同位素组成特征示踪成矿物质来源和演化，是目前国际重要发展趋势，它们可以避免由于传统同位素（如 H、O、C、S 等）与成矿金属元素来源的不一致性而存在的多解性。近年来 Zn、Hg、Sb、Cd、Ge 等金属元素非传统同位素研究取得重要进步，被证明是成矿金属元素来源的直接示踪手段（Smith et al.，2008；Kelley et al.，2009；Qi et al.，2011；Wen and Carignan，2011；Yin et al.，2016；Tang et al.，2017；Zhu et al.，2017a；Xu et al.，2018）。然而，以往的研究并未将这些直接示踪理论和方法系统应用到大面积低温成矿的成矿元素示踪研究中。本研究在已有工作的基础上，以扬子地块大面积低温成矿域中典型低温矿床为研究对象，开展了金属同位素地球化学研究，进一步证实了基底岩石对低温成矿作用的贡献。下面以川滇黔矿 Pb-Zn 集区内的天宝山 Pb-Zn 矿床的 Zn 同位素和湘中 Sb-Au 矿集区内锡矿山超大型 Sb 矿床的 Hg 同位素为例进行阐述。

(一) 天宝山 Pb-Zn 矿床锌同位素地球化学

锌同位素体系在矿床成因中具有广泛的应用潜力，这主要表现为：①监视热液体系中硫化物的沉淀过程（Gagnevin et al.，2012；Zhou et al.，2014a，2014b；Pašava et al.，2014）；②示踪成矿元素锌的来源（Wilkinson et al.，2005；Duan et al.，2016）；③示踪热液流体的迁移路径（Wilkinson et al.，2005；Kelley et al.，2009）。通常锌同位素在硫化物沉淀过程中会产生分馏，导致不同阶段形成的闪锌矿具有系统性变化的锌同位素组成。在这种情况下很难直接通过闪锌矿的锌同位素组成恢复初始热液流体的锌同位素组成，但是这种瑞利分馏过程可以作为示踪热液流体迁移的有效工具。研究表明，随着成矿流体远离热液中心，由于迁移过程中发生部分硫化物沉淀，会导致热液流体在迁移过程中的锌同位素组成逐渐偏重（Wilkinson et al.，2005；Kelley et al.，2009）。然而，有研究指出在某些特殊的条件下，闪锌矿可以近似地记录原始流体的锌同位素组成，例如：①闪锌矿生长的非常缓慢允许与流体达到同位素再平衡；②闪锌矿沉淀时流体的流入速率有限；③温度骤降可降低锌同位素动力学分馏的影响。在这些特殊情况下，原始流体的锌同位素组成可以直接通过从其中沉淀的闪锌矿的锌同位素组成近似代替，继而可以用来示踪成矿流体中锌的源区。因此，本研究系统地调研了天宝山铅锌矿床闪锌矿的 Zn、S 同位素组成及 Fe、Cd 含量变化，以及赋矿围岩和褶皱基底的 Zn、S 同位素组成，以揭示成矿物质的来源。

天宝山铅锌矿床位于扬子地块西南缘、康滇地轴中段东侧的安宁河断裂带中（图 2.1），属于川滇黔 Pb-Zn 矿集区的组成部分。天宝山铅锌矿床包括天宝山和新山两个矿段、三个矿体。天宝山矿段和新山矿段分别产于向斜南东翼和北西翼的次级背斜与向斜结合部位。铅锌金属储量达 260 万吨，铅锌品位为 10%～15% Pb+Zn（何承真等，2016）。矿石矿物主要是闪锌矿，其次为方铅矿、黄铁矿、黄铜矿和少量的毒砂、深红银矿及银黝铜矿等硫化物（王小春，1990；王乾等，2009）。脉石矿物主要有白云石、方解石和石英等（王乾，2013）。硫化物矿石具有结晶结构、粒状、交代残余和碎裂结构以及块状、浸染状、角砾状、脉状和条带状构造（王小春，1992；王乾等，2009）。本研究选择了不同中段的代表性样品开展了不同尺度的锌同位素地球化学研究。

1. 微区锌同位素地球化学

采用微钻取样的方法开展不同中段矿石中闪锌矿微区锌同位素组成分析，微钻取样的闪锌矿包括网脉状和条带状闪锌矿，分析结果见表 4.1。微区闪锌矿呈现均一的锌同位素组成，其 δ^{66}Zn 值为 0.39‰～0.52‰，平均为 0.46‰。八中段条带状闪锌矿的 δ^{66}Zn 值为 0.46‰～0.52‰，均值为 0.48‰，网脉状闪锌矿样品的 δ^{66}Zn 值为 0.39‰～0.50‰，均值 0.45‰。Ⅰ号矿堆网脉状闪锌矿的 δ^{66}Zn 值为 0.45‰～0.49‰，均值为 0.47‰。天宝山铅锌矿床六中段、七中段和八中段的闪锌矿分析结果见表 4.2。三个中段的闪锌矿的锌同位素组成呈现较大的变化范围，为 0.15‰～0.73‰。八中段闪锌矿的 δ^{66}Zn 值为 0.34‰～0.73‰，均值 0.53‰。其中，早期阶段闪锌矿的 δ^{66}Zn 为 0.34‰～0.73‰，平均值 0.59‰，晚期阶段闪锌矿的 δ^{66}Zn 值为 0.35‰～0.54‰，平均值 0.44‰。七中段闪锌矿的 δ^{66}Zn 值变化范围较小，为 0.15‰～0.42‰，均值 0.29‰。其中，早期阶段闪锌矿的 δ^{66}Zn

值为 0.23‰~0.38‰，平均 0.31‰，中期阶段闪锌矿的 δ^{66}Zn 为 0.15‰~0.42‰，均值 0.27‰。六中段早期阶段闪锌矿的 δ^{66}Zn 值为 0.18‰~0.71‰，平均值为 0.44‰。

表 4.1　天宝山铅锌矿床微区闪锌矿和白云岩全岩粉末样品的分析结果（据何承真等，2016）

样品编号	采样位置	样品类型	Zn	Fe/%	Cd/($\times10^{-6}$)	δ^{66}Zn/‰	2σ	$\delta^{34}S_{CDT}$/‰
TBS-14-2	八中段	闪锌矿 条带状	46.98%	9.35	1425	0.46	0.11	4.24
TBS-14-3		闪锌矿 条带状	51.18%	10.16	1684	0.45	0.02	4.68
TBS-14-4		闪锌矿 条带状	46.29%	7.25	1095	0.52	0.08	4.68
TBS-16-1		闪锌矿 网脉状	48.39%	10.72	2691	0.50	0.05	4.34
TBS-16-2		闪锌矿 网脉状	47.96%	12.58	2310	0.46	0.08	4.38
TBS-16-3		闪锌矿 网脉状	39.65%	1.18	2150	0.39	0.10	4.87
TBS-16-4		闪锌矿 网脉状	42.62%	13.76	2317	0.43	0.10	4.77
TBS-17-2	Ⅰ号矿堆	闪锌矿 网脉状	44.39%	5.19	1145	0.49	0.10	4.65
TBS-17-3		闪锌矿 网脉状	42.44%	8.49	1225	0.45	0.07	4.69
TBDB-4	Z_1	砂岩 全岩粉末	90×10^{-6}	4.74	0.04	0.62	0.01	—
TBDB-6	Z_2d	白云岩 全岩粉末	17×10^{-6}	0.43	0.16	0.21	0.06	—
DZK301		白云岩 全岩粉末	35×10^{-6}	0.27	0.33	0.06	0.05	—
BZK3004		白云岩 全岩粉末	21×10^{-6}	1.01	0.10	0.35	0.08	—

注：“—”表示未做测试。

表 4.2　天宝山铅锌矿床中段闪锌矿锌同位素分析结果（据何承真等，2016）

样品编号	采样位置	样品类型	阶段	δ^{66}Zn/‰	2σ
HL-6-2	六中段	闪锌矿 棕黑色	早期	0.18	0.10
HL-6-3		闪锌矿 棕黑色	早期	0.71	0.11
HL-7-1	七中段	闪锌矿 浅棕色	中期	0.15	0.10
HL-7-1		闪锌矿 棕黑色	早期	0.33	0.10
HL-7-2		闪锌矿 浅棕色	中期	0.18	0.02
HL-7-2		闪锌矿 棕黑色	早期	0.24	0.07
HL-7-3		闪锌矿 浅棕色	中期	0.42	0.08
HL-7-8		闪锌矿 棕黑色	早期	0.23	0.05
HL-7-19		闪锌矿 棕黑色	早期	0.38	0.00
HL-7-19		闪锌矿 浅棕色	中期	0.31	0.07
HL-7-23		闪锌矿 棕黑色	早期	0.34	0.11
HL-7-26		闪锌矿 棕黑色	早期	0.36	0.11
HL-8-4	八中段	闪锌矿 棕黑色	早期	0.73	0.07
HL-8-4		闪锌矿 浅黄色	晚期	0.54	0.10
HL-8-5		闪锌矿 棕黑色	早期	0.70	0.04
HL-8-13		闪锌矿 棕黑色	早期	0.34	0.10
HL-8-16		闪锌矿 浅黄色	晚期	0.35	0.02

在手标本的尺度上（10cm×10cm），网脉状的闪锌矿具有均一的锌同位素组成；条带状闪锌矿也具有均一的锌同位素组成（图 4.31）。这样均一的锌同位素组成，在爱尔兰 Navan 铅锌矿床和俄罗斯乌拉尔 Alexandrinka VHMS 型矿床的研究中也有报道（Gagnevin et al.，2012；Mason et al.，2005）。Gagnevin 等（2012）认为导致如此均一的锌同位素组成的可能原因有：①闪锌矿沉淀期间热液流体的流入速率很低；②闪锌矿生长非常缓慢，可使锌同位素重新达到平衡；③热液流体与卤水混合致使成矿流体温度降低；④不同来源热液流体混合后闪锌矿在高温低盐度条件下快速结晶沉淀。然而，Mason 等（2005）并未对其研究的 CB-1、CB-3 样品上微区锌同位素组成的均一性做出解释。Navan 矿床的样品为具有胶状结构生长带的闪锌矿（Gagnevin et al.，2012），与天宝山铅锌矿床的样品存在很大差异，因此 Gagnevin 等（2012）的推论可能不适于解释天宝山铅锌矿床微区均一的锌同位素组成特征。热液体系中，小尺度上的热液流体具有均一性，闪锌矿几乎同时结晶沉淀，可能是造成天宝山微区闪锌矿的锌同位素组成具有均一性的主要原因。

实验研究表明，室温无氧条件下闪锌矿与溶液之间存在锌同位素分馏，且闪锌矿富集锌的轻同位素（$\Delta^{66}Zn_{矿物-溶液}=-0.36‰\pm0.09‰$；Veeramani et al.，2015）。同样，理论计算结果也表明，25～300℃条件下，无机沉淀的闪锌矿富集锌的轻同位素，而流体富集锌的重同位素，且温度越高锌同位素的分馏系数越小（Fujii et al.，2011）。这些研究表明，闪锌矿沉淀过程中确实存在锌同位素分馏，而且闪锌矿富集锌的轻同位素。

图 4.31　天宝山铅锌矿床微区闪锌矿的类型及微钻取样位置、Cd-Fe 含量和 Zn 同位素组成（据何承真等，2016）

a. 条带状闪锌矿；b. 网脉状闪锌矿；c. 网脉状闪锌矿；d. 固溶体分离结构；Sp. 闪锌矿；Cpy. 黄铜矿

Zhu 等（2016）根据共生闪锌矿–方铅矿的硫同位素组成计算的天宝山铅锌矿床成矿温度为 130 ~ 290℃，平均温度 190℃，与喻磊（2014）通过流体包裹体研究获得的均一温度（80 ~ 275℃）基本一致，可能暗示天宝山铅锌矿床成矿流体温度主要为 130 ~ 270℃。在这个温度范围内，闪锌矿从成矿流体中沉淀时产生的锌同位素分馏较低温条件下的锌同位素分馏要小得多（Fujii et al.，2011）。手标本观察和镜下岩矿鉴定发现，条带状和网脉状闪锌矿的闪锌矿脉未见穿插关系，且闪锌矿的粒度和自形程度相近，颜色均一都为浅棕色，这些分析结果可能暗示闪锌矿是从同一期次成矿流体中沉淀的产物。

在 MC-ICP-MS 的测试精度范围内（2σ = 0.08‰），不仅同一块手标本中不同取样位置的闪锌矿具有均一的锌同位素组成，而且不同类型（条带状和网脉状）闪锌矿的锌同位素组成也具有均一性。TBS-17 与 TBS-14、TBS-16 为采自于同一层位的不同类型的闪锌矿，但不同类型的闪锌矿并不代表其形成的物理化学条件的不同，而主要受围岩的构造控制。TBS-14 与 TBS-16 采样位置相邻，与 TBS-17 相同，这三块样品均含有白云岩角砾，矿石构造为角砾状构造，闪锌矿的颜色相近主要为浅棕色。据此可以推测，这三块样品可能形成于同一期次同一位置，成矿流体也具有均一性，其温度、压力、pH 等物理化学条件差异小，闪锌矿几乎同时结晶沉淀，因而这三块样品微区闪锌矿呈现出均一的锌同位素组成。

小尺度（10cm×10cm）上闪锌矿均一的锌同位素组成表明，手标本上任意的一粒单矿物都能够代表整块手标本的锌同位素组成。因此，我们在挑选单矿物时，可以先观察手标本上矿物的颜色和结构构造是否有差异，如果不存明显的差异，那么任意一粒单矿物都具有代表性。

2. 大尺度的锌同位素变化

各中段闪锌矿的锌同位素组成与微区闪锌矿均一的锌同位素组成不同，在大尺度上这些中段闪锌矿的锌同位素组成具有较大的变化范围（0.15‰ ~ 0.73‰；图 4.32）。三个中段的闪锌矿中，同一块手标本上早期阶段的闪锌矿比晚期阶段的闪锌矿具有更重的锌同位素组成（图 4.33a），而整体上三个中段闪锌矿的锌同位素组成在垂向上大致是逐渐变轻的（图 4.33b）。

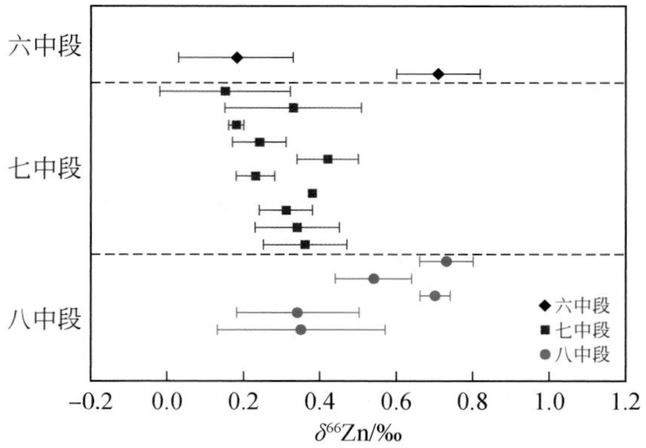

图 4.32 天宝山铅锌矿床不同中段闪锌矿的锌同位素组成

（据何承真等，2016）

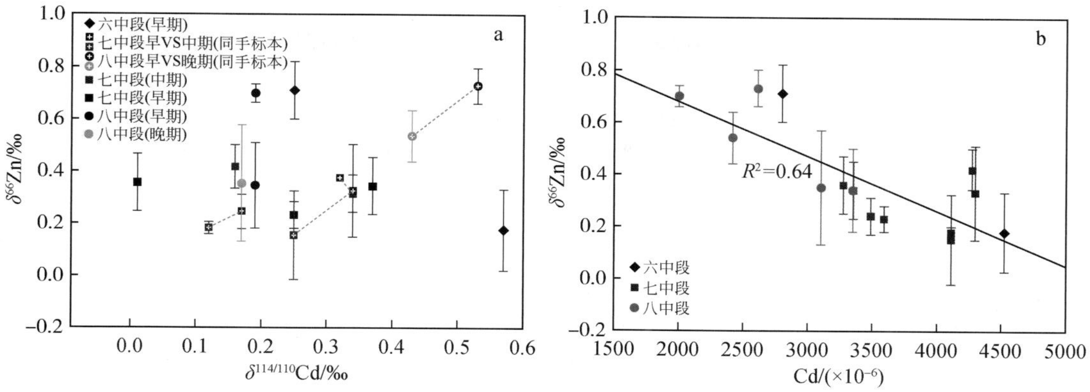

图 4.33　天宝山铅锌矿床闪锌矿的锌同位素和镉同位素（Zhu et al.，2016）关系图（a）及锌同位素和镉含量（Zhu et al.，2016）关系图（b）

造成各中段闪锌矿锌同位素组成变化的可能原因主要有：①闪锌矿沉淀过程中的瑞利分馏（Wilkinson et al.，2005；Kelley et al.，2009；Gagnevin et al.，2012；Zhou et al.，2014a，2014b）；②热液流体的温度变化（John et al.，2008；Mason et al.，2005；Pašava et al.，2014）；③不同性质流体的混合作用（Pašava et al.，2014；Wilkinson et al.，2005）。川滇黔矿集区已报道过闪锌矿锌同位素组成的铅锌矿床包括板板桥、天桥和杉树林铅锌矿床，这些矿床中晚阶段的闪锌矿比早阶段的闪锌矿具有更重的锌同位素组成，这种特征被认为由瑞利分馏作用造成（Zhou et al.，2014a，2014b）。以往的研究也表明，闪锌矿沉淀过程中由于瑞利分馏的影响，热液流体内结晶早的闪锌矿富集锌的轻同位素，而结晶晚的闪锌矿则逐步富集锌的重同位素（Wilkinson et al.，2005；Kelley et al.，2009；Gagnevin et al.，2012）。然而，与板板桥、天桥和杉树林铅锌矿床闪锌矿的锌同位素组成不同（Zhou et al.，2014a，2014b），天宝山铅锌矿床中同一块手标本上早期阶段的闪锌矿比晚期阶段的闪锌矿具有更重的锌同位素组成（图 4.33a），因此瑞利分馏可能不是天宝山铅锌矿床闪锌矿锌同位素组成变化的主要原因。由共生闪锌矿-方铅矿的硫同位素组成计算的成矿温度表明，从天宝山铅锌矿床的底部到顶部热液流体的温度是逐渐降低的（Zhu et al.，2016）。Fujii 等（2011）的理论计算发现，高温条件（300℃）下闪锌矿与热液流体之间的分馏系数更小。如果温度是造成闪锌矿锌同位素组成变化的主要原因，那么从八中段到六中段闪锌矿应该逐渐富集锌的重同位素。事实上，三个中段闪锌矿的锌同位素组成在垂向上大致是逐渐降低的，说明温度变化也不是各中段闪锌矿锌同位素组成变化的主要原因。

同一块手标本上早期阶段和中期阶段、晚期阶段闪锌矿的锌同位素组成变化特点表明，早期阶段的热液流体可能具有更重的锌同位素组成。矿相学研究发现，早期棕黑色闪锌矿具有较高的自形程度，中期自形程度略低、粒径略大的浅棕色闪锌矿穿插于早期棕黑色闪锌矿中，晚期自形程度最低、粒度更大的闪锌矿穿插于早期和中期闪锌矿中（Zhu et al.，2016）。这些特征表明，早期、中期和晚期的成矿流体可能没有继承演化关系，即不是由同一种热液流体演化而来。中段闪锌矿的硫同位素变化范围为 4.3‰～4.9‰（Zhu et al.，2016），而黄铁矿和方铅矿的硫同位素组成范围分别为5.3‰～22.2‰和–0.4‰～4.1‰（Zhou et al.，2013），硫化物矿物之间的这种硫同位素分配关系说明天宝山矿床在成矿作用过程中硫同位素分馏基本达到了平衡（图4.32）。成矿流体中硫同位素的平衡可能是控制早期阶段、中期阶段和晚期阶段闪锌矿具有均一硫同位素组成的关键因素。通过分析天宝山铅锌矿床锌可以排除单一流体演化成矿的可能性。一种具有重的锌同位素组成的热液流体与另一种具有轻的硫（还原硫）同位素组成的热液流体发生混合后，由于温度、pH和锌的络合物种类的变化造成闪锌矿发生结晶沉淀（Fujii et al.，2011；Pašava et al.，2014）是同一块手标本上早期阶段的闪锌矿具有重的锌同位素组成的主要原因。从早期阶段到晚期阶段成矿流体的锌同位素组成不断变轻以及成矿流体从矿床底部向顶部迁移过程中闪锌矿不断结晶沉淀，则可能是八中段、七中段和六中段闪锌矿的锌同位素在整体上不断变轻的主要原因。

三个中段闪锌矿的锌同位素组成与镉含量呈负相关关系（$R^2=0.64$，图4.33b），且六、七、八三个中段闪锌矿的镉含量变化与三个中段的温度变化一致。前人研究认为，闪锌矿中镉的含量主要由成矿流体中的还原硫控制，高还原硫含量条件下形成贫镉的闪锌矿，而低还原硫含量条件下形成富镉的闪锌矿（Wen et al.，2016）。据此可以推测，成矿流体中还原硫含量的变化，是控制天宝山铅锌矿床六、七、八三个中段闪锌矿镉含量变化的主要因素，且还原硫的含量是逐渐降低的。

由于海洋表面生物活动优先利用锌的轻同位素，使得现代海洋碳酸盐沉积物具有重的锌同位素组成（0.81‰～1.34‰；Pichat et al.，2003）。天宝山矿区上震旦统灯影组地层（Z_2d）分布广泛，且产核形石和叠层石等藻类化石，因此推测灯影组的白云岩可能也具有相似的锌同位素组成。但是，本研究测得的上震旦统灯影组白云岩的$\delta^{66}Zn$值为0.06‰～0.35‰，平均值为0.21‰（表4.1），可能是热液淋滤的结果。热液淋滤实验发现，淋滤出的流体相对于原岩富集锌的重同位素（Fernandez and Borrok，2009）。天宝山组砂岩的$\delta^{66}Zn$值（0.62‰）（表4.1）则可能代表了未经热液淋滤的沉积端元的锌同位素组成。热液淋滤白云岩而具有比原岩重的锌同位素组成（$\delta^{66}Zn>0.6‰$；Fujii et al.，2011），后续的流体淋滤白云岩其锌同位素组成逐渐变轻。氢氧同位素研究表明，成矿流体中的水来源于大气水和盆地卤水，而热液流体中的二氧化碳主要来源于碳酸盐岩和其中的有机质，说明酸性流体可能淋滤白云岩并带走其中的锌（Zhou et al.，2013）。

此外，微钻取样的闪锌矿的硫同位素组成同样呈现均一的变化趋势，其$\delta^{34}S_{CDT}$值为4.24‰～4.87‰，平均值为4.59‰（表4.1）。八中段的条带状闪锌矿的$\delta^{34}S_{CDT}$值为4.24‰～4.68‰，平均值为4.53‰，网脉状闪锌矿的$\delta^{34}S_{CDT}$值为4.34‰～4.87‰，平均值为4.59‰；I号矿堆网脉状闪锌矿样品的$\delta^{34}S_{CDT}$平均值为4.67‰。Zhou等（2013）认为，成矿流体中的硫来源于赋矿地层（上震旦统灯影组蒸发岩），且主要通过热化学还原作用形成还原硫。扬子地块震旦系灯影期海相硫酸盐的硫同位素组成为20.2‰～38.7‰（张同钢等，2004），假设硫酸盐的热化学还原作用能够导致15‰的硫同位素分馏（Machel et al.，1995），天宝山铅锌矿床的硫同位素组成应该为5‰～23‰。天宝山铅锌矿床的成矿温度主要为130～270℃，在这个温度范围内细菌容易失去活性（$T>100℃$；Zhou et al.，2014a，2014b），据此可以排除细菌还原硫酸盐的可能。天宝山铅锌矿床的硫同位素组成为-0.4‰~22.2‰（Zhou et al.，2013；王乾，2013），暗示天宝山铅锌矿床的硫不完全来源于上震旦统灯影组白云岩。幔源硫的硫同位素组成为-3‰~3‰（Chaussidon et al.，1989），如果有少量幔源硫加入，那么天宝山铅锌矿床的硫同位素组成则完全能达到上述变化范围。因此，天宝山铅锌矿床成矿流体中的硫可能主要来源于上震旦统灯影组白云岩，另有少量可能来自川滇黔矿集区广泛分布、约在260Ma形成（宋谢炎等，2018）的峨眉山玄武岩。

综上所述，不同中段、不同矿石类型的Zn-S同位素特征表明，天宝山铅锌矿床的锌可能主要来源于上震旦统灯影组白云岩。

（二）锡矿山锑矿床汞同位素地球化学

由于Hg与Sb具有相似的地球化学性质，二者密切共生，常以晶格替代的形式（即固溶体）存在于辉锑矿内（Rytuba et al.，2003），因此汞的来源及其迁移过程可用来指示锑的源区。近年来，随着新一代多接收器等离子质谱仪（MC-ICP-MS）的应用和纯化技术的飞跃发展，高精度测定汞同位素组成已经成为现实并得到较广泛应用。相比其他金属同位素（如Fe、Cu、Zn、Mg等），Hg是目前发现的唯一同时存在显著同位素质量分馏（MDF，δ^{202}Hg）和同位素非质量分馏（MIF，Δ^{199}Hg）的金属元素（Blum et al.，2014）。因此，汞同位素地球化学已逐渐成为地球科学和环境科学领域的一个重要研究方向（冯新斌等，2015；李春辉等，2017；Blum et al.，2014；Yin et al.，2019）。

已有的研究显示，汞同位素地球化学在示踪成矿物质来源及成矿过程方面，可显示良好的应用前景。前人对自然界岩/矿石、火山、煤、土壤/沉积物、水体等不同物质或端元的汞同位素特征进行了大量研究（Smith et al.，2005，2008；Bergquist and Blum，2007，2009；Biswas et al.，2008；Sherman et al.，2009，2010；Zambardi et al.，2009；Chen et al.，2012；Yin et al.，2014，2016，2017；Grasby et al.，2017；Tang et al.，2017；Xu et al.，2018；Zheng et al.，2018），目前已报道的δ^{202}Hg和Δ^{199}Hg差异分别可达7‰和10‰（Blum et al.，2014；Yin et al.，2014）。如图4.34所示，表生环境介质（如动植物、水、大气、土壤/沉积物）、沉积岩及与之有关的矿床（如煤、泥炭、MVT矿床、SEDEX矿床）均存在不同程度的汞同位素非质量分馏（即Δ^{199}Hg≠0）；相比之下，地幔、火山、岩浆岩及与岩浆作用有关的热液矿床则通常不存在汞同位素非质量分馏特征。因此，近年来越来越多的研究人员开始利用Hg同位素对热液矿床的成矿物源及成矿过程进行示踪并取得重要进展（Smith et al.，2005，2008；Sonke et al.，2010；Yin et al.，2016，2019，2020；Tang et al.，2017；Xu et al.，2018；Fu et al.，2020）。值得注意的是，在Hg同位素从源岩进入热液系统的过程中（即热液淋滤过程）不会产生显著的质量分馏（Smith et al.，2008）。综上所述，考虑到不同地质体的汞同位素组成特征及导致汞同位素分馏的地质地球化学过程，表明Hg同位素地球化学特征可以作为一种良好的地球化学指示剂用来约束成矿物质来源及成矿过程（Yin et al.，2016，2019）。

本研究对湘中Sb-Au矿集区锡矿山超大型Sb矿床的不同中段锑矿石、蚀变围岩、新鲜围岩以及元古宙基底浅变质岩石样品的Hg含量和同位素组成进行了分析（Fu et al.，2020），结果列于表4.3。新鲜赋矿围岩与基底岩石的Hg含量很低，分别为0.44×10^{-6}~

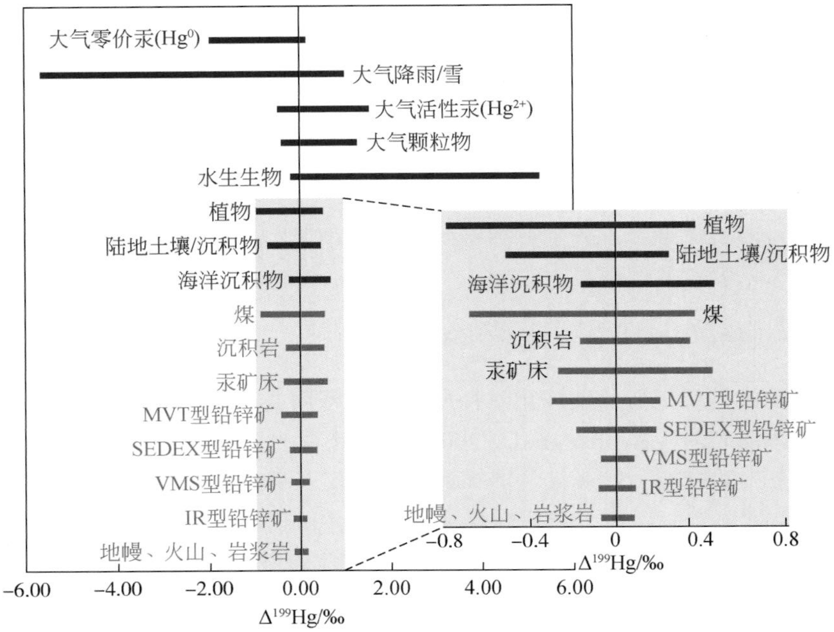

图 4.34　自然界中不同储库汞同位素非质量分馏特征

（据 Yin et al.，2016 修改）

1.25×10^{-6}和0.02×10^{-6}～0.06×10^{-6}；相比之下，锑矿石和蚀变围岩 Hg 含量相对较高，分别为11.25×10^{-6}～97.43×10^{-6}和3.85×10^{-6}～8.09×10^{-6}。15 件锑矿石样品的 δ^{202}Hg 为 0.04‰～1.15‰（平均值为0.41‰±0.68‰，2σ）、Δ^{199}Hg 为-0.17‰～-0.03‰（平均值为-0.11‰±0.08‰，2σ）。3 件蚀变围岩样品的 δ^{202}Hg 为 0.07‰～0.52‰（平均值为 0.33‰±0.30‰，2σ）、Δ^{199}Hg 为-0.14‰～-0.02‰（平均值为-0.04‰±0.12‰，2σ）；相比之下，新鲜赋矿围岩具有更低 δ^{202}Hg 值（-2.22‰～-0.04‰，平均值为-0.71‰±2.04‰，2σ）和相似的 Δ^{199}Hg 值（-0.11‰～0.16‰，平均值为-0.01‰±0.24‰，2σ）。基底变质岩石的 δ^{202}Hg 为-0.36‰～0.60‰（平均值为 0.11‰±1.04‰，2σ）、Δ^{199}Hg 为-0.03‰～0.07‰（平均值为0.00±0.08‰，2σ）。整体上，Δ^{199}Hg 变化范围为-0.17‰～-0.02‰，远高于标准样品 UM-Almadén 分析误差（2σ= 0.04‰），表明锡矿山 Sb 矿床的样品存在非质量分馏；且大多数矿石样品 Δ^{199}Hg/Δ^{201}Hg 值为 1.12±0.38（σ，n=11），表明其非质量分馏可能与光还原作用有关（Δ^{199}Hg/Δ^{201}Hg＝1.0～1.3；Bergquist and Blum，2007；Zheng and Hintelmann，2009）。

由于锡矿山锑矿床的矿物组合非常简单，未发现 Hg 的独立矿物，而辉锑矿 Hg 含量较高（平均值含量达37.5×10^{-6}），因此可以认为辉锑矿是 Hg 的主要载体矿物。因 Hg 和 Sb 同属亲硫元素，离子半径相似，Hg 常以晶格替代的方式进入辉锑矿，因此 Hg 和 Sb 具有相似的来源（Fu et al.，2020）。已有的研究表明，热液过程并不会导致显著的非质量分馏（Smith et al.，2005，2008），因此，Hg 同位素非质量分馏（Δ^{199}Hg）可以直接用来示踪热液矿床中 Hg 的来源。如图 4.35 所示，沉积岩和变质岩均具有显著的非质量分馏

表 4.3　锡矿山 Sb 矿床锑矿石、蚀变围岩、新鲜围岩和基底变质岩的 Hg 同位素组成

（据 Fu et al.，2020）

样品类型	样品编号	采样位置	HgT /($\times10^{-6}$)	δ^{202}Hg /‰	δ^{201}Hg /‰	δ^{200}Hg /‰	δ^{199}Hg /‰	Δ^{201}Hg /‰	Δ^{200}Hg /‰	Δ^{199}Hg /‰
锑矿石	XKS-2@4	Level 2	26.08	0.32	0.17	0.18	−0.03	−0.07	0.02	−0.11
	XKS-3@3	Level 3	59.71	0.04	−0.12	−0.05	−0.09	−0.15	−0.07	−0.10
	XKS-5@5	Level 5	44.19	0.36	0.22	0.23	−0.01	−0.05	0.05	−0.10
	XKS-7@1	Level 7	80.24	0.10	−0.06	0.03	−0.13	−0.13	−0.02	−0.16
	XKS-9@1	Level 9	35.37	0.24	0.11	0.12	−0.04	−0.06	0.00	−0.10
	XKS-11@3	Level 11	25.35	0.05	−0.02	0.02	−0.09	−0.06	−0.01	−0.10
	XKS13@8	Level 13	14.19	0.39	0.26	0.27	0.00	−0.03	0.07	−0.10
	XKS-15@7	Level 15	28.20	0.19	0.01	0.07	−0.06	−0.13	−0.03	−0.11
	XKS-19@1	Level 19	16.61	0.56	0.35	0.24	0.04	−0.07	−0.04	−0.10
	XKS-19@3	Level 19	21.96	0.04	−0.10	0.02	−0.09	−0.12	0.01	−0.10
	XKS-23@3	Level 23	35.60	1.04	0.62	0.53	0.16	−0.16	0.00	−0.10
	XKS-23@8	Level 23	34.32	0.63	0.27	0.18	−0.01	−0.21	−0.14	−0.17
	XKS-25@1	Level 25	11.25	0.58	0.32	0.30	0.02	−0.11	0.02	−0.12
	XKS-25@2	Level 25	97.43	0.43	0.31	0.27	0.08	−0.01	0.06	−0.03
	XKS-25@3	Level 25	32.17	1.15	0.78	0.57	0.13	−0.09	−0.01	−0.16
蚀变围岩	XKS-2@2	Level 2	3.85	0.07	−0.02	0.03	−0.13	−0.07	0.00	−0.14
	XKS-7@6	Level 7	8.09	0.41	0.23	0.18	0.00	−0.08	−0.03	−0.10
	XKS-9@2	Level 9	6.69	0.52	0.54	0.36	0.11	0.15	0.10	−0.02
新鲜围岩	XKS-2@1	Level 2	0.78	−0.04	−0.07	−0.02	−0.12	−0.04	0.00	−0.11
	XKS-3@1	Level 3	0.62	−0.35	−0.30	−0.16	−0.11	−0.03	0.01	−0.02
	XKS-4@2	Level 4	1.25	−0.21	−0.18	−0.10	−0.14	−0.02	0.00	−0.09
	XKS-7@2	Level 7	0.44	−2.22	−1.55	−1.10	−0.40	0.12	0.01	0.16
基底岩石	WXbd-2	雪峰山隆起	0.018	−0.36	−0.23	−0.10	−0.02	0.03	0.08	0.07
	WXbd-4		0.060	−0.32	−0.25	−0.14	−0.10	−0.01	0.02	−0.02
	WXbd-5		0.060	0.52	0.37	0.29	0.10	−0.02	0.03	−0.03
	WXbd-7		0.016	0.60	0.33	0.27	0.15	−0.13	−0.04	0.00

注：HgT 为 Hg 总含量。

（Δ^{199}Hg = −0.3‰ ~ 0.3‰），而岩浆岩的非质量分馏则不明显（Δ^{199}Hg = 0±0.1‰）。锡矿山锑矿石样品的 Δ^{199}Hg<−0.1‰，明显不同于岩浆岩，因此其 Hg 可能来自沉积岩或变质岩；考虑到锑矿石的 δ^{202}Hg 明显不同于沉积岩，但却与基地变质岩相似（图 4.35）。考虑到热液淋滤过程只能导致非常有限的质量分馏（δ^{202}Hg<±0.5‰；Smith et al.，2008），锑矿山锑矿石的 δ^{202}Hg 远大于赋矿泥盆纪围岩。因此，锡矿山锑矿石中的 Hg 和 Sb 应主要来自基底变质岩。这一结论也得到其他证据的佐证：①锡矿山锑矿床新鲜围岩的 Sb 含量很

低（平均值为0.9×10^{-6}），而蚀变围岩Sb含量则可达46×10^{-6}，表明矿石中的Sb并非直接来自赋矿沉积岩（Hu et al.，2017b）；②相比之下，基地变质岩的Sb含量则明显更高（7.8×10^{-6}～27.2×10^{-6}）；淋滤实验也表明在200℃条件下，基底岩石中的Sb淋滤可达20%～90%（马东升等，2002）。结合已有的研究结果，表明锡矿山超大型Sb矿床的Hg和Sb主要来源于矿床深部的元古宙基底变质岩（Fu et al.，2020）。

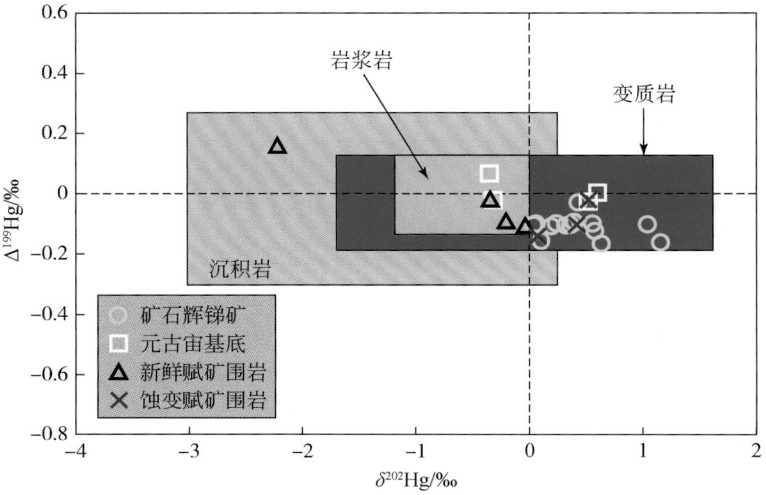

图4.35　锡矿山锑矿床辉锑矿、蚀变围岩、新鲜围岩及元古宙基底岩石的Hg同位素组成（据Fu et al.，2020）

综上所述，扬子地块（克拉通）前寒武纪基底（含寒武系）岩石显著富集低温成矿元素并可被浸出，Pb、Zn、Cd同位素和稀土元素地球化学特征显示，各矿集区的低温成矿元素主要来自前寒武纪基底。这些特征表明，前寒武纪基底（含寒武系）岩石极有可能为大面积低温成矿提供了重要的成矿物质基础，而基底成矿元素组成的空间不均一性则控制了不同区域矿床组合（Pb-Zn、Au-Sb-Hg-As和Sb-Au）的差异。

参考文献

程志中，谢学锦，潘含江，等，2011. 中国南方地区水系沉积物中元素丰度．地学前缘，18（5），289-295.

冯新斌，尹润生，俞奔，等，2015. 汞同位素地球化学概述．地学前缘，22（5）：124-135.

付山岭，胡瑞忠，陈佑纬，2016. 湘中龙山大型金锑矿床成矿时代研究——黄铁矿Re-Os和锆石U-Th/He定年．岩石学报，32（11）：3507-3517.

付胜云，沈长明，2020. 湖南省桃江县板溪锑矿床地质特征研究．中国地质调查，7（1）：30-37.

韩阳光，吴越，张峰，等，2018. 滇东北驾车穹窿结构及其Pb、Zn、Ag、As、Sb元素异常特征．地学前缘，25（1）：65-79.

何承真，肖朝益，温汉捷，等，2016. 四川天宝山铅锌矿床的锌-硫同位素组成及成矿物质来源，岩石学报，32（11）：3394-3406.

贺文华，康如华，刘大勇，等，2015. 湖南邵阳县龙山金锑矿区构造控矿规律及找矿方向．华南地质与矿产，31（3）：261-267.

侯增谦，杨志明，2009. 中国大陆环境斑岩型矿床：基本地质特征，岩浆热液系统和成矿概念模型．地质学报，83（12）：1779-1817.
侯增谦，郑远川，耿元生，2015. 克拉通边缘岩石圈金属再富集与金-钼-稀土元素成矿作用．矿床地质，34（4）：641-674.
胡瑞忠，苏文超，毕献武，等，1995. 滇黔桂三角区微细浸染型金矿床成矿热液一种可能的演化途径：年代学证据．矿物学报，15（2）：144-149.
胡瑞忠，彭建堂，马东升，等，2007. 扬子地块西南缘大面积低温成矿时代．矿床地质，26（6）：583-596.
胡瑞忠，毛景文，华仁民，等，2015. 华南陆块陆内成矿作用．北京：科学出版社．
胡瑞忠，陈伟，毕献武，等，2020. 扬子克拉通前寒武纪基底对中生代大面积低温成矿的制约．地学前缘，27（2）：137-150.
黄智龙，陈进，韩润生，等，2004. 云南会泽超大型铅锌矿床地球化学及成因：兼论峨眉山玄武岩与铅锌成矿的关系．北京：地质出版社．
孔志刚，吴越，张峰，等，2018. 川滇黔地区典型铅锌矿床成矿物质来源分析：来自 S-Pb 同位素证据．地学前缘，25（1）：125-137.
李朝阳，1999. 中国低温热液矿床集中分布区的一些地质特点．地学前缘，6（1）：163-170.
李春辉，汪婷，梁汉东，等，2017. 汞同位素自然库存研究进展．生态环境学报，26（9）：1627-1638.
刘鹏程，唐清国，李惠纯，2008. 湖南龙山矿区金锑矿地质特征、富集规律与找矿方向．地质与勘探，44（4）：31-38.
马东升，2008. 华南重要金属矿床的成矿规律——时代爆发性、空间分带性、基底继承性和热隆起成矿．矿物岩石地球化学通报，27（3）：209-217.
马东升，潘家永，卢新卫，2002. 湘西北-湘中地区金-锑矿床中-低温流体成矿作用的地球化学成因指示．南京大学学报（自然科学版），38（3）：435-445.
马东升，潘家永，解庆林，2003. 湘中锑（金）矿床成矿物质来源——Ⅱ. 同位素地球化学证据．矿床地质，22（1）：78-87.
毛景文，胡瑞忠，陈毓川，等，2006. 大规模成矿作用与大型矿集区（上册、下册）．北京：地质出版社．
秦克章，翟明国，李光明，等，2017. 中国陆壳演化、多块体拼合造山与特色成矿的关系．岩石学报，33（2）：305-325.
宋谢炎，陈列锰，于宋月，等，2018. 峨眉大火成岩省钒钛磁铁矿矿床地质特征及成因．矿物岩石地球化学通报，37（6）：1003-1018.
涂光炽，2002. 我国西南地区两个别具一格的成矿带（域）．矿物岩石地球化学通报，21（1）：1-2.
涂光炽等，1993. 华南元古宙基底演化和成矿作用．北京：科学出版社．
涂光炽等，1998. 低温地球化学．北京：科学出版社．
涂光炽等，2000. 中国超大型矿床（Ⅰ）．北京：科学出版社．
王海，王京彬，祝新友，等，2018. 扬子地台西缘大梁子铅锌矿床成因：流体包裹体及同位素地球化学约束．大地构造与成矿学，42（4）：681-698.
王乾，2013. 四川天宝山铅锌矿床硫同位素特征研究．矿物学报，（S2）：168.
王乾，安匀玲，顾雪祥，等，2009. 四川天宝山铅锌矿床分散元素镉锗镓富集规律．成都理工大学学报（自然科学版），（4）：395-401.
王小春，1990. 论四川天宝山铅锌矿床的成矿物理化学条件．四川地质学报，（1）：34-42.
王小春，1992. 天宝山铅锌矿床成因分析．成都地质学院学报，（3）：10-20.
谢学锦，程志中，张立生，等，2008. 中国西南地区 76 种元素地球化学图集．北京：地质出版社．

叶霖，李珍立，胡宇思，等，2016. 四川天宝山铅锌矿床硫化物微量元素组成：LA-ICPMS 研究. 岩石学报，32（11）：3377-3393.
喻磊，2014. 四川会理天宝山铅锌矿床流体包裹体特征及其成因意义. 成都：成都理工大学硕士学位论文.
翟明国，2010. 华北克拉通的形成演化与成矿作用. 矿床地质，29（1）：24-36.
翟裕生，邓军，李晓波，1999. 区域成矿学. 北京：地质出版社.
张本仁，骆庭川，高山，等，1994. 秦巴岩石圈、构造及成矿规律地球化学研究. 武汉：中国地质大学出版社：110-122.
张洪杰，2019. 川滇黔多金属成矿省成矿物质来源——以乌斯河及茂租铅锌矿床为例. 北京：中国科学院大学硕士学位论文.
张俊海，2015. 四川会东大梁子铅锌矿床矿相学特征及成因意义. 成都：成都理工大学硕士学位论文.
张理刚，1985. 稳定同位素在地质科学中的应用——金属活化热液成矿作用及找矿. 西安：陕西科学技术出版社.
张沛，唐攀科，陈爱清，2019. 湖南沃溪金锑钨矿床中成矿物质来源的硫同位素地球化学证据. 矿产勘查，10（3）：530-536.
张荣伟，2010. 云南茂租铅锌矿矿床地球化学特征与矿床成因研究. 昆明：昆明理工大学硕士学位论文.
张同钢，储雪蕾，张启锐，等，2004. 扬子地台灯影组碳酸盐岩中的硫和碳同位素记录. 岩石学报，20（3）：717-724.
张岳，颜丹平，赵非，等，2016. 贵州开阳磷矿地区下寒武统牛蹄塘组地层层序及其 As、Sb、Au、Ag 丰度异常与赋存状态研究. 岩石学报，32（11）：3252-3268.
张志远，谢桂青，李惠纯，等，2018. 湖南龙山锑金矿床白云母^{40}Ar-^{39}Ar 年代学及其意义初探. 岩石学报，34（9）：2535-2547.
赵振华，涂光炽，2003. 中国超大型矿床（Ⅱ）. 北京：科学出版社.
祝亚男，2015. 湘西沃溪 Au-Sb-W 矿床矿石矿物的矿物学和地球化学研究. 北京：中国科学院大学博士学位论文.
Arehart G B，Chakurian A M，Tertbar D R，et al.，2003. Evaluation of radioisotope dating of Carlin-type deposits in the Great Basin，Western North America，and implications for deposit genesis. Economic Geology，98：235-248.
Bao Z W，Li Q，Wang Y W，2017. Metal source of giant Huize Zn-Pb deposit in SW China：New constraints from in situ Pb isotopic compositions of galena. Ore Geology Reviews，91：824-836.
Bergquist B A，Blum J D，2007. Mass-dependent and-independent fractionation of Hg isotopes by photoreduction in aquatic systems. Science，318：417-420.
Bergquist B A，Blum J D，2009. The odds and evens of mercury isotopes：Applications of mass-dependent and mass-independent isotope fractionation. Elements，5：353-357.
Biswas A，Blum J D，Bergquist B A，et al.，2008. Natural mercury isotope variation in coal deposits and organic soils. Environmental Science & Technology，42：8303-8309.
Blum J D，Sherman L S，Johnson M W，2014. Mercury isotopes in earth and environmental sciences. Annual Review of Earth and Planetary Sciences，42：249-269.
Chaussidon M，Albarède F，Sheppard S M F，1989. Sulfur isotope variations in the mantle from ion microprobe analyses of micro-sulfide inclusions. Earth and Planetary Science Letter，92：144-156.
Chen J B，Hintelmann H，Feng X B，et al.，2012. Unusual fractionation of both odd and even mercury isotopes in precipitation from Peterborough，ON，Canada. Geochimica et Cosmochimica Acta，90：33-46.
Chen M H，Zhang Z Q，Santosh M，et al.，2014. The Carlin-type gold deposits of the "golden triangle" of SW

China: Pb and S isotopic constraints for the ore genesis. Journal of Asian Earth Sciences, 103: 115-128.

Chen M H, Mao J W, Li C, et al., 2015. Re-Os isochron ages for arsenopyrite from Carlin-like gold deposits in the Yunnan-Guizhou-Guangxi "golden triangle", southwestern China. Ore Geology Review, 64: 316-327.

Chen Y J, Zhai M G, Jiang S Y, 2009. Significant achievements and open issues in study of orogenesis and metallogenesis surrounding the North China continent. Acta Petrologica Sinica, 25: 2695-2726.

Cline J S, 2001. Timing of gold and arsenic sulfide deposition at the Getchell Carlin-type gold deposit, North-central Nevada. Economic Geology, 96: 75-89.

Cline J S, HofstraA H, Muntean J L, et al., 2005. Carlin-Type Gold Deposits in Nevada: Critical Geologic Characteristics and Viable Models. Economic Geology, 100th Anniversary Volume, 451-484.

Corriveau L, 2007. Iron oxide copper-gold deposits: A Canadian perspective. In: Goodfellow W D (eds). Mineral Deposits of Canada: A synthesis of major deposit-types, district metallogeny, the evolution of geological provinces, and exploration methods. Geological Association of Canada, Mineral Deposits Division, Special Publication, 5: 307-328.

de Wit M, Thiart C, 2005. Metallogenic fingerprints of Archaean cratons. Geological Society, London, Special Publications, 248: 59-70.

Deng T, Xu D R, Chi G X, et al., 2017. Geology, geochronology, geochemistry and ore genesis of the Wangu gold deposit in northeastern Hunan Province, Jiangnan Orogen, South China. Ore Geology Reviews, 88: 619-637.

Duan J L, Tang J X, Lin B, 2016. Zinc and lead isotope signatures of the Zhaxikang Pb-Zn deposit, South Tibet: Implications for the source of the ore-forming metals. Ore Geology Reviews, 78: 58-68.

Faure M, Lepvrier C, Nguyen VV, et al., 2014. The South China block-Indochina collision: Where, when, and how? Journal of Asian Earth Sciences, 79: 260-274.

Fernandez A, Borrok D M, 2009. Fractionation of Cu, Fe, and Zn isotopes during the oxidative weathering of sulfide-rich rocks. Chemical Geology, 264: 1-12.

Fu S L, Hu R Z, Chen Y W, et al., 2016. Chronology of the Longshan Au-Sb deposit in central Hunan Province: Constraints from pyrite Re-Os and zircon U-Th/He isotopic dating. Acta Petrologica Sinica, 32: 3507-3517.

Fu S L, Hu R Z, Yan J, et al., 2019. The mineralization age of the Banxi Sb deposit in Xiangzhong metallogenic province of southern China. Ore Geology Reviews, 112, 103033, 1-8.

Fu S L, Hu R Z, Yin R S, et al., 2020. Mercury and in situ sulfur isotopes as source constraints on ore materials for the world's largest Sb deposit (Xikuangshan, Southern China). Mineralium Deposita, 55: 1353-1364.

Fujii T, Moynier F, Pons M L, et al., 2011. The origin of Zn isotope fractionation in sulfides. Geochimica et Cosmochimica Acta, 75: 7632-7643.

Gagnevin D, Boyce A J, Barrie C D, et al., 2012. Zn, Fe and S isotope fractionation in a large hydrothermal system. Geochimica et Cosmochimica Acta, 88: 183-198.

Gao S, Luo T C, Zhang B R, et al., 1998. Chemical composition of the continental crust as revealed by studies in east China. Geochemica et Cosmochimica Acta, 62: 1959-1975.

Grasby S E, Shen, W J, Yin R S, et al., 2017. Isotopic signatures of mercury contamination in latest Permian oceans. Geology, 45: 55-58.

Groves D I, Bierlein F P, Meinert L D, et al., 2010. Iron oxide copper-gold (IOCG) deposits through earth history: Implications for origin, lithospheric setting, and distinction from other epigenetic iron oxide deposits. Economic Geology, 105: 641-654.

Groves D I, Phillips G N, 1987. The genesis and tectonic control on archaean gold deposits of the Western Australian Shield—A metamorphic replacement model. Ore Geology Reviews, 2: 287-322.

Gu X X, Zhang Y M, Li B H, et al., 2012. Hydrocarbon and ore-bearing basinal fluids: a possible link between gold mineralization and hydrocarbon accumulation in the Youjiang basin, South China. Mineralium Deposit, 47: 663-682.

Hofstra A H, Snee L W, Rye R O, et al., 1999. Age constraints on Jerritt Canyon and other Carlin-type gold deposits in the western United States: Relationship to mid-Tertiary extension and magmatism. Economic Geology, 94: 769-802.

Hofstra A, Emsbo P, Christiansen W, et al., 2005. Source of ore fluids in Carlin-type gold deposits, China: Implications for genetic models, in Proceedings Mineral Deposit Research. Meeting the Global Challenge, Springer, 533-536.

Hou L, Peng H J, Ding J, et al., 2016. Textures and in situ chemical and isotopic analyses of pyrite, Huijiabao Trend, Youjiang Basin, China: Implications for paragenesis and source of sulfur. Economic Geology, 111: 331-353.

Hou Z Q, Yang Z M, Lu Y J, et al., 2015. A genetic linkage between subduction-and collision-related porphyry Cu deposits in continental collision zones. Geology, 43: 247-250.

Hu R Z, Su W C, Bi X W, et al, 2002. Geology and geochemistry of Carlin-type gold deposits in China. Mineralium Deposita, 37: 378-392.

Hu R Z, Liu J M, Zhai M G, 2010. Mineral Resources Science in China, A Roadmap to 2050, Science Press Beijing and Springer, 1-94.

Hu R Z, Fu S L, Xiao J F, 2016. Major scientific problems on low-temperature metallogenesis in South China. Acta Petrologica Sinica, 32: 3239-3251.

Hu R Z, Chen W T, Xu D R, et al., 2017a. Reviews and new metallogenic models of mineral deposits in South China: An introduction. Journal of Asian Earth Sciences, 137: 1-8.

Hu R Z, Fu S L, Huang Y, et al., 2017b. The giant South China Mesozoic low-temperature metallogenic domain: Reviews and a new geodynamic model. Journal of Asian Earth Sciences, 137: 9-34.

Hu R Z, Zhou M F, 2012. Multiple Mesozoic mineralization events in South China—An introduction to the thematic issue. Mineralium Deposita, 47: 579-588.

Jiang S Y, Yang J H, Ling H F, et al., 2007. Extreme enrichment of polymetallic Ni-Mo-PGE-Au in Lower Cambrian black shales of South China: An Os isotope and PGE geochemical investigation. Palaeogeography, Palaeoclimatology, Palaeoecology, 254: 217-228.

John S G, Rouxel O J, Craddock P R, et al., 2008. Zinc stable isotopes in seafloor hydrothermalvent fluids and chimneys. Earth and Planetary Science Letter, 269: 17-28.

Joshua D F, Martin S A, Virginie R, et al., 2018. Lead and sulfur isotopic composition of trace occurrences of Mississippi Valley-type mineralization in the U. S. midcontinent. Journal of Geochemical Exploration, 184: 66-81.

Kelley K D, Wilkinson J J, Chapman J B, et al., 2009. Zinc isotopes in sphalerite from metal deposits in the red dog district, northern Alaska, Economic Geology, 104: 767-773.

Kerrich R, Goldfarb R J, Groves D I, et al., 2000. The geodynamics of world-class gold deposits: characteristics, space-time distribution, and origins. In: Hagemann S G, Brown P E (eds.). Society of Economic Geologists Reviews in Economic Geology, 13: 501-551.

Kisvarsanyi G, 1977. The role of the Precambrain igneous basement in the formation of the stratabound lead-zinccopper deposits in southeast Missouri. Economic Geology, 72: 435-442.

Leach D L, Bradley D, Lewchuk M T, et al., 2001. Mssissipi valley-type lead-zinc deposits through geological time: Implications from recent age-dating research. Mineralium Deposita, 36: 711-740.

Lehuray A P, Caulfield J B D, Rye D M, et al., 1987. Basement controls on sediment-hosted Zn-Pb deposits: A Pb isotope study of Carboniferous mineralization in Central Ireland. Economic Geology, 82: 1695-1709.

Leach D L, Bradley D C, Huston D, et al., 2010. Sediment-hosted lead-zinc deposits in earth history. Economic Geology, 105 (3): 593-625.

Li X H, 2000. Cretaceous Magmatism and Lithospheric Extension in Southeast China. Journal of Asian Earth Sciences, 18: 293-305.

Li X H, Li Z X, Ge W, et al., 2003. Neoproterozoic granitoids in South China: Crustal melting above a mantle plume at ca. 825Ma? Precambrian Research, 122: 45-83.

Li H, Wu Q H, Evans N J, et al., 2018. Geochemistry and geochronology of the Banxi Sb deposit: Implications for fluid origin and the evolution of Sb mineralization in central-western Hunan, South China. Gondwana Research, 55: 112-134.

Li H, Kong H, Zhou Z K, et al., 2019. Genesis of the Banxi Sb deposit, South China: Constraints from wall-rock geochemistry, fluid inclusion microthermometry, Rb-Sr geochronology, and H-O-S isotopes. Ore Geology Reviews, 115, 103162: 1-15.

Li Z X, Li X H, 2007. Formation of the 1300-km-wide intracontinental orogen and postorogenic magmatic province in Mesozoic South China: A flat-slab subduction model. Geology, 35: 179-182.

Machel H G, Krouse H R, Sassen R, 1995. Products and distinguishing criteria of bacterial and thermochemical sulfate reduction. Applied Geochemistry, 10: 373-389.

Mao J W, Pirajno F, Xiang J F, et al., 2011. Mesozoic molybdenum deposits in the east Qinling-Dabie orogenic belt: Characteristics and tectonic settings. Ore Geology Reviews, 43: 264-293.

Mao J W, Cheng Y B, Chen M H, et al., 2013. Major types and time-space distribution of Mesozoic ore deposits in South China and their geodynamic settings. Mineralium Deposita, 48: 267-294.

Mason T F D, Weiss D J, Chapman J B, et al., 2005. Zn and Cu isotopic variability in the Alexandrinka volcanic-hosted massive sulfide (VHMS) ore deposit, Urals, Russia. Chemical Geology, 221: 170-187.

Meyer C, 1981. Ore-forming processes in geologic history. Economic Geology, 75: 6-41.

Misra K C, 2000. Understanding mineral deposit. Kluwer Academic Publishers.

Mitchell A H, Garson M S, 1981. Mineral deposits and tectonic settings. London Academic Press.

Muntean J L, Cline J S, Simon A C, et al., 2011. Magmatic-hydrothermal origin ofnevada's carlin-type gold deposits. Nature Geoscience, 4 (2): 122-127.

Naldrett A J, 2004. Magmatic Sulfide Deposits: Geology, Geochemistry and Exploration, Springer Verlag, 725.

Pannalal S J, Symons D T A, Sangster D F, 2004. Paleomagnetic dating of Upper Mississippi Valley zinc-lead mineralisation, WI, USA. Journal of Applied Geophysics, 56 (2): 135-153.

Pašava J, Tornos F, Chrastný V, et al., 2014. Zinc and sulfur isotope variation in sphalerite from carbonate-hosted zinc deposits, Cantabria, Spain. Mineralium Deposita, 49: 797-807.

Peng J T, Hu R Z, Burnard P G, 2003. Samarium-neodymium isotope systematics of hydrothermal calcite from the Xikuangshan antimony deposit (Hunan, China): The potential of calcite as a geochronometer. Chemical Geology, 200: 129-136.

Pi Q H, Hu R Z, Peng K Q, et al., 2016. Geochronology of the Zhesang gold deposit and mafic rock in Funing County of Yunnan Province, with special reference to the dynamic background of Carlin-type gold deposits in the

Dian-Qian-Gui region. Acta Petrologica Sinica, 32: 3331-3342.

Pi Q H, Hu R Z, Xiong B, et al., 2017. In situ SIMS U-Pb dating of hydrothermal rutile: Reliable age for the Zhesang Carlin-type gold deposit in the golden triangle region, SW China. Mineralium Deposita, 52: 1179-1190.

Pichat S, Douchet C, Albarède F, 2003. Zinc isotope variations in deep-sea carbonates from the eastern equatorial Pacific over the last 175ka. Earth and Planetary Science Letter, 210: 167-178.

Qi H W, Rouxel O, Hu R Z, et al., 2011. Germanium isotopic systematics in Ge-rich coal from the Lincang Ge deposit, Yunnan, southwestern China. Chemical Geology, 286: 252-265.

Richards J P, CelâlŞengör A M, 2017. Did Paleo-Tethyan anoxia kill arc magma fertility for porphyry copper formation? Geology, 45: 591-594.

Rytuba J J, 2003. Mercury from mineral deposits and potential environmental impact. Environmental Geology, 43: 326-338.

Sawkins F G, 1984. Metal deposits in relation to plate tectonic. Springer-Verlag, Berlin and New York, 325.

Seedorff E, Dilles J H, Proffett J M, et al., 2005. Porphyry Deposits: Characteristics and Origin of Hypogene Features. Economic Geology, 100th Anniversary Volume, 251-298.

Shanks W C, Bischoff J L, 1977. Ore transport and deposition in the Red Sea geothermal system: A geochemical model, Geochimicaet Cosmochimica Acta, 41: 1507-1519.

Sherman L S, Blum J D, Nordstrom D K, et al., 2009. Mercury isotopic composition of hydrothermal systems in the Yellowstone Plateau volcanic field and Guaymas Basin sea-floor rift. Earth and Planetary Science Letters, 279: 86-96.

Sherman L S, Blum J D, Johnson K P, et al., 2010. Mass-independent fractionation of mercury isotopes in Arctic snow driven by sunlight. Nature Geoscience, 3: 173-177.

Sillitoe R H, 2010. Porphyry Copper Systems. Economic Geology, 105: 3-41.

Skirrow R G, Davidson G J, 2007. A Special Issue Devoted to Proterozoic Iron Oxide Cu-Au- (U) and Gold Mineral Systems of the Gawler Craton: Preface. Economic Geology, 102: 1371-1375.

Smith C N, Kesler S E, Klaue B, et al., 2005. Mercury isotope fractionation in fossil hydrothermal systems. Geology, 33: 825-828.

Smith C, Keslera S, Blum J, et al., 2008. Isotope geochemistry of mercury in source rocks, mineral deposits and spring deposits of the California Coast Ranges, USA. Earth and Planetary Science Letters, 269: 399-407.

Sonke J E, Schofer J, Chmeleff J, et al., 2010. Sedimentary mercury stable isotope records of atmospheric and riverine pollution from two major European heavy metal refineries. Chemical Geology, 279: 90-100.

Su W C, Xia, B, Zhang H T, et al., 2008. Visible gold in arsenian pyrite at the Shuiyindong Carlin-type gold deposit, Guizhou, China: Implications for the environment and processes of ore formation. Ore Geology Reviews, 33: 667-679.

Su W C, Heinrich C A, Pettke T, et al., 2009a. Sediment-Hosted gold deposits in Guizhou, China: Products of wall-rock sulfidation by deep crustal fluids. Economic Geology, 104 (1): 73-93.

Su W C, Hu R Z, Xia B, et al., 2009b. Calcite Sm-Nd isochron age of the Shuiyindong Carlin-type gold deposit, Guizhou, China. Chemical Geology, 258: 269-274.

Su W C, Zhang H T, Hu R Z, et al., 2012. Mineralogy and geochemistry of gold-bearing arsenian pyrite from the Shuiyindong Carlin-type gold deposit, Guizhou, China: Implications for gold depositional processes. Mineralium Deposita, 47: 653-662.

Su W C, Dong W D, Zhang X C, et al., 2019. Carlin- type gold deposits in the Dian-Qian-Gui "Golden

Triangle" of Southwest China. Reviews in Economic Geology, 20: 157-185.

Tan Q P, Xia Y, Xie Z J, et al., 2015. S, C, O, H, and Pb isotopic studies for the Shuiyindong Carlin-type gold deposit, Southwest Guizhou, China: Constraints for ore genesis. Chinese Journal of Geochemistry, 93: 525-539.

Tan S C, Zhou J X, Li B, et al., 2017. In situ Pb and bulk Sr isotope analysis of the Yinchanggou Pb-Zn deposit in Sichuan Province (SW China): Constraints on the origin and evolution of hydrothermal fluids. Ore Geology Reviews, 91: 432-443.

Tang Y Y, Bi X W, Yin R S, et al., 2017. Concentrations and isotopic variability of mercury in sulfide minerals from the Jinding Zn-Pb deposit, Southwest China. Ore Geology Reviews, 90: 958-969.

Thiart C, de Wit M J, 2006. Fingerprinting the metal endowment of early continentcrust to test for secular changes in global mineralization. Memoir-Geological Society of America, 198: 53-66.

Tu G C, 1995. Some problems pertaining to superlarge ore deposits of China. Episodes, 18: 83-86.

Veeramani H, Eagling J, Jamieson-Hanes J H, et al., 2015. Zinc Isotope Fractionation as an Indicator of Geochemical Attenuation Processes. Environmental Science & Technology Letters, 2: 314-319.

Vikre P, Browne Q J, Fleck R, et al., 2011. Ages and sources of components of Pb-Zn, Precious metal, and platinum group elements deposits in the Doodsprings district, Clark County, Nevada. Economic Geology, 106: 381-412.

Wang Y J, Fan W M, Sun M, et al., 2007. Geochronological, geochemical and geothermal constraints on petrogenesis of the Indosinian peraluminous granites in the South China Block: A case study in the Hunan Province. Lithos, 96: 475-502.

Wang Y J, Fan W M, Zhang G W, et al., 2013a. Phanerozoic tectonics of the South China Block: Key observations and controversies. Gondwana Research, 23: 1273-1305.

Wang Z P, Xia Y, Song X Y, et al., 2013b. Study on the evolution of ore-formation fluids for Au-Sb ore deposits and the mechanism of Au-Sb paragenesis and differentiation in the southwestern part of Guizhou Province, China. Chinese Journal of Geochemistry, 32: 56-68.

Wang C M, Deng J, Carranza E J M, et al., 2014. Nature, diversity and temporal-spatial distributions of sediment-hosted Pb-Zn deposits in China. Ore Geology Reviews, 56: 327-351.

Wen H J, Carignan J, 2011. Selenium isotopes trace the source and redox processes in the black shale-hosted Se-rich deposits in China. Geochimicalet Cosmochimical Acta, 75: 1411-1427.

Wen H J, Zhu C W, Zhang Y X, et al., 2016. Zn/Cd ratios and cadmium isotope evidence for the classification of lead-zinc deposits. Scientific Report, 6, 25273: 1-8.

Weng Z, Jowiti S M, Mudd G M, et al., 2015. A detailed assessment of global rare earth element resources: opportunities and challenges. Economic Geology, 110: 1925-1952.

Wilkinson J J, Weiss D J, Mason T F D, et al., 2005. Zinc isotope variation in hydrothermal systems: preliminary evidence from the Irish midlands ore field. Economic Geology, 100: 583-590.

Willman D C, Korsch R J, Moore D H, et al., 2010. Crustal-scale fluid pathways and source rocks in the Victorian gold province, Australia: Insights from deep seismic reflection profile. Economic Geology, 105: 895-915.

Xie Y L, Hou Z, Goldfarb R J, et al., 2016. Rare earth element deposits in China. Reviews in Economic Geology, 18: 115-136.

Xu Y G, He B, Chung S L, et al., 2004. The geologic, geochemical and geophysical consequences of plume involvement in the Emeishan flood basalt province. Geology, 30: 917-920.

Xu C X, Yin R S, Peng J T, et al., 2018. Mercury isotope constraints on the source for sediment-hosted lead-zinc deposits in the Changdu area, southwestern China. Mineralium Deposita, 53: 339-352.

Yan D P, Zhou M F, Song H L, et al., 2003. Origin and tectonic significance of a Mesozoic multi-layer overthrust within the Yangtze Block (South China). Tectonophysics, 361: 239-254.

Yan J, Hu R Z, Liu S, et al., 2018. NanoSIMS element mapping and sulfur isotope analysis of Au-bearing pyrite from Lannigou Carlin-type Au deposit in SW China: New insights into the origin and evolution of Au-bearing fluids. Ore Geology Reviews, 92: 29-41.

Yao J L, Shu L S, Cawood P A, et al., 2016. Delineating and characterizing the boundary of the Cathaysia Block and the Jiangnan orogenic belt in South China. Precambrian Research, 275: 265-277.

Yin R S, Deng C Z, Lehmann B, et al., 2019. Magmatic-hydrothermal origin of mercury in Carlin-style and epithermal gold deposits in China: Evidence from mercury stable isotopes. ACS Earth and Space Chemistry, 3: 1631-1639.

Yin R S, Feng X B, Li X D, et al., 2014. Trends and advances in mercury stable isotopes as a geochemical tracer. Trends in Environmental Analytical Chemistry, 2: 1-10.

Yin R S, Feng X B, Hurley J P, et al., 2016. Mercury isotopes as proxies to identify sources and environmental impacts of mercury in sphalerites. Scientific Reports, 6, 18686: 1-8.

Yin R S, Xu L G, Lehmann B, et al., 2017. Anomalous mercury enrichment in Early Cambrian black shales of South China: Mercury isotopes indicate a seawater source. Chemical Geology, 467: 159-167.

Yin R S, Pan X, Deng C Z, et al., 2020. Consistent trace element distribution and mercury isotopic signature between a shallow buried volcanic-hosted epithermal gold deposit and its weathered horizon. Environmental Pollution, 259, 113954: 1-8.

Zambardi T, Sonke J E, Toutain J P, et al., 2009. Mercury emissions and stable isotopic compositions at Vulcano Island (Italy). Earth and Planetary Science Letter, 277: 236-243.

Zaw K, Peters S G, Cromie P, et al., 2007. Nature, diversity of deposit types and metallogenic relations of South China. Ore Geology Reviews, 31: 3-47.

Zhang C Q, Wu Y, Hou L, et al., 2015. Geodynamic setting of mineralization of Mississippi Valley-type deposits in world-class Sichuan-Yunnan-Guizhou Zn-Pb triangle, Southwest China: Implications from age-dating studies in the past decade and the Sm-Nd age of Jinshachang deposit. Journal of Asian Earth Sciences, 103: 103-114.

Zhao J H, Zhou M F, 2007. Geochemistry of Neoproterozoic mafic intrusions in the Panzhihua district (Sichuan Province, SW China): Implications for subduction-related metasomatism in the upper mantle. Precambrian Research, 152 (1): 27-47.

Zhao G C, Cawood P A, 2012. Precambrian geology of China. Precambrian Research, 222-223: 13-54.

Zhao J H, Zhou M F, Yan D P, et al., 2011. Reappraisal of the ages of Neoproterozoic strata in South China: No connection with the Grenvillian orogeny. Geology, 39: 299-302.

Zheng W, Hintelmann H, 2009. Mercury isotope fractionation during photoreduction in natural water is controlled by its Hg/DOC ratio. Geochimicaet Cosmochimica Acta, 73: 6704-6715.

Zheng Y F, Zhang S B, Zhao Z F, et al., 2007. Contrasting zircon Hf and O isotopes in the two episodes of Neoproterozoic granitoids in South China: Implications for growth and reworking of continental crust. Lithos, 96: 127-150.

Zheng L G, Sun R Y, Hintelmann H, et al., 2018. Mercury stable isotope compositions in magmatic-affected coal deposits: New insights to mercury sources, migration and enrichment. Chemical Geology, 479: 86-101.

Zhou C X, Wei C S, Guo J Y, et al., 2001. The source of metals in the Qilinchang Zn-Pb deposit, northeastern

Yunnan, China: Pb-Sr isotope constraints. Economic Geology, 96: 583-598.

Zhou M F, Yan D P, Kennedy A K, et al., 2002. SHRIMP U-Pb zircon geochronological and geochemical evidence for Neoproterozoic arc-magmatism along the western margin of the Yangtze Block, South China. Earth Planet and Science Letter, 196: 51-67.

Zhou M F, Zhao J H, Qi L, et al., 2006a. Zircon U-Pb geochronology and elemental and Sr-Nd isotopic geochemistry of the Permian mafic rocks in the Funing area, SW China. Contributions to Mineralogy and Petrology, 151: 1-19.

Zhou X M, Sun T, Shen W, et al., 2006b. Petrogenesis of Mesozoic granitoids and volcanic rocks in south China, a response to tectonic evolution, Episodes, 29: 26-33.

Zhou J X, Huang Z L, Yan Z F, 2013. The origin of the Maozu carbonate-hosted Pb-Zn deposit, Southwest China: Constrained by C-O-S-Pb isotopic compositions and Sm-Nd isotope age. Journal of Asian Earth Sciences, 73: 39-47.

Zhou J X, Huang Z L, Zhou M F, et al., 2014a. Geology, isotope geochemistry and ore genesis of the Shanshulin carbonate-hosted Zn-Pb deposit, Southwest China. Ore Geology Reviews, 63: 209-225.

Zhou J X, Huang Z L, Zhou M F, et al., 2014b. Zinc, sulfur and lead isotopic variations in carbonate-hosted Pb-Zn sulfide deposits, southwest China. Ore Geology Reviews, 58: 41-54.

Zhou J X, Luo K, Li B, et al., 2016. Geological and isotopic constraints on the origin of the Anle carbonate-hosted Zn-Pb deposit in northwestern Yunnan Province, SW China. Ore Geology Review, 74: 88-100.

Zhou J X, Xiang Z Z, Zhou M F, et al., 2018. The giant Upper Yangtze Pb-Zn province in SW China: Reviews, new advances and a new genetic model. Journal of Asian Earth Sciences, 154: 280-315.

Zhu C W, Wen H J, Zhang Y X, et al., 2016. Cadmium and sulfur isotopic compositions of the Tianbaoshan Zn-Pb-Cd deposit, Sichuan Province, China. Ore Geology Reviews, 76: 152-162.

Zhu C W, Wen H J, Zhang, Y X, et al., 2017a. Cadmium isotope fractionation in the Fule Mississippi Valley-type deposit, Southwest China. Mineralium Deposita, 52: 675-686.

Zhu J J, Hu R Z, Richards J P, et al., 2017b. No genetic link between Late Cretaceous felsic dikes and Carlin-type Au deposits in the Youjiang basin, Southwest China. Ore Geology Reviews, 84: 328-337.

Zhu Y N, Peng J T, 2015. Infrared microthermometric and noble gas isotope study of fluid inclusions in ore minerals at the Woxi orogenic Au-Sb-W deposit, western Hunan, South China. Ore Geology Reviews, 65: 55-69.

第五章　大规模低温成矿年代学

成矿时代的精确限定对于揭示低温矿床成因和动力学背景、建立大规模低温成矿理论至关重要。虽然以往对扬子地块西南缘这些低温矿床的研究取得重大进展，但大规模低温成矿的时代却因矿床物质组成上的固有特点而一直没得到较好解决。低温矿床的一个共同特点是，一般缺少适合放射性同位素定年的矿物，这就给矿床的定年研究带来了很大难度（Arehart et al.，2003；李发源等，2003）。事实上，前人用了较多方法以试图确定这些矿床的成矿时代，但得到了变化范围很大的结果，并表现出以下特点：①同一方法在同一矿床获得了很不相同的年龄，如烂泥沟金矿床，不同作者用石英流体包裹体 Rb-Sr 等时线法分别获得了 106Ma 和 259±27Ma 的年龄（胡瑞忠等，1995；苏文超等，1998）；②同一矿床用不同方法获得的年龄大不相同，如金牙金矿，含砷黄铁矿中的流体包裹体 Rb-Sr 等时线定年结果为 267±28Ma，热液蚀变绢云母 Rb-Sr 等时线定年结果为 206±12Ma，而热液成因黄铁矿 Pb-Pb 定年结果则为 82～130Ma（王国田，1992）。再如烂泥沟金矿床，石英流体包裹体 Rb-Sr 等时线年龄为 106Ma 和 259±27Ma（胡瑞忠等，1995；苏文超等，1998），含砷黄铁矿 Re-Os 等时线年龄为 193±13Ma（陈懋弘等，2007），蚀变矿物绢云母 Ar-Ar 坪年龄为 195±2Ma（陈懋弘等，2009）。

因为成矿时代的不确定性，加上矿床分布远离成矿时的板块俯冲、碰撞边界，扬子地块西南缘的大规模低温成矿究竟与哪些地质事件有关，或者说是什么地质事件驱动了成矿流体的形成、迁移和成矿，以往还未形成清晰认识。这制约了对大规模低温成矿动力学机制的认识，也制约了对大规模低温成矿作用的深入理解。

得益于一些适合定年的微细矿物的发现和近年来微区原位测试技术的重大进步，我们分别对右江 Au-As-Sb-Hg 矿集区、湘中 Sb-Au 矿集区和川滇黔 Pb-Zn 矿集区的一些典型矿床进行了系统的年代学研究，尤其对定年难度最大的右江 Au-As-Sb-Hg 矿集区开展了大量定年工作，取得积极进展。采用的定年方法主要包括热液成因矿物金红石、独居石和磷灰石 U-Pb 法、绢云母 Ar-Ar 法、伊利石 Rb-Sr 法、白云石和萤石 Sm-Nd 法、沥青 Re-Os 法、闪锌矿 Rb-Sr 法、锆石裂变径迹法和（U-Th）/He 法等。通过以上方法的应用，结合以往的研究结果，确定华南大规模低温成矿作用主要发生在印支期（230～200Ma），但在紧邻华夏地块的右江 Au-As-Sb-Hg 矿集区和湘中 Sb-Au 矿集区，还经历了燕山期（160～130Ma）成矿作用的叠加。

第一节　右江 Au-Sb-Hg-As 矿集区成矿时代

20 世纪 80 年代，人们就开始了对右江盆地卡林型金矿床的年代学研究。早期使用的方法主要有流体包裹体 Rb-Sr 法、矿石矿物 Pb 模式年龄法、石英裂变径迹法、石英电子自旋共振法等，这些方法获得的年龄变化于46～275Ma。现在看来，这些方法的可靠性有待商榷。例如，石英因U含量极低可能并不适用于裂变径迹分析；Pb模式年龄法需要人为假设源区和Pb演化模式，具有一定的随意性；石英电子自旋共振法是一种第四纪定年方法，较难适于较老地质体的定年。21世纪以来，研究者们开始尝试一些新的定年方法：陈懋弘等（2007）对贵州烂泥沟金矿床矿石中的黄铁矿进行Re-Os定年，获得等时线年龄为193±13Ma；陈懋弘等（2009）对烂泥沟矿床中充填于石英、方解石脉中的绢云母进行$^{40}Ar/^{39}Ar$定年，获得的坪年龄为194.6±2Ma；Su等（2009b）获得贵州水银洞金矿床中热液成因方解石的Sm-Nd等时线年龄为134±3Ma和136±3Ma；王泽鹏（2013）获得紫木凼金矿床热液方解石Sm-Nd等时线年龄为148.4±4.8Ma。这些新的方法在技术上相对可靠，但其定年对象可能仍存在一些问题：如前所述，金矿石中的黄铁矿具有多种成因并呈环带结构，因而其年龄可能是混合年龄；沉积岩中蚀变成因绢云母颗粒细小，很难挑纯，容易受到沉积岩中自生成因绢云母的影响（Arehart et al.，2003）。以下是近年来定年研究的一些进展。

一、金红石U-Pb定年

桂西北和滇东南地区分布一类“特殊”的以辉绿岩为容矿围岩的卡林型金矿床，如八渡、世加、龙川、者桑、安那等，这些矿床的矿体主要赋存于辉绿岩（玄武岩）与地层接触带的断裂破碎带中或直接赋存于辉绿岩体内。尽管这些矿床的主要赋矿围岩为辉绿岩，但系统的岩相学、矿物学和地球化学研究表明，其与典型的卡林型金矿床相似。

（一）者桑Au矿床

该矿床主要由8个矿体组成。其中，7个矿体产在钙质粉砂岩中，1个矿体产在峨眉山玄武岩中。通过详细的岩相学观察发现，矿化玄武岩中存在金成矿期的热液蚀变成因金红石，其主要证据有（Pi et al.，2017）：①金红石与含金黄铁矿和热液蚀变成因绢云母密切共生（图5.1）；②热液成因金红石的Zr含量（11×10^{-6}～20×10^{-6}）远低于岩浆成因金

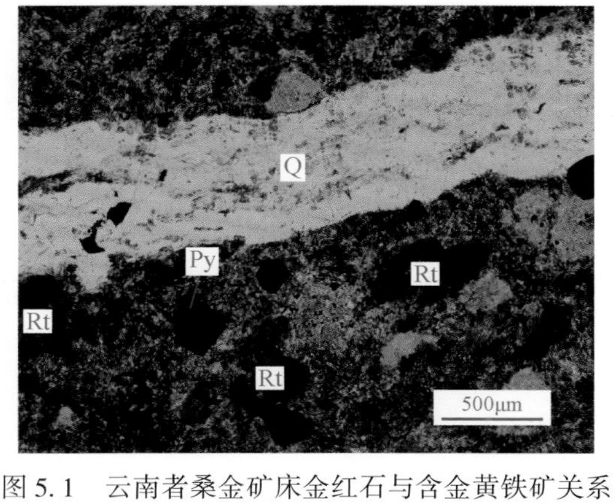

图5.1 云南者桑金矿床金红石与含金黄铁矿关系
（据Pi et al.，2017）
Rt. 金红石；Py. 黄铁矿；Q. 石英

红石（$278\times10^{-6}\sim5820\times10^{-6}$）；③热液成因金红石的 Zr 温度计温度（300℃）远小于该区新鲜玄武岩中岩浆成因金红石（730～1230℃）；④这些金红石在 Ti-Fe+Cr+V-W 判别图上落入热液成因区（图 5.2）。因此，热液成因金红石的年龄可代表金成矿年龄。采用 Cameca（SIMS）微区原位分析技术，对金红石进行了微区原位 U-Pb 定年（图 5.3），年龄为 213.6±5.4Ma。金红石的定年结果表明，该矿床形成于印支期。

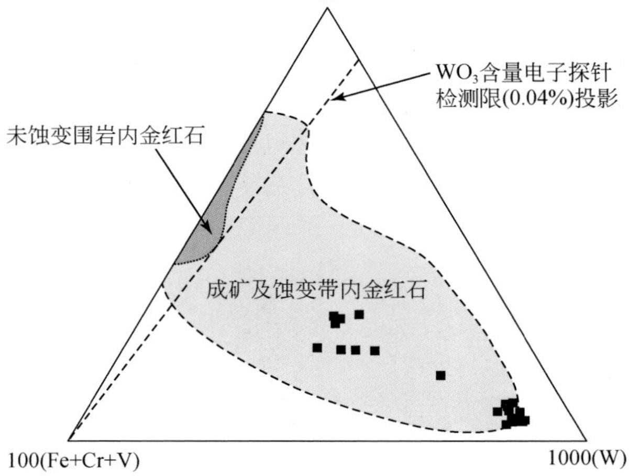

图 5.2　云南者桑金矿床金红石成因的 Ti-Fe+Cr+V-W 判别图
（据 Pi et al.，2017）

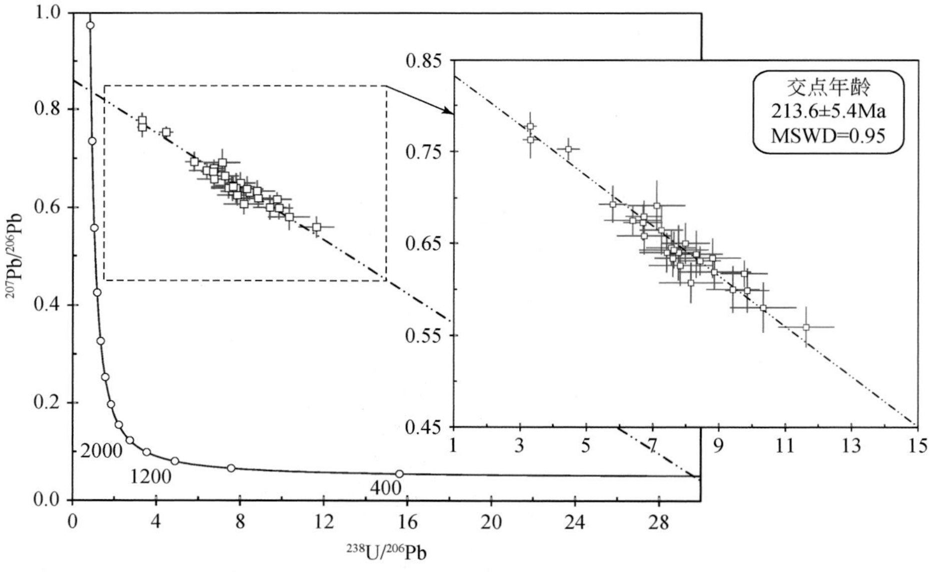

图 5.3　云南者桑金矿床热液成因金红石 U-Pb 年龄
（据 Pi et al.，2017）

（二）八渡金矿床

产于广西田林县的八渡金矿床具有与者桑金矿床相似的地质特征。对八渡金矿含矿辉绿岩样品的镜下观察显示，岩浆期的含 Ti 辉石和钛铁氧化物遭受卡林型金矿成矿流体交代，原位沉淀出载金黄铁矿和金红石（图 5.4），拉曼光谱显示后者具有金红石典型的谱峰。研究表明，它们为与金矿化同期的热液成因金红石，其年龄可以代表金成矿年龄。主要证据包括（高伟，2018；Gao et al.，2020）：①“新鲜”辉绿岩中几乎不含金红石，而“矿化”辉绿岩中含大量金红石；②金红石为岩浆期钛铁矿的蚀变产物；③金红石与载金含砷黄铁矿、毒砂、热液白云石和绢云母密切共生（图 5.4a）；④金红石的大小、形态和数量与矿体品位相关（图 5.5）；⑤金红具有复杂的成分分带（图 5.4b）；⑥电子探针分析结果显示矿体中的这些金红石极富 W、Fe、V、Cr、Nb 和 Sb 等热液元素（W 最高可达 6.5%）。

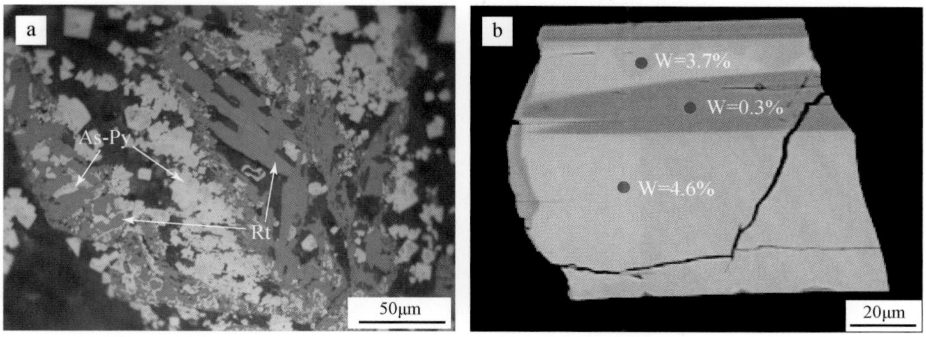

图 5.4　八渡金矿床中与载金含砷黄铁矿密切共生的金红石（a）；热液金红石富集 W 元素且具有成分分带（b）
（据高伟，2018）
As-Py. 含砷黄铁矿；Rt. 金红石

采用 Cameca 1280 SIMS 对金红石不同成分分带进行原位 U-Th-Pb 元素和同位素分析。结果显示，金红石暗色区域（W<1%）具有较高的 U、Th 含量（约几十 10^{-6}）和较高的普通 Pb 组成（f_{206}>50%）；亮色区域（W>1%）具有较低的 U、Th 含量（$0.1\times10^{-6}\sim5.0\times10^{-6}$），但普通 Pb 组成变化较大（4%<$f_{206}$<75%）。不同成分分带的分析点在 T-W 图上均能构成很好的线性关系，且在靠近下交点位置有年龄点，因此可以获得较可靠的结晶年龄，其交点年龄为 141.8±5.7Ma（图 5.6）。

二、独居石 U-Pb 定年

独居石 U-Pb 定年是近年来发展和成熟起来的一种新技术。独居石的 U-Th-Pb 体系非常稳定，其微区原位 U-Pb 年龄能精确地反映形成时代。本研究以云南广南县的老寨湾金矿为对象进行了系统研究。该矿床为云南省储量最大的卡林型金矿床。用于独居石原位 U-Pb 定年的 2 件样品采自该矿床规模最大的 3 号矿体。详细的岩相学观察发现，蚀变围

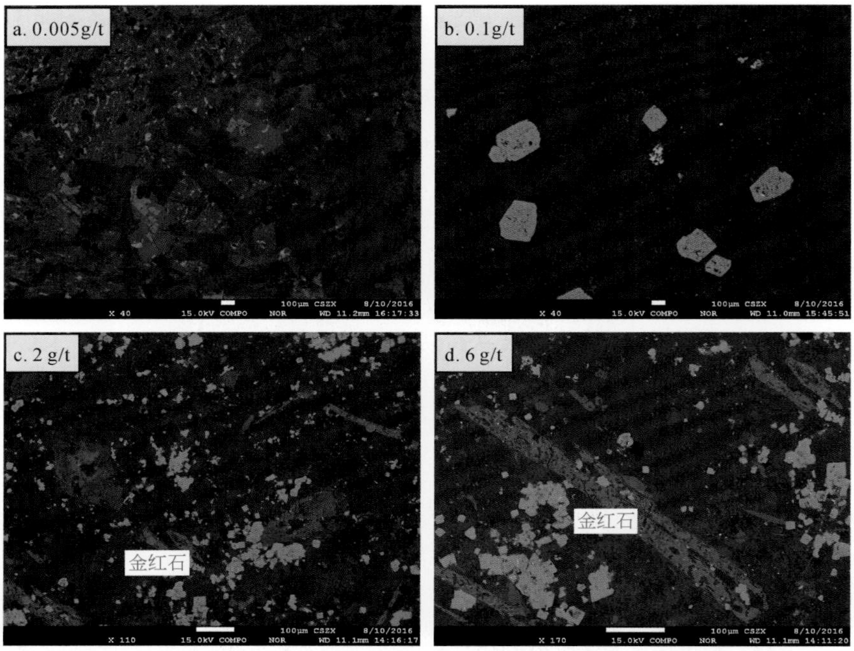

图 5.5　八渡金矿体中热液金红石的大小、数量、形貌随全岩金品位变化
（据高伟，2018）

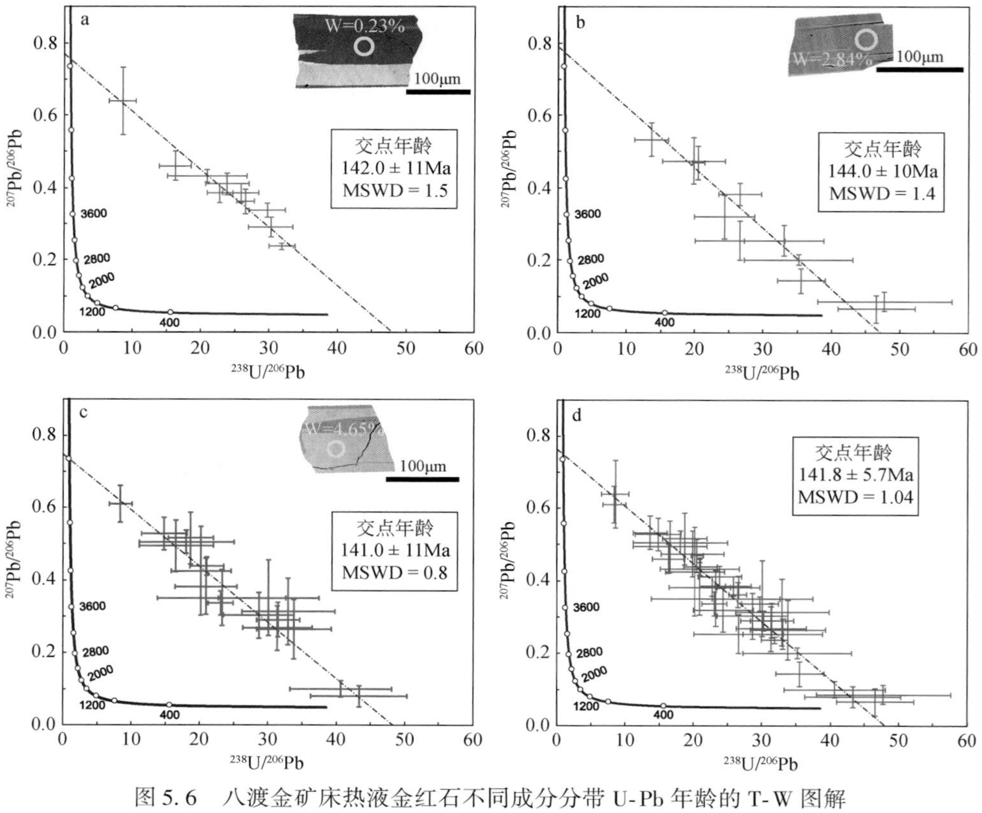

图 5.6　八渡金矿床热液金红石不同成分分带 U-Pb 年龄的 T-W 图解
（据 Gao et al., 2020）

岩中的碎屑独居石在金成矿阶段形成了热液成因的独居石环带（图 5.7）。因此，独居石环带的年龄可代表金成矿年龄。

本研究采用 SIMS 对独居石环带进行了原位 U-Pb 定年，获得 227±5.8Ma 和 232±5.4Ma 的年龄（图 5.8），在误差范围内与上述云南者桑金矿床金红石 U-Pb 和后述绢云母 Ar-Ar 年龄一致，可代表金成矿年龄。

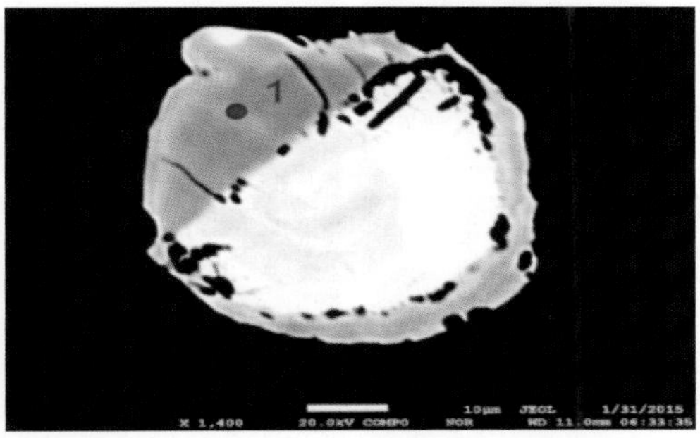

图 5.7 老寨湾金矿床蚀变围岩中碎屑独居石周围的热液成因独居石环带

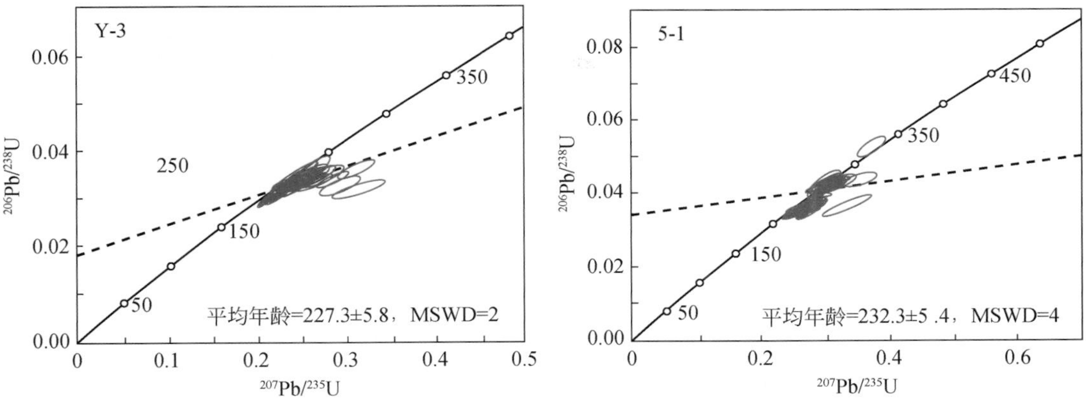

图 5.8 云南老寨湾金矿床热液成因独居石环带 U-Pb 年龄

三、磷灰石 Th-Pb 定年

选择右江矿集区的泥堡金矿床为对象进行了系统研究（Chen et al., 2019）。显微镜下观察发现，矿床中的热液成因磷灰石出现在 F1 破碎带的沉火山角砾凝灰岩矿石中。磷灰石直径 10~200μm，自形–半自形结晶粒状结构，并与热液石英、绢云母和环带状载金黄铁矿交互生长（图 5.9，图 5.10），表明磷灰石不但是热液成因，并且与金成矿同时形成。与沉积成因和岩浆成因的磷灰石不同，热液磷灰石相对亏损 LREE，富集 MREE，轻度 Eu 负异常。此外，磷灰石具有高 Th/U，很低的普通 Pb 含量，适合于 Th-Pb 测年。本次工作利用 SIMS Th-Pb 方法，获得磷灰石加权平均 ^{232}Th/^{208}Pb 年龄 141±3Ma（n=23，MSWD=2.2）（图 5.11），代表了金成矿时代。

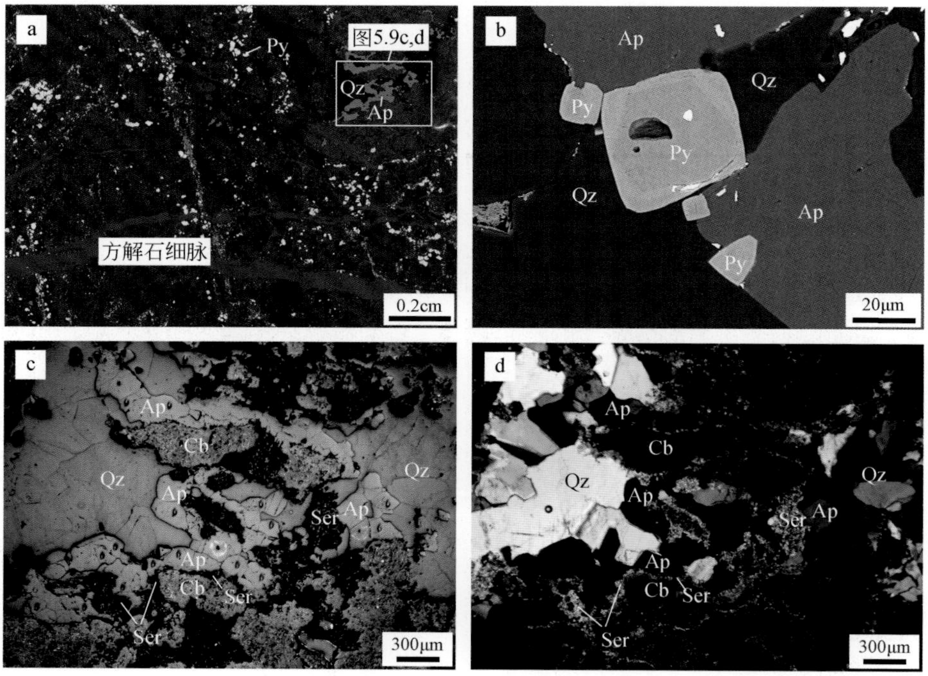

图 5.9　具有嵌晶结构的磷灰石

（据 Chen et al.，2019）

a. BSE 图像显示浸染状黄铁矿以及充填于空洞中的石英-绢云母-磷灰石；b. BSE 图像表明磷灰石与环带状载金黄铁矿交互生长；c. 反射光图像；d. 透射光图像表明自形-半自形磷灰石颗粒组成嵌晶结构，并显示由绢云母到磷灰石再到石英的结晶顺序；Ap. 磷灰石；Cb. 碳酸盐；Py. 黄铁矿；Ser. 绢云母；Qz. 石英

四、Ar-Ar 定年

黏土化是卡林型金矿床最重要的热液蚀变类型之一，常可形成绢云母、伊利石、高岭石、地开石等蚀变矿物，如果能够有效避免赋矿沉积岩中黏土矿物的污染，挑选出纯净的热液绢云母或伊利石，将可获得可靠的成矿年龄。本研究分别对右江矿集区产在碳酸盐岩、砂岩和辉绿岩中的卡林型金矿床进行了绢云母 Ar-Ar 定年，并对安那金矿床蚀变成因的伊利石进行了 Ar-Ar 定年，取得较好结果。

（一）者桑金矿床

样品采自该矿床Ⅲ号矿体中的矿化辉绿岩。野外观察发现，辉绿岩中见大量网脉状石英脉。显微观测和电子探针分析表明，石英脉中和周围的黄铁矿、毒砂含金 $0\sim970\times10^{-6}$不等。与载金黄铁矿、毒砂密切共生的绢云母保留斜长石矿物被热液交代的假象（图 5.12），是围岩中的斜长石受含金热液影响发生蚀变的产物。因此，可以通过绢云母 Ar-Ar 年代学研究确定者桑金矿床的成矿时代（皮桥辉等，2016）。

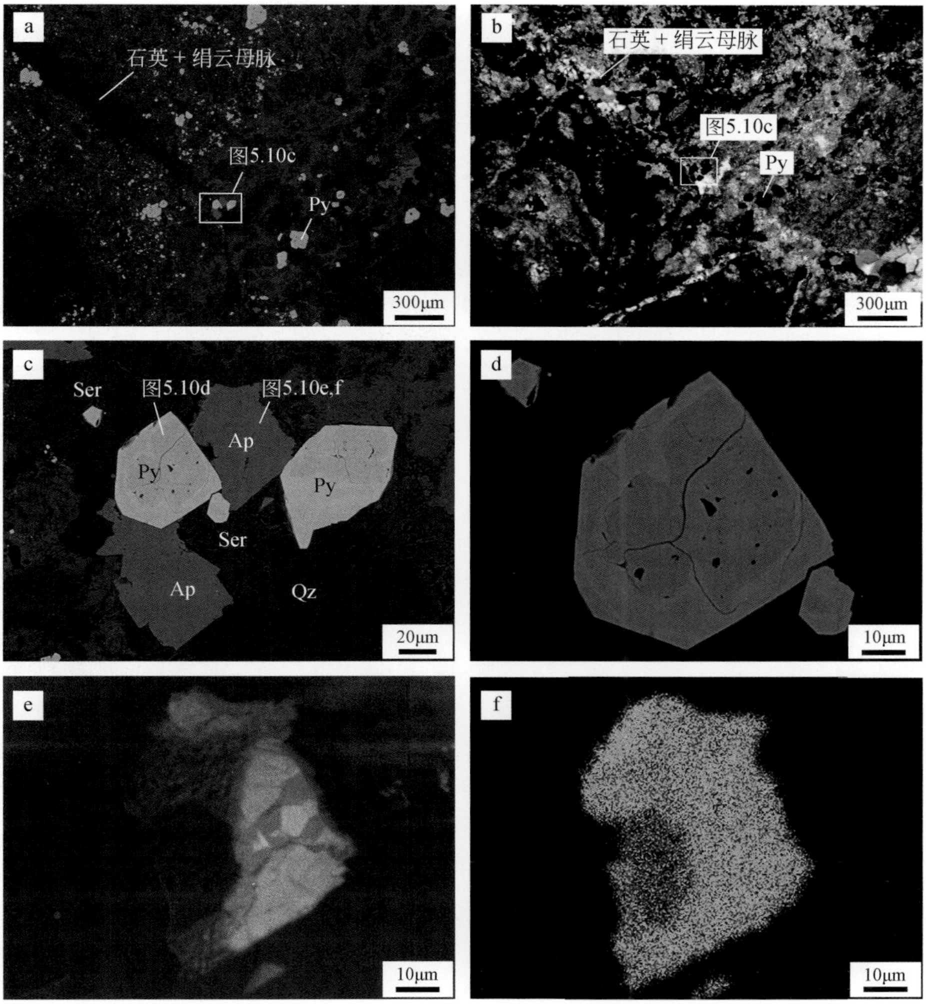

图 5.10　与环带状载金黄铁矿交互生长的热液磷灰石

（据 Chen et al.，2019）

a. BSE 图像；b. 透射光图像，显示浸染状载金黄铁矿以及石英–绢云母脉中的磷灰石；c. BSE 图像显示自形–半自形磷灰石与环带状黄铁矿交互生长，边界平直；d. 环带状黄铁矿的 BSE 图像；e. 阴极发光图像显示磷灰石的斑杂状结构；f. 磷灰石的 EPMA 氟元素图像；Ap. 磷灰石；Py. 黄铁矿；Ser. 绢云母；Qz. 石英

用于定年的绢云母样品选自石英脉中，由于矿体赋存于辉绿岩中，避免了沉积岩中碎屑云母的影响。对绢云母样品进行阶段加热 Ar-Ar 定年，在 600～1400℃温度范围内进行了 10 个阶段的加热。对数据进行分析后，选取 760℃至 920℃的阶段绘制相应的坪年龄图（图 5.13）。选取 760℃、800℃、840℃三个释热阶段，绘制等时线年龄及反等时线年龄图（图 5.14）。样品在低温释热阶段（600～700℃）的视年龄较小，这可能是由于矿物低温晶格缺陷或矿物边部少量 Ar 丢失所致，而在高温释热阶段构成了很好的坪年龄。样品的总气体（全熔）年龄为 212.5Ma，在高温释热阶段（760～920℃）构成的坪年龄为 215.3±1.9Ma（图 5.13），对应了 75.2% 的 ^{39}Ar 释放量。样品的 $^{40}Ar/^{36}Ar$-$^{39}Ar/^{36}Ar$ 等时线年龄为 217.0±

6.0Ma（MSWD=0.031），反等时线年龄为216.6±2.5Ma（MSWD=0.000；图5.14）。

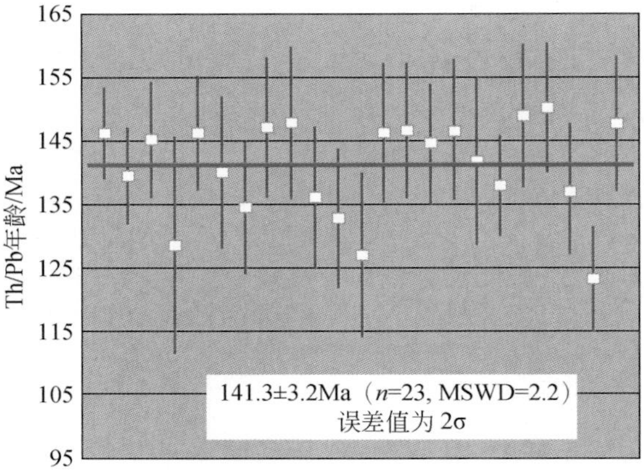

图5.11 泥堡金矿磷灰石SIMS加权平均Th/Pb年龄

（据Chen et al., 2019）

图5.12 云南者桑金矿床中绢云母赋存状态

（据皮桥辉等，2016）

Qz. 石英；Ser. 绢云母；Py. 黄铁矿

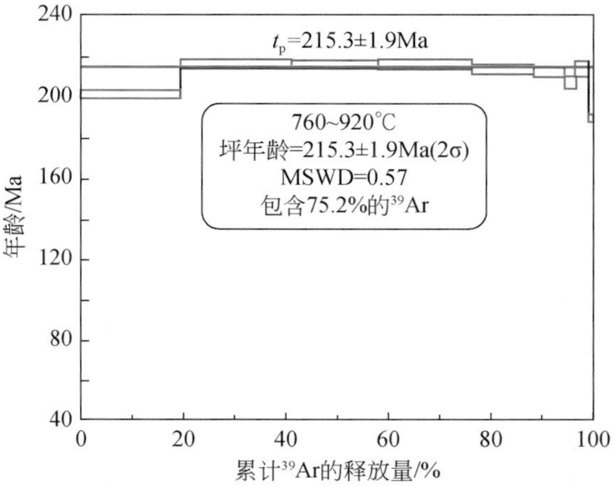

图5.13 者桑金矿床绢云母Ar-Ar坪年龄

（据皮桥辉等，2016）

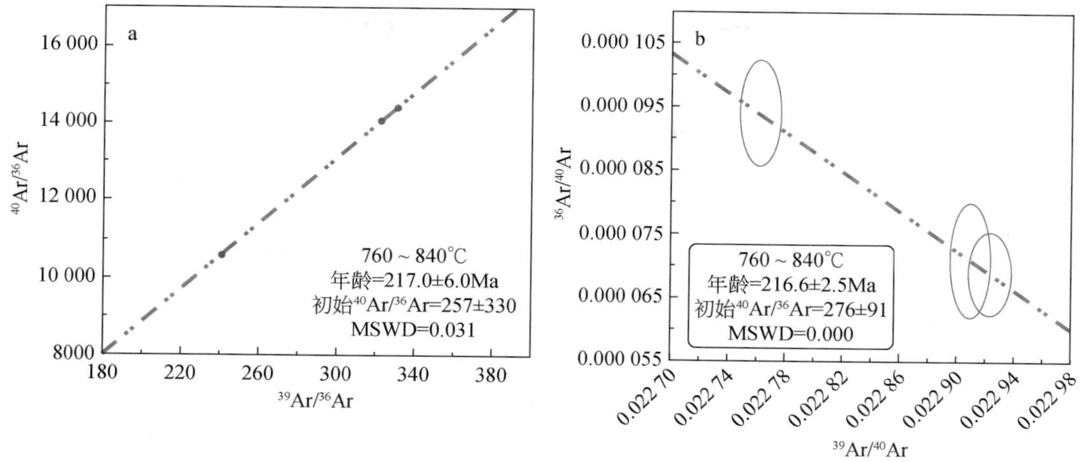

图 5.14 者桑金矿床绢云母 Ar-Ar 正、反等时线年龄图
（据皮桥辉等，2016）

从分析结果可以看出，样品的总气体年龄、坪年龄、相应的等时线年龄和反等时线年龄在误差范围内一致，因而样品的坪年龄可以代表其结晶年龄。值得指出的是，绢云母的 Ar-Ar 坪年龄（215.3±1.9Ma）也与该矿床前述热液成因金红石 SIMS 微区原位 U-Pb 年龄（213.6±5.4Ma）高度一致，较好地反映了者桑金矿床的形成年龄。

（二）安那金矿床

利用 Ar-Ar 同位素定年方法，对安那金矿床热液蚀变矿物伊利石进行了定年，获得该矿床伊利石 Ar-Ar 坪年龄为 243.37±3.70Ma～233.06±2.91Ma（图 5.15），表明安那金矿床形成于印支期。

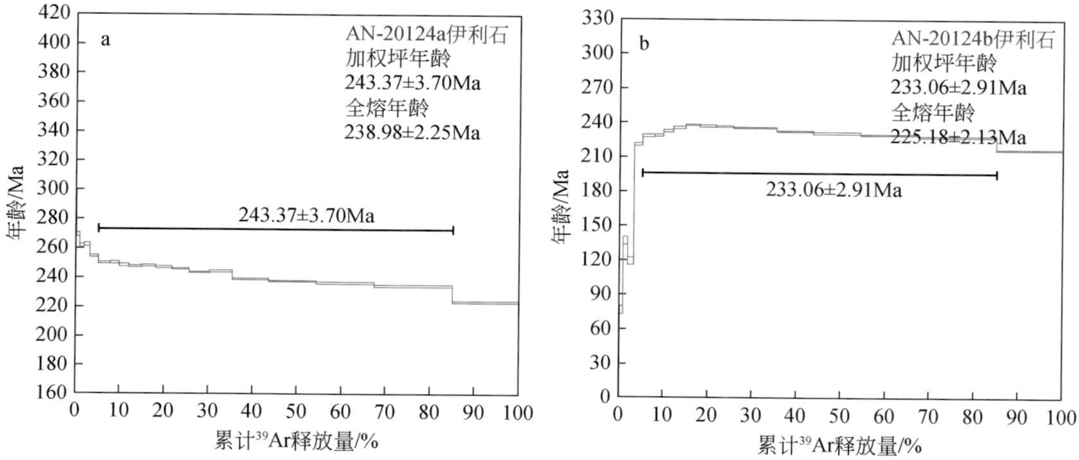

图 5.15 安那金矿床热液成因伊利石 Ar-Ar 坪年龄谱图
（据董文斗，2017）

五、白云石 Sm-Nd 定年

在卡林型金矿床的晚成矿阶段，通常形成与雄黄等热液硫化物矿物共生的方解石或白云石。本次采集了水银洞金矿床2D矿体中含雄黄的脉状白云石（图5.16a）和东侧簸箕田矿段四号矿体内的网脉状方解石（图5.16b）进行研究（靳晓野，2017）。

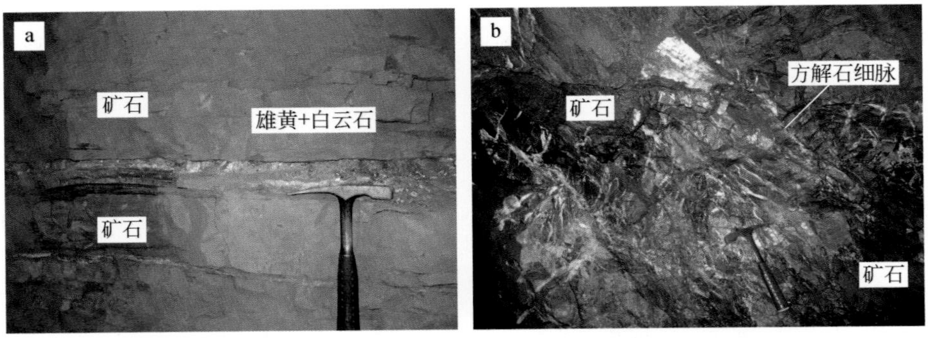

图5.16 水银洞金矿床2D矿体中含雄黄白云石脉（a）和簸箕田矿段四号矿体中网脉状方解石（b）

2D矿体中白云石样品的Sm含量为0.53～1.48μg/g（均值0.83μg/g），Nd含量为0.12～1.03μg/g（均值0.33μg/g），$^{147}Sm/^{144}Nd$和$^{143}Nd/^{144}Nd$变化范围分别为0.870 151～3.081 575和0.513 290～0.515 289。在$^{143}Nd/^{144}Nd$-$^{147}Sm/^{144}Nd$图解中，本次测试的样品明显分为三组，分别由5件样品、2件样品和3件样品组成，三者均表现出明显的线性分布特征（图5.17），且这三组样品的$^{143}Nd/^{144}Nd$-1/Nd均未表现出明显的线性关系。因此，$^{143}Nd/^{144}Nd$-$^{147}Sm/^{144}Nd$图解中的三组线性分布数据不是混合线，而具有等时线意义。利用ISOPLOT 4.15软件，获得10件所有样品构成的整体等时线年龄为143±15Ma（MSWD=63），初始$^{143}Nd/^{144}Nd$为0.512 49±0.000 19（图5.17a）；5件样品组的等时线年龄为146.5±3.3Ma（MSWD=0.59），初始$^{143}Nd/^{144}Nd$为0.512 514±0.000 034（图5.17b）；2件样品组的等时线年龄为143.4±4.9Ma（MSWD=0.00），初始$^{143}Nd/^{144}Nd$为0.512 473±0.000 041（图5.17c）；3件样品组的等时线年龄为144.8±3.5Ma（MSWD=0.0048），初始$^{143}Nd/^{144}Nd$为0.512 370±0.000 052（图5.17d）。

上述三组方解石样品全都按一定间距采自2D矿体中稳定延伸的白云石脉，测试结果显示三者的初始$^{143}Nd/^{144}Nd$略有不同，这可能是成矿流体在不同部位与围岩作用或与其他流体混合程度存在一定差异的结果。但是三组样品等时线的斜率非常接近，获得的等时线年龄在误差范围内也基本一致，表明分析结果是可靠的，代表了热液白云石的形成时代。研究表明，Sm和Nd在白云石中主要以类质同象形式替换矿物晶格中的Ca^{2+}，在白云石中的扩散速率较低，Sm-Nd同位素体系容易处于封闭状态，这些白云石的Sm-Nd同位素体系应保存了成矿时的初始信息，其等时线年龄可以代表成矿时间。因此，三组样品中数量较多样品组的等时线年龄（即146.5±3.3Ma），可能最好地代表了水银洞金矿床的成矿时代（图5.17b；靳晓野，2017）。

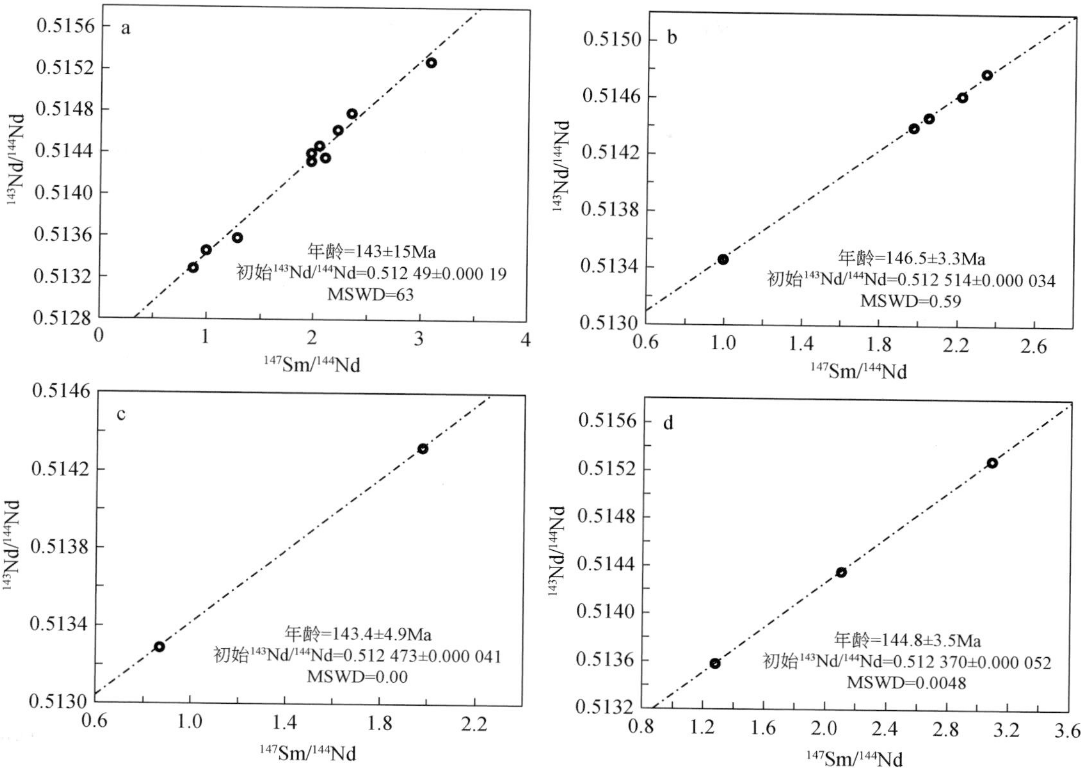

图 5.17　水银洞金矿床 2D 矿体中含雄黄白云石脉的 Sm-Nd 等时线图解

（据靳晓野，2017）

a. 所有样品；b. 5 件样品组；c. 2 件样品组；d. 3 件样品组

六、萤石 Sm-Nd 定年

定年样品采自泥堡金矿床。萤石的 Sm 含量为 $0.19\times10^{-6}\sim2.81\times10^{-6}$（均值 1.37μg/g），Nd 含量为 $0.59\times10^{-6}\sim3.92\times10^{-6}$（均值 1.90×10^{-6}），$^{147}Sm/^{144}Nd$ 和 $^{143}Nd/^{144}Nd$ 的变化范围分别为 0.196 304～0.504 049 和 0.512 444～0.512 709。在 $^{143}Nd/^{144}Nd$-$^{147}Sm/^{144}Nd$ 图解中，本次测试的样品明显分为 a、b 两组，a 组由 6 件样品组成，b 组由 4 件样品组成，二者均表现出明显的线性分布特征（图 5.18），且两组数据的 $^{143}Nd/^{144}Nd$-1/Nd 均未表现出明显的线性关系，因此 $^{143}Nd/^{144}Nd$-$^{147}Sm/^{144}Nd$ 图解中的两组线性分布数据不是混合线，它们具有等时线意义。利用 ISOPLOT 4.15 软件，获得 a 组 6 件样品的等时线年龄为 122±12Ma（MSWD=0.31），初始 $^{143}Nd/^{144}Nd$ 为 0.512 324±0.000 034（图 5.18a）；b 组 4 件样品的等时线年龄为 126±15Ma（MSWD=0.69），初始 $^{143}Nd/^{144}Nd$ 为 0.512 280±0.000 046（图 5.18b；靳晓野，2017）。

已有研究表明，Sm 和 Nd 在萤石中主要以类质同象形式替换矿物晶格中的 Ca^{2+}，且替换后在萤石中的扩散速率很低，Sm-Nd 同位素体系容易处于封闭状态（Cherniak et al.,

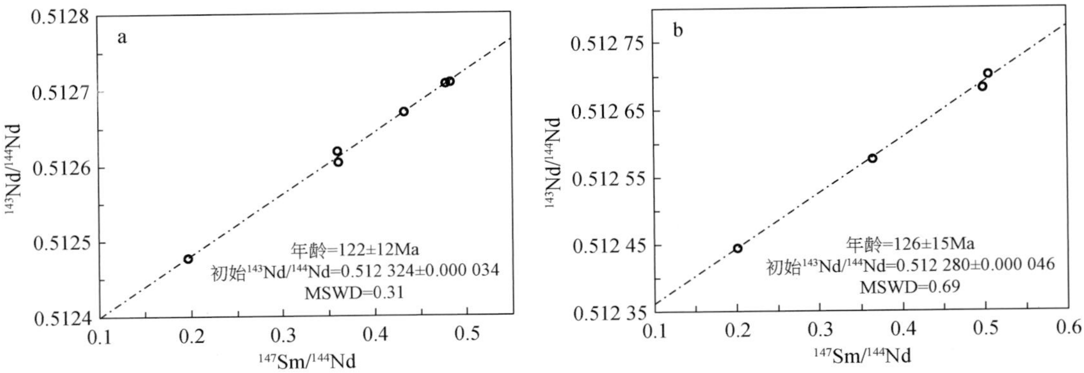

图 5.18　泥堡金矿床 SBT 蚀变带 a 组（a）和 b 组（b）萤石的 Sm-Nd 等时线图解

（据靳晓野，2017）

2001），这些萤石的 Sm-Nd 同位素体系应保存了成矿时的初始信息。因此，萤石的 Sm-Nd 等时线年龄（122±12Ma 和 126±15Ma）应基本代表了金成矿时间（靳晓野，2017）。

七、沥青 Re-Os 定年

前人的研究表明，右江盆地矿集区卡林型金矿床的矿石、围岩和流体包裹体中存在大量有机组分，并与区域古油藏存在一定的空间关系（Gu et al.，2012）。本研究对右江盆地矿集区几个典型矿床不同蚀变矿物中流体包裹体气相组成的分析，也表明其中确实含有大量有机组分，进一步说明有机质与卡林型金矿床的形成具有某种联系。不同矿床中的浸染状沥青通常显示相似的拉曼光谱特征，这表明它们具有相同的成因。野外及岩/矿相学证据表明，这些有机质为一种异地迁移型有机质，可能为先存古油藏的烃类物质沿控矿构造发生逃逸裂解的产物。因此，这些沥青可以被认为是热液流体迁移成矿的见证者，它不仅记录了成矿流体的温度，同时也可以通过 Re-Os 同位素年代学研究为当时的热事件提供年代学制约。

本研究对分选自桂西北地区高龙金矿床鸡公岩矿段 6 号矿体中的块状焦沥青进行了 Re-Os 等时线年龄测定。扫描电镜背散射图像及能谱分析结果显示（图 5.19a）：①含金黄铁矿呈稠密浸染状分布在焦沥青中，呈共生关系；②热液成因伊利石沿焦沥青边缘分布；③围岩中含 Fe 碳酸盐矿物的溶解以及新结晶形成的浸染状方解石沿焦沥青周边分布。这些矿相学证据显示，焦沥青是成矿期与成矿流体共同迁移的油气裂解产物。本研究在英国杜伦大学采用 ID-NTIMS 获取的 Re-Os 同位素年龄（209±27Ma，图 5.19b），可以代表油气裂解的时间，即金成矿年龄。

八、石英中流体包裹体 Rb-Sr 定年

丫他金矿床普遍发育大量含雄黄/雌黄的石英脉（图 5.20a），本研究工作对丫他金矿

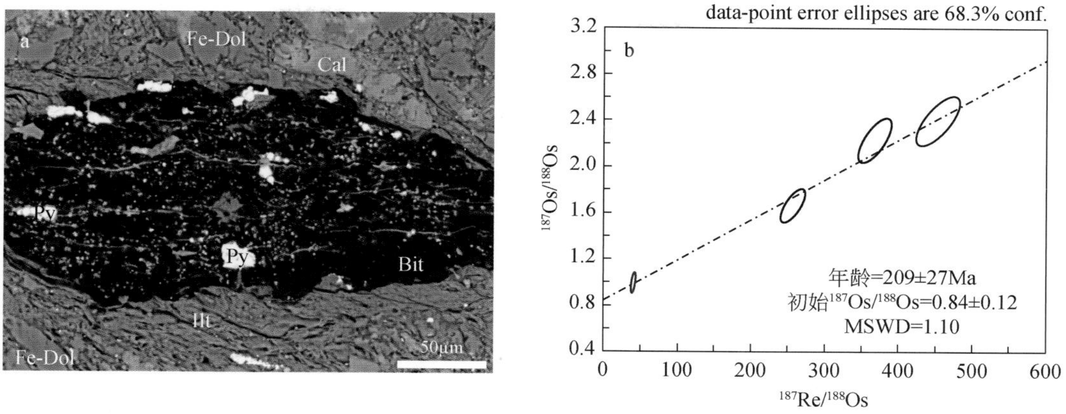

图 5.19　高龙金矿床与热液成因伊利石、含金黄铁矿和 Fe 白云石等共生的块状焦沥青（a）以及高龙金矿床沥青的 Re-Os 等时线年龄（b）

Bit. 沥青；Fe-Dol. 铁白云石；Cal. 方解石；Py. 黄铁矿；Ilt. 伊利石

床 M2 矿体中含雄黄/雌黄石英脉的 7 件石英样品进行流体包裹体 Rb-Sr 等时线年龄测定（靳晓野，2017）。所有样品数据在$^{87}Sr/^{86}Sr$-1/Sr 相关性分析中并未表现出明显的线性正相关关系。因此从数据拟合角度分析，$^{87}Rb/^{86}Sr$-$^{87}Sr/^{86}Sr$ 图解中呈线性分布的测试数据构成的不是混合线而是等时线。利用 ISOPLOT 4.15 软件，获得 7 件样品构成的等时线年龄为 148.5±4.1Ma，初始$^{87}Sr/^{86}Sr$ 为 0.708 887±0.000 064（图 5.20b）。

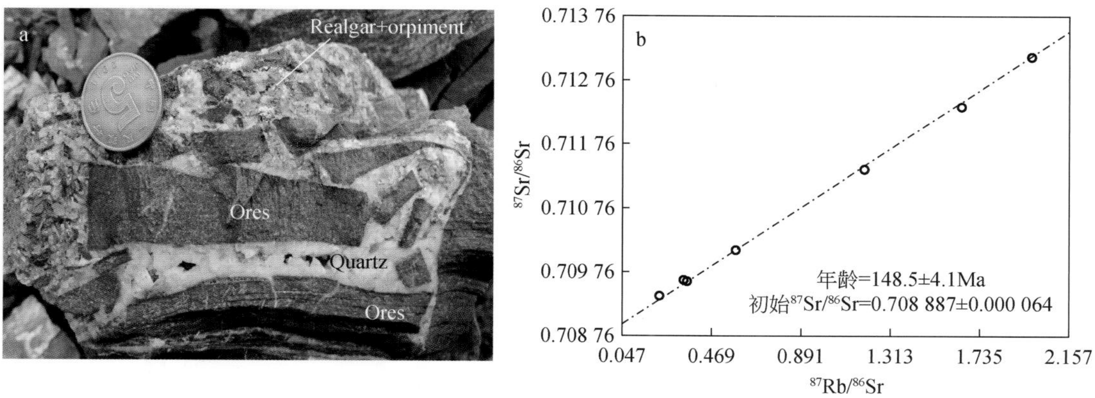

图 5.20　丫他金矿床 M2 矿体中含雄黄/雌黄的石英网脉（a）和含雄黄/雌黄石英脉中石英样品的 Rb-Sr 等时线年龄（b）

（据靳晓野，2017）

已有研究表明，石英中的 Rb 和 Sr 主要赋存于流体包裹体中，而在矿物晶格内的含量极少（Rossman et al.，1987）。因此，通过压碎、加热爆裂或全熔等方式获得石英中的 Rb、Sr 含量及同位素组成，基本可以代表成矿流体的 Rb、Sr 含量及同位素组成（Shepherd and Darbyshire，1981；李华芹等，1992）。用于定年的石英样品取自丫他金矿床 M2 矿体，样品按照 5m 左右的间距沿稳定延伸的石英脉采集，尽可能保证分析样品的同源性和不同样品 Rb-Sr 同位素比值的差异性。此外，在这种石英脉中常见成矿晚期的雄黄和雌黄，表明用于测年的样品与成矿作用具有成因联系。区域范围构造-岩浆活动微弱，石英硬度较高，成矿期流体包裹体的 Rb-Sr 同位素体系可以得到较好保存。因此，本研究获取的石英流体包裹体 Rb-Sr 等时线年龄 148.5±4.1Ma，可以作为丫他金矿床的成矿年龄（靳晓野，2017）。

九、黄铁矿 Rb-Sr 定年

研究样品采自者桑金矿床产于辉绿岩中金矿体，其中的黄铁矿均为热液成因，与金同时成矿。17 件含金黄铁矿样品的 Rb 含量为 $0.42\times10^{-6}\sim6.84\times10^{-6}$，Sr 为 $1.03\times10^{-6}\sim10.60\times10^{-6}$，Rb/Sr 比值为 0.418 26～10.580 21。采用 Ludwig（2003）的 ISOPLOT 计算程序，获得了 3 条较好的等时线（图 5.21），其年龄分别为 211.8±9.1Ma（MSWD＝16）、228.2±4.8Ma（MSWD＝1.5）和 217.4±3.7Ma（MSWD＝1.9）。可见，3 条等时线的年龄在误差范围内一致，为 212～228Ma，亦与前述该矿床热液成因金红石的 U-Pb 年龄（213.6±5.4Ma）和绢云母的 Ar-Ar 坪年龄（215.3±1.9Ma）基本一致。这些年龄均表明者桑金矿床形成于印支期（董文斗，2017）。

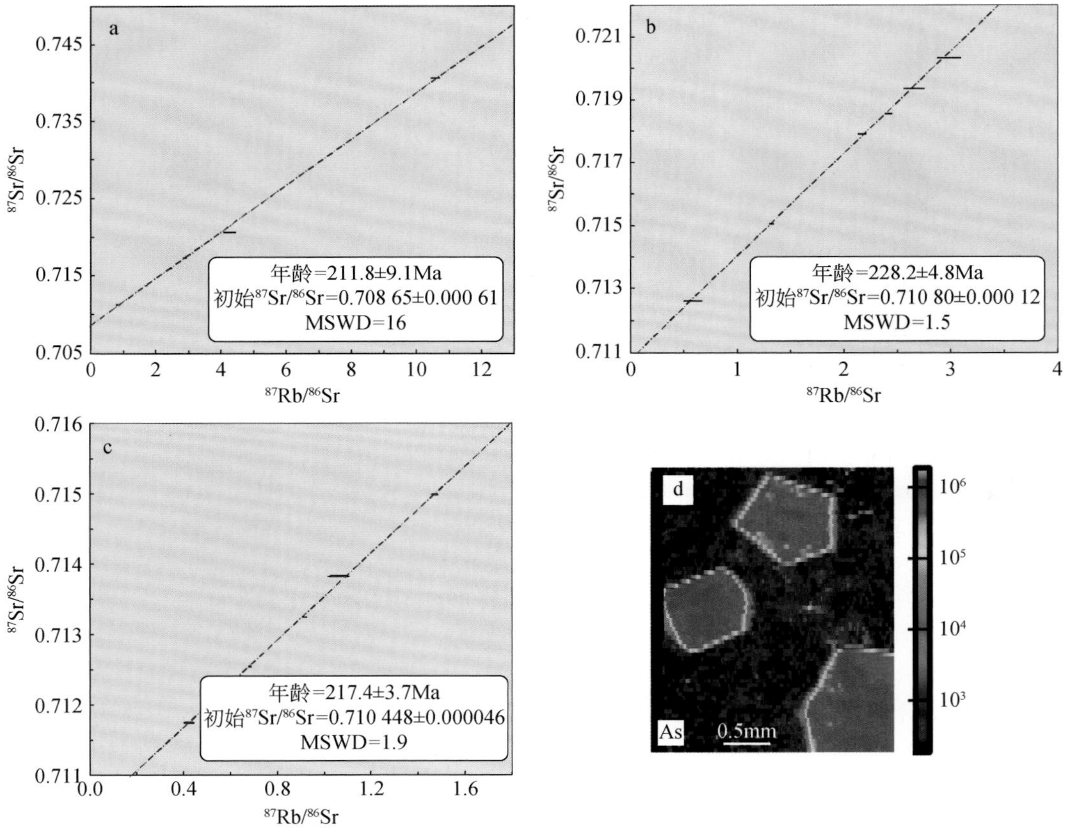

图 5.21　a～c 为者桑金矿床黄铁矿 Rb-Sr 等时线年龄，d 为分析用黄铁矿的面扫描图（As 含量）（据董文斗，2017）

十、锆石和磷灰石裂变径迹定年

裂变径迹具有较低的封闭温度，如锆石为 205 ~ 240℃（Bernet，2009），磷灰石为 90 ~ 120℃（Ketcham et al.，1999）。流体包裹体研究表明，区内卡林型金矿床成矿温度为 100 ~ 300℃，主要在 150 ~ 250℃（Hu et al.，2002，2017；Zhang et al.，2003；Gu et al.，2012）。因此，卡林型金矿床的成矿热事件可以重置矿体或其附近围岩中锆石和磷灰石的裂变径迹体系，无论这些锆石和磷灰石形成于成矿时还是成矿前，理论上都可以记录下该成矿热事件的冷却年龄，反映成矿时代信息。基于这一原理，本研究采集了右江矿集区黔西南地区 6 个大型金矿床中矿体或矿体紧邻围岩样品，分选出锆石和磷灰石后进行相应的裂变径迹分析（黄勇，2019；Huang et al.，2019）。

本研究获得 21 个样品的锆石裂变径迹年龄和 7 个样品的磷灰石裂变径迹年龄，锆石裂变径迹年龄主要集中在 192 ~ 216Ma 和 135 ~ 156Ma，极少量为 85 ~ 88Ma；磷灰石裂变径迹年龄全部集中在 19 ~ 40Ma（图 5.22）。因此，裂变径迹分析结果可以鉴别出明显的四组年龄，分别是 192 ~ 216Ma、135 ~ 156Ma、85 ~ 88Ma 和 19 ~ 40Ma。

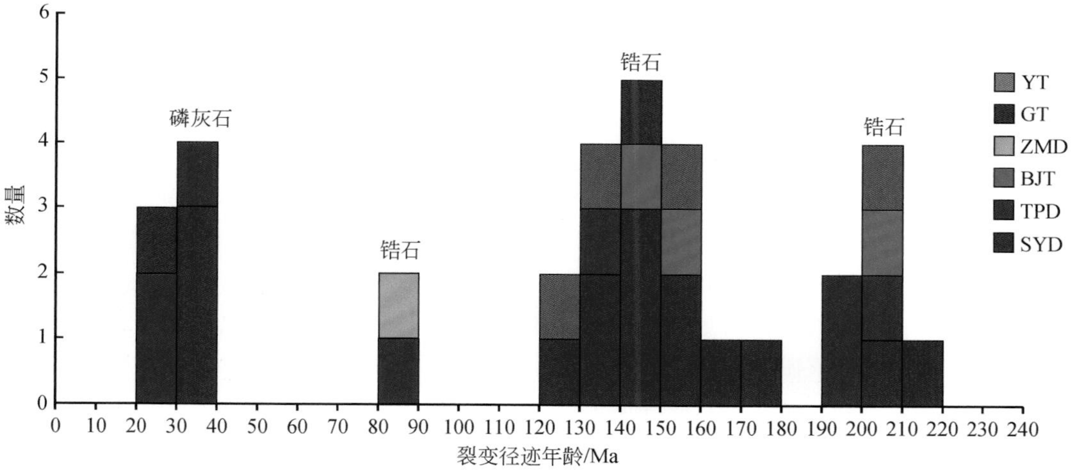

图 5.22 黔西南卡林型金矿床中锆石和磷灰石裂变径迹年龄分布直方图

（据黄勇，2019；Huang et al.，2019）

YT. 丫他；GT. 戈塘；ZMD. 紫木凼；BJT. 簸箕田；TPD. 太平洞；SYD. 水银洞

四组裂变径迹年龄均小于样品所属地层的成岩年龄，表明样品中锆石和磷灰石的裂变径迹体系均受到热重置作用，四组年龄应是对黔西南卡林型金矿区所经历四期地质热事件的记录。卡林型金矿床成矿作用作为区内重要的热事件，理应包含于这四期地质热事件中，即成矿热事件可能发生在 192 ~ 216Ma、135 ~ 156Ma、85 ~ 88Ma 和 19 ~ 40Ma 中的一期或多期。陈懋弘等（2014）在巴马料屯金矿床中获得切穿金矿体的石英斑岩脉的成岩时代为 95.5±0.7Ma，Zhu 等（2017）发现右江盆地三个地区这些长英质脉岩中锆石的 U-Pb 年龄分别为 97.2±1.1Ma、95.4±2.4Ma 和 99.4±0.4Ma，这表明区内卡林型金矿床的成矿应早于 95～100Ma。因而，右江盆地的金成矿不可能发生在 85～88Ma 和 19～40Ma。

通过本次定年研究前述各种定年方法（金红石和独居石 U-Pb 法、磷灰石 Th-Pb 法、绢云母和伊利石 Ar-Ar 法等）的定年结果的综合研究可以发现，这些年龄可以明显分为两组，一组约为 230～200Ma，另一组约为 160～130Ma。显而易见，前一组与锆石裂变径迹年龄 192～216Ma 相吻合；而后一组与锆石裂变径迹年龄 135～156Ma 相吻合。这种一致性表明，黔西南卡林型金矿区可能确实经历了相应的两期成矿热事件。

85～88Ma 的锆石裂变径迹年龄与黔西南鲁容-白层地区侵入的少量碱性超基性岩墙年龄 84～88Ma 相一致，因而该组锆石裂变径迹年龄可能是对此次岩浆热事件的记录，由于这些岩墙距离黔西南卡林型金矿床较远，因而影响强度小，仅有极少量锆石裂变径迹记录。

前人对流体包裹体的研究表明，黔西南卡林型金矿床成矿深度可能超 4km（Zhang et al.，2003；Su et al.，2009a），因而对应的地温可能超过 120℃（假设地温梯度 30℃/km），高于磷灰石裂变径迹封闭温度，使体系处于开放状态，而 19～40Ma 年龄可能记录了矿床被抬升剥露至 4km 以浅使磷灰石裂变径迹体系进入封闭的时间，因矿床现今处于地下 100～400m，可以进一步粗略估算从约 19～40Ma 至今矿床的平均抬升剥露速率约为 90～180m/Ma。

十一、锆石（U-Th）/He 定年

与裂变径迹法类似，（U-Th）/He 法也属于一种低温热年代学方法，但相比于裂变径迹法，（U-Th）/He 法通常具有更高的精度。锆石（U-Th）/He 的封闭温度为 170～190℃（Reiners et al.，2005），低于区内卡林型金矿床成矿温度 100～300℃（主要在 150～250℃）。因此，卡林型金矿床的成矿热事件可以重置矿体或其附近围岩中锆石的（U-Th）/He 体系，无论这些锆石形成于成矿时还是成矿前，理论上都可以记录下该成矿热事件的冷却年龄，反映成矿时代信息。基于这一原理，本研究采集了右江盆地中烂泥沟、太平洞、丫他、水银洞、林旺、八渡和高龙等 11 个金矿床中的矿石样品，分选出锆石后进行了相应的锆石（U-Th）/He 分析（高伟，2018；黄勇，2019；Huang et al.，2019；Gao et al.，2020）。

每个矿床都获得了 1～2 个样品的（U-Th）/He 分析结果，每个样品中包含 2～5 个单颗粒锆石，绝大部分样品内单颗粒锆石的（U-Th）/He 年龄均较集中，因而采用各单颗粒锆石的加权平均年龄代表样品年龄。然而，水银洞金矿床的一个样品获得了较分散的 3 个锆石单颗粒（U-Th）/He 年龄，分别是 331.81±4.57Ma、401.77±5.44Ma 和 140.51±1.89Ma，这是由于水银洞金矿样品中锆石的总体特征是颗粒细小且晶形较差，能满足（U-Th）/He 测试条件的颗粒很少，这 3 个基本符合测试条件的颗粒可能也存在一定缺陷，因而获得了变化范围较大的年龄。对该样品中 3 个颗粒的详细观察发现，年龄偏大的两个颗粒的内部均有明显拉长的气泡，这可能导致颗粒具有过剩 He 而年龄偏大，加之这两个颗粒的年龄明显老于地层年龄，与地质事实不符，因而舍弃年龄偏大的两个颗粒，用 140.51±1.89Ma 代表水银洞金矿样品的（U-Th）/He 年龄。

从 14 个样品的年龄分布直方图（图 5.23）可以发现，右江盆地各金矿床锆石的（U-Th）/He 年龄比较集中，分布在 112 ~ 160Ma，主要集中于 130 ~ 145Ma。这一年龄值与上述 135 ~ 156Ma 这组锆石裂变径迹年龄相吻合，表明在整个右江盆地内都存在 130 ~ 160Ma 这期地质热事件。结合前文确定的金红石 U-Pb 年龄、磷灰石 Th-Pb 年龄、方解石和萤石 Sm-Nd 年龄、绢云母 Ar-Ar 年龄等年代学结果，表明 130 ~ 160Ma 这期地质热事件应代表了区内的一期成矿热事件（高伟，2018；黄勇，2019；Huang et al.，2019；Gao et al.，2020）。

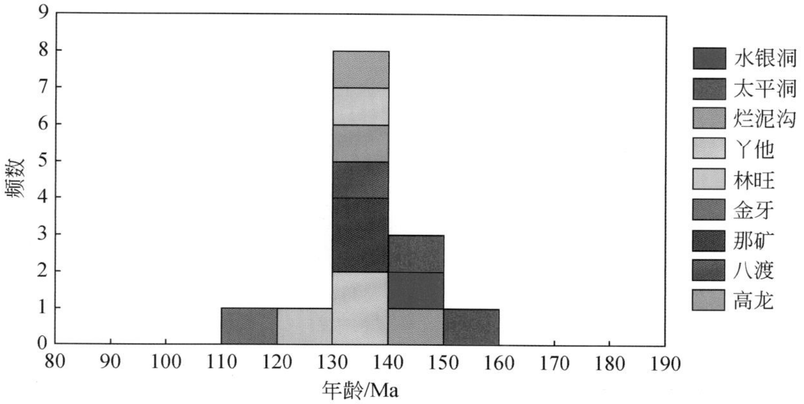

图 5.23　右江盆地卡林型金矿中锆石（U-Th）/He 年龄分布直方图
（据高伟，2018；黄勇，2019；Huang et al.，2019；Gao et al.，2020）

十二、右江矿集区大规模成矿时代

综上所述，在前人研究的基础上，本次主要采用与金矿化有关的热液金红石和独居石 U-Pb 法、热液磷灰石 Th-Pb 法、热液绢云母和伊利石 Ar-Ar 法、热液白云石和萤石 Sm-Nd 法、锆石裂变径迹和（U-Th）/He 低温热年代学等定年方法，对右江矿集区的卡林型金矿床进行系统的年代学研究。研究结果显示：①右江盆地卡林型金矿的成矿年龄主要集中在 230 ~ 200Ma 和 160 ~ 130Ma 两个时期（图 5.24）；②矿床地质特征表明，毒砂和含砷黄铁矿作为卡林型金矿床的主要载金矿物，常呈浸染状分布于矿体中，而雄黄、雌黄、辉锑矿、方解石、萤石等矿物组合常呈脉状产出，在卡林型金矿床中往往切穿金矿体，是晚期成矿的产物；有意义的是，以毒砂、含砷黄铁矿等载金矿物为分析对象获得的年龄主要集中在 230 ~ 200Ma（图 5.24），可能代表了该区金的主成矿时代；相反，以与雄黄、雌黄、辉锑矿共生的方解石、白云石、萤石为分析对象获得的年龄则主要集中在 160 ~ 130Ma（图 5.24），这可能代表了该区锑、汞、砷的主成矿时代；③金红石 U-Pb、绢云母 Ar-Ar 和锆石裂变径迹年龄，在两个成矿时期都有出现，这表明两个成矿期都有金红石和绢云母这些蚀变矿物的形成，以及锆石的裂变径迹体系经历了这两次成矿热事件的改造；④锆石（U-Th）/He 体系只记录了 160 ~ 130Ma 的成矿热事件（图 5.23 和图 5.24），表明前期成矿热事件的记录已完全被后期成矿热事件重置。

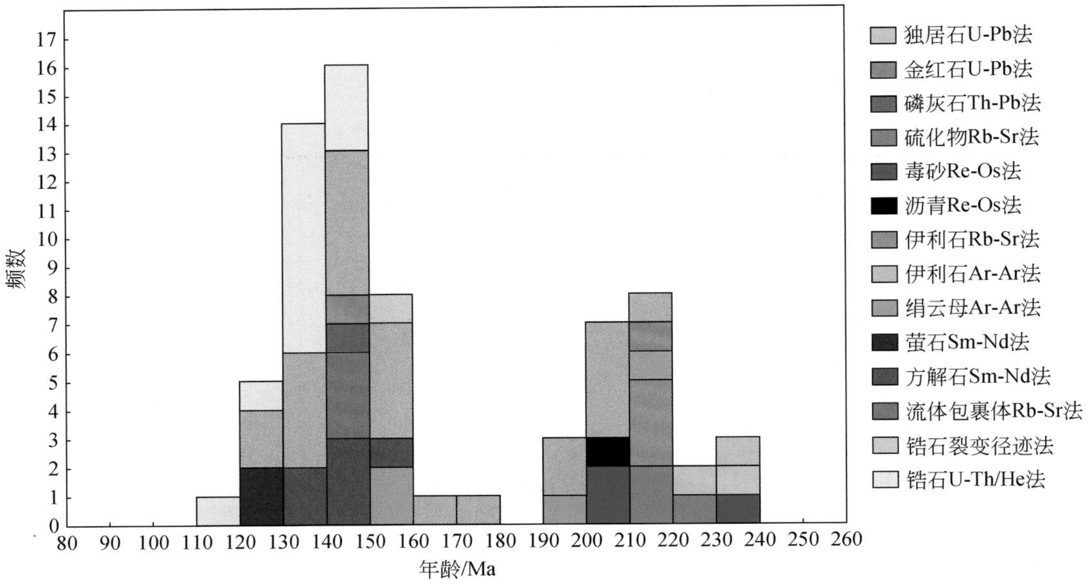

图 5.24 右江矿集区卡林型金矿床成矿年龄直方图

第二节 湘中 Sb-Au 矿集区成矿时代

以往对湘中矿集区锑金矿床的年代学研究已取得部分成果（史明魁等，1993；李华芹等，2008；韩凤彬等，2010；黄诚等，2012；王永磊等，2012；Peng et al.，2003；Hu et al.，2017）。但是，这些矿床的形成时代及其空间分布规律仍存在较大争议。例如，对沃溪钨-锑-金矿床，不同学者采用多种方法进行了年代学研究，获得了很大的年龄范围（420～145Ma），甚至不同学者采用同一方法也获得了截然不同的结果。其原因，一方面是锑-金等低温矿床的矿物组合较简单，通常缺乏适合放射性同位素定年的矿物（Arehart et al.，2003；Dill et al.，2008），难以有效制约成矿时代；另一方面是部分测年方法本身可能存在一些问题，如流体包裹体 Rb-Sr 等时线法，由于有些流体包裹体较低的 Rb、Sr 含量和难以较好排除次生流体包裹体的影响，有时会获得无地质意义的结果（Kelser et al.，2005；Gu et al.，2012）。然而，目前湘中地区锑-金矿床的年龄，大多由流体包裹体 Rb-Sr 等时线等方法获得，其结果的可靠性尚需进一步讨论。本研究在以往工作的基础上，取得以下主要进展。

一、硫化物矿物 Re-Os 定年

近年来，硫化物矿物 Re-Os 同位素定年已取得重要进展，测试对象已从传统的辉钼矿扩展到了磁黄铁矿、黄铁矿等低 Re、Os 含量及同位素组成的矿物。研究表明，Re-Os 同位素体系已能够对热液矿床中低 Re、Os 含量的硫化物矿物进行较准确的年龄测定。在前

期研究的基础上，本研究开展了湘中矿集区龙山锑-金矿床中黄铁矿、杏枫山金矿床中毒砂和石巷里石墨矿石英脉中黄铁矿的 Re-Os 定年研究。

（一）龙山锑-金矿床黄铁矿

黄铁矿是龙山锑-金矿床的常见矿物，形成于主成矿期。因此，其 Re-Os 年龄可代表成矿年龄。研究所用样品采自龙山锑-金矿床 5 号矿脉中辉锑矿、黄铁矿、自然金矿物组合矿石，黄铁矿呈浸染状产出，粒径多小于 1mm。本研究共挑选出 5 件较粗粒黄铁矿样品用于 Re-Os 同位素定年。结果表明，黄铁矿的 Re 含量为 $0.44\times10^{-9}\sim4.41\times10^{-9}$，Os 含量为 $0.01\times10^{-9}\sim0.03\times10^{-9}$，$^{187}Re/^{188}Os$ 和 $^{187}Os/^{188}Os$ 值分别为 184.9～3172 和 1.36～11.31。用 Isoplot 2.06 计算获得的 Re-Os 等时线年龄为 195±36Ma（2σ，$n=5$），MSWD=16，初始 $^{187}Os/^{188}Os$ 值为 1.09±0.84（2σ）（图 5.25）。该定年结果的误差偏大，其原因可能涉及以下几个方面：①方法本身的原因，即黄铁矿 Re-Os 同位素分析的复杂性和不确定性所致；②样品自身的原因，如黄铁矿常发育碎裂结构，裂隙中的充填物可能导致黄铁矿样品的纯度不足而引起误差；③黄铁矿中 Re、Os 含量偏低，造成等时线上各点拉不开而引起误差。由于本次测试的黄铁矿 Re 含量偏低，其中 3 件样品的 Re 含量低于 1×10^{-9}，且在等时线上分布较为集中，这可能是导致年龄误差偏大的主要原因。但从 MSWD 值及拟合概率来看，其等时线年龄是可靠的，可代表成矿年龄。该年龄与区内大坪金矿、铲子坪金矿等的定年结果基本一致，表明湘中矿集区存在印支期低温成矿作用。

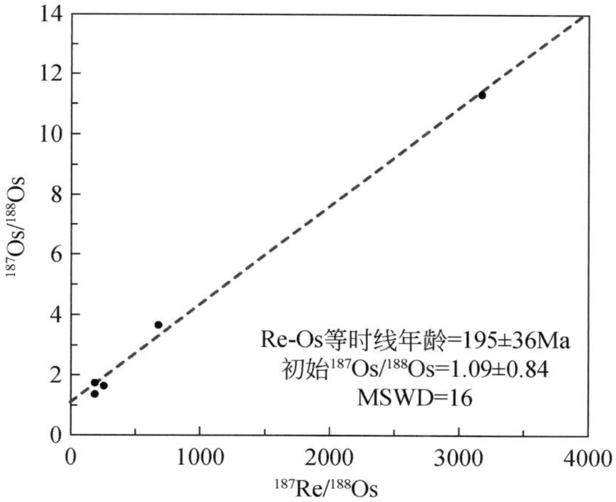

图 5.25　湖南龙山锑金矿床黄铁矿 Re-Os 等时线年龄
（据付山岭等，2016）

（二）杏枫山金矿床毒砂

杏枫山金矿床中的硫化物矿物主要为毒砂和磁黄铁矿，黄铁矿罕见。本研究挑选出毒砂开展了矿床定年工作。对矿床中含金毒砂开展的 ICP-MS 初测显示，其中 Re、Os 含量较低，因此挑选了 13 件样品进行 TIMS 测试，仅 6 件测出 TIMS 数据。由于毒砂的 Re、Os 含量太低，致使定年结果不太理想，但大体上可以看出毒砂的 Re-Os 年龄为 259±22Ma

(图 5.26)。彭建堂等(内部资料)测得石英脉中热液成因榍石的 U-Pb 年龄为 206±26Ma。上述年龄显示，杏枫山金矿床应该形成于晚三叠世，与附近白马山二长花岗岩体的成岩年龄(242Ma)在误差范围内吻合，由于矿床位于该岩体的外接触带上，暗示金成矿可能与白马山印支期花岗岩有关。

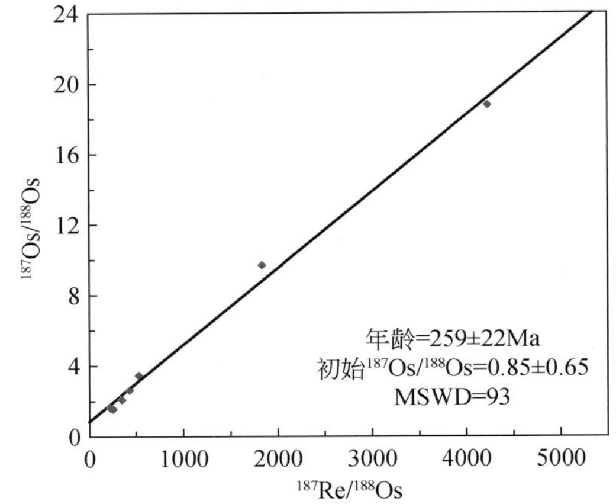

图 5.26 杏枫山金矿床中毒砂 Re-Os 年龄及矿床附近二长花岗岩锆石 U-Pb 年龄图解

(三)石巷里石墨(煤)矿中的含金热液黄铁矿

通过石巷里石墨(煤)矿热液石英脉中黄铁矿的 Re-Os 年代学研究，精确厘定了涟源盆地(湘中盆地的次级盆地)大范围煤变质作用的时代。这可能反映涟源盆地在燕山期经历过涉及整个盆地的区域性流体作用。

1. 热液黄铁矿的微量元素特征

在石巷里石墨(煤)矿，产有穿插于其中的热液石英脉。通过石英脉中黄铁矿的 EPMA 精细矿物学研究发现，黄铁矿以自形和半自形为主(图 5.27a ~ b)。

这些黄铁矿的 Co/Ni 值>1，集中在 1 ~5(表 5.1)。黄铁矿具有较高的 As(0 ~1.6%，集中于 0.5% ~1.4%)和极低的 Se(0 ~0.06%)含量，主要为热液成因(图 5.28)。

黄铁矿 EPMA 分析点的含金率为 54%(19/35)，含金 0.014% ~0.731%，平均 0.254%(表 5.1)，并普遍富含 Sb、W 和 Ag、Cu、Pb、Zn 等成矿元素。

2. 黄铁矿的 Re-Os 定年

黄铁矿的 Re 含量为 5.73×10^{-9} ~ 15.56×10^{-9}，普 Os 含量为 0.02×10^{-9} ~ 0.05×10^{-9}(表 5.2)。黄铁矿的 Re-Os 模式年龄为 137±5.0 ~146±2.0Ma，加权平均年龄为 143.5±4.2Ma，等时线年龄为 127.6±3.8Ma(图 5.29)。等时线年龄与模式年龄的下限基本一致，代表了含金黄铁矿形成年龄。

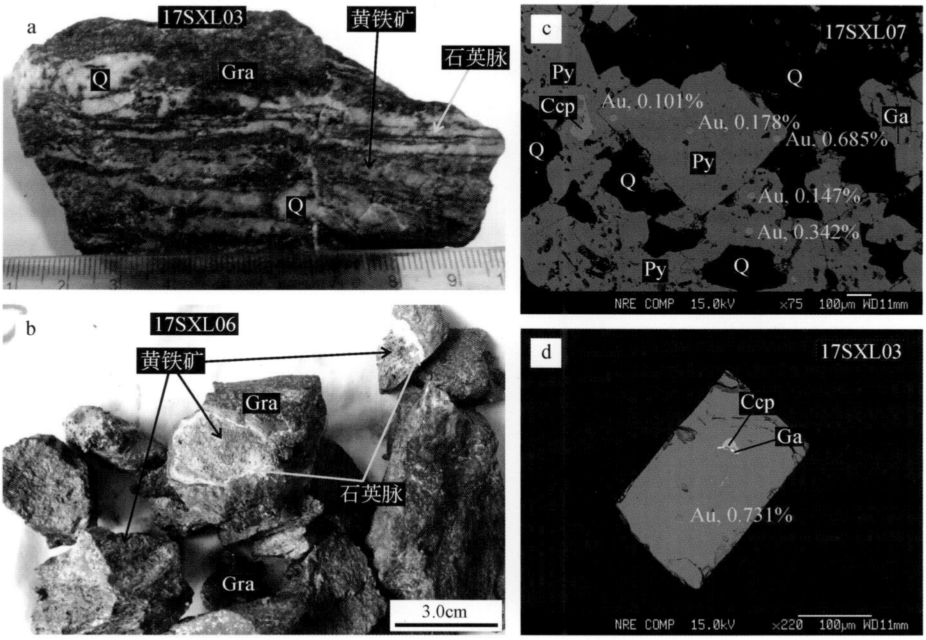

图 5.27　石巷里石墨（煤）矿热液石英脉中载金黄铁矿特征

a. 石墨矿体下盘强硅化泥质砂岩，见星点状黄铁矿化；b. 石墨矿石中产出浸染状黄铁矿的石英细脉；c. 热液石英脉中的黄铁矿及其 Au 含量分布特征；d. 石英脉中的黄铁矿包裹黄铜矿和方铅矿；Gra. 石墨；Py. 黄铁矿；Q. 石英；Au. 金；Ccp. 黄铜矿；Ga. 方铅矿

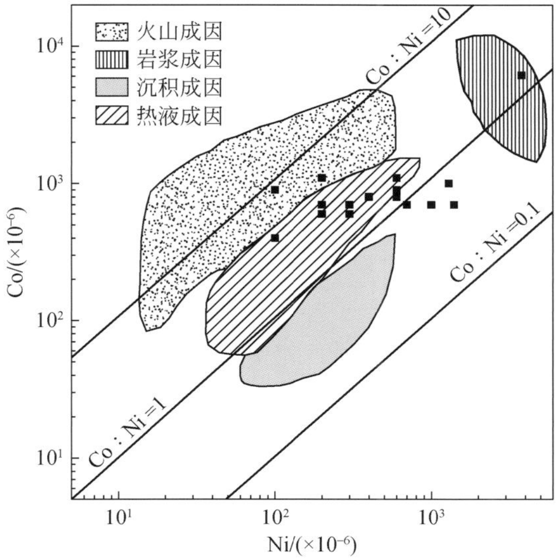

图 5.28　石巷里石墨（煤）矿石英脉中黄铁矿 Co-Ni 判别图

（底图据 Bajwah et al.，1987；Brill，1989）

表 5.1 石巷里石墨（煤）矿石英脉中黄铁矿电子探针分析结果 （单位:%）

样品编号	Se	Cr	Mo	As	Fe	S	Co	Pb	Ni	Cu	Zn	Sb	Au	Ag	W	Total	Co/Ni
SXL03. 1	—	0. 03	0. 58	0. 55	45. 80	52. 79	0. 03	0. 09	—	0. 01	—	—	—	—	—	99. 88	—
SXL03. 4	—	0. 01	0. 59	1. 62	44. 31	51. 53	0. 61	0. 16	0. 38	—	0. 03	—	0. 37	—	—	99. 62	1. 60
SXL03. 5	—	0. 00	0. 54	1. 33	45. 30	51. 65	0. 06	0. 04	—	—	—	0. 04	0. 73	—	—	99. 70	—
SXL03. 6	—	0. 03	0. 57	1. 21	45. 71	51. 46	0. 11	—	0. 00	0. 06	—	—	—	0. 01	0. 05	99. 21	110
SXL03. 8	—	0. 03	0. 57	0. 77	45. 84	52. 27	0. 06	—	0. 02	0. 06	0. 03	—	0. 01	0. 01	0. 16	99. 84	4. 00
SXL03. 9	—	0. 03	0. 55	0. 93	45. 70	52. 25	0. 06	0. 06	0. 03	—	—	—	0. 42	—	—	100. 02	2. 24
SXL03. 10	—	0. 01	0. 59	0. 27	45. 58	52. 63	0. 11	0. 04	0. 02	0. 03	0. 05	0. 05	0. 07	—	—	99. 45	4. 50
SXL03. 31	—	0. 03	0. 56	1. 05	45. 22	51. 70	0. 08	—	0. 00	—	0. 01	0. 03	0. 11	—	—	98. 78	19
SXL03. 32	—	0. 04	0. 61	1. 43	44. 99	51. 96	0. 09	0. 11	—	—	0. 13	—	—	—	—	99. 35	—
SXL03. 33	—	0. 02	0. 57	1. 04	45. 62	51. 44	0. 11	—	—	0. 02	—	—	—	0. 01	0. 05	98. 87	—
SXL03. 34	—	0. 03	0. 60	1. 39	45. 33	50. 87	0. 07	0. 05	0. 02	0. 02	0. 08	0. 01	0. 54	—	0. 09	99. 10	4
SXL07. 1	—	0. 06	0. 56	—	46. 12	53. 03	0. 11	—	—	0. 01	0. 05	0. 01	0. 22	0. 01	0. 16	100. 34	—
SXL07. 3	—	0. 02	0. 58	0. 02	45. 65	52. 77	0. 08	0. 01	0. 04	0. 00	—	0. 03	—	0. 03	0. 02	99. 25	1. 93
SXL07. 4	0. 02	0. 05	0. 55	—	45. 41	51. 92	0. 10	0. 08	0. 13	—	0. 05	—	—	—	0. 17	98. 48	0. 73
SXL07. 5	—	0. 04	0. 58	0. 01	45. 92	51. 87	0. 08	0. 09	0. 06	0. 02	0. 03	0. 01	0. 34	0. 00	—	99. 05	1. 31
SXL07. 6	0. 02	0. 06	0. 47	0. 10	45. 99	52. 61	0. 09	0. 09	—	—	0. 08	0. 02	0. 10	—	0. 03	99. 65	—
SXL07. 7	0. 00	0. 06	0. 58	0. 04	45. 78	52. 30	0. 11	0. 06	—	0. 06	0. 03	0. 04	0. 18	—	—	99. 23	—
SXL07. 8	—	0. 01	0. 48	—	45. 66	52. 01	0. 07	0. 01	—	—	0. 05	—	0. 69	0. 02	0. 09	99. 08	—

续表

样品编号	Se	Cr	Mo	As	Fe	S	Co	Pb	Ni	Cu	Zn	Sb	Au	Ag	W	Total	Co/Ni
SXL07. 9	0. 03	0. 02	0. 55	—	45. 98	52. 92	0. 07	—	0. 02	—	0. 06	0. 01	0. 15	0. 01	0. 16	99. 97	4. 44
SXL07. 10	—	0. 03	0. 63	—	45. 92	53. 11	0. 07	0. 02	0. 03	—	0. 03	0. 01	—	0. 03	0. 11	99. 99	2. 26
SXL07. 11	0. 04	0. 03	0. 51	0. 02	45. 97	52. 38	0. 04	0. 08	0. 01	—	0. 06	—	—	0. 03	0. 02	99. 19	3. 27
SXL07. 12	—	0. 03	0. 63	0. 02	45. 74	52. 06	0. 09	0. 04	0. 01	0. 03	0. 05	—	—	—	0. 17	98. 85	8. 09
SXL07. 13	0. 02	0. 02	0. 52	—	45. 56	51. 97	0. 11	0. 02	0. 06	0. 71	—	0. 00	0. 11	0. 00	—	99. 11	1. 89
SXL07. 14	—	0. 05	0. 63	—	45. 75	52. 53	0. 07	0. 03	0. 00	—	0. 01	—	0. 03	—	0. 03	99. 15	74. 00
SXL07. 15	0. 00	0. 03	0. 58	—	45. 62	52. 41	0. 07	—	0. 02	0. 02	0. 03	0. 02	0. 36	—	—	99. 16	4. 11
SXL07. 16	0. 00	0. 02	0. 62	—	44. 65	52. 08	0. 11	0. 01	1. 48	0. 01	0. 03	—	—	0. 02	0. 09	99. 11	0. 07
SXL07. 17	0. 00	0. 03	0. 53	0. 06	45. 94	52. 09	0. 07	0. 05	—	—	0. 08	—	—	—	—	98. 85	—
SXL06. 1	0. 01	—	0. 57	0. 21	45. 61	52. 09	0. 07	—	0. 14	0. 02	0. 11	—	—	0. 02	0. 18	99. 03	0. 50
SXL06. 2	—	0. 02	0. 57	0. 01	45. 87	52. 53	0. 10	0. 05	—	—	0. 03	—	—	0. 02	0. 13	99. 32	—
SXL06. 3	0. 04	0. 06	0. 53	—	45. 52	52. 59	0. 09	0. 06	0. 06	0. 09	0. 07	0. 02	—	—	—	99. 13	1. 53
SXL06. 4	0. 04	0. 07	0. 55	—	45. 21	52. 53	0. 07	0. 03	0. 10	0. 00	0. 04	—	0. 21	—	0. 09	98. 95	0. 63
SXL05. 1	—	0. 01	0. 53	0. 02	46. 12	52. 70	0. 10	—	—	0. 00	0. 06	0. 03	—	—	—	99. 55	—
SXL05. 2	0. 02	0. 06	0. 56	—	44. 78	51. 21	0. 07	0. 09	—	—	0. 00	—	0. 11	0. 05	—	96. 94	—
SXL05. 3	—	0. 05	0. 67	—	45. 23	52. 51	0. 07	—	0. 07	0. 01	—	—	—	—	0. 12	98. 71	0. 93
SXL05. 4	—	0. 02	0. 66	0. 01	45. 19	51. 64	0. 07	0. 04	—	0. 04	—	0. 02	0. 08	0. 02	0. 10	97. 88	—

注：—代表低于检测限。

表 5.2　石巷里石墨（煤）矿石英脉中黄铁矿 Re-Os 同位素测年结果

样品编号	Re/($\times10^{-9}$)	普 Os/($\times10^{-9}$)	$^{187}Re/^{188}Os$ $\pm2\sigma$	$^{187}Os/^{188}Os$ $\pm2\sigma$	$(^{187}Os/^{188}Os)_t$	模式年龄/Ma	$\gamma Os/t$
17SXL03	15.556±0.068	0.046 18±0.000 21	3307±21	8.088±0.060	1.039	145±6	723.9
17SXL05	8.998±0.051	0.024 51±0.000 03	3905±23	9.390±0.024	1.067	143±2	745.6
17SXL06	7.367±0.033	0.022 95±0.000 03	3027±14	7.469±0.022	1.017	146±2	706.3
17SXL08	7.619±0.050	0.018 55±0.000 05	4813±34	11.106±0.064	0.847	137±5	571.8
17SXL09	14.394±0.103	0.032 82±0.000 05	5754±42	13.343±0.035	1.079	138±4	755.1

注：普 Os 含量根据原子量（Wieser，2006）和同位素丰度（Böhlke et al.，2005），通过 $^{192}Os/^{190}Os$ 测量比计算得出，w（^{187}Os）是 ^{187}Os 同位素总量；$(^{187}Os/^{188}Os)_t$ = $(^{187}Os/^{188}Os)_{测试}$ − $(^{187}Re/^{188}Os)$ × $(e^{\lambda t}-1)$；$\gamma Os(t)$ = 100×$[(^{187}Os/^{188}Os)_t/(^{187}Os/^{188}Os)_{球粒陨石(t)}-1]$；$(^{187}Os/^{188}Os)_{球粒陨石(t)}$ = $(^{187}Os/^{188}Os)_{初始值}$ + $(^{187}Re/^{188}Os)$ × $(e^{\lambda T}-e^{\lambda t})$；地球形成年龄 $T=4.558\times10^9$ a（Shirey and Walker，1998）；^{187}Re 衰变常数为 $\lambda=1.666\times10^{-11}\ a^{-1}$（Smoliar et al.，1996）。

石巷里载金黄铁矿的等时线年龄与锡矿山锑矿床成矿晚期的热液方解石 Sm-Nd 等时线年龄（124.1±3.7Ma）（Peng et al.，2003）相近，显示湘中低温热液成矿作用年代具有区域可对比性，反映燕山期的热液作用在形成一批以锡矿山超大型 Sb 矿为代表的低温矿床的同时，区域性的流体作用也导致了大范围内煤的变质而形成石墨。

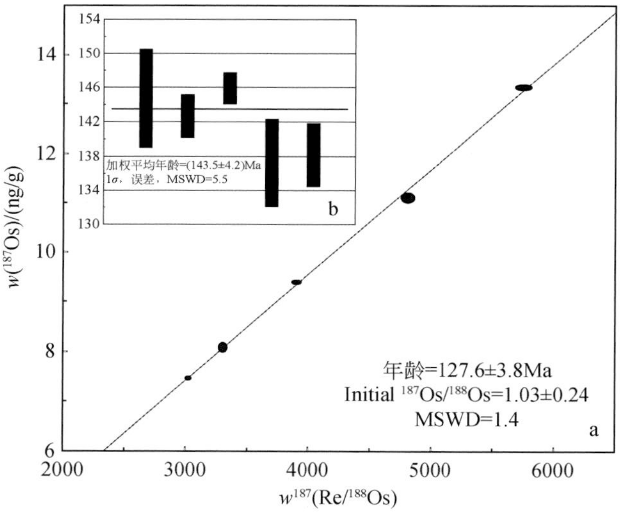

图 5.29　石巷里石墨（煤）矿石英脉中载金黄铁矿 Re-Os 等时线年龄（a）和加权平均年龄（b）

二、古台山 Au-Sb 矿床 Ar-Ar 定年

本研究在古台山 Au-Sb 矿床 280m 中段发现了宽 1～5cm 的石英-白云母-绿泥石-铁白云石脉（图 5.30）。在进行白云母 Ar-Ar 分析之前，确定白云母样品能否代表成矿时代非常重要。基于以下分析，认为样品中的白云母 $^{40}Ar/^{39}Ar$ 年龄可代表成矿时代：①石英脉金品位约 1g/t（矿山实际化验品位）；②石英脉中的云母矿物只在成矿阶段生成，其他阶段

不发育，且电子探针分析结果显示，白云母成分明显不同于板岩中的绢云母，表明白云母为热液成因；③石英脉产状与含自然金的石英脉产状一致；④测试样品所在石英脉的矿物组合（石英+云母+铁白云石+绿泥石+方铅矿）与含自然金石英脉中的矿物组成相似；⑤据与白云母共生的绿泥石成分计算得到的温度为243～257℃，与成矿阶段石英中流体包裹体均一温度（190～320℃）相近，且上述温度与白云母Ar封闭温度相近（300～350℃；McDougall and Harrison，1999）。

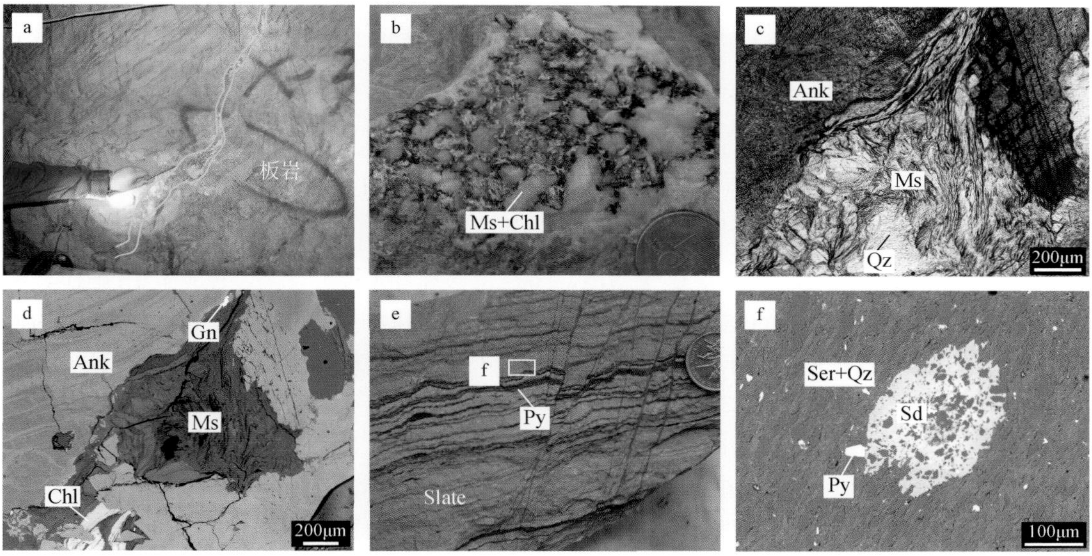

图5.30　古台山矿床白云母样品特征

（据Li et al.，2018b）

a. 含绿泥石白云母石英脉充填在板岩中；b. 绿泥石和白云母共生分布在石英脉中；c～d. 白云母显微结构（c. 单片光图像，d. BSE图像）；e～f. 板岩中的绢云母手标本和显微结构（f. BSE图像）；Ank. 铁白云石；Chl. 绿泥石；Gn. 方铅矿；Ms. 白云母；Py. 黄铁矿；Qz. 石英；Sd. 菱铁矿；Ser. 绢云母

采用激光阶段加热法确定白云母的Ar-Ar组成，坪年龄和反等时线年龄见图5.31。坪年龄包含6个连续加热释放阶段，包括了90%以上的^{39}Ar气体释放量。分析结果得到的坪年龄为223.6±5.3Ma，与反等时线年龄224.7±0.7Ma（MSWD=1.2）高度一致（图5.31）。反等时线年龄得到的初始$^{40}Ar/^{36}Ar$值（300.5±1.1）与大气值（298.56±0.31；Mark et al.，2011）相近，说明测试样品中无明显过剩Ar。综合以上分析可以发现，上述223.6±5.3Ma的坪年龄代表了古台山矿床的形成时代。

三、龙山Sb-Au矿床Sm-Nd和Ar-Ar定年

该矿床由龙山和谢家山两个矿区组成，是湘中地区规模最大的脉状锑金矿床。本研究开展了谢家山矿区与辉锑矿共生白钨矿的Sm-Nd定年和含矿石英-白云母脉中云母的Ar-Ar定年。谢家山矿区298m中段与辉锑矿共生的白钨矿，可分为早、晚两个阶段（Sch1和Sch2）。其中早阶段白钨矿被辉锑矿胶结，白钨矿粒径一般>1000μm。BSE和CL图像显

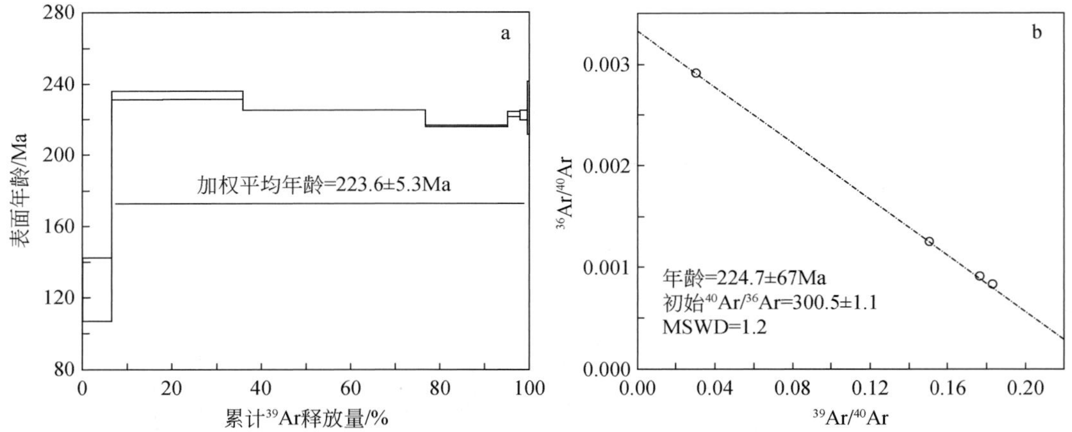

图 5.31　古台山矿床白云母$^{40}Ar/^{39}Ar$坪年龄（a）和反等时线年龄（b）图解

（据 Li et al.，2018b）

示早世代白钨矿具有均一的结构和成分特征，显示该类白钨矿形成过程中成矿流体的性质变化不大。因此，本次工作挑选该类白钨矿进行了溶液法 Sm-Nd 等时线年代学分析。白钨矿 Sm 含量变化范围为 $3.9\times10^{-6}\sim20.3\times10^{-6}$，Nd 含量变化范围为 $6.2\times10^{-6}\sim15.4\times10^{-6}$，$^{147}Sm/^{144}Nd$ 变化范围为 0.3168～0.7989，$^{143}Nd/^{144}Nd$ 变化范围为 0.512 459～0.513 120，$^{143}Nd/^{144}Nd$ 与 1/Nd 无明显相关性，测试结果获得的等时线年龄为 210±2Ma（MSWD=1.0）（图 5.32）。

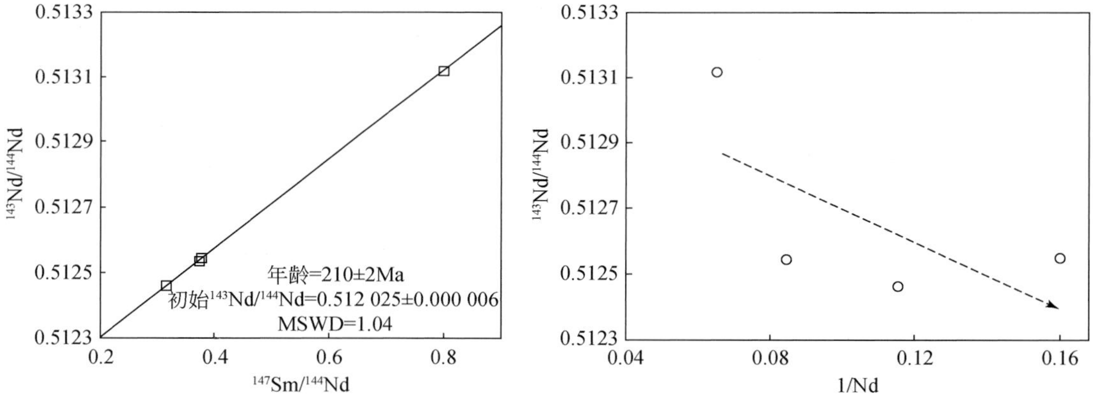

图 5.32　龙山锑金矿床白钨矿 Sm-Nd 等时线年龄和$^{143}Nd/^{144}Nd$-1/Nd 图

（据 Zhang et al.，2019）

此外，本研究通过详细的野外地质考察及镜下观察，发现谢家山矿区的含矿石英脉（图 5.33b）中产有纯度较高、自形程度较好、呈鳞片状产出的白云母（图 5.33c～d），并选取了适量的白云母单矿物样品用于^{40}Ar-^{39}Ar 同位素定年。

采用阶段加温法测定了白云母的$^{40}Ar/^{39}Ar$ 组成。结果显示，白云母的坪年龄（图 5.34）、相应的等时线年龄和反等时线年龄（图 5.35）在误差范围内一致，由等时线得到的$^{40}Ar/^{36}Ar$

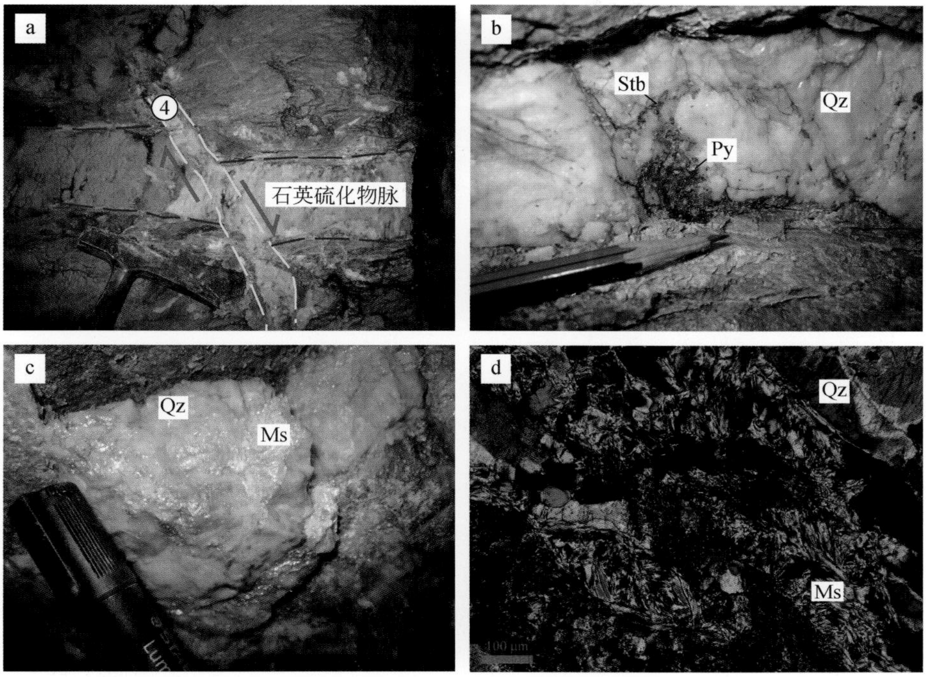

图 5.33　龙山锑金矿床含矿白云母石英脉

a. 石英白云母硫化物脉被 4 号脉切穿；b. 石英脉中辉锑矿和黄铁矿共生；c ~ d. 石英脉中的白云母；Qz. 石英；Ms. 白云母；Stb. 辉锑矿；Py. 黄铁矿

初始值为 310. 3±3. 9，与现代大气氩同位素比值（298. 56±0. 31；Lee et al.，2006）在误差范围内基本一致，表明白云母形成时没有捕获过剩氩。因此，样品的坪年龄可以代表矿物的结晶年龄。已有研究表明，白云母 K-Ar 同位素体系的封闭温度（350±50℃），与该矿床成矿期石英和白钨矿中原生包裹体的均一温度（230 ~ 310℃）一致。因此，白云母的 Ar-Ar 同位素坪年龄 162. 5±1. 8Ma 可以代表龙山锑金矿床第二次热液事件的年龄，可能代表了第二阶段白钨矿的成矿时代。

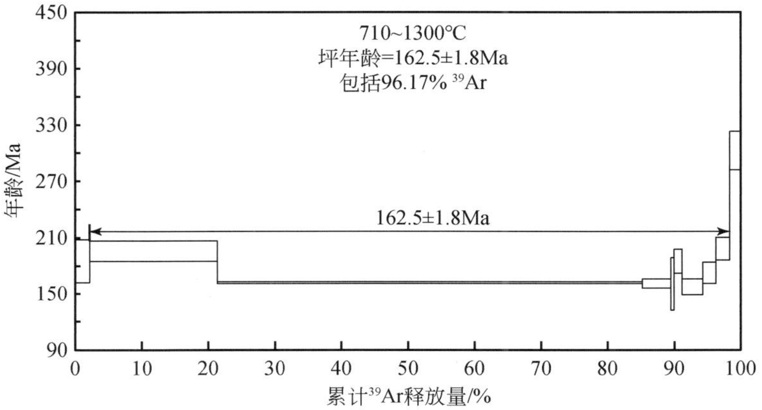

图 5.34　龙山锑金矿床白云母 ^{40}Ar-^{39}Ar 坪年龄图

（据张志远等，2018）

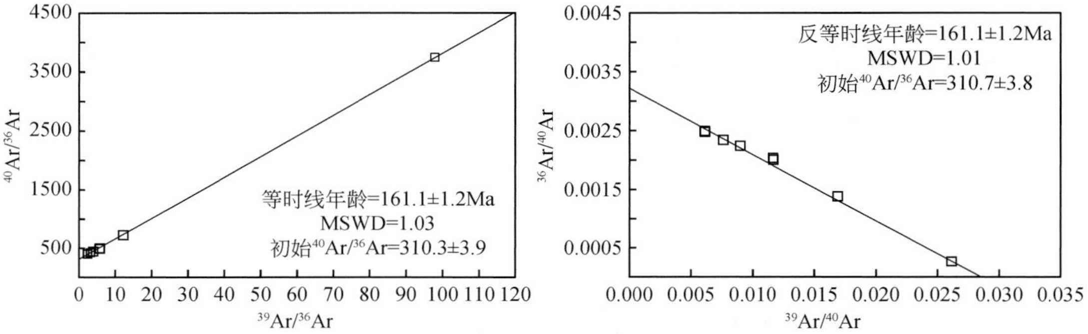

图 5.35　龙山锑金矿床白云母^{40}Ar-^{39}Ar等时线和反等时线年龄图
（据张志远等，2018）

付山岭等（2016）测得龙山锑金矿床与金密切相关的热液成因黄铁矿的 Re-Os 等时线年龄为 195±36Ma，龙山锑金矿床 5 号矿脉蚀变围岩中锆石的（U-Th）/He 年龄为 160.7±7.3Ma。本研究获得的两期热液事件年龄，与付山岭等（2016）的结果在误差范围内基本一致，可能反映该矿床经历了两次成矿作用的叠加。

四、曹家坝钨矿床榍石 U-Pb 定年

作者开展了详细的钻孔编录和详细的矿物学研究，发现该矿床发育典型的夕卡岩矿物组合（夕卡岩阶段+退化蚀变阶段+石英-硫化物阶段）。在退化蚀变阶段，形成了一些与白钨矿共生的热液成因榍石（图 5.36）。这些榍石具有低的 TiO_2 含量（27.76% ~ 36.46%）、高的（Al_2O_3+TFeO）含量（3.11% ~7.78%）和 F 含量（0.68% ~2.79%），与典型夕卡岩矿床中的热液榍石组成一致（Li et al.，2010；Che et al.，2013）。

挑选与白钨矿共生的热液榍石在澳大利亚国立大学开展了 SHRIMP 原位 U-Pb 测年，CJB-67 样品两种束斑大小测得的加权平均年龄分别为 197.5±2.9Ma 和 196.3±4.7Ma，对应的下交点年龄分别为 201.4±5.7Ma 和 199.5±3.7Ma（图 5.37a 和图 5.37d）。样品 CJB-64 和 CJB-53 得到的加权平均年龄分别为 205.6±4.7Ma 和 198.8±3.2Ma，对应的下交点年龄分别为 206.9±6.1Ma 和 199.5±5.1Ma（图 5.37b ~ c），上述年龄在误差范围内基本一致。采用最小和最大的焦点年龄作为年龄区间，则曹家坝钨矿床形成年龄为 199.5±3.7 ~ 206.9±6.1Ma，为晚三叠世或印支期成矿作用的产物。

五、锡矿山锑矿床锆石（U-Th）/He 定年

如前所述，锆石（U-Th）/He 体系的封闭温度为 170 ~ 190℃（Reiners et al.，2005）。已有的流体包裹体测温数据表明，湘中地区锑-金矿床的成矿温度多集中 150 ~ 300℃，这一温度足够打开锆石的（U-Th）/He 体系而导致其完全重置，从而使其记录成矿热事件的年龄。因此，锆石的（U-Th）/He 年龄可为锑金矿床的形成时代提供约束。本研究以

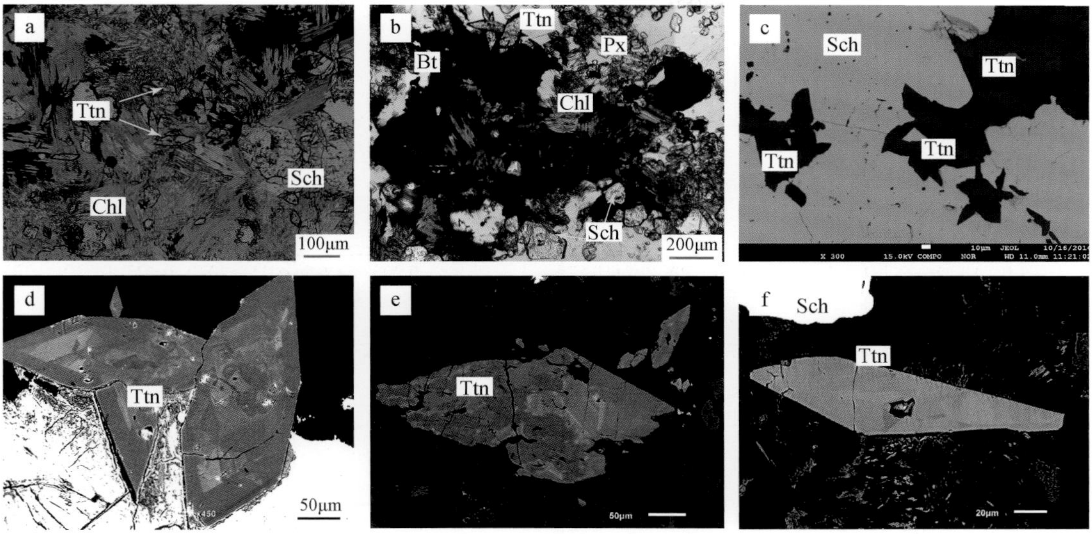

图 5.36　曹家坝钨矿床热液榍石显微结构及其矿物组合特征
（据 Xie et al.，2019）
a. 自形榍石与白钨矿和绿泥石共生；b. 自形榍石与白钨矿、黑云母和绿泥石共生；c. 自形榍石与白钨矿共生（BSE）；d～f. 自形榍石内部结构（BSE）；Ttn. 榍石；Sch. 白钨矿；Chl. 绿泥石；Bt. 黑云母

锡矿山超大型锑矿床为对象，开展了锆石的（U-Th）/He 定年研究。

锡矿山锑矿床位于湘中盆地内部，是目前世界上规模最大的超大型锑矿床。矿床被一个巨大的锡矿山短轴背斜控制，矿床内的四个矿段分别产于四个次级背斜内，分为北矿（老矿山和童家院）和南矿（飞水岩和物华）。本次用于锆石（U-Th）/He 定年的样品主要采自北矿的 3 号和 5 号中段。其中，样品 XKS-3-4 采自 3 号中段，共测定 6 颗锆石，其原始（U-Th）/He 年龄分布于 45.4～91.5Ma，考虑到 α 粒子射出效应，经 Ft 校正后，（U-Th）/He 年龄分布于 82.6～155.9Ma；样品 XKS-5-1 采自北矿 5 号中段，共测定 6 颗锆石，其中 XKS-5-1@ 4 锆石的测试误差较大（达 23.2%），其结果可靠性存疑，故不参与年龄计算；其余 5 颗锆石的原始（U-Th）/He 年龄分布于 42.9～72.3Ma。经 Ft 校正后，其（U-Th）/He 年龄分布于 87.6～135.6Ma。整体而言，锡矿山锑矿床锆石的（U-Th）/He 年龄可分为两组：第一组为 155～120Ma，与前人采用方解石 Sm-Nd 等时线方法获得的结果（Hu et al.，1996；Peng et al.，2003）基本一致，代表了锡矿山锑矿床主成矿期的年龄；第二组为 96～78Ma，与右江盆地内出露的酸性脉岩年龄基本一致（100～90Ma；见前述），可能是受到区域上该期成矿后热事件影响的结果。

六、湘中矿集区 Sb-Au 矿床成矿时代

表 5.3 是湘中矿集区锑、金等矿床成矿年龄的统计结果，其中包括本研究的上述成果，也包括项目组和其他研究者以往的定年结果。可以发现，除杏枫山金矿床中毒砂的

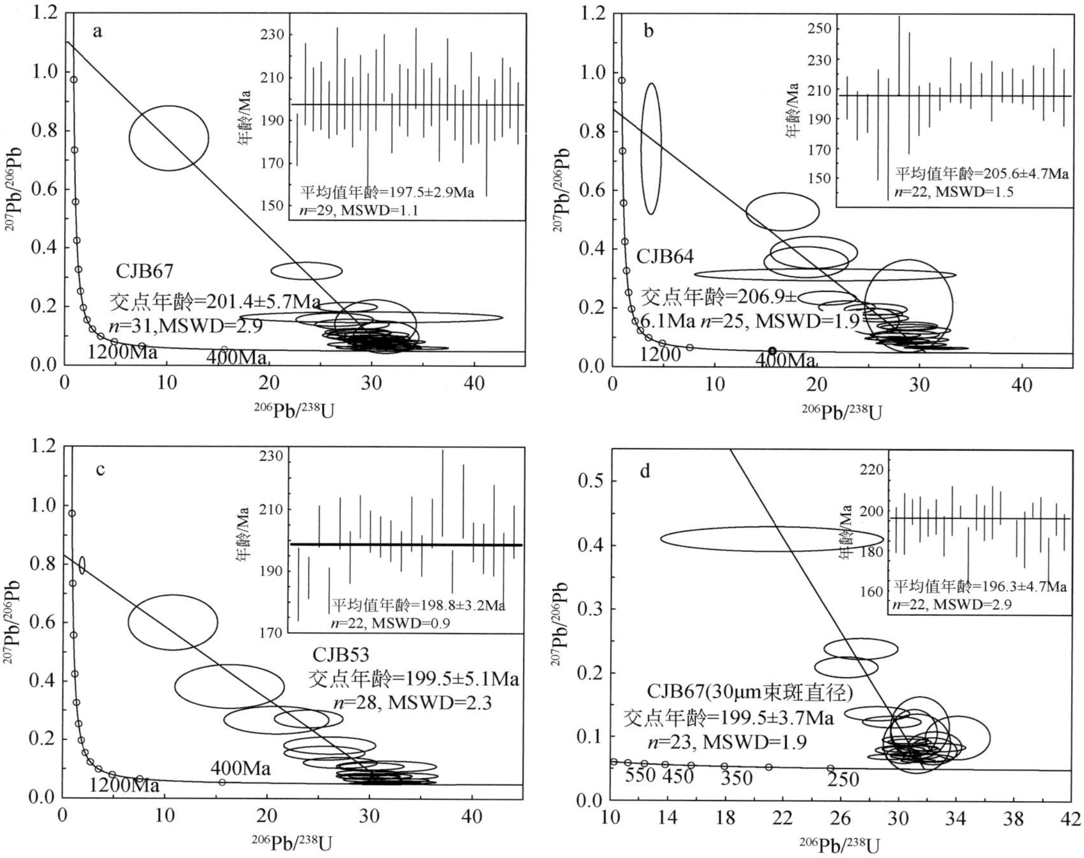

图 5.37 曹家坝钨矿床榍石 U-Pb 年龄图

（据 Xie et al., 2019）

Re-Os 年龄在 259±22Ma 而可能未较好限定成矿时代外，其他矿床主要集中在 230～200Ma 和 160～130Ma 这两个年龄区间。可见，湘中矿集区在中生代可能发生了两期大规模低温成矿作用，分别为 230～200Ma 的印支期和 160～130Ma 的燕山期。结合矿床产出的地质特征可以进一步发现，以锡矿山超大型锑矿床为代表的燕山期（160～130Ma）成矿作用主要发生在湘中盆地内部，而以沃溪锑-金-钨矿床、渣滓溪锑-钨矿床和龙山锑-金矿床为代表的多元素组合矿床，则主要发育于盆地周缘前寒武纪浅变质岩的断裂构造中。前者通常远离岩体，而后者的周围通常有印支期花岗岩分布。

表 5.3 湘中矿集区锑、金等矿床成矿年龄统计结果

矿床	测定对象	测定方法	年龄/Ma	参考文献
铲子坪	石英	Rb-Sr	206±9	李华芹等，2008
大坪金矿床	石英	Rb-Sr	205±6	
团山背金矿床	石英	Rb-Sr	222±9	韩凤彬等，2010

续表

矿床	测定对象	测定方法	年龄/Ma	参考文献
渣滓溪锑-钨矿床	白钨矿	Sm-Nd	227±6	王永磊等，2012
锡矿山锑矿床	方解石 辉锑矿	Sm-Nd	156.3±12	Hu et al.，1996
	方解石	Sm-Nd	155.5±1.1	Peng et al.，2003
	锆石	(U-Th)/He	135.6	本研究
龙山锑-金矿床	石英	Rb-Sr	175±25	史明魁等，1993
	黄铁矿	Re-Os	195±36	本研究
	白钨矿	Sm-Nd	210±2	Zhang et al.，2019
	白云母	Ar-Ar	162.5±1.8	张志远等，2018
古台山锑-金矿床	白云母	Ar-Ar	223.6±5.3	Li et al.，2018a
板溪锑矿床	辉锑矿/毒砂	Rb-Sr Sm-Nd	129.4±2.4 130.4±1.9	Li et al.，2018b
大雁金矿床	白云母	Ar-Ar	130-128	Xu et al.，2017
万古金矿床	白云母 锆石	Ar-Ar U-Pb	130 142	Deng et al.，2017
杏枫山金矿床	毒砂	Re-Os	259±22	本研究
石巷里石墨矿中石英脉	黄铁矿	Re-Os	127.6±3.8	本研究
曹家坝钨矿床	榍石	U-Pb	199.5±3.7 206.9±6.1	Xie et al.，2019

第三节 川滇黔 Pb-Zn 矿集区成矿时代

铅锌矿床的矿物组合较简单，一般包括闪锌矿、方铅矿、黄铁矿、方解石和白云石等。前人对闪锌矿中微量元素含量和赋存状态的研究发现，Rb 和 Sr 可以进入闪锌矿晶格，闪锌矿可以通过 Rb-Sr 等时线法获得矿物形成年龄。此外，铅锌矿床的年龄也可通过方解石 Sm-Nd 和 U-Pb 定年技术获得。

川滇黔矿集区铅锌矿床已有的定年结果主要来自闪锌矿 Rb-Sr 等时线法，也有少量来自方解石 Sm-Nd 法。黄智龙等（2004）测得会泽铅锌矿床 1、6、10 号矿体中闪锌矿的 Rb-Sr 等时线年龄分别为 225.9±1.1Ma、224.8±1.2Ma 和 226±6.9Ma，测得 1、6 号矿体中方解石的 Sm-Nd 等时线年龄分别为 225±38Ma 和 226±15Ma。张长青等（2005）测得会泽铅锌矿床热液蚀变黏土矿物伊利石的 K-Ar 年龄为 176.5±2.5Ma。张长青等（2008）报道了川滇黔矿集区四川大梁子铅锌矿床中闪锌矿的 Rb-Sr 等时线年龄为 366.3±7.7Ma。Liu 等（2018）测得大梁子铅锌矿床中闪锌矿的 Rb-Sr 等时线年龄为 345.2±3.6Ma。蔺志永等（2010）报道了四川宁南跑马铅锌矿床闪锌矿的 Rb-Sr 等时线年龄为 200.1±4.0Ma。Liu 等（2015）测得富乐铅锌矿床闪锌矿和方铅矿的 Re-Os 等时线年龄为 20.4±3.2Ma。根据对川滇黔铅锌矿集区已有年代学资料的统计发现，最老年龄是大梁子铅锌矿床闪锌矿的 Rb-Sr 等时线年龄（366.3±7.7Ma），最年轻年龄是富乐铅锌矿床硫化物矿物的 Re-Os 等时线年龄（20.4±3.2Ma）。为深化对成矿时代的认识，本研究做了以下工作。

一、大梁子和天宝山铅锌矿床闪锌矿 Rb-Sr 定年

（一）闪锌矿 Rb-Sr 定年的可行性

前人研究表明，Rb 和 Sr 可以进入闪锌矿晶格（Saintilan et al.，2015），但闪锌矿中的 Sr 既可存在其晶格中也可存在于其中的流体包裹体内，Rb 则主要存在于闪锌矿晶格的八面体空位（Saintilan et al.，2015），而 Mg 和 Ca 很难进入闪锌矿晶格。

用全溶方法分析了大梁子和天宝山铅锌矿床中闪锌矿样品的 Mg、Ca、Sr、Rb 含量。从图 5.38 可以发现，样品的 Mg、Ca 和 Sr 含量较高，不同闪锌矿样品的 Rb 含量变化不大，Mg、Ca 和 Sr 随样品变化的趋势也一致，含 Mg、Ca 高的样品 Sr 含量也高。

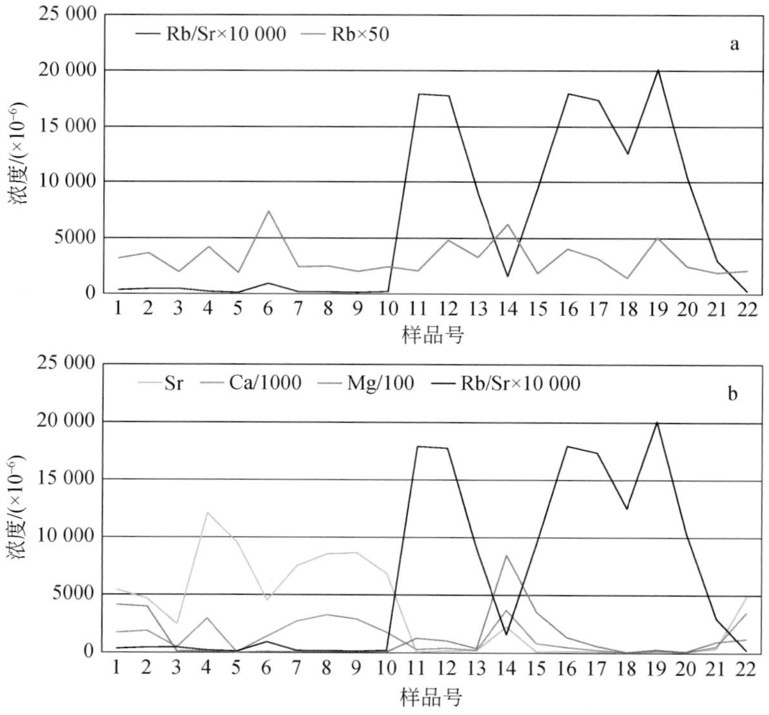

图 5.38 闪锌矿 Rb-Sr-Mg-Ca 含量变化趋势图解

a 为不同样品的 Rb 含量和 Rb/Sr 值，b 为各样品 Sr、Ca、Mg 含量和 Rb/Sr 值

（样品 1 到 10 采自杉树林矿床，11 到 22 采自富乐矿床）

川滇黔铅锌矿集区的铅锌矿床多赋存于碳酸盐岩中，铅锌硫化物矿物的沉淀常相伴碳酸盐矿物的沉淀。镜下观察发现，闪锌矿中包裹大量碳酸盐矿物，所以闪锌矿中 Sr 含量

高的另一个原因是，闪锌矿中包裹有碳酸盐矿物。全溶法测试闪锌矿的组成无法避免矿物中包裹体的影响。因此，在分析闪锌矿的微量元素或 Rb-Sr 同位素组成时，应该用研磨法或其他方法去除闪锌矿中的流体包裹体和包裹在其中的碳酸盐等矿物。经过这种处理后的测试结果才更为可靠。因此，在进行闪锌矿 Rb-Sr 定年时，应对 Mg 和 Ca 含量高的样品进行盐酸淋滤以去除碳酸盐矿物的影响，同时也应该用氢氟酸淋滤的方法去除硅酸盐矿物对定年的影响（Ostendorf et al., 2015）。闪锌矿样品中的 Rb-Sr-Mg-Ca 变化趋势，对闪锌矿 Rb-Sr 定年方法的改进具有一定的借鉴意义。

（二）闪锌矿 Rb-Sr 定年结果

本次定年通过研磨法和酸淋滤以试图去除闪锌矿中流体包裹体和被包裹的碳酸盐矿物的影响。测试结果表明，大梁子铅锌矿床闪锌矿的 Rb-Sr 等时线年龄为 330.2±4.0Ma（图 5.39）。但是，天宝山铅锌矿床闪锌矿 Rb-Sr 定年结果显示为三条近平行的等时线，年龄大致分布在 352～360Ma（图 5.40）。

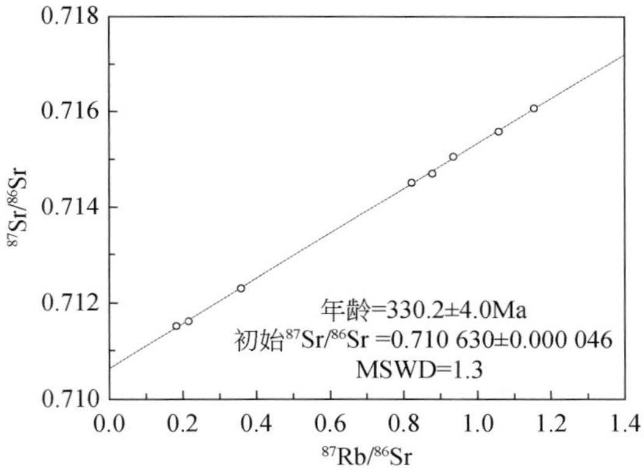

图 5.39　大梁子铅锌矿床闪锌矿 Rb-Sr 等时线图解

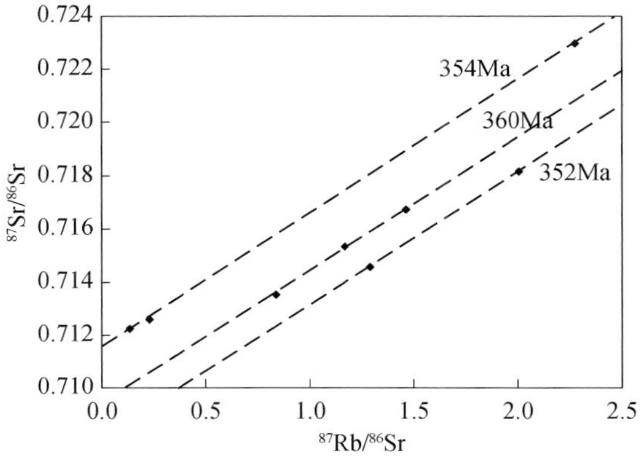

图 5.40　天宝山铅锌矿床闪锌矿 Rb-Sr 等时线图解

二、天桥铅锌矿床硫化物矿物 Rb-Sr 定年

天桥铅锌矿床硫化物矿物 Rb-Sr 同位素分析结果见表 5.4。尽管测试结果不理想（Zhou et al., 2013b），全部样品仍给出 196±40Ma 等时线年龄。由于该年龄误差较大，剔除三个点（这三个点 Rb 含量太低，数据分析误差较大）后得到了 191.9±6.9Ma 的等时线年龄（图 5.41）。由于样品的 $^{87}Rb/^{86}Sr$ 与 1/Sr 不具相关性（图 5.41），这一年龄可以近似代表该矿床的成矿年龄。首先，所选用的硫化物矿物 Rb-Sr 等时线样品能有效满足同位素定年同源性、等时线、均一性和封闭性等条件（陈福坤等，2005；李秋立等，2006），本次选择的样品尽量选择矿体中部，挑选出共生的黄铁矿和闪锌矿单颗粒，且闪锌矿均选择了相同颜色的闪锌矿（主成矿期形成的棕黄色闪锌矿）。其次，天桥铅锌矿床受垭都–紫云深大断裂的控制，产出于垭都–蟒硐成矿亚带的天桥背斜中，本区构造定型于印支–燕山期（金中国和黄智龙，2008）。

表 5.4　黔西北天桥铅锌矿床硫化物 Rb-Sr 同位素组成

样品号	矿物	Rb/($\times10^{-6}$)	Sr/($\times10^{-6}$)	$^{87}Rb/^{86}Sr$	$^{87}Sr/^{86}Sr$	2σ
TQ-60	闪锌矿	0.03	2.4	0.0406	0.712 551	0.000 019
TQ-60	黄铁矿	0.01	0.5	0.0625	0.713 161	0.000 214
TQ-19	黄铁矿	0.02	2.2	0.0296	0.712 466	0.000 010
TQ-19	闪锌矿	0.01	0.8	0.0324	0.712 582	0.000 028
TQ-26	闪锌矿	0.60	1.1	1.5640	0.716 704	0.000 029
TQ-26-1	闪锌矿	0.47	0.9	1.0101	0.715 201	0.000 020
TQ-13	闪锌矿	0.01	1.10	0.0330	0.711 890	0.000 023
TQ-18	闪锌矿	0.05	1.85	0.0755	0.712 293	0.000 036

注：在中国科学院地质与地球物理研究所采用 IsoProbe-T 测试，采用单颗粒硫化物 Rb-Sr 法；数据来源于 Zhou 等（2013b）。

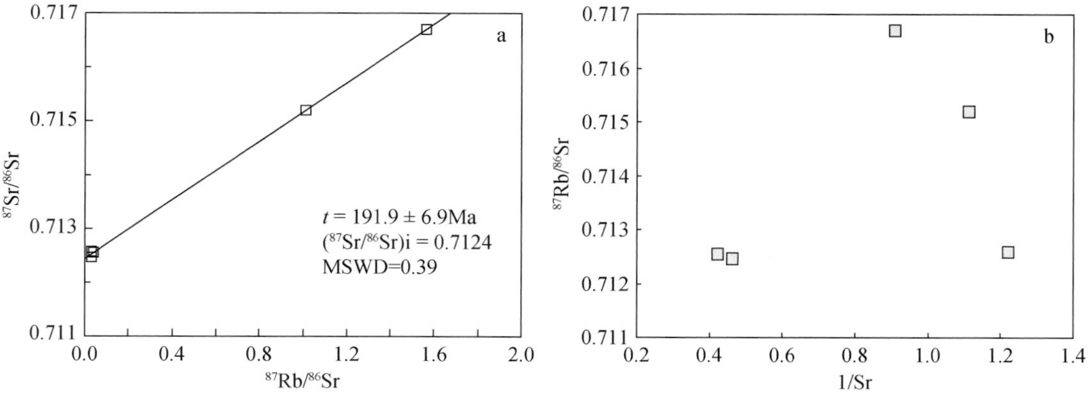

图 5.41　天桥铅锌矿床硫化物矿物 Rb-Sr 等时线年龄（a）及 $^{87}Rb/^{86}Sr$-1/Sr 图（b）
（据 Zhou et al., 2013b）

三、茂租铅锌矿床方解石 Sm-Nd 定年

用于测试的方解石采自茂租铅锌矿床，与矿石矿物闪锌矿和方铅矿共生，其 Sm-Nd 同位素分析结果列于表 5.5。全部样品给出 196±13Ma 的等时线年龄（图 5.42），该年龄可以近似代表矿床的成矿年龄（Zhou et al.，2013a）。首先，所选用的方解石 Sm-Nd 等时线定年样品，能满足同位素定年同源性、等时线、均一性和封闭性（李文博等，2004；Su et al.，2009b）的条件，本次的样品选择采自矿体中部，挑选出的方解石与闪锌矿等硫化物共生，保障了样品属于主成矿期。其次，茂租铅锌矿床受区域性北东向构造控制，该构造体系明显受晚印支期造山作用影响。最后，该年龄与天桥、跑马、会泽、乐红等的成矿年龄相近。

表 5.5　滇东北茂租铅锌矿床方解石 Sm-Nd 同位素组成

样品号	Sm/($\times10^{-6}$)	Nd/($\times10^{-6}$)	$^{147}Sm/^{144}Nd$	$^{143}Nd/^{144}Nd$	2σ	ε_{Nd} (t)
MZ-17	0.53	2.53	0.1279	0.512 097	0.000 011	-8.8
MZ-26	0.86	4.04	0.1287	0.512 110	0.000 012	-8.6
MZ-36	0.80	2.55	0.1900	0.512 171	0.000 017	-8.9
MZ-38	3.16	4.75	0.4024	0.512 449	0.000 014	-8.9
MZ-39	2.07	4.61	0.2952	0.512 325	0.000 011	-8.6

注：ε_{Nd}（t）为 200Ma 的计算值，数据来源于 Zhou 等（2013a）。

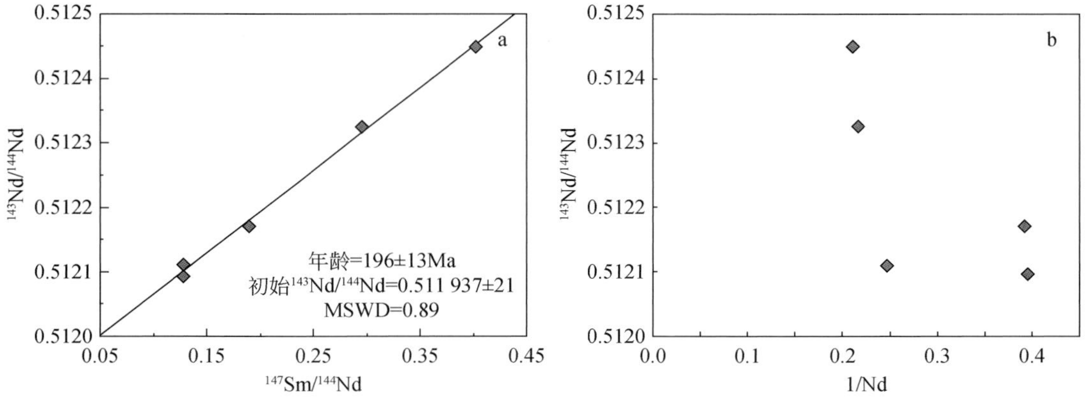

图 5.42　茂租铅锌矿床方解石 Sm-Nd 等时线年龄（a）$^{143}Nd/^{144}Nd$-1/Nd 图（b）
（据 Zhou et al.，2013a）

四、金沙厂铅锌矿床闪锌矿 Rb-Sr 定年

金沙厂铅锌矿床闪锌矿 Rb-Sr 同位素分析结果见表 5.6，全部样品给出的等时线年龄为 206.8±3.7Ma（图 5.43），该年龄可以近似代表矿床的成矿年龄（Zhou et al.，2015）。

首先，所选用的闪锌矿 Rb-Sr 等时线定年样品能满足同位素定年同源性、等时线、均一性和封闭性（陈福坤等，2005；李秋立等，2006）等条件，本次的定年样品采自矿体中部，属于主成矿期。其次，该年龄与邻区天桥、茂租、跑马、会泽、乐红等铅锌矿床的成矿年龄相近。

表 5.6　滇东北金沙厂铅锌矿床闪锌矿 Rb-Sr 同位素组成

样品号	Rb/($\times10^{-6}$)	Sr/($\times10^{-6}$)	$^{87}Rb/^{87}Sr$	$^{87}Sr/^{86}Sr$	2σ
JS1	1. 353	319. 2	0. 125	0. 7135	0. 0001
JS2	0. 855	87. 15	0. 021	0. 7132	0. 0001
JS3	0. 670	24. 59	0. 071	0. 7133	0. 0001
JS4	0. 296	13. 38	0. 065	0. 7133	0. 0001
JS5	0. 455	13. 59	0. 091	0. 7134	0. 0001
JS6	0. 590	3. 584	0. 485	0. 7146	0. 0001
JS7	0. 837	18. 76	0. 132	0. 7135	0. 0001

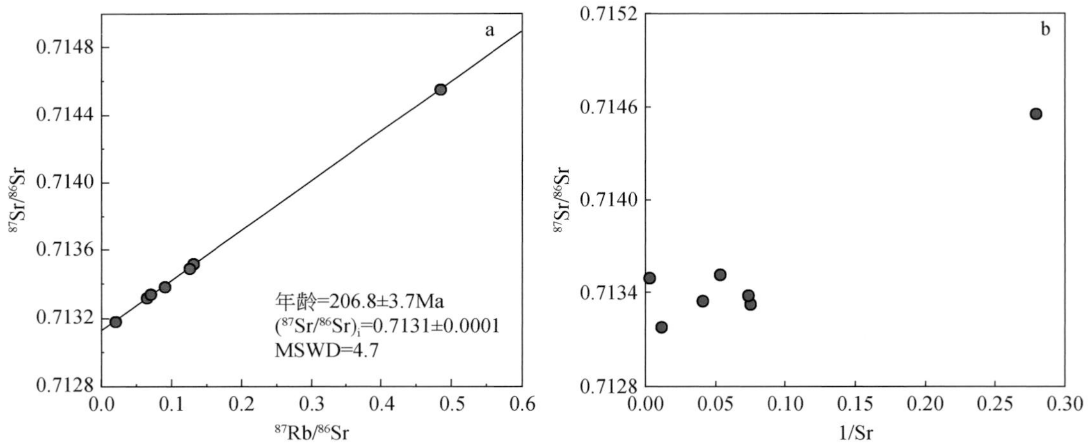

图 5.43　金沙厂铅锌矿床闪锌矿 Rb-Sr 等时线年龄（a）及 $^{87}Sr/^{86}Sr$-1/Sr 图（b）

（据 Zhou et al., 2015）

五、川滇黔铅锌矿集区大规模成矿时代

表 5.7 为川滇黔铅锌矿集区铅锌矿床成矿年龄统计结果，表中以下四方面的年龄数据，可能不具成矿时代意义。①赤普铅锌矿床的年龄，是沥青的 Re-Os 定年结果，由于分析用的沥青与成矿的关系并不十分清楚，加之年龄变化范围大（292. 0±9. 7 ~ 165. 7±9. 9Ma），该定年结果可能不能较好反映成矿年龄。②大梁子铅锌矿床用闪锌矿 Rb-Sr 等时线法定年，不同的作者分别得到了 366. 3±7. 7Ma、345. 2±3. 6Ma 和 330. 2±4. 0Ma 的结果，与该矿床用方解石 Sm-Nd 法获得的年龄（204. 4±1. 2Ma）存在系统性差别。从表 5.7 可

见，该矿床闪锌矿的Rb-Sr年龄与区域上绝大多数矿床不同，而该矿床方解石的Sm-Nd年龄却与其他矿床基本一致。因此，这些闪锌矿约330～360Ma的实测年龄可能不是成矿年龄。本研究发现，该矿床的闪锌矿中含大量微细碳酸盐矿物包裹体，其Sr含量较高，据此推测这些闪锌矿较大的Rb-Sr年龄，可能是同位素组成分析时未完全去除碳酸盐矿物包裹体混染的结果。天宝山铅锌矿床闪锌矿较大的Rb-Sr年龄（352～364Ma）可能也与此有关。③不同作者用闪锌矿Rb-Sr法和方解石Sm-Nd法对会泽铅锌矿床进行的大量定年结果，在误差范围内基本一致，但与该矿床用蚀变矿物伊利石K-Ar法定年的结果很不相同。这种差别可能是由挑选出纯净伊利石的高难度和/或K-Ar定年方法本身的局限所造成。因此，该矿床伊利石的K-Ar年龄可能不是成矿年龄。④富乐铅锌矿床的地质特征与该区其他矿床基本一致，但其闪锌矿和方铅矿的Re-Os年龄仅20.4±3.2Ma，与其他矿床大不相同，可能是由超低Re、Os含量硫化物矿物Re-Os定年方法本身还不完善造成。去除以上可能不太可靠的年龄数据可以发现，川滇黔铅锌矿集区铅锌大规模成矿的时间，应集中在约230～200Ma（表5.7），相当于印支期。

表5.7　滇黔铅锌矿集区铅锌矿床成矿年龄统计结果

矿床	测定对象	测定方法	年龄/Ma	参考文献	备注
会泽	闪锌矿	Rb-Sr	225.9±1.1 224.8±1.2 226.0±6.9	黄智龙等，2004	
			196.3±1.8	张云新等，2015	
			223.5±3.9 226.0±6.4	Yin et al.，2009	
	方解石	Sm-Nd	225±38 226±15	黄智龙等，2004	
	伊利石	K-Ar	176.5±2.5	张长青等，2005	未列入图5.44
天桥	闪锌矿	Rb-Sr	191.9±6.9	Zhou et al.，2013b	
茂租	方解石	Sm-Nd	196.0±13.0	Zhou et al.，2013a	
大梁子	闪锌矿	Rb-Sr	366.3±7.7	张长青等，2008	未列入图5.44
			345.2±3.6	Liu et al.，2018	
			330.2±4.0	本研究	
	方解石	Sm-Nd	204.4±1.2	吴越，2013	
赤普	沥青	Re-Os	292.0±9.7 165.7±9.9	吴越，2013	未列入图5.44
金沙厂	萤石	Sm-Nd	201.1±6.2	Zhang et al.，2015	
	闪锌矿	Rb-Sr	206.8±3.7	Zhou et al.，2015	
跑马	闪锌矿	Rb-Sr	200.1±4.0	蔺志永等，2010	
富乐	闪锌矿和方铅矿	Re-Os	20.4±3.2	Liu et al.，2015	未列入图5.44
乐红	闪锌矿	Rb-Sr	200.9±8.3	张云新等，2014	
天宝山	闪锌矿	Rb-Sr	352-364	本研究	未列入图5.44

第四节 小 结

图 5.44 是华南低温成矿省三个矿集区（川滇黔铅锌、右江金锑汞砷、湘中锑金）低温矿床成矿年龄较可信数据的年龄直方图。从图中可以发现，扬子地块西南缘的大规模低温成矿主要发生于两个时期，即 230 ~ 200Ma 的印支期和约 160 ~ 130Ma 的燕山期。其中，印支期的成矿作用在三个矿集区普遍存在，奠定了华南大规模成矿的主体格架，而燕山期的成矿作用只涉及低温成矿省东部紧邻华夏地块的右江 Au-Sb-Hg-As 矿集区和湘中 Sb-Au 矿集区，燕山期的成矿作用在低温成矿省西部的川滇黔 Pb-Zn 矿集区没有发生。

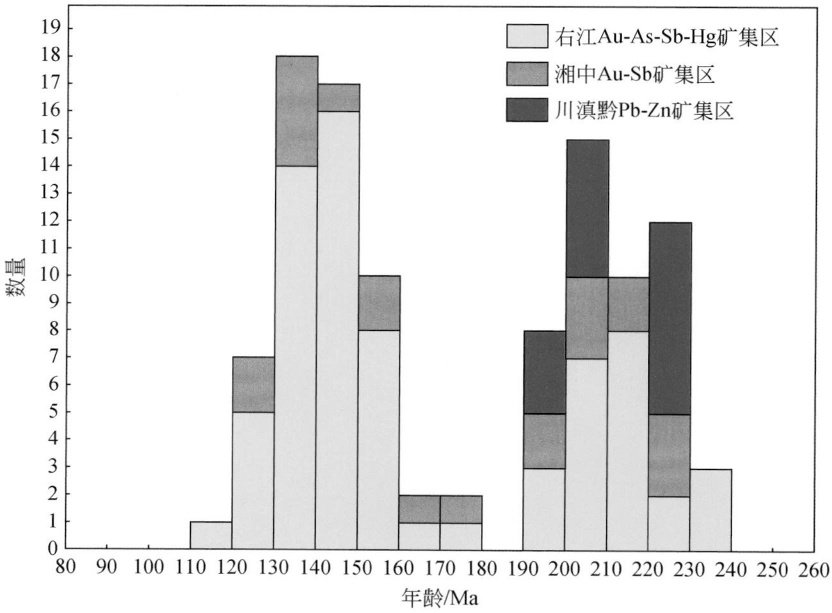

图 5.44 华南低温成矿省低温矿床成矿年龄统计图

参考文献

陈福坤，李秋立，李潮峰，等，2005. 高精度质谱计在同位素地球化学的应用前景．地球科学，30（6）：639-645.

陈懋弘，毛景文，屈文俊，等，2007. 贵州贞丰烂泥沟卡林型金矿床含砷黄铁矿 Re-Os 同位素测年及地质意义．地质论评，53（3）：371-382.

陈懋弘，黄庆文，胡瑛，等，2009. 贵州烂泥沟金矿层状硅酸盐矿物及其 ^{39}Ar-^{40}Ar 研究．矿物学报，29（3）：353-362.

陈懋弘，张延，蒙有言，等，2014. 桂西巴马料屯金矿床成矿年代上限的确定——对滇黔桂“金三角”卡林型金矿年代学研究的启示．矿床地质，33（1）：1-13.

董文斗，2017. 右江盆地南缘辉绿岩容矿金矿床地球化学研究．北京：中国科学院大学博士学位论文．

付山岭，胡瑞忠，陈佑纬，等，2016. 湘中龙山大型金锑矿床成矿时代研究——黄铁矿 Re-Os 和锆石 U-

Th/He 定年．岩石学报，32（11）：3507-3517.
高伟，2018. 桂西北卡林型金矿成矿年代学和动力学．北京：中国科学院大学博士学位论文．
韩凤彬，常亮，蔡明海，等，2010. 湘东北地区金矿成矿时代研究．矿床地质，29（3）：563-571.
胡瑞忠，苏文超，毕献武，等，1995. 滇黔桂三角区微细侵染型金矿床成矿热液一种可能的演化途径：年代学证据．矿物学报，15（2）：144-149.
黄诚，樊光明，姜高磊，等，2012. 湘东北雁林寺金矿构造控矿特征及金成矿 ESR 测定．大地构造与成矿学，36（1）：76-84.
黄勇，2019. 黔西南地区卡林型金矿成矿时代及成矿物质来源研究．北京：中国科学院大学博士学位论文．
黄智龙，陈进，韩润生，等，2004. 云南会泽超大型铅锌矿床地球化学及成因——兼论峨眉山玄武岩与铅锌成矿的关系．北京：地质出版社．
金中国，黄智龙，2008. 黔西北铅锌矿床控矿因素及找矿模式．矿物学报，28（4）：467-471.
靳晓野，2017. 黔西南泥堡、水银洞和丫他金矿床的成矿作用特征与矿床成因研究．武汉：中国地质大学（武汉）博士学位论文．
李发源，顾雪祥，付绍洪，等，2003. MVT 铅锌矿床定年方法评述．地质找矿论丛，18（3）：163-167.
李华芹，刘家齐，杜国民，等，1992. 内生金属矿床成矿作用年代学研究——以西华山钨矿床为例．科学通报，（12）：1109-1102.
李华芹，王登红，陈富文，等，2008. 湖南雪峰山地区铲子坪和大坪金矿成矿年代学研究．地质学报，82（7）：900-905.
李秋立，陈福坤，王秀丽，等，2006. 超低本底化学流程和单颗粒云母 Rb-Sr 等时线定年．科学通报，51（3）：321-325.
李文博，黄智龙，王银喜，等，2004. 会泽超大型铅锌矿田方解石 Sm-Nd 等时线年龄及其地质意义．地质论评，50（2）：189-195.
蔺志永，王登红，张长青，2010. 四川宁南跑马铅锌矿床的成矿时代及其地质意义．中国地质，37（2）：488-494.
皮桥辉，胡瑞忠，彭科强，等，2016. 云南富宁者桑金矿床与基性岩年代测定——兼论滇黔桂地区卡林型金矿成矿构造背景．岩石学报，32（11）：3331-3342.
史明魁，傅必勤，勒西祥，1993. 湘中锑矿．长沙：湖南科学技术出版社．
苏文超，杨科佑，胡瑞忠，等，1998. 中国西部卡林型金矿床流体包裹体年代学研究——以贵州烂泥沟大型卡林型金矿床为例．矿物学报，18（3）：359-362.
王国田，1992. 桂西北地区三条铷-锶等时线年龄．广西地质，5（1）：29-35.
王永磊，陈毓川，王登红，等，2012. 湖南渣滓溪 W-Sb 矿床白钨矿 Sm-Nd 测定及其地质意义．中国地质，39（5）：1339-1344.
王泽鹏，2013. 贵州省西南部低温矿床成因及动力学机制研究——以金、锑矿床为例．北京：中国科学院大学博士学位论文．
吴越，2013. 川滇黔地区 MVT 铅锌矿床大规模成矿作用的时代和机制．北京：中国地质大学（北京）博士学位论文．
张长青，李向辉，余金杰，等，2008. 四川大梁子铅锌矿床单颗粒闪锌矿铷-锶测年及地质意义．地质论评，54（4）：532-538.
张长青，毛景文，刘峰，等，2005. 云南会泽铅锌矿床黏土矿物 K-Ar 测年及其地质意义．矿床地质，24（3）：317-324.
张云新，吴越，田广，等，2014. 云南乐红铅锌矿床成矿时代与成矿物质来源：Rb-Sr 和 S 同位素制约．矿物学报，34（3）：305-311.

张志远，谢桂青，李惠纯，等，2018. 湖南龙山锑金矿床白云母^{40}Ar-^{39}Ar年代学及其意义初探．岩石学报，34（9）：2535-2547.

Arehart G B，Chakurian A M，Tertbar D R，et al.，2003. Evaluation of radioisotope dating of Carlin-type deposits in the Great Basin，Western North America，and Implications for Deposit Genesis. Economic Geology，2：235-248.

Bajwah Z U，Seccombe P K，Offler R，1987. Trace element distribution，Co：Ni ratios and genesis of the big cadia iron-copper deposit，New South Wales，Australia. Mineralium Deposita，22：292-300.

Bernet M，2009. A field-based estimate of the zircon fission-track closure temperature. Chemical Geology，259：181-189.

Brill B，1989. Trace-element contents and partitioning of elements in ore minerals from the CSA Cu-Pb-Zn deposit，Australia. Canadian Mineralogist，27：263-274.

Böhlke J K，Laeter J R，Bievre P，et al.，2005. Isotopic compositions of the elements，2001. Journal of Physical and Chemical. Reference Data，34：57-67.

Che X D，Linnen R L，Wang R C，et al.，2013. Distribution of trace and rare earth elements in titanite from tungsten and molybdenum deposits in Yukon and British Columbia，Canada. The Canadian Mineralogist，51：415-438.

Chen M H，Bagas L，Liao X，et al.，2019. Hydrothermal apatite SIMS Th-Pb dating：Constraints on the timing of low-temperature hydrothermal Au deposits in Nibao，SW China. Lithos，324-325：418-428.

Cherniak D J，Zhang X Y，Wayne N K，et al.，2001. Sr，Y，and REE diffusion in fluorite. Chemical Geology，181：99-111.

Deng T，Xu D R，Chi G X，et al.，2017. Geology，geochronology，geochemistry and ore genesis of the Wangu gold deposit in northeastern Hunan Province，Jiangnan Orogen，South China. Ore Geology Reviews，88：691-637.

Dill H G，Melcher F，Botz R，2008. Meso-to epithermal W-bearing Sb vein-type deposits in calcareous rocks in western Thailand；with special reference to their metallogenetic position in SE Asia. Ore Geology Review，34：242-262.

Gao W，Hu R Z，Hofstra A H，et al.，2020. U-Pb dates on hydrothermal rutile and monazite from the Badu gold deposit support an Early Cretaceous age for Carlin-type gold mineralization in the Youjiang basin，SW China. Economic Geology，in press.

Gu X X，Zhang Y M，Li B H，et al.，2012. Hydrocarbon-and ore-bearing basinal fluids：a possible link between gold mineralization and hydrocarbon accumulation in the Youjiang basin，South China. Mineralium Deposita，47：663-682.

Hu R Z，Fu S L，Huang Y，et al.，2017. The giant South China Mesozoic low-temperature metallogenic domain：Reviews and a new geodynamic model. Journal of Asian Earth Sciences，137：9-34.

Hu R Z，Su W C，Bi X W，et al.，2002. Geology and geochemistry of Carlin-type gold deposits in China. Mineralium Deposita，37：378-392.

Hu X W，Pei R F，Zhou S，1996. Sm-Nd dating for antimony mineralization in the Xikuangshan deposit，Hunan，China. Resource Geology，46：227-231.

Huang Y，Hu R Z，Bi X W，et al.，2019. Low-temperature thermochronology of the Carlin-type gold deposits in southwestern Guizhou，China：Implications for mineralization age and geological thermal events. Ore Geology Reviews，103178.

Kesler S E，Riciputi L C，Ye Z J，2005. Evidence for a magmatic origin for Carlin-type gold deposits：isotopic composition of sulfur in the Betze-Post-Screamer deposit, Nevada, USA. Mineralium Deposita, 40: 127-136.

Ketcham R A, Donelick R A, Carlson W D, 1999. Variability of apatite fission-track annealing kinetics: Ⅲ. Extrapolation to geological time scales. American mineralogist, 84: 1235-1255.

Lee J Y, Marti K, Severinghaus J P, et al., 2006. A redetermination of the isotopic abundances of atmospheric Ar. Geochimica et Cosmochimica Acta 70: 4507-4512.

Li H, Wu Q H, Evans N J, et al., 2018a. Geochemistry and geochronology of the Banxi Sb deposit: Implications for fluid origin and the evolution of Sb mineralization in central-western Hunan, South China. Gondwana Research, 55: 112-134.

Li J W, Deng X D, Zhou M F, et al., 2010. Laser ablation ICP-MS titanite U-Th-Pb dating of hydrothermal ore deposits: A case study of the Tonglushan Cu-Fe-Au skarn deposit, SE Hubei Province, China. Chemical Geology, 270: 56-67.

Li W, Xie G Q, Mao J W, et al., 2018b. Muscovite $^{40}Ar/^{39}Ar$ and in situ sulfur isotope analyses of the slate-hosted Gutaishan Au-Sb deposit, South China: Implications for possible Late Triassic magmatic-hydrothermal mineralization. Ore Geology Reviews, 101: 839-853.

Liu W H, Zhang X J, Zhang J, 2018. Sphalerite Rb-Sr Dating and in situ Sulfur Isotope Analysis of the Daliangzi Lead-Zinc Deposit in Sichuan Province, SW China. Journal of Earth Science, 29: 573-586.

Liu Y Y, Qi L, Gao J F, 2015. Re-Os Dating of Galena and Sphalerite from Lead-Zinc Sulfide Deposits in Yunnan Province, SW China. Journal of Earth Science, 26: 343-351.

Ludwig K R, 2003. User's Manual for Isoplot/Ex, Version 3.00, A Geochronological Toolkit for Microsoft Excel. Berkeley Geochronology Center Special Publication, Berkeley.

Mark D F, Stuart F M, Podesta M, 2011. New high-precision measurements of the isotopic composition of atmospheric argon. Geochimica et Cosmochimica Acta, 75: 7494-7501.

McDougall I, Harrison T M, 1999. Geochronology and Thermochronology by the $^{40}Ar/^{39}Ar$ Method (Second Edition). Oxford, New York: Oxford University Press.

Ostendorf J, Henjes-Kunst F, Mondillo N, et al., 2015. Formation of Mississippi Valley-type deposits linked to hydrocarbon generation in extensional tectonic settings: Evidence from the Jabali Zn-Pb-(Ag) deposit (Yemen). Geology, 43: 1055-1058.

Peng J T, Hu R Z, Burnard P G, 2003. Samarium-neodymium isotope systematics of hydrothermal calcite from the Xikuangshan antimony deposit (Hunan, China): the potential of calcite as a geochronometer. Chemical Geology, 200: 129-136.

Pi Q H, Hu R Z, Xiong B, et al., 2017. In situ SIMS U-Pb dating of hydrothermal rutile: reliable age for the Zhesang Carlin-type gold deposit in the golden triangle region, SW China. Mineralium Deposita, 52: 1179-1190.

Reiners P W, Ehlers T A, Zeitler P K, 2005. Past, present and future of thermochronology. Reviews in Mineralogy & Geochemistry, 58: 1-18.

Rossman G R, Weis D, Wasserburg G J, 1987. Rb, Sr, Nd and Sm concentrations in quartz. Geochimica et Cosmochimica Acta, 51: 2325-2329.

Saintilan N J, Schneider J, Stephens M B, et al., 2015. A middle Ordovician age for the laisvall sandstone-hosted Pb-Zn deposit, Sweden: A response to early Caledonian orogenic activity. Economic Geology 110: 1779-1801.

Shepherd T J, Darbyshire D P F, 1981. Fluid inclusion Rb-Sr isochrons for dating mineral deposits. Nature, 290: 854-863.

Shirey S B, Walker R J, 1998. The Re-Os isotope system in cosmochemistry and high-temperature geochemistry, Annual Review of Earth Planetary Sciences, 26: 423-500.

Smoliar M I, Walker R J, Morgan J W, 1996. Re-Os ages of group ⅡA, ⅢA, ⅣA and Ⅵ Biron meteorites. Science, 271: 1099-1102.

Su W C, Heinrich C A, Pettke T, et al., 2009a. Sediment-Hosted gold deposits in Guizhou, China: Products of wall-rock sulfidation by deep crustal fluids. Economic Geology, 104: 73-93.

Su W C, Hu R Z, Xia B, et al., 2009b. Calcite Sm-Nd isochron age of the Shuiyindong Carlin-type gold deposit, Guizhou, China. Chemical Geology, 258: 269-274.

Wieser M E, 2006. Atomic weights of the elements 2005 (IUPAC technical report) Pure Applied Chemistry, 78: 2051-2066.

Xie G Q, Mao J W, Bagas L, et al., 2019. Mineralogy and titanite geochronology of the Caojiaba W deposit, Xiangzhong metallogenic province, southern China: implications for a distal reduced skarn W formation. Mineralium Deposita, 54: 459-472.

Xu D R, Deng T, Chi G X, et al., 2017. Gold mineralization in the Jiangnan Orogenic Belt of South China: Geological, geochemical and geochronological characteristics, ore deposit-type and geodynamic setting. Ore Geology Reviews, 88: 565-618.

Yin M D, Li W B, Sun X W, 2009. Rb-Sr isotopic dating of sphalerite from the giant Huize Zn-Pb ore field, Yunnan Province, Southwestern China. Chinese Journal of Geochemistry, 28: 70-75.

Zhang C Q, Liu H, Wang D H, et al., 2015. A Preliminary Review on the Metallogeny of Pb-Zn Deposits in China. Acta Geologica Sinica (English Edition) 89: 1333-1358.

Zhang C Q, Wu Y, Hou L, et al., 2014. Geodynamic setting of mineralization of Mississippi Valley-type deposits in world-class Sichuan-Yunnan-Guizhou Zn-Pb triangle, Southwest China Implications from age-dating studies in the past decade. Journal of Asian Earth Sciences, 103: 103-114.

Zhang X C, Spiro B, Halls C, et al., 2003. Sediment-hosted disseminated gold deposits in Southwest Guizhou, PRC: Their geological setting and origin in relation to mineralogical, fluid inclusion, and stable-isotope characteristics. International Geology Review, 45: 407-470.

Zhang Z Y, Xie G Q, Mao J W, et al., 2019. Sm-Nd dating and in-situ LA-ICP-MS trace element analyses of scheelite from the Longshan Sb-Au deposit, Xiangzhong Metallogenic Province, South China. Minerals, 9: 87.

Zhou J X, Bai J H, Huang Z L, et al., 2015. Geology, isotope geochemistry and geochronology of the Jinshachang carbonate-hosted Pb-Zn deposit, southwest China. Journal of Asian Earth Sciences, 98: 272-284.

Zhou J X, Huang Z L, Yan Z F, 2013a. The origin of the Maozu carbonate-hosted Pb-Zn deposit, southwest China: Constrained by C-O-S-Pb isotopic compositions and Sm-Nd isotopic age. Journal of Asian Earth Sciences, 73: 39-47.

Zhou J X, Huang Z L, Zhou M F, et al., 2013b. Constraints of C-O-S-Pb isotope compositions and Rb-Sr isotopic age on the origin of the Tianqiao carbonate-hosted Pb-Zn deposit, SW China. Ore Geology Reviews, 53: 77-92.

Zhu J J, Hu R Z, Richards J P, et al., 2017. No genetic link between Late Cretaceous felsic dikes and Carlin-type Au deposits in the Youjiang basin, Southwest China. Ore Geology Reviews, 84: 328-337.

第六章　大规模低温成矿动力学

前已叙及，除华南外，美国中西部的卡林型金矿等低温矿床亦十分发育。长期以来，其成矿时代和动力学背景也一直悬而未决。近年来，美国在低温成矿时代和动力学研究等方面取得长足进展，研究发现美国的卡林型金矿实际上形成于42～36Ma很短的时间区间内，与矿区深部隐伏中酸性岩体的时代相当，是白垩纪伸展背景下深部花岗岩浆活动分异流体及其驱动表生流体循环并浸取地层中的金而成矿的（Arehart et al.，2003；Muntean et al.，2011）。

华南陆块由扬子地块和华夏地块在新元古代时期碰撞拼贴而形成，其北面和西南面分别通过秦岭-大别造山带和松马缝合带与华北地块和印支地块相连接（图1.1）。秦岭-大别造山带和松马缝合带形成于三叠纪或印支期，分别是华北地块与华南陆块以及印支地块与华南陆块聚合的产物（Sengër and Hsü，1984；许志琴等，1992；Metcalfe，1994；Ames，1996；张国伟等，1996；钟大赉，1998；Carter et al.，2001；Fan et al.，2010；Wang et al.，2013a；Qiu et al.，2016）。

印支期，在周缘地块作用下，华南陆块发生了陆壳的构造重建和物质重组，产生了面状变质-变形，并形成了时代约为200～250Ma的过铝质花岗岩（Zhou et al.，2006b；Li and Li，2007；Wang et al.，2013a）。侏罗纪以来，华南东侧发生了构造格局的重大调整和地壳重建，发育了岩石圈伸展背景下、高峰期约为150～160Ma和80～100Ma的花岗岩浆活动（Li and Li，2007；Wang et al.，2013a）。

华南以中生代成矿大爆发著称于世。主要包括两种特征的矿化类型：在华南陆块东侧华夏地块的南岭地区及邻区，中生代与花岗岩浆活动有关的钨锡多金属大规模成矿，形成华南高温成矿省；在华南陆块西侧的扬子地块西南缘中生代大面积低温成矿，形成华南低温成矿省。南岭地区的钨锡多金属矿床中存在辉钼矿，可用辉钼矿Re-Os法进行精确定年。根据辉钼矿Re-Os定年等研究结果，目前已基本确定该区中生代的钨锡多金属矿床主要形成于三个时期，成矿年龄分别约为200～230Ma、150～160Ma和80～100Ma（华仁民等，2005；毛景文等，2007，2008；杨锋等，2009；Peng et al.，2006；Cheng and Mao，2010；Hu et al.，2012b；Hu and Zhou，2012；Mao et al.，2013；胡瑞忠等，2015），其中，200～230Ma和150～160Ma的钨锡多金属成矿作用主要发生在南岭中段，分别与印支期由特提斯相关的多陆块相互作用形成的过铝质花岗岩和由燕山期软流圈上涌而形成的花岗岩有关（Hu and Zhou，2012；Hu et al.，2012a，2012b；Wang et al.，2013a；Mao et al.，2013）；80～100Ma的钨锡多金属成矿作用主要发生在南岭西段，沿右江Au-As-Sb-Hg矿集区周边分布，包括云南个旧、白牛厂和广西大厂等多金属矿床，与燕山晚期伸展背景下形成的花岗岩有关（Hu and Zhou，2012；Mao et al.，2013）。

长期以来，由于成矿时代不清，华南低温成矿省的成矿动力学背景一直未得到较好制约。Hu和Zhou（2012）、Mao等（2013）和胡瑞忠等（2015）注意到，华南的高温和低温两个成矿省具有相同的成矿时代，两者可能具有相似的成矿动力学背景。本次工作的进一步研究表明，华南的低温和高温两个成矿省都是受印支期陆内造山和燕山期地幔软流圈上涌这两种动力机制驱动、具有密切成因联系的统一整体。

第一节 低温成矿省中生代岩浆活动

如前所述，相对于华夏地块扬子地块的中生代以岩浆活动相对微弱为特征。事实上，尽管在川滇黔 Pb-Zn 矿集区目前未见报道存在明显的中生代岩浆活动，但在湘中 Sb-Au 矿集区和右江 Au-Sb-Hg-As 矿集区的周缘（或某些矿区）确有少量花岗岩、花岗斑岩和基性脉岩存在；遥感资料显示的环状构造和地球物理资料显示的异常特征亦表明，这两个矿集区之下可能存在隐伏岩体。深入系统地研究这些火成岩的时代、成因及其与成矿的关系，可能是揭示上述两个矿集区成矿驱动机制的关键所在。

一、湘中 Sb-Au 矿集区中生代岩浆活动

湘中地区印支期岩浆活动规模较大，以湘中盆地周缘分布的花岗岩基或岩株为特征，出露总面积超过 $4000km^2$，主要包括白马山岩体、瓦屋塘岩体、紫云山岩体、歇马岩体、关帝庙岩体和沩山岩体等（图 2.11）。这些岩体的岩性以黑云母二长花岗岩和二云母二长花岗岩为主。大量高精度测年结果显示，这些印支期花岗岩的年龄集中在 243 ~ 204Ma。

除上述规模较大的花岗岩体外，湘中地区还发育少量小规模的岩脉，它们主要分布在桃江-新化-城步大断裂和安化-溆浦-洪江大断裂及其次级断裂内，主要为花岗斑岩、石英斑岩、石英闪长斑岩和闪长玢岩，长数十米至数千米，宽（厚）数米至十余米，常成群成带出现（刘继顺，1996）。这些岩脉往往分布在 Sb/Sb-Au 矿床及其外围，二者的关系值得深入研究。

（一）脉岩的时代和成因

湘中 Sb-Au 矿集区的一些锑、金矿床与酸性脉岩具有较紧密的空间关系。一些锑金矿脉常赋存在脉岩内或其两侧的蚀变带中，且零星出露的长英质脉岩常有矿化发生（黄业明，1996；刘继顺，1996；鲍肖等，2000）。

根据酸性脉岩与 Au-Sb 矿化紧密的空间关系及部分酸性脉岩具有很高的 Sb、Au 含量，部分学者建议可将其作为该区锑金矿床的找矿标志（刘继顺，1996；鲍肖等，2000；彭渤和陈广浩，2000；鲍振襄等，2002；康如华，2002；孙际茂等，2007）。但是，以往对这些脉岩的研究主要集中于成矿元素含量测试及其与矿体的空间关系描述上，对酸性岩脉的精确年代学、地球化学、源区特征等的研究则较缺乏，这阻碍了对岩脉成因及其与锑金成矿关系的深入认识。

龙山 Sb-Au 矿床是湘中 Sb-Au 矿集区典型的 Sb、Au 共生矿床，是湘中地区最大规模的 Sb-Au 矿床之一，至今已有一百多年开采历史，找矿勘查和科学研究取得重要进展（梁华英，1989，1991；史明魁等，1993；鲍肖和陈放，1995；康如华，2002；吴运军，

2003；郑时干，2006；李己华等，2007；刘鹏程等，2008；贺文华等，2015；张新念，2016）。尽管在矿区未见大规模岩体出露，但在矿区外围发育有以矿床为中心呈同心圆状分布的多个酸性岩脉群（图 6.1），并且在龙山金锑矿区的西南部还发育曹家坝夕卡岩型钨矿床（张志远等，2016）。区域物探资料也表明，龙山矿床所在区域存在明显的重力异常（湖南省地质矿产局，1988）。上述种种迹象表明，龙山金锑矿床的深部可能存在隐伏岩体，而这些酸性岩脉群很可能就是深部隐伏岩体的地表显示。因此，许多学者认为岩浆活动与龙山金锑矿床的形成可能具有密切关系（鲍肖和陈放，1995；郑时干，2006；李己华等，2007；刘鹏程等，2008）。但上述认识均基于对矿床研究的推论，还缺乏岩浆岩年代学和地球化学的关键证据。本次工作以龙山金锑矿外围发育的这些酸性岩脉群为研究对象，进行了系统的元素地球化学、锆石 U-Pb 年代学和 Hf 同位素地球化学研究，揭示了岩脉的形成年龄、源区性质及其与龙山金锑矿床的成因联系。

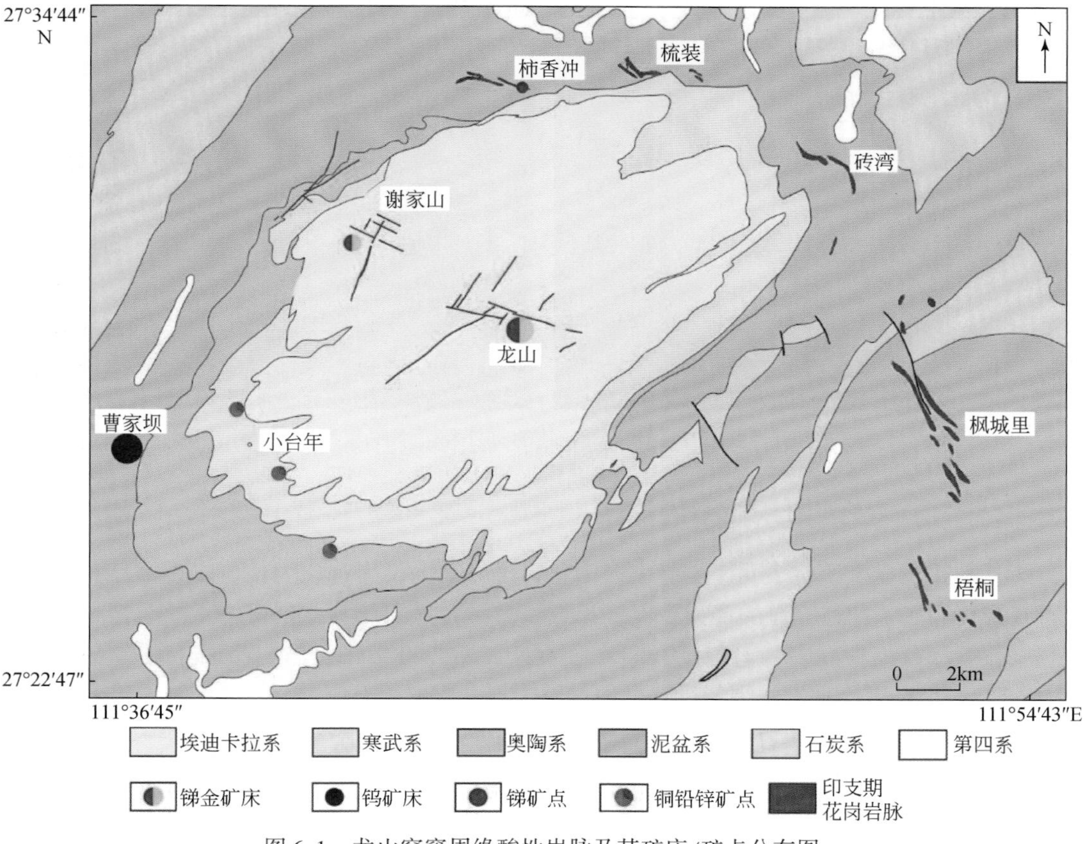

图 6.1　龙山穹窿周缘酸性岩脉及其矿床/矿点分布图

（据陈佑伟等，2016 修改）

酸性岩脉主要以集群形式出现，主要发育于龙山隆起的北部及北东缘的柿乡冲、梳装村、砖湾村、枫城里村和梧桐村等地，整体上呈北西向展布。岩脉侵入于寒武系或泥盆系地层中，长达十米至几千米，大体上呈以龙山金锑矿为中心的扇形分布（图 6.1）。柿香村花岗斑岩脉内部还发育石英脉型锑矿化。但由于岩脉露头暴露在地表时间较长，植被茂盛，大多受较强风化作用（图 6. 2a ~ b）。

图 6. 2　花岗斑岩脉的野外和镜下照片
（据陈佑伟等，2016）
a ~ b. 野外照片；c ~ d. 显微镜下特征（正交偏光）；Q. 石英；Pl. 斜长石；Bi. 黑云母

野外露头及显微鉴定表明，岩脉大多为花岗斑岩，少量为花岗闪长斑岩。样品具有明显的斑状结构和块状构造，斑晶多为石英、长石，少量为黑云母等，副矿物主要有锆石、磷灰石和榍石等。石英斑晶多为等粒状，自形程度差，常具有溶蚀结构，有时边缘会有反应边（图 6. 2c）。长石斑晶常发生绢云母化，但保留了不完整的长石假象（图 6. 2d）。黑云母斑晶多呈自形产出，并发生褪色变成白云母或蚀变成绿泥石析出大量含铁矿物（图 6. 2c）。样品中的锆石多呈短柱状，自形程度较高，多为无色。阴极发光图像显示，锆石晶形完好，裂纹不发育，具有岩浆成因锆石的典型震荡环带。锆石的 Th/U 值为 0. 15 ~ 1. 18，多数样品在 0. 4 以上，具有典型岩浆锆石的高 Th/U 特征（Hoskin and Black，2000；Belousova et al.，2002；Corfu et al.，2003；吴元保和郑永飞，2004）。以上特征表明所测锆石为岩浆成因，所测年龄可以代表酸性岩脉的结晶年龄。

采用 LA-ICP-MS 方法测定了锆石的 U、Pb 同位素组成。由图 6. 3 可见，不同地点样品的大部分数据点都位于谐和线或其附近，虽然部分分析点不同程度的水平偏离谐和线，但其分布形式与 Pb 丢失所引起的不谐和明显不同，而且锆石具有清晰的韵律环带，表明锆石并未发生 Pb 的丢失。因此，这种偏离可能与这些分析点的^{207}Pb 含量较低而较难测定有关（Compston et al.，1992）。

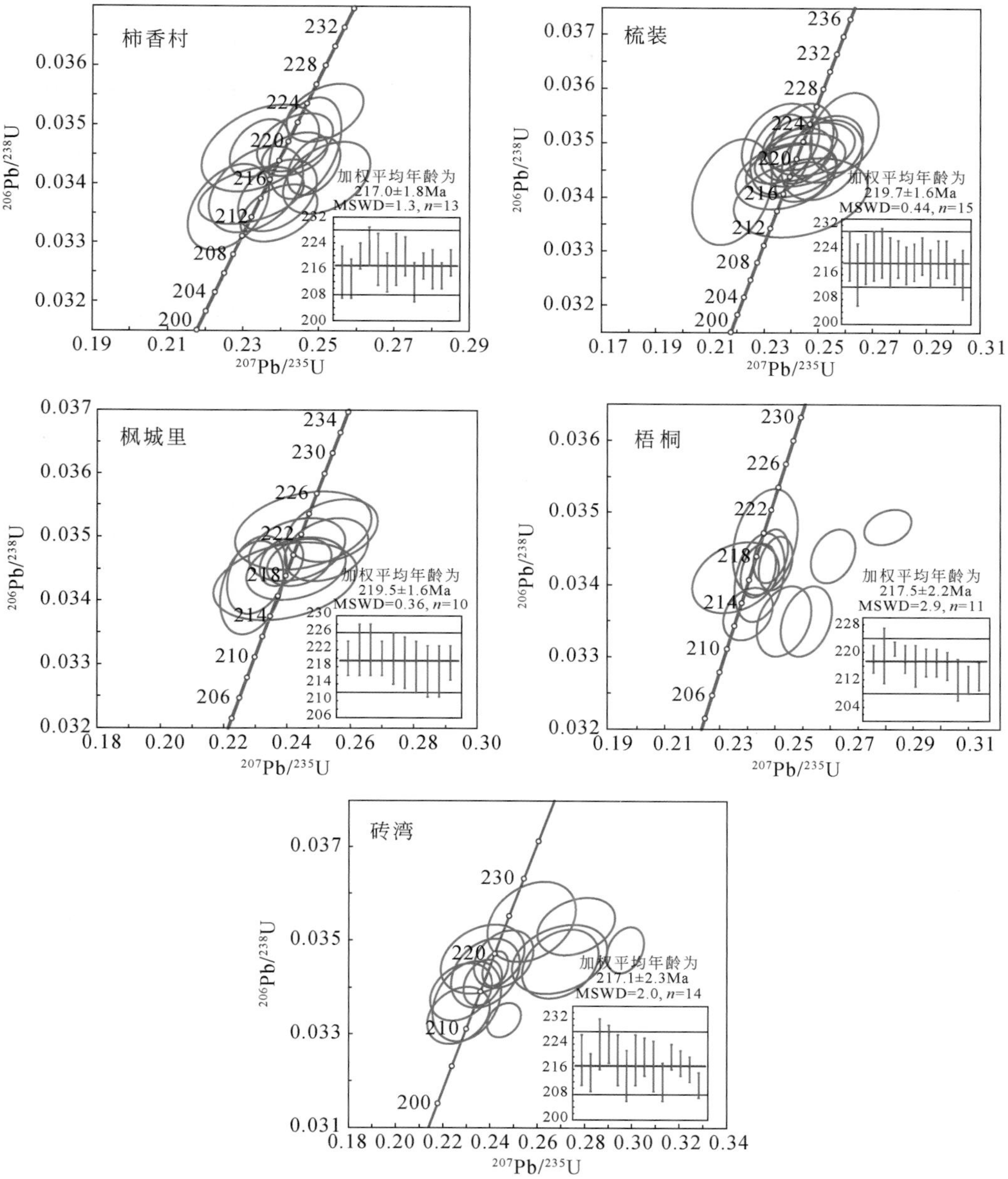

图 6.3　湘中各地岩脉中锆石的 U-Pb 年龄谐和图

柿香村花岗斑岩脉进行了 14 个测点分析。其中 13 个测试点显示了较一致的^{206}Pb/^{238}U 年龄，为 223～212Ma，加权平均年龄为 217±1.8Ma。其中一颗锆石显示与其余锆石明显不同的年龄，其^{206}Pb/^{238}U 年龄为 795Ma，阴极发光显示具有明显的核边结构，因此判断其为继承锆石。

对梳装花岗斑岩脉进行了 15 个测点分析。所测试的点具有一致的$^{206}Pb/^{238}U$ 年龄，为 223 ~ 216Ma，加权平均年龄为 219. 7±1. 6Ma。

对枫城里岩脉样品进行了 10 个测点分析，$^{206}Pb/^{238}U$ 年龄为 217 ~ 220Ma，加权平均年龄为 219. 5±1. 6Ma

对梧桐村花岗闪长岩脉样品进行了 13 个测点分析。其中 11 个测点显示了较一致的$^{206}Pb/^{238}U$年龄，为 221 ~ 212Ma，加权平均年龄为 217. 5 ± 2. 2Ma。其中两颗继承锆石的$^{206}Pb/^{238}U$年龄分别为 777Ma 和 738Ma。

对砖湾花岗岩脉中的锆石进行了 16 个测点的分析。其中 14 个测点的$^{206}Pb/^{238}U$ 年龄为 224 ~ 214Ma，加权平均年龄为 217. 1±2. 3Ma，代表了岩脉的结晶年龄。其中两颗继承锆石的$^{206}Pb/^{238}U$ 年龄分别为 728Ma 和 627Ma。

综合以上分析结果可以看出，龙山矿床周边出露的花岗质岩脉显示了较一致的年龄，表明它们应该是一次岩浆活动的产物，结晶年龄约为 220 ~ 217Ma。上述年龄结果与湘中盆地周边花岗岩如白马山岩体（216 ~ 210Ma；李建华等，2014；Fu et al.，2015）、紫云山岩体（223 ~ 220Ma；刘凯等，2014；Fu et al.，2015）、沩山岩体（218 ~ 214Ma；丁兴等，2005，2012；Fu et al.，2015）、关帝庙岩体（222Ma；赵增霞等，2015）等的年龄一致。同时，区内酸性岩脉与周边同期花岗岩具有相似的微量元素组成，暗示龙山地区的酸性岩脉与湘中盆地周边的印支期花岗岩体具有成因联系，可能为相似构造背景下同一次岩浆活动的产物。

测试岩脉样品具有较高的硅含量（SiO_2 = 70. 21% ~ 76. 15%）、高的烧失量和 ACNK 值（LOI = 3% ~ 5. 58%，ACNK = 1. 67 ~ 5. 14），以及低的 Na（Na_2O = 0. 03% ~ 3. 20%，平均为 0. 29%）、Ca（CaO = 0. 01% ~ 2. 51%，平均为 0. 23%）和 Mg（MgO = 0. 2% ~ 1. 26%，平均为 0. 47%）含量。这些特征与岩石受到了较强蚀变有关，岩脉样品的主量元素受到了较大干扰，不能代表新鲜岩石的组成。

虽然热液蚀变也会影响岩石中微量元素的含量，但一般认为高场强元素和稀土元素具有较弱的活泼性，它们受蚀变的影响较弱（Jiang et al.，2005）。样品的微量元素及稀土元素分析结果见图 6. 4。为便于判断蚀变作用对岩石微量元素及稀土元素的影响，收集了湘中盆地周边出露的印支期花岗岩体（白马山岩体、关帝庙岩体、沩山岩体、紫云山岩体）的相关资料进行对比，其微量元素原始地幔标准化蛛网图和球粒陨石标准化稀土模式见图 6. 4。

微量元素结果显示，除少数元素（如 Sr 和 P）可能受到不同程度蚀变的影响而导致其含量有较大变化外，其余元素含量较均一。微量元素原始地幔标准化图解上（图 6. 4a），岩脉的微量元素特征与周边同期花岗岩相似，均表现为富集大离子亲石元素 Rb、Th、U 和 Pb，亏损高场强元素 Nb、Ta、Ti、P、Sr、Ba 等。这些特征与南岭东段强过铝质花岗岩（孙涛等，2003）相似。其中 Sr、P、Ti 的亏损可能是斜长石、磷灰石和金红石等矿物分离结晶所致。

在球粒陨石标准化稀土配分图上，岩脉与同期花岗岩体同样具有相似的稀土元素组成特征（图 6. 4b）。它们均具有较低的稀土总量（$\Sigma REE = 79.3\times10^{-6} \sim 153.3\times10^{-6}$）；轻重稀土分馏明显，具有明显右倾的稀土配分模式（$(La/Yb)_N = 14.8 \sim 28.8$）；轻稀土的分馏程度

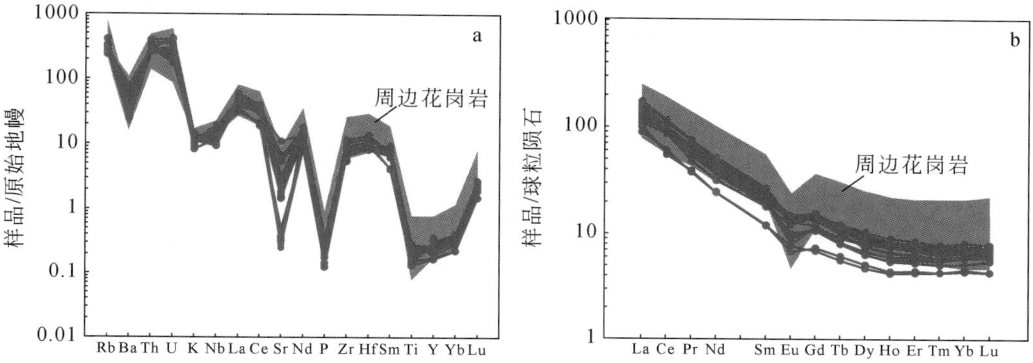

图 6.4 脉岩的微量元素原始地幔标准化蛛网图（a）和脉岩的稀土元素球粒陨石标准化分布模式（b）

球粒陨石值据 Taylor 和 McLennan（1985），原始地幔值据 Sun 和 McDonough（1989）；周边花岗岩体相关数据来源：关帝庙（柏道远等，2014b；赵增霞等，2015）；白马山（陈卫锋等，2007；Fu et al.，2015）；沩山（Fu et al.，2015）；紫云山（刘凯等，2014）

[$(La/Sm)_N$=5.2～8.2] 较高，重稀土分馏 [$(Gd/Yb)_N$=1.3～2.3] 则相对不明显；明显的 Eu 负异常，δEu=0.5～0.8，暗示岩浆形成演化过程中可能经历了较强的分离结晶作用或源区有斜长石的残留。

锆石的稀土元素含量（ΣREE）为 598×10^{-6}～1653×10^{-6}。其中，轻稀土含量为 9×10^{-6}～77×10^{-6}，个别测点的轻稀土含量较高，可能是由于测点含有磷灰石矿物包体所致（吴元保和郑永飞，2004；关俊雷等，2014）；重稀土的含量较高，为 586×10^{-6}～1618×10^{-6}。稀土模式表现为明显的左倾，并具有明显的 Ce 正异常和 Eu 负异常（图 6.5），这种特点与典型的壳源岩浆锆石中的稀土元素组成特征一致，暗示其岩浆主要由壳源物质部分熔融而来（Miller and White，1998；Hoskin and Schaltegger，2003；Hanchar and van Westrenen，2007）。

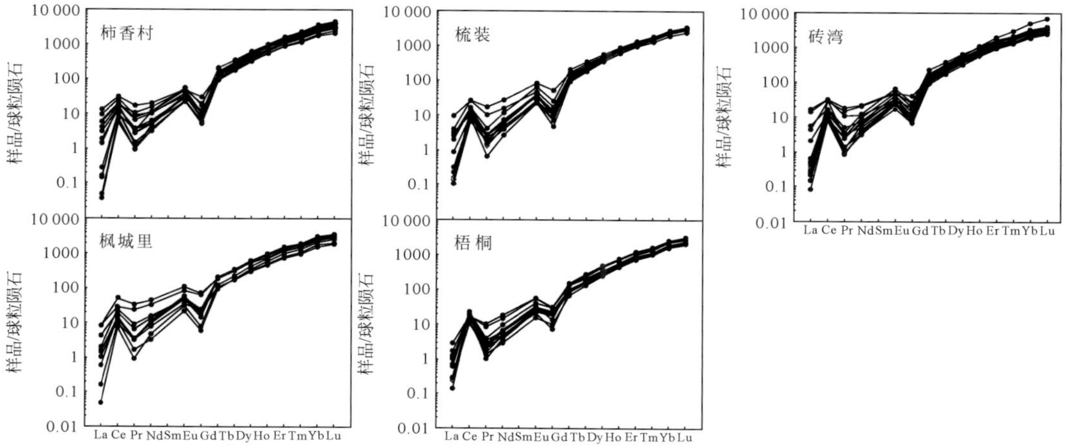

图 6.5 岩脉中锆石的稀土元素球粒陨石标准化模式图

球粒陨石值据 Taylor 和 McLennan（1985）

测定了锆石的 Hf 同位素组成，其 $\varepsilon_{Hf}(t)$ 值及模式年龄均采用本研究确定的 U-Pb 年龄计算获得。所测锆石的$^{176}Lu/^{177}Hf$均小于0.002，表明锆石形成后具有极低的放射性成因Hf积累，因此所测定的$^{176}Hf/^{177}Hf$值基本可以代表锆石结晶时体系的Hf同位素组成（Amelin et al.，1999；吴福元等，2007）。所测锆石的$f_{Lu/Hf}$为-0.99～-0.95，远低于镁铁质下地壳（-0.34；Amelin et al.，1999）和硅铝质地壳（-0.72；Vervoort et al.，1996）的相应值。因此，锆石的Hf同位素二阶段模式年龄（t_{DM2}）可代表源区物质从地幔分离的时间。

不同地区岩脉中的锆石均显示较均一的Hf同位素组成，其$^{176}Hf/^{177}Hf$值为0.282 264～0.282 536，$\varepsilon_{Hf}(t)$为-13.4～-3.7，t_{DM2}为2089～1482Ma。对其中的继承锆石也进行了Hf同位素研究，其组成也较均一，$^{176}Hf/^{177}Hf$值为0.281 941～0.282 134，$\varepsilon_{Hf}(t)$为-14.3～-6.9，t_{DM2}为2451～2072Ma。

由于岩脉多受到蚀变，其主量元素组成已受到较大影响，因此难以用主量元素组成判别其源区特征。但从上述微量元素组成特征看，除个别元素受蚀变的影响较大外，其余元素受影响较小。因此，可利用微量元素对岩脉的源区特征进行识别。岩脉富集大离子亲石元素，亏损Ta和Nb等高场强元素，暗示其源岩主要为陆壳沉积物。岩脉的Nb/Ta值为2.69～16.54（平均9.2），接近于地壳平均值（12.2），也暗示岩脉可能主要由地壳物质部分熔融而成（陈小明等，2002）。在Rb/Sr-Rb/Ba判别图解中（图6.6a），岩脉样品和周边同期花岗岩体的元素组成，大部分投影在富黏土沉积物区域，表明岩脉与周边印支期花岗岩的源区相似，主要由大陆地壳中富黏土的泥质岩石部分熔融而成，属于碰撞后花岗岩（图6.6b），这与华南印支期构造演化的地质事实一致。

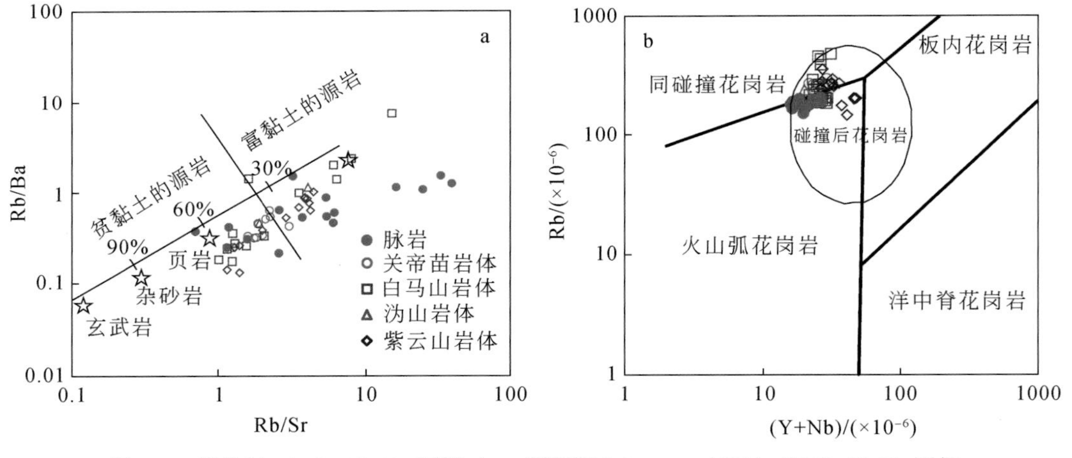

图6.6 岩脉的Rb/Sr-Rb/Ba图解（a，底图据Sylvester，1998）和Rb-Y+Nb图解（b，底图据Pearce et al.，1984）

其余花岗岩体的数据来源同图6.4

研究表明，锆石的微量元素组成受控于岩浆演化，利用锆石微量元素组成之间的相关性，也可以对岩浆起源及演化进行识别（Hoskin and Schaltegger，2003；Grimes et al.，2007；Wang et al.，2012b）。在U/Yb-Hf和U/Yb-Hf图解中（图6.7a～b），酸性岩脉样品均位于大陆锆石区，暗示这些岩脉主要来源于壳源物质。在Th-Pb和$(Nb/Pb)_N$-Eu/Eu*图解中（图6.7c～d），酸性岩脉样品几乎都投在S型花岗岩类锆石区，表明这些脉岩属于 S 型花岗岩，其岩浆主要源于壳源物质的部分熔融。

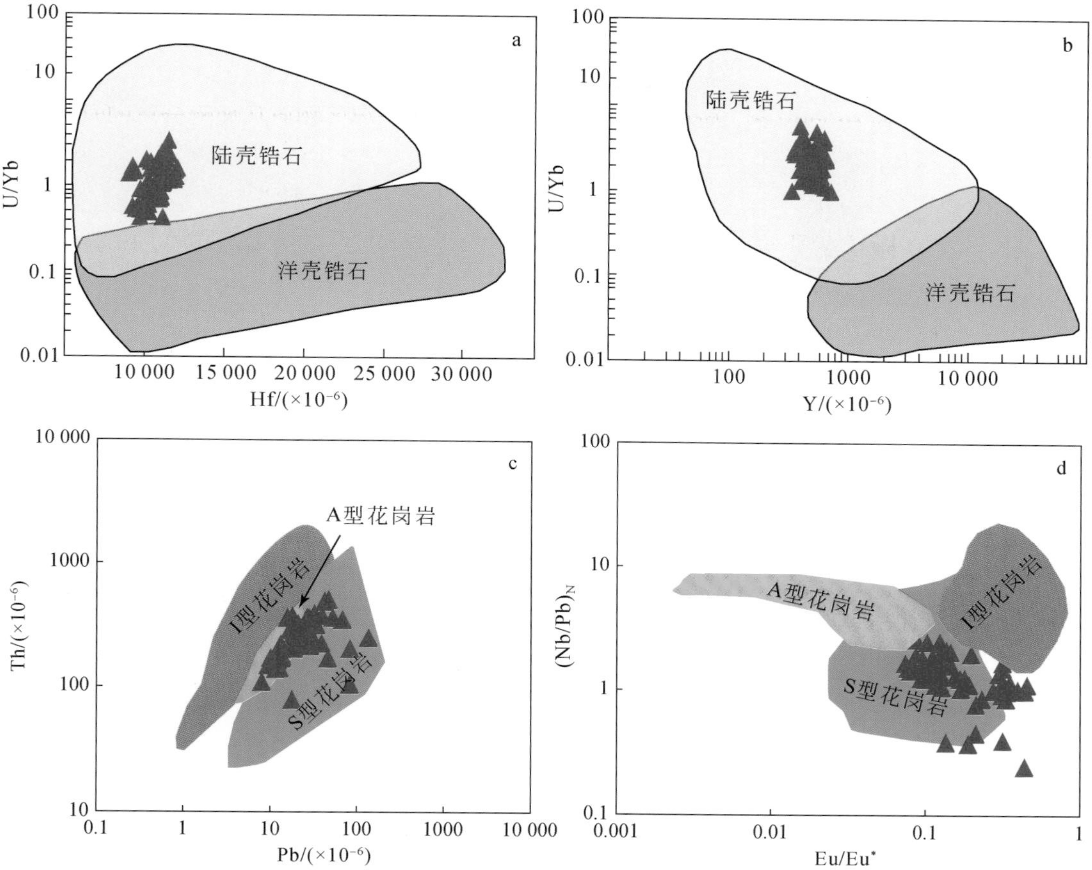

图 6.7　岩脉中锆石的 U/Yb-Hf（a）、U/Yb-Y（b）、Th-Pb（c）和（Nb/Pb)$_N$-Eu/Eu* 图解

a、b 的底图据 Grimes 等（2007）；c、d 的底图据 Wang 等（2012）

花岗岩脉中锆石的 $\varepsilon_{Hf}(t)$ 均为负值（-12.8 ~ -4）（图 6.8a），在 $\varepsilon_{Hf}(t)$-t 图解上样品点均落在亏损地幔及球粒陨石演化线之下（图 6.8b），暗示其为古老地壳部分熔融的产物，同时其古老的二阶模式年龄（t_{DM2} 为 2089 ~ 1482Ma）表明，酸性岩脉群主要源于古元古代—中元古代变质沉积岩的部分熔融。获得的几颗捕获锆石具有一致的新元古代年龄和亏损的 Hf 同位素特征，这暗示岩脉形成过程中可能有少量新古元代壳源物质加入。

近年来对华南印支期花岗岩开展了大量的高精度年代学研究，其结果显示印支期花岗岩的形成年龄主要集中在两个区间：印支早期（243 ~ 228Ma）和印支晚期（220 ~ 200Ma）（王岳军等，2005；于津海等，2007；Wang et al.，2007b，2013b；Mao et al.，2013）。Wang 等（2013b）的研究表明，它们均形成于挤压背景，其中印支早期的花岗岩可能与印支运动造成的同碰撞挤压构造有关，而印支晚期的花岗岩可能与印支运动后碰撞阶段多块体围限作用下的陆内造山有关。湘中龙山地区的酸性岩脉的成岩年龄为 220 ~ 217Ma，是陆内造山环境的产物。

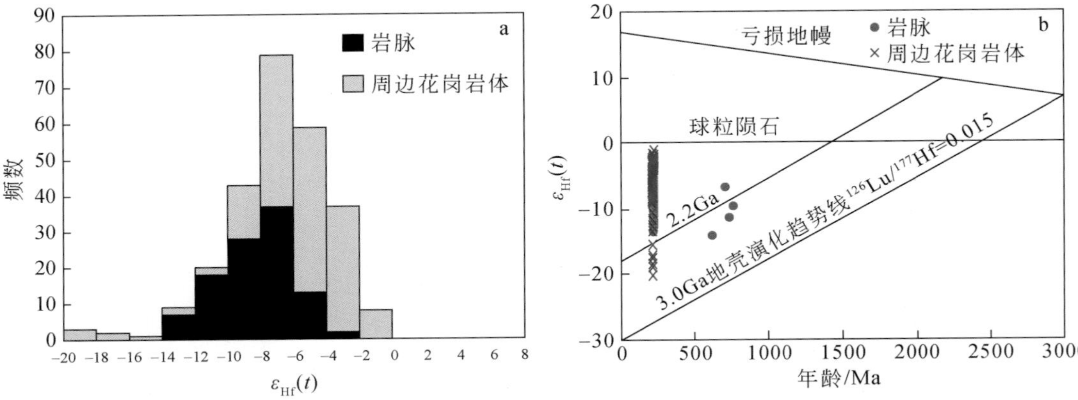

图 6.8 岩脉及周边花岗岩体的 Hf 同位素组成（a）和 $\varepsilon_{Hf}(t)$-t(b) 图解

周边花岗岩体为白马山岩体、沩山岩体和紫云山岩体，数据据 Fu 等（2015）

（二）燕山期岩浆活动

湘中地区是否存在燕山期花岗岩浆活动，是多年来学者们关心的问题。湘中地区的燕山期花岗岩以往报道的仅有白马山岩体中心部位的中细粒二云母二长花岗岩（图 6.9b），其锆石 U-Pb 年龄为 176.7±1.7Ma（陈卫锋等，2007）。

湘中地区白马山岩体中心部位燕山期花岗岩的发现，揭开了湘中可能存在燕山期中酸性岩浆作用研究的序幕（张勇，2018）。但是，除此之外湘中地区以往尚未见与湘中矿集区中生代第二期大规模 Sb-Au 成矿（160～130Ma）时代相近的花岗岩的报道。因此，寻找湘中地区更多燕山期中酸性岩浆活动的证据显得尤为重要。白马山岩体为一呈近东西向分布的复式岩体（图 2.11），岩体内晚期脉岩发育，这些脉岩主要包括细粒黑云母花岗岩、长石石英细晶岩和电气石长石石英伟晶岩等（图 6.9）。为了精确确定岩体和岩脉的时代，本次工作开展了其中锆石的 U-Pb 年代学研究。

1. 白马山复式岩体中黑云母花岗岩的锆石 U-Pb 年龄

花岗岩样品采自白马山复式岩体西部，采样位置见图 6.9c（15B24）。从中分选出的锆石裂缝少，多为无色透明，少数呈浅黄色，自形柱状，长度 150～300μm，CL 图像显示的震荡环带清晰，为典型的岩浆锆石（图 6.10）。

本次分析了 14 个点，Th 含量为 334×10^{-6}～2406×10^{-6}，U 含量为 1137×10^{-6}～4108×10^{-6}，Th/U 值为 0.29～0.57。14 个测点的 $^{206}Pb/^{238}U$ 年龄为 216.2～224.6Ma，加权平均年龄为 221.4±1.7Ma（n=14，MSWD=1.4），谐和下交点年龄为 219.4±2.2Ma（图 6.11），两者在误差范围内一致。因此，加权平均年龄 221.4±1.7Ma 可以代表细粒黑云母花岗岩的成岩年龄。

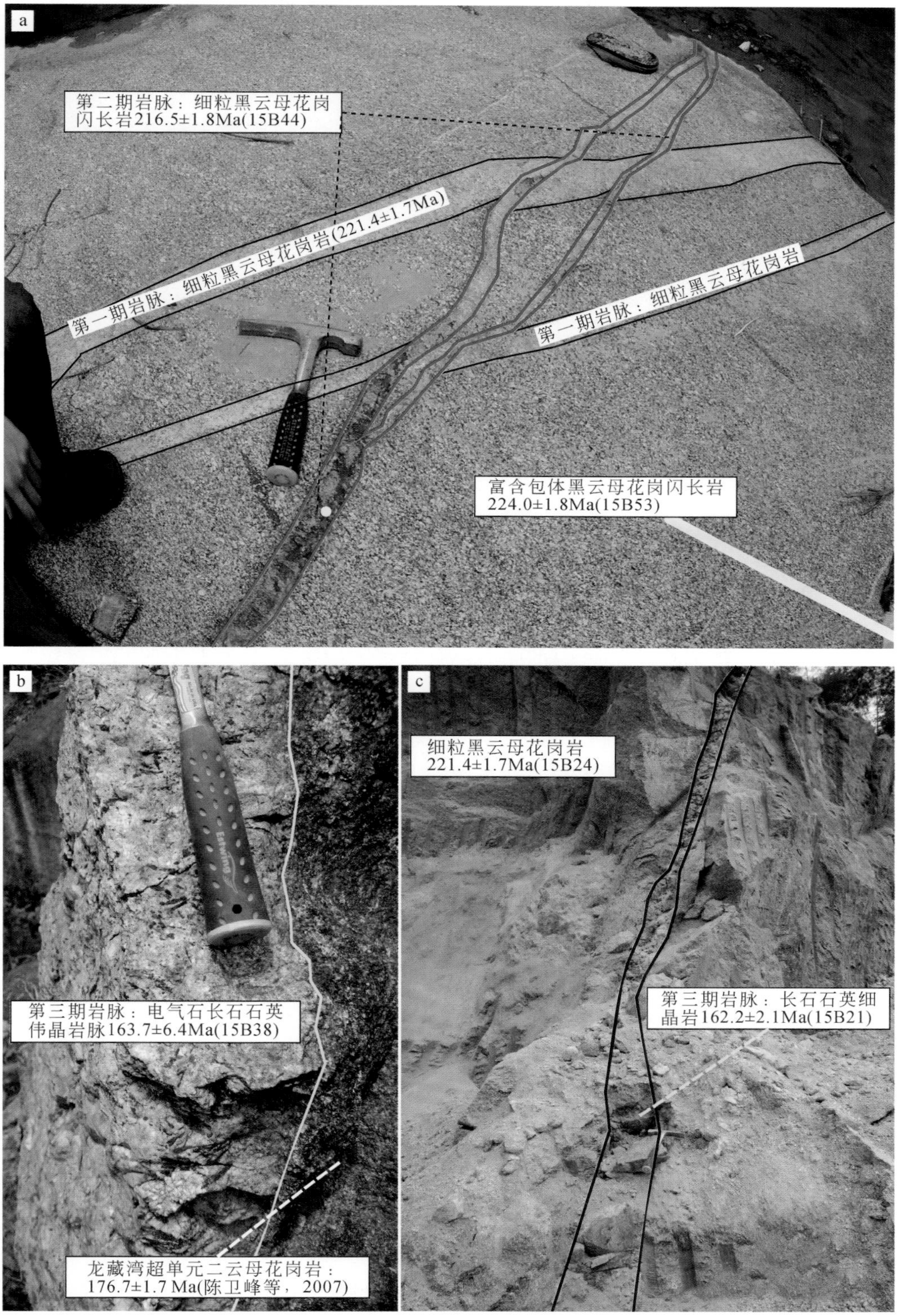

图 6.9　白马山岩体露头花岗岩和脉岩的产出特征及年龄

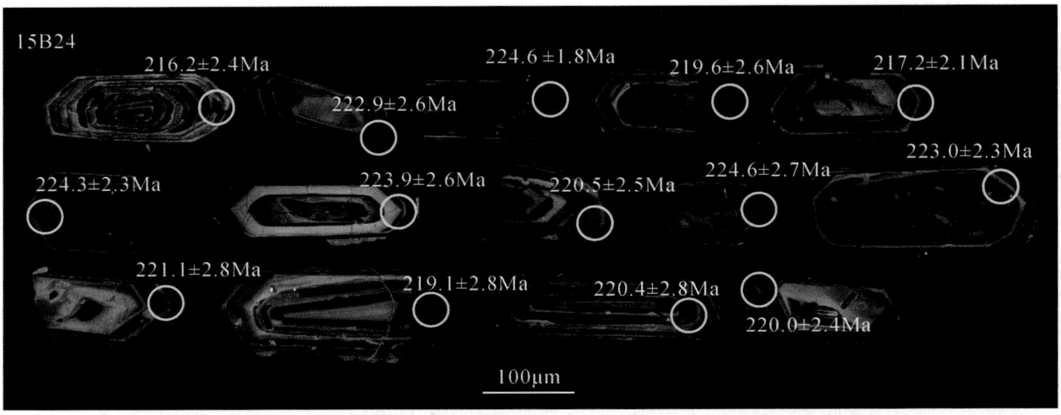

图 6.10　白马山岩体西部细粒黑云母花岗岩中锆石 CL 图像

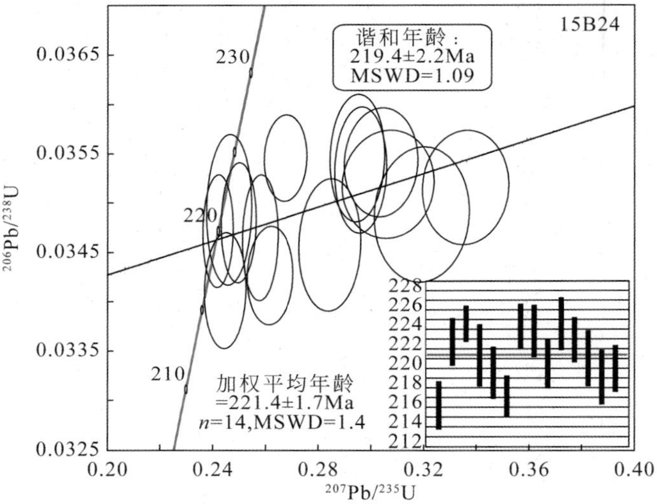

图 6.11　白马山岩体西部细粒黑云母花岗岩中锆石 U-Pb 年龄谐和图

（据张勇，2018）

2. 白马山复式岩体中黑云母花岗闪长岩的锆石 U-Pb 年龄

花岗岩样品采自白马山复式岩体东部，采样位置见图 6.9a（15B53）。从中分选出的锆石裂缝少，多为无色透明，少数呈棕色，自形到半自形柱状，长度 50～200μm，CL 图像显示的震荡环带清晰，为典型的岩浆锆石（图 6.12）。

本次分析了 17 个点，Th 含量为 402×10^{-6}～1155×10^{-6}，U 含量为 701×10^{-6}～2358×10^{-6}，Th/U 值为 0.24～0.97。17 个测试点的 $^{206}Pb/^{238}U$ 年龄为 220.4～231.2Ma，加权平均年龄为 224.0±1.8Ma（$n=17$，MSWD=1.9），谐和年龄下交点为 219.2±3.8Ma（图 6.13），误差范围内两者年龄一致。因此，加权平均年龄 224.0±1.8Ma 代表含暗色包体黑云母花岗闪长岩的成岩年龄，与陈卫峰等（2007）确定的该类花岗岩的锆石 U-Pb 年龄 224.3±

2. 4Ma 一致。

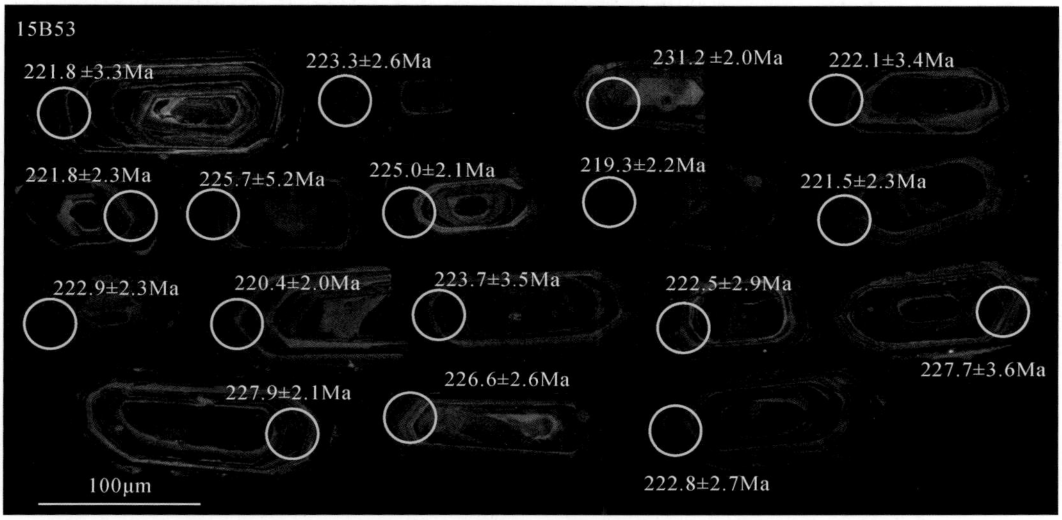

图 6. 12 白马山岩体东部细粒黑云母花岗闪长岩中锆石的 CL 图像

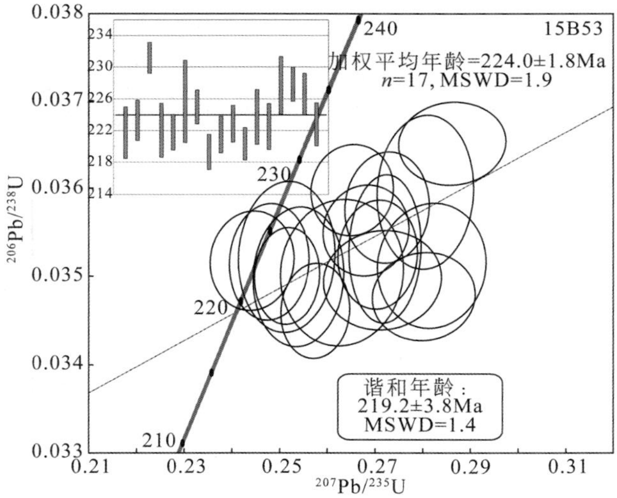

图 6. 13 白马山岩体东部细粒黑云母花岗闪长岩中锆石 U-Pb 年龄谐和图
（据张勇，2018）

3. 白马山复式岩体中脉岩的锆石 U-Pb 年龄

根据穿插关系和岩性特征，白马山复式岩体内至少有 3 期脉岩（张勇，2018）。

第一期岩脉形成于印支期，出露在白马山岩体东部（图 6. 9a），岩性为灰白色中细粒黑云母花岗岩，与复式岩体西部的细粒黑云母花岗岩（15B24）极为相似（图 6. 9c），可能为同一期岩浆作用的产物。因此，该期岩脉的形成年龄可能为 221. 4±1. 7Ma。该期岩脉切穿富含包体的黑云母花岗闪长岩体，但被第二期细粒黑云母花岗岩岩脉切穿(图 6.9a)。第一期岩脉的形成时代晚于富含包体的黑云母花岗闪长岩的 224.0±1.8Ma（15B53）和 224.3±2.4Ma（陈卫峰等，2007）。

第二期岩脉出露在白马山岩体东部，切穿第一期岩脉，岩性为细粒黑云母花岗闪长岩（图 6.9a），脉宽 10～30cm，北东走向。其中（15B44）锆石的裂缝少，多为无色透明，少数呈浅黄色到棕色，自形到半自形柱状，长 50～200μm，CL 图像显示的震荡环带清晰，为典型的岩浆锆石（图 6.14）。

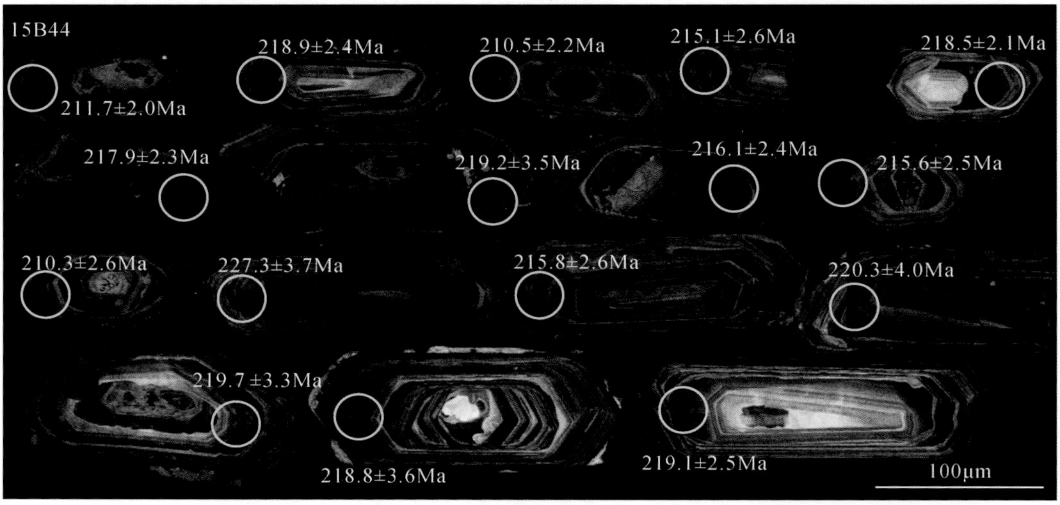

图 6.14　白马山岩体东部第二期细粒黑云母花岗闪长岩脉中锆石的 CL 图像

本次分析了 16 个点，Th 含量为 571×10^{-6}～4493×10^{-6}，U 含量为 1591×10^{-6}～$10\ 171\times10^{-6}$，Th/U 值为 0.26～1.08。16 个测试点的 $^{206}Pb/^{238}U$ 年龄为 210.3～220.3Ma，加权平均年龄为 216.5±1.8Ma（n=16，MSWD=1.8），谐和年龄为 217.5±1.5Ma（图 6.15），两者基本一致，加权平均年龄代表其成岩年龄。

本次工作在白马山岩体西部亦发现有第二期的细粒黑云母花岗闪长岩岩脉，脉宽 10～100cm，走向近东西向。细粒黑云母花岗闪长岩岩脉（15B45）中的锆石裂缝较少，多为无色不透明，少数呈浅黄色，半自形柱状，长度 100～300μm，CL 图像显示的震荡环带清晰，为典型的岩浆锆石（图 6.16）。

本次分析了 19 个点，Th 含量为 257×10^{-6}～1493×10^{-6}，U 含量为 258×10^{-6}～1350×10^{-6}，Th/U 值为 0.91～2.12。19 个测试点的 $^{206}Pb/^{238}U$ 年龄为 214.2～216.4Ma，加权平均年龄为 217.2±1.5Ma（n=19，MSWD=1.7），谐和下交点年龄为 216.5±1.4Ma（图 6.17），两者年龄结果相近，亦与白马山岩体东部第二期的细粒黑云母花岗闪长岩岩脉中锆石的 U-Pb 年龄一致。

第三期岩脉的岩性有两类，分别为长石石英细晶岩（图 6.9c）和电气石长石石英伟晶岩（图 6.9b）。

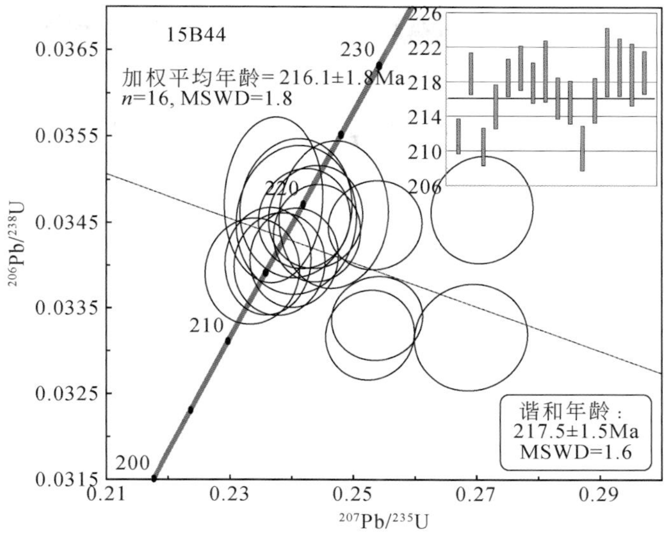

图 6.15　白马山岩体东部第二期细粒黑云母花岗闪长岩脉中锆石 U-Pb 年龄谐和图
（据张勇，2018）

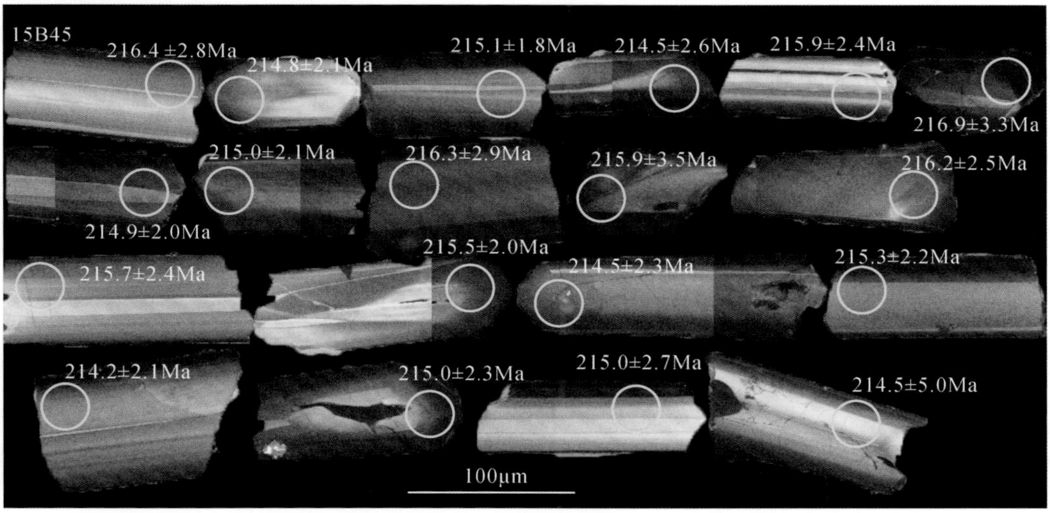

图 6.16　白马山岩体西部第二期细粒黑云母花岗闪长岩脉中锆石的 CL 图像

位于白马山岩体西部的长石石英细晶岩脉（15B21），脉宽 20～30cm，南东走向。其中（15B21）的锆石裂缝少，多为无色透明，少数呈浅黄色到棕色，自形到半自形柱状，长度 50～150μm，CL 图像显示锆石颗粒无震荡环带，且 U 含量高。这些特征与典型高 U 锆石相似（Gao et al.，2014；李秋立，2016）。

本次分析了 14 个点，Th 含量为 99 674×10^{-6}～596 256×10^{-6}，U 含量为 63 013×10^{-6}～477 623× 10^{-6}，Th/U 值为 0.27～9.46，集中于 0.27～1.35。其中 7 个测试点的^{206}Pb/^{238}U 年龄为 187.5～200.0Ma，加权平均年龄为 192.0±4.2Ma（n=7，MSWD=18）；另有 7 个测试

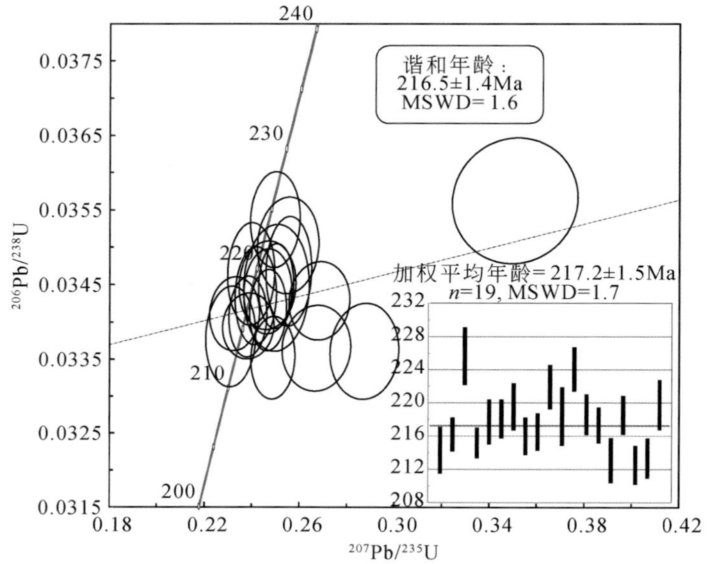

图 6.17　白马山岩体西部第二期细粒黑云母花岗闪长岩脉中锆石 U-Pb 年龄谐和图
（据张勇，2018）

点 $^{206}Pb/^{238}U$ 年龄为 160.1 ~ 165.1Ma，加权平均年龄为 162.2±2.1Ma（$n=7$，MSWD = 4.3）（图 6.18）。

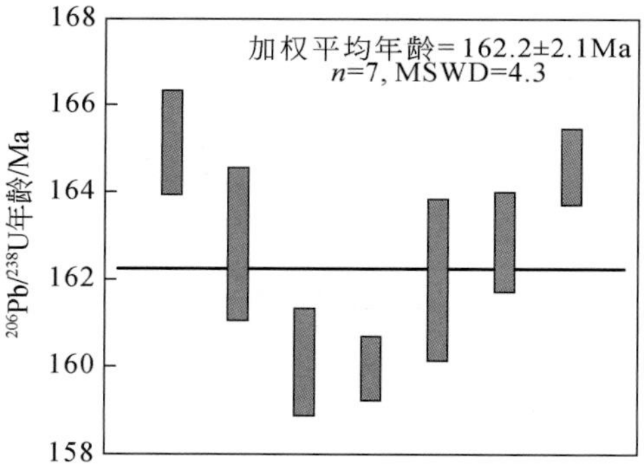

图 6.18　白马山岩体西部第三期岩脉（细晶岩）锆石 $^{206}Pb/^{238}U$ 年龄
（据张勇，2018）

第三期电气石长石石英伟晶岩脉（15B38）位于岩体中部，宽约 7 ~ 30cm，走向南东。其中（15B38）的锆石裂缝较少，多为无色不透明，少数呈浅黄色到棕色，自形柱状，长约 100 ~ 250μm。锆石 CL 图像显示锆石颗粒的无震荡环带，亦为高 U 岩浆锆石。

本次分析了 23 个点，Th 含量为 8355×10^{-6} ~ $121\ 124\times10^{-6}$，U 含量为 $558\ 155\times10^{-6}$ ~ $790\ 620\times10^{-6}$，Th/U 值为 0.02 ~ 0.18，集中于 0.02 ~ 0.06。其中 9 个测试点的 $^{206}Pb/^{238}U$ 年龄在 150.0 ~ 173.4Ma，加权平均年龄为 163.7±6.4Ma（$n=9$，MSWD = 119）；另有 14 个测试点 $^{206}Pb/^{238}U$ 年龄在 177.9 ~ 208.2Ma，加权平均年龄为 189.8±6.2Ma（$n=14$，MSWD =

141）（图6.19）。与细晶岩脉两阶段年龄相对应。野外可见，第三期电气石长石石英伟晶岩脉穿插白马山复式岩体龙藏湾超单元的二云母花岗岩。陈卫峰等（2007）确定该二云母花岗岩的锆石U-Pb年龄为176.7±1.7Ma，因此电气石长石石英伟晶岩脉163.7±6.4Ma的锆石U-Pb年龄应基本可信，属于燕山期的产物（张勇，2018）。

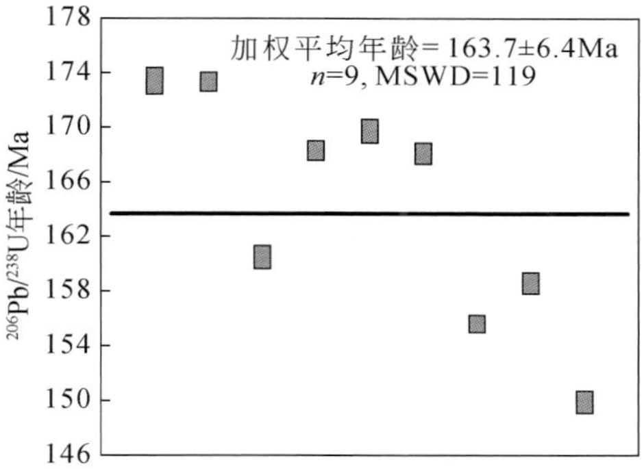

图6.19　白马山岩体中部第三期岩脉（伟晶岩）锆石$^{206}Pb/^{238}U$年龄
（据张勇，2018）

湘中地区白马山-龙山隆起带为加里东期隆起带（图2.11），岩浆活动持续到燕山期（史明魁等，1993）。通过以上研究可以发现，该区最晚期的岩浆活动形成了两种类型的岩脉，长石石英细晶岩脉和电气石长石石英伟晶岩脉，其形成年龄分别为162.2±2.1Ma和163.7±6.4Ma。该年龄与第五章确定的湘中矿集区中生代第二期大规模低温成矿作用的时代（约160～130Ma）基本一致。实际上，地球物理资料也表明湘中地区的深部存在隐伏岩体（饶家荣等，1993），燕山期岩浆活动形成的花岗岩可能由于剥蚀程度的关系还主要埋藏在地下，燕山期的上述脉岩只是岩浆活动最上部的表现形式。这与第七章将要讨论的剥蚀程度得出的认识一致。

二、右江Au-Sb-Hg-As矿集区中生代岩浆活动

右江盆地早泥盆世晚期开始强烈裂陷，形成了台地相-台间相相间排列的盆地格局（图2.3）。台地相以孤立的浅水碳酸盐台地为特征，而台间相则以泥质岩、硅质岩等深水沉积为特征。相比于华南东部地区，右江盆地及邻区中生代岩浆活动相对较弱，但在盆地内部和外围也发育了三叠纪、侏罗纪和白垩纪的火成岩。

（一）右江盆地南部的早三叠世火山岩

右江盆地三叠纪火山岩主要呈层状分布于马脚岭组、北泗组和百逢组之中，零星分布于平果县新圩、平乐县里结冲和贵县樟木等地，岩性主要为酸性凝灰岩和凝灰熔岩（广西壮族自治区地质矿产局，1985）。以往关于这些火山岩的年代学资料较少，广西壮族自治区地质矿产局等（1985）认为，北泗组火山岩形成于早三叠世，因为分布于凭祥-南宁断裂带两侧的北泗组灰岩夹层中含有菊石 *Prionolobus* sp. 和 *Columbites* sp. 等化石。梁金城等

(2001) 获得了北泗组火山岩全岩 Rb-Sr 同位素年龄值为 221.2±88Ma。覃小锋等 (2011) 对凭祥地区大青山一带北泗组火山岩和东兴地区峒中–板八一带板八组火山岩开展了详细的年代学研究，分别获得了英安岩和流纹岩的喷出年龄为 246±2Ma 和 250±2Ma (SHRIMP 锆石 U-Pb 年龄)。胡丽沙等 (2012) 对那坡地区的层状火山岩 (夹于百逢组和北泗组之间) 进行了 LA-ICP-MS 锆石 U-Pb 同位素定年，获得玄武安山岩的喷出年龄为 241.2±1.9Ma。我们采自崇左地区那贞、百合和丰乐等地北泗组上部的英安斑岩和百逢组顶部的凝灰岩中锆石 U-Pb 年龄分别为 244.3±1.8Ma、244.7±1.9Ma、239.7±1.6Ma 和 242.5±2.2Ma (图 6.20)，这些年龄与前人研究一致，代表了该地区早三叠世酸性火山岩的喷出年龄。

该地区火山岩样品的 SiO_2 含量变化范围为 69.40%~73.15%，Al_2O_3 含量为 12.62%~15.11%，FeO_t 含量为 2.74%~6.80%，具较低的 MgO (0.25%~1.38%)、TiO_2 (0.41%~1.08%) 和 CaO (0.40%~2.81%) 含量。样品的全碱含量为 4.87%~8.00%，在硅–碱 (TAS) 图解中落入英安岩和流纹岩范围 (图 6.21)。此外，样品具较高的 K_2O (0.51%~5.17%) 含量，铝饱和指数 A/CNK 介于 1.0 和 1.3 之间，属于过铝质高钾钙碱性系列 (图 6.21)。火山岩样品 SiO_2 含量与其他氧化物之间无明显的相关性。

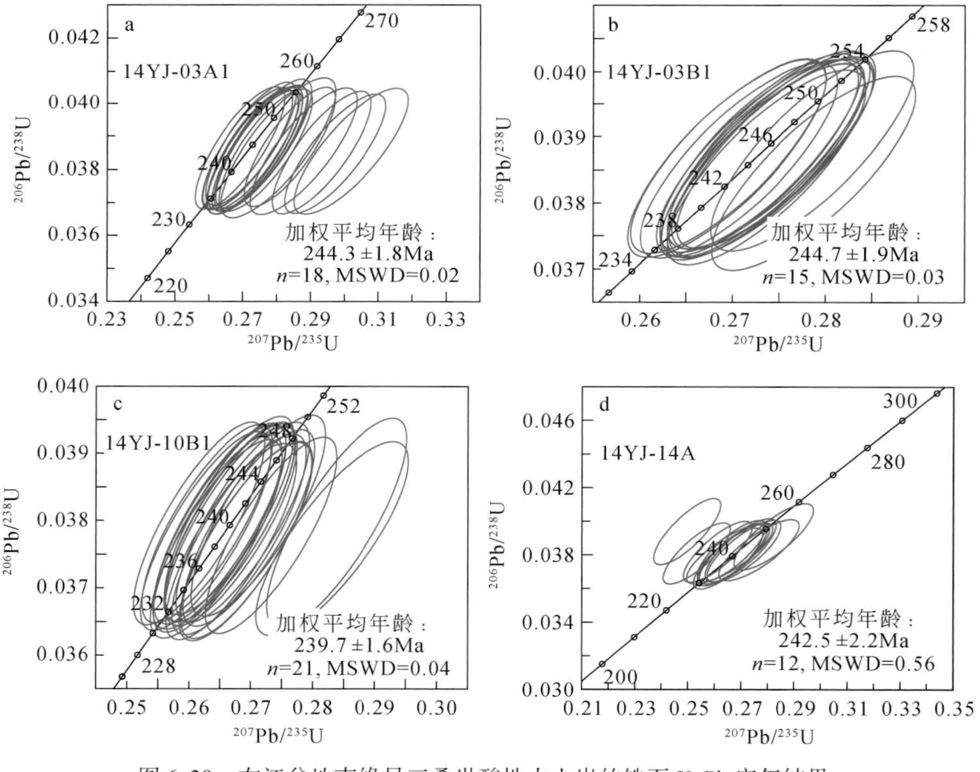

图 6.20 右江盆地南缘早三叠世酸性火山岩的锆石 U-Pb 定年结果
(据 Gan et al., 2020b)

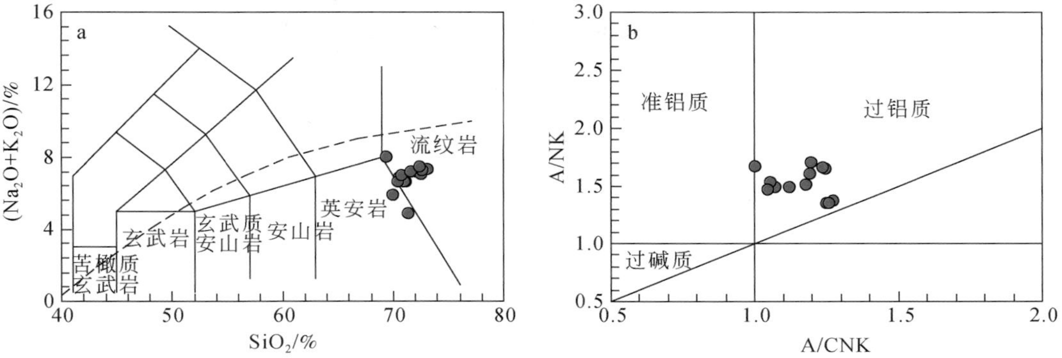

图 6.21　右江盆地早三叠世火山岩的 TAS（a）和 A/CNK-A/NK（b）图解
（据 Gan et al.，2020a）

该地区的这些火山岩均具较高的稀土含量（$29\times10^{-6}\sim259\times10^{-6}$），球粒陨石标准化稀土元素配分曲线总体上呈轻稀土富集的右倾模式，具明显的 Eu 负异常（图 6.22）。轻重稀土元素存在明显的分馏特征，但轻稀土分馏程度明显强于重稀土元素（图 6.22）。从原始地幔标准化微量元素蛛网图上可见，火山岩明显富集大离子亲石元素而亏损 Nb、Ta 和 Ti 等高场强元素，具明显的 Sr、Ba 负异常（图 6.22）。该地区的酸性火山岩具有相似的 Sr-Nd 同位素特征（图 6.23）。测得它们的$^{87}Sr/^{86}Sr$ 值为 0.731 68 ~ 0.749 88，$^{143}Nd/^{144}Nd$ 为 0.511 89 ~ 0.512 03。采用样品的喷发年龄（240Ma）计算它们的初始 Sr-Nd 同位素组成，其（$^{87}Sr/^{86}Sr$）$_i$ 值变化范围为 0.710 15 ~ 0.718 45，ε_{Nd}（t）值变化范围为 −9.6 ~ −12.3（图 6.23）。

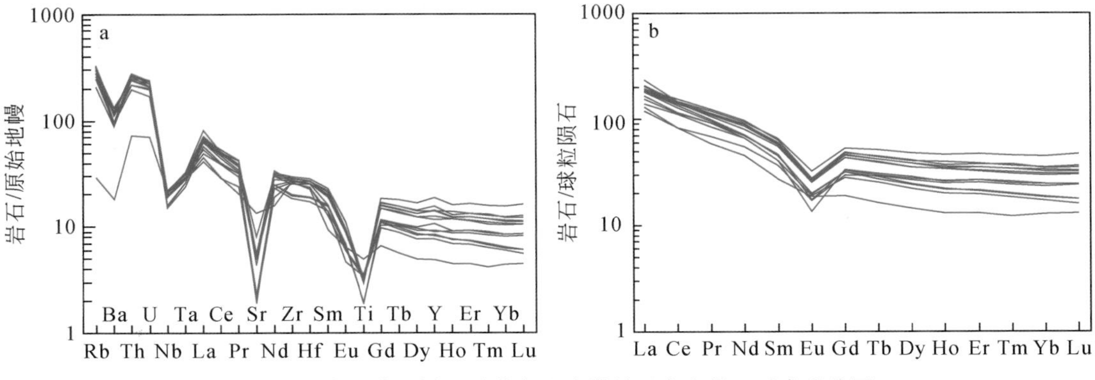

图 6.22　右江盆地早三叠世火山岩微量元素和稀土元素配分图
（Gan et al.，2020a）

该地区早三叠世火山岩主要以酸性火山岩为主，仅那坡地区有中三叠世基性喷出岩报道（广西壮族自治区地质矿产局，1985；胡丽沙等，2012）。一般认为，中酸性火山岩的岩石成因主要有两种模式：①幔源岩浆分异作用的产物，包括岩浆混合、分离结晶、地壳混染和 AFC 等过程；②地壳岩石部分熔融的产物。该地区的酸性火山岩的形成时代明显

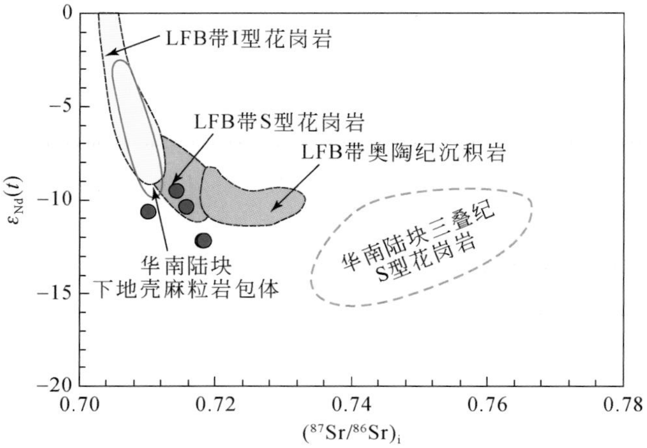

图 6.23　右江盆地早三叠世火山岩的 $(^{87}Sr/^{86}Sr)_i$-$\varepsilon_{Nd}(t)$ 图解

早三叠世火山岩数据引自 Gan 等（2020a）；华南陆块三叠纪 S 型花岗岩引自 Wang 等（2007）、Hsieh 等（2008）；下地壳麻粒岩包体引自 Yu 等（2003）

早于那坡地区中三叠世玄武岩（广西壮族自治区地质矿产局，1985；胡丽沙等，2012），且空间上北泗组和百逢组酸性火山岩的分布面积明显大于中三叠世玄武岩（广西壮族自治区地质矿产局，1985）。火山岩样品的 Nb/La（0.26～0.33）、Nb/U（2.22～3.64）和 Ce/Pb（2.41～3.30）值普遍低于地壳的平均值（分别为 0.40、3.91 和 6.15）。在哈克图解上样品 SiO_2 的含量与其他氧化物之间无明显的相关性。样品均具较高的 SiO_2 含量（70.03%～73.15%）和较低的 Mg#值（16～44），均落入地壳物质部分熔融区域（图 6.24）。它们与同时期华南陆块前寒武地壳岩石具相似的 Nd 同位素（图 6.24）。因此，本研究更倾向认为该地区的酸性火山岩是地壳岩石部分熔融的产物。

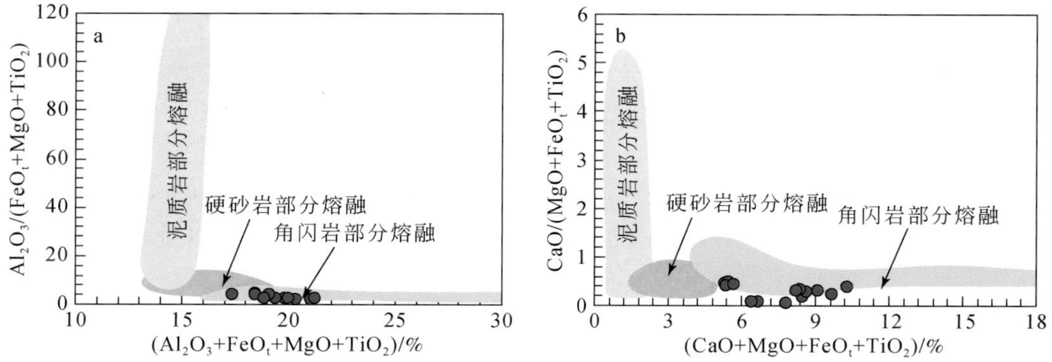

图 6.24　右江盆地早三叠世火山岩的源区判别图解

（据 Gan et al.，2020b 修改）

（二）右江盆地内部侏罗纪高镁安山质岩石

右江盆地及其南缘晚侏罗世岩浆岩主要分布于府城—都安一带及两广交界地区。岩石类型主要包括玄武岩、安山岩、二长岩、正长岩和花岗岩。我们在右江盆地府城—都安地区识别出了一套火山岩（图 6. 25）。石炭纪和二叠纪地层在该地区广泛分布，主要由石灰岩、白云岩和硅质岩组成，而三叠纪地层主要包括页岩、泥岩和粉砂岩夹火山灰。该地区的侏罗纪地层常常被误认为是白垩纪地层，主要由粉砂岩组成，而白垩纪地层主要由砂岩、粉砂岩和砾岩组成。该套火山岩主要出露于杨屯、李驴、仙湖和六良等地，早期的区域地质调查认为该火山岩形成于晚白垩世。我们的研究显示其呈斑状结构、杏仁状构造。斑晶主要为辉石，基质由针状斜长石微晶和少量辉石斑晶组成（图 6. 26）。我们对杨屯地区的火山岩开展了锆石 U-Pb 定年研究，结果表明该套火山岩形成于晚侏罗世（159. 3±2. 8Ma；图 6. 27），锆石的 $\varepsilon_{\mathrm{Hf}}(t)$ 值变化范围为−9. 2 ~ −14. 0（图 6. 27）。

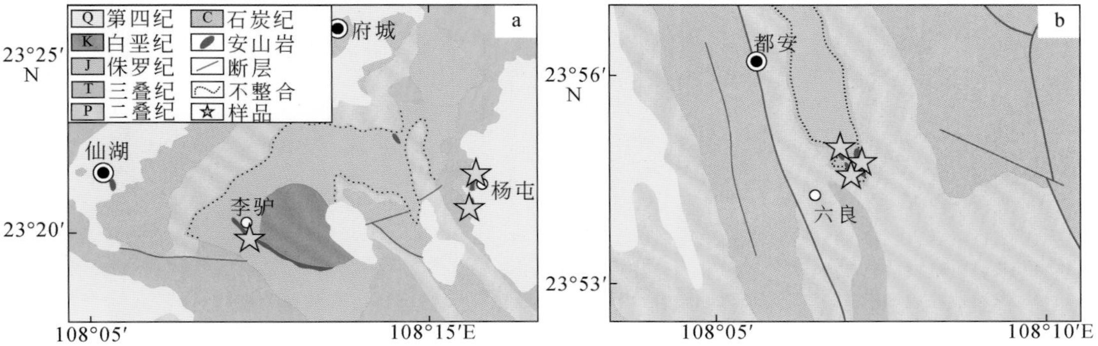

图 6. 25　右江盆地府城—都安地区晚侏罗世火山岩分布简图
（据 Gan et al.，2020a 修改）

对杨屯和六良地区的火山岩进行了详细的地球化学分析，结果显示该套火山岩的 SiO_2 含量变化范围为 53. 13%~63. 40%，在 Nb/Y-SiO_2 和 Co-Th 图解中分别落入安山岩和高钾钙碱性/钾玄岩系列（图 6. 28）。这些火山岩具较高的 MgO（2. 46%~9. 29%）、Cr（145×10^{-6} ~ 619×10^{-6}）和 Ni（65.7×10^{-6} ~ 246×10^{-6}），低 Al_2O_3（14. 20%~16. 12%）、CaO（3. 24%~7. 73%）和 FeO_t/MgO（0. 81 ~ 2. 11），属于高镁安山岩。相比较于弧火山岩，大部分火山岩样品具较高的 MgO 含量，而与 Setouchi 高镁安山岩、Sanukitoid 高镁安山岩和低硅埃达克质高镁安山岩具相似的 Cr 和 Ni 含量。这些火山岩与区域上新元古代玻安质岩石和高镁安山岩具相似的微量元素组成（图 6. 29）。它们强烈富集大离子亲石元素和轻稀土元素，而亏损高场强元素，具明显的 Nb-Ta-Ti 和 Sr 负异常（图 6. 29），Eu/Eu^* 变化范围为 0. 63 ~ 0. 86，$(La/Yb)_N$ 值为 11. 9 ~ 20. 1，$(Gd/Yb)_N$ 值为 2. 12 ~ 3. 17。此外，该套火山岩具富集的 Sr-Nd 同位素组成（图 6. 30），低 Sr/Y 值和高 Y 和 Yb 含量，明显不同于埃达克岩。

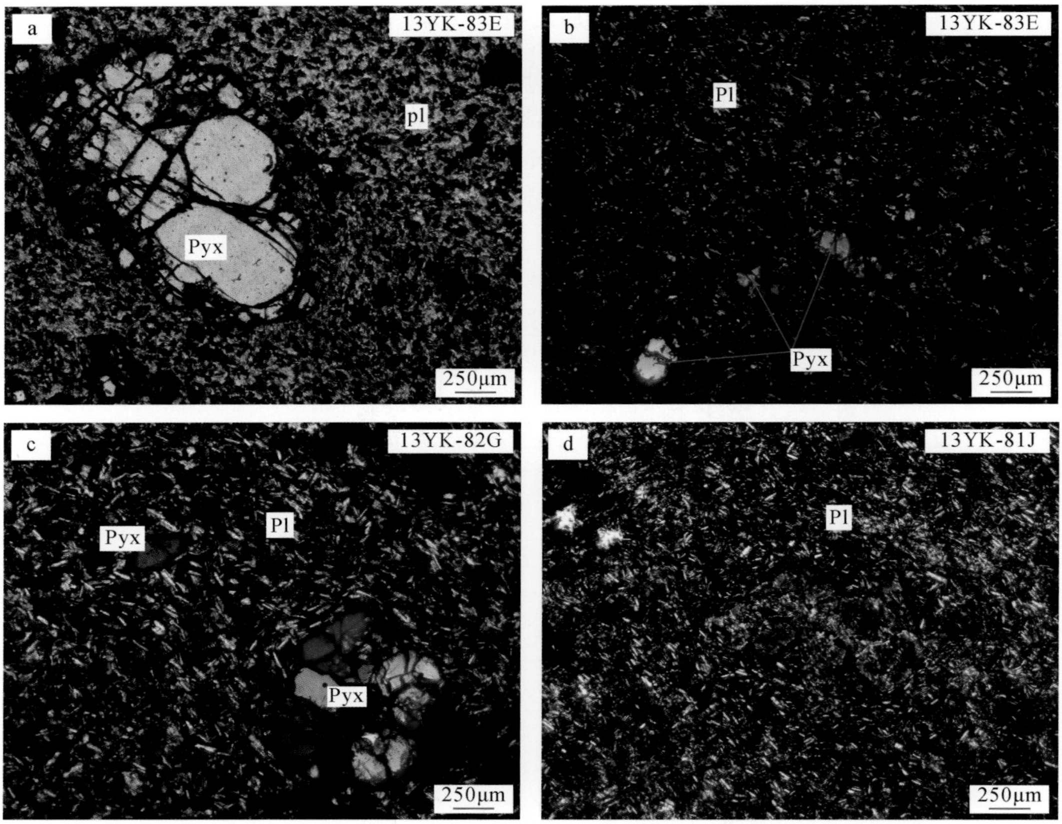

图 6.26　杨屯代表性侏罗纪高镁安山岩样品显微照片

Pl. 斜长石；Pyx. 辉石

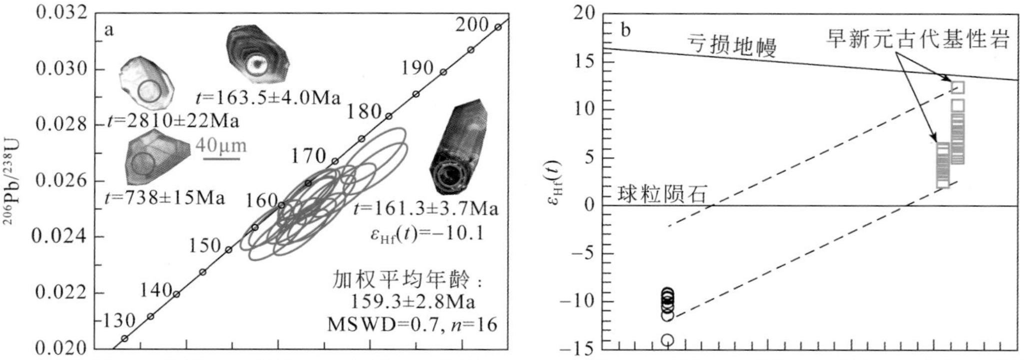

图 6.27　右江盆地府城—都安地区火山岩的锆石 U-Pb 年龄和 t(Ma) -$\varepsilon_{Hf}(t)$图解

（据 Gan et al., 2020a）

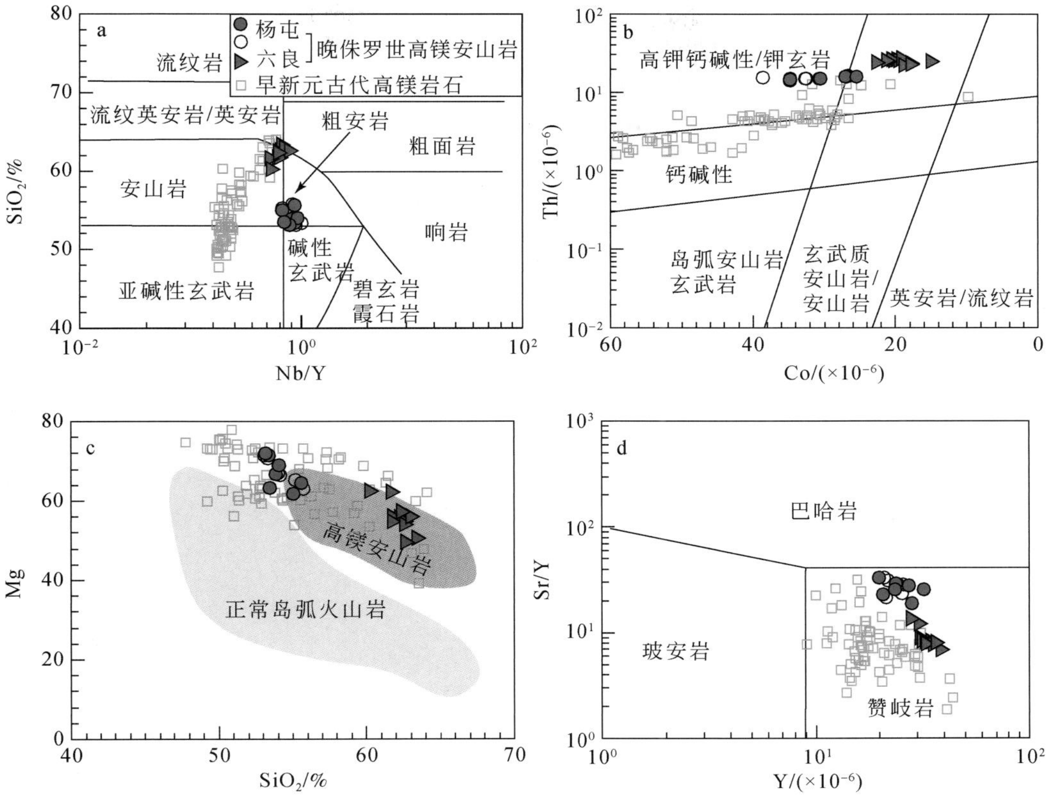

图 6.28　右江盆地府城—都安地区火山岩 Nb/Y-SiO_2（a），Co-Th（b），SiO_2-Mg（c）和 Y-Sr/Y（d）图解

（据 Gan et al.，2020a）

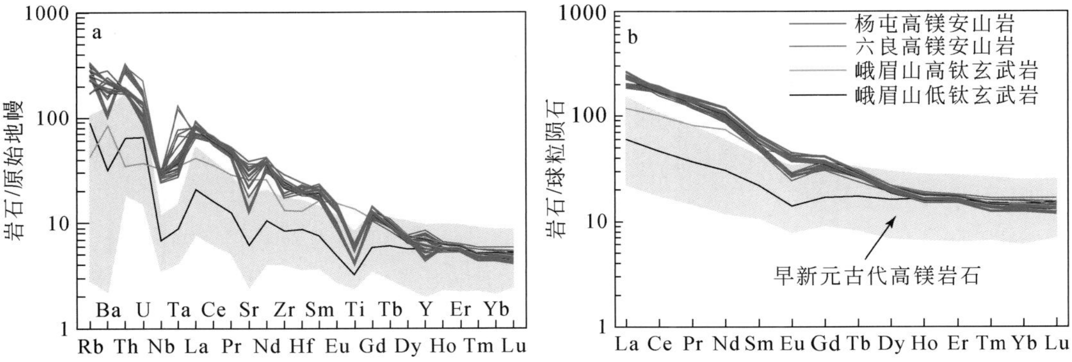

图 6.29　右江盆地府城—都安地区火山岩微量元素和稀土元素配分图

（据 Gan et al.，2020a）

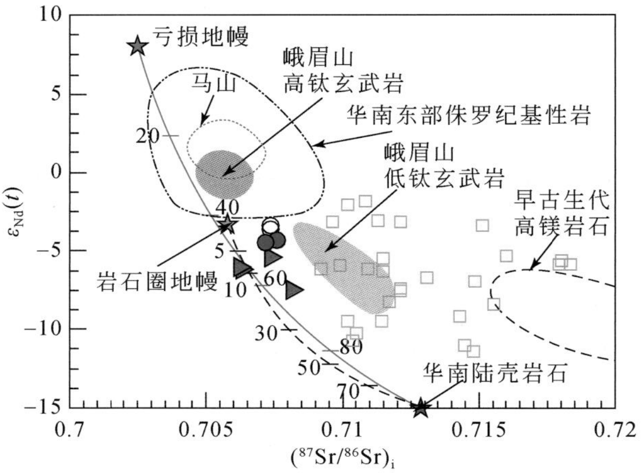

图 6.30 右江盆地府城—都安地区火山岩的富集 Sr-Nd 同位素组成
（据 Gan et al.，2020a 修改）

杨屯和六良火山岩的 SiO_2 与 CaO/Al_2O_3 和 Al_2O_3 呈负相关关系（图 6.31），样品中斑晶主要为辉石（图 2.26），这些特征均说明它们经历了斜方辉石的分离结晶作用。六良火山岩具明显的 Sr 和 Eu 负异常，很可能与斜长石的分离结晶有关。而杨屯火山岩的 SiO_2 与 Al_2O_3、FeO_t 和 P_2O_5 呈正相关关系（图 6.31），Sr 和 Eu 负异常不明显，说明斜长石、角闪石和磷灰石等矿物的分离结晶作用不明显。但杨屯和六良火山岩均具富集的元素和同位素组成，这些特征无法完全用分离结晶作用解释。在 La-La/Yb 图解（图 6.32）中同样也显示分离结晶作用不是控制它们地球化学变化的主要因素。虽然杨屯和六良火山岩中含有继承锆石，但是它们受地壳混染作用可忽略不计。首先，所有火山岩样品均含辉石斑晶，具较高的 Cr、Ni 和 MgO 含量。其次，这些火山岩的 Nb/La 与 Zr/Nb、SiO_2 和 $\varepsilon_{Nd}(t)$ 不呈正相关关系，而 SiO_2 与 $\varepsilon_{Nd}(t)$ 不呈负相关关系（图 6.32）。再次，同位素模拟计算结果显示亏损地幔来源的熔体需要混染 42%～65% 的华南地壳物质才能平衡这些火山岩的同位素组成（图 6.32），显然如此高比例的地壳混染无法解释它们的主量和微量元素地球化学特征。富集地幔来源的熔体仅仅需要混染 3%～8% 的华南地壳物质就能平衡这些火山岩的同位素组成（图 6.32）。虽然有一个样品（14YK-81A）显示高比例（约 15%）的地壳混染，但是该样品具最高的 Zr/Nb 值和中等的 MgO 含量。因此，杨屯和六良火山岩几乎不受地壳混染作用的影响。

虽然六良火山岩比杨屯火山岩具较低的 MgO、Cr 和 Ni 以及较高的 SiO_2 含量，但是前者不可能是后者分离结晶作用的产物。首先，六良火山岩与杨屯火山岩主量元素组成相差很大，且在哈克图解上的演化趋势也不一致（图 6.31）。其次，六良和杨屯火山岩具不同的 Nb/La 和 Nb/U 值以及 Sr-Nd 同位素组成。最后，六良和杨屯火山岩在 La-La/Yb 图解中均落入部分熔融趋势上（图 6.32），而不是分离结晶趋势。六良和杨屯火山岩锆石 $\varepsilon_{Hf}(t)$ 值（图 6.27）和全岩 $\varepsilon_{Nd}(t)$ 值（图 6.30）均变化较小，且具较高的 Cr 和 Ni 含量（图 6.32）。区域上未曾报道有同时期的基性岩和酸性岩出露。实验岩石学结果表明含水地幔橄榄岩部分熔融可以产生高镁安山岩，但六良和杨屯火山岩与实验所得的高镁熔体具

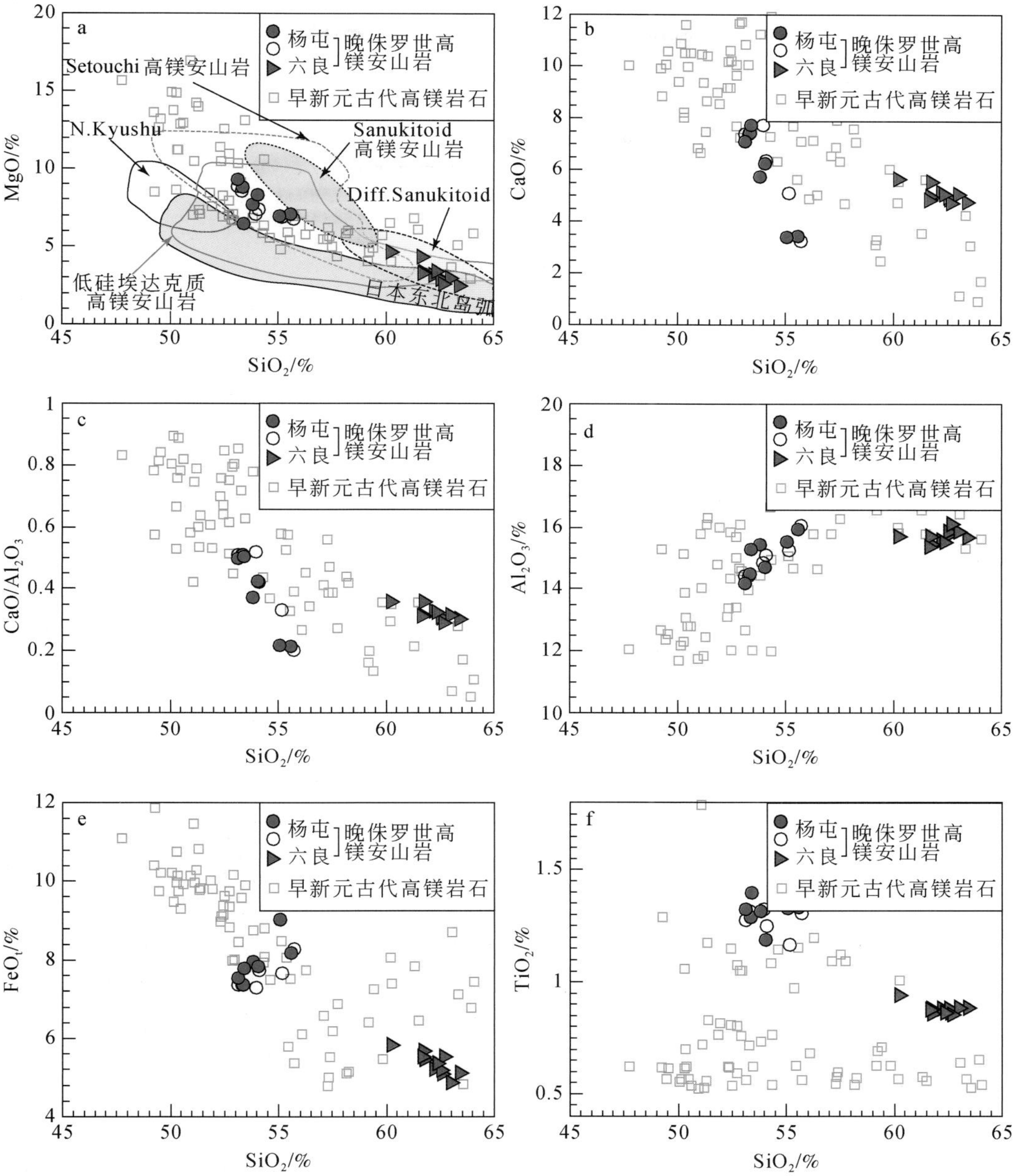

图 6.31　右江盆地府城—都安地区火山岩的主量元素图解

（据 Gan et al., 2020a）

不一致的主量元素含量。此外，它们具富集的 Sr-Nd 同位素组成，不同于 N-MORB（图 6.32）。上述特征表明，六良和杨屯火山岩不可能是岩浆混合或者地幔橄榄岩直接部分熔融的产物。

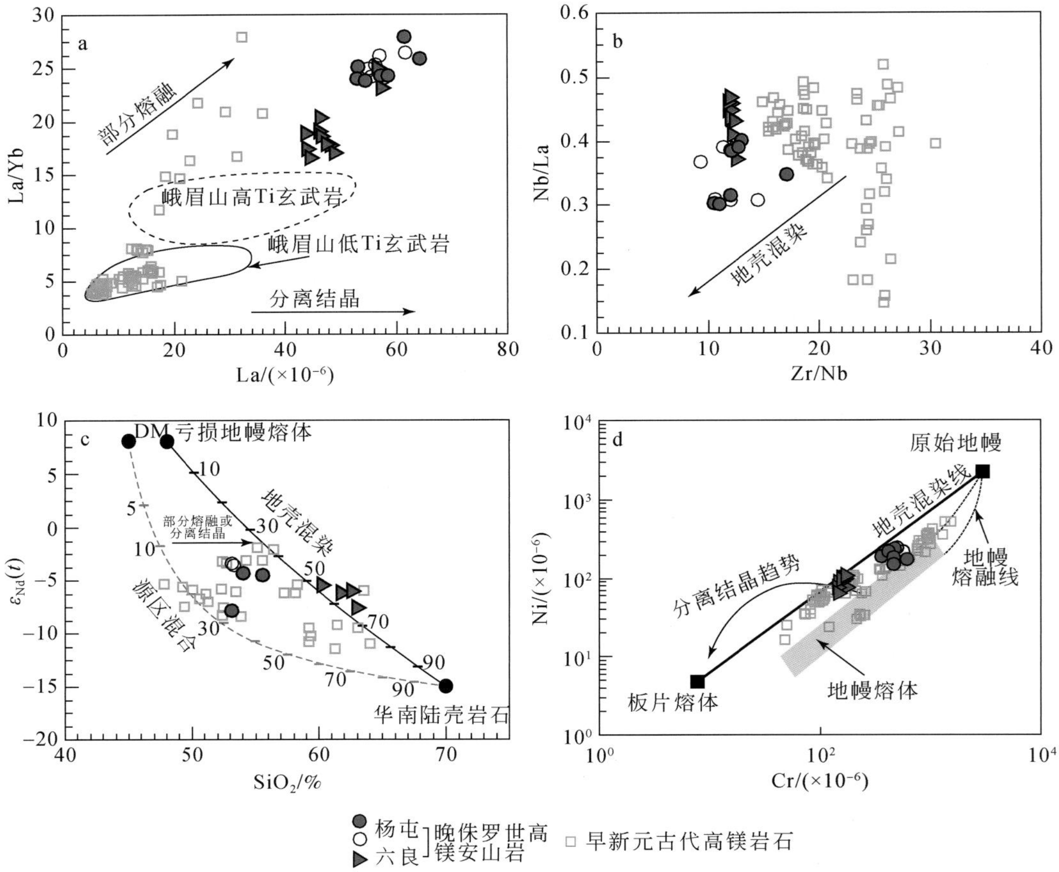

图 6.32 右江盆地府城—都安地区火山岩 La-La/Yb（a），Zr/Nb-Nb/La（b），SiO_2-$\varepsilon_{Nd}(t)$（c）和 Cr-Ni（d）图解

（据 Gan et al.，2020a）

拆沉基性下地壳熔体与地幔橄榄岩反应可以导致熔体具较高的 MgO、Cr 和 Ni 含量，同时该高镁熔体会具显著的 Sr 和 Eu 正异常。这些高镁岩浆也常常具埃达克质的地球化学特征以及较高的 SiO_2 和低 K_2O/Na_2O 等特征。但是，六良和杨屯火山岩不具埃达克质岩石的地球化学特征以及较低的 K_2O/Na_2O 值，不具明显的 Sr 和 Eu 正异常，同时它们的 Sr-Nd 同位素明显不同于华南地壳基底岩石（图 6.30）。因此，它们也不可能是拆沉基性下地壳部分熔融的产物。

相较来源于软流圈地幔的二叠纪峨眉山高钛玄武岩，六良和杨屯火山岩具较低的 $\varepsilon_{Nd}(t)$ 值（图 6.30）和不同的微量元素配分模式（图 6.29）。相反，六良和杨屯火山岩与区域上二叠纪峨眉山低钛玄武岩和新元古代高镁玄武岩和玻安质岩石具相似的 Sr-Nd 同位素组成（图 6.30）。它们强烈富集大离子亲石元素和轻稀土元素（例如，$La=43.7\times10^{-6}\sim64.2\times10^{-6}$，$Sr=262\times10^{-6}\sim816\times10^{-6}$，$Ba=685\times10^{-6}\sim1950\times10^{-6}$）而亏损高场强元素（例如，Nb，Ta，Ti），具较低的锆石 $\varepsilon_{Hf}(t)$ 值（$-9.2\sim-14.0$），这些特征均显示源区受到了

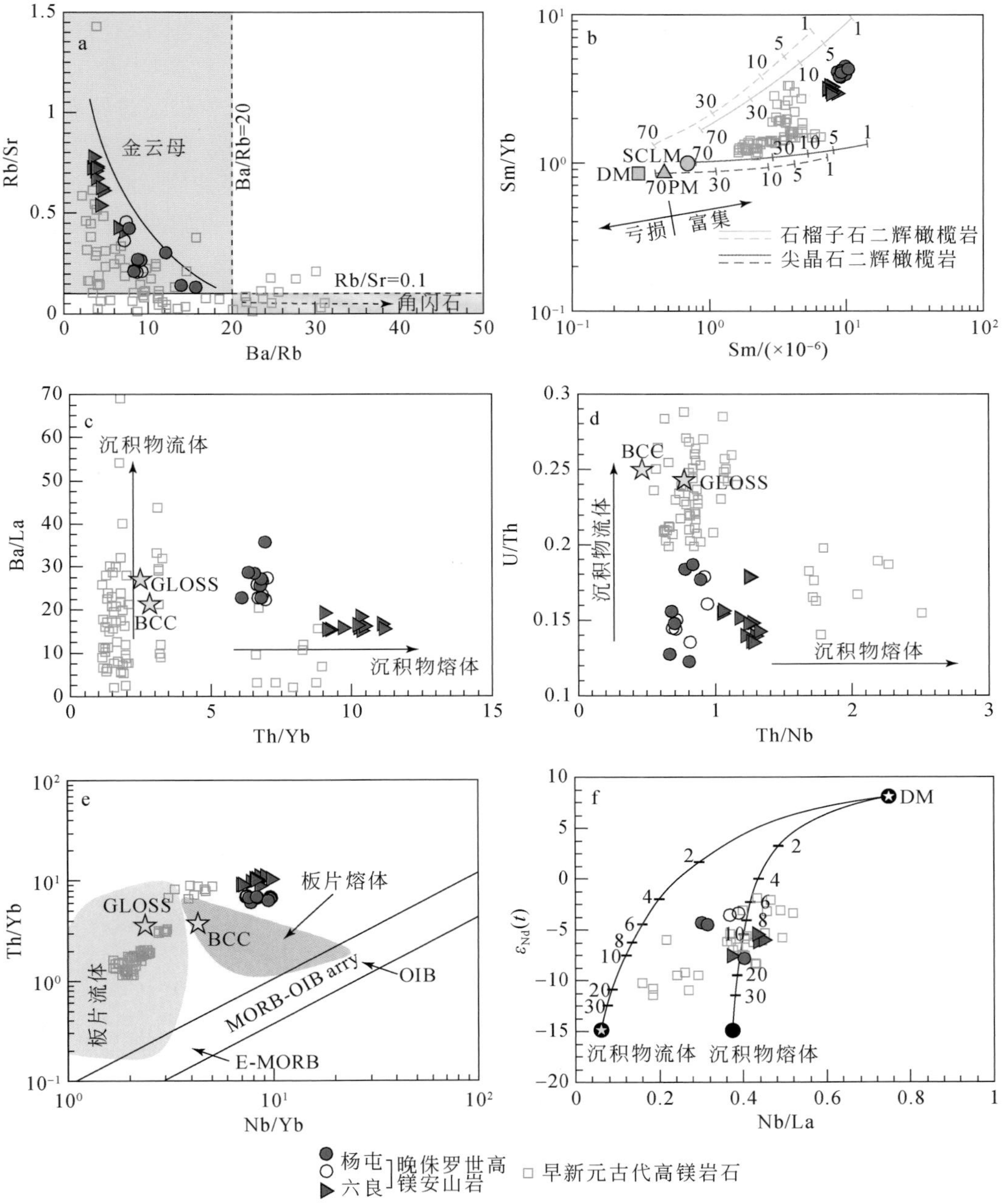

图 6.33 右江盆地府城—都安地区火山岩 Ba/Rb-Rb/Sr（a），Sm-Sm/Yb（b），Th/Yb-Ba/La（c），Th/Nb-U/Th（d），Nb/Yb-Th/Yb（e）和 Nb/La-$\varepsilon_{Nd}(t)$（f）图解

（据 Gan et al.，2020a）

俯冲物质的交代作用。因此，六良和杨屯火山岩更可能来源于交代地幔的部分熔融。它们具较高的 Rb/Sr、La/Sm、Sm/Yb、Dy/Yb 和 Sm 以及较低的 Ba/Rb，表明源区主要以含金

云母的尖晶石−石榴子石相的橄榄岩为主。它们具较高的 Th/Sm、Ce/Pb、Th/Ce 和 Th/Yb 以及较低的 U/Th、$(Ta/La)_N$ 和 $\varepsilon_{Nd}(t)$（图 6.33），说明源区遭受了俯冲沉积物熔体或流体的交代作用。模拟计算结果显示源区主要受到了俯冲沉积物熔体（7%～15%）的交代作用（图 6.33）。右江盆地东缘不存在侏罗纪俯冲事件，且区域上未曾报道过侏罗纪俯冲相关的弧岩浆岩，研究区也远离晚侏罗世太平洋俯冲带（约 650km）。而盆地东侧的钦杭带出露有很多同期的 A 型花岗岩、基性岩和钾玄质岩，指示了大规模的软流圈上涌。这些特征表明杨屯和六良火山岩形成于陆内伸展环境，该交代地幔主要与古俯冲事件（侏罗纪之前）相关。华南三叠纪印支运动和早古生代广西运动均被认为是陆内造山作用，虽然它们的动力学机制尚存在争议。而右江盆地泥盆纪和石炭纪碱性和拉斑玄武岩形成于被动大陆边缘环境（Guo et al., 2004），二叠纪玄武岩主要与峨眉山地幔柱相关（Fan et al., 2008）。因此，右江盆地显生宙期间均不可能存在俯冲作用。而江南造山带是扬子地块和华夏地块于新元古代拼贴造山的产物，关于其南延的问题存在强烈争议。已知事实是，沿着江南造山带分布有很多新元古代高镁安山岩、高镁玄武岩、玻安质岩石和弧火山岩（图 6.34），六良和杨屯火山岩与这些高镁岩石具相似的微量元素和同位素组成，说明它们的源区很可能是继承了新元古代的俯冲作用。我们识别出的该套高镁安山岩为江南造山带的南延提供了一定的制约（图 6.34）。

因此，右江盆地府城—都安地区的火山岩，是新元古代交代地幔在晚侏罗世部分熔融的产物，形成于陆内伸展的环境而不是岛弧环境。该交代地幔主要受到了俯冲沉积物熔体的改造，以含金云母的尖晶石−石榴子石相橄榄岩为主。府城盆地高镁安山岩的识别，结合扬子地块东缘的蛇绿岩、高镁安山岩、玻安岩、高镁玄武岩等岩石，表明在扬子地块东缘存在新元古代俯冲交代的富集岩石圈地幔，同时暗示了右江盆地晚侏罗世处于岩石圈伸展−减薄的环境。

（三）右江盆地晚白垩世以来的岩浆活动

右江盆地晚白垩世岩浆岩在地表有少量出露（图 6.35）。主要包括酸性脉岩、基性脉岩和花岗岩三类。

1. 酸性脉岩

右江盆地的酸性脉岩主要出露于桂西北地区（图 6.35）。其中，大部分分布于卡林型金矿床的外围（陈懋弘等，2012），少部分与金矿床在空间上相伴。脉岩一般沿北东向和北西向断裂分布，倾角较陡。脉宽一般不超过 20m，走向上可延伸至 20km。本次工作选取三处酸性脉岩开展了研究，其中料屯和下巴哈两处脉岩分别横穿料屯和明山金矿床，而巴马脉岩与金矿床无直接空间联系。

料屯脉岩沿龙田背斜核部发育的北东向断裂产出，倾角近乎直立。围岩地层有石炭系、二叠系灰岩和中三叠统百逢组砂泥岩。脉岩沿走向延伸约 10km，脉宽 10m 左右。采样位置远离料屯金矿区，该处脉岩侵入至下二叠统灰岩地层中。岩石呈灰白色，斑状结构，斑晶主要为石英和白云母，粒径 0.2～2mm，含量约占 10%。基质以石英、白云母和碱性长石为主，岩石学上可定名为石英斑岩（图 6.36a）。地球化学研究表明，料屯酸性脉岩富

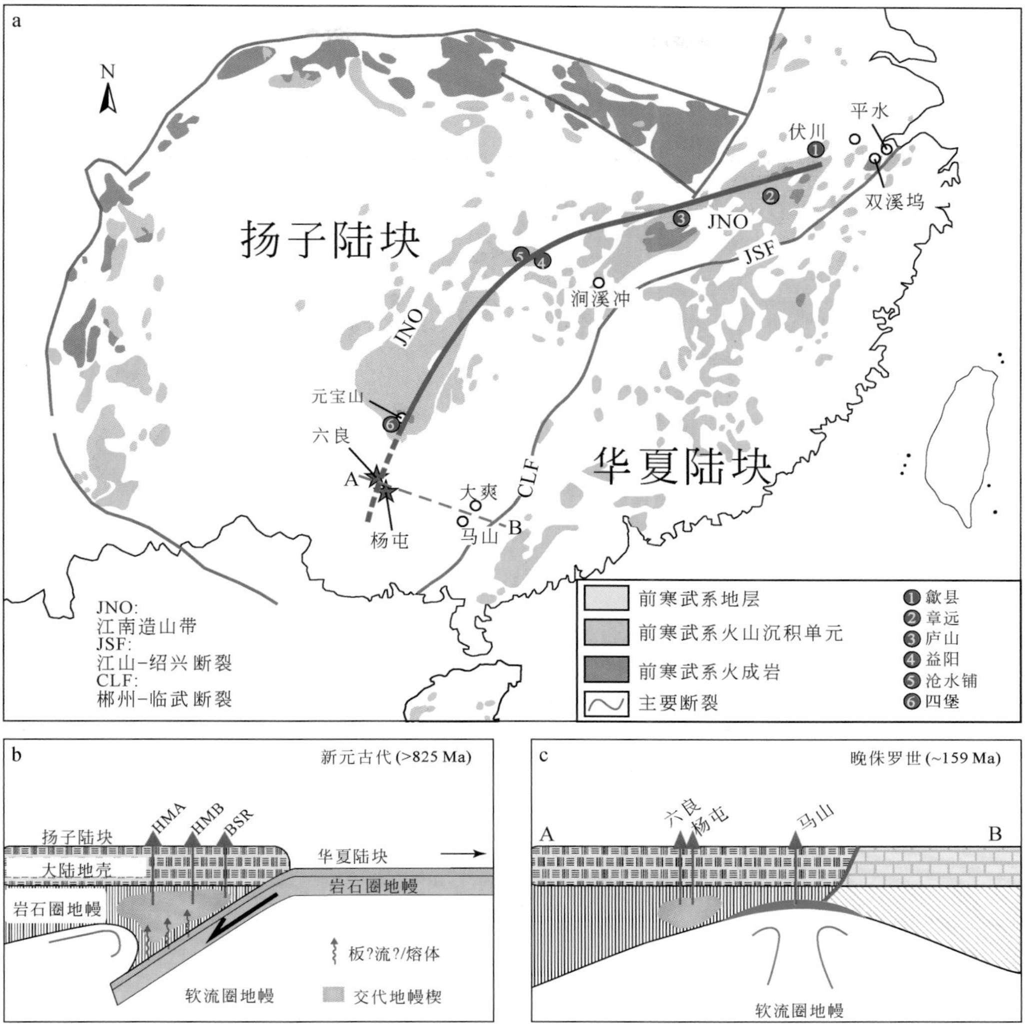

图 6.34 右江盆地府城—都安地区火山岩成因的动力学模型

（据 Gan et al.，2020a）

集硅（SiO_2质量分数为 75%~80%）和钾，属于过铝质 S 型花岗岩（李院强等，2014）。

下巴哈脉岩主要沿北西—北北西向断裂相间出露，倾角 60°~80°，脉宽约 4m。西北段主要侵入至石炭系碳酸盐岩地层中，向东南延伸约 10km，围岩逐渐过渡到二叠系灰岩和中三叠统百逢组岩泥岩地层。采样点位于该脉岩的西北段。与料屯石英斑岩脉相比，二者具有相似的地球化学特征（黄永全和崔永勤，2001）。岩石学方面，斑晶以石英为主，白云母相对较少。脉岩的东南段横穿明山金矿区，并侵入至下二叠统茅口组和中三叠统百逢组地层中（黄永全和崔永勤，2001；庞保成等，2014）。

巴马酸性脉岩沿巴马背斜核部发育的北西向断裂产出，倾角近直立，出露宽度 5~10m，走向延伸近 10km。与料屯和下巴哈石英斑岩脉不同的是，围岩地层除石炭系和二叠系碳酸盐岩外，还包括晚二叠世辉绿岩（张晓静和肖加飞，2014）。在采样点附近，该脉

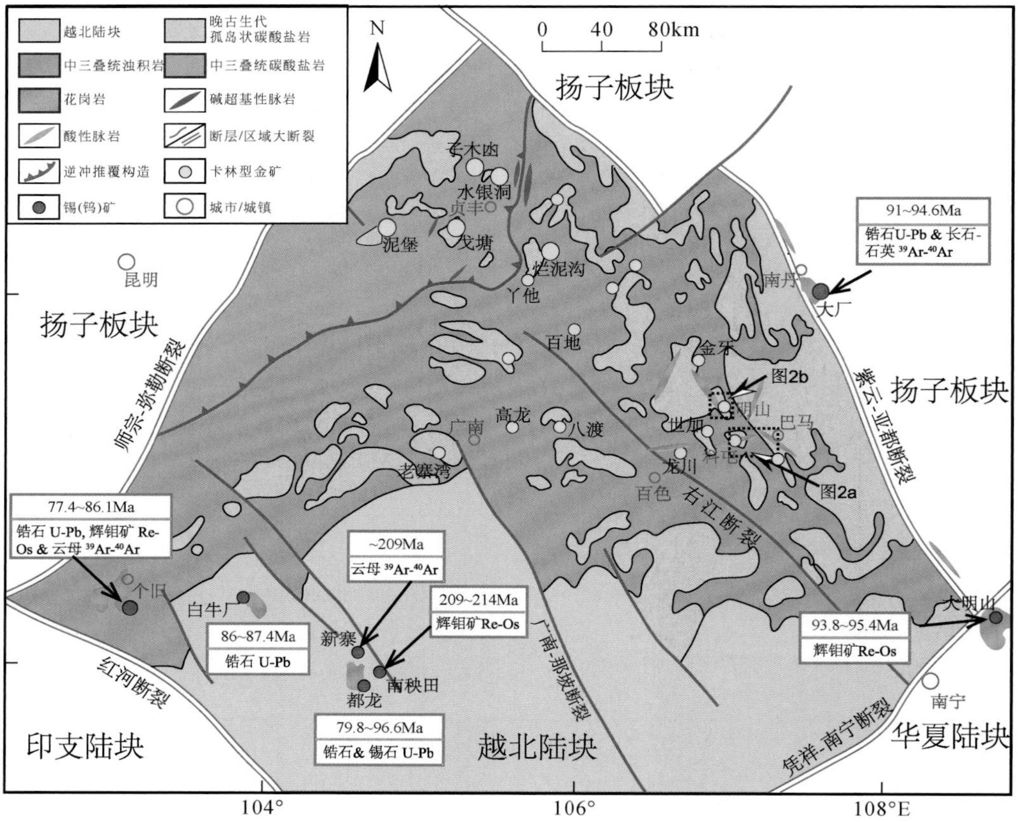

图 6.35　右江盆地及邻区燕山期岩浆岩分布简图

（据陈懋弘等，2012 修改）

各 Sn（W）矿床的年龄数据来源于 Wang 等（2004）、李水如等（2008）、冯佳睿等（2011）、Cheng 等（2013）、Mao 等（2013）和 Xu 等（2015）

岩侵入至下二叠统灰岩地层中。岩石具斑状结构，斑晶以石英和白云母为主，基质为石英、白云母和碱性长石（图 6.36b），地球化学特征与料屯和下巴哈脉岩基本一致（陈懋弘等，2012）。

此外，我们在巴马县弄里村附近发现一处花岗斑岩体。该斑岩体出露宽约 15m，近南北走向，侵入至上泥盆统灰岩中。斑晶为钾长石（巨斑）、石英和少量黑云母，基质为钾长石和黑云母等。在龙川矿区的西侧那万村附近出露长 2km 的石英斑岩。矿区出露的地层主要为下石炭统—中二叠统含硅质条带灰岩、燧石灰岩及早中三叠世碎屑岩。区内发育龙川穹窿及系列断裂，其中前者中部为短轴背斜，轴向北西；断裂走向北西西—北北西向，次级断裂走向北西和北东向。研究区出露大量的辉绿岩，总体呈环状，这些辉绿岩顺层侵入到石炭纪—二叠纪地层之中。

上述脉岩中均富含锆石。除巴马脉岩外，继承锆石多且组分复杂，而结晶锆石则相对较少。与继承锆石相比，结晶锆石晶形较为完整，且$^{206}Pb/^{238}U$模式年龄最年轻。通过锆石的 LA-ICP-MS U-Pb 定年，获得巴马脉岩的结晶年龄为 99.4±0.37Ma（MSWD = 1.4，n =

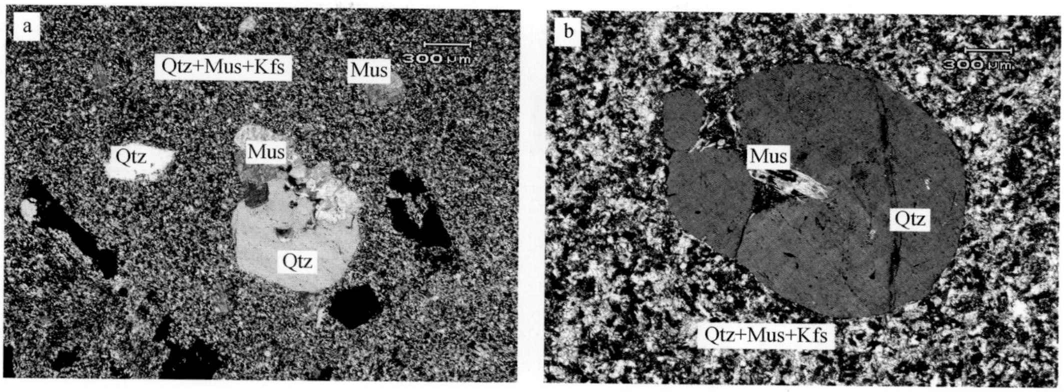

图 6.36 料屯（a）和巴马（b）酸性脉岩显微照片（正交偏光）
Kfs. 钾长石；Mus. 白云母；Qtz. 石英

25；图 6.37），这与其他两个地区脉岩锆石的 SIMS U-Pb 定年结果基本一致：料屯和下巴哈脉岩分别形成于 97.2±1.1Ma（MSWD=2.9，$n=3$；图 6.38a）和 95.4 ±2.4Ma（MSWD=0.56，$n=3$；图 6.38b）。而弄里花岗斑岩的谐和年龄为 94.8±0.7Ma（MSWD=0.98；图 6.39）。陈懋弘等（2012，2014）利用云母^{40}Ar-^{39}Ar 法获得产于桂西北地区的四组酸性脉岩形成于 95Ma 左右。本次工作还采用白云母斑晶进行了^{40}Ar/^{39}Ar 测年，获得巴马岩群（BM03）年龄为 96.54±0.70Ma，明山金矿附近北东向岩脉（LH02）的年龄为 95.59±0.68Ma，料屯金矿附近酸性脉岩为 95.54±0.72Ma，三者年龄十分接近，并与上述锆石 U-

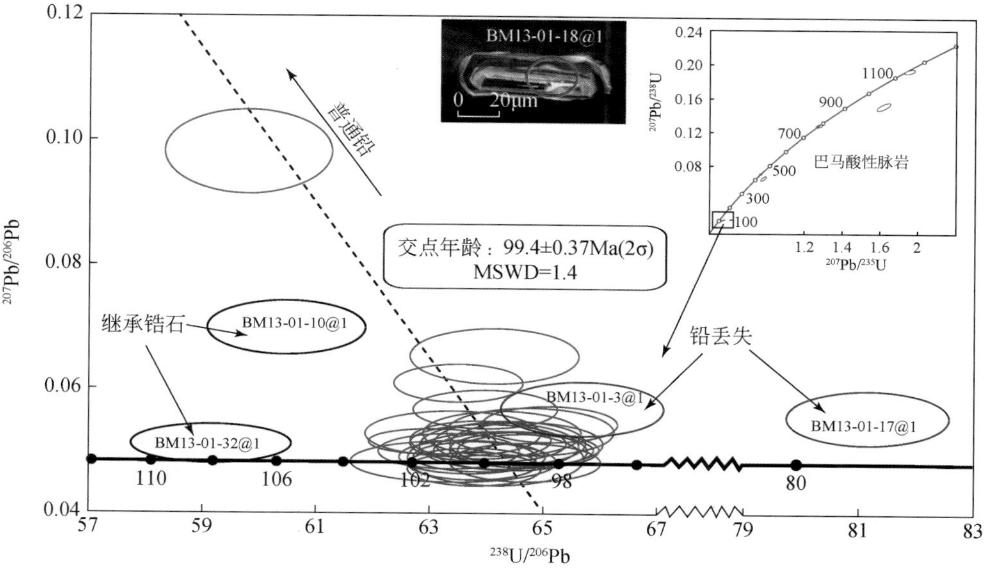

图 6.37 巴马石英斑岩脉 LA-ICP-MS 锆石 U-Pb 定年谐和图
（据 Zhu et al.，2017）
黑色椭圆代表稍早结晶的锆石晶体；蓝色椭圆代表经历 Pb 丢失的锆石颗粒；代表性锆石阴极发光图像中红色椭圆代表测定位置

Pb 年龄一致。综合上述结果可以确认，右江盆地发育的酸性脉岩主要形成于 100 ~ 94Ma (Zhu et al., 2017)。

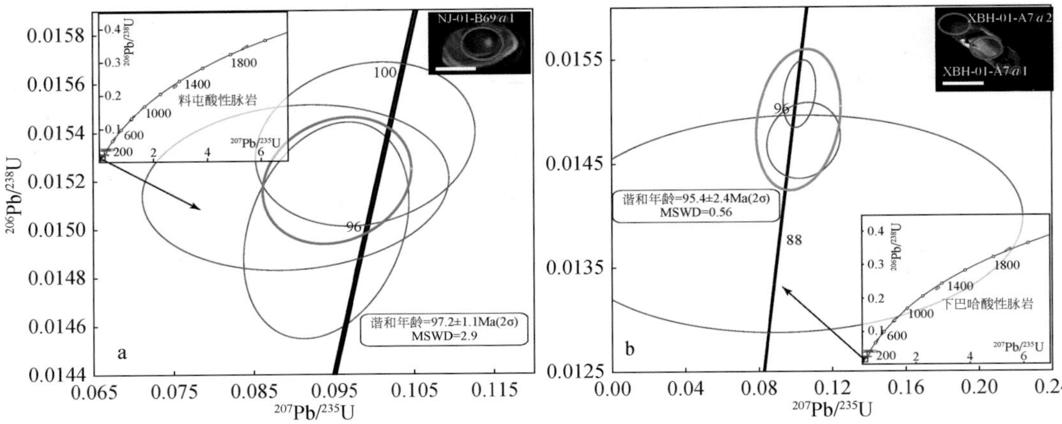

图 6.38　料屯（a）和下巴哈（b）石英斑岩脉 SIMS 锆石 U-Pb 定年谐和图

（据 Zhu et al., 2017）

绿色椭圆代表谐和年龄；代表性锆石阴极发光图像中红色椭圆代表测定位置，误差统一显示为 2σ；白色线条代表 20μm

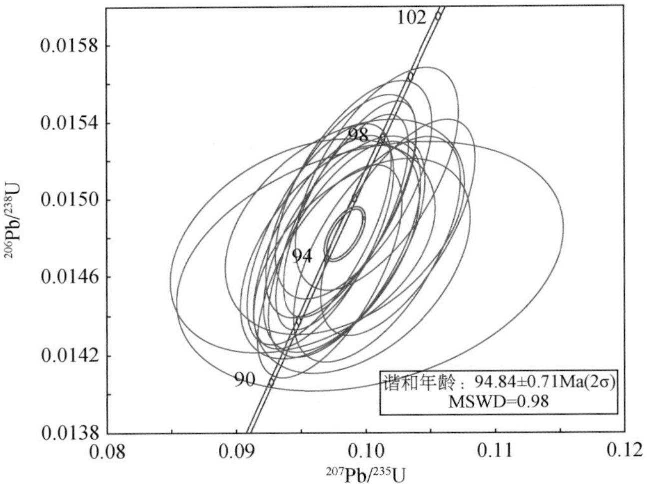

图 6.39　弄里花岗斑岩脉 SIMS 锆石 U-Pb 定年谐和图

右江盆地的上述酸性脉岩均具有富 Si（>71% SiO_2）和 Al（14%~17% Al_2O_3）、贫 Ca-Fe-Mg 等特征，显示为强过铝质的钙碱性花岗岩（图 6.40）。岩石的微量元素组成均相对富集大离子亲石元素（Rb-Li-U-K）并亏损 Ti-Zr-Sr 等元素，稀土总量很低，反映其经历了较高程度的结晶分异，特别是锆石及富轻稀土矿物如褐帘石、独居石等的分异(图 6.41)。特别值得注意的是，所有样品都具有较高的 Nb-Ta 及异常低的 Nb/Ta（2.75 ~4.59）和 Zr/Hf（9.2 ~17.5）值。

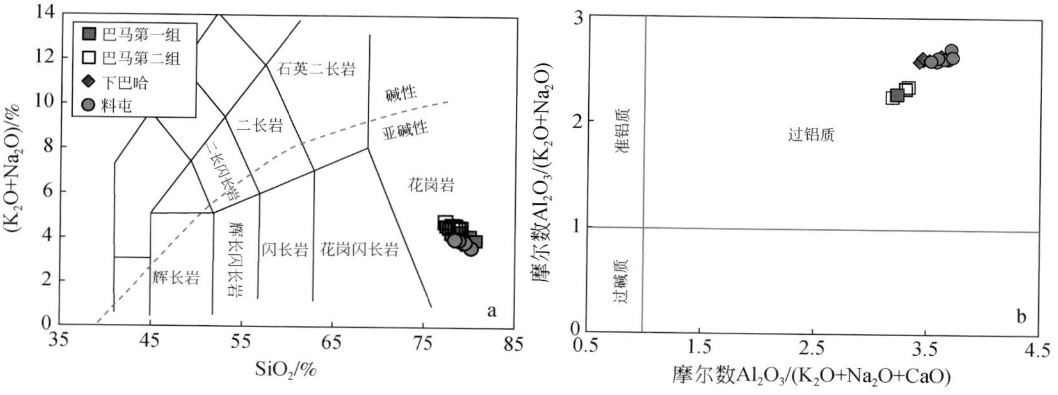

图 6.40　酸性脉岩 TAS 及 A/KN-A/CNK 图解

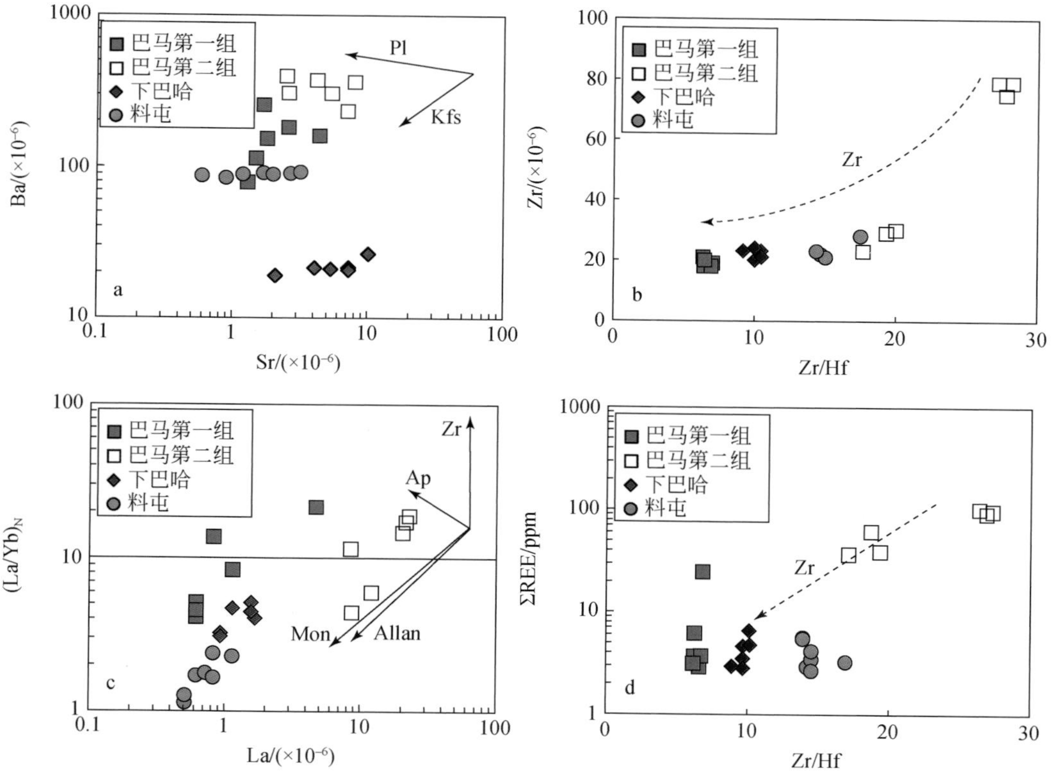

图 6.41　酸性脉岩矿物分离结晶趋势图

Allan. 褐帘石；Ap. 磷灰石；Kfs. 钾长石；Mon. 独居石；Pl. 斜长石；Zr. 锆石

巴马脉岩的锆石均具有很低的 $\varepsilon_{Hf}(t)$ 值（-8.1 ± 0.9，$n=20$；图 6.42），原位氧同位素 $\delta^{18}O=8.2\pm0.6$（$n=16$；弄里花岗斑岩）。结合全岩主量-微量元素组成，可以推断这些脉岩的岩浆均来自古老地壳物质的部分熔融，且很可能是泥质岩的熔融（强过铝，高 Rb/Sr值；Sylvester，1998；Altherr et al.，2000）。

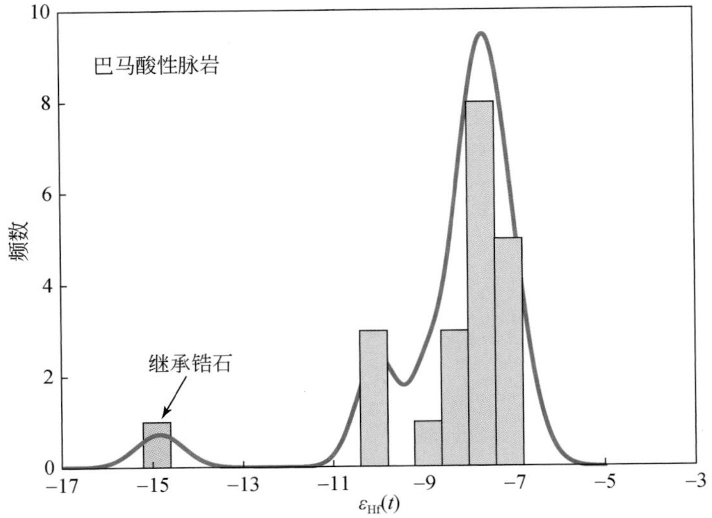

图 6.42 巴马脉岩锆石的原位 $\varepsilon_{Hf}(t)$ 值

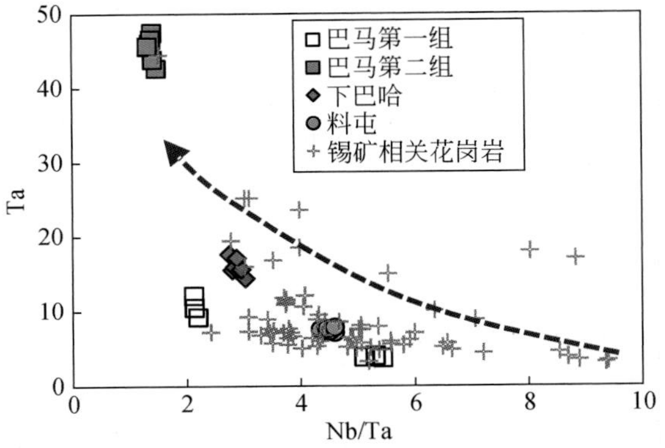

图 6.43 酸性脉岩及右江盆地周边赋 Sn 花岗岩 Nb/Ta-Ta 相关图

虽岩浆结晶分异可使 Nb/Ta 和 Zr/Hf 值降低，但右江盆地酸性脉岩的 Nb/Ta 小于 5，Zr/Hf 小于 20，可能不能全用结晶分异来解释（图 6.43；Bau，1996；Dostal and Chatterjee，2000；Dostal et al.，2015；Ballouard et al.，2016）。总体而言，Nb-Ta 地球化学行为十分相似，岩浆体系中很难发生较大程度的分异（Nb/Ta = 5 ~ 16；Ballouard et al.，2016）；同样 Zr/Hf 在岩浆中的分布范围为 26 ~ 46（Bau，1996）。上述酸性脉岩的 Nb/Ta 及 Zr/Hf 值均低于岩浆体系中产出岩石的最低值，暗示其值的变化还受其他因素控制。

岩浆期后或热液过程可以使体系的 Nb/Ta 及 Zr/Hf 进一步降低。前人曾将 Nb/Ta<5 及 Zr/Hf<25 作为判别岩浆-热液过渡阶段的标志（Zaraisky et al.，2010；Ballouard et al.，2016）。据此我们推论，右江盆地的酸性脉岩可能都结晶于亚固相条件下的岩浆-热液过渡体系。发育于这种条件下的花岗岩，往往具有形成 W-Sn 或稀有金属矿床的潜力。

右江盆地周边发育一系列与上述脉岩基本同时代的大型–超大型 W-Sn 矿床，如个旧、白牛厂、大厂锡矿和大明山钨矿等（Cheng et al.，2013；Xu et al.，2015）。前人研究认为，它们形成于岩石圈伸展背景。在此背景下，右江盆地及周边发育一系列拉分盆地、变质核杂岩、走滑断裂带等（Yan et al.，2005；Mao et al.，2013）。产于黔西南地区的碱性超基性岩也形成于 85 ~ 88Ma，同样形成于伸展背景（Liu et al.，2010）。上述酸性脉岩多沿右江断裂分布，暗示它们可能与这些同时代的碱性超基性岩和 W-Sn 矿床相关花岗岩一样，都形成于岩石圈伸展的背景。

2. 酸性脉岩中继承锆石年龄揭示的深部三叠纪和早白垩世岩浆活动

除原生结晶锆石外，上述三个酸性脉岩样品中均富含数量不等的继承锆石。阴极发光图像显示大部分锆石都具有很好的岩浆环带。与结晶锆石相比，继承锆石晶形较差，边部形状不规则，可能暗示其遭受了不同程度的溶蚀；其他少量晶体较完整的锆石边部呈浑圆状或不规则状，暗示经历溶蚀或搬运、磨圆等沉积过程（图 6.44）。继承锆石年龄显著较老，其 $^{206}Pb/^{238}U$ 表面年龄主要集中于 130 ~ 142Ma、242Ma 左右、400 ~ 450Ma、700 ~ 1000Ma 和 1700 ~ 1800Ma 这五个年龄段。具体而言，各脉岩中继承锆石的特征和年龄略有不同（朱经经等，2016）。

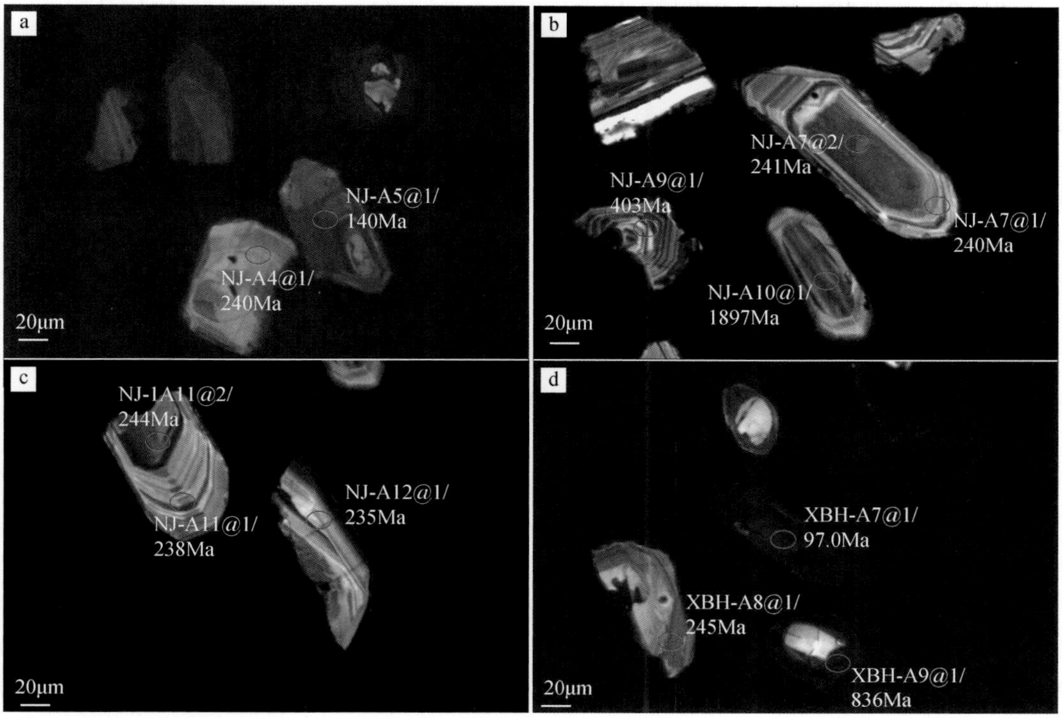

图 6.44　料屯和下巴哈酸性脉岩中继承锆石阴极发光图像

（据朱经经等，2016）

红色椭圆代表分析点位，周围数字为 $^{238}U/^{206}Pb$ 表面年龄和相应点号巴马酸性岩脉样品（BM）中的锆石以结晶期岩浆锆石为主，继承锆石相对较少。对35个锆石颗粒进行LA-ICP-MS U-Pb定年，其中仅5颗属于继承锆石。这些继承锆石的U＝$246\times10^{-6}\sim2076\times10^{-6}$，Th＝$111\times10^{-6}\sim898\times10^{-6}$，相应的Th/U＝0.23～0.66。$^{206}Pb/^{238}U$年龄主要分布于400～450Ma和700～1000Ma两个时间段。

料屯酸性脉岩样品（NJ）中含有大量继承锆石，而结晶期岩浆锆石相对较少。其中，很多继承锆石的晶形不完整（图6.44）。对样品NJ的27个锆石颗粒进行了SIMS U-Pb同位素分析，其中继承锆石为24颗。这些锆石的Th和U含量变化较大（U＝$91.4\times10^{-6}\sim1410\times10^{-6}$，Th＝$39.6\times10^{-6}\sim448\times10^{-6}$），但Th/U相对一致，除分析点NJ-B82@1和NJ-A10@1外，所有分析点的Th/U均大于0.1（0.13～1.21）。U-Pb年龄涵盖上述五个分布区间（图6.45a）。206Pb/238U年龄分布于242Ma左右和130～140Ma两个区间的锆石分别具有谐和的U-Pb同位素组成，与前者有关的11个分析点获得的谐和年龄为242.3±1.7Ma（2σ，MSWD＝0.062；图6.45b），而与后者相关的3个分析点得到的谐和年龄为136.3±3.9Ma（2σ，MSWD＝0.0006；图6.45c）。

下巴哈酸性脉岩样品（XBH）中的锆石也以继承锆石为主。由于锆石颗粒很小，仅选出11颗进行SIMS U-Pb同位素分析，其中8颗为继承锆石。这些继承锆石的U为$169\times10^{-6}\sim4032\times10^{-6}$，Th为$36\times10^{-6}\sim640\times10^{-6}$，除分析点XBH-A2@1和XBH-B5@1外，Th/U值均大于0.1（0.27～0.88）。U-Pb年龄分布范围较广，但集中于130～140Ma和242Ma左右两个时间段（图6.45d）。前者含3个分析点，剔除一个明显发生Pb丢失的锆石，两个分析点获得的谐和年龄为128.2±2.3Ma（2σ，MSWD＝2.9；图6.45f）；而后者包括的3个分析点得到的谐和年龄为243.1±3.6Ma（2σ，MSWD＝0.31；图6.45e）。

那万酸性脉岩出露于龙川金矿床外围的那万村，岩脉中富含～142Ma的继承锆石，这些数据点获得的高精度U-Pb谐和年龄为141.7±1.4Ma（MSWD＝1.2；图6.46）。

锆石包括原生岩浆、继承、变质、热液等多种成因类型（Hoskin and Schaltegger，2003；吴元保和郑永飞，2004；Schaltegger，2007；Yang et al.，2014）。火成岩中的继承锆石大致具有两种来源：①捕获自围岩沉积岩地层；②来自深部隐伏岩体。前者为碎屑锆石，常可以用来指示沉积岩的物源、沉积时代的上限以及重建古地理环境等（Gehrels et al.，2011b；Thomas，2011）。而后者则对指示隐伏岩浆事件的时代十分关键（Condie et al.，2009；Pereira et al.，2011）。

巴马、料屯、下巴哈和那万酸性脉岩的形成时代为94～100Ma，围岩地层主要为晚古生代（C～T）碳酸盐岩和碎屑岩。这些底层均远远老于酸性脉岩的成岩时代。其中，最年轻的围岩为中三叠统百逢组1～2段。百逢组形成于三叠世安尼期，其1～2段的形成时代约为247～244Ma（Ovtcharova et al.，2006；Chen and Stiller，2007a）。因而，244Ma可以作为围岩地层中所含碎屑锆石的年龄下限。故我们获得的400～450Ma、700～1000Ma和1700～1800Ma三个较老年龄段的锆石，很可能来自围岩地层，而年龄为130～142Ma的锆石应来自隐伏岩体。至于242Ma左右的继承锆石，其在误差范围内与百逢组1～2段近于同期，故上述两种来源均有可能。

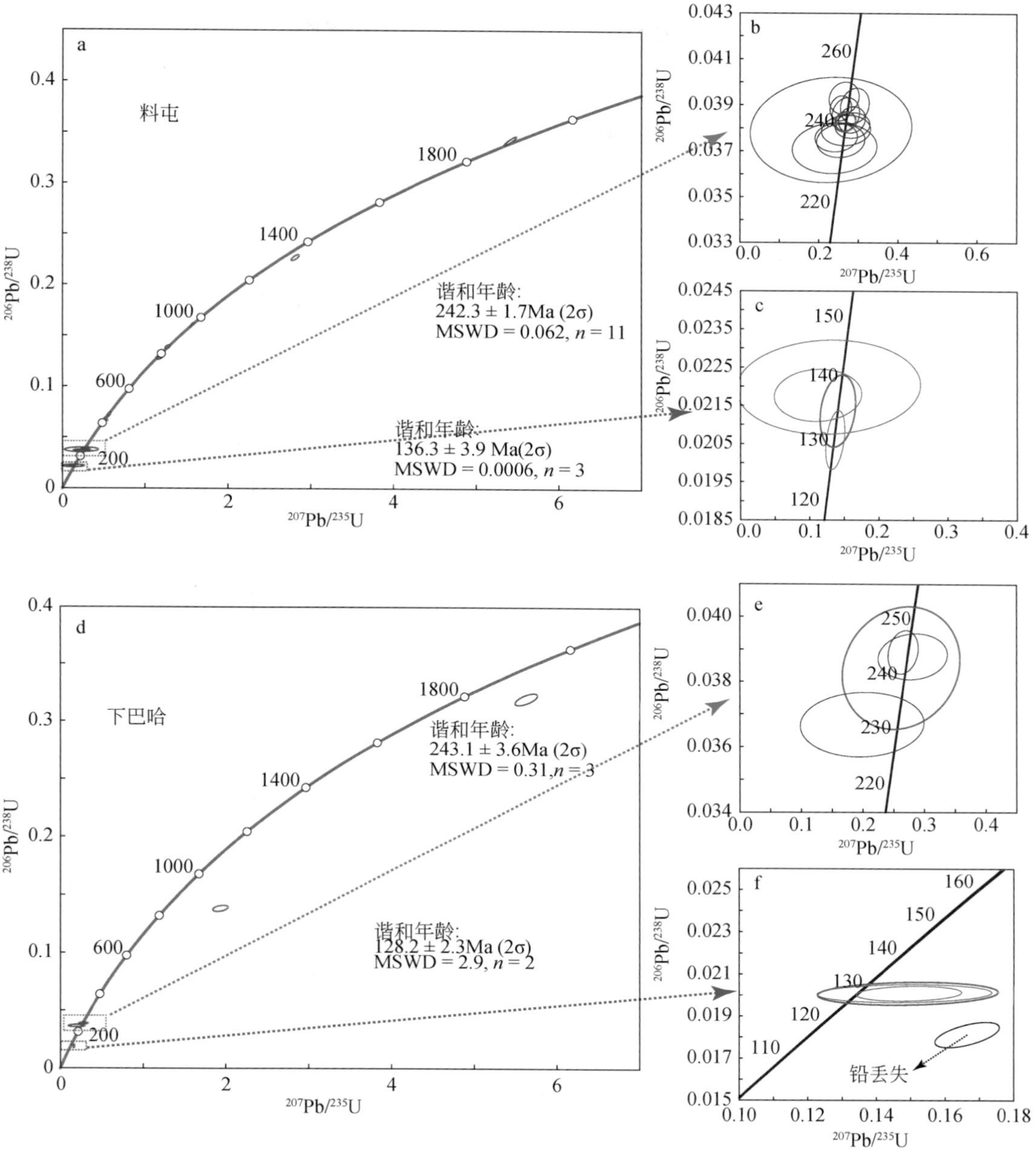

图 6.45 料屯（a～c）和下巴哈（d～f）酸性脉岩中继承锆石的 U-Pb 谐和年龄图
（据朱经经等，2016）
图 b～c 和 e～f 中的红色椭圆代表用 ISOPLOT 软件（Ludwig，2012）计算的谐和年龄范围

巴马、料屯和下巴哈酸性脉岩中继承锆石的年龄主要分布于上述五个时间段，其中前三叠纪的三组年龄与华南陆块发生的主要岩浆事件时限基本一致（Wang et al.，2012a；Yang et al.，2012；Wang et al.，2013b），暗示其可能与华南陆块内部的各期岩浆事件相关。而 130～140Ma 的隐伏岩浆活动，则与华南陆块 160～130Ma 时间段的岩石圈伸展较为吻

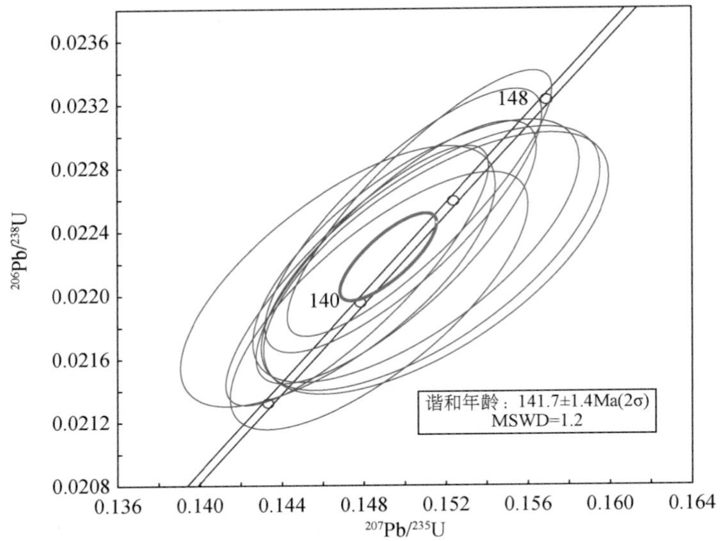

图 6.46　那万酸性岩脉继承锆石 U-Pb 年龄谐和图

合（毛景文等，2004；胡瑞忠等，2007b），初步认为二者可能存在成因联系。

关于 242Ma 左右的继承锆石，由于其与最年轻的围岩地层（百逢组 1～2 段）近于同时代，结合岩层内部存在不少火山碎屑（Yang et al.，2012），表明岩浆与沉积事件相隔很短，也暗示沉积区域应紧邻 242Ma 左右（中三叠世）岩浆活动的中心。右江盆地南缘发育一些早—中三叠世的岩浆岩，尤以一系列火山岩的产出为代表（覃小峰等，2011；Yang et al.，2012）。这些岩浆岩很可能为 242Ma 左右继承锆石的源岩。对于该期岩浆事件，存在两种可能动力学机制：①与太平洋板块西向平板俯冲有关（Li and Li，2007；Carter and Clift，2008；Li et al.，2012b）；②受印支运动即印支地块与华南陆块的相互作用控制（Zhou et al.，2006b；Wang et al.，2013b）。依照太平洋板块平板俯冲模型，右江盆地及其邻近区域应发育 210Ma 左右的岩浆活动，而 240～250Ma 的岩浆活动则应集中于华南陆块的东南缘。显然，该模型无法解释上述中三叠世的岩浆事件。事实上，除南缘发育的火山活动之外，右江盆地周边也产出大量的早-中三叠世的火成岩。包括西侧的金沙江-哀牢山古特提斯带（Zhu et al.，2011；Zi et al.，2012；Lai et al.，2014；Liu et al.，2015）、越北地块（Roger et al.，2012）等。地质地球化学证据表明，介于印支地块和华南陆块之间的古特提斯洋闭合于中三叠世（245Ma 左右）或略早，松玛缝合带（Roger et al.，2012；Faure et al.，2014；Lai et al.，2014；Wang et al.，2014a）和/或介于右江盆地与越北地块之间的滇琼缝合带（Cai and Zhang，2009）可能是古特提斯洋闭合后的残余。因而，本研究涉及的 242Ma 左右的继承锆石所代表的岩浆事件可能与古特提斯洋的闭合紧密相关（朱经经等，2016）。

3. 基性脉岩

Liu 等（2010）发现，分布于黔西南的基性-超基性岩脉（图 6.35）形成于 85～

88Ma。这些脉岩具有高钾含量（K_2O 为 3.31%～5.04%），富集轻稀土（LREE）和大离子亲石元素（LILEs）（Rb 和 Ba）。相对于原始地幔，脉岩的 Nb、Ta 和 Ti 等高场强元素（HFSEs）为负异常，并具有低的（$^{87}Sr/^{86}Sr$）$_i$（0.7060～0.7063）和正的 $\varepsilon_{Nd}(t)$ 值（0.3～0.4）等特征。这表明这些脉岩是岩石圈伸展背景下亏损地幔低程度（<1%）部分熔融并同化了约 10% 上地壳物质的产物。

最近在桂中和桂东地区识别出了上林昌龙白垩纪（89Ma）煌斑岩（Li et al., 2014）。昌龙煌斑岩呈岩脉产出，位于紫云–罗甸断裂和右江断裂带之间的北西向次级断裂带中。它们侵入于泥盆系和下白垩统地层中，全岩 K-Ar 年龄为 89Ma。岩脉宽度从 0.15m 到 10m 不等。岩脉和围岩垂直或者近垂直接触，冷凝边保存完好。煌斑岩具有典型的煌斑结构，自形斑晶主要是黑云母和少量的橄榄石和斜方辉石，基质是黑云母、正长石、Fe-Ti 氧化物和少量磷灰石。昌龙白垩纪煌斑岩 SiO_2＝55.7%～58.4%，高 K_2O（6.1%～6.8%），Na_2O+K_2O（8.2%～8.8%），K_2O/Na_2O（3.0～3.8），为钙碱性富钾岩石。煌斑岩 Ni 和 Cr 与 MgO 正相关，CaO 跟 Al_2O_3 随 MgO 变化较大且一致。样品具有高的 REE 含量（387×10^{-6}～442×10^{-6}），REE 分馏较强，$(La/Yb)_N$ 为 17.8～21.6，Eu 负异常，强烈富集大离子亲石元素，亏损高场强元素。煌斑岩具有高的初始 $^{87}Sr/^{86}Sr$ 值（0.7136～0.7138）和低的 $^{143}Nd/^{144}Nd$（0.512 12～0.512 14），对应低的 $\varepsilon_{Nd}(t)$ 值 −9.17～9.45。煌斑岩高 Rb/Sr（0.51～0.60）和 Ba/Rb（9.69～10.48），类似于拉萨西南和拉萨东南的富钾岩石，暗示其来源于含金云母交代大陆岩石圈地幔。其富集 LREE、$(La/Yb)_N$＝17.8～21.6 和 $(Gd/Yb)_N$＝4.7～5.9 等特征，反映煌斑岩可能产于含金云母斜辉橄榄岩的低程度熔融，熔体至少来自大于 80km 的石榴子石稳定区域。煌斑岩 Nd 模式年龄为 1.42～1.40Ga，反映元古代的俯冲交代地幔。

4. 晚白垩世岩浆岩与低温成矿无关

广西料屯金矿位于广西巴马县所略乡料屯村，是典型的卡林型金矿床。赋矿围岩为中三叠统砂泥岩。晚期石英斑岩脉沿北东向断层贯入，脉宽 5～20m，长约 10km，明显切割矿体（图 6.47），并导致矿体有微小的位移（几米）。野外露头亦可较清楚地观察到石英斑岩脉切割矿体的现象（图 6.48）。该露头石英斑岩脉厚约 6m，产状 162°∠78°。岩脉两壁平直，为沿断层贯入。岩脉的左下侧为 Ⅰ 号矿体，仅见上部一小半，金品位 1.27g/t。岩脉左上侧围岩为三叠系百逢组砂岩夹粉砂岩、泥岩，近岩脉发生硅化，泥岩褪色变白。

前已叙及，该区石英斑岩脉中锆石的 U-Pb 年龄为 97.2±1.1Ma，白云母斑晶的 $^{40}Ar/^{39}Ar$ 年龄为95.54±0.72Ma 的坪年龄，两者在误差范围内基本一致，代表岩浆侵位年龄。显而易见，这些脉岩形成于金成矿之后，与金成矿无成因联系，这与第五章确定的华南低温成矿省低温矿床的成矿时代主要为 230～200Ma 和 160～130Ma 的事实一致。

综上所述，中生代时期右江盆地内部主要发生三期岩浆活动，分别为三叠纪、侏罗纪—早白垩世和晚白垩世。①三叠纪岩浆活动。主要为呈层状分布于马脚岭组、北泗组和百逢组之中的过铝质酸性火山岩，其中锆石 U-Pb 年龄主要为 245～240Ma；此外，盆地内部晚白垩世酸性脉岩中继承锆石也反映 242Ma 左右深部岩浆活动的存在；实际上，在盆地南部新寨和南秧田地区，存在时代约 210Ma 的 S 型花岗岩，这些花岗岩与同时代的钨锡多金

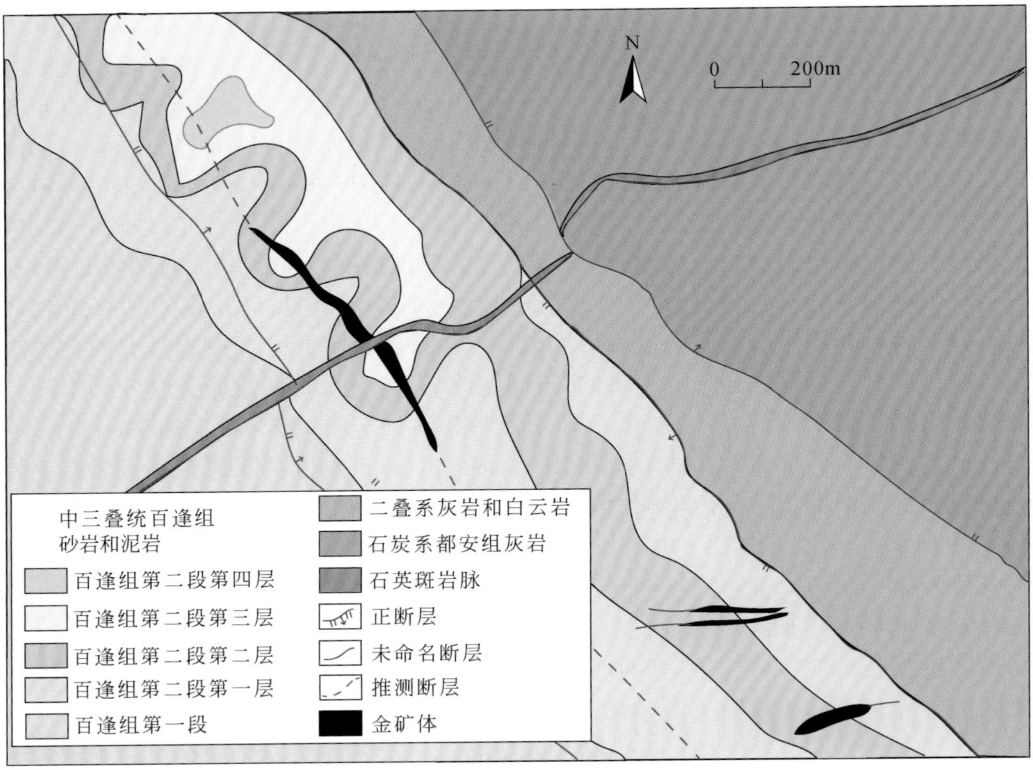

图 6.47 广西巴马县料屯金矿床地质简图

图 6.48 北东向石英斑岩脉切割北西向矿体

属成矿有关（冯佳睿等，2011）。因此，右江盆地及其深部三叠纪的岩浆活动时限应主要在 245 ~ 210Ma。②侏罗纪—早白垩世岩浆活动。在武鸣识别出了中侏罗世双峰式火山岩，其中锆石的 U-Pb 年龄为 159.3±2.8Ma；此外，盆地内部晚白垩世酸性脉岩中的继承锆石也反映盆地深部存在 142 ~ 130Ma 的岩浆活动；因此，该时段的岩浆活动应主要发生在 160 ~ 130Ma。③晚白垩世岩浆活动。主要包括盆地内部零星分布的上述酸性和基性脉岩以及盆地南部与钨锡多金属矿床成矿有关的花岗岩（Chen et al.，2015），其中锆石 U-Pb 年龄集中在 100 ~ 80Ma。Wang 等（2013b）对华南中生代花岗岩的时代和背景进行了综合研究，发现华南花岗岩主要形成于 250 ~ 200Ma 的印支期以及 180 ~ 130Ma、125Ma 和 80 ~ 100Ma 的燕山期等四个时段，印支期花岗岩形成于同碰撞和碰撞后陆内造山环境，而燕山期花岗岩则主要形成于软流圈上涌的岩石圈伸展环境。显而易见，右江盆地除约 125Ma 的岩浆活动未见发育外，其余时段的岩浆活动与整个华南陆块具有一致性。

第二节 低温成矿省成矿构造体系

中新生代以来，扬子地块西南缘经历的最重要的构造事件是印支运动。但是，由于后期构造事件的叠加和深刻改造，现今构造的基本格局主要由燕山运动所留下，且表现的盆-山格局却是新生代的伸展构造。因此，需要从新生代盆-山格局开始逐步回剥至印支期的构造特征。为实现这一目标，本次工作采用剖面地质廊带调查等方式，主要研究了低温成矿省梵净山（武夷山）—雪峰山—湘中剖面、右江盆地—四川盆地南缘剖面和湘中盆地白马山—大乘山—龙山剖面的地质地球化学特征。在此基础上，对成矿构造体系进行综合分析。

一、梵净山—沅麻盆地—雪峰山—湘中盆地—衡阳盆地剖面

穿越梵净山—雪峰山—湘中盆地至衡阳盆地，项目组的前期工作开展了区域地层-构造剖面的综合研究（图 6.49；Tang et al.，2014）。雪峰山以东的衡阳盆地及其以西的沅麻盆地中，均发育有地层层序、岩石组成和沉积相特征非常相似的白垩系—古近系，但在雪峰山这套地层大部分缺失，仅局部保留不完整的白垩系（图 6.50）。

（一）构造特征

综合前人的研究成果，确定沿剖面的构造变形与构造样式具有以下特征（图 6.51）。雪峰山造山带中的湘中复合逆冲构造带，位于雪峰山厚皮逆冲构造带东部，大致以资江—白马山一线为其西界，主要由一系列复合构造穹窿体，如白马山构造-岩浆复合穹窿、龙山复合构造穹窿、锡矿山复合构造穹窿等组成（张岳桥等，2009；Shi et al.，2015；Li et al.，2016）。穹窿体总体呈长垣状，长轴呈北北东走向，大体平行于雪峰山构造带，短轴则为近东西向（图 6.49）。据前人构造解析和年代学结果分析，穹窿体的主体表现为燕山期北北东向纵弯褶皱叠加于加里东期东西向褶皱上，泥盆系—石炭系普遍角度不整合于下古生界之上。因此，这是一系列典型斜跨褶皱叠加的结果（张岳桥等，2009；Wang et al.，2013a；Shi et al.，2015）。

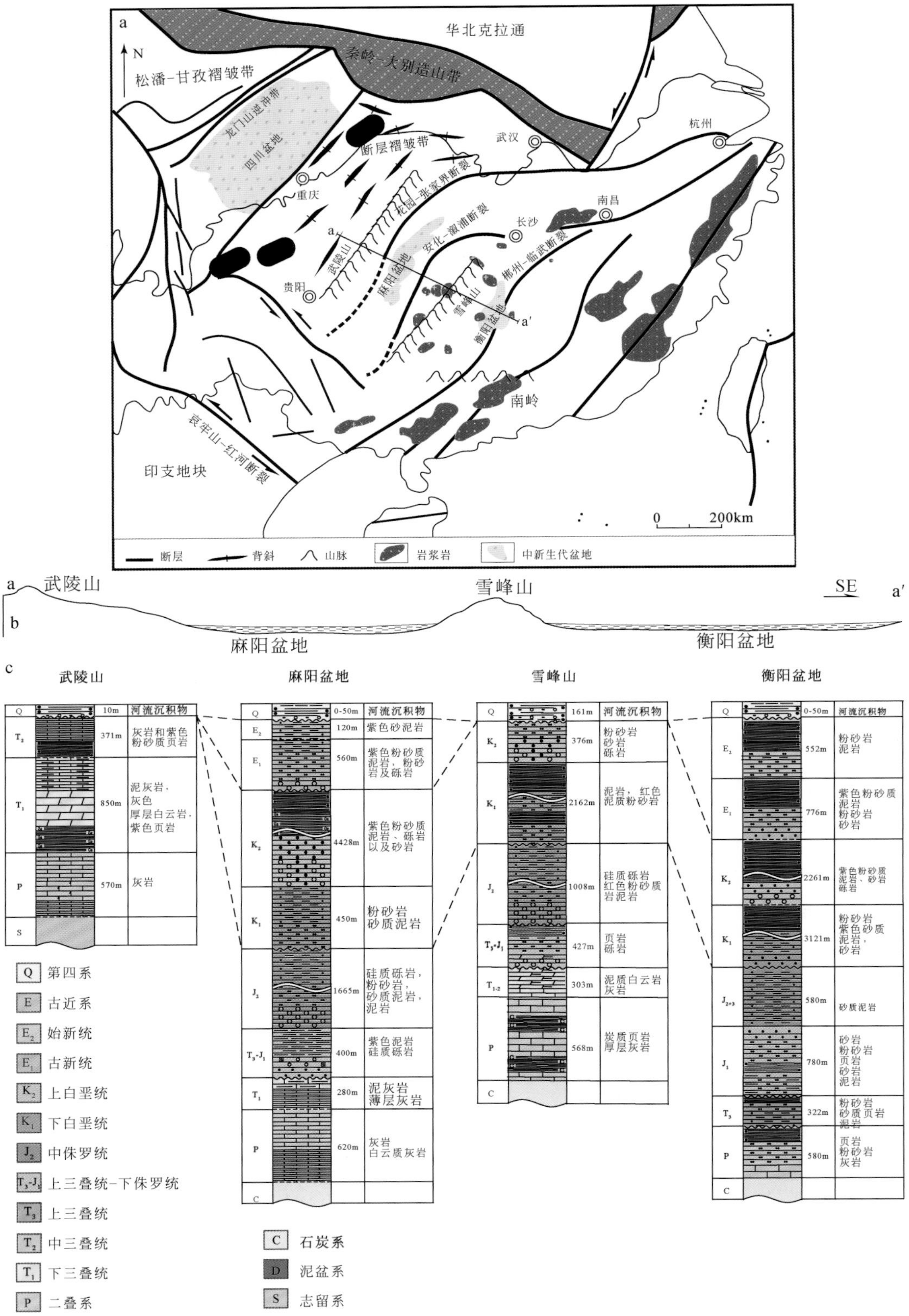

图6.49 梵净山（武陵山）—雪峰山—湘中盆地剖面位置及各单元地层层序

（据 Tang et al.，2014）

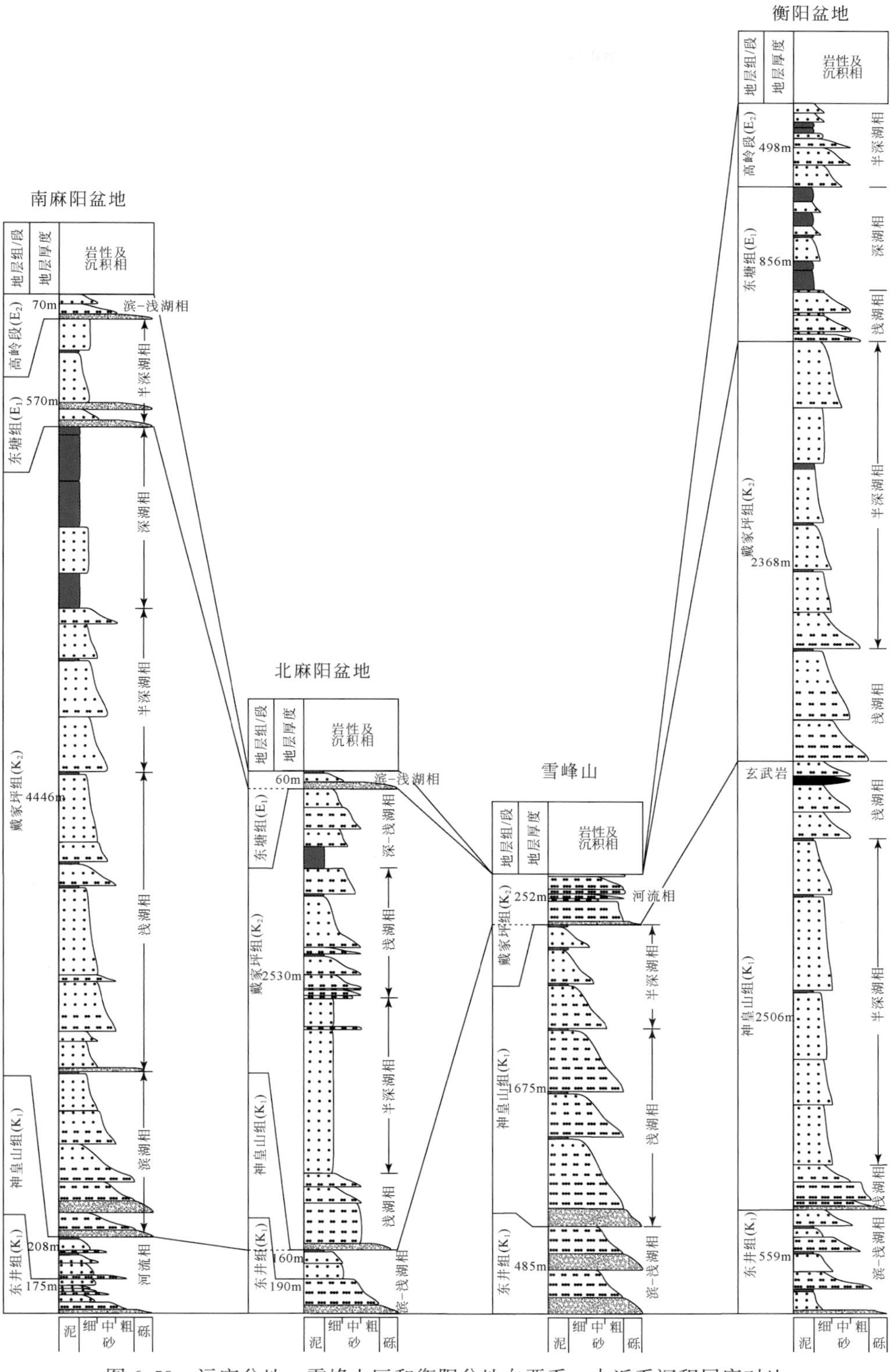

图 6.50　沅麻盆地、雪峰山区和衡阳盆地白垩系—古近系沉积层序对比

（据 Tang et al.，2014）

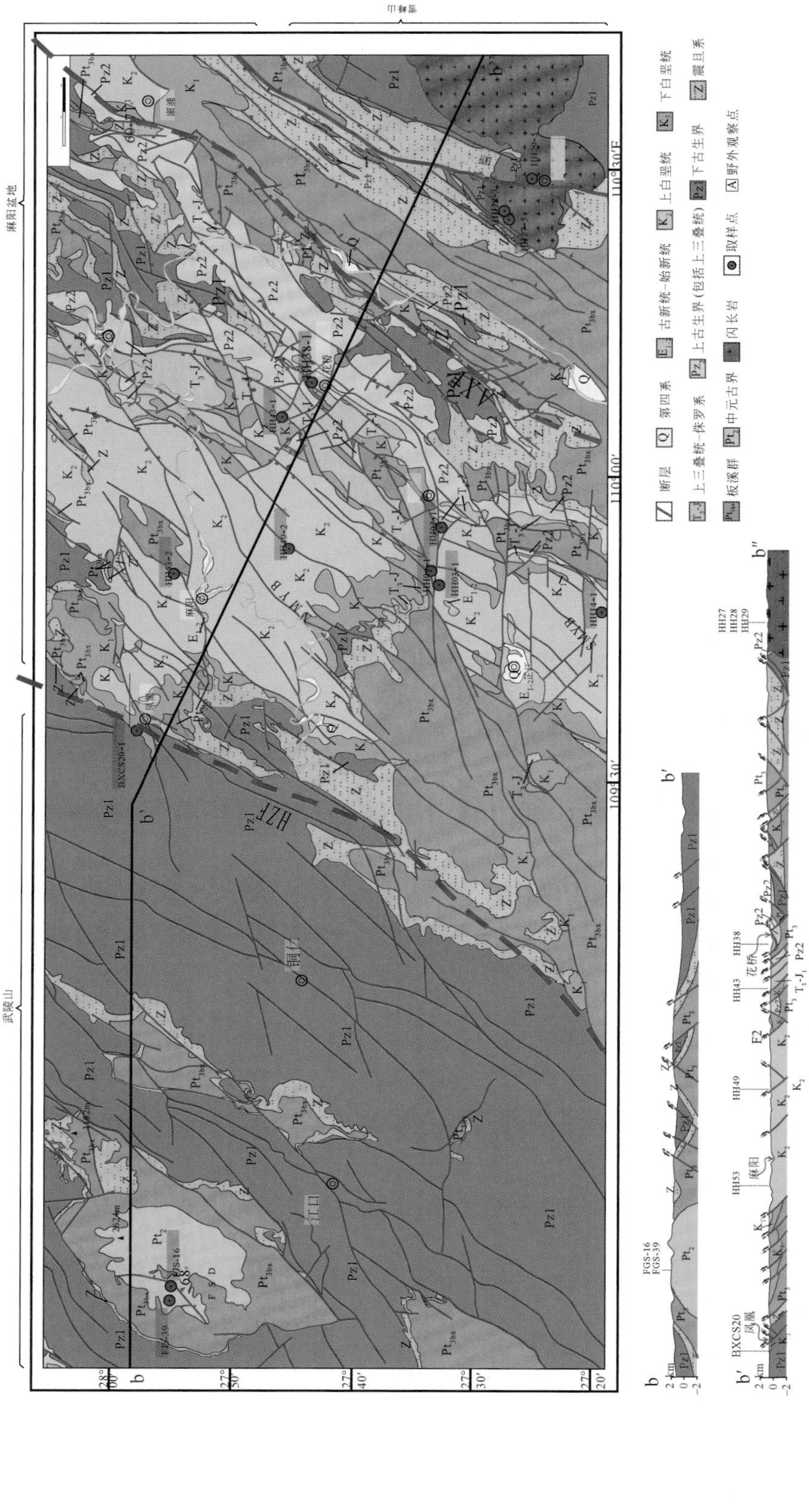

图 6.51 过梵净山—沅麻盆地—雪峰山地区综合构造剖面

(据Tang et al.，2014) FSD. 梵净山穹窿；HZF. 怀化-张家界断层；NMYB. 北麻阳盆地；AXF. 安化-溆浦断裂雪峰山厚皮逆冲构造带中大面积出露板溪群浅变质褶皱基底，以及不整合于其上的南华系冰碛岩和震旦系白云岩与碳酸盐岩，局部零星出露寒武系并角度不整合于南华系和震旦系之上。雪峰山厚皮构造带中发育一系列指向西北的高角度逆冲推覆构造，并向西卷入古生界和大部分中生界，以沅麻盆地为代表的晚白垩世—古近纪盆地红色碎屑岩系角度不整合覆盖于逆冲推覆构造之上（湖南省地质矿产局，1988），这表明推覆构造形成于中生代中晚期（图6.49和图6.51；Yan et al.，2003，2009；颜丹平等，2018）。在雪峰山厚皮逆冲构造带南部发育的摩天岭和元宝山构造穹窿体核部，出露有中元古界浅变质四堡群花岗片麻岩（广西壮族自治区地质矿产局，1985；Qiu et al.，2015）。以瓮安、梵净山、走马为代表的构造穹窿体，沿雪峰山西缘形成一条与雪峰山厚皮逆冲构造带近平行的穹窿构造带，穹窿构造呈北东向长垣状，具有相同或相似的结构与变形样式（图6.49）。前人对这些穹窿的构造样式和成因进行过长期调查研究，许靖华和何起祥（1980）认为属于飞来峰构造。

隔槽式逆冲构造带的北西以齐岳山断裂带为界，南东与梵净山-走马穹窿构造带自然过渡。带内主要出露古生界和中生界，形成一系列轴向北东的尖棱向斜和箱状背斜。尖棱向斜核部地层主要为二叠系—三叠系，而箱状背斜核部地层主要为寒武系（图6.49）。每个褶皱两侧或者一侧多出露有逆冲断层，并发育构造角砾岩，褶皱深部还发育有隐伏逆冲断层（Yan et al.，2003，2009），因此属于典型的断层相关褶皱。Yan等（2009）根据局部地震剖面解释，并结合深部盲断层分析，将这类褶皱定义为断展褶皱。

隔挡式褶皱带北西以华蓥山断裂为界，南东以齐岳山断裂带为界。带内主要出露中生界，形成一系列轴向北东，或者近南北向的尖棱背斜和箱状向斜。尖棱背斜核部地层主要为三叠系，而箱状向斜核部地层主要为侏罗系（图6.51）。一般在褶皱西侧出露向东倾斜的逆冲断层，并发育构造角砾岩，有的褶皱深部则发育有隐伏逆冲断层（Yan et al.，2003，2009）。因此，这些褶皱属于典型的断展褶皱（Yan et al.，2009）。

在上述逆冲断层-褶皱组合的南西侧，发育总体呈北西走向的紫云-罗甸断裂带。该断裂带分隔了雪峰山构造带与右江盆地。在雪峰山以南或南西地区，构造格局主要由近南北向的断层-褶皱组合和北西向的断裂组合构成。

（二）裂变径迹及其模拟结果

跨雪峰山的地质剖面模拟结果表明，雪峰山及其两侧在晚白垩后经历了以下构造阶段的演变（图6.52）：①约84Ma时的初始快速隆升，最终导致一个从沅麻—衡阳的泛扬子白垩纪盆地的分裂，这个过程在雪峰山地区表现为明显的构造转折事件，即白垩纪区域伸展作用体制的解体；②84～32Ma，即晚白垩世后期，可能由于太平洋板块挤压速度的增加，导致俯冲作用的解体，从而形成了指向北西的区域性挤压作用，造成雪峰山快速挤压隆升以及泛扬子白垩纪盆地的解体，并分别形成了沅麻盆地和衡阳盆地；③此后，由于太平洋板块俯冲速率的变化，虽然保持持续的挤压环境但强度有所变化，导致区域内新生代弱挤压与弱伸展间的交替变化，雪峰山相对两侧盆地总体保持不断隆升态势（图6.52）。

武陵山

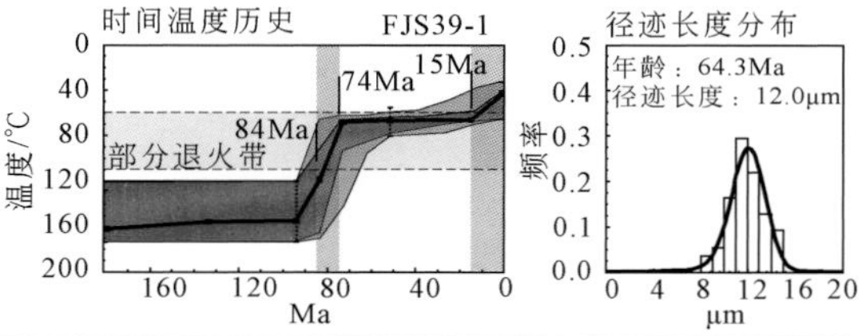

南麻阳盆地

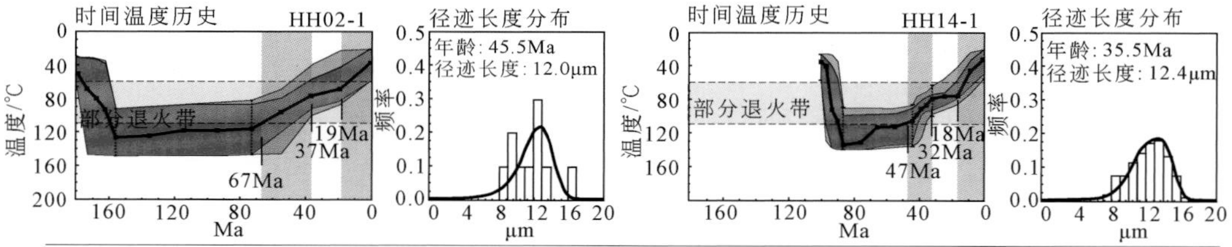

北麻阳盆地

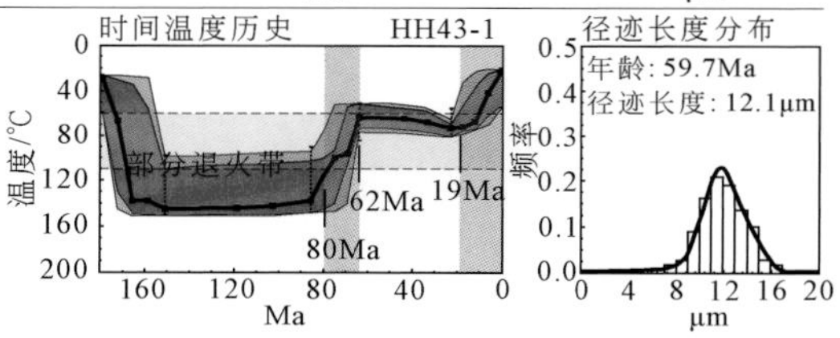

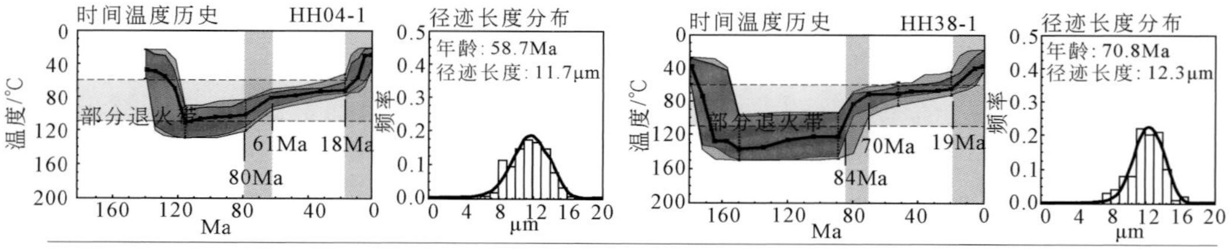

雪峰山

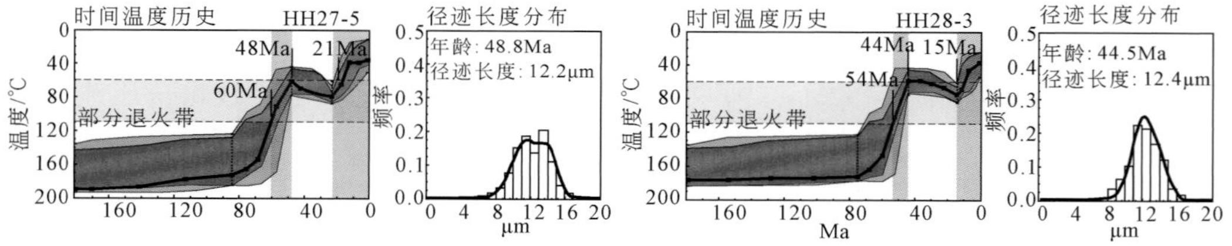

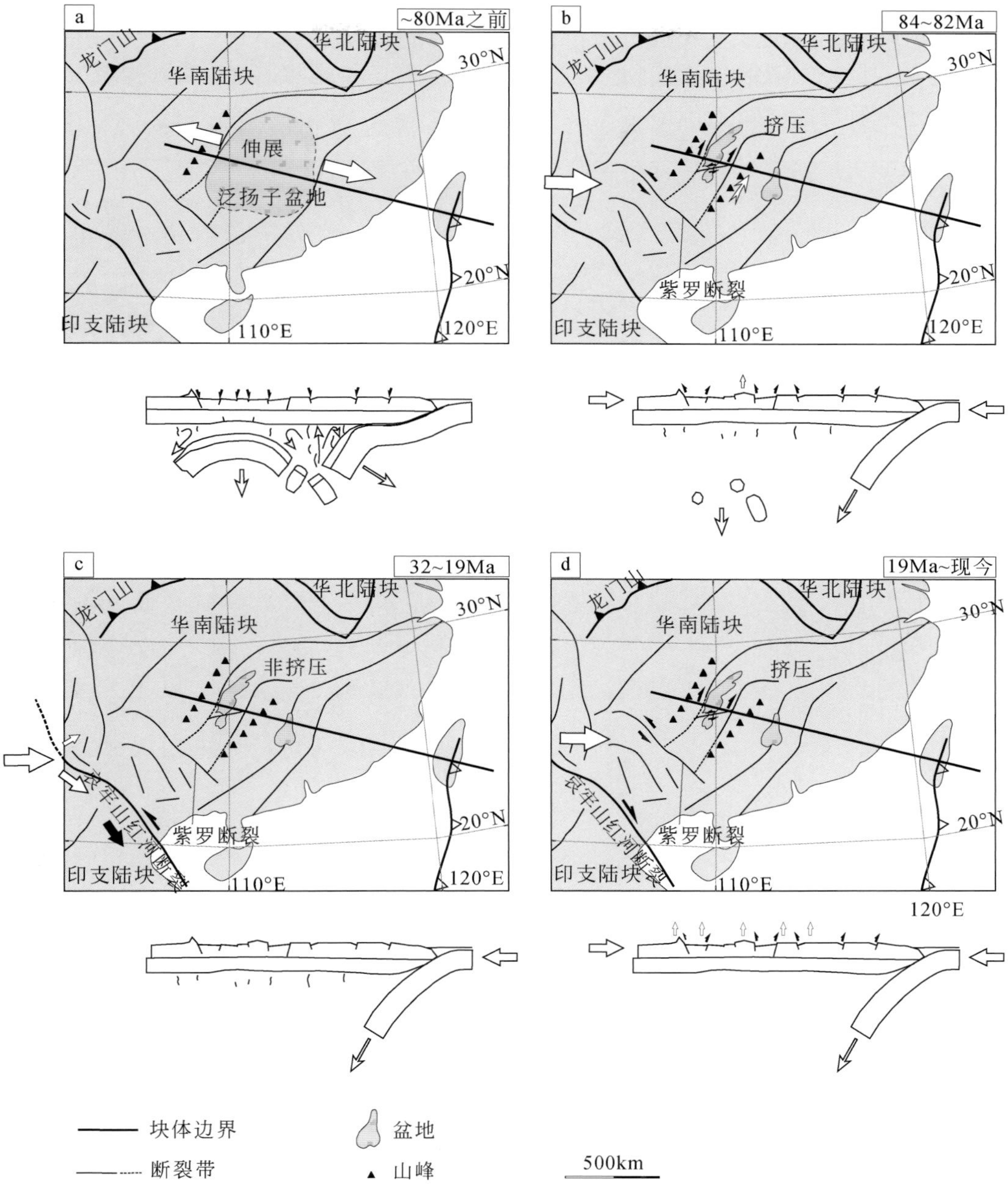

图 6.52　梵净山—湘中地质剖面 AFT 模拟结果与泛扬子盆地分解模式图

二、湘中盆地白马山—大乘山—龙山构造剖面

在横贯湘桂地区的长条状湘中盆地，考察研究了三条区域性地层-构造剖面（图 6.53）。从北向南，湘中盆地包含涟源凹陷、白马山-大乘山-龙山隆起、零陵凹陷（邵阳凹陷）、

越城岭-四明山-关帝庙隆起四个次级构造单元，隆起区出露前加里东期构造层（南华系—志留系），凹陷区出露地层主要由上古生界—上三叠统组成，并被部分上三叠统—中下侏罗统地层覆盖。此外，不整合于其他地层之上的白垩系覆盖层是湘中盆地最新构造层，其中也发育了不同程度的后期变形。

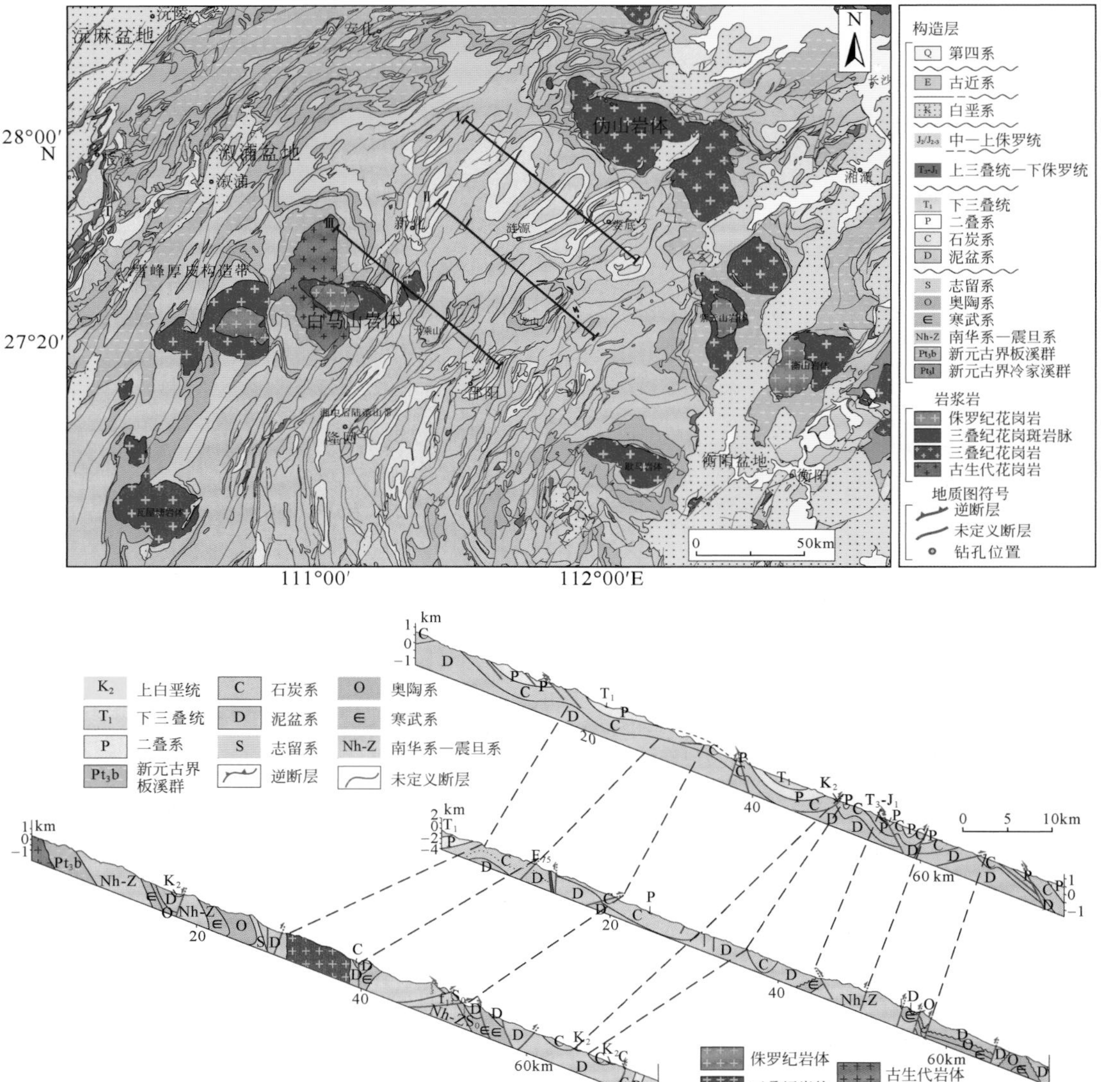

图 6.53　湘中盆地地质及野外考察路线图

（据陈峰，2020）

（一）构造变形特征

华南陆块总体上表现为以湘赣裂谷带为中心的背冲构造格局：在华夏地块的闽西、闽南武夷山一带主体向南东逆冲推覆（金宠，2010；Wang et al.，2013a），雪峰山造山带至西部前陆褶皱-冲断带（包括湘鄂西隔槽式、川东隔挡式褶皱）是一个规模巨大的以向北西逆冲推覆为特征的陆内基底拆离系统（冯向阳等，2001；邱元禧等，1999；孙岩等，2001；Yan et al.，2003；丁道桂等，2007）。但是，目前对扬子地块东南缘中生代构造变形样式、变形序列和应力场的研究表明，华南中生代变形复杂、构造叠加强烈，具有多期次、多层次滑覆特征，并提出了如多层层滑、前陆冲褶、复式逆冲-褶皱或背冲等多种观点（Chu et al.，2012；2014，2018；Wang et al.，2013a）。

强烈的陆内造山运动，使得扬子地块东南缘遭受了广泛的构造叠加变形与成矿作用，但雪峰山两侧的构造变形样式迥异，湘中盆地明显不同于湘西—川东的典型厚皮-薄皮构造样式。湘中盆地及雪峰山地区，存在由多层软弱层构成的大型拆离面，以及明显向西凸出的弧形褶皱带指示的向西挤压变形，对这一构造背景目前认识比较统一（李三忠等，2012；颜丹平等，2000；Yan et al.，2003，2009）。

湘中盆地为雪峰山逆冲推覆构造系统中的次级构造单元。其构造边界的具体限定尚未统一，这对深入认识湘中盆地变形的深部动力学机制有重要影响。湘中西侧与雪峰山厚皮构造带相接的界线，有桃江-城步-新化岩石圈断裂（柏道远等，2014a；刘博，2009）和靖县-安化-叙浦-通道断裂（金宠，2009；Zhang et al.，2013）两种认识，造成分歧的关键是对深部构造变形及其地壳结构认识的局限性；东侧边界则为扬子与华夏地块的结合部位，此界线也备受争议，但重力异常及迥异的岩石地球化学特征暗示，郴州-临武断裂可能为主要的边界断裂（Wang et al.，2003；Chu et al.，2012）。

该地区中侏罗世晚期—晚侏罗世的地层总体缺失，雪峰山腹地怀化一带白垩系直接覆盖在中侏罗统下部地层之上，表明雪峰山地区和湘赣地区均发生了抬升剥蚀，形成了大面积的古陆剥蚀区。湘中盆地在白垩系之下仅残留中侏罗统下部红层，均表明雪峰山及其东南地区在中侏罗世晚期及之后经历了总体隆升（何治亮等，2011）

涟源凹陷与邵阳凹陷（零陵凹陷）之间，发育以南华系江口组和南沱组为核部的三个北西西—南东东向展布的穹窿构造，南北两侧分别发育震旦系、寒武系、奥陶系地层，上被泥盆系地层角度不整合覆盖，后与泥盆系地层共同变形，形成现今的构造形态（图6.54、图6.55和图6.56）。该区的三个穹窿控制南北两侧志留、石炭乃至二叠系的沉积岩相。隆起以北，石炭系大塘阶地层厚度在百米以上，且为重要的含煤层位；隆起以南，地层厚度约50～70m。下二叠统茅口组在隆起带南北两个次级凹陷的相变差异很大，南部邵阳凹陷茅口组厚度小于300～400m，以硅质岩为主；北侧涟源凹陷的茅口组则为灰岩相，厚度约500～900m。

（二）深部构造剖面解释与大地构造意义

以往我国地质学家对华南地质构造进行了大量研究，在华南地区开展的深部地球物理探测工作取得了一系列有重要意义的研究成果。基于重力数据获得的上地壳深度，揭示了华南地区重力异常特征与断裂带的展布特征；基于深地震测深资料与面波层析成像结果得到了华南地区莫霍面深度图像（邓阳凡等，2011；Deng et al.，2017）。高精度深部地震反射剖面解析技术是探索岩石圈结构和深部地质问题的前沿科学手段（Gao et al.，2016；王

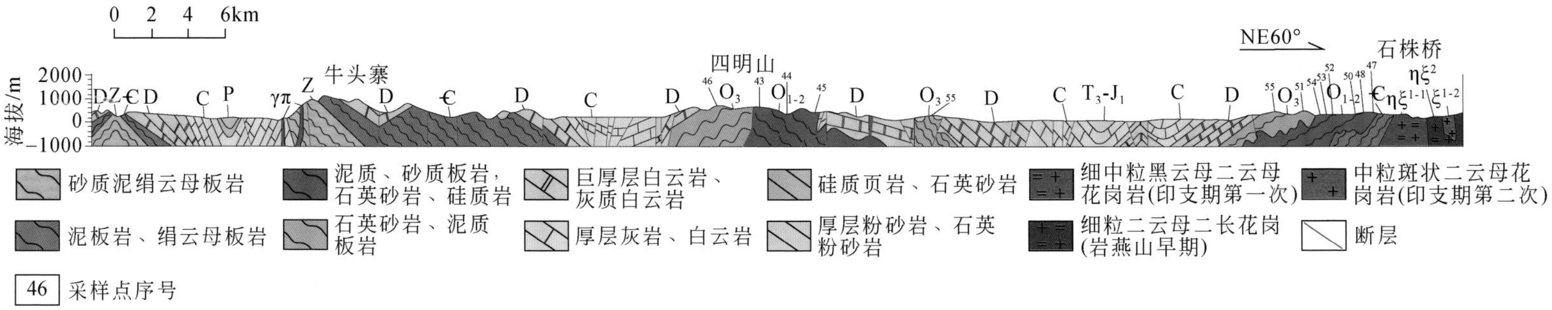

图 6.54　祁东—四明山地质剖面图
(据湖南省地质矿产局，1988修改)

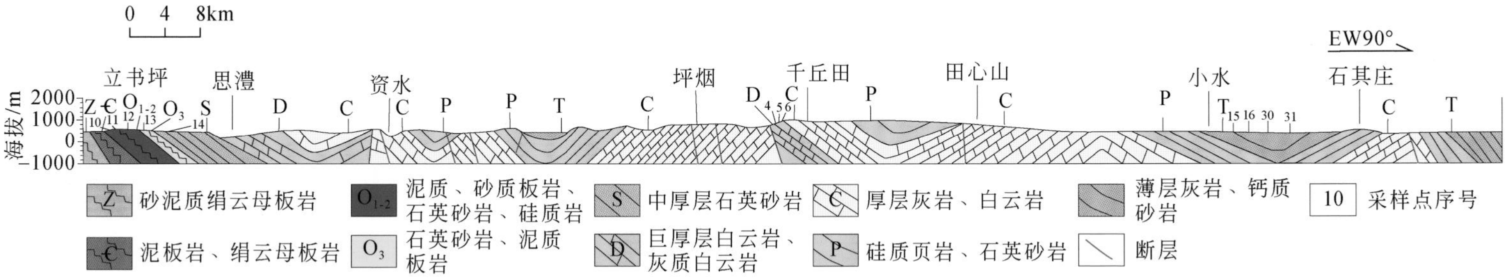

图 6.55　立书坪—石其庄地质剖面图
(据湖南省地质矿产局，1988修改)

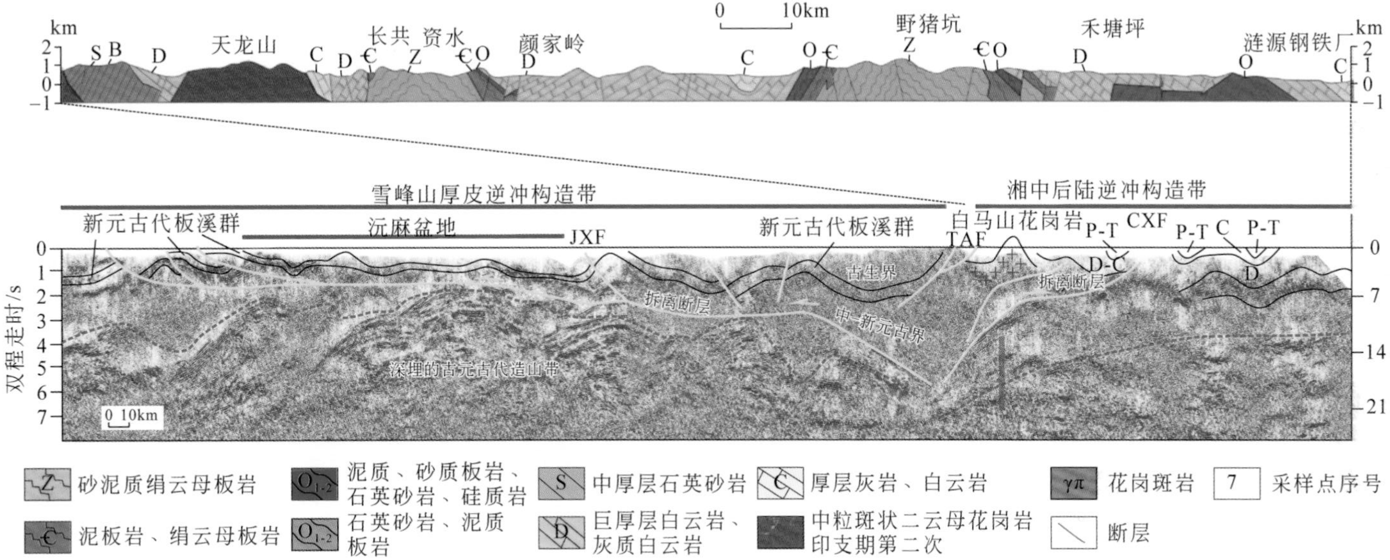

图 6.56　湖南大庸—邵阳高精度深反射地震剖面（下图；据Dong et al.，2015a；Yan et al.，2016修改）与白马山—大乘山—龙山构造地质剖面图（上图）

JXF. 靖县-溆浦断裂(或安化-溆浦断裂)；CXF. 城步-新化断裂

海燕等，2006，2010；黄兴富，2017；Guo et al.，2018）。深地震发射剖面图像在揭示地壳、莫霍面和上地幔的结构方面，拥有其他地球物理探测技术无法比拟的高精度分辨率，对地壳结构的揭示尤其有效，是目前国际公认的获取精细地壳结构图像的有效方法。地震波速与密度的线性关系，辨别出了华南内部不同的构造单元。但是，单一的地震数据不能提供充足的中部地壳密度结构信息，因为P/S波速度可受众多因素控制，包括地壳组成、温度和壳幔边界的挥发性成分等（Mooney and Kaban，2010）。重力和密度数据为岩石圈的物理状态提供了有效限定，实现了与地震数据的互补（Deng et al.，2014），这进一步被跨雪峰山地区的高精度地震反射剖面所证实（Dong et al.，2015a；Yan et al.，2016）。

本次工作广泛收集了前人发表的地震测深、重力、航磁、大地电磁等资料，通过详细剖析与综合研究，为理解构造变形与演化提供了深部的构造制约（图6.57和图6.58）。通过湘中地区深地震反射剖面及重力和航磁、大地电磁（MT）等资料的综合分析，并结合浅表野外地质调查及前人在研究区已发表的其他基础资料，确定了深部过程与浅层地壳变形的联系，探讨了湘中盆地构造变形过程及隆升方式。

从大地构造角度讲，燕山期以来华南大陆内部的构造及地形变化，除受其南、北周缘地块限制外（Wang et al.，2013b），主要受控于东部菲律宾大洋板块（太平洋板块）的影响（图6.57a）。地震层析成像表明，华南大陆下方的壳幔转换带存在滞留的超低角度大洋板片（图6.57b）。华南上地壳物质具有较低密度，为2.4～2.8g/cm^3（Deng et al.，2014）或2.4～2.7g/cm^3（Guo et al.，2018）；中地壳为2.8～2.9g/cm^3（Deng et al.，2014；Guo et al.，2018）；下地壳则为3.0g/cm^3（图6.58）。

早年黑水-台湾地学大断面的实施，提供了地壳垂向P波速度和密度模型，揭示了扬子地块的莫霍面深度可达40km，而华夏地块的莫霍面深度则为32km左右（Zhang and Wang，2007；邓阳凡等，2011；饶家荣等，2012；Deng et al.，2014）。基于地震剖面测定的P波速度与布格重力异常，Deng等（2014）建立的华南地壳3-D密度结构模型显示，郴州-临武断裂（CLF，或称吴川-泗水断裂，Zhang and Wang，2007）可能是扬子与华夏地块在南部的边界。在郴州-临武断裂以西，地壳由在四川盆地下方的45km减薄到华夏地块南部边缘的30km（Deng et al.，2014）或从42km到33km（Guo et al.，2018；图6.58）。此外，郴州-临武断裂两侧不同的地球化学特征也证明了其为岩石圈断裂（Wang et al.，2003）。因此，可将郴州-临武断裂作为江山绍兴缝合带的南延部分，作为扬子和华夏地块的分界。

AFT及沙箱模拟试验表明，雪峰山厚皮构造向西扩展开启（DYF可能为构造薄弱面?）在200Ma左右（He et al.，2018）；燕山期（J_{2-3}）以来以发育北东向断层和相关褶皱为特征（湖南省地质矿产局，1988；Yan et al.，2003；Li et al.，2012a；Li et al.，2018）；早白垩世伸展（本文ZFT数据；详述见下文）和同沉积盆地形成；晚白垩世雪峰山的崛起及泛白垩纪盆地解体（Tang et al.，2014）导致雪峰山东缘的向东逆冲，构成了湘中对冲式构造样式。这种变形作用在北西—南东向剖面表现得特别明显（Zhang et al.，2007，2013；Deng et al.，2014；Guo et al.，2018）。然而，印支运动产生的北西西—南东东向构造线因与剖面线平行而无法在剖面上得到清楚显现。

湘中地区的穹-盆结构则展示为断层相关褶皱。例如，在龙山构造穹窿体，新元古代

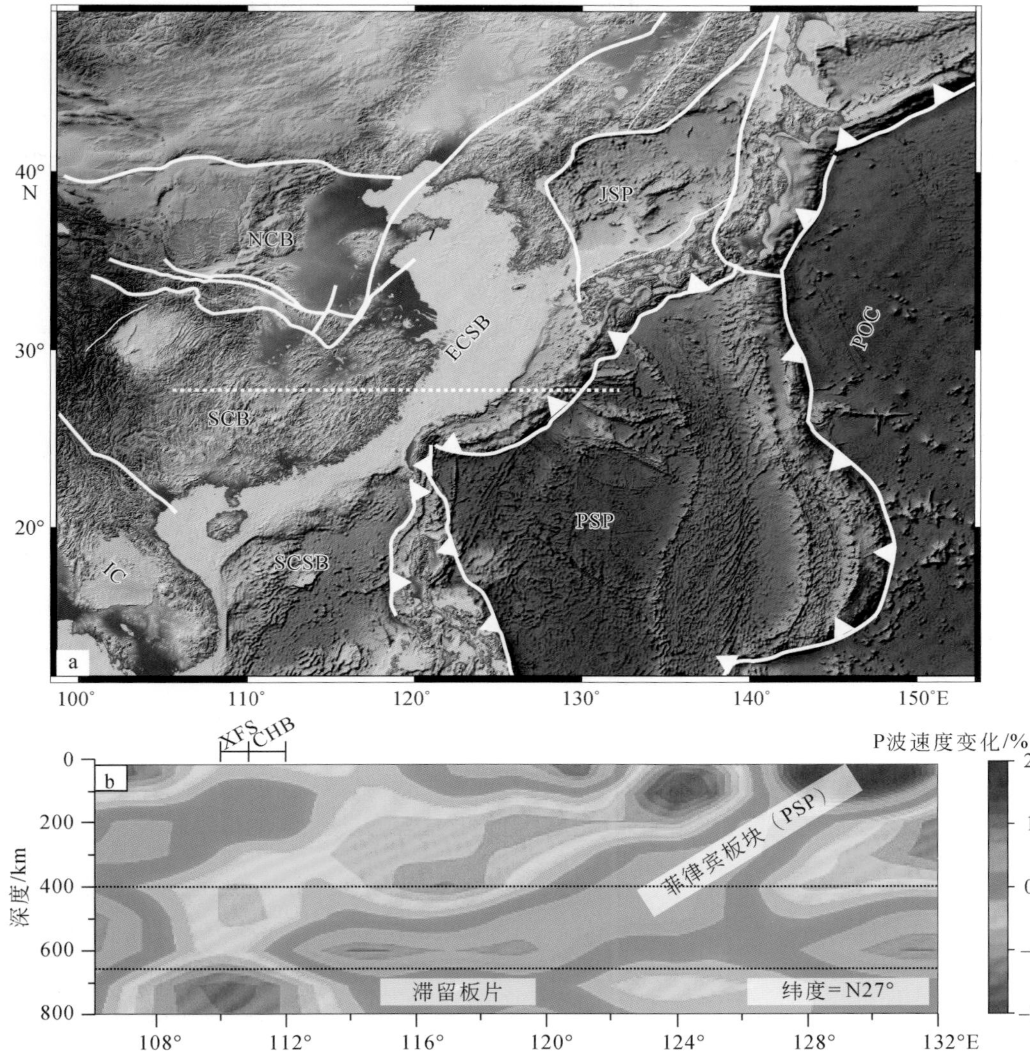

图 6.57　华南构造地形简图（a）和中国中东部及邻区纵向 P 波速度变化剖面图（b）

a. 构造单元划分根据 Liu et al., 2000；b. 北纬 27°，据 Huang and Zhao，2006

主要展示西太平洋俯冲板片在壳幔转换带的位置

NCB. 华北地块；SCB. 华南地块；SCSB. 华南海地块；IC. 印支地块；PSP. 菲律宾板块；

POC. 太平洋板块；JSP. 日本海板块；XFS. 雪峰山；CHB. 湘中盆地

南华系江口组代表了湘中盆地出露的最古老地层。其东侧发育一系列向北西推覆的断裂及其反冲断层（图 6.59），该图中电性较高者应为白马山复式花岗岩体（图 2.11）的显示。湘中盆地西缘以城步-新化断裂（CXF）为界，Wang 等（2005）和 Shi 等（2015）分别报道了断裂中黏土矿物 215Ma 和 212Ma 的 ^{40}Ar-^{39}Ar 年龄，它们代表了该断裂的韧性剪切变形时间。高精度深反射地震剖面（Dong et al., 2015a）显示，城步-新化断裂的顶部向东逆冲推覆，为西倾的岩石圈断裂（柏道远等，2014a）。

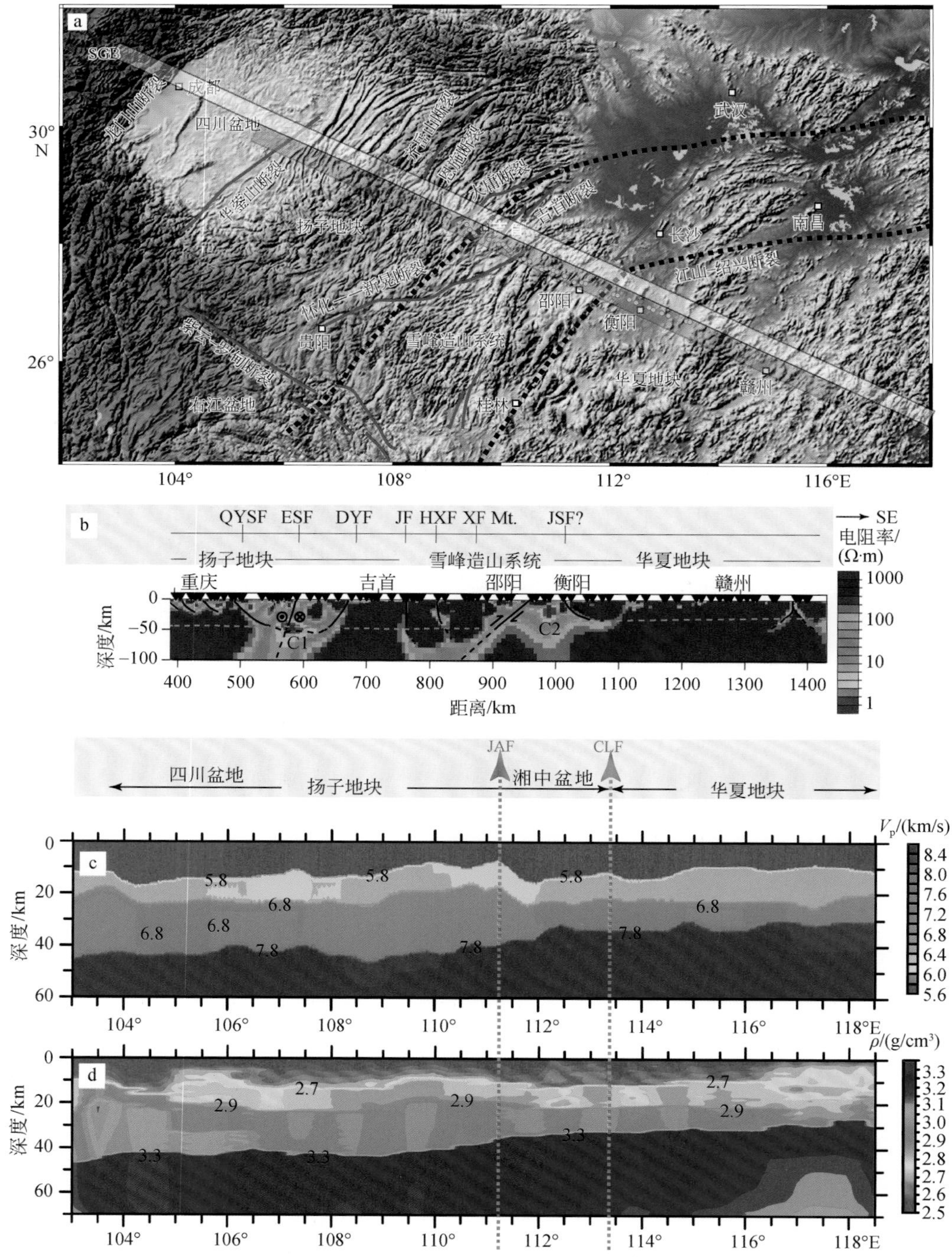

图 6.58 华南湘西-雪峰山-相中盆地主要构造地质图（a），岩石圈大地电磁（MT）剖面（b），地震 P 波纵向剖面及岩石圈密度（c～d）

a. 蓝色矩形区为 MT 剖面位置，白色矩形区为 P 波地震测深剖面位置；b. 据 Zhang et al.，2015 修改；c. 据 Deng et al.，2014

QYSF. 齐岳山断层；ESF. 恩施断层；DYF. 大庸断层；JF. 吉首断层；HXF. 怀化-新晃断层；XF Mt. 雪峰山；JSF？. 江绍断层南延部分？；JAF. 靖县-溆浦断裂（或安化-溆浦断裂）；CLF. 郴州-临武断裂

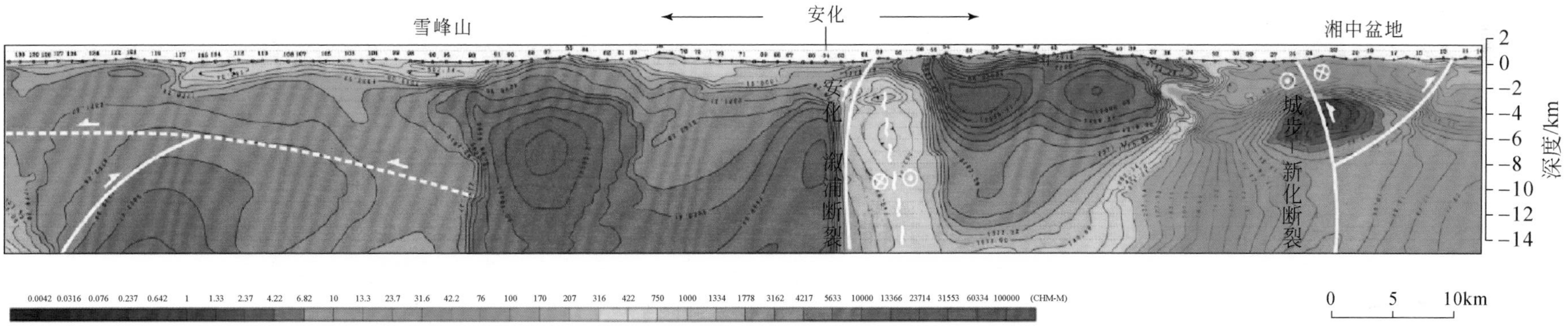

图 6.59 雪峰山及其东缘（贵州沿河—湖南邵阳；与图6.58剖面线位置基本一致）浅层大地电磁（MT）剖面
（据刘博，2009）

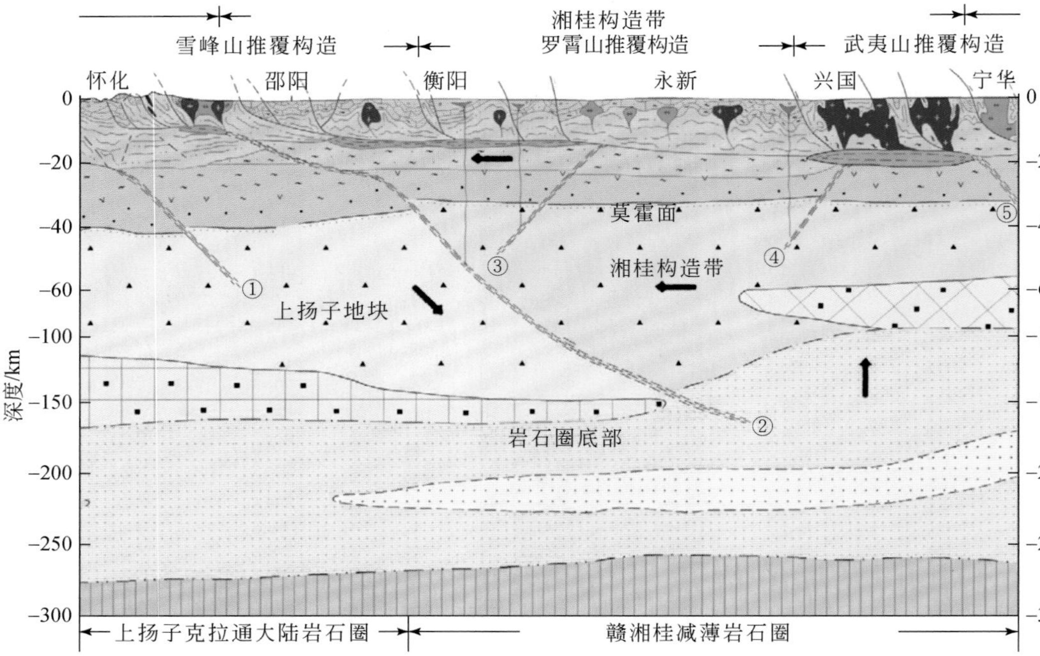

图 6.60　雪峰山-赣湘桂逆冲推覆构造带岩石圈与软流圈结构

①怀化壳-幔韧性剪切带；②经金兰寺壳-幔韧性剪切带；③茶陵壳-幔韧性剪切带；

④兴国壳-幔韧性剪切带；⑤宁化—大湾壳-幔韧性剪切带

（据 Cai et al.，2008）

在雪峰山东侧，深部的滑脱层是南华系南沱组冰碛砾岩和板溪群底部（图 6.60）。此外，在 20km 深度存在一区域性低速层，为剪切熔融层（邱元禧等，1999），谢湘雄和顾剑虹（1990）根据地震测深资料反演的波速结构图与其一致，雪峰基底隆升构造带内的中上地壳内有个壳内高导层。一个位于 8～10km 深度，代表中、新元古界绿片岩相变质程度的板溪群和冷家溪群与中、古元古界角闪岩相变质程度的岩系之间的岩石密度与物性的转换面；另一个位于约 20km 深度，代表中下地壳角闪岩相变质岩系与古元古界麻粒岩相变质结晶基底之间的转换界面（图 6.58 和图 6.60；金宠，2010）。因此，由于雪峰构造系统中滑脱构造的存在，使得浅层和中、深层地壳有一定程度的解耦，深部地球物理资料可以勾勒出宏观的构造格局（图 6.59 和图 6.60）。

（三）FT 低温年代学研究

雪峰陆内造山带位于扬子地块东南缘，湘中盆地属于雪峰山逆冲构造系统向东扩展的东南边缘。为更好约束雪峰山东南缘湘中矿集区的构造背景及后期抬升剥露历史，本次工作对湘中盆地的基底出露区（龙山穹窿，图 2.11、图 6.61 和图 6.62）开展了裂变径迹低温年代学研究。

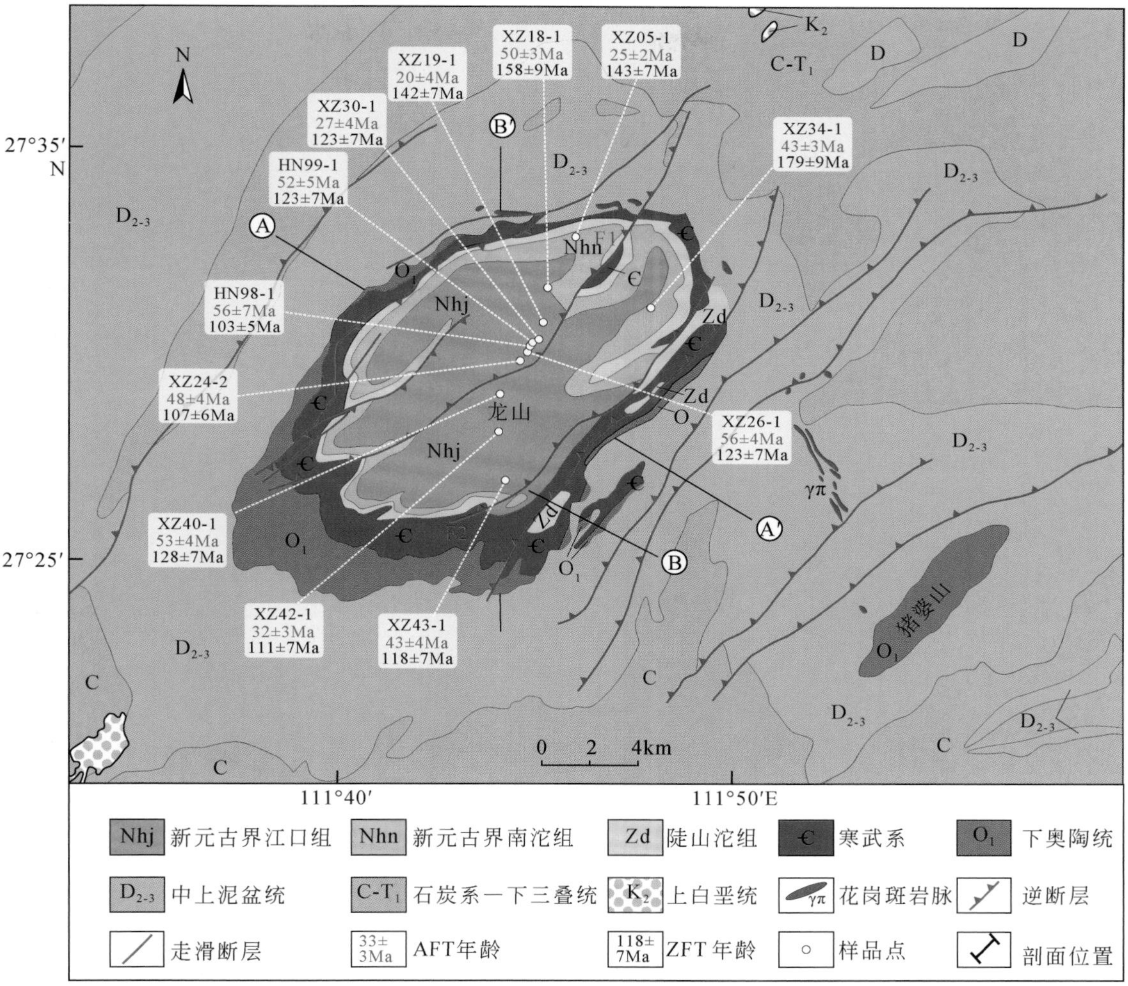

图 6.61　龙山穹窿磷灰石、锆石裂变径迹采样位置

1. 锆石裂变径迹

龙山穹窿的锆石裂变径迹（ZFT）结果给出了 103 ~ 179Ma 的表观年龄。但其中，得到样品最年轻的峰值年龄为 91Ma（P1）和最老的峰值年龄 194Ma（P3）。因此，最终龙山穹窿锆石裂变径迹年龄的实际峰值变化范围为 194 ~ 91Ma（图 6.63），表明此时通过锆石裂变径迹的封闭温度带（180 ~ 250℃）。

锆石裂变径迹峰值年龄与海拔关系显示，194 ~ 143Ma 年龄组与海拔无线性相关规律，129 ~ 91Ma 年龄组分别呈三组正相关关系。结合区域构造变形事件，涟源凹陷卷入北东—北北东向燕山期变形的最新地层为晚三叠系—早侏罗系（T_3 ~ J_1），大量的中晚侏罗世地层被剥蚀殆尽；邵阳凹陷和零陵凹陷残留部分中、晚侏罗世地层，并为白垩系角度不整合覆

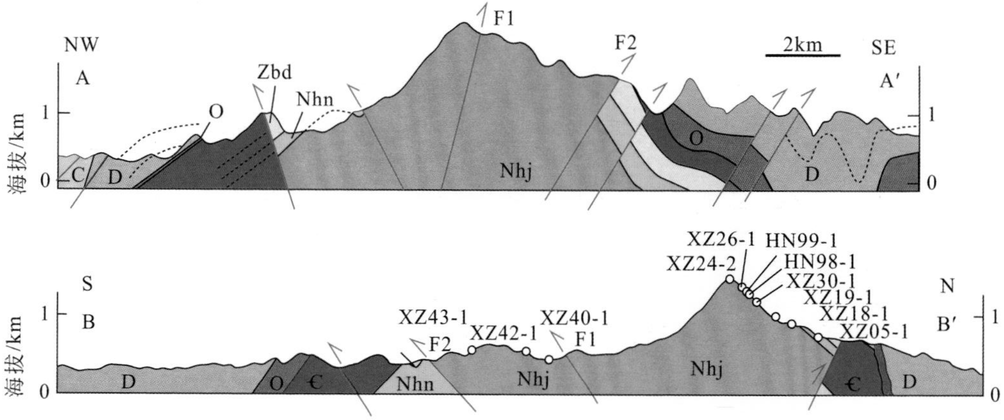

图 6.62　龙山北西—南东向构造剖面A-A′及南北向剖面B-B′
剖面位置见图6.61

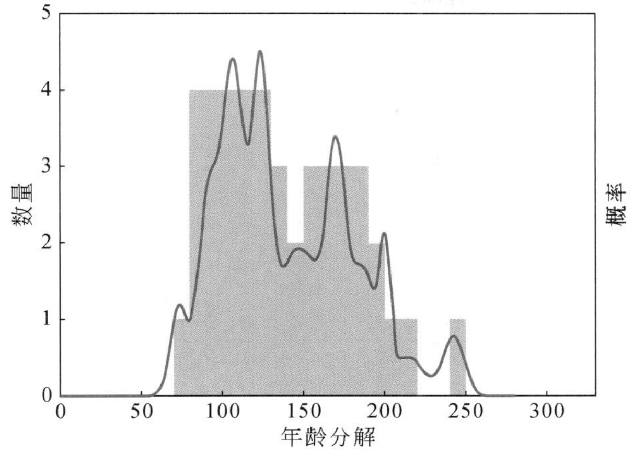

图 6.63　分解的锆石裂变径迹年龄直方图

盖。以上地质证据表明，湘中地区包括龙山穹窿在内的北北东向构造叠加的时间应开始于侏罗纪至早白垩世初期，与区域燕山期构造变形时间一致（Dong et al., 2015a；Shi et al., 2015；Li et al., 2016）。这期构造变形时间与 194 ~ 143Ma 的锆石裂变径年龄相吻合。因此，其年龄值可能为燕山早期构造事件的响应（图 6.61 和图 6.62）。

早白垩世中期至晚白垩世，华南陆块进入区域伸展阶段。Li 等（2013，2016）根据衡阳盆地西缘正向拆离断层研究，将华南的伸展构造事件限定在 136 ~ 97Ma。锆石裂变径迹 129 ~ 91Ma 年龄组的年龄与海拔呈现多阶段的线性正相关，表明区域上地温梯度线为相对水平。因此，可能反映了该阶段伸展构造事件的影响，与华南挤压造山向区域伸展转化的构造背景相关。

锆石裂变径迹研究表明，自约 200Ma 以来锆石裂变径迹进入退火带（ZPAZ）并一直延续至早白垩世结束（约 91Ma）。但这一期间两次相对集中的退火峰值年龄（约在 160 ~ 150Ma 和 120 ~ 90Ma 两个阶段）表明存在两组锆石退火事件。两次退火事件可能与存在两组不同损伤程度的锆石有关，由此反映了高保留度锆石（HRZ）先通过较高的退火温度（200 ~ 250℃），低保留度锆石（LRZ）随后通过较低的退火温度（180 ~ 200℃），这与龙山矿床 5 号脉附近南华系围岩中锆石（U-Th）/He 数据记录的情况一致（付山岭等，2016）。

2. *磷灰石裂变径迹*

跨龙山穹窿南北向剖面采样的磷灰石样品的裂变径迹年龄分布在 20 ~ 56Ma（图 6.64）。所有磷灰石样品的裂变径迹年龄均远小于其地层的时代，表明样品在埋藏过程中经历了完全退火，其经历的最大古温度大于其退火温度（60 ~ 120℃），反映了后期的整体抬升。磷灰石裂变径迹的时间-温度模拟表明，60 ~ 40Ma 和 30 ~ 20Ma 发生了两次快速隆升和剥蚀。

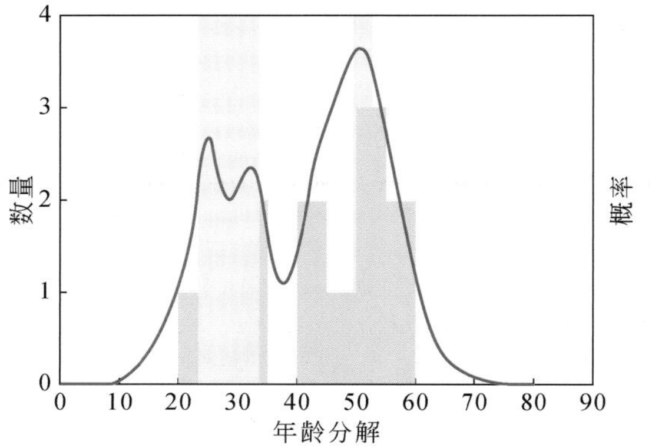

图 6.64 磷灰石裂变径迹年龄直方图

（四）雪峰山东缘热史重建

前人对湘中北黄土店–仙溪伊利石 Kübler 指数的研究显示，冷家溪群为 0.18 ~ 0.21，属绿纤石–阳起石相；板溪群为 0.19 ~ 0.23，南华系到奥陶系为 0.20 ~ 0.29（平均 0.24），板溪群至奥陶系均属于高葡萄石–绿纤石到绿纤石–阳起石相，变质温度范围为 340 ~ 240℃（王河锦等，2002）。对比其他研究成果（例如：湘西沅古坪，Wang et al.，2004；湘东长沙醴陵—浏阳，朱明新和王河锦，2001；湘东北岳阳—临湘，Wang et al.，2014b）发现，由北西向南东低温变质程度升高，即由近变质转变为浅变质，变质温度由约 260℃转变为约 360℃。因此，龙山穹窿南华系基底处于高近变质与低级变质结合带，最大埋藏古地温不超过 340℃。前人研究表明，华南加里东期陆内造山作用由南东向北西推进，使湘中地区得以隆升（湖南省地质矿产局，1988；Yan et al.，2015；Yao and Li，2016；Sun et al.，2018），剥蚀作用造成龙山穹窿南华系样品的埋深变浅。

Hunziker（1986）研究表明，小于 2mm 粒级的伊利石的 K-Ar 同位素体系封闭温度约为 260±30℃，与近变带与浅变带的边界温度基本一致（Dong et al.，1997），也即结晶度值小于或等于 0.25 的样品其 K-Ar 同位素体系才会被重置，从而能有效记年。因此，确定了雪峰山北部板溪群 389 ~ 419Ma 的冷却年龄（胡召齐等，2010）。

湘中地区晚古生代开始接受陆–海相沉积以来，直至早三叠世达到最大古埋深。Wang 等（2005）限定了雪峰山东缘 217 ~ 195Ma（$^{40}Ar/^{39}Ar$）的左行韧性剪切变形，且根据石英 EBSD 研究将剪切温度限定在 300 ~ 400℃。然而，野外及薄片观测发现，湘中南华系样品并无叠加变质作用，暗示远离剪切带 30km 的龙山穹窿并未达到原先的高近变质带或浅变质带的温度（Maco and Caddick，2018）。

涟源凹陷钻孔资料及岩石中镜质组反射率资料表明，中三叠世湘中盆地存在一定程度的整体抬升（张琳婷等，2014；包书景等，2015），表明印支运动在湘中盆地的响应。上述锆石裂变径迹（ZFT）记录了封闭温度带内存在多年龄峰值。尽管可能受到局部成矿流体的热扰动，但龙山金锑矿床 5 号脉井下 630m 锆石样品 93.8 ~ 258.3Ma（平均 161Ma）的 U-Th/He 年龄数据（付山岭等，2016）和相应的封闭温度，提供了该时期的围岩冷却温度的上限为180～200℃。这与本书ZFT的时间-温度数据吻合，它们共同代表了约93.8～91.3Ma这一时期的快速冷却事件，表明岩体在此时的快速隆升。

相比独立的FT体系而言，应用矿物对法有着更高的可信度。分析结果表明：①湘中盆地（涟源凹陷）经历了三阶段的隆升，分别是第一阶段中晚三叠世印支运动造成湘中盆地的抬升剥蚀，第二阶段早侏罗世的沉降与隆升和第三阶段早白垩世晚期的沉降与反转隆升；②龙山穹窿自中晚三叠世开始持续冷却，ZFT194Ma峰值记录挤压反转的开始，194～129Ma的平均冷却速率约0.47℃/Ma，对应的隆升速率为0.013km/Ma，总剥蚀量为866m；③129～91Ma为与伸展变形相关的冷却过程，冷却速率约1.05℃/Ma，对应的隆升速率0.03km/Ma，总剥蚀量约1.14km；④第三次隆升发生于91～76Ma，平均冷却速率约4.00℃/Ma，对应的隆升速率为0.11km/Ma，总剥蚀量达1.71km。因此，晚中生代以来湘中盆地的地层被剥蚀至少3.7km，其中，91～76Ma为龙山穹窿的最快速隆升剥露期，可能与90Ma以来西太平洋板块向华南大陆边缘转向高角度俯冲有关（Li et al.，2012b；Tang et al.，2014）。

三、右江盆地—四川盆地南缘构造剖面

扬子地块西南部从南向北包括右江褶皱-断层带、黔中隆起构造带至川东薄皮逆冲带（图6.65）。该区域保存了沿松马和松柴缝合带造山事件相关的晚二叠世到三叠纪的沉积和变形记录（Lepvrier et al.，2011；Faure et al.，2014）。前人的研究主要聚焦于该区域的大地构造演化和盆-山关系。例如，Yang等（2012）认为该区域三叠世的浊积岩是印支期造山事件和同造山右江前陆盆地形成的证据；Lehrmann等（2005，2007）提出研究区二叠纪的碳酸盐岩是台地演化的记录，三叠纪的碎屑岩是构造沉降加快的反应，也是板块汇聚和前陆盆地形成的证据。然而，迄今为止，对构造变形随时间的变化尚无深入研究，包括构造样式的变化和隆升剥蚀历史等。

在本研究中，为呈现扬子地块西南部构造变形组合、运动学及其剥露过程，测制了一条长度约370km的南北向构造剖面，横跨上述三个构造区域（图6.65），并综合总结建立了地层层序及其对比关系（图6.66），在此基础上进行了系统的AFT裂变径迹年代学分析。

（一）构造变形特征与运动学

通过沿该剖面的精细构造解析，厘定了三期具有迥异构造样式和运动学的构造变形事件（即D1、D2和D3期）。综合已经发表的数据和前人的分析结果，确定了三叠纪向北递进迁移的逆冲系统（D1），以及该逆冲系统随后被晚中生代D2期逆冲构造和新生代D3伸展构造的叠加改造特征（图6.65）。

通过对横跨三个主要构造区域的大剖面的构造解析，揭示了扬子地块西南部三期主要构造事件（D1期、D2期以及D3期）的构造样式和变形序列。各期构造变形具有迥异的构造样式，并基于不整合限定了其形成的时代（图6.67和图6.68）。

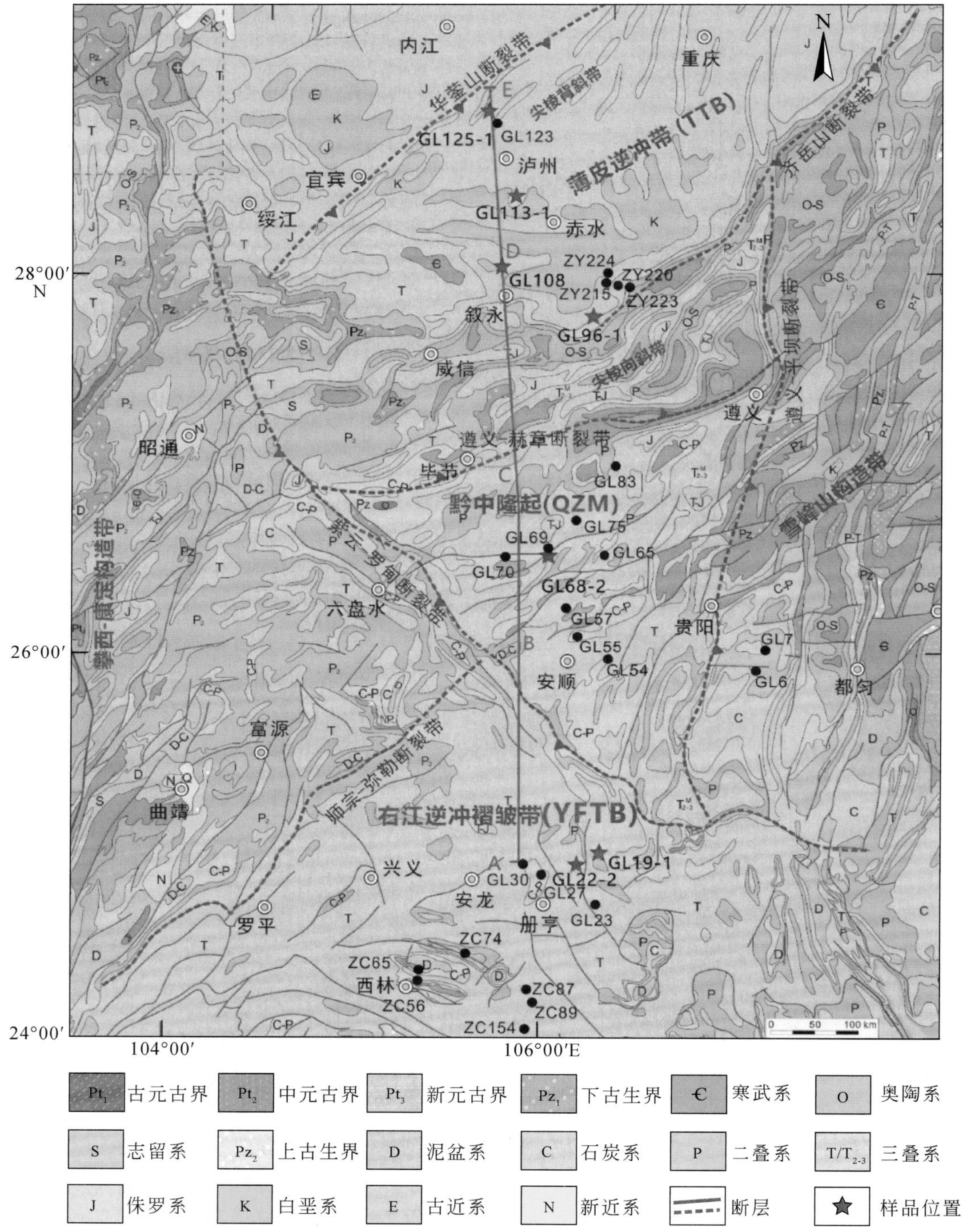

图 6.65　扬子地块西南部地质图

（据广西壮族自治区地质矿产局，1985；贵州省地质矿产局，1987；Qiu et al.，2016 修编）

红色星号表示裂变径迹样品的采样位置；黑色的点表示野外照片拍摄地点和野外构造数据测量地点；绿色实线表示构造剖面线，其中剖面图见图 6.68

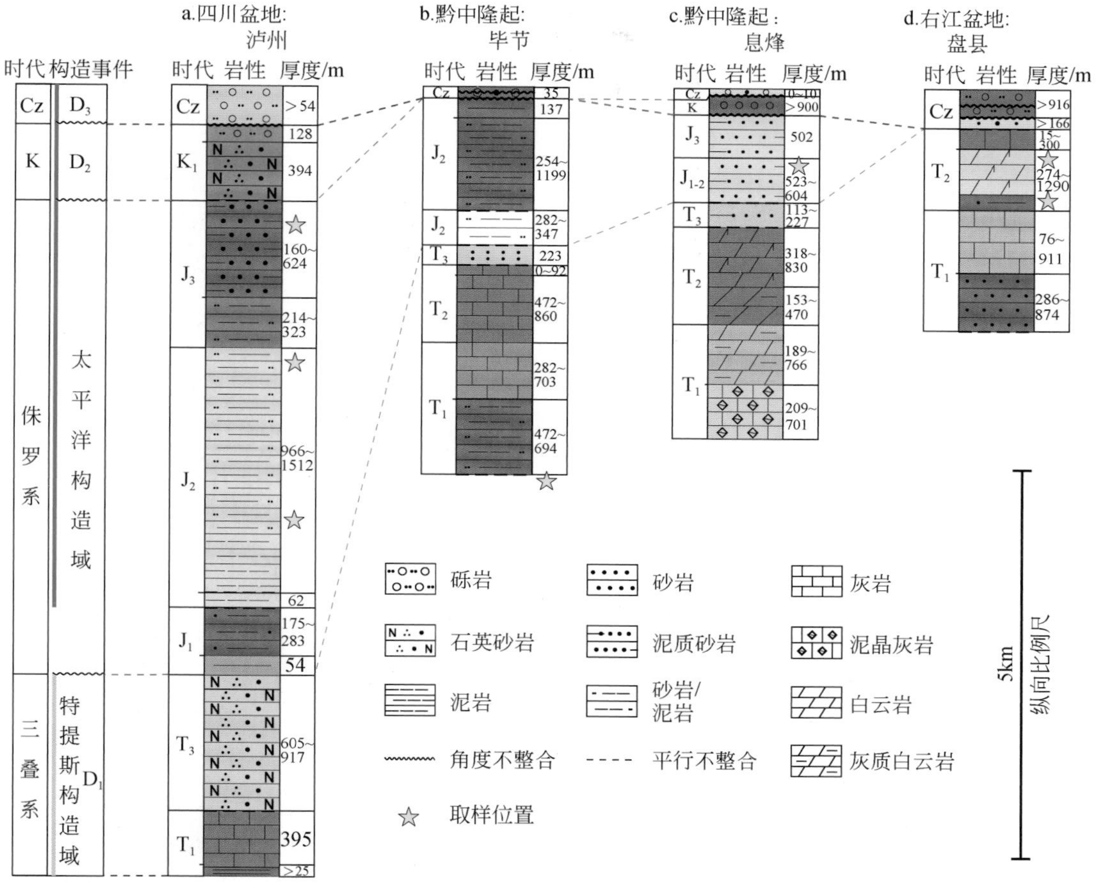

图 6.66　扬子地块西南部右江褶皱-断层带（YFTB）、黔中隆起（QZM）以及川东薄皮逆冲带（TTB）地层柱状简图

（据云南省地质矿产局，1990；广西壮族自治区地质矿产局，1985；四川省地质矿产局，1991；贵州省地质矿产局，1987；Qiu et al.，2016 修编）地层柱状图位置见图 6.67

1. 三叠纪变形（D1 期）

由于在黔中隆起的毕节和遵义附近，紧闭的 D1 期褶皱卷入的最新地层为中三叠统并被上覆轻微褶皱的早侏罗系不整合覆盖（图 6.67、图 6.68 和图 6.69），从而确定了 D1 期变形发生在中三叠世或晚三叠世。在区域尺度上，右江前陆褶皱逆冲带剖面 AB（图 6.67）显示 D1 期构造包括约 10km 宽的宽缓褶皱和指向北东的逆冲断层（图 6.78）。在露头尺度上，D1 期构造包括东西走向的逆冲断层和平卧褶皱，其构造组合为向北迁移的断层传播褶皱（图 6.67 和图 6.68）。向北运动的平卧褶皱的翼间角约 30°，其卷入的地层厚度变化较大（图 6.69）。近东西走向的逆冲断层和相关的褶皱构成了断展褶皱组合（图 6.67）。因此，指向北的平卧褶皱、近东西向宽缓褶皱以及逆冲断层都指示为近南北向挤压。在黔中隆起，D1 期构造包括向北运动的脆性逆冲断层和轴面近东西走向的直立褶皱（图 6.69）。指

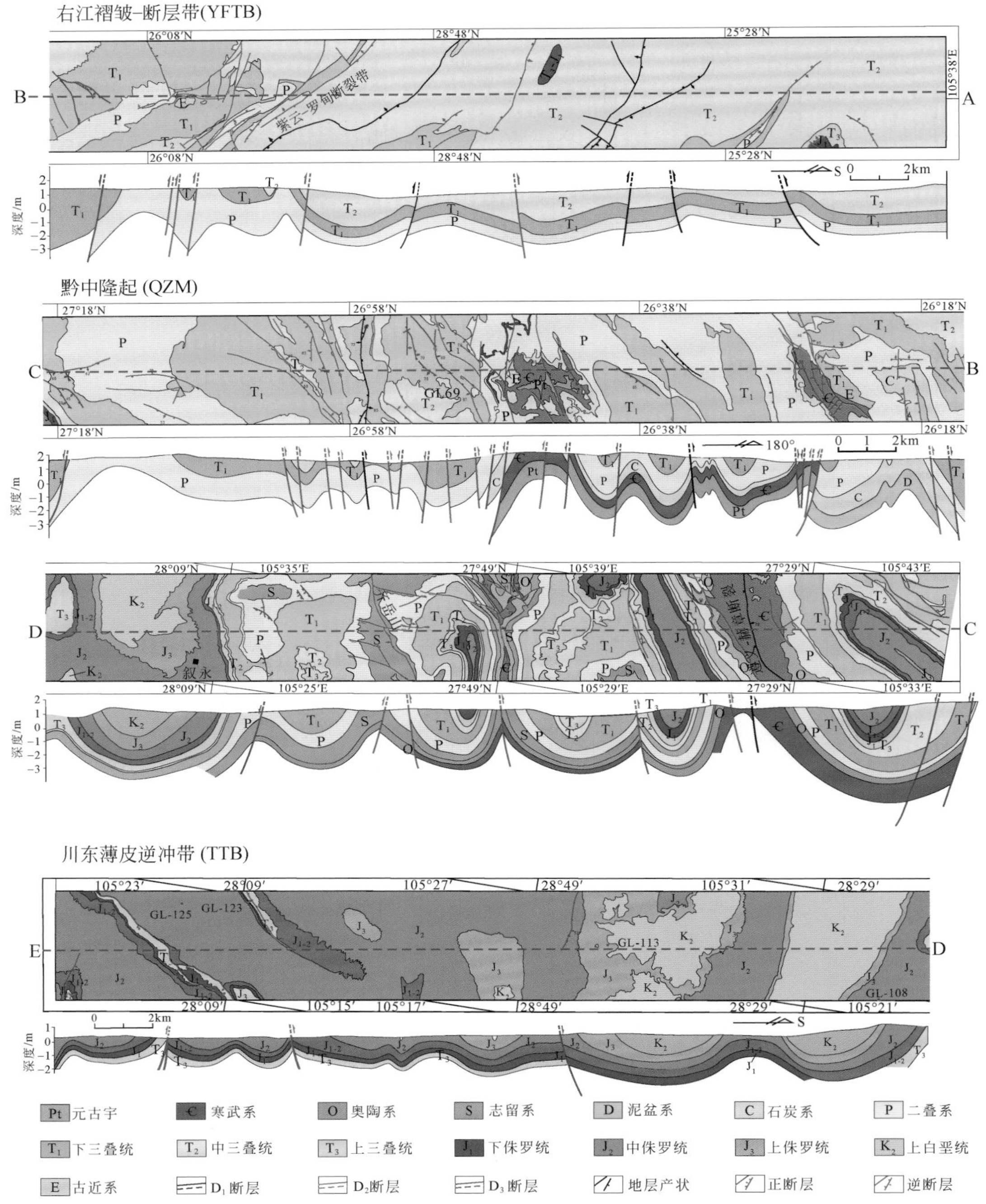

图 6.67　扬子地块西南右江褶皱-断层带（YFTB；AB）、黔中隆起（QZM；BD）以及川东薄皮逆冲带（TTB；DE）的地质图和剖面图

（据广西壮族自治区地质矿产局，1985；贵州省地质矿产局，1987；云南省地质矿产局，1990；四川省地质矿产局，1991；Qiu et al.，2016 修编）剖面图位置见图 6.65；黑色、红色以及紫色断层分别对应 D1、D2 和 D3 期变形

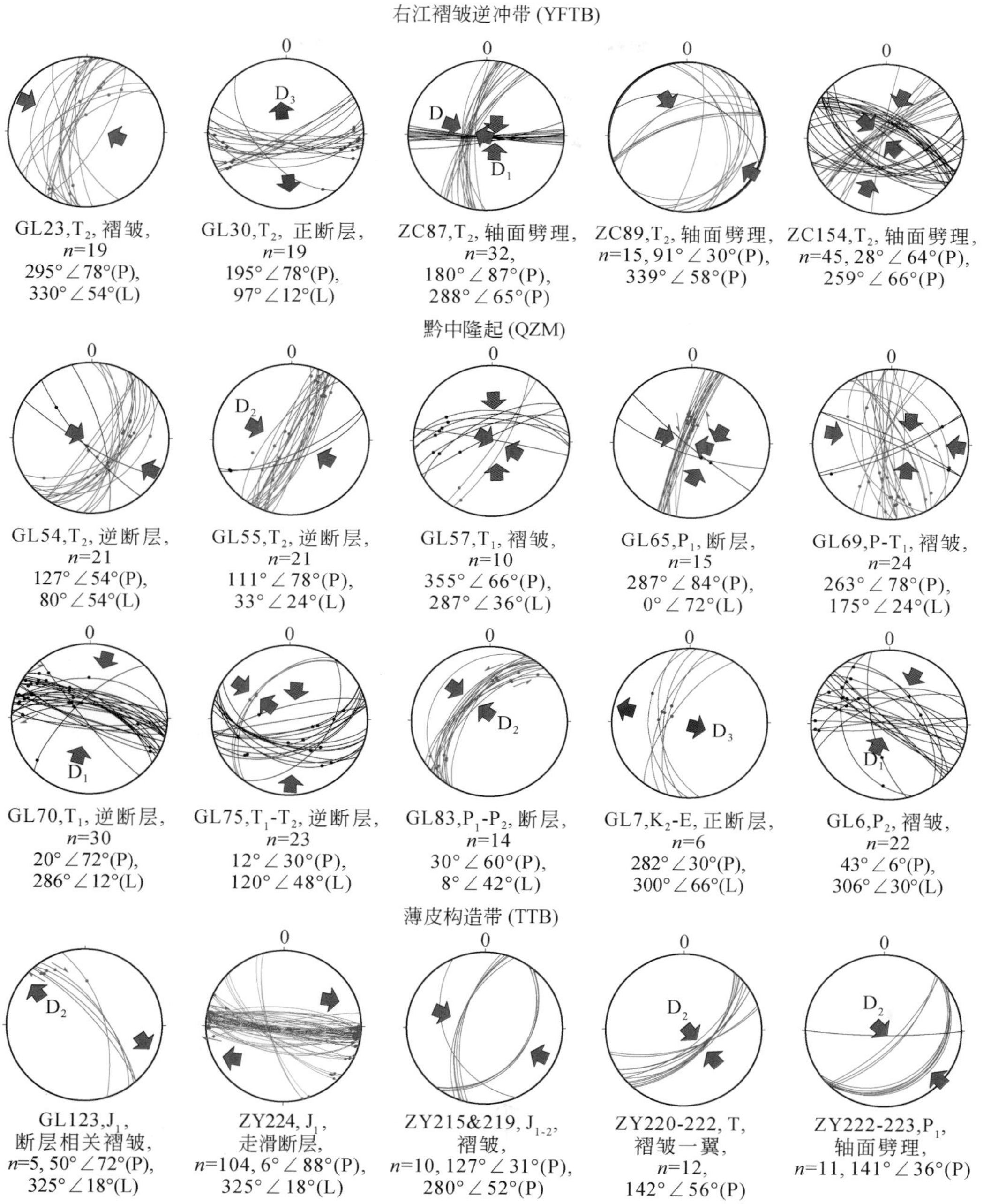

图 6.68 扬子地块西南部构造要素赤平投影图（下半球投影）

赤平投影中的大圆表示断层面或轴面劈理，点表示擦痕或线理；测量的点位见图 6.65；黑色、红色以及紫色分别对应表示 D1、D2 以及 D3 变形

向南运动的尖棱褶皱和逆冲断层也同样在该构造带中发育。紫云–罗甸断层的断层面发育大量的擦痕，其指示向北或向南的逆冲运动并有局部的右行走滑成分（图 6.68）。对比可知，在右江前陆褶皱逆冲带直立褶皱和平卧褶皱广泛发育，而在黔中隆起主要发育逆冲断

层，这可能指示了断层传播褶皱在不同的构造带被剥露出地表的构造层次的不同。在川东薄皮逆冲带，三叠纪变形仅在该构造带南部发育宽缓褶皱（图 6.67 和图 6.69）。综上所述，三叠纪变形（D1 期）的典型证据分别定义了三个构造带的典型构造样式，即区域尺度的逆冲相关构造，例如陡倾的逆冲断层和直立或平卧褶皱。

图 6.69　扬子地块西南右江褶皱-断层带（YFTB）、黔中隆起（QZM）以及川东薄皮逆冲带（TTB）的 D1 期变形代表性构造的野外照片

a. 早泥盆世泥岩和粉砂岩中的复杂平卧褶皱，隆林地区，右江褶皱-断层带北部（ZC74）；b. 紧闭褶皱，册亨市华容镇西侧，右江褶皱-断层带北东部；c. 逆冲断层和相关褶皱，册亨市北侧，右江褶皱-断层带北东部；d. 早泥盆世灰岩中的逆冲断层和断层相关褶皱，西林县东北部，右江褶皱-断层带东北部（ZC56）；e. 上三叠统和下侏罗统之间的不整合接触关系，遵义市区

2. D2 期变形

研究区的 D2 期变形主要表现为逆冲相关构造，包括逆冲断层和褶皱。因为其卷入了侏罗系和白垩系并被上覆的新生代地层不整合覆盖（图 6.67），判断该期构造发育于晚白垩世之前。切过右江前陆褶皱逆冲带的剖面 AB 可见 D2 期构造发育（Qiu et al., 2014）；黔中隆起也发育 D2 期褶皱，包括北东—南西走向的相似直立褶皱和断层传播褶皱。直立褶皱为近北东走向并发育轴面劈理；尖棱褶皱的翼间角约为 60°（图 6.67）。断层传播褶皱具有北东—南西的褶皱轴迹并发育相关被断层切穿核部的背斜或向斜（图 6.68），其轴面产状多变。该构造带的断层主要沿北北东—南南西走向分布，其有向北西逆冲的运动学特征，并在下盘伴生平卧褶皱（图 6.70）。在川东薄皮逆冲带，北东—南西走向的箱状褶皱和尖棱褶皱在剖面 DE 上清晰可见，以及北西—南东走向的逆冲断层在尖棱背斜的核部错开了中侏罗统（图 6.67）。指向北西的逆冲作用和平卧褶皱的 D2 期构造变形是华南西南部晚白垩世的北西—南东向的挤压事件的证据。

图 6.70　扬子地块西南黔中隆起（QZM）的 D2 期变形代表性构造的野外照片

a. 下三叠统灰岩中直立相似褶皱，遵义市附近；b. 下二叠统灰岩中的相似褶皱，遵义市附近；c. 下三叠统灰岩中大型平卧褶皱和相关逆冲断层，毕节南部（GL70）；d. 下三叠统灰岩中的断层相关褶皱，遵义市附近

3. D3 期变形

D3 期变形以形成伸展相关的构造为代表，包括高角度正断层和相关半地堑的发育。这些近北东—南西走向的正断层错开了古近纪红层沉积物并被上覆的渐新世沉积物所覆盖（图 6.71），显示 D3 期变形发生在始新世。在右江前陆褶皱逆冲带和黔中隆起，剖面 AB 和剖面 BD 显示，零星分布的半地堑盆地被古近纪沉积物充填并随断层走向发育（图 6.67 和图 6.71）。断层面上的擦痕具有可变的倾伏角和运动学方向（图 6.71）。在川东薄皮逆冲带剖面 DE，D3 期变形难以厘定。这些野外观察显示 D3 期正断层可能在华南西南部组成了一个高角度正断层系统，并可能与华南新生代北东—南西向伸展相关。

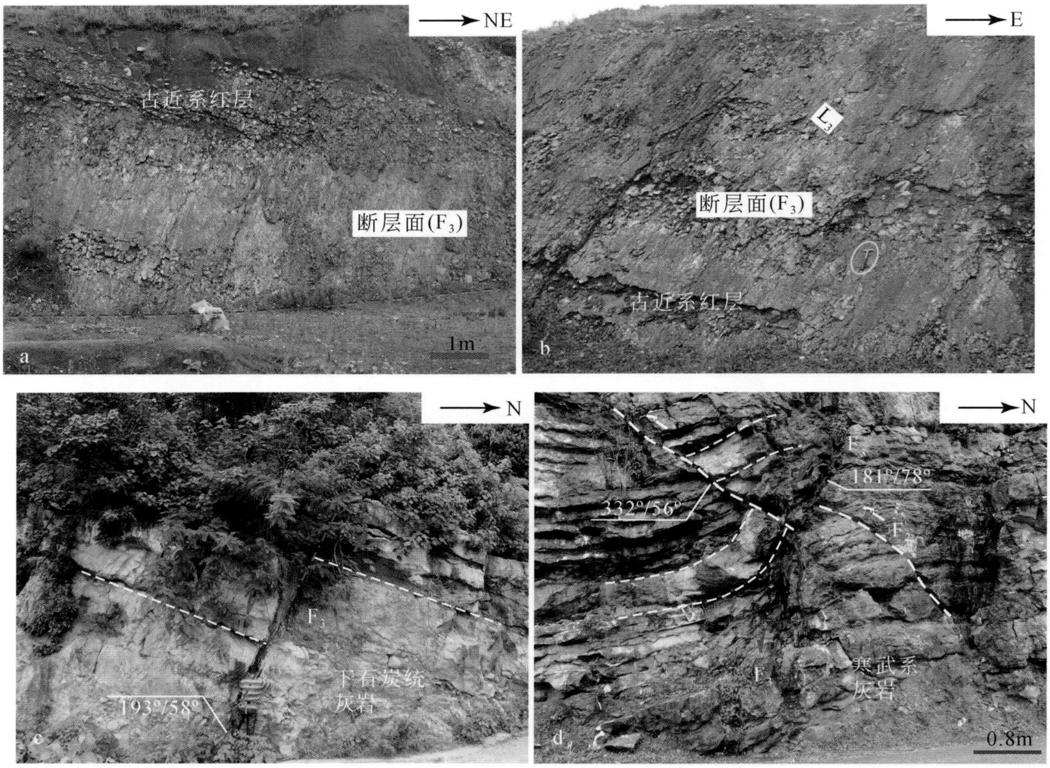

图 6.71 扬子地块西南右江褶皱-断层带（YFTB）和黔中隆起（QZM）的 D3 期变形代表性构造的野外照片

a. 正断层切过古近纪的红层沉积物，黔中隆起东部；b. 正断层；c. 上石炭统灰岩中的正断层（ZC27）；d. 寒武系灰岩中的正断层（红线）切过逆冲断层（白线）（ZC65）

4. 构造叠加关系

基于构造变形卷入的最新地层、不整合的出现以及地质交切关系，尝试重建构造变形的序列和叠加关系。在右江前陆褶皱逆冲带，剖面 AB 包含 D1 期大尺度的东西走向的宽缓褶皱并被北东—南西走向的 D2 期脆性逆冲断层所截切，指示侏罗纪—早白垩世的 D2

期构造叠加改造了中晚三叠世的 D1 期构造变形。在右江前陆褶皱逆冲带和黔中隆起的少数局部地区，D1 期和 D2 期的叠加关系和三叠纪岩体的侵位都清晰可辨（Qiu et al., 2014）。在整个区域上，叠加复合褶皱是 D1 期南北向挤压形成的褶皱和 D2 期北西—南东向挤压形成的褶皱叠加改造的结果。多数叠加褶皱有两期轴面劈理；D2 期褶皱陡倾的劈理截切 D1 期缓倾的劈理，指示 D2 期变形叠加 D1 期变形。发育较少的 D3 期低温脆性变形，其作为古近纪地堑或半地堑的断层边界，叠加改造了 D2 和 D3 期构造变形。这些地堑或半地堑被古近纪陆源碎屑物沉积充填，表明第三期构造发生在新生代。然而，在川东薄皮逆冲带，在野外露头 D3 期构造、D1 期构造以及后续变形的叠加关系都少见，因此难以明确厘定该构造带的构造演化。在黔中隆起，尽管露头尺度没有观察到 D3 期构造和前两期构造之间的叠加关系，其上部地层都被 D3 期正断层截切。

（二）裂变径迹分析与模拟

1. 磷灰石裂变径迹限定

因为 $P(\chi^2)$ 值大于 85.5%（85.5%~99.8%，除 GL96-1 为 7.5%），使用池年龄作为裂变径迹的年龄。样品 GL19-1 和样品 GL22-2 来自右江前陆褶皱逆冲带的北部，自发径迹的密度分别为 4.10 和 6.30，诱发径迹密度为 12.28 和 22.74，池年龄为 57±5Ma 和 56±4Ma，平均径迹长度为 11.8±2.2μm 和 12.8±2.0μm。样品 GL68-2 和样品 GL96-1 来自黔中隆起，自发径迹的密度分别为 1.39 和 1.51，诱发径迹密度为 2.22 和 4.66，池年龄为 91±10Ma 和 49±3Ma，平均径迹长度为 12.4±1.9μm 和 12.8±2.2μm。样品 GL108-1、GL113-1 和 GL125-1 来自川东薄皮逆冲带，自发径迹的密度分别为 3.12、3.26 和 6.49，诱发径迹密度为 9.19、8.39 和 15.33，池年龄为 57±5Ma、66±6Ma 和 61±5Ma，平均径迹长度为 12.6±2.0μm、12.9±1.6μm 和 12.6±1.9μm（图 6.72）。

2. AFT 模拟结果分析

五个样品的模拟结果是有效可用的（图 6.72；GL19-1、GL22-2、GL68-2、GL113-1 和 GL125-1）。这些样品的 K-S 指数和 GOF 值均大于 0.5，表明模拟的结果是可信的。因为样品 GL96-1 没有获得 K-S 指数和 GOF，时间–温度历史模拟结果显示主要为三个主要的冷却阶段并与三期构造事件相对应（图 6.72）。

D1 期构造相对应的时间–温度曲线显示，在右江前陆褶皱逆冲带，在约 230Ma 至 210Ma，由快速升温阶段到温度平稳阶段，其与中三叠世的沉积间断相一致；在黔中隆起，直到约 218Ma，由快速升温阶段到或者缓慢冷却阶段，这与上三叠统和侏罗系之间的不整合相一致（图 6.72）。在川东薄皮逆冲带，两个样品的沉积时代为侏罗纪，因此没有记录 D1 期构造事件期间的热历史信息。

D2 期构造变形，在右江前陆褶皱逆冲带和黔中隆起的样品分别在时间–温度曲线上显示为温度平稳的阶段或者缓慢冷却的阶段（图 6.72）。在右江前陆褶皱逆冲带，侏罗系和白垩系之间的沉积地层缺失，进一步显示该阶段为缓慢的隆升剥露；此外，侏罗系粗碎屑岩的出现和白垩系内的沉积间断，也指示了该区域从前陆盆地到隆升剥露的转换。然而，来自川东薄皮逆冲带的两个样品的时间-温度曲线记录了在约150Ma至127Ma期间从迅速加热阶段到开始缓慢冷却阶段的过程，与该构造带上侏罗统和下白垩统之间的平行不整合相一致（图6.72）。

新生代的D3期构造，在时间-温度曲线的60Ma至20Ma阶段，在右江前陆褶皱逆冲带为持续加速冷却阶段，而在黔中隆起表现为从冷却到温度稳定的转换，但在川东薄皮逆冲带在该阶段冷却速率减慢（图6.72）。

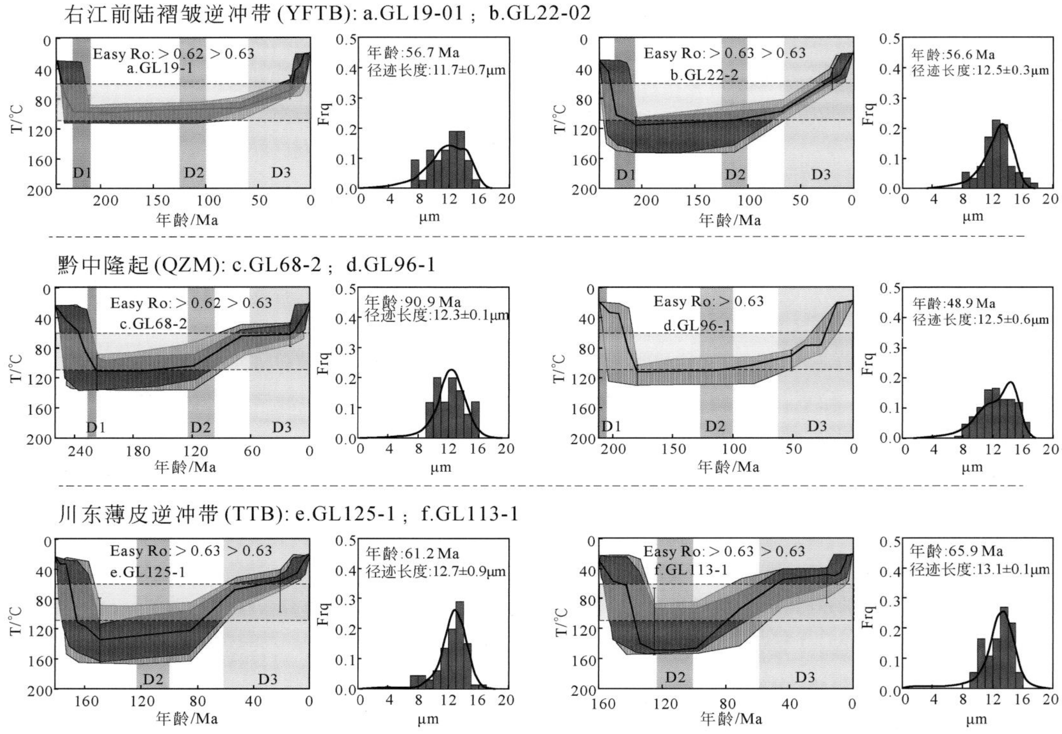

图6.72　扬子地块西南部右江褶皱-断层带（YFTB）、黔中隆起（QZM）以及川东薄皮逆冲带（TTB）裂变径迹样品的时间-温度模拟曲线

数据作图使用AFTsolve程序（Ketcham et al., 2000）；右江前陆褶皱逆冲带（YFTB）：a. 样品GL19-1，b. 样品GL22-2；黔中隆起（QZM）：c. 样品GL68-2，d. 样品GL96-1；川东薄皮逆冲带（TTB）：e. 样品GL113-1；f. 样品GL125-1；样品位置见图6.65；虚线长方形表示部分淬火带（PAZ），灰色长方形表示构造变形持续时间

（三）构造变形的区域大地构造意义

1. 构造期次的叠加关系和构造序列

综合构造变形的构造样式、变形序列、沉积特征以及热年代学，进一步探究了构造事件的本质和大地构造意义。

三叠纪的构造变形（D1期）在各个构造单元表现不同。右江前陆褶皱逆冲带，主要发育断层相关褶皱；黔中隆起主要发育逆冲断层；川东薄皮逆冲带发育少量褶皱。由此可知，构造变形的强度由南向北递减。将三个构造单元作为一个整体，三叠纪的构造变形，右江前陆褶皱逆冲带的断层-褶皱带和黔中隆起的逆冲断层可能在深部地壳汇聚形成主拆离断层，并且川东薄皮逆冲带的南部边缘褶皱可能代表了这个三叠纪褶皱-逆冲断层系统的前缘。从区域上的沉积序列来看，右江前陆褶皱逆冲带晚三叠世地层缺失，并且在黔中隆起仅有晚三叠世的粗砂岩沉积。相比之下，川东薄皮褶皱带沉积了 200 ~ 3500m 厚的晚三叠世须家河组。此外，在时间-温度曲线上，从约 230 ~ 210Ma 和黔中隆起阶段到约 218Ma，在右江前陆褶皱逆冲带从温度迅速升高阶段到缓慢冷却阶段；可将其解释为逆冲推覆过程中逆冲岩席的构造埋藏结果（Hoisch et al.，2002；Mazzoli et al.，2008），或者由前陆褶皱-逆冲带前缘迁移过程中剥蚀后进入盆地的沉积物同构造埋藏造成（Storti and McClay，1995）。裂变径迹分析结果可将三叠纪向北迁移的构造事件在右江前陆褶皱逆冲带约束在约 230 ~ 210Ma，并在黔中隆起和川东薄皮逆冲带约束在约 220 ~ 210Ma，随后迅速遭受了隆升剥蚀（图 6.72）。总之，构造样式、沉积序列以及裂变径迹模拟都指示三叠纪的构造变形是向北递进迁移的。

三叠纪的构造变形（D1 期）在整个华南西南部研究区的周缘也被广泛研究报道。在研究区南部的云开地区，Lin 等（2008）报道了印支期北东向运动的剪切变形、向北东运动的平卧褶皱以及角闪岩相和绿片岩相的变质作用；Wang 等（2007）描述了早中三叠世（248 ~ 220Ma）印支期造山事件的早期变形，包括指向北东和指向南东的逆冲作用和左行走滑。此外，在更南部的海南岛，Zhang 等（2011）提出了两阶段的逆冲模式，即包括印支地块和华南陆块拼合引起的向北北东的逆冲作用（240 ~ 250Ma）和向北东运动的逆冲作用（190 ~ 230Ma）。在越南东北部，Lepvrier 等（1997，2004，2008，2011）研究了北西—南东走向的剪切带和三叠纪往北逆冲迁移的逆冲岩席。Faure 等（2014，2016a）提出了越南东北部的造山事件是印支地块和华南陆块在早中三叠世沿松马和松柴缝合带碰撞的结果。此外，这些地质学家同样总结了研究区周缘三叠纪的大地构造演化。在右江前陆褶皱逆冲带，中三叠世硅质碎屑岩的地磁组构指示向北东的古流向，恢复 45°的顺时针旋转之后，指示为近正北的古流向（Cai et al.，2014）。上三叠统递减的厚度和向北的古流向是前陆盆地向北迁移过程中构造埋藏、抬升以及剥蚀的综合响应（图 6.72；Harris et al.，2007），并同样被软沉积变形证据所支持（Lv et al.，2003）。这些发现指示该研究中定义的三叠纪构造变形和前人在周围区域以及越南北部的研究相一致（Lin et al.，2008；Faure et al.，2014），例如都发生于三叠纪和具有向北或北东迁移的运动学特征。基于相似的变形时间和运动学特征，我们将这些构造变形统一归类为三叠纪统一的构造事件，以建立扬子地块西南部三叠纪大地构造演化的轮廓。

D2 期构造发生于晚白垩世前，发育向北西运动的北东—南西走向逆冲断层和相关褶皱，具有左行走滑成分，指示北西向的 D2 期挤压事件。在右江前陆褶皱逆冲带，侏罗系和白垩系地层缺失，该时段以隆升剥蚀为特征。从黔中隆起的侏罗系粗粒的陆源碎屑沉积到川东薄皮逆冲带侏罗系—白垩系的细砂岩指示了向盆地沉积中心的相变，并和时间-温度热演化曲线上在黔中隆起约 120Ma 年和在川东薄皮逆冲带约 90 ~ 80Ma 从温度稳定阶段到隆升阶段的转变相一致（图 6.72）。这个一致的稳定或缓慢加速的阶段可能代表了 D2 期逆冲构造事件的隆升剥露，即北西向的挤压事件从黔中隆起迁移到川东薄皮褶皱带南缘，但右江前陆褶皱逆冲带没有卷入 D2 期构造事件。D2 期构造事件在研究区的邻区也被广泛研究。例如，在云开地区，晚侏罗世到白垩纪向南东运动的平卧褶皱在片麻状基底和沉积盖层都有发育（Lin et al.，2008）。在研究区东部的雪峰山构造带，作为华南内部侏罗纪到白垩纪多层拆离系统的一部分，北东—南西走向的尖棱背斜/箱状向斜为代表的褶皱作用被认为和 D2 期构造变形为同一期次（Yan et al.，2003，2009；Lehrmann et al.，2007；Li et al.，2015）。该多层逆冲系统形成了华南侏罗纪—白垩纪期间的陆内挤压环境（图 6.72；Zhou and Li，2000；Yan et al.，2010；Li et al.，2014；Hu et al.，2015）。

研究区零星分布的北东—南西走向的高角度正断层可能形成于上地壳的伸展过程（Chung et al.，1997）。我们新的裂变径迹数据显示该区域在 60～20Ma 经历了轻微的加速隆升，随后约 20Ma 至今经历了快速隆升。该期构造变形和隆升与研究区新生代的沉积物缺失相一致，但古近纪沉积物或者大陆裂谷盆地或者地堑中的火山岩除外（图 6.72；Zhou et al.，2009）。在区域尺度上，位于研究区南部的云开地区，北东—南西走向的左行走滑正断层被厘定并解释为形成于隆升和地堑的沉降（Lin et al.，2008）。这些类似的构造变形广泛分布于整个亚欧大陆东部。在华南陆块，发育大量 D3 期伸展构造变形相关的岩浆作用。例如，60～17Ma 分布于拉分盆地中的双峰式火山岩（Zhu et al.，2004；Zhou et al.，2009）和约 60～6Ma 的裂谷相关的顺着南海被动大陆边缘和台湾海峡的岩浆作用（如 Chung et al.，1994，1995；Lin et al.，2008）。上述北东—南西走向的高角度正断层、双峰式火山岩、裂谷相关的岩浆作用以及裂谷相关的沉积作用，指示华南在新生代可能形成了一个与美国西部盆岭省类似的盆地-山脉系统（Coney and Harms，1984；Gilder et al.，1991；Wells et al.，2000；Dickinson，2002；Lin et al.，2008；Morley，2012）。

2. 大地构造意义

亚欧大陆显生宙的构造演化，以冈瓦纳大陆北缘的块体向北递进漂移和汇聚而形成造山系统为显著特点（Gehrels et al.，2011a；Metcalfe，2011，2013；Yang et al.，2012；Faure et al.，2016a；图 6.73）。在古特提斯洋东段缝合的大地构造背景之下，印支造山事件起因于印支地块和华南陆块的碰撞拼合（Deprat，1914；Fromaget，1932，1941；Wang et al.，2013a；Faure et al.，2014，2016a；Qiu et al.，2014，2015；Halpin et al.，2016）。这一造山事件由扬子地块西南部和印支地块北部晚三叠发育不整合、三叠纪花岗岩体侵位以及向北迁移的断层-褶皱带为显著特征（Lepvrier et al.，1997，2008，2011；Wang et al.，2007b，2013b；Zhang et al.，2011）。然而，由于三叠纪的构造变形和形成的盆地被后续中新生代构造变形强烈叠加改造（Zhou et al.，2008；Zhang et al.，2009；Yan et al.，2011），该造山事件导致的变形时间、样式以及尺度以往未得到较清晰的剖析（DeCelles and Giles，1996；Gehrels et al.，2003）。研究区的前陆变形提供了重建该造山事件和检验已提出模型的证据；这些模式包括板块边界碰撞相关的陆内造山模型（Faure et al.，2016a）和斜向陆内碰撞模型（Wang et al.，2007b）（图 6.74）。

华南西南部的造山带以地壳加厚隆升（Wang et al.，2007b，2013b）、向北或向北东的逆冲作用（Lin et al.，2008；Lepvrier et al.，2011；Faure et al.，2014）、近东西走向褶皱发育（Zhang et al.，2009；Yan et al.，2011）、沉积盆地形成（Liang and Li，2005；Yang et al.，2012）以及花岗岩体侵入（Chen et al.，2014；Qiu et al.，2014）为显著特征。印支期造山事件的构造变形和岩浆记录显示其可分成两个阶段：①早期阶段，早中三叠世（250～225Ma；Lin et al.，2001；Wang et al.，2007b），主要表现为地壳加厚、褶皱、剪切带的形成以及深熔作用；②晚期阶段，晚三叠（225～200Ma），地壳局部伸展和变质核杂岩（Faure et al.，1996）形成以及对应的岩浆作用（Zhou et al.，2006b；Wang et al.，2013b；Qiu et al.，2014）。综合构造变形的时间和区域地质背景，研究区所在的华南西南部和越南北部广泛发育的D1期三叠纪变形发生在印支造山事件中。

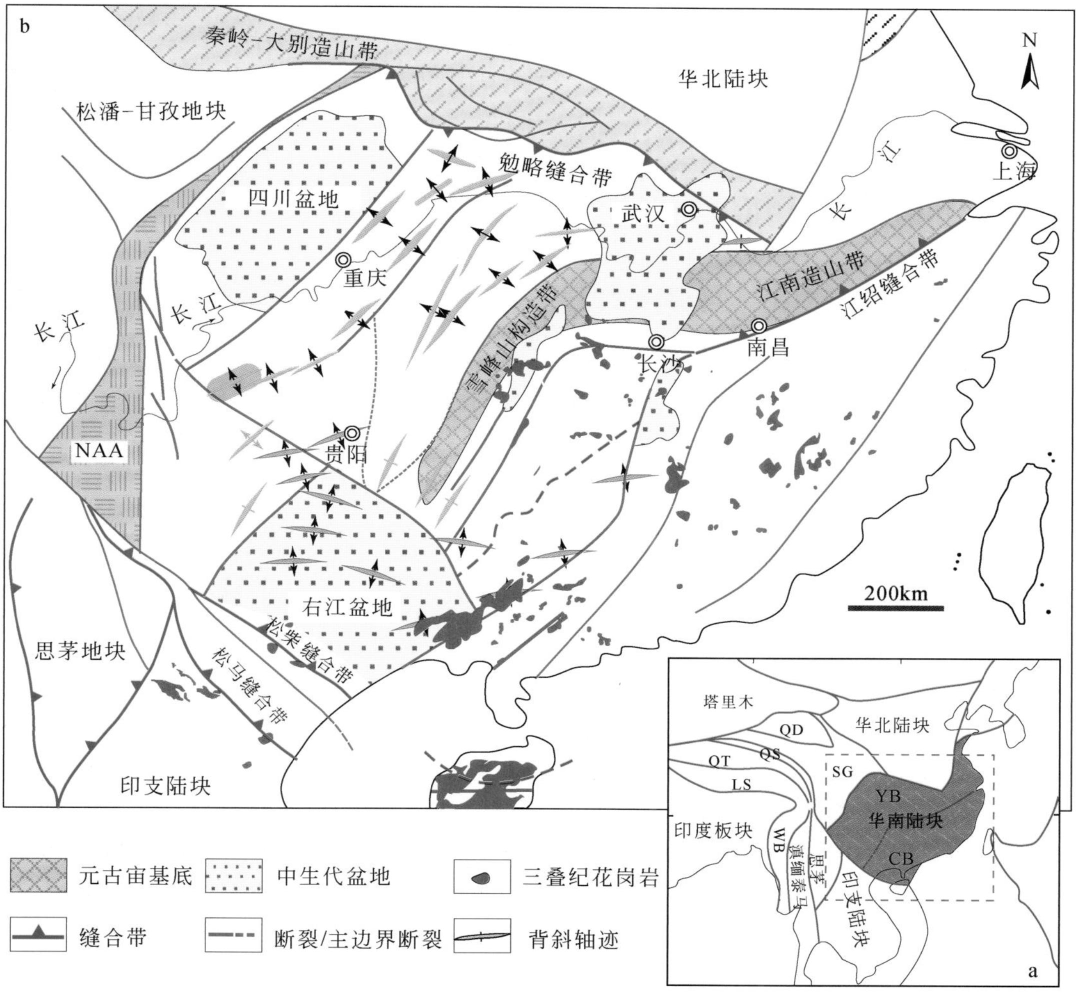

图6.73 华南陆块和邻区地质简图

（据Yan et al.，2003，2006；Faure et al.，2014，2016a；Qiu et al.，2014）插图是东亚构造纲要图（据Metcalfe，2006）NAA. 新元古代岛弧组合；WB. 西缅甸地块；LS. 拉萨地块；QT. 羌塘地块；QS. 昌都-思茅地块；SG. 松潘-甘孜地块；QD. 柴达木地块；YB. 扬子地块；CB. 华夏地块

以往提出了两类大地构造演化模式解释华南三叠纪的构造演化。第一类模式是古太平洋板块俯冲在华南中部和东南部形成北东—南西向的构造形迹和陆内造山带（Wang et al.，

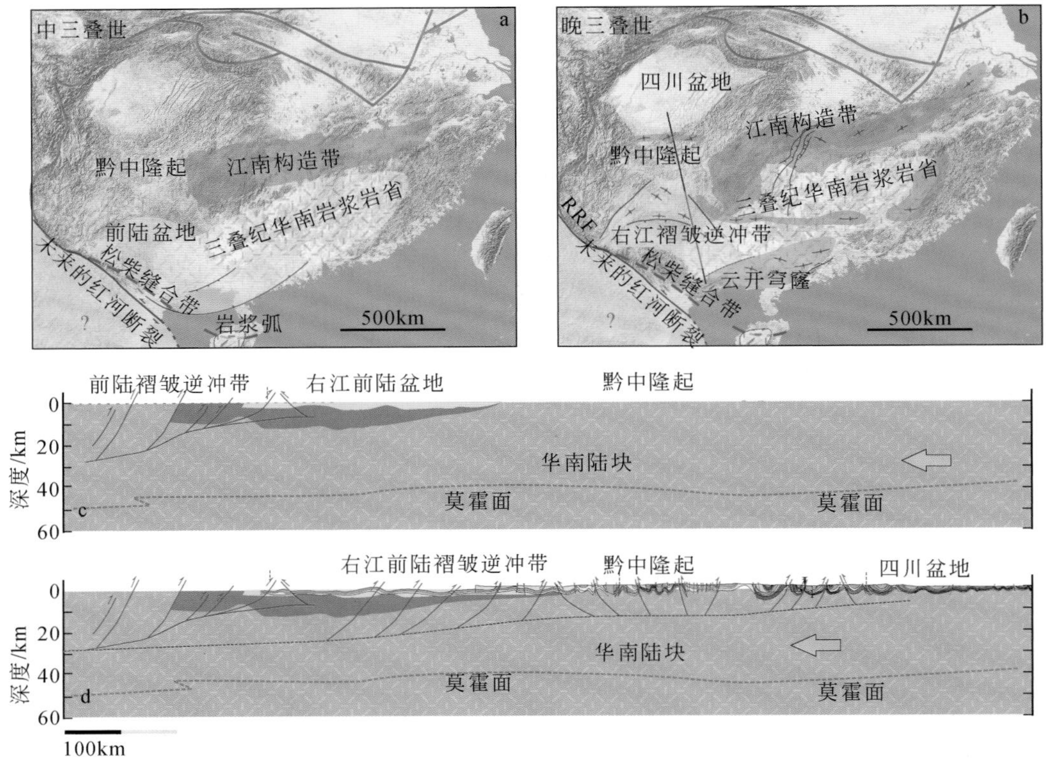

图 6.74　扬子地块西南部构造演化模式图

该模式综合了构造和岩浆岩资料（Yan et al.，2003；Wang et al.，2005，2007b；Faure et al.，2014；Qiu et al.，2014）、地球物理资料（Liang and Li，2005；Ding et al.，2010）和地形资料（https://upload.wikimedia.org/）d 剖面的位置见图 b，c 剖面的位置为图 a 中类似于 d 剖面的位置

2007b；Chu et al.，2012a，2012b）。然而，华南西南部和越南北部近东西向的构造形迹被认为是印支地块和华南陆块碰撞造山的产物（Lin et al.，2008；Zhang et al.，2009；Faure et al.，2014）。我们倾向用印支地块-华南陆块大陆碰撞模式来解释扬子地块西南部的构造变形和岩浆作用，而华南东南缘的构造变形和岩浆作用则更可能主要是古太平洋板块俯冲引起的（Hu et al.，2015）。因此，我们建议将研究区 D1 期三叠纪变形作为三叠纪印支-华南地块碰撞造山的前陆褶皱-逆冲带的一部分（图 6.73；Faure et al.，2014，2016a）。

因此，我们提出了基于向北递进迁移的褶皱和逆冲断层的运动学模式，来限定晚二叠世至三叠纪前陆盆地和前陆逆冲带的演化（图 6.74）。该模式显示，右江盆地在晚二叠世到三叠世被断层-褶皱带叠加改造。这些逆冲断层在中上地壳汇聚形成拆离层，从而形成向北运动的逆冲系统。这个模式可描述成下述两个主要部分。

第一阶段（260～240Ma）：晚二叠世至早三叠世的俯冲开始于 267～262Ma 的海南岛（Li et al.，2006）和越南北部 Day Nui Con Voi 带的岩浆弧（Lepvrier et al.，2011）。随后，沿着松柴缝合带在 258～245Ma 发生碰撞（Lepvrier et al.，2011；Faure et al.，2014）。印支地块的向北迁移，造成了地壳的加厚和扬子地块西南部右江盆地、云开一带向北或北东运动的逆冲构造系的形成（图 6.74a，c；Wang et al.，2012c，2007；Lin et al.，2008）。扬子地块西南部晚二叠世到中三叠世的地质演化，以十万大山盆地沉积相的转化和盆地沉积中心向北西方向迁移为主要特征（Liang and Li，2005），显示了构造演化对前陆盆地沉积作用的控制。

第二阶段（240～225Ma）：进一步的挤压沿着地壳拆离层形成了向北运动的逆冲系统的前锋（图6.74b，d）。向北迁移的逆冲断层和指向南的反冲断层在深部汇聚成到基底的拆离面，形成了一个向北迁移的逆冲断层系统（图6.74b，d）。对D1期近东西走向褶皱和逆冲断层的解剖，为我们厘定了这些构造在地表的样式（Wang et al.，2007b；Zhang et al.，2009）；地球物理数据进一步为这些构造在深部的样式提供了约束（Liang and Li，2005；Ding et al.，2010）。

总之，对扬子地块西南部右江地区的构造解析和年代学分析，揭示了三叠纪前陆逆冲变形及其叠加变形改造过程，其中三叠纪变形在区域上组成了一个向北递进迁移的逆冲系统，这一系统的形成受印支期印支地块与华南陆块碰撞造山过程控制。

第三节　华南大规模低温成矿动力学

华南陆块由扬子地块和华夏地块在新元古代（约830Ma）沿江南造山带碰撞拼贴而形成（Zhao et al.，2011），北面以秦岭-大别造山带为界与华北克拉通相连，西南面沿松马-哀牢山缝合带与印支地块连接，西面由龙门山断裂与西部的松潘-甘孜地块分开，东面紧邻太平洋，虽然扬子与华夏的分界仍有不同认识，最近认为江绍-郴州-临武断裂可能是其边界（Zhao and Cawood，2012；图1.1）。

华南陆块历经多次重要构造事件影响（Hu et al.，2017a），自老到新主要包括：①发生于古元古代约2.05～1.90Ga和1.7～1.5Ga的哥伦比亚超大陆聚合和裂解作用（Wu et al.，2008；Fan et al.，2013）；②中—新元古代约1.0Ga～7.5Ma发生于不同区域的造山或裂解作用（Zhou et al.，2002；Zheng et al.，2007；Li et al.，2009；Zhao et al.，2011）；③早古生代约480～390 Ma的加里东运动（Wang et al.，2013b）；④晚二叠世约260Ma的峨眉地幔柱活动（Zhou et al.，2006a；Xu et al.，2008）；⑤早中生代约255～200Ma的印支运动（Li and Li，2007；Wang et al.，2013b）；⑥晚中生代的燕山运动，在华夏地块和扬子地块西南部分别形成了峰期年龄分别为160～150Ma和100～80Ma的花岗岩（Hu and Zhou，2012；Mao et al.，2013；Wang et al.，2013b）；⑦新生代约40～25Ma的印-亚大陆后碰撞造山作用（侯增谦和王二七，2008；Hou et al.，2009）。上述构造事件从宏观上控制了华南陆块多期次尤其是中生代大规模成矿作用的发生（Hu et al.，2017a）。

本次工作深入研究了华南低温成矿省的地质背景、低温矿床成矿流体性质和成因、成矿物质基础、成矿时代以及低温成矿省的岩浆活动和成矿构造环境等。以此为基础综合前人研究成果，探讨了华南大规模低温成矿动力学，建立了大规模低温成矿动力学模型，进一步确定了华南低温成矿省与高温成矿省的本质联系。下面对这些问题做一简述。

一、华南中生代大规模成矿作用

华南陆块以中生代成矿大爆发著称于世（图1.1）：东部主要在华夏地块发育长宽均

达1000余km的大花岗岩省，并伴随与花岗岩有关的钨、锡、铌、钽、铜、铅、锌等的大规模高温成矿（多为450~300℃），形成高温成矿省，其中探明的钨储量占世界的60%以上，全球罕见；在西部扬子地块则发育大量金、锑、铅、锌、汞、砷等的低温热液矿床（多为250~120℃），形成低温成矿省，其中探明的锑储量曾占世界半壁江山，是全球少见的低温成矿省之一。

（一）高温成矿省

华南陆块与花岗岩类有关的矿床主要包括W、Sn、Nb、Ta、Li、Be、Cu、Fe、Pb、Zn、Au、Ag和U等。华仁民等（2003）的研究指出，要想把如此丰富多彩的矿床非常恰当地归纳到几个界限分明的成矿子系统中几乎不太可能。但是，以下趋势或轮廓是基本明确的：①该区中生代成矿大爆发主要与当时广泛而强烈的花岗质岩浆活动有关（如毛景文等，1999；华仁民和毛景文，1999；Hu and Zhou，2012；Mao et al.，2013；胡瑞忠等，2015）；②W、Sn、Nb、Ta、Li、Be和Cu、Fe、Pb、Zn、Au、Ag大致分别与传统意义上的S型花岗岩和I型花岗岩相联系（如中国科学院地球化学研究所，1979；莫柱荪和叶伯丹，1980；南京大学地质系，1981；Ye et al.，1998；华仁民等，2003；毛景文等，2006；胡瑞忠等，2015）；③成矿作用是分期进行的。钨锡多金属等高温矿床中通常存在辉钼矿和云母等热液成因矿物，适于Re-Os法和$^{39}Ar/^{40}Ar$法精确定年，加之锡石等矿石矿物U-Pb同位素精确定年技术的进步（Yuan et al.，2008，2011），高温成矿省中生代高温矿床的成矿时代已得到较好确定；Hu和Zhou（2012）和Mao等（2013）主要通过对该区钨锡多金属等矿床类型成矿时代的综合研究，揭示出该区中生代主要发生了230~200Ma、180~130Ma和100~80Ma三期大规模成矿作用（图6.75和图6.78）；④这些矿床矿岩时差很小，尽管成矿过程中有不同程度的大气降水加入成矿流体并对成矿元素沉淀发挥了重要促进作用，但成矿流体与花岗岩浆的分异作用密切相关，初始成矿流体主要是花岗岩浆分异出的岩浆流体（如中国科学院地球化学研究所，1979；南京大学地质系，1981；Giuliani et al.，1988；Liu et al.，1999；Yin et al.，2002；Lu et al.，2003；华仁民等，2005；陈骏等，2008；Hu and Zhou，2012；Wu et al.，2018；Pan et al.，2019）。

（二）低温成矿省

如前所述，华南低温成矿省主要由川滇黔Pb-Zn、右江Au-Sb-Hg-As和湘中Sb-Au三个矿集区组成（图1.1）。以下是对前述低温成矿省成矿时代、低温矿床成矿流体性质和成因以及成矿元素来源的扼要总结。

1. 成矿时代

由于缺少合适的定年矿物和方法，低温成矿时代的确定一直是个难题。基于技术上的进步和一些适合定年矿物的发现，本次工作开展了较系统的成矿年代学研究。结合以往的研究成果，较好地确定了华南低温成矿省中生代大规模低温成矿的时代。图5.44是华南低温成矿省三个矿集区（川滇黔Pb-Zn、右江Au-Sb-Hg-As、湘中Sb-Au）低温矿床成矿年龄较可信数据的年龄直方图，从图中可以发现，扬子地块西南部的大规模低温成矿主要

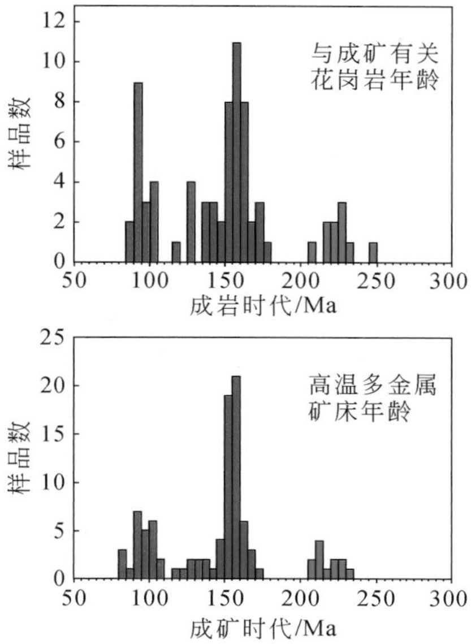

图 6.75 华南高温成矿省主要矿床和相关花岗岩成岩、成矿时代

(据 Mao et al., 2013 修改)

发生于两个时期，包括约 230～200Ma 的印支期和约 160～130Ma 的燕山期。其中，印支期的成矿作用在三个矿集区普遍存在，奠定了华南大规模低温成矿的主体格架，而燕山期的成矿作用只涉及低温成矿省东部紧邻华夏地块（高温成矿省）的右江 Au-Sb-Hg-As 矿集区和湘中 Sb-Au 矿集区，这一时期的成矿作用在低温成矿省西部的川滇黔 Pb-Zn 矿集区没有发生。通过与华南高温成矿省中生代大规模高温成矿时代的对比可以发现，华南西部低温成矿省两期大规模低温成矿，与东部高温成矿省前两期大规模高温成矿的峰期年龄基本一致（图 5.44、图 6.75 和图 6.78），这暗示两者之间可能存在必然的成因联系。

2. 成矿流体性质和成因

确定成矿流体性质和成因，是揭示热液矿床形成机制和建立成矿模式的关键之一。前人对华南低温成矿省成矿流体性质和成因的研究取得重要进展，但仍存在较大争议。本次工作主要基于微区原位分析技术的进步，较准确地确定了成矿流体的物理化学特征以及元素和同位素组成，结合以往的研究成果，较好地揭示了成矿流体的性质和成因。研究发现：①右江矿集区低温矿床的成矿流体具有低温、低盐度（温度主要为 120～250℃，盐度一般小于 10% NaCl equiv.）特征，成矿流体以地壳流体（大气成因循环地下水和部分盆地流体、变质流体等）为主，但深部岩浆活动及其部分岩浆流体的参与对地壳流体循环和进一步浸取地层中的成矿元素发挥了重要作用；②湘中 Sb-Au 矿集区钨、锑、金矿床共存，成矿流体呈现中低温、中低盐度特征，具有岩浆流体与大气成因地下水混合成因的特征。总体上，成矿温度主要为 300～150℃，盐度为 1%～15% NaCl equiv.，从钨矿床—钨锑金矿床—锑金矿床—锑矿床，成矿流体温度和盐度以及成矿流体中岩浆流体的作用呈逐渐降低趋势，取而代之的是大气成因流体逐渐占据统治地位；③川滇黔 Pb-Zn 矿集区内铅锌矿床的成矿流体，为低温、高盐度的盆地卤水，成矿温度多为100～200℃，流体盐度最高可达25% NaCl equiv.，多为10%～20% NaCl equiv.。对代表性Pb-Zn矿床石英中单个流体包裹体的LA-ICP-MS成分分析发现，成矿流体的铅、锌含量很高，最高分别可达14 043×10^{-6}和4350×10^{-6}，成矿流体的总体特征与MVT型Pb-Zn矿床相似。

3. 前寒武纪基底对成矿的控制

由于成矿金属元素来源研究的复杂性和受传统示踪手段的限制，大面积低温成矿的物质基础以往未能得到较好确定，已有认识还较难从本质上回答为什么是在该区而不是其他区域发生金、锑、汞、砷、铅、锌等元素组合大规模低温成矿这一重要问题。基于：①虽然各矿集区的低温矿床主要产于以显生宙碳酸盐岩和碎屑岩为主的断裂构造中，显示后生热液矿床特征，但也有不少矿床直接产于元古宙基底地层的断裂构造中，矿区及其周围甚至并无显生宙沉积岩分布；②如前所述，低温成矿省东部紧邻华夏地块（高温成矿省）的右江Au-Sb-Hg-As矿集区和湘中Sb-Au矿集区之低温矿床的成矿流体，为岩浆流体与地壳流体混合成因；右江矿集区八渡卡林型金矿床单个流体包裹体的LA-ICP-MS分析显示，卡林型金矿床的成矿流体中富含W、Bi等元素，推测深部可能存在与东部高温成矿省钨锡多金属高温成矿有关的花岗岩，正是这些花岗岩浆提供了卡林型金矿成矿流体中的W、Bi等元素，这也与湘中矿集区钨、锑、金矿床共存、其成矿流体与岩浆活动具有一定成因联系的事实（Xie et al.，2019）一致，但是与钨锡成矿有关的花岗岩多为过铝质花岗岩（Hu and Zhou，2012；Mao et al.，2013），这些过铝质花岗岩很难分异出足够的亲硫金属元素进入流体而形成Au、Sb等亲硫元素矿床，事实上，Fu等（2020）的实验研究表明，随岩浆分异演化Sb在残余岩浆中的富集程度非常有限，且Sb在流体/花岗质溶体中的分配系数多小于1，因此岩浆分异流体难以提供足够的Sb而形成大型-超大型锑矿床；③华南低温成矿省不同矿种的矿床组合（Pb-Zn、Au-Sb-Hg-As、Au-Sb）在地理位置上是分区产出的，而不同矿床组合的矿集区分别对应着不同类型的前寒武纪（含寒武系）基底（图1.1）；扬子地块西部地区（川滇黔Pb-Zn矿集区）存在富Pb、Zn的基底地层，而扬子地块东南部地区（右江Au-Sb-Hg-As、湘中Sb-Au两个矿集区）则存在富Au-Sb-Hg-As的基底地层；模拟实验表明，这些基底地层中的成矿元素浸出率高、地质历史中发生过丢失，且Pb、Zn、Cd、Hg同位素和稀土元素地球化学等特征也显示，各矿集区的低温成矿元素主要来自前寒武纪基底。这些特征表明，前寒武纪基底（含寒武系）岩石极可能为大面积低温成矿提供了重要的成矿物质基础，而基底成矿元素组成的空间不均一性则控制了地理上不同区域矿床组合（Pb-Zn、Au-Sb-Hg-As和Sb-Au）的差异。

二、华南中生代地质构造演化

华南陆块广泛发育中生代的构造-岩浆作用，20世纪80年代以来众多学者对其形成机制开展了系统研究，但一直存在争论（如Hsü et al.，1990；Zhou and Li，2000；Zhou et al.，2006b；Li and Li，2007；Wang et al.，2013b）。

（一）印支期地质构造演化

关于华南印支期的构造动力学机制，主要有两种学术观点，核心在于印支运动是与古特提斯洋关闭还是与古太平洋板块俯冲有关。前者认为，华南印支运动是 Pangea 超大陆向北汇聚时，由于能干性差的华南软弱带受能干性强的华北和印支地块挤压碰撞所导致，是古特提斯洋关闭及其后印支-华南-华北地块相互作用的结果（如 Wang et al.，2005，2007b，2013b）。后者认为，华南印支期的构造运动和岩浆活动与古太平洋板块于二叠纪开始向华南陆块的（平）俯冲有关（如 Li et al.，2006；Li and Li，2007）。本次工作对扬子地块南北向地质廊带进行了系统的地质构造演化研究。如前所述，扬子地块在三叠纪时期的构造样式、沉积序列以及裂变径迹模拟都指示，三叠纪的构造变形是从南向北递进迁移的，主要形成了向北运动的逆冲构造-褶皱体系，显示南北向挤压为主的特征。基于这些特征，我们倾向用印支地块-华南陆块-华北地块的相互作用来解释扬子地块西南部的构造变形和岩浆作用，而华南陆块东南缘的构造变形和岩浆作用很可能也受到古太平洋板块俯冲影响。因此，华南陆块三叠纪（印支期）的构造变形和岩浆活动是多陆块相互作用的结果。图 6. 76 是华南陆块及周缘印支期岩浆活动时代的统计结果。由此可见，古特提斯板块俯冲、碰撞的高峰期分别在 255Ma 和 246Ma，之后进入碰撞后的陆内演化阶段。

（二）燕山期地质构造演化

华南东部最显著的地质特征是安化-罗城断裂以东广泛分布燕山期岩浆岩，总出露面积达 200 000km^2。这些岩浆岩主要分为两群，内陆侏罗纪岩浆岩和沿海白垩纪岩浆岩。花岗岩年龄数据的统计显示，除少数几个侵入体给出了 190 ~ 195Ma 的年龄以外，绝大多数集中在 140 ~ 180Ma、120 ~ 130Ma 和 80 ~ 100Ma 三个年龄群，年龄峰分别为 158Ma、125Ma 和 93Ma（图 6. 77）。

20 世纪 80 年代以来，国内外学者提出了较多模式来解释华南陆块侏罗纪以来的动力学机制，其中以太平洋板块俯冲模式最为流行。例如，任纪舜（1990）认为，太平洋板块向西俯冲奠定了华南中生代大地构造的基本格架；Zhou 和 Li（2000）提出了太平洋板块俯冲后撤和岩浆底侵模式来理解华南东部侏罗纪以来的构造岩浆作用；Li 和 Li（2007）将燕山期广泛的岩浆作用归功于太平洋平板俯冲和板片断裂的结果。考虑到除东南沿海带白垩纪（约 130 ~ 80Ma）的花岗岩和火山岩具有弧岩浆性质（如 Gilder et al.，1996）外，华南内陆的侏罗纪花岗岩很少显示弧岩浆地球化学特征（如 Gilder et al.，1996；Li and Li，2007）。因此，我们倾向认为华南内陆这些大面积面型分布（Li and Li，2007；Wang et al.，2013b）的侏罗纪花岗岩，很可能是地幔软流圈上涌导致地壳物质大规模熔融的结果，其驱动机制除板片断裂产生板片窗诱导软流圈上涌外，是否受制于其他深部地质过程（如多块体围限作用下的软流圈上涌等），还有待进一步研究。

值得指出的是：①在穿越湘中盆地和南岭地区的地震 P 波速度剖面上（图 6. 58），于东经 115°左右可见莫霍面显著抬升，该区域对应于侏罗纪花岗岩及其相关钨锡多金属高温矿床广泛发育的南岭地区；而在东经 112°左右也可见莫霍面的显著抬升，该区域则对应于

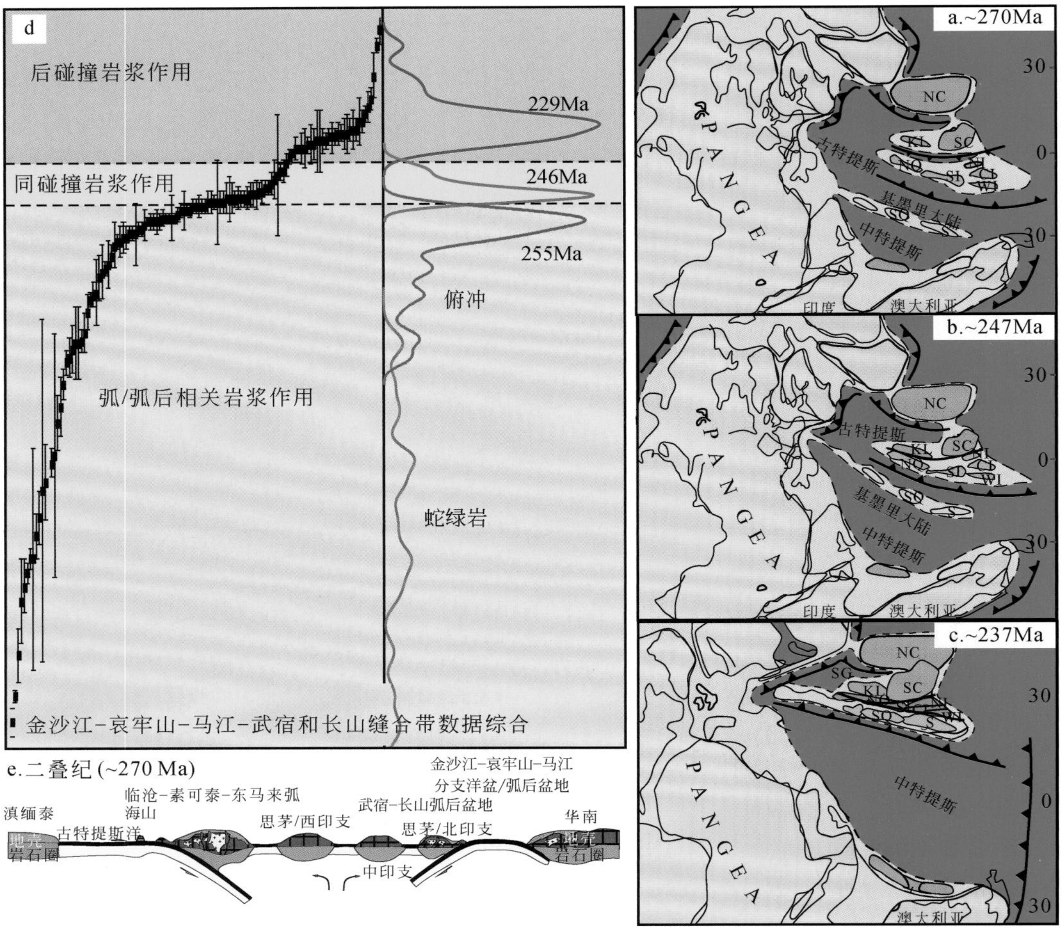

图 6.76　古特提斯洋古生代—早中生代弧盆格局及关闭时序

（据 Wang et al.，2018 修改）

低温成矿省的湘中 Sb-Au 矿集区，这可能预示湘中盆地的深部存在大规模的侏罗纪花岗岩浆活动，这与地球物理资料显示湘中盆地的深部存在隐伏岩体的事实（饶家荣等，1999；吴良士和胡雄伟，2000）一致，也与该区的地表发育少量年龄为 162.2±2.1Ma 和 163.7±6.4Ma 的酸性脉岩的事实一致；②通过扬子地块上述南北向地质廊带的地质地球化学研究发现，在扬子地块西南部晚白垩世前发育向北西运动的北东—南西向逆冲断层和相关褶皱，它们具有左行走滑性质，指示向北西方向挤压的特征，这说明扬子地块燕山期的构造动力主要来自南东方向，这可能主要与东部太平洋板块西向俯冲的远程效应有关；地处华南低温成矿省最西部的川滇黔 Pb-Zn 矿集区未发生燕山期成矿作用，可能是该区基本未受到燕山运动影响的结果。

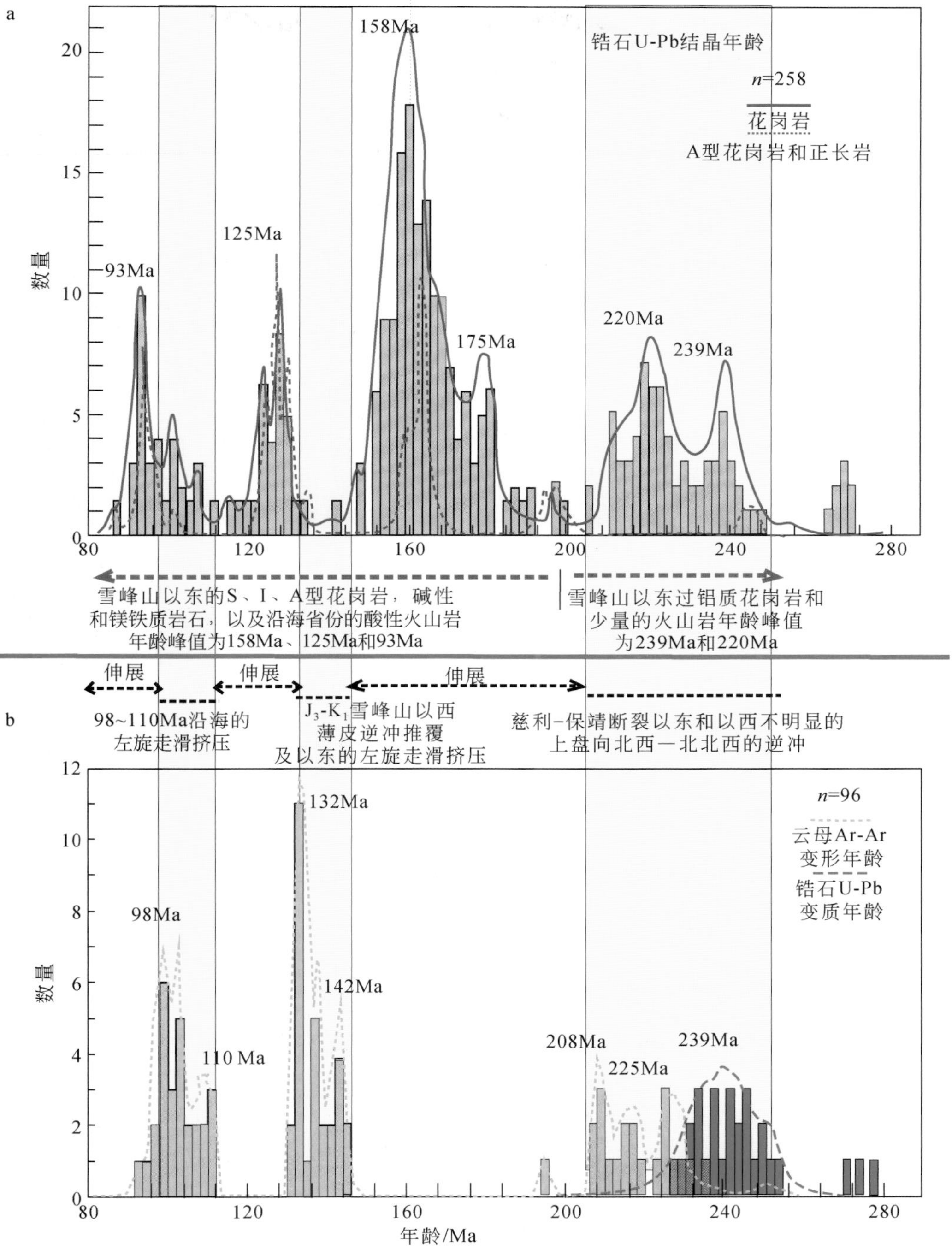

图 6.77　华南花岗岩年龄（a）和挤压构造年龄（b）

（据 Wang et al.，2013b）

（三）华南陆块中生代应力格局

华南陆块中生代的应力格局一直是争议问题。在华南构造格局和变形构造样式研究的基础上，Wang 等（2013b）分析和收集了华南花岗岩的成岩年龄和挤压构造的形成年龄（图 6.77）。花岗岩的年龄主要通过其中锆石 U-Pb 定年确定，挤压构造年龄由剪切挤压成因糜棱岩中云母 $^{39}Ar/^{40}Ar$ 法和锆石 U-Pb 变质年龄确定。

由图 6.77 可知，华南中生代岩石圈挤压和伸展交替进行，200～250Ma、132～142Ma 和 98～110Ma 为挤压时期，其余时段处于岩石圈伸展状态。对比花岗岩的成岩年龄可以发现，印支期花岗岩（200～250Ma）形成于挤压环境；燕山早期花岗岩（145～180Ma）形成于伸展环境；燕山晚期花岗岩（80～100Ma 和 120～130Ma）则主要形成于挤压–伸展转换过程的伸展环境。对照上述华南陆块大地构造演化过程可以发现，印支期花岗岩的形成与印支地块–华南陆块–华北地块等多陆块相互作用或古特提斯洋关闭的碰撞和碰撞后陆内造山过程有关，燕山早期花岗岩与华南内陆地幔软流圈上涌相对应，而燕山晚期花岗岩的形成则与太平洋板块周期性俯冲或地幔软流圈脉动式上涌相联系。

如前所述，相对于华夏地块，扬子地块地表出露的中生代花岗岩较少。但地质地球化学研究揭示，低温成矿省东部的右江 Au-Sb-Hg-As 矿集区和湘中 Sb-Au 矿集区及其深部，也存在印支期（右江 245～210Ma；湘中 243～204Ma）、燕山早期（右江 160～130Ma；湘中 160Ma 左右）的花岗岩浆活动，它们是联系高温成矿省和低温成矿省的重要纽带，详见下述。

三、华南中生代大规模低温成矿动力学

低温成矿省的成矿动力学背景一直悬而未决。Hu 和 Zhou（2012）发现，低温成矿省与高温成矿省在成矿动力学背景上具有密切联系。Hu 等（2017b）初步建立了低温成矿省中生代大规模成矿的动力学模型。如果将低温成矿省的成矿时代（图 5.44）与高温成矿省钨锡多金属等矿床成矿时代（图 6.75）和华南中生代花岗岩形成时代及其构造背景（图 6.77）进行对比，则可发现低温成矿省和高温成矿省的成矿时代具有同时性，具有相同的成矿动力学机制（图 6.78）。

综合本次工作关于低温成矿省成矿时代、成矿流体性质和成因、成矿物质基础、成矿构造背景以及低温与高温成矿省成矿关系的前述研究成果。我们建立了华南低温成矿省中生代大规模成矿动力学模型。

（一）印支期大规模低温成矿动力学模型

随印支期古特提斯洋关闭，受华南陆块周缘多地块挤压影响发生的陆内造山（200～230Ma）驱动，形成了成矿物质主要为壳源且具有密切联系的三组矿床（图 6.79）。①陆内造山作用导致大陆地壳叠置加厚，存在于地壳中的放射性元素由于放射性生热导致中下地壳界面温度显著增高。当地壳加厚超过 1.1 倍时，叠置加厚区中下地壳界面温度的升高可导致白云母脱水熔融形成过铝质花岗岩浆；当地壳加厚超过 1.3 倍时云母类矿物脱水熔

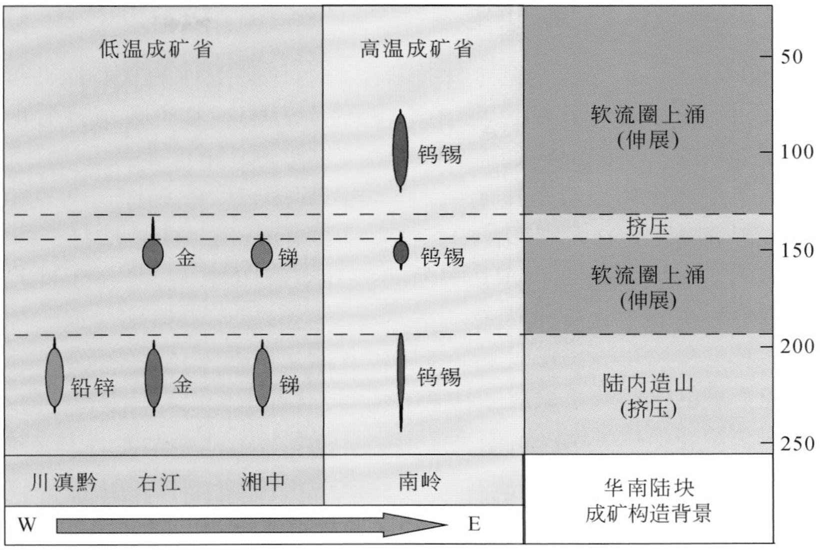

图 6.78　华南低温和高温成矿省成矿时代和动力学背景
（据 Hu and Zhou，2012 修改）

融产生的熔体比例可达 20%，熔体从源区有效迁移可形成过铝质花岗岩基。这些过铝质花岗岩浆分异出岩浆流体形成了高温成矿省的 W-Sn 多金属矿床。②陆内造山作用形成的这些过铝质花岗岩浆虽能分异出富 W、Sn 的成矿流体，但难以分异出富 Au、Sb、Hg、As 的成矿流体。这些深部花岗岩浆分异出的富 W、Sn 成矿流体在深部可能形成了 W-Sn 多金属矿床的同时，驱动其上部断裂系统中的表生流体（大气成因地下水等）循环并主要浸取出前寒武纪（含寒武纪）富 Au、Sb、Hg、As 地层中的成矿元素，分别在湘中和右江矿集区形成了低温 Sb-Au 矿床和低温 Au-Sb-Hg-As 矿床。③陆内造山在川滇黔接壤区形成了大量逆冲推覆构造，但未形成同期花岗岩，构造推覆过程驱动高盐度的盆地流体沿推覆构造运移、主要浸取出富 Pb、Zn 的前寒武纪基底地层中的成矿元素，形成了川滇黔铅锌矿集区的 MVT 型铅锌矿床。

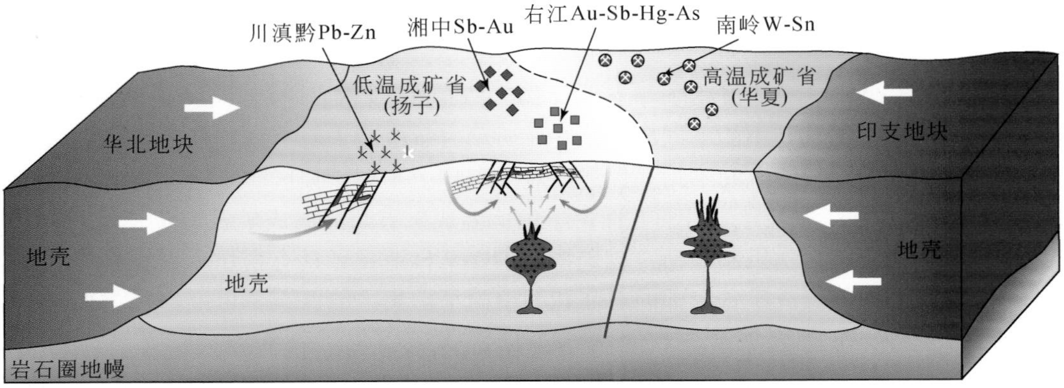

图 6.79　华南印支期大规模低温成矿动力学模型
（据 Hu et al.，2017b 修改）

（二）燕山期大规模低温成矿动力学模型

燕山早期（160～130Ma）华南内陆主要处于地幔软流圈上涌的岩石圈伸展环境。这一时期的构造活动对川滇黔接壤区的影响较小。因此，这一时期低温成矿省的三个矿集区，只在紧邻华夏地块的右江 Au-Sb-Hg-As 矿集区和湘中 Sb-Au 矿集区发生了第二次大规模成矿作用，远离华夏地块的川滇黔接壤区未见 Pb-Zn 第二次成矿作用的发生。燕山早期，在华南南岭地区和扬子地块东南部，受地幔软流圈上涌、岩石圈伸展驱动，形成了两组成矿物质主要来自地壳并具有密切成因联系的矿床（图 6.80）：①由于地幔软流圈上涌，地幔的热和少量幔源岩浆诱导地壳物质部分熔融，形成了以过铝质成分为主的花岗岩，这些花岗岩浆分异出岩浆流体形成了高温成矿省第二期的 W-Sn 多金属矿床；②由地幔软流圈上涌诱导形成的这些花岗岩浆分异出的富 W、Sn 流体中贫 Au、Sb、Hg、As 等成矿元素，它们在深部可能形成了 W-Sn 多金属矿床的同时，驱动其上部断裂系统中大气成因地下水循环并主要浸取出前寒武纪（含寒武纪）富 Au、Sb、Hg、As 地层中的成矿元素，分别在湘中和右江矿集区形成了第二期的低温 Sb-Au 矿床和低温 Au-Sb-Hg-As 矿床。

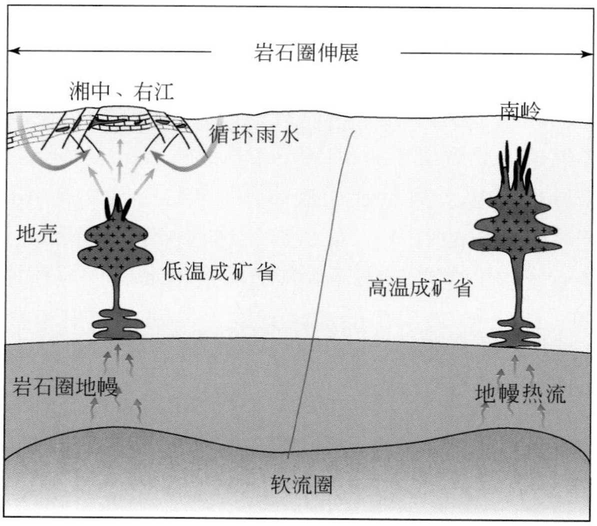

图 6.80　华南燕山期大规模低温成矿动力学模型

综上所述，低温成矿省发生了印支期（200～230Ma）和燕山期（160～130Ma）两期大规模低温成矿作用，其中的不同矿集区在成矿动力学机制上具有密切联系。低温成矿省基底地层成矿元素组成的空间不均一性，控制了地理上不同矿集区矿床组合（Pb-Zn、Au-Sb-Hg-As 和 Sb-Au）的差异。另一方面，华南低温成矿省与高温成矿省是同时成矿的，两个成矿省是受相同动力学机制驱动、成矿物质主要来自地壳且具有密切成因联系的统一整体。可以期盼，在低温成矿省东部的右江和湘中两个矿集区的深部，可能存在类似于高温成矿省的高温 W-Sn 多金属矿床，这为未来深部找矿提供了新的方向，详细讨论见下一章。

参考文献

柏道远，钟响，贾朋远，等，2014a. 雪峰造山带南段构造变形研究．大地构造与成矿学，38（3）：512-529.

柏道远，钟响，贾朋远，等，2014b. 湘中印支期关帝庙岩体地球化学特征及成因．沉积与特提斯地质，34（4）：92-104.

包书景，林拓，聂海宽，等，2016. 海陆过渡相页岩气成藏特征初探：以湘中坳陷二叠系为例．地学前缘，23（1）：44-53.

鲍肖，陈放，1995. 湖南龙山锑金矿床成矿规律与成因探讨．湖南冶金，（6）：24-28.

鲍肖，万溶江，包觉敏，2000. 湘中前寒武系锑砷金矿床地质特征及找矿标志．湖南冶金，（5）：34-39.

鲍振襄，万榕江，鲍珏敏，2002. 湖南前寒武系地层中长英质脉岩与金成矿关系．黄金地质，8（1）：33-39.

陈峰，2020. 华南雪峰陆内造山带东向构造扩展隆升与转换研究．北京：中国地质大学（北京）博士学位论文．

陈骏，陆建军，陈卫锋，等，2008. 南岭地区钨锡铌花岗岩及其成矿作用．高校地质学报，14：459-473.

陈懋弘，陆刚，李新华，2012. 桂西北地区石英斑岩脉白云母$^{40}Ar/^{39}Ar$年龄及其地质意义．高校地质学报，18（1）：106-116.

陈懋弘，张延，蒙有言，等，2014. 桂西巴马料屯金矿床成矿年代上限的确定．矿床地质，33（1）：1-13.

陈卫锋，陈培荣，黄宏业，等，2007. 湖南白马山岩体花岗岩及其包体的年代学和地球化学研究．中国科学（D辑），37（7）：873-893.

陈小明，王汝成，刘昌实，等，2002. 广东从化佛冈（主体）黑云母花岗岩定年和成因．高校地质学报，8（3）：293-307.

陈佑纬，毕献武，付山岭，等，2016. 湘中地区龙山金锑矿床酸性岩脉U-Pb年代学和Hf同位素特征及其地质意义．岩石学报，32（11）：3469-3488.

邓阳凡，李守林，范蔚茗，等，2011. 深地震测深揭示的华南地区地壳结构及其动力学意义．地球物理学报，54（10）：2560-2574.

丁道桂，郭彤楼，胡明霞，等，2007. 论江南-雪峰基底拆离式构造——南方构造问题之一．石油实验地质，29（2）：120-132.

丁兴，陈培荣，陈卫锋，等，2005. 湖南沩山花岗岩中锆石LA-ICPMSU-Pb定年：成岩启示和意义．中国科学（D辑），35（7）：606-616.

丁兴，孙卫东，汪方跃，等，2012. 湖南沩山岩体多期云母的Rb-Sr同位素年龄和矿物化学组成及其成岩成矿指示意义．岩石学报，28（12）：3823-3840.

冯佳睿，毛景文，裴荣富，等，2011. 滇东南老君山地区印支期成矿事件初探——以新寨锡矿床和南秧田钨矿床为例．矿床地质，30（1）：57-73.

冯向阳，孟宪刚，邵兆刚，等，2001. 雪峰山陆内造山带变形特征及挤压推覆-伸展滑脱构造的物理模拟．地球学报，22（5）：419-424.

付山岭，胡瑞忠，陈佑纬，等，2016. 湘中龙山大型金锑矿床成矿时代研究——黄铁矿Re-Os和锆石U-Th/He定年．岩石学报，32（11）：3507-3517.

关俊雷，耿全如，王国芝，等，2014. 北冈底斯带日土县-拉梅拉山口花岗岩体的岩石地球化学特征，锆石U-Pb测年及Hf同位素组成．岩石学报，30（6）：1666-1684.

广西壮族自治区地质矿产局，1985. 广西壮族自治区区域地质志．北京：地质出版社．

贵州省地质矿产局，1987. 贵州省区域地质志. 北京：地质出版社.
何治亮，汪新伟，李双建，等，2011. 中上扬子地区燕山运动及其对油气保存的影响. 石油实验地质，33（1）：1-11.
贺文华，康如华，刘大勇，等，2015. 湖南邵阳县龙山金锑矿区构造控矿规律及找矿方向. 华南地质与矿产，31（3）：261-267.
侯增谦，王二七，2008. 印度—亚洲大陆碰撞成矿作用主要研究进展. 地球学报，29（3）：275-292.
侯增谦，田世洪，谢玉玲，等，2008. 川西冕宁-德昌喜马拉雅期稀土元素成矿带：矿床地质特征与区域成矿模型. 矿床地质，27：145-176.
胡瑞忠，彭建堂，马东升，等，2007. 扬子地块西南缘大面积低温成矿时代. 矿床地质，26（6）：583-596.
胡瑞忠，毛景文，华仁民，等，2015. 华南陆块陆内成矿作用. 北京：科学出版社.
胡召齐，朱光，张必龙，等，2010. 雪峰隆起北部加里东事件的 K-Ar 年代学研究. 地质论评，56（4）：490-500.
胡丽沙，杜远生，杨江海，等，2012. 广西那龙地区中三叠世火山岩地球化学特征及构造意义. 地质论评，58（3）：481-494.
湖南省地质矿产局，1988. 湖南省区域地质志. 北京：地质出版社.
华仁民，陈培荣，张文兰，等，2003. 华南中、新生代与花岗岩类有关的成矿系统，中国科学（D 辑），33（4）：335-343.
华仁民，陈培荣，张文兰，等，2005. 论华南地区中生代 3 次大规模成矿作用，矿床地质，24（2）：99-107.
华仁民，毛景文，1999. 试论中国东部中生代成矿大爆发. 矿床地质，18（4）：300-307.
黄兴富，2017. 青藏高原北缘构造转换带（祁连山）地壳尺度构造变形研究. 北京：中国地质科学院博士学位论文.
黄业明，1996. 雪峰构造区的找金新线索：安化发现煌斑岩型金矿化. 湖南地质，15（4）：198-198.
黄永全，崔永勤，2001. 广西凌云县明山金矿床岩浆岩与金矿化关系. 广西地质，14（4）：22-28.
金宠，2010. 雪峰陆内构造系统逆冲推滑体系. 青岛：中国海洋大学博士学位论文.
金宠，李三忠，王岳军，等，2009. 雪峰山陆内复合构造系统印支—燕山期构造穿时递进特征. 石油与天然气地质，30（5）：598-607.
康如华，2002. 湖南白马山-龙山东西向构造带金锑矿找矿前景分析. 华南地质与矿产，7（1）：57-61.
李己华，吴继承，李永光，2007. 湖南白马山-龙山金锑矿带控矿因素与成矿预测. 资源环境与工程，21（S1）：33-36.
李建华，张岳桥，徐先兵，等，2014. 湖南白马山龙潭超单元，瓦屋塘花岗岩锆石 SHRIMPU-Pb 年龄及其地质意义. 吉林大学学报（地球科学版），44（1）：158-175.
李秋立，2016. 离子探针锆石 U-Pb 定年的“高 U 效应”. 矿物岩石地球化学通报，35（3）：405-412.
李三忠，王涛，金宠，等，2011. 雪峰山基底隆升带及其邻区印支期陆内构造特征与成因. 吉林大学学报（地球科学版），41（1）：93-105.
李水如，王登红，梁婷，等，2008. 广西大明山钨矿区成矿时代及其找矿前景分析. 地质学报，82（7）：873-879.
李院强，庞保成，杨锋，等，2014. 广西巴马料屯金矿石英斑岩地球化学特征及成矿指示意义. 现代地质，28（6）：1138-1150.
梁华英，1989. 龙山金锑矿床成矿物质来源研究. 矿床地质，8（4）：39-48.
梁华英，1991. 龙山金锑矿床成矿流体地球化学和矿床成因研究. 地球化学，20（4）：342-350.

梁金城，邓继新，陈懋弘，等．2001. 桂西南早三叠世中酸性火山岩及其构造环境．大地构造与成矿学，（2）：141-148.
刘博，2009. 雪峰陆内复合构造系统：深部构造特征及其动力学演化．青岛：中国海洋大学硕士学位论文.
刘继顺，1996. 湘中地区长英质脉岩与锑（金）成矿关系．有色金属矿产与勘查，5（6）：321-326.
刘凯，毛建仁，赵希林，等，2014. 湖南紫云山岩体的地质地球化学特征及其成因意义．地质学报，88（2）：208-227.
刘鹏程，唐清国，李惠纯，2008. 湖南龙山矿区金锑矿地质特征、富集规律与找矿方向．地质与勘探，44（4）：31-38.
毛景文，华仁民，李晓波，1999. 浅议大规模成矿作用与大型矿集区．矿床地质，18（4）：291-299.
毛景文，谢桂青，李晓峰，等，2004. 华南地区中生代大规模成矿作用于岩石圈多阶段伸展．地学前缘，11（1）：45-55.
毛景文，胡瑞忠，陈毓川 等，2006. 大规模成矿作用与大型矿集区预测（上册、下册）．北京：地质出版社.
毛景文，谢桂青，郭春丽，等，2007. 南岭地区大规模钨锡多金属成矿作用：成矿时限及地球动力学背景．岩石学报，23（10）：2329-2338.
毛景文，谢桂青，郭春丽，等，2008. 华南地区中生代主要金属矿床时空分布规律和成矿环境．高校地质学报，14（4）：510-526.
莫柱荪，叶伯丹，1980. 南岭花岗岩地质学．北京：地质出版社.
南京大学地质系，1981. 华南不同时代花岗岩类及其与成矿关系．北京：科学出版社.
庞保成，肖海，付伟，等，2014. 桂西北明山卡林型金矿床热液矿物的显微组构与化学成分特征及其对成矿作用的指示．吉林大学学报（地球科学版），44（1）：105-119.
彭渤，陈广浩，2000. 湖南锑金矿成矿大爆发：现象与机制．大地构造与成矿学，24（4）：357-364.
丘元禧，1999. 雪峰山的构造性质与演化：一个陆内造山带的形成演化模式．北京：地质出版社.
饶家荣，王纪恒，曹一中，1993. 湖南深部构造．湖南地质，（S1）：2-3.
饶家荣，骆检兰，易志军，1999. 锡矿山锑矿田幔-壳构造成矿模式及找矿预测．物探与化探，23（4）：241-249.
饶家荣，肖海云，刘耀荣，等，2012. 扬子，华夏古板块会聚带在湖南的位置．地球物理学报，55（2）：484-502.
任纪舜，1990. 论中国南部的大地构造．地质学报，（4）：275-288.
史明魁，傅必勤，靳西祥，等，1993. 湘中锑矿．长沙：湖南科技出版社：1-151.
四川省地质矿产局，1991. 四川省区域地质志．北京：地质出版社.
孙际茂，娄亚利，高利军，等，2007. 湘中前寒武系金矿地质及相关成矿问题探讨．地质与资源，16（3）：189-195.
孙涛，2006. 新编华南花岗岩分布图及其说明．地质通报，25（3）：332-337.
孙岩，舒良树，朱文斌，等，2001. 中扬子地区碰撞造山形变作用的 3 个演化阶段．中国科学（D 辑），31（6）：455-463.
覃小峰，王宗起，张英利，等，2011. 桂西南早中生代酸性火山岩年代学和地球化学：对钦-杭结合带西南端构造演化的约束．岩石学报，27（3）：794-808.
王海燕，高锐，卢占武，等，2006. 地球深部探测的先锋-深地震反射方法的发展与应用．勘探地球物理进展，29（1）：7-13.
王海燕，高锐，卢占武，等，2010. 深地震反射剖面揭露大陆岩石圈精细结构．地质学报，84（6）：

818-839.
王河锦，周健，2002. 湘中北黄土店—仙溪中新元古界—下古生界的甚低级变质作用. 中国科学（D辑），32（9）：742-750.
王岳军，范蔚茗，梁新权，等，2005. 湖南印支期花岗岩 SHRIMP 锆石 U-Pb 年龄及其成因启示. 科学通报，50（12）：1259-1266.
吴福元，李献华，郑永飞，等，2007. Lu-Hf 同位素体系及其岩石学应用. 岩石学报，23（2）：185-220.
吴良士，胡雄伟，2000. 湖南锡矿山地区云斜煌斑岩及其花岗岩包体的意义. 地质地球化学，28（2）：51-55.
吴元保，郑永飞，2004. 锆石成因矿物学研究及其对 U-Pb 年龄解释的制约. 科学通报，49（16）：1589-1604.
吴运军，2003. 湖南省新邵县龙山金锑矿成矿规律及深边部成矿预测. 长沙：中南大学硕士学位论文.
谢湘雄，顾剑虹，1990. 试论湖南省莫霍面形态及地壳厚度特征. 湖南地质，9（2）：10-18.
许靖华，何起祥，1980. 薄壳板块构造模式与冲撞型造山运动. 中国科学（数学），23（11）：1081-1089.
许志琴，侯立伟，王宗秀，1992. 中国松潘-甘孜造山带的造山过程. 北京：地质出版社.
颜丹平，汪新文，刘友元，2000. 川鄂湘边区褶皱构造样式及其成因机制分析. 现代地质，14（1）：37-43.
颜丹平，邱亮，陈峰，等，2018. 华南地块雪峰山中生代板内造山带构造样式及其形成机制. 地学前缘，25（1）：1-13.
杨锋，李晓峰，冯佐海，等，2009. 栗木锡矿云英岩化花岗岩白云母 $^{40}Ar/^{39}Ar$ 年龄及其地质意义. 桂林工学院学报，29（1）：21-24.
于津海，王丽娟，王孝磊，等，2007. 赣东南富城杂岩体的地球化学和年代学研究. 岩石学报，23（6）：1441-1456.
云南省地质矿产局，1990. 云南省区域地质志. 北京：地质出版社.
张国伟，等，1996. 秦岭造山带造山过程和岩石圈三维结构. 北京：科学出版社.
张琳婷，郭建华，焦鹏，等，2014. 湘中地区涟源凹陷下石炭统页岩气藏形成条件. 中南大学学报（自然科学版），45（7）：2268-2277.
张晓静，肖加飞，2014. 桂西北玉凤、巴马晚二叠世辉绿岩年代学、地球化学特征及成因研究. 矿物岩石地球化学通报，33（2）：163-176.
张新念，2016. 龙山金锑矿控矿构造特征. 四川地质学报，36（2）：243-246.
张勇，2018. 湘中—赣西北成矿流体演化与 Sb-Au-W 成矿. 南京：南京大学士学位论文.
张岳桥，徐先兵，贾东，等，2009. 华南早中生代从印支期碰撞构造体系向燕山期俯冲构造体系转换的形变记录. 地学前缘，16（1）：234-247.
张志远，谢桂青，朱乔乔，等，2016. 湘中曹家坝大型钨矿床的主要夕卡岩矿物学特征及其地质意义. 矿床地质，35（2）：335-348.
赵增霞，徐兆文，缪柏虎，等，2015. 湖南衡阳关帝庙花岗岩岩基形成时代及物质来源探讨. 地质学报，89（7）：1219-1230.
郑时干，2006. 龙山金锑矿地质特征及深部找矿预测. 华南地质与矿产，（4）：14-121.
中国科学院地球化学研究所，1979. 华南花岗岩类地球化学及其成矿作用. 北京：科学出版社.
钟大赉，等，1998. 滇川西部古特提斯造山带. 北京：科学出版社.
朱经经，钟宏，谢桂青，等，2016. 右江盆地酸性脉岩继承锆石成因及地质意义. 岩石学报，32（11）：3269-3280.

朱明新，王河锦，2001. 长沙-澧陵-浏阳一带冷家溪群及板溪群的甚低级变质作用．岩石学报，（2）：291-300.

Altherr R，Holl A，Hegner E，et al.，2000. High-potassium，calc-alkaline I-type plutonism in the European Variscides：northern Vosges（France）and northern Schwarzwald（Germany）. Lithos，50：51-73.

Amelin Y，Lee D，Halliday A，1999. Nature of the Earth′s earliest crust from hafnium isotopes in single detrital zircons. Nature，399：252-255.

Ames L，1996. Geochronology and isotopic character of ultrahigh- pressure metamorphism with implications for collision of the Sino-Korean and Yangtze cratons，Central China. Tectonics，15：472-489.

Arehart G B，Chakurian A M，Tertbar D R，et al.，2003. Evaluation of radioisotope dating of Carlin- type deposits in the Great Basin，Western North America，and implications for deposit genesis. Economic Geology，98：235-248.

Arth J G，1976. Behavior of trace elements during magmatic processes：a summary of theoretical models and their applications. J. Res. U. S. Geol. Surv.，4：41-47.

Ballouard C，Poujol M，Boulvais P，et al.，2016. Nb-Ta fractionation in peraluminous granites：A marker of the magmatic-hydrothermal transition. Geology，44：231-234.

Bau M，1996. Controls on the fractionation of isovalent trace elements in magmatic and aqueous systems：evidence from Y/Ho，Zr/Hf，and lanthanide tetrad effect. Contributions to Mineralogy and Petrology，123：323-333.

Belousova E，Griffin W L，O′reilly S Y，et al.，2002. Igneous zircon：Trace element composition as an indicator of source rock type. Contributions to Mineralogy and Petrology，143：602-622.

Cai J X，Zhang K J，2009. A new model for the Indochina and South China collision during the Late Permian to the Middle Triassic. Tectonophysics，467：35-43.

Cai J，Tan X，Wu Y，2014. Magnetic fabric and paleomagnetism of the Middle Triassic siliciclastic rocks from the Nanpanjiang Basin，South China：Implications for sediment provenance and tectonic process. Journal of Asian Earth Sciences，80：134-147.

Cai X，Cao J，Zhu J，et al.，2008. System of Crust-Mantle Ductile Shear Zone in the Continental Lithosphere in China. Earth Science Frontiers，15：36-54.

Carter A，Clift P D，2008. Was the Indosinian orogeny a Triassic mountain building or a thermotectonic reactivation event? Comptes Rendus Geoscience，340：83-93.

Carter A，Roques D，Bristow C，2001. Understanding Mesozoic accretion in southeast Asia：Significance of Triassic thermotectonism（Indosinian orogen）in Vietnam. Geology，29：211-214.

Chen J H，Stiller F，2007. The halobiid bivalve genus Enteropleura and a new species from the Middle Anisian of Guangxi，southern China. Acta Palaeontologica Polonica，52：53-61.

Chen W T，Zhou M F，Gao J F，2014. Constraints of Sr isotopic compositions of apatite and carbonates on the origin of Fe and Cu mineralizing fluids in the Lala Fe-Cu-（Mo，LREE）deposit，SW China. Ore Geology Reviews，61：96-106.

Chen X C，Hu R Z，Bi X W，et al.，2015. Zircon U-Pb ages and Hf-O isotopes，and whole-rock Sr-Nd isotopes of the Bozhushan granite，Yunnan province，SW China：Constraints on petrogenesis and tectonic setting. Journal of Asian Earth Sciences，99：57-71.

Cheng Y B，Mao J W，2010. Age and geochemistry of granites in Gejiu area，Yunnan province，SW China：constraints on their petrogenesis and tectonic setting. Lithos，120：258-276.

Cheng Y B，Mao J W，Spandler C，2013. Petrogenesis and geodynamic implications of the Gejiu igneous complex in the western Cathaysia block，South China. Lithos，175：213-229.

Chu Y, Faure M, Lin W, et al., 2012a. Early Mesozoic tectonics of the South China block: Insights from the Xuefengshan intracontinental orogen. Journal of Asian Earth Sciences, 61: 199-220.

Chu Y, Faure M, Lin W, et al., 2012b. Tectonics of the Middle Triassic intracontinental Xuefengshan Belt, South China: New insights from structural and chronological constraints on the basal décollement zone. International Journal of Earth Sciences, 101: 2125-2150.

Chu Y, Lin W, 2014. Phanerozoic polyorogenic deformation in southern Jiuling Massif, northern South China block: Constraints from structural analysis and geochronology. Journal of Asian Earth Sciences, 86: 117-130.

Chu Y, Lin W, 2018. Strain analysis of the Xuefengshan Belt, South China: From internal strain variation to formation of the orogenic curvature. Journal of Structural Geology, 116: 131-145.

Chung S L, Jahn B M, 1995. Plume-lithosphere interaction in generation of the Emeishan flood basalts at the Permian-Triassic boundary. Geology, 23: 889-892.

Chung S L, Lee T Y, Lo C H, et al., 1997. Intraplate extension prior to continental extrusion along the Ailao Shan-Red River shear zone. Geology, 25: 311-314.

Chung S L, Sun S S, Tu K, et al., 1994. Late Cenozoic basaltic volcanism around the Taiwan Strait, SE China: product of lithosphere-asthenosphere interaction during continental extension. Chemical Geology, 112: 1-20.

Comston W, Williams J S, Kirchvink J L, et al., 1992. Zircon U-Pb ages for the Early Cambrian time-scale. Journal of the Geological Society, 149: 171-184.

Condie K C, Belousova E, Griffin W, et al., 2009. Granitoid events in space and time: Constraints from igneous and detrital zircon age spectra. Gondwana Research, 15: 228-242.

Coney P J, Harms T A, 1984. Cordilleran metamorphic core complexes: Cenozoic extensional relics of Mesozoic compression. Geology, 12: 550-554.

Corfu F, Hanchar J M, Hoskin P W, et al., 2003. Atlas of zircon textures. Reviews in mineralogy and geochemistry, 53: 469-500.

DeCelles P G, Giles K A, 1996. Foreland basin systems. Basin research, 8: 105-123.

Deng Y, Chen L, Xu T, et al., 2017. Lateral variation in seismic velocities and rheology beneath the Qinling-Dabie orogen. Science China Earth Sciences, 60: 576-588.

Deng Y, Zhang Z, Badal J, et al., 2014. 3-D density structure under South China constrained by seismic velocity and gravity data. Tectonophysics, 627: 159-170.

Deprat J, 1914. Etude des plissements et des zones décrasement de lamoyenne et de la basse Mémoire du Service Géologique Indochine, 3: 1-59.

Dickinson W R, 2002. The Basin and Range Province as a composite extensional domain. International Geology Review, 44: 1-38.

Ding D, Deng M, Zhu W, 2010. Deformation of the Late Paleozoic aulacogen basin in the Great Nanpanjiang area. Oil and Gas Geology, 31: 393-410.

Dong S W, Zhang Y Q, Gao R, et al., 2015. A possible buried Paleoproterozoic collisional orogen beneath central South China: Evidence from seismic-reflection profiling. Precambrian Research, 264: 1-10.

Dostal J, Kontak D J, Gerel O, et al., 2015. Cretaceous ongonites (topaz-bearing albite-rich microleucogranites) from Ongon Khairkhan, Central Mongolia: Products of extreme magmatic fractionation and pervasive metasomatic fluid: rock interaction. Lithos 236-237: 173-189.

Dong H, Hall C M, Halliday A N, et al., 1997. $^{40}Ar/^{39}Ar$ illite dating of Iate Caledonian (Acadian) metamorphism and cooling of K—bentonites and slates from the Welsh Basin, UK. Earth and Planetary Science Letter, 150: 337-351.

Dostal J, Chatterjee A K, 2000. Contrasting behaviour of Nb/Ta and Zr/Hf ratios in a peraluminous granitic pluton (Nova Scotia, Canada). Chemical Geology, 163: 207-218.

Fan H P, Zhu W G, Li Z X, et al., 2013. Ca. 1. 5Ga mafic magmatism in South China during the break-up of the suppercontinental Nuna/Columbia: The Zhuqing Fe-Ti-V oxide ore-bearing mafic intrusions in western Yangtze Block. Lithos, 168-169: 85-98.

Fan W M, Wang Y J, Zhang A M, et al., 2010. Permian arc-back-arc basin development along the Ailaoshan tectonic zone: Geochemical, isotopic and geochronological evidence from the Mojiang volcanic rocks, Southwest China. Lithos, 119: 553-568.

Fan W M, Zhang C H, Wang Y J, et al., 2008. Geochronology and geochemistry of Permian basalts in western Guangxi Province, Southwest China: Evidence for plume-litho sphere interaction. Lithos, 102: 218-236.

Faure M, Lepvrier C, Van Nguyen V, et al., 2014. The South China Block-Indochina collision: Where, when, and how? Journal of Asian Earth Sciences, 79: 260-274.

Faure M, Lin W, Chu Y, et al., 2016. Triassic tectonics of the southern margin of the South China Block. Comptes Rendus Geoscience, 348: 5-14.

Faure M, Sun Y, Shu L, et al., 1996. Extensional tectonics within a subduction-type orogen. The case study of the Wugongshan dome (Jiangxi Province, southeastern China). Tectonophysics, 263: 77-106.

Fromaget J, 1932. Sur la structure des Indosinides. Comptes Rendus de l'Académie des Sciences, 195: 538.

Fromaget J, 1941. L'Indochine française, sa structure géologique, ses roches, ses mines et leursrelations possibles avec la tectonique. Bulletin du Service Géologique de l'Indochine, 26: 1-140.

Fu S L, Hu R Z, Bi X W, et al., 2015. Origin of Triassic granites in central Hunan Province, South China: Constraints from zircon U-Pb ages and Hf and O isotopes. International Geology Review, 57: 97-111.

Fu S L, Zajacz, Alex T, et al., 2020. Can magma degassing at depth donate the metal budget of large hydrothermal Sb deposits? Geochimica et Cosmochimica Acta, 290: 1-15.

Gan C S, Wang Y J, Tiffany L B, et al., 2020a. Late Jurassic high-Mg andesites in the Youjiang Basin and their significance for the southward continuation of the Jiangnan Orogen, South China. Gondwana Research, 77: 260-273.

Gan C S, Wang Y J, Zhang Y Z, et al., 2020b. The assembly of the South China and Indochina Blocks: Constraints from the Triassic felsic volcanics in the Youjiang Basin. Geological Society of America Bulletin, accepted.

Gao R, Lu Z, Klemperer S L, et al., 2016. Crustal-scale duplexing beneath the Yarlung Zangbo suture in the western Himalaya. Nature Geoscience, 9: 555-560.

Gao Y Y, Li X H, Griffin W L, et al., 2014. Screening criteria for reliable U-Pb geochronology and oxygen isotope analysis in uranium-rich zircons: A case study from the Suzhou A-type granites, SE China. Lithos, 192: 180-191.

Gehrels G, Kapp P, DeCelles P, et al., 2011a. Detrital zircon geochronology of pre-Tertiary strata in the Tibetan-Himalayan orogen. Tectonics, 30 (5).

Gehrels G E, Blakey R, Karlstrom K E, et al., 2011b. Detrital zircon U-Pb geochronology of Paleozoic strata in the Grand Canyon, Arizona. Lithosphere, 3: 183-200.

Gilder S A, Gill J, Coe R S, et al., 1996. Isotopic and paleomagnetic constraints on the Mesozoic tectonic evolution of South China. Journal of Geophysics Research, 107: 16137-16154.

Gilder S A, Keller G R, Luo M, et al., 1991. Eastern Asia and the western Pacific timing and spatial distribution of rifting in China. Tectonophysics, 197: 225-243.

Giuliani G, Li D Y, Sheng T F, 1988. Fluid inclusion study of Xihuashan tungsten deposit in the southern Jiangxi province, China. Mineralium Deposita, 23: 24-33.

Green T, Pearson N, 1986. Rare-earth element partitioning between sphene and coexisting silicate liquid at high pressure and temperature. Chemical Geology, 55: 105-119.

Grimes C B, John B E, Kelemen P B, et al., 2007. Trace element chemistry of zircons from oceanic crust: A method for distinguishing detrital zircon provenance. Geology, 35: 643-646.

Guo L, Gao R, 2018. Potential-field evidence for the tectonic boundaries of the central and western Jiangnan belt in South China. Precambrian Research, 309: 45-55.

Gehrels G E, Yin A, Wang X F, 2003. Magmatic history of the northeastern Tibetan Plateau. Journal of Geophysical Research-Solid Earth, 108: 14.

Guo F, Fan W M, Wang Y J, et al., 2004. Origin of early Cretaceous calc-alkaline lamprophyres from the Sulu orogen in eastern China: implications for enrichment processes beneath continental collisional belt. Lithos, 78: 291-305.

Halpin J A, Tran H T, Lai C K, et al., 2016. U-Pb zircon geochronology and geochemistry from NE Vietnam: A "tectonically disputed" territory between the Indochina and South China blocks. Gondwana Research, 34: 254-273.

Hanchar J M, Westrenen W V, 2007. Rare earth element behavior in zircon-melt systems. Elements, 3: 37-42.

Harris C R, Hoisch T D, Wells M L, 2007. Construction of a composite pressure-temperature path: revealing the synorogenic burial and exhumation history of the Sevier hinterland, USA. Journal of Metamorphic Geology, 25: 915-934.

He W, Zhou J, Yuan K, 2018. Deformation evolution of Eastern Sichuan-Xuefeng fold-thrust belt in South China: Insights from analogue modelling. Journal of Structural Geology, 109: 74-85.

Hsu K J, Li J L, Chen H H, et al., 1990, Tectonics of South China — Key to Understanding West Pacific Geology. Tectonophysics, 183: 9-39.

Hu R Z, Fu S L, Huang Y, et al., 2017b. The giant South China Mesozoic low- temperature metallogenic domain: Reviews and a new geodynamic model. Journal of Asian Earth Sciences, 137: 9-34.

Hoisch T D, Wells M L, Hanson L M, 2002. Pressure-temperature paths from garnet-zoning: Evidence for multiple episodes of thrust burial in the hinterland of the Sevier orogenic belt. American Mineralogist, 87: 115-131.

Hoskin P W O, Black L P, 2000. Metamorphic zircon formation by solid-state recrystallization of protolith igneous zircon. Journal of metamorphic Geology, 18: 423-439.

Hoskin P W O, Schaltegger U, 2003. The composition of zircon and igneous and metamorphic petrogenesis. Reviews in mineralogy and geochemistry, 53: 27-62.

Hou Z Q, Tian S H, Xie Y L, et al., 2009. The Himalayan Mianning-Dechang REE belt associated with carbonatite-alkaline complexes, eastern Indo-Asian collision zone, SW China. Ore Geology Reviews, 36: 65-89.

Hsieh P S, Chen C H, Yang H J, et al., 2008. Petrogenesis of the Nanling Mountains granites from South China: Constraints from systematic apatite geochemistry and whole- rock geochemical and Sr-Nd isotope compositions. Journal of Asian Earth Sciences, 33: 428-451.

Hu L, Cawood P A, Du Y, et al., 2015. Detrital records for Upper Permian-Lower Triassic succession in the Shiwandashan Basin, South China and implication for Permo-Triassic (Indosinian) orogeny. Journal of Asian Earth Sciences, 98: 152-166.

Hu R Z, Bi X W, Jiang G H, et al., 2012a. Mantle-derived noble gases in ore-forming fluids of the granite-related Yaogangxian tungsten deposit, Southeastern China. Mineralium Deposita, 47: 623-632.

Hu R Z, Chen W T, Xu D R, et al., 2017a. Reviews and new metallogenic models of mineral deposits in South China: An introduction. Journal of Asian Earth Sciences, 137: 1-8.

Hu R Z, Fu S L, Huang Y, et al., 2017b. The giant South China Mesozoic low-temperature metallogenic domain: Reviews and a new geodynamic model. Journal of Asian Earth Sciences, 137: 9-34.

Hu R Z, Wei W F, Bi X W, et al., 2012b. Molybdenite Re-Os and muscovite $^{40}Ar/^{39}Ar$ dating of the Xihuashan tungsten deposit, central Nanling district, South China. Lithos, 150: 111-118.

Hu R Z, Zhou M F, 2012. Multiple Mesozoic mineralization events in South China-an introduction to the thematic issue. Mineralium Deposita, 47: 579-588.

Huang J, Zhao D, 2006. High-resolution mantle tomography of China and surrounding regions. Journal of Geophysical Research: Solid Earth, 111 (B9).

Hunziker J C, Frey M, Clauer N, et al., 1986. The evolution of illite to muscovite: mineralogical and isotopic data from the Glarus Alps, Switzerland. Contributions to Mineralogy and Petrology, 92: 157-180.

Irvine T, Baragar W, 1971. A guide to the chemical classification of the common volcanic rocks. Canadian Journal of Earth Sciences, 8: 523-548.

Jiang S Y, Wang R C, Xu X S, et al., 2005. Mobility of high field strength elements (HFSE) in magmatic-, metamorphic-, and submarine-hydrothermal systems. Physics and Chemistry of the Earth, Parts A/B/C, 30: 1020-1029.

Ketcham R A, Donelick R A, Donelick M B, 2000. AFTSolve: A program for multi-kinetic modeling of apatite fission-track data. Geological Materials Research, 2: 1-32.

Lai C K, Meffre S, Crawford A J, et al., 2014. The Western Ailaoshan Volcanic Belts and their SE Asia connection: a new tectonic model for the Eastern Indochina Block. Gondwana Research, 26: 52-74.

Le Maitre R W, Streckeisen A, Zanettin B, et al., 2002. Igneous rocks: A classification and glossary of terms, 2nd Edition. Cambridge University Press: 1-256.

Lehrmann D J, Donghong P, Enos P, et al., 2007. Impact of differential tectonic subsidence onisolated carbonate-platform evolution: Triassic of the Nanpanjiang Basin, south China. AAPG bulletin, 91: 287-320.

Lehrmann D J, Enos P, Payne J L, et al., 2005. Permian and Triassic depositional history of the Yangtze platform and Great Bank of Guizhou in the Nanpanjiang basin of Guizhou and Guangxi, south China. Albertiana, 33: 149-168.

Lepvrier C, Maluski H, Van Vuong N, et al., 1997. Indosinian NW-trending shear zones within the Truong Son belt (Vietnam) ^{40}Ar-^{39}Ar Triassic ages and Cretaceous to Cenozoic overprints. Tectonophysics, 283: 105-127.

Lepvrier C, Maluski H, Van Tich V, et al., 2004. The early Triassic Indosinian orogeny in Vietnam (Truong Son Belt and Kontum Massif): implications for the geodynamic evolution of Indochina. Tectonophysics, 393: 87-118.

Lepvrier C, Faure M, Van V N, et al., 2011. North-directed Triassic nappes in Northeastern Vietnam (East Bac Bo). Journal of Asian Earth Sciences, 41: 56-68.

Lepvrier C, Van Vuong N, Maluski H, et al., 2008. Indosinian tectonics in Vietnam. Comptes Rendus Geoscience, 340: 94-111.

Li J, Zhang Y, Dong S, et al., 2014. Cretaceous tectonic evolution of South China: A preliminary synthesis. Earth-Science Reviews, 134: 98-136.

Li S, Santosh M, Zhao G, et al., 2012a. Intracontinental deformation in a frontier of super-convergence: A perspective on the tectonic milieu of the South China Block. Journal of Asian Earth Sciences, 49: 313-329.

Li S, Suo Y, Li X, et al., 2018. Mesozoic plate subduction in West Pacific and tectono-magmatic response in the East Asian ocean-continent connection zone. Chinese Science Bulletin, 63: 1550-1593.

Li X H, Li W X, Li Z X, et al., 2009. Amalgamation between the Yangtze and Cathaysia Blocks in South China: Constraints from SHRIMP U-Pb zircon ages, geochemistry and Nd-Hf isotopes of the Shuangxiwu volcanic rocks. Precambrian Research, 174: 117-128.

Li X H, Li Z X, Li W X, et al., 2006. Initiation of the Indosinian Orogeny in South China: evidence for a Permian magmatic arc on the Hainan Island. Journal of Geology, 114: 341-353.

Li Y, Dong S W, Zhang Y Q, et al., 2016. Episodic Mesozoic constructional events of central South China: constraints from lines of evidence of superimposed folds, fault kinematic analysis, and magma geochronology. International Geology Review, 58: 1076-1107.

Li Z X, Li X H, 2007. Formation of the 1300-km-wide intracontinental orogen and postorogenic magmatic province in Mesozoic South China: A flat-slab subduction model. Geology, 35: 179-182.

Li Z X, Li X H, Chung S L, et al., 2012b. Magmatic switch-on and switch-off along the South China continental margin since the Permian: Transition from an Andean-type to a Western Pacific-type plate boundary. Tectonophysics, 532: 271-290.

Liang X Q, Li X H, 2005. Late Permian to Middle Triassic sedimentary records in Shiwandashan basin: implication for the Indosinian Yunkai orogenic belt, South China. Sedimentary Geology, 177: 297-320.

Lin W, Faure M, Sun Y, et al., 2001. Compression to extension switch during the Middle Triassic orogeny of Eastern China: the case study of the Jiulingshan massif in the southern foreland of the Dabieshan. Journal of Asian Earth Sciences, 20: 31-43.

Lin W, Wang Q, Chen K, 2008. Phanerozoic tectonics of south China block: New insights from the polyphase deformation in the Yunkai massif. Tectonics, 27 (6) .

Linnen R L, Keppler H, 1997. Columbite solubility in granitic melts: consequences for the enrichment and fractionation of Nb and Ta in the Earth's crust. Contributions to Mineralogy and Petrology, 128: 213-227.

Liu C S, Ling H F, Xiong X L, et al., 1999. An F-rich, Sn-bearing volcanic-intrusive complex in Yanbei, south China, Economic Geology, 94: 325-342.

Liu H C, Wang Y J, Cawood P A, et al., 2015. Record of Tethyan ocean closure and Indosinian collision along the Ailaoshan suture zone (SW China) . Gondwana Research, 27: 1292-1306.

Liu S, Su W, Hu R, et al., 2010. Geochronological and geochemical constraints on the petrogenesis of alkaline ultramafic dykes from southwest Guizhou Province, SW China. Lithos, 114: 253-264.

Li J, Zhang Y, Dong S, et al., 2013. The Hengshan low-angle normal fault zone: Structural and geochronological constraints on the Late Mesozoic crustal extension in South China. Tectonophysics, 606: 97-115.

Li M K, Zhang S X, Zhang C Y, et al., 2015. Fault Slip Model of Lushan Earthquake Retrieved Based on GPS Coseismic Displacements. Journal of Earth Science, 26: 537-547.

Li X Y, Zheng J P, Sun M, et al., 2014. The Cenozoic lithospheric mantle beneath the interior of South China Block: Constraints from mantle xenoliths in Guangxi Province. Lithos 210, 14-26.

Liu T K, Chen Y G, Chen W S, et al., 2000. Rates of cooling and denudation of the Early Penglai Orogeny, Taiwan, as assessed by fission-track constraints. Tectonophysics, 320: 69-82.

Lu H Z, Liu Y M, Wang C L, et al., 2003. Mineralization and fluid inclusion study of the Shizhuyuan W-Sn-Bi-Mo-F skarn deposit, Hunan province, China. Economic Geology, 98: 955-974.

Ludwig K R, 2012. Isoplot 3.75: A Geochronological Toolkit for Microsoft Excel. Berkeley Geochronology Center Special Publication 5: 1-75.

Lv H B, Zhang Y X, Xia B D, et al., 2003. Syn-sedimentary compression structures in the middle Triassic flysch of the Youjiang basin, SW China. Geol. Rev, 49: 449-459.

Mahood G, Hildreth W, 1983. Large partition coefficients for trace elements in high-silica rhyolites. Geochimica et Cosmochimica Acta, 47: 11-30.

Mao J W, Cheng Y B, Chen M H, et al., 2013. Major types and time-space distribution of Mesozoic ore deposits in South China and their geodynamic settings. Mineralium Deposita, 48: 267-294.

Marcén M, Casas-Sainz A M, Román-Berdiel T, et al., 2018. Kinematics and strain distribution in an orogen-scale shear zone: Insights from structural analyses and magnetic fabrics in the Gavarnie thrust, Pyrenees. Journal of Structural Geology, 117: 105-123.

Mazzoli S, D'errico M, Aldega L, et al., 2008. Tectonic burial and "young" (<10Ma) exhumation in the southern Apennines fold-and-thrust belt (Italy). Geology, 36: 243-246.

Mako C A, Caddick M J, 2018. Quantifying magnitudes of shear heating in metamorphic systems. Tectonophysics, 744: 499-517.

Metcalfe I, 1994. Gondwanaland origin, dispersion, and accretion of East and Southeast Asian continental terranes. Journal of South American Earth Sciences, 7: 333-347.

Metcalfe I, 2006. Palaeozoic and Mesozoic tectonic evolution and palaeogeography of East Asian crustal fragments: the Korean Peninsula in context. Gondwana Research, 9: 24-46.

Metcalfe I, 2011. Palaeozoic-Mesozoic history of SE Asia. Geological Society, London, Special Publications, 355: 7-35.

Metcalfe I, 2013. Gondwana dispersion and Asian accretion: Tectonic and palaeogeographic evolution of eastern Tethys. Journal of Asian Earth Sciences, 66: 1-33.

Miller D A, White R A, 1998. A conterminous United States multilayer soil characteristics dataset for regional climate and hydrology modeling. Earth Interactions, 2: 1-26.

Mooney W D, Kaban M K, 2010. The North American upper mantle: Density, composition, and evolution. Journal of Geophysical Research: Solid Earth, 115 (B12).

Morley C K, 2012. Late Cretaceous-early Palaeogene tectonic development of SE Asia. Earth-Science Reviews, 115: 37-75.

Muntean J L, Cline J S, Simon A C, et al., 2011. Magmatic-hydrothermal origin of Nevada's Carlin-type gold deposits. Nature Geoscience, 4: 122-127.

Ovtcharova M, Bucher H, Schaltegger U, et al., 2006. New Early to Middle Triassic U-Pb ages from South China: Calibration with ammonoid biochronozones and implications for the timing of the Triassic biotic recovery. Earth and Planetary Science Letters, 243: 463-475.

Pan J Y, Ni P, Chi Z, et al., 2019. Alunite $^{40}Ar/^{39}Ar$ and Zircon U-Pb Constraints on the Magmatic-Hydrothermal History of the Zijinshan High-Sulfidation Epithermal Cu-Au Deposit and the Adjacent Luoboling Porphyry Cu-Mo Deposit, South China: Implications for Their Genetic Association. Economic Geology, 114: 667-695.

Pearce J, Harris N, Tindle A, 1984. Trace element discrimination diagrams for the tectonic interpretation of granitic rocks. Journal of Petrology, 25: 956-983.

Peng J T, Zhou M F, Hu R Z, et al., 2006. Precise molybdenite Re-Os and mica Ar-Ar dating of the Mesozoic Yaogangxian tungsten deposit, central Nanling district, south China. Mineralium Deposita, 41: 661-669.

Pereira M F, Chichorro M, Solá A R, et al., 2011. Tracing the Cadomian magmatism with detrital/inherited zircon ages by in-situ U-Pb SHRIMP geochronology (Ossa-Morena Zone, SW Iberian Massif). Lithos, 123: 204-217.

Qiu L, Yan D P, Zhou M F, et al., 2014. Geochronology and geochemistry of the Late Triassic Longtan pluton in South China: Termination of the crustal melting and Indosinian orogenesis. International Journal of Earth Sciences, 103: 649-666.

Qiu L, Yan D P, Tang S L, et al., 2015. Cooling and exhumation of the oldest Sanqiliu uranium ore system in Motianling district, South China Block. Terra Nova, 27: 449-457.

Qiu L, Yan D P, Tang S L, et al., 2016. Mesozoic geology of southwestern China: Indosinian foreland overthrusting and subsequent deformation. Journal of Asian Earth Sciences, 122: 91-105.

Qiu L, Yan D P, Yang W X, et al., 2017. Early to Middle Triassic sedimentary records in the Youjiang Basin, South China: implications for Indosinian orogenesis. Journal of Asian Earth Sciences, 141: 125-139.

Roger F, Maluski H, Lepvrier C, et al., 2012. LA-ICPMS zircons U/Pb dating of Permo-Triassic and Cretaceous magmatism in Northern Vietnam-Geodynamical implications. Journal of Asian Earth Sciences, 48: 72-82.

Schaltegger U, 2007. Hydrothermal Zircon. Elements, 3: 51-52.

Sengör A M C, Hsü J, 1984. The Comprises of eastern Asia: history of the eastern end of Paleotethys. Mem. Soc. Geo. Fr., 147: 139-147.

Shi W, Dong S W, Zhang Y Q, et al., 2015. The typical large-scale superposed folds in the central South China: Implications for Mesozoic intracontinental deformation of the South China Block. Tectonophysics, 664: 50-66.

Storti F, McClay K, 1995. Influence of syntectonic sedimentation on thrust wedges in analoguemodels. Geology, 23: 999-1002.

Sun M, Yin A, Yan D, et al., 2018. Role of pre-existing structures in controlling the Cenozoic tectonic evolution of the eastern Tibetan plateau: New insights from analogue experiments. Earth and Planetary Science Letters, 491: 207-215.

Sun S S, McDonough W F, 1989. Chemical and isotopic systematics of oceanic basalts: Implications for mantle composition and processes. In: Saunders A D, Norry M J (eds.). Magmatism in the Ocean Basins. London: Geological Society London Special Publications, 42: 313-345.

Sylvester P J, 1998. Post-collisional strongly peraluminous granites. Lithos, 45: 29-44.

Tang S L, Yan D P, Qiu L, et al., 2014. Partitioning of the Cretaceous Pan-Yangtze Basin in the central South China Block by exhumation of the Xuefeng Mountains during a transition from extensional to compressional tectonics? Gondwana Research, 25: 1644-1659.

Taylor S R, McLennan S M, 1985. The continental crust: its composition and evolution. Oxford: Blackwell, 1-328.

Thomas W A, 2011. Detrital-zircon geochronology and sedimentary provenance. Lithosphere, 3: 304-308.

Vervoort J D, Patchett P J, Gehrels G E, et al., 1996. Constraints on early Earth differentiation from hafnium and neodymium isotopes. Nature, 379: 624-627.

Wang B, Wang L, Chen J, et al., 2014a. Triassic three-stage collision in the Paleo-Tethys: Constraints from magmatism in the Jiangda-Deqen-Weixi continental margin arc, SW China. Gondwana Research, 26: 475-491.

Wang D H, Chen Y C, Chen W, et al., 2004. Dating of the Dachang Superlarge Tin-polymetallic Deposit in Guangxi and Its Implication for the Genesis of the No. 100 Orebody. Acta Geologica Sinica (English Edition), 78: 452-458.

Wang L J, Yu J H, Griffin W, et al., 2012a. Early crustal evolution in the western Yangtze Block: evidence from U-Pb and Lu-Hf isotopes on detrital zircons from sedimentary rocks. Precambrian Research, 222: 368-385.

Wang P M, Yu J H, Sun T, et al., 2013a. Composition variations of the Sinian-Cambrian sedimentary rocks in Hunan and Guangxi provinces and their tectonic significance. Science China: Earth Sciences, 56 (11), 1899-1917.

Wang Q, Zhu D C, Zhao Z D, et al., 2012b. Magmatic zircons from I-, S- and A-type granitoids in Tibet: Trace element characteristics and their application to detrital zircon provenance study. Journal of Asian Earth Sciences, 53: 59-66.

Wang X L, Zhou J C, Griffin W L, et al., 2014b. Geochemical zonation across a Neoproterozoic orogenic belt: isotopic evidence from granitoids and metasedimentary rocks of the Jiangnan orogen, China. Precambrian Research, 242: 154-171.

Wang Y J, Fan W M, Cawood P A, et al., 2007a. Indosinian high-strain deformation for the Yunkaidashan tectonic belt, south China: Kinematics and $^{40}Ar/^{39}Ar$ geochronological constraints. Tectonics, 26 (6).

Wang Y J, Fan W M, Sun M, et al., 2007b. Geochronological, geochemical and geothermal constraints on petrogenesis of the Indosinian peraluminous granites in the South China Block: A case study in the Hunan Province. Lithos, 96: 475-502.

Wang Y J, Fan W, Guo F, et al., 2003. Geochemistry of Mesozoic mafic rocks adjacent to the Chenzhou-Linwu fault, South China: implications for the lithospheric boundary between the Yangtze and Cathaysia blocks. International Geology Review, 45: 263-286.

Wang Y J, Fan W M, Zhang G W, et al., 2013b. Phanerozoic tectonics of the South China Block: Key observations and controversies. Gondwana Research, 23: 1273-1305.

Wang Y J, Qian X, Cawood P A, et al., 2018. Closure of the East Paleotethyan Ocean and amalgamation of the Eastern Cimmerian and Southeast Asia continental fragments. Earth-Science Reviews, 186: 195-230.

Wang Y J, Wu C, Zhang A, et al., 2012c. Kwangsian and Indosinian reworking of the eastern South China Block: constraints on zircon U-Pb geochronology and metamorphism of amphibolites and granulites. Lithos, 150: 227-242.

Wang Y J, Zhang Y H, Fan W M, et al., 2005. Structural signatures and $^{40}Ar/^{39}Ar$ geochronology of the Indosinian Xuefengshan transpressive belt, South China Interior. Journal of Structural Geology, 27: 985-998.

Wells M L, Snee L W, Blythe A E, 2000. Dating of major normal fault systems using thermochronology: An example from the Raft River detachment, Basin and Range, western United States. Journal of Geophysical Research: Solid Earth, 105: 16303-16327.

Wu L Y, Hu R Z, Li X F, et al., 2018. Mantle volatiles and heat contributions in high sulfidation epithermal deposit from the Zijinshan Cu-Au-Mo-Ag orefield, Fujian Province, China: Evidence from He and Ar isotopes. Chemical Geology. 480: 58-65.

Wu Y B, Zheng Y F, Gao S, et al., 2008. Zircon U-Pb age and trace element evidence for Paleoproterozoic granulite-facies metamorphism and Archean crustal rocks in the Dabie Orogen. Lithos, 101: 308-322.

Xie G Q, Mao J W, Bagas L, et al., 2019. Mineralogy and titanite geochronology of the Caojiaba W deposit, Xiangzhong metallogenic province, southern China: implications for a distal reduced skarn W formation. Mineralium Deposita, 54: 459-472.

Xu B, Jiang S Y, Wang R, et al., 2015. Late Cretaceous granites from the giant Dulong Sn-polymetallic ore district in Yunnan Province, South China: Geochronology, geochemistry, mineral chemistry and Nd-Hf isotopic compositions. Lithos, 218: 54-72.

Xu Y G., Luo Z Y, Huang X L, et al., 2008. Zircon U-Pb and Hf isotope constraints on crustal melting associated with the Emeishan mantle plume. Geochimica et Cosmochimica Acta, 72: 3084-3104.

Yan D P, Xu Y B, Dong Z B, et al., 2016. Fault-related fold styles and progressions in fold-thrust belts: Insights from sandbox modeling. Journal of Geophysical Research: Solid Earth, 121: 2087-2111.

Yan D P, Zhang B, Zhou M F, et al., 2009. Constraints on the depth, geometry and kinematics of blind detachment faults provided by fault-propagation folds: An example from the Mesozoic fold belt of South China. Journal of Structural Geology, 31: 150-162.

Yan D P, Zhou M F, Li S B, et al., 2011. Structural and geochronological constraints on the Mesozoic-Cenozoic tectonic evolution of the Longmen Shan thrust belt, eastern Tibetan Plateau. Tectonics, 30 (6).

Yan D P, Zhou M F, Song H L, et al., 2003. Origin and tectonic significance of a Mesozoicmulti-layer overthrust system within the Yangtze Block (South China). Tectonophysics, 361: 239-254.

Yan D P, Zhou M, Wang Y, et al., 2005. Structural styles and chronological evidences from Dulong-Song Chay tectonic dome: earlier spreading of south China sea basin due to late Mesozoic to early Cenozoic extension of south China block. Earth Science-Journal of China University of Geosciences, 30: 402-412.

Yang J, Cawood P A, Du Y, et al., 2012. Detrital record of Indosinian mountain building in SW China: Provenance of the Middle Triassic turbidites in the Youjiang Basin. Tectonophysics, 574-575: 105-117.

Yang W B, Niu H C, Shan Q, et al., 2014. Geochemistry of magmatic and hydrothermal zircon from the highly evolved Baerzhe alkaline granite: implications for Zr-REE-Nb mineralization. Mineralium Deposita, 49: 451-470.

Yao W H, Li Z X, Li W X, et al., 2015. Detrital provenance evolution of the Ediacaran-Silurian Nanhua foreland basin, South China. Gondwana Research, 28: 1449-1465.

Yao W H, Li Z X, 2016. Tectonostratigraphic history of the Ediacaran - Silurian Nanhua foreland basin in South China. Tectonophysics, 674: 31-51.

Ye Y, Shimazaki H, Shimizu M, et al., 1998. Tectono-magmatic evolution and metallogenesis along the Northeast Jiangxi deep fault, China. Resource Geology, 48: 43-50.

Yin J W, Kim S J, Lee H K, et al., 2002. K-Ar ages of plutonism and mineralization at the Shizhuyuan W-Sn-Bi-Mo deposit, Hunan province China, Journal of Asian Earth Sciences, 20: 151-155.

Yu J H, Xu X S, O'Reilly S Y, et al., 2003. Granulite xenoliths from Cenozoic Basalts in SE China provide geochemical fingerprints to distinguish lower crust terranes from the North and South China tectonic blocks. Lithos, 67: 77-102.

Yuan S D, Peng J T, Hao S, et al., 2011. In situ LA-MC-ICP-MS and ID-TIMS U-Pb geochronology of cassiterite in the giant Furong tin deposit, Hunan Province, South China: New constraints on the timing of tin-polymetallic mineralization. Ore Geology Reviews, 43: 235-242.

Yuan S D, Peng J T, Hu R Z, et al., 2008. A precise U-Pb age on cassiterite from the Xianghualing tin-polymetallic deposit (Hunan, South China). Mineralium Deposita, 43: 375-382.

Yurimoto H, Duke E, Papike J, et al., 1990. Are discontinuous chondrite-normalized REE patterns in pegmatitic granite systems the results of monazite fractionation? Geochimica et Cosmochimica Acta, 54: 2141-2145.

Zaraisky G P, Korzhinskaya V, Kotova N, 2010. Experimental studies of Ta_2O_5 and columbite-tantalite solubility in fluoride solutions from 300 to 550℃ and 50 to 100 MPa. Mineralogy and Petrology, 99: 287-300.

Zhang F, Wang Y, Chen X, et al., 2011. Triassic high-strain shear zones in Hainan Island (South China) and their implications on the amalgamation of the Indochina and South China Blocks: Kinematic and $^{40}Ar/^{39}Ar$ geochronological constraints. Gondwana Research, 19: 910-925.

Zhang G, Guo A, Wang Y, Li S, et al., 2013. Tectonics of South China continent and its implications. Science China Earth Sciences, 56: 1804-1828.

Zhang L, Jin S, Wei W, et al., 2015. Lithospheric electrical structure of South China imaged by magnetotelluric data and its tectonic implications. Journal of Asian Earth Sciences, 98: 178-187.

Zhang X, Lawler J, 2007. Thrombospondin-based antiangiogenic therapy. Microvascular research, 74: 90-99.

Zhang Z, Wang Y, 2007. Crustal structure and contact relationship revealed from deep seismic sounding data in South China. Physics of the Earth and Planetary Interiors, 165: 114-126.

Zhao G C, Cawood P A, 2012. Precambrian geology of China. Precambrian Research, 222-223: 13-54.

Zhao J H, Zhou M F, Yan D P, et al., 2011. Reappraisal of the ages of Neoproterozoic strata in South China: No connection with the Grenvillian orogeny. Geology, 39: 299-302.

Zhao X F, Zhou M F, 2011. Fe-Cu deposits in the Kangdian region, SW China: a Proterozoic IOCG (iron-oxide-copper-gold) metallogenic province. Mineralium Deposita, 46: 731-747

Zheng Y F, Zhang S B, Zhao Z F, et al., 2007. Contrasting zircon Hf and O isotopes in the two episodes of Neoproterozoic granitoids in South China: Implications for growth and reworking of continental crust. Lithos, 96: 127-150.

Zhou J C, Wang X L, Qiu J S, 2009. Geochronology of Neoproterozoic mafic rocks and sandstones from northeastern Guizhou, South China: coeval arc magmatism and sedimentation. Precambrian Research, 170: 27-42.

Zhou M F, Arndt N T, Malpas J, et al., 2008. Two magma series and associated ore deposit types in the Permian Emeishan large igneous province, SW China. Lithos, 103: 352-368.

Zhou M F, Yan D P, Kennedy A K, et al., 2002. SHRIMP U-Pb zircon geochronological and geochemical evidence for Neoproterozoic arc-magmatism along the western margin of the Yangtze Block, South China. Earth and Planetary Science Letters, 196: 51-67.

Zhou M F, Zhao J H, Qi L, et al., 2006a. Zircon U-Pb geochronology and elemental and Sr-Nd isotopic geochemistry of the Permian mafic rocks in the Funing area, SW China. Contributions to Mineralogy and Petrology, 151: 1-19

Zhou X M, Li W X, 2000. Origin of Late Mesozoic igneous rocks in Southeastern China: Implications for lithosphere subduction and underplating of mafic magmas. Tectonophysics, 326: 269-287.

Zhou X M, Sun T, Shen W, et al., 2006b. Petrogenesis of Mesozoic granitoids and volcanic rocks in south China, a response to tectonic evolution. Episodes, 29: 26-33.

Zhu B Q, Wang H F, Chen Y W, et al., 2004. Geochronological and geochemical constraint on the Cenozoic extension of Cathaysian lithosphere and tectonic evolution of the border sea basins in East Asia. Journal of Asian Earth Sciences, 24: 163-175.

Zhu J J, Hu R Z, Bi X W, et al., 2011. Zircon U-Pb ages, Hf-O isotopes and whole-rock Sr-Nd-Pb isotopic geochemistry of granitoids in the Jinshajiang suture zone, SW China: Constraints on petrogenesis and tectonic evolution of the Paleo-Tethys Ocean. Lithos, 126: 248-264.

Zhu J J, Hu R Z, Richards J P, et al., 2017, No genetic link between Late Cretaceous felsic dikes and Carlin-type Au deposits in the Youjiang basin, Southwest China: Ore Geology Reviews, 84: 328-337.

Zi J W, Cawood P A, Fan W M, et al., 2012. Triassic collision in the Paleo-Tethys Ocean constrained by volcanic activity in SW China. Lithos, 144-145: 145-160.

第七章　找 矿 预 测

找矿工作经历了由经验找矿向理论和技术找矿的转变。理论和技术找矿就是以地学理论作指导，在确定矿是怎么形成和在哪里形成的基础上，再利用适当的先进探测技术来进行找矿。20 世纪六七十年代及之前，人们通过研究已知矿床总结出找矿模型，然后利用这些模型寻找类似的矿床，这是理论找矿的第一阶段；之后，人们又开始用板块构造理论作指导，从构造环境入手来预测板块边缘的成矿和找矿问题，这是理论找矿的第二阶段；20 世纪 90 年代以来，人们试图通过大陆动力学过程对成矿制约关系的研究，为寻找陆内演化阶段形成的矿床提供科学支撑，从此进入了理论找矿的第三阶段（施俊法和肖庆辉，2003）。显而易见，成矿理论研究的创新可为进一步找矿提出新思维和新方向，只有在成矿理论的指导下，通过成矿规律的正确把握和不同景观区找矿技术方法的实验研究，才能有效推动找矿工作的重大突破（Hu et al.，2010）。

第一节　扬子地块深部高温矿床找矿预测

前已述及，华南低温成矿省与高温成矿省具有密切成因联系。本次工作在已有研究积累的基础上，开展了矿床形成以后华南陆块隆升剥蚀历史的研究。结果表明，晚中生代以来华南自西向东剥蚀程度逐渐增强；剥蚀程度的不同决定了近地表的矿床西部低温、东部高温的空间分布格局；低温成矿省东部右江 Au-Sb-Hg-As 和湘中 Sb-Au 两个矿集区的深部，可能存在高温 W-Sn 多金属矿床。

一、右江盆地及其北邻中-新生代热史格局

（一）右江盆地中新生代热史特征

右江盆地经历了复杂的构造演化，发育多期次性质不同和规模不等的地壳运动，不同学者对右江盆地及其邻区的砂岩、基性岩和凝灰岩等进行了相关研究。考虑到地层时代或古埋藏深度的代表性，我们对右江盆地泥盆系、上二叠统、中三叠统（许满组、新苑组、边阳组）和上三叠统（赖石科组、把南组、火把冲组和龙头山组）样品等进行裂变径迹热年代学分析，得到了较详细的构造热演化资料。综合以往报道的右江盆地裂变径迹年代学数据，获得的有效磷灰石裂变径迹热年代学结果见表 7. 1。

表 7.1　右江盆地秧坝及邻区磷灰石裂变径迹样品分析结果

时代	n	$\rho_s/(\times10^5/cm)$ (N_s)	$\rho_i/(\times10^5/cm)$ (N_i)	Γ_{si}	$P(\chi^2)/\%$	T/Ma(±1σ)	$L/\mu m(N)$
T_2xm	19	5.38 (271)	12.38 (624)	0.83	<0.1	73.3±10.2	
T_2by	18	3.85 (170)	18.12 (801)	0.96	>1	54.1±9.1	
T_2by	13	7.74 (367)	27.45 (1301)	0.88	<0.1	47.2±6.2	11.6±0.1 (108)
T_2xm	15	4.62 (363)	20.73 (1627)	0.74	<0.1	38.6±4.0	11.6±2.1 (94)
T_3ls	13	6.82 (373)	15.54 (850)	0.94	>20	78.8±4.4	—
T_3ls	16	5.33 (271)	14.00 (711)	0.93	>20	68.5±4.0	—
T_3ls	14	5.29 (193)	14.14 (516)	0.74	>50	67.2±4.7	—
T_3b	15	7.82 (322)	22.52 (928)	0.80	<0.1	72.3±9.1	11.4±2.2 (87)
T_3h	16	5.19 (430)	13.88 (1149)	0.92	>20	67.2±3.8	11.8±2.1 (117)
T_3h	15	4.95 (377)	9.19 (699)	0.94	>5	96.7±5.3	12.1±1.7 (103)
T_2x	15	3.86 (219)	13.01 (739)	0.81	>20	53.3±3.6	

注：n 为颗粒数；ρ_s 和 ρ_i 分别为样品的自发裂变径迹和诱发裂变径迹密度；T 为年龄；L 为平均径迹长度；$P(\chi^2)$ 为（$N-1$）个自由度 χ^2 值的概率，N 为矿物颗粒数；N_s，N_i 分别为与 ρ_s，ρ_i 相对应的径迹数目。

右江盆地泥盆系、上二叠统、中三叠统和上三叠统样品的磷灰石裂变径迹表观年龄变化范围为 38.6～96.7Ma（表 7.1），均远小于其真实地层年龄（240～208Ma）。同时，测试结果指示样品中的磷灰石裂变径迹均经过明显退火。中三叠统样品（包括许满组和边阳组）表观年龄集中于 38.6～73.3Ma，而上三叠统样品（包括赖石科组、把南组和火把冲组）表观年龄变化范围为 68.5～96.7Ma。中三叠统样品的磷灰石裂变年龄总体上小于上三叠统，表明中三叠统磷灰石样品的裂变径迹退火更强烈，推测其退火时间较长、退火温度较高。有效磷灰石裂变径迹样品主要集中在中—上三叠统（包括许满组、新苑组、边阳组和赖石科组、把南组、火把冲组），真实地层年龄分布于 240～208Ma，而样品中磷灰石裂变径迹表观年龄变化于 38.6～96.7Ma，所有样品的磷灰石裂变径迹表观年龄均远小于其真实地层年龄，指示磷灰石的裂变径迹均经过明显退火，即样品在成岩演化过程中均达到过 60～70℃以上温度，造成磷灰石裂变径迹部分退火，表观年龄变小。结合地质背景分析认为，样品的出露均为后期构造变形与抬升剥蚀所致，抬升剥露造成了样品的逐渐降温。磷灰石裂变径迹表观年龄的差异，反映了上覆地层的剥露程度。表观年龄的分布特征指示，秧坝及其邻区样品剥蚀至低于 70℃的时间在晚白垩世之后。

由表 7.1 可见，上三叠统地层中磷灰石裂变径迹表观年龄表现出明显的趋势性，即从赖石科组、把南组到火把冲组，径迹表观年龄逐渐增大，这与其由下而上埋藏又从上向下剥蚀相一致。就中三叠统地层而言，从许满组到边阳组，磷灰石裂变径迹表观年龄与地层年龄无明显相关关系，可能是地层构造活动早、变形强烈的结果。磷灰石裂变径迹更多表现为与变形后构造高程相统一的年龄分布。高程一致的样品表现出相似的表观年龄值。对比不同时代地层柱样品的裂变径迹分析结果与构造演化、地貌隆升的关系可见，中三叠统样品（包括许满组和边阳组）表观年龄分布于38.6～73.3Ma，而上三叠统样品（包括赖石科组、把南组和火把冲组）表观年龄则集中于68.5～96.7Ma，中三叠统样品中磷灰石裂变年龄总体上小于上三叠统，这表明中三叠统磷灰石样品裂变径迹退火更强烈，推测其退火的时间较长、退火温度较高。

右江盆地磷灰石裂变径迹单颗粒年龄分布如图7.1所示。一般来说，样品经过125℃以上的完全退火后，先前的磷灰石裂变径迹会完全消失，因所有颗粒均为新生径迹，其单颗粒年龄分布相对集中，表现为单峰分布。若样品未发生125℃以上的完全退火，样品中各磷灰石颗粒则保存了物源区原岩信息或沉积过程中形成的裂变径迹，而呈现出单颗粒年龄的分散性。本次样品单颗粒年龄分散性较强，反映样品从成岩到剥露出地表过程中所处温度均未超过125℃。右江盆地不同时代地层样品磷灰石裂变径迹单颗粒年龄分布互有差异。上三叠统（赖石科组、把南组和火把冲组）样品单颗粒年龄分布更为分散，最大单颗粒年龄达178.1Ma，指示物源区或原岩部分裂变径迹残余。中三叠统样品差异性更加明显，不同样品受构造活动和高程影响，古热史演化过程表现有所差别。

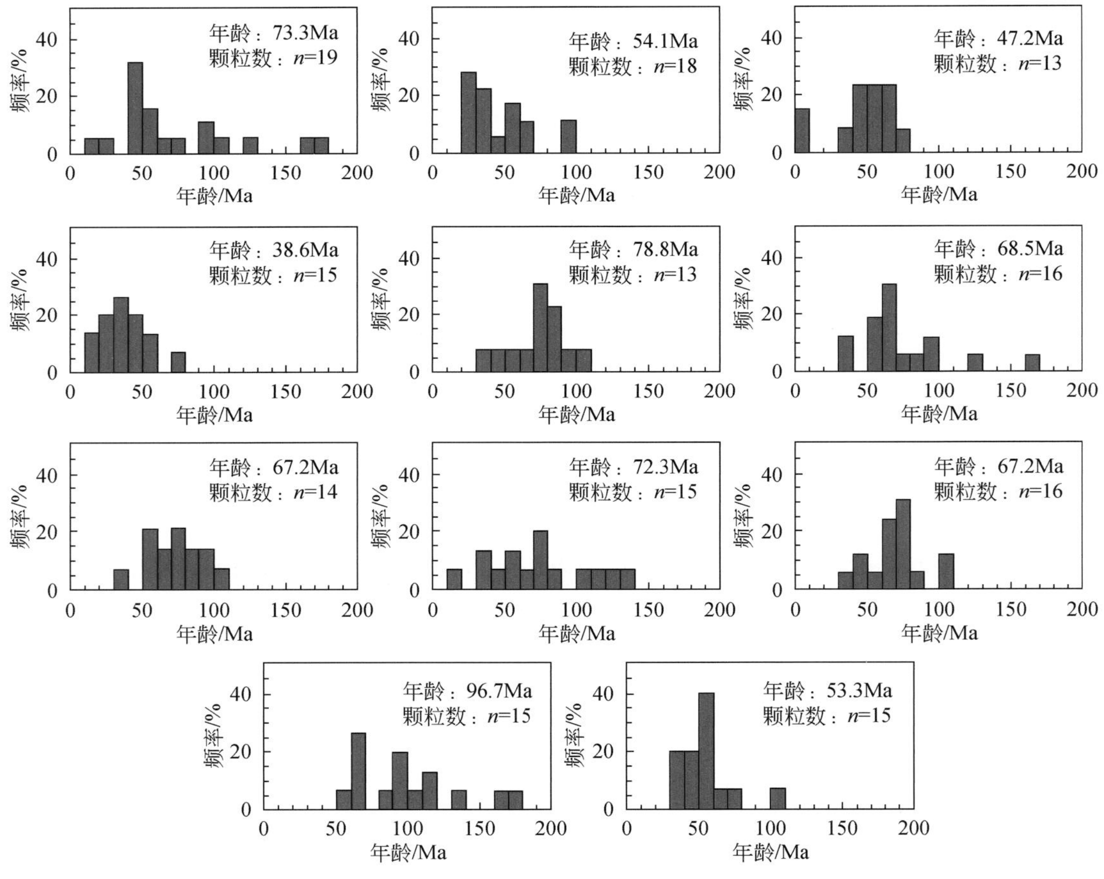

图7.1　右江盆地及邻区晚古生代—早中生代磷灰石裂变径迹单颗年龄分布直方图

右江盆地秧坝及邻区代表性样品磷灰石裂变径迹长度分布如图 7. 2 所示。样品的封闭径迹长度分布指示其复杂的热史过程，可能与区域性构造变动强烈、正常热史过程被扰动有关。总体来看，上三叠统的三个样品表现为中等长度宽带峰与其他不同长度不明显多峰相结合的分布模式。推测其主要以 100 ~ 60℃ 多个温度段内，中等或较高温度环境下生成并发生部分退火的裂变径迹为主。宽带多峰指示样品在磷灰石裂变径迹部分退火带存在长期持续、部分退火和缓慢降温的冷却过程，而中等宽带峰暗示其可能后期降温较快，导致长径迹峰值较高，可能与后期隆升剥蚀有关。中三叠统样品径迹长度具有明显的双峰式分布特征，且存在短径迹多峰或台阶式分布，反映了样品热事件前后形成的两期裂变径迹，热事件处中期阶段，推测该热事件可能与燕山运动有关。短径迹反映在此热事件之前还存在一个长时期高温引起早期裂变径迹的退火。此后的快速冷却事件导致中等长度径迹的集中分布，推测此次降温事件可能与构造变形及之后的重力均衡隆升和地貌剥蚀有关。

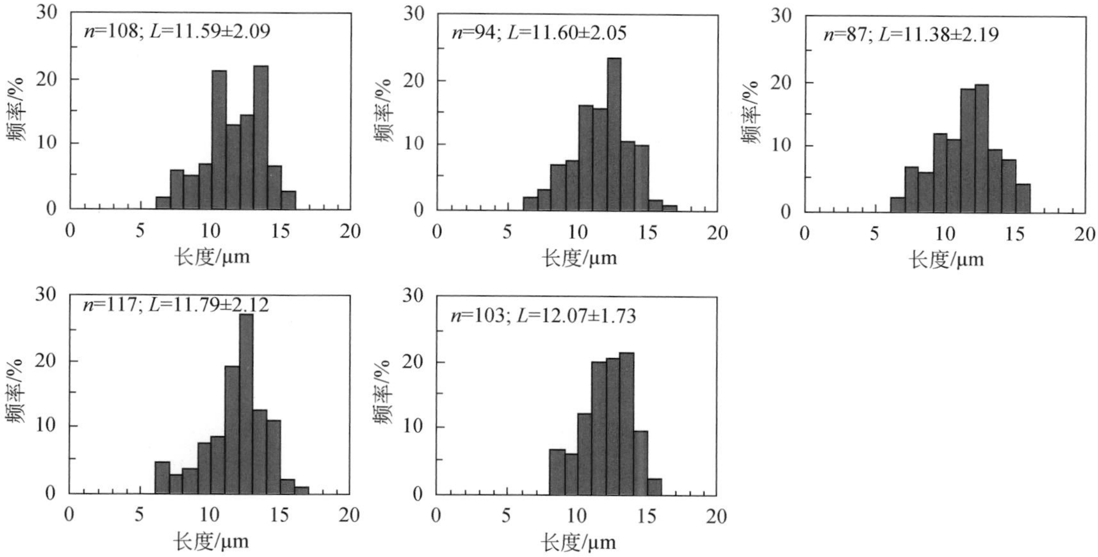

图 7. 2　右江盆地秧坝地区及邻区磷灰石裂变径迹长度分布直方图

秧坝及邻区代表性样品磷灰石裂变径迹演化模拟结果见图 7. 3。模拟结果显示，绝大多数样品热史曲线的总体形态呈不对称“U”形特征，大致可分为 4 个阶段：①先期快速增温阶段，随着样品由地表埋藏至地下，热史演化中温度逐渐升高；②侏罗纪高温阶段，经历了最早期温度升高、中期达到温度最高值（约 85 ~ 95℃）、晚期温度缓慢降低过程，该阶段的温度变化相对缓慢，且幅度较小；③白垩纪—始新世（约 140 ~ 40Ma）平缓降温阶段，该降温过程可能与构造运动减弱或地温梯度衰退有关；④始新世晚期以来（≤40Ma）的快速降温阶段，温度由约 60℃ 降至地表温度，降幅在 40℃ 左右，推测其冷却主要受地壳快速隆升叠加地温梯度衰退影响。

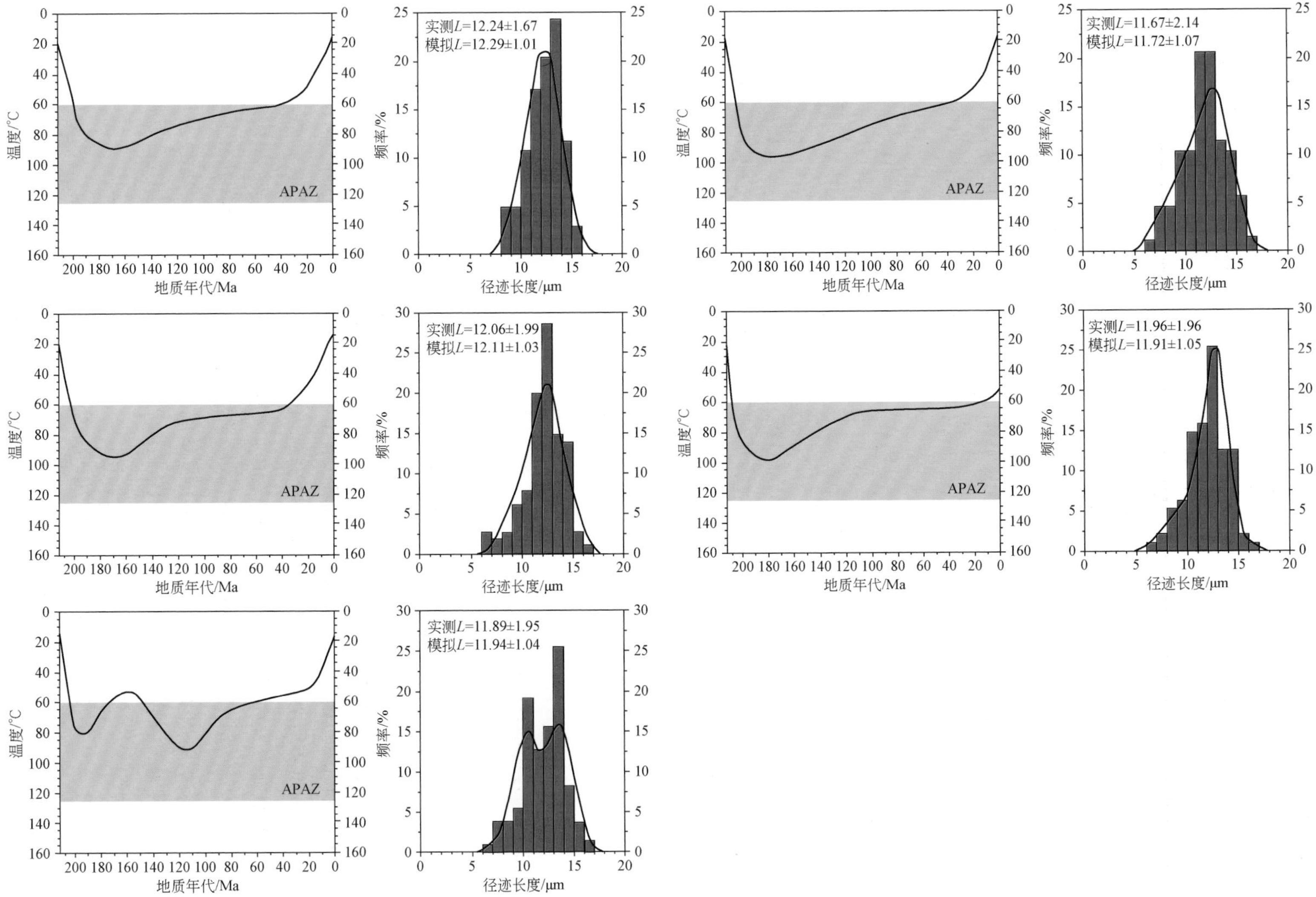

图 7.3　右江盆地秧坝及邻区代表性样品磷灰石裂变径迹热演化模拟图解

使用磷灰石裂变径迹推测古剥蚀量和剥蚀史时，首先必须了解古地温梯度，利用地温梯度和样品的古温度推测样品在不同时期的古埋藏深度。南盘江（右江）拗陷中的地温测井资料显示，其平均地温梯度约为30℃/km。以此为基础，研究区现今地温梯度暂取30℃/km，即中—晚三叠世盆地平均地温梯度取30℃/km。晚三叠世末—始新世，构造运动强烈，燕山期研究区地温梯度取35～45℃/km。所有样品表观年龄均远小于地层年龄，指示样品中磷灰石裂变径迹均经过60～70℃以上温度，造成部分退火。表观年龄值介于晚白垩世—始新世，指示南盘江地区主要剥蚀发生在晚白垩世—始新世之后，以晚期剥蚀为主。磷灰石裂变径迹单颗粒年龄分布特征指示其中存在有部分源区径迹信息，反映其埋藏成岩过程均未到达125℃以上完全退火，封闭径迹长度分布特征及模拟分析指示样品经历最高温度一般在80～100℃，这主要与滞后的构造增温有关。早期沉积埋藏最高古地温一般为60～80℃。考虑古地表温度认为，沉积埋藏时期最大地温增幅约为45～60℃，以古地温梯度30℃/km计算，原始地层埋深或上覆地层厚度约为1500～2000m，反映了南盘江盆地的地层平均剥蚀量。按构造增温最高温度和增温时期地梯度40℃/km计算，地层古埋藏深度仍为1500～2000m，反映的剥蚀量与第一方案一致。由此推测，研究区中生代以来的平均剥蚀量应在1500～2000m。

综上所述，南盘江（右江）地区中三叠统和上三叠统中磷灰石裂变径迹表观年龄为38.6～96.7Ma，相当于晚白垩世—始新世。其中，中三叠统样品的表观年龄为38.6～73.3Ma，上三叠统样品的表观年龄为68.5～96.7Ma，所有样品的表观年龄均远小于真实地层年龄（240～208Ma）。这说明所有样品中磷灰石的裂变径迹均经过60～70℃以上的温度影响，造成了部分退火作用。研究显示，右江盆地中三叠统覆盖区在印支期后的平均剥厚度约为1500～2000m，部分地区甚至低于1000m，主要的抬升剥蚀应发生在晚白垩世—始新世及其之后。

（二）十万大山地区裂变径迹年代学

十万大山盆地位于西大明山隆起南侧，总体走向北东东，略呈“S”形，盆地边界北缘大致以凭祥—东门—邕宁一线相接于西大明山；南面则以扶隆—小董断裂为界，靠近钦防褶皱带（周维博，2005；任立奎，2011）；东南以灵山构造带与云开相接，西北以凭祥-南宁断裂与扬子地块为邻，西南方向延入越南与安州盆地连为一体。十万大山盆地在我国境内东西长240km，南北宽30～70km，面积约11 500km^2，是中三叠世末发展起来的大中型中—新生代沉积盆地（张岳桥，1999；徐汉林等，2001）。作为华南地块南缘的重要组成部分，其新生代构造活动明显受太平洋板块俯冲和印度-欧亚板块碰撞的双重控制（郭彤楼，2004）。盆地以印支期不整合面为界，分为上古生界—中、下三叠统海相沉积与中、新生界陆相沉积两大构造层，属于残留型叠置盆地。

十万大山地区构造演化复杂，大致可以分为以下几个阶段：①寒武至志留纪，受湘桂地体北西向运动影响与江南古岛弧碰撞拼合，形成造山带；②泥盆纪至早二叠世，随着钦防海槽的关闭，十万大山盆地由残余海槽逐渐转变为被动大陆边缘，盆地发育大规模构造岩浆作用，形成不整合接触关系（郭彤楼，2004）；③晚二叠至中三叠世期间，受太平洋板块俯冲和印支与华南陆块碰撞影响，十万大山地区发育大规模断裂和褶皱隆起，并伴随大量岩浆侵入，进入弧后前陆盆地演化阶段（杨创，2015）；④晚三叠世至白垩纪晚期，灵山断裂继续向北西俯冲，区域性海相沉积结束，转为陆相沉积，形成碰撞前陆盆地；⑤白垩纪之后，以张扭性构造背景为主的十万大山地区普遍发育东西或北东向断陷盆地，之后受太平洋板块俯冲影响，十万大山地区全面隆升。

目前发表的十万大山地区低温热年代学样品主要为以砂岩为主的沉积碎屑岩系，所获得的锆石和磷灰石裂变径迹测试结果见表 7.2 和图 7.4。锆石裂变径迹表观年龄集中在 164±14Ma 至 371±50Ma，部分样品锆石裂变径迹表观年龄大于其地层年龄，反映了源区的构造热演化过程信息，多数样品锆石裂变径迹年龄小于其地层年龄，指示样品在沉积过程中经历的埋藏温度大于其退火温度。磷灰石裂变径迹表观年龄分布在 34.0±3.2～81.3Ma 之间，所有样品的裂变径迹表观年龄均小于地层年龄，说明埋藏成岩过程均经历 60～70℃以上温度的退火，反映样品上方不同程度的剥蚀。部分样品表观年龄与真实地层年龄差别不大，指示其经历的高于 70℃的部分退火温度时间较短，较早到达退火带以上，指示十万大山盆地部分区域基底地层剥露较早。

对十万大山盆地及邻区上三叠统平垌组和扶隆坳组、下侏罗统汪门组和百姓组、中侏罗统那荡组、下白垩统新隆组的磷灰石裂变径迹分析表明，其表观年龄为 34.0～81.3Ma，相当于晚白垩—古近纪始新世，且由老而新自上三叠统扶隆坳组、下侏罗统百姓组、中侏罗统那荡组到下白垩统新隆组，样品表观年龄由小至大，下白垩统新隆组表观年龄（81.3Ma）与真实年龄（约 120Ma）相差不算太大，而下三叠统扶隆坳组表观年龄仅为 34～45Ma，与真实年龄（220～208Ma）悬殊，表明后期的构造作用对该区地层层序的改造并不强烈，后期隆升剥蚀的剥蚀量相对较大、剥蚀时间更长。

表 7.2　十万大山盆地上三叠—下白垩统代表性沉积岩磷灰石裂变径迹分析结果

时代	颗粒数（n）	$\rho_s/(\times10^5/cm)$ (N_s)	$\rho_i/(\times10^5/cm)$ (N_i)	Γ_{si}	$P(\chi^2)\%$	T/Ma(±1σ)	$L/\mu m(N)$
K_1x^1	13	10.03（365）	21.10（768）	0.97	>50	81.3±2.9	
J_2nt^c顶	10	2.82（337）	8.31（993）	0.92	<0.1	69.2±13.8	12.3±1.5（91）
J_2nt^c底	12	7.52（297）	21.32（842）	0.97	>20	60.4±2.4	11.6±1.9（81）
J_2nt^b	12	4.45（331）	10.55（785）	0.94	>5	72.2±2.8	11.8±2.2（96）
J_1b^2	12	3.08（247）	12.11（970）	0.85	<0.1	48.2±6.5	—
T_3f^4	12	1.73（135）	7.63（594）	0.95	>70	39.0±2.2	—
T_3f^3	15	4.06（250）	17.86（1100）	0.81	<0.1	45.3±6.4	11.8±2.0（86）
T_3f^2	18	5.64（296）	24.48（1285）	0.96	>0.1	34.0±3.2	11.2±2.3（86）
γ_5^{1e}	11	6.28（431）	17.73（1216）	0.91	>2	60.9±4.8	—
ΠT_1b	12	16.41（950）	15.41（892）	0.93	<0.1	208.2±20.9	—

注：ρ_s 和 ρ_i 分别为样品的自发裂变径迹和诱发裂变径迹密度；T 为年龄；L 为平均径迹长度；$P(\chi^2)$ 为（$N-1$）个自由度 χ^2 值的概率，N 为矿物颗粒数；N_s，N_i 分别为与 ρ_s，ρ_i 相对应的径迹数目。

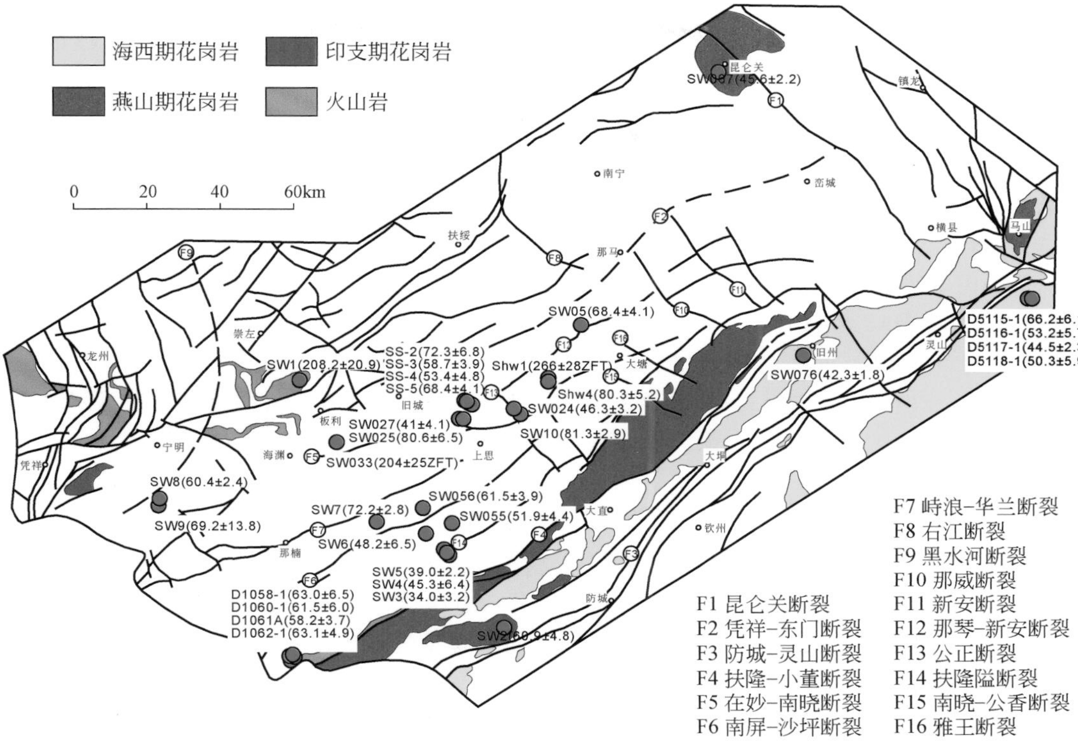

图 7.4 十万大山地区部分代表性裂变径迹样品分布图

图中无后标的年龄为磷灰石裂变径迹表观年龄，ZFT 为锆石裂变径迹表观年龄

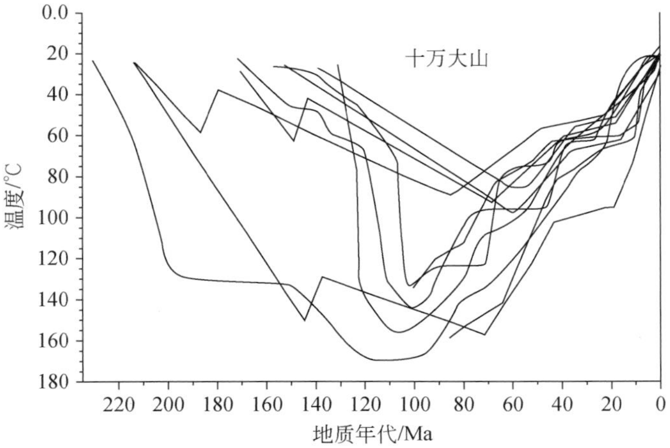

图 7.5 十万大山地区裂变径迹热史模拟曲线汇总

（据郭彤楼，2004 等）

统计十万大山磷灰石裂变径迹样品热史反演的最佳拟合曲线发现（图 7.5）：尽管盆地各样品因岩层与构造的不同而差异明显，但十万大山盆地上三叠统至下白垩统地层初步

热史模拟与其他已发表砂岩样品相似，总体经历了前期增温至后期冷却的二阶段过程，均表现为前期构造沉降（升温）—后期隆升（降温）的二阶段过程。前期升温多为岩石沉积成岩过程中埋藏生热所致，增温速率相对匀速，部分样品除埋藏生热外受燕山期构造运动影响表现出非均一增温的多期次、幕式演化。各个样品在110～50Ma达最大古地温（地温值为90～170℃），之后进入全面冷却阶段，推断为样品所在岩体在成岩之后受区域构造作用抬升剥露引起降温。大部分的转折时间集中在100±10Ma左右，指示构造转折期在100Ma左右。利用镜质组反射率及相关资料分析认为，中侏罗世—白垩纪（160～90Ma），该区整体由于沉积埋藏而快速增温，白垩纪以来盆地各样品抬升剥露过程中冷却速率为0.98～2.31℃/Ma，埋深可达2000～2300m。晚白垩世—始新世（85～45Ma）快速降温，古埋深改变了1000m左右；古新世—始新世（45～25Ma）剥蚀量变化不大，而始新世—中新世（25～20Ma）以来抬升剥露却达1200～1500m。结合十万大山盆地热史模拟曲线和相应的镜质组反射率数据估算，十万大山盆地中生代以来地层剥蚀总量在3000m左右（郭彤楼，2004）。

二、右江盆地周缘山、盆的多阶段抬升

（一）江南隆起带

江南隆起带位于华南陆块中部扬子和华夏地块结合部位。总体呈北东向展布，东起皖浙交界，经湘鄂赣边线至广西北部，作为多期次复合造山带具有复杂的构造形迹和漫长的演化历史。该隆起带晚三叠世进入陆内演化阶段，燕山早期广泛发育逆冲推覆构造，燕山晚期江南隆起带受太平洋构造域影响发生构造反转，以伸展背景下的断陷活动为主，盆地正断层发育并伴随着火山沉积和花岗岩的侵入，新生代受太平洋俯冲和印度-欧亚板块碰撞影响，江南隆起带表现为隆升剥蚀。目前已发表的江南隆起带裂变径迹年代学数据多集中在幕阜山岩体、望湘岩体及桃花山地区（王韶华等，2009；石红才等，2013）。样品岩性以花岗质岩石为主，成岩年龄多集中在燕山期。已报道的江南隆起带花岗岩的磷灰石裂变径迹表观年龄如图7.6所示。

江南隆起带花岗岩中磷灰石裂变径迹表观年龄变化范围为27.4～89.3Ma，平均年龄约为52.8Ma，与华夏地块磷灰石裂变径迹年龄相似，指示江南隆起带中—新生代热冷却过程与华夏地块相似。裂变径迹长度变化于11.2～12.85μm，呈宽带单峰分布，说明江南隆起带早期热事件之后未经历复杂热扰动。江南隆起带裂变径迹演化模式统计分析表明，各样品经历了不同的冷却演化历史，其初始冷却时间存在差异。多数样品经历了120～50Ma的第一阶段快速冷却过程，该过程的启动时限明显晚于华南东部华夏地块，指示江南隆起带新生代的地貌隆升或晚于华夏地块。相比华夏地块和十万大山地区，其初始降温较年轻，更接近南盘江地区。由温度-时间演化模拟推测，在约50Ma整体演化趋于统一，整个江南隆起带新生代平均冷却速率约为2.3℃/Ma，55Ma之前抬升幅度约为2000m，55～25Ma为缓慢冷却阶段，隆升剥露作用不明显。而25Ma以来进入第二次快速抬升剥露阶段，其抬升幅度约1000～2000m（图7.7）。总体而言，晚中生代以来江南隆起带总体抬

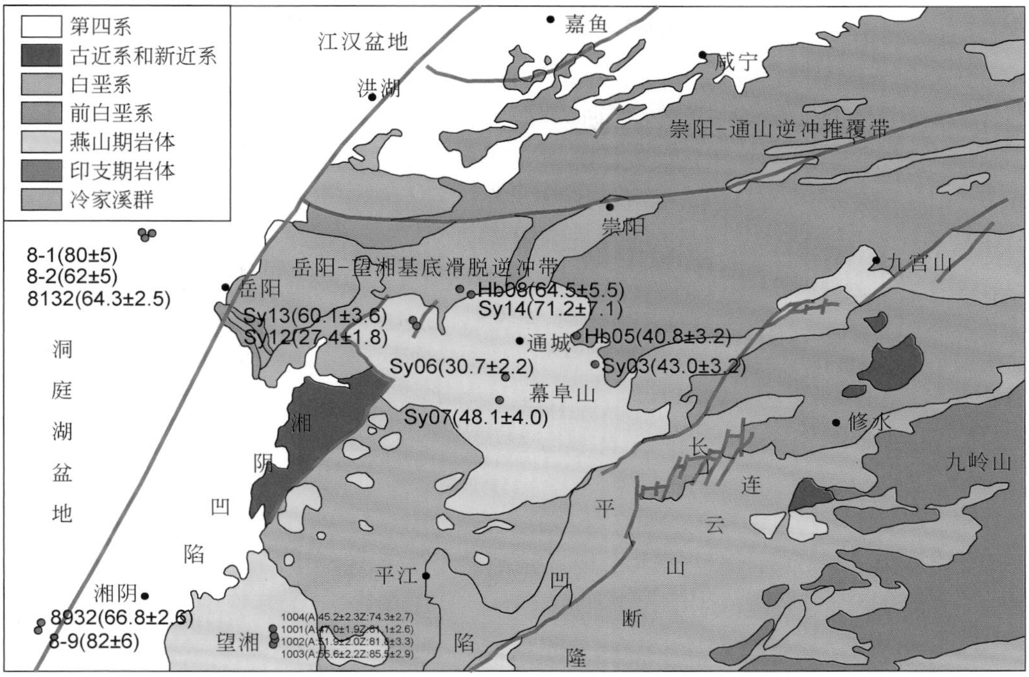

图 7.6　江南-雪峰隆起带裂变径迹表观年龄分布图

（据王韶华等，2009；石红才等，2013；Shen et al.，2012 等）

升幅度在 3000～4000m。与第六章确定的江南隆起带中段（雪峰山）湘中矿集区所在地晚中生代以来的地层被剥蚀量（约 3.7km）一致。

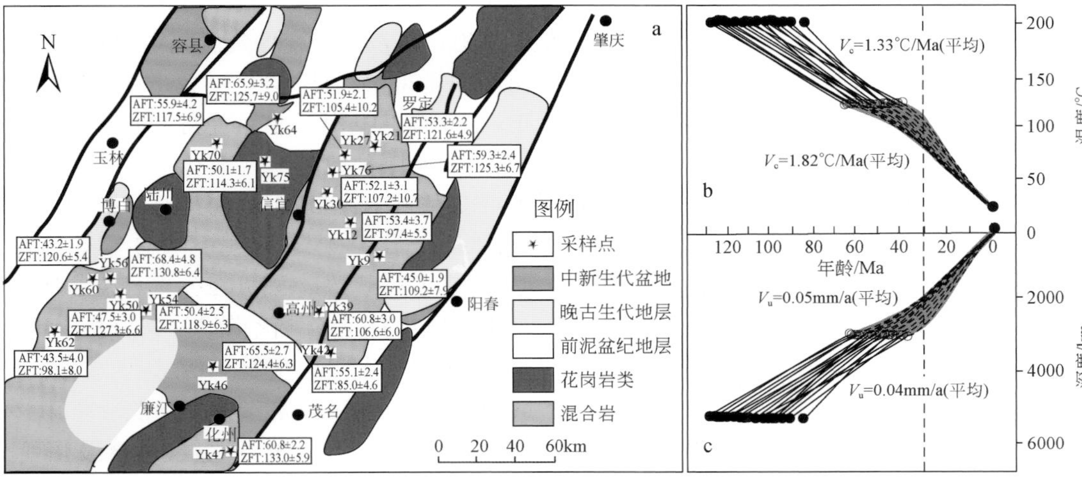

图 7.7　云开大山地区裂变径迹表观年龄分布及磷灰石裂变径迹反演模式图

（据李小明，2004 修改）

（二）云开大山

右江低温成矿域东缘之云开大山地处华南陆块南缘，靠近印支地块，紧邻钦防海槽。东西分别被吴川-四会断裂、岑溪-博白断裂所围限，向南至吴川-遂溪断裂，北接罗定-广宁断裂，是武夷-云开加里东褶皱带的组成部分。云开地块经历了前晋宁期陆核形成和古陆壳生长、晋宁期拉伸张裂、加里东期韧性剪切和褶皱变形、海西至印支期碰撞造山及燕山—喜马拉雅期陆内伸展等几个重要的演化阶段。一般情况下，构造活动均伴随着地壳运动，地壳隆升必然伴随着地表剥蚀。同时，断陷成盆过程中肩部块体的剥露会引起地壳内部岩体温度的下降（石红才等，2013）。云开大山地区中—新生代隆升剥露历史对华南大地构造演化有重要指示作用，为表征其抬升降温过程，对云开大山地区已发表的不同岩石类型的锆石和磷灰石裂变径迹年龄及径迹长度进行了统计分析（图 7. 7）。

云开大山地区锆石裂变径迹表观年龄为 85. 0 ~ 133. 0Ma，主要集中于 97. 4 ~ 133. 0Ma，总体为双峰正态分布模式，峰值年龄约 125. 0Ma。磷灰石裂变径迹年龄为 43. 2 ~ 68. 4Ma，峰值年龄在 55Ma 左右。磷灰石裂变径迹长度均为宽带单峰分布，径迹长度集中在 12. 60 ~ 14. 36μm。云开大山地区相对整个华夏地块规模较小，受构造活动影响相对统一，表观年龄跨度小，但年龄区间与华夏地块相似，指示其晚中生代以来构造演化过程与华夏地块的一致性。

基于锆石、磷灰石裂变径迹表观年龄的构造热演化模拟结果显示，晚中生代以来云开大山地区经历了先缓慢、后快速的隆升剥露过程（图 7. 7）。矿物对法裂变径迹分析指示，早白垩世至古近纪云开地区平均冷却速率为 1. 33℃/Ma，平均隆升速率约为 0. 04mm/a；70 ~ 25Ma 期间缓慢冷却和隆升，冷却和隆升速率分别为 1. 24℃/Ma 和 0. 04mm/a；25Ma 以来区域隆升剥露速率明显加快，冷却速率达 2. 5℃/Ma。假定云开地区降温主要为岩体抬升剥蚀的结果，推测云开地区晚中生代以来隆升幅度在 5km 以上。结合现今高差与地质背景分析其剥蚀厚度在 4km 以上。云开大山地区锆石、磷灰石裂变径迹表观年龄的分布指示，该区可能存在北西—南东方向相对北东—南西向抬升早/高的演化过程。结合区域资料可判断，自云开大山向西至十万大山、南盘江盆地，晚中生代以来的总体抬升剥露量显著减少，其中云开大山的抬升剥露在 5000m 以上，十万山盆地腹地在 3000m 以上，向西自西大明山—横县、崇左—扶绥、凭祥—东门一带可能只有 1500m 左右，而南盘江（右江）盆地总体剥蚀量在 1000 ~ 2000m 以内。

（三）四川盆地

四川盆地位于扬子地块西部，东南接江南雪峰造山带，北以大巴山、米仓山与秦岭造山带相邻，西缘通过龙门山与青藏高原相接，是古生代海盆基础上发育的红色陆相沉积盆地。根据构造属性的差异，可划分为川东北、米仓山-汉南隆起、威远-宜宾地区及川西、川南、川中等不同区块。四川盆地在成盆过程中沉积了震旦系至中三叠统海相地层和之后的陆相沉积建造，沉积岩系在晚白垩世以来遭受到多次抬升剥蚀。

目前发表的四川盆地裂变径迹样品以侏罗系为主，部分采自三叠系和二叠系。磷灰石裂变径迹表观年龄统计见图 7. 8，区内磷灰石裂变径迹最大年龄为 189Ma，其中 100Ma 以上年龄多集中在盆地西北区，推测其物源来自龙门山，老年龄样品的裂变径迹一定程度上反映了龙门山褶皱带的部分特征，其余地区裂变径迹年龄则多集中在 85Ma 以下。

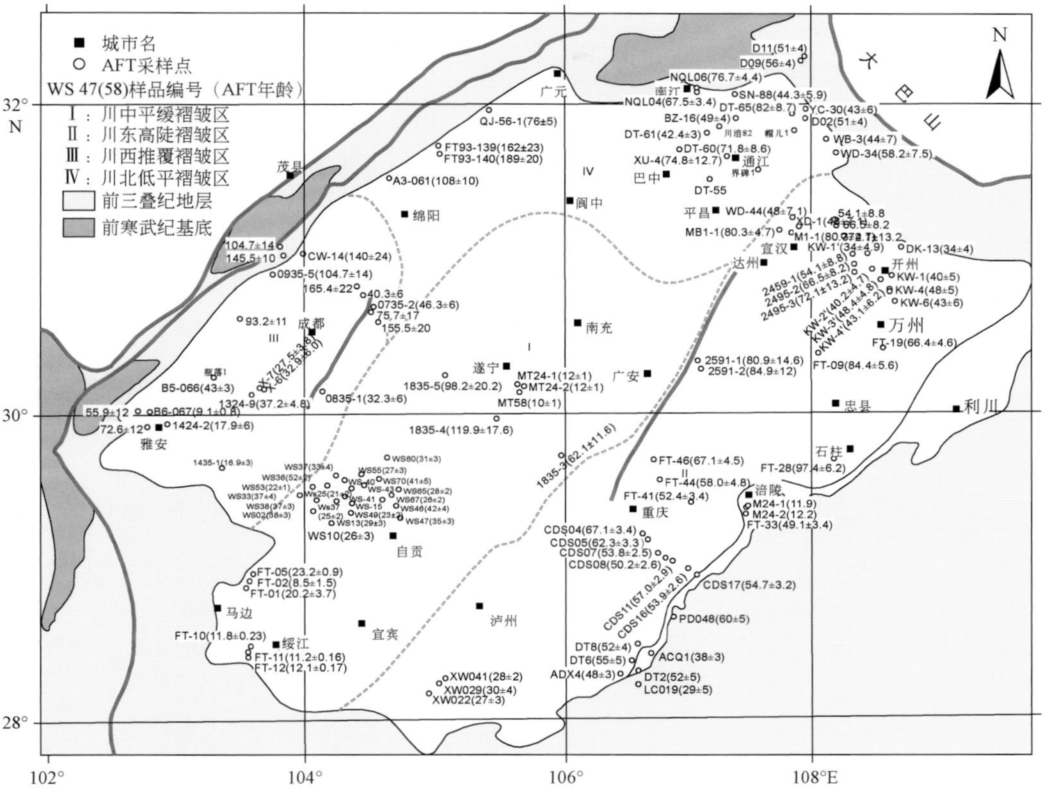

图 7.8　四川盆地磷灰石裂变径迹年龄及采样位置分布图

（据邓宾等，2009，2013；李双建等，2011；郇伟静等，2013；张艳妮等，2014 等编制）

区内磷灰石裂变径迹表观年龄集中在 23～52Ma，径迹年龄普遍小于地层成岩年龄，且年龄组分多服从 χ^2 检验［即 $P(\chi^2)$ 检验概率大于 5%］，指示磷灰石颗粒属于同一组分，样品总体经历了完全退火。对四川盆地各次级单元磷灰石样品热演化史的模拟表明（图 7.9），四川盆地经历了多期、多阶段隆升剥露过程，且不同构造单元存在一定差异。川中平缓褶皱区磷灰石裂变径迹表观年龄集中在 8.5～51Ma，径迹完全退火，表观年龄值小于地层年龄，径迹长度分布于 10.35±0.61μm 至 13.1±0.6μm，远小于磷灰石裂变径迹初始长度。川东高陡褶皱区（包括重庆、达州等地）磷灰石表观年龄为 34.0～84.9Ma，径迹长度为 9.6±1.3μm 至 12.3±2.0μm。川西推覆褶皱区磷灰石裂变径迹年龄值变化于 9.1～140Ma，除少数样品外均完全退火，径迹长度为 11.36±0.52μm 至 14.25±1.49μm。川北低平褶皱区径迹年龄值为 13.6～189Ma，径迹长度集中在 9.6±1.3μm 至 12.62±0.92μm。研究表明，川中平缓褶皱区 100Ma 以来经历了缓慢—快速的剥露过程，快速降温主要发生在中新世之后；川东高陡褶皱区则经历了快速埋藏—缓慢隆升—快速冷却三阶段，快速沉降发生在古近纪之前，而快速隆升则发生在上新世或中新世之后；川西褶皱区表现为沉降—稳定—隆升过程，始新世以来剥蚀作用速率加快；川北低平褶皱区与川中褶皱区类似，构造热演化表现为缓慢—快速冷却的过程，快速隆升冷却开始于中新世。

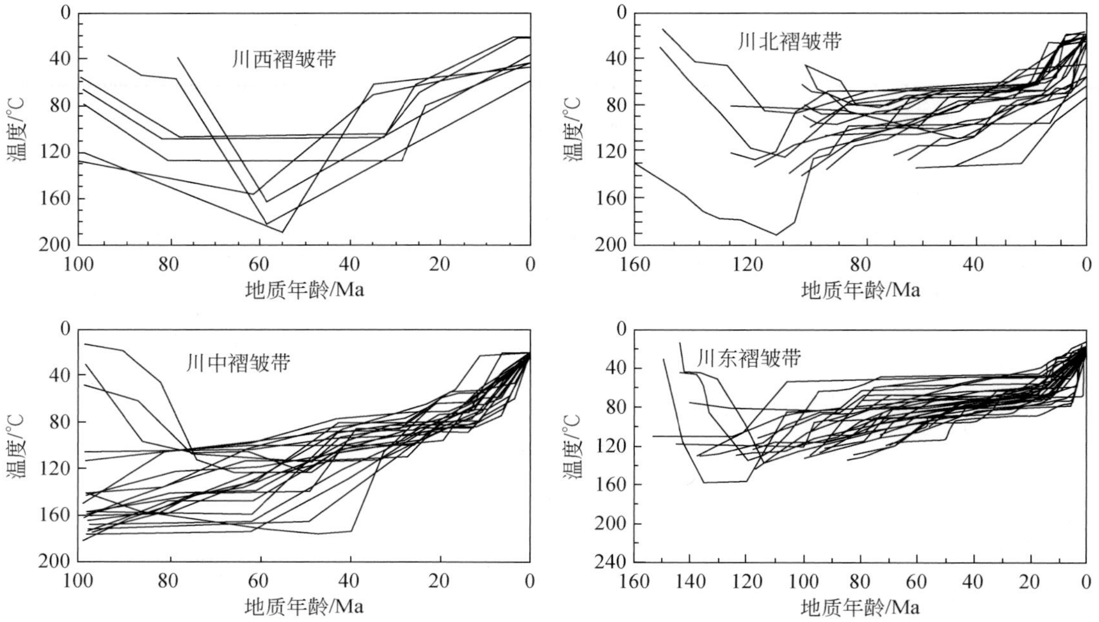

图 7.9 四川盆地磷灰石裂变径迹时间-温度反演图
（据邓宾等，2009；2013；李双建等，2011）

总体而言，几乎所有四川盆地样品裂变径迹模拟结果均显示出晚期快速冷却，其冷却时限均在 25Ma 以内，有些样品在 20Ma 甚至 10Ma 以内，此次隆升冷却事件可能与印支板块东南向幕式挤压有关，表现为青藏高原东缘向东的隆升扩展和四川盆地及其周缘整体抬升。由磷灰石裂变径迹反演可知，区域上由北东的通江—达州地区向南西的雅安—石棉地区，磷灰石裂变径迹表观年龄具缓慢降低趋势，其热史模拟表明无论川中还是川西地区，总体上 100～20Ma 为缓慢剥蚀过程，快速抬升剥露发生在始新世-中新世（20Ma）以来，几乎所有样品裂变径迹模拟结果都具有晚期快速抬升的特点。

三、与华南东部地区构造剥露史的对比

对比用的华南东部（华夏地块）的裂变径迹样品以花岗质岩石为主，包括花岗岩、二长/钾长花岗岩和黑云母花岗岩等。部分岩石样品变质明显，岩性为糜棱岩、片麻岩、千糜岩等。所有样品间的相对高差在 150m 以内，采样地点如图 7.10 所示。研究表明，华夏地块锆石裂变径迹样品的 $P(\chi^2)$ 检验概率均远大于 5%，指示锆石颗粒年龄的同源同一性，岩石样品在成岩之后以单一冷却模式通过锆石裂变径迹退火带，且未长期处于部分退火区间，不存在多次反复加热/冷却过程。

华南东部已发表的花岗质岩石锆石裂变径迹表观年龄测试结果如图 7.11 所示。其裂

图 7.10　华南花岗质岩石锆石和磷灰石裂变径迹年龄分布图
（据 Wang et al.，2013）

变径迹表观年龄在 60～190Ma，峰值年龄变化于 80～120Ma。锆石裂变径迹表观年龄相对集中，代表了一个广泛发育的区域性冷却事件。锆石裂变径迹表观年龄均小于岩石的成岩或变质年龄，径迹年龄标准差变化于 5.3～15.0Ma。锆石裂变径迹表观年龄指示，华南东部大部分地区样品所在岩体在形成之后隆升冷却，快速冷却时间发生在 90～130Ma 及之后，样品整体在晚白垩世左右进入锆石裂变径迹部分退火带。表观年龄主要集中在白垩纪的事实说明，在晚中生代华南东部发生了整体面状抬升。表观年龄的跨度范围则指示，除整体抬升之外华南构造活动也存在部分区域性特点，地域性构造岩浆及变质作用等热活动对锆石裂变径迹起到了部分控制作用。

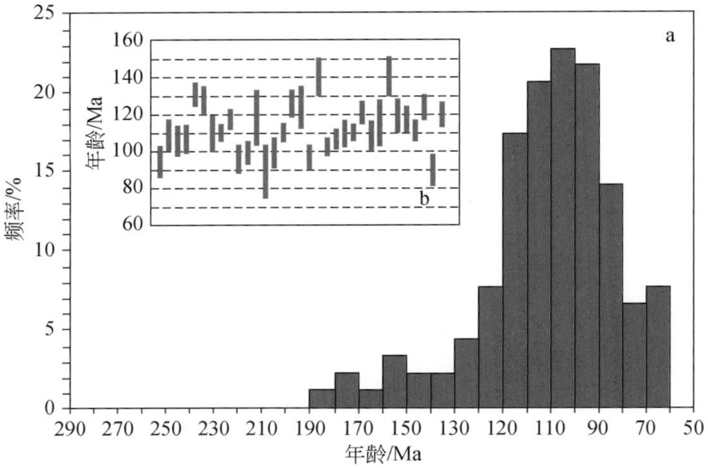

图 7.11　华南东部花岗质岩石样品锆石裂变径迹年龄分布图

磷灰石径迹年龄相对锆石年龄受近地表热事件影响更为明显。磷灰石裂变径迹年龄可能不是同一期作用的结果，对区域性构造和热作用更为敏感。已发表的华南东部花岗质岩石样品磷灰石裂变径迹年龄测试结果如图 7.12 所示。磷灰石裂变径迹年龄变化于 10 ~ 95Ma，峰值年龄集中在 30 ~ 85Ma。此外，磷灰石裂变径迹年龄在经度上的变化比纬向上更为明显，径迹年龄向东表现出变大的趋势，而随纬度的变化不大，这种方向性变化指示华南新生代（古近纪及之后）的构造应力主要为东西而非南北方向，构造热作用主要来自东部（即大洋方向）。

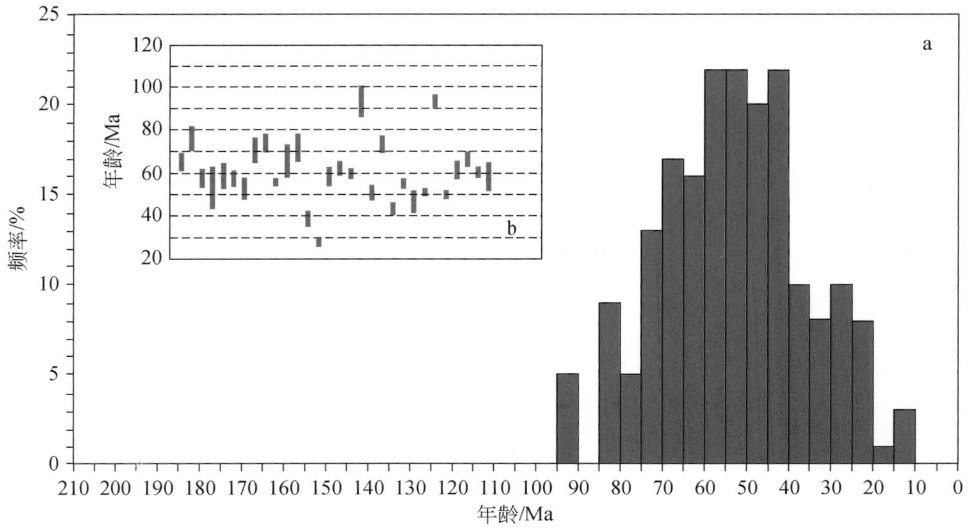

图 7.12　华南东部花岗质岩石样品磷灰石裂变径迹年龄分布图

磷灰石的裂变径迹长度分布如图 7.13 所示。由图可见，磷灰石裂变径迹长度分布在 12.04～14.81μm，属中等长度范围。径迹长度均为宽带单峰分布，这种特征显示了单一冷却过程的基岩型至诱发型/火山岩型分布模式。

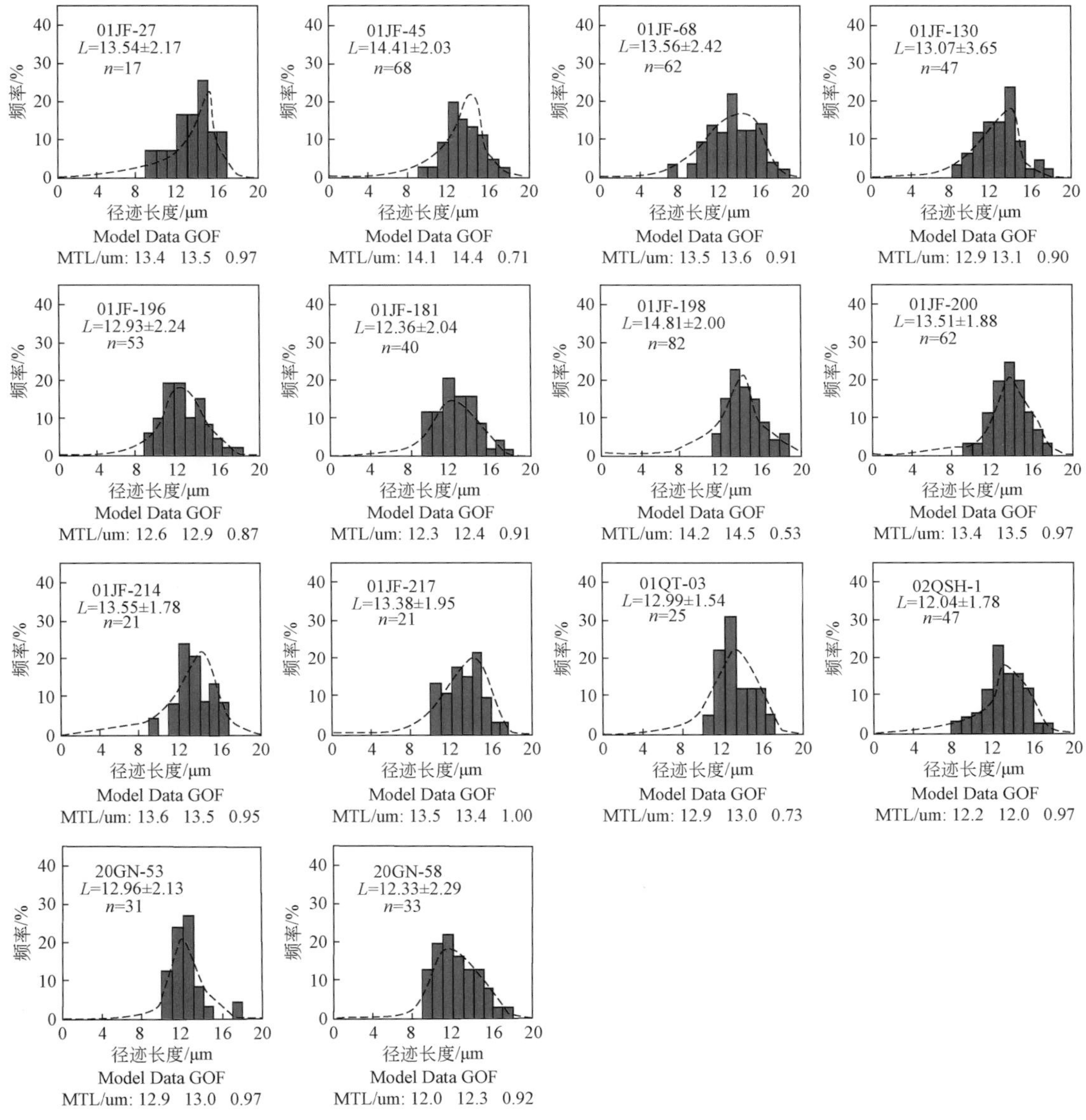

图 7.13　华南东部代表性样品磷灰石裂变径迹长度分布直方图

磷灰石裂变径迹的退火特性和退火带划分受多种因素影响，是研究样品热历史的基础。其中，化学动力学参数 Dpar 值和 Cl 含量是影响退火最重要的因素。华夏地块花岗质岩石样品磷灰石裂变径迹的 Dpar 值均小于 2.0μm，可用普通磷灰石裂变径迹退火温度 60～120℃作为其退火带边界。与磷灰石裂变径迹相似，锆石裂变径迹退火带作为多元组分函数，其主要受 α 损伤控制。华南东部样品多集中在中生代，积累了较高的 α 损伤，因而可采用 Bernet（2009）推荐的 210±18℃作为锆石裂变径迹的封闭温度。应用“矿物对法”估算华南的冷却抬升历史可以发现，晚中生代以来华南的差异隆升明显，白垩纪至古近纪左右（锆石裂变径迹表观年龄至磷灰石裂变径迹表观年龄期间）华夏地块不同区域花岗质样品所在岩体的冷却速率差异较大，变化于 1.3～3.7℃/Ma（图 7.14），但多数样品集中在 1.5℃/Ma 左右。在不考虑地下热流和构造生热/降温影响，只关注地壳抬升的情况下，以平均地温梯度 30℃/km 计算，白垩纪至古近纪（锆石裂变径迹表观年龄至磷灰石裂变径迹年龄）期间，岩体上覆地层/岩石被剥蚀约 3.6km，抬升速率变化于 4.49～12.40mm/Ma，但多数样品集中在 5.0mm/Ma 左右。

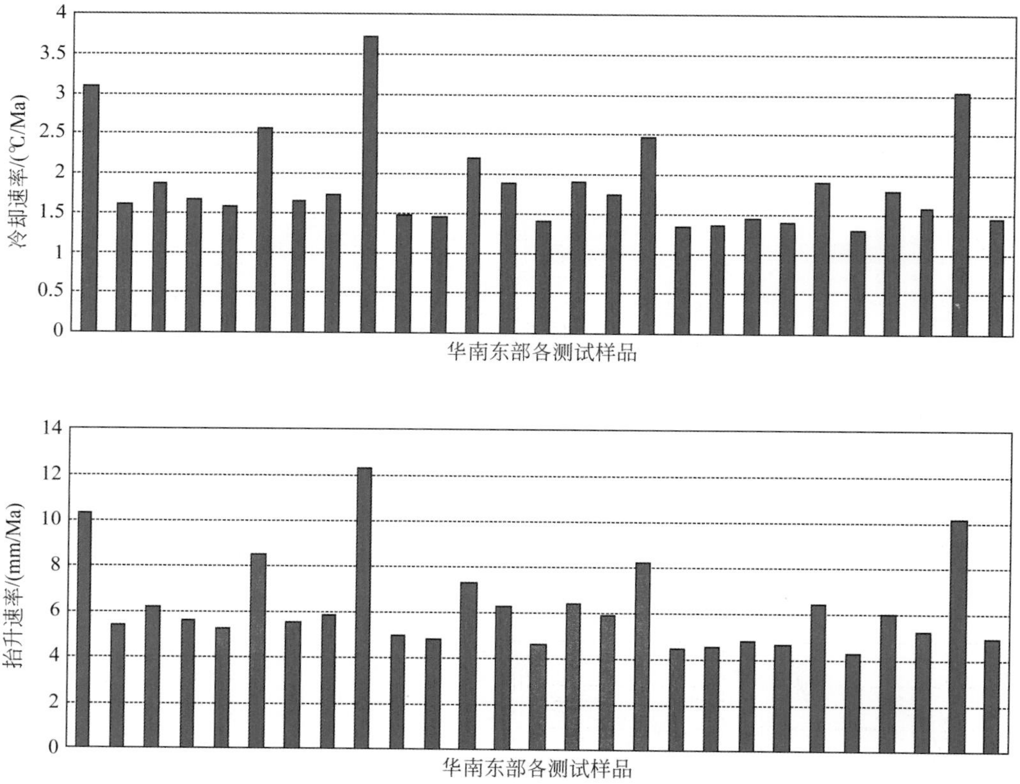

图 7.14　华南东部花岗质岩石样品锆石-磷灰石裂变径迹“矿物对”法冷却—剥蚀速率

采用 Laslett 等（1987）退火模型，利用 AFTsolve 软件对华夏地块磷灰石径迹进行了热史模拟（图 7.15）。以所有样品单颗粒磷灰石裂变径迹年龄及偏差、磷灰石诱发/自发裂变径迹条数、封闭径迹长度和径迹与 C 轴夹角等因素约束并模拟可能的温度-时间演化曲线（每个样品取 10^4 条模拟曲线），之后将模拟结果与实测径迹长度和年龄分布进行比对，采用长度 K-S 检验和年龄 GOF 参数评估模拟质量。当 K-S 检验和 GOF 参数均大于 5%时，曲线集中在模拟图解的黄色区域，被视为可信；当 K-S 检验和 GOF 参数均大于 50%时，模拟结果分布于温度-年龄图解的红色区域，被视为高质量模拟。K-S 检验和 GOF 参数的最大值曲线即磷灰石样品的最佳模拟曲线。由于磷灰石裂变径迹封闭温度较低，多集中在120℃及以下，故高于磷灰石裂变径迹退火带的模拟曲线准确度相对较低。为更好地框定样品所在岩体的构造热演化，在模拟过程中结合锆石裂变径迹年龄，得到锆石退火带至磷灰石封闭温度之后（取120℃的年龄点）拟合曲线的平均冷却路径（图7.16），进行了样品综合热演化分析。裂变径迹的热演化模拟结果显示，自白垩纪以来，华夏地块普遍发生冷却作用，虽然不同区域代表性样品冷却过程有所差异，但先期快速冷却过程相似，说明中生代华南东部构造力源有一定的统一性，而新生代的局部构造岩浆活动对样品热影响加深。

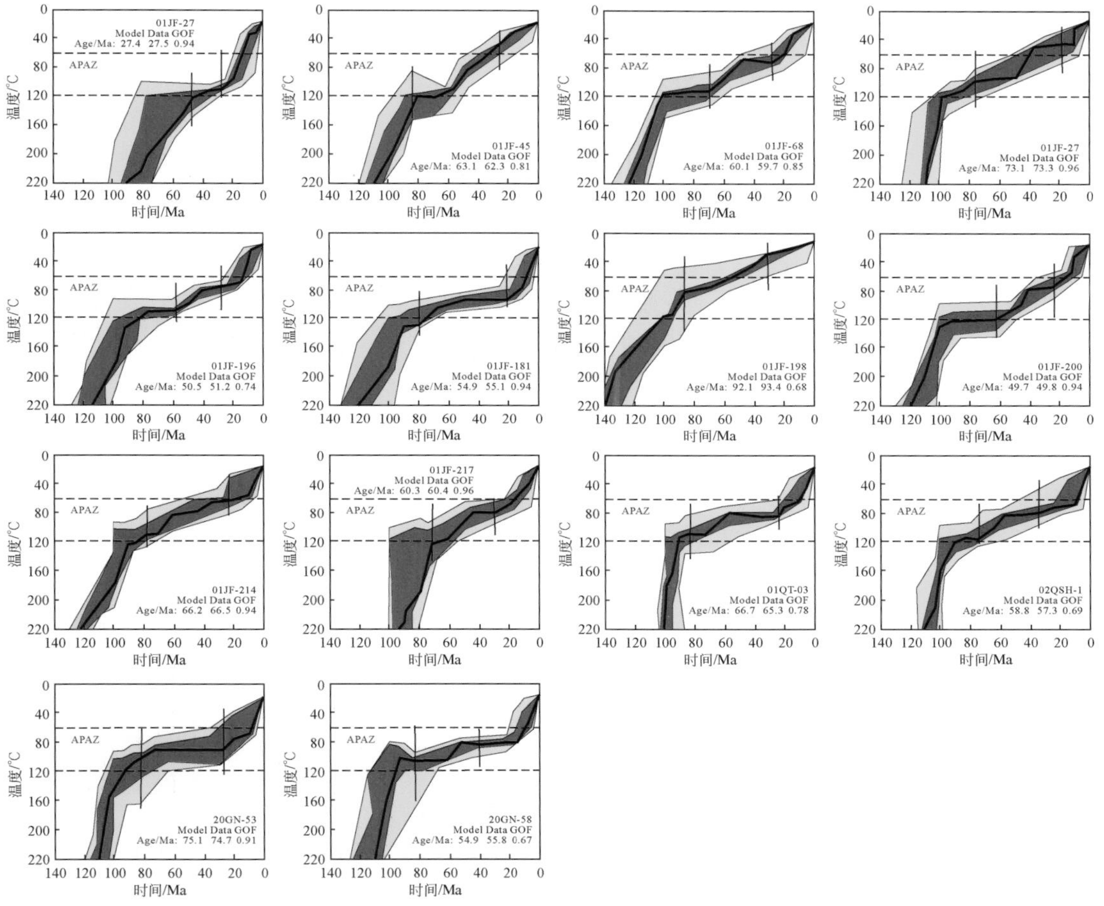

图7.15 华南东部代表性岩石样品裂变径迹温度-年龄热演化反演图解

裂变径迹温度-时间演化曲线（图7.15和图7.16）显示，在经过90Ma之前的快速冷却阶段后进入了相对平静期。温度的相对稳定一方面可能由构造活动减弱、地貌抬升不明显和地表剥蚀强度降低引起，另一方面也可能为地表剥蚀冷却与地壳增温作用平衡的结果。磷灰石裂变径迹表观年龄集中在30~85Ma，指示岩体在古近纪降温至磷灰石部分退火带60~120℃，相当于地表之下2~4km，在此深度下岩体固结作用明显，受地下热流作用较小，主要降温受控于地体隆升和剥蚀。因此，华南90~23Ma裂变径迹温度-时间曲

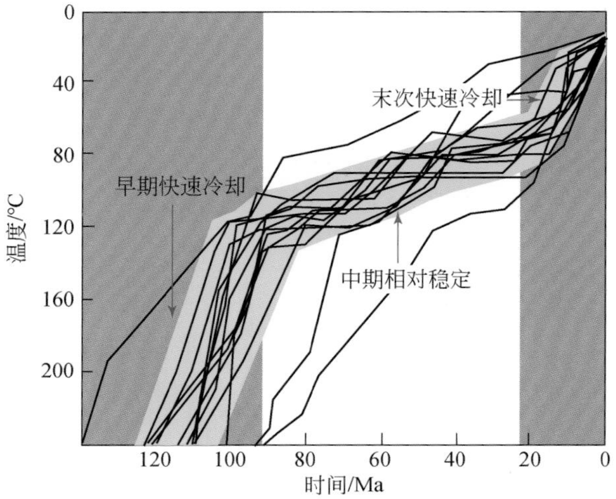

图 7.16 华南东部代表性样品热演化路径模拟曲线叠合图

线的平缓阶段（图 7.16）可能代表了一个相对稳定的构造平静期。这一时期与华南白垩纪以来红层的广泛出露一致，反映了快速抬升代表的伸展过程与地表剥蚀作用具有一致性。

K_2-E_3之间华南东部的广东地区广泛出露 1010 ~ 1350m 高程的粤北面，E_2-N_1期间出露高程为 600 ~ 780m 的阳山面（张珂和黄玉昆，1995），是构造抬升之后的均衡阶段。磷灰石裂变径迹反演显示，华南花岗质岩体在约 90Ma 之后出现长期略微降温而整体稳定的态势，而 80 ~ 90Ma 期间径迹反演表现为整体平静阶段，与粤北面的形成具有时间一致性。同样，约 40Ma 之后的温度稳定期与阳山面的出露相耦合。约 23Ma 后，磷灰石裂变径迹模拟曲线出现明显的末次冷却。综合所有数据可以得到，华夏地区锆石裂变径迹表观年龄集中在 89 ~ 140Ma，磷灰石裂变径迹表观年龄集中在 40 ~ 65Ma，磷灰石裂变径迹长度呈宽带单峰分布，即经过 60℃退火带之后华南地区处于持续隆升作用；白垩纪以来，华夏多期抬升量高达 5000m 以上，样品热演化曲线表现出幕式特征，经历了早期快速剥蚀、中期相对稳定和后期快速冷却过程。

综上所述，从东部沿海和云开大山地区（华夏地块中东部）向西至十万大山、南盘江（右江）盆地，晚中生代以来经历了早期快速剥蚀，中期相对稳定和后期快速剥蚀三个阶段，后期快速剥露多在 23Ma 以来。但不同地区的抬升剥蚀速度和剥蚀量差异明显，呈现出自西向东抬升剥蚀程度加剧的特点。其中云开及华夏地区中东部的隆升剥蚀总量超过 5000m，十万大山地区在 2500m 左右，向西至右江和川中地区总体剥蚀量减少至 1000 ~ 2000m，华南陆块中部的江南隆起区（湘中地区）则介于云开（华夏中东部）与十万大山之间。整个华南陆块晚中生代以来表现为东高西低的态势，总剥蚀量呈现出向内陆方向明显降低趋势。总体而言，东部华夏地块中东部、中部湘中地区、西部右江地区的抬升剥蚀量，应分别在 5000m、3500m 和 1500m 左右。

四、低温成矿省深部 W-Sn 多金属矿床找矿预测

如前所述，华南低温成矿省与高温成矿省具有密切的成因联系，这些证据主要包括以下几点。①年代学证据。相同的成矿峰期预示着成矿受相同的动力学机制驱动，同一动力学机制（如陆内造山）在不同区域产生的逆冲推覆构造和花岗岩浆可形成三类矿床：推覆过程驱动高盐度盆地流体沿推覆构造运移形成低温 Pb-Zn 矿床、花岗岩浆驱动地壳浅层断裂系统中的低温流体循环形成低温 Au-Sb（Hg、As）矿床、花岗岩浆分异出成矿流体形成高温 W-Sn 多金属矿床。显而易见，从动力学机制上这三类矿床具有成因联系，受同一个“扳机”扣动。②地质学证据。例如，华南陆块早中生代最强烈的构造变形、变质与岩浆活动发育区均不在华南大陆边缘，而位于其中扬子与华夏地块的分界带及邻区。这不仅反映东部高温和西部低温成矿具有统一的背景，同时也说明它们难以用板缘外力的单向驱动来解释。③地球化学证据。低温成矿省东半部的右江 Au-Sb-Hg-As 和湘中 Sb-Au 两个低温矿集区，是与东部高温成矿省成矿花岗岩同时代的深部花岗岩浆活动驱动低温流体循环并浸取成矿元素而形成，这与这两个矿集区的深部存在与成矿同期的隐伏岩体，以及低温矿床的成矿流体显示有部分岩浆来源信息的事实相吻合。④矿床共生组合证据。在紧邻高温成矿省的湘中低温 Sb-Au 矿集区的某些区域（如曹家坝），已发现下部是高温 W 多金属矿床、上部则是低温 Sb-Au 矿床的现象，元素和同位素地球化学以及年代学等证据显示，它们是同一成矿系统在不同部位成矿的产物，是有成因联系的矿床组合。

低温和高温成矿省具有相同成矿驱动机制的揭示，对找矿预测具有重要意义。如图 6.79 和图 6.80 所示，低温成矿省东部右江 Au-Sb-Hg-As 和湘中 Sb-Au 矿集区的中生代成矿作用，很可能具有双层结构的特点，即上部为低温 Au-Sb（Hg、As）矿床，深部则为高温 W-Sn 多金属矿床。前述研究表明，中生代（约 120Ma）以来，华南陆块自西向东剥蚀程度显著增强，西部右江地区、中部湘中地区和东部华夏地块中东部（南岭地区）的抬升剥蚀量，分别为 1500m、3500m 和 5000m 左右。研究表明，正是剥蚀程度的不同决定了近地表矿床西部低温、东部高温的空间分布格局（图 7.17）。我们预测低温成矿省右江和湘中矿集区的深部，可能存在高温 W-Sn 多金属矿床，这为未来深部找矿提供了新的方向。

实际上，在剥蚀程度中等的湘中矿集区，已有少量高温 W 多金属矿床在海拔较低部位的山谷出露地表，如曹家坝地区。本研究发现，这些 W 多金属矿床与海拔较高部位的低温 Sb-Au 矿床具有成因联系。

如前所述，湘中矿集区古台山 Au-Sb 矿床、龙山 Sb-Au 矿床、杏枫山 Au（W）矿床和曹家坝 W 矿床成矿时代分别为 223.6±5.3Ma、210±2Ma、259±22Ma 和 196～206Ma。这些年龄表明，上述矿床形成于晚三叠世或印支期。

产于湘中地区前寒武纪基底（含寒武系）地层中的 Sb-Au 矿床，常不同程度地发育 W 矿化，并以存在白钨矿为特征，同时一些 W 矿床也发育有 Au-Sb 矿化。例如，大源洞 W-Au 矿床，该矿床位于曹家坝钨矿床西南侧，矿区出露寒武系和中泥盆统地层，北侧为层状夕卡岩型钨矿并伴有金矿化，南侧则为脉状金矿（图 7.18）。野外调查发现，杏枫山矿床除金矿化外，局部也存在明显的白钨矿化，且围岩中存在石榴子石等矿物，推测为深

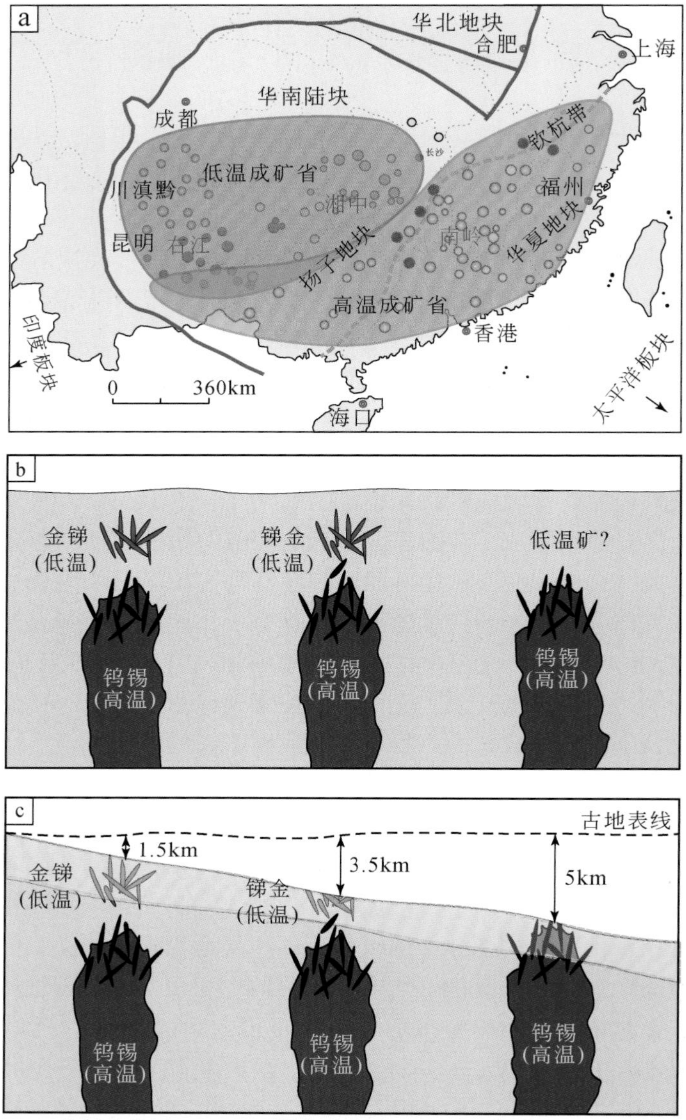

图 7.17　低温成矿省深部找矿预测图

a. 华南高温和低温成矿省平面分布略图；b. 各矿集区成矿时的矿床垂向分布略图；c. 各矿集区遭剥蚀后目前的矿床垂向分布略图，图中的数字为剥蚀掉的地层（岩石）厚度；b 和 c 图中的红色脉体为低温矿，黑色脉体为高温矿，红色地质体为花岗岩

部隐伏花岗岩体与地层双交代的产物。

对大源洞 W-Au 矿床和曹家坝 W 矿床中分布的石榴子石、辉石等矿物，在显微观察的基础上进行电子探针分析。结果显示，曹家坝矿床早、晚两个世代的石榴子石 Grt1（$Ad_{6.46\sim21.2}Gr_{59.2\sim80.2}$）和 Grt2（$Ad_{9.77\sim19.7}Gr_{68.1\sim85.0}$）都以钙铝榴石为主，属于钙铝榴石-钙铁榴石系列，早阶段辉石 Px1（$Hd_{63.7\sim74.3}Di_{21.0\sim30.8}$）和晚阶段辉石（$Hd_{67.7\sim86.1}Di_{11.2\sim26.8}$）以钙铁辉

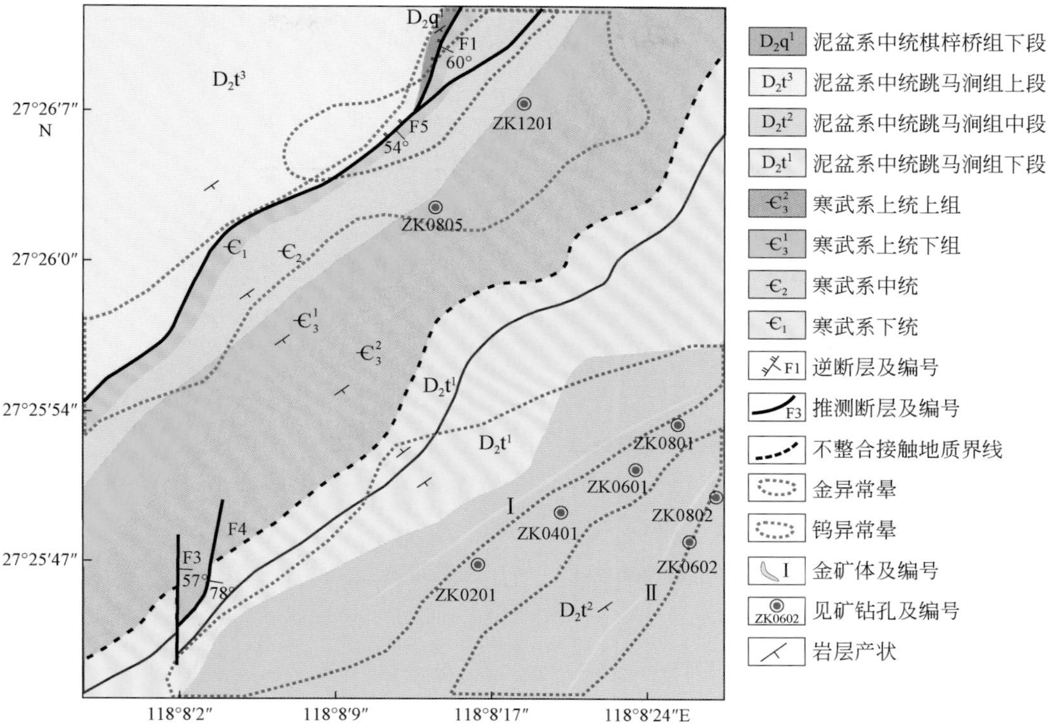

图 7.18　大源洞钨金矿床地质简图

石为主，都属钙铁辉石–透辉石系列（图 7.19）；大源洞矿床石榴子石 Grt（$Gr_{89.8\sim91.8}Ad_{7.5\sim8.9}$）以钙铝榴石为主，属于钙铝榴石–钙铁榴石系列，辉石 Px（$Hd_{65.2\sim69.0}Di_{29.7\sim33.1}$）以钙铁辉石为主，属于钙铁辉石–透辉石系列。

研究表明，夕卡岩的矿物组成可以很好地反映流体性质（Einaudi et al., 1981；Meinert et al., 2005）。钙铁榴石和富 Mg 的透辉石常形成于氧化环境，而钙铝榴石和钙铁辉石常形成于还原环境。曹家坝 W 矿床 Grt1（$Al+Sp_{8.7\sim34.0}$）比 Grt2（$Al+Sp_{0.18\sim12.4}$）更加富集 Mn，与世界范围内典型还原型夕卡岩型钨矿床的特征一致（Einaudi et al., 1981）。晚阶段辉石更加靠近钙铁辉石端元，显示更加还原的特征，矿物成分与还原型夕卡岩钨矿床类似（图 7.19）。Newberry（1997）的研究表明，美国 Alaska 地区还原型夕卡岩钨矿床相比氧化型含有更高的 Au。已有勘探报告显示，曹家坝 W 矿床局部可见金矿化，结合该矿床磁黄铁矿与白钨矿共生的现象，推测曹家坝钨矿为还原型夕卡岩 W 矿床。大源洞 W-Au 矿床的夕卡岩矿物学特征与曹家坝 W 矿床一致，也属于还原型夕卡岩矿床。

前已述及，湘中地区三叠纪花岗岩成岩、成矿作用普遍存在。湘中矿集区及周缘分布的印支期花岗岩主要形成于 243～204Ma（图 2.11 和图 7.20）。白马山岩体周缘的铲子坪和大坪 Au 矿床形成于 205.6±9.4Ma 和 204.8±6.3Ma（李华芹等，2008）。王永磊等（2012）测得渣滓溪 Sb-W 矿床中白钨矿的 Sm-Nd 等时线年龄为 227.3±6.2Ma。大神山岩体周缘的大溶溪石英脉型 W 矿床中辉钼矿的 Re-Os 年龄为 223Ma，与大神山岩体成岩时代（224.3±1.0Ma）（张龙升等，2014）一致。

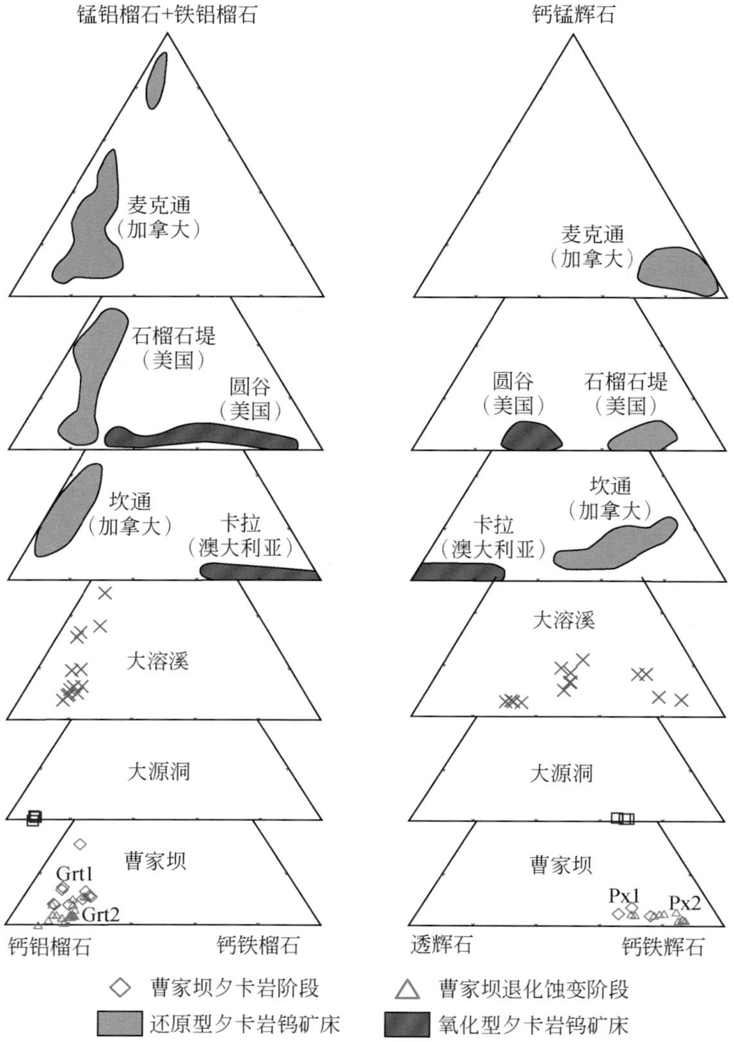

图 7.19 曹家坝 W 矿床石榴子石和辉石端元组分及其与世界典型夕卡岩钨矿床的对比
图中数据引自 Einaudi 等（1981），Zaw 和 Singoyi（2000）和张龙生（2020）

综上所述，湘中地区普遍发育三叠纪花岗岩成岩、成矿事件，二者表现出紧密的时空和成因联系。Hu 等（2017）通过对湘中地区 Au-Sb-W 元素组合矿床成矿年代学和同位素地球化学的总结，提出三叠纪是湘中重要的成矿期，成矿作用与印支期岩浆活动密切相关。Hu 和 Zhou（2012）、毛景文等（2012）和 Mao 等（2013）对华南三叠纪成矿作用进行了系统研究，指出华南中生代主要存在约 230 ~ 200Ma、180 ~ 130Ma 和 100 ~ 80Ma 三期成矿作用。其中，第一期以发育与加厚地壳重熔相关过铝质花岗岩有关的 W-Sn 多金属矿床为特征。因此，湘中矿集区三叠纪的成岩成矿事件，是华南三叠纪成岩成矿作用的缩影，反映出以印支造山运动为主导的动力学背景。印支运动导致华南陆块与印支和华北地块碰撞对接，其结果是三叠和前三叠系地层褶皱变形，地壳加厚及面型分布的过铝质花岗

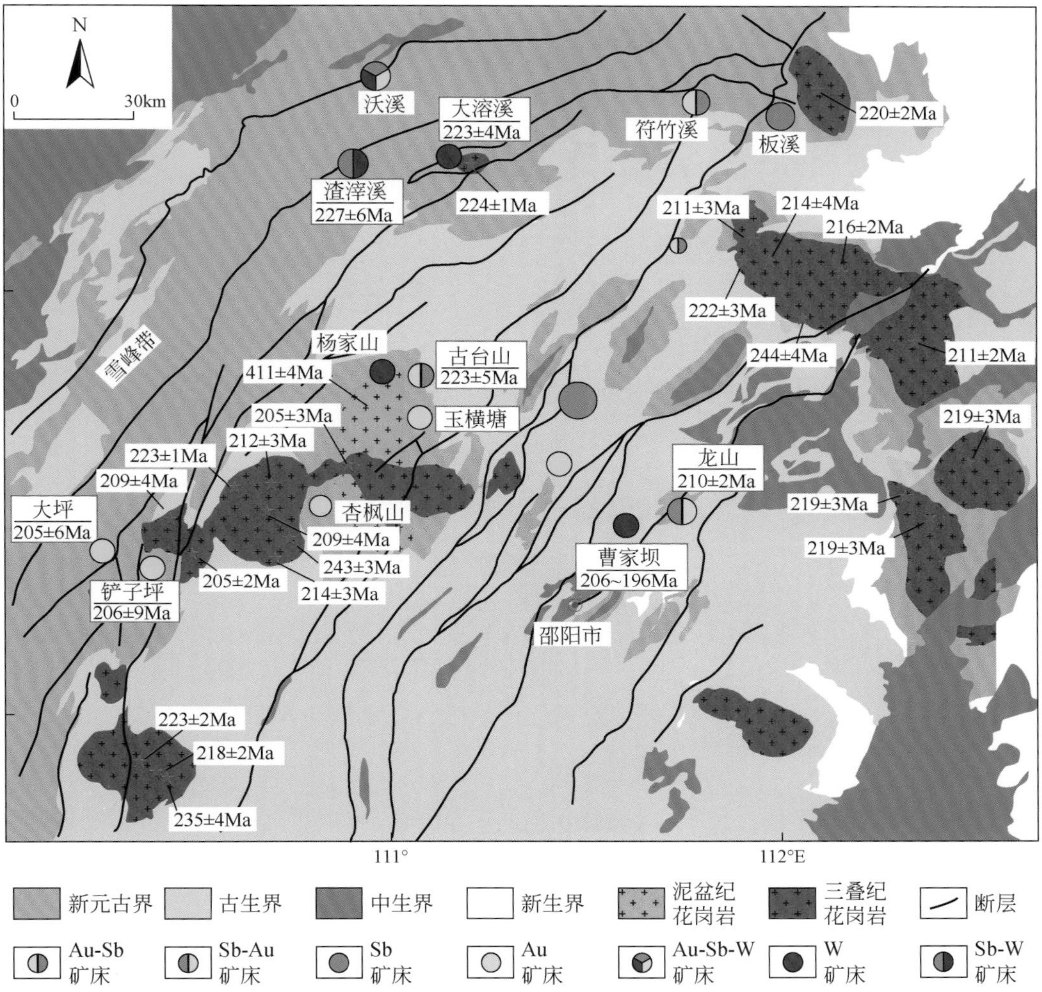

图 7.20 湘中地区主要花岗岩体和矿床年代分布图

（据 Xie et al.，2019）

岩的形成（Wang et al.，2013；Gao et al.，2017）。基于前述华南低温成矿省印支期成矿动力学模型（图 6.79），可将湘中地区印支期的成矿模型示之于图 7.21。

W 矿床和 Sb-Au 矿床间的成因联系一直是国际热点问题。Romer 和 Kroner（2016，2018）认为显生宙 W-Sn 矿床和 Au 矿床形成于不同的环境。然而，在与侵入岩相关矿床中（图 7.22），往往存在 Au-Sb-W 矿床共/伴生现象，且很多 Au 或 Au-Sb 矿床中发育有白钨矿，如新西兰 Otago 片岩带中的金矿床（Craw and Norris，1991；Scanlan et al.，2018）和加拿大 Yukon 地区与侵入岩相关的金矿床，因而被认为它们属于同一成矿系统（Lang and Baker，2001）。

以下证据显示，湘中地区晚三叠世的 Au-Sb-W 矿床具有密切成因联系，它们是与花岗岩相关的同一成矿系统的产物（图 7.23）。

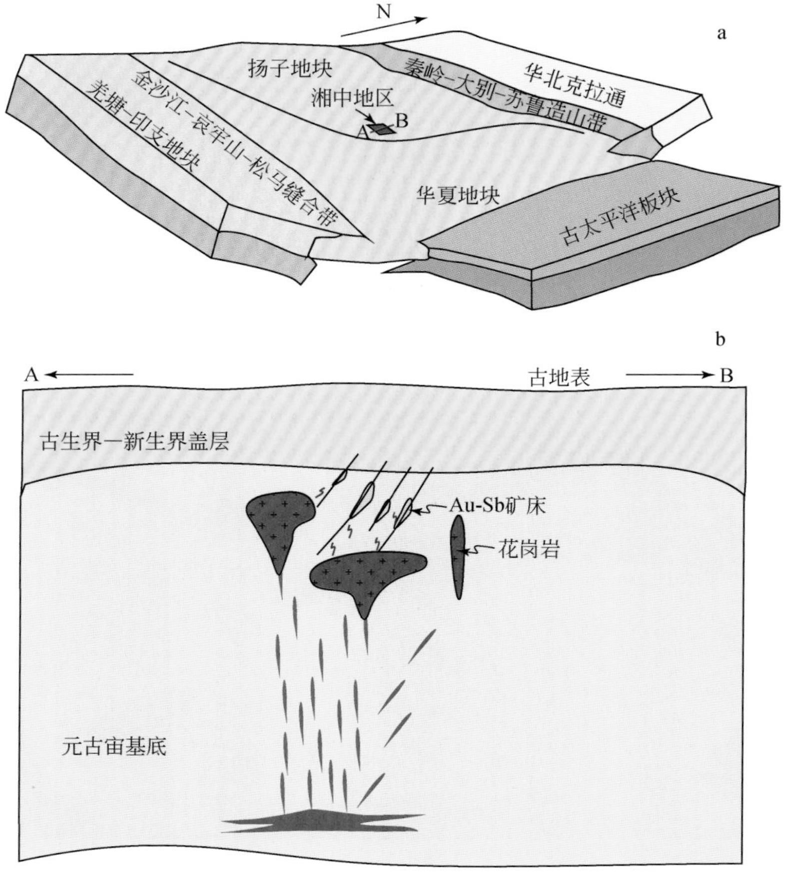

图 7.21 湘中矿集区晚三叠世（印支期）成矿模式图

a. 湘中地区晚三叠世成岩成矿构造背景示意图（据 Wang et al., 2013 修改）；b. 元古宙基底部分熔融形成大面积花岗岩并诱导形成同期 Au-Sb（W）矿床

1. *成矿深度*

研究发现，古台山 Au-Sb 矿床和龙山 Sb-Au 矿床中发育白钨矿矿化，且在龙山 Sb-Au 矿床中局部可见高品位 W 矿石；同样，在曹家坝 W 矿床中则局部发育有 Sb-Au 矿化。因此，这些矿床往往显示出“你中有我、我中有你”的特征。这些不同的矿化类型反映了成矿深度的差异。古台山矿床“上 Sb 下 Au”、龙山矿床“下 W-Au 上 Sb”的矿化分带证实，自深部往上存在由 W 到 Au 再到 Sb 的垂直分带，反映了不同元素组合的矿化类型所对应成矿深度的变化。

2. *成矿时代*

上述成矿年龄数据表明，这些 Au-Sb-W 矿床均形成于晚三叠世，与同期印支期花岗岩存在紧密的时空耦合关系。龙山 Sb-Au 矿床和曹家坝 W 矿床分别位于龙山穹窿的核部和

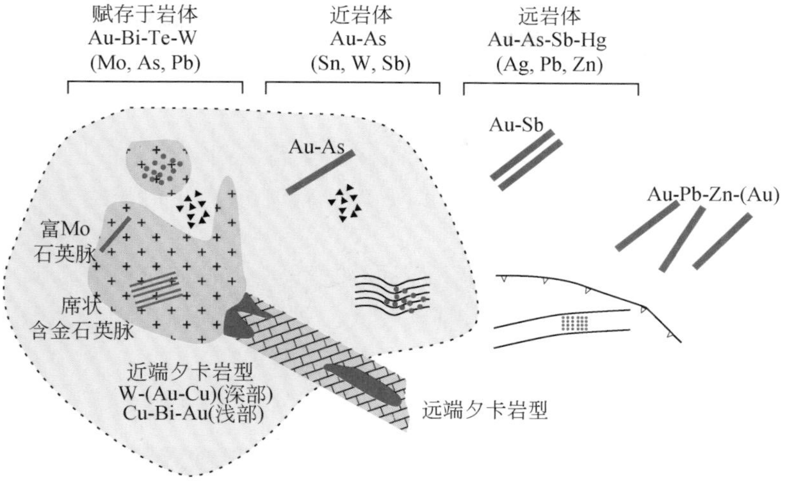

图 7.22　与侵入岩相关矿床成矿模式图
（据 Baker and Lang，2001）

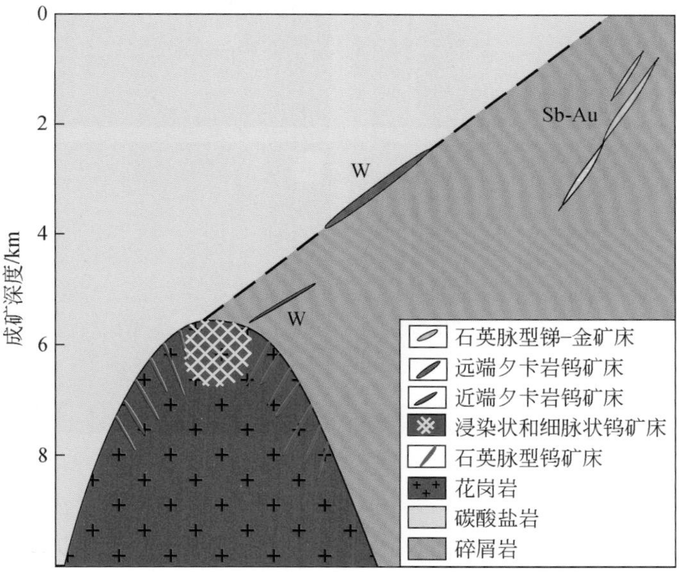

图 7.23　湘中地区 Au-Sb-W 矿床成矿组合模型

边部，穹窿边部分布的酸性岩脉时代与矿床的成矿时代一致。地球物理资料的解译结果显示，上述矿床的深部存在隐伏岩体（饶家荣等，1993）。

3. 同位素地球化学

前述 S-H-O 多元同位素信息显示，岩浆热液参与了成矿（图 3.52，图 2.56）。例如，古台山 Au-Sb 矿床和玉横塘 Au 矿床，虽然矿区围岩中分布大量沉积成因黄铁矿，但其 S

同位素组成（$\delta^{34}S$=8.5‰～25.8‰）明显不同于矿床中的热液成因硫化物矿物（$\delta^{34}S$=0±5‰），这表明成矿流体中的S主要为岩浆来源。

4. 白钨矿矿物学和矿物化学

研究发现，湘中Sb-Au矿集区低温Sb-Au矿床中常有白钨矿分布。为此，开展了研究区龙山Sb-Au矿床、古台山Au-Sb和曹家坝W矿床中白钨矿的矿物学和矿物化学对比研究。

根据野外地质观察和镜下分析，龙山Sb-Au矿床的白钨矿可以分为两个世代，早世代白钨矿（Sch1）呈自形粒状产出，颗粒较大，被块状辉锑矿包裹（图7.24a～b和图7.25）；晚世代白钨矿（Sch2）主要分布在石英-白钨矿-黑钨矿脉中，与黄铁矿或黑钨矿共生（图7.24c～d和图7.26）。

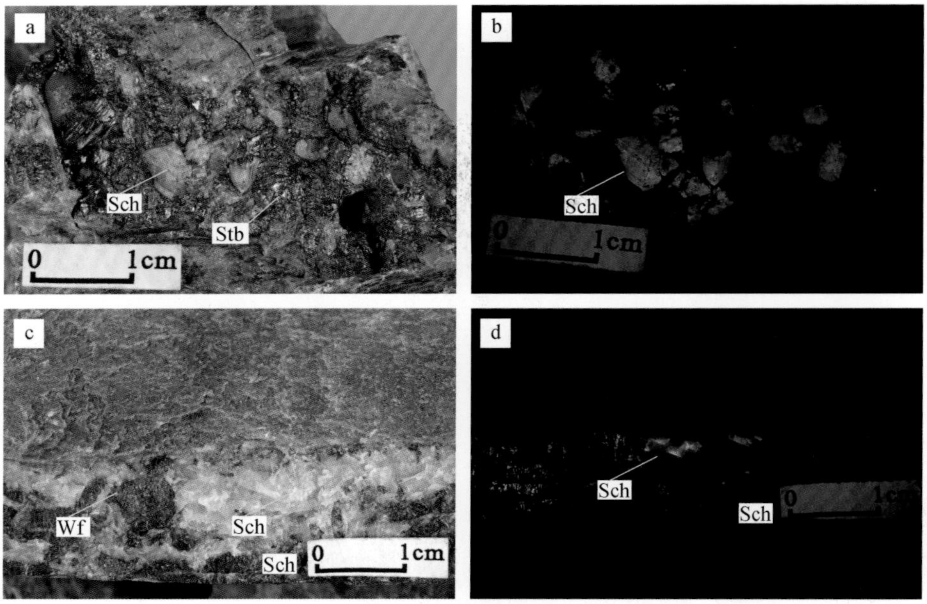

图7.24　龙山Sb-Au矿床不同阶段白钨矿手标本特征

a～b. 早阶段石英白钨矿脉；c～d. 晚阶段石英、白钨矿和黑钨矿脉；Stb. 辉锑矿；Sch. 白钨矿；Wf. 黑钨矿

选取有代表性白钨矿颗粒进行LA-ICP-MS成分分析，结果显示早世代白钨矿具有相对较高的REE含量，变化范围为29.9×10^{-6}～133×10^{-6}，主要富集MREE（图7.27a～c）。晚世代白钨矿稀土含量较低，变化范围为0.76×10^{-6}～13.3×10^{-6}，呈相对富集重稀土的左倾配分模式（图7.27d～e）。早世代白钨矿Sr含量为2857×10^{-6}～6015×10^{-6}，低于晚世代白钨矿的Sr含量（5003×10^{-6}～9590×10^{-6}）。

由于龙山Sb-Au矿床中白钨矿往往单独或与辉锑矿、石英共生。辉锑矿和石英等矿物对稀土元素无明显选择性，这些矿物的沉淀不会改变溶液中稀土元素的配分。因此，可以认为由于龙山Sb-Au矿床早世代白钨矿强烈富集MREE，这种富MREE白钨矿的沉淀将显著改变流体的稀土元素组成，导致成矿热液中的MREE相对亏损，造成晚世代白钨矿的

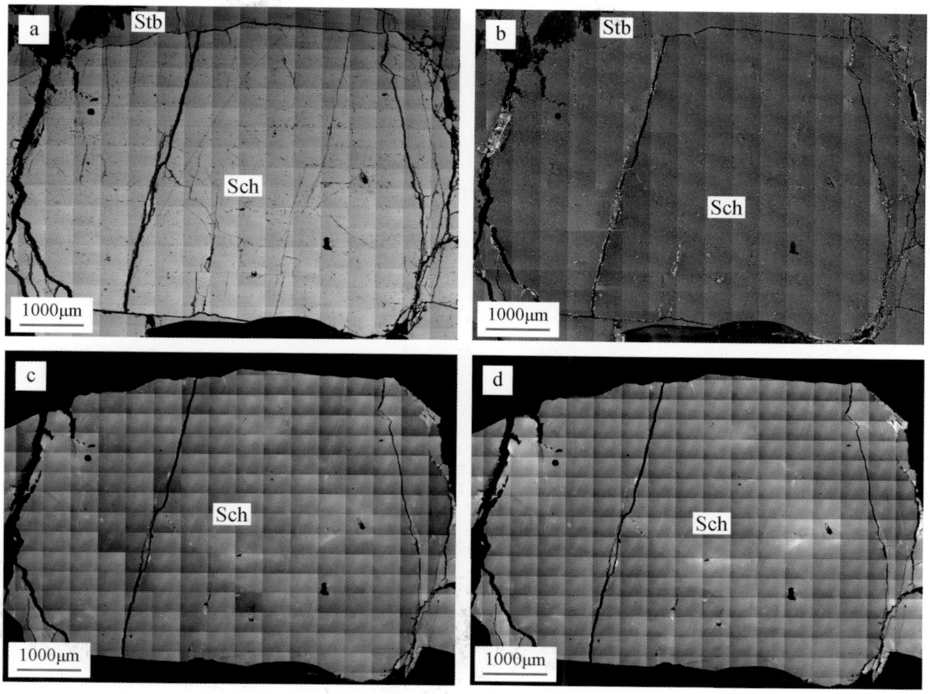

图 7.25 龙山 Sb-Au 矿床早阶段白钨矿的结构特征

（据 Zhang et al.，2019）

a ~ b. BSE 图像；c ~ d. CL 图像；Sch. 白钨矿；Stb. 辉锑矿

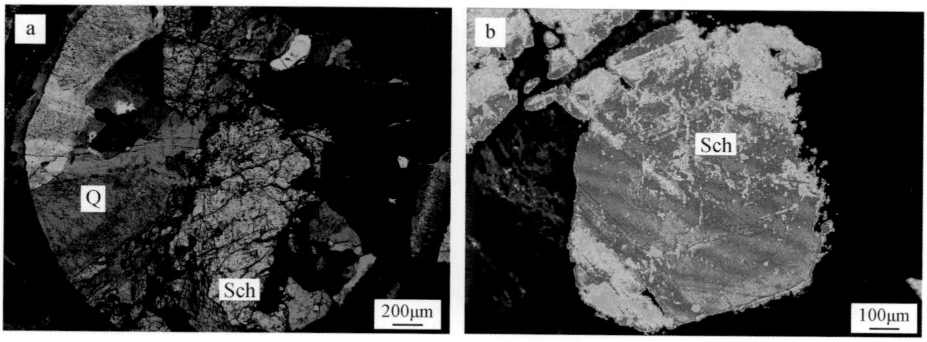

图 7.26 龙山 Sb-Au 矿床晚阶段白钨矿结构特征

a. 正交偏光图像；b. CL 图像；Q. 石英；Sch. 白钨矿

REE 含量明显低于早世代。Sr 在白钨矿中是相容元素，早世代白钨矿的沉淀会导致流体 Sr 含量的降低。然而，晚世代白钨矿的 Sr 含量却明显高于早世代白钨矿，可能与成矿流体与围岩发生水–岩相互作用有关（彭建堂等，2003b），如围岩中的中基性侵入岩和火山碎屑岩（$302\times10^{-6}\sim942\times10^{-6}$；Wang et al.，2004）可能为流体提供了较多的 Sr。同时水–岩相互作用也有利于金的沉淀（Brugger et al.，2000）。

本次工作收集了我国华南以及国外已报道的不同成因类型白钨矿矿床中白钨矿微区原

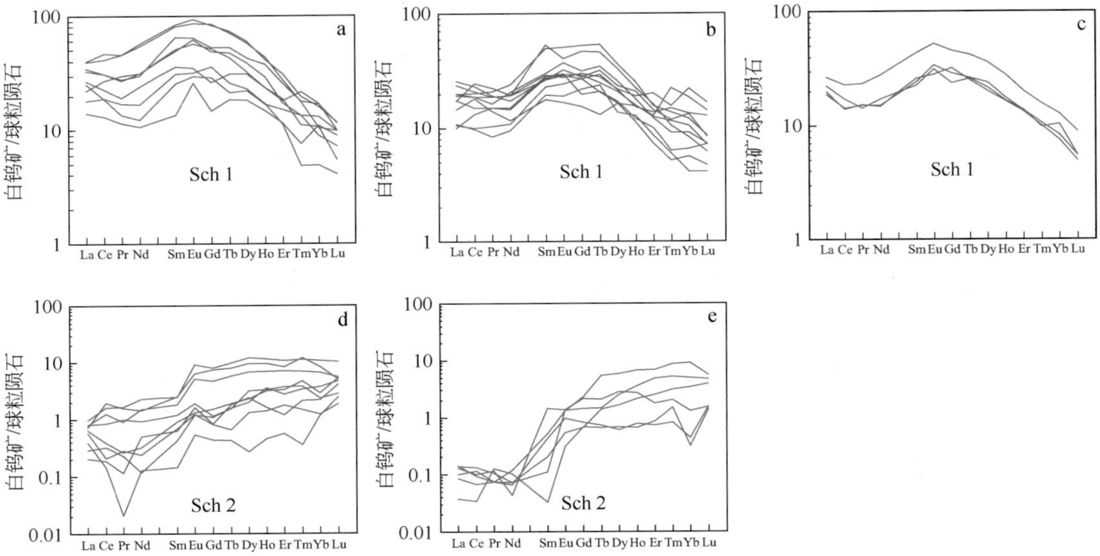

图 7.27　龙山 Sb-Au 矿床早、晚世代白钨矿稀土配分模式

（球粒陨石值据 McDonough and Sun，1995）

Sch1. 早世代白钨矿；Sch2. 晚世代白钨矿

位（LA-ICP-MS）REE 数据，绘制了 LREE-MREE-HREE 三元图解（图 7.28）。龙山 Sb-Au 矿床早世代白钨矿（Sch1）部分投点分布在斑岩型钨矿床范围内，部分在华南脉状 W-Sb 矿床范围内，晚世代白钨矿（Sch2）大部分落在世界典型脉状金（钨）矿范围内，结

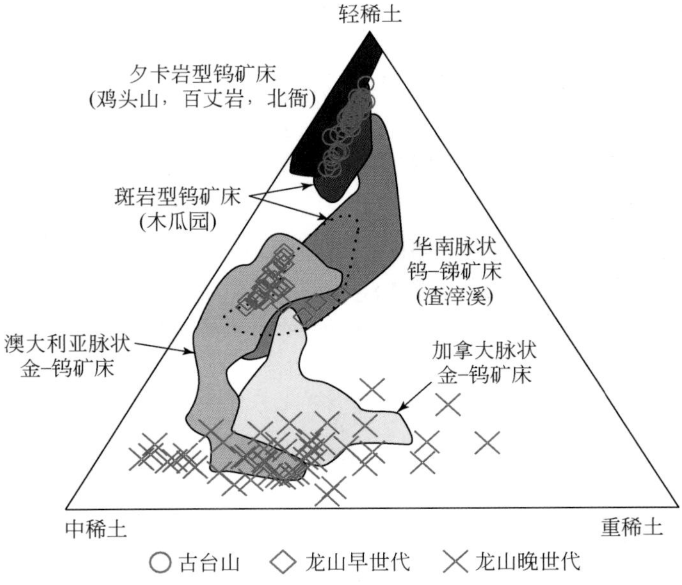

图 7.28　白钨矿 LA-ICP-MS 稀土元素含量图解

数据引自 Brugger 等（2000）、彭建堂等（2010）、Song 等（2014）、Sun 等（2017）、Fu 等（2017）和 Li 等（2018）

合龙山 Sb-Au 矿床成矿时代和白钨矿的稀土元素组成特征，可以认为该矿床的形成与岩浆热液有成因联系，早世代白钨矿记录了较多岩浆流体信息。此外，古台山 Au 矿床中也发育少量白钨矿，投图结果也显示该矿床白钨矿都落在华南脉状 W-Sb 矿床与斑岩型钨矿范围，也暗示白钨矿记录了一定岩浆流体信息。上述特征显然揭示，湘中地区较浅部位产出的低温 Sb-Au 矿床与较深部位分布的与花岗岩浆活动有关的高温 W 矿床是同一成矿系统的产物，它们具有密切成因联系（图 7.23）。

第二节 右江 Au-Sb-Hg-As 矿集区卡林型金矿床找矿预测

右江盆地自早泥盆世晚期开始强烈裂陷，形成了台地相–台间相相间排列的盆地格局（图 2.3）。台地相以孤立的浅水碳酸盐台地（古潜山）为特征，而台间（台间盆地）相（盆地相）则以泥质岩、硅质岩等深水沉积为特征。盆地内泥盆系、石炭系、二叠系和三叠系地层广泛出露，侏罗系、上白垩统、古近系和新近系地层仅零星分布。盆地与台地之间和孤立台地与台间盆地之间，常发育同沉积断裂并在后期活化，是重要的导矿构造（王国芝等，2002；毛景文等，2006）。

一、矿集区和矿床尺度找矿预测

（一）矿集区尺度

前述研究表明，右江 Au-Sb-Hg-As 矿集区的卡林型金矿床虽既可产于盆地内部也可产在台地上，但它们是具有密切联系的整体。这些矿床具有相似的成矿时代（230～200Ma 的印支期和/或 160～130Ma 的燕山期）、相似的流体性质和成因（以地壳流体为主的低温低盐度流体）以及相似的成矿动力学背景（陆内造山或地幔软流圈上涌诱导的深部花岗岩浆活动驱动地壳流体循环），从而导致它们具有相似的围岩蚀变、矿物–元素组合和金的赋存状态等主要矿化特征。这些特征表明，特定矿床的成矿流体并不局限在其本身的地理范围内活动，而曾发生过大面积的流动。

在台地和盆地内部的孤立台地上都存在类型相似、层位相同或相近的硅化，形成大面积分布的硅化带或硅质岩带，是低温成矿流体曾大规模流动的重要表现。例如，王国芝等（2002）的研究发现，右江盆地西侧台地上的晴隆–戈塘一带，沿 P_1/P_2 古岩溶面发生的强烈硅化作用形成了南北向延伸长达约 70km、东西向宽超过 20km 的硅化带；在右江盆地东侧台地上的相同层位中也存在类似的硅化现象；此外，盆地内部的孤立台地上沿 P_1/P_2 和 T_2/P_2 不整合界面同样发育了强烈的硅化，形成了环带状硅质岩带，如白层、平乐和癞子山孤立台地。这些硅化带通常与低温矿床相伴产出（王国芝等，2002）。

前述研究显示，右江 Au-Sb-Hg-As 矿集区内的低温矿床的成矿流体虽主要是以大气降水为主的地壳流体（大气降水+地层水+埋藏变质水），但它们经历了深循环过程；王国芝等（2002）和下述关于水银洞金矿床的研究表明，富含成矿元素以后的成矿流体主要是自下而上运移的。台地–盆地接触部位和孤立台地周缘通常是同沉积断裂发育地区，这些同沉积断裂在后期变形过程中易于活化而可能成为流体垂向运移的主要通道（王国芝等，2002）；沉积盆地中的流体由于降低势能的需要，一般由中心向边缘流动（Tarling，1981；Bethke et al.，1991），这将导致在台盆之间流体由盆地向周缘台地方向流动。因此，成矿时期成矿流体区域性大规模运移的规律应主要体现在两个方面：①台地与盆地之间，成矿流体由盆地向台地流动；②在孤立台地（古潜山）与台间盆地之间，成矿流体由台间盆地向孤立台地流动（图 7. 29）。

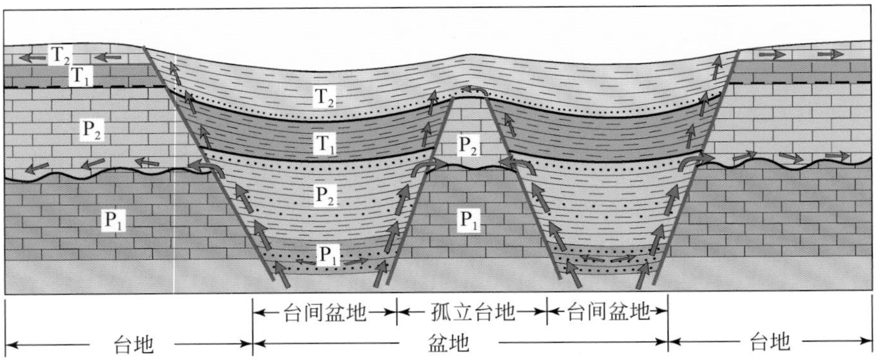

图 7. 29　卡林型金矿床的矿集区尺度找矿预测模型
（据王国芝等，2002 修改）

根据低温矿床的构造控矿特征和成矿流体的上述运移规律，提出了矿集区尺度找矿预测的以下主要原则：①孤立台地附近和台地-盆地过渡区附近的断裂、不整合面、古岩溶面，是成矿和找矿的有利部位；②远离台地-盆地过渡区的台地区域，以及远离台地-盆地过渡区和远离孤立台地的台间盆地区域，则一般不利于成矿作用的发生，在这些区域将较难找到有重要经济价值的卡林型金矿床（图 7. 29）。上述找矿预测判据与右江 Au-Sb-Hg-As 矿集区目前已发现的低温矿床的空间分布特征相一致。例如，在该矿集区的黔西南地区，烂泥沟、水银洞、紫木凼等卡林型金矿床和晴隆锑矿床，均分别受台地-盆地过渡区附近的断裂、古岩溶面和不整合面控制（图 7. 30）。

（二）矿床尺度

卡林型金矿床因矿物颗粒细小，以往确定成矿流体组成十分困难，制约了对成矿过程的认识。Su 等（2009a）运用高精度微区原位 LA-ICP-MS 测试技术，在国际上率先开展了卡林型金矿床矿物中不同世代单个流体包裹体组成的深入研究，揭示了卡林型金矿成矿流体的组成和演化特征。研究发现，该类金矿成矿流体富含 CO_2、S 和 Au、As、Sb 等成矿元素但不含 Fe，从早到晚成矿流体的 Au、As、Sb 等成矿元素含量均呈明显降低趋势。

前述研究表明，卡林型金矿床的成矿流体是以地壳流体（大气降水+地层水+埋藏变质水）为主的低温低盐度流体；其中的金可能主要在流体深循环过程中浸取自前寒武纪（含寒武纪）基底地层（胡瑞忠等，2020）；导致流体循环的重要机制之一是区内印支和/或燕山期的深部花岗岩浆活动。已有研究显示，Au 在成矿流体中主要以 $Au(HS)_2^-$ 或 $Au(HS)^0$ 形式迁移（Seward，1973，1991）。显而易见，流体中大量 Fe^{2+} 的存在会导致黄

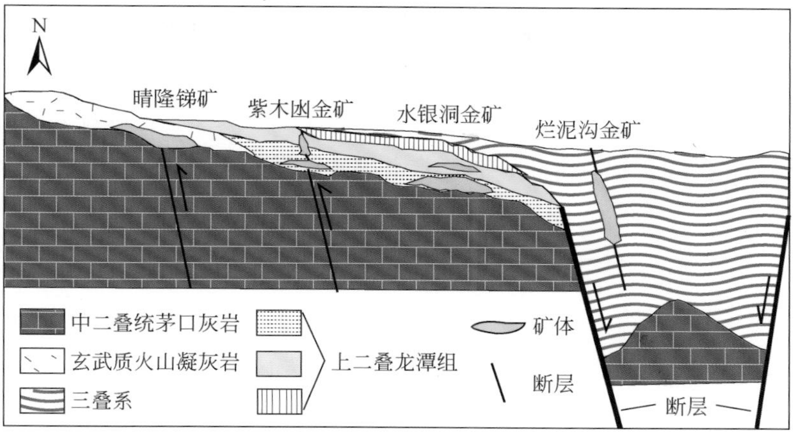

图 7.30 右江 Au-Sb-Hg-As 矿集区黔西南地区代表性低温矿床产出部位略图
（据 Su et al.，2009b 修改）

铁矿的形成而不利于 Au 的稳定迁移（由于 H_2S 的消耗）。这与卡林型金矿床成矿流体贫铁而利于金迁移的上述研究结果一致。

Widler 和 Seward（2002）和 Kusebauch 等（2019）的研究发现，相对于黄铁矿含砷黄铁矿更利于金在其中的聚集。因此，卡林型金矿床中的 Au 主要以纳米粒子和 Au^+、Au^0 固溶体形式赋存在含砷黄铁矿中，并以后者占据主导地位（Simon et al.，1999；Su et al.，2008，2018；Large et al.，2011；Deditius et al.，2014；Kusebauch et al.，2019）。如前所述，金的地球化学行为要求迁移 Au 的成矿流体贫铁，那么形成含砷黄铁矿所需要的铁来自何处？目前较公认的认识是，这些铁来自金沉淀部位围岩中含铁碳酸盐矿物的溶解。因此，含铁碳酸盐矿物溶解这一去碳酸盐化过程，就成了卡林型金矿床成矿过程中一个非常重要、不可缺少的环节（Hofstra and Cline，2000，Su et al.，2009a；Muntean and Cline，2018；Kusebauch et al.，2019），这与右江矿集区金矿体围岩中的含铁碳酸盐矿物常蚀变成碧玉（石英）而释放铁的事实（Su et al.，2009a，2018）一致。与此相对应，含铁碳酸盐矿物溶解也会释放 CO_2，这种 CO_2 最终将在热液中与 Ca 一起沉淀而形成热液成因的碳酸盐矿物（方解石）。

综上所述，右江 Au-Sb-Hg-As 矿集区卡林型金矿床的形成主要经历以下三个过程，它们依次是：①受深部花岗岩浆活动驱动发生深循环的低温地壳流体主要浸取出前寒武（含寒武）纪基底岩石中的 Au 形成成矿流体后沿断裂上升；②成矿流体交代围岩中含铁碳酸盐矿物（去碳酸盐化）形成载金含砷黄铁矿和金矿体并释放出 CO_2；③由于其较大的挥发性，CO_2 上升至相对浅部位的断裂中形成方解石脉（$CaCO_3$）。基于对这三个过程的理解，建立了卡林型金矿床上脉（无矿方解石脉）下体（金矿体）的成矿-找矿模式（图 7.31）。

研究表明，与金成矿有关的方解石脉具有富集中稀土元素（MREE）的特征（Su et al.，2009b，2018；胡瑞忠等，2015），与区域上和金成矿无关的方解石脉具有明显区别。该模式认为这种分布于金矿体上部、距地表较近的富 MREE 方解石脉（易被剥露出地表），是寻找深部隐伏卡林型金矿体的重要找矿标志。

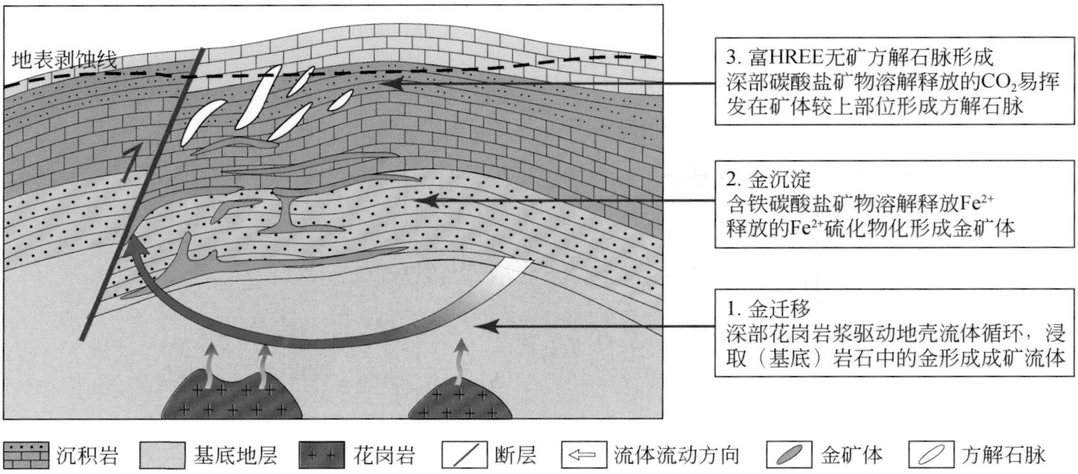

图 7.31　卡林型金矿床上脉、下体成矿-找矿模式

（据 Su et al.，2009a 和胡瑞忠等，2015 修改）

下述研究进一步发现，还可以用更定量的方式来描述这种与成矿有关方解石的地球化学特征，从而达到用方解石的地球化学特征来对卡林型金矿床进行定量预测的目标。

二、构造地球化学对找矿预测的指示

对美国内华达州的卡林型金矿床，前人曾用构造地球化学研究方法，确定了矿床尺度内成矿元素、微量元素和同位素组成在不同构造部位的分布规律（Naito et al.，1995；Stenger et al.，1998a，1998b；Heitt et al.，2003；Theodore et al.，2003；Arehart and Donelick，2006；de Almeida et al.，2010），确定了成矿流体的运移路径和成矿过程（Longo et al.，2009；Muntean et al.，2010；Vaughan et al.，2010；Barker et al.，2013；Hickey et al.，2014a，2014b）。下面以黔西南水银洞卡林型金矿床为例，讨论矿床尺度成矿流体的运移路径及其成矿-找矿意义。

本研究选择水银洞金矿床一条典型剖面 NS 作为研究对象（图 7.32），选择该剖面是因为它相对简单的构造组合和几乎包含了矿区范围内所有的钻遇地层。剖面 NS 上共施工 8 个钻孔，对这 8 个钻孔进行了系统取样，图 7.32 上的黑点即为取样位置。取样的原则是分岩性取样，每一个岩性段内均匀地随机捡块组成一个样品。共取得全岩样品 350 件，并分析了这些样品的 Au、As、Sb、Hg、Tl 和其他微量元素含量。微量元素包括 Li、Be、Sc、V、Cr、Co、Ni、Cu、Zn、Ga、Ge、Rb、Sr、Y、Zr、Nb、Mo、Cs、Ba、Hf、Ta、W、Pb、Th、U 和 14 个稀土元素。根据样品采样的构造部位、岩性和元素含量，绘制剖面上的元素构造地球化学图解，分析成矿元素和微量元素在不同部位的分布规律，确定成矿流体的运移路径，成矿元素空间分带规律以及矿体与围岩之间微量元素的带入和带出情况。

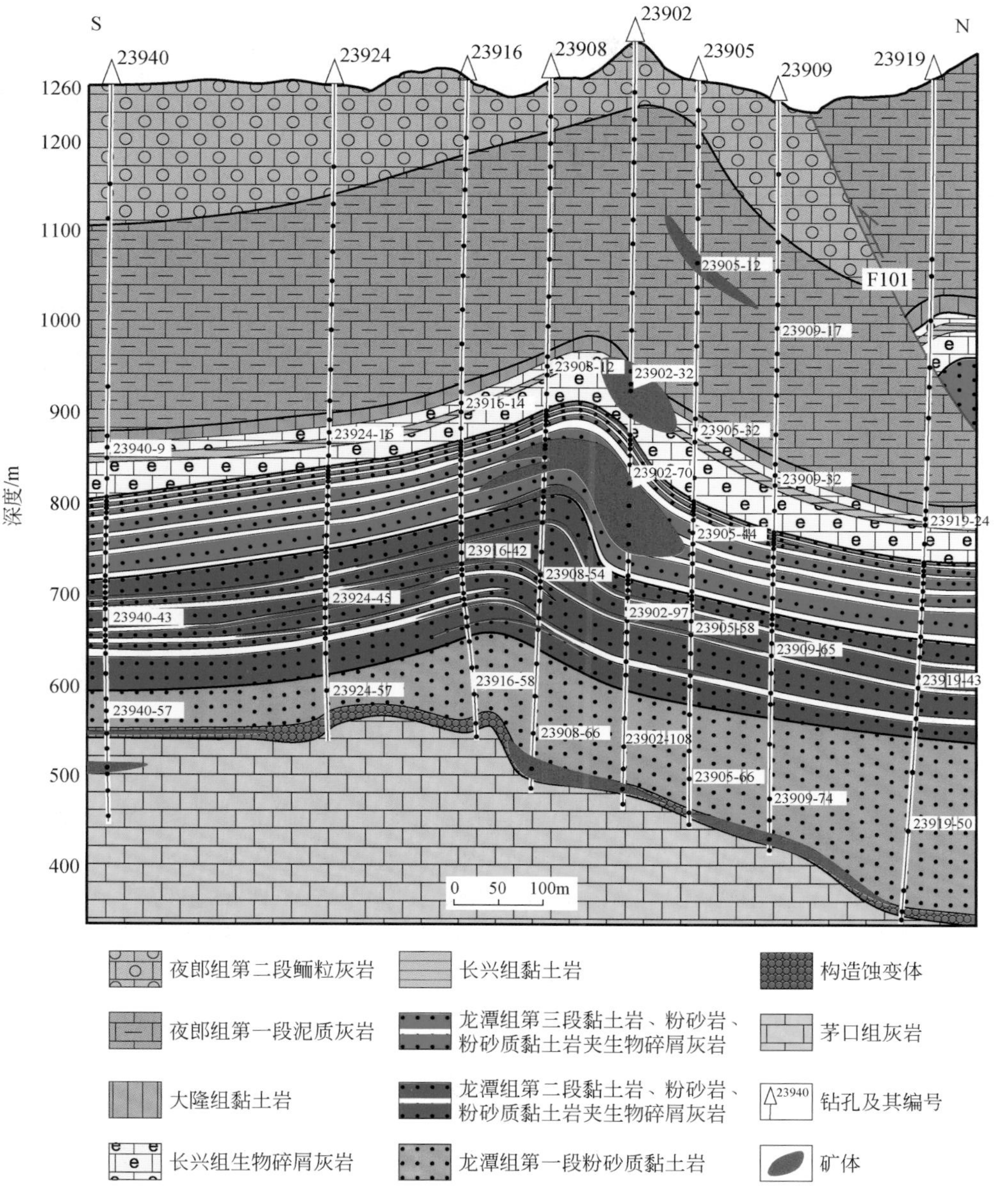

图 7.32 水银洞金矿剖面 NS 地质图

（据 Tan et al.，2015b）

图中小黑点为取样位置，图中标记样品编号的是分析了主量元素含量的样品，

其中样品编号位于小黑框里的是做了岩相学对比研究的样品

1. 成矿元素构造地球化学

右江矿集区的卡林型金矿床具有富集 Au、As、Sb、Hg 和 Tl 的特征（Hu et al.，2002；高振敏等，2002；夏勇，2005；刘建中等，2006）。图 7.33 显示了 Au、As、Sb、Hg、Tl

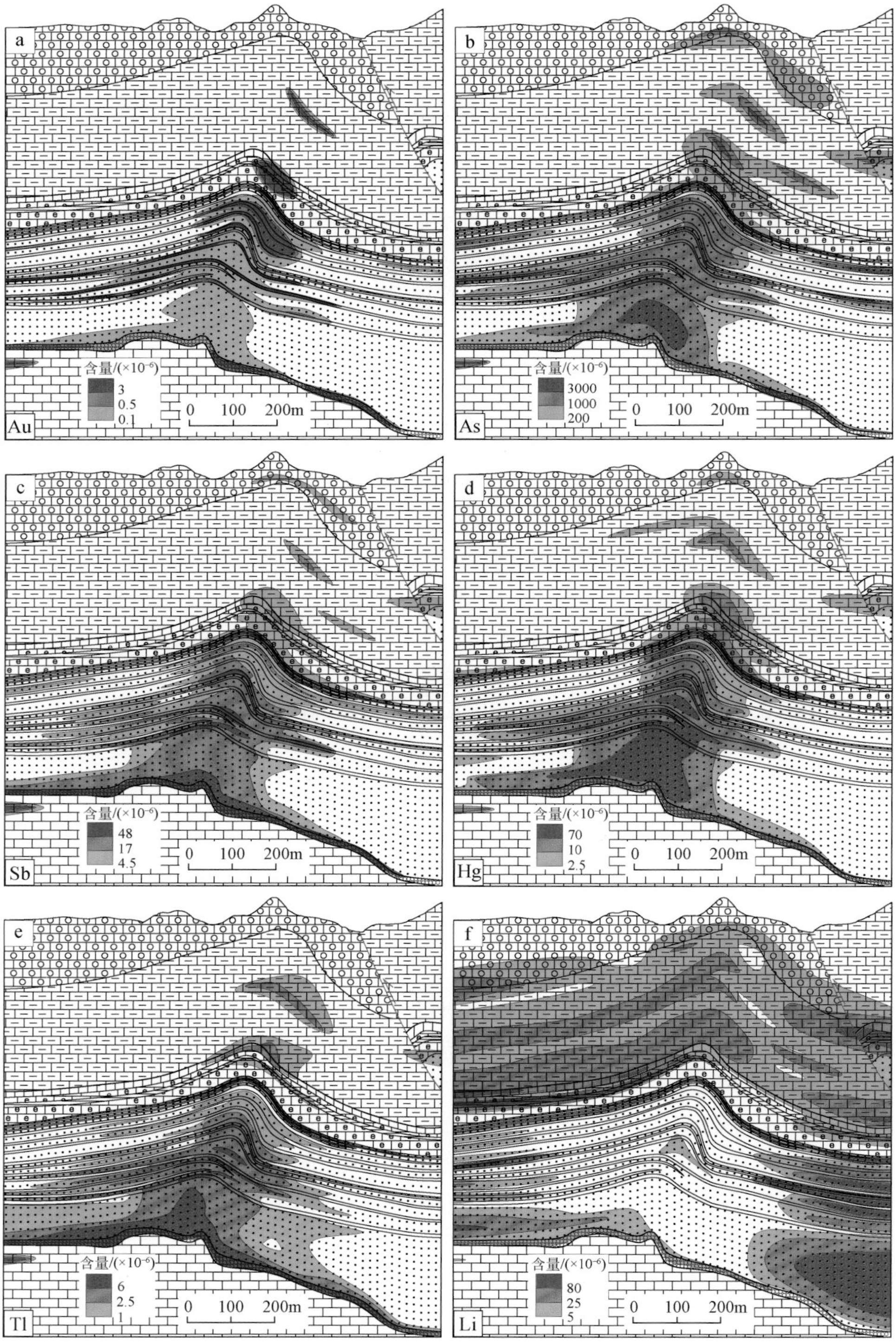

图 7.33 水银洞金矿剖面 NS 上 Au、As、Sb、Hg、Tl、Li 构造地球化学图解
（据 Tan et al.，2015b）

和 Li 在剖面 NS 上的分布特征及其与地层、构造之间的关系。成矿元素 Au、As、Sb、Hg 和 Tl 的空间分布特征较为类似，均沿着构造蚀变体和背斜轴分布，显示了这些元素相互之间具有一定的正相关性。成矿元素的空间分布特征也反映了成矿流体从构造蚀变体向上覆地层运移的路径，即成矿流体进入构造蚀变体后，沿着构造蚀变体横向迁移，在背斜的高点位置汇集，之后沿着背斜的轴面向上覆地层迁移，背斜轴为流体上升迁移提供了通道（Tan et al.，2015b）。

构造蚀变体中明显富集金、砷、锑、汞和铊等成矿元素（图 7.33）。成矿流体在构造蚀变体中的运移也形成了一些金矿或锑矿床，如晴隆锑矿床和戈塘金矿床（Zhang et al.，2003；Peters et al.，2007）。构造蚀变体不仅扮演了流体运移的通道，也是成矿元素沉淀的场所（刘建中等，2014）。

龙潭组第二段和第三段大致由粉砂质黏土岩、粉砂岩夹生物碎屑灰岩组成。生物碎屑灰岩通常具有较高的孔隙度，同时成矿作用对灰岩的溶解可能进一步增加了它的孔隙度和渗透性（Kuehn et al.，1992）。此外，生物碎屑灰岩在构造变形过程中通常遭受脆性变形也增加了它的渗透性。具有高孔隙度和渗透性的生物碎屑灰岩，有利于成矿流体的侧向运移和成矿流体与生物碎屑灰岩之间的水-岩反应。因此，金等元素沿着生物碎屑灰岩层向背斜两翼延伸，形成了层状矿体（图 7.32）。

金、砷、锑、汞和铊在图 7.33 中的分布既有相似性，也有一定的差异。锑和铊趋向于在构造蚀变体中及其附近富集，砷和汞趋向于在龙潭组第一段和第二段的粉砂质黏土岩中富集，而金趋向于在龙潭组第二段和第三段的生物碎屑灰岩中富集。成矿元素之间这种空间分布的差异，显示了他们从下往上的垂向分带规律，即 Sb-Tl-As-Hg-Au-Hg-As。在剖面 NS 上，砷的分布最广，这类似于内华达州的 Twin Creeks 金矿床（Stenger et al.，1998a）。在剖面 NS 的上部存在一些贫金的部位，但是富集砷，因此砷也是一种重要的卡林型金矿找矿指示元素（Arehart，1996）。在黔西南，锑矿床和汞矿床与卡林型金矿往往密切相关，显示出“不在其中，不离其宗”的特征。实际上，黔西南的卡林型金矿床大多是在已知的汞、锑、砷、铊矿床（点）之中或其周围勘探而发现的（Cunningham et al.，1988；Peters et al.，2007）。因此，金、汞、锑、砷和铊在空间上的分布规律，为卡林型金矿的找矿勘探提供了重要的指导意义。

剖面 NS 上锂元素在背斜核部显示出明显的亏损（图 7.33f），这与金、汞、锑、砷、铊的分布规律相反。锂元素这种独特的分布特征，说明成矿流体在运移过程中与地层发生水-岩反应，锂被带出地层，并随着成矿流体运移到上覆地层或其他部位而沉淀。锂元素这种独特的分布特征，可能也可以作为卡林型金矿重要的找矿指标。

成矿元素金、汞、锑、砷和铊之间空间分布的异同与岩性密切相关，不同的岩性优先富集了不同的成矿元素。从图 7.33 可以看出，生物碎屑灰岩通常富集金，而粉砂质黏土岩富集砷和汞，构造蚀变体中富集锑和铊。为进一步研究金、汞、锑、砷和铊元素的空间分布与岩性的关系，对钻孔 23908（图 7.34）中龙潭组的第二段和第三段进行了重点分析。

图 7.34 显示了龙潭组第二段和第三段中金、汞、锑、砷和铊元素在不同岩性中的变化规律。可以发现，金与汞、锑、砷、铊的富集规律相反。金品位大于 1×10^{-6}的样品均位

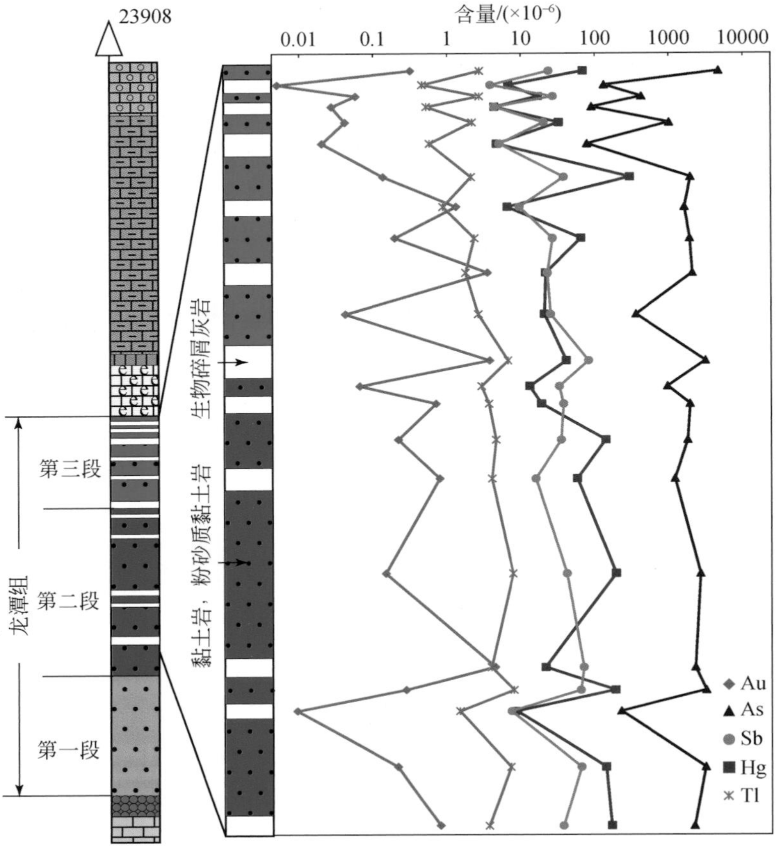

图 7.34　钻孔 23908 龙潭组第二、第三段中 Au、As、Sb、Hg、Tl 含量变化规律图
（据 Tan et al.，2015b）

于生物碎屑灰岩中，同时这些生物碎屑灰岩的汞、锑、砷和铊含量与其顶底板粉砂质黏土岩相比相对较低。金品位在 0.1×10^{-6} 左右的样品大部分位于粉砂质黏土岩中，而这些样品的汞、锑、砷和铊含量与其顶底板灰岩相比则相对较高。金品位小于 0.01×10^{-6} 的样品均位于生物碎屑灰岩中，这些样品的汞、锑、砷、铊含量也最低。部分学者曾发现黔西南卡林型金矿床中砷和金之间的差异性富集特征，并把这样差异归咎于流体演化过程中物理化学条件的改变（He，1996）。此外，金和砷在成矿流体中的迁移形式不同（Seward，1973；Heinrich et al.，1986；Pokrovski et al.，2002），金通常以 $Au(HS)_2^-$ 或 $Au(HS)^0$ 形式，而砷则主要以 H_3AsO_3（aq）形式，这可能也是导致这两种元素差异性沉淀和富集的重要因素。

2. 微量元素构造地球化学

应用本研究获取的 350 件全岩样品的成矿元素和微量元素含量计算相关系数得到了相关矩阵（表 7.3）。从中可以看出，锑与金的相关系数为 0.6，锑与铊的相关系数为 0.6，而与其他成矿元素之间相关系数均小于 0.5，未显示出明显的相关性。这也说明成矿元素

表 7.3　微量元素相关矩阵（据 Tan et al.，2015b）

	Au	As	Hg	Sb	Tl	Li	Be	Sc	V	Cr	Co	Ni	Cu	Zn	Ga	Ge	Rb	Sr	Y	Zr	Nb	Mo	Cs	Ba	∑REE	Hf	Ta	Pb	Th	U
Au	1.00																													
As	0.39	1.00																												
Hg	0.13	0.48	1.00																											
Sb	0.61	0.35	0.24	1.00																										
Tl	0.19	0.28	0.19	0.60	1.00																									
Li	-0.09	-0.14	-0.13	-0.08	-0.05	1.00																								
Be	-0.11	0.00	0.07	-0.06	0.01	0.32	1.00																							
Sc	-0.09	0.17	0.31	-0.01	0.03	0.26	0.81	1.00																						
V	-0.09	0.19	0.31	0.02	0.11	0.23	0.76	0.94	1.00																					
Cr	-0.09	0.14	0.21	-0.01	0.04	0.14	0.52	0.72	0.83	1.00																				
Co	0.00	0.21	0.27	0.06	0.12	0.14	0.54	0.70	0.73	0.60	1.00																			
Ni	-0.08	0.08	0.13	-0.09	-0.03	0.15	0.53	0.68	0.69	0.67	0.60	1.00																		
Cu	0.00	0.20	0.39	0.06	0.10	0.25	0.75	0.87	0.86	0.57	0.70	0.60	1.00																	
Zn	-0.03	0.19	0.31	0.07	0.09	0.25	0.85	0.87	0.86	0.67	0.65	0.65	0.81	1.00																
Ga	-0.07	0.20	0.32	0.03	0.13	0.25	0.85	0.92	0.91	0.67	0.70	0.63	0.89	0.92	1.00															
Ge	-0.06	0.21	0.23	0.07	0.15	0.14	0.71	0.78	0.77	0.59	0.62	0.50	0.73	0.78	0.80	1.00														
Rb	-0.03	0.21	0.29	0.03	0.13	0.16	0.83	0.90	0.88	0.63	0.69	0.66	0.83	0.88	0.94	0.76	1.00													
Sr	0.03	-0.14	-0.25	-0.11	-0.10	0.00	-0.37	-0.42	-0.41	-0.33	-0.32	-0.18	-0.37	-0.43	-0.39	-0.37	-0.37	1.00												
Y	-0.09	0.19	0.30	0.02	0.10	0.18	0.85	0.81	0.79	0.58	0.60	0.52	0.78	0.88	0.93	0.75	0.84	-0.38	1.00											
Zr	-0.07	0.19	0.29	0.03	0.14	0.21	0.86	0.85	0.84	0.61	0.64	0.58	0.82	0.91	0.97	0.77	0.89	-0.38	0.97	1.00										
Nb	-0.07	0.19	0.28	0.08	0.24	0.20	0.83	0.83	0.84	0.63	0.64	0.55	0.81	0.89	0.95	0.78	0.86	-0.37	0.94	0.98	1.00									
Mo	-0.02	0.06	0.02	0.02	0.05	-0.02	0.01	-0.04	0.14	0.39	0.03	0.21	-0.03	0.08	0.03	-0.02	0.00	-0.09	0.08	0.06	0.04	1.00								
Cs	-0.10	0.00	0.11	-0.06	-0.01	0.43	0.77	0.72	0.69	0.44	0.48	0.43	0.70	0.69	0.72	0.57	0.71	-0.35	0.68	0.70	0.68	-0.03	1.00							
Ba	-0.01	0.15	0.10	0.11	0.23	0.04	0.15	0.18	0.23	0.18	0.31	0.15	0.23	0.20	0.24	0.22	0.21	0.17	0.22	0.24	0.27	-0.01	0.12	1.00						
∑REE	-0.07	0.20	0.29	0.02	0.13	0.20	0.84	0.82	0.82	0.61	0.64	0.56	0.80	0.89	0.95	0.77	0.86	-0.34	0.97	0.99	0.97	0.08	0.67	0.25	1.00					
Hf	-0.07	0.17	0.27	0.03	0.13	0.20	0.85	0.81	0.81	0.59	0.61	0.55	0.79	0.89	0.95	0.75	0.86	-0.37	0.97	1.00	0.97	0.08	0.68	0.23	0.98	1.00				
Ta	-0.09	0.16	0.27	0.03	0.15	0.19	0.85	0.81	0.80	0.59	0.60	0.53	0.78	0.90	0.94	0.77	0.85	-0.41	0.95	0.98	0.97	0.07	0.68	0.22	0.97	0.98	1.00			
Pb	0.11	0.19	0.20	0.12	0.11	0.19	0.66	0.64	0.64	0.46	0.55	0.61	0.71	0.68	0.77	0.58	0.75	-0.19	0.75	0.78	0.74	0.16	0.54	0.18	0.78	0.79	0.74	1.00		
Th	-0.06	0.17	0.25	0.02	0.12	0.21	0.83	0.78	0.76	0.54	0.58	0.56	0.77	0.87	0.93	0.73	0.87	-0.29	0.94	0.97	0.93	0.10	0.63	0.21	0.96	0.98	0.95	0.84	1.00	
U	-0.04	0.12	0.10	0.03	0.12	-0.01	0.20	0.13	0.22	0.31	0.14	0.19	0.16	0.21	0.29	0.14	0.21	-0.08	0.36	0.35	0.33	0.57	0.11	0.03	0.38	0.38	0.35	0.45	0.40	1.00

之间“不在其中，不离其宗”的差异性沉淀特征。锂、锶、钡与其他微量元素之间均无明显相关性，显示出独特的相关特征。钼和铀相关系数为0.57，具有一定的相关性。其他微量元素Zr、Hf、Ta、∑REE、Y、Th、Nb、Ga、Be、Zn、Rb、Sc、Cu、V、Ge、Pb、Co和Cs相互之间具有明显的相关性。具有明显相关性的元素之间，在剖面NS上也显示出相似的空间分布特征，具有相似分布特征的一组元素可以用一个共同的变量来表示。

因子分析是一种研究从变量群中提取共性的统计技术。这种方法得到一组新的变量，称为因子或主成分。新的变量能够反应原始数据集的绝大部分信息。因子分析将相同本质的变量归入一个因子，可减少变量的数目，还可检验变量间的关系。在地质上，根据地球化学数据集提取出的因子可以解释为各种地球化学作用，如沉积作用、变质作用、热液蚀变等。本研究应用SPSS（IBM SPSS，NY，USA）软件，对350件样品的元素含量进行因子分析，共得到6个因子，结果见表7.4。其中，某个样品的因子得分等于这个样品中每

表7.4　最大旋转因子载荷矩阵（据Tan et al.，2015b）

元素	因子1	因子2	因子3	因子4	因子5	因子6
Zr	0.98	0.12	0.03	0.10	0.05	0.01
Hf	0.98	0.08	0.02	0.14	0.04	0.01
Ta	0.97	0.07	0.02	0.11	0.05	-0.02
∑REE	0.97	0.11	0.02	0.13	0.06	0.04
Y	0.96	0.08	0.01	0.12	0.08	-0.01
Th	0.96	0.05	0.02	0.18	0.02	0.05
Nb	0.96	0.13	0.08	0.08	0.05	0.05
Ga	0.95	0.27	0.04	0.02	0.03	0.00
Be	0.89	0.14	-0.07	-0.02	-0.21	-0.09
Zn	0.88	0.32	0.06	0.02	0.01	-0.08
Rb	0.88	0.33	0.05	-0.03	0.05	-0.01
Sc	0.82	0.47	-0.02	-0.12	0.01	-0.09
Cu	0.81	0.39	0.09	-0.11	0.04	-0.03
V	0.78	0.56	0.02	0.03	0.03	-0.04
Ge	0.77	0.30	0.07	-0.09	0.09	-0.01
Pb	0.77	0.13	0.15	0.27	-0.05	0.09
Cs	0.73	0.22	-0.03	-0.12	-0.32	-0.15
Co	0.58	0.57	0.08	-0.06	0.10	0.12
Cr	0.49	0.70	-0.03	0.30	0.04	-0.04
Ni	0.48	0.66	-0.10	0.17	-0.05	0.07
Sb	0.01	-0.04	0.90	0.01	0.04	-0.01
Au	-0.09	0.04	0.77	-0.03	0.02	-0.09
Tl	0.13	-0.10	0.67	0.08	0.08	0.20
As	0.13	0.17	0.52	0.01	0.50	0.00
Mo	-0.06	0.28	0.03	0.87	-0.02	-0.08
U	0.30	-0.10	0.03	0.84	0.07	0.03
Li	0.24	0.15	0.04	-0.09	-0.75	-0.02
Hg	0.25	0.18	0.25	-0.07	0.64	-0.09
Ba	0.21	0.18	0.13	-0.06	0.08	0.81
Sr	-0.36	-0.19	-0.09	0.02	-0.18	0.67

个元素含量与所在因子上相应元素得分的乘积之和。每个样品的因子得分在 SPSS 软件中自动计算得到。从表 7.4 可以看出，与因子 1 密切相关的元素有 Zr、Hf、Ta、∑REE、Y、Th、Nb、Ga、Be、Zn、Rb、Sc、Cu、V、Ge、Pb 和 Cs，与因子 2 密切相关的元素有 Co、Cr 和 Ni，与因子 3 密切相关的元素有 Au、As、Sb 和 Tl，与因子 4 密切相关的元素有 Mo 和 U，与因子 5 密切相关的元素有 As、Hg 和 Li，与因子 6 密切相关的元素有 Ba 和 Sr。因子排名越靠前，因子与元素的相关性越明显，如因子 3 中 Tl 的得分为 0.67，同时因子 6 中 Sr 的因子得分也为 0.67，那么前者的相关性大于后者。如果一个元素在两个因子中的得分均大于 0.5，说明这个元素受两个地球化学作用的影响，如因子 1 和因子 2 中 V 和 Co 的因子得分均大于 0.5，因子 3 和因子 5 中 As 的因子得分均大于 0.5。根据每个样品的构造部位、岩性和因子得分，绘制了微量元素构造地球化学图解。

图 7.35 显示了每个因子在剖面 NS 上的分布特征。因子 1、因子 2 和因子 6 均显示出明显的地层控制特征，即这些因子得分往往随着岩性的变化而变化，如因子 1 和因子 2 在黏土岩中得分较高，而在生物碎屑灰岩中得分较低，因子 6 在夜郎组地层中得分较高，说明这些因子代表了成矿前的区域尺度的沉积作用。因子 2 的得分除随着岩性变化外，在背斜核部也有较高得分，显示出背斜控制的特征。因子 2 在构造蚀变体中无高得分现象，可能说明成矿流体本身并没有带入与因子 2 相关的元素（Co、Cr 和 Ni）。

因子 3 与 Au、As、Sb 和 Tl 具有明显正相关性，因子 5 与 Li 有负相关性，与 As 和 Hg 有正相关性，同时因子 3 和因子 5 在构造蚀变体和背斜轴部显示了明显的高得分（图 7.35），与图 7.33 中成矿元素的分布规律一致，说明这两个因子代表了矿化作用。因子 4 在龙潭组及其之上的地层中呈零星分布，但是在构造蚀变体中具有明显的高得分，而其上下岩层的因子 4 得分明显偏低。构造蚀变体是沉积作用、构造作用和热液蚀变的综合产物，包含了茅口组顶部灰岩和龙潭组底部黏土岩两部分，在元素组成上显示上覆岩石和下伏岩石之间的渐变和热液蚀变作用的叠加关系（刘建中等，2014）。因子 4 得分在构造蚀变体中具有高得分，而其上下岩层具有低得分，可能说明该因子代表了热液作用。Hu 等（2002）和 Zhang 等（2003）指出 U 也是黔西南卡林型金矿的异常元素之一。但是，因子 4 在剖面 NS 上的得分分布特征与成矿元素的分布差异明显，因此不能确定因子 4 与金矿化作用相关。因子 4 可能不代表金的矿化作用，而是代表另一期前人未提及过的热液活动。

3. 碳、氧同位素及稀土元素构造地球化学

前人对美国内华达州卡林型金矿床的碳氧同位素构造地球化学进行了大量研究。方解石脉的碳氧同位素组成，随着离断裂带距离的远近具有规律性变化的特征（Radtke et al., 1980；Kuehn et al., 1992）。在 Pipeline 卡林型金矿床，矿体外围碳酸盐岩的碳氧同位素围绕 Pipeline 金矿体形成了碳氧同位素异常晕（Arehart et al., 2006）。在 Banshee 卡林型金矿床，碳酸盐矿物的碳氧同位素组成可用于示踪成矿流体通过角砾化渗透带的运移路径。美国内华达州卡林型金矿床的碳氧同位素构造地球化学研究，确定了从典型未蚀变的围岩到矿石之间碳氧同位素的分带特征，并据此建立了找矿指标，即碳氧同位素找矿（Stenger et al., 1998b；Arehart et al., 2006）。

成矿流体在运移以及与围岩发生水–岩反应过程中，对围岩或脉石矿物的同位素组成

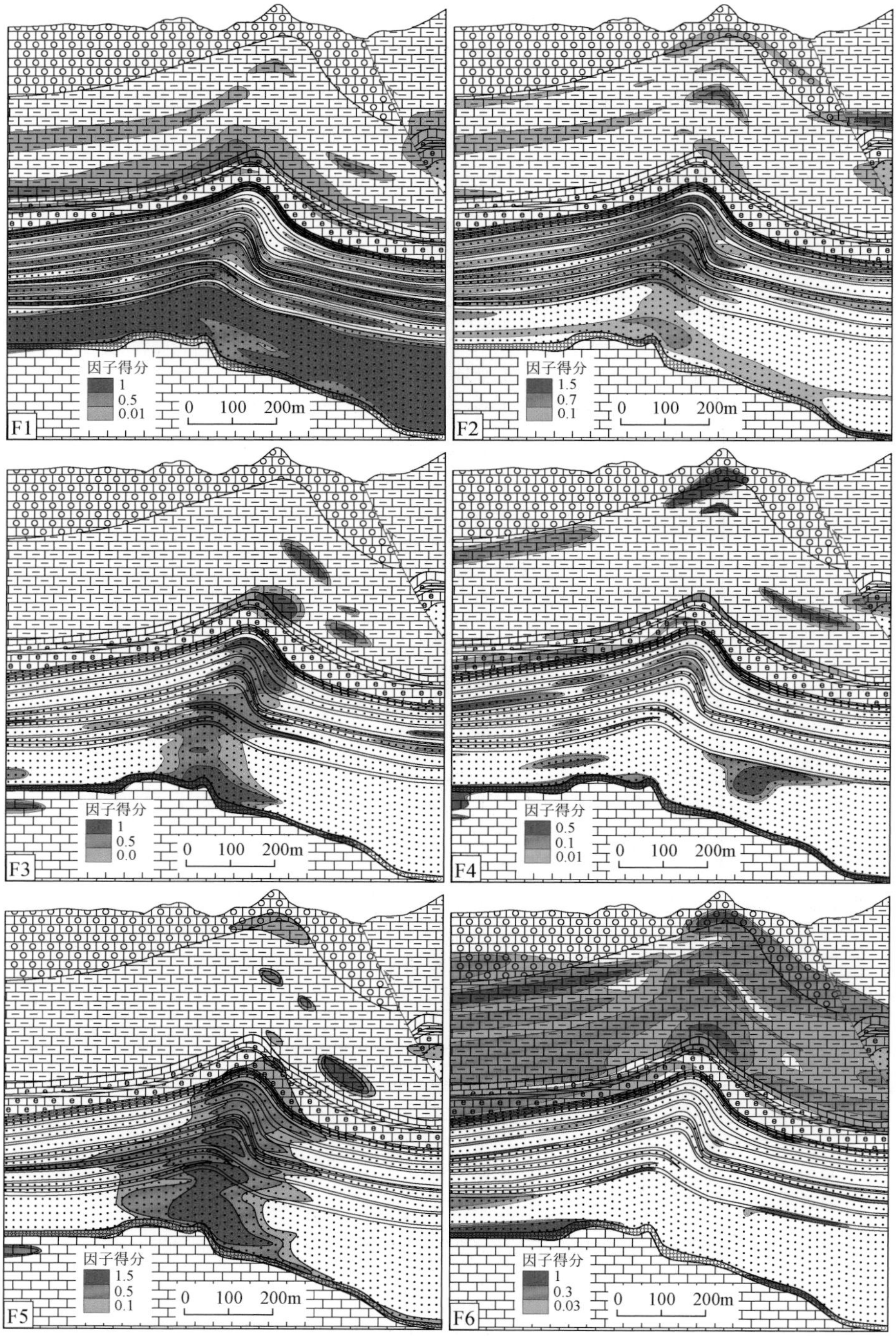

图 7.35 剖面 NS 上因子得分构造地球化学分布图

（据 Tan et al.，2015b）

F1：Zr、Hf、Ta、∑REE、Y、Th、Nb、Ga、Be、Zn、Rb、Sc、Cu、V、Ge、Pb 和 Cs；F2：Co、Cr 和 Ni；F3：Au、As、Sb 和 Tl；F4：Mo 和 U；F5：As、Hg 和 Li；F6：Ba 和 Sr

均可能产生影响。已有研究表明，水银洞金矿床与成矿有关的方解石脉具有明显的中稀土富集和正 Eu 异常特征，而区域上与成矿无关的方解石脉则具有明显的轻稀土富集和负 Eu 异常特征（Su et al.，2009b；Zhang et al.，2010）。本研究以同位素和稀土元素构造地球化学为手段，在水银洞金矿床剖面 NS 上系统采集了不同构造部位和金品位岩石以及这些岩石中充填的方解石脉样品（图 7.36），分析了这些样品的碳氧同位素和稀土元素组成，用

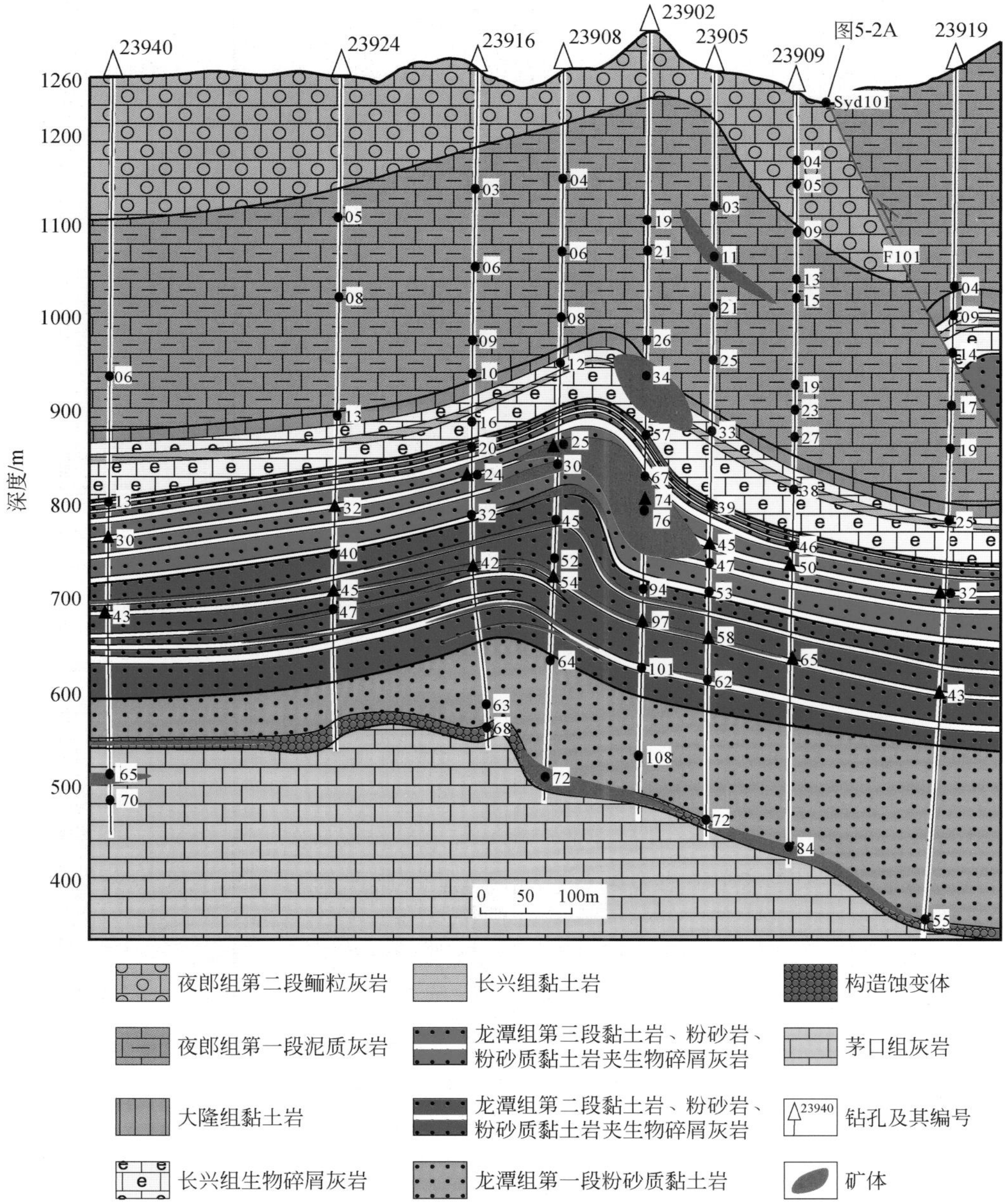

图 7.36　水银洞金矿床剖面 NS 地质图

（据 Tan et al.，2015b）

图中黑色三角形为全岩样品位置，黑色小圆点为方解石采样点位置

以探讨成矿流体运移和成矿过程对不同构造部位岩石及方解石碳氧同位素和稀土元素组成的影响。图 7.36 中黑色实心三角形为岩石样品采样位置，黑色小圆点为方解石采样点的位置。此外，对矿区外围无矿化蚀变灰岩中充填的方解石也进行了取样（图 7.37b ~ c），分析其碳氧同位素和稀土元素组成，用于对比研究。

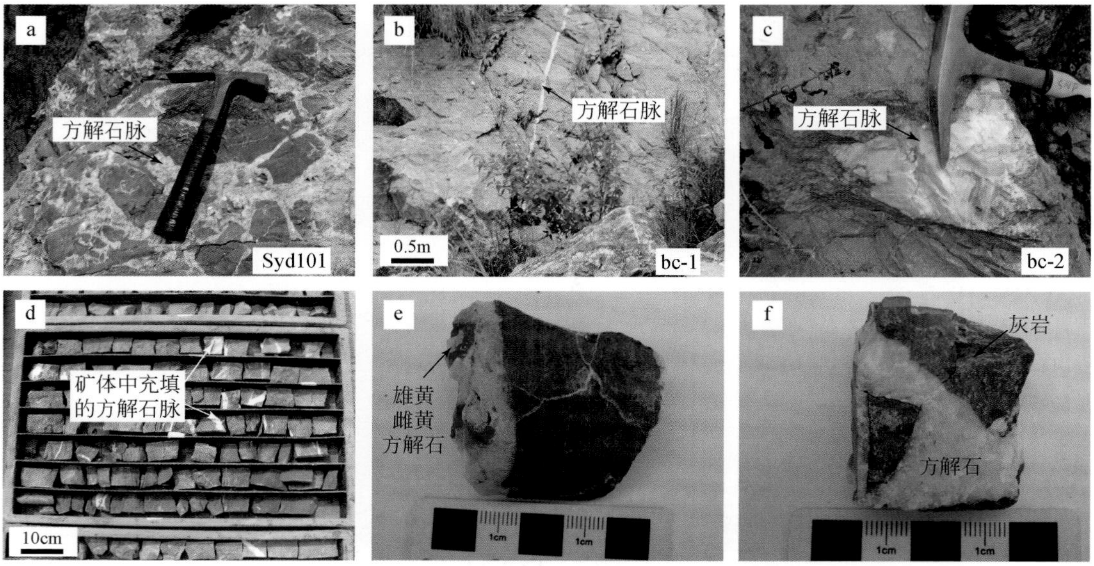

图 7.37　水银洞金矿床及其外围采集的方解石脉样品

（据 Tan et al., 2017）

a. 断层 F101 地表露头处方解石脉；b ~ c. 远离矿区地表出露的方解石脉；d. 钻孔揭露矿体中的方解石脉；e. 矿体中与雄黄、雌黄共生的方解石脉；f. 矿区围岩中充填的方解石脉

图 7.38 为碳氧同位素组成的散点图，显示了矿区及矿区外围方解石脉碳氧同位素组成的差别。其中，红色表示剖面 NS 上与雄黄和/或雌黄共生的方解石脉，绿色表示矿区外围无热液蚀变灰岩中充填的方解石脉，黑色表示前人的分析结果。与雄黄和/或雌黄共生的方解石脉，是成矿过程中水-岩反应的产物，与成矿作用有关（Su et al., 2009b），而矿区外围无热液蚀变灰岩中充填的方解石脉，与成矿作用无关。从图 7.38 可以发现，与成矿有关的方解石的碳同位素值通常小于 0，而与成矿无关方解石的碳同位素值往往大于零，显示出明显的差别。此外，研究发现水银洞金矿床中既有成矿期的方解石脉，也有成矿期后的方解石脉，他们之间显示了明显的碳同位素差别。无论与成矿有关还是无关的方解石，其氧同位素组成都在 10‰ ~ 25‰，未显示明显差别。

上述具有负碳同位素组成的方解石，可能与成矿过程中的水-岩反应有关（Hu et al., 2002）。水银洞金矿床龙潭组地层中含有大量有机质和煤线。地层中的有机质在水-岩反应过程中氧化进入成矿流体而改变了流体的碳同位素组成。沉积有机质具有明显的负的碳同位素组成，因此成矿流体中有机碳的加入，对成矿流体的碳同位素组成起到了重要作用，而其他因素（方解石沉淀、大气水加入、温度、压力等）对成矿流体中沉淀的方解石碳同位素组成的影响相对较小。但是，由于矿体中方解石脉的碳同位素组成与地幔碳的

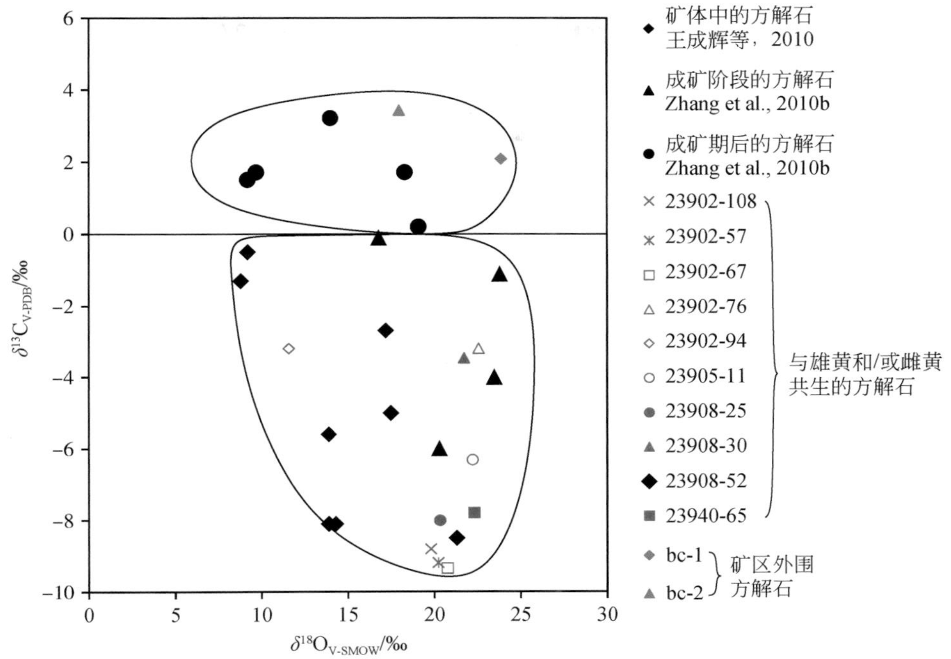

图 7.38 水银洞金矿床及其外围方解石的碳氧同位素散点图
（据谭亲平，2015）

组成范围相似，也有学者认为方解石的负碳同位素组成可能与地幔碳的加入有关（王泽鹏等，2013）。

图 7.39a 显示了水银洞金矿床龙潭组生物碎屑灰岩中不同金品位岩石的碳、氧同位素变化情况。可以发现，在金品位高的部位（背斜核部）具有相对较高的氧同位素组成和相对较低的碳同位素组成。但是，这种碳氧同位素组成的变化与金品位变化并未严格一一对应，而可能和热液蚀变的强度对应。强热液蚀变岩石并不一定具有较高的金品位，但遭受水-岩反应而导致了碳氧同位素组成的改变。因此，在图 7.39a 中从背斜核部到背斜两翼，碳氧同位素呈现有规律渐变的特征。图 7.39b 为龙潭组第二段生物碎屑灰岩的碳氧同位素组成与金品位关系图。由此可见，氧同位素组成随金品位变化未显示出变化规律，而碳同位素在高金品位部位（背斜核部）具有相对较高的值，在低金品位的部位（背斜两翼）具有相对较低的值，与图 7.39a 的变化规律相反。图 7.39b 中碳同位素组成的变化也没有与金品的变化严格对应，可能也与热液蚀变强度有关。通过上述两个生物碎屑灰岩层的对比可以发现，碳氧同位素组成的变化在不同岩层中有所不同，未显示一致的变化规律。

图 7.40 为水银洞金矿床及其外围方解石的稀土元素球粒陨石标准化配分模式图，显示了不同类型方解石之间稀土元素组成的巨大差别。图 7.40a 为剖面 NS 上与雄黄和/或雌黄共生的方解石的稀土元素组成，以明显富中稀土和铕正异常为特征。图 7.40b 为矿区外围无热液蚀变灰岩中充填的方解石的稀土元素组成，显示出轻稀土富集并具有明显铕亏损

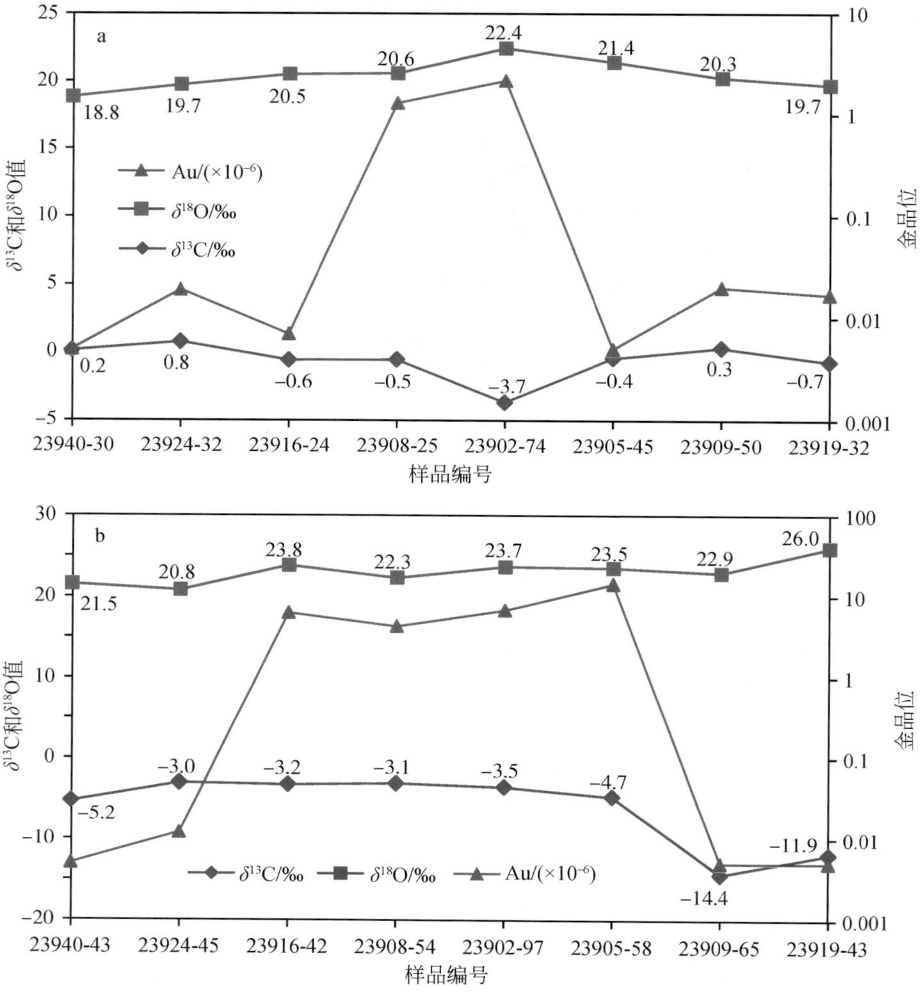

图 7.39　水银洞金矿床龙潭组生物碎屑灰岩碳氧同位素和金品位变化规律图

（据 Tan et al.，2017）

a. 龙潭组第三段生物碎屑灰岩；b. 龙潭组第二段生物碎屑灰岩

的特征。这两类方解石稀土元素组成的巨大差别，前人的研究也有相关提及，并认为可以用中稀土富集的方解石作为卡林型金矿重要的找矿指标（Su et al.，2009a；张瑜等，2010；Tan et al.，2015a）。

具有中稀土富集特征的方解石在低温成矿省的锑矿床中也有发现（Peng et al.，2003）。研究表明，黔西南卡林型金矿床与方解石共生硫化物（辉锑矿、雄黄和雌黄）的稀土元素显示轻稀土强烈富集的特征，而重稀土多低于检测限（王泽鹏，2013）。这可能说明矿物自成矿流体沉淀的过程中，轻稀土元素已优先在硫化物矿物中聚集，从而使与之共生或期后沉淀的方解石的轻稀土元素发生相对亏损，显示出中稀土富集的特征。此外，贵州晴隆锑矿床中萤石的中稀土富集可能受晶体化学因素控制（彭建堂等，2003a）。由于

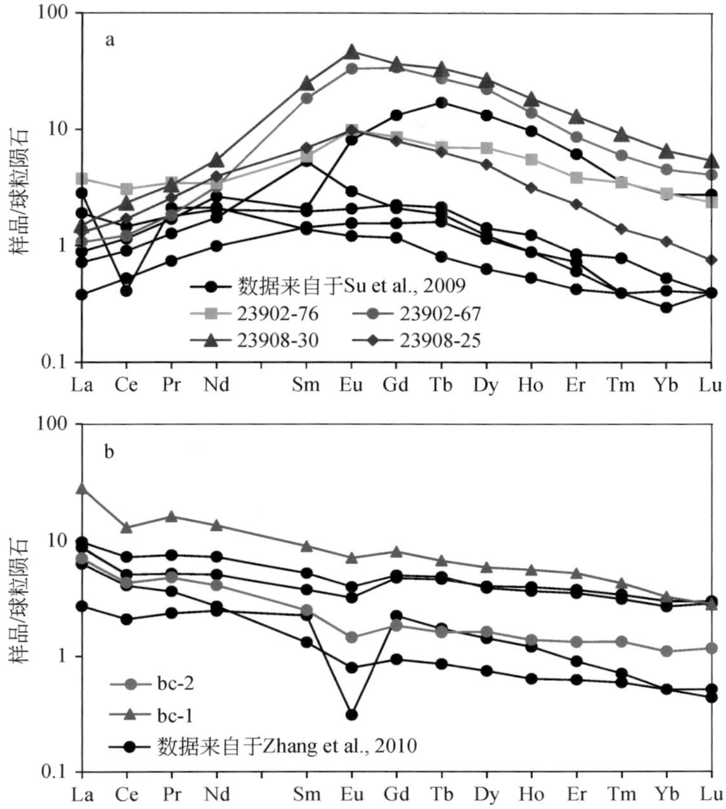

图 7.40　水银洞金矿床及其外围方解石稀土元素球粒陨石标准化配分图

（据谭亲平，2015）

a. 与金成矿有关的方解石；b. 与金成矿无关的方解石

Ca 的离子半径与 REE 系列中部元素的离子半径相当（刘英俊等，1984），理论上 MREE 最易于置换矿物晶体中的 Ca^{2+}。方解石可能对不同稀土元素存在选择性富集作用，因此晶体化学因素（REE 离子半径和相对离子半径）对其 REE 含量和配分模式也起着重要制约作用。但是，如果方解石的晶体结构制约了稀土元素在矿物中的分配，那么所有方解石都应该具有中稀土富集的特征，这与实际不符。因此，在硫化物和方解石共生体系中，轻稀土与中重稀土元素在两者之间分配系数的差异可能是导致方解石富集中稀土的主要原因。

图 7.41 显示了水银洞金矿床龙潭组第二段和第三段生物碎屑灰岩层不同构造部位和不同金品位岩石的稀土元素配分模式。可以发现，两个岩层背斜核部的矿体相对背斜两翼的围岩，其稀土元素组成无明显差别。但是，不同层位的生物碎屑灰岩稀土元素组成差别较大，这可能与成岩作用有关。通过全岩稀土元素组成的对比发现，成矿过程中的热液蚀变并未明显改变岩石本身的稀土元素组成。

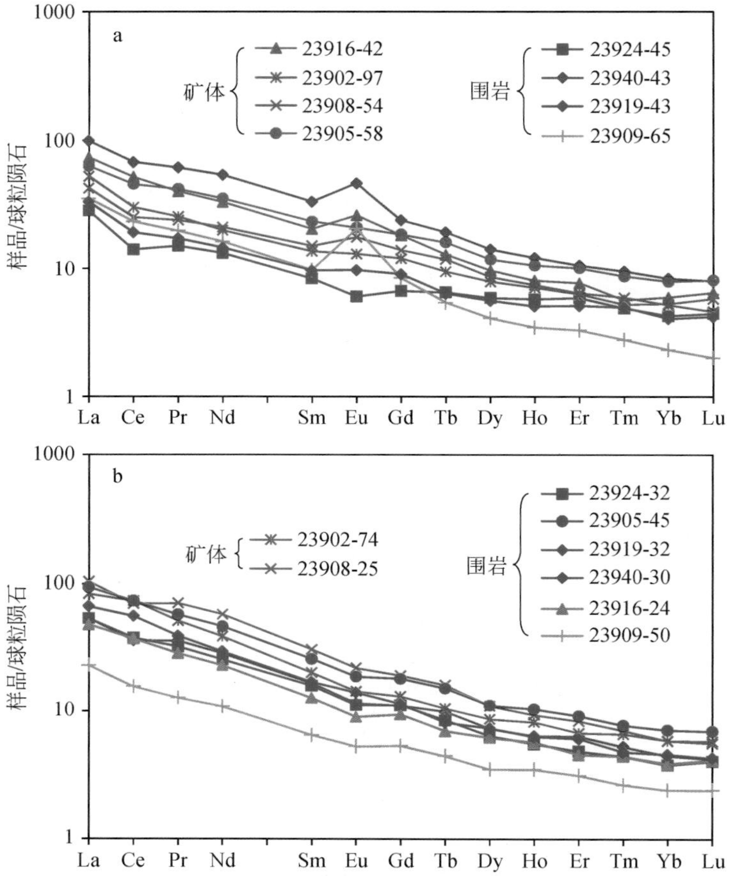

图 7.41　水银洞金矿床龙潭组生物碎屑灰岩稀土元素球粒陨石标准化配分图

（据 Tan et al.，2017）

a. 龙潭组第三段生物碎屑灰岩；b. 龙潭组第二段生物碎屑灰岩

在中国和美国的卡林型金矿床中，方解石是唯一广泛分布、与围岩蚀变有关的脉石矿物（Kuehn et al.，1992；Su et al.，2009b）。为进一步探讨方解石碳氧同位素和稀土元素组成在矿床尺度的分布规律及其与金矿体的空间关系，根据方解石脉的采样位置、碳氧同位素和稀土元素组成，在水银洞金矿床剖面 NS 上构建了碳氧同位素和稀土元素构造地球化学规律图。

图 7.42 显示不同构造部位、不同金品位岩石中充填的方解石脉的碳同位素组成。可以发现，碳同位素值小于-1 的方解石脉主要分布在金矿体及其周围中，类似于图 7.39 中成矿元素的分布，即主要沿背斜轴分布。此外，在 NS 剖面背斜上部的两翼地层尤其是逆断层中也充填了大量碳同位素明显负值的方解石。灰家堡背斜层间滑动明显，逆冲断层发育，金成矿过程中水-岩反应所形成的富碳酸钙“排泄物”往往沿着各种断裂和微裂隙运移较远。因此，碳同位素明显负值的方解石的分布远远大于金矿体的分布范围，特别是在背斜两翼地层及其中的逆断层中。这为利用方解石作为找矿指标提供了理论依据。

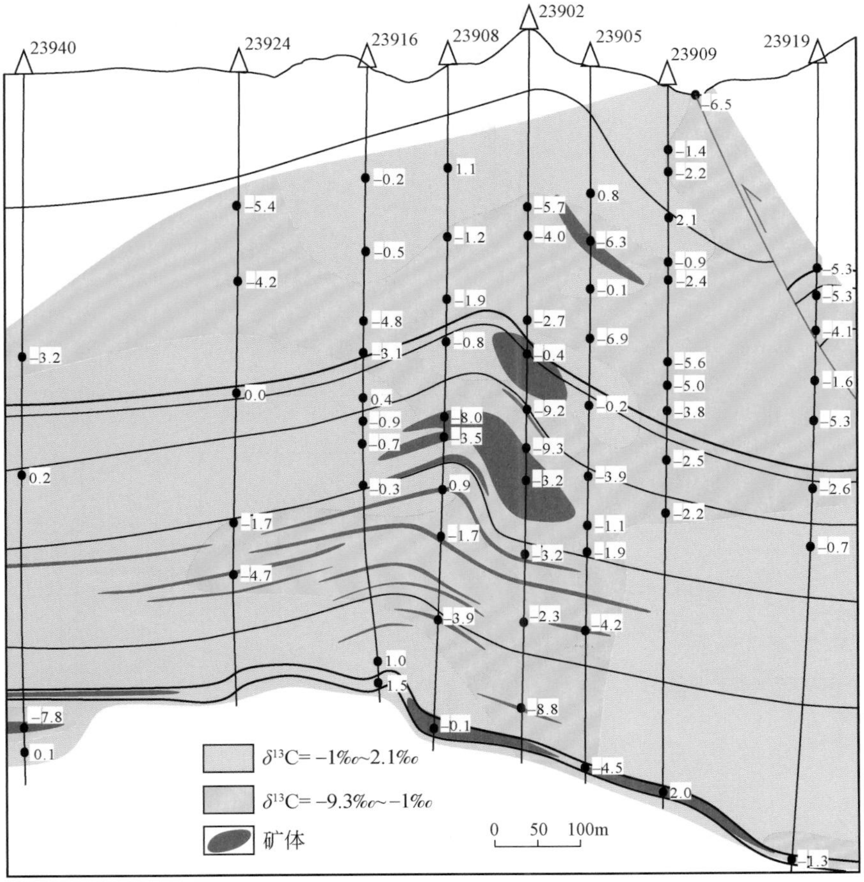

图 7.42 水银洞金矿床方解石脉碳同位素组成在剖面 NS 上的分布规律
（据 Tan et al.，2017）

图 7.43 显示了不同构造部位，不同金品位岩石中充填的方解石脉的氧同位素组成。可以发现，高氧同位素值方解石的分布与金矿体分布无明显相关性，未显示出与图 7.39 中成矿元素类似的分布规律。矿体中充填的方解石脉既有高氧同位素值也有低氧同位素值。在 NS 剖面的上部，特别是逆断层中高氧同位素值方解石脉的附近并无矿体分布。因此，与碳同位素组成不同，似乎不能用方解石的氧同位素组成作为找矿标志。

图 7.44 显示了方解石的中稀土富集强度在 NS 剖面的分布规律。其中，中稀土富集程度用公式计算得到：$\Delta MREE=(Sm_N+Eu_N+Gd_N+Tb_N)\times 2/(La_N+Ce_N+Pr_N+Nd_N+Er_N+Tm_N+Yb_N+Lu_N)$。如果方解石的 ΔMREE（中稀土富集强度）大于 2，说明方解石具有明显的中稀土富集。由图 7.44 可见，明显富集中稀土的方解石与金矿体一致，均沿背斜轴分布。此外，在背斜两翼也有少量中稀土富集的方解石产出。但是，在背斜翼部逆断层中充填的方解石脉，中稀土富集特征不明显。中稀土富集的方解石与金矿体分布的高度重叠性，说明方解石的中稀土富集特征与成矿作用密切相关。

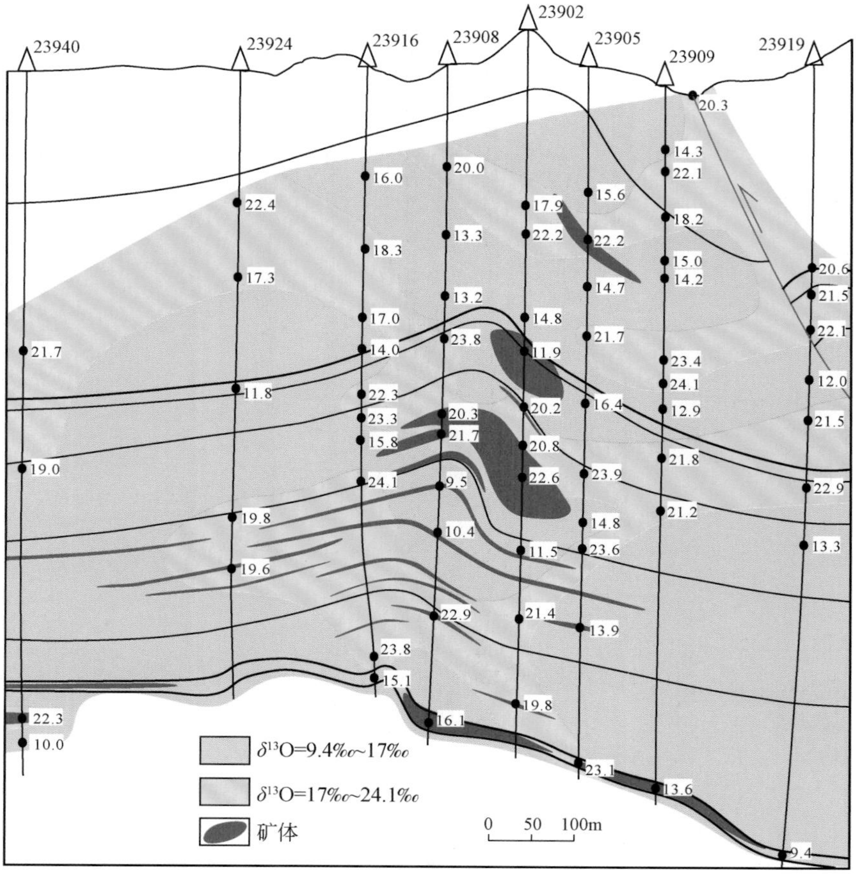

图 7.43　水银洞金矿床方解石脉氧同位素组成在剖面 NS 上的分布规律
（据 Tan et al.，2017）

综上所述，负碳同位素组成和中稀土富集的方解石与金矿体的分布基本一致。因此，可根据方解石的碳同位素和稀土元素组成联合建立找矿指标，即方解石矿化相关度（mineralization correlation level，MCL）：$MCL = \Delta MREE \times 2 - \delta^{13}C$（该公式利用判别分析得出）。如果方解石的 MCL 值越大，则与金矿化作用的关系越大。图 7.45 显示了方解石的 MCL 在剖面 NS 上的分布规律，发现金矿体内方解石的 MCL 值往往大于 6.5。此外，在剖面 NS 的上部和两翼，特别是逆冲断层中也有这种 MCL 值大于 6.5 的方解石分布。图 7.45 上，在构造蚀变体内充填的方解石并没有显示与成矿作用密切相关的特征。微量元素构造地球化学研究结果显示（图 7.35），元素 Mo 和 U 在构造蚀变体中也有富集，可能代表另一期热液活动，反映构造蚀变体中具有多期热液活动的特征。因此，构造蚀变体中的方解石可能也具有多期次特征，金成矿过程中形成的与成矿密切相关的方解石，可能被后续的热液活动破坏和改造，因此与金成矿仅显示了弱的相关性（MCL 值最高 6.1）。

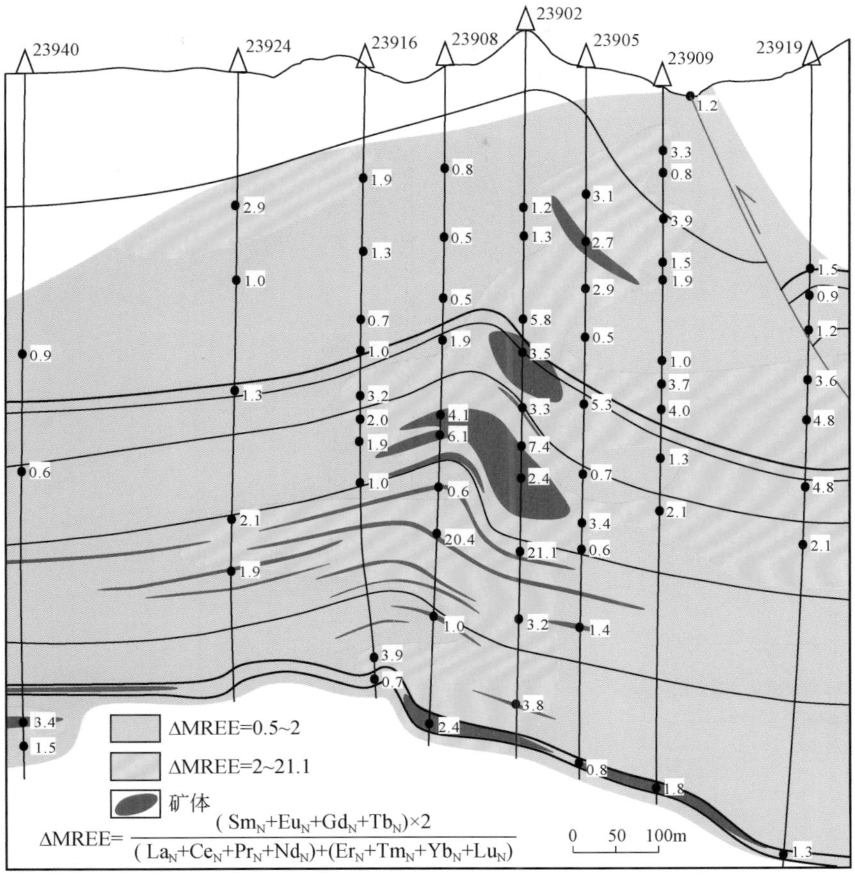

图 7.44 水银洞金矿床方解石脉稀土富集程度在剖面 NS 上的分布规律

（据 Tan et al.，2017）

综上所述，Au、As、Hg、Sb、Tl 等元素通常共、伴生成矿，显示“你中有我、我中有你”的元素组合特征；华南高温成矿省和低温成矿省是具有密切联系的整体。在成矿省尺度，低温成矿省东部的右江 Au-Sb-Hg-As 和湘中 Sb-Au 矿集区的深部，可能存在高温 W-Sn 多金属矿床；在矿集区尺度，盆地中的孤立台地附近和台地–盆地过渡区附近的断裂、不整合面、古岩溶面，是 Au-Sb-Hg-As 等元素成矿和找矿的有利部位；在矿床尺度，含 Fe 碳酸盐岩是形成高品位、大型金矿床最重要的赋矿围岩，出露地表的富集中稀土（MREE）方解石脉，是寻找深部隐伏卡林型金矿体的重要标志，这种方解石的碳同位素组成亦与区域上和成矿无关的方解石不同，可联合应用反映中稀土富集程度的 ΔMREE 值和反映碳同位素组成的 $\delta^{13}C$ 值，共同定量表征方解石与成矿的密切程度（$MCL = \Delta MREE \times 2 - \delta^{13}C$），方解石的 MCL 值越大，则与金成矿的关系越密切。

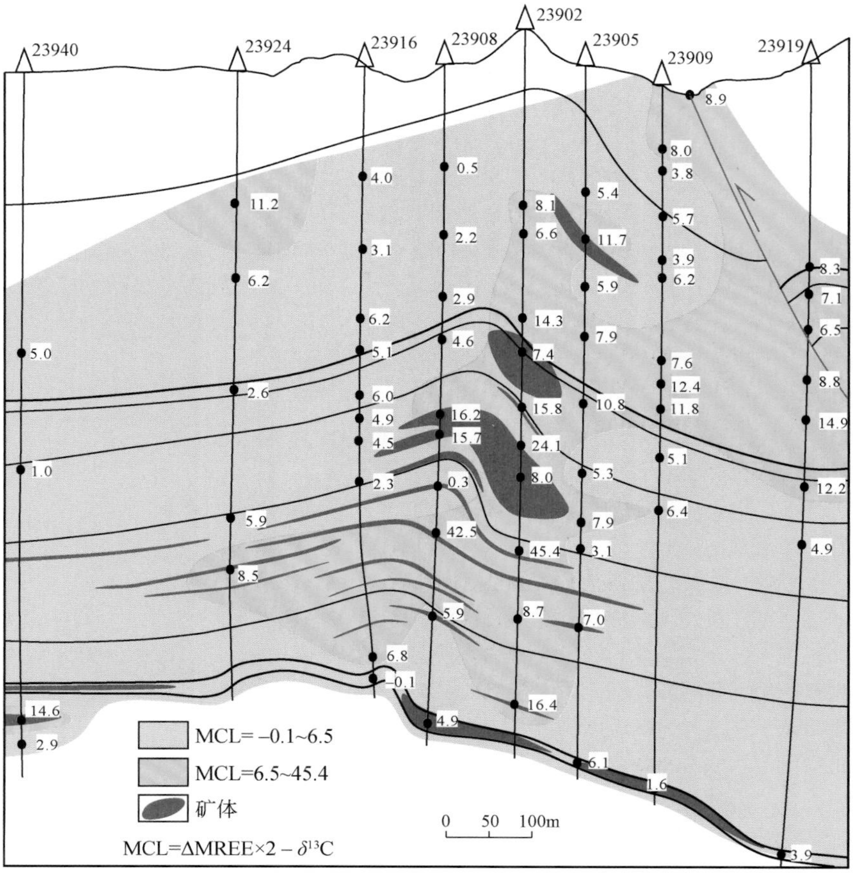

图 7.45　水银洞金矿床方解石脉的 MCL 值在剖面 NS 上的分布规律
（据 Tan et al.，2017）

参 考 文 献

邓宾，2013. 四川盆地中—新生代盆-山结构与油气分布．成都：成都理工大学博士学位论文．

邓宾，刘树根，刘顺，等，2009. 四川盆地地表剥蚀量恢复及其意义．成都理工大学学报（自然科学版），36（3）：675-686.

高振敏，李红阳，杨竹森，等，2002. 滇黔地区主要类型金矿的成矿与找矿．北京：地质出版社．

郭彤楼，2004. 十万大山盆地中新生代构造-热演化历史．上海：同济大学博士学位论文．

胡瑞忠，毛景文，华仁民，等，2015. 华南陆块陆内成矿作用．北京：科学出版社．

胡瑞忠，陈伟，毕献武，等，2020. 扬子克拉通前寒武纪基底对中生代大面积低温成矿的制约．地学前缘，27（2）：137-150.

郇伟静，李娜，袁万明，等，2013. 四川甘孜-理塘金成矿带成矿时代与构造活动的裂变径迹研究．岩石学报，29（4）：1338-1346.

李华芹，王登红，陈富文，等，2008. 湖南雪峰山地区铲子坪和大坪金矿成矿年代学研究．地质学报，82（7）：900-905.

李双建，李建明，周雁，等，2011. 四川盆地东南缘中新生代构造隆升的裂变径迹证据．岩石矿物学杂志，30（2）：225-233.
李小明，2004. 裂变径迹方法及云开大山热年代学研究．北京：中国科学院研究生院博士学位论文．
刘建中，邓一明，刘川勤，等，2006. 贵州省贞丰县水银洞层控特大型金矿成矿条件与成矿模式．中国地质，33（1）：169-177.
刘建中，夏勇，陶琰，等，2014. 贵州西南部SBT与金锑矿成矿找矿．贵州地质，(4)：267-272.
刘英俊，曹励明，李兆麟，等，1984. 元素地球化学．北京：科学出版社．
毛景文，胡瑞忠，陈毓川，等，2006. 大规模成矿作用与大型矿集区．北京：地质出版社．
毛景文，周振华，丰成友，等，2012. 初论中国三叠纪大规模成矿作用及其动力学背景．中国地质，39（6）：1437-1471.
彭建堂，胡瑞忠，蒋国豪，2003a. 萤石Sm-Nd同位素体系对晴隆锑矿床成矿时代和物源的制约．岩石学报，19（4）：785-791.
彭建堂，胡瑞忠，赵军红，等，2003b. 湘西沃溪Au-Sb-W矿床中富放射性成因锶的成矿流体及其指示意义．矿物岩石地球化学通报，22（3）：193-196.
彭建堂，张东亮，胡瑞忠，等，2010. 湘西渣滓溪钨锑矿床白钨矿中稀土元素的不均匀分布及其地质意义．地质论评，56（6）：810-819.
饶家荣，王纪恒，曹一中，1993. 湖南深部构造．湖南地质，12（S7）：1-101.
任立奎，2011. 南盘江—十万大山地区构造演化与成矿．北京：中国地质大学（北京）博士学位论文．
施俊法，肖庆辉，2003. 经验勘查与理论勘查的发展趋势．地质通报，23（8）：809-815.
石红才，施小斌，杨小秋，等，2013. 江南隆起带幕阜山岩体新生代剥蚀冷却的低温热年代学证据．地球物理学报，56（6）：1945-1957.
谭亲平，2015. 黔西南水银洞卡林型金矿床构造地球化学及成矿机制研究．北京：中国科学院大学博士学位论文．
王国芝，胡瑞忠，苏文超，等，2002. 滇-黔-桂地区右江盆地流体流动与成矿作用．中国科学（D辑），32（增刊）：78-86.
王韶华，罗开平，刘光祥，2009. 江汉盆地周缘中、新生代构造隆升裂变径迹记录．石油天然气地质，30（3）：255-259.
王永磊，陈毓川，王登红，等，2012. 湖南渣滓溪W-Sb矿床白钨矿Sm-Nd测年及其地质意义．中国地质，39（5）：1339-1344.
王泽鹏，2013. 贵州省西南部低温矿床成因及动力学机制研究——以金、锑矿床为例．北京：中国科学院大学博士学位论文．
王泽鹏，夏勇，宋谢炎，等，2013. 黔西南灰家堡卡林型金矿田硫铅同位素组成及成矿物质来源研究．矿物岩石地球化学通报，32（6）：746-752.
夏勇，2005. 贵州贞丰县水银洞金矿床成矿特征和金的超常富集机制研究．北京：中国科学院研究生院博士学位论文．
徐汉林，杨以宁，沈扬，等，2001. 广西十万大山盆地构造特征新认识．地质科学，36（3）：359-363.
郇伟静，李娜，袁万明，等，2013. 四川甘孜-理塘金成矿带成矿时代与构造活动的裂变径迹研究．岩石学报，29（4）：1338-1346.
杨创，匡经水，郭超，等，2015. 广西十万大山盆地含煤地层发育特征及聚煤研究．煤炭科学技术，43（6）：116-121.
张珂，黄玉昆，1995. 粤北地区夷平面的初步研究．热带地理，15（4）：295-305.
张龙升，彭建堂，胡阿香，等，2014. 湘西大溶溪钨矿床中辉钼矿Re-Os同位素定年及其地质意义．矿床地质，33（1）：181-189.
张龙升，彭建堂，林芳梅，2020. 湘西大溶溪钨矿床夕卡岩矿物的矿物学、地球化学特征及其形成机制. 地质论评，66（1）：113-138.
张艳妮，李荣西，段立志，等，2014. 上扬子地块北缘灯影组硅质岩系硅、氧同位素特征及其成因. 矿物岩石地球化学通报，33（4）：452-456.
张瑜，夏勇，王泽鹏，等，2010. 贵州簸箕田金矿单矿物稀土元素和同位素地球化学特征. 地学前缘，17：385-395.
张岳桥，1999. 广西十万大山前陆盆地冲断推覆构造. 现代地质，13（2）：150-155.
周维博，2005. 广西西大明山隆起构造特征及其与周缘盆地的关系. 北京：中国地质大学（北京）硕士学位论文.
Arehart G B，1996. Characteristics and origin of sediment-hosted disseminated gold deposits：A review. Ore Geology Reviews，11：383-403.
Arehart G B，Donelick R A，2006. Thermal and isotopic profiling of the Pipeline hydrothermal system：Application to exploration for Carlin-type gold deposits. Journal of Geochemical Exploration，91：27-40.
Baker T，Lang J R，2001. Fluid inclusion characteristics of intrusion-related gold mineralization，tombstone-tungsten magmatic belt，Yukonterritory，Canada. Mineralium Deposita，36：563-582.
Barker S L L，Dipple G M，Hickey K A，et al.，2013. Applying stable isotopes to mineral exploration：Teaching an old dog new tricks. Economic Geology，108：1-9.
Bethke C M，Reed J D，Oltz D F，1991. Long-range petroleum migration in the Illinois Basin. AAPG Bulletin，75：925-945.
Bernet M，2009. A field-based estimate of the zircon fission-track closure temperature. Chemical Geology，259：181-189.
Brugger J，Lahaye Y，Costa S，et al.，2000 Inhomogeneous distribution of REE in scheelite and dynamics of Archaean hydrothermal systems（Mt. Charlotte and Drysdale gold deposits，western Australia）. Contributions to Mineralogy and Petrology，139：251-264.
Craw D，Norris R J，1991. Metamorphogenic Au-W veins and regional tectonics：Mineralisation throughout the uplift history of the Haast Schist，New Zealand. New Zealand Journal of Geology and Geophysics，34：373-383.
Cunningham C G，Ashley R P，Chou I M，et al.，1988. Newly discovered sedimentary rock-hosted disseminated gold deposits in the People's Republic of China. Economic Geology，83：1462-1467.
de Almeida C M，Olivo G R，Chouinard A，et al.，2010. Mineral paragenesis，alteration，and geochemistry of the two types of gold ore and the host rocks from the Carlin-type deposits in the southern part of the Goldstrike property，northern Nevada：Implications for sources of ore-forming elements，ore genesis，and mineral exploration. Economic Geology，105：971-1004.
Deditius A P，Reich M，Kesler S E，et al.，2014. The coupled geochemistry of Au and As in pyrite from hydrothermal ore deposits. Geochimica et Cosmochimica Acta，140：644-670.
Einaudi M T，Meinert L D，Newberry R J，1981. Skarn deposits. Economic Geology 75th Anniversary Volume：317-391.
Fu Y，Sun X M，Zhou H Y，et al.，2017. In-situ LA-ICP-MS trace elements analysis of scheelites from the giant Beiya gold-polymetallic deposit in Yunnan province，southwest China and its metallogenic implications. Ore Geology Reviews，80：828-837.
Gao P，Zheng Y F，Zhao Z F，2017. Triassic granites in South China：A geochemical perspective on their char-

acteristics, petrogenesis, and tectonic significance. Earth-Science Reviews, 173.

He M Y, 1996. Physicochemical conditions of differential mineralization of Au and As in gold deposits, southwest Guizhou Province, China. Chinese Journal of Geochemistry, 15: 189-192.

Heinrich C A, Eadington P J, 1986. Thermodynamic predictions of the hydrothermal chemistry of arsenic, cassiterite-arsenopyrite-base metal sulfide deposits. Economic geology, 81: 511-529.

Heitt D G, Dunbar W W, Thompson T B, et al., 2003. Geology and geochemistry of the Deep Star gold deposit, Carlin Trend, Nevada. Economic Geology, 98: 1107-1135

Hickey K A, Ahmed A D, Barker S L, et al., 2014a. Fault-controlled lateral fluid flow underneath and into a Carlin-type gold deposit: Isotopic and geochemical footprints. Economic Geology, 109: 1431-1460

Hickey K A, Barker S L, Dipple G M, et al., 2014b. The brevity of hydrothermal fluid flow revealed by thermal halos around giant gold deposits: Implications for Carlin-type gold systems. Economic Geology, 109: 1461-1487

Hofstra A H, Cline J S, 2000. Characteristics and models for Carlin-type gold deposits. Reviews in Economic Geology, 13: 163-220.

Hu R Z, Su W C, Bi X W, et al., 2002. Geology and geochemistry of Carlin-type gold deposits in China. Mineralium Deposita, 37: 378-392.

Hu R Z, Liu J M, Zhai M G, 2010. Mineral Resources Science in China, A Roadmap to 2050. Beijing: Science Press Beijing and Springer: 1-94.

Hu R Z, Zhou M F, 2012. Multiple Mesozoic mineralization events in south China—an introduction to the thematic issue. Mineralium Deposita, 47: 579-588.

Hu R Z, Fu S L, Huang Y, et al., 2017. The giant south China Mesozoic low-temperature metallogenic domain: Reviews and a new geodynamic model. Journal of Asian Earth Sciences, 137: 9-34.

Kuehn C A, Rose A R, 1992. Geology and geochemistry of wall-rock alteration at the Carlin gold deposit, Nevad-a. Economic Geology, 87: 1697-1721.

Kusebauch C, Gleeson S A, Oelze M, 2019. Coupled partitioning of Au and As into pyrite controls formation of giant Au deposits. Science Advances, 5: eaav5891.

Lang J, Baker T, 2001. Intrusion-related gold systems: The present level of understanding. Mineralium Deposita, 36: 477-489.

Large R R, Bull S, Maslennikov V, 2011. A carbonaceous sedimentary source-rock model for carlin-type and orogenic gold deposits. Economic Geology, 106: 331-358.

Laslett G M, Green P F, Duddy I R, et al., 1987. Thermal annealing of fission tracks in apatite 2. A quantitative analysis. Chemical geology (Isotope geoscience section), 65: 1-13.

Li X Y, Gao J F, Zhang R Q, et al., 2018. Origin of the Muguayuan veinlet-disseminated tungsten deposit, south China: Constraints from in-situ trace element analyses of scheelite. Ore Geology Reviews, 99: 180-194.

Longo A A, Cline J S, Muntean J L, 2009. Using pyrite to track evolving fluid pathways and chemistry in Carlin-type deposits. 2009 Portland GSA Annual Meeting.

Mao J W, Cheng Y B, Chen M H, et al., 2013. Major types and time-space distribution of Mesozoic ore deposits in south China and their geodynamic settings. Mineralium Deposita, 48: 267-294.

McDonough W F, Sun S S, 1995. The composition of the Earth. Chemical Geology, 120: 223-253.

Meinert L D, Dipple G M, Nicolescu S, 2005. World skarn deposits. Economic Geology 100th Anniversary: 299-336.

Muntean J L, Cassinerio M D, Arehart G B, et al., 2010. Fluid pathways at the Turquoise Ridge Carlin-type gold deposit, Getchell district, Nevada.

Muntean J L, Cline J S, 2018. Diversity of Carlin-style gold deposits. Reviews in Economic Geology, 20: 1-6.

Naito K, Fukahori Y, He P M, et al., 1995. Oxygen and carbon isotope zonations of wall rocks around the Kamioka Pb-Zn skarn deposits, central Japan: application to prospecting. Journal of Geochemical Exploration, 54: 199-211.

Newberry R J, Allegro G L, Cutler S E, et al., 1997. Skarn deposits of Alaska. Economic Geology Monograph, 9: 355-359.

Peng J T, Hu R Z, Burnard P G, 2003. Samarium-neodymium isotope systematics of hydrothermal calcites from the Xikuangshan antimony deposit (Hunan, China): the potential of calcite as a geochronometer. Chemical Geology, 200: 129-136.

Peters S G, Huang J Z, Li Z P, et al., 2007. Sedimentary rock-hosted Au deposits of the Dian-Qian-Gui area, Guizhou, and Yunnan Provinces, and Guangxi District, China. Ore Geology Reviews, 31: 170-204.

Pokrovski G S, Kara S, Roux J, 2002. Stability and solubility of arsenopyrite, FeAsS, in crustal fluids. Geochimica et Cosmochimica Acta, 66: 2361-2378.

Radtke A S, Rye R O, Dickson F W, 1980. Geology and stable isotope studies of the Carlin gold deposit, Nevada. Economic Geology, 75: 641-672.

Romer R L, Kroner U, 2016. Phanerozoic tin and tungsten mineralization— tectonic controls on the distribution of enriched protoliths and heat sources for crustal melting. Gondwana Research, 31: 60-95.

Romer R L, Kroner U, 2018. Paleozoic gold in the Appalachians and Variscides. Ore Geology Reviews, 92: 475-505.

Scanlan E J, Scott J M, Wilson V J, et al., 2018. In situ $^{87}Sr/^{86}Sr$ of scheelite and calcite reveals proximal and distal fluid-rock interaction during orogenic W-Au mineralization, Otago Schist, New Zealand. Economic Geology, 113: 1571-1586.

Seward T M, 1973. Thio-complexes of gold in hydrothermal ore solutions. Geochimica et Cosmochimica Acta, 37: 379-399.

Seward T M, 1991. The hydrothermal geochemistry of gold. In Foster R P (eds). Gold Metallogeny and Exploration: Blackie Glasgow.

Shen C B, Mei L F, Min K, et al., 2012. Multi-chronometric dating of the Huarong granitoids from the middle Yangtze Craton: Implications for the tectonic evolution of eastern China. Journal of Asian Earth Sciences, 52: 73-87.

Simon G, Kesler S E, Chryssoulis S, 1999. Geochemistry and texture of Gold-Bearing Arsenian Pyrite, Twin Creeks, Nevada: Implication for Deposition of Gold in Carlin-Type Deposits. Economic Geology, 94: 405-422.

Song G X, Qin K Z, Li G G, et al., 2014. Scheelite elemental and isotopic signatures: Implications for the genesis of skarn-type W-Mo deposits in the Chizhou area, Anhui province, eastern China. American Mineralogist, 99: 303-317.

Stenger D P, Kesler S E, Peltonen D R, et al., 1998a. Deposition of gold in Carlin-type deposits: The role of sulfidation and decarbonation at Twin Creeks, Nevada. Economic Geology and the Bulletin of the Society of Economic Geologists, 93: 201-215.

Stenger D P, Kesler S E, Vennemann T, 1998b. Carbon and oxygen isotope zoning around Carlin-type gold deposits: a reconnaissance survey at Twin Creeks, Nevada. Journal of Geochemical Exploration, 63: 105-121.

Su W C, Xia B, Zhang H T, et al., 2008. Visible gold in arsenian pyrite at the Shuiyindong Carlin-type gold deposit, Guizhou, China: Implications for the environment and processes of ore formation. Ore Geology

Reviews, 33: 667-679.

Su W C, Heinrich C A, Pettke T, et al., 2009a. Sediment-hosted gold deposits in Guizhou, China: products of wall-rock sulfidation by deep crustal fluids. Economic Geology, 104: 73-93.

Su W C, Hu R Z, Xia B, et al., 2009b. Calcite Sm-Nd isochron age of the Shuiyindong Carlin-type gold deposit, Guizhou, China. Chemical Geology, 258: 269-274.

Su W C, Dong W D, Zhang X C, et al., 2018. Carlin-Type Gold Deposits in the Dian-Qian-Gui "Golden Triangle" of Southwest China. Reviews in Economic Geology, 20: 157-185.

Sun K K, Chen B, 2017. Trace elements and Sr-Nd isotopes of scheelite: Implications for the W-Cu-Mo polymetallic mineralization of the Shimensi deposit, south China. American Mineralogist, 102: 1114-1128.

Tan Q P, Xia Y, Xie Z J, et al., 2015a. S, C, O, H, and Pb isotopic studies for the Shuiyindong Carlin-type gold deposit, Southwest Guizhou, China: Constraints for ore genesis. ChineseJournal of Geochemistry, 34: 525-539.

Tan Q P, Xia Y, Xie Z J, et al., 2015b. Migration paths and precipitation mechanisms of ore-forming fluids at the Shuiyindong Carlin-type gold deposit, Guizhou, China. Ore Geology Reviews, 69: 140-156.

Tan Q P, Xia Y, Wang X Q, et al., 2017. Carbon-oxygen isotopes and rare earth elements as an exploration vector for Carlin-type gold deposits: A case study of the Shuiyindong gold deposit, Guizhou Province, SW China. Journal of Asian Earth Sciences, 148: 1-12.

Tarling D H, 1981. Economic geology and geotectonics. Oxford: Blackwell Scientific Publication.

Theodore T G, Kotlyar B B, Singer D A, et al., 2003. Applied geochemistry, geology, and mineralogy of the northernmost Carlin Trend, Nevada. Economic Geology, 98: 287-316.

Vaughan J R, Hickey K, Barker S, et al., 2010. Stable isotopes and fluid flow pathways in the Banshee Carlin-type gold deposit.

Wang X L, Zhou J C, Qiu J S, et al., 2004. Geochemistry of the Meso-to Neoproterozoic basic-acid rocks from Hunan province, south China: Implications for the evolution of the western Jiangnan orogeny. Precambrian Research, 133: 17-103.

Wang Y J, Fan W M, Zhang G W, et al., 2013. Phanerozoic tectonics of the South China Block: Key observations and controversies. Gondwana Research, 23: 1273-1305.

Widler T M, SewardA M, 2002. The adsorption of gold (I) hydrosulphide complexes by iron sulphide surfaces. Geochimica et Cosmochimica Acta, 66: 383-402.

Xie G Q, Mao J W, Bagas L, et al., 2019. Mineralogy and titanite geochronology of the Caojiaba W deposit, Xiangzhong metallogenic province, southern China: Implications for a distal reduced skarn W formation. Mineralium Deposita, 54: 459-472.

Zaw K, Singoyi B, 2000. Formation of magnetite-scheelite skarn mineralization at Kara, northwestern Tasmania: Evidence from mineral chemistry and stable isotopes. Economic Geology, 95: 1215-1230.

Zhang X C, Spiro B, Halls C, et al., 2003. Sediment-hosted disseminated gold deposits in southwest Guizhou, PRC: Their geological setting and origin in relation to mineralogical, fluid inclusion, and stable-isotope characteristics. International Geology Review, 45: 407-470.

Zhang Y, Xia Y, Su W C, et al., 2010. Metallogenic model and prognosis of the Shuiyindong super-large strata-bound Carlin-type gold deposit, southwestern Guizhou Province, China. Chinese Journal of Geochemistry, 29: 157-166.

Zhang Z Y, Xie G Q, Mao J W, et al., 2019. Sm-Nd dating and in-situ LA-ICP-MS trace element analyses of scheelite from the Longshan Sb-Au deposit, Xiangzhong metallogenic province, south China. Minerals, 9: 87.

问题与展望

华南扬子地块西南部面积约50万km^2的广大区域，Au、Sb、Hg、As、Pb、Zn等元素在中生代发生了大规模低温成矿作用，形成华南低温成矿省，是全球背景中极富特色的重大成矿事件。在以往研究积累的基础上，本研究进一步确定了华南大规模低温成矿的时代，揭示了低温矿床的成因和扬子地块大规模低温成矿的必然性，明确了华南大规模低温成矿的动力学背景和成矿驱动机制，阐明了华南低温成矿省与其东侧W-Sn多金属高温成矿省是具有密切成因联系的整体，建立了成矿省尺度、矿集区尺度和矿床尺度的找矿预测模型。研究工作取得较好进展。但是，值得指出的是，未来的研究还有一些科学问题需要继续探索。以下列举其中的一些方面。

1. 前寒武纪基底岩石对大规模低温成矿的制约

本项研究表明，扬子克拉通前寒武纪基底岩石（含寒武系）因其较显著地富集低温成矿元素并可被浸出，极有可能对该区中生代的大面积低温成矿提供了重要或主要的成矿物质基础，而基底岩石成矿元素组成的空间不均一性，则控制了地理上不同区域矿床组合的差异（川滇黔Pb-Zn、右江Au-Sb-Hg-As、湘中Sb-Au）。但是，上述研究还是初步的，还需在已有证据的基础上，进一步系统研究前寒武纪基底（含寒武纪）岩石中成矿元素的丰度和赋存状态、岩石中成矿元素转入成矿流体的潜力和条件，以及矿床和基底岩石中成矿元素“基因”的匹配度，以进一步深入理解为什么是在扬子地块发生Au、Sb、Hg、As、Pb、Zn等元素大面积低温成矿且不同成矿元素的矿床组合地理上分区产出这一重要问题。

2. 大规模低温成矿的全球对比

成矿作用无论在全球还是克拉通尺度，均表现出很强的区域不均一分布特点，其根本原因受到国内外高度关注。低温热液矿床大面积密集成群产出的区域，世界上以往主要见于扬子克拉通（地块）和美国中西部。近年来，在吉尔吉斯斯坦等中亚国家亦发现Au、Sb、Hg、As等元素的大面积低温成矿现象，并被证实至少在Au成矿特征上与中国、美国类似。本项目虽已开展扬子地块与美国中西部低温卡林型Au矿床成矿作用的部分对比研究，但因研究尚不系统而未写入本专著。显而易见，在未来的工作中急需立足全球尺度，进一步深入开展扬子地块、美国中西部和中亚地区之间大规模低温成矿作用的系统对比，以深入揭示它们在成矿时代和成矿动力学驱动机制、矿床成因和成矿过程、矿床组合和时空分布规律等方面的异同，在此基础上进一步完善大规模低温成矿的理论和预测体系。

3. 低温成矿省深部高温矿床找矿预测

本项目基于年代学、地质学、元素-同位素地球化学和矿床元素组合等方面的证据，进一步证实华南陆块西部的低温成矿省与东部的 W-Sn 多金属高温成矿省，是受控于相同成矿动力学机制，具有密切成因联系的整体；低温成矿省的东半部分区域（右江 Au-Sb-Hg-As 和湘中 Sb-Au 矿集区），具有上部低温、下部高温矿床的二元结构；矿床形成后，从西部右江地区至中部湘中地区（低温成矿省）到东部南岭地区（高温成矿省），剥蚀程度逐渐增强，剥蚀程度的不同决定了华南陆块近地表的矿床在西、中部表现为低温，而东部则表现为高温的空间分布格局，并据此预测低温成矿省东半部分、靠近东部高温成矿省的右江和湘中这两个低温矿集区的深部，极可能存在类似高温成矿省、与花岗岩有关的高温 W-Sn 多金属矿床。虽然这一预测已得到紧邻高温成矿省之湘中低温矿集区的某些区域下部为高温 W 多金属矿而上部则是低温 Sb-Au 矿的垂向分布特征的验证，但还需“政产学研”的高度协同，进一步研究和验证湘中和右江这两个矿集区的深部存在第二成矿空间——高温 W-Sn 多金属成矿作用的现实可能性，并在此基础上推动深部找矿的重大突破。

可以预料，对上述问题的深化研究，一定能进一步推动对全球大规模低温成矿作用的深入认识和相关找矿勘查部署。